제5판

지구시스템의 이해

Foundations of Earth Science, Fifth Edition

Frederick K. Lutgens · Edward J. Tarbuck 지음

김경렬 · 김동희 · 박창범 · 전종갑 · 조문섭 옮김

PEARSON

박학사

Foundations of Earth Science

Authorized Translation from the English language edition, entitled FOUNDATIONS OF EARTH SCIENCE, 5th Edition by LUTGENS, FREDERICK K; TARBUCK, EDWARD J.; TASA, DENNIS, published by Pearson Education, Inc, publishing as Prentice Hall, Copyright © 2008

KOREAN language edition published by PEARSON EDUCATION KOREA LTD and PAK HAK SA, Copyright © 2009

Prentice Hall
is an imprint of
PEARSON

www.personhighered.com

역자 서문

휴대전화가 공상과학영화에서 처음 나왔을 때만 하더라도 영화를 보는 관객들은 이런 일이 '과연 실현될 수 있을까?'라는 의문과 함께 설령 가능하다고 해도 먼 미래에서나 있을 수 있는 일이라 생각했습니다. 그런데 휴대전화는 영화 속에 등장한 후 불과 몇 십 년 만에 현실 속에 필수품의 하나로 자리 잡게 되었습니다. 이와 마찬가지로 다른 행성에서 인간들이 살아가는 것을 오늘날 영화 속에서 볼 수 있는 것을 미루어볼 때, 이런 일이 언젠가는 실제로 현실이 될지도 모르리란 것을 생각하게 해줍니다. 그럼에도 불구하고 아직까지는 지구만이 우리의 유일한 삶의 터전입니다. 이 지구를 잃게 된다면 우리는 더 이상 물러설 곳이 없음을 누구나 깨닫고 있을 것으로 생각됩니다.

46억 년이라는 지구의 긴 역사 속에서 볼 때 극히 미세한 짧은 시간밖에 되지 않는 산업혁명 이후 지구의 모습에 너무나 많은 변화가 있었습니다. 극단적으로 말하면 인류는 생존이라는 이름하에 인류에게 단 하나밖에 없는 지구를 이용하는 데에만 급급하고 이들이 파생시킬 수도 있는 많은 지구환경의 문제를 등한시하였으며, 그 결과 남극 상공의 오존 구멍이나 지구온난화 등의 문제를 야기하였습니다. 인류의 발전이 오히려 인류의 존재를 위협하는 결과를 만들어내고 있는 것이 오늘날의 안타까운 현실입니다.

그러나 다행스럽게도 이에 맞추어 지구를 이해하려는 노력 또한 최근에 이르러 큰 변화를 보이고 있습니다. 지금부터 약 30여 년 전에 처음 등장한 지구시스템이라는 용어는 지금은 아주 보편적으로 사용되고 있습니다. 과거에 지구를 이해하는 데 있어서 독립적으로 발전해 온 지구 관련 학문인 지질학, 기상학, 해양학 그리고 천문학이 지금은 지구시스템이라는 이름으로 서로 긴밀하게 연계를 지으며 함께 유기적으로 연구되고 있습니다.

이 책은 지구시스템에 대한 많은 내용들이 충실히 포함되면서도 이해하기 쉬운 내용으로 구성되어 있습니다. Lutgens와 Tarbuck 교수의 『Foundations of Earth Science』 제3판을 번역한 지도 벌써 6년이라는 시간이 흘렀습니다. 그 동안 원서가 이미 제5판이 나왔음은 이 분야의 발전이 매우 빠르다는 것을 반영하는 것이며, 따라서 새로운 내용을 다시 소개하는 적절한 때에 이른 것을 느끼게 되었고, 이에 다시 번역판을 내게 된 것입니다. 특히 내용을 잘 요약하여 보여주는 좋은 그림이나 사진들은 학생들의 이해의 폭을 넓히는 데 도움이 될 것으로 생각됩니다.

제3판에서도 그랬던 것처럼, 이번 번역에서도 지질학, 기상학, 해양학 그리고 천문학을 전문으로 연구하시는 몇 분의 교수님들과 연구원이 힘을 합치는 것이 적절하다고 생각하였습니다. 지질학 부분은 조문섭 교수와 김동희 박사께서 번역을 담당하셨고, 기상학 부분은 전종갑 교수께서, 천문학

부분은 박창범 교수께서, 그리고 해양학 부분은 제가 일차적으로 번역을 하였습니다. 그리고 전체적인 통일 부분에 있어서는 제3판과 동일하게 여러 번역자의 도움을 받으며 제가 최종적인 교정을 보았습니다.

그리고 이전 판을 강의하던 중에 느끼게 된 점이지만, 용어에 대한 영문 표기와 우리말 표기가 병기되었으면 좋겠다는 점을 반영하여 이를 "한영-영한 용어 요약"으로 실었으며, 독자 여러분에게 도움이 되었으면 하는 바램입니다.

마지막으로, 두 번째 한국어판이 나오기까지 아낌없는 지원을 해주신 박학사의 구본하 사장님과 편집진에게 감사의 말씀을 전합니다. 아울러 이 글을 읽는 독자에게는 저자의 의도를 정확히 전달하고자 노력하였지만, 혹시 의미 전달에 있어 서툴게 전개되었다면 넓은 아량으로 이해해 주길 바랍니다.

2009년 6월

역자 대표 김경렬

저자 서문

이 전판들과 마찬가지로, 『지구시스템의 이해』 제5판은 대학생들을 위한 지구과학 개론서로서 설계되었다. 이 책은 지질학, 해양학, 기상학 그리고 천문학 분야의, 최신의 기본적인 주제와 원리들을 강조하는 7개의 부(unit)로 구성되어 있다. 이 책은 과학에 예비지식이 적은 대학생들에게 의미 있으면서 너무 전문적이지 않은 개론서가 되도록 하였다. 보통 이러한 학생들은 대학을 졸업하기 위한 일반요건을 갖추기 위하여 지구과학을 듣는다.

최근의 유익한 최신의 정보를 다룬 점 이외에도 『지구시스템의 이해』의 중요한 목표는 내용을 처음 접하는 학생들에게 지구과학의 원리와 개념을 배우기 위한 매우 유용한 "도구" 역할을 할 수 있는 읽기 쉽고 친숙한 교과서의 요구를 만족시켜 주는 것이었다.

두드러진 특징들

읽기 용이함 이 책에 쓰인 언어는 직접적이며 이해하기 쉽게 쓰여졌다. 분명하고 읽기 쉬운 언어로 설명하였으며 기교적인 언어는 최소화하는 것을 원칙으로 하였다. 제목과 부제목을 자주 사용하여 학생들이 설명을 따라오고 각 장에 제시된 중요한 개념들을 식별하도록 하였다. 제5판에서는 각 장의 구성과 흐름을 점검하고 서술을 좀 더 대화적인 형태로 만들어 읽기 쉽게 하였다. 이해를 좀 더 쉽게 하기 위한 노력의 일환으로 실제적으로 상당한 부분들이 다시 쓰여졌다.

학습요점 학생들의 학습을 돕기 위하여, 각 장은 일련의 문제들과 함께 시작한다. 각 문제들은 독자들에게 그 장에서 유의하여야 할 중요한 아이디어나 개념을 알려준다. 각 장을 마치기 전 네 가지의 유용한 방법들이 학생들의 복습을 돕도록 하였다. 첫째로, 학습내용 요약에서 모든 중요한 내용을 요약하였다. 그 다음에는 주요 용어와 개념에서 주요용어를 페이지와 함께 기재하여 점검할 수 있게 하였다. 지구과학에서 사용되는 용어를 배우는 것은 학생들이 지구과학의 개념을 익히는 데 도움을 준다. 그 다음으로, 학습 요약 문제에서 학생들이 중요한 사실과 아이디어에 대한 지식을 점검, 복습할 수 있도록 하였다. 그리고 마지막으로, 『지구시스템의 이해』 제5판의 웹사이트(http://www.prenhall.com/lutgens)를 방문하도록 기억을 환기시키면서 각 장을 마무리지었다.

그림과 사진 지구과학은 매우 시각적이다. 그러므로 사진과 그림은 개론서에서 매우 중요한 부분을 차지한다. 『지구시스템의 이해』 제5판은 이해를 돕고 현실성을 더해주며 독자의 흥미를 높이기 위하여 주의 깊게 선별된 수십여 개의 새로운 사진들을 포함시켰다.

『지구시스템의 이해』는 판이 새로워질 때마다 그림들이 더욱 개선되었다. 제5판에서는 100여 개 이상의 그림들이 새로 첨가되었다. 새로운 그림들은 전보다 더욱 분명하고 사실적으로 아이디어와 개념을 표현하고 있다. 유능한 미술가이자 촉망받는 지구과학 삽화가인 데니스 타사(Dennis Tasa)가 그림을 그렸다.

기본 개념에 대한 초점과 교사들에게 제공하는 융통성 제5판의 주요 초점은 이전 제4판까지의 초점, 즉 학생들이 기본적인 지구과학의 원리들을 이해하도록 지도하는 것과 동일하다. 위의 목적을 이루기 위해 우리는 독자들이 지구과학의 특징을 나타내는 과정들을 추론하고 관측기법을 인식할 수 있도록 노력하였다.

학생들이 이 책을 잘 이용하도록 하는 것이 가장 중요한 것이기는 하지만, 이 책이 교사의 필요성과 목적에 맞도록 하는 것 또한 중요하다. 내용과 접근법에서 지구과학 강좌의 넓은 다양성을 인식하면서, 우리들은 교사가 최대의 융통성을 갖도록 하기 위하여 내용의 유기적 통합성에 큰 중점을 두지는 않았다. 각 단원은 나름대로의 독립성을 가지고 있으며, 따라서 이들은 어떤 순서로도 가르칠 수 있다. 또한 교사의 판단에 따라 전체의 연속성을 잃지 않으면서도 어느 단원은 완전히 생략할 수도 있으며, 어떤 장의 일부분은 교체되거나 생략될 수도 있다.

대화식(Interactive) CD-ROM 『지구시스템의 이해』 제5판 각각의 책에는 대화식으로 편집된 CD-ROM인 GEODe: *Earth Science*가 포함되어 있다. CD-ROM에는 지질학의 많은 소재들이 다루어져 있을 뿐만 아니라 해양, 기초 기상학, 그리고 태양계에 관한 폭넓은 내용들이 포함되어 있다.

GEODe: *Earth Science*에는 개별지도 지침서, 대화식 연습문제(interactive exercise), 동영상(animation) 및 비디오 클립(video clip) 등이 포함되어 있다. 그리고 책에서 토의하는 내용을 다루는 내용이 GEODe: *Earth Science* 내에 있을 경우에는 교재의 절제목 밑에 GEODe: *Earth Science* 아이콘(그림)을 표시하여 학생들이 이를 알 수 있도록 하였다.

제5판에 대하여

『지구시스템의 이해』 제5판에서는 좀 더 철저한 개정을 시도하였다. 주제의 흐름을 유지하고 설명의 명확성을 향상시키기 위하여 책의 모든 부분을 주의 깊게 검토하였다.

여러 많은 세부사항들을 나열할 수 있을 것이다. 다음에 몇 가지 예를 정리하였다:

- 장의 번호를 붙이지 않은 "작은 장"인 서론에서는 따라가기 쉽게 구성된 지구시스템에 대한 소개 부분을 더욱 개편 확장하였으며 이와 함께 "지구과학에서의 공간과 시간 규모"라는 내용을 새로이 포함시켰다.
- 지구 물질에 관한 장들에 많은 새로운 내용이 포함되었다. 제1장 "광물: 암석의 구성단위"에서는 광물의 지질학적 정의에 대하여 완전히 새롭게 기술하였으며 새로 도입된 원소에 관한 토의 부분에서는 원자의 구조와 결합에 관하여 좀 더 분명한 기술을 하였다. 제2장 "암석: 고체 지구의 구성물질"에서는 암석의 순환에 관한 논의를 새 그림과 함께 확장하였으며 화성암석에 관한 부분에 상당한 개편이 있었다.
- 제3장 "물이 빚은 지형"에서 흐르는 물에 대하여 초점을 둔 내용의 많은 부분이 재구성되면서 새로 쓰여졌으며 초보의 학생들이라도 물이 흐르

면서 만들어내는 여러 과정들이 더욱 논리적으로 이해될 수 있도록 하였다. 지하수를 다룬 부분에서는 지하수의 저장 및 이동에 관한 새 토의를 첨가하였다.

- 제6장 "끊임없이 움직이는 지구: 지진, 지구조, 조산운동"에서는 지진의 피해에 관하여 토의를 더욱 확장하였으며 여기에는 2004년 인도양 지역을 강타한 엄청난 파괴력의 쓰나미에 대한 심도 깊은 논의가 포함되었다. 이 장에는 또한 "지구의 내부"라는 새 항목이 첨가되었다. 장이 다루는 내용이 더욱 확장되고 최신정보가 첨가되었지만 설명은 이해하기 쉽도록 기술되었다. 이 장은 새롭게 첨가된 제목인 "충돌형 산맥(이전에는 대륙의 충돌)"로 결론을 지었다. 이 부분에서는 복잡한 과제에 대한 더욱 최신의 관점을 새로운 그림과 함께 토의하였다.
- 제7장 "내부의 불: 화산활동"은 "화산과 함께 살기"라는 새로운 제목으로 끝마무리를 하면서 화산활동의 감시 및 위험성을 토의하였다.
- 제8장 "지질학적 시간"에서는 "화석의 형태"와 "C^{14} 연대 결정"이란 제목의 새 내용을 토의를 삽입하여 때로 오해되고 있는 주제들의 기술을 더욱 명확하게 하였다.
- 제5부 대양의 제9장에는 해저지형과 해양저산맥계의 지도를 작성하는 방법에 대한 새로운 정보를 삽입하였다. 제10장에는 연안환경에 초점을 맞춘 새 제목 "해안선: 동적 경계면"이 포함되었으며 "해빈에서의 모래의 이동"에 대한 토의를 개정하였다.
- 제6부 지구의 동적 대기 부분은 많은 토의 부분을 개정하여 논의를 더욱 강화하였으며 최신자료를 더욱 보충하였다. 제11장에서는 "날씨와 기후"를 대조하는 내용이 더욱 확장되었고 "에너지, 열 및 온도" 사이의 차이를 설명하는 새 내용이 첨가되었다. 이 장에서는 "지구온난화"에 대한 내용이 더욱 최신자료로 정비되었고 "기록보기: 기온 자료"(이전에는 "온도 측정자료")에서는 등온선(isotherm)에 관한 내용이 새 그림과 함께 새로이 토의되었다.
- 제6부에서 행한 다른 개정작업으로 제12장에서는 "물의 상태변화"에 대한 논의를 개정하였고 제13장에서는 "압력 이해하기"의 토의를 좀 더 명확하게 하였으며, 제14장에서도 최근 일어난 허리케인 카트리나 자료를 사진과 함께 논의하면서 내용을 더욱 확장시켰다.
- 제15장 "태양계의 특성"은 대대적인 개정을 거쳤다. 태양계의 진화, 달의 역사와 함께 화성의 동적인 지질학적 진화에 관한 부분이 새로이 첨가되었다. 또한 외행성체(최근 명왕성이 이에 속하게 된)와 카이퍼 벨트, 오르트 구름 등에 관한 최신 내용이 첨가되었다.

추가적인 특기사항

- 교재에 포함되어 있는 대화식 CD-ROM인 GEODe: *Earth Science*, 2/E v.2는 이전에 비하여 더욱 학습에 유용한 도구가 되도록 개선되었다. 매 절마다 무작위적으로 만들어지는 복습퀴즈 문제들로 마무리를 함으로써 학생들이 기본적인 사실과 개념을 이해하였는지를 확인하는데 도움이 되도록 하였다.
- 특별코너: 이런 사실을 알고 있었나요? 이 코너는 장의 곳곳에 삽입되어 특별한 사실이나 아이디어를 제공함으로써 교재의 토의에 더욱 흥미나 시의성을 높일 수 있도록 하였다.

감사의 글

대학생을 위한 교재를 저술하기 위해서는 재능과 많은 사람들과의 협력이 필요하다. 교재의 모든 뛰어난 그림들 및 GEODe: *Earth Science* 개발의 상당부분을 책임진 데니스 타사와 일할 수 있었던 것은 우리들에게 매우 특별한 것이었다. 그의 뛰어난 예술적 재능과 상상력뿐만 아니라 그의 우정 또한 높이 평가되어 마땅하다.

원고를 깊이 있게 검토해 준 동료들에게도 감사를 드린다. 그들의 비평적인 논평과 사려 깊은 조언으로 우리들의 작업이 올바르게 수행되었으며 충실한 교재가 만들어질 수 있었다. 우리의 특별한 감사를 아래의 여러분들에게 드린다:

Walter Childs, III, Livingston College
Paul A. Horton, Indian River Community College
Kristine Larsen, Central Connecticut State University
Donald W. Lovejoy, Palm Beach Atlantic University
Randal Mandock, Clark Atlanta University
Gustavo Morales, Valencia Community College
Roger Podewell, Olive Harvey College
Frank A. Revetta, SUNY College at Potsdam
Erwin Selleck, SUNY Canton College of Technology
John Tacinelli, Rochester Community and Technical College
Joseph L. Tinsley, Clemson University
R. Aileen Yingst, University of Wisconsin, Green Bay

우리는 또한 Prentice Hall의 전문가들에게 감사를 드린다. 우리들은 최선이 되려는 의지와 창의성에 대하여 회사가 보여준 지속적인 강력한 지원에 특별히 감사한다. 또한 지구과학의 책임자인 Dan Kaveney에게 특별한 감사의 마음을 전한다. 그의 강력한 지도력 및 세밀한 부분에까지 미치는 그의 관심, 숙련된 대화기술 및 느긋한 스타일은 아주 높이 평가되어야 한다. Pine Tree Composition, Inc.의 Patty Donovan이 이끈 제작팀은 멋지게 일을 마무리해 주었다. 이러한 진정한 프로들과 작업할 수 있었던 것은 우리들에게는 정말 행운이었다.

Frederick K. Lutgens
Edward J. Tarbuck

교육 및 학습 자료 모음

교사들을 위한 자료

Instructor's Resource Center (IRC) on DVD

IRC의 접근하기 쉬운 장소에 강의에 필요한 자료들이 모아져 있다.

- 교재에 사용되는 모든 그림, 표 및 사진의 jpg 파일들(그림들이 강의의 중심이 되는 경우에는 "For the Student" 내에 있는 *Student Lecture Notebook* 을 참고)
- 100여 개가 넘는 지질과정에 대한 동영상
- *Images of Earth* 사진 모음
- PowerPoint™ 발표자료들
- 교사 지침서(Microsoft Word)
- 시험문제집(Microsoft Word)
- TestGen EQ 제작 및 관리 software

동영상

『Prentice Hall Geoscience Library』(제4판)에는 머릿속에 쉽게 그릴 수 없는 많은 지구과학의 개념을 설명하는 100여 개 이상의 동영상자료가 포함되어 있다. Prentice Hall의 대표적인 지구과학 분야 저자 일곱 사람의 공동작업을 통하여 탄생한 이들 동영상은 강의 보조자료 면에 있어서 획기적인 진전을 이루어내었다. 이들은 Flash 파일과 함께 PowerPoint™ slide에도 사전에 삽입되어 편하게 사용할 수 있도록 제공되었다.

PowerPoint™ 자료들

IRC 내에서는 각 장마다 세 개의 PowerPoint™ 파일을 발견할 수 있다. 강의의 필요가 어떤 것이건 간에 관계없이 이들을 이용하여 강의 준비 시간을 절약할 수 있을 것이다.

1. 모든 그림자료들: 교재에 나오는 순서에 따라 모든 사진, 그림 및 표가 PowerPoint™ slide로 모아져 있다.
2. 강의 개요: Southwestern Illinois College의 Stanley Hatfield가 저술한 이 강의 개요는 각 장마다 평균적으로 35개의 slide 내에 강의의 개요가 참고그림들과 함께 정리되어 있다.
3. 동영상: 실제 강의에 쉽게 응용될 수 있도록 모든 동영상이 사전에 PowerPoint™에 삽입되어 있다.

모든 그림을 강의에 적절하게끔 조정하여 라벨을 더 크게 하였으며 색상을 더욱 밝게 하였고 대비를 더욱 분명하게 하였다. 이 slide들은 큰 강의실에서도 더 깨끗하게 보이며 또 방 안의 조명을 많이 낮추지 않아도 쉽게 볼 수 있다.

"Images of Earth" 사진 모음

University of Oregon의 Marli Miller 및 이 분야의 여러 전문가들이 모은 300여 지질학 관련 사진들이 교사들이 개인적으로 소장한 slide를 보충할 수 있도록 모아져 있다. 이 사진들은 지질학적 개념에 따라 분류되어 IRC 내에 포함되어 있다.

교사 지침서 및 시험문제들

Southwestern Illinois College의 Stanley Hatfield가 저술한 **교사 지침서**(Instructor's manual)에는 학습목표, 각 장의 개요, 장 후미에 있는 문제들의 답, 그리고 강의를 좀 더 흥미롭게 유도하는 데 도움이 될 수 있는 제안들 및 작은 시범들이 포함되어 있다. 시험문제 파일(Test Item file)에는 그림들과 함께 각 장 별로 평균 75개의 선다형, 정/오 선택형, 단답형, 및 생각을 요하는 질문들이 포함되어 있다.

Transparency

『지구시스템의 이해』 제5판에 나오는 모든 표와 Dennis Tasa의 그림 대부분이 천연색의 transparency로 만들어져 있다(이런 자료가 강의의 중심이 되는 경우에는 "For the Student" 내에 있는 *Student Lecture Notebook*을 참고).

실험을 위한 자료

『Application and Investigations in Earth Science』(제5판)은 Ed Tarbuck, Fred Lutgens와 Ken Pinzke가 공동으로 저술한 컬러판 실험실 교본으로 학생들이 지질학, 해양학, 기상학, 천문학 그리고 지구과학의 여러 방법에 대한 직접적인 경험을 할 수 있는 22개의 실험 계획이 포함되어 있다.

학생들을 위한 자료

GEODe: Earth Science, 2/E v.2

교재와 교사 사이의 어디엔가에서 GEODe: *Earth Science*, 2/E v.2는 동영상, 비디오, 강연, 대화식 연습문제 및 퀴즈 등을 통하여 중요 개념을 더욱 분명히 해줄 수 있다. Prentice Hall에서 구입하는 매 교재에는 GEODe: *Earth Science*, 2/E v.2의 copy가 자동적으로 포함되어 있다.

MyGeologyPlace

웹사이트 www.prenhall/lutgens는 학생들이 인터넷상에서 학습과 복습을 하는 데 필요한 모든 도구들을 제공하기 위해 설계되었다. 각 장 내에는 중요한 개념에 대하여 스스로 풀어보는 퀴즈와 힌트가 제공되고 있으며 이와 더불어 안내를 해주는 피드백이 아울러 제공되고 있다. 학습내용을 더욱 확장시킬 수 있는 다른 자료들로의 연계도 아울러 제공되었다. MyGeologyPlace 접근에 필요한 코드는 모든 새 교재의 전면에 제시되어 있다.

수강생 강의 노트

Transparency set에 있는 모든 도면이 이 컬러판 노트에 메모를 기재하는 공간과 함께 전부 복제되어 있다. 따라서 학생들은 그림을 다시 그리는 등의 일로 초점을 잃지 않고 수업에 전념할 수 있다. 각 쪽은 강의의 다른 자료들과 쉽게 재구성될 수 있도록 세 개의 구멍이 뚫어져 있다.

차 례

제 3 부

내부의 힘

제 5 장 판구조론: 과학적 이론으로 풀다 173

제 6 장 끊임없이 움직이는 지구: 지진, 지구조, 조산운동 213

제 4 부
지구 역사 풀이

제 5 부
대 양

제 6 부
지구의 역동적 대기

제 13 장 운동하는 대기 465

제 14 장 날씨 패턴과 악기상 491

제 7 부
우주 속의 지구

GEODe: Earth Science, 2/E v.2

Unit 1: Earth Materials

A. Minerals
   1. Introduction
   2. Major Mineral Groups
   3. Properties Used to Identify Minerals
   4. Mineral Identification
   5. Minerals Quiz

B. Rock Cycle

C. Igneous Rocks
   1. Introduction
   2. Igneous Textures
   3. Naming Igneous Rocks
   4. Igneous Rocks Quiz

D. Sedimentary Rocks
   1. Introduction
   2. Types of Sedimentary Rocks
   3. Sedimentary Rocks Quiz

E. Metamorphic Rocks
   1. Introduction
   2. Agents of Metamorphism
   3. Textural and Mineralogical Changes
   4. Common Metamorphic Rocks
   5. Metamorphic Rocks Quiz

Unit 2: Sculpturing Earth's Surface

A. Hydrologic Cycle

B. Running Water
   1. Stream Characteristics
   2. Hydrological Cycle and Running Water Quiz

C. Groundwater
   1. Groundwater and its Importance
   2. Springs and Wells
   3. Groundwater Quiz

D. Glaciers
   1. Introduction
   2. Budget of a Glacier
   3. Glaciers Quiz

E. Deserts
   1. Distribution and Causes of Dry Lands
   2. Common Misconceptions About Deserts
   3. Deserts Quiz

Unit 3: Forces Within

A. Earthquakes
   1. What is an Earthquake?
   2. Seismology: Earthquake Waves
   3. Locating an Earthquake
   4. Earth's Layered Structure
   5. Earthquakes and Earth's Interior Quiz

B. Plate Tectonics
   1. Introduction
   2. Plate Boundaries
   3. Plate Tectonics Quiz

C. Igneous Activity
   1. The Nature of Volcanic Eruptions
   2. Materials Extruded During an Eruption
   3. Volcanoes
   4. Intrusive Igneous Activity
   5. Igneous Activity Quiz

서장

지구과학의 소개

브리티시컬럼비아(British Columbia)주의 롭슨(Robson)산은 캐나다 로키 산맥의 최정점이다. 빙하가 지금도 모습을 조각해 가고 있다. 지구의 중요한 권역들인 지권, 수권, 대기권과 생물권 모두가 이 사진에 표현되어 있다.

(사진 제공: Art Wolfe)

학습 초점

다음은 여러분들이 이 단원에서 다루는 중요한 개념들을 이해하는 데 도움을 줄 수 있는 유용한 질문들이다.

1. 총괄적으로 지구과학을 만들어내는 과학 분야에는 어떤 것들이 있는가?
2. 지구의 자연환경을 구성하는 네 개의 권역은 무엇인가?
3. 고체 지구는 어떻게 더 구분되는가?
4. 왜 지구는 하나의 시스템으로 이해되지 않으면 안 되는가?
5. 지구시스템에 힘을 실어주는 에너지원에는 어떤 것들이 있는가?
6. 지구의 중요한 환경 문제들에 어떤 것들이 있는가?
7. 과학적 가설은 과학이론과 어떤 차이가 있는가?

장관을 이루며 폭발하는 화산, 웅장한 기암으로 덮인 해변 정경, 그리고 태풍에 의해 발생하는 엄청난 피해, 이런 모든 것들이 지구과학자들의 연구과제이다. 지구과학의 연구는 우리의 환경과 관련된 많은 흥미진진한 그리고 실질적인 문제를 다루고 있다. 산맥들은 어떤 힘에 의하여 만들어지는 것일까? 날씨는 왜 매일 변하는 것일까? 기후는 정말로 변하고 있을까? 지구는 얼마나 오래되었으며, 태양계 내의 다른 행성들과 어떤 관계를 갖고 있는 것일까? 왜 바다에서는 조석작용이 일어날까? 빙하기는 어떤 모습이었을까? 또 다른 빙하기가 찾아올 것인가? 이곳에 우물을 파면 성공적일까?

이 교재는 지구과학과 관련된 내용을 다룬다. 우리 지구는 정적이며 변하지 않는 물체가 아니기 때문에 이를 이해하는 것이 결코 쉬운 일이 아니다. 오히려 지구는 서로 긴밀하게 작용하는 여러 부분들이 있으며 또한 매우 길고 복잡한 역사를 가진 동적인 물체이다.

1. 지구과학이란 무엇인가?

지구과학(earth science)은 지구와 우주 내에 있는 지구의 이웃들을 이해하려는 모든 과학을 총체적으로 부르는 용어이다. 여기에는 지질학(geology), 해양학(oceanography), 기상학(meteorology) 그리고 천문학(astronomy)이 포함된다.

이 책의 제1부에서 제4부까지는 문자 그대로 "지구의 탐구"라는 의미를 가진 **지질학**(geology)에 중점을 두었다. 지질학은 전통적으로 물리적 면과 역사적 면을 다루는 두 개의 큰 영역으로 나뉜다.

물리지질학(physical geology)은 지구를 구성하는 물질들을 조사하며 지표면과 그 지하에서 작용하고 있는 많은 과정들을 이해하려고 한다. 지구는 동적이며 끊임없이 변화하는 행성이다. 지구 내부의 힘들은 지진을 만들어내며 산맥을 형성하고 또한 화산구조를 생성한다. 지표면에서는 외적인 과정들이 암석을 부수며 여러 모양의 육상의 형태를 조각해 낸다. 물과 바람 그리고 빙하의 침식작용은 다양한 지형을 만들어낸다. 암석과 광물들은 지구의 내적 그리고 외적 과정들에 대응하면서 형성되므로 이들을 해석하는 일은 우리 행성을 이해하는 기초가 된다.

이러한 물리지질학과는 대조적으로, **지사학**(historical geology)의 목표는 지구의 기원을 이해하고 45억 년의 역사를 통하여 행성이 발전해 온 자취를 밝히는 것이다. 지사학은 지구 과거를 통하여 일어났던 수많은 물리적 그리고 생물학적 변화를 시간에 따라 질서정연하게 나열하기 위하여 애쓰고 있다(**그림 I.1**). 물리적인 지질학을 연구하는 것은 논리적으로 역사를 공부하는 연구에 선행하며, 이는 통상 지구의 과거를 밝혀내려는 시도를 하기에 앞서 지구가 어떻게 작용하는지를 알아야 하기 때문이다.

제5부 바다(The Global Oceans)에서는 **해양학**(oceanography)에 초점을 맞추고 있다. 해양학은 실제에 있어서 하나의 분리된 별개의 과학이 아니다. 해양학은 오히려 모든 방면의 과학이 응용되어 바다를 하나를 종합적이며 서로 유기적으로 연구하면서 다양한 과학의 분야에서의 모습과 이들 사이의 상관관계를 이해하는 것이다. 해양학은 화학, 물리, 지질학 및 생물학을 통합한다. 해양학은 바닷물의 움직임과 조성의 연구, 또한 연안 과정, 해저의 지형 그리고 해양생물들의 조사를 포함한다.

제6부 **지구의 동적 대기**(Earth's Dynamic Atmosphere)에서는 중력에 의하여 지구에 붙잡혀 있으며 고도가 증가함에 따라 급격히 열어지는 기체 혼합물을 조사한다. 지구의 운동과 태양으로부터 오는 에너지의 복합적 효과에 의존하여 행동하면서, 이렇게 형태도 없으며 눈에 보이지 않는 대기는 무수히 다양한 형태의 날씨를 만들어내고, 또한 지구

그림 1.1 과거의 생물을 연구하는 고생물학자들. 과학자들이 중생대 후기에 살았던 거대한 육식동물인 티라노사우루스 렉스(Tyrannosaurus rex)와 유사한 앨버트사우루스(Albertasaurus)의 잔해를 발굴하고 있다. 발굴 장소는 캐나다 엘버타(Alberta)의 레드 디어(Red Deer)강 부근이다. 역사지질학의 목적은 시간에 따른 지구와 지구상의 생명의 진화를 이해하려는 것이다. 화석은 이런 탐구에서 가장 필수적인 도구가 된다. (사진 제공: Richard T. Nowitz/Sceince Source/Photo Researchers, Inc.)

기후의 기본 패턴을 형성한다. **기상학**(meteorology)은 대기 그리고 날씨와 기후를 만들어내는 과정을 연구한다. 해양학과 마찬가지로 기상학도 지구를 덮고 있는 엷은 층의 공기를 종합적으로 연구하기 위하여 다양한 분야의 과학을 응용한다.

제7부 **우주 속의 지구**(Earth's Place in the Universe)는 지구가 더 큰 우주와 어떻게 연관되어 있는지를 아는 것이 지구의 이해에 필요함을 잘 증명하고 있다. 지구는 우주 내의 다른 모든 물체들과 연관되어 있으므로 우주를 연구하는 학문인 **천문학**(astronomy)은 바로 우리 지구환경의 기원을 탐구하는 데 있어서 매우 유용하다. 우리가 우리들이 살고 있는 바로 이 행성에 너무 익숙하기 때문에 지구가 광활한 우주 내의 아주 작은 물체에 불과하다는 것을 종종 잊기 쉽다. 실제로 지구는 우주 전체에 퍼져 있는 이루 셀 수 없이 많은 또는 물체들을 지배하는 바로 그 동일한 물리적 법칙에 지배를 받고 있다. 따라서 우리 행성의 기원을 이해하기 위해서 우리 태양계의 다른 식구들에 대하여 배우는 것은 유용한 일이다. 더 나아가서 우리 태양계를 수많은 은하 중의 하나인 우리 은하 내의 수많은 별들의 집단의 한 부분으로 보는 관점도 지구의 참된 이해에 도움이 될 것이다.

지구과학을 이해하는 것은 도전적이며, 이는 우리 행성은 행성을 구성하는 많은 부분들이 서로 상호작용을 하며 또한 복잡한 역사를 가진 매우 동적인 물체이기 때문이다. 긴 역사를 통하여 지구는 끊임없이 변화해 왔다. 실제 이 글을 읽는 동안 지구는 변화하고 있으며 우리가 예견할 수 있는 미래에도 마찬가지로 변화를 계속할 것이다. 어떤 때는 이 변화가 예컨대 큰 태풍이 지나거나 산사태가 나거나 화산이 폭발하는 등 매우 빠르고 격렬하다. 그렇지만 많은 변화는 그 변화가 너무 점진적으로 일어나 그 변화를 일생 동안에도 전혀 눈치 챌 수 없기도 하다. 또한 지구과학이 다루는 현상들의 시공간적 잣대 역시 크게 변한다.

지구과학은 종종 야외에서 이루어지는 학문으로 간주되는데 실은 틀린 말이 아니다. 지구과학자들이 연구하는 많은 부분이 야외에서 이루어진 관찰이나 실험에 기초하고 있다. 그렇지만 여러 지구구성물질에 대한 연구가 많은 기본 과정들에 대한 통찰력을 제공하며 복잡한 컴퓨터 모형을 제작하여 행성의 복잡한 기후시스템을 유사할 수 있게 하는 등 지구과학은 또한 실험실에서도 수행된다. 매우 흔히 지구과학자들은 물리, 화학 및 생물 분야의 원리나 지식을 이해하고 이를 응용할 필요가 있다. 지질학, 해양학, 기상학 및 천문학은 자연의 세계 그리고 그 안에 있는 우리의 삶터에 대한 우리들의 지식을 넓혀가려는 학문들이다.

2. 지구의 권역들

그림 I.2A에 보인 것 같은 지구의 모습은 아폴로 8호에 탑승하였던 우주인들뿐 아니라 인류 모두에게 우리 지구를 바라보는 아주 특별한 시각을 제공하였다. 우주에서 바라볼 때 우리 지구는 숨이 막힐 정도의 아름다움과 외로움을 보인다. 이런 지구의 모습은 우리의 집 지구가 결국은 하나의 작은, 자급자족하는 그리고 한편으로는 어떤 면에서 매우 깨지기 쉬운 행성이라는 것을 우리들에게 일깨워준다.

우리 행성을 우주에서 더욱 세밀히 살펴보면 지구가 암석과 토양 이상의 것임이 더욱 분명해진다. 실제 **그림 I.2A**에서 가장 눈에 띄는 특징은 대륙이 아니라 넓은 대양과 그 위에서 소용돌이치는 구름이다. 이런 특징은 우리행성에서의 공기와 물의 중요성을 강조하고 있다.

그림 I.2B에 보인 대로 우주에서 더욱 근접된 지구의 모습을 보면 왜 전통적으로 물리적 환경을 우리 행성의 물 부분인 수권(hydrosphere), 지구를 덮고 있는 기체 부분인 대기권(atmosphere) 그리고 물론 단단한 지권(solid earth, geosphere)의 세 개의 주요 부분으로 나누었는지를 이해할 수 있다.

그러나 우리 환경은 암석과 물 그리고 공기가 서로 밀접하게 하나로 통합되어 있으며 단지 이들 각각에 의해 지배되는 것이 아니라는 것을 강조할 필요가 있다. 지구환경은 공기가 암석과, 암석이 물

그림 I.2 A. 아폴로 8호 우주선이 달의 뒤를 돌아 전면으로 나오면서 이에 탑승한 우주인들을 맞아준 지구의 모습. B. 아폴로 17호에서 찍은 지구의 사진에서는 아프리카와 아라비아가 눈에 띄게 분명히 보인다. 육지에서 보여주는 구름이 없는 갈색의 지역은 주요 사막지역에 해당한다. 아프리카의 중앙부를 가로질러 있는 구름대(구름의 띠)는 열대우림지대에 발달되어 있는 훨씬 습한 기후와 관련되어 있다. 짙은 푸른색의 해양과 소용돌이치는 구름 모습들은 해양과 대기의 중요성을 우리들에게 일깨워주고 있다. 빙하로 덮여 있는 남극 대륙이 남극 쪽으로 보인다. (사진 제공: NASA/Science Source/Photo Researchers, Inc.)

A.

B.

이런 사실을 알고 있었나요?

1492년 콜럼버스가 항해를 시작하였을 때 많은 유럽 사람들은 지구가 평평하며 콜럼버스는 지구의 끝에서 종말을 고할 것으로 생각하였다. 그렇지만 이보다 2000년 앞선 옛날 그리스인들은 월식에 항상 둥근 그림자가 생기는 것을 보면서 이미 지구가 둥글다는 것을 깨닫고 있었다. 실제로 에라토스테네스(기원전 276~194)는 지구의 원주를 계산하였는데 이 값은 오늘날의 관측값인 40,075km에 매우 가깝다.

과 그리고 물이 공기와 접촉하면서 끊임없이 진행되는 상호작용이 특징적이다. 이에 더하여, 우리 행성에 살고 있는 모든 동물과 식물의 총체인 생물권(biosphere)이 이러한 세 물리적 영역의 각각과 계속 상호작용을 하면서 행성 전체의 한 부분으로 동등한 위치를 차지하고 있다. 따라서 지구는 네 개의 주요 권역, 즉 수권, 대기권, 지권 그리고 생물권으로 이루어져 있다고 생각할 수 있다.

이들 지구의 네 권역 사이의 상호작용은 이루 셀

이런 사실을 알고 있었나요?

바닷물의 부피는 매우 커서 고체 지구가 완전 평편한 구형이라면 지구의 전체 표면을 약 2,000m 이상으로 덮을 수 있다.

수 없다. **그림 1.3**은 이를 쉽게 그려볼 수 있는 한 예이다. 해안은 암석과 물 그리고 공기가 서로 만나는 너무 분명한 장소이다. 이 장면은 물 위를 움직이는 공기가 끌어당기는 힘으로 만들어진 파도가 연안의 암석에 부딪히면서 깨지는 모습을 보여준다. 이러한 물의 힘은 엄청날 수 있으며, 이에 수반하여 일어나는 침식작용 또한 매우 클 수 있다.

수권

지구는 때때로 푸른 행성(blue planet)으로 불린다. 그 어느 것보다도 물이 지구를 매우 특별하게 만들어 준다. **수권**(hydrosphere)이란 바다에서 대기

그림 1.3 해안선은 아주 분명한 경계면(interface)의 하나이며, 이곳은 시스템을 이루는 여러 다른 부분들이 서로 만나 작용을 하는 공통경계이다. 이 사진에서 움직이는 공기(대기원)의 힘이 만들어낸 파도(수권)가 캘리포니아 빅서(Big Sur) 연안의 암석(지권)에 부딪히면서 깨지는 모습을 볼 수 있다. 이러한 물의 힘은 엄청날 수 있으며, 이에 수반하여 일어나는 침식작용 또한 매우 클 수 있다. (사진 제공: Carr Clifton)

중으로 증발하며, 육상에 비가 내리며, 대양으로 다시 흘러들어가면서 끊임없이 움직이는 물 전체를 가리킨다. 대양은 분명히 수권의 가장 두드러진 특징으로서 지구 표면의 거의 71%를 평균 3,800m의 깊이로 덮고 있다. 이는 지구가 가지고 있는 물의 약 97%에 해당한다. 그렇지만 수권은 또한 지하나 강, 호수 그리고 빙하에서 발견되는 담수를 포함한다. 더욱이 물은 모든 생명체의 중요한 구성요소이다.

그런데 이 후자에 속하는 물은 비록 양으로 보아 단지 작은 부분을 차지하고 있기는 하지만, 이 별로 크지 않은 퍼센트가 암시하는 것보다는 훨씬 더 중요하다. 육지에 살고 있는 생명계에 절대적으로 필요한 담수를 제공해 주고 있다는 것 이외에도 강, 빙하 및 지하수는 우리 행성의 여러 다양한 지형을 조각하고 만들어내는 장본인이다.

대기권

지구는 **대기**(atmosphere)라는 이름의 생명을 제공하는 기체상의 덮개로 둘러싸여 있다. 하늘을 가로질러 날아가는 비행기를 바라보면, 대기는 꽤 높은 고도에까지 확정되어 있는 것처럼 여겨진다 (**그림 I.4**). 그렇지만 반지름 약 6,400km의 고체 지구에 비교해 볼 때 대기는 매우 얇으며 또한 희박

그림 I.4 이 여객기는 고도 약 9,000m 이상의 상공을 날아가고 있다. 공기의 약 2/3 이상이 이 고도 아래에 모여 있다. 지상에 살고 있는 사람들에게는 대기가 매우 높은 고도에까지 퍼져 있는 것처럼 보이기도 한다. 그렇지만 고체 지구의 두께(반경)에 비교해 볼 때 대기권은 매우 얇은 층에 불과하다. (사진 제공: Warren Faidley/Weatherstock)

이런 사실을 알고 있었나요?

지난 20세기를 통하여 지구 표면의 평균온도는 약 0.6℃만큼 증가하였다. 21세기의 말에 이르면 지구 표면의 전 지구적인 평균온도가 1.4~5.8℃ 더 증가될 것으로 추정된다.

하다. 약 반 정도가 고도 5.6km 아래에 모여 있으며, 90%가 지표면에서 단지 16km 이내에 존재한다. 이렇게 숫자로 보아 매우 미미함에도 불구하고, 이 얇은 대기는 우리 행성의 빼놓을 수 없는 구성요소의 하나이다. 대기는 우리가 숨 쉬는 공기를 제공할 뿐만 아니라 또한 태양으로부터 오는 강력한 열과 위험한 복사로부터 우리를 보호해 준다. 대기와 지표면, 그리고 대기와 우주 사이에서 지속적으로 일어나고 있는 에너지의 교환은 우리가 날씨(weather)와 기후(climate)라 부르는 효과를 만들어낸다.

만약 달처럼 지구가 대기를 갖고 있지 않았다면, 우리 행성은 지구 표면을 그렇게 동적으로 만들어 주고 있는 많은 과정들과 상호작용이 진행되지 못하면서 생명이 없는 행성으로 변하였을 것이다. 풍화와 침식이 없이는 우리 행성의 표면은 지난 30억 년 동안 거의 모습이 변하지 않았던 달의 표면과 더욱 비슷한 모습을 갖게 되었을 것이다.

고체 지구, 지권

대기와 바다의 밑으로 고체 지구인 **지권**(geosphere)이 자리하고 있다. 지권은 지표면에서 약 6,400km에 있는 행성의 중심까지 펼쳐져 있으면서, 지구에서 가장 큰 권역을 형성하고 있다. 고체 지구에 대한 대부분의 연구는 접근이 용이한 지표면이나 지표면 근처의 지형에 초점이 맞추어져 있지만 이런 지형적 특징의 많은 부분이 지구 내부의 동적인 행동에 연계되어 있다는 것을 주목할 필요

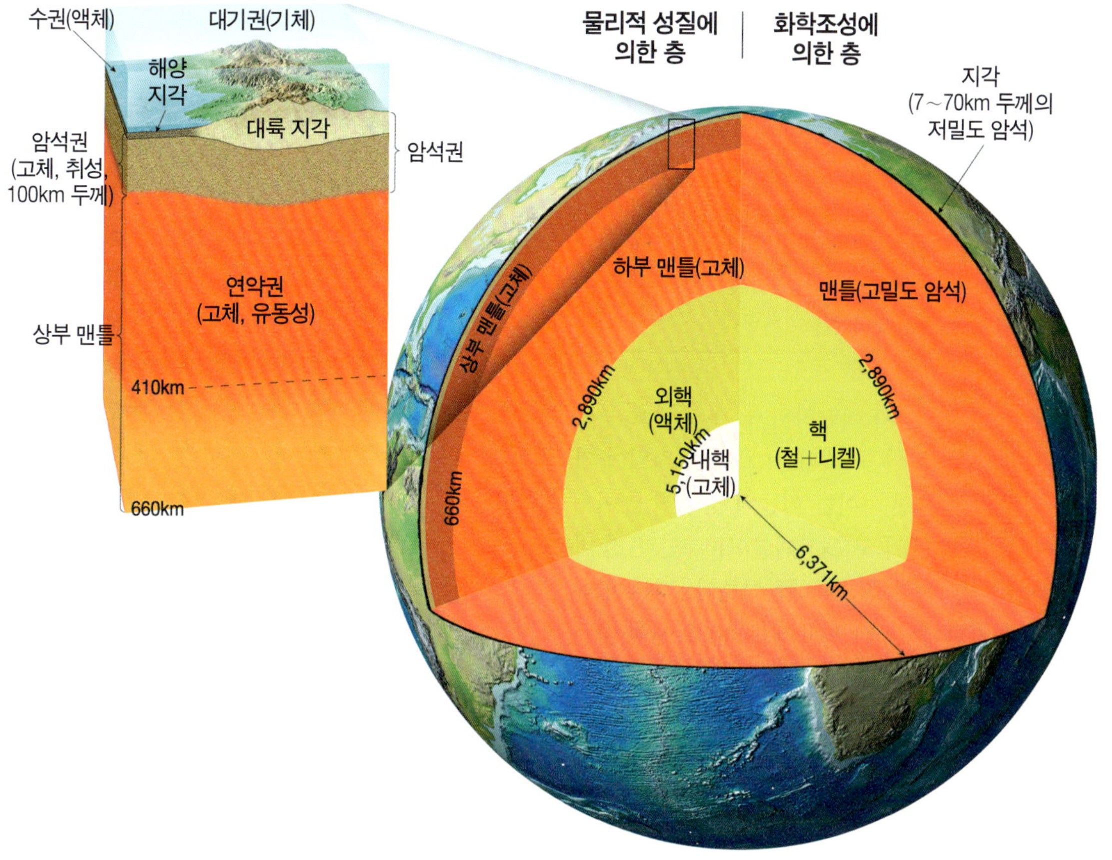

그림 I.5 오른편의 그림은 지구의 내부가 화학조성으로 볼 때 지각, 맨틀 및 핵의 세 개의 층으로 나뉘어져 있음을 보여주고 있다. 오른쪽의 그림은 지구 내부가 물리적 성질이나 역학적 강도로 볼 때 암석권, 연약권, 하부 맨틀, 외핵 및 내핵의 다섯 개의 층상구조를 가지고 있음을 보여준다. 왼쪽의 그림은 지구 내부의 상층부를 확대한 모습을 보여준다.

가 있다. **그림 I.5**는 지구 내부의 개요도를 보여준다. 여기서 볼 수 있는 대로, 지구 내부는 균일하지 않으며 여러 부분으로 나뉘어 있다. 조성의 차이에 기초하여 세 개의 층이 확인되었다: **핵**(core)이라 부르는 구형의 가장 밀도가 높은 층, 이보다는 밀도가 덜한 **맨틀**(mantle), 그리고 가장 가벼우며 지구의 맨 바깥 껍질을 이루고 있는 **지각**(crust). 지각은 어디서나 균일한 두께를 가지는 층은 아니다. 바다 밑에서는 가장 얇으며, 대륙이 위치하고 있는 곳들은 가장 두껍다. 지각이 비록 고체 지구 전체의 두께와 비교해 볼 때 별로 중요하지 않은 것처럼 보이기는 하지만, 이 역시 오늘날의 지구를 만들어낸 바로 동일한 일반적 과정들에 의해서 만들어진 것이다. 따라서 지각은 우리 행성의 역사와 성격을 이해하는 데 있어서 매우 중요하다.

고체 지구는 또한 여러 가지 힘이나 응력이 작용할 때 이에 어떤 방식으로 행동하느냐에 따라 나뉘진다. **암석권**(lithosphere)이라는 표현은 지각과 최상부 맨틀을 포함하는 단단한 지구의 최외부 층을 가리키는 용어로 사용된다. 암석권을 형성하고 있는 단단한 암석의 아래에는 약하며 지구 내부 깊은 곳에 있는 불균일한 열의 분포에 대응하여 서서히 움직일 수 있는 **연약권**(asthenosphere)의 암석들이 자리하고 있다.

이런 사실을 알고 있었나요?

맨틀이나 핵의 시료가 직접 채취된 적은 한 번도 없다. 지구의 내부 구조는 지진이 만들어내는 파형을 분석하면서 결정된 것이다. 이와 같은 에너지의 파형이 지구 내부를 관통하면서 상이한 성질을 가진 지역을 통과할 때 속도가 변하며 휘어지고 또한 반사된다. 전 세계의 각 지역에 설치된 관측소에서는 이들 자료를 감시하고 이 에너지를 기록한다.

지구 표면은 대륙과 해양저의 두 개의 주요 부분으로 나누어진다. 이 두 개의 서로 다른 지역이 가지는 가장 두드러진 차이는 이들의 상대적 높이이다. 대륙의 평균적인 고도는 해발 840m인 반면 바다의 평균 깊이는 약 3,800m에 이른다. 따라서 대륙들은 해저면에서부터 평균 4,640m 위에 솟아올라 있다.

생물권

네 번째의 "권역"인 **생물권**(biosphere)은 지구상의 모든 생물을 포함한다. 해양의 생명활동은 햇빛이 비치는 표층에 밀집되어 있다. 육상의 대부분의 생명 역시 지표면 가까이에 밀집하여 있으며, 나무의 뿌리들이나 굴을 파는 동물들이 수 미터 정도에까지 이르며 날아다니는 곤충이나 새들이 지표면에서 약 1km 정도까지의 상공에 도달한다. 식물과 동물은 생명활동의 기본을 물리적 환경에 의존하고 있다. 놀라울 정도로 다양한 생명체들이 또한 극한 환경에 적응하여 살고 있다. 예를 들어 압력이 매우 높으며 빛이 없는 깊은 심해저에는 뜨겁고 광물질을 많이 함유하고 있는 온천수를 뿜어내면서 색다른 생물체들이 살 수 있도록 지원을 해주는 지역들이 있다. 지상의 경우 어떤 박테리아들은 4km보다 더 깊은 암석 속이나 끓는 온천수 속에서 잘 살고 있다. 이에 더하여 공기 중에서는 바람이 미생물들을 수km 이상 이동시킬 수 있다. 이런 극단적인 경우를 고려해 본다고 하더라도 대부분의 생명활동은 지구 표면의 아주 좁은 영역 내에 제한되어 있는 것으로 생각할 수밖에 없다.

동물이나 식물들은 그들의 생명활동의 기초를 주위의 환경에 의존하고 있다. 그렇지만 이들 생명체는 단지 물리적 환경에 대응하는 것 이상의 일을 하고 있다. 셀 수 없는 상호작용을 통하여 생명체들은 그들 주위의 환경을 유지하고 또한 변형시키는 일을 돕고 있다. 생명이 없었다면 고체 지구, 수권 그리고 대기권의 모습과 특성은 매우 달라졌을 것이다.

3. 시스템으로서의 지구

지구를 배워나가게 되면서 우리 행성이 서로 떨어진, 그렇지만 상호작용을 하는 많은 부분들, 즉 권역으로 이루어진 동적인 물체임이 더욱 분명해질 것이다. 수권, 대기권, 생물권, 지권 그리고 이들을 구성하는 많은 구성성분들은 물론 각각 연구될 수도 있다. 그렇지만 이들 부분들이 서로 고립되어 있는 것은 결코 아니다. 이들 각각은 어떤 모양으로든 서로 연관되어 보다 복잡하고 끊임없이 상호작용을 하는 **지구시스템**(Earth system)이라고 부르는 하나의 거대 물체를 만들어내고 있는 것이다.

지구시스템의 서로 다른 부분들이 서로 연계되어 있음을 보여주는 한 예가 매 겨울마다 일어난다. 태평양에서 수분이 기화하여 남부 캘리포니아의 언덕에 비를 뿌리면서 매우 파괴적인 산사태를 유발한다. 물이 수권에서 대기권으로 이동하여 지권으로 옮겨가는 과정은 해당 지역 내에 서식하고 있는 식물들과 동물(사람을 포함한)에게 깊은 영향을 끼친다.

과학자들은 우리들이 살고 있는 행성을 좀 더 깊이 이해하기 위해서는 이들 각 부분(육지, 물, 공기 및 생명)이 어떻게 서로 연관되어 있는지를 공부하지 않으면 안 된다는 것을 깨닫고 있다. **지구시스템 과학**(Earth system science)라고 불리는 이런 노력은 활발하게 서로 상호작용을 하는 여러 서브시스템(subsystem)들로 구성된 하나의 시스템으로서의 지구를 연구하는 것을 목표로 하고 있다. 지구시스템을 연구하려는 사람들은 이러한 복합학문적인 접근방법을 이용하여 오늘날의 많은 지구환경 문제들을 이해하고 해결하는 데 필요한 이해의 폭을 높여가려고 하고 있다.

시스템(system)이란 한 복합체를 이루어내는 서로 작용하는 아니면 독립적인 여러 부분들의 모음을 이른다. 우리 모두는 이 용어를 흔히 듣고 또한 사용하고 있다. 우리는 자동차의 냉각시스템을 정비하고, 도시의 교통시스템을 이용하며 또는 정치시스템의 일부로 참여하기도 한다. 뉴스 시간이면 다가올 기상시스템에 대하여 안내를 해준다. 이에 더하여 지구는 태양계(solar system)라 부르는 훨씬 큰 시스템의 작은 한 부분이며, 태양 또한 은하수(Milky Way)라 부르는 더 큰 시스템의 일부이다.

지구를 구성하는 각 부분은 서로 밀접히 연계되어 있어서 어느 한 부분의 변화가 다른 어느 부분, 심지어는 모든 부분에 걸쳐 변화를 만들어낼 수 있다. 예를 들어보자. 화산이 폭발할 때 지구 내부로부터 표면으로 용암이 흘러나와 인근 계곡을 막아버릴 수 있다. 이렇게 만들어진 새 장애물은 호수를 만들거나 아니면 하천의 흐름을 변하시켜 이 지역의 배수형태에 영향을 줄 수 있다. 화산이 폭발할 때 배출되는 많은 양의 화산재와 기체들은 대기 높은 고도에까지 이르러 지표면에 도달하는 태양 에너지의 양에 영향을 줄 수 있다. 이런 결과는 전체 반구에 걸쳐 대기 온도의 하강으로 이어질 수 있다.

지표면이 용암이나 두꺼운 화산재에 덮일 때 기존의 토양은 이에 묻혀버린다. 이런 일은 새로운 토양 생성과정을 가동시켜 새로이 등장한 표층을 토양으로 변환시킨다(**그림 1.6**). 이렇게 해서 결국 만들어지는 토양은 화산의 모암, 풍화작용의 형태 및 속도, 생명활동에 끼치는 영향 등 지구시스템의

그림 1.6 1980년 세인트헬렌스(St. Helens) 화산이 폭발하면서 사진에 보이는 지역이 화산이 만들어낸 흙더미에 묻혀버렸다. 그러나 단지 몇 년이 지난 후 식물들이 다시 자라며 새로운 토양이 만들어지고 있음을 보여준다. (사진 제공: Jack W. Dykinga Associates)

많은 부분들 사이에 일어나는 상호작용에 반영될 것이다. 물론 생물권에도 중요한 변화가 있게 될 것이다. 용암과 화산재는 어떤 생명체나 이들의 서식지를 완전히 파괴시키며 한편으로는 예컨대 호수와 같은 생명활동을 위한 새로운 무대를 만들어낸다. 이로 인해 만들어질 수도 있는 기후 변화 역시 이에 민감한 생명체들에게 영향을 줄 수 있다.

지구시스템이란 밀리미터에서 수천km까지 이르는 공간규모에서 변화하는 과정들에 의해서 특징지어진다. 지구 과정의 시간규모 또한 밀리세컨드(millisecond)에서 수십억 년에 이르는 범위를 가진다. 우리가 지구를 점점 알게 됨에 따라 시간과 공간에서 현저하게 차이가 나는데도 불구하고 많은 과정들이 서로 연계되어 있으며 또한 한 성분의 변화가 전체 시스템에 영향을 줄 수 있다는 것을 더욱더 분명하게 이해할 수 있게 된다.

지구시스템은 두 가지 에너지원에 의해 동력을 공급받는다. 태양은 대기권, 수권 및 지표상에서 일어나는 외적 과정들을 구동시킨다. 날씨와 기후, 대양의 순환 및 침식과정 등은 태양으로부터 오는 에너지에 의하여 구동된다. 지구 내부는 또 하나의 에너지원이다. 우리 행성이 형성될 때부터 아직 남아 있는 열 그리고 방사능 붕괴에 의해서 계속해서 생성되는 열은 화산, 지진 그리고 산맥을 형성하는 내적 과정을 구동시킨다.

사람은 생물과 무생물들이 서로 밀접하게 얽히고 서로 연결되어 있는 지구시스템의 일부이다. 따라서 우리들의 행동은 다른 모든 부분에 변화를 만들어낸다. 우리들이 가솔린과 석탄을 땔 때, 해안선을 따라 방파제를 건설할 때, 폐기물들을 버릴 때, 그리고 땅의 정지작업을 할 때, 우리들은 지구시스템의 다른 부분들이 이에 대응하여 변화하도록 만들며 때로는 이들은 전혀 예기할 수 없는 방향으로 진전된다. 이 책 전체를 통하여 우리들은 지구의 여러 서브시스템, 몇 개의 예를 들어보면 물의 순환시스템, 지구조(조산)시스템, 기후시스템 등에 대하여 공부하게 된다. 이들 성분들과 우리들 사람은 모두 지구시스템이라 부르는 매우 복잡하게 상호 연계되어 있는 전체의 각 부분들이라는 것을 잊어서는 안 된다.

4. 지구시스템 과학에서의 공간과 시간규모

우리들이 지구를 공부할 때 시공간적인 규모에서 매우 다양한 과정들을 다루지 않을 수 없다(**그림 I.7**). 예컨대 번개의 규모나 진행시간, 혹은 모래언덕의 크기 등과 같은 일부 현상들은 우리들의 머릿속에 그려보기가 비교적 그리 어렵지 않다. 그러나 어떤 현상들은 너무 크거나 너무 작아서 이들을 머릿속에 그려보는 것이 힘들다. 별들의 수나 우리 은하수의 거리(그리고 물론 이들을 더 넘어서!) 또는 광물 내에서의 원자들의 내부 배열 등이 바로 이런 예에 속한다.

우리들이 공부하는 어떤 사건들은 1초도 되지 않는 짧은 시간에 일어난다. 번개와 같은 것이 이에 속한다. 어떤 과정들은 수천만 혹은 수억 년의 시간에 걸쳐 일어난다. 우뚝 솟아 있는 히말라야 산맥은 약 4,500만 년 전에 만들어지기 시작하였으며 오늘날까지도 진행이 지속되고 있다.

지질학적 시간은 과학을 전공하지 않은 많은 사람들에게 생소한 개념이다. 사람들은 통상 시간, 일, 주, 년 등의 기간을 다루는 데 익숙하다. 역사책은 종종 세기를 걸치면서 일어난 사건을 다루고 있지만 실은 한 세기를 충분히 이해하는 것도 쉬운 일은 아니다. 우리들 대부분에게 있어 어떤 사람이나 어떤 물건이 90년이 되었다는 것은 매우 오랜 것이며, 1,000년이 지난 유물은 실로 고대에 속한다.

그런데 이와는 대조적으로 지구과학을 연구하는 사람들은 흔히 백만 년, 혹은 수십억 년 등의 엄청나게 긴 시간을 다룬다. 45억 년의 역사를 가진 지

그림 I.7 지구과학은 원자의 크기에서부터 은하 및 이를 넘는 크기에 이르기까지의 엄청난 공간규모에서 일어나는 현상에 대한 탐구를 포함하고 있다.

구라는 정황에서 볼 때 1억 년 전에 일어난 사건은 지질학자들에게는 "최근(recent)"에 일어난 것이라고 규정지을 수밖에 없으며, 약 1,000만 년의 연대를 가진 암석은 "젊은(young)" 시료라고 부를 수밖에 없다.

우리 행성을 공부하는 과정에서 지질학적 시간의 크기를 이해하는 것은 매우 중요하다. 이는 많은 과정들이 매우 서서히 일어나기 때문에 어떤 중요한 변화가 일어나기 위해서는 엄청나게 긴 시간을 필요로 하기 때문이다.

45억 년이란 얼마나 긴 시간일까? 만약 1초에 한 숫자를 세는 속도로 세기를 시작한다면 하루 24시간, 1주일 7일을 계속 끊지 않고 이를 지속하더라도 45억에 이르기 위해서는 약 두 번의 사람의 수명(150년)을 필요로 한다!

지난 200여 년 동안 지구과학자들은 지구 역사의 **지질학적 시간규모**(geologic time scale)를 만들어내었다. 지구의 45억 년의 역사가 여러 개의 작은 단위로 나뉘었으며, 이렇게 만들어진 의미 있는 시간의 틀을 통해 과거에 일어났던 지질학적 사건들이 나열될 수 있었다(**그림 I.8**). 지질학적 시간규모를 발전시키는 데 사용된 원리에 대해서는 제8장에서 좀 더 자세히 살펴볼 것이다.

5. 자원과 환경 문제들

환경(environment)이란 어떤 유기체 주위에서 영향을 주는 모든 것을 가리킨다. 이중 어떤 것은 생물학적 또는 사회적인 것이며 또 다른 것들은 무생물적이다. 후자에 속하는 여러 요소들을 집합적으로 우리들의 물리적 환경이라고 부른다. **물리적 환경**(physical environment)에는 물, 공기, 토양, 암석뿐만 아니라 온도, 습도, 태양빛과 같은 조건도 포함된다. 지구과학자들이 연구하는 현상과 여러 과정들은 이러한 물리적 환경을 이해하는 기초가 된다. 이런 의미에서 대부분의 지구과학은 환경과학의 특징을 지닌다.

그렇지만 오늘날 환경적(environmental)이라는 용어가 지구과학에서 사용될 때는 통상 사람들과 물리적 환경 사이의 관계를 의미한다. 이러한 상호

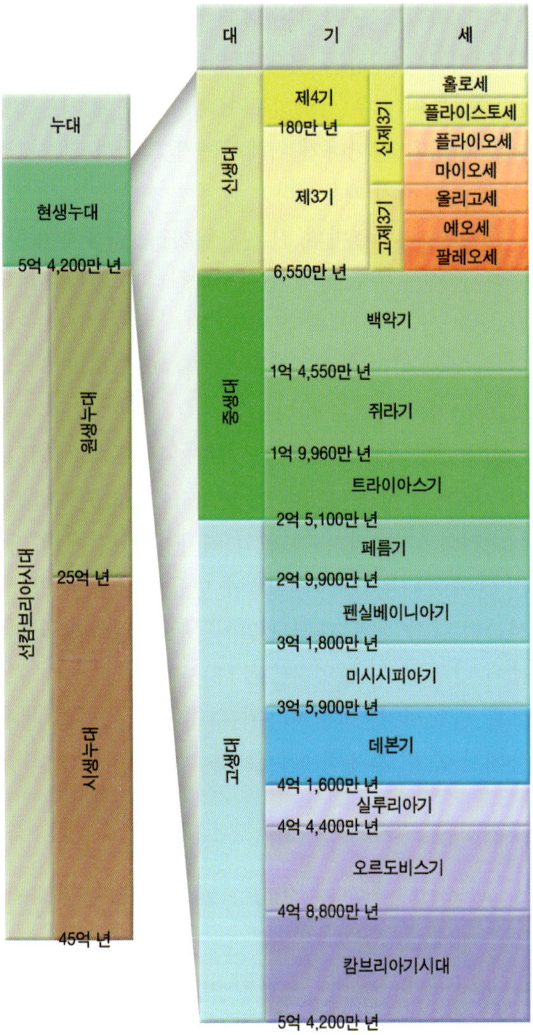

그림 I.8 지질 연대표는 45억 년의 지구 역사를 누대(eon), 대(era), 기(period), 세(epoch) 등으로 나눈다. 우리는 오늘날 제4기의 홀로세에 살고 있다. 이 시대는 신생대의 일부분이며 현생누대(Phanerozoic eon)의 가장 최근에 해당한다. 이런 지질 연대에 대해서는 제8장에서 더욱 자세히 다룰 예정이다.

작용으로부터 야기된 여러 문제들을 이해하고 풀어나가기 위해서는 지구과학의 응용이 필요하다.

우리들은 매우 극적으로 자연과정에 영향을 미칠 수 있다. 예를 들어 강물의 범람은 자연적인 현상이지만 홍수의 규모나 횟수는 삼림의 벌채, 도시의 형성 그리고 댐의 건설 등 사람들의 활동을 통하여 크게 변할 수 있다. 불행하게도 자연의 시스템은 이런 인위적인 변화에 대하여 항상 우리들이 기대하는 방향으로 적응하는 것만은 아니다. 따라서 사회에 도움을 줄 수 있을 것이라는 의도로 만들어진 환경 변화가 전혀 반대의 효과를 만들어낼 수도 있는 것이다.

자원

자원(resources)은 사람들에게 중요한 가치를 가지므로 지구과학의 중요한 관심사이다. 자원에는 물, 토양에서부터 시작하여 매우 다양한 금속, 비금속의 광물 그리고 에너지가 포함된다. 이런 물질들은 모두 현대 문명의 가장 기본적인 기초를 이룬다(**그림 I.9**). 지구과학은 이런 지극히 중요한 자원의 형성, 산출뿐만 아니라 공급의 유지 및 이들의 추출 및 사용이 환경에 미치는 영향을 다룬다.

고도로 산업화된 사회에 살고 있는 사람들 중에서 오늘날의 생활수준을 유지하기 위해서 얼마나 많은 자원을 필요로 하는지를 깨닫고 있는 사람이 거의 없다. 예를 들어 미국인의 금속과 비금속 광물 자원의 1인당 연간 소모량은 거의 10,000kg(10톤)에 이른다. 이 값은 현대 사회에서 요구되는 많은 종류의 화합물들을 만들어내기 위해서 산업체가 필요로 하는 물질 총량을 각 개인당으로 할당한 양이다. 다른 선진국들도 이와 거의 비슷한 숫자이다.

이런 사실을 알고 있었나요?

매년 미국인들은 평균적으로 엄청난 양의 지구의 자원을 필요로 한다. 이렇게 1년 동안 필요한 양이 한 번에 다 배달된다고 생각해 보자. 5,830kg의 암석, 4,025kg의 모래와 자갈, 400kg의 시멘트, 180kg의 소금, 160kg의 인산염, 440kg의 비금속물질을 큰 트럭이 집으로 싣고 와서 쏟아놓아야 한다. 여기에 320kg의 철, 알루미늄, 구리 등의 금속이 더해질 것이다.

A.

B.

그림 1.9 석탄은 2004년 미국 에너지 소모의 약 22%를 차지한다. 석탄은 전력을 생산하는 발전소의 주요 연료이다. 이에 비하여 석유는 미국 에너지 소비의 약 40%를 담당한다. A. 현재의 지하 석탄광산은 매우 기계화되어 있으며 비교적 안전하다. (사진 제공: Melvin Grubb/Grubb Photo Services, Inc.) B. 북해에서 가동되고 있는 현대적인 해저 시추작업. (사진 제공: Peter Bowater/Photo Researchers, Inc.)

자원은 통상 크게 두 그룹으로 나누어진다. 그 하나는 **재생 가능한**(renewable) 자원, 즉 비교적 빠른 시간에 다시 보충될 수 있는 것이다. 식용 작물이나 가축, 의복에 사용되는 천연섬유 그리고 목재나 종이 제조용 삼림 등이 전형적인 예이다. 흐르는 물이나 바람 및 태양으로부터 얻는 에너지도 재생산이 가능한 에너지로 간주할 수 있다.

이와는 대조적으로 다른 많은 기초적인 자원들이 **재생 불가능한**(nonrenewable) 자원으로 분류된다. 철, 알루미늄, 구리와 같은 중요한 금속들이 기름, 천연가스, 석탄 같은 매우 중요한 연료들과 마찬가지로 이에 속한다. 비록 이러한 그리고 여타의 자원들이 계속 형성되기는 하지만, 이들을 만들어 내는 과정들이 매우 느려서 상당량이 만들어지기까지는 수백만 년의 시간이 소요된다. 요점은 지구가 가지고 있는 이들의 양이 고정되어 있다는 것이다. 현재 공급되는 양이 다 채광되거나 퍼올려지고 나면 더 이상 남지 않는 것이다. 알루미늄과 같은 일부 자원은 여러 번 다시 사용될 수 있지만, 기름 같은 자원들은 재사용이 불가능하다.

이러한 기초 자원들의 공급이 얼마나 더 지속될 수 있을까? 오늘날 선진국의 생활수준을 더 높이며 또한 개발도상국의 날로 늘어가는 수요를 만족시키면서 얼마나 오랫동안 우리의 삶을 유지해 나갈 수 있을까? 또한 기초 자원을 추구해 가는 과정에서 환경 파괴를 어느 정도나 허용할 수 있을까? 다른 대안이 찾아질 수 있을까? 세계 인구의 증가와 더불어 날로 늘어나는 수요에 대처하기 위해서는 우리의 현존하는 그리고 잠재적인 자원에 대하여 이해하는 것이 매우 중요하다.

지구환경의 여러 문제들

적절한 광물과 에너지 자원을 찾아가는 것 이외에도, 지구과학은 줄을 지어 나타나는 여타의 환경 문제들을 다루지 않으면 안 된다. 그 규모에 있어서 일부는 국지적, 또는 광역적이지만 어떤 것들은 그 범위에 있어서 전 지구적이다. 개발국이나 개발

A.

B.

그림 I.10 도시 대기의 오염과 토양의 소실은 지구과학자들이 다루어야 하는 두 개의 환경 문제를 대변한다. A. 2005년 8월 10일 말레이시아 쿠알라룸푸르(Kuala Lumpur)에서 발생한 공기 오염 사건. 자동차에 의한 연료 연소 및 발전소가 대부분의 오염물질의 오염원 역할을 하였다. 기상조건들은 이들 오염물질들이 도시 내에 "갇혀" 있을지 혹은 분산될지를 결정한다. (사진 제공: Viviane Moos/CORBIS) B. 컬럼비아 남부의 별로 보호장치가 없는 토양이 소실되면서 만들어지는 골짜기들. 면적 1에이커(acre: 약 4,047m^2)의 땅에서 단지 1mm의 두께만큼 토양 소실이 일어날 때 잃어버리는 토양의 양은 약 5톤에 이른다. (사진 제공: Carl Purcell/Photo Researchers, Inc.)

도상국이나 할 것 없이 모두 심각한 문제들에 당면하여 있다. 대도시 공기의 오염, 산성비, 오존 파괴, 또한 지구온난화 등은 심각한 위협을 제기하는 단지 몇 개의 예일 뿐이다(**그림 I.10**). 침식에 의한 비옥한 토양의 유실, 유해 폐기물의 처리, 수자원의 고갈 및 오염 등이 다른 예이다. 그리고 이들의 목록은 점점 길어지고 있다.

사람이 만들었거나 사람이 더욱 가속시키는 문제들 이외에도, 사람들은 물리적 환경이 만들어내는 여러 **자연재해**(natural hazards)에 적응하며 살아가야 한다(**그림 I.11**). 지진, 산사태, 화산 폭발, 홍수 그리고 허리케인/태풍은 이중 대표적인 다섯 개의 예이다. 이들처럼 극적이지는 않지만, 가뭄과 같은 것들도 마찬가지로 중요한 자연재해에 포함된다. 많은 경우에 있어서 위험이 이미 도사리고 있는 지역에 사람들이 모여들어 인구가 증가하면서 또는 경작지로 부적절한 한계토지에까지 개간을 시도하면서 자연재해로부터의 위협이 더욱 심각해지고 있다.

세계의 인구가 더욱 빠른 속도로 증가하면서 환경에 대한 압박 또한 더욱 커질 것이 분명하다. 따라서 지구를 이해하는 것은 기본 자원의 탐사 및 회수뿐만 아니라 사람이 환경에 미치는 영향을 다루며 또한 자연재해의 효과를 최소화하는 데 있어서도 필수적이다. 우리 행성 그리고 이 행성이 어떻게 작동하고 있는지를 이해하는 것은 우리들의 생존 그리고 번영에 꼭 필요하다. 지구는 우리들이 가진 유일한 삶의 터전이며 그 자원은 제한되어 있기 때문이다.

이런 사실을 알고 있었나요?

1800년이 되어서야 세계의 인구가 10억 명에 도달하였다. 이때 이후 거의 60억 명에 이르는 사람들이 행성에 추가되었다.

A.

B.

그림 I.11 자연재해는 지구상에 사는 삶의 일부이다. A. 2006년 1월 31일 파키스탄 무자파라바드(Muzaffarabad)에 있었던 지진 피해를 보여주는 항공사진. (사진 제공: Danny Kemp/AFP/Getty Images, Inc.) B. 2005년 8월 후반에 발생하였던 허리케인 카트리나(Katrina)가 걸프만 연안을 황폐화시기키 직전의 모습. (사진 제공: NASA)

6. 과학적 탐구방법의 특성

현대 사회의 일원으로서 우리들은 과학의 혜택을 받으며 살고 있다는 것을 거듭 다짐받고 있다. 그러나 과학적 탐구의 본질은 과연 무엇일까? 과학이 어떻게 진행되며 과학자들은 어떻게 일하는가를 이해하는 능력을 키우는 것은 이 책의 중요한 과제이다. 자료를 수집하는 데서 오는 이려움과 이런 어려움을 극복하기 위하여 여러 독창적인 방법들이 개발되어 왔다는 것을 살펴보게 될 것이다. 또한 어떤 방식으로 가설이 세워지며 어떻게 시험되는지를 볼 수 있는 예들을 살필 것이며 또한 중요한 과학적 이론들이 어떻게 진화하며 발전하였는지를 공부하게 될 것이다.

모든 과학은 자연계는 일관성이 있으며 예측이 가능한 방식으로 행동하고 있다는 가정에 기초하고 있다. 과학의 궁극적인 목표는 이러한 자연세계의 기초를 이루는 패턴을 발견하고 이를 이용하여 주어진 사실과 환경하에서 어떤 일이 일어날 것인지 또는 일어나지 않을 것인지를 예측하는 것이다.

새로운 과학적 지식이 발전되기 위해서는 모든 사람들이 받아들이고 있는 몇 개의 기초적이며 논리적인 과정이 필요하다. 자연의 세계에서 어떤 일이 일어나고 있는지를 결정하기 위해서 과학자들은 관찰과 측정을 통하여 사실(fact)을 수집한다(**그림 I.12**). 일부의 오차가 포함되는 것은 피할 수 없는 것이므로 어떤 특정한 측정이나 관찰의 정확도는 항상 검토의 내상이 될 수밖에 없다. 그럼에도 불구하고 이런 자료들은 과학에 있어서 필수적이며 과학적 이론을 발전시키는 데 있어서 뼈틀의 역할을 담당한다.

가설

일단 사실들이 모이고 하나의 자연현상을 기술하는 기본 원리가 공식화되면 연구자들은 이런 일들이 왜, 또는 어떤 방법으로 관측된 방식을 따라 일어나게 되었는지를 설명해 보려고 노력한다. 과학자들은 이를 위해서 우리가 과학적 **가설**(hypothesis), 혹은 **모형**(model)이라고 부르는, 아직 채 증명되지 않은 1차적인 해석을 만들어낸다〔모형(model)이란 용어는 가설이란 용어와 흔히 함께 혼용되지만 조금 덜 정확한 표현이며, 이는 모형이란 용어가 과학적 이론을 기술하는 데에도 때로 사용되기 때문이다〕. 연구자가 하나의 관측결과와 사실을 설명하기 위해서 몇 개의 상이한 가설을 만들어낼 수 있다면 아주 좋은 일이다. 만일 한 과학자가 여러 가설을 생각해 내지 못한다면, 다른 과학자들이 다른 설명과정을 발전시킬 수 있음이 거의 확실하다. 이를 통해 열띤 토론이 있을 것임이 분명해진다. 이 결과로 인해 반대되는 모형에 뜻을 같이 하는 사람들의 활발한 연구가 진행되며 이런 연구의 결과는 과학학술지를 통하여 더 널리 여러 과학자들에게 알려진다.

그림 I.12 하와이 킬라우에아(Kilauea) 화산 근처의 용암 튜브 내의 "스카이라이트(skylight)"에서 용암 시료를 채취하는 지질학자. (사진 제공: G. Brad Lewis/Getty Images Inc.—Stone Allstock)

가설이 과학적 지식의 일부로 사람들에게 받아들여지려면 이 가설은 객관적인 시험과 분석과정을 통과해야 한다. (만일 하나의 가설이 검증할 방법을 가지고 있지 않다면 그것이 아무리 흥미가 있어 보이는 것이라 할지라도 과학적으로 쓸모가 없다.) 검증과정은 가정에 기초한 **예측**(prediction) 및 자연의 객관적인 관찰에 비교하여 이들 예측을 검정 받는 과정을 필요로 한다. 이를 다르게 표현해 보면, 가설은 당초에 이 가설을 세우는 데 사용되었던 것들 이외의 다른 관측결과들과 서로 맞아야 한다. 이러한 엄격한 검정과정을 통과하지 못하는 가설들은 궁극적으로 버려질 수밖에 없다. 가장 잘 알려진 것으로, 겉보기에 지구 주위를 하루에 한 번씩 돌고 있는 태양, 달 그리고 별들의 운동을 설명하기 위해서 제안된 지구가 우주의 중심에 있다는 생각이 있다. 이를 수학자 브로노프스키(Jacob Bronovski)는 다음과 같이 멋지게 표현하였다: "과학은 아주 위대한 많은 것들이다. 그렇지만 결국 이들은 모두 다음과 같이 귀결된다: 과학이란 제대로 작동하는 것은 수용하며 그렇지 못한 것은 버리는 것이다."

이론

한 가설이 다방면에 걸친 면밀한 검사를 통과하고, 경쟁을 하던 다른 가설들이 사라지고 나면, 이 가설은 하나의 과학적 **이론**(theory)으로 그 지위가 승격될 수 있다. 통상의 매일의 대화에서 우리들은 "그것은 단지 하나의 이론일 뿐이다"라는 표현을 사용하기도 한다. 그러나 과학적 이론이란 어떤 관측결과를 가장 잘 설명하는 것으로 과학자들이 동의하는, 충분히 검증되고 널리 받아들여지는 관점이다.

한 이론이 더 많은 검증과정을 극복할수록 이 이

론은 더욱 신뢰도가 높아지게 된다. 이런 단계에 이른 이론들은 특별한 위치를 차지한다. 이들을 **패러다임**(paradigms)이라 부르며 이는 서로 연계되어 있는 많은 자연현상을 설명해 줄 수 있기 때문이다. 가장 잘 알려진 예로 진화론을 들 수 있으며, 이를 통하여 지구상에 살았던 생명체의 발전과정을 설명할 수 있다. 또 하나의 예로 지질과학의 패러다임인 판구조론이 있으며, 이는 산맥, 지진 및 화산활동의 기원을 이해할 수 있는 기반을 제공해 주고 있다. 이에 더하여 판구조론은 시간에 따른 대륙 및 해양저의 진화를 설명해 주며 이에 대해서는 뒤에 더 자세히 살피게 된다.

과학적 방법

지금까지 설명한 대로 과학자들이 관찰을 통하여 사실을 수집하고 과학적 가설을 세우며 이들을 궁극적으로 과학적 이론으로까지 발전시켜 가는 일련의 과정을 과학적 방법(scientific method)이라고 부른다. 그러나 일반적인 통념과는 달리 과학적 방법이 자연의 비밀을 밝혀내기 위하여 과학자들이 판에 박힌 듯이 응용하는 표준화된 비법은 아니다. 오히려 과학적인 방법은 창의성과 통찰력을 수반하는 하나의 시도이다. 러더퍼드(Rutherford)와 알그렌(Ahlgren)은 이를 다음과 같이 표현하고 있다: "세상이 어떻게 돌아가고 있는지를 그리기 위하여 하나의 가설이나 이론을 고안하고 이들의 현실성을 검증할 수 있는 수단을 찾아내는 것은 시를 쓰거나 작곡을 하거나 또는 마천루를 설계하는 것과 마찬가지로 창조적인 작업이다."*

잘못이 없이 과학적 지식으로 과학자들을 인도해 주는 길로서 과학자들이 항상 따르는 고정된 길이 정해져 있는 것은 아니다. 그럼에도 불구하고 많은 과학적 탐구과정에는 다음의 단계들이 포함되어 있다: (1) 관찰과 측정을 통하여 과학적 사실들을 수집한다(**그림 I.13**); (2) 이들 사실을 설명하기 위하여 하나 또는 그 이상의 작업용 가설(working hypothesis)을 개발한다; (3) 이들 가설을 검증하기 위한 관측과 실험방법을 개발한다; (4) 다방면에 걸친 검증에 기초하여 가설을 수용, 수정 또는 폐기한다.

어떤 과학적 발견들은 전적으로 많은 시험을 거친 이론적인 생각에 기초한 것들이다. 그러나 어떤 과학적 발전은 실험을 해나가는 중 전혀 예측하지 못하였던 일들이 발생하면서 이루어졌다. 일부 과학자들은 초고속의 컴퓨터를 이용하여 실제(real)의 세계에서는 어떤 일이 일어날지를 모사해 본다. 이런 모형들은 매우 긴 시간규모를 통해 일어나거나 또는 매우 극단적이거나 접근이 불가능한 지역에서 일어나는 자연과정들을 다루는 데 매우 유용하다. 또한 어떤 과학적인 진전은 실험을 진행하는 과정 중에 전혀 예측하지 못했던 일들이 일어나면서 성취된다. 그러나 이러한 우연한 발견도 단지 운이 좋았던 것 그 이상이며, 루이스 파스퇴르(Louis Pasteur)는 이를 다음과 같이 말하였다. "관찰의 세계에서 기회는 오직 준비된 마음만을 선호한다."

과학적 지식은 여러 방법을 통해서 얻어지므로 과학적 탐구의 특성은 과학적인 방법이라기보다는 과학하는 방법들(methods of science)이라고 말하는

이런 사실을 알고 있었나요?

과학의 법칙(law)은 일반적으로 범위가 좁으며 종종 하나의 간단한 수식으로 기술할 수 있는 비교적 간단한 자연의 한 특별한 성질을 기술하는 기본적 원리를 말한다.

---

* F. James Rutherford and Andrew Ahlgren, *Science for All Americans* (New York: Oxford University Press, 1990), p. 7.

그림 I.13 자료 수집은 과학적 연구방법의 기본이 되는 부분이다. 사진에서 보는 자동표면관측시스템(Automated Surface Observing System; ASOS)은 미국 주요 표면관측망의 일부로서 약 900여 관측점에서 자료를 수집하는 데 이용되고 있다.

것이 가장 적절할 것이다. 이에 더하여 항상 기억해야 할 것은 가장 강력한 이론들도 여전히 단순화된 자연의 설명이라는 점이다.

7. 지구(시스템) 공부하기

이 책에서 여러분들은 지난 여러 세기에 걸쳐 얻어진 과학적 연구 결과들을 발견하게 될 것이다. 여러분들은 또한 엄청나게 많이 있었던 관찰, 수많은 가설들 그리고 많은 이론들을 거치면서 이루어진 최종 결과물들을 보게 될 것이다. 저자들은 여러분들에게 지구과학을 요약해서 보여주기 위하여 이런 과거의 모든 것들을 증류시켜 보았다.

그렇지만 우리들이 지구에 대하여 알고 있는 지식은 매일 바뀌고 있음을 기억할 필요가 있다. 이런 변화는 전 세계적으로 수천의 과학자들이 인공위성 관측을 하며, 해저에서 채취된 퇴적물의 시추시료를 분석하고, 지진파를 공부하며, 기후를 예측하는 모형을 개발하고, 생물들의 유전자 서열을 조사하며, 우리 행성의 지난 긴 역사에 관한 새 사실을 발견하는 노력을 통하여 이루어지고 있다. 이렇게 얻어지는 새 지식들은 기존의 가설이나 이론들을 더욱 새롭게 만든다. 여러분들의 일생 동안에 과학적 사고에 있어서 많은 변화와 새 발견이 이루어질 것을 기대해도 좋을 것이다.

학습내용 요약

1. 지구과학(Earth Science)은 지구와 우주 내에 있는 지구의 이웃들을 이해하려는 모든 과학을 총체적으로 부르는 용어이다. 여기에는 지질학(geology), 해양학(oceanography), 기상학(meteorology) 그리고 천문학(astronomy)이 포함된다. 지질학은 전통적으로 물리적 면과 역사적 면을 다루는 두 개의 큰 영역으로 나뉜다.

2. 지구의 물리적 환경은 전통적으로 단단한 지구 부분인 지권(geosphere), 우리 행성의 물 부분인 수권(hydrosphere), 지구를 덮고 있는 기체 부분인 대기권(atmosphere)으로 나누어진다. 이에 더하여 우리 행성에 살고 있는 모든 동물과 식물의 총체인 생물권(biosphere)이 이러한 세 물리적 영역의 각각과 계속 상호작용을 하면서 행성 전체의 한 부분으로 동등한 위치를 차지하고 있다.

3. 지구를 구성하는 네 개의 권역이 물론 각각 연구될 수도 있지만, 이들 각각은 서로 연관되어 보다 복잡하고 끊임없이 상호작용을 하는 지구시스템(Earth system)이라고 부르는 하나의 거대 물체를 만들어내고 있는 것이다. 지구시스템 과학은 복합학문적인 접근방법을 이용하여 여러 학문 분야의 지식을 통합하면서 우리 행성과 행성의 환경 문제들을 연구한다.

4. 지구시스템을 구동시키는 두 가지 에너지원은 (1) 태양에너지(대기권, 수권 및 지표상에서 일어나는 외적 과정들을 구동)와 (2) 지구 내부에서 나오는 열(화산, 지진 그리고 산맥을 형성하는 내적 과정을 구동)이다.

5. 환경(environment)이란 어떤 유기체 주위에서 영향을 주는 모든 것을 가리킨다. 이중 어떤 것은 생물학적 또는 사회적인 것이며 또 다른 것들은 무생물적이다. 오늘날 **환경적**(environmental)이라는 용어가 지구과학에서 사용될 때는 통상 사람들과 물리적 환경 사이의 관계에 초점이 맞추어져 있다.

6. 자원은 매우 중요한 환경적 관심사이다. 자원은 통상 크게 (1) 재생 가능한(renewable) 자원(비교적 빠른 시간에 다시 보충될 수 있는 것)과 (2) 재생 불가능한(nonrenewable) 자원의 두 그룹으로 나누어진다. 인구가 증가하면서 자원에 대한 요구가 함께 늘어나고 있다.

7. 환경 문제들은 그 규모에 있어서 일부는 국지적, 광역적, 또는 전 지구적이다. 사람들이 만들어낸 환경 문제에는 대도시 공기의 오염, 산성비, 오존 파괴, 또한 지구온난화 등이 포함된다. 자연재해에는 지진, 산사태, 화산 폭발, 홍수 그리고 허리케인 등이 포함된다. 인구가 증가하면서 환경에 대한 위협 또한 증가하고 있다.

8. 모든 과학은 자연계는 일관성이 있으며 예측이 가능한 방식으로 행동하고 있다는 가정에 기초하고 있다. 과학자들이 관찰을 통하여 사실을 수집하고 과학적 가설과 과학적 이론을 세우는 과정을 과학적 방법(scientific method)이라고 부른다. 자연에서 일어나고 있는 현상을 탐구하기 위하여 과학자들은 (1) 과학적 사실의 수집, (2) 가설(hypothesis)의 수립, (3) 가설 검증을 위한 관측 및 실험 수행, (4) 검증에 기초한 가설의 수용, 수정 또는 폐기의 과정을 거친다. 어떤 과학적 발견들은 전적으로 많은 시험을 거친 이론적인 생각에 기초한 것들이다. 또한 어떤 과학적인 진전은 실험을 진행하는 과정 중에 전혀 예측하지 못했던 일들이 일어나면서 성취된다.

주요 용어와 개념

가설(hypothesis) … 15
기상학(meteorology) … 3
대기(atmosphere) … 6
맨틀(mantle) … 7
모형(model) … 15
물리적 환경(physical environment) … 11
생물권(biosphere) … 8
수권(hydrosphere) … 5
시스템(system) … 9
암석권(lithosphere) … 7
연약권(asthenosphere) … 7
이론(theory) … 16
재생 가능한(renewable) … 13
재생 불가능한(nonrenewable) … 13
지각(crust) … 7
지구과학(earth science) … 2
지구시스템(Earth system) … 8
지권(geosphere) … 6
지질학(geology) … 2
지질학적 시간규모(geologic time scale) … 11
천문학(astronomy) … 3
패러다임(paradigms) … 17
해양학(oceanography) … 2
핵(core) … 7

학습 요약 문제

1. 다음에 제시한 서술 각각이 표현하는 지구과학의 특별 분야의 이름을 말해 보라.
   a. 해양의 동적 현상을 다루는 과학
   b. 말 자체가 "지구의 연구"라는 의미를 가지는 과학
   c. 대기의 이해가 주 초점이 되어 있는 과학
   d. 지구가 우주 내에서 어떤 위치에 있는지를 이해하는 데 도움을 주는 과학
2. 우리 환경을 구성하는 네 개의 "권역"의 이름을 말하고 이 각각을 정의해 보라.
3. 조성의 차이에 기초해서 크게 셋으로 나누어진 고체 지구의 각 부분의 이름은 무엇인가? 어느 부분이 가장 폭이 좁은 것일까?
4. 대양은 지구 표면의 거의 ________%를 차지하며, 이에는 지구의 총 물의 양의 ________% 정도를 담고 있다.
5. 지구시스템에 중요한 두 가지 에너지원은 무엇인가?
6. 재생 불가능한 자원과 재생 가능한 자원의 차이를 대비해 설명하시오. 이들 각각에 한 가지 이상의 예를 들어보라.

Online 학습 안내

Foundation of Earth Science 웹에는 학생들이 이 장에서 다룬 여러 내용의 학습을 도울 수 있는 자료들과 인터넷 연계시스템을 갖추고 있다. 지구과학을 강의하는 연구자들에 의해서 발전된 이 인터넷 주소는 지구과학의 이해를 증진시켜 줄 것으로 생각된다. **http://www.prenhall.com/lutgens**를 방문하여 *Foundation of Earth Science 5e*를 클릭하여 다음 내용들을 살펴보자:

- 인터넷 종합 퀴즈
- 비평적 사고 훈련
- 장 관련 웹 자료들의 연계
- 웹을 통한 주요 개념 탐구

http://www.prenhall.com/lutgens

제 1 부 지구 구성물질

제 1 장

광물

암석의 구성단위

황옥과 알바이트 결정.
(사진 제공: Jeff Scovil)

학습 초점

다음은 여러분들이 이 단원에서 다루는 중요한 개념들을 이해하는 데 도움을 줄 수 있는 유용한 질문들이다.

1. 광물은 무엇이며 암석과 어떻게 구별되는가?
2. 물질의 가장 작은 입자는 무엇인가? 원자들은 서로 어떤 방식으로 결합하는가?
3. 같은 원소의 동위원소들은 서로 무엇이 다르며, 몇몇 동위원소들이 방사성인 까닭은 무엇인가?
4. 광물의 물리적·화학적 특징에는 어떤 것들이 있는가? 광물들을 구분할 때 이러한 성질들은 어떻게 이용되는가?
5. 대륙 지각의 대부분을 구성하는 여덟 가지 원소에는 어떤 것들이 있는가?
6. 가장 풍부한 광물군은 무엇인가? 이 그룹에 속하는 모든 광물들의 공통점은 무엇인가?
7. 광물에 광석이라는 용어를 사용할 때는 언제인가? 철과 납의 가장 흔한 광석은 무엇인가?

지구의 지각과 대양은 아주 다양한 유용 광물 및 필수 광물의 공급원이다. 대부분의 사람들은 기본적인 금속들이 어떤 용도로 사용되는지 알고 있다. 예를 들어, 사람들은 알루미늄이 음료수 캔으로, 구리는 전선의 재료로, 금과 은은 보석으로 쓰이는 것을 알고 있다. 하지만 일부 사람들은 연필의 "심(lead)"이 흑연이라는 부드러운 촉감의 광물로 만들어졌고, 아기 분과 많은 화장품들이 활석이라는 광물을 포함하고 있다는 사실을 알지 못한다. 더욱이 많은 사람들은 치과 의사들이 치아의 에나멜질을 뚫기 위해 다이아몬드가 박힌 드릴날을 사용한다는 사실, 흔한 광물인 석영이 컴퓨터 칩의 재료인 실리콘의 원료라는 사실을 알지 못한다. 현대 사회에서 광물의 수요가 증가함에 따라 유용한 광물을 추가로 공급할 수 있는 장소를 알아내려는 노력도 늘었으며, 이는 더욱 도전적인 일이 되었다.

암석과 광물을 경제에 이용하는 것 이외에, 지질학자들이 연구하는 모든 과정들이 지구를 구성하는 기본 물질의 성질에 따라 어떤 식으로든 결정된다. 화산 분출, 조산운동, 풍화, 침식 그리고 심지어 지진과 같은 사건들은 암석과 광물을 수반하기 마련이다. 따라서 지구 구성물질에 대한 기초 지식은 모든 지질현상을 이해하는 데 필수적이다.

그림 1.1 아칸소주 핫 스프링즈(Hot Springs) 근처에서 발견된 잘 발달된 수정 결정. (사진 제공: Jeff Scovil)

1. 광물: 암석의 구성단위

GEODe EARTH SCIENCE

Earth Materials

▼ Minerals

광물은 암석의 구성단위이므로 광물에 대해 연구하는 학문인 **광물학**(mineralogy)에 대한 개론과 함께 지구 구성물질을 논의하는 것이 효과적이다(**그림 1.1**). 더욱이 사람들은 광물을 수천 년 동안 유용 물질 및 장식용으로 이용해 왔다. 채굴된 최초의 광물들은 플린트와 처트인데 사람들은 이 광물들을 이용해 무기와 절단 도구에 멋을 냈다. B.C. 3700년 초에, 이집트인들은 금, 은 그리고 구리를 채굴했으며, B.C. 2200년에 이르러서 사람들은 구리와 주석을 어떻게 결합하여야 강하고 단단한 합금인 청동을 만들 수 있는지 알아냈다. 적철석 같은 광물로부터 철을 추출할 수 있는 기술이 개발되면서 청동기의 시대는 쇠퇴하기 시작했다. 약 B.C. 800년에 이르러, 제철기술은 구리, 청동 또는 나무 대신 철을 이용해 무기와 많은 일상용품들을 만들 수 있을 정도로 발달했다. 중세시대 동안에, 다양한 광물들을 채굴하는 것은 유럽 전역에서 일반적이었으며 광물에 대해 공식적으로 연구하려는 움직임도 일어났다.

광물이라는 용어는 몇 가지 다른 분야에서 이용된다. 예를 들어, 건강 관련 산업에서는 비타민과 미네랄(mineral)의 이득을 선전한다. 광업에서는 석탄, 철광석 또는 모래와 자갈처럼 땅에서 채취된 어떤 것을 지칭할 때 전형적으로 이 단어를 사용한다. 스무고개로 알려진 추측게임에서는 보통 '이것은 동물입니까? 식물입니까? 또는 무생물(mineral)입니까?'

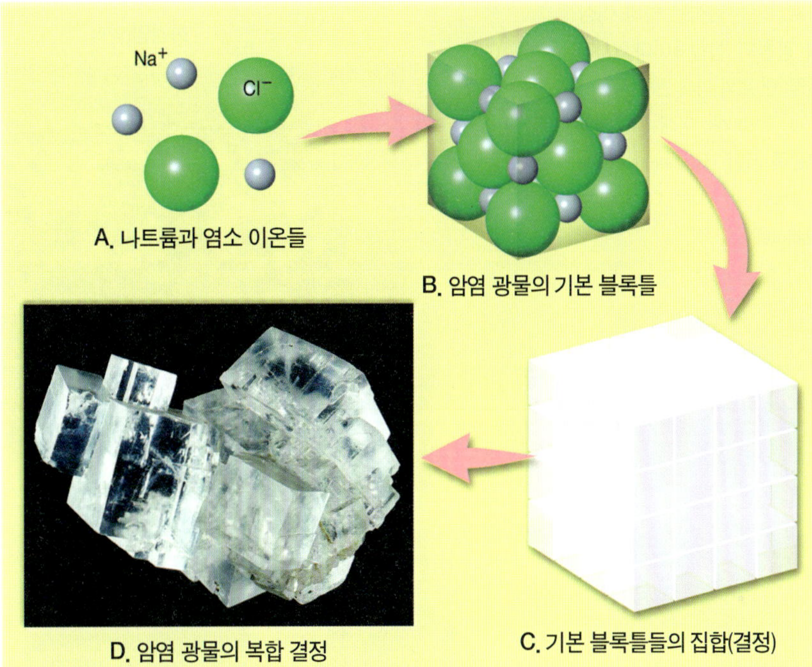

그림 1.2 암염 광물에서 나트륨과 염소 원자(이온)들의 규칙적인 배열을 보여주는 도해. 입방 모양의 기본 블록틀에 원자들이 배열되어 규칙적인 입방 결정을 만든다. (사진 제공: M. Claye/Jacana Scientific Control/Photo Researchers, Inc.)

라는 질문으로 시작한다. 이것이 광물인지 아닌지 결정하기 위해 지질학자들이 이용하는 증거는 무엇일까?

지질학자들은 **광물**(mineral)을 자연산 무기물이며 규칙적인 결정구조와 명확한 화학구성을 갖는 고체로 정의한다. 따라서 광물로 분류된 지구 물질은 다음 특징들을 갖는다.

1. **자연산**(naturally occurring): 광물은 자연적인 지질작용에 의해 형성되어야 한다. 따라서 화학자들에 의해 만들어진 다양한 다른 유용 물질들 그리고 합성된 다이아몬드와 루비는 광물로 취급되지 않는다.
2. **고체**(solid): 광물로 여겨지기 위해서는 물질은 일반적인 지표 온도에서 고체이어야 한다. 따라서 얼음은 광물로 여겨지지만 물은 광물로 여겨지지 않는다.
3. **규칙적인 결정구조**(orderly crystalline structure): 광물은 결정질 물질로, 물질을 구성하는 원자들이 **그림 1.2**처럼 규칙적이고 반복적으로 배열되어 있다. 원자가 규칙적으로 쌓이면 우리가 결정(**그림 1.2D**)이라 부르는 규칙적인 모양의 물체가 된다. 흑요석처럼 사연적으로 산출된 고체들 중 일부는 원자구조가 반복적이지 않고, 비결정질이며, 광물로 간주되지 않는다.
4. **분명한 화학조성**(well-defined chemical composition): 대부분의 광물들은 2개 이상의 원소(element)들로 이루어진 화합물(compound)이다. 금이나 은과 같은 광물들은 순전히 한 가

이런 사실을 알고 있었나요?

고고학적 연구에 의하면, 2000년 전에 로마 사람들이 건물에 물을 공급하기 위해 납으로 제작한 파이프를 사용했다는 것이 밝혀졌다. 사실 그린란드에서 채집된 얼음 코어 연구에 의하면, B.C. 500~A.D. 300년 사이에 로마 사람들이 행한 납과 구리 광산의 제련활동에 의하여 규모는 작지만 심각한 대기오염이 발생했다.

그림 1.3 암석은 하나 이상의 광물의 집합체이다. (사진 제공: 맨 위와 아래 왼쪽 사진—E. J. Tarbuck; 아래 가운데와 오른쪽 사진—Geoscience Resources, American Geological Institute)

지 원소로 이루어져 있다. 석영은 각각의 규소(Si) 원자에 2개의 산소(O) 원자가 결합되어 있으며 화학식 SiO_2로 표현되는 화학조성을 갖는다. 따라서 어떤 환경에서든지 산소 원자와 규소 원자가 2 : 1의 비율로 결합하면 항상 석영이 만들어진다. 그러나 비슷한 크기와 전하(electric charge)를 갖는 원소들은 서로 자유롭게 치환하기 쉽다. 그 결과 광물의 화학조성은 시료마다 약간씩 다르다.

5. **무기물**(generally inorganic): 소금처럼 지면에서 자연적으로 발견되는 무기질 결정 고체는 광물로 간주된다. 반면에 유기물은 그렇지 않다. 소금처럼 결정질 고체인 설탕은 사탕수수나 사탕무에서 산출되며, 일반적인 유기물의 한 예이다. 그러나 많은 해양동물들은 탄산칼슘(방해석) 같은 무기물을 분비해서 외골격(껍질)이나 산호초를 만든다. 대부분의 지질학자들은 이러한 물질들을 광물로 간주한다.

반면에, **암석**(rock)은 좀 더 느슨하게 정의된다. 단순히, 암석은 지구 구성물질로서 자연적으로 산출되는 광물 또는 광물과 유사한 고체 물질이다. 어떤 암석들은 거의 한 가지 광물로 이루어진다. 그 한 예가 방해석 광물 덩어리로 이루어진 퇴적암인 석회암이다. 그러나 화강암처럼(**그림 1.3**) 대부분의 암석들은 여러 종류의 광물들이 뭉쳐 집합체 형태로 산출된다. **집합체**(aggregate)라는 용어는 각각의 광물 특성들이 유지되는 방식으로 광물들이 결합되어 있음을 의미한다. 여러분들은 **그림 1.3**에서 화강암 표본을 구성하는 광물들을 쉽게 인지할 수 있다.

어떤 암석들은 비광물(nonmineral)로 이루어져 있다. 비광물 물질로는 비결정질 유리질 물질인 흑요석과 부석 그리고 고체 유기물질 덩어리인 석탄 등이 있다.

이 장에서는 주로 광물의 성질을 다루지만, 대부분의 암석들은 단순히 광물의 집합체임을 명심해야 한다. 암석의 성질은 주로 암석을 구성하는 광물의 화학성분과 결정구조에 의해 결정되기 때문에 우리는 먼저 지구 구성물질에 관해 알아볼 것이다. 그 다음에 제2장에서 지구의 중요한 암석 그룹에 대해 알아볼 것이다.

2. 원소: 광물을 구성하는 덩어리

여러분들은 아마도 구리, 금, 산소 그리고 탄소 등의 원소 이름을 잘 알고 있을 것이다. **원소**(element)는 화학적 또는 물리적 방법에 의해 더 이상 분해되지 않는 물질이다. 자연계에서는 약 90개의 원소들이 발견됐으며, 따라서 약 90개의 다른 종류의 원자들이 존재한다. 게다가 과학자들은 약 23개의 인공원소를 만들었다.

원소들은 행으로 배열될 수 있기 때문에 비슷한 특성을 지닌 원소들은 동일한 열에 위치하게 된다. **주기율표**(periodic table)라 불리는 이 배열은 **그림 1.4**에 나타나 있다. 원소를 속기로 표현하기 위해 기호가 사용되었다. 또한 각각의 원소는 주기율표에서 각각의 기호 위에 표현된 원자번호에 의해서도 알 수 있다.

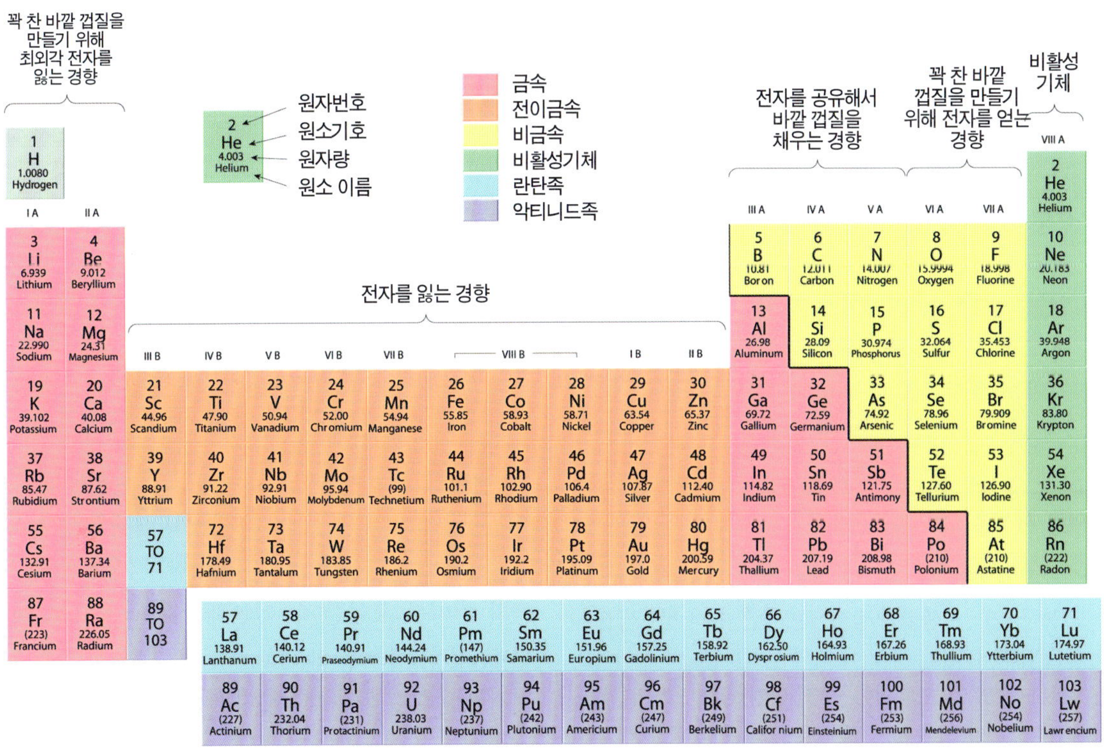

그림 1.4 원소의 주기율표

자연계에서 구리(원자번호 29)와 금(원자번호 79) 같은 원소들은 단일 원자들이 기본 단위로 존재한다. 그러므로 자연 구리와 자연 금은 완전히 한 가지 원소로 이루어진 광물들이다. 그러나 대부분의 원소들은 반응이 커서 하나 또는 더 많은 원소의 원자들이 서로 결합해 **화합물**(chemical compound)을 형성한다. 그 결과 대부분의 광물들은 2개 이상의 다른 원소들로 이루어진 화합물이다.

원자

원소들이 어떻게 결합하여 화합물들을 이루는지 이해하기 위해서는 먼저 원자에 대해 생각해야 한다. **원자**(atom: *a* = not, *tomos* = cut)는 원소의 본질적인 특징을 갖는 가장 작은 입자이다. 실제로 결합에 참여하는 것은 이 극도로 작은 입자이다.

양성자, 중성자, 전자 원자의 중앙부를 **핵**(nucleus)이라고 한다. 핵은 양성자와 중성자를 포함한다. **양성자**(protons)는 양전하를 띠는 매우 무거운 입자이다. **중성자**(neutrons)는 양성자와 똑같은 질량을 가지며 입자의 전하는 중성이다.

전자(electron)는 핵 주위를 돌고 있으며 음전하를 띠고 있다. 사람들은 종종 편의상 핵 주위를 돌고 있는 전자를 태양 주위로 궤도를 따라 규칙적으로 돌고 있는 행성들처럼 그린다(**그림 1.5A**). 하지만 전자는 행성보다 덜 예측적인 방법으로 움직인다. 그 결과, 전자들은 핵 주위에 구 모양의 음전하대를 만든다. 전자의 위치를 보다 실제에 가깝게 그려본다면 음전하를 띤 전자의 구름이 핵을 둘러싸고 있는 형태이다(**그림 1.5B**).

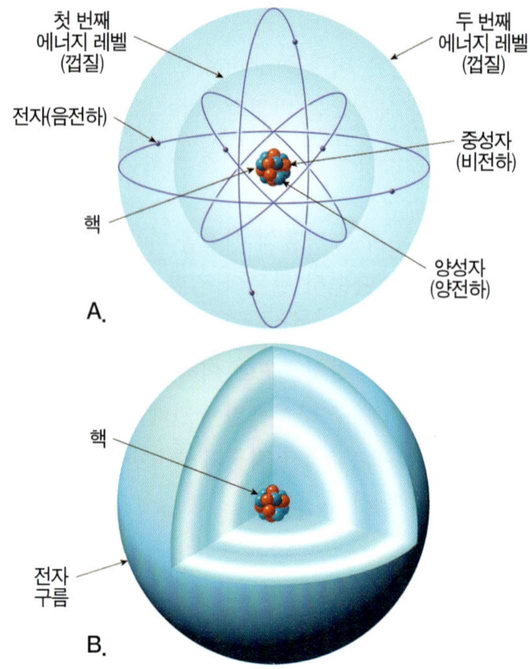

그림 1.5 원자의 두 모형. **A.** 아주 간단하게 표현한 이 그림에서 원자의 중앙에는 양성자와 중성자로 이루어진 핵이 있고, 핵의 주위로 빠르게 회전하고 있는 전자가 있다. **B.** 또 다른 모형에서는 구 모양의 전자구름(에너지준위 또는 껍질)이 나타나 있다. 이 모형들은 실제 축척으로 그려진 것이 아니다. 전자는 양성자나 중성자에 비하면 아주 작은 크기이고, 핵과 전자 껍질 사이의 상대적인 거리는 그림에 나타나 있는 것보다 훨씬 더 멀다.

전자 배열에 대한 연구를 통해 개개의 전자들은 **주껍질**(principal shells) 또는 **에너지준위**(energy levels)라고 불리는 핵 주변 지역 내에서 움직인다고 추측된다. 더구나 각 전자 껍질은 정해진 수만큼만 전자를 포함할 수 있는데 가장 바깥 껍질은 **원자가전자**(valence electrons)를 포함한다. 원자가 전자는 화학결합에 참여하기 때문에 중요하다.

원자번호 어떤 원자들은 핵 속에 단 하나의 양성

이런 사실을 알고 있었나요?

비록 목재 펄프가 신문용지를 만드는 주요 재료임에도 불구하고, 고품질의 종이에는 많은 양의 점토광물이 포함되어 있다. 사실 이 책의 한 면에는 약 25%의 점토(고령토)가 포함되어 있다. 만약 공의 크기로 비유한다면, 이 책에 포함된 점토는 대략 테니스공 크기만 할 것이다.

자를 갖는 반면 또 다른 원자들은 100개 이상의 양성자를 갖는다. 원자의 핵 속에 있는 양성자의 수를 **원자번호**(atomic number)라고 부른다. 예를 들어, 양성자가 6개인 원자는 모두 탄소 원자이며, 그러므로 탄소의 원자번호는 6이다. 마찬가지로, 양성자가 8개인 원자는 모두 산소 원자이다.

자연계에서 원자에는 또한 양성자의 수와 같은 수의 전자를 갖고 있어서, 원자번호는 핵 주위의 전자 수와도 같다. 그러므로 탄소는 6개의 양성자에 맞춰 6개의 전자를 갖고 있고, 산소는 8개의 양성자에 맞춰 8개의 전자를 갖고 있다. 중성자는 전하를 띠고 있지 않기 때문에 양성자의 양전하와 전자의 음전하는 균형을 이룬다. 결과적으로, 자연계에서 원자들은 전기적으로 중성이며 전체적으로 전하를 띠고 있지 않다.

3. 원자들은 왜 결합하는가

원소들은 왜 서로 결합하여 화합물을 만들까? 실험을 통해 과학자들은 원자들이 서로 결합하고 있는 힘이 전기력임을 알아냈다. 나아가 화학결합이 일어나면 결합한 원자들의 전자 배열이 바뀐다는 사실도 알려져 있다. 앞에서 말한 것처럼, 일반적으로 화학결합에 참여하는 것은 원자가전자(바깥 껍질 전자)이다. **그림 1.6**은 바깥 주껍질(원자가전자)에서 전자 수를 속기법으로 표시한 것이다. 그룹 I의 원소들은 1개의 원자가전자를 가지며, 그룹 II는 2개, 그리고 나아가 그룹 VIII은 8개의 원자가전자를 갖는다.

몇몇 대표적인 원소들의 최외각전자 수를 보여주는 점 도표

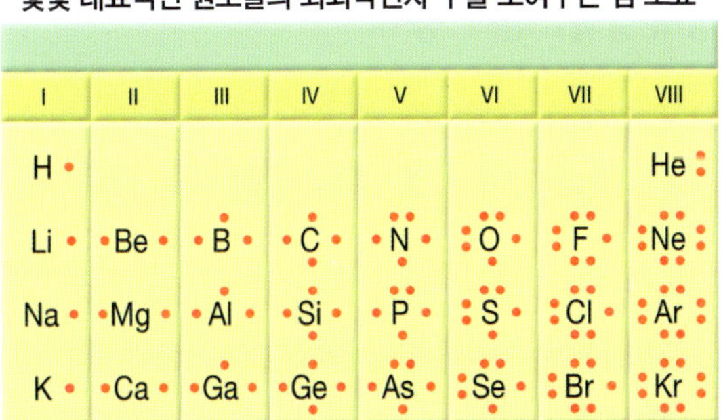

그림 1.6 몇몇 대표적인 원소들의 최외각전자 수를 보여주는 점 도표. 각 점은 가장 바깥 주껍질의 원자가전자를 나타낸다.

이런 사실을 알고 있었나요?

금의 순도는 캐럿(karat)의 숫자로 표현된다. 24캐럿이 순금이다. 24캐럿 이하의 금은 금과 다른 금속, 보통 구리나 은이 섞인 것이다. 예를 들어, 14캐럿의 금에는 14/24 비율의 금과(무게) 10/24 비율의 다른 금속이 포함되어 있다.

첫 번째 껍질에서는 2개의 전자를 가지면 안정하게 되며, 그 외의 껍질은 8개의 전자를 가질 때 안정하게 된다. 단지 네온과 아르곤 같은 불활성기체만이 완벽한 최외각껍질을 갖는다. 그러므로 불활성기체는 화학적 반응이 가장 적고 "비활성"으로 지정되었다.

원자의 최외각껍질이 최대수인 8개의 전자를 갖지 못할 때, 원자는 하나 또는 그 이상의 다른 원자들과 화학적으로 결합하기 쉽다. 화학결합은 결합하는 원자들 사이에서 안정한 전자 배열을 이루기 위해 전자를 공유하거나 이동시키는 것이다. 만약 전자들이 이동된다면 그 결합은 이온결합(ionic bond)이다. 만약 전자를 공유한다면 그 결합은 공유결합(covalent bond)이라고 한다. 어느 경우든, 결합하는 원자는 보통 최외각껍질의 전자가 8개인 안정된 전자 배열을 얻는다.

이온결합: 전자 이동

아마도 표현할 수 있는 가장 단순한 유형의 결합은 **이온결합**(ionic bond)이다. 이온결합에서 하나 또는 그 이상의 원자가전자들은 한 원자에서 다른 원자로 이동된다. 간단히 말해, 한 원자가 자신의 원

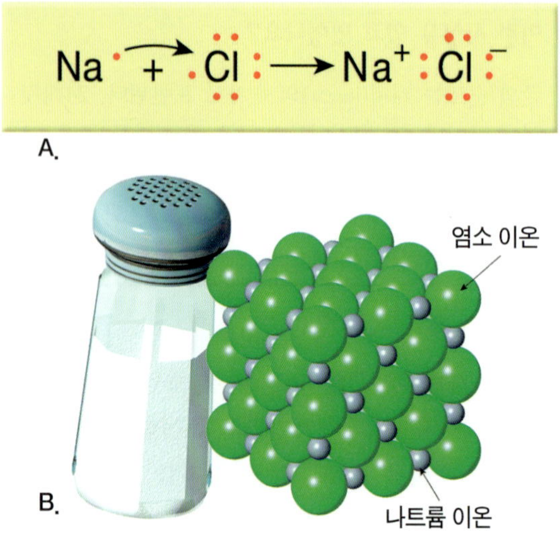

그림 1.7 염화나트륨(소금)의 화학결합. A. 나트륨 원자의 바깥 껍질에 있는 전자 1개가 염소 원자의 바깥 껍질로 이동하여, 나트륨은 양이온이 되고 염소는 음이온이 된다. B. 소금에서 나트륨과 염소 이온들의 배열을 보여주는 도해.

자가전자를 포기하면 다른 원자가 이것을 이용해 자신의 바깥 껍질을 채운다. 이온결합의 예로는 나트륨(Na)과 염소(Cl)가 결합하여 염화나트륨(NaCl; 소금)을 만드는 것을 들 수 있다. **그림 1.7A**에 이 과정이 나타나 있다. 나트륨이 염소에게 자신의 원자가전자 하나를 건네는 것을 알 수 있다. 그 결과, 나트륨은 최외각껍질에 8개의 전자를 갖게 되어 안정된 전자 배열을 이룬다. 7개의 원자가전자를 갖는 염소는 나트륨이 잃은 전자를 얻어서 자신의 최외각껍질을 채우는 데 필요한 여덟 번째 전자를 얻게 된다. 이렇게, 전자 1개의 이동을 통해 나트륨과 염소 양쪽 원자들은 안정된 전자 배열을 이루게 된다.

전자가 이동하면 원자는 더 이상 전기적으로 중성이 아니다. 전자 하나를 잃으면, 중성인 나트륨 원자는 양이온이 된다(양성자 11개/전자 10개). 비슷하게, 중성인 염소는 전자 하나를 얻어서 음이온이 된다(양성자 17개/전자 18개). 전자와 양성자의 수가 같지 않기 때문에 생기는 전기전하를 갖는 원자를 **이온**(ion)이라고 한다.

동일한 전하를 지닌 이온들은 서로 밀어내고, 상반된 전하를 지닌 이온들은 서로 끌어당긴다. 따라서 이온결합은 반대로 대전된 이온들이 서로 결합하여 전기적으로 중성인 화합물을 만드는 것이다. **그림 1.7B**는 소금에서 나트륨과 염소 이온들의 배열을 보여준다. 소금은 나트륨과 염소 이온들이, 양이온은 모든 방향에서 음이온들을 끌어당기고 또 둘러싸여지며, 음이온은 양이온과는 반대 방식으로 서로 교호한다. 이러한 배열을 통해 서로 다른 전하를 지닌 이온들의 끌어당김을 최대화하고, 동일한 전하를 지닌 이온들의 반발을 최소화한다. 따라서 이온화합물은 전체적으로 전기적 중성이며 일정한 비율로 결합한, 반대로 대전된 이온들이 규칙적으로 배열되어 있다.

화학화합물의 성질은 그 화합물을 이루고 있는 원소들의 성질과 아주 다르다. 예를 들어, 부드러우며 은빛이 도는 금속인 나트륨은 아주 활발하게 반응하며 유독하다. 만일 여러분이 나트륨 원소를 소량 사용한다면 그 즉시 응급치료를 받아야 할 것이다. 녹색의 독성 기체인 염소는 독성이 매우 강해 제1차 세계대전 동안에 화학무기로 사용되었다. 하지만 이 두 원소는 합쳐져서 무해한 조미료인 염화나트륨(소금)을 만든다. 원소들이 결합하여 화합물을 만들 때 그들의 특성은 매우 변한다.

공유결합: 전자 공유

모든 원자들이 전자를 이동하여 이온을 형성하는 것은 아니다. 어떤 원자들은 전자들을 공유한다. 예를 들어, 가스 원소인 산소(O_2), 수소(H_2) 그리고 염소(Cl_2)는 전자의 이동 없이, 2개의 원자들이 서로 결합하여 안정된 분자 형태로 존재한다.

그림 1.8은 2개의 염소 원자들이 염소가스 분자(Cl_2)를 형성하기 위해 한 쌍의 전자들을 공유하는 것을 보여준다. 이 바깥 껍질들을 부분적으로 서로

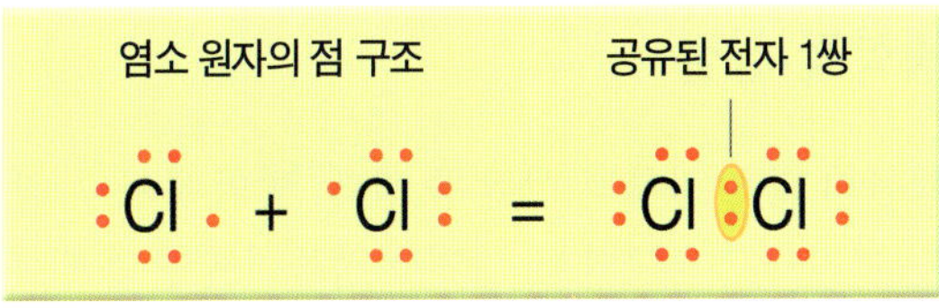

그림 1.8 염소 분자를 형성하기 위해 2개의 염소 원자들이 한 쌍의 전자를 공유하는 것을 보여주는 점 도표. 한 쌍의 전자를 공유함으로써 2개의 염소 원자들은 최외각 껍질을 완전히 채우게(8개의 전자) 된다.

이런 사실을 알고 있었나요?

세계에서 가장 크게 연마된 원석 중 하나는 22,892.5 캐럿(1carat=200mg)의 황금빛 노란색을 띠는 토파즈이다. 현재 스미소니언 박물관에 있는 이 보석(일명 아메리칸 골든)은 무게가 약 4.6kg이며, 자동차 헤드라이트 크기이다. 이 보석은 아마도 코끼리가 착용할 때를 제외하고는 장신구로는 거의 이용될 수 없을 것이다.

겹쳐서 염소 원자들은 한 쌍의 전자들을 공유한다. 따라서 각각의 염소 원자는 서로 협동하여 자신의 바깥 껍질을 채우기 위해 필요한 8개의 전자를 얻는다. 전자 공유에 의한 이러한 결합을 **공유결합**(covalent bond)이라 한다.

유사한 일상행동을 통해 공유결합에 대한 이해를 도울 수 있다. 어둑한 방의 양끝에 두 사람이 각자의 램프 아래에서 독서를 하고 있다고 가정하자. 방 중앙으로 램프를 옮기면, 두 사람은 그들은 불빛을 합칠 수 있어서 더 잘 볼 수 있다. 겹쳐진 불빛이 융합되는 것처럼, 공유결합에서 "전기적 접합체"의 역할을 하는 공유전자들은 서로 분간할 수 없다. 가장 일반적인 광물군인 규산염은 산소와 쉽게 공유결합하는 규소 원자를 갖는다.

4. 동위원소와 방사성 붕괴

원자보다 작은 입자들은 너무나 작기 때문에 이들의 질량을 표현하기 위해서 **원자질량단위**(atomic mass unit)가 고안되었다. 양성자나 중성자의 질량은 1원자질량단위보다 약간 더 크며, 반면에 전자는 1원자질량단위의 대략 2,000분의 1 정도밖에 되지 않는다. 따라서 전자는 화학결합에서는 활발한 역할을 하지만 원자의 질량에는 중요한 영향을 끼치지 않는다.

원자의 **질량수**(mass number)는 단순히 중성자와 양성자 수의 합이다. 같은 원소의 원자들은 항상 같은 수의 양성자 수를 갖는다. 그러나 동일한 원소에서 원자의 중성자 수는 달라질 수 있다. 같은 수의 양성자를 갖지만 중성자 수가 다른 원자들을 가리켜 그 원소의 **동위원소**(isotope)라고 한다. 동일한 원소의 동위원소들은 원소 이름이나 기호 뒤에 질량수를 기재하였다.

예를 들어, 탄소에는 3개의 잘 알려진 동위원소들이 있다. 하나는 질량수가 12(탄소-12)이고, 다른 하나는 질량수가 13(탄소-13)이며, 세 번째는 질량수가 14(탄소-14)이다. 같은 원소의 모든 원자들은 양성자 수가 같아야 하고 탄소는 6개의 양성자를 가지며, 또한 탄소-12는 질량수 12가 되기 위해서 6개의 중성자를 갖는다. 마찬가지로 탄소-14는 질량수 14가 되기 위해서 양성자 6개와 중성자 8개를 갖는다.

같은 원소의 모든 동위원소들은 화학적으로 거의 동일한 성질을 갖는다. 동위원소들을 구별해 내는 것은 몸무게가 약간 다른 일란성 쌍둥이를 구별하는 것과 비슷하다. 한 원소의 동위원소들은 화학적으로 똑같이 반응하기 때문에 서로 다른 동위원소들이 같은 광물의 일부분이 될 수 있다. 예를 들어, 방해석은 칼슘, 탄소, 산소로 구성되는데 탄소 가운데 일부는 탄소-12이고 일부는 탄소-14이다.

원자의 핵은 대부분 안정하다. 그러나 많은 원소들에는 핵이 불안정한 동위원소들이 있다. "불안정하다"라는 것은 동위원소가 **방사성 붕괴**(radioactive decay)라는 과정을 통해 분해된다는 것이다. 방사성 붕괴는 핵을 묶고 있는 힘이 약해질 때 일어난다.

방사성 붕괴에서 불안정한 원자들은 에너지와 입자들을 방출한다. 이 에너지 중 일부는 지구의 지각과 상부 맨틀을 움직이는 동력원이다. 불안정한 원자들이 붕괴하는 비율은 측정할 수 있다. 따라서 방사성 원소는 화석, 암석 그리고 광물의 연령을 측정하는 데 사용된다. 방사성 붕괴와 이를 이용한 과거 지질학적 사건의 연대 측정에 대해서는 제8장에서 다루고 있다.

5. 광물의 성질

GEODe EARTH SCIENCE Earth Materials
▼ Minerals

광물은 저마다 뚜렷한 결정구조와 화학조성을 갖기 때문에 해당 광물의 모든 표본들은 독특한 물리적·화학적 특성을 갖는다. 예를 들어, 모든 암염 표본들은 동일한 경도와 밀도 그리고 비슷한 방식으로 쪼개진다. 어떤 한 광물의 내부 구조와 화학조성은 복잡한 검사와 장비의 도움 없이는 밝히기 어렵기 때문에, 광물 동정에는 더 쉽게 인지할 수 있는 물리적인 특성들이 자주 이용된다.

광물들의 특징적인 물리적 특성들은 관찰과 간단한 검사를 통해 결정될 수 있다. 견본품을 동정하기 위해 일반적으로 사용하는 일차적인 물리적 특성들은 광택, 색깔, 조흔색, 결정형(정벽), 점착성, 경도, 벽개, 단구 그리고 밀도 또는 비중이다. 특정 광물들에서 관찰되는 이차적인(특유의) 특성들은 자력, 맛, 감촉, 냄새, 이중 굴절 그리고 염산에 대한 화학반응이다.

광학적 성질

광물의 많은 광학적 성질 중 광택, 빛의 투과도, 색깔 그리고 조흔색의 네 가지 특성들이 광물 동정에 가장 흔히 이용된다.

광택 **광택**(luster)은 광물의 표면에서 반사되어 나온 빛의 모습이나 성질이다. 색깔에 관계없이 금속 모습을 띠면 이를 **금속광택**이라고 한다(**그림 1.9**). 자연동이나 방연광 같은 금속 광물들은 공기 중에 노출되면 무염 코팅 또는 표면 변색이 발달한다. 이러한 표본들은 새로 쪼개진 광물의 표면처럼 반짝이지 않기 때문에 **아금속광택**(submetallic luster)을 보인다고 말한다.

대부분의 광물들은 **비금속광택**(nonmetallic luster)을 가지며 **유리질**이라고 표현된다. 다른 비금속 광물들은 **토상(무염)광택** 또는 **진주광택**을 갖는다고 묘사된다. 다른 광물들은 **견사광택** 또는 **기름광택**이 있다.

빛의 투과도 광물을 동정하는 데 사용하는 또 다

그림 1.9 신선하게 깨져 금속광택을 보여주는 방연석 표본(오른쪽). 왼쪽 표본은 변색됐고 아금속광택을 보여준다. (사진 제공: E. J. Tarbuck)

른 광학적 성질은 빛을 투과하는 능력이다. 빛이 투과되지 않을 때 그 광물은 **불투명**(opaque)하다고 표현되며, 빛은 통과하지만 상은 통과하지 않을 때 **반투명**(translucent)하다고 표현된다. 광물이 빛과 상을 통과시키면 그 광물은 **투명**(transparent)하다고 묘사된다.

색깔 일반적으로 **색깔**(color)은 광물의 가장 뚜렷한 특성임에도 불구하고 단지 몇몇 광물들의 특징적인 특성으로 여겨진다. 예를 들어, 흔한 광물인 석영에 약간의 불순물이 들어가면 석영은 분홍색, 자주색, 노랑색, 흰색, 회색, 심지어 검은색까지 다양한 색을 띨 수 있다. 또한 전기석 같은 광물들은 동일한 표본에서 때때로 다양한 색상을 보여준다. 따라서 광물 동정에 색깔을 이용하는 것은 간혹 불명확하고 심지어 잘못된 결과를 얻을 수 있다.

조흔색 광물의 색깔이 광물 동정에 항상 유용한 것은 아니지만, 광물을 가루로 만들었을 때의 색깔인 **조흔색**(streak)은 특징적이다. 조흔색은 조흔판이라고 하는 유약을 칠하지 않은 백색 도자기판에 광물을 문지를 때 남겨진 흔적의 색깔을 관찰해 알 수 있다(**그림 1.10**). 광물의 색깔은 표본마다 다르지만 조흔색은 보통 그렇지 않다.

그림 1.10 광물 색깔로 광물을 동정하는 것은 항상 효과적인 것은 아니지만, 광물을 가루로 만들었을 때의 색깔은 매우 유용하다. (사진 제공: Dennis Tasa)

이런 사실을 알고 있었나요?

수정(crystal)이라는 단어는 그리스어("ice"를 의미하는 krystallos)에서 유래했으며 석영 결정을 지칭하는 데 사용됐다. 고대 그리스 사람들은 석영을 지구 깊은 곳에서 높은 압력에 의해 물이 결정화된 것이라고 생각했다.

조흔색으로 비금속 광물과 금속 광물을 구분해 내기도 한다. 금속 광물은 일반적으로 더 짙고 어두운 조흔을 남기고, 비금속 광물은 전형적으로 밝은 조흔을 남긴다.

조흔판을 이용했을 때 모든 광물들이 조흔을 남기는 것은 아니다. 예를 들어, 광물이 조흔판보다 더 단단하면 조흔을 남기지 않는다.

결정형 또는 정벽

광물학자들은 결정이나 결정 집합체의 특징적인 모양을 언급할 때 **정벽**(habit)이라는 용어를 사용한다. 일부 광물들은 광물 동정에 도움이 될 만큼 어느 정도 규칙적인 다각형 모양을 보여준다. 대부분의 광물들은 흔히 단 1개의 정벽을 갖는 반면, 황철광 같은 일부 광물들은 2개 또는 그 이상의 결정형을 갖는다(**그림 1.11**).

한편, 어떤 광물들은 완벽한 기하학적 형태로 발달하지 못한다. 그러나 이들 중에서도 많은 광물들은 동정에 유용한 특징적인 모양을 보여준다. 어떤 광물들은 세 방향 모두 균등하게 성장하는 경향이 있는 반면, 다른 광물들은 한쪽 방향으로 길쭉하게 자라거나 또는 오히려 성장이 지연되어 납작해지기도 한다. 결정 정벽을 기술하기 위해 일반적으로 사용되는 용어는 **등립상**(equant), **칼날상**(bladed),

그림 1.11 대부분의 광물들은 단지 한 가지의 결정형을 보여주지만, 황철광 같은 일부 광물들은 2개 이상의 특징적인 정벽들을 보여준다. (사진 제공: Dennis Tasa)

침상(fibrous), 평판상(tabular), 주상(prismatic), 판상(platy), 괴상(blocky) 그리고 포도상(botryoidal)이다(**그림 1.12**).

A. 칼날상 B. 주상 C. 호상 D. 포도상

그림 1.12 일반적인 결정 정벽. A. 칼날상: 한쪽 방향이 편평한, 길쭉한 결정들. B. 주상: 특정 방향에 평행한 면들을 갖는 길쭉한 결정들. C. 호상: 층상이나 띠 모양의 색이나 조직을 갖는 광물들. D. 포도상: 포도송이처럼 서로 함께 섞여 성장한 결정들.

광물의 강도

광물이 얼마나 쉽게 깨지는지 또는 응력하에서 얼마나 잘 변형되는지는 결정을 묶어주는 화학결합의 유형이나 힘과 관련이 있다. 광물학자들은 광물의 강도를 표현하거나 응력이 주어졌을 때 광물이 어떻게 쪼개지는지 기술하기 위해 **점착성**(tenacity), **경도**(hardness), **벽개**(cleavage) 그리고 **단구**(fracture)라는 용어를 사용한다.

점착성 **점착성**(tenacity)은 광물의 강인성 또는 깨짐이나 변형에 대한 저항력을 묘사하는 용어이다. 형석이나 암염처럼 이온결합된 광물들은 충격을 가했을 때 작은 조각들로 깨지는 **취성**(brittle) 경향이 있다. 반대로, 자연 동처럼 금속결합된 광물들은 잘 펴지는 **전성**(malleable)을 지녀 쉽게 다른 모습으로 변한다. 얇게 잘라질 수 있는 암염과 활석 같은 광물들은 **절단성**(sectile)을 지닌다고 표현된다. 이 밖에도, 특히 운모류 광물들은 **탄성**(elastic)을 지녀서 구부려졌다가도 압력이 제거되면 금방 원래 형태로 되돌아온다.

경도 분석할 수 있는 성질 가운데 가장 유용한 것 중의 하나가 바로 **경도**(hardness)이다. 경도는 광물이 마모나 긁힘에 대해 어느 정도 버티는지를 나타낸다. 경도는 경도를 모르는 광물을 이미 경도를 알고 있는 광물에 문질러 보거나 또는 그 반대로 했을 때 알 수 있다. 경도의 크기는 **모스 경도계**(Mohs scale)를 사용하여 얻을 수 있는데, 이것은 **그림 1.13A**에 나타난 것처럼 10개의 광물을 1(가장 부드러운 것)에서부터 10(가장 단단한 것)까지 순서대로 나열해 놓은 것이다. 모스 경도계는 상대적인 순서로, 광물번호 2인 석고가 광물번호 1인 활석보다 2배 더 단단하다는 것을 의미하는 것은 아니다. 실제로, **그림 1.13B**에서 알 수 있는 것처럼 석고는 활석보다 약간 더 단단할 뿐이다.

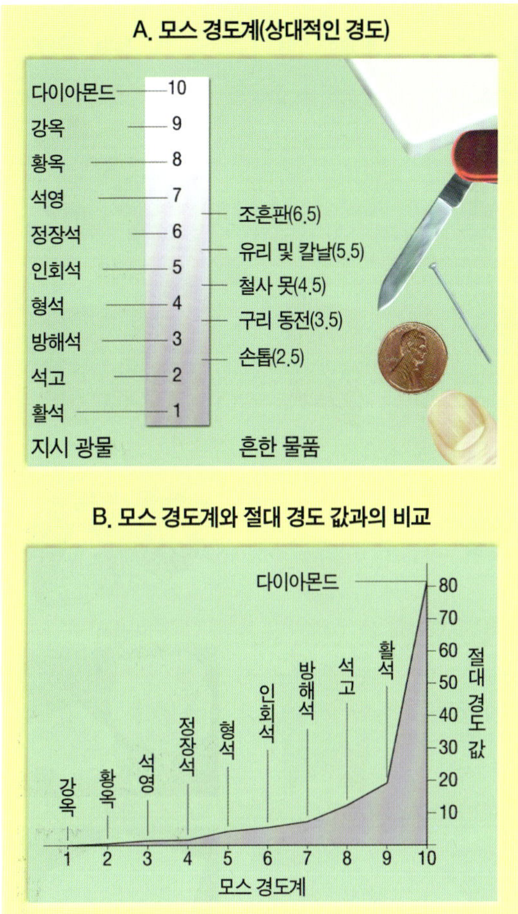

그림 1.13 경도 스케일. A. 몇몇 흔한 물건들의 경도와 함께 표현된 모스 경도계. B. 상대적인 모스 경도계와 절대적인 경도계를 비교한 도표

실험실에서, 광물의 경도를 측정하기 위해 평범한 물건이 이용될 수 있다. 경도가 2.5인 손톱, 3.5인 구리동전 그리고 5.5인 유리조각이 이용된다. 경도 2의 석고는 손톱에 쉽게 긁힐 것이다. 반면에 경도 3인 방해석은 손톱을 긁지만 유리는 긁지 못한다. 흔한 광물 중에 가장 단단한 편인 석영은 유리판을 긁을 수 있다. 모든 것 중에 가장 단단한 다이아몬드는 무엇이든 긁을 수 있다.

벽개 일부 광물들은 방향에 따라 원자구조뿐만 아니라 화학결합력도 변화한다. 그 결과 이 광물들은 깨지기 쉬우며, 깨진 조각들은 **벽개**(cleavage)라는 다소 편평한 표면에 의해 경계 지어진다. 벽개는 표품을 회전시켜 거울처럼 빛을 반사시키는 매끄러운 표면을 찾아내서 알아낸다. 그러나 벽개면은 계단 모양으로 배열된, 작고 편평한 부분에서 관찰될 수 있음에 주의하자.

그림 1.14 운모를 벽개 방향으로 잘랐을 때 나타나는 판상. (사진 제공: Breck P. Kent)

가장 단순한 형태의 벽개는 운모에서 나타난다(**그림 1.14**). 운모는 다른 방향들보다 특정한 한 방향으로 매우 약한 결합을 지니기 때문에 얇고 평평한 판으로 쪼개진다. 벽개면이 여러 개 있는 광물이 있는가 하면 벽개가 거의 나타나지 않는 광물이 있으며, 심지어 벽개가 전혀 나타나지 않는 광물도 있다. 광물이 하나 이상의 방향으로 규칙적으로 깨지는 경우, 면의 수와 각 면들이 만나는 각도로 벽개를 표현한다(**그림 1.15**).

벽개를 결정형과 혼동해서는 안 된다! 광물이 벽개를 지니는 경우 서로 동일한 모습의 조각으로 쪼개진다. 이와는 대조적으로 **그림 1.1**(24쪽)의 매끄러운 면을 지닌 석영 결정은 벽개가 없다. 만일 석

벽개 방향의 수	모양	스케치	벽개의 방향	표품
1개	판상			 백운모
90°로 2개	직사각형 단면(프리즘)을 갖는 길쭉한 형태			 장석
90°가 아닌 2개	평행사변형 단면(프리즘)을 갖는 길쭉한 형태			 각섬석
90°로 3개	정육면체	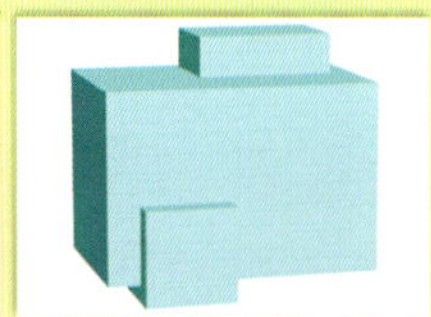		 암염
90°가 아닌 3개	능면체			 방해석
4개	정팔면체			 형석

그림 1.15 광물에서 관찰되는 일반적인 벽개 방향. (사진 제공: E. J. Tarbuck & Dennis Tasa)

영이 깨진다면, 이들은 다양한 모습의 조각으로 깨질 것이다.

단구 모든 방향으로 동등한 또는 거의 동등한 세기의 결합구조를 가진 광물들은 불규칙한 표면을 형성하며 깨진다〔**단구**(fracture)〕. 깨진 유리조각에서 보이는 것처럼 매끈하게 휘어 있는 면으로 깨지는 석영 같은 광물들은 패각상 단구(**그림 1.16**)를 보여준다. 섬유파편 모양으로 깨지는 광물도 있지만 대부분의 광물들의 단구는 불규칙한 모양이다.

그림 1.16 패각상 단구. 광물이 유리처럼 깨지면서 매끈하며 휘어 있는 단면이 나타난다. (사진 제공: E. J. Tarbuck)

밀도와 비중

밀도(density)는 물질의 중요한 특성으로 단위 부피당 질량, 즉 일반적으로 cm^3당 g으로 표현된다. 광물학자들은 광물의 밀도를 나타내기 위해 비중이라는 상대적인 측정치를 자주 사용한다. **비중**(specific gravity)은 같은 부피의 물의 무게와 광물 무게의 비를 나타내는, 단위가 없는 숫자이다.

대부분의 조암광물들은 2에서 3 사이의 비중을 가진다. 예를 들어, 석영은 비중이 2.65이다. 상대적으로 황철석, 자연 동 그리고 자철광 같은 금속 광물들은 석영보다 2배 이상의 밀도를 갖는다. 납 광석인 방연석은 비중이 대략 7.5인 반면 24 캐럿 순금의 비중은 약 20이다.

조금만 연습하면, 누구나 손에 들고 가늠하면서 광물의 비중을 추정해 볼 수 있다. 손에 들었을 때 일반적인 암석의 무게와 비슷한 광물이라면 비중이 대개 2.5에서 3 사이일 것이다.

이런 사실을 알고 있었나요?

점토광물은 패스트푸드점에서 밀크셰이크를 진하게 하는 첨가물로 사용된다.

광물의 기타 특징들

위에서 논의된 특성들 외에, 어떤 광물들은 다른 뚜렷한 특성들을 통해 인지될 수 있다. 예를 들어 암염은 소금이고, 미각을 통해 쉽게 동정할 수 있다. 활석과 흑연은 둘 다 특별한 느낌을 준다. 활석은 비누처럼 느껴지고 흑연은 번들거리는 느낌을 준다. 또한 황을 포함하고 있는 많은 광물들은 조흔판에 긁었을 때 썩은 달걀과 비슷한 냄새가 난다. 자철석과 같은 몇몇 광물들은 철을 많이 포함하고 있으며 자석으로 집어 올릴 수 있다. 자철석의 일부 변종(자철광)은 천연 자석이어서 핀이나 클립과 같은 작은 철제품을 끌어당긴다(43쪽의 **그림 1.23A** 참조).

특별한 광학 성질을 보이는 광물들도 있다. 예를 들어, 방해석의 투명한 조각을 인쇄물 위에 올려놓아 보면 글자가 둘로 보인다. 이 광학적 성질은 이중 회절이라고 알려져 있다(**그림 1.17**).

매우 간단한 화학 시험법으로 깨끗한 광물의 깨진 면에 묽은 염산을 한 방울 떨어뜨리는 방법이 있다. 탄산염과 같은 광물들은 이산화탄소 가스를 방출하면서 거품을 일으키며 반응한다(**그림 1.18**).

그림 1.17 방해석에서 관찰되는 이중 회절. (사진 제공: Chip Clark)

그림 1.18 약한 산과 반응하는 방해석. (사진 제공: Chip Clark)

이런 사실을 알고 있었나요?

황철광은 이 광물의 색깔이 황금빛 노랑이어서 사람들로 하여금 금으로 오해하게 만들었기 때문에, 일반적으로 "바보의 금"으로 알려져 있다. 황철광이라는 단어는 이 광물이 다른 물건에 세게 부딪칠 때 불꽃을 일으키기 때문에, 불을 뜻하는 그리스어 *pyros*에서 유래했다.

이 시험법은 흔히 탄산염 광물인 방해석을 동정할 때 유용하다.

6. 광물군

GEODe EARTH SCIENCE Earth Materials
▼ Minerals

거의 4,000개에 달하는 광물이 지금까지 명명되었고 해마다 몇 개의 새로운 광물들이 동정되고 있다. 광물을 공부하는 학생들에게는 다행스럽게도, 중요한 것은 수십 개 정도에 불과하다! 전체적으로 봤을 때 이 수십 개의 광물들이 지구 지각의 암석 대부분을 구성하기 때문에, 이들을 **조암광물**로 분류한다. 단 8개의 원소가 이 광물들의 대부분을 이루고 있으며, 대륙 지각의 98%(중량비) 이상을 차지하고 있다는 것은 흥미로운 사실이다(**그림 1.19**). 이 원소들을 풍부한 순서대로 나열하면, 산소(O), 규소(Si), 알루미늄(Al), 철(Fe), 칼슘(Ca), 나트륨(Na), 칼륨(K) 그리고 마그네슘(Mg) 순이다.

그림 1.19에서 나타나듯이, 산소와 규소는 지구 지각에서 가장 풍부한 원소이다. 더구나 이 두 원소들은 쉽게 결합하여 지구 지각의 90% 이상을 차지하는 가장 흔한 광물군인 **규산염**(silicate) 광물의

이런 사실을 알고 있었나요?

귀중한 보석의 이름은 모 광물의 이름과 종종 다르다. 예를 들어, 사파이어는 강옥이 변해서 만들어진 두 종류의 보석들 중 하나이다. 강옥에 포함된 소량의 티타늄과 철 원소에 의해 가장 값비싼 블루 사파이어가 만들어진다. 강옥에 크롬이 함유되면, 반짝이는 붉은색의 루비가 된다.

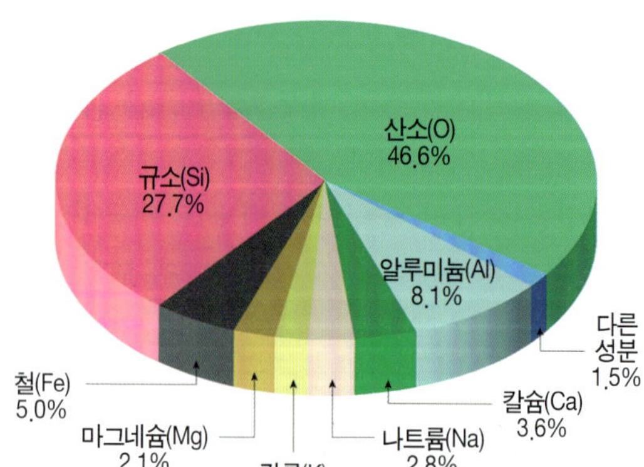

그림 1.19 대륙 지각을 구성하는 가장 흔한 8개 광물들의 상대적인 비율.

근간을 이룬다.

지구 지각에서 다른 광물군들은 규산염 광물보다 덜 풍부하기 때문에, 이들은 보통 **비규산염 광물**(nonsilicates)로 묶여 함께 취급된다. 규산염 광물처럼 풍부하지는 않지만 일부 비규산염 광물들은 경제학적으로 매우 중요하다. 자동차를 만들 수 있는 철과 알루미늄, 집을 지을 수 있는 회반죽과 건식벽체에 이용하는 석고, 그리고 전기를 전달하고 인터넷을 연결하는 전선에 이용하는 구리를 제공한다. 비규산염 광물군으로는 탄산염 광물, 황산염 광물 그리고 할로겐 광물이 있다. 경제적 중요성 외에, 이 광물군들은 퇴적물과 퇴적암의 주요 구성 성분을 포함한다.

우선 가장 흔한 광물군인 규산염 광물에 대해 알아보고 다음으로 눈에 띄는 비규산염 광물군들을 보기로 하자.

규산염 광물

규산염 광물들은 모두 산소와 규소 원자를 포함하고 있다. 석영과 같은 소수의 광물을 제외한 대부분의 규산염 광물들은 전기적으로 중성인 화합물을 만들기 위해 하나 이상의 다른 원소들과 결합한다. 이러한 원소들로 인해 매우 다양한 규산염 광물들이 존재할 뿐만 아니라 여러 다양한 특성들도 나타난다.

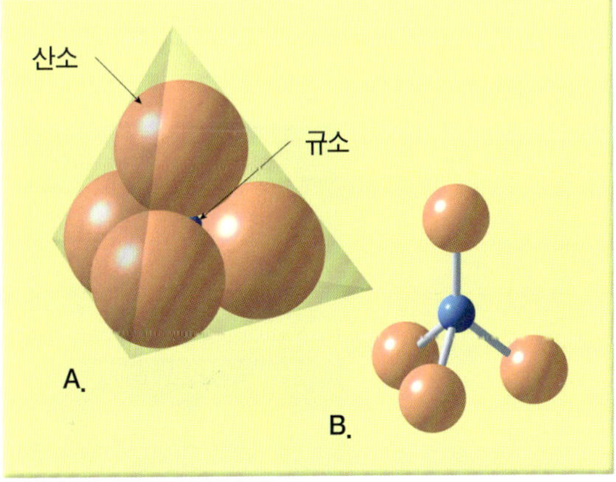

그림 1.20 대표적인 규소-산소 사면체의 두 가지 형태. A. 4개의 커다란 구는 산소 원자를, 파란색 구는 규소 원자를 나타낸다. 원자들의 반지름 비율을 고려하여 구의 크기를 그렸다. B. 원자들을 연결하는 결합을 막대기로 표현한 사면체 모델.

모든 규산염 광물에는 **규소-산소 사면체**(silicon-oxygen tetrahedron)라는 동일한 기본 구성단위가 있다. 이 구조는 **그림 1.20**에 나타나듯이 훨씬 작은 크기의 규소 원자 하나를 4개의 산소 원자가 둘러싸는 방식이다. 주먹 크기의 전형적인 규산염 광물 표본에는 다양한 방식으로 결합된 규소-산소 사면체 수백만 개가 포함되어 있다.

광물에 따라 이들 사면체는 산소 원자들을 공유함으로써 사슬구조나 층상구조 또는 3차원 망상구조로 결합한다(**그림 1.21**). 이들 큰 규산염 구조들은 상호간에 다른 원소들을 통해 연결된다. 규산염 구조를 연결시키는 주요한 원소들로는 철(Fe), 마그네슘(Mg), 칼륨(K), 나트륨(Na), 칼슘(Ca)이 있다.

그림 1.21에는 주요 규산염 광물의 일반적인 예가 나타나 있다. 장석은 지구 지각의 50% 이상을 차지하는 가장 양이 많은 그룹이다. 대륙 지각에서 두 번째로 풍부한 광물인 석영은 규소와 산소만으로 이루어진 광물 가운데 흔히 볼 수 있는 유일한 광물이다.

그림 1.21에서 각각의 광물군은 특정한 규산염 구조를 지니는 데 주목해야 한다. 광물의 내부 구조와 벽개 사이의 관계를 표시해 두었다. 규소-산소 결합은 강력하기 때문에 규산염 광물은 규소-산소 결합들을 가로지르기보다는 이들 사이를 따라 쪼개지는 경향이 있다. 예를 들어, 운모는 판상구조를 갖고 있어서 평평한 판으로 쪼개지는 경향이 있다(35쪽의 **그림 1.14**). 모든 방향으로 강한 규소-산소 결합을 갖는 석영의 경우 벽개가 없고 대신 단구만이 나타난다.

규산염 광물들은 어떻게 형성될까? 대부분은 녹

광물/화학식	벽개	규산염 구조	견본
감람석군 $(Mg, Fe)_2SiO_4$	없음	독립사면체 	
휘석군(휘석) $(Mg, Fe)SiO_3$	직각으로 2방향 쪼개짐	단일 사슬 	
각섬석군(각섬석) $Ca_2(Fe, Mg)_5Si_8O_{22}(OH)_2$	60°와 120°로 2방향 쪼개짐	이중 사슬 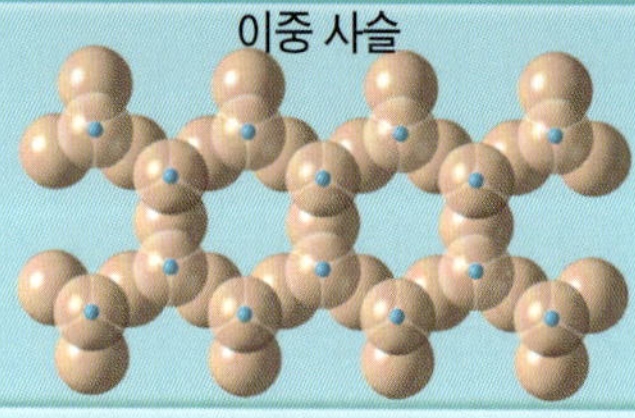	
운모: 흑운모 $K(Mg, Fe)_3AlSi_3O_{10}(OH)_2$	1방향 쪼개짐	층상 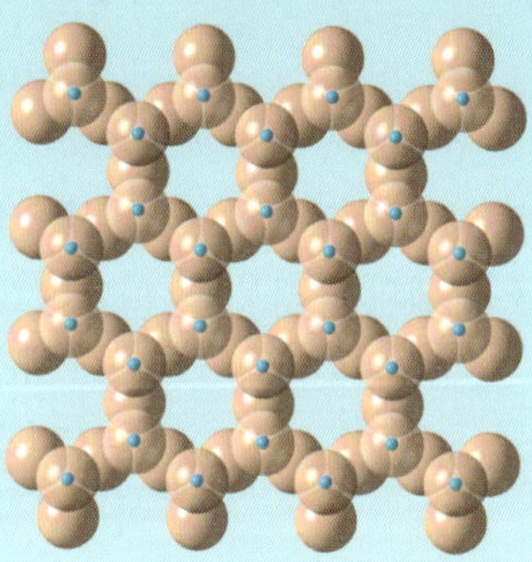	
운모: 백운모 $KAl_2(AlSi_3O_{10})(OH)_2$	1방향 쪼개짐	층상	
장석: 정장석 $KAlSi_3O_8$	90°로 2방향 쪼개짐	3차원 망상 	
장석: 사장석 $(Ca, Na_3)AlSi_3O_8$	90°로 2방향 쪼개짐	3차원 망상	
석영 SiO_2	없음	3차원 망상	

그림 1.21 일반적인 규산염 광물들. 표의 아래로 갈수록 규산염 구조가 복잡해지는 데 주목하라.

이런 사실을 알고 있었나요?

오늘날 상점에서 판매되는 대부분의 "움푹 퍼진" 고양이 침대에는 벤토나이트라고 불리는 자연산 물질이 포함되어 있다. 벤토나이트는 흡수성이 강한 점토 광물로 수분이 있으면 흡수해서 부푼다. 이를 통해 고양이의 배설물이 분리되고 제거될 수 있으며 침상을 깨끗하게 유지할 수 있다.

아 있던 암석이 식으면서 결정화된다. 이러한 냉각은 지표면 또는 지표면 부근(저온저압)이나 아주 깊은 곳(고온고압)에서 일어날 수 있다. 결정작용 시의 주변 환경과 녹아 있던 암석의 화학적 조성에 따라 만들어지는 광물의 종류가 결정된다. 예를 들어, 규산염 광물인 감람석은 고온(약 1,200℃)에서 만들어지고, 석영은 훨씬 더 저온(약 700℃)에서 결정화된다.

또한, 어떤 규산염 광물들은 지표에서 다른 규산염 광물들의 풍화 산물로부터 생겨난다. 또한 어떤 규산염 광물들은 조산운동에 수반된 초고압 상태에서 만들어지기도 한다. 그 결과 각각의 규산염 광물들은 생성 당시의 조건을 알려주는 결정구조

표 1.1 흔한 비규산염 광물군

광물군	광물	화학식	활용도
산화물	적철석	Fe_2O_3	철광, 색소
	자철석	Fe_3O_4	철광
	강옥	Al_2O_3	보석, 연마재
	얼음	H_2O	물의 고체 형태
황화물	방연석	PbS	납광
	섬아연석	ZnS	아연광
	황철석	FeS_2	황산 생산
	황동석	$CuFeS_2$	구리광
	진사	HgS	수은광
황산염	석고	$CaSO_4 \cdot 2H_2O$	분말 석고
	경석고	$CaSO_4$	분말 석고
	중정석	$BaSO_4$	천공용 진흙
자연 원소	금	Au	교역, 보석류
	구리	Cu	전기 도체
	다이아몬드	C	보석, 연마재
	황	S	술파제, 화학약품
	흑연	C	연필 심, 건 윤활유
	은	Ag	보석류, 사진 촬영
	백금	Pt	촉매
할로겐화물	암염	NaCl	일반적인 소금
	형석	CaF_2	강철 제품을 만드는 데 사용
	칼리암염	KCl	비료
탄산염	방해석	$CaCO_3$	시멘트, 석회
	백운석	$CaMg(CO_3)_2$	시멘트, 석회

와 화학조성을 갖게 된다. 따라서 지질학자들은 암석의 구성 광물들을 자세히 연구함으로써 암석의 생성환경을 알아낼 수 있다.

중요한 비규산염 광물들

비규산염 광물들은 지구 지각의 약 8%만을 차지하지만, 석고, 방해석 그리고 암염 같은 비규산염 광물들은 퇴적암의 주요 구성원이다. 게다가 다른 많은 비규산염 광물들은 경제적으로 중요하다. **표 1.1**은 비규산염 광물군들과 각 광물군에 속하는 몇 개 광물들을 예로 보여준다. 가장 일반적인 비규산염 광물들은 3개의 주요 광물군, 즉 탄산염(CO_3^{2-}), 황산염(SO_4^{2-}), 그리고 할로겐(Cl^{1-}, F^{1-}, B^{1-}) 중 한 그룹에 속한다.

탄산염 광물들은 규산염 광물들보다 구조적으로 더 단순하다. 이 광물군은 탄산염 이온(CO_3^{2-})과 한 종류 이상의 양이온들로 구성된다. 가장 일반적인 탄산염 광물은 방해석($CaCO_3$)이다. 이 광물은 잘 알려진 두 가지 암석, 즉 석회암과 대리암의 주 구성성분이다. 석회암은 쓰임새가 많은데, 도로 혼합제, 건축용 석재 그리고 시멘트의 주요 원료로 사용된다. 대리암은 장식용으로 이용된다.

그 외에 퇴적암에서 자주 나타나는 비규산염 광물로 암염과 석고가 있다. 두 광물 모두 두꺼운 층으로 흔히 발견되는데, 이는 고대의 바다가 오랜 기간을 통해 다 증발해 사라지면서 남겨진 것이다 (**그림 1.22**). 석회암과 마찬가지로 암염과 석고 또한 중요한 비금속 자원이다. 암염은 흔히 소금, 즉 염화나트륨(NaCl)의 광물명이다. 황산칼슘과 물이 결합한 석고($CaSO_4 \cdot 2H_2O$)는 회반죽이나 이와 유사한 건축자재를 구성하는 광물이다.

그림 1.22 텍사스주의 그랜드 살린(Grand Saline) 근처 지하 광산의 두꺼운 암염층. (사진 제공: Tom Bochsler)

이런 사실을 알고 있었나요?

흰색의 투명한 광물인 석고는 B.C. 6000년경에 아나톨리아(Anatolia: 오늘날의 터키) 지방에서 건축용 자재로 최초로 사용됐다. 석고는 또한 약 B.C. 3700년경에 만들어진 이집트의 거대한 피라미드 내부에서도 발견된다. 오늘날, 새로 짓는 미국인들 집에는 평균 7,000kg 이상의 석고가 540m²의 면적에 인조벽판 형태로 사용된다.

대부분의 비규산염 광물군들은 경제적 가치가 큰 광물들을 포함한다. 이중에는 철광산인 적철광과 자철광의 주요 구성성분인 산화물이 포함된다 (**그림 1.23**). 또한 황(S)과 하나 이상의 금속이 결합한 화합물인 황화물도 주요 광물이다.

주요 황산염 광물로는 방연광(납), 아연광(아연) 그리고 황동광(구리)이 있다. 게다가 금, 은, 탄소(다이아몬드) 등의 자연산 원소와 형석(제철산업 용제), 강옥(보석, 연마제), 우라니나이트(우라늄광) 같은 비규산염 광물들은 경제적으로 중요하다.

A.

B.

그림 1.23 2개의 주요 철광산. A. 자철광. B. 적철광. (사진 제공: E. J. Tarbuck)

7. 광물자원

광물자원(mineral resource)은 지구에 저장되어 있는 유용 광물들 가운데 사용하기 위해 끌어낼 수 있는 것들이다. 자원에는 광물들을 캐낼 수 있는 이미 확인된 수익성 있는 광상뿐만 아니라〔**매장지**(reserve)〕, 현재의 경제조건 및 기술로는 아직 수익성이 없는 광상들도 포함된다. 또한 있을 것이라고 추정하고 있지만 아직 발견되지 않은 광상도 광물자원으로 간주된다.

광석(ore)이라는 용어는 수익을 낼 수 있는, 채굴 가능한 유용한 금속 광물들을 뜻한다. 관용적으로 광석이라는 용어를 형석이나 황과 같은 비금속성 광물에 사용하기도 한다. 하지만 건축자재나 도로 포장, 연마재, 도자기 그리고 비료 등으로 쓰이는 물질은 보통 광석이라고 부르기보다는 산업용 암석 광물로 부른다.

지구 지각의 98% 이상이 단지 여덟 가지의 원소만으로 이루어져 있다는 것을 다시 기억해 보자. 산소와 규소를 제외한 나머지 다른 원소들은 보통 지각 암석에서는 상대적으로 작은 부분을 차지한다(38쪽의 **그림 1.19** 참조). 실제로 대부분의 원소가 지각의 암석 속에 자연적으로 농집해 있는 양은 극히 적다. 암석에 포함되어 있는 값진 원소(예를 들어, 금)의 양이 지각에 포함되어 있는 평균원소량 이하인 경우 이 암석은 경제적으로 가치가 없다. 그것을 파내는 데 드는 돈이 얻을 수 있는 금의 가치를 훨씬 넘기 때문이다.

경제적으로 가치가 있으려면, 원소가 지각에 평균적으로 분포하는 양 이상으로 반드시 농집되어 있어야 한다. 예를 들어, 구리는 지각에서 약 0.0135%를 차지하고 있다. 어떤 광상이 구리광으로 간주되기 위해서는 이 양보다 약 100배 이상의 농집도를 보여야 한다. 반면에 지각의 8.13%를 구성하고 있는 알루미늄은 지각 평균 분포량의 단 네 배 정도면 수익성 있게 채굴할 수 있다.

경제 변화가 광상의 채굴성에 영향을 미친다는 것을 알아야 한다. 금속에 대한 수요가 증가하고 가격이 충분히 오르면 예전에는 채산성이 맞지 않던 광상이 원광이 될 수 있다. 채산성이 맞지 않던 광상은 기술이 발전해서 예전보다 더 낮은 가격으로 광물을 채굴할 수 있을 때에도 변할 수 있다.

역으로, 경제 요소가 변함에 따라 한때 채산성 있던 광상이 더 이상 원광으로 불리기 힘든, 경제

밀도(density) … 37
방사성 붕괴(radioactive decay) … 31
벽개(cleavage) … 35
분명한 화학조성(well-defined chemical composition) … 25
비규산염 광물(nonsilicates) … 39
비중(specific gravity) … 37
색깔(color) … 33
암석(rock) … 26
양성자(protons) … 28
에너지준위(energy levels) … 28
원소(element) … 27
원자(atom) … 28
원자가전자(valence electrons) … 28
원자번호(atomic number) … 29
이온(ion) … 30
이온결합(ionic bond) … 29
자연산(naturally occurring) … 25
전자(electron) … 28
점착성(tenacity) … 34
정벽(habit) … 33
조흔색(streak) … 33
주기율표(periodic table) … 27
주껍질(principal shells) … 28
중성자(neutrons) … 28
질량수(mass number) … 31
핵(nucleus) … 28
화합물(chemical compound) … 28

학습 요약 문제

1. 지구 물질이 광물로 간주되기 위해서 갖춰야 하는 다섯 가지 특성을 말하라.
2. 암석을 정의하라.
3. 원자의 주요 입자 세 가지를 나열하고 그 입자들이 서로 어떻게 다른지 설명하라.
4. 원자의 전자 수가 35이고 질량수가 80이라면, 다음을 계산하라.
   a. 양성자의 개수
   b. 원자번호
   c. 중성자의 개수
5. 원자가 이온이 되려면 무슨 일이 일어나야 하는가?
6. 동위원소는 무엇인가?
7. 모든 광물들은 내부에 원자가 규칙적으로 배열해 있는데(결정구조를 갖고 있는데), 대부분의 광물 표본에서 결정형은 잘 보이지 않는다. 이유가 무엇인가?
8. 색깔로 광물을 동정하는 것이 왜 어려울 수 있는가?
9. 돌을 찾는 중에 유리처럼 보이는 광물을 발견했고 그것이 다이아몬드이기를 바라고 있다. 확인해 보기 위해 할 수 있는 간단한 시험법으로는 어떤 것들이 있는가?
10. **표 1.1**(41쪽)에서 강옥은 연마재로 사용한다고 되어 있다. 모스 경도계와 관련지어서 강옥이 좋은 연마재가 될 수 있는 이유를 설명하라.
11. 금은 비중이 거의 20에 가깝다. 5리터 통에 담긴 물의 무게가 약 5킬로그램이라면 5리터 한 통에 담긴 금의 무게는 얼마인가?
12. 지구 지각에서 가장 흔한 두 가지 원소는 무엇인가?
13. 모든 규산염 광물의 기본 구성단위를 가리켜 무엇이라고 하는가?
14. 규산염 광물 가운데 가장 흔한 두 가지는 무엇인가?
15. 암석에서 흔히 나타나는 비규산염 광물 세 가지를 나열하라.
16. 광물자원과 광물 매장지의 차이점을 얘기하라.
17. 광석이라 하지 않았던 광상을 다시 광석으로 분류할 수 있게 하는 것은 무엇인가?

Online 학습 안내

Foundation of Earth Science 웹에는 학생들이 이 장에서 다룬 여러 내용의 학습을 도울 수 있는 자료들과 인터넷 연계시스템을 갖추고 있다. 지구과학을 강의하는 연구자들에 의해서 발전된 이 인터넷 주소는 지구과학의 이해를 증진시켜 줄 것으로 생각된다. **http://www.prenhall.com/lutgens**를 방문하여 *Foundation of Earth Science 5e*를 클릭하여 다음 내용들을 살펴보자:

- 인터넷 종합 퀴즈
- 비평적 사고 훈련
- 장 관련 웹 자료들의 연계
- 웹을 통한 주요 개념 탐구

http://www.prenhall.com/lutgens

GEODe: Earth Science

*GEODe: Earth Science*는 동영상(animation), 비디오(video), 낭송(narration), 대화식 연습문제(interactive exercise), 실용적인 퀴즈 등을 이용하여 주요 개념을 더욱 심화함으로써 더욱 효과적인 학습을 이룰 수 있게 한다. 이 복사 CD는 이 책 『지구시스템의 이해』 제5판에 포함되어 있다.

The most common group of rock-forming minerals are the **silicates**.

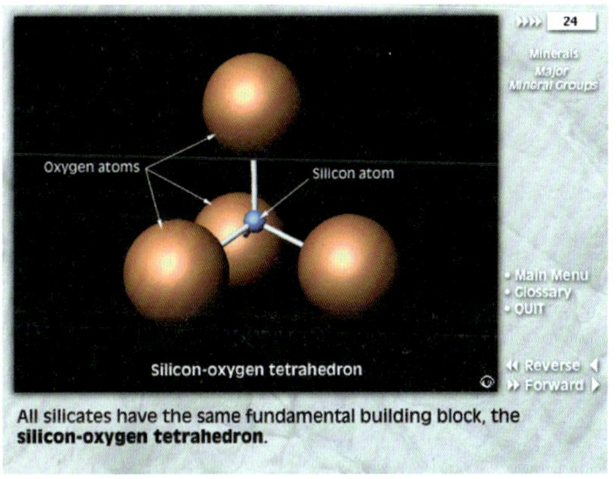

All silicates have the same fundamental building block, the **silicon-oxygen tetrahedron**.

제 2 장

캘리포니아주 요세미티(Yosemite) 국립공원의 엘카피탄(El Capitan) 절벽을 기어오르고 있는 산악인들.

(사진 제공: Ron Niebruggel)

암석

고체 지구의 구성물질

학습 초점

다음은 여러분들이 이 단원에서 다루는 중요한 개념들을 이해하는 데 도움을 줄 수 있는 유용한 질문들이다.

1. 세 그룹의 암석들은 무엇이며, 각각의 암석들을 생성하는 지질학적 과정들은 무엇인가?
2. 화성암을 분류하는 데 사용하는 두 가지 기준은 무엇인가?
3. 두 가지 주요한 풍화의 형태는 무엇이며, 각각에 연관된 작용들은 무엇인가?
4. 몇몇 일반적인 쇄설성 및 화학적 퇴적암의 이름과 생성환경을 말하라.
5. 몇몇 일반적인 변성암이 명칭, 조직, 생성환경을 말하라.

왜 암석을 공부하는가? 여러분은 이미 암석과 광물이 상당한 경제적 가치를 가지고 있다는 사실을 배운 바 있다. 더욱이 모든 지표의 변화는 어느 정도 이러한 기본적인 물질들의 특성에 의존한다. 화산 폭발, 조산운동, 풍화, 침식, 심지어 지진과 같은 사건들조차도 암석과 광물을 포함한다. 결과적으로, 지구 구성물질에 대한 기본적인 지식은 지구의 현상을 이해하는 데 필수적이다.

모든 암석은 그것이 생성된 환경에 대한 단서들을 포함하고 있다. 예를 들어, 어떤 암석은 온전히 작은 조개껍데기로만 이루어져 있다. 이것은 지구과학자에게 이 암석을 이루는 입자들이 얕은 바다 환경에서 기원했음을 말해 준다. 다른 암석들은 화산 폭발로 인해 또는 조산운동 중 지구 깊은 곳에서 형성되었음을 지시하는 단서를 가지고 있다(**그림 2.1**). 이와 같이, 암석들은 지구의 장구한 역사 동안 일어났던 사건들에 대한 풍부한 정보를 포함하고 있다.

우리는 암석들을 그들의 기원 방식에 따라 세 가지 그룹으로 구분한다. 그 세 가지는 화성 기원, 퇴적 기원, 변성 기원이다. 각각의 그룹을 자세히 살펴보기 전에, 각 암석 그룹 사이의 상호관계를 표현하는 암석의 순환에 대해 살펴보도록 하겠다.

1. 시스템으로서의 지구: 암석의 순환

GEODe EARTH SCIENCE

Earth Materials

▼ The Rock Cycle

지구는 하나의 시스템(system)이다. 이것은 우리의 지구 행성이 복잡계를 이루며 상호작용을 하고 있는 많은 부분들로 구성됨을 의미한다. 이러한 개념은 다른 무엇보다 암석의 순환(**그림 2.2**)에 잘 표현되어 있다. **암석의 순환**(rock cycle)은 지구시스템의 서로 다른 부분들 사이에 존재하는 많은 상호관계에 대해 관찰할 수 있게 해 준다. 암석의 순환

그림 2.1 암석에는 암석을 만든 과정들에 대한 정보가 포함되어 있다. 캘리포니아주 시에라네바다(Sierra Nevada)에 위치한 이 거대한 화성암은 원래 지하 깊은 곳에서 형성된 용융체였다. (사진 제공: Brian Bailey/Getty Images)

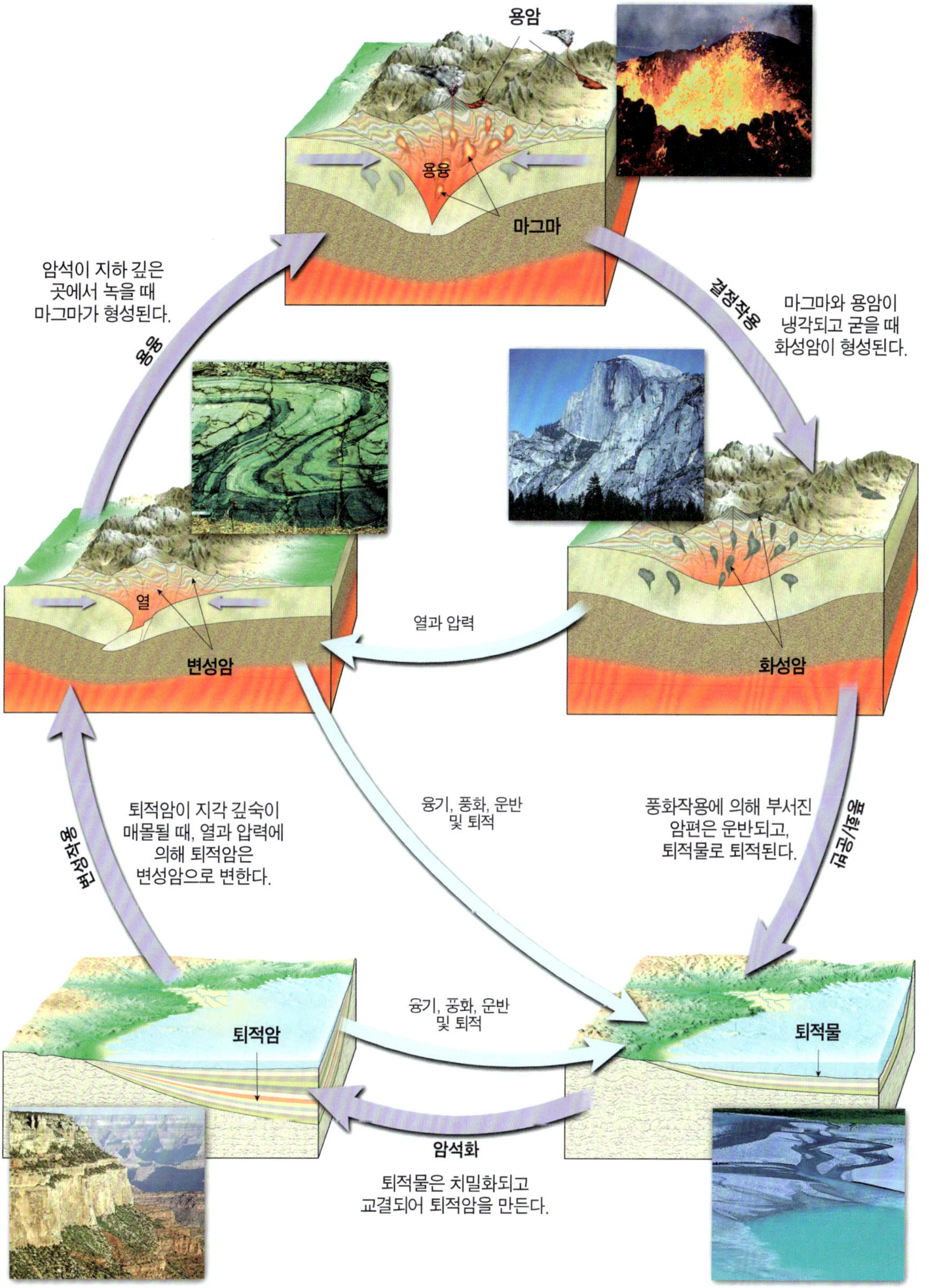

그림 2.2 오랜 기간 동안 관찰하면, 암석은 끊임없이 형성되고 변화하며 재형성된다. 세 가지 기본적인 암석 그룹의 기원이 암석의 순환에 의해 설명된다. 각 그룹이 다른 그룹들과 연계되는 과정들이 화살표로 표시되어 있다.

을 공부함으로써 우리는 화성암, 퇴적암 그리고 변성암의 기원을 이해할 수 있고 행성 지구의 내부 및 외부에서 일어나는 작용들에 의해 서로가 연계되어 있음을 알 수 있다. 암석의 순환을 잘 배워라. 여러분들은 이 장과 다른 장을 통해 암석들의 상호관계를 매우 자세히 공부할 것이다.

기본 순환

그림 2.2의 맨 위쪽부터 시작해 보자. **마그마**(magma)는 지구 내부에서 형성되는 용융된 물질이다. 이 마그마는 언젠가는 냉각되어 고화된다. **결정작용**(crystallization)으로 불리는 이 과정은 지하에서 또는 지상에서는 화산 폭발에 연이어 일어날 수 있다. 어떤 경우든 이렇게 만들어진 암석들을 **화성암**(igneous rock)이라 한다.

만약 화성암이 지상에 노출되어 있다면, 그들은 계속적인 대기의 영향으로 분해되고 변질되는 **풍화작용**(weathering)을 겪는다. 그에 따른 부산물은 흔히 중력에 의해 경사면 아래로 이동되고 그 이후 흐르는 물, 빙하, 바람 또는 파도 등과 같은 다양한 침식 요인들에 의해 들려지고 운반된다. 마침내 **퇴적물**(sediment)이라 불리는, 이들 입자들과 용해된 물질들이 퇴적된다. 대부분의 퇴적물은 궁극적으로 바다에 쌓이지만 하천의 범람원, 사막의 분지, 늪, 모래언덕에도 쌓인다.

그 후에 "암석으로의 변화"를 의미하는 **암석화**(lithification) 과정을 겪게 된다. 퇴적물은 그 위에 오는 층들의 무게에 의해 압축되거나, 지하수가 침투하여 공극을 광물 물질로 채우고 교결될 때 **퇴적암**(sedimentary rock)으로 변하기 시작한다.

만약 퇴적암이 지구 내부 깊이 매몰되어 조산운동을 겪는다거나 또는 꽤 큰 마그마에 의해 관입당하면 높은 압력 및/또는 엄청난 열을 받게 된다. 퇴적암은 변화하는 환경에 반응하여, 세 번째 암석 종류인 **변성암**(metamorphic rock)으로 바뀌게 된다. 변성암이 더 높은 온도에 놓이게 되면 녹아서 마그마를 만들고, 결국에는 결정화되어 화성암을 만들고, 위와 같은 순환과정을 다시 처음부터 반복하게 된다.

암석은 변하지 않는 것처럼 보이지만, 암석의 순환은 암석이 변한다는 것을 보여준다. 그러나 그 변화는 무한한 시간을 필요로 한다. 게다가 암석의 순환은 전 세계에 걸쳐 일어나지만, 각 단계는 서로 다르다. 오늘날 하와이섬 아래에서는 새로운 마그마가 형성되고 있으며, 콜로라도주 로키(Rocky) 산맥은 풍화와 침식에 의해 조금씩 닳고 있다. 이 풍화물 중 일부는 결국은 멕시코만까지 운반될 것이며, 그곳에서 이미 퇴적된 퇴적물 더미에 추가될 것이다.

다른 경로들

기본 순환에서 보여준 경로들만이 유일한 과정은 아니다. 오히려 이전 단락에서 기술된 순환과정 이외의 다른 경로들도 충분히 일어날 수 있다. 이러한 대안들은 **그림 2.2**에서 파란색 화살표로 표시되었다.

화성암은 노출되어 풍화, 침식되기보다는 지하 깊은 곳에서 머무르다 언젠가는 조산운동에 수반된 강한 압력과 높은 열을 받을 수 있다. 이런 현상이 일어날 때 화성암은 바로 변성암으로 변한다.

퇴적물뿐만 아니라 변성암과 퇴적암이 항상 지하 깊은 곳에 머무르는 것은 아니다. 오히려 지상에 노출된 암석이 침식되면서 예전에 지하에 묻혀 있던 암석이 새롭게 노출될 수 있다. 이런 일이 벌어지면, 암석 물질은 풍화작용에 의해 퇴적암을 만들 새로운 원자재로 바뀌게 된다.

암석을 순환시키는 에너지는 어디에서 나오는 것일까? 지구 내부의 열에 의한 작용들에 의해 화성암과 변성암이 형성된다. 풍화작용과 풍화물의 이동은 태양에너지에 의한 외부 작용들이다. 외부 작용에 의해 퇴적암이 형성된다.

2. "불에 의해 형성된" 화성암

Earth Materials
▼ The Igneous Rocks

암석의 순환에 대해 살펴볼 때, 우리는 마그마가 냉각되고 결정화될 때 화성암이 형성된다는 점을 지적했다. 마그마는 무엇이고 마그마의 근원은 무엇일까? 마그마는 맨틀 및 소량의 하부지각 암석들이 부분용융되어 형성된 용융된 암석이다. 이 용융된 물질은 규산염 광물에서 발견되는 원소들로 주로 구성된다. 규소와 산소는 마그마를 구성하는 주요 성분이며 알루미늄, 철, 칼슘, 나트륨, 칼륨, 마그네슘 등이 소량 포함된다. 또한 마그마는 특히 수증기와 같은 기체들도 포함하는데, 이들은 위에 놓인 암석의 하중 때문에 마그마 안에 갇혀 있다.

한 번 형성되면, 마그마는 주변의 암석들보다 밀도가 낮기 때문에 부력에 의해 지표 쪽으로 올라온다. 마그마는 간혹 지표에 도달하며, 이 경우 **용암**(lava)이라고 부른다. 어떤 때는 기체들이 빠져 나가면서 마그마를 하늘로 뿜어 올려서 용암이 분수처럼 방출되기도 한다. 또 다른 경우에는 마그마가 화구로부터 폭발적으로 분출하며, 1980년에 폭발한 세인트헬렌스(St. Helens)산처럼 장엄한 분출을 연출해 낸다. 그러나 대부분의 분출들은 격렬하지 않다. 오히려 화산들은 흔히 용암을 조용히 흘러나오게 방출한다(**그림 2.3**).

이런 사실을 알고 있었나요?

서기 79년에 베수비오(Vesvius) 화산이 갑작스럽게 폭발하는 동안, 폼페이시(이탈리아 나폴리 근처) 전체는 수미터 두께의 부석과 화산재로 완전히 뒤덮였다. 수세기가 지난 후에, 베수비오산 근처에 새로운 도시가 형성됐다. 건설 프로젝트가 진행되던 1595년에 이르러서야, 폼페이의 유적이 빛을 보게 되었다. 오늘날, 수천 명의 관광객들이 상점, 선술집 그리고 주택 등 발굴된 폼페이의 유적들 사이를 거닌다.

용암이 지표면에서 고화되어 형성된 화성암은 **분출암**(extrusive) 또는 **화산암**(volcanic: 불의 신 Vulcan의 이름을 따서)으로 분류된다. 분출암은 미국의 서부 지역에 풍부한데, 캐스케이드(Cascade) 산맥의 화산추들과 컬럼비아 대지의 광대한 용암이 포함된다. 게다가 하와이 제도처럼 많은 해양섬들은 거의 대다수가 화산암으로 이루어져 있다.

그러나 대부분의 마그마는 지표면에 도달하기 전에 유동성을 잃고 마침내 지하에서 결정화된다. 지하에서 형성된 화성암을 **관입암**(intrusive) 또는 **심성암**(plutonic: 고전적인 신화에서 지하세계의 왕인 Pluto의 이름을 따서)이라고 한다. 지각이 융기되지 않고 상부 암석이 침식에 의해 제거되지 않는다면, 화강암 관입체는 지표면에 결코 노출되지 않을 것이다. 관입암은 뉴햄프셔주의 워싱턴(Washington)산, 조지아주의 스톤(Stone)산, 사우스다코타주의 블랙 힐즈(Black Hills) 그리고 캘리포니아주의 요세미티(Yosemite) 국립공원 등 많은 지역에서 노출되어 있다.

화성암을 이루는 마그마의 결정화

마그마는 기본적으로 매우 뜨겁고 두꺼운 유체이면서 고체와 기체를 포함하고 있다. 이 고체들은 광물 결정들이다. 마그마의 액체 요소는 자유로이 이동하는 이온들로 구성되어 있다. 그러나 마그마가 냉각될 때 활발한 이온들의 움직임은 느려지고 결국 질서 잡힌 형태로 배열되기 시작한다. 이러한 과정을 결정화라 한다. 보통 용융된 물질들은 동시에 고화된다기보다는 냉각될 때 수많은 작은 결정들을 형성한다. 체계적으로, 이온들은 이들 결정의 성장 중심부에 더해지게 된다. 결정들이 크게 자라 그들의 가장자리가 서로 접할 정도가 되면 공간 부

그림 2.3 현무암질 용암이 하와이 킬라우에아 화산의 경사면을 흐르고 있다. (사진 제공: G. Brad Lewis/Getty Images–Liaison)

족으로 인해 성장을 멈추게 되고 결정작용은 다른 곳에서 계속된다. 결국 모든 액체는 서로 맞물린 결정들로 이루어진 고체 덩어리로 변하게 된다.

냉각 속도는 결정의 크기에 큰 영향을 미친다. 마그마가 매우 천천히 냉각되면 발달되는 결정 성장 중심의 수가 상대적으로 적다. 느린 냉각은 이온들로 하여금 또한 상대적으로 먼 거리를 이동하게 한다. 따라서 느린 냉각에 의해 결정들은 크게 성장한다. 반면에 냉각이 상당히 빠르게 일어나면 이온들은 이동을 지속할 수 없게 되고 빠르게 결합한다. 그 결과 이온들을 조금이라도 더 끌어들이기 위해 무수히 많은 작은 결정이 형성된다. 그러므로 빠른 냉각에 의해 작은 맞물린 결정들로 이루어진 고체 덩어리가 형성된다.

이와 같이, 만약 지질학자가 육안으로 관찰할 수 있을 정도로 큰 결정을 포함하는 화성암을 발견했다면 이는 그 암석이 매우 느리게 냉각되었다는 사실을 의미한다. 그러나 결정의 크기가 오직 현미경으로만 보일 정도라면 마그마가 매우 빨리 냉각되었음을 알 수 있다.

만약 용융된 물질이 거의 순식간에 급랭된다면 이온들이 결정질 구조로 배열되기에는 시간이 부족하다. 그러므로 이런 식으로 형성된 암석은 불규칙하게 분포된 이온들로 이루어지게 된다. 이러한 암석을 유리질 암석이라 부르며 공업적으로 생산된 보통의 유리와 상당히 유사하다. "순간적인" 급랭은 화산재라는 작은 유리질 파편들을 만들어내는, 격렬한 화산 분출 시에 일어난다.

냉각 속도뿐만 아니라 마그마의 성분과 용존 기체의 양도 결정화에 영향을 미친다. 마그마는 이들 각 특성들이 서로 다르기 때문에 화성암의 물리적

이런 사실을 알고 있었나요?

석기시대 동안에, 화산암질 유리(흑요석)는 절단 도구들을 만드는 데 사용됐다. 오늘날, 흑요석으로 만든 칼은 상처를 덜 남기기 때문에 섬세한 성형외과 수술에 사용된다. 미시간 의대의 부교수이자 의학박사인 Lee Green은 "철로 만든 칼은 가장자리가 거칠지만 흑요석으로 만든 칼은 더 매끄럽고 더 날카롭다"고 말한다.

형태와 광물 조합이 넓은 범위에서 변화한다. 그럼에도 불구하고, 화성암을 조직(texture)과 구성 광물에 따라 분류하는 것이 가능하다. 이 두 가지 성질에 대해 살펴보도록 하겠다.

화성 조직

조직(texture)은 맞물려 있는 결정들의 **크기**와 배열에 따라 화성암의 전체적인 겉모양을 기술한다. 조직은 암석이 형성된 환경에 대한 많은 정보를 드러내기 때문에 매우 중요한 특징으로 여겨진다. 여러분은 매우 느린 냉각은 상당히 큰 결정들을 만드는 반면, 빠른 냉각은 작은 결정들을 만든다는 것을 공부했다. 예상할 수 있듯이, 지각 깊은 곳에 있는 마그마 방에서의 냉각 속도는 상당히 느리다. 반면에 지표면 위로 분출된 얇은 용암층은 몇 시간 이내에 냉각되어 "고체 암석"으로 변할 것이다. 격렬한 분출에 수반되어 뿜어져 나온 용융된 작은 덩어리들은 빠르게 고화된다.

지표 또는 지각 상부에서 빠르게 냉각된 화성암은 너무 작아서, 육안으로는 거의 볼 수 없는 개개의 결정으로 이루어진 **세립질 조직**(fine-grained texture)을 보인다(**그림 2.4A**). 많은 이러한 세립질 화성암에서는 기공(vesicles)이라 불리는, 용암이 고화될 때 형성된 기체 방울들이 남아 있다(**그림 2.5**).

거대한 마그마의 덩어리가 지하 깊은 곳에서 고화될 때는 **조립질 조직**(coarse-grained texture)을 보이는 화성암을 형성하게 된다. 이러한 조립질 조직을 보이는 암석들은 외관상 맞물려 자란 광물 결정들의 덩어리로 보이며, 그 광물들의 크기가 거의 균일하고 육안으로도 식별 가능할 정도로 크다. 화강암이 대표적인 예이다(**그림 2.4B**).

지하 깊은 곳에서 거대한 부피의 마그마가 고화

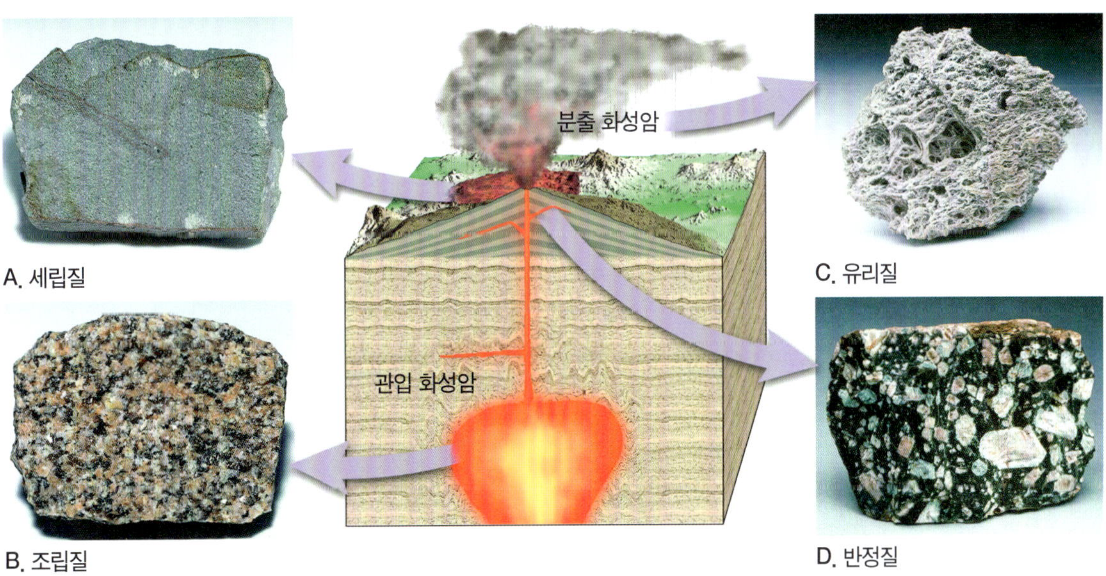

그림 2.4 화성암의 조직. A. 지표 또는 지표면 근처에서 형성된 화성암은 빨리 식으며 종종 세립질 조직을 보인다. B. 지하에서 마그마가 천천히 식을 때 형성된 조립질 화성암. C. 실리카가 풍부한 용암이 대기 중으로 분출되는 화산 폭발 동안에 부석으로 불리는 거품이 많은 유리질 암석이 형성된다. D. 이미 몇몇 큰 결정을 포함하고 있는 마그마가 새로운 장소로 이동할 때 냉각 비율이 증가하면 반암 조직이 만들어진다. 그 결과 작은 결정들로 이루어진 기질 속에 큰 결정들이 박혀 있는 암석이 형성된다. (사진 제공: E. J. Tarbuck)

그림 2.5 스코리아는 다공질 화산암이다. 기공들은 기체 방울들이 용암류의 상부에서 빠져나갈 때 형성된다. (사진 제공: GeoScience Resources/American Geological Institute)

그림 2.6 미국 인디언들은 자연 유리인 흑요암으로 화살촉과 절단 도구를 만들었다. (사진 제공: E. J. Tarbuck, 삽입사진 제공: Jeffrey Scovil)

되는 데 수만 년, 심지어 수백만 년이 소요된다. 마그마가 냉각되는 동안 그 안의 모든 물질들이 동시에 또는 같은 속도로 결정화하는 것이 아니기 때문에, 어떤 결정들은 다른 결정들이 생기기도 전에 상당히 크게 자라는 것이 가능하다. 만약 이미 상당히 크게 자란 결정들을 포함한 마그마가 갑자기 지표로 분출한다면, 나머지 용융된 부분은 빨리 냉각될 것이다. 이런 방식으로 생성된 암석은 **반정질 조직**(porphyritic texture)을 보인다고 하며, 작은 결정들로 이루어진 기질 안에 큰 결정들이 박혀 있다(**그림 2.4D**).

어떤 화산 분출의 경우, 용융된 암석은 공기 중으로 날아오르고 매우 빠르게 냉각된다. 이러한 방식으로 빠르게 냉각되면 **유리질 조직**(glassy texture)을 띠는 암석을 만들어낼 수 있다(**그림 2.4C**). 유리는 이온들이 규칙적인 결정구조를 이루는 데 충분한 시간을 갖지 못할 때 형성된다. 게다가 많은 양의 규소(SiO_2)를 포함하는 용융물들은 규소양이 적은 것들보다 더 흔하게 유리질 조직을 보이는 암석을 형성할 가능성이 크다.

천연 유리의 일반적인 형태인 흑요석은 외관상 제조된 유리가 뭉쳐서 된, 어두운 색을 띠는 덩어리와 유사하다(**그림 2.6**). 유리질 조직을 보이는 다른 종류의 화산암으로는 부석이 있다. 일반적으로 흑요석과 함께 발견되기도 하지만, 부석은 용융된 암석으로부터 많은 양의 기체가 이탈하면서 회색의 거품이 많은 덩어리를 형성할 때 만들어진다(**그림 2.7**). 어떤 시료들에서는 기공들이 눈에 잘 띄는 반면, 다른 경우에 부석은 꼬여 있는 작은 유리질

그림 2.7 유리질 암석인 부석은 기공들을 많이 포함하기 때문에 매우 가볍다. (삽입사진 제공: Chip Clark)

파편처럼 보인다. 공기로 채워진 공간의 부피가 크기 때문에 많은 부석 시료들은 물에 뜬다.

화성암의 조성

화성암은 주로 규산염 광물들로 구성되어 있다. 더구나 특정 화성암의 광물조성은 결정화되는 마그마의 화학성분에 의해 궁극적으로 결정된다. 마그마는 규산염 광물의 주요 성분인 8개의 원소들로 주로 구성되어 있음을 상기하자. 화학분석에 의하면 현재까지 화성암에서 가장 풍부한 구성성분들은 규소와 산소〔일반적으로 마그마의 실리카(SiO_2) 함량으로 표현된다〕이다. 이 두 가지 원소들과 알루미늄(Al), 칼슘(Ca), 나트륨(Na), 칼륨(K), 마그네슘(Mg), 그리고 철(Fe) 이온들이 무게 비율로 볼 때 대부분 마그마의 약 98%를 차지한다.

마그마가 냉각되고 응고되면서 이 원소들은 결합하여 2개의 중요한 규산염 광물군을 형성한다. **유색 규산염 광물**은 철 및/또는 마그네슘이 풍부하고 상대적으로 규소 함량이 적다. 감람석, 휘석, 각섬석, 흑운모는 지각에 풍부한 유색 규산염 광물들이다. 반대로, **무색 규산염 광물**은 철과 마그네슘보다는 오히려 칼륨, 나트륨, 칼슘을 많이 함유한다. 그룹 전체로 보면, 무색 규산염 광물은 유색 규산염 광물보다 규소 함량이 더 많다. 무색 규산염 광물은 석영, 백운모 그리고 가장 풍부한 광물인 장석을 포함한다. 장석은 대부분의 화성암에서 적어도 40%를 차지한다. 따라서 장석 이외에, 화성암에는 위에서 기술한 다른 무색 및/또는 유색 규산염 광물들이 다양한 비율로 포함된다.

화성암의 분류

화성암은 조직과 광물조성에 의해 분류된다. 서로 다른 냉각과정을 겪으면서 다양한 화성조직이 형성되는 반면, 광물조성은 모마그마의 화학적 성분과 결정작용이 일어나는 환경에 의해 달라진다.

성분의 다양성이 매우 큼에도 불구하고, 화성암은 무색 및 유색 광물의 비율에 따라 구분될 수 있다. 조직과 광물조성에 기초한 일반적인 분류체계는 **그림 2.8**에 나타나 있다.

이런 사실을 알고 있었나요?

석영 시계는 시간을 잘 맞추기 위해 실제로 석영 결정을 포함하고 있다. 석영 시계를 사용하기 이전에는 석영 대신 일종의 진동 물질이나 소리굽쇠(tuning fork)를 사용했다. 톱니바퀴와 톱니는 이 기계적인 움직임을 손의 움직임으로 바꿨다. 만약 석영 시계에 전류를 통하게 한다면, 석영 시계는 소리굽쇠보다 수백 배 더 일관되게 진동한다는 것이 밝혀졌다. 이러한 성질과 오늘날의 IC(집적회로) 기술 덕분에, 이제 석영 시계는 매우 값싸게 제작될 수 있어서 석영 시계는 종종 시리얼통 속에 선물로 주어지기도 한다. 기계적인 움직임을 이용해서 제작된 현대적 시계는 정말로 매우 비싸다.

화강암(규장질암) 연속적으로 변하는 화성암의 한쪽 끝에는 석영과 K-장석처럼 거의 대부분이 밝은 색의 규산염 광물로 이루어진 암석이 있다. 이러한 광물들이 풍부한 화강암은 **화강암질 조성**(granitic composition)을 갖는다. 또한 지질학자들은 화강암을 장석(feldspar)의 fel과 실리카(silica: 석영)의 si에서 유래된 용어인 **규장질**(felsic)이라고도 부른다. 석영과 장석뿐만 아니라 대부분의 화강암은 흑운모와 각섬석 등의 유색 규산염 광물을 약 10% 포함한다. 화강암질암은 실리카가 풍부(약 70%)하며 대륙 지각의 주요 구성원이다.

화강암(granite)은 지하에서 거대한 마그마가 천천히 응고되는 곳에서 형성된 조립질 화성암이다. 조산운동 과정 중에 화강암 및 주변 결정질 암석들이 융기되기도 하며, 그 위에 놓여 있던 지각 물질들은 풍화와 침식작용에 의해 모두 제거된다.

화학성분		화강암질(규장질)	안산암질(중성)	현무암질(고철질)	초고철질
주요 광물		석영, 정장석, 나트륨이 풍부한 사장석	각섬석, 나트륨 그리고 칼슘이 풍부한 사장석	휘석, 칼슘이 풍부한 사장석	감람석, 휘석
조직	조립질	화강암	섬록암	반려암	감람암
	세립질	유문암	안산암	현무암	코마티아이트 (드뭄)
	반정질	반정이 꽤 있는 경우 위에 열거한 암석 이름 앞에 항상 "반암"이 붙는다			흔하지 않음
	유리질	**흑요석**(치밀한 유리) **부석**(거품이 많은 유리)			
암석 색깔 (유색 광물의 퍼센트에 근거하여)		0~25%	25~45%	45~85%	85~100%

그림 2.8 광물 성분과 조직에 의한 화성암 분류. 조립질 암석은 심성암이며, 지하 깊은 곳에서 굳는다. 세립질 암석은 화산암이거나 또는 얕은 곳에서 얇은 두께의 관입암으로 굳는다. 초고철질 암석은 색깔이 어둡고, 밀도가 높으며, 거의 모두 철과 마그네슘 광물들로 이루어진다. 지표에서는 상대적으로 드물지만, 이 암석들은 상부 맨틀의 주요 구성원이라 여겨진다.

로키 산맥의 파이크스피크(Pikes Peak), 사우스다코타 블랙 힐즈의 러시모어(Rushmore)산, 조지아의 스톤산, 그리고 시에라네바다의 요세미티 국립공원은 모두 엄청난 양의 화강암이 지표에 노출된 곳이다.

화강암은 아마도 가장 잘 알려진 화성암일 것이다. 그 이유는 아마도 연마되었을 때 보여주는 화강암 천연의 아름다움 또는 양적인 풍부함에 기인한다. 연마된 화강암은 주로 묘비, 기념비, 건축자재 등으로 쓰인다.

유문암(rhyolite)은 분출암이며, 화강암처럼 주로 무색 규산염 광물로 이루어져 있다(**그림 2.9**). 이로 인해, 유문암의 색깔은 보통 담황색에서 분홍색 또는 연한 회색이다. 유문암은 세립질이며 때때로 지표면에서 빠르게 굳었음을 알려주는 유리질 파편들과 공극들을 포함하고 있다. 거대한 심성암 형태로 넓게 분포하는 화강암과는 대조적으로, 유문암체는 흔치 않으며 보통 부피가 크지 않다. 옐로스톤(Yellowstone) 공원은 잘 알려진 예외 중의 하나이다. 이곳에서는 유문암질 용암이 흐르고 있으며, 비슷한 성분의 화산재 퇴적물이 두껍고 광범위하게 분포한다.

현무암(고철질암) 주로 유색 규산염 광물들(주로 휘석)과 칼슘이 풍부한 사장석을 포함하는 암석은 **현무암 조성**(basaltic composition)을 갖는다고 말한다(**그림 2.9**). 현무암은 유색 규산염 광물들을 많이 포함하고 있기 때문에 지질학자들은 현무암을 **고철질**(mafic: magnesium과 철을 의미하는 라틴어 ferrum에서 유래)이라고 부른다. 현무암에 포함된 철 때문에 현무암은 화강암보다 더 어둡고 밀도도 더 높다.

현무암은 매우 어두운 녹색에서 검은색을 띠는 세립질 화산암으로 주로 휘석, 감람석 그리고 사장석으로 구성된다. 현무암은 가장 흔한 분출 화성암이다. 하와이 제도나 아이슬란드처럼 많은 화산섬

그림 2.9 일반적인 화성암. (사진 제공: E. J. Tarbuck)

들이 주로 현무암으로 구성되어 있다. 더욱이 해양 지각의 상부 층들은 현무암으로 이루어진다. 미국에서 오리건주 중부와 워싱턴주의 많은 부분들은 현무암이 광역적으로 분출된 지역들이다.

조립질의, 관입 현무암은 반려암이라고 부른다(**그림 2.9**). 반려암은 일반적으로 지표면에 노출되지 않지만 해양 지각에서는 상당한 비율을 차지한다.

안산암(중성암) **그림 2.9**에서 볼 수 있는 것처럼, 화강암과 현무암 사이의 성분을 가진 암석은 흔한 화산암인 **안산암**(andesitic)을 본떠 안산암 또는 **중간 성분**(intermediate composition)을 가졌다고 말한다. 안산암에는 주로 각섬석과 사장석으로 이루어진, 밝고 어두운 색깔의 광물들이 함께 혼합되어 있다. 화성암 중 중요한, 이 종류의 암석은 전형적으로 대륙의 가장자리에 국한되어 일어나는 화산 활동과 연관되어 있다. 지하에서 중간 성분을 가진 마그마가 결정화될 때, 섬록암이라는 조립질 암석이 형성된다(**그림 2.9**).

초고철질 암석 다른 중요한 화성암인 감람암(peridotite)은 주로 유색 광물인 감람석과 휘석을 포함하며 성분 스펙트럼상에서 화강암의 반대편에 위치한다(**그림 2.8**). 감람암은 거의 전체가 유색 광물들로 구성되기 때문에 이 암석의 화학성분은 **초고철질**(ultramafic)이라고 한다. 지표에서 초고철질 암석은 매우 드물지만 감람암은 상부 맨틀의 주요 구성물로 여겨진다.

어떻게 다른 성분의 화성암들이 만들어질까?

화성암의 종류는 매우 다양하기 때문에 마그마의 종류 또한 다양하리라 추측하는 것은 당연할지 모른다. 그러나 지질학자들은 한 화산에서 상당히 다른 성분을 지니는 용암들이 분출될 수 있음을 관찰했다. 이들은 이러한 화산 자료들로부터 마그마가 변화(진화)함에 따라 다양한 화성암들이 만들어질 가능성에 대해 검토하게 되었다. 이러한 아이디어를 탐구하기 위해 20세기 초에 보웬(N.L. Bowen)은 마그마의 결정작용에 대한 선구자적인 연구를 수행했다.

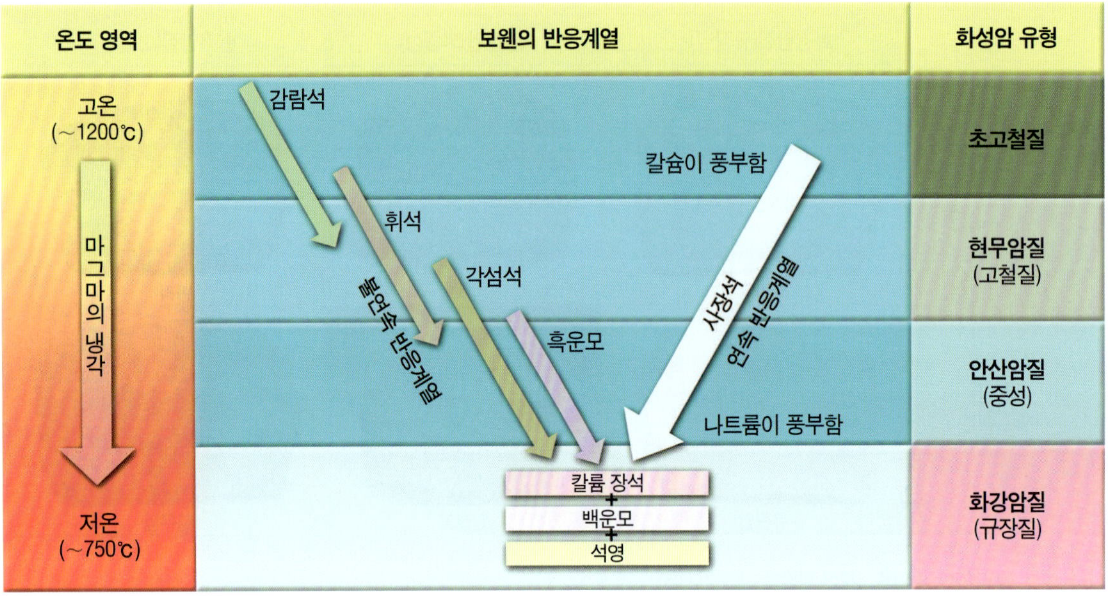

그림 2.10 보웬의 반응계열은 마그마로부터 광물들이 정출되는 순서를 보여준다. 그림 2.8에서 암석 그룹의 광물조성과 이 그림을 비교하여 보라. 각각의 암석 그룹은 같은 시기에 정출되는 광물들로 구성됨에 주목하라.

보웬의 반응계열 보웬은 특정 온도에서 응결되는, 물처럼 순수한 혼합물과는 달리, 다양한 화학조성을 갖는 마그마는 최소 200℃ 이상의 넓은 범위에 걸쳐 정출된다는 사실을 실험실에서 보여주었다. 따라서 마그마가 식으면서, 특정 광물들이 상대적으로 높은 온도에서 먼저 정출된다(**그림 2.10**의 상부). 보다 낮은 온도에서는 계속해서 다른 광물들이 정출된다. **그림 2.10**에서 보여주는, 광물들의 이러한 정출 순서는 **보웬의 반응계열**(Bowen's reaction series)로 알려져 있다.

보웬은 마그마에서 정출되는 최초의 광물이 감람석임을 알아냈다. 계속 온도가 내려가 마그마가 식으면서 사장석뿐만 아니라 휘석이 정출됐다. 중간 온도에서 각섬석과 흑운모가 정출되기 시작했다.

마그마의 대부분이 고화된 후 결정화작용의 마지막 단계에서 백운모와 칼륨 장석이 생성된다(**그림 2.10**). 마지막으로 남아 있는 잔류 마그마에서 석영이 정출된다. 석영은 감람석보다 훨씬 낮은 온도에서 정출되기 때문에 동일한 화성암에서 감람석과 석영이 함께 발견되지는 않는다.

화성암에 대한 분석을 통해 자연계에서 일어날 수 있는 매우 이상적인 결정화 모델의 증거를 찾아냈다. 특히 우리는 보웬의 반응계열에서 같은 온도 조건에서 형성된 광물들은 동일 화성암에서 함께 발견된다는 것을 알아냈다. 예를 들어, **그림 2.10**에 언급된 것처럼 보웬의 도표에서 동일한 부분에 위치하는 석영, 칼륨 장석, 백운모는 화강암의 주요 구성 광물들로 함께 발견된다.

마그마의 분화작용 보웬은 서로 다른 광물들은 서로 다른 온도에서 정출된다는 것을 보여주었다. 그러나 보웬의 발견이 어떻게 화성암의 다양성을 설명할 수 있는 것인가? 결정화작용 동안, 먼저 정출된 광물들을 만들기 위해 사용된 원소들이 고갈되기 때문에 잔류 마그마(고체 결정을 제외한 마그마의 액체 부분)의 성분은 끊임없이 변한다. 이 과정과 함께, 결정화작용 동안 한 번 이상에 걸쳐 마그마의 고체와 액체 성분이 분리됨에 따라 서로 다른 광물 조합이 만들어진다. 이러한 분리가 일어나는 방법 중의 하나는 광물 **결정의 침전**(crystal settling)이다. 이 과정은 **그림 2.11**에서처럼, 먼저 형성된 광물들이 마그마의 액체 부분보다 밀도가 더 커서(더 무거워서) 마그마 방의 아래쪽으로 가라앉을 때 일어난다. 잔류 마그마가 제자리에서, 또는 만약 마그마가 주변암의 갈라진 틈을 따라 이동했다면 다른 장소에서 고화될 때, 모(母) 마그마와 화학조성이 크게 다른 암석이 만들어진다. 하나의 모마그마에서 1개 이상의 2차 마그마가 형성되는 것을 **마그마 분화**(magmatic differentiation)라고 한다.

마그마 진화의 어느 단계에서든, 고체와 액체 성분들은 화학적으로 뚜렷한 두 개체로 분리될 수 있다. 게다가 2차 마그마 내에서의 마그마 분화작용에 의해 화학적 조성이 다른 용융물들이 추가로 만들어질 수 있다. 결론적으로, 마그마의 분화작용과 다양한 결정화작용 단계 동안에 일어나는 고체와 액체 성분의 분리에 의해, 화학적으로 다양한 여러 개의 마그마들과 궁극적으로는 다양한 화성암들이 생성된다.

3. 퇴적물을 만드는 암석의 풍화

GEODe EARTH SCIENCE Earth Materials

▼ Sedimentary Rocks

모든 물질들은 풍화될 수 있다. 예를 들어, 우리가 콘크리트라 부르는 인공의 암석을 생각해 보자. 새로 만든 콘크리트 보도는 매끈하지만 수년이 지나면 보도가 깎이고 갈라지고 거칠어져 자갈들이 표면에 드러나게 된다. 만약 옆에 나무가 있다면 그 뿌리가 보도 아래로 자라면서 콘크리트를 들어 올리거나 휘게 할 것이다. 결국 콘크리트 보도가 파손되는 것처럼, 암석의 종류나 강도에 상관없이 자연의 작용에 의해 암석들은 분해되고 만다.

암석은 왜 풍화되는가? 간단히 말해서 풍화는 새

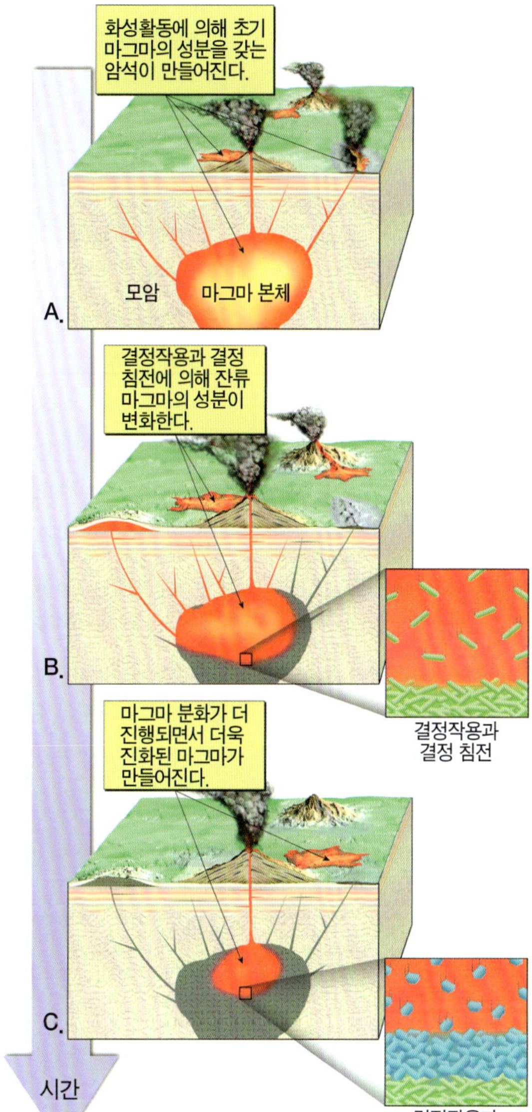

그림 2.11 먼저 형성된 광물들(철, 마그네슘 그리고 칼슘이 풍부한 광물들)이 정출되어 마그마 방 밑바닥에 쌓이는 한편, 나트륨, 칼륨, 규소가 풍부한 잔류 용융물이 남겨지면서 어떻게 마그마가 진화하는지 보여주는 도해. A. 마그마가 정치(定置, emplacement)되고 화성활동이 수반되면서 초기 마그마와 비슷한 성분을 갖는 암석이 만들어진다. B. 시간이 흐른 뒤, 광물이 정출되고 마그마 방바닥에 쌓이면서 마그마의 성분이 변하여 원래 마그마와 현저하게 다른 성분을 갖는 암석이 생성된다. C. 마그마 분화가 더 진행되면 더 진화된 별개의 마그마와 이에 수반된 암석들이 만들어진다.

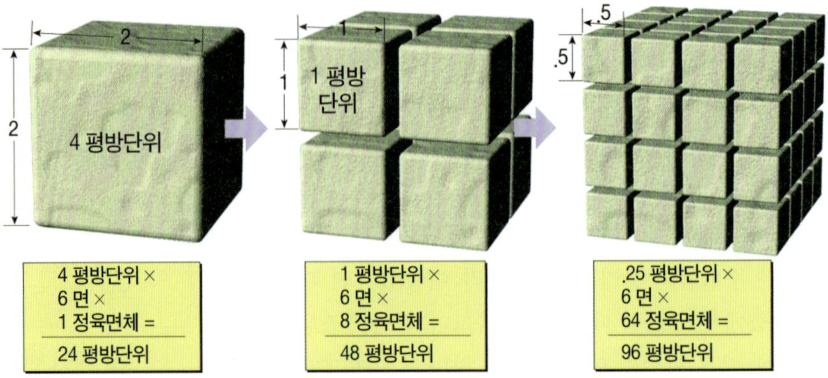

그림 2.12 화학적 풍화는 풍화 요인에 노출되는 부분에서만 일어날 수 있다. 물리적 풍화는 암석을 보다 작은 조각으로 쪼개어 화학적 공격이 가능한 표면적을 증가시킨다.

로운 환경에 대한 지구 구성물질의 자연적인 반응이다. 예를 들어, 거대한 관입 화성암이 수백만 년 동안 침식을 받으면 관입 화성암 위에 놓인 암석들은 제거될 것이다. 이러한 과정을 통해 화성암은 지표 위의 전혀 새로운 환경에 노출된다. 온도와 압력이 매우 높은 땅속 깊은 곳에서 생성된 이 결정질 암석 덩어리는 매우 다른 지표 조건을 겪게 된다. 이제 암석 덩어리는 지표의 새로운 환경에 반응하여 평형 상태에 도달할 때까지 점진적으로 변화할 것이다. 우리가 풍화라고 부르는 것은 바로 이러한 암석의 변화과정인 것이다.

다음 절에서는 두 가지 종류의 풍화, 즉 물리적 풍화와 화학적 풍화에 대해 토의할 것이다. 물리적 풍화는 암석의 물리적 붕괴를 의미한다. 화학적 풍화는 실질적으로 암석 자체를 다른 물질로 바꾸며 변화시킨다. 이 두 가지 과정을 각각 다루겠지만, 자연에서 이들은 동시에 작용한다는 것을 기억하기 바란다. 게다가 풍화된 암석 조각들을 운반하는 바람, 물, 빙하와 같은 침식 요인의 활동들도 중요하다. 이러한 요인들이 암석 부스러기들을 이동시키며 더 활발하게 암석을 분해한다.

암석의 물리적 풍화

암석이 **물리적 풍화**(mechanical weathering)를 겪을 때, 암석은 더 작은 조각들로 부서진다. 각각의 조각들은 원래 암석 물질의 특징들을 고스란히 갖고 있다. 최종 산물은 하나의 커다란 암석에서 떨어져 나온 수많은 작은 덩어리들이다. **그림 2.12**는 암석이 작은 조각들로 부서질 때 화학적 공격을 받을 수 있는 표면적이 증가함을 보여준다. 설탕을 물에 녹이는 상황을 예로 들어보자. 각설탕 덩어리는 표면적이 작으므로 같은 부피의 설탕가루에 비해 훨씬 천천히 녹을 것이다. 이와 같이, 물리적 풍화는 암석을 작은 조각으로 부숨으로써 화학적 풍화를 받는 표면적을 증가시킨다.

자연에서, 세 가지 중요한 물리적 과정들이 암석을 작은 덩어리로 부순다: 동파, 중량 제거에 의한 팽창, 생물의 활동.

동파 물이 얼고 녹음의 반복은 물리적 풍화의 가장 중요한 작용이다. 물은 얼었을 때 9% 정도 팽창하는 고유한 성질을 가지고 있다. 얼음이 만들어질 때 물 분자들은 매우 개방된 결정구조로 재배열되기 때문에 부피를 증가시키게 된다. 결과적으로 물이 얼 때 외부로 엄청난 힘을 발산하게 된다. 일상에서의 예를 살펴보자: 자동차 냉각기의 물은 겨울에 얼어서 팽창하여 엔진 블록을 균열시킨다. 이것이 바로 부동액을 넣는 이유이다; 부동액은 용액이 어는 온도를 낮추어준다.

자연에서 물은 암석의 모든 균열과 공동 등에 작용하여 얼자마자 팽창하고 그 틈을 더 벌리게 된

그림 2.13 동파. 물이 얼면 암석을 부술 수 있을 정도로 큰 힘을 가하면서 팽창한다. 왼편 사진과 같은 환경에서 동파가 일어날 때, 부서진 암석 파편들은 절벽 아래로 떨어지고 애추라고 알려진 콘 모양의 퇴적더미를 만든다. (사진 제공: Tom & Susan Bean, Inc)

다. 얼었다 녹는 과정이 여러 차례 반복되면 암석은 작은 조각들로 부서지게 된다. 이러한 과정을 **동파**(frost wedging)라 한다(**그림 2.13**). 동파는 매일 얼고 녹는 과정이 종종 반복되는 중위도 지방의 산악지역에서 가장 활발하다. 이런 곳에서 암편들은 쪼개져 흔들거리게 되고 종종 가파른 노두의 기저에서 볼 수 있는 **애추사면**(talus slope)이라는 형태로 무너져 쌓이게 된다(**그림 2.13**).

중량 제거 거대한 화성암체가 침식에 의해 노출될 때 전체의 두꺼운 암석 판들이 마치 양파 모양으로 쪼개져 떨어져 나오기 시작한다. 이러한 **층상절리**(sheeting)는 위에 놓여 있던 암석이 침식되어 제거될 때 압력이 급격히 감소하기 때문에 일어난다고 여겨진다. 중량 제거에 수반되어 가장 바깥의 층은 내부의 암석보다 더 팽창하여 암체로부터 분리된다. 특히 화강암이 층상으로 쪼개지기 쉽다.

계속된 풍화에 의해 결국 암석 판들을 분리되어 산산이 깨지게 하므로 **박리 돔**(exfoliation dome)이 드러난다. 훌륭한 박리 돔의 예로는 조지아주의 스톤산과 요세미티 국립공원의 리버티 캡 하프(Liberty Cap Half) 돔 등이 있다(**그림 2.14**).

생물의 활동 풍화는 식물, 구멍을 파는 동물, 사람 등과 같은 생물들의 활동에 의해서도 일어난다. 물을 찾으려는 식물의 뿌리는 암석의 틈 속으로 자라며, 뿌리가 자라날수록 암석을 쪼개어 갈라놓는다(**그림 2.15**). 구멍을 파는 동물들은 물리적·화학적 과정들이 더 효과적으로 작용될 수 있는 신선한 물질들을 지표면으로 이동시킴으로써 암석의 붕괴를 가속시킨다.

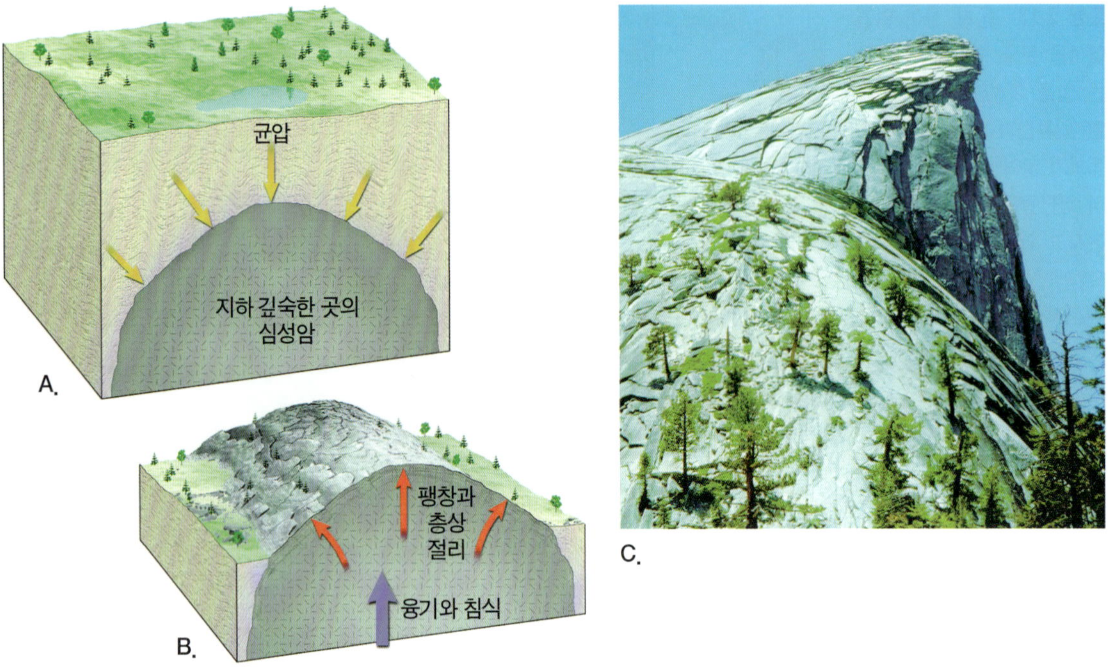

그림 2.14 침식에 의해 상부의 암석이 제거됨에 따라, 결정질 암석이 팽창되어 층상절리가 생긴다. 지하 깊숙한 곳의 심성암(A)이 융기와 침식에 의해 지표면에 노출될 때(B), 화성암체는 얇은 암석 판으로 쪼개진다. 사진(C)은 캘리포니아주 요세미티 국립공원에 있는 하프 돔의 정상이다. 이것은 박리 돔으로 층상절리에 의해 형성된 양파 모양의 층들을 보여준다. (사진 제공: Breck P. Kent)

그림 2.15 식물의 뿌리작용(root wedging)은 암석의 깨진 부분을 넓히고 물리적 풍화작용을 돕는다. (사진 제공: Tom Bean/DRK Photo)

암석의 화학적 풍화

화학적 풍화(chemical weathering)는 원소들을 제거하거나 첨가함으로써 광물의 내부 구조를 변화시킨다. 이러한 원소의 이동을 통해 원암은 지표 조건에 안정한 물질로 변화한다.

가장 중요한 화학적 풍화 요인은 물이다. 물속에 녹아 있는 산소는 일부 물질들을 산화시킨다. 예를 들어, 철 못을 흙 속에서 발견했다면 그 못은 녹이 슬어 있을 것이다(산화철). 그리고 노출 시간이 길었다면 그 못은 너무 약해서 이쑤시개로도 쉽게 부스러뜨릴 수 있을 것이다. 철 성분이 풍부한 광물(예: 각섬석)을 암석이 포함하고 있다면 표면에 황갈색 또는 적갈색의 녹이 생길 것이다.

물(H_2O)에 용해된 이산화탄소(CO_2)는 탄산(H_2CO_3)을 형성한다. 이것은 음료수가 탄산염으로 바뀔 때 형성되는 것과 같은 약산이다. 비가 대기를 통과해 내릴 때 약간의 이산화탄소가 녹아들기 때문에 정상적인 빗물은 약한 산성을 띤다. 토양 속의 물 또한 유기물이 분해될 때 발생되는 이산화탄소를 녹인다. 결과적으로 지표상의 어느 곳에나 산성의 물이 존재하게 된다.

암석은 탄산에 의한 영향을 받을 때 어떻게 분해되는가? 일반적인 화성암인 화강암의 풍화를 생각해 보자. 화강암은 주로 석영과 칼륨 장석으로 구성됨을 상기하자. 약산이 칼륨 장석 결정들과 천천히 반응할 때, 칼륨 이온이 빠져나온다. 이는 광물의 결정구조를 파괴한다.

장석이 풍화되어 생성되는 가장 흔한 산물은 점토광물이다. 이들은 화학적 풍화의 최종 산물이기 때문에 지표 조건에서 매우 안정하다. 이런 이유로 토양 중의 무기물 중 많은 부분을 점토광물이 차지하고 있다.

점토광물의 생성과 더불어 소량의 실리카(SiO_2)가 장석 구조로부터 용해되고, 지하수에 의해 운반된다. 용해된 실리카는 결국 침전하여 강하고 밀도 높은 퇴적암(처트)을 생성하거나 광물 입자들 사이의 공극을 메운다. 또는 바다로 흘러들어 미생물들이 실리카 골격을 형성하는 데 쓰이기도 한다.

화강암의 또 다른 주요 구성성분인 석영은 화학적 풍화에 매우 강하다. 석영은 내구성이 매우 좋기 때문에 실제로 약산에 의한 영향을 거의 받지 않는다. 화강암이 풍화될 때 장석 결정들은 둔탁하게 되고, 천천히 점토광물로 변하면서 그들에 의해 맞물려 있던 신선한 유리질의 석영 입자들을 떨어뜨려 놓게 된다. 일부 석영이 토양에 남아 있기도 하지만 대부분은 바다나 다른 곳으로 운반되어 사질 해안이나 사구를 형성한다.

요약하자면, 화강암이 화학적 풍화를 받으면 점토광물 및 칼륨 이온과 실리카가 형성되고, 이 원소들은 용액으로 유입된다. 그리고 화학적 풍화에 의해 강한 석영 입자는 유리된다.

표 2.1 풍화의 산물

원래 광물	풍화산물	용액에 녹은 이온
석영	석영 입자	실리카(SiO_2)
장석	점토광물	실리카(SiO_2)
		칼륨, 나트륨, 칼슘 이온
		실리카(SiO_2)
각섬석	점토광물	칼슘과 마그네슘 이온
	철 화합물	
	(갈철광과 적철광)	실리카(SiO_2)
감람석	철 화합물	마그네슘 이온
	(갈철광과 적철광)	

표 2.1은 가장 흔한 몇몇 규산염 광물들의 풍화 산물들을 보여준다. 규산염 광물들이 지각의 거의 모든 부분을 구성하며, 주로 지각을 구성하는 8대 원소(35쪽의 **그림 1.14**)로 구성됨을 기억하라. 규산염 광물들은 화학적 풍화를 거치면서 나트륨, 칼슘, 칼륨, 마그네슘 이온 등을 내놓는다. 이들은 식물에 의해 소비되거나 지하수에 의해 제거될 것이다. 철 원소는 산소와 결합하여 토양이 적갈색 또는 황색을 띠게 하는 철 산화물을 생성한다. 나머지 세 원소(알루미늄, 실리카, 산소)는 물과 결합하여 토양의 주요 부분을 차지하는 점토광물을 형성한다. 궁극적으로 풍화의 산물들은 우리가 다음에 공부할 퇴적암을 이루는 소재가 된다.

4. 퇴적암: 압축, 교결된 퇴적물

GEODe EARTH SCIENCE

Earth Materials

▼ Sedimentary Rocks

퇴적암의 기원을 보여주는 암석의 순환을 상기해 보자. 풍화가 시작된다. 그 다음, 중력과 침식 요인(유수, 바람, 파도, 빙하 등)들이 풍화 산물을 제거하여 그들이 퇴적될 새로운 장소로 운반한다. 일반적으로 운반되는 동안 더 잘게 부서진다. 퇴적에 이어, 이 퇴적물(sediment)들은 암석화할 것이다. 일반적으로 압축(compaction)과 교결(cementation)작용이 퇴적물을 고체 퇴적암으로 변화시킨다.

퇴적(sedimentary)이라는 말은 암석의 성질을 지시하는 말로, 고체 물질이 유체로부터 가라앉음을 의미하는 라틴어 *sedimentum* 으로부터 유래한다. 대부분의 퇴적물은 이런 식으로 쌓인다. 풍화된 부스러기들은 기반암으로부터 계속적으로 씻겨나가고 물, 얼음, 바람 등에 의해 운반된다. 결국 이들은 호수, 협곡, 바다나 그 밖의 많은 곳에 쌓이게 된다. 사막 사구의 입자들, 늪지 바닥의 진흙, 개울의 자갈들과 집안의 먼지들조차 끊임없는 퇴적작용에 의한 퇴적물의 예이다.

기반암의 풍화, 풍화 산물의 운반 그리고 퇴적은 끊임없이 계속된다. 그러므로 퇴적물은 거의 모든 곳에서 찾아볼 수 있다. 두꺼운 퇴적물이 축적되면, 바닥에 놓인 퇴적물들은 그 위층의 무게에 의해 압축된다. 긴 시간에 걸쳐 이 퇴적물들은 입자들 사이의 공간을 흐르는 지하수에서 침전된 광물 물질들에 의해 교결된다. 이러한 작용으로 단단한 퇴적암이 형성된다.

지질학자들은 퇴적암이 지각 상부 16km 중 대략 5%(부피)를 차지한다고 추정한다. 그러나 이런 종류의 암석은 퍼센트가 의미하는 것보다 훨씬 큰 중요성을 갖는다. 만약 지구 표면에 노출된 암석 시료를 채취한다면 대부분이 퇴적암이라는 것을 알게 될 것이다(**그림 2.16**). 실제로, 대륙의 노두 중 75% 정도가 퇴적암이다. 그러므로 우리는 퇴적암이 지각 최상부의 비교적 얇고 다소 불연속적인 층

그림 2.16 유타주 캐년랜드(Canyonlands) 국립공원에 노출된 퇴적암. 층상으로 산출되는 퇴적암을 지층이라고 한다. 지구상의 모든 대륙에 노출된 암석 중 약 75%가 퇴적암이다. (사진 제공: Jeff Gnass)

일 것이라고 생각할 수 있다. 퇴적물들은 표면에 축적되기 때문에 이러한 사실을 받아들일 수 있다.

퇴적암을 통해서 지질학자들은 지구의 역사를 자세하게 재구성해 낸다. 퇴적물들은 서로 다른 다양한 환경하에서 퇴적되기 때문에, 결과적으로 형성되는 암석의 층들은 과거의 지표면 환경에 대한 많은 단서들을 가지고 있다. 그들은 또한 지질학자들로 하여금 퇴적물이 이동된 거리와 방법에 대한 정보를 파악해 낼 수 있게 하는 특징들을 보여준다. 더욱이 과거의 역사를 지질학적으로 연구하는데 있어서 생물학적 증거가 되는 화석을 포함하고 있는 것이 바로 퇴적암이다.

마지막으로 많은 퇴적암들이 경제적으로 매우 중요하다. 미국에서 생산되는 전기에너지의 원료로 상당한 부분을 차지하는 석탄은 퇴적암이다. 또 다른 주요한 에너지원(석유와 천연가스)은 퇴적암 안의 공극에서 산출된다. 다른 퇴적암들은 철, 알루미늄, 망간, 비료 그리고 건축산업에 필요한 수많은 물질들의 주요한 원천이 된다.

퇴적암의 분류

퇴적물로 축적된 물질들은 두 종류의 주요한 기원을 갖는다. 첫째, 앞서 기술되었던 화강암과 같은 암석의 풍화로 생성된 고체 입자들로부터 기원한 퇴적물이 있다. 이러한 입자들을 쇄설물(detritus)이라 부르며 이들이 형성한 퇴적암을 **쇄설성 퇴적암**(detrital sedimentary rock)이라 한다(**그림 2.17**).

쇄설성 퇴적암

퇴적암의 조직 입자 크기	퇴적물 이름	암석 이름
조립 (2mm 이상)	자갈(둥근 입자)	역암
	자갈(각진 입자)	각력암
중립 (1/16~2mm)	모래(만약 암석에 장석이 풍부히 존재한다면 **장석사암**이라고 부른다)	사암
세립 (1/16~1/256mm)	이토	미사암
극세립 (1/256mm 미만)	이토	셰일

화학적 퇴적암

조성	조직	암석 이름	
방해석 $CaCO_3$	비쇄설성: 세립에서 조립의 결정질	결정질 석회암	
		결핵성 석회암	
	쇄설성: 육안으로 관찰되는 껍질과 껍질 파편들이 느슨하게 교결됨	패각암	생화학적 석회암
	쇄설성: 다양한 크기의 껍질과 껍질 파편들이 방해석 교질물과 함께 교결됨	화석이 풍부한 석회암	
	쇄설성: 미세한 껍질들과 점토	백악	
석영 SiO_2	비쇄설성: 극세립의 결정질	처트(밝은 색) 플린트(어두운 색)	
석고 $CaSO_4 \cdot 2H_2O$	비쇄설성: 세립에서 조립의 결정질	석고	
암염 NaCl	비쇄설성: 세립에서 조립의 결정질	암염	
변질된 식물 파편	비쇄설성: 세립의 유기물	역청탄	

그림 2.17 퇴적암의 동정. 퇴적암은 퇴적물의 근원에 따라 2개의 주요 그룹, 즉 쇄설성 퇴적암과 화학적 퇴적암으로 나눠진다. 쇄설성 퇴적암을 명명하는 주요 기준은 입자의 크기이며, 화학적 퇴적암을 구별하는 주요 기준은 광물조성이다.

둘째, 주요한 퇴적물의 원천은 주로 화학적 풍화에 의해 생성되는 가용성 물질들이다. 이러한 용해된 물질들이 침전되어 암석으로 될 때, 그들은 화학적 퇴적물이라 불리며 **화학적 퇴적암**(chemical sedimentary rock)을 생성한다. 이제 쇄설성, 화학적 퇴적암을 각각 살펴보도록 하자(**그림 2.17**).

쇄설성 퇴적암 쇄설성 암석에서 다양한 광물들과 암편들을 찾을 수도 있지만 점토광물과 석영이 가장 많은 부분을 차지한다. 앞서 공부했듯이, 특히 장석과 같은 규산염 광물에서 가장 풍부한 화학적 풍화 산물은 점토광물이다. 반면에 매우 견고하고 화학적 풍화에 강한 석영도 풍부하다. 이처럼 화강암과 같은 화성암이 풍화될 때, 각각의 석영 입자들은 유리된다.

지질학자들은 쇄설성 퇴적암들을 구분하기 위해 입자 크기를 척도로 사용한다. **그림 2.17**은 쇄설성 암석을 구성하는 입자들에 대한 네 가지 크기를 보여준다. 자갈 크기의 입자들이 우세하며 퇴적물이 둥글 경우에는 역암(conglomerate, **그림 2.18A**), 입자들이 모나 있을 때에는 각력암(breccia, **그림 2.18B**)이라고 부른다. 각진 암편들은 그 입자들이 퇴적되기 전에 먼 거리를 이동하지 않았기 때문에 모서리나 거친 가장자리 등이 마모되지 않았음을 지시한다. 모래 크기의 입자들로 주로 이루어진 암석은 사암(sandstone)이라 한다(**그림 2.18C**). 가장

A. B. C. D.

그림 2.18 일반적인 쇄설성 퇴적암들. A. 역암(둥근 입자들). B. 각력암(모난 입자들). C. 사암. D. 식물 화석을 포함한 셰일. (사진 제공: E. J. Tarbuck)

이런 사실을 알고 있었나요?

유리를 만드는 데 사용되는 가장 중요하고 일반적인 물질은 실리카인데, 일반적으로 "깨끗하고" 분급이 좋은 사암 내의 석영으로부터 얻어진다.

흔한 퇴적암인 **셰일**(shale)은 매우 고운 퇴적물로 이루어져 있다(**그림 2.18D**). 또 다른 다소 고운 입자암인 **실트스톤**(siltstone)은 때때로 셰일과 같은 암석과 구분하기 어렵고, 심지어 더 작은 점토 크기의 입자들로 구성되기도 한다.

입자의 크기는 쇄설성 암석을 구분하는 편리한 방법일 뿐 아니라, 구성 입자의 크기는 퇴적물의 퇴적환경에 대한 유용한 정보를 제공하기도 한다. 물이나 공기의 흐름은 입자들을 크기별로 걸러낸다. 흐름이 강할수록 더 큰 입자들이 운반될 수 있다. 예를 들어, 자갈들은 빠르게 흐르는 강물이나 암석사태, 또는 빙하에 의해 이동된다. 모래는 더 작은 힘에 의해 이동되며, 따라서 바람이 만드는 사구, 하천 퇴적물 또는 해빈에서 흔히 볼 수 있다. 실트와 점토는 매우 천천히 가라앉기 때문에 일반적으로 호수와 같이 잔잔한 물이나 석호, 늪 또는 해양환경에서 축적된다.

쇄설성 퇴적암은 입자의 크기에 따라 분류되지만, 어떤 경우에는 광물의 조성에 따라 명명되기도 한다. 예를 들어, 거의 모든 사암은 석영이 풍부하기 때문에 종종 석영 사암으로 간주된다. 게다가 쇄설성 퇴적암은 균일한 크기의 입자들로 이루어지는 경우가 드물다. 결과적으로, 모래와 실트 모두가 많은 암석은 어떤 크기의 입자가 우세한가에 따라 사질 실트암 또는 실트질 사암으로 분류된다.

화학적 퇴적암 풍화에 의해 생성된 고체 물질이 쌓여서 만들어지는 쇄설성 암석과는 달리, 화학적 퇴적암은 용해된 상태로 강이나 바다로 운반된 물질로 만들어진다. 이러한 물질은 물속에 언제까지나 용융된 상태로 남아 있는 것은 아니다. 적당한 조건에 도달했을 때, 이 물질들은 침전하여 화학적 퇴적암을 형성한다. 침전은 물리적 과정에 의해 직접적으로 일어나거나, 수중 생물들의 생명활동에 의해 간접적으로 발생하기도 한다. 두 번째 방법으로 생성되는 퇴적물은 **생화학적** 기원을 갖는다.

물리적 과정의 결과로 생성되는 퇴적의 예로는 소금물이 증발될 때 남는 소금이 있다. 반대로, 많은 수중 동식물들은 수중에 용해된 광물질들을 추출하여 껍데기나 그 밖의 단단한 부분을 만들어간다. 생물체가 죽은 후 그들의 골격은 강이나 바다의 바닥에 축적될 것이다.

석회암(limestone)은 가장 풍부한 화학적 퇴적암이다. 석회암은 주로 방해석($CaCO_3$)으로 구성된다. 석회암의 90%가 생화학적으로 퇴적된다. 그 나머지는 해수로부터 직접 침전된다.

쉽게 인지할 수 있는 생화학적 석회암으로는 성기게 교결된 껍데기나 그 조각들로 이루어진 패각암(coquina)을 들 수 있다(**그림 2.19**). 덜 분명하지만 또 다른 흔한 예로는 미생물들의 단단한 부분으

그림 2.19 패각암으로 불리는 이 암석은 껍질 파편들로 구성되어 있으며, 따라서 생화학적 기원을 갖는다. (사진 제공: E. J. Tarbuck)

그림 2.20 영국 이스트 서섹스(East Sussex)의 화이트 초크(White Chalk) 절벽. (사진 제공: Art Wolfe)

로만 이루어진 부드럽고 구멍이 많은 암석인 **백악**(chalk)이 있다(**그림 2.20**).

화학적 변화나 높은 수온 등에 의해 탄산칼슘의 농도가 높아져 마침내 탄산칼슘이 침전될 때 무기적 석회암이 생성된다. 동굴을 장식하는 석회암의 한 종류인 **트래버틴**(travertine)이 좋은 예이다. 동굴 안에 퇴적되는 트래버틴의 원천은 지하수이다. 물방울들이 동굴 안의 공기와 접촉하게 될 때, 물에 녹아 있던 소량의 이산화탄소가 이탈되면서 탄산칼슘이 침전된다.

용해된 실리카(SiO_2)는 침전하여 다양한 종류의 미정질 석영을 생성한다(**그림 2.21**). 미정질 석영으로 구성된 퇴적암으로는 처트(밝은 색), 플린트(어두운 색), 벽옥(붉은색), 마노(호상 구조) 등이 있다. 이러한 화학적 퇴적암들은 무기적 또는 생화학적 기원을 가질 수 있으나, 기원을 알아내는 것은 어렵다.

물이 증발하여 광물을 침전시키기도 한다. 이렇게 침전된 광물로는 암염의 주요 구성요소인 소금과 암석고(rock gypsum)의 주요 성분인 석고 등이 있다. 이 두 가지 광물들은 상업적으로도 매우 중요하다. 소금은 일반적으로 음식을 요리하고 조리하는 데 사용되어 누구나 잘 알고 있다. 물론 소금은 그 밖의 많은 부분에도 사용되어 인류가 역사의 대부분을 소금을 찾아다니고 거래하고 소금 때문에 전쟁을 벌이며 살아왔을 정도로 중요하게 여겨져 왔다. 석고는 소석고의 기본적인 요소이다. 이 물질은 건축산업에서 석고벽이나 소석고와 같은 제품을 만드는 데 가장 광범위하게 사용된다.

지금은 건조한 육지인 지역 중 많은 부분들이 과거 지질시대에는 넓은 바다와 좁게 연결된 얕은 만이었다. 이러한 환경에서는 증발에 의한 해수의 부

이런 사실을 알고 있었나요?

매년 전 세계에 공급되는 소금 중 30%는 바닷물에서 추출된다. 바닷물을 연못으로 퍼 올리고 증발시킨 뒤, "인공적인 증발암"을 수확한다.

A. 마노

B. 플린트

C. 벽옥

D. 처트 화살촉

그림 2.21 처트는 미정질 석영으로 이루어진 밀도가 높고 단단한 암석들에게 사용된 용어이다. 여기서는 세 가지 예를 보여준다. A. 미노(agatc)는 줄무늬를 갖는 처트이다. (사진 제공: Jeffrey A. Scovil) B. 플린트(flint)의 어두운 색깔은 유기질 때문이다. (사진 제공: E. J. Tarbuck) C. 벽옥(jasper)의 붉은 색깔은 산화철 때문이다. (사진 제공: E. J. Tarbuck) D. 미국 인디언들은 처트를 이용해서 화살촉과 절단도구를 빈번히 만들었다. (사진 제공: LA VENTA/CORBIS/SYGMA)

족분을 메우기 위해 바닷물이 계속 육지 쪽으로 흘러 들어오게 된다. 결국 얕은 만의 해수는 포화되어 염을 침전시키게 된다. 오늘날 이러한 얕은 바다가 사라지고, 남게 된 퇴적물을 **증발 퇴적물**(evaporite deposit)이라 한다.

작은 규모의 증발 퇴적물은 캘리포니아의 데스밸리(Death Valley) 같은 곳에서 볼 수 있다. 이곳에서는 비가 내린 후 또는 산간지역의 눈이 녹는 시기에 주변의 산으로부터 분지로 물이 흘러 들어온다. 이렇게 모인 물이 증발하게 되면 용융된 물질들이 침전하여 지표 위에 하얀 껍데기처럼 보이는 솔트플랫(salt flats)을 만든다(**그림 2.22**).

석탄은 다른 화학적 퇴적암과는 매우 다르다. 방해석 또는 실리카가 풍부한 화학적 퇴적암과는 달리, 석탄의 대부분은 유기물로 구성되어 있다. 현미경 또는 확대경으로 석탄 조각을 자세히 관찰해 보면 화학적으로 변화되었지만 여전히 인지가 가능한 잎, 수피, 목질부 등의 식물체 구조를 종종 발견할 수 있다. 이로부터, 석탄은 오랜 기간에 걸쳐 매몰된 다량의 식물이 만들어낸 최종 산물임을 알 수 있다(**그림 2.23**).

석탄이 형성되기 위해서는 먼저 식물 잔해들이 다량으로 매몰되어야 한다. 그러나 죽은 식물들은 대기 중에 노출되었을 때 대개 부패되기 때문에 이러한 매몰 단계에는 특별한 조건이 필요하다. 식물체가 쌓일 수 있는 이상적인 환경은 늪이다. 고여 있는 늪의 물에는 산소가 부족하기 때문에 식물체가 완전히 부패(산화)되지는 않는다. 지구의 역사 동안 여러 시기에 걸쳐 이러한 환경은 자주 도래하였다. 이후에 석탄은 연속적인 형성 단계를 겪는다. **그림 2.23**에서 보이듯이 각각의 단계에서 온도와 압력이 높아짐에 따라 불순물과 휘발성 물질들이 점차 제거된다.

갈탄과 역청탄은 퇴적암이지만, 무연탄은 변성암이다. 무연탄은 퇴적층이 조산운동에 수반되는 습곡 및 변형작용을 받을 때 생성된다.

그림 2.22 유타주의 보네빌(Bonneville) 솔트플랫. (사진 제공: Tom & Susan Bean)

위 내용을 요약하면, 우리는 퇴적암을 크게 두 가지 부류로 나눌 수 있다: 쇄설성 퇴적암과 화학적 퇴적암이 그들이다. 화학적 퇴적암이 광물조성에 의해 구분되는 데 비해, 쇄설성 퇴적암을 분류하는 주요한 기준은 입자의 크기이다. 여기에서 제시된 범주는 실제 자연의 상태에 비해 매우 엄격한 것이다. 많은 쇄설성 퇴적암은 한 가지 크기 이상의 입자들로 이루어진 혼합체이다. 게다가 화학적 퇴적암으로 분류되는 많은 퇴적암들도 적어도 약간의 쇄설성 퇴적물을 포함하고 있으며, 특히 모든 쇄설성 퇴적암은 본래 물속에 녹아 있던 물질에 의해 교결된다.

퇴적물의 암석화

암석화(lithification)라는 것은 퇴적물이 단단한 퇴적암으로 변화하는 일련의 과정을 일컫는다. 가장 일반적인 과정중의 하나는 다짐작용(compaction)이다. 퇴적물이 오랜 시간에 걸쳐 쌓이게 되면 위에 놓인 물질들이 아래에 놓인 퇴적물들을 누르게 된다. 이렇게 퇴적물이 눌려서 퇴적물을 구성하는 입자들의 간격이 점점 가까워지면 공극은 크게 감소한다. 예를 들어 점토가 수천m 두께의 퇴적물 아래에 묻힌다면 그 점토의 부피는 40% 정도 감소할 것이다. 모래나 그 밖의 조립질 퇴적물들은 거의 압축되지 않기 때문에 다짐작용은 셰일과 같은 세립질 퇴적암에 있어서 매우 중요하다.

교결작용(cementation)은 퇴적물을 암석으로 변화시키는 또 하나의 중요한 수단이다. 교결 물질들은 입자들 사이의 공극을 통과하는 물에 용해되어져 운반된다. 오랜 시간에 걸쳐 교결물은 퇴적물 입자들 표면에 침전되고, 공극을 채우고 결국 입자들을 엮게 된다. 흔한 교결물로는 방해석, 실리카, 산화철 등이 있다. 이러한 교결물을 식별하는 방법은 간단하다. 방해석 교결물은 묽은 염산을 떨어뜨리면 거품을 낸다. 실리카는 가장 단단

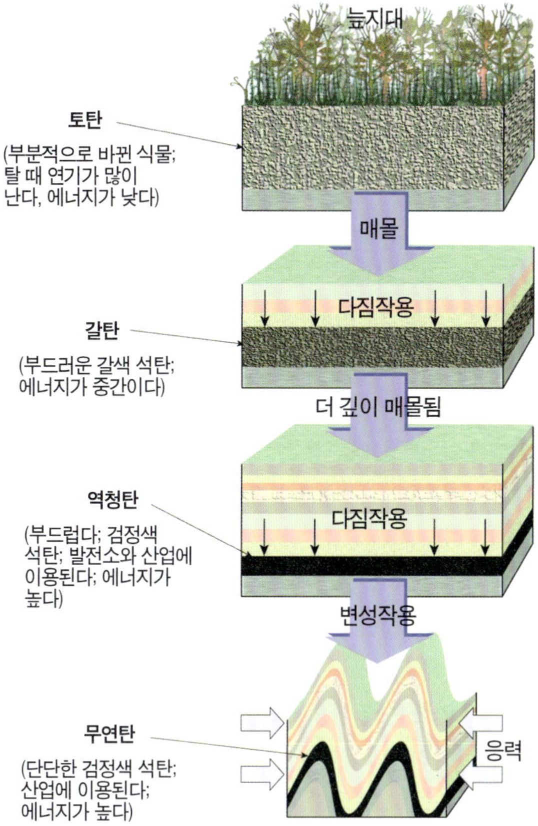

그림 2.23 석탄이 형성되는 연속적인 단계.

한 교결물로서 단단한 퇴적암을 형성한다. 어떤 퇴적암이 황색 또는 적색을 띤다면 대부분 산화철이 있음을 뜻한다.

퇴적암의 특징

퇴적암은 지구의 장구한 역사를 이해하는 데 특히 중요한 증거가 된다. 퇴적암은 지구의 표면에서 생성되고 한 층 한 층의 퇴석물이 축석될 때마다 그들이 쌓일 당시의 환경 특징을 기록한다. **지층** 또는 **층**〔strata(beds)〕이라 불리는 이들은 퇴적암의 가장 독특한 특징이다(**그림 2.16** 참조).

층의 두께는 아주 미세한 두께로부터 수십m의 두께에 이르기까지 다양하다. 층리면을 따라 층들이 나눠지며, 이 면은 암석들이 분리되거나 쪼개지

A.

B.

그림 2.24 A. 퇴적암에 보존된 연흔들은 해변 또는 하도(stream channel) 환경 등을 지시한다. (사진 제공: Stephen Trimble) B. 젖은 진흙 또는 점토가 마르고 수축될 때 건열이 형성되며, 조간대나 사막 분지였을 가능성을 나타낸다. (사진 제공: Gary Yeowell/Getty Images Inc.–Stone Allstock)

는 평평한 면을 지칭한다. 일반적으로 각각의 층리면은 하나의 퇴적 사건이 끝나고 다음 사건이 시작됨을 지시한다.

퇴적암은 지질학자들에게 과거의 환경을 해석하는 데 필요한 증거들을 제시한다. 예를 들어, 역암은 급류처럼 굵은 입자들만 가라앉을 수 있는, 에너지가 큰 환경을 지시한다. 이와는 반대로 흑색 셰일이나 석탄은 에너지가 적고 유기물이 많은 늪이나 석호와 같은 환경에 수반된다. 퇴적암에서 발견되는 여러 가지 다른 특징들 또한 과거의 환경에 대한 단서를 제공한다(**그림 2.24**).

선사시대에 살았던 생물체의 잔해나 그들이 남긴 흔적인 **화석**(fossil)은 퇴적암에서 찾을 수 있는 것 중 아마도 가장 중요한 것이다. 특정 시기에 존재했던 생물체의 특징을 아는 것은 환경에 대한 많은 의문들에 대답할 수 있게 도와준다. 그 환경이 육지였는가 바다였는가? 호수였는가 늪이었는가? 기후가 더웠는가 추웠는가, 또는 습했는가 건조했는가? 바닷물이 얕았는가 깊었는가, 또는 탁했는가 맑았는가? 더 나아가 화석은 중요한 시간 지시자이며, 같은 시기에 형성되었지만 서로 다른 지역에 분포하는 암석을 대비하는 데 중요한 역할을 한다. 이렇듯 화석은 지질학적 과거사를 이해하는 데 사용되는 중요한 도구이기 때문에 제8장에서 좀 더 자세하게 다루도록 하겠다.

5. 변성암: 오래된 암석에서 새로운 암석으로

Earth Materials
▼ Metamorphic Rocks

암석의 순환에 관한 토의에서 기술하였듯이 변성작용은 특정 암석이 다른 종류의 암석으로 변화하는 것이다. 변성암은 이미 존재하는 화성암, 퇴적암, 또는 다른 변성암으로부터 형성된다. 따라서 모든 변성암은 변성암을 만든 모체 암석, 즉 **모암**(parent rock)을 갖는다.

"형태의 변화"를 의미하는 **변성작용**(metamorphism)은 광물, 조직(예를 들어, 입자 크기) 그리고 종종 암석의 화학조성을 변화시킨다. 변성작용은 이미 존재하는 암석이 생성 당시의 조건과는 매우 다른 물리적 또는 화학적 환경에 노출될 때 일어난다. 온도 및 압력(응력)이 변화하고 화학적으로 활발한 액체가 유입됨에 따라 암석은 새로운 환경에서 평형 상태에 도달할 때까지 점차 변화한다. 대부분의 변성 변화들은 지하 수km부터 상부 맨틀까지의 넓은 지역에서 온도와 압력이 상승하여 일어난다.

변성작용은 약간의 변화(저변성작용)로부터 상당한 변화(고변성작용)에 이르기까지 점진적으로 진행된다. 예를 들어, 흔한 퇴적암인 셰일이 저변성작용을 받으면 점판암이라는 좀 더 치밀한 변성암으로 변한다. 퇴적암에서 변성암으로의 전이는 종종 점이적이고 변화가 뚜렷하지 않아서 이 두 암석들은 때때로 구별하기 힘들다.

보다 심한 환경에서는 변성작용이 완벽한 변화를 야기해 원암의 정체를 알 수 없다. 이러한 고변성작용을 받으면 원래의 암석에 존재했던 층리면, 화석, 기공 등의 흔적은 완전히 제거된다. 더욱이 암석들이 깊은(온도가 높은) 곳에서 특정 방향의 압력을 받으면 천천히 변형되어 다양한 조직들과 습곡과 같은 큰 규모의 구조들을 만든다(**그림 2.25**). 가장 극심한 변성환경에서는 암석이 녹을 정도까지 온도가 올라간다. 그러나 변성작용에 있어서 변형된 물질들은 본질적으로 고체상태여야 한다. 일단 완전한 용융이 일어나면 다시 화성활동의 영역으로 들어가기 때문이다.

대부분의 변성작용은 주로 두 가지 환경조건에서 일어난다.

1. 마그마가 암석을 관입할 때, **접촉**(contact) 또는

그림 2.25 캘리포니아주 안자 보레고 사막(Anza Borrego Desert) 주립공원에서 관찰되는 습곡 및 변성을 받은 암석. (사진 제공: A. P. Trujillo/APT Photos)

열변성작용(thermal metamorphism)이 일어난다. 여기서는 용융된 화성암체 주변암의 온도가 상승하면서 변성작용이 일어난다.

2. 조산운동 중에 엄청난 양의 암석들은 **광역 변성작용**(regional metamorphism)이라 불리는, 큰 규모의 변형작용에 수반된 특정 방향의 압력과 고온을 겪게 된다.

광대한 변성암 지대는 모든 대륙에서 발견된다. 변성암은 산맥을 이루는 중요한 요소이며, 산맥에서 결정질로 된 중심부는 대부분 변성암이다. 일반적으로 퇴적암으로 덮여 있는 안정한 대륙의 내부조차도 변성 기원의 기반암이 하부에 놓여 있다. 이러한 모든 환경에서 변성암들은 보통 심하게 변형되어 있으며 화성암체들에 의해 관입되어 있다. 실제로, 지구의 대륙 지각의 상당 부분은 변성암과 이와 연관된 화성암들로 구성되어 있다.

이런 사실을 알고 있었나요?

어떤 저변성암은 실제로 화석을 포함한다. 화석이 변성암에서 관찰될 때, 우리는 화석을 통해 변성되기 이전 암석의 종류와 퇴적환경을 유추할 수 있다. 게다가 변성과정 동안 모양이 왜곡된 화석을 통해 암석이 변형된 정도를 알아낼 수 있다.

변성작용의 요인들

변성작용의 요인에는 열, 압력, 화학적으로 활성화된 유체 등이 있다. 변성작용이 일어나는 동안 암석들은 보통 이 세 가지 요인들을 동시에 경험한다. 그러나 환경에 따라 변성도와 각 요인들의 기여도는 매우 다양하다.

변성 요인으로서의 열 변성작용의 가장 중요한 요인은 열이다. 열은 화학반응을 일으키는 데 필요한

이런 사실을 알고 있었나요?

지각의 온도는 깊이에 따라 증가하기 때문에 "더 깊숙이 들어갈수록 더 뜨거워진다"로 표현된다. 이로 인해 지하에서 광산작업을 할 때 심각한 문제를 일으킨다. 4km 깊이인 남아프리카의 Western Deep Levels 광산에서는 암석의 온도가 사람의 피부를 태울 정도로 뜨겁다. 이곳에서 광부는 2명씩 짝지어서 일한다. 한 명은 암석을 채굴하고 다른 사람은 시원하게 하기 위해 선풍기를 작동시킨다.

에너지를 제공하여 기존 광물들의 재결정 및/또는 새로운 광물들의 형성에 기여한다. 열은 주로 두 가지 공급원을 통해 변성암에 제공된다.

첫째, 암석은 지하에서 올라오는 마그마에 의해 관입될 때 온도가 상승한다. 이것을 **접촉 또는 열 변성작용**이라고 한다. 이곳에서, 마그마와 인접한 주변암은 마그마에 의해 "구워"진다.

둘째, 지표환경에서 생성된 암석들은 지구 내부의 깊은 곳으로 매몰될 때 온도가 점진적으로 증가한다. 상부 지각에서는, 1km당 온도가 평균 20℃에서 30℃씩 증가한다. 온도가 150℃에서 200℃ 사이인 약 8km 깊이에 묻히면, 점토광물들은 불안정해지고, 이 환경에 안정한 녹니석과 백운모 같은 광물들로 재결정되기 시작한다(녹니석은 운모와 비슷한 광물로, 철과 마그네슘이 풍부한 규산염 광물들이 변성작용에 의해 형성된다). 그러나 많은 규산염 광물들, 특히(예를 들어 석영처럼) 결정질 화성암에서 발견되는 광물들은 위 온도 영역에서 안정하다. 따라서 이들 광물들의 변성 변화는 훨씬 높은 온도에서 일어난다.

변성 요인으로서의 압력 위에서 누르는 암석의 두께가 증가함에 따라 온도와 마찬가지로 압력 또한 깊이에 따라 상승한다. 매몰된 암석은 수압과 유사한 **균압**(confining pressure)을 받기 때문에 모든 방향으로 동일한 힘이 작용한다(**그림 2.26A**). 여러분이 바다 깊숙이 들어갈수록 균압은 증가한다. 지구 내부의 암석도 동일하다. 균압에 의해 광물 입자들 사이의 공간이 사라지며 밀도가 더 크고 더 치밀한 암석이 형성된다. 게다가 지하 깊숙한 곳에서는 균압에 의해 광물들이 재결정되어 좀 더 치밀한 결정 형태를 보이는 새로운 광물들이 만들어진다.

조산운동 동안, 거대한 암석들이 심하게 구겨지거나 변형된다(**그림 2.26B**). 산맥을 만드는 힘들은 방향에 따라 다르며 **차응력**(differential stress)이라고 한다. 모든 방향에서 암석을 동등하게 압착하는 균압과는 달리, 차응력은 특정 방향에서의 힘이 가장 크다. **그림 2.26B**에서 보여주는 것처럼, 차응력을 받는 암석들은 가장 큰 응력을 받는 방향으로 길이가 짧아지고, 응력에 수직인 방향으로 늘어난다. 차응력에 의한 변형은 변성 조직들을 발달시키는 데 중요한 역할을 한다.

온도가 상대적으로 낮은 지표면에서 암석은 차응력을 받을 때 **깨지고**(brittle) 부서지는 경향이 있다. 계속된 변형에 의해 광물 입자들은 작은 파편들로 갈리고 분쇄된다. 반대로, 고온의 환경에서 암석은 **연성**(ductile)이다. 암석이 연성으로 행동할 때, 구성 광물의 입자들은 차응력을 받으면 납작해지고 늘어나는 경향이 있다. 이로 인해 (깨지기보다는 오히려) 흐름에 의해 변형되어 복잡한 모양의 습곡들을 만든다(**그림 2.27**).

화학적으로 활성화된 유체 주로 물과 이산화탄소를 비롯한 다른 휘발성 물질(지표환경에서 쉽게 가스로 변하는 물질)로 이루어진 유체는 몇몇 유형의 변성작용에서 중요한 역할을 하는 것으로 여겨진다. 광물 입자를 둘러싼 유체는 촉매제와 같은 역할을 해서 이온의 이동을 증진시켜 재결정화작용을 촉진한다. 점차 뜨거워지는 환경에서 이온이 풍부한 이들 유체는 더 활발해진다.

2개의 광물 입자들이 서로 압착될 때, 접촉되는 부분의 결정구조들이 가장 큰 압박을 받는다. 이

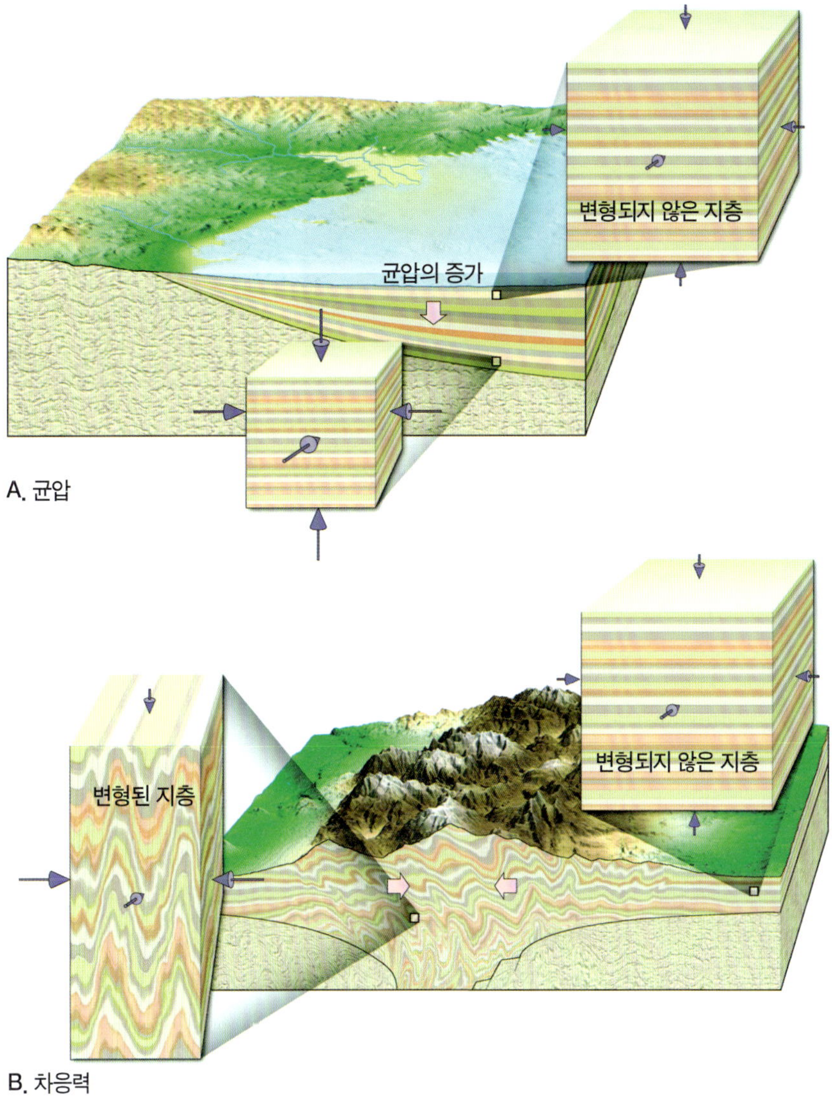

그림 2.26 변성 요인으로서의 압력. A. 퇴적환경에서 균압이 증가하면 암석은 부피가 감소하면서 변형된다. B. 조산운동 동안, 차응력을 받는 암석은 압력이 작용하는 방향으로 길이가 짧아지고, 힘에 수직인 방향으로 늘어난다.

러한 위치에 놓인 이온들은 고온의 유체에 의해 쉽게 용해되고 입자의 표면을 따라 각 입자 사이의 빈 공간으로 이동한다. 이렇게 고온의 유체는 응력이 큰 지역에서 물질을 용해하여 응력이 낮은 지역에 침전(퇴적)시킴으로써 광물 입자들의 재결정작용을 돕는다. 그 결과, 광물들은 재결정되고 압축력(compressional stress)에 수직인 방향으로 길게 자라는 경향이 있다.

뜨거운 유체가 암석 사이를 자유롭게 순환할 때, 2개의 인접한 암석층 사이에서 이온의 교환이 일어나거나 또는 이온들이 마침내 퇴적되기 전까지 긴 거리를 이동하게 된다. 이러한 현상은 관입암이 결정화되는 동안에 빠져나오는 고온의 유체를 고려할 때 특히 흔하다. 만약 관입암체 주변의 암석들이 침투하는 유체의 조성과 크게 다르다면, 유체와 주변암 사이에 상당한 이온 교환이 일어날 수 있다. 이 경우, 주변암의 전체적인 성분은 변화할 것이다.

그림 2.27 코네티컷주의 동쪽 고속도로변에 노출된 변형된 변성암. 이렇게 암석을 구부리는 데 필요한 엄청난 힘을 상상해 보라. (사진 제공: Phil Dombrowski)

변성 조직

변성작용의 정도는 암석의 조직과 광물에 따라 다르다[조직(texture)은 암석에서 입자의 크기, 모양, 그리고 배열을 기술하는 데 사용하는 용어임을 상기하라]. 암석이 저변성작용을 받으면 더욱 치밀해지고 밀도가 커진다. 흔한 예로 점판암을 들 수 있는데, 점판암은 퇴적물을 암석화시키는 다짐작용보다 약간 높은 온도, 압력조건에서 셰일로부터 형성된다. 이 경우, 셰일에 포함된 미세한 점토광물들은 차별 응력에 의해 점판암에서 볼 수 있는 것처럼 더욱 치밀하게 배열된다.

더 높은 조건에서는 응력 때문에 일부 광물들이 재결정되기도 한다. 일반적으로 재결정작용은 더 큰 결정들의 성장을 촉진한다. 결과적으로 많은 변성암들은 조립질 화성암에서와 같이 눈에 잘 보이는 결정들로 이루어져 있다.

어떤 광물의 결정들은 재결정될 때, 압축력의 방향에 대체로 수직인 방향으로 선택적인 배열을 보인다. 이러한 광물의 배열은 **엽리 조직**(foliated texture)이라 불리는 층상 또는 호상의 암석을 흔히 낳게 된다(**그림 2.28**). 간단히 말해서, 엽리는 암석 내 광물들이 평행하게 배열될 때 형성된다.

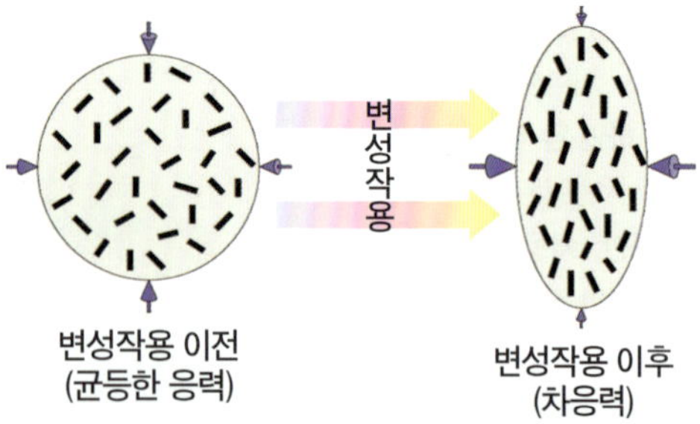

그림 2.28 변성작용에 수반된 압력하에서 일부 광물 입자들은 응력에 수직인 방향으로 재배열된다. 결과적으로 광물 입자들이 방향을 가지면서 암석에 엽리(호상) 조직을 띠게 한다. 만일 왼쪽의 조립질 화성암(화강암)이 강한 변성작용을 받는다면 오른편의 변성암(편마암)과 매우 닮은 상태로 변할 것이다. (사진 제공: E. J. Tarbuck)

모든 변성암이 엽리 조직을 보이는 것은 아니다. 이런 암석은 **비엽리 조직**(nonfoliated texture)을 띤다고 말한다. 일반적으로, 등립질 결정을 이루는, 한 가지 광물로만 이루어진 변성암은 눈에 띄는 엽리 조직을 보이지 않는다. 예를 들어, 방해석이라는 한 가지 광물로 구성된 순수한 석회암을 생각해 보자. 세립질의 석회암이 변성된다면 작은 방해석 결정들은 서로 합쳐지고 서로 맞물려서 보다 큰 결정을 이룰 것이다. 결과적으로, 암석은 마치 조립질 화성암처럼 보일 것이다. 이처럼 비엽리 조직을 보이는 변성된 석회암을 대리석(marble)이라 부른다.

변성암의 분류

정리하자면, 변성과정 동안 기존의 암석에 많은 변화가 일어나는데 밀도의 증가, 보다 큰 결정의 성장, 엽리(광물 입자들이 재배열되어 만드는 층상 또는 호상 구조)의 발달, 그리고 저온 광물에서 고

암석 이름	조직	입자 크기	설명	모암
점판암	엽리 발달	극세립	암석 벽개가 잘 발달되며 매끄럽고 둔탁한 표면	셰일, 이암 또는 미사암
천매암	엽리 발달	세립	기복이 있는 표면을 따라 쪼개지며 번쩍이는 광택	점판암
편암	엽리 발달	중립에서 조립	운모질 광물들이 우세하며 비늘 모양의 엽리	편암
편마암	엽리 발달	중립에서 조립	광물의 분리에 따른 성분 띠 생성	화강암 또는 화산암
대리암	엽리 없음	중립에서 조립	서로 맞물린 석회석 또는 돌로마이트 입자	석회암, 돌로스톤
규암	엽리 없음	중립에서 조립	융합된 석영 입자들, 괴상, 매우 단단함	석영 사암
무연탄	엽리 없음	세립	윤나는 검은색의 유기질 암석으로 패각상 구조를 보여줌	역청탄

(점판암 → 편마암: 증가하는 변성작용)

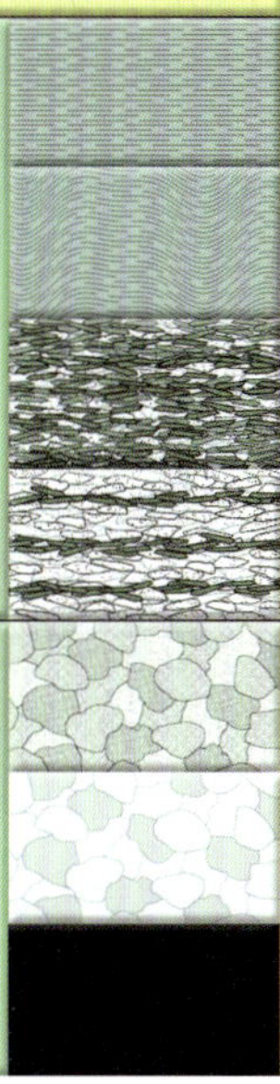

그림 2.29 일반적인 변성암의 부류.

온 광물로의 전이를 포함한다(**그림 2.29**). 더욱이 이온의 유입은 전혀 새로운 광물을 생성하기도 하며, 이중 일부는 경제적으로 중요하다.

변성작용에 의해 형성된 일반적인 암석들을 간단히 살펴보도록 하자.

엽리를 보이는 암석 점판암(slate)은 미세한 운모 조각들로 이루어진, 세립질의 엽리를 보이는 암석이다(**그림 2.30**). 점판암의 가장 큰 특징은 편평한 널빤지처럼 쉽게 쪼개진다는 점이다. 이러한 성질 때문에 점판암은 지붕, 바닥 타일, 칠판, 당구대 등의 재료로 많이 쓰여왔다(**그림 2.31**). 이 암석은 드물게는 화산재의 변성작용으로 인해 생성되기도 하지만, 주로 셰일이 저변성작용을 받을 때 생성된다. 점판암의 색깔은 구성 광물 성분에 따라 다양하다. 검은 점판암은 유기물질을 포함하고 있으며 붉은 점판암은 산화철 때문이다. 녹색 점판암은 많은 경우 운모와 유사한 녹니석으로 구성된다.

편암(schist)은 강한 엽리를 보이는 암석으로, 광역 변성작용에 의해 생성된다(**그림 2.30**). 이 암석은 "판상"이며 얇은 조각이나 판으로 쉽게 쪼개진다. 점판암처럼 많은 편암의 기원암도 셰일이지만, 편암이 더 강한 변성작용을 받았다.

편암이라는 명칭은 성분에 관계없이 암석의 조직을 기술하는 용어이다. 예를 들어, 주로 백운모와 흑운모로 구성된 편암은 운모 편암(mica schist)이라 한다.

편마암(gneiss)은 호상의 변성암에 붙여지며 판

이런 사실을 알고 있었나요?

고급 당구대가 무거운 이유는 이 당구대의 테이블 표면이 두꺼운 변성암 판으로 만들어졌기 때문이다. 점판암은 쉽게 얇은 석판들로 쪼개지기 때문에 마루나 지붕의 타일처럼 건축재료뿐만 아니라 당구대의 테이블 표면재로도 귀하게 사용된다.

그림 2.30 일반적인 변성암. (사진 제공: E. J. Tarbuck)

상과는 달리 주로 신장된 입상의 광물들로 구성된다(**그림 2.30**). 편마암을 구성하는 주된 광물은 석영과 장석이며 소량의 백운모, 흑운모, 각섬석 등을 포함한다. 이 암석에는 밝고 어두운 규산염 광물들이 뚜렷하게 분리되어 호상 조직을 띤다. 호상 편마암들은 가소성 변형을 받아 복잡한 습곡구조를 보이기도 한다.

엽리를 보이지 않는 암석 대리석은 석회암을 모암으로 하는 조립질, 결정질 암석이다. 대리석은 모암의 작은 입자들이 재결정작용으로 인해 서로 맞물리며 형성한 커다란 방해석 결정들로 구성된다.

대리석은 빛깔과 상대적으로 무른 강도 때문에(모스 경도 3) 건축자재로 유명하다. 특히 흰 대리석은 미켈란젤로의 〈다비드〉와 같은 유명한 조각물처럼 기념비나 조각에 쓰이는 암석으로 훌륭하다(**그림 2.32**). 대리석의 모암인 석회암은 종종 색을 띠게 하는 불순물들을 포함한다. 따라서 대리석은 분홍, 회색, 녹색, 심지어는 검은색을 띠기도 한다.

규암(quartzite)은 대부분 석영질 사암으로부터 만들어진 매우 단단한 변성암이다. 중 또는 고변성 작용하에서 사암 내의 석영 입자들은 융합된다. 순수한 규암은 백색이지만 산화철이 있는 경우 붉은빛 또는 분홍빛의 색조를 띠며, 어두운 광물들을 포함하는 경우 회색을 띠기도 한다.

이런 사실을 알고 있었나요?

대리석은 쉽게 조각되기 때문에 수세기 동안 건축물이나 기념물에 이용됐다. 외부를 대리석으로 장식한 중요한 건축물로는 그리스의 파르테논 신전, 인도의 타지마할 궁전, 미국의 워싱턴 기념비가 있다.

그림 2.31 노르웨이 알타(Alta) 지역 채석장의 점판암에서 관찰되는 잘 발달된 암석 벽개. (사진 제공: Fred Bruermmer) 점판암은 편평한 석판으로 쪼개지기 때문에 활용 분야가 많다. 삽입사진에서는 스위스의 집 지붕에 점판암이 사용됐다. (사진 제공: E. J. Tarbuck)

그림 2.32 미켈란젤로가 조각한 〈다비드〉의 복제품. 진품처럼 복제품도 큰 흰색 대리암으로 만들었다. (사진 제공: Andrew Ward/Getty Images Inc./Photo Disk)

학습내용 요약

1. 세 가지 암석 그룹은 화성암, 퇴적암, 변성암이다. 결정작용을 거치면서 냉각, 고화되는 마그마로부터 화성암이 생성된다. 퇴적암은 퇴적물의 암석화작용에 의해 생성되며 변성암은 암석이 엄청난 열과 압력을 받는 변성작용에 의해 형성된다.

2. 화성암은 조직과 광물조성에 의해 분류된다.

3. 마그마의 냉각 속도는 화성암에 있어서 광물 결정의 크기에 큰 영향을 끼치며 결과적으로 조직에도 영향을 끼치게 된다. 네 가지 주요한 화성암 조직으로는 (1) 세립질, (2) 조립질, (3) 반정질, (4) 유리질 등이 있다.

4. 화성암은 그들이 함유하는 유색 및 무색 규산염 광물들의 비율에 따라 넓은 범위의 그룹들로 나눠진다. 규장질암(예: 화강암과 유문암)은 주로 무색 규산염 광물인 칼륨 장석과 석영으로 이루어진다. 중간 조성의 암석(예: 안산암)은 사장석과 각섬석을 포함한다. 고철질암(예: 현무암)은 많은 휘석과 칼슘이 풍부한 사장석을 포함한다.

5. 화성암의 광물 구성은 궁극적으로 결정화되는 마그마의 화학조성에 의해 결정된다. 보웬(Bowen)은 마그마가 냉각될 때, 광물들은 서로 다른 온도에서 정해진 순서에 따라 정출된다는 것을 보였다. 마그마 분화작용은 마그마의 성분을 변화시키고 모 마그마로부터 한 가지 형태 이상의 암석들이 생성되게 한다.

6. 풍화는 변화하는 환경에 대한 지표 물질들의 반응이다. 물질들이 물리적으로 보다 작은 조각으로 분쇄되는 물리적 풍화는 동파, 중량 제거에 의한 팽창, 생물의 활동 등에 의해 일어난다. 화학적 풍화는 광물의 내부 구조가 원소의 제거 또는 첨가에 의해 변질되는 작용들을 수반한다. 이러한 풍화는 물질들이 산화되거나 탄산과 같은 산과 반응할 때 일어난다.

7. 쇄설성 퇴적물들은 고체 입자들이 풍화에 의해 만들어지고 운반될 때 비롯된다. 화학적 퇴적물은 화학적 풍화에 의해 대부분이 생산되는 가용성 물질들이며 무기적 또는 유기적 과정에 의해 침전된다. 쇄설성 퇴적암은 입자들의 크기로 분류되며, 점토광물과 석영을 주성분으로 하는 다양한 광물과 암편을 포함한다. 화학적 퇴적암은 종종 생물학적 과정의 산물들을 포함하거나 물이 증발할 때, 또는 광물이 침전할 때 생성되는 광물 결정들을 포함한다. 퇴적물들이 고체 퇴적암으로 변화하는 과정을 암석화라 한다.

8. 일반적인 쇄설성 퇴적암으로는 셰일(가장 흔한 퇴적암), 사암, 역암 등이 있다. 가장 풍부한 화학적 퇴적암은 주로 방해석으로 구성된 석회암이다. 석고와 암염은 물이 증발할 때 생성되는 암석이다.

9. 종종 지구의 역사나 고환경을 해석하는 데 이용되는 퇴적암의 특징으로는 지층 또는 층(가장 독특한 특징), 층리면, 화석 등이 있다.

10. 변성작용은 (1) 광역 변성작용과 (2) 접촉 또는 열 변성작용이 있다. 변성작용의 요인으로는 열과 압력, 화학적으로 활성화된 유체 등이 있다. 열은 광물이 재결정작용을 일으키도록 에너지를 공급하기 때문에 아마도 가장 중요한 요인일 것이다. 변성작용은 밀도 증가, 보다 큰 광물 결정들의 성장, 엽리라고 부르는 층상 또는 호상 구조를 낳는 광물 입자들의 재배열, 새로운 광물의 생성 등 암석에 많은 변화를 일으킨다.

11. 엽리를 보이는 일반적인 변성암으로는 점판암, 편암, 편마암 등이 있다. 엽리를 보이지 않는 변성암에는 대리석과 규암이 있다.

주요 용어와 개념

암석의 순환(rock cycle) … 50
결정작용(crystallization) … 52
마그마(magma) … 52
변성암(metamorphic rock) … 52
암석화(lithification) … 52
퇴적물(sediment) … 52
퇴적암(sedimentary rock) … 52
풍화작용(weathering) … 52
화성암(igneous rock) … 52
관입암(intrusive) … 53
분출암(extrusive) … 53
심성암(plutonic) … 53
용암(lava) … 53
화산암(volcanic) … 53
세립질 조직(fine-grained texture) … 55
조립질 조직(coarse-grained texture) … 55
조직(texture) … 55
반정질 조직(porphyritic texture) … 56
유리질 조직(glassy texture) … 56
화강암질 조성(granitic composition) … 57
고철질(mafic) … 58
현무암 조성(basaltic composition) … 58
안산암(andesitic) … 59
중간 성분(intermediate composition) … 59
초고철질(ultramafic) … 59
보웬의 반응계열(Bowen's reaction series) … 60
결정의 침전(crystal settling) … 61
마그마 분화(magmatic differentiation) … 61
물리적 풍화(mechanical weathering) … 62
화학적 풍화(chemical weathering) … 64
쇄설성 퇴적암(detrital sedimentary rock) … 67
화학적 퇴적암(chemical sedimentary rock) … 68
증발 퇴적물(evaporite deposit) … 71
지층 또는 층(strata or beds) … 73
변성작용(metamorphism) … 74
접촉(contact) … 74
화석(fossil) … 74
광역 변성작용(regional metamorphism) … 75
열변성작용(thermal metamorphism) … 75
비엽리 조직(nonfoliated texture) … 78
엽리 조직(foliated texture) … 78

학습 요약 문제

1. 암석의 순환을 이용하여 "하나의 암석은 다른 암석의 원료가 된다"는 말을 설명하라.
2. 지표를 흐르는 용암이 현무암의 조성을 띤다면 이 용암은 어떠한 암석으로 될 가능성이 높은가(**그림 2.8**을 참고하라)? 이러한 조성을 가진 마그마가 지표에 도달하지 못하고 지하 깊은 곳에서 결정화한다면 어떤 종류의 화성암이 생성되겠는가?
3. 화성암의 역사에 있어서 반정질 조직은 무엇을 지시하는가?
4. 화강암과 유문암은 어떻게 다른가? 또 어떤 점이 같은가(**그림 2.8**을 참고하라)?
5. 화성암의 분류를 보웬의 반응계열과 연관지어 설명하시오.
6. 동일한 2개의 암석이 하나는 물리적으로, 다른 하나는 화학적으로 풍화된다면 각각의 풍화 산물들은 어떻게 다를 것인가?
7. 물리적 풍화는 어떻게 화학적 풍화가 더 잘 일어나도록 도움을 주는가?
8. 탄산은 자연적으로 어떻게 생성되는가? 탄산이 칼륨 장석과 반응하면 무엇이 생기는가?
9. 쇄설성 퇴적암에서 가장 흔한 광물들은 무엇인가? 왜 이런 광물들이 풍부한가?
10. 다양한 쇄설성 퇴적암들을 구분하는 주요한 기준은 무엇인가?
11. 화학적 퇴적암의 두 가지 범주를 설명하라.
12. 증발 퇴적물이란 무엇인가? 그리고 증발 암석들을 명명하라.
13. 압축작용은 퇴적물의 크기가 어느 정도일 때 암석화에 있어서 중요한 역할을 하는가?
14. 퇴적암의 유일한, 가장 특유한 특징은 무엇인가?
15. 변성작용이란 무엇인가?
16. 변성작용의 세 가지 요인들을 적고 각 요인들의 역할을 기술하라.
17. 광역 변성작용과 접촉 변성작용을 구분하라.
18. 규암이나 대리석으로부터 편암이나 편마암을 쉽게 구분하는 특징은 무엇인가?
19. 변성암이 형성되는 방법은 화성암이나 퇴적암이 생성되는 방법과 어떻게 다른가?

Online 학습 안내

Foundation of Earth Science 웹에는 학생들이 이 장에서 다룬 여러 내용의 학습을 도울 수 있는 자료들과 인터넷 연계시스템을 갖추고 있다. 지구과학을 강의하는 연구자들에 의해서 발전된 이 인터넷 주소는 지구과학의 이해를 증진시켜 줄 것으로 생각된다. http://www.prenhall.com/lutgens를 방문하여 *Foundation of Earth Science 5e*를 클릭하여 다음 내용들을 살펴보자:

- 인터넷 종합 퀴즈
- 비평적 사고 훈련
- 장 관련 웹 자료들의 연계
- 웹을 통한 주요 개념 탐구

http://www.prenhall.com/lutgens

GEODe: Earth Science

*GEODe: Earth Science*는 동영상(animation), 비디오(video), 낭송(narration), 대화식 연습문제(interactive exercise), 실용적인 퀴즈 등을 이용하여 주요 개념을 더욱 심화함으로써 더욱 효과적인 학습을 이룰 수 있게 한다. 이 복사 CD는 이 책 『지구시스템의 이해』 제5판에 포함되어 있다.

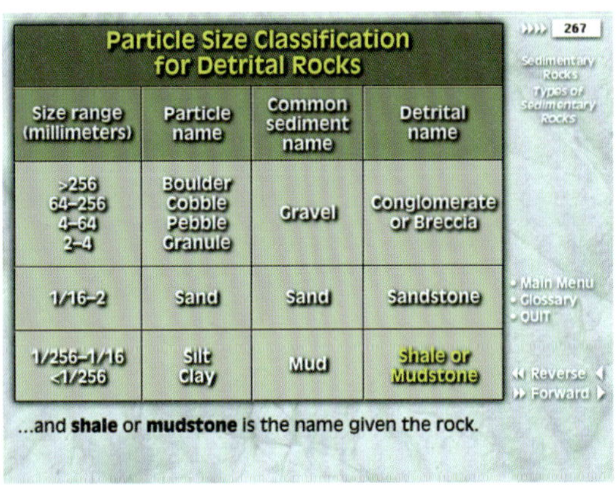

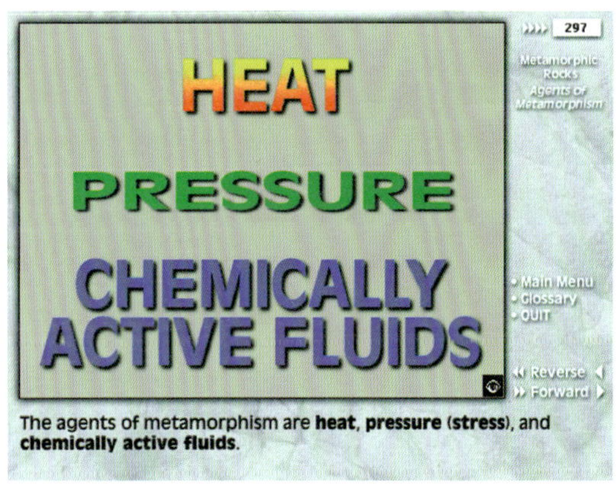

제 2 부 지구 외적 과정들

제 3 장

뉴욕주 애디론댁(Adirondack) 주립공원 내의 허드슨(Hudson)강

(사진 제공: Carr Clifton Photography)

물이 빚은 지형

학습 초점

다음은 여러분들이 이 단원에서 다루는 중요한 개념들을 이해하는 데 도움을 줄 수 있는 유용한 질문들이다.

1. 암석의 순환에서 외부 작용의 역할은 무엇인가?
2. 사태는 지형의 발달에 어떤 역할을 담당하는가?
3. 사태를 제어하는 힘은 무엇이며, 사태를 일으킬 수 있는 요인들에는 어떤 것들이 있는가?
4. 물의 순환이란 무엇인가? 이 순환을 일으키는 에너지의 원천은 무엇인가?
5. 하천에서 유속을 결정하는 요인들은 무엇인가?
6. 하천의 작용은 어떤 세 가지 과정을 포함하는가?
7. 기준면은 하천의 침식 능력에 어떻게 영향을 미치는가?
8. 하천이 만드는 일반적인 수계에는 어떤 것들이 있는가?
9. 자원으로서, 지질학적 힘으로서 지하수의 중요성은 무엇인가?
10. 지하수란 무엇이며, 어떻게 이동하는가?
11. 지하수와 관련된 흔한 자연적 현상에는 어떤 것들이 있는가?
12. 지하수와 관련된 환경 문제에는 어떤 것들이 있는가?

지구는 역동적인 행성이다. 화산이나 기타 내부의 힘들이 육지를 들어 올리는 한편, 반대의 외부 작용들은 계속해서 육지를 닳아 없앤다. 지구 표면에서 일어나는 외부 작용들을 유도하는 것은 태양과 중력이다. 부서지고 쪼개진 바위는 중력 때문에 저지대로 움직이며, 물, 바람 또는 얼음이 이를 나른다. 이런 방식으로 물리적인 지형이 새겨진다.

1. 지구의 외부 작용

풍화, 사태, 침식은 지구 표면이나 부근에서 일어나며 태양에너지가 그 동력이기 때문에 **외부 작용**(external process)이라고 부른다. 외부 작용은 단단한 바위를 퇴적물로 만들기 때문에 암석 순환의 기본적인 부분이다.

무심히 바라보면 지구의 겉모습은 시간에 영향을 받지 않고 변함없는 것처럼 보일 수 있다. 실제로 200년 전만 해도 대부분의 사람들은 지구는 기껏해야 수천 년 정도 되었으며, 산, 호수, 사막은 그런 지구의 변치 않는 모습이라 믿었다. 오늘날 우리는 지구의 나이가 45억 년이나 되었으며, 산은 결국 풍화와 침식에 쓰러지고, 호수는 퇴적물로 메워지거나 하천 때문에 비워지고, 사막은 기후의 변화에 따라 오고 가는 것을 알고 있다.

지구는 역동적인 물체이다. 지표의 어떤 곳들은 조산운동이나 화산활동 때문에 점차 솟아오르고 있다. 이 **내부 작용**(internal process)들은 근본 에너지가 지구 내부에 있다. 한편, 반대로 외부 작용들은 끊임없이 암석을 부수고 그 잔해를 낮은 곳으로 이동시킨다(**그림 3.1**). 후자에는 다음과 같은 것들이 있다:

그림 3.1 그랜드 캐년의 사면이 콜로라도강의 하도로부터 멀리까지 뻗어 있다. 이는 주로 풍화된 암설이 사태작용을 통해 사면 아래의 강과 지류로 이동했기 때문이다. (사진 제공: Tom & Susan Bean, Inc.)

1. **풍화**(weathering): 지표 또는 지표 근처에서 일어나는 암석의 기계적 풍화(해체)와 화학적 변화(분해)
2. **사태**(mass wasting): 중력의 영향으로 암석과 토양이 사면 아래로 이동하는 것
3. **침식**(erosion): 유수, 파도, 바람, 얼음 등 유동성 동인이 만드는 물질의 기계적 제거

풍화작용은 제2장에서 다루었다. 이 장에서는 사태와 두 가지 중요한 침식작용인 유수와 지하수에 집중할 것이다. 제4장에서는 다른 두 주요한 침식작용인 빙하와 바람의 지질학적 작용을 살펴볼 것이다.

2. 사태: 중력의 작용

지표면은 절대로 완전하게 평평하지 않으며 경사면들이 많이 있다. 험하고 가파른 사면이 있는가 하면, 부드럽고 완만한 사면도 있다. 길고 완만한 사면이 있는가 하면, 짧고 가파른 사면도 있다. 흙과 식생으로 덮인 사면이 있는가 하면, 바위와 돌무더기만 있는 불모지 사면도 있다. 사면의 형태는 매우 다양하다.

대부분의 사면은 안정적이고 변함없어 보이지만, 중력이 물질들을 사면 아래쪽으로 움직이기 때문에 결코 정적이지 않다. 극단적인 경우 아주 조금씩 움직여서 사실상 인지하기 힘든 경우도 있다. 반대쪽 극단에는 잔해들이 굉음을 내며 흘러내리거나 바위가 쿵쾅거리며 쏟아져 내리는 경우도 있다. 산사태는 전 세계에 나타나는 자연 위험요소이다. 이런 자연작용들이 인명이나 재산 피해로 이어질 경우, 자연재해가 된다.

이런 사실을 알고 있었나요?

지질학자를 비롯해 많은 사람들이 산사태라는 용어를 자주 쓰고 있지만 지질학에서 따로 정의한 용어는 아니다. 이는 사태 가운데 비교적 빠른 모든 형태를 가리킬 때 널리 쓰이는 비전문적인 용어에 가깝다.

사태와 지형의 발달

그림 3.2에 나타난 사건들은 사태라 부르는 흔한 지질학적 작용이 굉장하게 나타난 예이다. 사태는 중력의 직접적인 영향을 받아 암석과 토양이 사면 아래쪽으로 이동하는 현상이다. 사태는 물, 바람, 빙하와 같은 운반 매개체가 필요 없다는 점에서 침식작용과는 구별된다. 사태에는 여러 형태가 있는데, 그중 네 가지를 **그림 3.3**에 나타냈다.

사태는 대부분의 지형이 발달하면서 풍화 다음으로 겪는 단계이다. 풍화가 바위를 약하게 만들고 쪼개고 나면, 사태는 암설을 사면 아래쪽으로 내려보내고, 이어서 하천이 컨베이어 벨트처럼 암설을 다른 곳으로 운반한다(**그림 3.1**). 여정 중간에 멈춰서는 곳이 많을 수도 있지만, 퇴적물은 결국 종착역인 바다로 운반된다. 사태와 유수가 함께 작용해 만들어낸 것이 바로 하곡(stream valley)인데, 이는 지구 표면에서 가장 흔하고 눈에 잘 띄는 지형으로서, 이 장의 후반에서 다룰 것이다.

하곡 생성과정에 하곡을 흐르는 하천만 작용했다면, 하곡은 아주 좁았을 것이다. 하지만 하곡은 대부분 깊이보다 너비가 긴 편인데, 이는 하천에 암설을 공급하는 사태작용의 중요성을 역설하는 것이다. 계곡 면은 강을 축으로 축에서 멀어지는 방향으로 확장하는데, 이는 풍화된 암설들이 사태작용으로 인해 사면 아래의 강과 지류로 이동하기 때문이다. 이처럼 하천과 사태는 함께 작용해서 지표면을 조정하고 깎는다. 물론, 빙하, 지하수, 파도, 바람도 지세와 지형을 만드는 중요한 요인들이다.

A.

B.

그림 3.2 A. 1997년 1월 캘리포니아 요세미티 국립공원으로 향하는 아치 록(Arch Rock) 입구 부근의 140번 고속도로에서 암설사태가 일어났다. (사진 제공: Roger J. Wyan/AP/Wide World Photos) B. 2005년 1월 캘리포니아 라콘치타(La Conchita)에서 일어난 이 암설류는 비정상적인 폭우로 유발되었다. (사진 제공: David NcNew/Getty Images, Inc.)

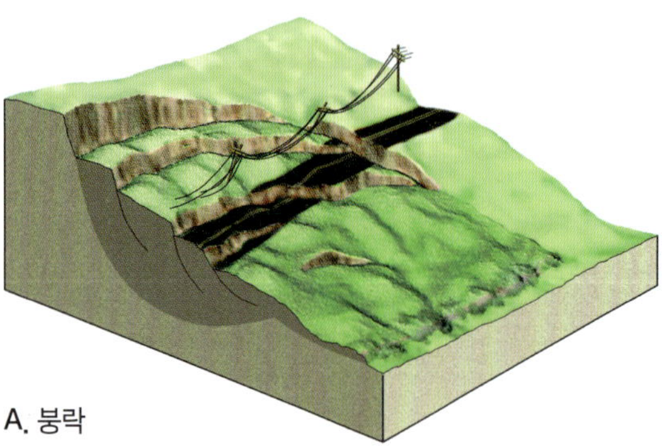

A. 붕락

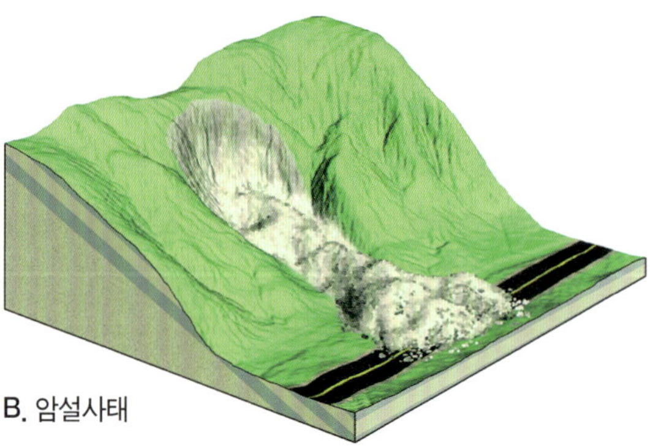

B. 암설사태

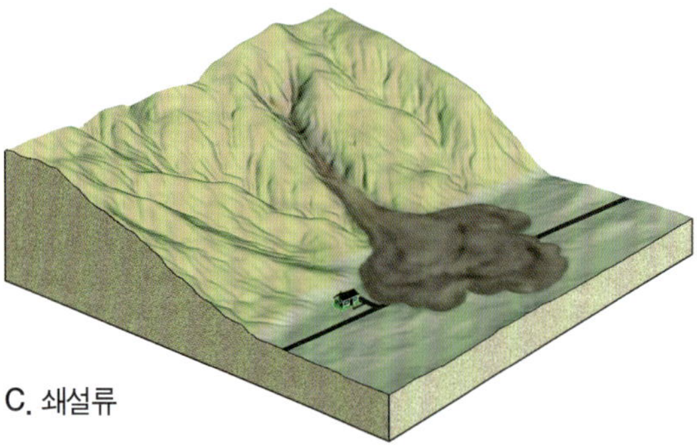

C. 쇄설류

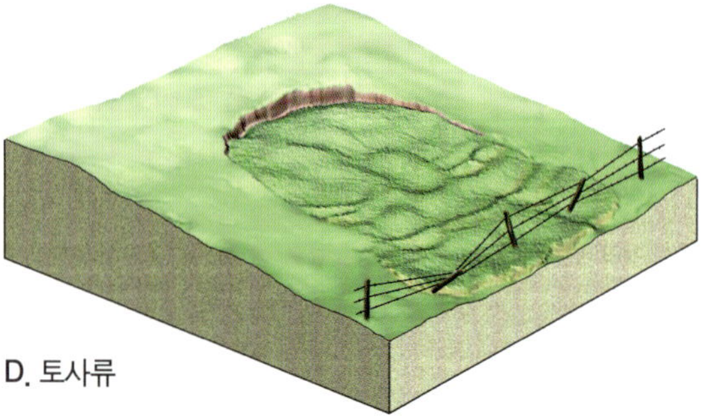

D. 토사류

그림 3.3 위의 네 가지 작용들은 비교적 빠른 형태의 사태로 간주된다. 붕락(A)과 암설사태(B)에 의한 물질들은 윤곽이 뚜렷한 면을 따라 이동하기 때문에 미끄러짐에 의해 움직였다고 말한다. 이와는 반대로 물질들이 점성을 띤 유체의 형태로 이동할 때 이러한 움직임은 흐름으로 기술된다. 쇄설류(C)와 토사류(D)는 이런 형태로 진행한다.

사태의 제어 요인과 유발 요인

사태를 제어하는 힘은 중력이지만, 관성을 극복하고 사면 아래쪽의 운동을 만들어내는 데에는 여러 요인들이 중요한 역할을 한다. 산사태가 일어나기 훨씬 전부터 여러 작용들로 인해 사면이 약해지면서, 점차 중력의 작용에 민감해지게 된다. 이 기간 동안 사면은 안정적으로 유지되지만, 조금씩 불안정해진다. 마침내, 사면의 강도는 특정 요인에 의해 안정에서 불안정으로 경계를 넘을 정도로 약해진다. 사면 아래쪽으로의 운동을 시작시키는 사건을 유발 요인이라고 부른다. 유발 요인이 사태 사건의 유일한 원인이 아니라, 그저 많은 요인들 중 마지막 요인이라는 사실을 기억하라. 사태작용을 유발시키는 일반적인 요인에는 사면 물질들의 물에 의한 포화, 사면의 급경사화, 받쳐주던 식생의 제거, 지진으로 인한 땅의 진동 등이 있다.

물의 역할 폭우나 눈, 녹은 물이 지표면의 물질들을 채울 때 사태가 유발되곤 한다. 그런 상황을 **그림 3.2B**에 예시했다.

퇴적물 안의 빈 공간이 물로 채워지면 입자 사이의 응집력이 파괴되어 비교적 쉽게 서로 미끄러지게 만든다. 예를 들이, 모래가 약긴 젖어 있을 경우에는 서로 아주 잘 붙는다. 하지만 물이 충분히 더해져서 입자 사이의 틈을 메울 정도가 되면 모래는 모든 방향으로 주르르 흘러내릴 것이다. 그러므로 물이 포화되면 물질의 내부 저항력이 줄어들고, 그러고 나면 쉽게 중력의 힘에 의해 움직이게 된다. 점토가 축축해지면 아주 미끌미끌하게 되는데 이는 물의 "윤활"효과를 보여주는 또 다른 예이다. 물은 또한 상당한 중량을 물질 덩어리에 추가시킨다. 추가된 중량은 그 자체로 물질을 사면 아래쪽으로 미끄러지거나 흐르게 만들 정도로 충분하다.

사면의 급경사화 사면의 급경사화는 또한 많은 사태의 또 다른 유발 요인이다. 자연에서 많이 일어나는데, 계곡 사면 아래쪽을 하천이 깎는다거나 절벽의 밑 부분을 파도가 때리는 두 가지 경우가 친숙한 예들이다. 더욱이 사람들이 활동을 통해 종종 경사가 급하고 불안정한 사면들을 만드는 경우가 있는데, 이곳은 사태가 일어나는 주된 장소가 된다.

헐겁고 알갱이(모래 크기 이상)인 입자들은 **안식각**(angle of repose)이라 부르는 안정 사면을 가정하는데, 이는 물질들이 안정하게 유지될 수 있는 최대한의 각도이다. 입자의 크기와 모양에 따라 이 각도는 25~40도 정도를 오간다. 입자가 크고 더 각지게 생겼을수록 사면은 더 급격하게 유지될 수 있다. 각도가 커지면 암석 쇄설물들이 사면 아래로 이동함으로써 안식각에 맞게 조정될 것이다.

사면의 급경사화는 헐거운 알갱이 입자들의 움직임을 유발할 뿐만 아니라 점착력 있는 토양, 표토(풍화된 암석 쇄설물), 기반암에서도 불안정한 사면을 만들고 사태를 만들기 때문에 중요하다. 급경사에 대한 반응은 헐거운 알갱이 입자들의 경우처럼 즉각적이지는 않지만, 조만간 한 가지 이상의 사태작용들에 의해 급경사화가 제거되고 사면 안정성이 회복될 것이다.

식생의 제거 식생은 그 뿌리들이 토양과 표토를 함께 묶어놓기 때문에 침식을 막고 사면의 안정성에 기여한다. 식물이 없는 곳에서는 사태작용이 강화되며, 특히 사면이 급하거나 물이 많은 경우에는 더욱 그렇다. 사면을 붙들고 있는 식생이 산불이나 사람들(목재, 농사, 개발) 때문에 없어지면 표면 물질들은 빈번하게 사면 아래로 흘러내린다.

이런 사실을 알고 있었나요?

미국에서 사태에 의한 피해액은 어림잡아 매년 20억 달러 이상인 것으로 추정된다.

이런 사실을 알고 있었나요?

미국 지질 조사소는 미국내에서 산사태로 인해 매년 25~50명의 사람이 사망한다고 추정한다. 전 세계적인 총 사망자 수는 더욱 많아 매년 600명 이상이 사망한다.

유발 요인으로서의 지진 사태의 유발 요인 중 좀 더 중요하고 극적인 것은 지진이다. 지진과 그 여진은 막대한 양의 바위와 고화되지 않은 물질들을 몰아낼 수 있다. 지진의 충격을 받은 많은 지역에서 가장 큰 피해를 일으키는 것은 직접적인 땅의 진동이 아니라 진동 때문에 생겨난 산사태나 지반 침하이다.

3. 물의 순환

GEODe EARTH SCIENCE Sculpturing Earth's Surface
▼ Hydrologic Cycle

> 모든 강물은 다 바다로 흐르되 바다를 채우지 못하며 어느 곳으로 흐르든지 그리로 연하여 흐르느니라.
>
> 전도서 1:7

통찰력 있는 전도서의 작가가 지적했듯이, 물은 바다에서 육지로, 또다시 바다로 끊임없이 순환하며 이동한다. 이 단원의 나머지 부분은 물의 순환의 일부분인 물을 바다로 돌려보내는 과정을 다룰 것이다. 어떤 물은 빠르게 흐르는 하천을 따라 빠르게 이동하고, 어떤 물은 지표 아래에서 천천히 움직인다. 우리는 물의 분포와 이동에 영향을 주는 요인들에 대해 조사할 것이며 어떻게 물이 지형을 조각해 나가는지도 살펴볼 것이다. 그랜드 캐년, 나이아가라 폭포, 올드 페이스풀(Old Faithful) 간헐천 그리고 매머드(Mammoth) 동굴 등은 모두 바다로 향하는 물의 작용에 의해 생겨난 모습들이다.

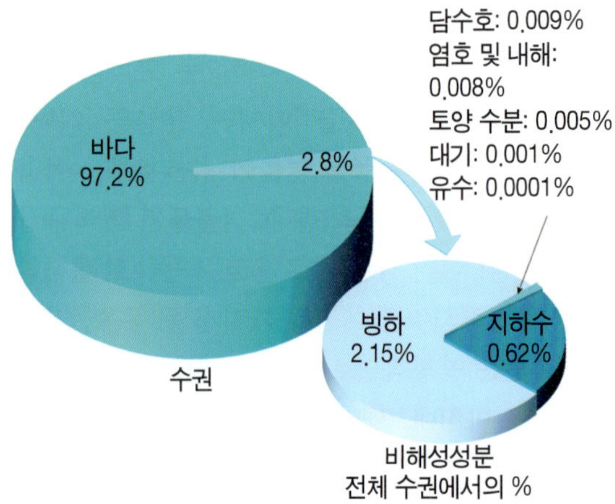

그림 3.4 지구의 물 분포.

물은 지구상의 어디에나(바다, 빙하, 하천, 호수, 공기 중, 토양, 살아 있는 생명체의 조직 내부) 있다. 이러한 모든 "저수지"들이 지구의 수권을 구성하고 있다. 지구의 수권에서 물의 총량은 약 13억 6,000만km^{2}로 추정된다. 그중 가장 많은 양인 97.2%가 바다에 저장되어 있다. 빙상(ice sheet)과 빙하가 2.15%를 차지하며 나머지 0.65%를 호수, 하천, 지하수, 대기 중의 물이 차지하고 있다(**그림 3.4**). 지구상의 총량에 비하면 마지막에 열거된 수원들이 차지하는 비중은 적은 양에 불과하지만 절대량은 방대하다.

그림 3.4에 열거된 각 저수지의 물들은 영원히 한 곳에 머물러 있는 것은 아니다. 물은 지표에서의 온도와 압력에 따라 쉽게 상(고체, 액체, 기체)이 변화한다. 그러므로 물은 수권, 대기권, 고체 지구 그리고 생물권 내에서 지속적으로 이동하고 있다. 이처럼 지구상에서 물이 끊임없이 순환하는 것을 **물의 순환**(water cycle)이라 한다. 이 순환은 우리에게 지구시스템의 다른 부분들 간의 상호관계를 보여준다.

물의 순환은 태양에너지에서 동력을 얻는 거대하고 전 지구적인 시스템으로서, 대기권은 그 시스템 내에서 바다와 대륙 사이에 필수적인 연결을 제

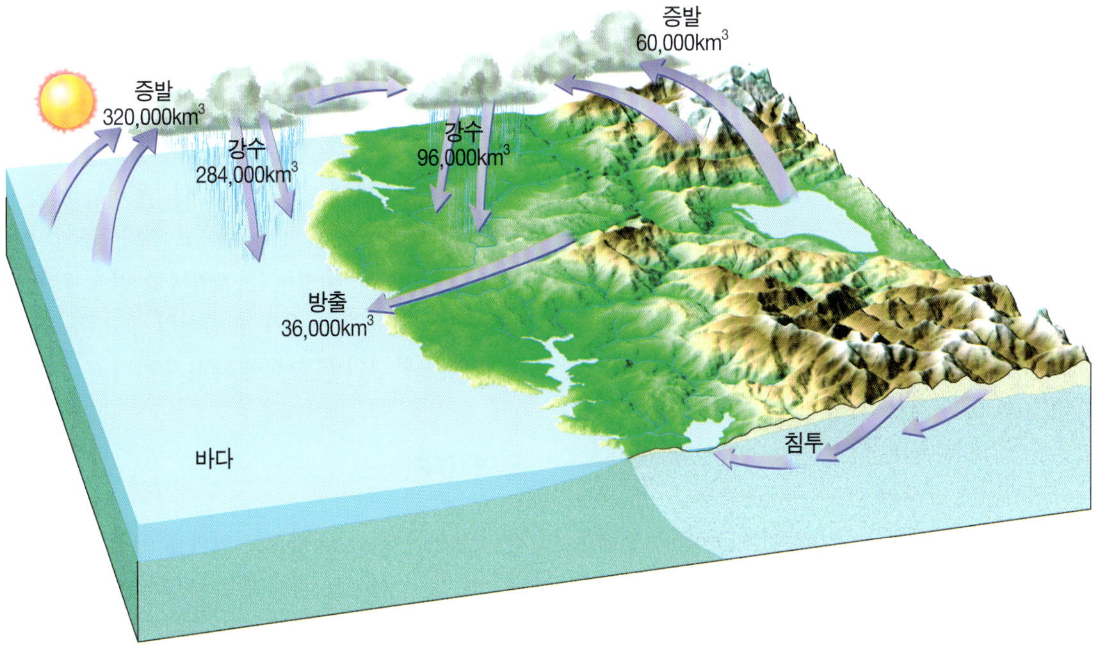

그림 3.5 지구상의 물의 평형. 매년 태양에너지는 32만km^{3}의 물을 해양으로부터 증발시키는 반면 육지(호수와 하천을 포함한)로부터의 증발은 6만km^3 정도이다. 총 38만km^{3}의 물 중에서 약 28만 4,000km^{3}의 물만이 다시 바다로 떨어지며 나머지 9만 6,000km^{3}의 물이 육지로 내린다. 9만 6,000km^3 중 6만km^{3}의 물만이 육지로부터 증발하며 남은 3만 6,000km^{3}의 물이 바다로 흘러가면서 육지를 침식시킨다.

공한다(**그림 3.5**). 물은 주로 바다로부터 대기 중으로 증발하며 대륙으로부터 증발하는 양은 극히 적다. 이렇게 수분을 포함한 공기는 종종 바람에 의해 상당한 거리를 이동한다. 그리고 구름의 복잡한 생성과정은 결국 강수로 이어진다. 바다로 떨어지는 강수는 순환을 마친 것이며 또 다른 순환을 시작할 준비가 되어 있다. 그러나 육지로 떨어진 물은 다시 바다로 흘러 들어가야 한다.

육지에 내린 강수에 어떤 일이 일어나게 될까? 일부는 땅에 스며들어〔**침투**(infiltration)〕 천천히 아래로, 옆으로 이동하여 마침내 호수, 하천 또는 바다로 직접 흘러간다. 강우 속도가 지표면의 흡수 능력을 초과할 때, 흡수되지 않고 남은 물은 지표 위를 흘러 하천이나 호수로 들어가는데, 이 과정을 **유출**(runoff)이라고 한다. 땅에 침투하거나 위로 흐르는 물의 대부분은 토양, 호수, 하천으로부터 증발되기 때문에 결국 대기 중으로 돌아간다. 또한, 땅으로 흡수된 물의 일부도 식물에 의해 흡수되어 대기 중으로 방출된다. 이 작용을 **증산작용**(transpiration)이라 한다.

매우 추운 지역(고지대 또는 고위도 지방)에서 강수 현상이 일어날 때, 물은 즉시 흡수되거나 흐르거나 증발하지 못할 것이다. 그 대신 빙상이나 빙하의 일부가 될 것이다. 이런 방식으로 빙하는 많은 양의 물을 육지 위에 축적한다. 만약 현재의 빙하들이 녹아 모두 물로 변한다면 해수면은 수십 m 상승할 것이다. 이는 인구가 밀집된 해안지역의 많은 곳을 물에 잠기게 할 것이다. 제4장에서 살펴보겠지만, 지난 200만 년 동안 거대한 빙상들이 종종 생성되고 녹아내렸다. 그리고 그때마다 물의 순환의 평형에 영향을 미쳤다.

그림 3.5는 지구의 전반적인 물의 평형, 즉 매년 순

환 단계의 각 부분을 흐르는 물의 부피를 보여준다. 특정 시점에서 공기 중의 수증기 부피는 지구의 총 물 공급량에 비하면 극히 적은 부분에 지나지 않지만, 1년 동안 대기를 통해 순환되는 절대량(약 38만km^3)은 지구 표면 전체를 1m 두께로 덮을 수 있을 만큼 엄청나다.

물의 순환은 **평형**을 이루고 있음을 아는 것이 중요하다. 대기 중의 총 수증기량은 거의 일정하게 유지되기 때문에 전 지구적인 연평균 강수량은 증발된 물의 양과 같아야 한다. 그러나 모든 대륙을 고려할 때, 강수량은 증발량을 초과한다. 반대로, 바다에서는 증발량이 강수량을 초과한다. 전 지구적으로 해수면은 하강하지 않기 때문에 시스템은 평형을 이루어야 한다. **그림 3.5**에서 볼 수 있듯이 매년 육지로부터 바다로 흘러드는 3만 6,000km^3의 물은 엄청난 침식을 일으킨다. 실제로, 이렇게 흐르는 엄청난 양의 물이 **지구 표면을 조각하는 단 하나의 가장 중요한 요인이다.**

요약하면, 물의 순환은 바다로부터 대기, 대기로부터 육지, 그리고 육지로부터 바다로의 계속적인 움직임이다. 이중 지표면을 침식하는 중요한 작용은 육지로부터 바다로의 단계이다. 이 장의 나머지에서 우리는 먼저 홍수, 침식, 계곡의 형성 등을 포함하는 유수의 작용을 관찰할 것이다. 그 다음, 바다로 향하는 도중에 샘과 동굴을 형성하고 식수를 제공하면서 느리게 이동하는 지하수에 대해 살펴볼 것이다.

이런 사실을 알고 있었나요?

농경지는 전체 농경지를 60cm 두께로 덮을 물을 매년 증산할 수 있다. 같은 지역에 나무가 있으면 이 양의 두 배를 대기 중으로 뿜어낼 수 있다.

4. 유수

GEODe EARTH SCIENCE

Sculpturing Earth's Surface
▼ Running Water

유수는 사람들에게 매우 중요하다. 우리는 에너지, 운송, 관개 등을 강물에 의존하고 있다. 문명의 초창기부터 비옥한 범람원은 농업과 산업을 위한 장소로 선호되어 왔다. 유수는 침식의 주요한 요인으로 물리적 환경의 모습을 변화시켜 왔다.

유역 분지

강의 모든 물은 궁극적으로 비와 눈이 그 공급원이다. 이 물이 실제로 강수계로 유입되는 데에는 상당한 시간이 걸리기는 하지만 말이다. 지표면에 닿는 순간 땅속으로 스며드는 강수가 있는가 하면, 나머지는 지표면 위로 흐른다. 이 **지표 위로 흐르는** 물은 경사면으로 지형을 가로질러 냇물, 협곡, 하천, 마침내 커다란 강으로 향해 보통 바다로 흘러 들어간다.

강수계에 물을 공급하는 육지 영역을 **유역 분지**(drainage basin)라고 부른다(**그림 3.6**). 한 하천의 유역은 **분수계**(divide)라 불리는 가상의 선에 의해 다른 유역과 구분된다(**그림 3.6**). 분수계는 2개의 작은 하도를 나누는 언덕배기의 골의 규모에서 전체 대륙들을 거대한 유역으로 나누는 **대륙 분수계**에 이르기까지 그 규모가 다양하다. 미국에서는 미시시피강의 유역 분지가 가장 크다. 서쪽으로는 로키산맥부터 동쪽으로는 애팔래치아(Appalachia) 산맥에 이르기까지, 미시시피강과 그 지류는 320만

이런 사실을 알고 있었나요?

북미의 가장 큰 강은 미시시피강인데, 일리노이주 남쪽에 위치한 카이로에서 오하이오강과 만난다. 미시시피강의 너비는 1.6km이다.

그림 3.6 유역 분지는 하천과 그 지류들에 물을 공급하는 육지 영역이다. 분수계는 유역 분지들을 구분 짓는 경계선이다. 규모에 관계없이 모든 하천에는 유역 분지와 분수계가 있다. 옐로스톤강의 유역 분지는 미주리강에 물을 공급하는 수많은 유역 분지 중의 하나이며, 이어 미시시피강의 유역 분지를 구성하는 수많은 것들의 일부이다. 미시시피강의 유역 분지는 미국에서 가장 큰 것으로 300만km^2에 달한다.

km^2가 넘는 지역에서 물을 모은다.

강수계(River Systems)

강과 하천은 단순하게 하도를 흐르는 물로 정의할 수 있다. 강과 하천은 지형 형성에 있어 세 가지 중요한 역할을 한다. 흐르면서 하도를 침식하고, 풍화와 사태가 공급한 퇴적물을 운반하며, 매우 다양한 침식, 퇴적지형을 만들어낸다. 실제로 건조지역을 포함한 대부분의 지역에서, 강수계는 우리 인간이 거주하는 다양한 지형을 만들어왔다.

강수계는 각각 다른 작용들이 지배하는 주요한 세 부분, 즉 침식 지대, 퇴적물 운반 지대, 퇴적물 퇴적 지대로 구성되어 있다. 이 세 지대 모두에서 침식, 운반, 퇴적작용이 일어나고 있음을 깨닫는 것이 중요하다. 하지만 각 지대에서는 이들 작용 중 하나가 보통 지배적이다. 추가로, 강수계의 부분은 서로 상호의존적이라서 한 부분에 일어난 작용이 다른 부분에도 영향을 끼친다.

커다란 강수계의 상류, 보통 산이나 언덕 지형으로 구성된 상류지역에서는 침식작용이 지배적이다. 여기에서 작은 지류 하천들은 자신들이 흐르는 하도를 침식하고 풍화와 사태로부터 공급된 물질들을 운반한다.

강수계 중 퇴적에 지배되는 지역은 보통 하천이 커다란 수괴에 유입되는 곳에 위치해 있다. 이곳에서는 퇴적물들이 쌓여 삼각주를 형성하거나 파도의 움직임에 재동되어 다양한 해안 퇴적 특징을 형성한다. 침식 지대와 퇴적 지대 사이는 하천 본류로서 퇴적물들을 운반한다. 종합적으로 보면, 침식, 운반, 퇴적과정들은 지표 물질을 이동시키고 지형을 조각해 낸다.

5. 하류(streamflow)

물은 **층류**(laminar flow)나 **난류**(turbulent flow) 중 하나의 방식으로 흐른다. 천천히 움직이는 하천에서는 물이 종종 층류인데 물 입자가 하도에 평행한, 대체로 직선 경로로 움직인다. 하지만 하천은 보통 난류이다. 소용돌이치는 움직임으로 특징되는, 일정 궤도를 가지지 않는 방식으로 물이 움직인다. 강한 난류는 소용돌이나 회오리, 흰 거품이 보이는 급류 등에서 보인다. 표면이 잔잔해 보이는 하천도 종종 하도의 바닥이나 옆면 가까운 곳에서는 난류를 보이곤 한다. 난류는 강바닥의 퇴적물을 들어 올리기 때문에 하천이 하도를 침식하는 데에 기여한다.

물은 중력의 영향을 받아 바다로 향하는 길을 만든다. 이러한 여정에 걸리는 시간은 흐름의 속도에 따라 결정된다. 속도는 물이 단위시간당 흘러가는 거리를 의미한다. 일부 느린 하천은 시간당 1km 이하의 속도로 흐르는 반면, 몇몇 빠른 하천은 시간당 30km 이상의 속도로 흐른다. 유속은 측량소에서 측정된다(**그림 3.7A**). 일직선인 구간에서 유속은 마찰력이 최소가 되는 지점인 수면 바로 아래, 즉 하도(stream channel)의 중앙부(**그림 3.7B**)에서 가장 높다. 그러나 하천이 휘는 경우에는 유속이 가장 높은 지점은 바깥쪽으로 이동한다(**그림 3.7C**).

하천의 침식, 운반 능력은 유속에 의존한다. 유속이 조금만 변하더라도 물이 운반할 수 있는 퇴적물의 양에는 커다란 변화가 있을 수 있다. 유속은 (1) 경사도, (2) 하도의 모양, 규모, 거친 정도, (3) 유량 등의 몇몇 요인들에 의해 결정된다.

경사도와 하도의 특성

특정한 거리에 대한 하천의 수직 낙차로 표현되는 하도의 경사를 **경사도**(gradient)라 한다. 예를 들어, 미시시피강의 하류는 1km 당 10cm 이하의 경

A. 측량소

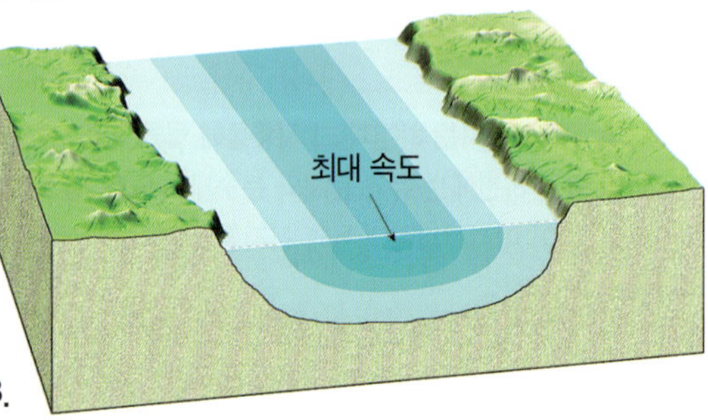

B.

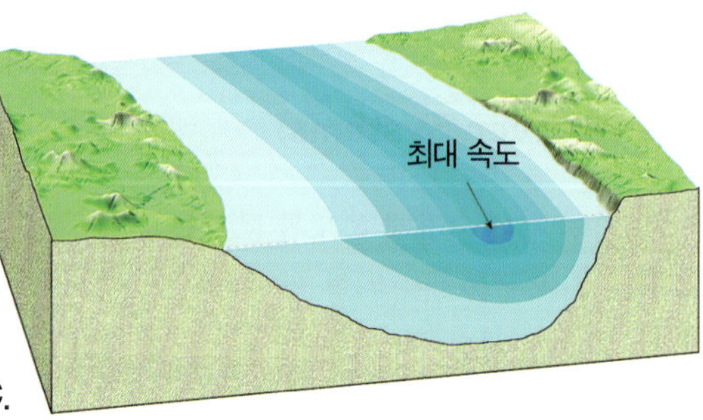

C.

그림 3.7 A. 미국 지질 조사소는 미국의 7,000여 측량소에서 수위와 유량을 계속적으로 기록한다. 평균 속력은 하천을 따라 몇몇 지점으로부터 계측된 값에 의해 결정된다. 이 측량소는 뉴멕시코 타오스(Taos) 남쪽의 리오그란데(Rio Grande)에 있다. (사진 제공: E. J. Tarbuck) B. 일직선인 구간에서 유속은 마찰력이 최소인 수면 바로 아래 하도의 중앙부에서 최고이다. C. 그러나 하천이 굽을 때, 최고 속도 지대는 바깥쪽으로 이동한다.

그림 3.8 급류는 경사도가 크며, 하도가 거칠고 불규칙한 산악지대의 하천에서 흔하다. (사진 제공: Bruce Gaylord/Visuals Unlimited)

이런 사실을 알고 있었나요?

아마존(Amazon)강은 강을 통해 바다에 도달하는 전체 물 중 약 20%를 공급한다. 2위는 아프리카의 콩고(Congo)강으로 전체의 약 4%를 공급한다.

사도를 보인다. 이와는 대조적으로, 산악지대에 있는 일부 하도는 1km당 40m 이상의 비율로 고도가 감소하는데, 이는 미시시피강 하류의 400배 이상 되는 가파른 경사이다(**그림 3.8**). 경사도는 하천에 따라 다르기도 하지만 한 하천 내에서도 변한다. 경사도가 클수록 하류의 에너지는 더 커진다. 만약 두 하천이 경사도를 제외하고 모든 면에서 동일하다면, 경사도가 큰 하천의 유속이 확실히 빠를 것이다.

하도는 물의 흐름을 인도하는 통로이지만, 물은 흐르면서 마찰을 받게 된다. 하도의 모양, 규모, 거친 정도 등이 마찰력의 크기에 영향을 준다. 흐르는 물 중 아주 일부만이 하도와 접촉하기 때문에 큰 하도일수록 더욱 효과적으로 흐른다. 매끈한 하도는 더욱 균일한 흐름을 촉진하는 반면, 큰 자갈들로 채워진 불규칙한 하도는 난류를 만들어내기 때문에 흐름을 늦추게 만든다.

유량

하천의 **유량**(discharge)은 주어진 시간에 어떤 지점을 흘러 지나가는 물의 부피를 뜻하며 초당 m^3의 단위로 측정된다. 유량은 하천의 단면적에 유속을 곱해서 계산한다.

$$유량(m^3/초) = 하도\ 너비(m) \times 하도\ 깊이(m) \times 유속(m/s)$$

북미에서 가장 큰 강인 미시시피강은 초당 평균 17,300m^3의 물을 유출시킨다. 이것은 어마어마한 양이지만 세계에서 가장 큰 강인 남미의 아마존(Amazon)강에는 비할 바가 되지 못한다. 미국 면적의 약 4분의 3에 해당하는 우림지대에서 공급되는 아마존강의 유량은 미시시피강의 유량보다 12배 많다.

강의 유량은 대부분 일정하지 않다. 강우량이나 눈 녹은 물 같은 변수가 있기 때문이다. 강수량에 계절적 변이가 있는 지역에서, 하류의 유량은 우기나 봄에 눈이 녹을 때 가장 높은 편이며, 건기 또는 고온으로 인해 물의 증발 유실이 큰 기간에는 낮은 편이나. 하지만 모든 하도에 늘 물이 흐르는 것은 아니다. 우기에만 물이 흐르는 하천을 간헐천이라 부른다. 건조기후에서는 폭우 뒤에만 잠깐 물이 흐르는 하천들이 많은데 이를 가리켜 건천이라고 한다.

상류에서 하류로의 변화

하천을 연구하는 유용한 방법 중의 하나는 그것의 단면을 조사하는 것이다. 단면은 두부라 불리는 근원지로부터 물을 다른 곳으로 흘려보내는 하구까지의 단순한 종단면 투시도를 의미한다. **그림 3.9**를 살펴보면, 전형적인 하천단면에서 가장 눈에 띄는

그림 3.9 캘리포니아의 킹스 강의 종단면. 킹스 강은 시에라 네바다에서 발원하여 서쪽의 산호아킨 밸리 쪽으로 흐른다. 종단면은 하천의 길이방향을 따라 자른 단면이다. 상류에서 급하고 하류에서 보다 완만한 경사를 보이는 단면의 오목한 곡선을 주목하라.

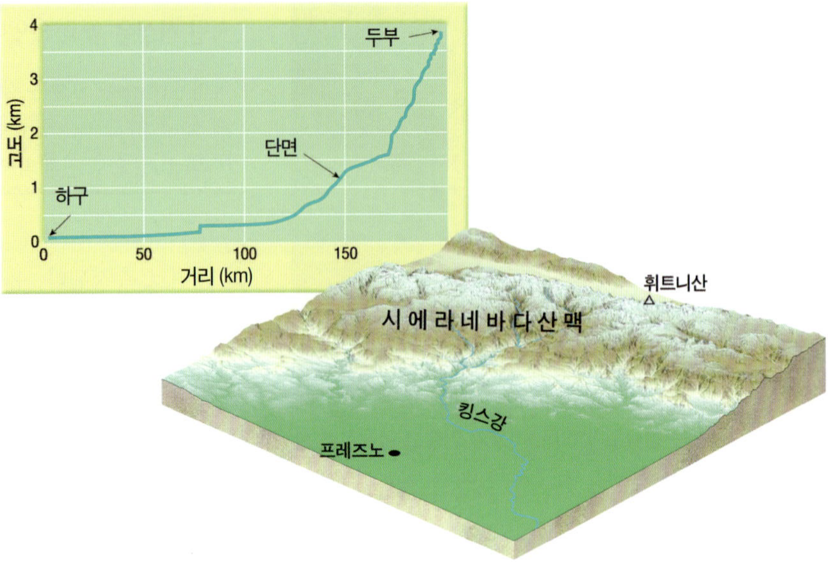

특징은 두부로부터 하구까지 꾸준히 감소하는 경사도라는 것을 알 수 있을 것이다. 국부적으로 많은 부분이 불규칙할 수도 있으나 전체적인 단면은 비교적 매끈하게 아래로 볼록한 곡선이다.

이러한 단면은 경사도가 하류로 갈수록 감소함을 보여준다. 하류 방향으로 가면서 다른 요인들이 어떻게 변화하는가를 보기 위해서는 관찰과 측정이 필요하다. 강을 따라 몇 군데의 측정소에서 얻은 자료를 살펴보면 습윤한 지역에서는 유량이 두부에서 하구로 갈수록 증가한다는 것을 알게 된다. 그러나 이것은 그리 놀라운 사실이 아니다. 왜냐하면 하류로 갈수록 더 많은 지류들이 모여 본류에 물을 공급하기 때문이다. 더욱이 대부분의 습윤한 지역에서는 지하수에서 물이 추가로 공급된다. 따라서 하류로 갈수록 늘어나는 물의 양에 따라서 하천의 폭, 깊이, 유속 등이 변화한다.

강수량이 풍부한 산악지대에서 시작해서 건조지역을 지나는 하천의 경우 정반대의 상황을 겪을 수 있다. 이곳에서는 유량이 하류로 내려가면서 실제로 줄어든다. 증발, 강바닥으로의 침투, 관개로 인한 손실 등의 이유로 물이 줄어들기 때문이다. 미국 남서부의 콜로라도강이 그런 예이다.

6. 유수의 작용

하천은 지구에서 가장 중요한 침식 요인이다. 하도의 바닥을 깎고 넓힐 수 있을 뿐만 아니라, 하천은 하천에 판상류, 사태, 지하수의 형태로 도달한 막대한 양의 퇴적물을 운반할 능력도 있다. 결국, 이 물질들의 상당수는 물에서 떨어져서 다양한 퇴적지형을 만든다.

침식

하천이 토양과 풍화된 암석을 퇴적하고 운반할 수 있는 것은 빗방울의 도움 때문이다. 빗방울은 퇴적물 입자를 때려 헐겁게 만든다. 지표면이 물로 차면, 빗물은 빗물이 뜯어낸 물질의 일부를 운반하면서 사면 아래쪽으로 흐르기 시작한다. 식생이 없는 사면에서는 판상류라고 부르는 흙탕물이 작은 도랑, 즉 실개천을 침식하기도 한다. 이런 실개천은 더 큰 협곡으로 발달할 수 있다.

일단 표면류가 하천에 도달하면, 물의 부피 증가에 따라 침식 능력이 크게 늘어난다. 물의 흐름이 충분히 강하다면, 하도에서 입자를 뜯어내서 움직이는 물에 실을 수 있다. 이런 방식으로 유수의 힘은 재빠르게 강 하도의 바닥과 측면에 있는 덜 고화된 물질들을 침식한다. 때때로 하도의 둑의 아래쪽이 깎이기도 하는데, 이 경우 훨씬 더 헐거운 쇄설물들이 물로 쏟아져 나와 하류로 운반된다.

고화되지 않은 물질들을 침식하는 것 외에도, 하천 흐름의 수력학적인 힘은 또한 단단한 기반암에도 하도를 낼 수 있다. 기반암을 침식하는 하천의 능력은 하천이 운반하고 있는 입자에 따라 크게 증가한다. 이러한 입자들의 크기는 빠르게 흐르는 물속의 커다란 바위로부터 약간 천천히 흐르는 물의 모래나 잔돌 크기까지 다양할 수 있다. 사포 위의 모래 입자가 나무 조각을 깎아내는 것과 똑같이, 물이 운반하는 모래, 잔돌도 하도의 바닥 기반암을 마모시킬 수 있다. 더욱이 소용돌이에 휘말려 있는 자갈은 "드릴"처럼 쓰여서 강바닥에 구혈이라는 둥근 구멍을 뚫기도 한다.

운반

크기에 관계없이 모든 하천은 암석 물질을 운반한다. 하천들은 또한 그들이 운반하는 단단한 퇴적물을 크기별로 분류하게 되는데, 이는 세립의 가벼운 물질이 굵고 무거운 입실들에 비해 좀 더 빠르게 운반되기 때문이다. 암석 물질의 특성에 따라 하천은 다음의 세 가지 방식으로 퇴적물들을 운반한다; (1) 용해물〔**녹은 짐**(dissolved load)〕의 상태로; (2) 물속에 뜬〔**뜬 짐**(suspended load)〕 채로; (3) 미끄러지거나 바닥에 굴리는〔**바닥짐**(bed load)〕 상태로.

녹은 짐 녹은 짐은 대부분 지하수에 실려 하천에 오며, 하천 전반에 널리 퍼진다. 용해되어 운반되는 물질의 양은 매우 다양한데, 석회암과 기타 녹을 수 있는 암석이 기반암인 습윤한 지역에서 가장 풍부하다. 보통 녹은 짐의 양은 적은 편이어서, 보통 물 한 단위에 몇 백만 분의 일 단위의 녹은 짐이 있는가(백만 분의 일, 즉 ppm)로 표현한다. 녹은 짐이 1,000ppm 이상인 강도 있지만, 전 세계 강의 평균 수치는 약 115~120ppm 정도이다.

뜬 짐 대부분의 큰 강에서 하천이 운반하는 양 중 가장 큰 부분은 뜬 짐이다. 사실, 물속에 뿌옇게 떠 있는 퇴적물은 강물이 운반시키는 것 중 가장 눈에 잘 보이는 부분이다. 보통 실트나 점토 크기의 작은 입자들만이 이 방식으로 운반되지만, 홍수 때에는 모래, 심지어 자갈 크기의 입자들도 뜬 짐으로 운반된다. 또한 홍수 중에는 뜬 짐으로 운반되는 전체 양이 급격하게 늘어나며, 홍수 때 이런 물질이 쌓인 집 주인이라면 누구나 증언할 수 있다.

바닥짐 모래, 잔돌, 가끔은 커다란 바위를 포함하는 하천의 운반이다. 이런 좀 더 굵은 입자들은 뜬 짐으로 운반되기에는 너무 커서, 하도의 바닥을 따라 움직이는데, 이를 바닥짐이라고 한다. 늘 움직이고 있는 뜬 짐이나 녹은 짐과는 달리 바닥짐은 물의 힘이 큰 입자들을 움직이기에 충분할 때에만 간헐적으로 움직인다. 모래나 잔돌 같은 좀 더 작은 입자들은 점프나 깡충깡충 뛰기처럼 도약하며 움직인다. 더 큰 입자들은 그 입자의 모양에 따라 바닥을 따라 구르는가 미끄러지든가 한다.

운반 능력과 운반 용량 하천에 따라 운반 능력은 다르다. 하천의 운반 능력은 두 가지 척도로 결정된다. 첫 번째는 하천의 **운반 능력**(competence)으로 하천이 운반할 수 있는 입자의 최대 크기를 뜻한다. 하천의 유속이 운반 능력을 결정한다. 유속이 두 배가 되면 운반 능력은 네 배가 되고, 유속이 세 배가 되면 운반 능력은 아홉 배가 되는 식이다. 커서 움직이지 않을 것 같은 돌덩어리가 홍수가 나면 크게 증가한 유속 때문에 운반되는 이유이다.

두 번째로 하천의 **운반 용량**(capacity)은 하천이 운반할 수 있는 퇴적물의 최대량을 뜻한다. 하천의 운반 용량은 유량과 직접적으로 관련되어 있다. 하천의 유량이 클수록 퇴적물을 나르는 운반 용량도 커진다.

이제 홍수가 일어났을 때(**그림 3.10**) 왜 퇴적물의 침식과 운반작용이 가장 활발한지 그 이유가 명확해졌을 것이다. 바로 유량이 늘면서 운반 용량이 늘어나고, 유속이 증가하면서 운반 능력이 커지기 때문이다. 유속이 증가하면서 물은 좀 더 난류의 성질을 띠게 되고 더욱 큰 입자들을 움직일 수 있게 된다. 홍수 때의 하천은 단 며칠 만에 또는 단 몇 시간 만에, 평상시라면 몇 달 이상 걸렸을 만큼의 퇴적물을 침식하고 운반할 수 있다.

퇴적

하천의 흐름이 느려지기 시작하면 상황은 역전된다. 유속이 감소하면서 운반 능력이 줄어들고 퇴적물들은 가장 큰 입자들부터 차례로 가라앉기 시작한다. 각각의 입자 크기마다 **임계퇴적속도**(critical settling velocity)라는 것이 있다. 유속이 어떤 입자의 임계퇴적속도보다 작아지면 그 크기의 퇴적물들은 가라앉기 시작한다. 그래서 하천의 운반은 다양한 크기의 고체 입자들을 크기별로 분리하는 작용을 제공한다. 비슷한 크기의 입자들이 함께 퇴적되는 이유는 바로 이 **분급**(sorting)이라고 하는 과정 때문이다.

하천 퇴적물을 가리켜 **충적층**(alluvium)이라고 한다. 이 용어는 하천이 쌓은 퇴적물이라면 어디에도 쓸 수 있는 일반적인 용어이다. 충적층에는 다양한 퇴적지형들이 있다. 어떤 것들은 하천 하도 안에서 생기고, 어떤 것은 하도와 인접한 골짜기 바닥에서, 어떤 것들은 강어귀에 생겨난다. 다음 장에서 이 지형의 특성을 살펴보자.

그림 3.10 홍수 중에는 운반 용량과 운반 능력이 모두 증가한다. 따라서 이렇게 수위가 높은 기간에는 침식과 퇴적물의 운반이 가장 많이 일어난다. 사진은 케냐의 마라(Mara) 강이 홍수 때 퇴적물로 차 있음을 보여준다. (사진 제공: Tim Davis/Stone)

이런 사실을 알고 있었나요?

미국에서 수력발전은 국가 전체의 에너지 수요의 5%를 차지하고 있다. 이 에너지 대부분은 커다란 댐에서 생산된다.

7. 하천 하도

하천에서의 흐름을 육지 위에서의 흐름과 구별 짓는 기본적인 특징은 하천에서는 보통 흐름이 하도 안에 국한된다는 점이다. 하천 하도는 하천 바닥과 제방으로 이루어진 열려 있는 도랑으로 여길 수 있다. 이들은 홍수 때를 제외하면 흐름을 하도 안에 제한한다.

다소 과도하게 단순화시키긴 했지만, 하천 하도는 두 종류로 구분할 수 있다. 암반 하도는 하천이 단단한 바위를 활발하게 깎아내는 경우이다. 이에 반해 하천 바닥과 제방이 주로 미고결된 퇴적물로 이루어져 있을 경우에는 충적 하도라고 부른다.

암반 하도

대부분의 하천은 경사도가 급한 상류에서 기반암을 침식한다. 이 하천들은 전형적으로 굵은 입자들을 운반하여 암반 하도를 활발하게 침식한다. 구혈은 침식력이 작용 중임을 보여주는 증거가 되기도 한다.

암반 하도는 전형적으로 기울기가 상대적으로 완만해 충적층이 쌓이기 쉬운 부분과, 기울기가 더 급해서 기반암이 드러나는 부분 사이에서 교대로 나타난다. 경사가 더 급한 이 지역에는 급류가 있을 수 있으며 종종 폭포가 있기도 한다(97쪽의 **그림 3.8** 참조). 하천이 기반암을 깎는 형태는 그 아래의 지질구조에 따라 결정된다. 단일한 기반암 위로 흐를 때에도 하천은 일직선의 하도보다는 휘거나 불규칙한 모습을 보이는 편이다. 급류에서 래프팅해 본 사람이라면 암반 하도에서 흐르는 하천이 급하고 휘어진다는 속성을 봤을 것이다.

충적 하도

많은 하천들은 헐겁게 굳어 있는 퇴적물(충적층)로 이루어져 있어서 퇴적물이 계속 침식, 운반, 재퇴적됨에 따라 모양이 크게 바뀔 수 있다. 이 하도들의 모양에 영향을 끼치는 주된 요인은 운반되는 퇴적물의 평균 크기, 하도의 경사, 유량이다.

충적 하도의 형태는 에너지의 양은 최소한으로 사용하면서 단일한 속도로 하천이 짐을 운반할 수 있는 능력을 반영한다. 그러므로 운반되는 퇴적물의 입자 크기와 종류가 하천 하도의 특성을 결정한다. 충적 하도의 두 가지 흔한 형태는 사행 하천과 망상 하천이다.

사행 하천 짐의 많은 양을 뜬 짐으로 운반하는 하천은 일반적으로 **사행**(meander)이라 불리는, 크게 굽이치는 형태로 움직인다. 이 하천들은 상대적으로 깊고 매끈한 하도를 흐르며 주로 진흙(실트, 점토)을 나른다. 미시시피강 하류에서 이런 형태의 하도가 관찰된다.

굳어진 진흙의 응집력 때문에 고운 입자를 운반하는 하천의 안쪽은 침식에 버티는 편이다. 결과적으로 이런 하도에서 대부분의 침식은 난류와 유속이 가장 큰 사행천의 바깥쪽에서 일어난다. 시간이 흐르면서 특히 수위가 높은 기간 동안에 바깥쪽의 제방은 아래쪽이 파인다. 사행천의 바깥쪽은 침식이 활성화된 지대라서, 종종 깎인 강둑(cut bank; **그림 3.11**)으로 불린다. 깎인 강둑에서 하천이 얻은 퇴적물들은 좀 더 굵은 입자들과 함께 하류로 내려

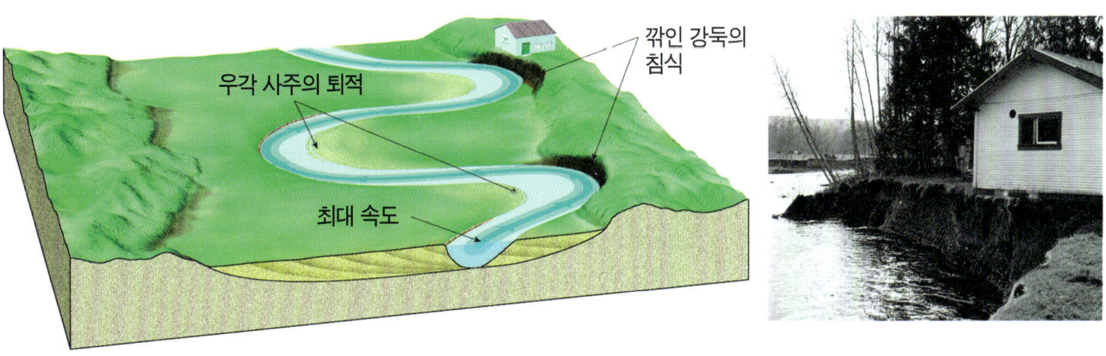

그림 3.11 하천이 굽이치면서, 최대 속도 지대가 바깥 둑 쪽을 향해 이동한다. 사행천의 바깥쪽은 침식이 활발한 지대이기 때문에 깎인 강둑라고 부른다. 사진의 집은 깎인 강둑 옆에 위치해 있다. 사행천 안쪽에서는 물이 느려지면서 우각 사주가 쌓인다. (사진 제공: P. A. Glanchy/U.S. Geological Survey)

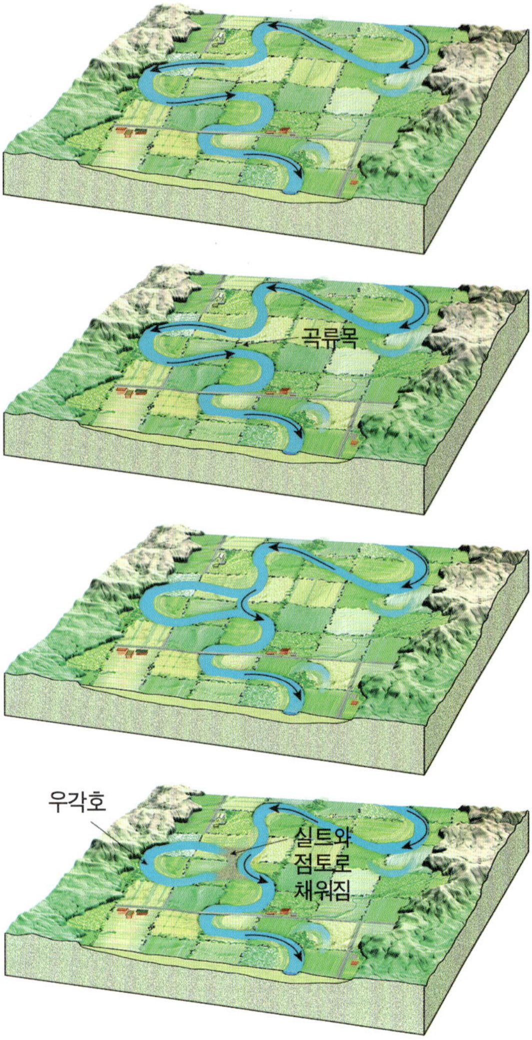

그림 3.12 차수와 우각호의 형성.

가서, 사행천의 안쪽에 유속이 떨어지는 지대에서 사주로 쌓인다. 이런 방식으로 사행천은 휘어지는 부분의 바깥쪽을 깎고 안쪽에 쌓이며 수평방향으로 이동한다.

수평방향으로의 이동에 더해, 하도의 굽이는 계곡의 아래 방향으로도 이동한다. 이는 사행천의 하류(경사면 아래)에서 침식이 좀 더 효과적이기 때문에 일어난다. 종종 하천이 단단한 부분에 도달하면 하류 방향으로의 이동이 느려지기도 한다. 그리하여 상류 쪽에 위치한 다음 굴곡부가 그것을

그림 3.13 우각호가 버려진 사행을 차지했다. 우각호는 퇴적물로 채워지면서 점차 습지가 되어 사행의 흔적만 남긴다. 와이오밍 브롱크스(bronx) 주변의 사행천인 그린(Green)강이 만든 우각호의 항공사진. (사진 제공: Michael Colier)

따라잡게 된다. 굴곡부 사이의 땅은 강이 그곳을 뚫고 다음 고리로 흐르게 될 때까지 좁아진다(**그림 3.12**). 이렇게 생긴 새로운 짧은 하도의 부분은 **차수**(cutoff)라 불리며, 버려진 굴곡부는 그 모양 때문에 **우각호**(oxbow lake)라 불린다(**그림 3.13**).

망상 하천 어떤 하천들은 수많은 섬들이나 자갈사주 사이를 관통하며 하도들이 나뉘었다가 합쳤다가 하며 복잡한 망을 이루기도 한다(**그림 3.14**). 이 하천들은 서로를 꿰고 있는 모양이라서 **망상**(braided)이라고 부른다. 망상 하천은 하천의 짐 대부분이 굵은 입자(모래, 자갈)로 이루어져 있으면서 하천의 유향이 크게 다양한 곳에서 형성된다. 제방의 물질이 쉽게 침식될 수 있는 것이기 때문에 망상 하천은 넓고 얕은 편이다.

망상 하천이 생겨나는 한 환경은 빙하의 끝부분으로 계절에 따라 유량이 크게 변하는 곳이다. 이곳에서 빙하가 침식한 많은 양의 퇴적물들이 빙하에서 녹아 흘러나가는 하천에 쏟아진다. 물살이 느

그림 3.14 녹고 있는 빙하의 말단 부근에 있는 망상하천이 퇴적물로 메워졌다. (사진 제공: Bradford Washburn)

러지면 하천은 퇴적물 모두를 운반할 수 없게 되고, 이에 따라 사주들이 하천을 나누고 여러 갈래로 흐르게 하면서 굵은 입자들부터 퇴적시킨다. 보통 횡으로 이동하는 하도들은 매년 표면의 퇴적물들을 재이동시키고, 그에 따라 전체 하상을 변화시킨다. 하지만 일부 망상 하천에서는 사주들이 섬으로 쌓여 식생이 지탱하는 경우도 있다.

요약하자면, 사행천은 짐이 대체로 가는 입자들이 깊고 매끈한 하도에서 뜬 짐으로 이동될 때 생겨난다. 이에 반해 넓고 얕은 망상 하천은 굵은 입자의 충적층이 바닥짐으로 운반될 때 발달한다.

8. 기준면과 하천의 침식

하천은 무한정으로 하도를 깊게 깎아내지는 않는다. 하천이 침식할 수 있는 깊이의 하한이 있는데, 그 하한이 바로 하천의 **기준면**(base level)이다. 대부분 하천의 기준면은 하천이 바다, 호수, 다른 강에 유입될 때에 생겨나는 경우가 많다.

기준면에는 일반적으로 두 가지 유형이 있다. 해수면은 하천이 깎을 수 있는 땅의 가장 낮은 면이

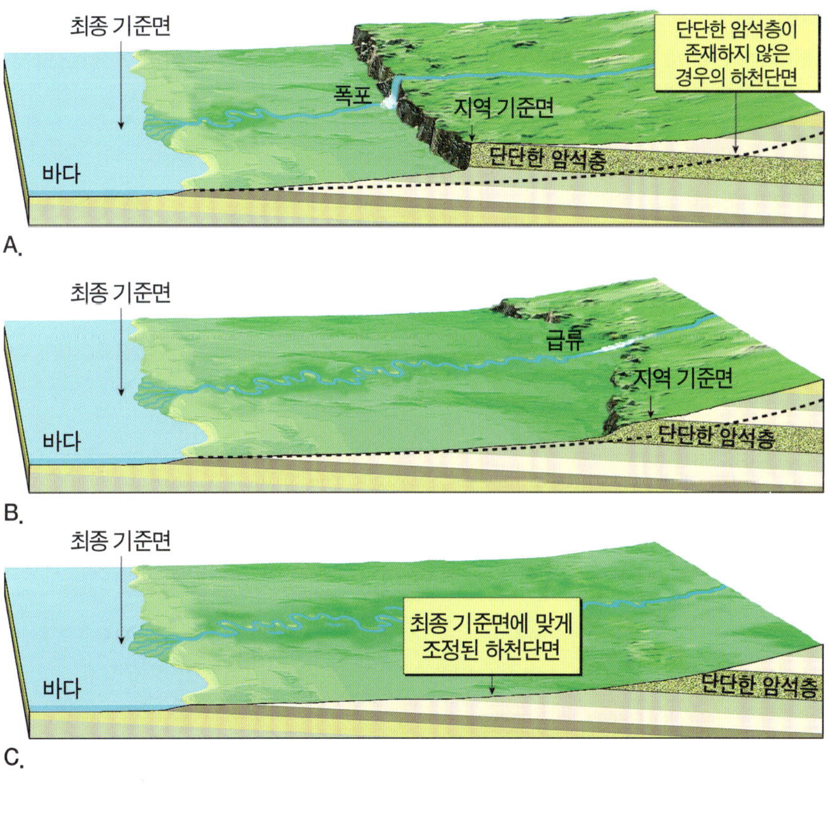

그림 3.15 단단한 암석층은 지역 (임시) 기준면으로 작용할 수 있다. 단단한 층이 좀 더 천천히 침식되기 때문에, 상류의 하방 침식을 제한한다.

기 때문에 이를 가리켜 **최종 기준면**이라고 한다. 호수, 단단한 암석층, 지류들에 대해 기준면으로 작용하는 강물의 본류 등은 **임시 기준면**, 또는 **지역 기준면**이라고 한다. 예를 들어, 강물이 호수로 흘러들게 되면, 강물의 유속은 순식간에 0에 가까워지며 침식력도 감소한다. 그러므로 호수는 강물이 호수 위의 상류 어느 곳에서도 호수 면보다 깊게 침식할 수 없도록 하고 있다. 하지만, 호수의 물이 나가는 곳은 아래쪽으로 깎여 있어 물이 호수 밖으로 흘러나갈 수 있기 때문에 호수는 하천이 일시적으로 하도를 침식하지 못하도록 할 뿐이다. 비슷한 방식으로 **그림 3.15**처럼 폭포의 가장자리에 있는 단단한 암석층은 임시 기준면의 역할을 할 수 있다. 단단한 암석은 깎여 없어질 때까지는 아래로 파내려 가려는 상류의 흐름을 억제할 수 있다.

기준면이 바뀌면 그에 따라 강물의 운동도 재조정된다. 하천을 따라 댐이 새로 생기면 댐 뒤로 생기는 저수지가 하천의 기준면을 상승시킨다(**그림 3.16**). 댐 상류 쪽의 하천에서는 경사가 감소하면서 유속이 줄게 되고, 따라서 퇴적물을 운반하는 능력 또한 감소하게 된다. 이러한 하천은 운반하고 있던 짐들을 전부 다 운반할 힘이 없기 때문에 퇴적물을 쌓게 될 것이다. 이것이 하도를 형성한다. 하천이 다시 운반을 시작할 수 있을 정도로 충분한 경사가 될 때까지는 퇴적작용이 주로 일어난다.

9. 하곡의 형성

하천은 풍화와 사태의 도움으로 하천이 흐르는 지형을 만든다. 그 결과 하천은 계속해서 이들이 차지하고 있는 계곡의 모습을 바꾼다.

하곡(stream valley)은 하도뿐만 아니라 하천에 물을 직접 공급하는 주변의 육지부로 이뤄져 있다. 그러므로 이는 하천 하도가 일부 혹은 전부 차지하고 있는 더 낮고 평평한 지역인 계곡의 바닥과 하천 바닥의 양 옆으로 솟은 경사진 계곡 벽이 포함된다. 대부분의 하곡들은 하상의 폭보다 상부의 폭이 훨씬 더 넓다. 이것은 계곡을 침식하는 요인이 유수뿐이라면 성립되지 않는다. 대부분 계곡의 양

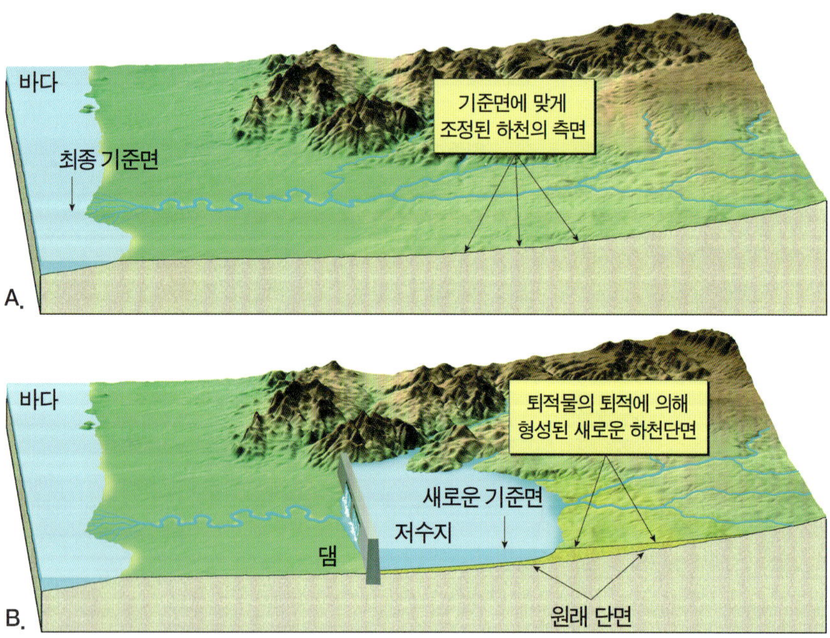

그림 3.16 댐이 건설되고 저수지가 형성될 때, 하천의 기준면은 상승한다. 이것은 유속을 감소시키고 퇴적을 유발하며 댐 상류 쪽으로 경사도를 줄이게 된다.

쪽 면은 풍화, 육상을 흐르는 유수, 사태 등의 복합적인 작용에 의해 형성된다. 풍화가 느리고 암석이 특히 단단한 일부 건조지역에서는 벽이 거의 수직에 가까운 좁은 계곡이 흔하다.

하곡은 대개 2개의 일반적인 형태인 좁고 V자형인 하곡과 넓고 바닥이 평평한 하곡으로 나뉠 수 있으며, 그 사이에 많은 중간 형태들이 있다.

계곡 깊게 만들기

하천의 기울기가 급하고 하도가 기준면보다 위쪽이라면 아래를 깎아내는 것이 주된 활동이다. 바닥짐이 바닥을 따라 미끄러지고 구르면서 생기는 마모, 그리고 빠르게 이동하는 물의 수력이 천천히 하천 바닥을 낮춘다. 그 결과 보통 양쪽 경사면이 급한 V자 모양의 계곡이 만들어진다. **그림 3.17**에 나타난 옐로스톤강의 단면은 V자형 계곡의 고전적인 예이다.

그림 3.17 옐로스톤강의 V자 계곡. 급류와 폭포들은 이 강이 활발하게 하방침식하고 있음을 지시한다. (사진 제공: Art Wolfe, Inc.)

이런 사실을 알고 있었나요?

세계에서 가장 큰 폭포는 베네수엘라 츄룬(Churun)강의 엔젤(Angel) 폭포이다. 1933년 하늘에서 이 폭포는 최초로 본 미국 비행사 지미 엔젤(Jimmie Angel)의 이름을 딴 이 폭포의 높이는 979m이다.

협곡의 가장 두드러진 특징들은 **급류**와 **폭포**이다. 이들은 하천의 기울기가 꽤 급해지는 곳에서, 흔히 하도에 의해 기반암이 침식되는 정도의 차이 때문에 형성된다. 단단한 기반암층은 하각작용이 하류로 계속되게 하면서도, 상류에서 일시적인 기준면으로 작용함으로써 급류를 형성하게 된다. 시간이 지나면 침식 때문에 보통 단단한 암석이 제거된다. 폭포는 하천 단면이 갑작스레 수직 낙하를 보이는 장소이다.

계곡 넓히기

하천이 기준면 근처까지 하도를 깎아내리면 하향침식은 약해진다. 이때에 하천의 하도는 사행천 형태를 취하게 되고, 하천의 에너지는 옆에서 옆으로 향하게 되는 것이 많아진다. 이렇게 강이 한쪽 둑을 먼저 깎고 다른 쪽 둑을 깎으면서 결과적으로 계곡이 넓어지게 된다(**그림 3.18**). 하천의 사행이 이동하면서 횡방향의 침식이 계속되고 이에 따라 충적층으로 덮인 더 넓고 평평한 계곡 바닥을 만들어낸다. 이를 **범람원**(floodplain)이라고 부르는데, 홍수 때에 물이 둑 위로 넘쳐서 범람원을 잠기게 하기 때문에 적절한 이름이다.

오랜 시간이 지나면 하천이 몇 군데에서만 하천

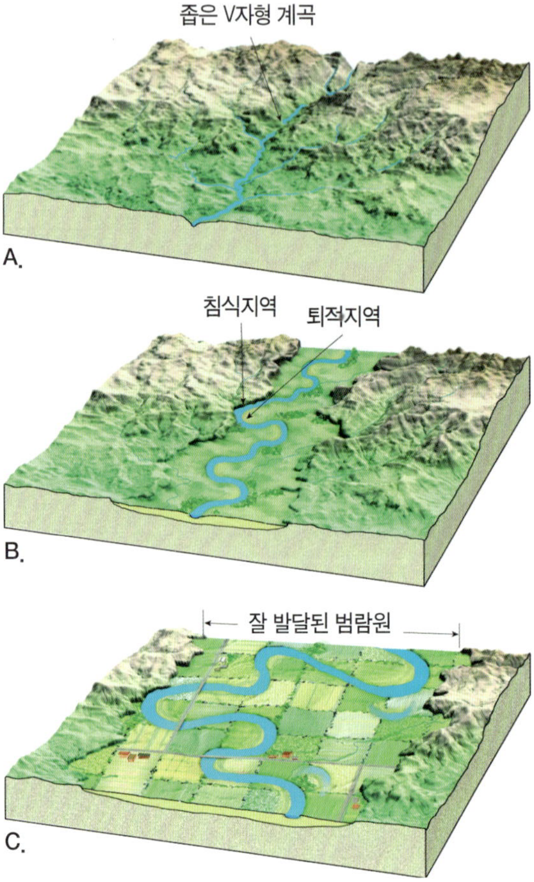

그림 3.18 범람원을 침식해 나가는 하천.

벽을 침식할 수 있는 정도로 범람원이 넓어진다. 사실 미시시피강 하류 같은 커다란 강에서는 계곡의 한쪽 면에서 다른 면까지 거리가 160km를 넘는 경우도 있다.

기준면의 변화와 감입 사행천

보통 심하게 굽이치는 하천은 넓은 계곡의 범람원에 있을 것이라고 여긴다. 하지만 어떤 강들은 경사가 급하고 좁은 계곡에서 사행천을 보이기도 한다. 이런 사행천을 **감입 사행천**(incised meander)(**그림 3.19**)이라고 부른다. 이런 지형은 어떻게 생겨날까?

그림 3.19 유타, 캐년랜드 국립공원의 감입 사행천인 콜로라도강. 여기서 콜로라도 고원이 점차 융기되면서 기준면보다 위로 올라온 사행천은 하방침식을 통해 조정되었다. (사진 제공: Michael Collier)

원래 사행천은 기준면에 비교적 가까운 하천의 범람원에 발달했을 것이다. 그 뒤 기준면이 바뀌면서 하천은 아랫면을 깎기 시작했다. 기준면이 하강하거나 강이 흐르던 땅이 융기하거나 둘 중 하나의 일이 일어났을 것이다.

첫 번째 환경의 경우는 빙하시대에 일어났을 수 있는데, 바다에서 대량의 물이 빠져나와 육지에 빙하로 갇혔다. 그 결과로, 해수면(최종 기준면)이 하강했고 바다로 흐르던 강들이 아랫면을 깎기 시작했다.

감입 사행천을 만드는 두 번째 요인인 대지의 국지적인 융기현상은 미국 남서부의 콜로라도 평원의 예에서 찾아볼 수 있다. 이곳에서는 평원이 점차 융기되면서 수많은 사행천들이 기준면보다 높이 있는 것에 맞춰 아랫면을 깎기 시작했다(**그림 3.19**).

10. 퇴적지형

전술한 것처럼, 하천의 속력이 느려질 때 하천은 자신이 운반하는 퇴적물의 일부를 퇴적시키기 시작한다. 또한 하천은 하도의 한 부분에서 꾸준히 퇴적물을 침식시키고 하류에서 퇴적물을 재퇴적시킨다는 것을 상기하라. 이 하천 퇴적물은 대부분 모래와 자갈로 이루어지며 보통 **사주**(bar)를 이룬다. 그러나 이러한 지형은 일시적이며, 퇴적물들은 다시 침식되어 마침내 바다로 운반될 것이다. 모래와 자갈로 이루어진 사주뿐만 아니라, 하천은 또한 보다 긴 생존 주기를 갖는 다른 퇴적지형들을 만든다. 삼각주와 자연제방이 이에 해당된다.

삼각주

하천이 상대적으로 잔잔한 바다나 호수로 흘러 들어가면 유속이 급격하게 감소해 퇴적이 일어나고 그 결과 **삼각주**(delta)가 생긴다(**그림 3.20**). 삼각주가 바깥쪽으로 성장해 가면서 강의 경사는 계속해서 감소하고, 나중에는 물의 흐름이 느려져 하도는 퇴적물로 가득 차게 된다. 그 결과, 강은 **그림 3.20B**에 나타난 것처럼 기준면에 이르는 보다 짧고 경사가 급한 하도를 찾게 된다. 이 그림에는 주된 강줄기가 좀 더 작은 물줄기, 즉 **분류**(distributary) 여러 개로 갈라지는 것이 나타나 있다. 대부분의 삼각주에서는 이 이동하는 하도, 즉 분류들이 지류와는 정반대의 방식으로 움직이는 것이 특징이다.

이 분류들은 물을 주된 주로로 이동하는 것이 아니라 주된 하도에서 물을 밖으로 이동시킨다. 하도가 수없이 이동한 뒤에 삼각주는 그 이름처럼 그리스 문자 델타(Δ) 같은 삼각형 모양으로 형성된다. 하지만 이상적인 모양을 보이지 않는 삼각주가 많다는 것을 유념하자. 해안선의 배치, 다양한 자연

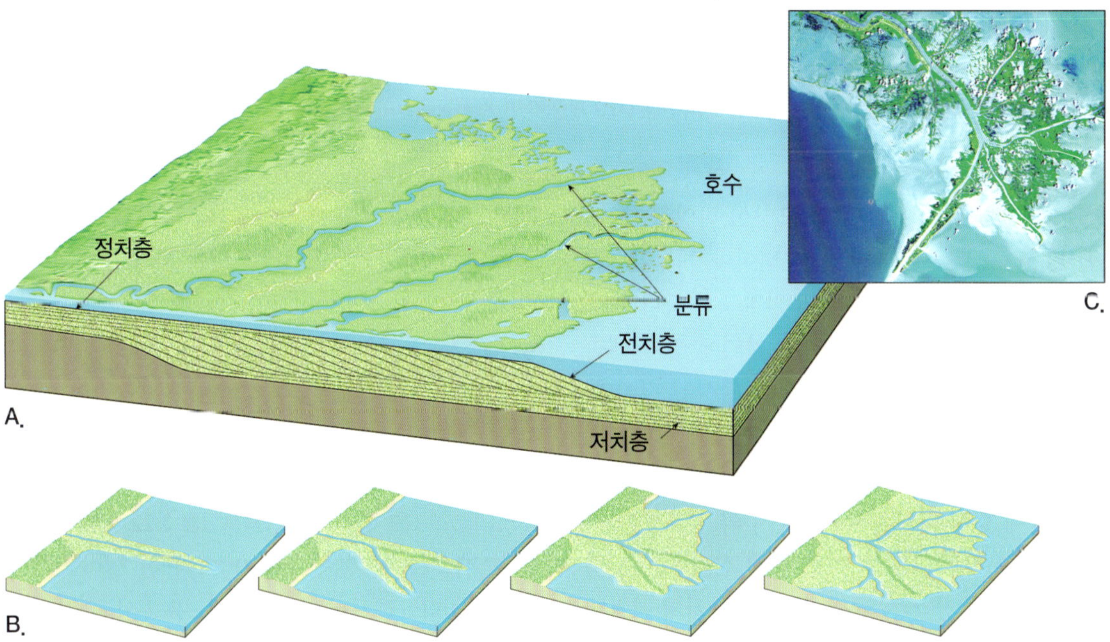

그림 3.20 A. 호수의 비교적 잔잔한 물에서 형성되는 단순한 삼각주의 구조. B. 단순한 삼각주의 발달. 하천이 하도를 확장하면서 경사도가 감소한다. 홍수기에 하천은 경사도가 더 높은 길로 향해 새로운 지류를 형성하게 된다. 오래된 버려진 지류들은 점차로 수초들에 의해 잠식되고 퇴적물로 메워진다. C. 2001년 5월에 찍은 미시시피강 삼각주의 위성사진. 지난 500여 년 동안, 강의 주된 흐름은 현재처럼 뉴올리언스에서 남동쪽으로 뻗어왔다. 그 기간 동안 삼각주는 100년에 10km씩 멕시코만을 향해 전진했다. 수많은 지류들을 주목하라. (사진 제공: NASA/GSFC/METI/ERSDAC/JAROS, and U.S./Japan ASTER Science Team)

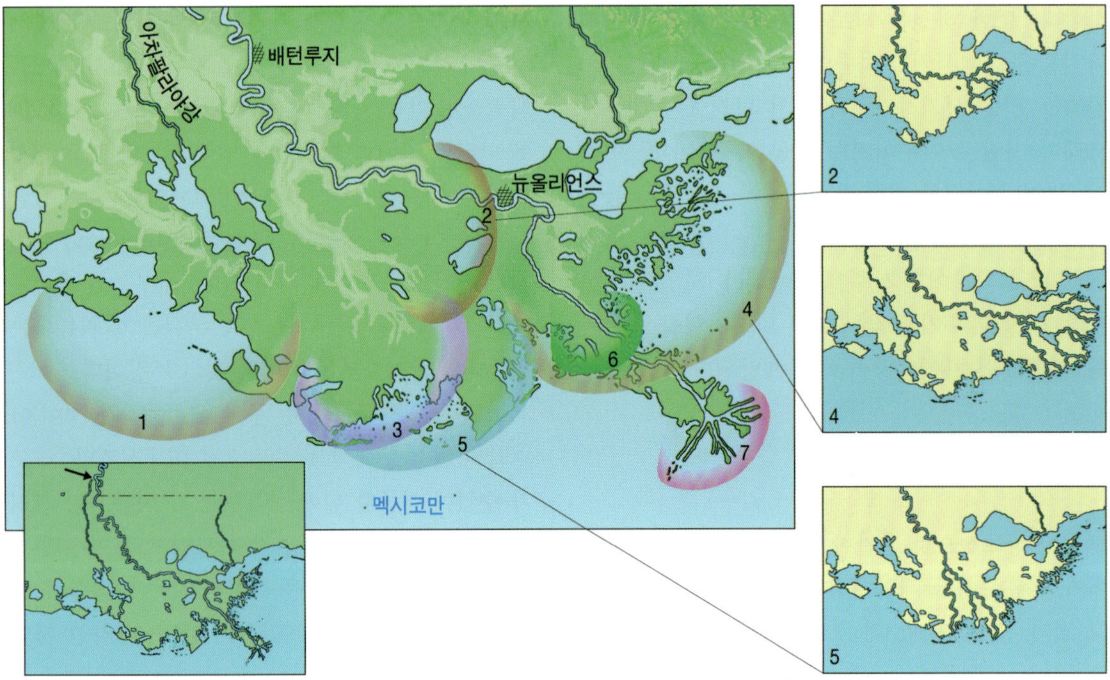

그림 3.21 지난 5,000~6,000년 동안 미시시피강은 7개의 겹쳐진, 일련의 작은 삼각주들을 형성하였다. 번호는 작은 삼각주들이 퇴적된 순서를 나타낸다. 현재의 새 발바닥 모양 삼각주(7번)는 지난 500년 동안의 활동을 보여준다. 계속되는 인간의 노력이 없다면 현재의 경로는 이동하여 애차팔라야(Atchafalaya) 강의 경로를 따르게 될 것이다. 왼쪽의 작은 삽입 그림은 언젠가 미시시피강이 멕시코만에 더 짧게 도달할 수 있는 경로를 보여준다. (자료 제공: C. R. Kolb and J. R. Van Lopik)

환경, 파도의 세기 등에 따라 모양이 다양할 수 있다. 많은 큰 강들은 수천km^2씩 뻗어나가는 삼각주를 가지고 있다. 미시시피강의 삼각주가 하나의 예이다. 이는 강과 지류들이 넓은 지역에 걸쳐 배출하는 엄청난 퇴적물들이 축적되어 형성된 것이다. 오늘날 뉴올리언스는 5,000년쯤 전에는 바다였던 곳에 위치하고 있다. **그림 3.21**은 지난 5,000~6,000년 동안에 형성된 미시시피 삼각주의 일부분을 보여준다. 그림에서 볼 수 있듯이 이 삼각주는 실제로 7개의 작은 삼각주들이 연속으로 합쳐져 이루어져 있다. 각각의 삼각주는 멕시코만을 향하여, 강이 기존의 하도보다 더 짧고 직선적인 방향으로 새로운 하도를 뻗었을 때 형성된 것이다. 각각의 작은 삼각주들은 서로 겹치고 부분적으로 서로를 덮어 결과적으로 매우 복잡한 구조를 이루고 있다. 지류들의 모양 때문에 새 발바닥 삼각주라 불리는 현재의 삼각주는 지난 500년 동안 형성된 것이다.

자연제방

어떤 강들은 넓고 평평한 바닥을 가진 계곡을 채우고 있으며 양쪽 둑에 하도와 평행한 **자연제방**(natural levee)을 형성하고 있다(**그림 3.22**). 자연제방은 오랜 세월에 걸쳐 홍수가 여러 번 일어나면서 만들어진다. 하천이 범람할 때, 유속이 급격하게 줄어들면서 하도의 가장자리에 띠의 형태로 퇴적물들을 쌓게 된다. 물이 계곡을 넘쳐날 때, 적은 양의 세립질 퇴적물들이 계곡 바닥 너머에 퇴적된다. 이렇게 균일하지 않은 물질의 분배로 인해 매우 완만한 경사를 갖는 자연제방이 형성된다.

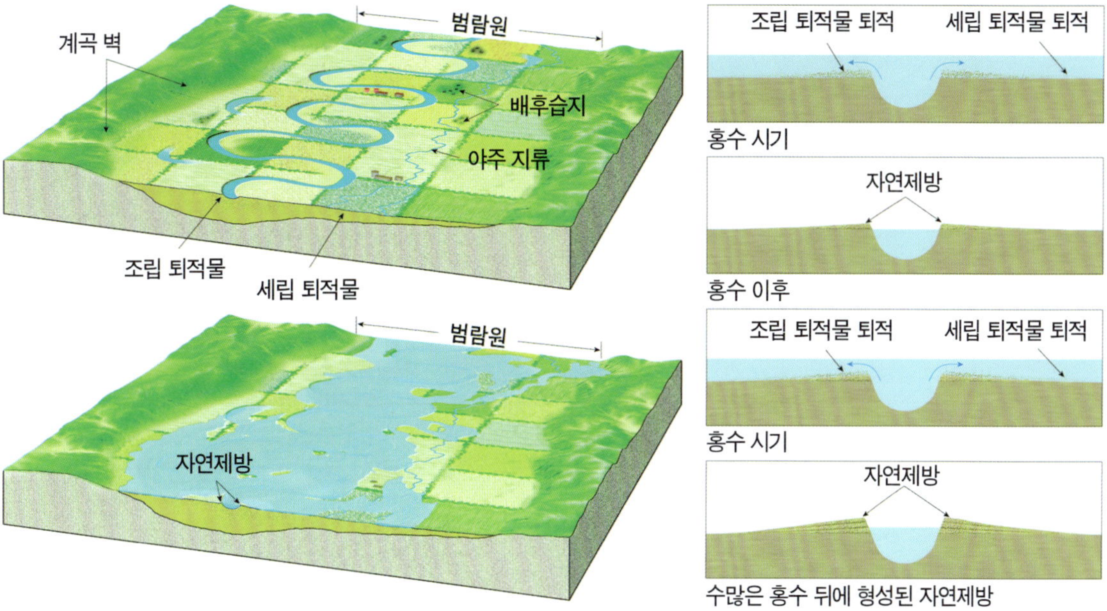

그림 3.22 자연제방들은 반복적인 홍수에 의해 형성된 완만한 경사의 구조물이다. 오른쪽의 모식도에는 발달 순서를 나타내고 있다. 하도 바로 옆의 땅은 인접한 범람원보다 높기 때문에 배후습지와 야주 지류들이 발달할 수 있다.

미시시피강 하류의 자연제방들은 계곡 바닥으로부터 6m 정도 솟아 있다. 제방 바깥의 물은 제방을 넘어 강으로 되돌아갈 수 없기 때문에 제방의 배후는 특징적으로 물이 빠지지 않는다. 그 결과 **배후습지**(backswamp)라 불리는 늪지대가 생성된다. 자연제방에 가로막혀 강으로 합류할 수 없는 지류는 종종 제방을 돌파할 수 있을 때까지 강과 평행하게 흐른다. 이러한 개울들은 300km 이상 미시시피강과 평행하게 흐르는 야주(Yazoo)강의 이름을 따서 **야주 지류**(yazoo tributary)라 한다.

11. 유역의 형태

GEODe EARTH SCIENCE Sculpturing Earth's Surface
▼ Running Water

수계는 하천들이 함께 모여 만드는 특징적인 형태이다. 하상을 구성하는 암석의 종류 또는 단층이나 습곡과 같은 구조적 특성에 따라 유역의 형태는 다양하다.

가장 일반적인 유역은 **수지형 형태**(dendritic pattern)이다(**그림 3.23A**). 불규칙적으로 분지하는 지류들로 이루어진 수지형 형태는 낙엽수의 분지 형태와 유사하다. 실제로 수지형이라는 단어는 "나무와 같다"는 것을 의미한다. 수지형 형태는 지표를 구성하는 물질들이 비교적 균일한 곳에서 형성된다. 침식에 대한 저항도가 거의 균일한 지표 물질은 하천이 흐르는 형태를 통제하지 못한다. 그보다는 육지의 경사 방향에 의해 형태가 주로 결정된다.

하천들이 바퀴의 축에서 뻗어 나온 살들처럼 중심부로부터 갈라져 나갈 때 **방사형**(radial)이라 불린다(**그림 3.23B**). 이러한 형태는 고립된 화산추나 돔 형태로 융기된 지역에서 발달한다.

그림 3.23C는 많은 직각의 굴곡이 있는 **장방형**(rectangular) 형태를 보여준다. 이러한 형태는 기

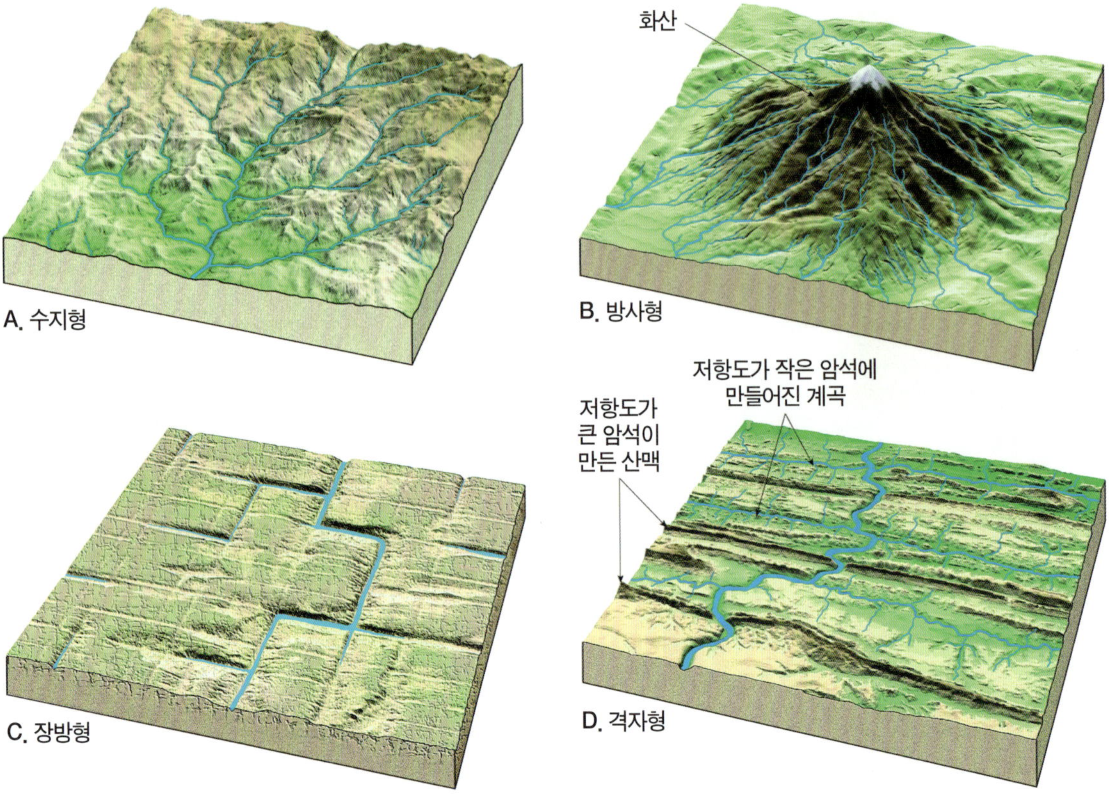

그림 3.23 유역 형태. A. 수지형. B. 방사형. C. 장방형. D. 격자형

반암이 일련의 절리나 단층에 의해 십자의 형태로 쪼개져 있을 때 발달한다. 이러한 구조들은 깨지지 않은 암석보다 더 쉽게 침식되기 때문에 그들의 기하학적 형태는 계곡의 방향을 인도한다.

그림 3.23D는 지류들이 서로 거의 평행하고 정원의 격자처럼 보이는 **격자형**(trellis) 수계를 표현하고 있다. 이러한 형태는 저항도가 서로 다른 암석들이 교호하는 지역에서 형성된다.

12. 홍수와 홍수 제어

하천의 유량이 하도의 운반 용량을 초과할 경우, 하천은 **홍수**(flood)의 형태로 둑을 넘어 흐르게 된다. 홍수는 모든 지질학적 위험 중에서 가장 일반적이고 파괴적이다. 그럼에도 불구하고 홍수는 단순히 하천의 자연스런 현상에 속한다.

홍수의 원인

강은 날씨 때문에 범람한다. 봄철에 빠르게 녹아내리는 눈, 그리고/또는 넓은 지역에 걸쳐 많은 비를 내리는 커다란 폭풍들이 대부분의 홍수를 일으킨다. 1993년 여름, 미시시피 계곡 상류에서는 이례적인 폭우로 매우 파괴적인 홍수가 발생했다(**그림 3.24**).

앞에서는 넓은 지역에 광범위하게 일어난 홍수를 얘기했지만, 돌발 홍수는 그 범위가 좀 더 제한적이다. 돌발 홍수는 경고 없이 발생하는데 수위가 급격하게 상승하면서 유속이 파괴적이어서 치명적

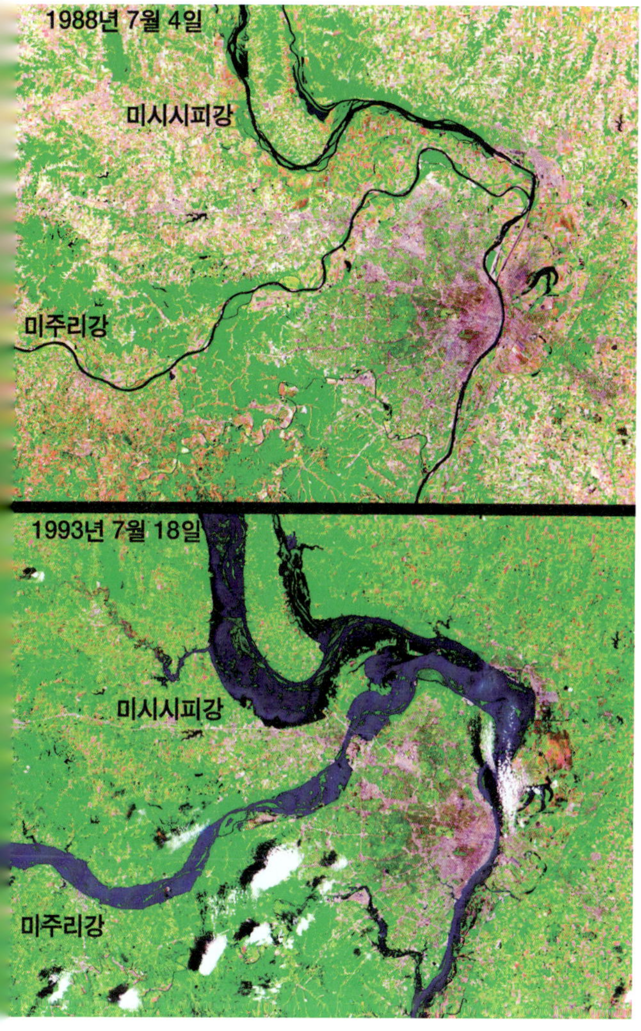

그림 3.24 미시시피강으로 흘러드는 미주리강의 위성사진. 합류지점 바로 남쪽에 세인트루이스가 자리 잡고 있다. 위쪽 사진은 1988년 여름의 가뭄 때 강의 모습이다. 아래쪽 사진은 1993년 기록을 경신한 대홍수의 절정 때의 모습이다. 미시시피강 상류 분지에 이례적인 폭우가 내려 20세기에서 가장 비가 많이 내린 봄과 초여름이었다. 모두 합쳐 1,400만 에이커가 침수되었으며, 최소 5만 명의 이재민이 발생했다. (사진 제공: Spaceimaging.com)

일 수 있다. 돌발 홍수에는 강수의 정도, 기간, 지표면 상태, 지형 등 여러 요소가 영향을 끼친다. 도시지역은 지붕, 길거리, 주차장 등 지표면의 많은 부분이 불투수성이기 때문에 유출이 매우 빨라 돌발 홍수가 일어나기 쉽다. 산악지대는 경사가 급해서 유출이 좁은 협곡으로 몰릴 수 있어서 돌발 홍수에 취약하다.

이런 사실을 알고 있었나요?

놀랄 정도로 넓은 땅이 건물, 주차장, 도로로 덮여 있다. 최근 연구에 따르면 미국(알래스카와 하와이 제외)에서 이런 불투성 지면의 면적은 112,600km²에 달하는데, 이는 오하이오주 전체 면적에 조금 못 미치는 정도이다.

하천에 대한 인간의 간섭은 홍수를 야기하거나 악화시킬 수 있다. 가장 큰 예는 홍수를 막으려고 지은 댐이나 인공제방이 무너지는 것이다. 이런 구조들은 어느 정도까지는 홍수를 감당할 수 있게 설계되었지만, 그 이상의 홍수가 일어날 경우 댐이나 제방이 물에 잠기게 된다. 댐이나 제방이 무너지거나 물에 휩쓸릴 경우, 그 뒤에 있던 물이 방출되면서 돌발 홍수가 일어난다. 1889년 리틀 콘모프(Little Conemaugh) 강에서 일어난 댐의 붕괴는 펜실베이니아주의 존스타운(Jones Town)을 황폐화시키며 3,000여 명의 목숨을 앗아간 홍수를 일으켰다. 1977년 이 댐은 두 번째로 다시 붕괴되었으며 77명의 사망자를 발생시켰다.

홍수 제어

홍수의 재앙을 제거하거나 줄이기 위해 몇 가지 대책이 마련되었다. 이러한 토목공학적 예방으로는 인공제방의 축조, 홍수 조절 댐의 건설, 수로 건설 등이 있다.

인공제방 인공제방은 하도에 수용할 수 있는 물의 양을 증가시키기 위하여 강둑에 흙으로 쌓아 올린 둔덕이다. 이것은 가장 일반적으로 하천을 봉쇄하는 구조이며 옛날부터 현재까지 계속 사용되

그림 3.25 일리노이주 먼로 카운티(Monroe County)의 인공제방을 뚫고 흐르는 물. 1993년 중서부의 기록적인 홍수 동안 많은 인공제방들이 홍수에 의해 붕괴됐다. 많은 약해진 구조들의 단면들은 덮이거나 그냥 무너져 내렸다. (사진 제공: James A. Finley/AP/Wide World Photos)

고 있다.

인공제방은 경사가 훨씬 급하기 때문에 자연제방과 쉽게 구별된다. 강이 고수위 시기에 제방에 의해 봉쇄될 경우, 유량이 감소함에 따라 하도에는 종종 퇴적물이 쌓이게 된다. 제방이 없었다면 이들은 범람원에 퇴적될 것이다. 따라서 고수위의 흐름이 있을 때마다 하상에 퇴적물이 쌓이게 되고 하도의 바닥은 점점 상승하게 된다. 강바닥이 상승할수록 원래의 제방을 넘쳐흐르는 데 필요한 물의 양은 줄어들고 그 결과, 범람원을 보호하기 위해 제방을 주기적으로 높여야 한다. 뿐만 아니라 많은 인공제방들은 극심한 홍수를 견딜 수 있도록 축조되지는 않는다. 예를 들어, 미시시피강 상류와 많은 지류들이 기록적인 홍수를 겪었을 때인 1993년 여름 중서부에서는 제방의 붕괴가 여러 차례 일어났다(**그림 3.25**).

홍수 조절 댐 홍수 조절 댐은 홍수의 물을 저장했다가 천천히 방류하기 위해 건설된다. 이것은 보다 긴 시간에 걸쳐 방류함으로써 홍수의 절정을 낮춘다. 1920년 이래 수천 개의 댐이 미국 전역의 모든 주요 강에 건설되었다. 많은 댐들은 홍수 조절 이외에 관개농업용수 공급, 전력 생산 등 중요한 기능을 갖는다. 또한 많은 저수지들은 주요한 휴가시설이다.

댐이 홍수를 줄이고 다른 이익들을 제공함에도 불구하고 이런 구조물을 건설하는 것은 비용도 많이 들고 상당한 대가를 치르기도 한다. 예를 들어, 댐에 의해 형성된 저수지들은 비옥한 농경지, 유용한 숲, 유적지, 아름다운 계곡 등을 잠기게 할 수도 있다. 물론 댐은 퇴적물들을 가두기도 한다. 그러므로 홍수 때 실트를 더 이상 보충 받지 못하기 때문에 하류의 삼각주와 범람원들은 침식된다. 거대한 댐들은 수천 년에 걸쳐 형성된 하천환경에 중대한 생태적 피해를 입힐 수도 있다.

댐 건설이 홍수에 대한 영구적인 해결책은 아니다. 댐 배후에 퇴적물이 쌓이면서 저수지의 부피가 점차 줄어들 것이고 홍수 조절 수단으로서의 효율성을 떨어뜨릴 것이다.

수로 건설 수로 건설은 하천이 범람 수위에 도달하는 것을 막기 위해 유속을 증가시키도록 하는 수로 변경을 포함한다. 이는 단순히 수로의 장애물들을 제거하는 것뿐만 아니라 하도를 준설하여 넓고 깊게 만드는 작업 등을 포함한다.

보다 급격하게는 **인공차수**(artificial cutoff)를 만들어 하도를 곧게 하는 것이다. 이러한 생각은 하도를 짧게 함으로써 경사도를 증가시키고 결과적으로 유속을 증가시키겠다는 것이다. 유속을 증가시킴으로써 홍수에 수반되는 많은 유량이 더 빠르게 분산되도록 할 수 있다.

1930년대 초반, 미 공병대는 홍수의 위협을 줄이고 수로의 효율을 증대시키기 위해 미시시피강에 많은 인공차수를 만들었다. 통틀어서 강의 길이는 240km 정도 줄어들었다. 이 계획은 홍수기에 하천의 수위를 낮추는 데는 다소 성공적이었다. 그러나 강은 여전히 사행하려고 하기 때문에 강이 원래의 모습으로 돌아가는 것을 막는 것은 어려웠다.

비구조적 접근 이제까지 소개된 모든 홍수 조절 장치들은 강을 "제어"하는 목적을 지닌 구조적 해결책이었다. 이러한 방법들은 비용이 많이 들고 종종 범람원에 거주하는 사람들을 불안하게 하기도 한다.

오늘날 많은 과학자들과 공학자들은 홍수 조절에 비구조적으로 접근하자고 주장한다. 그들은 인공제방, 댐, 수로 건설 등에 대한 대안으로 범람원에 대한 합리적인 관리를 제안한다. 위험이 큰 지역을 결정함으로써 개발을 최소화하고 보다 직질한 토지 이용을 촉진하는 방향으로 합당한 지역 규제가 이루어질 수 있다.

13. 지하수: 지표면 아래의 물

GEODe EARTH SCIENCE

Sculpturing Earth's Surface
▼ Groundwater

지하수는 우리에게 가장 중요하고 널리 사용되는 자원 중의 하나이다. 그러나 지하수가 흘러나오는 지하의 환경에 대한 사람들의 이해는 종종 불확실하거나 틀려 있다. 그 이유는 지하수가 동굴이나 광산을 제외한 지역에서 잘 관찰되지 않으며, 사람들이 이들 지하 구조로부터 얻는 인상은 종종 잘못되어 있기 때문이다. 지표에 대한 관찰을 통해 얻는 인상은 지구는 "속이 비지 않고 빽빽하다"는 것이다. 이러한 견해는 우리가 동굴에 들어가거나 단단한 암석을 깎은 듯 보이는 하도를 흐르는 물을 보더라도 크게 변하지 않는다.

그러한 관찰 때문에, 많은 사람들은 지하수가 항상 지하의 "강"에서만 나는 것이라고 생각한다. 그러나 지하에서 진짜 강은 극히 드물다. 실제로 대부분의 지하환경은 전혀 '빽빽하지' 않다. 오히려 지하에는 토양이나 퇴적물 입자들 사이에 아주 작은 공극들이 수없이 많고, 여기에 기반암 내의 좁은 절리나 균열 사이에 공간이 있다. 이 공간을 한데 합치면 그 부피가 실로 대단하다. 지하수가 모이고 움직이는 것은 이 작은 구멍들에서 일어나는 일이다.

지하수의 중요성

수권 전체 또는 지구의 모든 물을 고려할 때, 1%의 6할만이 지하에 존재한다. 그럼에도 불구하고, 지하의 암석과 퇴적물 사이에 저장된 이렇게 적은 비율의 물은 엄청난 양이다. 해수를 빼고, 담수를 얻을 수 있는 곳만 생각한다면, 지하수의 중요성은 확연해진다.

그림 3.26에는 수권에서 담수의 분포를 대략적으로 보여준다. 가장 큰 비중을 차지하는 것은 단연코 빙하이다. 두 번째는 전체의 14%가 조금 넘는 양을 차지하는 지하수이다. 하지만 얼음을 빼고 액체 물만 고려한다면, 94% 이상이 지하수이다. 의심할 여지 없이 지하수는 인간이 쉽게 사용할 수 있는 가장 큰 담수의 저장고임에 틀림없다. 지하수가 경제와 인류 복지에 끼치는 가치는 이루 헤아릴 수 없다.

전 세계에 걸쳐 우물과 샘이 도시, 농작물, 가축, 산업에 물을 공급하고 있다. 미국에서 모든 용도(수력발전과 발전소 냉각수 제외)의 40%에 해당하

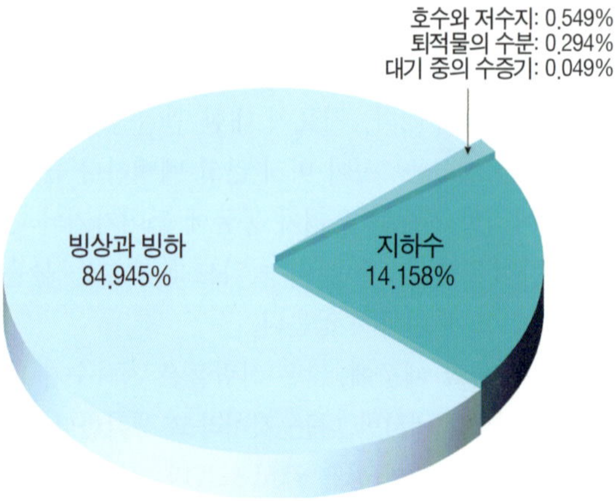

그림 3.26 수권에서 담수의 분포 추정. 미국 지질 조사소의 자료.

이런 사실을 알고 있었나요?

대부분의 동굴과 용식 함몰지가 석회암 지역과 관련되어 있긴 하지만, 이런 특징들은 석고나 암염지대에서도 생길 수 있다. 왜냐하면 이런 암석들은 물에 아주 잘 녹고 쉽게 용해될 수 있기 때문이다.

는 양의 물을 지하수가 공급한다. 또한 지하수는 인구의 50%가 넘는 사람들에게 식수를 공급하며 농업용수의 40%, 산업용수의 25% 이상을 책임지고 있다. 그러나 어떤 지역에서는 이 기본적인 자원을 남용하여 하천수의 고갈, 지반 침하, 양수 비용의 증가 등 심각한 문제가 생겨나고 있다. 게다가 인간의 활동 때문에 일어난 지하수의 오염은 많은 곳에서 점점 커가는 현실적 위협이 되고 있다.

지하수의 지질학적 역할

지질학적으로, 지하수는 침식 요인으로서 중요하다. 지하수의 용해작용은 서서히 암석을 제거하여 용식 함몰지(sinkhole)로 불리는 지반 침하를 야기할 뿐만 아니라 지하에 동굴을 형성한다(**그림 3.27**). 지하수는 또한 유수의 평형장치이기도 하다. 비나

A.

B.

그림 3.27 A. 뉴멕시코주 링컨 카운티(Lincoln County)의 쓰리 핑거(Three Finger) 동굴의 내부. 지하수의 용해작용은 동굴을 형성한다. 후에 지하수는 석회암 장식을 쌓는다. (사진 제공: Harris Photographic/Tom Stack and Associates) B. 보스니아-헤르체고비나의 자이스(Jaice) 북부의 석회암 고원에 이런 용식 함몰지가 생긴 것은 지하수 때문이다. (사진 제공: Jerome Wyckoff)

녹아내린 눈이 강을 통해 직접적으로 흐르지는 않는다. 그보다는 강수의 상당량이 지하로 스며들어 서서히 하도 쪽으로 이동한다. 이처럼 지하수는 비가 전혀 오지 않는 기간 중에도 하천을 흐르게 하는 저장고의 역할을 겸한다. 우리가 건기에 흐르는 강물을 본다면, 그것은 이전에 내려 지하에 저장되었던 빗물을 보는 것이다.

14. 지하수의 분포와 이동

Sculpturing Earth's Surface
▼ Groundwater

비가 내리면 일부는 흘러가고 또 일부는 증발과 증산작용을 통해 대기로 돌아가며, 나머지는 땅으로 스며든다. 이 마지막 경로는 실질적으로 모든 지하수의 주요 공급원이다. 그러나 각 경로를 밟는 물의 양은 시간과 장소에 따라 크게 변화한다. 사면의 기울기, 지표 물질의 성질, 강우량, 식생의 종류와 양 등이 영향을 끼치는 요소들이다. 불투수성 물질로 덮인 가파른 사면에 폭우가 내리면 물의 상당 부분이 지면을 따라 흘러내리게 될 것이다. 반대로, 만약 좀 더 완만하고 좀 더 물이 쉽게 침투할 수 있는 물질의 사면에 비가 계속해서 내린다면 좀 더 많은 양의 물이 땅으로 스며들 것이다.

분포

땅속에 스며든 물 중 일부는 분자 사이의 인력에 붙잡혀 토양 입자들을 얇게 덮는 피막이 되기 때문에 그리 멀리 이동하지 못한다. 이 지표에 가까운 지대를 습기 토양대라고 부른다. 이 지대는 식물 뿌리에 얽혀 있는데 뿌리가 썩어 없어지거나 동물이나 벌레가 판 구멍 등 빈 공간이 많아 빗물이 토양으로 좀 침투할 수 있게 한다. 토양의 물은 식물이 생명기능과 증산작용을 위해 쓴다. 이 물 중 일부는 증발해서 바로 대기 중으로 돌아가기도 한다.

습기 토양에 붙잡히지 않은 물은 퇴적물과 암석의 공극이 물로 완전히 채워지는 부분까지 아래로 침투한다. 이 부분이 **포화대**(zone of saturation)이며, 포화대에 존재하는 물을 일컬어 **지하수**(groundwater)라고 한다. 포화대의 상부 경계는 **지하수면**(water table)으로 알려져 있다. 지하수면 위쪽으로 토양, 퇴적물, 암석이 포화되지 않은 지역은 **불포화지대**(unsaturated zone)라고 한다. 이 불포화지대에도 물이 상당히 있지만 이곳의 물은 암석이나 토양 입자에 너무 꽉 달라붙어 있어서 우물로 뽑아 올릴 수 없다. 이와는 대조적으로, 지하수면 아래에서는 우물로 물이 들어갈 수 있을 정도로 수압이 충분해서 지하수를 뽑아 쓸 수 있다. 우물에 대해서는 이 장의 후반부에서 좀 더 자세히 다루기로 한다.

지하수면은 우리가 '면'이라는 단어에서 기대하듯이 평평하지는 않다. 지하수면의 모양은 대개 지면의 축소판과도 같아서, 언덕 밑에서 최고 수위에 달하고 계곡 쪽으로 가면서 낮아진다(**그림 3.28**). 습지(늪)에서는 지표면이 바로 지하수면이다. 호수나 강은 대체로 지하수면이 지표면 위로 올라올 만큼 저지대에 자리 잡는다.

비록 많은 요인들이 지하수면의 불규칙한 표면을 만드는 데 기여하지만 가장 중요한 원인은 지하수가 매우 천천히 흐른다는 사실이다. 이런 이유로, 물은 하곡 사이의 고지대 아래에 '쌓이기' 쉽다. 만약 강수가 완전히 중단된다면 이 '물의 언덕'은 느리게 가라앉으면서 인접한 계곡의 바닥 높이로 서서히 접근할 것이다. 그러나 새로운 빗물이 이런 일을 막을 만큼 충분히 공급되곤 한다. 그럼에도 가뭄이 길어지면 지하수면이 얕은 우물을 마르게 할 정도로 떨어지기도 한다. 지하수면이 평평하지 않은 것은 곳에 따라 강수량과 지표면의 투수성이 다르기 때문이기도 하다.

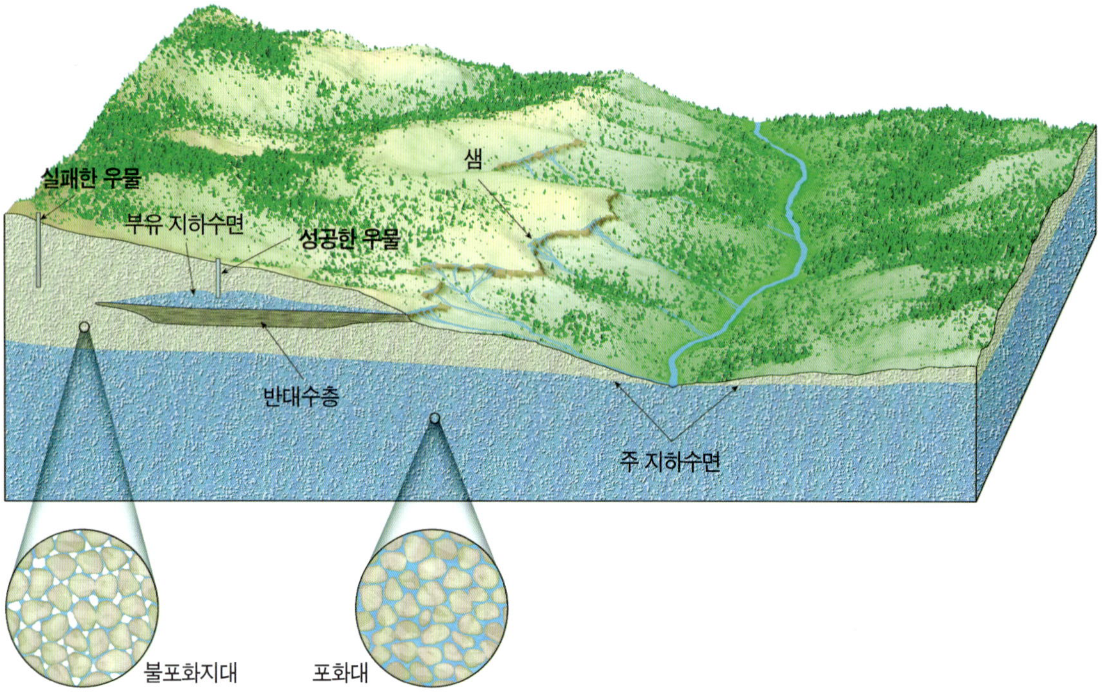

그림 3.28 이 모식도는 지하수와 관계된 많은 특징들의 상대적인 위치를 설명하고 있다.

지하수의 이동과 저장에 영향을 끼치는 요소

지하 물질의 특성은 지하수 이동속도와 저장 가능한 지하수의 양에 큰 영향을 끼친다. 특히 두 가지 요소, 즉 공극률과 투수성이 중요하다.

공극률 기반암, 퇴적물, 토양 등 땅에는 셀 수 없을 만큼 빈 공간과 구멍이 많기 때문에 물이 땅으로 스며든다. 이런 구멍들은 스폰지 구멍과 유사한데 이를 공극이라고도 부른다. 저장 가능한 지하수의 양은 암석이나 퇴적물의 전체 부피에 대해 이들이 포함한 공극의 비율을 나타내는 **공극률**(porosity)에 달려 있다. 대체로 퇴적물 입자 사이에 공간이 있는 편이지만 절리나 단층, 석회암 등 용해성 암석이 녹아 생긴 공동, 기공(용암에서 기체들이 빠져나간 후 남은 공간)에도 공간이 흔하다.

공극률은 매우 다양할 수 있다. 퇴적물은 공극이 흔한 편으로, 퇴적물 전체 부피 대비 10~50%가 공극이다. 입자의 크기와 모양, 입자들이 어떻게 맞물려 있는지에 따라, 입자의 분급도, 퇴적암의 경우 시멘팅 물질의 양에 따라 공극이 달라진다. 일부 퇴적암에서도 그렇지만 대부분의 화성암, 변성암은 결정이 꽉 맞물려 있어서 입자 사이의 공간은 무시할 수 있을 정도이다. 이들 암석에서는 균열이 있어야 공간이 생겨난다.

투수성 공극률만으로는 물질의 지하수 산출량을 측정할 수 없다. 암석이나 퇴적물이 매우 다공질이라 할지라도 물이 잘 통과하지 못하는 경우가 있다. 물질의 **투수성**(permeability)은 액체를 통과시키는 정도를 뜻한다. 지하수는 서로 연결된 작은 구멍들을 비집고 들어가거나 회전하면서 이동한다. 공극이 작을수록, 지하수는 천천히 움직인다.

이런 사실을 알고 있었나요?

오갈라라(Ogallala)층은 공극률이 높고 투수성이 뛰어나며 크기가 커서 미국의 대수층 가운데 가장 큰 것이다. 이 층은 휴런(Huron) 호수를 채울 만큼 엄청난 양의 지하수를 포함하고 있다.

입자 사이의 간격이 너무 작다면 물이 전혀 움직일 수 없다. 예를 들어, 점토는 공극률이 높아 물 저장 능력이 뛰어나지만 공극이 너무 작아 그 사이로 물이 지나다닐 수 없다. 그러므로 우리는 점토를 **불투수성**(impermeable)이라고 한다.

반대수층과 대수층 점토처럼 물의 움직임을 방해하거나 막는 불투수층을 **반대수층**(aquitards)이라 한다. 반면에 모래나 자갈처럼 알갱이가 크면 공극이 더 크기 때문에 물이 비교적 쉽게 이동할 수 있다. 지하수가 자유롭게 오갈 수 있는 암석/퇴적물 투수층을 **대수층**(aquifer: "물 이동자")이라고 한다. 대수층은 물을 포함하고 있는 층이라서 중요하다. 우물을 뚫으려고 할 때 대수층을 찾는다.

지하수의 이동

지하수는 대부분 한 공극에서 다른 공극으로 아주 천천히 움직이며, 대체로 하루에 수cm 정도 이동한다. 지하수의 운동을 만들어내는 에너지는 중력이다. 중력에 대해 물은 지하수면이 높은 지역에서 지하수면이 낮은 지역으로 이동한다. 이는 물이 보통 하천, 호수, 또는 샘 방향으로 아래쪽으로 이동함을 뜻한다. 기울어져 있는 지하수면을 따라 직접 이동하는 경우도 있지만, 지하수는 한참을 길게 돌아 유출 지대(zone of discharge)로 향한다.

그림 3.29에는 물이 모든 방향에서 하천으로 스며들 수 있음을 나타냈다. 어떤 경우는 중력과는 반대인 것처럼 위로 치솟아 하도의 바닥에 도달하기도 하는데, 설명은 간단하다. 포화대에 깊이 들어갈수록 수압이 높아진다. 그러므로 포화대에 있던 물이 커브를 그리며 올라가는 것은 아래로 잡아당기는 중력과 수압이 작은 곳을 향하고자 하는 물의 속성이 절충한 결과로 생각하면 된다.

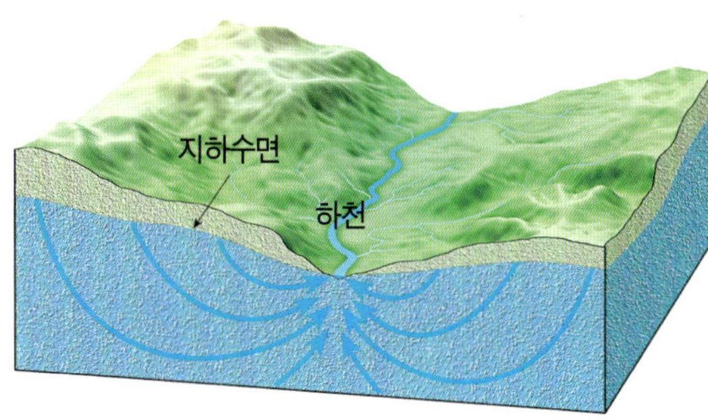

그림 3.29 화살표는 투수성이 동일한 물질 내에서 지하수의 움직임을 나타내고 있다. 휘어지는 곡선은 아래로 향하는 중력과 압력이 작은 곳으로 움직이려는 물 사이에서 타협한 것으로 생각할 수 있다.

15. 샘

GEODe EARTH SCIENCE Sculpturing Earth's Surface
▼ Groundwater

샘은 수천 년의 세월 동안 사람들의 호기심과 놀라움을 불러왔다. 샘에서는 물이 올 만한 곳도 안 보이는데, 날씨가 어떻든 간에 땅속에서 물이 솟아나기 때문에 샘을 신비한 현상으로 여겼던(일부 사람들은 여전히) 것도 그리 이해하기 어렵지는 않다. 오늘날 우리는 샘의 원천이 포화대의 물이라는 것과 이 물이 근본적으로는 강우에서 공급된다는 것을 알고 있다.

지하수면과 지표면이 교차하면서 자연적으로 지하수가 밖으로 흘러나오는 경우는 언제나 이를 **샘**(spring)이라 한다. **그림 3.30**에서 보는 것과 같은 샘은 반대수층이 지하수가 아래쪽으로 움직이려는 것을 차단하고 옆으로 이동하게 만들 때 생긴 것이

그림 3.30 애리조나주 마블 캐년(Marble Canyon)의 샘. (사진 제공: Michael Collier)

다. 이렇게 투수성이 좋은 층(대수층)이 노두로 드러나는 곳에는 하나 이상의 샘이 생겨난다.

그림 3.28(116쪽)에는 샘이 생길 수 있는 또 다른 상황을 나타냈다. 이 경우 반대수층은 주된 지하수면 위에 자리 잡고 있다. 물이 아래로 침투할 때 그중 일부는 반대수층에 의해 방해 받아 국지적인 포화대와 부유 지하수면을 만든다. 하지만 샘은 부유 지하수면이 지표면에 물을 공급하는 장소에만 국한되지 않는다. 지하의 상태는 장소에 따라 크게 달라지기 때문에 여러 지질학적 상황에서 샘이 만들어질 수 있다.

온천

온천(hot spring)은 물의 온도가 주변 지역의 연평균 대기 온도보다 6~9℃ 정도 높은 샘으로 정의된다. 미국에만 약 1,000여 곳의 온천이 있다.

광산이나 유전에서는 깊어질수록 온도가 올라가는데, 100m당 평균 2도 정도 올라간다. 따라서 매우 깊은 곳을 순환하는 지하수는 데워지게 된다. 만약 이들이 지표면으로 상승한다면 이곳에는 온천이 출현할 것이다. 미국 동부의 몇몇 온천수는 이런 방식으로 데워졌다. 미국 내의 대다수(90% 이상) 온천(간헐천 포함)들은 대개 서부에 있다. 이는 대부분의 온천은 화성암체를 식히다가 뜨거워지는데, 가장 최근까지 화성활동이 일어난 곳은 서부이기 때문이다.

간헐천

간헐천(geyser)은 강한 힘에 의해 다양한 시간 간격을 두고 기둥 형태로 분출되는 간헐적 온천이나 분수를 일컬으며, 이들은 때때로 30~60m까지 치솟는다. 온천수의 분사가 끝난 후 종종 굉음을 동반한 수증기 기둥이 솟아오른다. 아마도 세계에서 가장 유명한 간헐천은 옐로스톤 국립공원 내에 있는, 한 시간에 한 번씩 분출하는 올드 페이스풀(Old Faithful)일 것이다(**그림 3.31**). 간헐천은 또한 세계 곳곳, 특히 뉴질랜드와 아이슬란드에서 주로 발견된다. 사실 간헐천(geyser)이라는 단어는 '세차게 뿜어 나오다'라는 뜻의 아이슬란드 언어 *geysa*로부터 유래했다.

간헐천은 뜨거운 화성암 내에 존재하는 지하의 꽤 넓은 공간에서 비롯된다. 비교적 차가운 지하수가 이 빈 공간으로 들어가면 주변의 암석에 의해 데워진다. 공간 바닥 부분의 물은 상부를 채운 물의 무게 때문에 엄청난 압력하에 놓이게 된다. 이

이런 사실을 알고 있었나요?

간헐천의 규모를 '높이'로 정한다면, 가장 큰 간헐천은 옐로스톤 국립공원의 스팀보트 간헐천이다. 주된 분출 때에 물은 40분 동안 90m 높이로 뿜어진다. 이 뒤에는 하늘 높이 150m까지 올라가는 뜨거운 안개를 뿜는 증기 단계가 이어진다.

그림 3.31 세계에서 가장 유명한 간헐천 중의 하나인 올드 페이스풀(Old Faithful)의 겨울철 분출 장면. 이것은 45,000리터(12,000갤런)의 뜨거운 물줄기를 한 시간에 한 번씩 방출한다. (사진 제공: Marc Muench/David Muench Photography, Inc.)

압력은 물이 정상적으로 100℃에서 끓는 것을 방해한다. 예를 들어, 300m 높이의 공간 하부에서 물은 거의 230℃에 이르러야 끓는다. 물은 가열됨에 따라 팽창하고 그 결과 일부는 지표 밖으로 밀려나오게 된다. 이렇게 물이 유실되면 공간 내에 남아 있는 물에 가해지는 압력이 감소된다. 압력이 감소됨에 따라 물의 끓는점도 내려가고, 이에 따라 공간 내 깊은 곳의 물의 일부는 빨리 수증기로 변해 간헐천을 분출시킨다. 분출 뒤에는, 차가운 지하수가 공간으로 침투하고, 이런 순환이 새로 시작된다.

16. 우물

Sculpturing Earth's Surface
▼ Groundwater

지하수를 뽑아내는 가장 일반적인 방법은 대수층까지 뚫린 구멍인 **우물**(well)이다(116쪽, **그림 3.28** 참조). 우물은 지하수가 이동해 들어가는 작은 저수지 역할을 하며, 이곳에서 지표로 뽑아 올려진다. 우물은 수세기 전부터 사용되어 왔으며, 여전히 물을 얻는 중요한 방법이다. 미국에서 우물은 농업을 위한 관개용으로 가장 많이 쓰여왔다. 매년 65% 이상의 지하수가 이런 목적으로 사용된다. 훨씬 적지만 공업용수가 두 번째이며, 도시의 상수도와 시골의 가정에서 사용하는 양이 그 뒤를 잇는다.

지하수면의 높이는 건기에는 하강하고 뒤이은 우기에는 상승하는 식으로 1년간 상당히 오르내린다. 그러므로 물을 계속적으로 공급하기 위해서 우물은 반드시 지하수면 아래까지 뚫려 있어야 한다. 우물에서 물을 퍼낼 때마다 우물 주위의 지하수면은 낮아진다. **수위저하**(drawdown)라고 불리는 이 현상은 우물로부터 거리가 멀어질수록 약해진다. 지하수면이 침강해서 대략 원뿔형을 이루는 것을 **수위저하곡면**(cone of depression)이라고 한다(**그림 3.32**). 대개의 가정용 소형 우물 주위의 수위저하곡면은 무시해도 좋을 정도이다. 그러나 우물이 관개용이나 공업용인 경우 퍼내어지는 물의 양은 매우 넓고 가파른 수위저하곡면을 만들 정도로 충분히 많을 수 있나. 이 경우 한 지역의 지하수면을 낮춰 인근 지역의 깊이가 얕은 우물들이 마를 수도 있다. **그림 3.32**는 이런 상황을 나타낸 것이다.

17. 자분정

Sculpturing Earth's Surface
▼ Groundwater

대부분의 우물에서는 물이 자력으로 올라올 수 없다. 만약 처음에 물이 30m 깊이에 위치한다면 건기와 우기에 따라 1~2m 정도의 변동은 있을지 모르나 대체로 수위를 그대로 지킬 것이다. 그러나

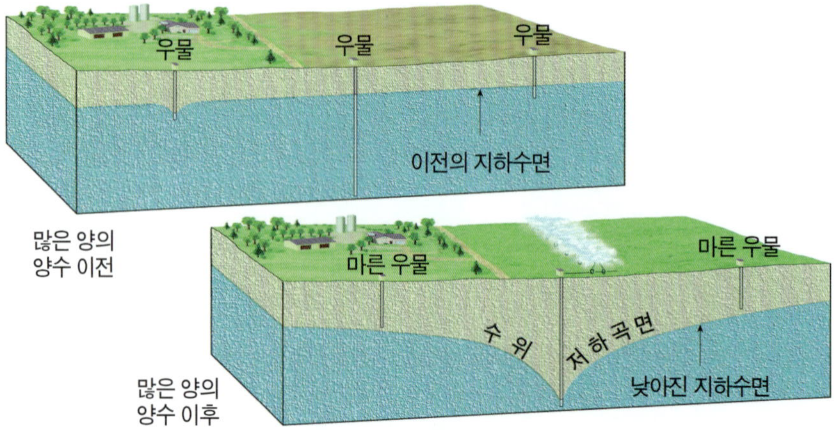

그림 3.32 지하수면에서 수위저하곡면은 종종 물을 뽑아 쓰는 우물 근처에 형성된다. 많은 양의 양수는 지하수면을 낮추고 일부의 우물들을 마르게 하기도 한다.

일부 우물에서는 물이 상승하거나 심지어 때때로 지표로 넘치기도 한다.

자분정(artesian)이라는 단어는 우물의 지하수가 처음 높이 이상으로 상승하는 상황에서 사용된다. 이런 상황이 발생하려면 다음과 같은 두 가지 조건이 반드시 갖추어져야 한다(**그림 3.33**). (1) 물을 공급받을 수 있는 지표면에 한쪽 끝이 드러나도록 기울어져 있는 대수층에 물이 갇혀 있어야 한다. (2) 대수층의 상·하부에 반대수층이 있어 물이 새지 못하게 막고 있어야 한다. 이런 층을 톡톡 치면 물의 무게에 따른 압력이 작용하여 물을 상승시킨다. 만약 마찰력이 전혀 없다면 우물 속의 지하수는 대수층의 최상부와 동일한 높이에 이를 때까지 계속 상승할 것이다. 그러나 마찰력에 의해 이 수압이 미치는 면의 높이는 낮춰진다. 재충전 지역(물이 기울어진 대수층으로 들어가는 지역)에서 거리가 멀수록 마찰력은 커지고 따라서 물의 상승 높이는 낮아진다.

그림 3.33에서 우물 1은 수압이 미치는 면이 지표면보다 낮은 곳에 위치하기 때문에 흐르지 않는 자분정이다. 이러한 면이 지표면보다 높은 곳에 위치하고 우물이 대수층까지 뚫렸을 때 흘러나오는 자분정이 만들어진다(우물 2, **그림 3.33**).

자분정시스템은 재충전 지역에서 먼 거리에 위

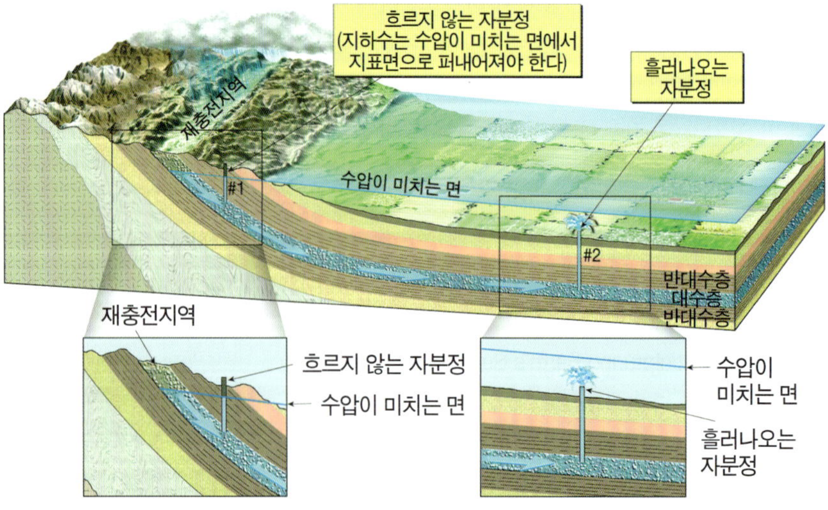

그림 3.33 자분계(artesian system)는 기울어진 대수층이 불투수 암석층으로 둘러싸여 있을 때 형성된다.

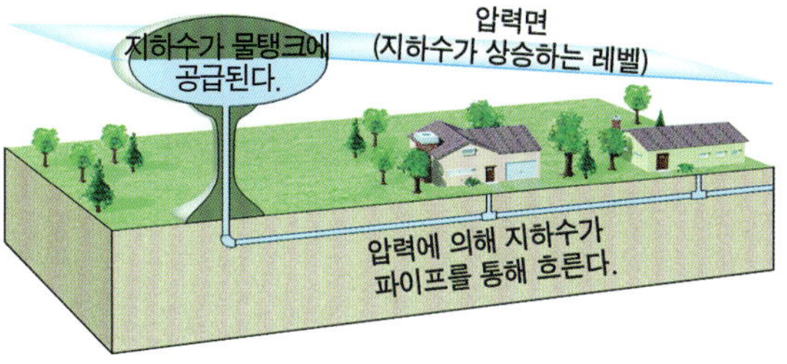

그림 3.34 도시의 급수체계는 인공의 자분정으로 생각할 수 있다.

치한 배출지역으로 물을 전달하는 '자연산 파이프라인'처럼 작용한다. 이런 방식으로, 1년 전에 위스콘신 중부에 내린 빗물이 현재 수km 떨어진 일리노이주에서 끌어 올려져 사용되고 있다. 사우스다코타주에서는 이 시스템에 의해 서부에 위치한 블랙 힐즈(Black Hills) 지역으로부터 주의 동부로 물이 공급된다.

다른 규모에서, 도시의 수도시스템은 인공적인 자분정의 한 예로 간주될 수 있다(**그림 3.34**). 즉, 물이 끌어 올려지는 급수탑은 재충전 지역으로, 수도관은 감금된 대수층으로, 그리고 가정의 수도꼭지는 흐르는 자분정으로 볼 수 있다.

18. 지하수와 관련된 환경 문제

우리 주변의 많은 유용한 자연자원들과 마찬가지로, 지하수 역시 개발률이 계속 높아지고 있다. 일부 지역에서는 과용으로 지하수 공급이 위협받고 있다. 다른 곳에서는 지하수의 고갈이 지반 침하를 불러일으키고 있다. 또 다른 장소들에서는 지하수가 오염될까 봐 걱정하고 있다.

재생 불가능한 자원인 지하수

자연에는 평형 상태를 만들고자 하는 시스템들이 많다. 지하수시스템도 예외는 아니다. 지하수면의 높이는 강수로 인해 물이 추가되는 속도와 유량 및 지하수 이용으로 물이 제거되는 속도가 평형을 이룬 것이다. 불균형이 생기면 지하수면이 상승 또는 하강한다. 가뭄이 길어져서 재충전 양이 감소하거나 지하수의 유량이나 사용량이 증가할 경우 장기적으로 지하수면이 하강한다.

많은 사람들이 지하수는 강우와 강설을 통해 계속 보충되기 때문에 무한정 재생 가능한 자원이라고 생각하고 있다. 그러나 일부 지역에서 지하수는 예전부터 계속해서 재생 불가능한 자원으로 여겨지고 있다. 이들 지역에서는 대수층에 새로 보충되는 물의 양보다 뽑아 올려 사용하는 물의 양이 현저히 많기 때문이다.

다코타 서부에서 텍사스 서부에 이르는, 비교적 건조한 지역인 하이 플레인스(High Plains)는 그 한 예다. 이 지역은 관개에 대부분 의존하는 대규모의 농업 지대이다(**그림 3.35A**). 오늘날 이곳에서는 약 170,000개의 우물이 65,000km^2(1,600만 에이커)에 달하는 토지의 관개에 이용되고 있다. 좁고 길게 뻗은 텍사스의 일부를 포함한 이 지역의 남부에서는 자연적으로 대수층에 보충되는 물이 매우 적고 따라서 지하수위가 낮아지는 문제가 심각하다. 사실상, 약간의 강수마저 모두 대기로 증발하거나 증산되기 때문에 연 평균치나 이를 밑도는 평균 강수량에 의한 보충은 무시해도 좋을 정도이다.

그러므로 넓은 지역에 걸쳐 관개가 집중된 지역에서는 지하수의 고갈이 심각할 수 있다. 1년에 약 1m의 비율로 지하수면이 하락하면 일부 지역에서는 전체적으로 15~60m의 낙차가 발생한다. 이런 상황에서 지하수는 말 그대로 '파내는' 수준이다. 심지어 물을 뽑아 올리는 것을 즉각 중지한다 할지라도 고갈된 지하수가 다시 가득 채워지려면 수천 년의 시간이 걸린다.

그림 3.35 A. 사우스다코타주 서부로부터 남쪽으로 텍사스주까지 연장된 하이 플레인스(High Plains). 비가 적은 지역임에도 불구하고 이곳은 농업적으로 중요한 지역이다. 그 이유는 지하수가 방대하게 공급되면서 거의 모든 지역에 걸쳐 관개가 가능하기 때문이다. 이러한 물의 원천은 대부분 미국에서 가장 큰 대수층인 오갈라라(Ogallala)층이다. B. 일부 농업 지역에서는 물이 보충되는 것보다 빠르게 땅 위로 퍼올리고 있다. 이런 경우에는 지하수가 재생 불가능한 자원으로 취급되고 있다. 이 항공사진에서는 콜로라도 동부의 반건조한 곳에서 중심에 회전식 관개시스템을 갖추고 있는 원형의 농경지가 나타나 있다. (사진 제공: James L. Amos/Corbis/Bettmann) C. 지하수는 하루에 1,900억 리터 이상을 공급하고 있어서 미국의 농업 경제를 지탱하고 있다. (사진 제공: Michael Collier)

지하수 고갈로 인한 지반 침하

이 장의 뒷부분에서 보게 되겠지만, 지반 침하는 지하수와 관련된 자연작용 때문에 일어날 수 있다. 그러나 우물에서 물을 뽑아 올리는 속도가 자연적인 물 보충 속도보다 빠를 경우에도 역시 지반이 가라앉을 수 있다. 이런 결과는 느슨하게 엉킨 퇴적물이 두껍게 쌓인 지역에서 두드러지게 나타난다. 물이 고갈되면 수압 역시 하강하고 이에 따라 과중한 하중이 퇴적층에 가해진다. 압력이 강해질수록 퇴적물 입자들은 함께 조밀하게 다져지고 따라서 지반이 가라앉는다.

이러한 지면 함몰은 여러 곳에서 찾아볼 수 있다. 미 대륙 내의 대표적인 예는 캘리포니아주의 산호아킨 계곡(San Joaquin Valley)에서 발생한 것이다(**그림 3.36**). 미국 내에서 발생한 인공적인 지면 함몰의 또 다른 유명한 경우로는 네바다주의 라스베가스, 루이지애나주의 뉴올리언스와 바턴 루즈(Baton Rouge), 그리고 텍사스주의 휴스턴-갤버스턴(Huston-Galveston) 지역을 들 수 있다. 휴스턴과 갤버스턴 사이의 해발고도가 낮은 해변지역의 지면은 약 1.5m에서 3m 정도 함몰되어 있다. 그 결과, 약 78km^{2}의 땅이 영원히 물에 잠기게 되었다.

미국 이외의 지역에서 지면 함몰의 가장 극적인 예 중 하나는 호수퇴적층 위에 세워진 멕시코시티에서 일어났다. 20세기 전반부에 도시 바로 밑에 위치한, 지하수로 포화된 퇴적층 안에 수천 개의 우물이 뚫렸다. 물이 빠져나감에 따라 도시의 일부분이 약 6m 또는 그 이상 함몰되고 말았다.

그림 3.36 지도에서 어두운 부분은 캘리포니아주의 산호아킨 계곡(San Joaquin Valley)을 나타낸다. 이곳은 주로 관개에 의존하는 중요한 농업 지역이다. 사진 속의 전봇대에 표시된 것은 지난 수십 년간의 주변 땅의 고도를 지시한다. 1925년부터 1975년 사이에 이 지역은 지하수의 유출과 그로 인한 퇴적물의 다짐작용에 의해 거의 9m 정도 침강하였다. (사진 제공: U.S. Geological Survey, U.S. Department of the Interior)

지하수 오염

대부분의 물 공급을 대수층에 의존하는 지역에서 지하수 오염은 특히 심각한 문제이다. 지하수의 흔한 오염원은 그 수가 늘어나고 있는 정화조에서 흘러나온 오수이다. 다른 오염원들로는 부적절하거나 부서진 하수도 망과 농장 폐기물 등을 들 수 있다.

만약 박테리아에 오염된 오수가 지하수계에 유입된다면 자연적으로 정화될 수 있다. 해로운 박테리아는 물이 여과되는 과정을 통해 퇴적물에 의해 기계적으로 걸러지고, 화학적 산화작용에 의해 파괴되며 때로는 다른 생물들에 의해 흡수된다. 그러나 자연적인 정화작용이 일어나려면 대수층의 구성성분이 적절해야 한다. 예를 들어, 투수성이 극단적으로 뛰어난 대수층(균열이 많은 결정질 암석, 큰 자갈 또는 많은 동굴이 생겨 있는 석회암 등)에는 크기가 큰 공간들이 많아서 오염된 지하수가 정화되지 못한 채 먼 거리를 이동할 수밖에 없다. 이런 경우, 물의 이동속도가 너무 빠르기 때문에 자연정화가 일어날 수 있을 만큼 오랫동안 주변의 물질들과 접할 수 없다. **그림 3.37A**의 우물 1은 이런 문제점을 나타낸다.

역으로, 대수층이 모래나 투수성 좋은 사암으로 이루어졌을 경우, 물은 때때로 겨우 수m의 짧은 거리를 이동한 후에도 정화될 수 있다. 모래 입자 사이의 공간은 물이 통과할 수 있을 정도로 크긴 하지만 그 이동속도는 물이 정화될 수 있는 충분한 시간을 제공할 만큼 느리다(우물 2, **그림 3.37B**).

다른 오염원과 오염 형태 역시 지하수 공급을 위협한다(**그림 3.38**). 이들은 제설용 소금, 경작지에 뿌려지는 비료 그리고 살충제 등과 같이 널리 사용되는 물질들을 포함한다. 또한 파이프라인, 저장용 탱크, 매립지, 정화용 연못 등지에서 광범위하게 누출되는 화학물질과 공업물질들도 있다. 이런 오염물질의 일부는 가연성 또는 부식성이거나 폭발성 또는 독성을 포함하고 있음을 뜻하는 **위험물질**로 분류된다. 폐기물로부터 새어 나오는 빗물에는 잠재적인 오염물질이 다양하게 용해되어 있다. 이 물질이 지하수면에 다다르면 지하수와 섞여 지하수를 오염시키게 될 것이다.

지하수는 대개 느리게 움직이기 때문에 오염된 물은 오랫동안 발견되지 않은 채 이동한다. 실제로 대부분의 오염은 사람들이 물을 마시고 병에 걸려서 앓기 시작한 후에야 밝혀지게 된다. 이때쯤이면 오염된 물의 양은 엄청나서 오염원을 즉시 제거해도 문제가 해결되지 않는다. 지하수의 오염원은 셀 수 없이 많지만 해결방법은 극히 적다.

오염원이 밝혀지고 제거된 이후 취하는 가장 일반적인 방법은 단순히 물 공급을 중지하고 오염물

그림 3.37 A. 오염된 물이 우물 1에 도달하기 전에 100m 이상을 이동했음에도 불구하고, 물은 공동이 많은 석회암을 따라 매우 빨리 이동했기 때문에 정화될 수 없다. B. 오염 탱크로부터 유출된 물이 투수성 좋은 사암층으로 침투함에 따라 비교적 짧은 거리를 지나면서도 정화된다.

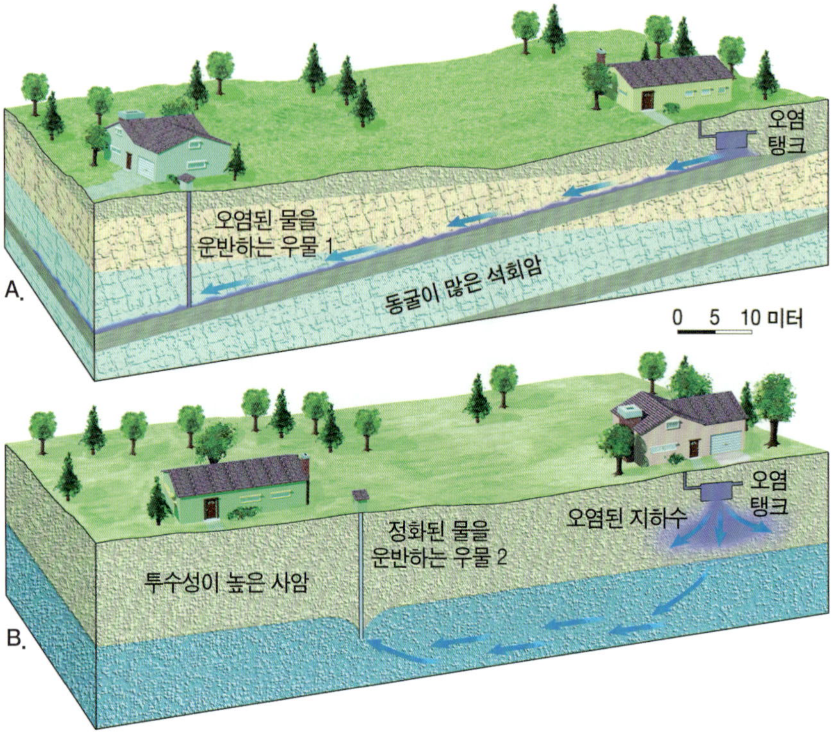

A.

B.

그림 3.38 농약 살포(A)와 쓰레기 매립지에서 새어 나온 물질(B)이 지하수로 흘러드는 경우가 있다. 이 둘은 잠재적인 지하수 오염원이다. (사진 제공: A—Roy Morsch/The Stock Market; B—F. Rossotto/The Stock Market)

질이 점차 씻기어 내려가게 하는 것이다. 이는 가장 저렴하고 쉬운 해결법이지만, 대수층을 몇 년간 사용하지 않은 채 내버려두어야 한다. 이 기간을 단축시키기 위해 때때로 오염된 물을 밖으로 빼내어 화학적으로 처리하기도 한다. 오염된 물이 제거된 후에는 대수층은 자연적으로 보충되거나 또는 화학약품으로 처리한 물이나 다른 신선한 물을 인공적으로 넣어주는 경우도 있다. 그러나 이 방법은 비싸고 시간을 많이 들여야 하며, 또한 모든 오염원을 제거했다는 보장이 없기 때문에 때론 위험부담이 생길 수 있다. 따라서 가장 효과적인 지하수 오염의 해결책은 예방이다.

19. 지하수의 지질학적 작용

지하수는 암석을 녹인다. 이 사실은 동굴이나 용식함몰지가 어떻게 생겨나는지 이해하는 데 열쇠가 된다. 왜냐하면 석회암처럼 녹기 쉬운 암석이 지표 아래 수백만km^{2}를 덮고 있기 때문에 이곳에서 지하수는 침식을 일으키는 중요한 요인이 된다. 석회암은 순수한 물에서는 거의 녹지 않으나 탄산을 약간 포함한 물에서는 대단히 잘 녹는데, 대부분의 지하수는 탄산을 포함하고 있다. 탄산은 대기나 식물의 부패물로부터 발생하는 이산화탄소가 빗물에 쉽게 녹아 들어가기 때문에 생성된다. 따라서 지하수가 석회암과 접하게 되면 탄산은 암석 내의 방해석(탄산칼슘)과 반응해 중탄산칼슘을 만들어내고, 이 수용성 물질은 곧 용해되어 운반된다.

동굴

지하수의 침식작용이 만들어낸 작품 중 가장 장관인 것은 석회 **동굴**(cavern)이다. 미국 내에서만 약 17,000개의 동굴이 발견되었다. 대부분이 비교적 작은 규모이지만 아주 큰 동굴들도 있다. 뉴멕시코주 남부의 칼즈배드(Calsbad) 동굴과 켄터키주의 매머드(Mammoth) 동굴은 그 유명한 예들이다. 칼즈배드 동굴 내의 한 방은 미식축구장 14개와 맞먹는 넓이와 함께 미 국회의사당도 충분히 수용 가능한 높이를 가지고 있다. 또한 매머드 동굴의 총 연장길이는 540km에 달한다.

대부분의 동굴은 포화대 내의 지하수면, 또는 그 바로 아래에서 생성된다. 이곳에서 산성의 지하수는 절리나 층리면과 같이 암석의 약한 선을 따라 이동한다. 시간이 흐르면 용해작용에 의해 공동들이 서서히 생겨나고 이들은 점차 동굴 크기로 커진다. 지하수에 의해 용해된 물질들은 마침내 강과 합류하여 바다로 운반된다.

동굴을 방문하는 대부분의 사람들에게 가장 큰 호기심을 일으키는 지형은 몇몇 동굴들을 환상의 세계처럼 보이게 하는 돌 구조물들이다. 이 구조물들은 그들이 속해 있는 동굴이 겪는 것과 같은 침식에 의해서가 아니라 퇴적의 결과로 생성되었다. 겉으로 보기에 단지 끊임없이 똑똑 떨어지는 듯한 물방울이 매우 오랜 시간에 걸쳐 이들을 만들어낸다. 남겨진 방해석은 트래버틴(travertine)이라 부르는 석회암을 만들어낸다. 그러나 이러한 동굴 퇴적물은 일반적으로 탄생과정에 대한 분명한 뜻을 지닌 **점적석**(dripstone)이라고 불리기도 한다.

비록 석회 동굴은 포화대 내에서 생성될 수 있지만 점적석의 퇴적은 동굴이 지하수면 위의 불포화대에 놓인 후에야 일어난다. 이것은 인접한 강이 계곡을 더 깊이 깍아내리며 수위가 낮아질 때 지하수면이 함께 낮아지면서 흔히 일어난다. 공동이 공기로 채워짐과 동시에 동굴 내부를 꾸미는 작업이 시작될 수 있는 환경이 조성된다.

동굴 내부에서 볼 수 있는 다양한 형태의 점적석 중 우리에게 가장 친숙한 것은 아마 **종유석**(stalactite)일 것이다. 동굴 천장에 드리워져 있는 이 고드름 같은 장식물들은 갈라진 틈으로부터 새어나온 물이 만들어낸다. 물이 동굴 내의 공기와 접하

이런 사실을 알고 있었나요?

미국에서 가장 큰 박쥐 군집이 발견된 곳은 동굴들이다. 예를 들어 텍사스 중부의 브레이큰(Braken) 동굴은 여름철에 멕시코 자유꼬리박쥐 2,000만 마리의 집이다. 녀석들은 동굴 안에서 3km 넘는 구간에서 완전한 어둠 속에 낮을 보낸다. 매일 밤 박쥐들은 먹이를 잡으러 동굴을 나서는데 곤충 220톤 이상을 먹어 치운다.

면 용해되어 있는 이산화탄소의 일부가 물방울로부터 탈출하고, 이에 따라 방해석이 침전되기 시작한다. 퇴적은 물방울의 가장자리를 따라 고리 모양으로 이루어진다. 계속 떨어지는 물방울은 각각 극소량의 방해석을 남기고 떠나며, 최종적으로 속이 빈 석회암 관이 만들어진다. 물은 관을 따라 흘러내리고, 이들은 잠시 끝부분에 매달리며 자그마한 방해석 반지를 만들어 덧붙인 후 동굴 바닥으로 떨어진다.

종유석은 그에 걸맞게 **소다 빨대**(soda straw)라고도 부른다(**그림 3.39A**). 소다 빨대의 속이 빈 관은 종종 막히거나 또는 물 공급량을 늘리기도 한다. 어느 경우에나 물은 흐르게 되고 관의 바깥쪽을 따라 퇴적된다. 퇴적작용이 계속되면 종유석은 좀 더 일반적인 형태인 원뿔형을 이룬다.

동굴 바닥에서 생성되어 천장을 향해 뻗어 가는 구조물은 **석순**(stalagmite)이라 불린다(**그림 3.39B**). 천장에서 떨어지고 표면에 부딪쳐 튀어 오르는 물에 포함된 방해석에 의해 석순이 성장한다. 그 결과, 석순에는 중심부에 관이 없으며, 일반적으로 종유석에 비해 형태가 좀 더 덩어리졌으며, 상부가

A.

B.

그림 3.39 A. "살아 있는" 소다 빨대인 종유석. 네바다주 그레이트베이슨(Great Basin) 국립공원의 레만(Lehman) 동굴. (사진 제공: Tom Bean) B. 석순은 동굴 바닥으로부터 위로 자라난다. 뉴멕시코주 칼즈배드(Carlsbad) 동굴 국립공원의 차이니즈 시어터(Chinese Theater). (사진 제공: David Muench Photography, Inc.)

둥글다. 시간이 충분히 지나면 아래를 향해 자라는 종유석과 위를 향해 자라는 석순이 만나 석주를 형성하기도 한다.

카르스트 지형

전 세계적으로 크게 봤을 때 지하수의 용해력이 만들어낸 지형이 많다. 이런 지형을 **카르스트 지형**(karst topography)이라 하는데, 이 이름은 슬로베니아(예전에는 유고슬라비아의 일부였다)와 이탈리아의 국경선 부근에 위치한, 빼어나게 발달된 지형이 나타나는 크르스(Krs) 지방의 이름에서 유래했다. 미국에는 켄터키주의 일부, 테네시주, 앨라배마주, 인디애나주 남부, 그리고 플로리다주의 중부와 북부(**그림 3.40**)를 포함한 많은 석회암 지대에서 카르스트 지형이 발달해 있다. 일반적으로 지하수가 부족하기 마련인 건조·반건조한 기후지역에서는 카르스트 지형이 발달하지 않는다. 이런 지역에 발달한 침식성 지형은 강우량이 풍부했던 시절의 유물일 것으로 여겨진다.

카르스트 지역에는 **용식 함몰지**(sinkhole) 또는 간단하게 **함몰지**(sink)라 불리는, 많은 움푹한 땅들에 의해 강조된 불규칙한 지형이 전형적으로 나타난다(114쪽의 **그림 3.27B**). 플로리다주, 켄터키주 그리고 인디애나주 남부의 석회암 지대에는 깊이가 1~2m에서 최대 50m에 달하는 다양한 구덩이가 말 그대로 수만 개 분포해 있다.

용식 함몰지는 흔히 다음의 두 가지 방법 중 하나로 생겨난다. 일부는 암석에 물리적인 교란을 일으키지 않은 채 오랜 시간에 걸쳐 차츰 발달한다. 이 경우, 토양층 바로 밑의 석회암은 새로 이산화탄소를 담은 채 아래로 스며드는 빗물에 녹는다. 이렇게 만들어진 구덩이는 일반적으로 별로 깊지 않고 경사도 비교적 완만하다. 이와는 달리 자신의 무게를 이기지 못한 동굴의 천장이 예고도 없이 갑자기 무너짐으로써 함몰지가 생겨날 수도 있다. 이런 방식에 의해 생겨난 구덩이는 대개 경사가 가파르며 깊이도 깊다. 이런 함몰지가 인구가 많은 지

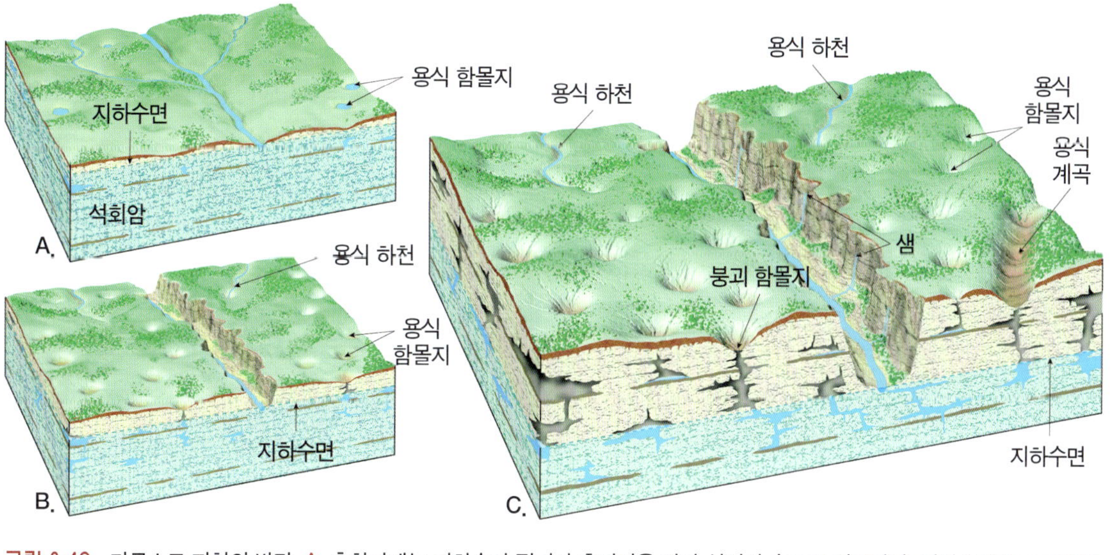

그림 3.40 카르스트 지형의 발달. A. 초창기에는 지하수가 절리와 층리면을 따라 석회암 속으로 침투한다. 지하수면과 그 아래에서 용해활동이 동굴을 만들고 넓힌다. B. 여기에서는 용식 함몰지가 잘 발달해 있고, 지표면의 하천이 땅속으로 모여들었다. C. 시간이 흐르면서 동굴이 커지고 용식 함몰지의 수가 늘어나며 규모도 커진다. 동굴이 무너지고 용식 함몰지가 합쳐지면서 더 크고 평평하게 움푹 들어간 곳이 형성된다. 결국 용해작용으로 지역에 있던 석회암 대부분이 제거되고 잔여물만 고립되어 남는다.

역에 생겨나는 경우에는 심각한 지질학적 위협이 될 수도 있다. **그림 3.41**에 나타난 상황이 바로 그런 예이다.

함몰지에 의해 움푹 팬 지표면과 더불어, 카르스트 지역은 특징적으로 지표 유출(하천)이 현저하게 부족해진다. 비가 내리면 빗물은 순식간에 함몰지를 따라 땅속으로 빨려 들어가고 이들은 최종적으로 지하수면에 다다를 때까지 동굴을 따라 흐르게 된다. 지표에 나타난 하천도 보통 그 길이가 짧다. 이런 하천의 이름은 종종 그들의 운명을 보여주는 실마리가 된다. 예를 들어, 켄터키주의 매머드 동굴 지역에는 굴하천, 소규모 굴하천 그리고 굴하지류가 있다. 일부 용식 함몰지는 점토와 암석 부스러기들로 채워져 작은 호수나 연못이 되기도 한다.

그림 3.41 이 작은 용식 함몰지는 1991년 동굴의 지붕이 무너지면서 갑자기 형성되었으며 플로리다주의 프로스트프루프(Frostproof)에 있는 이 집을 파괴하였다. (사진 제공: St. *Petersburg Times*/Liaison Agency, Inc.)

학습내용 요약

1. 풍화, 사태, 침식은 단단한 암석을 퇴적물로 변화시키는 데 기여한다. 이런 과정은 태양에너지로부터 기인되어, 지표면 또는 그 부근에서 일어나기 때문에 외부 작용이라 일컬어진다. 이에 반해 화산활동이나 조산운동 같은 내부 작용은 그 에너지가 지구 내부에서 유래한다.

2. 사태는 중력의 직접적인 영향에 의해 암석과 토양이 사면을 따라 이동하는 것을 말한다. 중력이 사태를 통제하는 힘이지만, 때때로 물이 공극을 포화시켜 각 입자들 사이의 결합력을 깨뜨리면서 사태를 발생시킬 때도 있다. 경사면의 과도한 경사도가 사태를 유도할 수도 있다.

3. **물의 순환**은 바다, 대기, 대륙 사이에서 연속적으로 이루어지는 물의 교환을 설명한다. 이 시스템은 태양에너지가 동력이며 대기가 바다와 대륙 사이의 연결고리를 제공하는 전 지구적인 시스템이다. 물의 순환에는 다음과 같은 과정들이 포함된다. **강수**, **증발**, **침투**(물이 갈라진 틈과 공극을 통해 암석이나 토양에 스며드는 활동), **유수**(땅속으로 스며들지 않고 땅 위를 흐르는 물), **발산**(식물에 의해 수증기가 대기 중으로 방출).

4. 하천의 유속은 **경사도**(하천 바닥의 기울기), 하도의 **형태**, **크기**, **거친 정도**, 하천의 **유량**(일정 시간당 주어진 지점을 통과하는 물의 양)에 따라 결정된다. 경사도와 거친 정도는 대개 하류로 갈수록 낮아지는 반면, 강의 폭이나 깊이, 유량, 유속은 증가한다.

5. 하천은 퇴적물을 녹인 상태로(**녹은 짐**), 물에 뜬 채로(**뜬 짐**), 하도의 바닥을 따라(**바닥짐**) 운반한다. 녹은 짐의 대부분은 지하수가 운반한다. 대부분의 하천은 뜬 짐으로 퇴적물을 가장 많이 운반한다. 바닥짐은 매우 드문드문 움직이고, 보통은 하천의 운반물 중 가장 적은 부분이다.

6. 하천이 고체 입자를 운반할 수 있는 능력은 두 가지 요소로 나타낼 수 있다. **용량**(하천이 운반할 수 있는 고체 입자의 최대량)과 **운반 능력**(하천이 운반할 수 있는 최대 입자 크기). 운반 능력은 유속의 제곱에 비례한다. 따라서 유속이 두 배가 되면 물의 힘은 네 배가 된다.

7. 하천은 유속이 느려지고 운반 능력이 감소할 경우 퇴적물을 쌓는다. 이에 따라 비슷한 크기의 입자들이 함께 쌓이는 **분급작용**이 일어난다. 하천 퇴적물을 가리켜 **충적층**이라 하는데 하도 퇴적물인 **사주**, **자연제방**을 포함하는 범람원 퇴적물, 하천 어귀의 삼각주 등의 형태로 나타난다.

8. 하천의 하도에는 **암반 하도**와 **충적 하도**, 두 가지 기본 종류가 있다. 암반 하도는 경사가 급한 상류지역에서 가장 흔하며 급류와 폭포가 흔하게 관찰된다. 충적 하도에는 **사행 하천**과 **망상 하천**의 두 종류가 있다.

9. **기준면**(하천에 의해 강바닥이 침식되었을 때 가장 낮은 곳)의 일반적인 형태 두 가지는 (1) **최종 기준면**과 (2) **임시 또는 지역 기준면**이다. 기준면이 변화하면 하천은 새로운 균형을 잡기 위해 조정되고 안정된다. 기준면이 내려가면 하천은 침식작용을 일으키고, 반면에 높아지면 퇴적작용이 일어난다.

10. 하천 바닥이 기준면에 근접하게 침식되면 하천의 에너지가 양쪽 측면을 향해 작용하여 계곡 바닥을 펀펑하게 만들거나 **범람원**을 형성한다. 범람원 위를 흐르는 하천은 종종 **사행천**이라 불리는 광범위한 굴곡을 이루며 이동한다. 넓게 펼쳐진 사행천은 **차수**라 일컬어지는 좀 더 짧은 소규모 하천들을 만들기도 하며 하천의 일부가 끊겨서 남은 작은 호수인 **우각호**를 만들기도 한다.

11. 하천에 의해 만들어진 일반적인 **유역 형태**에는 (1) **수지형**, (2) **방사형**, (3) **장방형**, (4) **격자형**이 있다.

12. **홍수**는 폭우나 폭설 때문에 일어난다. 인간의

간섭이 홍수를 악화시키거나 심지어 유발하는 경우도 있다. 홍수 제어 수단에는 인공제방이나 댐을 짓거나 인공차수를 만드는 것과 같은 수로 건설도 있다. 많은 과학자들과 기술자들이 보다 적절한 토지 사용을 포함한, 홍수 제어를 위해 비구조적 접근을 주장하고 있다.

13. 자원으로서의 지하수는 인간이 손쉽게 사용할 수 있는 담수의 가장 거대한 저장고로 여겨진다. 지질학적으로, 지하수의 용해작용은 동굴과 용식 함몰지를 만들어낸다. 지하수는 또한 하천 흐름의 평형 조정장치이기도 하다.

14. 지하수는 지표면 아래에 위치한 암석과 퇴적물(포화대) 속의 공극을 차지하고 있는 물이다. 이 층의 상부 경계선은 지하수면이다. 불포화대는 토양과 퇴적물 및 암석이 포화되어 있지 않으며 지하수면 위에 위치한다. 저장 가능한 지하수의 양은 물질의 공극률(공극의 부피)에 따라 결정된다. 물질의 투수성(서로 연결된 공극을 통해 유체를 투과시키는 능력)은 지하수의 이동에 영향을 미치는 주요 요소이다.

15. 샘은 지하수면이 지표면과 만날 때마다 나타나는, 지하수가 자연적으로 흘러나오는 곳이다. 포화대에 뚫은 열린 구멍인 우물은 지하수를 뽑아 올려 지하수면이 대체로 원뿔형인 수위저하곡면을 이루며 하강하게 만든다. 자분정은 물이 최초로 도달한 높이 이상으로 상승할 때 형성된다.

16. 지하수가 아주 깊은 곳에서 순환하면 열에 의해 데워진다. 이런 지하수가 상승하면 온천이나 간헐천의 형태로 나타날 수 있는데 지하수가 지하의 공간에서 데워지고 팽창하면서 일부 물은 빠르게 수증기로 변화하여 간헐천이 분출하게 만들기도 한다. 대부분의 온천과 간헐천의 열원은 뜨거운 화성암체이다.

17. 지하수와 관계된 현재의 환경 문제에는 (1) 대규모 관개에 의한 지하수 남용, (2) 지하수 고갈에 의한 지반 침하, (3) 오염물질에 의한 지하수 오염 등이 있다.

18. 대부분의 동굴들은 지하수면 또는 그 하부에 위치한 석회암 지대에서 산성의 지하수가 수용성 암석(석회암)을 녹이면서 만들어진다. 카르스트 지형은 용식 함몰지로 불리는 많은 구덩이로 뒤덮인, 불규칙한 형태의 암층을 나타낸다.

주요 용어와 개념

간헐천(geyser) … 118
감입 사행천(incised meander) … 106
격자형(trellis) … 110
경사도(gradient) … 96
공극률(porosity) … 116
기준면(base level) … 103
난류(turbulent flow) … 96
내부 작용(internal process) … 88
녹은 짐(dissolved load) … 99
대수층(aquifer) … 117
동굴(cavern) … 125
뜬 짐(suspended load) … 99
망상(braided) … 102
물의 순환(water cycle) … 92
바닥짐(bed load) … 99
반대수층(aquitards) … 117
방사형(radial) … 109
배후습지(backswamp) … 109
범람원(floodplain) … 105
분급(sorting) … 100
분류(distributary) … 107
분수계(divide) … 94
불포화지대(unsaturated zone) … 115
사주(bar) … 107
사태(mass wasting) … 89
사행(meander) … 101
삼각주(delta) … 107
샘(spring) … 117
석순(stalagmite) … 126
수위저하(drawdown) … 119
수위저하곡면(cone of depression) … 119
수지형 형태(dendritic pattern) … 109
안식각(angle of repose) … 91
야주 지류(yazoo tributary) … 109
온천(hot spring) … 118
외부 작용(external process) … 88
용식 함몰지(sinkhole) … 127
우각호(oxbow lake) … 102
우물(well) … 119
운반 능력(competence) … 99
운반 용량(capacity) … 99
유량(discharge) … 97
유역 분지(drainage basin) … 94
유출(runoff) … 93
자분정(artesian) … 120
자연제방(natural levee) … 108
장방형(rectangular) … 109
종유석(stalactite) … 125
증산작용(transpiration) … 93
지하수(groundwater) … 115
지하수면(water table) … 115
차수(cutoff) … 102
충적층(alluvium) … 100
층류(laminar flow) … 96
침식(erosion) … 89
침투(infiltration) … 93
카르스트 지형(karst topography) … 127
투수성(permeability) … 116
포화대(zone of saturation) … 115
풍화(weathering) … 89
하곡(stream valley) … 104
함몰지(sink) … 127
홍수(flood) … 110

학습 요약 문제

1. 암석 순환에서 외부 작용의 역할을 설명하라.
2. 사태를 조절하는 힘은 무엇인가? 사태에 영향을 끼치거나 사태작용이 일어나도록 유발하는 다른 요소에는 어떤 것들이 있는가?
3. 사태는 지표면을 형성하는 데 있어 어떤 역할을 수행하는가?
4. 물의 순환에서 물의 이동을 설명하라. 육지에 내린 비는 어떤 경로를 밟게 되는가?
5. 하천시스템의 세 주요 부분(지대)은 무엇인가?
6. 해발고도 2,000m 높이에서 출발한 하천이 바다까지 250km를 이동하였다. km당 평균 경사도는 얼마인가(m/km)?
7. 6번 문제의 하천이 광범위한 곡류로 변화해 그 길이가 500km로 연장되었다고 하자. 새로운 경사도를 계산하라. 이런 변화는 경사도에 어떤 영향을 미쳤는가?
8. 하천의 유량이 증가하면 하천의 유속에는 어떤 변화가 생기는가?
9. 하천이 짐을 운반하는 세 가지 방법은 무엇인가?
10. 하천에서 물을 한 항아리 떠내면 항아리의 바닥에 가라앉는 짐은 어떤 것일까? 물에 남아 있는 부분은 어떤 것일까? 항아리 속에 있지 않을 하천의 짐은 어떤 부분일까?
11. 운반 능력과 운반 용량의 차이점은 무엇인가?
12. 암반 하도는 강 상류와 하구, 둘 중 어느 쪽에 있을까?
13. 망상 하도를 유발하는 상황을 설명하라.
14. 기준면(base level)을 정의하라. 현재 사는 곳(나라)의 주요 하천 이름을 말해 보라. 그 하천의 기준면으로 작용하는 하천은 무엇인가? 미시시피강과 미주리강의 기준면은 무엇인가?
15. 감입 사행천의 형성을 유발하는 두 가지 상황에 대해 설명하라.
16. 자연제방의 형성에 대해 간단하게 설명하라. 자연제방은 배후습지나 야주 지류와는 어떻게 관련되어 있는가?
17. 홍수를 제어하는 기본 방법 세 가지를 들고, 이들을 간단히 설명하라. 각각의 단점은 무엇인가?
18. 아래에 나오는 진술들은 각각 특정한 유역 형태를 설명하고 있다. 어떤 것인지 써라.
    a. 마치 화산처럼 중앙의 높은 지대에서 갈라져 나온 하천
    b. 나무 형태로 가지 친 하천
    c. 기반암이 절리와 단층에 의해 십자형으로 갈라질 때 발달하는 형태
19. 담수 중 몇 퍼센트가 지하수인가? (114쪽, **그림 3.26** 참조) 만약 빙하를 제외하고 오직 액체 상태의 담수만을 고려한다면 이중 지하수는 약 몇 퍼센트가 되겠는가?
20. 지질학적으로, 지하수는 침식작용에 있어 중요한 역할을 수행한다. 지하수가 수행하는 또 다른 지질학적으로 중요한 역할을 말해 보라.
21. 지하수를 정의하고, 이를 지하수면과 결부시켜 보아라.
22. 공극률과 투수성은 어떻게 다른가?
23. 대부분의 온천과 간헐천을 데우는 열원은 무엇인가? 이는 온천, 간헐천 분포에 어떻게 반영되는가?
24. 자분정이라는 단어가 뜻하는 것은 무엇인가? 어떤 환경하에서 자분정이 생성되는가?
25. High Plains 남부에서 관개를 위해 지하수를 뽑아 올린 것은 어떤 문제를 초래하게 되었는가?
26. 과도한 지하수의 사용이 캘리포니아의 산호아킨 계곡, 멕시코시티, 그리고 다른 지역에 어떤 결과를 초래했는지 간단하게 설명하라.
27. 다음 중 어떤 물질로 구성된 대수층이 오염된 지하수의 자연정화에 가장 효과적인가?: 굵은 자갈의 대수층, 모래질의 대수층, 구멍 뚫린 석회암의 대수층.

28. 종유석과 석순을 구별하라. 이들은 어떻게 형성되는가?
29. 카르스트 지형이 나타난 지형을 둘러보면 어떤 지형들을 관찰하게 되는가? 이 지역의 하부는 어떤 암석으로 이루어져 있을까?

Online 학습 안내

Foundation of Earth Science 웹에는 학생들이 이 장에서 다룬 여러 내용의 학습을 도울 수 있는 자료들과 인터넷 연계시스템을 갖추고 있다. 지구과학을 강의하는 연구자들에 의해서 발전된 이 인터넷 주소는 지구과학의 이해를 증진시켜 줄 것으로 생각된다. http://www.prenhall.com/lutgens를 방문하여 *Foundation of Earth Science 5e*를 클릭하여 다음 내용들을 살펴보자:

- 인터넷 종합 퀴즈
- 비평적 사고 훈련
- 장 관련 웹 자료들의 연계
- 웹을 통한 주요 개념 탐구

http://www.prenhall.com/lutgens

GEODe: Earth Science

*GEODe: Earth Science*는 동영상(animation), 비디오(video), 낭송(narration), 대화식 연습문제(interactive exercise), 실용적인 퀴즈 등을 이용하여 주요 개념을 더욱 심화함으로써 더욱 효과적인 학습을 이룰 수 있게 한다. 이 복사 CD는 이 책 『지구시스템의 이해』 제5판에 포함되어 있다.

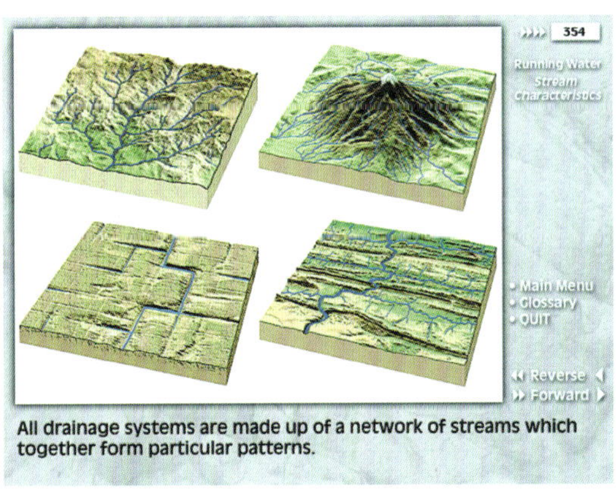

알래스카주 글레이셔(Glacier)만 국립공원의 알세크(Alsek) 빙하와 세인트 일리어스(St. Elias) 산맥.
(사진 제공: Carr Clifton)

제 4 장

빙하지형과 건조지형

학습 초점

다음은 여러분들이 이 단원에서 다루는 중요한 개념들을 이해하는 데 도움을 줄 수 있는 유용한 질문들이다.

1. 빙하란 무엇인가? 빙하는 일반적으로 두 종류로 나눌 수 있는데, 이들은 오늘날 지구의 어느 곳에 있는가?

2. 빙하는 어떻게 움직이며, 빙하의 침식작용으로는 어떤 것들이 있는가?

3. 빙하 퇴적지형은 어떤 물질들로 이루어져 있는가? 가장 널리 분포하고 있는 지형은 무엇인가?

4. 빙하기에 대한 증거는 무엇인가? 빙하기는 육지와 바다에 어떤 간접적인 영향을 끼쳤나?

5. 저위도와 중위도 지방에서 사막이 생기는 이유는 무엇일까?

6. 건조기후 지역에서 물과 바람은 어떤 역할을 하는가?

7. 미국이 건조한 베이슨 앤 레인지(Basin and Range) 지역의 지형들은 어떤 과정을 거치며 변화했을까?

8. 바람은 어떻게 침식작용을 하는가?

9. 바람에 의한 퇴적작용의 특징은 무엇인가?

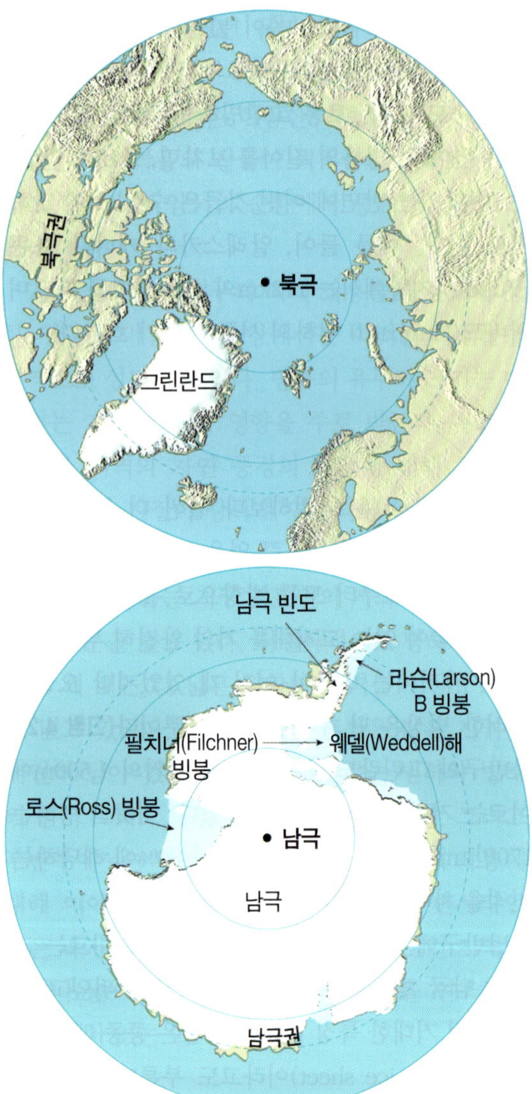

그림 4.2 오늘날 유일한 대륙빙상들은 그린란드를 덮는 빙상 그리고 남극 대륙을 덮는 빙상이다. 이들을 합한 면적은 지구 육지 면적의 거의 10%를 차지한다. 그린란드 빙상은 170만 km^2 또는 섬의 약 80%를 덮는다. 남극 빙상은 거의 1,400만 km^2이다. 남극 빙상 인근에는 부가적으로 빙붕이 140만km^2 존재한다.

면 이상이 육지에 부착된 채 남아 있는 것이다. 빙붕은 육지 쪽 부분이 가장 두꺼우며 대양 쪽으로 갈수록 얇아진다. 빙붕은 인근 빙상에서 얼음이 제공되어 유지될 뿐만 아니라 강설과 빙붕 하부에서 바닷물의 동결작용에 의해 만들어진다. 남극의 빙붕은 거의 140만km^2가 넘게 뻗어 있다. 로스(Ross) 빙붕 및 필치너(Filchner) 빙붕은 가장 큰 빙붕으로, 이중 로스 빙붕은 거의 미국 텍사스주를 덮을 만한 크기이다(**그림 4.2**).

다른 유형의 빙하

곡빙하와 빙상뿐만 아니라 다른 유형의 빙하들도 또한 관찰된다. 산정부와 고원을 덮는 빙하를 **빙모**(ice cap)라고 부른다. 빙상처럼, 빙모는 풍경을 완전히 덮지만 대륙 규모의 빙하보다는 크기가 훨씬 작다. 빙모는 아이슬란드, 북극해의 몇몇 큰 섬 등 많은 지역에서 관찰된다. 다른 유형들 중의 하나인 **산록빙하**(piedmont glacier)는 험한 산맥 하부의 저지대를 넓게 차지하며 하나 또는 그 이상의 곡빙하들이 계곡에서 벗어날 때 형성된다. 전진하는 얼음은 넓은 평면층을 형성하며 퍼진다. 각각의 산록빙하의 크기는 매우 다양하다. 이중 가장 큰 것은 알래스카 남쪽 해안을 따라 형성된 말라스피나(Malaspina) 빙하이다. 이 빙하는 높이 솟은 세인트 일리어스(St. Elias) 산맥 하부에 발달된 편평한 해안평야 중 5,000km^2 이상을 덮는다(**그림 4.3**).

2. 빙하는 어떻게 움직이는가?

Sculpturing Earth's Surface
▼ Glaciers

빙하의 움직임은 일반적으로 흐름에 속한다. 빙하의 움직임을 이런 식으로 얘기하는 것은 모순인 것처럼 보인다. 어떻게 고체가 흐를 수 있단 말인가? 빙하가 흐르는 방식은 복잡하며 두 가지 방식으로 흐르고 있다. 그중 하나는 얼음의 가소성(plastic)에 의해 움직인다. 얼음은 딱딱한 고체이다. 하지만 얼음 위로 똑같은 얼음이 약 50m 두께로 쌓여

그림 4.3 남부 알래스카의 말라스피나(Malaspina) 빙하는 산록빙하이다. 곡빙하들이 산맥에서 넓은 저지대로 빠져나가는 곳에서 형성되는 산록빙하는 측면의 제한이 사라지면서 퍼져서 넓고 둥근 돌출부를 형성한다. 말라스피나 빙하는 실제로는 여러 개의 곡빙하들이 합쳐져 형성된 복합 빙하로, 가장 두드러진 것은 아가씨즈(Agassiz) 빙하(사진 왼쪽)와 세워드(Seward) 빙하(오른쪽)이다. 전부 합하면, 말라스피나 빙하는 폭이 65km에 이르며 산의 앞면에서 바다까지 45km에 달한다. (사진 제공: NASA/JPL)

서 누르게 되면 얼음은 가소성을 가지면서 흐르기 시작한다. 빙하의 두 번째 운동방식 역시 중요한데, 얼음 덩어리 전체가 땅 위를 미끄러지는 것이다. 빙하의 바닥에 놓인 얼음들 대부분은 이렇게 미끄러지는 방식으로 움직일 것이다.

빙하의 가장 위쪽 약 50m 정도를 가리켜 **열극대**(zone of fracture)라고 한다. 열극대의 위쪽에서는 아래쪽과는 달리 얼음을 눌러 가소성을 띠게 하는 얼음이 부족하기 때문에 이곳의 얼음은 딱딱하고 깨지기 쉬운 성질을 띤다. 따라서 열극대의 얼음은 아래쪽의 얼음에 업혀 가는 것처럼 움직인다. 지표면이 울퉁불퉁한 곳을 빙하가 지날 때면 열극대는 장력을 받게 되어 **크레비스**(crevasses)라는 갈라진 틈들을 만들게 된다. 이렇게 벌어진 틈들은 깊이가 50m에 달하는 것도 있어서 빙하를 가로질러 이동할 때에 위험요소가 된다. 50m보다 더 깊은 곳에서는 가소성을 띤 얼음 때문에 이러한 틈이 사라진다.

이런 사실을 알고 있었나요?

빙하는 호주를 제외한 모든 대륙에서 발견된다. 놀랍게도, 열대의 아프리카에도 가장 높은 산인 킬리만자로산의 정상에 조그마한 빙하가 있다. 그러나 연구에 의하면, 1912년 이후 킬리만자로산의 얼음은 80% 이상 소멸됐으며 2020년에는 모두 사라질 것이다.

빙하의 움직임을 관찰하고 측정하기

강물의 흐름과는 달리 빙하의 움직임을 눈으로 쉽게 볼 수는 없다. 우리가 만약 곡빙하가 움직이는 것을 볼 수 있다면, 마치 강물처럼 모든 얼음이 아래쪽을 향해 똑같은 속도로 움직이지는 않음을 알 수 있을 것이다. 계곡의 벽과 바닥 쪽에서의 끌림 때문에 빙하의 속도는 중심부에서 가장 빠르다.

19세기 초, 사람들은 빙하의 움직임에 대한 실험을 최초로 고안하고 알프스에서 실험해 보았다. 고산빙하를 가로지르는 동일 직선상에 표지들을 세우고 직선의 위치를 계곡 쪽에 표시해서 얼음이 움직이면 위치 변화를 알 수 있도록 해두었다. 조사자들은 주기적으로 표지들의 위치를 기록했고, 이를 통해 빙하의 움직임을 기술할 수 있었다. 대부분의 빙하가 직접 눈으로 알아차리기에는 너무나 느린 속도로 움직이지만 이 실험을 통해 빙하가 움직이고 있음을 증명할 수 있었다. **그림 4.4**는 19세기 후반에 스위스 론(Rhône) 빙하를 대상으로 행한 실험을 보여주고 있다. 이 실험에서는 얼음 위의 표지의 움직임을 추적했을 뿐만 아니라 빙하 말단의 위치도 같이 표시하였다.

빙하는 얼마나 빠르게 움직일 수 있을까? 평균 속도는 빙하에 따라 상당히 다르다. 어떤 빙하는 아주 느리게 움직여서 빙하 표면에 쌓이는 돌무더

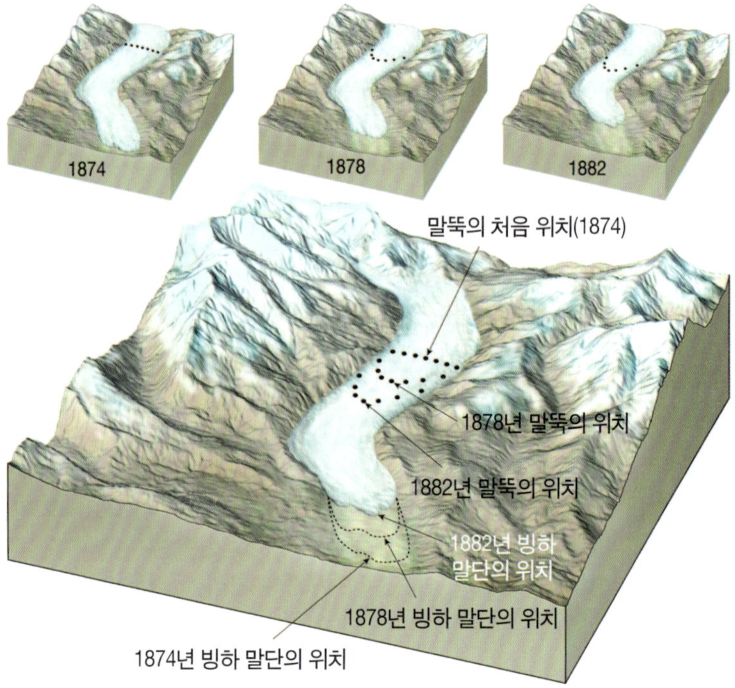

그림 4.4 스위스 론(Rhône) 빙하 말단 부분에서 얼음의 이동과 변화. 이 고전적인 곡빙하에 관한 연구에서, 빙하의 옆면에 있는 말뚝의 움직임을 통해 빙하는 움직이며 빙하 측면의 움직임이 빙하 중앙부분의 움직임보다 느리다는 것을 알 수 있다. 또한 빙하 말단이 후퇴하고 있음에도 빙하의 얼음은 전진하고 있음을 주목하라.

기 위로 나무나 다른 식생들이 잘 자라기도 한다. 반면에 하루에 수m씩 움직이는 빙하도 있다. 어떤 빙하들은 아주 빠르게 움직이는 기간과 거의 움직이지 않는 기간이 반복적으로 나타나는 것이 특징이다.

빙하의 수지 균형: 누적과 소모

눈은 빙하의 가장 기본이 되는 재료이다. 그러므로 빙하는 여름에 녹을 수 있는 양보다 더 많은 양의 눈이 내리는 곳에서 생긴다. 빙하는 얼음을 얻거나 잃는 작용을 끊임없이 반복한다. 눈이 쌓이고 얼음이 생기는 곳을 **누적지역**(zone of accumulation)이라 하는데(**그림 4.5**), 이곳에서는 눈이 더해지면서 빙하가 두꺼워지고 움직임이 시작된다. 이렇게 얼음이 생기는 곳을 지나면 **소모지역**(zone of wastage)인데, 이곳은 겨울에 왔던 눈과 빙하의 일부가 녹는 곳이다(**그림 4.5**).

빙하는 소모지역에서 녹는 것 외에, 빙괴분리(calving)라는 과정으로 만들어진 큰 얼음 조각들을 빙하의 앞쪽에 떨어뜨리기도 한다. 빙하가 바다와 만나는 곳에서는 빙괴분리를 통해 빙산이 생긴다(**그림 4.6**). 빙산은 해수보다 밀도가 조금 작기 때문에 전체 덩어리의 90% 정도가 물속에 잠긴 채 아주 낮게 떠다닌다. 그린란드 빙상의 경계부에서는 해마다 수천 개의 빙산이 생겨나고 있다. 빙산들 가운데 많은 것들이 남쪽으로 떠내려가서 북대서양으로 진입하게 되는데, 이는 항해에 큰 위험이 된다.

빙하의 경계부가 전진하는지, 후퇴하는지, 아니면 그대로 있는지는 빙하의 수지 균형에 따라 결정된다. 즉, 얼음이 쌓이거나 녹아 없어지는 것 사이의 균형 또는 불균형에 따라 빙하 경계부의 이동이 결정된다. 만약 쌓이는 것이 녹아 없어지는 것보다 많다면 빙선(glacial front)은 두 요소가 균형을 이룰 때까지 전진하게 된다. 두 요소의 균형이 맞으면 빙하의 끝부분은 움직이지 않게 된다. 기후가 따뜻해져서 녹아 없어지는 것이 많아지거나, 강설

그림 4.5 설선이 누적지역과 소모지역을 나누고 있다. 설선 위쪽으로는 여름에 녹는 양보다 더 많은 눈이 겨울마다 내린다. 설선 아래쪽에서는 지난 겨울에 내렸던 눈이 완전히 녹으며, 그 아래의 일부 얼음도 같이 녹는다. 빙하의 경계가 전진하는지, 후퇴하는지, 움직이지 않고 그대로 있는지의 여부는 눈이 쌓이는 것과 사라지는 것 사이의 균형이 맞느냐 맞지 않느냐에 달려 있다. 빙하가 울퉁불퉁한 땅 위로 이동할 때면 부러지기 쉬운 취성 부분에서 크레바스가 생긴다.

량이 줄어 쌓이는 양이 적어지면 빙선은 후퇴하게 된다. 빙하의 끝부분이 후퇴함에 따라 소모지역의 크기도 작아진다. 그렇게 됨에 따라, 시간이 지나면 쌓이는 양과 녹아 없어지는 양이 새롭게 균형을 이루게 되며 빙선은 다시 멈추게 된다.

빙하의 경계부가 전진하든, 후퇴하든, 아니면 그대로 있든 간에 빙하의 얼음은 계속해서 앞으로 흐른다. 빙하가 후퇴하는 경우, 녹아 없어지는 양을 상쇄할 만큼 얼음이 충분치 못해 앞으로 빠르게 나아가지 못하는 것이다. 이 점은 **그림 4.4**에 나타나 있다. 론(Rhône) 빙하에 박힌 말뚝의 선이 계속해서 골짜기 아래로 움직이는 동안, 빙하의 앞쪽 끝부분은 천천히 골짜기 위쪽으로 후퇴하였다.

이런 사실을 알고 있었나요?

만약 남극의 빙상이 알맞은 균일한 비율로 녹는다면, 미시시피강을 50,000년 이상 유지하거나 아마존강의 흐름을 약 5,000년 동안 유지할 수 있을 것이다.

3. 빙하 침식

GEODe EARTH SCIENCE Sculpturing Earth's Surface
▼ Glaciers

빙하는 엄청난 양의 암석을 침식시킨다. 고산빙하의 말단 부분을 살펴보면, 빙하에 의한 침식작용을 확인할 수 있다. 또한 얼음 속에 있다가 얼음이 녹으면서 밖으로 나온 다양한 크기의 암석 조각들을 직접 눈으로 볼 수 있다. 이 모든 것들은 얼음이 계곡의 바닥과 암벽으로부터 암석 잔해들을 긁어내고 문질러내고 잡아 뜯어내어 계곡 아래쪽으로 운

그림 4.6 빙산은 빙하가 물에 닿으면서 앞부분이 큰 조각으로 떨어져 나와 생긴다. 알래스카주 랑겔(Wrangell)–세인트 일리어스(St. Elias) 국립공원의 허바드(Hubbard) 빙하 말단에서 얼음이 떨어져 나오고 있다. (사진 제공: Tom & Susan Bean, Inc.) 좌측 하부의 삽입사진이 설명하는 것처럼, 해수면 위로 보이는 빙산은 전체의 10%에 불과하다. 어떤 빙산들은 매우 커다랗다. 우측 상부의 인공위성 사진은 남극 빙붕에서 떨어져 나온 거대한 빙산을 보여준다. 이 빙산의 면적(3,000km^2)은 로드(Rhode) 섬 크기만 하다. (사진 제공: NASA)

반해 왔음을 말해 준다. 실제로 퇴적물을 이동시키는 데 있어서는 얼음에 필적할 만한 것이 없다.

일단 빙하 때문에 암설이 생기면 유수나 바람이 운반할 때와는 달리 땅으로 가라앉을 수 없다. 따라서 빙하는 다른 어떤 매개체들도 움직이지 못하는 거대한 돌조각들을 나를 수 있다. 오늘날 침식요인으로서의 빙하의 중요성은 제한적이지만 지난 빙하기 때에 넓게 퍼져 있던 빙하들에 의해 모습이 바뀐 많은 지형들에서 여전히 얼음의 위력을 볼 수 있다.

빙하는 어떻게 침식하는가

빙하는 기본적으로 뜯음작용(plucking)과 마식작용(abrasion)의 두 가지 방식으로 땅을 침식한다. 먼저, 빙하가 균열이 있는 기반암 위로 흐르면 빙하는 암석 덩어리들을 헐겁게 하고 들어 올려 얼음 속에 포함시킨다. **뜯음작용**(plucking)이라고 하는 이 과정은 녹은 물이 빙하 바닥에 있는 암석층의 균열과 절리 사이에 침투한 후 다시 얼 때 일어난다. 물이 팽창하면서, 엄청난 지렛대 역할을 해서 암석을 들어 올려 헐겁게 한다. 빙하는 이런 방식으로 모든 크기의 퇴적물들을 운반할 수 있다.

두 번째 주요 침식작용은 **마식작용**(abrasion)이다. 얼음과 그 위의 암석 조각들이 기반암 위로 미끄러지면서 사포처럼 표면을 매끄럽게 하고 광을 낸다. 빙하 “제분소”에서 만들어낸, 가루가 된 암석들을 가리켜 **암분**(rock flour)이라고 한다. 암분이

A. B.

그림 4.7 A. 빙하의 마식작용으로 기반암에 긁힌 자국과 파인 홈이 생겼다. 알래스카의 글레이셔만 국립공원. (사진 제공: Carr Clifton) B. 캘리포니아의 요세미티 국립공원에서 관찰되는, 빙하에 의해 윤이 난 화강암. (사진 제공: E. J. Tarbuck)

워낙 많이 만들어지기 때문에 빙하에서 녹은 물이 흘러나가는 냇물은 종종 탈지유처럼 회색으로 보이기도 한다. 얼음의 가는 힘에 대한 시각적인 증거이다.

빙하 밑바닥에 커다란 암석 조각들이 있을 경우, 기반암에는 끌로 파낸 것처럼 길게 긁힌 자국이나 홈이 남을 수 있는데, 이를 **빙하조선**(glacial striations)이라고 한다(**그림 4.7A**). 선 모양으로 긁힌 이 흔적들은 얼음이 흐른 방향에 대한 단서를 제공한다. 넓은 지역에서 빙하조선을 조사해 보면 종종 빙하 흐름의 경향을 재구성해 낼 수 있다.

이와는 달리 모든 마식작용이 빙하조선을 만들어내는 것은 아니다. 빙하의 얼음과 세립 퇴적물 입자들의 이동에 의해 암석면이 갈리는 경우도 있다. 좋은 예로 캘리포니아의 요세미티 국립공원에는 매끈하게 갈려 있는 화강암이 아주 넓게 펼쳐져 있다(**그림 4.7B**).

다른 침식 요소들의 경우처럼, 빙하의 침식비율은 매우 다양하다. 빙하에 의한 이러한 차별 침식은 주로 네 가지 요인들에 의해 조절된다: (1) 빙하 이동의 속도; (2) 빙하의 두께; (3) 빙하 기저부의 얼음에 포함되어 있는 암석 파편의 모양, 빈도, 굳기; (4) 빙하 아래 지표면의 침식. 시간에 따른 그리고/또는 장소에 따른 이러한 요소 또는 요소들의 변화는 빙하지역에서 지형 변화의 특징, 결과, 정도가 크게 변할 수 있음을 의미한다.

빙하 침식에 의해 형성된 지형

빙상이 깎아낸 양은 무시무시할 정도로 많지만 이 거대한 얼음 덩어리들이 만들어낸 지형은 보통 곡빙하가 깎아낸 것들만큼 외경심을 주지는 못한다. 빙상의 침식효과가 중요한 곳에서는 빙하가 다듬어낸 지표면과 그에 따른 평원이 있게 마련이다. 하지만 산악지대에는 곡빙하가 깎아낸 정말 멋진 풍경들이 있다. 장엄한 아름다움으로 칭송 받는 멋진 산의 풍경들은 곡빙하가 만들어낸 것이다.

잠시 **그림 4.8**을 보자. **그림 4.8**에는 빙하작용을 받기 전의 지형, 빙하작용을 받고 있는 지형, 빙하작용을 받은 후의 지형들이 나타나 있다. 앞으로의 토의를 위해 이 그림을 자주 참고하게 될 것이다.

빙하성 계곡 빙하로 덮이기 전까지, 고산의 계곡은 냇물이 기준면 위에 놓여 바닥을 깎아내리기 때문에 V자 모양을 띤 것이 특징이다(**그림 4.8A**). 하지만 산악지형이 빙하의 영향을 받고 나면 계곡은 더 이상 너비가 좁은 계곡이 아니다. 예전에 냇물이 흘렀던 계곡을 따라 빙하가 아래로 흐르는 동안 얼음은 세 가지 방식으로 지형을 바꾼다. 빙하는 계곡을 넓히고 깊게 만들며 직선으로 만든다. 따라서 한때 V자 모양이었던 계곡은 U자 모양의 **빙곡**

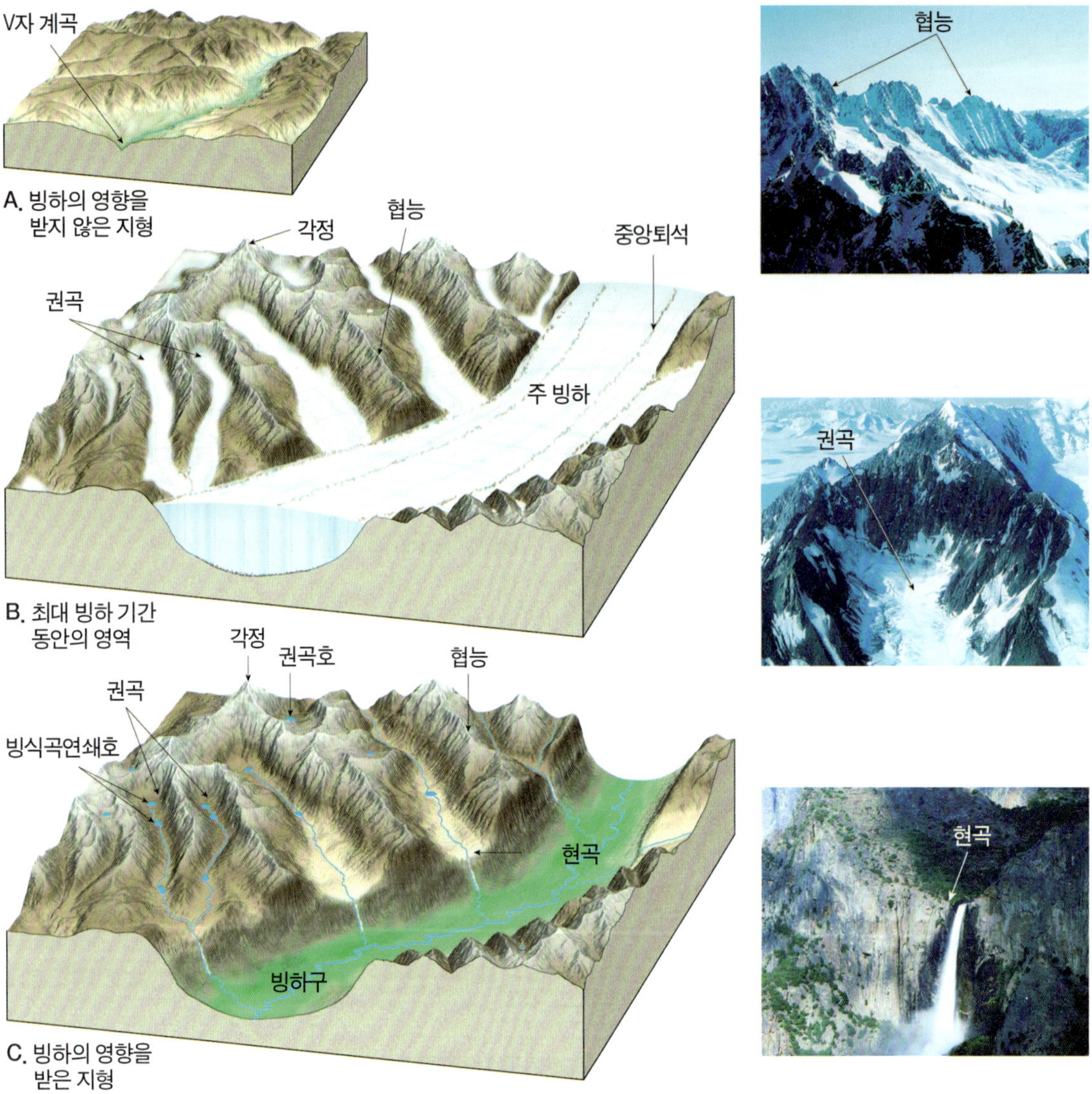

그림 4.8 가상지역을 나타낸 이 그림은 고산빙하에 의해 형성된 침식지형의 발달과정을 보여준다. 빙하의 영향을 받지 않은 풍경(**그림 A**)이 곡빙하의 영향으로 변했다(**그림 B**). 얼음이 후퇴한 뒤, 지형은 빙하 전보다 매우 바뀌었다(**그림 C**). (협능 사진: James E. patterson Collection, 권곡 사진: Marli G. Miller, 현곡 사진: Marc Muench)

(glacial trough)으로 변하게 된다(**그림 4.8C**와 **그림 4.9A**).

얼음의 두께에 따라 빙하의 침식력이 부분적으로 달라지므로 주된 본류의 빙하가 보다 작은 지류의 빙하보다 계곡을 더 깊게 깎는다. 따라서 얼음이 후퇴하면 지류빙하에 의해 형성된 계곡들은 본류 빙하에 의해 형성된 계곡보다 높은 곳에 남게 되는데 이를 **현곡**(hanging valley)이라고 부른다. 현곡을 따라 흐르는 강에서는 캘리포니아 요세미티 국립공원처럼 멋진 폭포가 나타나기도 한다(**그림 4.8**).

A.

B.

그림 4.9 A. 빙하작용을 받기 이전의 산악 골짜기는 전형적으로 좁고 V자 모양이다. 빙하작용 동안에 산악빙하는 골짜기를 넓히고 깊게 하며 똑바르게 해서, 사진에서 보이는 것처럼 U자형의 빙하구를 만든다. 이때 형성된 일련의 호수들을 빙식곡연쇄호라 부른다. 사진의 골짜기는 미국 몬태나주의 글레이셔 국립공원에 있다. (사진 제공: John Montagne) B. 다른 피오르드처럼, 알래스카주 트래시 암(Tracy Arm)에 있는 이 피오르드는 물에 잠긴 빙하구이다. 피오르드는 후면의 빙하가 후퇴하고 바다가 그 자리를 채우면서 계속 성장한다. (사진 제공: Tom & Susan Bean)

권곡 빙하 계곡의 정상부에서는 가끔 곡빙하의 특징인 고유한 지형을 볼 수 있는데 이를 **권곡**(cirque)이라고 한다. **그림 4.8**에 나타나듯이 권곡은 속이 빈 그릇 모양으로 푹 꺼진 곳으로, 삼면이 절벽으로 둘러싸여 있고 나머지 한 면은 계곡 아래쪽으로 터져 있다. 권곡은 눈이 쌓이고 얼음이 형성되는 지역이기 때문에 권곡은 빙하가 성장하는 중심점이다. 권곡은 산사면의 불규칙한 곳에서부터 시작하여, 얼음이 쐐기작용을 하고 빙하의 옆면과 바닥 쪽에서 빙하가 돌들을 잡아 뜯음에 따라 더 넓어진다. 이제 빙하는 컨베이어벨트처럼 작용해서 암설들을 운반해 나간다. 빙하가 녹고 나면 권곡 분지는 종종 작은 호수(tarn)가 되곤 한다.

그림 4.10 각정은 곡빙하가 만들어낸 날카롭고 피라미드처럼 생긴 산봉우리이다. 이 사진은 스위스 알프스의 유명한 마테호른(Matterhorn)이다. (사진 제공: Gavriel Jecan/Art Wolfe, Inc.)

협능과 각정 알프스, 로키 산맥의 북쪽과 곡빙하가 만들어낸 많은 산악지형들에서 빙곡과 권곡만이 나타나는 것은 아니다. 이와 함께, 구불구불하고 끝이 날카로운 능선인 **협능**(arêtes)과 뾰족하고 피라미드처럼 생긴 봉우리인 **각정**(horn)은 주위보다 우뚝 솟아올라 있다(**그림 4.8C**). 이 두 지형은 기본적으로 동일한 과정에 의해 생겨난 것이다. 바로 권곡이 잡아 뜯기고 얼음의 동결작용에 의해 넓어진 것이다. 하나의 산봉우리 안에 여러 개의 권곡들이 있으면 각정이라고 하는 암석의 뾰족탑들을 만들어낼 수 있다. 여러 개의 권곡들이 커져서 모이게 되면 독립된 각정이 만들어진다. 가장 유명한 예로는 스위스 알프스의 마테호른(Matterhorn)이 있다(**그림 4.10**).

협능은 비슷한 방법으로 만들어지는데, 대신 권곡들이 한 점 주위에 모여 있는 것이 아니라 권곡들이 능선을 중심으로 서로 반대편에 있을 때 생긴다. 권곡들이 커지면서 이들을 나누고 있던 능선은 칼처럼 아주 좁은 칸막이 모습으로 줄어든다. 2개의 평행한 빙하 골짜기가 있고 그 사이의 공간을 빙하가 깎아내며 골짜기가 넓어질 때도 협능이 생긴다.

이런 사실을 알고 있었나요?

만약 지구상의 모든 빙하가 녹는다면, 해수면은 전 세계적으로 약 70m 상승할 것이다.

피오르드 **피오르드**(fiord)는 세계 여러 곳에서 산이 바다와 접하는 고위도 지방에서 관찰되는 깊고 급한 경사면을 가진 해협이다(**그림 4.9B**). 노르웨이, 브리티시컬럼비아, 그린란드, 뉴질랜드, 칠레, 알래스카의 해안선들은 모두 피오르드 해안선이 특징적이다. 피오르드는 빙하기가 끝나고 나서 빙하가 사라지고 해수면이 상승함에 따라 물밑으로 가라앉은 빙하 골짜기이다.

깊이가 1,000m가 넘는 피오르드도 있다. 하지만 빙하기 후의 해수면 상승으로는 엄청난 깊이 아래 골짜기들이 침수되어 있는 것을 완벽히 설명할 수 없다. 강물의 하각작용과는 다르게, 빙하에 대해서는 해수면이 침식 기준면으로 작용하지 못한다. 따라서 빙하는 밑바닥을 해수면보다도 더 깊게 침식할 수 있다. 예를 들어, 300m 두께의 곡빙하는 하각작용을 멈추고 얼음이 물 위에 뜨기 전까지 해수면 아래로 250m는 더 계곡 바닥을 침식시킬 수 있다.

4. 빙하 퇴적물

GEODe Sculpturing Earth's Surface
▼ Glaciers

빙하는 땅 위를 천천히 이동하면서 막대한 양의 암설을 들어 올려 운반한다. 그리고 얼음이 녹으면서 결국 이 암설들은 어딘가에 쌓이게 된다. 빙하 퇴적물들은 이들이 쌓이는 지역의 물리적 지형을 만드는 데 큰 영향을 끼친다. 그 예로, 지난 빙하기에 빙상으로 덮여 있었던 많은 곳들에서는 수십, 심지어 수백m 두께의 빙하 퇴적물들이 땅을 완전히 덮고 있기 때문에 기반암은 거의 노출되어 있지 않다. 이런 빙하 퇴적물들은 대개 지형을 평평하게 만드는 역할을 한다. 사실 뉴잉글랜드 지방의 돌이 많은 목초지, 다코타주의 밀밭, 중서부 지방의 완만한 농장지대와 같이 우리에게 친숙한 오늘날의 많은 농업 지역들은 직접적인 빙하 퇴적으로 형성된 것이다.

빙하 표류층의 종류

기나긴 빙하기가 있었다는 이론이 나오기 한참 전에, 사람들은 유럽을 부분적으로 덮고 있는 토양과 암설의 대부분이 다른 어딘가에서 왔을 것이라고 생각했다. 당시에는 이 퇴적물들이 고대의 홍수 때 떠 있던 얼음에 의해 지금의 위치로 "떠내려 온" 것이라고 생각했다. 따라서 이 퇴적물에 **표류층**이라는 용어를 사용하게 되었다. 비록 용어의 근간이 된 개념은 옳지 않은 것이었지만 암설이 빙하 기원이라는 것이 널리 알려질 때쯤에는 이 용어가 너무도 잘 확립되어 있어서 이 용어는 빙하 용어집에 그대로 남게 되었다. 오늘날 **빙하 표류층**(glacial drift)이라는 것은 어떤 방식으로, 어디에서, 어떤 모습으로 쌓였는지에 상관없이 빙하 기원의 모든 퇴적물들을 포함하는 포괄적 용어이다.

빙하 표류물은 다음의 두 가지 형식으로 나뉜다: (1) 직접적인 빙하의 작용으로 쌓인 물질인 **표석점토**(till), (2) 빙하가 녹아 생긴 물에 의해 운반된 퇴적물인 **층상 표류층**(stratified drift). 이들의 차이점은 다음과 같다: **표석점토**(till)는 빙하가 녹으면서 빙하가 운반하고 있던 암편들을 떨어뜨리는 과정에서 쌓인다. 유수나 바람과는 달리, 얼음은 운반하는 퇴적물들을 크기에 따라 골라내는 일을 할 수 없다. 따라서 표석점토는 많은 다양한 크기의 입자들이 분류되지 않은 채 혼합되어 있는 것이 특징이다(**그림 4.11**). **층상 표류층**(stratified drift)은 암석 조각들이 크기와 무게에 따라 분류되어 있다. 얼음은 이런 분급활동을 할 수 없기 때문에 이 퇴적물들은 빙하가 직접 퇴적시킨 것이 아니다. 빙하가 녹아 생긴 물이 이 퇴적물들을 분류하였다.

그림 4.11 표석점토는 분급되지 않은 다양한 크기의 퇴적물들이 혼합되어 있다. 왕자갈을 자세히 살펴보면 종종 빙하 속에서 끌려 다니면서 긁힌 흔적들을 볼 수 있다. (사진 제공: E. J. Tarbuck)

어떤 층상 표류층은 직접 빙하로부터 흘러나오는 하천 때문에 생긴다. 그리고 원래 표석점토로 쌓였다가 이후에 얼음이 녹은 물에 의해 운반된 후 빙하 근처에 쌓여 만들어진 층상 표류층도 있다. 층상 표류층은 대부분 모래와 자갈로 이루어져 있는 경우가 있는데, 이는 빙하가 녹은 물은 이것보다 큰 크기의 퇴적물들은 움직일 수 없고 이것보다 작은 것들은 보통 빙하로부터 더 멀리까지 이동하기 때문이다. 층상 표류층이 주로 모래와 자갈로 이루어져 있다는 것은 이런 퇴적물들이 도로공사나 다른 건축공사 골재용으로 활발하게 채취되고 있는 것을 보면 알 수 있다.

표석점토 속이나 지표면 위에 놓여 있는, 기반암과 다른 암질의 큰 돌덩어리를 **빙하 미아석**(glacial erratic)이라고 한다(**그림 4.12**). 물론 이는 빙하 미

그림 4.12 A. 와이오밍주 중부에 있는 커다란 빙하 미아석. (사진 제공: Yva Momatiuk & John Eastcott/Photo Researchers, Inc.) B. 위스콘신주 웨스트 밴드(West Bend) 지역에 있는 빙하 미아석으로 만든 돌담. (사진 제공: Tom Bean)

아석이 발견된 지점의 바깥 어딘가가 공급원임을 뜻한다. 대부분의 미아석은 어디에서 왔는지 알 수 없지만 몇몇 경우 그 근원을 찾을 수 있다. 그러므로 표석점토의 광물조성뿐만 아니라 빙하 미아석에 대한 연구를 통해 지질학자들은 종종 얼음 덩어리의 이동경로를 추적해 볼 수 있다. 다른 지역들뿐만 아니라 뉴잉글랜드에서 미아석은 점점이 흩어져 있는 목초지와 들판에서 관찰된다. 일부 장소의 들판에서 수거한 이 암석들로 쌓아 올려서 성벽과 울타리를 만들었다(**그림 4.12** 삽입사진).

빙퇴석, 빙하성 유수평원, 케틀

빙하 퇴적이 만들어낸 지형 가운데 가장 널리 분포하고 있는 것은 아마도 단순히 표석점토가 쌓여 층을 이루거나 표석점토가 쌓여 솟아오른 빙퇴석(moraine)일 것이다. 빙퇴석에는 여러 형태가 있다; 어떤 것들은 산의 계곡에서만 나타나며, 또 어떤 것들은 빙상이나 곡빙하의 영향을 받은 지역에서 나타난다. 측퇴석과 중앙퇴석은 전자에, 종퇴석과 저퇴석은 후자에 속한다.

측퇴석과 중앙퇴석 곡빙하의 측면에는 계곡 벽면으로부터 뜯어낸 엄청난 양의 암편들이 쌓인다. 빙하가 줄어들어 사라질 때, 이 암편들이 계곡 측면을 따라 산처럼 쌓여 있게 되는데 이를 **측퇴석**(lateral moraine)이라고 한다(**그림 4.13**). **중앙퇴석**(medial moraine)은 2개의 곡빙하가 앞으로 나아가다가 서로 만나 하나로 합쳐질 때 생긴다. 각각의 빙하 옆면을 따라 운반되고 있던 표석점토는 하나로 합쳐져, 새로 생긴 더 커진 빙하 속에 한 줄의 어두운 퇴적물 띠를 이룬다. 얼음 가운데에 이런 어두운 색깔의 띠가 생기는 것은 빙하가 움직이고 있음을 알려주는 명백한 증거 중의 하나이다. 얼음이 계곡 아래쪽으로 흐르지 않는다면 중앙퇴석이 생길 수 없기 때문이다(**그림 4.13**). 고산빙하는 매번 주계곡에 합류하는 지류빙하를 형성하기 때문에 커다란 고산빙하 내에서 여러 개의 어두운 퇴적물 띠를 쉽게 볼 수 있다.

종퇴석과 저퇴석 **종퇴석**(end moraine)은 표석점토로 이루어진 산등성이로, 빙하의 끝부분에서 형성된다. 상대적으로 일반적인 이 지형은 얼음이 쌓이는 양과 녹는 양이 같아서 평형 상태를 이룰 때 형성된다. 즉, 종퇴석은 얼음이 생성되는 곳에서 빙하의 전진 속도와 빙하의 끝부분에서 얼음이 녹는 비율이 같을 때 형성된다. 빙하의 끝부분이 움직이지 않더라도 얼음은 컨베이어벨트가 생산라인의 끝부분까지 제품을 운반하는 것과 동일한 방법으로 퇴적물을 연속적으로 공급하면서 계속 앞으로

그림 4.13 알래스카주 세인트 일리어스(Saint Elias) 국립공원. 측퇴석은 곡빙하의 옆면을 따라 퇴적물이 쌓이면서 생긴다. 중앙퇴석은 곡빙하들이 서로 만나는 곳에서 각각의 측퇴석이 서로 합쳐지면서 생긴다. 중앙퇴석은 얼음이 계곡 아래쪽을 향해 움직이지 않는다면 생기지 않았을 것이다. 그러므로 이 어두운 색깔의 띠들은 빙하가 움직인다는 것을 증명하고 있다. (사진 제공: Tom Bean)

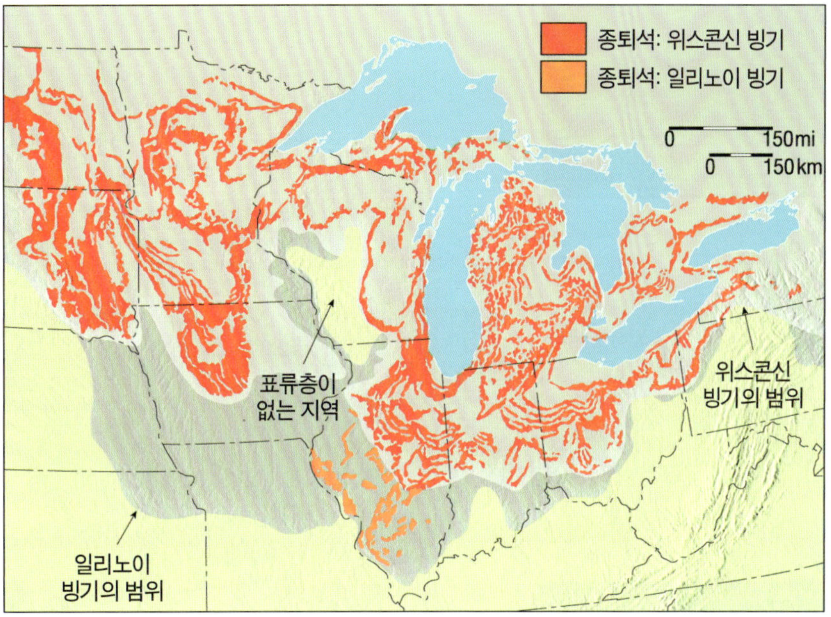

그림 4.14 그레이트 레이크(Great Lake: 5대호) 지역의 종퇴석들. 가장 최근의 빙하기(위스콘신 빙기로 불리는 기간) 동안에 퇴적된 종퇴석들이 가장 현저하다.

나가려고 한다. 얼음이 녹으면서, 표석점토는 쌓이고 종퇴석은 성장한다. 안정된 얼음 전선의 길이가 길수록 더 큰 표석점토 능선이 만들어진다.

마침내 얼음이 녹는 양이 쌓이는 양을 초과하는 시기가 왔다. 이때, 빙하의 앞면은 빙하가 원래 전진하던 방향으로부터 후퇴하기 시작한다. 그러나 얼음 전선이 후퇴하는 것만큼, 빙하의 컨베이어벨트 활동에 의해 빙하의 끝부분에는 신선한 퇴적물이 계속 공급된다. 이런 방식으로, 얼음이 녹아 암석이 물결 모양처럼 흩뿌려진 평야를 형성하면서 많은 양의 표석점토가 퇴적된다. 얼음 전선이 후퇴하면서 퇴적된 기복이 진 표석점토 층을 **저퇴석**(ground moraine)이라 한다. 저퇴석은 낮은 지대를 채우고 예전의 하천 수로를 메우는 등 땅을 평평하게 하는 역할을 하며, 때로는 배수로를 교란시키기도 한다. 북부 Great Lake 지역처럼 표석점토 층이 상대적으로 신선한 지역에서는 배수가 불량한 늪 지역이 매우 흔하다.

주기적으로, 빙하는 얼음의 누적과 소모가 균형을 이루는 지점까지 후퇴할 것이다. 이런 일이 발생할 때, 얼음 전선은 안정화되고 새로운 종퇴석이 형성된다.

빙하가 완전히 사라지기 전에 종퇴석이 형성되고 저퇴석이 퇴적되는 방식은 수차례 반복될 수 있다. 이러한 방식은 **그림 4.14**에 표현되어 있다. 최초의 종퇴석은 빙하가 가장 멀리 전진한 지점에서 형성되며 이것을 **말퇴석**(terminal end moraine)이라 한다. 얼음이 후퇴할 때, 얼음 전선이 때때로 안정화되어 생긴 종퇴석을 **후퇴 빙퇴석**(recessional end moraine)이라고 한다. 말퇴석과 후퇴 빙퇴석은 본질적으로는 같다. 이들 사이의 유일한 차이점은 상대적인 위치이다.

가장 최근의 빙하기(Ice Age)에 형성된 종퇴석은 미국 중서부와 북동부 많은 지역들의 두드러진 특징이다. 위스콘신주의 밀워키(Milwaukee) 근처 케틀(Kettle) 빙퇴석에서 관찰되는, 나무가 우거지고 구릉진 지형은 특히 멋진 예이다. 미국 북동부에서 잘 알려진 예는 롱아일랜드이다. 뉴욕시에서 북동 방향으로 뻗어 있는 이 선형의 좁고 긴 빙하 퇴적물은 펜실베이니아주 동부에서 매사추세츠주

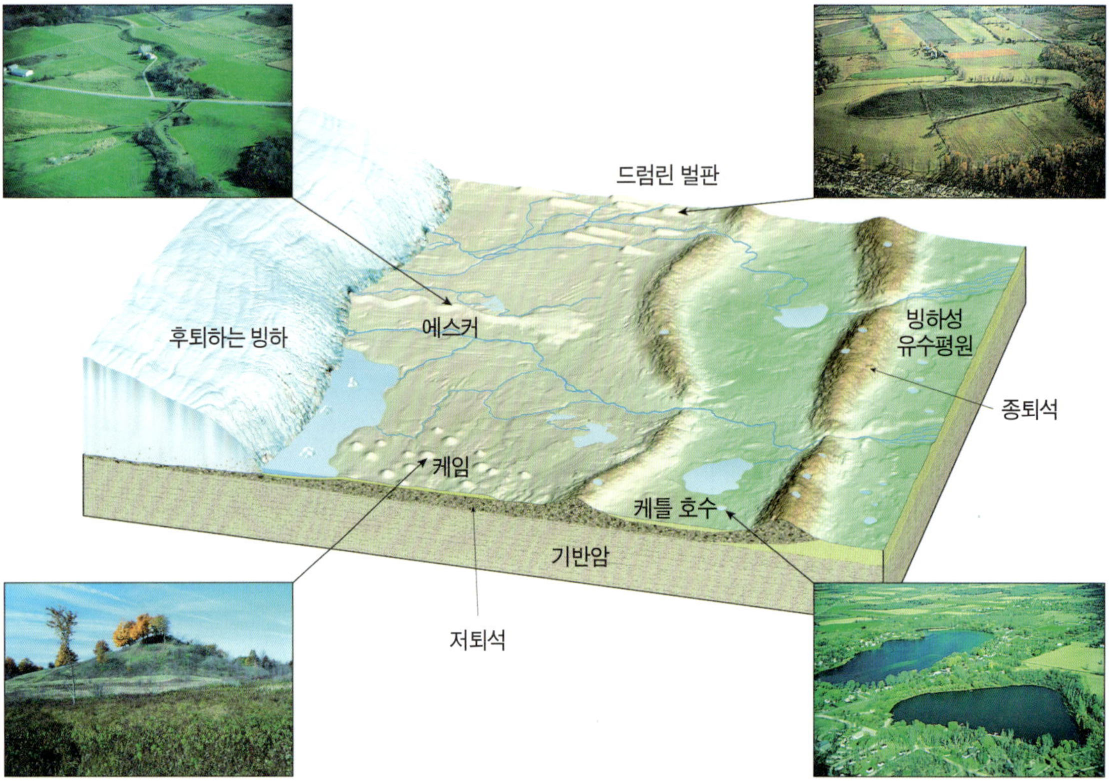

그림 4.15 이 가상의 빙하지역은 일반적인 퇴적지형들을 보여준다. 가장 바깥쪽의 종퇴석은 빙하가 발달한 경계를 나타내며 말퇴석이라고 부른다. 얼음이 후퇴할 때, 얼음 전선이 때때로 안정화되어 생긴 종퇴석을 후퇴 빙퇴석이라고 한다. (드럼린 사진 제공: Ward's Natural Science Establishment; 케임, 에스커 및 케틀 사진 제공: Richard P. Jacobs)

코드곶(Cape Cod)까지 뻗어 있는 종퇴석 연합체의 일부이다.

그림 4.15는 빙하작용 동안 그리고 향후 진행될 빙하작용의 가상적인 면적을 나타낸 것이다. 이 그림에는 다음 단락에서 논의될 퇴적 특징뿐만 아니라 종퇴석도 함께 기술되어 있다. 이 그림은 만약 여러분들이 미국 중서부 북부나 뉴잉글랜드를 여행할 때 만날 수 있는 것과 비슷한 풍경들을 묘사하고 있다. 여러분들이 다른 빙하 퇴적층에 대해 읽는다면 다시 이 풍경을 떠올리게 될 것이다.

빙하성 유수평원과 곡퇴석 종퇴석이 생길 때, 얼음이 녹은 물은 빠르게 흐르는 강이 되어 나타난다. 종종 이 하천은 뜬 짐으로 가득하고 상당한 양의 바닥짐도 운반한다. 물은 빙하 밖으로 나오면서 급격하게 속도가 줄어들어 바닥짐의 대부분을 내려놓는다. 종퇴석의 하류 쪽 가장자리 근처에는 이런 식으로 넓고, 입체교차로의 램프처럼 생긴 층상 표류층이 퇴적된다. 이러한 특징이 빙상에서 나타날 때는 **빙하성 유수평원**(outwash plain)이라고 하며, 곡빙하에서 나타날 때는 보통 **곡퇴석**(valley train)이라고 부른다(**그림 4.15**).

케틀 종퇴석, 빙하성 유수평원, 곡퇴석은 종종 군데군데 움푹 패이거나 분지를 형성하는데, 이를 **케틀**(kettle)이라고 한다(**그림 4.15**). 흐르지 않는 얼음덩어리가 표류층 안에 묻혔다가 마침내 녹으면서 빙하 퇴적물에 움푹 들어간 구멍을 만드는데 이것이 케틀이다. 케틀은 대부분 직경이 2km를 넘지 않으며 케틀의 전형적인 깊이는 10m 이하이다. 종종 물이 움푹 팬 곳을 채워서 연못이나 호수가 되기도 한다. 잘 알려진 예로 매사추세츠주 콩코드(Concord) 부근의 월든(Walden) 연못이 있다. 헨리 데이비드 소로(Henry David Thoreau)가 1840년대에 2년 동안 홀로 살면서 미국의 고전문학인 『월든(Walden)』을 쓴 곳이 바로 이곳이다.

이런 사실을 알고 있었나요?

연구에 의하면 빙하의 후퇴에 의해 단층의 안정성은 떨어지며 지진활동을 앞당긴다. 빙하가 내리누르는 무게가 사라지면 지면은 되튄다. 후빙기의 되튐이 작용하는 구조적으로 활발한 지역에서는 지진이 조만간 발생하거나, 만약 빙하가 존재한다면 더 강력해질 것이다.

드럼린, 에스커, 케임

빙퇴석이 빙하에 의해 퇴적된 유일한 지형은 아니다. 어떤 지형은 표석점토로 이루어진 길쭉하고 평행한 다양한 언덕들을 보여준다. 다른 지역에서는 주로 층상 표류층으로 이루어진 원뿔 모양의 언덕들과 상대적으로 좁은 굴곡진 능선을 보여준다.

드럼린 **드럼린**(drumlin)은 표석점토로 이루어진 언덕으로 유선형 모양이며 비대칭적이다(**그림 4.14**). 드럼린의 높이는 15~60m 정도이고 길이는 평균 0.4~0.8km 정도이다. 언덕의 경사가 급한 쪽은 얼음이 나오는 쪽을 가리키며, 보다 완만한 쪽은 얼음의 이동방향을 가리킨다. 드럼린은 단독으로 있기보다는 여럿이 모여 있는데 이를 가리켜 드럼린필드(drumlin field)라고 한다. 뉴욕주의 로체스터(Rochester) 동쪽에는 약 10,000개의 드럼린이 모여 있는 것으로 추정된다. 드럼린이 유선형인 탓에 활동성 빙하가 흐르는 지대에서 드럼린이 만들어졌음을 알 수 있다. 빙하가 예전에 쌓였던 표석점토 위로 전진해 나가면서 모습을 바꿔놓아 드럼린이 생겼다고 생각된다.

에스커와 케임 어떤 곳에서는 빙하가 있던 자리에 대부분 모래와 자갈로 이루어진 구불구불한 능선이 생겨 있다. **에스커**(esker)라고 하는 이 능선은 빙하의 말단 부근에서 얼음 아래의 지하 수로를 따라 하천이 흐르면서 쌓아놓은 퇴적물이다(**그림 4.15**). 높이는 수m 정도이고 길이는 수km에 달한다. 일부 지역에서는 에스커에서 모래와 자갈을 채굴하고 있고, 그 결과로 일부에서는 에스커가 사라지고 있다.

케임(kame)은 에스커와 마찬가지로 대부분 층상 표류층으로 이루어진 경사가 급한 언덕이다(**그림 4.15**). 케임은 빙하가 녹은 물에 퇴적물들이 쓸려 내려가 빙하 말단 부분의 구멍과 움푹 들어간 곳을 채울 때 생긴다. 얼음이 녹아 사라지면 층상 표류층은 둔덕이나 언덕의 형태로 남게 된다.

5. 빙하기의 빙하

우리는 빙상과 곡빙하가 지금보다도 훨씬 더 광대했던 빙하기에 대해 언급한 바 있다. 한때는 표류층이 빙산에 의해 떠내려와서 생겼거나 또는 단순히 대홍수가 일어나서 지표를 휩쓸며 생긴 것으로 추측하였다. 19세기에 많은 과학자들이 야외조사를 통해 표류층과 그 밖의 많은 특징들은 광대한 빙하기 때문이라는 증거들을 찾아냈다.

20세기가 시작될 무렵, 지질학자들은 빙하기 동안 빙하의 범위를 대체적으로 알 수 있었다. 나아가 그들은 빙하지역들에는 단 1개가 아니라 여러 개의 표류층이 있음을 발견하였다. 이 고기의 퇴적물들을 자세히 연구해 본 결과 따뜻한 온도에서 자라는 식물들의 흔적뿐만 아니라 화학적 풍화와 토양이 잘 발달한 층이 있음을 알게 되었다. 증거는 명확했다: 빙하는 단 한 번이 아니라 여러 번 확장하였으며, 각각의 빙하기 사이에는 기후가 오늘날 정도로 또는 보다 더 따뜻한 기간들이 지속되었다. 빙하기는 얼음이 확장하여 땅을 덮고 어느 정도 머무르다가 후퇴하는 그런 단순한 기간이 아니었다. 빙하기는 오히려 빙하가 수차례 확장하고 후퇴하는 것이 특징인 아주 복잡한 기간이었다.

육지에 남아 있는 빙하 기록은 침식작용으로 인해 중간 중간 빈 곳이 많다. 따라서 빙하기에 일어났던 사건들을 명확히 재구성하는 것은 어렵다. 하지만 해저의 퇴적물에는 이 기간 동안의 기후 순환이 끊김 없이 기록되어 있다. 이러한 해저 퇴적물의 시추 시료들을 조사한 결과, 빙하기와 간빙기의 순환은 약 10만 년을 주기로 일어났음을 알 수 있다. 우리가 빙하기라고 부르는 기간 동안에 약 20번의 한랭과 온난 순환이 확인되었다.

빙하기 동안, 얼음은 지구 지표면의 거의 30%에 달하는 곳에 흔적을 남겼다. 북아메리카의 1,000만km², 유럽의 500만km², 시베리아의 400만km²도 그 가운데 포함된다(**그림 4.16**). 북반구에 있던 빙하의 양은 남반구에 있던 것에 비해 대략 두 배 정도 되었다. 주된 원인은 남반구의 중위도에는 육지가 거의 없었기 때문에 남극의 빙하가 남극 대륙 밖으로 멀리 확장되지 못했던 점이다. 이와 대조적으로, 북미와 유라시아 대륙은 아주 광활한 육지이기에 빙상이 크게 확장할 수 있었다.

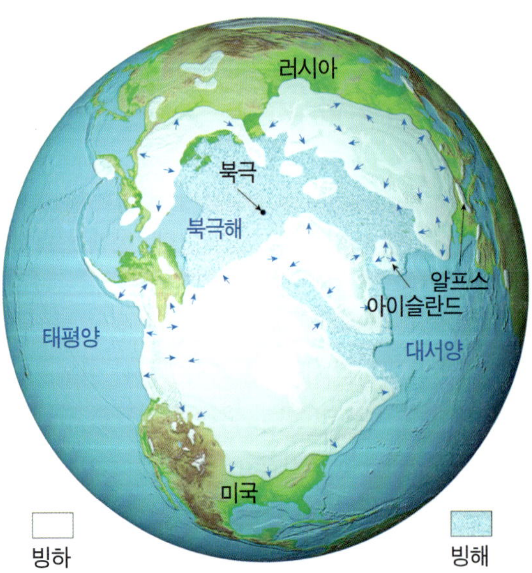

그림 4.16 빙하기 동안 북반구에서 빙하가 최대로 확장했을 때이다. 빙해(sea ice: 북해에서 북극을 둘러싸고 있는 얼음)는 빙하가 아니다. 오히려 빙해는 대양의 윗부분이 언 것이다.

이런 사실을 알고 있었나요?

남극 빙상의 무게는 매우 무거운데 지구 지각을 약 900m 또는 그 이상 내리누르고 있다.

오늘날 우리는 빙하기가 200만~300만 년 전 사이에 시작했음을 알고 있다. 이는 대부분의 주요한 빙하 사건들이 **플라이스토세**(Pleistocene epoch)라는 지질시대 동안 일어났음을 뜻한다. 플라이스토세는 흔히 빙하기와 동의어로 쓰이고 있긴 하지만 모든 빙하기가 플라이스토세에 속하지는 않는다. 예를 들어 남극 빙하는 적어도 약 3,000만 년 전에 만들어진 것이다.

6. 빙하기 빙하의 다른 영향들

플라이스토세 빙하들의 엄청난 침식, 퇴적작용들 이외에도 빙상은 지형에 다른, 때때로 심각한 영향들을 끼쳤다. 예를 들어, 빙하가 성장하고 후퇴함에 따라 동물과 식물들이 이주를 강요받았다. 이것은 어떤 생물체들에게는 견딜 수 없는 스트레스를 주었다. 더욱이 오늘날의 많은 하천 수로들은 빙하기 이전의 수로와는 별로 유사하지 않다. 미주리강은 한때 캐나다 허드슨만 쪽을 향해 북쪽으로 흘렀다. 미시시피강은 일리노이주 중부를 지났었고, 오하이오강의 상류는 인디애나주 정도밖에 미치지

A.

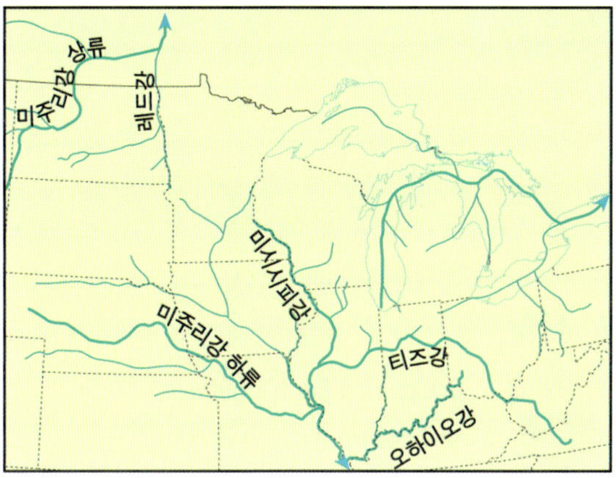

B.

그림 4.17 A. 미국 중부지역의 5대호 그리고 오늘날과 유사한 강의 패턴을 보여주는 지도이다. 플레이스토세의 빙상이 이 같은 패턴을 만드는데 중요한 역할을 했다. B. 빙하기 이전의 미국 중부의 배수시스템을 복원한 그림. 이 시스템은 오늘날의 것과 매우 다르며 5대호도 존재하지 않았다.

못했다(**그림 4.17**). 오늘날 아주 적은 유량이 흐르고 있지만 수로가 넓은 일부 강들은 한때 빙하가 녹은 물이 급류로 흘렀음을 말해 준다.

스칸디나비아 시방이나 캐나다 북부와 같이 빙하의 중심부였던 지역에서는 지난 수천 년 동안 육지가 서서히 융기하고 있다. 이곳의 육지는 엄청난 무게를 가지는 3km 두께의 얼음 덩어리에 의해 아래쪽으로 눌려 있었다. 이 거대한 짐이 사라지면서 지각은 그때 이후로 위로 다시 솟아오르면서 점진적으로 균형을 맞춰온 것이다.

그림 4.18 빙하 호수 아카씨즈(Agassiz)의 범위를 보여주는 지도. 이 빙하 연변호는 12,000년 전에 형성됐으며 4,500년 동안 존재했다. 이 호수는 매우 거대하다. 오늘날의 5대호를 모두 합한 것보다 더 크다. 이 호수의 잔류 호수들은 여전히 거대하다.

호수를 형성하는 댐처럼, 빙상과 고산빙하는 빙하가 녹은 물을 끌어들이고 강의 흐름을 차단한다. 이러한 호수들 중 어떤 것은 상대적으로 작고 일시적이다. 또 다른 것은 크고 수백 년 또는 수천 년 동안 존재할 수 있다.

그림 4.18은 북미에서 빙하기 동안에 형성된 가장 큰 호수인 아가씨즈(Agassiz) 호수를 보여주는 지도이나. 빙상이 후퇴하면서 빙하가 녹은 물이 아주 많이 형성됐다. 대초원은 일반적으로 서쪽 방향으로 위로 경사져 있다. 빙상의 끝부분이 북동쪽으로 후퇴하면서 빙하가 녹은 물은 얼음과 기울어진 육지 사이에 갇혀서, 아가씨즈 호수를 더 깊고 더 크게 하였다. 이 호수는 12,000년 이전에 형성되어서 4,500년 동안 존재했다. 빙하나 빙상의 바로 바깥 경계에 위치한 특성을 적용해, 이러한 호수를 빙하 연변호(proglacial lake)라고 부른다.

빙하기가 광범위하게 미치는 영향으로는 빙하의 성장과 후퇴에 수반된 전 지구적인 해수면 높이의 변화가 있다. 빙하의 공급원이 된 눈은 궁극적으로는 바다에서 증발한 습기로부터 온다. 그러므로 빙

그림 4.19 북아메리카 지역을 보여주고 있는 이 지도에서는 현재의 해안선, 가장 최근의 빙하가 최대로 성장했을 때(18,000년 전)의 해안선, 그리고 현재 그린란드와 남극에 있는 빙하가 완전히 녹을 때의 해안선을 비교해 주고 있다. (자료 제공: R. H. Dott, Jr. and R. L. Battan)

하의 크기가 커지면 해수면은 하강하고 해안선은 바다 쪽으로 움직인다(**그림 4.19**). 추정 값에 따르면 해수면은 오늘날보다 100m 정도나 낮았을 것이라고 한다. 따라서 미국의 대서양 쪽 해안은 뉴욕시에서 동쪽으로 100km나 떨어진 곳에 있었을 것이다. 더욱이 프랑스와 영국은 오늘날의 영국 해협을 따라 서로 연결되어 있었을 것이다. 알래스카와 시베리아는 베링(Bering) 해협에서 서로 이어져 있었고 동남아시아는 인도네시아와 마른 땅에 의해 이어져 있었다.

빙하의 형성과 성장은 주요 기후 변화에 대해 명확하게 반응한 결과물이다. 하지만 빙하의 존재 자체가 빙하 바깥의 지역에 기후 변화를 야기하기도 한다. 모든 대륙의 건조, 반건조기후 지역에서 기온이 떨어졌고, 이는 증발률 또한 떨어졌음을 의미한다. 동시에 강수량은 적절했다. 이런 한랭습윤한 기후 때문에 다우호("비"를 뜻하는 라틴어 pluvia에서 유래함)라고 하는 호수들이 많이 생겨났다. 북미 지역에서 **다우호**(pluvial lake)는 네바다주와 유타주에 분포하는 광활한 베이슨 앤 레인지(Basin and Range) 지역에 주로 분포해 있었다. 비록 대부분의 호수가 지금은 사라졌지만 몇몇 호수는 아직 남아 있고 그중 가장 큰 것이 유타주의 그레이트 솔트 레이크(Great Salt Lake)이다.

7. 사막

GEODe EARTH SCIENCE

Sculpturing Earth's Surface

▼ Deserts

전 세계적으로 건조지역의 면적은 4,200만km^{2}로 지구 전체 육지 면적의 30%를 차지한다. 건조지역은 육지에서 가장 큰 면적을 차지한다. 사막(desert)이라는 단어는 글자 그대로 "황량한" 또는 "사람이 살지 않는"을 의미한다. 많은 건조지역의 경우 이것은 매우 적절히 묘사된 것이다. 그러나 사막에 물이 있는 경우, 식물과 동물이 생존할 수 있다. 그럼에도 불구하고, 건조지역은 지구상에서 극지방을 제외하고는 가장 낯선 지역들 중의 하나이다.

사막지형은 곧잘 황량해 보인다. 사막은 토양층이나 풍부한 식생으로 덮여 있지 않다. 대신, 황량한 바위들과 험하고 각진 비탈들이 흔하다. 어떤 바위들은 오렌지색과 붉은색을 띠고 있다. 다른 곳에서는 검은 줄이 쳐져 있는 회색과 갈색의 바위를 볼 수 있다. 어떤 방문객들은 사막을 보고 인상적

그림 4.20 애리조나주 오르간 파이프 선인장(Organ Pipe Cactus) 천연기념물은 소노라(Sonoran) 사막 안에 있다. 뒤에 아조(Ajo) 산맥이 있다. 사막지형의 모양은 지역마다 매우 다르게 변한다. (사진 제공: Jeff Lepore/Photo Researchers, Inc.)

인 아름다움을 느끼는 반면, 어떤 사람들은 을씨년스러움을 느낀다. 어떤 감정을 이끌어내든 간에, 사막이 대부분의 사람들이 살고 있는 습한 지역과 크게 다르다는 것만은 확실하다.

앞으로 살펴보겠지만, 건조지역은 어떤 단일 지질학적 과정도 지배적이지 못하다. 그보다는 지구조적인 힘(조산운동), 유수, 바람의 영향 등 모두가 나타난다. 곳에 따라 이런 과정들이 서로 다른 방식으로 결합하기 때문에 사막지형 또한 매우 다양한 모습을 보여준다(**그림 4.20**).

건조지대의 분포와 원인

우리는 사막이 선소한 곳임을 알고 있다. 하지만 건조하다라는 말이 무엇을 뜻하는가? 즉, 습한 지역과 건조한 지역을 나누는 기준이 되는 강수량은 얼마인가?

때때로 그 기준은 강수량의 수치만으로 임의로, 예를 들어 연강수량 25cm로 정해진다. 하지만 건조라는 개념은 매우 상대적인 것이다; 그것은 물 부족 현상이 나타나는 어떤 곳에도 적용될 수 있다. 기후학자들은 건조기후를 연강수량이 증발로 인한 물 손실보다 적은 기후로 정의한다.

이 물 부족 지역에서는 건조기후인 **사막**(desert)과 반건조기후인 **스텝**(steppe)의 두 가지 기후 형태가 흔하다. 이 두 부류는 공통점이 많다; 이들의 차이점은 주로 정도의 문제이다. 스텝은 사막의 경계부로, 사막보나 조금 더 습하며 사막 주변의 전이 지대에 해당되고 사막을 습한 기후로부터 분리한다. 사막과 스텝지역의 분포를 나타낸 세계 지도를 보면, 건조지역이 아열대지역과 중위도 지방에

이런 사실을 알고 있었나요?

북아프리카의 사하라 사막은 세계에서 가장 큰 사막이다. 대서양에서부터 홍해까지 뻗어 있는 이 사막은 미국 크기만 하며 면적은 약 900만km^{2}이다. 비교해 보면, 미국에서 가장 큰 사막인 네바다주의 그레이트 베이슨(Great Basin) 사막의 면적은 사하라 사막의 5% 미만에 불과하다.

그림 4.21 건조기후와 반건조기후는 지구 지표면의 약 30%를 덮고 있다. 다른 어떤 기후도 그같이 넓은 지역을 차지하고 있지는 않다. 사하라, 칼라하리(Kalahari), 그레이트샌디(Great Sandy)와 같은 저위도 지방의 사막들은 지구의 아열대 고압대에서 건조한 공기들이 침강하는 것과 관련이 있다. 고비(Gobi)나 그레이트베이슨(Great Basin)과 같은 중위도 지방의 사막은 내륙 깊숙이 있으며 산맥의 비그늘(rainshadow) 지역에 있다.

집중되어 있음을 알 수 있다(**그림 4.21**).

아프리카, 아라비아, 호주 같은 곳의 사막은 주로 전 지구적으로 우세한 기압과 바람의 분포에 따라 생겨난 것이다(**그림 4.22**). 저위도 지방의 건조 지역은 아열대 고압대(subtropical high)로 알려져 있는 고기압대와 일치한다. 이 고압대는 하강기류가 특징이다. 공기는 하강하면서 압축되고 따뜻해진다. 이런 조건은 구름이 생기고 비가 내리는 데 필요한 조건과 정반대의 것이다. 따라서 이런 지역들은 맑은 하늘과 햇빛 그리고 계속되는 가뭄으로 유명하다.

이런 사실을 알고 있었나요?

모든 사막이 뜨거운 것은 아니다. 중위도 지역의 사막에서는 찬 기후를 경험한다. 예를 들어, 몽골 고비 사막에 있는 울란바토르(Ulan Bator)는 1월달 평균 고온이 영하 19℃에 불과하다!

중위도 지방의 사막과 스텝은 주로 커다란 땅덩어리의 내부 깊숙한 곳에서 비바람으로부터 보호되고 있기 때문에 생긴다. 이들 지역은 구름을 만들고 비를 내리게 하는 습기의 궁극적인 공급원인 바다로부터 멀리 떨어져 있다. 게다가 높은 산맥들은 일반적으로 바람이 부는 통로를 가로막고 있어 물을 머금고 있는 바다의 기단들로부터 이 지역들을 격리시킨다. 북미에서는 해안 산맥과 시에라네바다, 캐스케이드가 태평양에서부터 오는 습기를 막고 있는 주요한 바람막이 산맥이다(**그림 4.23**). 이들의 비그늘 지역에는 미국 서부의 건조하고 광활한 분지와 사막들이 펼쳐져 있다.

중위도 지방의 사막은 조산운동이 기후에 어떻게 영향을 끼치는지 보여준다. 산맥이 없었더라면 현재 건조한 지역인 곳은 보다 더 습한 기후였을 것이다.

그림 4.22 우주에서 지구를 보면, 북아프리카의 사하라 사막, 인근의 아라비아 사막, 그리고 남부 아프리카의 칼라하리와 나미브(Namib) 사막들이 구름이 없는 지역에서 황갈색으로 명확히 관찰된다. 저위도에 분포하는 이 사막들에서는 아열대 고압대로 알려진 압력대와 연관된, 건조한 하강기류가 우세하다. 반대로, 중앙아프리카와 인근의 대양들을 가로질러 뻗어 있는 구름 띠는 지구에서 가장 비가 많이 내리는 지역인 적도 저기압대와 일치한다. (사진 제공: NASA/Science Source/Photo Researchers, Inc.)

건조기후에서 물의 역할

습한 지역에서 강물이 계속해서 흐르는 것은 흔한 일이지만 사막의 강바닥은 대부분의 시간 동안 말라붙어 있다(**그림 4.24A**). 사막에는 특별한 우기 기간에만 물을 이동시키는 **단명 하천**(ephemeral stream)이 있다. 전형적인 단명 하천은 1년에 단 며칠, 또는 아마도 단 몇 시간만 물이 흐른다. 물이 전혀 흐르지 않는 해도 있다.

수많은 다리 아래로 강물이 흐르지 않고 있고 말라 있는 수로와 교차하는 길에는 움푹 팬 구멍이 많다는 것은 심지어 지나쳐 가는 여행객에게도 명확하다. 드물긴 하지만 폭우가 내릴 때면 아주 짧은 시간 동안에 아주 많은 양의 비가 내리기 때문에 내리는 비 모두가 땅에 스며들지는 못한다. 사막에는 식생으로 덮인 곳이 듬성듬성 있기 때문에 흐르는 물은 대부분 방해를 받지 않고 빠르게 흐르고, 때때로 계곡 바닥을 따라 반짝홍수(flash flood)를 일으키기도 한다(**그림 4.24B**). 이런 홍수들은 습한 지역의 홍수들과는 아주 다르다. 미시시피 강 같은 곳의 홍수는 홍수가 잦아들어서 정상 수위로 돌아갈 때까지 며칠이 걸리곤 한다. 하지만 사막의 홍수는 갑자기 나타나서는 빠르게 사라진다.

그림 4.23 산맥들은 비그늘을 만들어서 중위도 지역에 건조지역이 생기도록 한다. 움직이고 있던 기단은 산맥을 만나게 되고 위로 상승하게 된다. 결과적으로, 바람이 불어오는 쪽을 향한 사면에서 구름이 생기고 비가 내린다. 바람이 불어 가는 쪽의 사면으로 내려가는 공기는 훨씬 더 건조하다. 산맥은 비그늘을 만들어 바람이 불어 가는 쪽을 습기의 공급원으로부터 효과적으로 격리시킨다. 그레이트베이슨 사막은 비그늘 사막으로 거의 네바다주 전체와 인근 주들의 일부분을 덮는다.

A. B.

그림 4.24 A. 사막의 강은 대부분 말라 있다. B. 이 사진은 폭우가 내리고 얼마 지나지 않은 단명 하천을 보여준다. 이런 홍수는 단시간 유지되긴 하지만 많은 침식이 일어난다. (사진 제공: E. J. Tarbuck)

사막의 지표면은 식생으로 고정되어 있지 않기 때문에 한 번의 짧은 시간 동안 내린 비로 일어난 침식작용의 양은 대단하다.

미국 서부의 건조지대에서는 단명 하천 대신 *wash*나 *arroyo*와 같은 다른 말들을 쓰고 있다. 세계의 다른 곳에서는 건조 사막의 하천을 *wadi*(아라비아와 북아프리카 지방), *donga*(남미), 또는 *nullah*(인도)로 부르고 있다.

습한 지역은 배수체계(drainage system)가 잘 발달되어 있다. 하지만 건조지역의 하천들에는 보통 지류가 많이 없다. 사실 사막 하천의 기본적인 특징은 하천이 작고 바다에 닿기 전에 없어져버린다는 것이다. 지하수면이 보통 지표면보다 훨씬 더 아래에 있기 때문에 사막의 하천은 습한 지역에서의 하천처럼 뻗어나갈 수 없다. 물이 지속적으로 공급되지 않으면 물이 증발하고 스며들기 때문에 강이 금방 말라버린다.

콜로라도강이나 나일강처럼 건조지역을 가로지르는 소수의 강들은 사막 바깥쪽에서 기원하는데 종종 물이 풍부한 산맥에서 시작한다. 이 경우, 물의 공급량은 하천이 사막을 가로지르면서 잃어버리게 될 양을 보충할 수 있을 정도로 많아야 한다. 예를 들어, 나일강은 중앙아프리카의 호수와 산맥에서 출발한 후 사하라 사막으로 흐르는데 거의 3,000km를 단 하나의 지류도 없이 가로지른다.

비록 자주 일어나지 않기는 하지만 유수가 사막에서 침식작용의 대부분을 담당하고 있다는 것은 반드시 강조할 만하다. 이는 사막의 지형을 깎아내는 가장 중요한 침식 요인이 바람일 것이라는 일반적인 믿음과는 반대의 것이다. 건조지역에서 바람에 의한 침식은 실제로 다른 지역에서보다 훨씬 더 중요하긴 하지만 대부분의 사막지형은 유수가 만들어낸 것이다. 이 장의 뒤에서 보겠지만, 바람의 주된 역할은 사구라고 불리는 산마루와 언덕을 만들어내는 퇴적물의 운반과 퇴적에 있다.

8. 베이슨 앤 레인지: 사막지형의 발달

건조지역에는 일반적으로 사계절 내내 흐르는 강

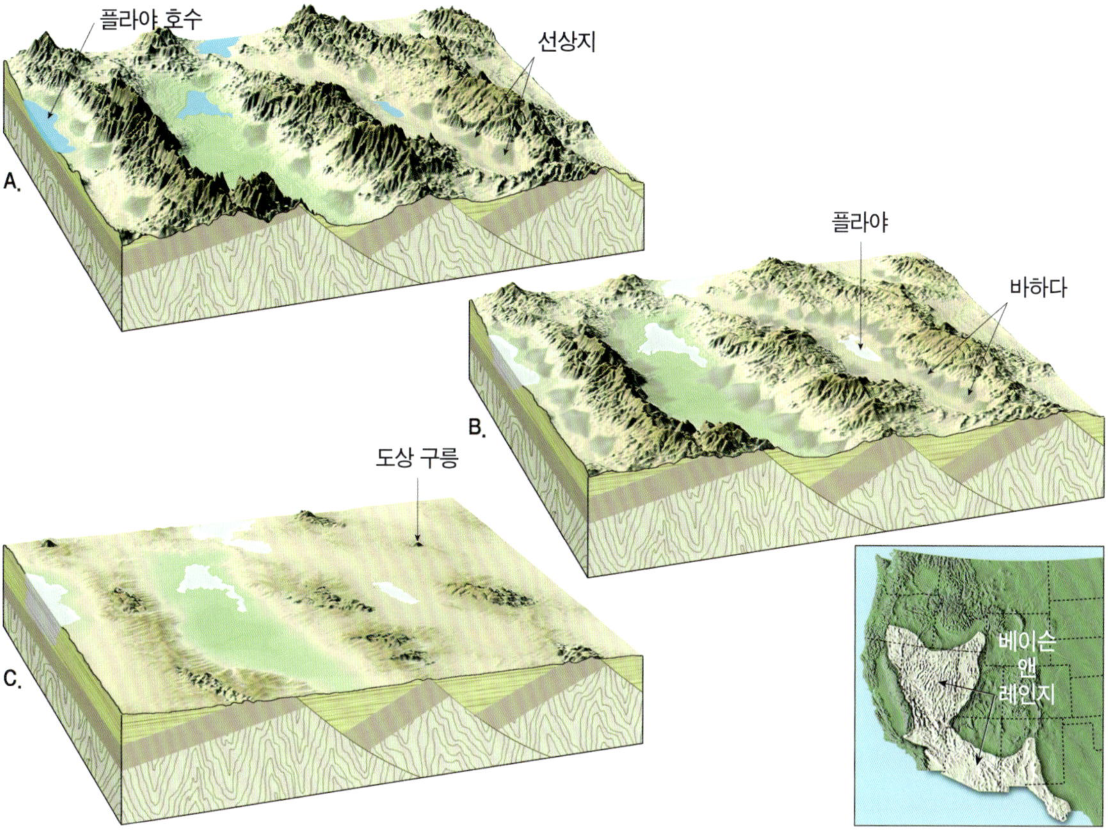

그림 4.25 미국 서부의 베이슨 앤 레인지 지역과 같은 산악지대의 사막에서 지형의 발달단계. 산맥에서의 침식과 분지에서의 퇴적이 계속되면서 고도차가 줄어든다. A. 전기. B. 중기. C. 후기.

물이 없기 때문에 **내지 배수**(interior drainage)가 있는 것이 특징이다. 이것은 건조지역에는 사막 밖의 바다로 흘러나가지 않는 불연속적인 패턴의 간헐적 하천이 나타남을 의미한다. 미국의 베이슨 앤 레인지(Basin and Range) 지방이 좋은 예가 될 수 있다. 이 지역은 오리건주의 남부, 네바다주 전체, 유타주의 서부, 캘리포니아주의 남동쪽, 애리조나주의 남쪽 그리고 뉴멕시코주의 남쪽에 걸쳐 있다. 높이가 900~1,500m인 200여 개의 상대적으로 작은 산맥들이 분지를 나누고 있는, 거의 80만km^{2}에 달하는 지역에 대해 베이슨 앤 레인지라는 지명은 적절한 설명이라고 할 수 있다.

다른 곳과 마찬가지로, 이 지역에서는 내지 배수가 설고 바다까지 닿지 않기 때문에 대부분의 침식이 바다(최종 기준면)와 관계없이 일어난다. 심지어 사계절 내내 흐르는 하천이 바다로 흐르는 곳에서도 지류는 거의 없고, 따라서 하천과 맞닿아 있는 협소한 지역에서만 해수면이 최종적인 침식 기준면으로 작용한다.

그림 4.25의 블록 모델은 베이슨 앤 레인지 지역의 지형이 어떻게 발달해 가는가를 설명하고 있다. 조산운동이 일어나 산맥이 솟아오르는 동안과 솟아오르고 난 후, 유수는 새로 솟아난 덩어리들을 깎아내고 분지 쪽에 많은 양의 퇴적물을 쌓아놓는다. 초기에는 기복(지역의 높은 점과 낮은 점 사이의 고도차)이 가장 심하다. 산이 침식되어 낮아지

그림 4.26 하천의 경사가 급하다가 갑자기 완만해지는 곳에서 선상지가 생긴다. 이런 예는 산맥에서부터 흘러나온 하천이 평평한 분지와 만나게 되는 캘리포니아주의 데스밸리(Death Valley)에서 찾아볼 수 있다. 그 결과 데스밸리에는 큰 규모의 선상지가 많이 있다. (사진 제공: Michael Collier)

고 퇴적물이 분지를 채우면서 고도차는 줄어든다.

비가 산발적으로 내리거나 눈이 주기적으로 녹으면서 때때로 급류와도 같은 강한 물살이 생겨 산의 계곡을 따라 내려가게 되는데 이 급류는 퇴적물들을 많이 포함하고 있다. 계곡을 따라 흐르던 물은 산기슭에서 완만한 경사를 만나게 되고 순식간에 그 속도를 잃게 된다. 따라서 급류에 실려 있던 대부분의 퇴적물은 짧은 거리 동안에 쏟아버려지게 된다. 그 결과 계곡의 입구에 **선상지**(alluvial fan)라고 알려져 있는 원뿔형의 암설이 만들어진다(**그림 4.26**). 세월이 흐르면서 선상지는 넓어지고, 결국에는 부근의 다른 계곡 선상지들과 합쳐져서 퇴적물이 산록을 따라 앞치마 모양으로(bajada: 바하다) 쌓이게 된다.

드물긴 하지만 비가 풍부하게 올 때면 하천이 선상지를 지나 분지의 중심으로 흘러 들어가 분지 바닥을 얕은 **플라야 호수**(playa lake)로 바꿔놓기도 한다. 플라야 호수는 증발과 침투현상으로 물이 없어지기 전까지 며칠에서 몇 주 정도 유지된다. 물이 사라져, 말라 있는, 평평한 호수바닥을 가리켜 플라야(playa)라고 한다.

플라야의 바닥은 때때로 물이 증발한 후 남아 있는 소금에 덮이기도 한다. 예로는 캘리포니아주 데스밸리(Death Valley)의 고대 플라야 호수 퇴적물에서 캐고 있는 붕산나트륨(붕사라고 더 잘 알려져 있음)이 있다.

산 쪽에서 침식이 계속되고 그에 따라 퇴적이 같이 일어나면서 국지적인 고도차는 계속해서 줄어든다. 결국 산 전체가 사라지게 된다. 그러므로 침식의 후기단계에 이르면 산악지형은 퇴적물로 채워진 분지 위로 삐져나와 있는, 몇 개의 큰 기반암 언덕〔이를 **잔구**(inselberg)라고 한다〕 정도로 줄어든다.

그림 4.25에 나와 있는 건조기후에서의 지형 발달사는 베이슨 앤 레인지에서 각각 단계별로 관찰된다. 오리건주 남부와 네바다주 북부에서는 최근에 솟아나 초기 침식과정 중인 산맥을 볼 수 있다. 캘리포니아주의 데스밸리와 네바다주 남쪽은 보다

진행된 중기 정도로 볼 수 있으며, 반면에 애리조나주 남부에서는 잔구를 포함한 후기 지형들을 볼 수 있다.

9. 바람의 침식

GEODe Sculpturing Earth's Surface
▼ Deserts

움직이는 공기는 움직이는 물과 마찬가지로 난류이며 떨어져 있는 암설을 들어 올리고 다른 곳으로 운반해 갈 수 있다. 강의 경우처럼 바람은 표면에서부터 높아질수록 속도가 증가한다. 하천처럼 바람 또한 가는 입자들은 띄운 채로 이동시키고 좀 더 무거운 것들은 바닥에 끌면서 이동시킨다(**그림 4.27**). 하지만 바람이 퇴적물을 운반하는 것은 유수가 퇴적물을 운반하는 것과 크게 두 가지 방식에서 차이가 난다. 첫째로, 바람은 물에 비해 밀도가 작다. 따라서 굵은 입자들을 들어 올리거나 운반할 수 없다. 둘째로, 바람은 수로와 같은 통로에 한정되지 않기 때문에 퇴적물을 대기 중으로 높이 올리거나 넓은 지역에 퍼트릴 수 있다.

유수나 빙하에 비하면, 바람은 상대적으로 덜 중요한 침식 매체이다. 심지어 사막에서조차 바람이 아닌 간헐적인 유수에 의해 대부분 침식되고 있음을 기억하라. 바람의 침식은 습한 곳보다는 건조한 곳에서 보다 효과적이다. 습한 곳에서는 습기가 입자들을 한데 묶고 식생이 토양을 붙잡고 있기 때문이다. 바람이 효과적인 침식 매체가 되기 위해서는 건조하고 드문 식생이 중요한 전제조건이다. 이런 환경이 있다면 바람은 많은 양의 가는 입자 퇴적물들을 들어 올리고 운반하고 퇴적시킬 것이다. 1930년대에 그레이트플레인스(Great Plains: 대평원)는 거대한 흙먼지 폭풍을 겪었다(**그림 4.28**). 농사를 짓던 식생층이 파헤쳐졌고, 몇 번의 심각한 가뭄을 겪으면서 땅은 바람의 침식에 노출되었고

A. B.

그림 4.27 A. 2003년 7월 16일 촬영된 이 인공위성사진은 북아프리카에서 지중해를 거쳐 이탈리아 쪽으로(북동 방향) 흐르는 사하라 먼지 흐름을 포착한 것이다. (사진 제공: NASA) B. 바람에 의해 운반된 하상 하중(bed load)은 주로 모래 입자들로 구성되어 있는데, 이들 중 대부분은 지표면에 되튀는 방식으로 이동한다. 바람이 매우 강하더라도 모래는 지표면에서 절대 멀리 이동하지 못한다. (사진 제공: Stephen Trimble)

그림 4.28 1937년 5월 21일 캔자스 주의 엘크하트(Elkhart) 부근에서 흙먼지가 하늘을 어둡게 뒤덮었다. 그레이트플레인스(Great Plains) 가운데 몇몇 지역을 더스트 볼(Dust Bowl: 황진지대)"라고 부르는 것은 1930년대의 이 같은 폭풍 때문이다. (사진 제공: Collection of the Library of Congress)

그림 4.29 이 사진은 1936년 7월 노스다코타 지방 그랜빌(Granville)의 북쪽에서 가뭄이 계속 되던 때에 찍은 것이다. 강한 바람에 의해 식생이 발달하지 않았던 토양이 제거되었다. 언덕의 높이는 1.2m로 풍반작용이 일어나기 전의 땅의 높이가 어느 정도였는지를 보여주고 있다. (사진 제공: State Historical Society of North Dakota 0728–01)

더스트 볼(Dust Bowl: 황진지대)라는 지명이 붙을 정도가 되어갔다.

풍반작용, 와지, 사막포도

느슨한 물질들을 들어 올리고 없애는 **풍반작용**(deflation)은 바람의 침식방법 가운데 하나이다. 바람은 점토나 실트처럼 가는 입자의 퇴적물만 띄울 수 있다. 좀 더 굵은 모래 알갱이들은 지표면을 굴러 다니거나 지표면을 튀기며 뛰어〔이 과정을 **도약이동**(saltation)이라 한다〕 밀집을 이룬다. 모래보다 굵은 입자들은 보통 바람으로는 운반되지 않는다. 지표면 전체가 동시에 깎이기 때문에 풍반작용은 종종 알아채기 힘들지만 중요한 결과를 초래하기도 한다. 1930년대 더스트 볼(Dust Bowl)에서는 겨우 수년 동안에 땅이 1m나 깎여나가기도 했다(**그림 4.29**).

와지(blowout)이라고 부르는 얕게 움푹 패인 곳에서 풍반작용의 결과가 가장 눈에 잘 띈다. 텍사스 북쪽에서 몬태나에 이르는 그레이트플레인스(Great Plains) 지역에서는 수천 개의 와지를 볼 수 있다. 너비 3m, 깊이 1m도 안 되는 작은 웅덩이에서부터 너비 수km에 깊이가 45m를 넘는 움푹 팬 지형에 이르기까지 다양한 크기가 있다.

많은 사막지역의 지표면은 바람으로 움직이기에는 너무 큰 조약돌이나 자갈층으로 일부 덮여 있다. 풍반작용에 의해 분급이 나쁜 물질로부터 모래와 실트가 제거되면서 지표면이 낮아지면서 **사막포도**(desert pavement)라고도 불리는 이 돌층이 형성된다. **그림 4.30A**에 설명된 것처럼, 지표면에서 큰 입자들이 점차 많이 모이게 되면서 작은 입자들은 멀리 날아간다. 마침내 굵은 입자들이 연속적으로 덮게 된다.

연구에 의하면, **그림 4.30A**에 묘사된 과정은 사막포도가 존재하는 모든 환경을 충분히 설명하지 못한다. 그 결과, **그림 4.30B**에 다른 설명을 기재했다. 이 가정에 의하면 포장도는 초기에 거친 자갈로 이루어진 표면에서 발달한다. 시간이 흐르면서 삐져나온 왕자갈이 바람에 실려 온 작은 입자들을 붙잡아 지표면의 큰 암석들 사이의 공간을 채운다. 스

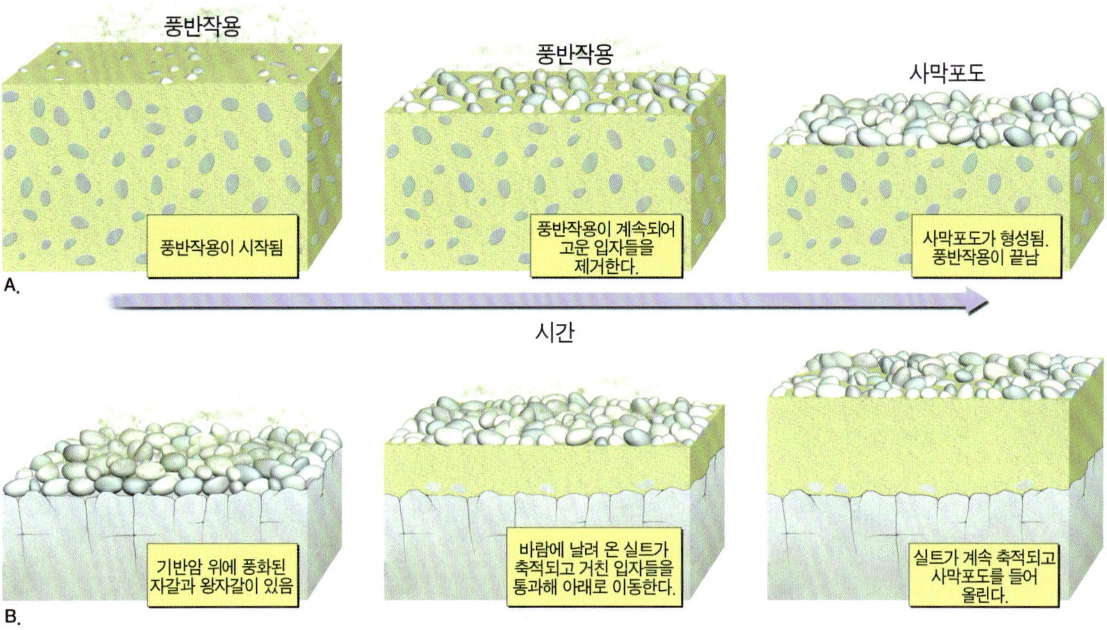

그림 4.30 사막포도가 형성되는 두 가지 모델. A. 이 모델은 분급이 낮은 지표 퇴적물 지역을 묘사한 것이다. 풍반작용에 의해 모래와 실트가 제거되어 지표면이 낮아지면서 거친 입자들은 점차 조밀하게 밀집된 층으로 응집된다. 이곳에서 바람의 침식에 의해 사막포도가 형성된다. B. 이 모델은 최초에 거친 자갈과 왕자갈로 덮여 있는 지표면에서 사막포도가 형성되는 과정을 보여준다. 바람에 날려 온 먼지가 지표면에 축적되고 점차 거친 입자들 사이의 빈 공간을 통과해 아래로 이동한다. 스며든 빗물이 이 과정을 돕는다. 이 퇴적과정은 지표면을 상승시키며 거친 자갈과 왕자갈층 아래에 고운 입자로 이루어진 퇴적층을 형성한다.

며든 빗물이 이 과정을 돕는다.

한 번 만들어지는 데 수백 년의 시간이 걸리긴 하지만 일단 생겨나면 사막포도는 일부러 흐트러뜨리지 않는 이상 지표면을 풍반작용으로부터 효과적으로 보호한다. 하지만 이 층은 돌멩이 하나 또는 2개 정도의 두께밖에 되지 않으므로, 차량이나 동물이 지나가면 사막포도가 제거되면서 그 아래의 가는 입자들이 밖으로 드러나게 된다. 이런 일이 일어나면 지표면은 다시 한 번 풍반작용을 받게 된다.

이런 사실을 알고 있었나요?

사막이 수km 간격으로 반드시 사구 퇴적물로 이루어져 있는 것은 아니다. 놀랍게도, 모래 퇴적물은 전체 사막 면적 중 소규모에 불과하다. 사하라 사막에서 사구는 전체 면적의 단지 1/10에 불과하다. 모든 사막 중 가장 모래가 많은 사막인 아라비아 사막에서 모래의 면적은 1/3이다.

바람의 마모작용

빙하나 유수와 같이 바람 또한 부분적으로는 마모작용(abrasion)에 의해 침식을 일으킨다. 해변가뿐만 아니라 건조지역에서도 바람에 날린 모래가 노출된 암석 표면을 자르고 연마한다. 바람의 마모작용은 실제 능력보다 종종 과대평가되곤 한다. 좁은 주춧대 위에 균형을 잡고 높게 서 있는 바위라든가 높고 뾰족한 봉우리의 세밀한 구조들은 바람에 날린 모래의 마모작용 때문에 생긴 것이 아니다. 모래는 지표로부터 1m 이상은 잘 들려 올려지지 않으며, 따라서 바람의 모래 분사효과가 영향을 끼치는 수직 범위가 명확하게 정해져 있다. 하지만 이런 작용이 일어나는 곳에서는 실제로 전봇대가 밑둥이 잘려 넘어진 경우도 있다. 이러한 이유로, '썰리는' 것을 막기 위해 전봇대 주위에 덮개가 씌워지는 경우도 있다.

10. 풍성 퇴적물

GEODe EARTH SCIENCE Sculpturing Earth's Surface
▼ Deserts

바람은 침식지형을 만드는 데 상대적으로 덜 중요하지만 지역에 따라 바람이 만들어낸 퇴적지형들이 중요한 경우도 있다. 바람에 날린 퇴적물은 특히 건조지역이나 모래해변을 따라 두드러지게 축적된다. 풍성 퇴적물에는 크게 다음의 두 가지 형태가 있다: (1) 뜬 채로 움직였던 **황토**(loess)라고 하는 거대한 실트 퇴적물과 (2) 바람의 밑짐이 만들어낸, 모래언덕이라고 부르는 언덕과 능선들이 있다.

황토

세계의 어떤 곳에서는 지표면이 **황토**(loess)로 불리는, 바람에 날린 실트로 뒤덮여 있다. 먼지 폭풍은 이러한 황토를 수천 년 동안 퇴적시켜 왔다. 황토층이 강물이나 도로에 의해 잘리게 되면 **그림 4.31A**에서 볼 수 있는 것처럼 수직의 절벽을 이루며 식별 가능한 층상구조도 보이지 않는 편이다.

전 세계의 황토 분포를 보면, 이 퇴적물의 주요한 두 가지 근원이 무엇인지 알 수 있다: 바로 사막과 빙하 퇴적물인 층상 표류층이다. 황토가 가장 두껍고 가장 넓게 쌓여 있는 곳은 중국 서북부 지방이다. 이곳의 황토는 중앙아시아의 광활한 사막 분지로부터 날아온다. 30m 쌓인 곳은 드물지 않으며 100m 이상의 두께로 쌓인 곳도 있다. 가는 담황색 퇴적물인 황토 입자 때문에 황하에 섞여서 황하(黃河)라는 이름이 생겨났다.

미국의 경우, 태평양 북서부의 컬럼비아 평원뿐만 아니라 다코타 남부, 네브래스카, 아이오와, 미주리, 일리노이 등을 포함하는 많은 지역에서 황토의 퇴적이 중요하다. 중국의 퇴적물이 사막에서 기원한 것과는 다르게, 미국과 유럽의 황토는 빙하의 간접적 산물이다. 이 황토의 기원지는 층상 표류층이다. 빙상이 후퇴하는 동안, 수많은 계곡들이 빙하 퇴적물로 가득 찼다. 황폐한 범람원을 가로질러 온 강한 바람은 미세한 퇴적물들을 집어 올려 계곡 부근에 넓게 흩뿌려놓았다(**그림 4.31B**).

사구

유수와 마찬가지로, 바람 또한 속력이 떨어지고 운반작용에 쓸 수 있는 에너지가 감소하게 되면 퇴적물들을 내려놓게 된다. 그러므로 바람이 지나가는 길에 방해물이 있어서 풍속이 떨어지면 모래가 쌓이기 시작한다. 넓은 지역에 담요처럼 퍼져서 쌓이던 황토와는 달리, 바람은 흔히 **사구**(dune)라고 하는 언덕이나 능선 모양으로 모래를 쌓아놓는다(**그림 4.32**).

이동 중인 공기가 바위나 덤불 같은 물체를 만나게 되면 바람은 그 물체 주위와 위쪽을 쓸며 지나간다. 결과적으로 장애물의 뒤쪽에는 공기가 보다 천천히 움직이는 그늘이 생기며 보다 작은 규모이

이런 사실을 알고 있었나요?

세계에서 가장 높은 사구는 아프리카의 남서해안을 따라 분포하는 나미브(Namib) 사막에 있다. 이곳에서 이 거대한 사구의 높이는 300~350m에 달한다. 콜로라도주 남부에 있는 그레이트 샌드 듄스(Great Sand Dunes) 국립공원의 사구는 북미에서 가장 높은데 인근 지형보다 210m 더 솟아 있다.

A.

B.

그림 4.31 A. 남부 일리노이주의 미시시피강 부근의 이 수직 황토 절벽은 높이가 약 3m이다. (사진 제공: James E. Patterson) B. 2006년 11월 1일 촬영한 이 인공위성사진은 바람에 날린 먼지층이 남쪽 방향인 알래스카만으로 움직이는 것을 보여준다. 이 사진은 빙하기 동안에 미국 중서부에서 많은 황토 퇴적물이 형성된 것과 유사한 과정을 보여준다. 빙하의 갈아버리는 작용에 의해 미세한 실트가 형성된 뒤 유수에 의해 빙하의 바깥 가장자리 너머로 이동되고 퇴적된다. 후에, 미세한 실트는 강한 바람에 의해 이동되어 황토로 퇴적된다. (사진 제공: NASA)

긴 하지만 장애물의 바로 앞쪽에도 잔잔한 공기가 있는 곳이 생긴다. 바람에 의해 움직이던 모래 알갱이들이 이러한 바람그늘 쪽에 와서 모이게 된다. 모래가 계속 쌓이면서 이것은 더더욱 효과적인 바람막이가 되며 결과적으로 더 많은 모래들을 끌어들이게 된다. 모래의 공급이 충분하고 바람이 오랫동안 안정적으로 계속 분다면 이 모래언덕은 사구로 발전한다.

많은 사구들의 단면은 비대칭적이다. 바람이 불어 가는 (바람을 안 맞는) 쪽의 경사는 급하고, 바람이 불어오는 쪽을 향한 면은 보다 경사가 완만하다. 모래는 바람의 힘을 받아 바람이 불어오는 쪽의 완만한 경사면을 굴러 올라간다. 사구의 정상부분의 바로 뒤쪽에서 바람의 속도가 떨어지고 모래는 쌓인다. 모래가 계속 모이면서 경사는 점점 더 급해지며 결국에는 모래의 일부가 중력 때문에 아래로 미끄러져 내린다. 이런 방식 때문에 **미끄러짐 면**(slip face)이라고도 하는 사구의 바람이 불어가는 쪽의 사면은 상대적으로 급한 경사를 유지하게 된다. 모래가 계속 쌓이고 미끄러짐 면에서 주기적으로 모래가 미끄러지면서 사구는 바람의 이동방향을 따라 조금씩 움직이게 된다(**그림 4.32B**).

미끄러짐 면에 쌓이는 모래는 바람이 부는 방향에 대해 경사진 층을 이룬다. 이런 경사층들을 가

A.

B.

그림 4.32 A. 뉴멕시코 남동부의 화이트샌즈(White Sands) 천연기념물에 있는 석고모래로 이루어진 사구. 이 사구들은 사진의 뒤쪽 (위)에서부터 앞쪽(아래)으로 천천히 이동하는 중이다. 바람이 불어오는 쪽을 향한 곳에서는 강한 바람이 모래를 위로 들어 올려 보다 완만한 경사가 생긴다. 모래가 사구의 정상 부근에 쌓이면서 경사는 급해지고 모래 가운데 일부는 경사가 보다 급한 미끄러짐 면을 따라 떨어져 내려간다. B. 뉴멕시코주의 화이트샌즈 천연기념물에서 사구의 가파른 미끄러짐 면을 따라 모래가 흘러내린다. (사진 제공: Michael Collier)

리켜 **사층리**(cross beds)라고 한다. 사구가 퇴적층 아래에 파묻혀 퇴적암 기록의 일부분이 되면 사구의 비대칭적인 구조는 없어지지만 사층리는 남아 있어 사구 기원임을 알려준다. 남부 유타 지방의 시온 캐년(Zion Canyon)의 사암 벽에서 나타나는 사층리는 가장 뚜렷하다(**그림 4.33**).

A.

B.

그림 4.33 A. 사구의 절단면에서 사층리가 관찰된다. (사진 제공: John S. Shelton) B. 유타주 시온(Zion) 국립공원의 나바호(Navajo) 사암층에서 관찰되는 사층리. 사구가 파묻혀 퇴적암 기록의 일부가 될 때, 사층리 구조는 보존된다. (사진 제공: David Muench Photography, Inc.)

학습내용 요약

1. 빙하는 땅 위에서 눈의 압축과 재결정으로 만들어진 두꺼운 얼음 덩어리이다. 빙하에는 과거 또는 현재의 움직임에 대한 증거가 나타나 있다. 오늘날 산악지대에서 나타나는 계곡빙하, 또는 곡빙하는 보통 예전에 강이 흘렀던 계곡을 따라 내려온다. 빙상은 그린란드와 남극의 대부분을 뒤덮을 정도로 훨씬 더 큰 규모로 존재한다.

2. 빙하는 부분적으로 흘러 움직인다. 빙하의 표면에 있는 얼음은 딱딱하여 부러진다. 하지만 50m 아래에서는 압력이 매우 크기 때문에 얼음은 가소성 물질처럼 움직여 흐른다. 두 번째로 중요한 빙하의 이동 기작은 전체 얼음 덩어리가 지표면을 따라 미끄러지는 것이다.

3. 빙하는 여름에 녹는 양보다 겨울에 내리는 눈의 양이 더 많은 지역에서 형성된다. 눈의 축적과 얼음의 형성은 축적대(zone of accumulation)에서 일어난다. 이 지역 너머는 소모대(zone of wastage)로, 이곳에서 빙하의 순수한 손실이 발생한다. 빙하의 수지균형은 빙하의 상부 끝에서의 축적과 하부 끝에서의 손실 사이의 균형, 또는 균형의 부족이다.

4. 빙하는 뜯음작용(기반암 조각들을 뽑아 들어 올리는 것)과 마식작용(암석 표면을 연마하고 문지르는 것)으로 땅을 침식한다. 곡빙하의 침식으로 생기는 특징에는 빙곡, 현곡, 권곡, 협능, 각정, 피오르드가 있다.

5. 빙하 기원의 퇴적물이라면 무엇이든 표류층이라

고 부른다. 빙하 표류층에는 크게 다음과 같은 두 종류가 있다: (a) 얼음이 직접 퇴적시킨 표석점토와 (b) 빙하가 녹은 물이 퇴적시킨 층상 표류층이 그것이다.

6. 빙하 퇴적물 가운데 가장 널리 퍼져 있는 것은 표석점토로 이루어진 층 또는 언덕인 빙퇴석이다. 곡빙하와 관련되어 계곡 면을 따라 생기는 측퇴석, 두 곡빙하가 만나서 생기는 중앙퇴석이 있다. 종퇴석은 빙하의 끝부분이 어디에 있었는지 알려주며, 저퇴석은 빙선이 후퇴하면서 표석점토가 구불구불하게 쌓인 층이다. 종퇴석과 저퇴석은 곡빙하와 빙상 모두에서 흔히 나타난다.

7. 빙하기 동안 빙하가 여러 번 성장, 후퇴하였다는 것을 확인시켜 주는 가장 확실한 증거는 아마도 육지에 널리 나타나는 여러 매의 표석점토층과 해저 퇴적물에 보존되어 있는 온전한 기후순환 기록일 것이다. 엄청난 양의 침식, 퇴적작용 외에 동물이 빙하 때문에 이주하게 된 것, 하천의 경로 변화, 거대한 얼음 덩어리가 사라지면서 다시 솟아오르는 지각의 융기, 빙하의 존재 자체로 인한 기후 변화 등이 빙하의 다른 효과들이다. 바다에서 빙하기의 가장 광범위한 효과는 빙하가 성장, 후퇴함에 따라 일어난 전 지구적인 해수면 변동이다.

8. 저위도 지역의 사막의 분포는 아열대 고압대라는 고기압대와 일치한다. 중위도 지방에서 사막은 커다란 대륙의 깊숙한 내부에 위치하고 있어 바다와는 멀리 떨어져 격리되어 있기 때문에 생긴다. 이러한 지역에서는 산맥이 또한 해양성 기단을 막는 역할을 하기도 한다.

9. 실제로 모든 사막의 하천은 대부분 말라 있는 상태이고 이를 단명 하천이라고 한다. 그럼에도 사막에서 침식작용에 가장 큰 역할을 하는 것은 유수이다. 사막에서 바람의 침식작용은 다른 지역에서보다는 더 중요한 편이지만 사막에서 바람의 주된 역할은 퇴적물을 운반하고 퇴적시키는 작용이다.

10. 미국 서부의 베이슨 앤 레인지 지역의 지형은 하천이 융기한 산맥들을 깎고 내부 분지에 퇴적물을 쌓는 내지 배수가 특징적이다. 선상지, 플라야, 플라야 호수, 잔구 등도 이러한 지형에 같이 나타나는 특징들이다.

11. 바람의 침식작용이 효과적이기 위해서는 건조하고 식생이 없어야 하는 것이 필수조건이다. 헐거운 물질들을 들어올려 날려버리는 풍반작용은 때때로 와지라고 하는 얕게 패인 웅덩이를 만들기도 하고 모래와 실트 입자들을 날려 없애서 지면을 낮추어서 암석층을 만들어내기도 한다. 바람에 의해 모래가 분사되는 효과를 보여주는 마모작용의 경우, 종종 사막지형의 대부분을 만들어낸 것처럼 과장되게 해석되기도 한다. 하지만 마모작용은 실제로 지표 부근의 암석을 잘라내고 연마하는 작용을 한다.

12. 바람의 퇴적작용으로 일어난 것에는 뚜렷한 두 가지 유형이 있다: (a) 바람에 뜬 채로 운반되어 실트 크기의 알갱이들이 넓게 흩뿌려지는 황토, (b) 바람의 바닥짐으로 운반되는 사구라고 불리는 모래언덕과 모래능선이 그것들이다.

주요 용어와 개념

각정(horn) … 145
고산빙하(alpine glacier) … 137
곡빙하(valley glacier) … 137
곡퇴석(valley train) … 150
권곡(cirque) … 145
내지 배수(interior drainage) … 159
누적지역(zone of accumulation) … 140
다우호(pluvial lake) … 154
단명 하천(ephemeral stream) … 157
드럼린(drumlin) … 151
뜯음작용(plucking) … 142
마식작용(abrasion) … 142
미끄러짐 면(slip face) … 165
빙곡(glacial trough) … 143
빙모(ice cap) … 138
빙붕(ice shelves) … 137
빙상(ice sheet) … 137
빙하(glacier) … 136
빙하 미아석(glacial erratic) … 147
빙하성 유수평원(outwash plain) … 155
빙하조선(glacial striations) … 143
빙하 표류층(glacial drift) … 146
사구(dune) … 164
사막(desert) … 155
사막포도(desert pavement) … 162
사층리(cross beds) … 166
산록빙하(piedmont glacier) … 138
선상지(alluvial fan) … 160
소모지역(zone of wastage) … 140
스텝(steppe) … 155
암분(rock flour) … 142
에스커(esker) … 151
와지(blowout) … 162
저퇴석(ground moraine) … 149
종퇴석(end moraine) … 148
중앙퇴석(medial moraine) … 148
측퇴석(lateral moraine) … 148
층상 표류층(stratified drift) … 146
케임(kame) … 151
케틀(kettle) … 150
크레바스(crevasses) … 139
표석점토(till) … 146
풍반작용(deflation) … 162
플라야 호수(playa lake) … 160
플라이스토세(Pleistocene epoch) … 152
피오르드(fiord) … 146
현곡(hanging valley) … 144
협능(arêtes) … 145
황토(loess) … 164

학습 요약 문제

1. 빙하는 무엇인가? 빙하는 지구의 지표면의 몇 퍼센트를 덮고 있는가?
2. 곡빙하와 빙상의 차이점을 말해 보라.
3. 빙하가 물의 순환에서 어떤 역할을 하는지 기술하라. 암석의 순환에서 빙하의 역할은 무엇인가?
4. 빙하 흐름의 두 가지 요소에 대해 설명하라. 빙하는 어떤 속도로 움직이고 있는가? 곡빙하의 경우, 얼음의 모든 부분이 같은 속도로 움직이고 있는가?
5. 빙하의 윗부분에는 크레바스가 생기는데, 왜 약 50m 아래에서는 크레바스가 생기지 않는가?
6. 어떤 환경에서 빙하의 말단 부분이 전진하게 되는가? 어떤 조건에서 후퇴하고 어떤 조건에서 그대로 멈춰 있는가?
7. 빙하 침식작용의 기본적인 두 가지 방식에 대해 설명하라.
8. 빙하를 겪은 계곡의 모양과 빙하를 겪지 않은 계곡의 모양은 어떻게 다른가?
9. 곡빙하가 있거나 최근까지 있었던 지역에서 볼 수 있는 침식지형을 나열하고 설명하라.
10. 빙하 표류층은 무엇인가? 표석점토와 층상 표류층의 차이점은 무엇인가? 빙하 퇴적물은 일반적으로 지형에 어떤 영향을 끼치는가?
11. 빙퇴석의 기본적인 네 가지 유형을 열거하고 간단히 설명하라. 이들 빙퇴석의 공통점은 무엇인가?
12. 빙퇴석 외의 빙하의 다른 퇴적지형 네 가지를 열거하고 간략히 설명하라.
13. 케틀은 어떻게 생기는가?
14. 플라이스토세 빙하는 지구 지표면을 몇 퍼센트까지 덮었는가? 오늘날 빙하에 덮여 있는 지역과 어떻게 비교할 수 있는가? (1번의 답변과 비교해 보라.)
15. 빙하기 빙하의 간접적인 영향을 세 가지 열거해 보라.
16. 지구의 사막지역은 얼마나 넓은가?
17. 사막의 하천들은 대부분 단명 하천이라고 한다. 그것은 무슨 뜻인가?
18. 사막에서 침식 요인으로서 가장 중요한 것은 무엇인가?
19. 미국 서부 베이슨 앤 레인지 지역처럼 산악지대에 사막이 생겨나는 과정에 따른 각 단계의 특징을 설명하라.
20. 바람의 침식작용이 습한 지역보다 건조지역에서 상대적으로 더 중요한 까닭은 무엇인가?
21. 바람에 의한 두 가지 침식작용의 유형과 각 유형의 특징을 말하라.
22. 사구가 바람의 퇴적작용으로 만들어진 것 중에 가장 잘 알려져 있는 것이지만, 세계의 어떤 곳에서는 황토의 퇴적이 매우 중요하다. 황토란 무엇인가? 어디에서 황토 퇴적물이 발견되는가? 이 퇴적물의 기원은 무엇인가?
23. 사구는 어떻게 이동하는가?

Online 학습 안내

Foundation of Earth Science 웹에는 학생들이 이 장에서 다룬 여러 내용의 학습을 도울 수 있는 자료들과 인터넷 연계시스템을 갖추고 있다. 지구과학을 강의하는 연구자들에 의해서 발전된 이 인터넷 주소는 지구과학의 이해를 증진시켜 줄 것으로 생각된다. **http://www.prenhall.com/lutgens**를 방문하여 *Foundation of Earth Science 5e*를 클릭하여 다음 내용들을 살펴보자:

- 인터넷 종합 퀴즈
- 비평적 사고 훈련
- 장 관련 웹 자료들의 연계
- 웹을 통한 주요 개념 탐구

http://www.prenhall.com/lutgens

GEODe: Earth Science

*GEODe: Earth Science*는 동영상(animation), 비디오(video), 낭송(narration), 대화식 연습문제(interactive exercise), 실용적인 퀴즈 등을 이용하여 주요 개념을 더욱 심화함으로써 더욱 효과적인 학습을 이룰 수 있게 한다. 이 복사 CD는 이 책 『지구시스템의 이해』 제5판에 포함되어 있다.

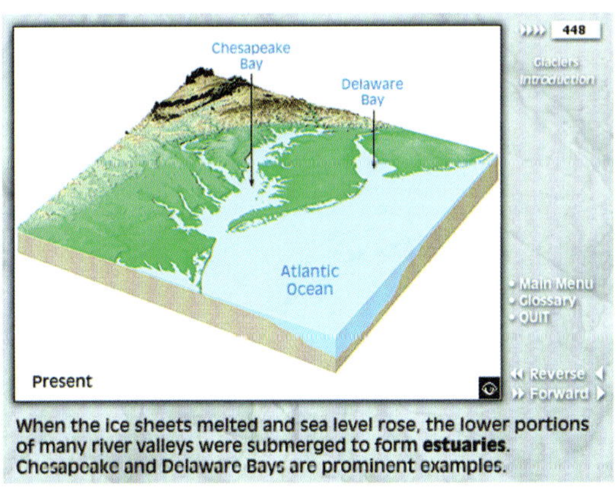

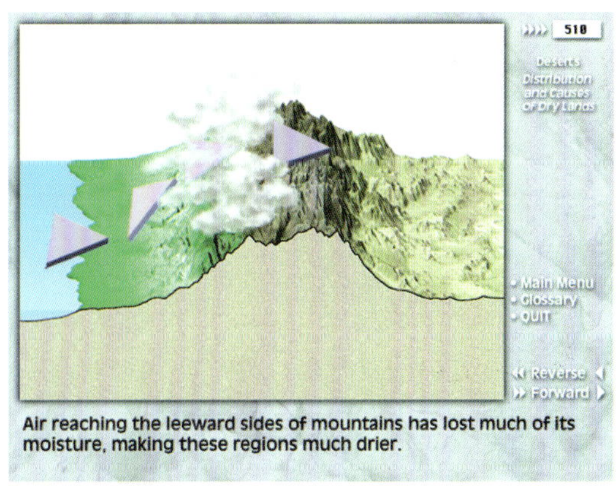

제 3 부 내부의 힘

제 5 장

판구조론

과학적 이론으로 풀다

유라시아, 아프리카 그리고 아라비아 반도를 보여주는 합성된 인공위성사진.

(사진 제공: WorldSat International Inc., 2001, www.worldsat.ca)

학습 초점

다음은 여러분들이 이 단원에서 다루는 중요한 개념들을 이해하는 데 도움을 줄 수 있는 유용한 질문들이다.

1. 대륙 이동설을 지지하기 위해 이용되는 증거는 무엇인가?
2. 대륙 이동설에 반대하는 주요 근거들 중의 하나는 무엇인가?
3. 판구조론은 무엇인가?
4. 대륙 이동설로부터 판구조론이 제안된 것은 어떤 방법에 의해서인가?
5. 판의 경계를 이루는 세 가지 유형들은 무엇인가?
6. 판구조론을 지지하기 위해 이용되는 증거는 무엇인가?
7. 판을 움직이게 하는 방법을 설명하기 위해 어떤 모델들이 제안되었는가?

20세기 초에, 대부분의 지질학자들은 해양과 대륙의 지리적 위치는 고정되어 있다고 믿었다. 그러나 지난 수십 년 동안 수집한 방대한 양의 새로운 자료들은 지구의 성질과 활동에 대한 생각을 바꿔놓았다. 이제 지구과학자들은 대륙들이 지구를 가로지르며 서서히 이동한다는 것을 안다. 대륙들이 갈라지는 곳에서 새로운 해양분지가 형성된다. 한편, 깊은 바다 속에 해구가 발달하는 지역에서는 오래된 해양 지각이 맨틀 안으로 들어간다. 이러한 운동들 때문에 대륙 지각들은 결국에는 서로 충돌하여 거대한 산맥들을 형성한다(**그림 5.1**). 요약하면, 지구조작용에* 대한 새로운 혁명적인 모델이 나타난 것이다.

이처럼 과학적인 사고의 완전한 역전은 과학혁명으로 표현되곤 한다. 다른 과학혁명들처럼, 이 개념이 제안되고 대다수의 사람들에게 받아들여지기까지는 상당한 시간이 필요했다. 이 혁명은 20세기 초에 **대륙은 이동한다**는 비교적 직접적인 제안으로 시작됐다. 수년간의 논쟁 뒤에, 대륙 이동설은 많은 지구과학자들에 의해 부인되었다. 그러나 1950년대와 1960년대 동안에 새로운 증거가 밝혀지면서 대륙 이동설에 대한 관심이 다시 일어났다. 1968년에 이르러, 대륙 이동설은 더욱 완벽한 이론인 **판구조론**으로 발전하였다.

이 장에서 우리는 과학이 어떻게 작동되는지에 대한 성찰을 위해 과학적 견해의 극적인 반전을 가져온 사건들에 대해 검토할 것이다. 우리는 또한 간단하게나마 대륙 이동설 개념이 발달하게 된 과정을 훑어보고, 왜 처음에는 받아들여지지 않았는지 검토해 보고, 마침내 판구조론으로 받아들여지게끔 만든 증거들은 무엇인지 생각해 보고자 한다.

* 지구조작용은 지각의 변형작용을 지칭하며 산맥과 같은 구조물을 만든다.

그림 5.1 히말라야 산맥에 속하는, 파키스탄 카라코람에 있는 K7으로 알려진 산에 있는 등산객 캠프(왼쪽). 히말라야 산맥은 인도와 유라시아의 충돌로 형성되었다. (사진 제공: Jimmy Chin/National Geographic/Getty)

그림 5.2 2억 년 전의 초대륙 판게아의 모습. A. 현대에 복원된 것. B. 1915년 베게너가 복원한 것.

1. 대륙 이동설: 여명기

세계 지도가 보다 명확히 그려지면서 대륙들 특히 남미 대륙과 아프리카 대륙의 해안선이 직소퍼즐 조각들처럼 서로 잘 들어맞는다는 생각이 발달하였다. 그러나 이 생각이 의미 있게 된 것은 1915년 독일의 기상학자이며 지구물리학자인 베게너(Alfred Wegener)가 『대륙과 해양의 기원』이라는 책을 출간한 뒤다. 이 책에서 베게너는 **대륙 이동**(continental drift)설*을 제안했다.

베게너는 과거에 **판게아**(Pangaea: "모든 땅"을 의미함)라는 초대륙이 존재했으며(**그림 5.2**), 약 2억 년 전에 이 초대륙은 작은 대륙들로 분열되기 시작하여 마침내 현재의 위치로 "이동"했다고 생각했다.

베게너와 그를 지지하는 학자들은 그들의 주장을 지지할 실질적인 증거들을 모았다. 남미 대륙과 아프리카 대륙의 해안선이 서로 잘 들어맞는 점과 화석, 암석구조, 고기후의 지리적 분포 양상은 현재는 떨어져 있는 대륙들이 과거에는 서로 붙어 있었다는 생각을 지지하는 것처럼 보였다. 이제 그들이 제시한 증거들에 대해 알아보도록 하자.

* 베게너의 아이디어는 1910년 대륙 이동에 관한 논문을 발표한 미국의 지질학자 테일러(F.B. Taylor)보다 실제로는 늦었다. 테일러의 논문에는 대륙 이동을 뒷받침하는 증거가 적었으며, 따라서 과학계에 미친 영향도 상대적으로 적었다.

증거: 대륙으로 만든 직소퍼즐

베게너 이전에 이미 몇몇 사람들이 생각했던 것처럼, 베게너는 대서양 남쪽에 접해 있는 두 대륙들의 해안선이 놀라울 정도로 유사하다는 사실을 인지했을 때, 옛날에 두 대륙이 서로 붙어 있었다는 생각을 가졌다. 그러나 대륙들이 붙어 있었다는 증거로 이용된 두 대륙의 해안선의 유사성은 바로 다른 지구과학자들에 의해 부정되었다. 그들은 해안선은 침식작용에 의해 끊임없이 변화하므로 만일 대륙이 이동했더라도 두 대륙의 해안선은 잘 들어맞지 않을 것이라고 주장했다. 베게너도 이 문제점을 알고 있었던 것처럼 보이며, 사실 대륙들이 서로 잘 들어맞는다는 그의 생각은 매우 미숙한 것이었다.

과학자들은 대륙의 실제 바깥 경계는 수백m 물속에 잠겨 있는 대륙붕의 바다 쪽 끝부분에 의해 더 잘 규정됨을 알게 되었다. 1960년대 초에 과학자들은 900m 깊이에서 대륙붕들의 가장자리들을 맞춘 지도를 만들었다. **그림 5.3**에서 보는 것처럼 완벽하게 들어맞는 지도가 얻어졌다. 대륙이 서로 겹쳐지는 몇 곳은 유수에 의해 많은 양의 퇴적물이 쌓이면서 대륙붕이 확장된 지역이다. 대륙들의 대륙붕 가장자리가 서로 꼭 들어맞는다는 것은 대륙이 이동했다는 가장 확실한 증거다.

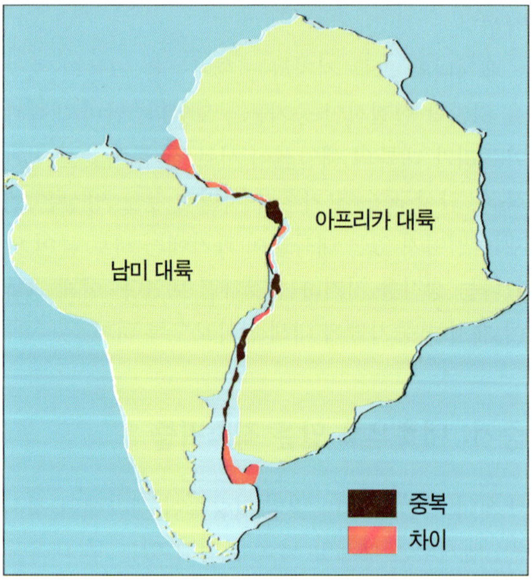

그림 5.3 약 900m 깊이에서 대륙사면을 따라 남미 대륙과 아프리카 대륙의 가장자리가 가장 잘 들어맞는 모습을 보여준다. 대륙들이 서로 겹치는 부분은 갈색으로 표시되어 있다. (자료 제공: I. G. Gass가 편저한 *Understanding the Earth*에서 A. G. Smith의 "Continental Drift")

증거: 대서양 양쪽 대륙에서 산출되는 동일한 화석

비록 베게너가 대서양 양쪽 대륙들의 가장자리들이 서로 잘 들어맞는다는 것에 흥미를 느꼈더라도, 처음에 그는 대륙들이 이동하는 것은 결코 일어날 것 같지 않다고 생각하였다. 그는 우연히 남미 대륙과 아프리카 대륙을 연결하는 육교가 있었음을 증명하는 화석에 관한 논문을 접하고서 대륙 이동을 진지하게 생각하기 시작했다. 문헌 조사를 통해, 대부분의 고생물학자(화석으로 남겨진 생명체를 연구하는 과학자)들이 멀리 떨어진 대륙들 간에 나타나는 동일한 화석을 설명하기 위해서는 육교가 필요하다고 인정한다는 것을 베게너는 알게 되었다. (북미의 현대판 토종 생명체들이 아프리카의 것들과 완전히 다른 것처럼, 멀리 떨어진 대륙에 살았던 중생대 생명체들도 뚜렷이 구분되리라 예상할 수 있다.)

메소사우루스 판게아라는 초대륙이 존재했다는 것을 증명하기 위해 베게너는 기록된 몇몇 화석의 경우를 예로 들었다. 이 화석들은 여러 대륙에서 공통적으로 발견되지만 오늘날 대륙들을 분리하는 광활한 바다를 건널 수 없는 것들이다. 유명한 예는 물고기를 잡아먹었던 수중 양서류인 메소사우루스로서, 남미 대륙 동부와 아프리카 대륙 남쪽의 페름기(약 2억 6,000만 년 전)의 흑색 셰일에서만 제한적으로 나타난다(**그림 5.4**). 만일 메소사우루스가 광활한 남쪽 대서양을 건널 수 있을 정도로 헤엄칠 수 있었다면 그것의 유해는 더 많은 곳에 분포되어 있을 것이다. 그러나 실제로는 그렇지 않았다. 베게너는 남미 대륙과 아프리카 대륙이 지구 역사의 페름기 동안에 연결되어 있었음이 틀림없다고 주장했다.

베게너 당시의 과학자들은 너비가 수천km인 바다를 건너 동일한 화석들이 발견되는 것을 어떻게

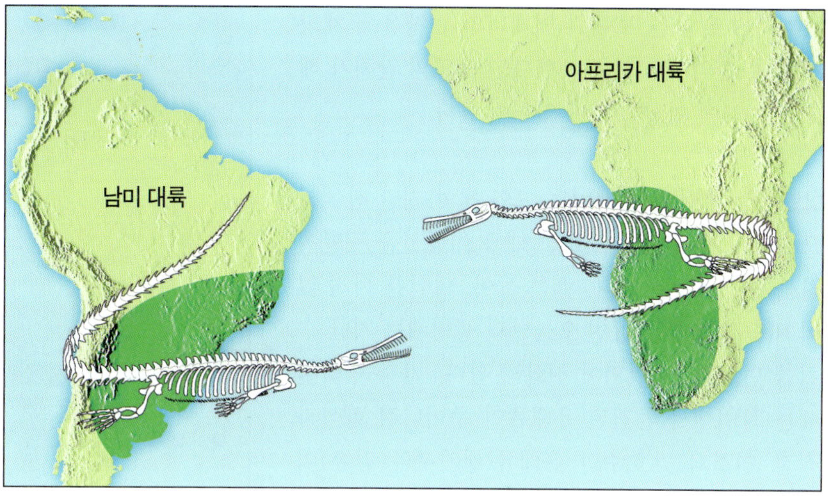

그림 5.4 메소사우루스 화석이 남대서양의 양편에서 발견되며, 다른 곳에서는 발견되지 않는다. 아프리카 대륙과 남미 대륙에서 발견되는 메소사우루스 화석과 다른 개체들은 후기 고생대에서 전기 중생대 동안에 이들 대륙들이 서로 붙어 있었음을 지시한다.

설명할까? 육교의 존재(지협 연결)는 이런 이동에 대한 가장 흔한 설명이었다(**그림 5.5**). 예를 들어, 우리는 가장 최근의 빙하기 동안 해수면이 하강하여 많은 동물들이 베링해를 통해 아시아 대륙과 북미 대륙을 서로 왕래했다는 것을 안다. 이것이 가능했다면 옛날에 육교가 아프리카 대륙과 남미 대륙을 연결했다가 나중에 해수면 아래로 내려간 것인가? 현대의 해저 지도는 이러한 크기의 육교가

그림 5.5 존 홀든이 그린 이 그림은 지금은 바다에 의해 분리되어 있는 대륙들에서 유사한 종들이 출현하는 상황을 다양하게 설명하고 있다. (자료 제공: John Holden)

존재하지 않음을 보여줘 베게너의 논쟁을 구체화시켰다. 만약 육교가 존재했다면 육교의 잔해가 해수면 아래에 여전히 남아 있어야 한다.

오늘날의 생명체 베게너는 그의 책 마지막 판에서 오늘날의 생명체 분포 또한 대륙 이동설을 뒷받침하는 증거로 언급했다. 예를 들어, 의심할 여지 없이 비슷한 조상을 가진 오늘날의 생명체는 지난 수천만 년 동안 고립되어 진화해 왔다. 가장 명백한 예는 북미에서 발견된 유대류인 주머니쥐 화석과 직접 연결되는 호주의 유대류(캥거루와 같은)이다. 판게아의 분열 후, 호주의 유대류는 북미의 관련된 생명체들과는 다른 진화 경로를 따랐다.

증거: 암석 유형과 구조의 일치

직소퍼즐을 해 본 사람은 누구나 퍼즐 조각들이 서로 들어맞아야 할 뿐 아니라 퍼즐상의 그림도 끊기지 않고 이어져야만 한다는 것을 알 것이다. "대륙 이동 퍼즐"에서 끊기지 않고 이어져야만 하는 "그림"은 암석의 종류와 산맥이다. 만일 과거에 대륙들이 서로 뭉쳐졌다면 어느 한 대륙의 특정 지역에서 발견되는 암석은 그 지역과 인접해 있었던 다른 대륙에서 발견되는 암석과 나이 및 종류가 같아야 한다. 베게너는 22억 년 된 화성암에 대한 증거를 브라질과 아프리카에서 발견하였다.

비슷한 증거가 산맥에서도 나타나는데, 어느 한 대륙의 해안에서 끝나고 바다 건너 다른 대륙에서 다시 나타나는 경우이다. 예를 들어, 애팔래치아 산맥은 북동 방향을 가지며 미국의 동쪽에 위치하는데 뉴펀들랜드 해안에서 사라진다. 비슷한 나이와 구조를 갖는 산맥은 영국 제도와 스칸디나비아에서 발견된다. **그림 5.6**처럼 이들 대륙들을 다시 모아보면, 거의 연속적인 산맥을 형성한다.

베게너는 대서양을 사이에 둔 대륙들에서 나타나는 암석구조의 유사성으로부터 이들이 서로 연결됨을 확신했었을 것이며, 다음 언급에서 알 수 있다: "이것은 마치 우리가 찢어진 신문 조각들을 조각의 모양을 바탕으로 맞춘 다음, 신문의 글자가 바르게 연결되었는지 확인하는 것과 같다. 만일 글자들이 바르게 연결되었다면 신문 조각들은 이 모양으로 연결되어 있었다고 결정 내릴 수 있다."*

그림 5.6 북대서양을 가로질러 산맥들을 서로 연결함. 애팔래치아 산맥은 북미 대륙의 동쪽 측면을 따라 뻗어 있으며 뉴펀들랜드 해안에서 사라진다. 비슷한 시기에 형성된 유사 구조를 갖는 산맥이 영국 제도와 스칸디나비아에서 발견된다. 이들 대륙들을 이동 전의 위치로 옮겨 놓아보면 산맥은 거의 연속적으로 잘 연결됨을 알 수 있다. 이 산맥은 대략 3억 년 전에 초대륙 판게아가 형성되는 동안에 대륙들이 충돌하면서 형성됐다.

증거: 고기후

베게너는 기상학자였기 때문에 대륙 이동설을 지

* 베게너가 저술한 『대륙과 해양의 기원』에서 발췌. 1929년 독일에서 발행된 4판을 1966년 버먼(J. Birman)이 런던에서 번역 출간함.

지하는 고기후(paleoclimatic: *paleo* = 과거, *climatic* = 기후) 자료를 얻으려고 열심히 노력했다. 마침내 그는 지난 지질학적 시간 동안 전 지구적인 기후 변화의 증거를 발견했다. 예를 들어, 고생대 말(약 3억 년 전)에 남반구와 인도의 광범위한 지역이 빙하로 덮여 있었음을 빙하 퇴적물을 통해 알아냈다(**그림 5.7A**). 빙퇴석층이 인도, 호주뿐만 아니라 아프리카 남부와 남미에서도 발견된다. 현재는 열대와 아열대의 기후를 가지며 위도 30° 안에 놓여 있는 많은 지역들이 고생대 말에 일어난 빙하의 흔적을 가지고 있다.

현재 열대기후인 지역이 빙하 퇴적물을 만들 수 있을 만큼 추운 기후를 경험할 수 있었을까? 고생대 말에 북반구에는 거대한 열대성 늪이 존재했다는 것을 알고 있었기 때문에 베게너는 위 가정이 틀렸다고 생각했다. 이들 늪의 우거진 산림은 결국 미국 동부, 유럽, 시베리아의 주요 탄전이 되었다.

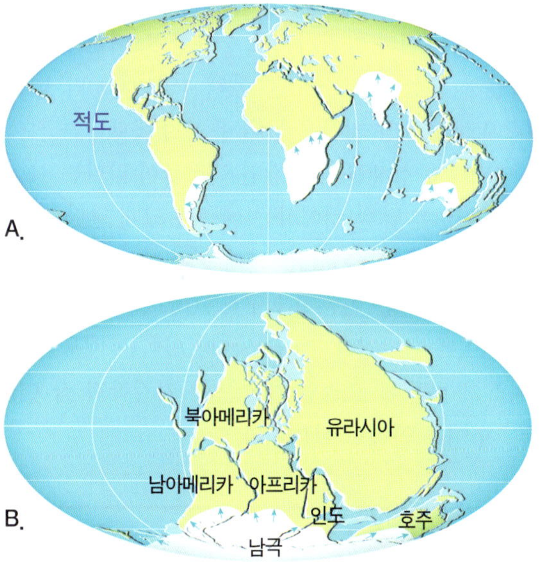

그림 5.7 대륙 이동설의 고기후 승거. A. 고생대 말(약 3억 년 전), 빙하는 남반구와 인도의 대부분을 덮었다. 화살표는 빙하의 이동방향을 보여준다. 이동방향은 기반암에 있는 빙하의 흔적으로부터 알 수 있다. B. 남극이 대략 남극과 아프리카 대륙 사이에 위치할 때 대륙들의 위치를 보여주는 그림. 이 고지도를 통해 거대한 빙하가 형성되기 위한 환경 그리고 남극에서 방사상으로 이동한 빙하의 이동방향을 알 수 있다.

이런 사실을 알고 있었나요?

대륙 이동설로 잘 알려진 알프레드 베게너는 또한 날씨와 대기에 관한 수많은 논문을 썼다. 기상학에 관한 관심으로 베게너는 혹독한 겨울 날씨를 연구하기 위해 그린란드의 대빙원으로 네 번에 걸친 긴 여행을 했다. 1930년 11월, 대빙원을 가로지르는 한 달간의 긴 여행 동안 베게너와 그의 동료는 매우 지쳤다.

이들 탄전에서 산출되는 화석들은 석탄층을 만든 양치식물들의 잎이 매우 컸음을 알려준다. 이것은 양치식물들이 열대기후에서 자랐음을 지시한다. 더구나 추운 지방에서 자라는 나무들과는 달리, 나무의 줄기에 나이테가 없었다. 열대지방에서 자라는 나무들은 온도 변화가 적기 때문에 나이테가 없다.

베게너는 판게아 초대륙이 고생대 말의 빙하기를 더 잘 설명할 수 있다고 제안했다. 이 고대륙 분포에 따르면, 남쪽의 대륙들은 함께 모여 있었고 남극 근처에 위치했다(**그림 5.7B**). 이리하면 남반구의 많은 지역에 넓은 빙하가 생성될 수 있다. 동시에 이러한 대륙의 분포 양상으로 인해 북쪽의 대륙들은 적도 근처에 위치하게 되며 이들 대륙들에서 산출되는 막대한 석탄층을 설명할 수 있다. 베게너는 "이 증거는 다른 모든 증거들보다 더 결정적이다"라고 쓴 그의 설명이 옳다고 확신하였다.

어떻게 빙하가 고온건조한 호주에서 발달할 수 있을까? 어떻게 육상동물들이 넓은 바다를 건너 이주할 수 있을까? 과학계가 고기후학적 증거를 인정하고 이 증거가 이끄는 논리적인 결론을 받아들이기까지는 그로부터 50년이란 세월이 필요했다.

2. 격렬한 논쟁

베게너의 제안이 비평가들의 관심을 끌게 된 것은 1924년 그의 책이 영어로 번역된 이후다. 이때부터 그가 죽은 1930년까지, 그가 제안한 대륙 이동설은 많은 비우호적인 비판에 직면했다. 존경받는 미국의 지질학자인 챔벌린(T.C. Chamberlin)은 다음과 같이 말했다: "베게너의 가설은 지구를 보는 시각이 상당히 방자하며 여러 제한들에 의해 가설이 불완전하고 대부분의 다른 반대 이론들보다 서툴고 좋지 못한 사실들로 이루어져 있다. 베게너의 간청은 마치 제한규칙들이 적고 명확한 행동규칙이 없는 상황에서 게임을 하는 상황과 같다."

베게너가 제안한 가설에 대한 주요 반론들 중의 하나는 베게너의 가설은 대륙들이 지구를 가로질러 움직일 수 있는 방법을 설명할 수 없었다는 점이다. 베게너는 달에 의해 생기는 조수의 영향에 의해 대륙들이 서쪽으로 움직일 수 있다고 제안했다. 그러나 유명한 물리학자인 제프리(Harold Jeffreys)는 대륙들을 이동시킬 만한 크기의 조석 마찰력이 작용한다면 몇 년 뒤에 지구의 자전이 멈출 거라며 재빨리 이의를 제기했다.

베게너는 또한 크고 단단한 대륙들은 쇄빙선이 얼음을 부수는 것처럼 해양 지각을 부술 수 있다고 제안했다. 그러나 해양 지각은 대륙들이 부수며 이동할 만큼 약하지만 그 과정 중에 해양 지각이 변형을 받았다는 증거는 없었다.

비록 동시대 사람들의 대부분은 베게너의 의견에 반대하고 심지어 비웃었지만 몇몇 사람들은 그의 생각이 그럴듯하다고 생각했다. 이들 몇몇 지질학자들에게 대륙이 움직인다는 생각은 그들의 흥미를 끌었으며 그들은 추가적인 증거를 찾는 일을 계속하였다. 사람들은 전에는 설명할 수 없었던 현상이 대륙의 이동으로 설명될 수 있다고 보았다.

3. 판구조론: 새로운 패러다임

GEODe EARTH SCIENCE
Forces Within
▼ Plate Tectonics

제2차 세계대전 이후, 새로운 해양 연구용 기자재와 함께 미해군연구소로부터 많은 연구비를 확보한 해양학자들은 전례가 없는 해양 탐사의 시대를 열었다. 이후 20년 넘게 해저의 많은 부분에 대한 훨씬 훌륭한 사진들이 느리긴 하지만 꾸준히 나오기 시작했다. 이러한 연구로부터 야구공의 솔기와 비슷한 양상으로 주요 해양의 모든 곳에서 굽이굽이 연결된 전 지구적 규모의 **해양산맥계**(oceanic ridge system)가 발견되었다.

다른 해양지역에서도 새로운 발견이 얻어졌다. 서태평양에서 행해진 지진 연구는 심해저 해구의 매우 깊은 곳에서 지구조활동이 일어나고 있음을 증명했다. 이와 마찬가지로 중요한 또 다른 사실은 해양저 준설(dredging)을 통해 1억 8,000만 년보다 오래된 해양 지각을 들어 올리지 못했다는 점이다. 게다가 심해분지에 쌓인 퇴적물이 얇다는 사실은 수천m에 달할 것이라는 예측과 크게 달랐다.

이상의 발견들은 1968년에 이르러 대륙 이동설보다 더 완전한 이론인 **판구조론**(plate tectonics)의 등장으로 이어졌다. 판구조론의 의미는 매우 광범위하기 때문에 오늘날 대부분의 지질학적 작용들은 이 이론 안에서 설명된다.

이런 사실을 알고 있었나요?

대륙 이동설의 원인에 대해서는 잘 설명할 수 없었지만 과학자들의 제안은 흥미로웠다. 이 제안은 초기 지구의 역사에서 우리 행성은 직경이 현재의 약 반 정도였고 완전히 대륙 지각으로 덮여 있었다고 제안했다. 시간이 지남에 따라 지구는 팽창했고 대륙들이 현재의 모습으로 분리되었다. 이러는 동안 새로운 해저가 분리된 대륙 지각 사이를 채웠다.

지구의 주요 판들

판구조론 모델에 따르면, **암석권**(lithosphere)은 강하고 단단한 지층으로 맨틀의 최상부와 그 위에 놓이는 지각을 포함하며, **판**(plates)이라 불리는 조각들로 나누어진다(**그림 5.8**). 암석권 판은 해양에서 가장 얇으며 수km보다 얇은 해령에서 100km에 달하는 심해분지까지 매우 다양한 두께를 보인다. 이와는 대조적으로, 대륙 암석권은 보통 100km에서 150km 정도이고, 오래된 지각 아래에서는 250 km 이상의 두께를 보이기도 한다. 암석권은 **연약권**(asthenosphere: 약한 구)으로 불리는 맨틀의 약한 지역 위에 놓인다. 상부 연약권의 온도, 압력은 암석의 용융온도에 거의 근접한다. 이로 인해 암석권이 하부 층들로부터 효과적으로 분리될 수 있도록 도와주는 매우 약한 지역이 나타난다. 이처럼 상부 연약권 내의 약한 암석은 지구의 딱딱한 외부 껍질이 이동할 수 있도록 한다.

그림 5.9에서 볼 수 있는 것처럼, 7개의 주요한 판들이 인지된다. 이들은 북미판, 남미판, 태평양판, 아프리카판, 유라시아판, 호주판, 남극판이다. 이 중 가장 큰 것은 태평양판으로, 판의 대부분이 태평양 분지에 포함된다. **그림 5.9**를 보면 알 수 있듯이, 몇몇 큰 판들은 하나의 대륙 전체와 해양 지각으로 이루어져 있다(예를 들어, 남미판 같은 경우). 판구조론은 대륙들이 해양 지각과 더불어 움직이는 것이 아니라 대륙들만 해양 지각 위를 움직인다는 베게너의 대륙 이동설에서 출발했다. 또한 대륙으로만 이루어진 판이 없다는 것도 주목하라.

중간 크기의 판으로는 카리브판, 나츠카판, 필리핀판, 아라비아판, 코코스판, 스코티아판이 있다. 게다가 **그림 5.9**에는 인지는 되지만 표현되지 않은 10여 개 이상의 작은 판들이 있다.

판구조론의 주요 원칙들 중의 하나는 판들이 다른 판들에 대해 모습이 변하지 않는 일정한 단위로 이동한다는 점이다. 판의 이동에 따라 같은 판 내의 두 지점 사이(예를 들어, 뉴욕과 덴버)의 거리는 상대적으로 일정하지만 뉴욕과 런던같이 서로 다른 판에 속한 두 지점들 사이의 거리는 점점 변한다. (최근에 판 내부에서 변형이 일어날 수 있으며, 특히 해양 암석권에서 심할 수 있음이 알려졌다.)

암판은 연평균 약 5cm의 느리지만 일정한 비율

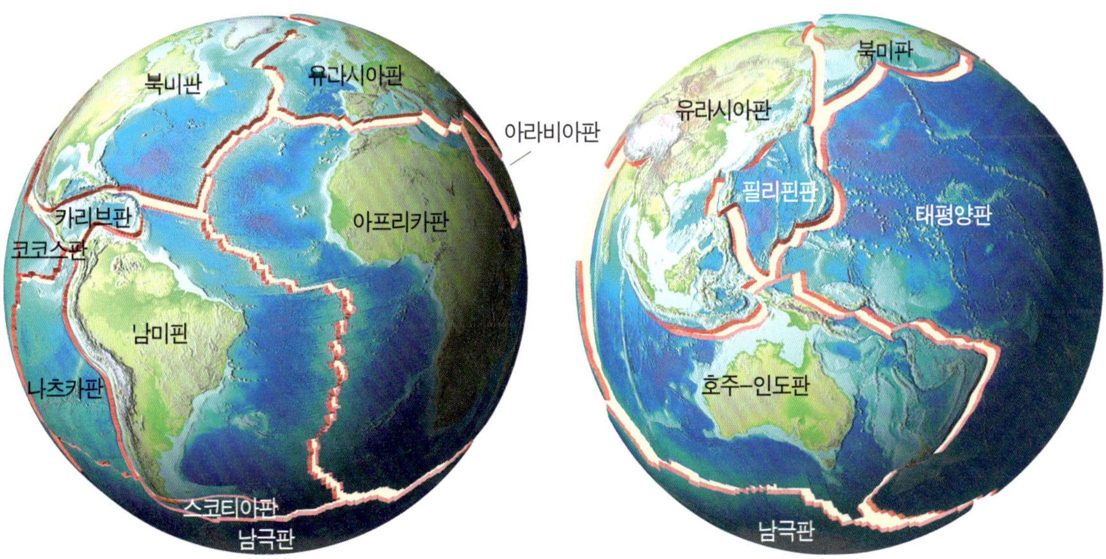

그림 5.8 지구의 암석 판의 예.

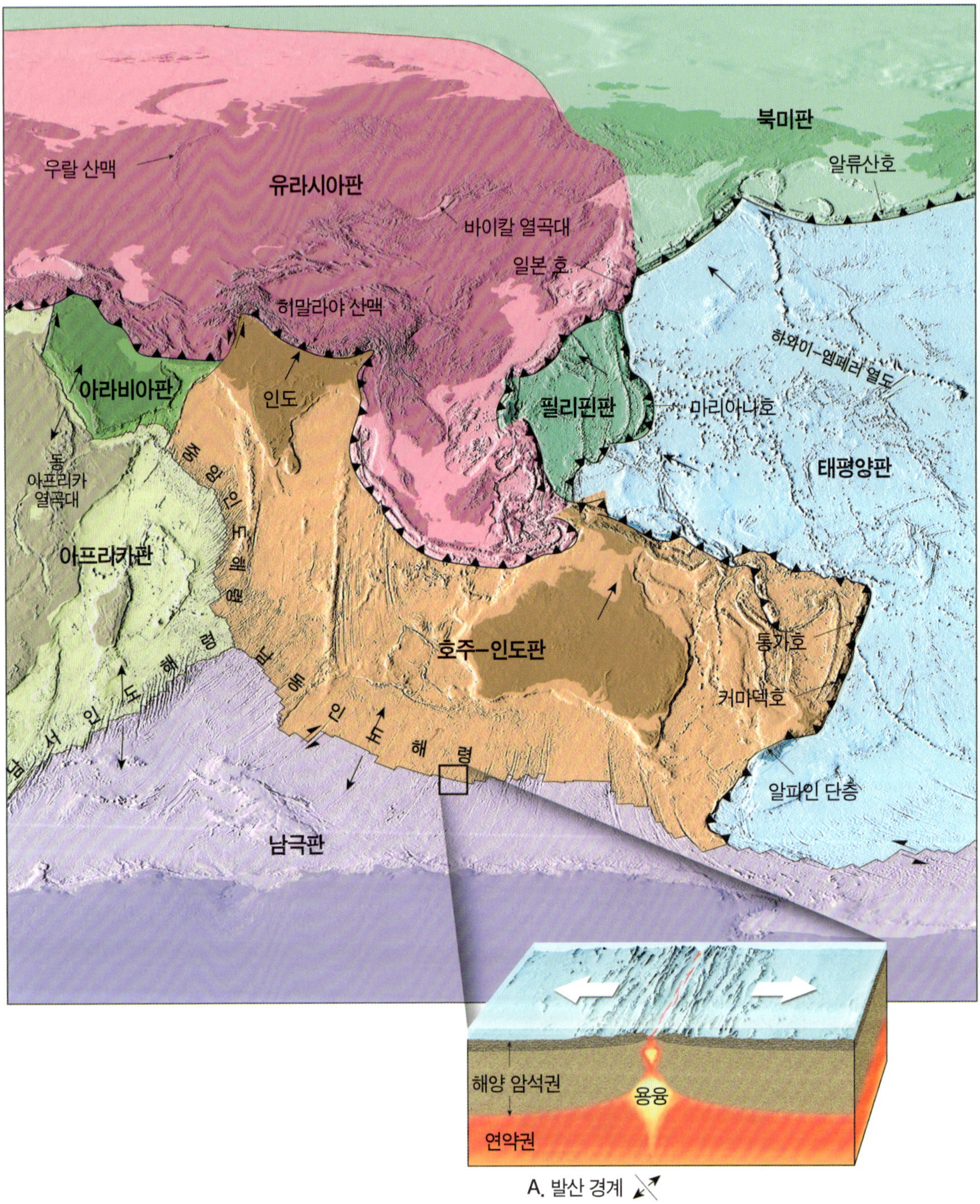

그림 5.9 단단한 모자이크판들이 지구의 바깥 껍질을 구성한다. (자료 제공: W. B. Hamilton & others)

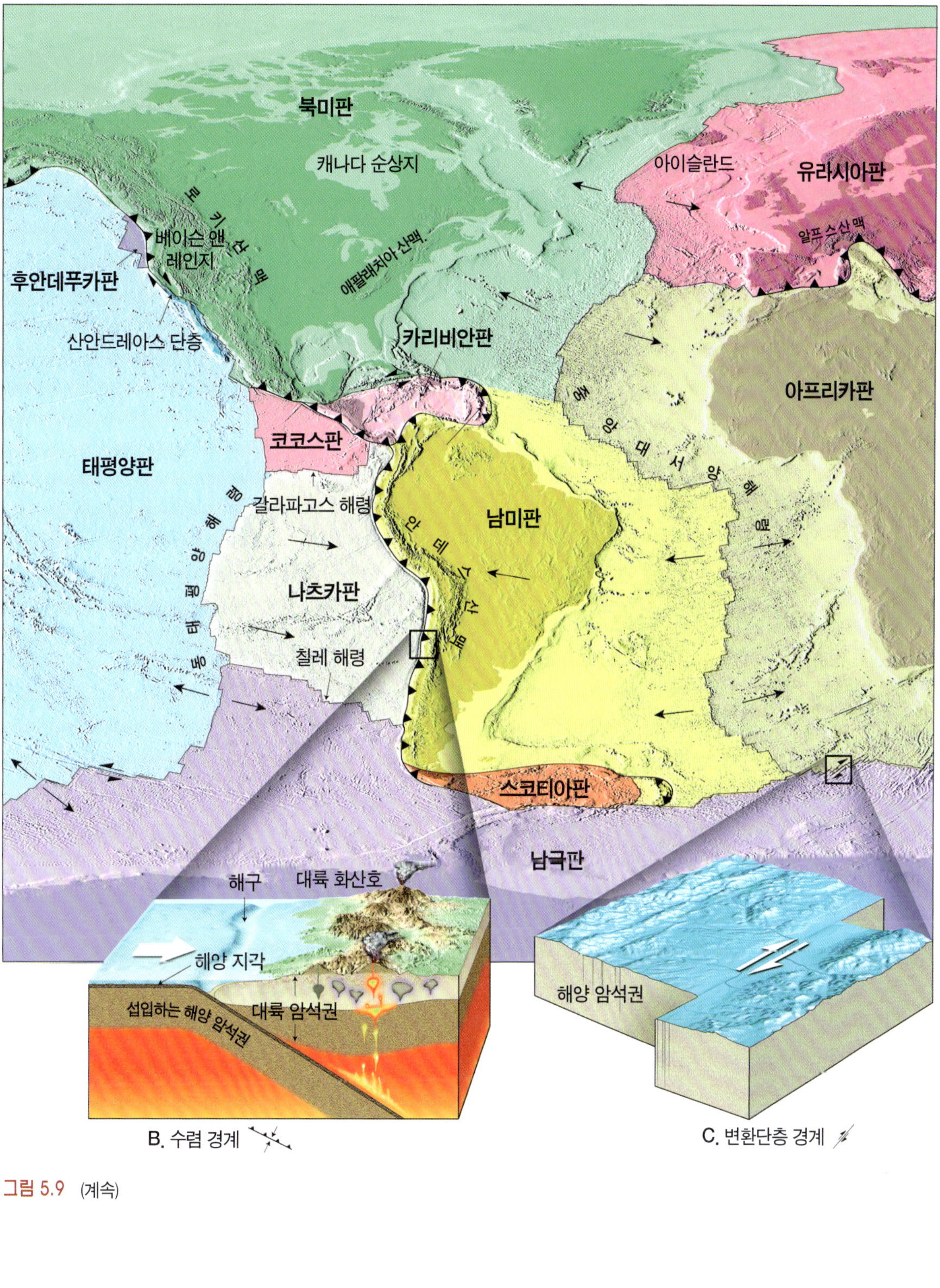

북미판
캐나다 순상지
아이슬란드
유라시아판
알프스 산맥
로키 산맥
베이슨 앤 레인지
애팔래치아 산맥
후안데푸카판
산안드레아스 단층
카리비안판
아프리카판
코코스판
태평양판
중앙 대서양 해령
갈라파고스 해령
동태평양 해령
남미판
안데스 산맥
나츠카판
칠레 해령
스코티아판
남극판
해구
대륙 화산호
해양 지각
섭입하는 해양 암석권
대륙 암석권
해양 암석권
B. 수렴 경계
C. 변환단층 경계

그림 5.9 (계속)

로 다른 판에 대해 상대적으로 이동한다. 이 이동은 궁극적으로는 지구 내부의 열이 고르게 분포되어 있지 않은 데 기인한다. 맨틀 깊은 곳에서 발견되는 뜨거운 물질은 상부로 천천히 움직이며 지구 내부의 대류시스템의 일부를 맡고 있다. 이와 동시에 보다 차갑고 무거운 해양 암석권의 슬랩이 맨틀 안으로 들어가며 지구의 단단한 바깥 껍질을 이동시키게 된다. 결국 암석권 판들의 거대한 움직임에 의해 지진이 일어나며 화산이 형성되고 거대한 암석 덩어리들을 산맥으로 변형시킨다.

판의 경계

암판은 다른 판들과 긴밀히 연관되어 움직인다. 비록 판의 안쪽에서 변형이 일어나기도 하지만 각각의 판들 사이의 중요한 상호작용들과 이에 따른 대부분의 변형은 판의 경계에서 일어난다. 사실, 각 판의 윤곽을 밝혀내려는 최초의 연구는 지진이 발생하는 위치를 지도에 표시하여 이루어졌다. 판의 경계부에 대한 꾸준한 연구 결과, 판이 보여주는 움직임에 따라 판과 판의 경계를 세 가지 유형으로 나누었다. 이 경계들은 **그림 5.9** 하단에 묘사되었으며, 다음에 간단히 기술하였다:

1. **발산 경계**(divergent boundaries: 발산형 경계): 판이 서로 멀어지려는 운동을 하여 맨틀로부터 새로운 물질이 올라와 해양 지각을 만드는 곳(**그림 5.9A**).
2. **수렴 경계**(convergent: 수렴형 경계): 판이 서로 가까워지려는 운동을 하여 해양의 암석권이 다른 판 아래로 하강하고 마침내 맨틀로 섭입하거나 또는 2개의 대륙이 충돌하여 산맥을 형성하는 곳(**그림 5.9B**).
3. **변환단층 경계**(transform fault boundaries: 보존형 경계): 암석권의 생성이나 소멸 없이 판들이 서로 어긋나는 곳(**그림 5.9C**).

각 판의 경계는 이 세 가지 유형의 판의 경계들이 조합되어 이루어진다. 예를 들어, 후안데푸카판은 서쪽이 발산 경계이고 동쪽이 수렴 경계이며, 발산 경계 부분들이 서로 어긋나는 변환단층들을 많이 가지고 있다(**그림 5.9**).

다음 단락에서는 세 가지 유형의 판의 경계의 성질들을 간략하게 요약한다.

4. 발산 경계

GEODe EARTH SCIENCE Forces Within
▼ Plate Tectonics

대부분의 **발산 경계**(divergent boundary)들은 대양저 산맥(oceanic ridge)의 정상을 따라 위치하며 새로운 해양 지각이 만들어지는 곳인 발산형 판 경계로 생각할 수 있다(**그림 5.10**). 대양저 산맥의 축으로부터 판들이 서로 멀어지면서 만들어진 틈은 아래의 뜨거운 맨틀로부터 올라온 마그마로 채워진다. 마그마는 점점 식어 새로운 해양조각을 만든다. 연속적인 방법으로 주변의 판들이 서로 분리되고 새로운 해양 지각이 그들 사이에 형성된다. 나중에 배우게 되겠지만, 발산 경계는 해양뿐만 아니라 대륙에서도 형성된다.

대양저 산맥과 해저 확장

잘 발달된 발산 경계를 따라서 해저가 상승하여 대양저 산맥을 만든다. 서로 연결된 대양저 산맥계는 지구상에서 가장 긴 지형으로, 길이가 7만km가 넘게 뻗어 있다. 지표면의 20%를 차지하는 대양저 산맥계는 야구공의 솔기처럼 모든 주요한 해저분지들을 연결한다(179쪽의 **그림 5.7** 참조). 대양저 산맥의 정상은 주변의 해양분지들보다 일반적으로 2~3km 높은 데도 불구하고, 대양저 산맥의 너비는 좁지 않고 1,000~4,000km에 이르기 때문에

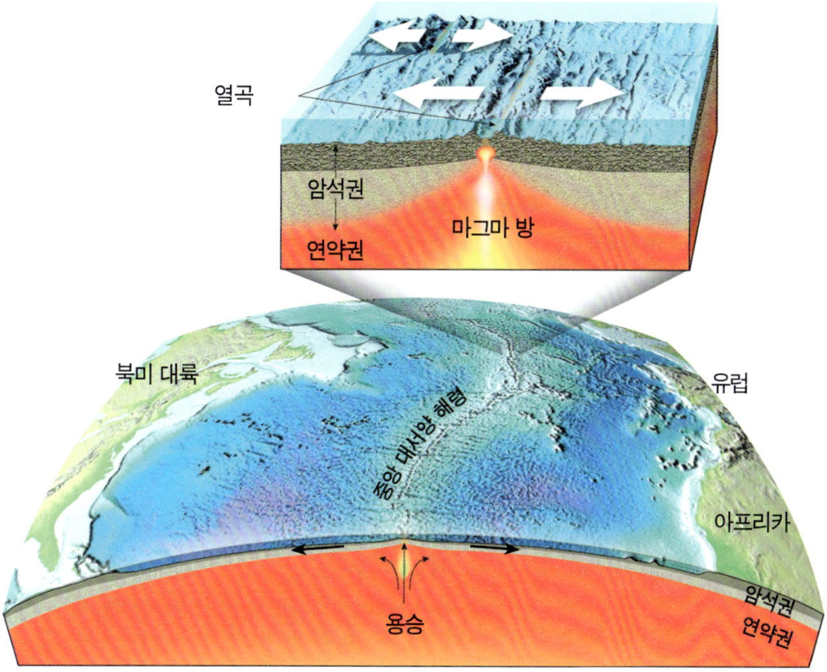

그림 5.10 대부분의 발산 경계들은 대양저 산맥을 따라 분포되어 있다.

"산맥"이란 용어는 오해를 불러일으킬 수도 있다. 게다가 일부 대양저 산맥의 축을 따라서는 **열곡**(rift valley)으로 불리는 구조가 있다.

대양저 산맥계를 따라서 새로운 해저를 형성하는 기작을 **해저 확장**(seafloor spreading)이라 한다. 해저 확장 속도는 평균 1년에 약 5cm이다. 이것은 대략 인간의 손톱이 자라는 속도와 비슷하다. 중앙 대서양 산맥에서는 1년에 2cm의 상대적으로 느린 해저 확장이 일어나는 반면, 동태평양 산맥을 따라서는 15cm 이상의 해저 확장 속도가 확인되었다. 인간의 시간단위로 보면 판의 생성 속도는 느리게 보이지만 지난 2억 년 동안에 지구상의 모든 해양분지가 생성됐을 정도로 충분히 빠르다. 사실, 1억 8,000만 년보다 더 오래된 해양 지각은 없다.

대양저 산맥이 높아진 주된 이유는 새로 형성된 해양 지각이 뜨겁고 더 많은 부피를 차지하기 때문이며, 따라서 새로 형성된 해양 지각은 차가운 암석보다 밀도가 작게 된다. 새로운 지각이 대양저 산맥의 축을 따라 계속 만들어지면서, 지각은 대양저 산맥의 축을 따라 마그마가 상승하는 지역으로부터 느리지만 계속해서 멀어져간다. 따라서 지각은 점차 식고 수축하여 밀도가 커지게 된다. 대양저 산맥 정상으로부터 멀어질수록 해양의 깊이가 더 깊어지는 것은 이러한 열수축으로 설명된다.

새로 형성된 지각이 완전히 식고 수축하는 데 약 8,000만 년이 걸린다. 이때쯤에는 대양저 산맥계 정상에 위치했던 암석은 퇴적물이 퇴적되어 묻히는 깊은 해양분지에 위치하게 된다. 게다가 냉각에 의해 해양 지각 아래 맨틀 암석의 강도가 높아져 판의 두께가 두껍게 된다. 다르게 얘기하면, 해양 암석권의 두께는 연령의 지배를 받는다. 암석권의 연령이 클수록(더 차가울수록) 두께가 증가한다.

대륙 열개

베게너가 판게아의 분열로 설명한 것처럼, 발산 경계는 대륙 안에서도 2개 이상의 작은 덩어리들로 나누어질 수 있다(**그림 5.11**). 판의 분리는 대륙열개

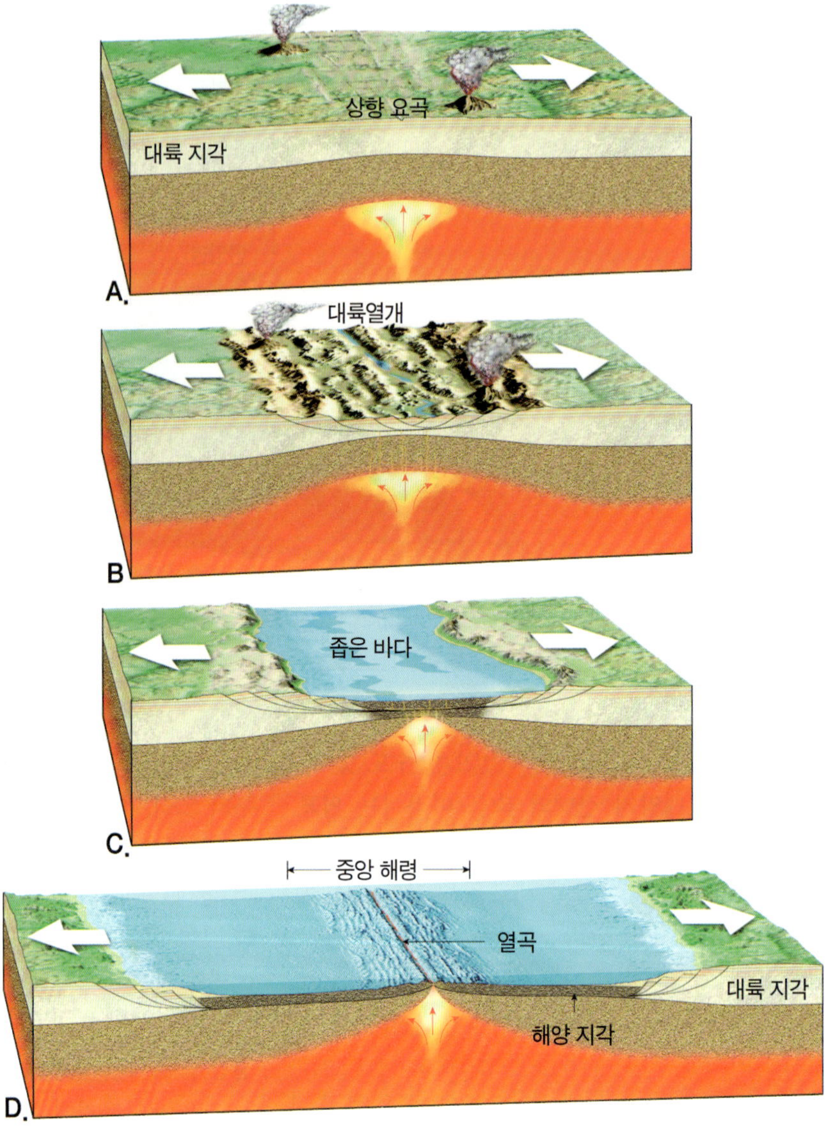

그림 5.11 대륙열개와 새로운 해양분지의 형성. A. 대륙열개는 인장력에 의해 지각이 늘어나고 얇아진 곳에서 발생한다고 생각된다. 그 결과, 연약권으로부터 용융된 암석이 올라오고 지표에서 화산활동이 시작된다. B. 지각이 서로 반대방향으로 잡아당겨지면서 거대한 암석 슬랩이 가라앉아 열곡대(rift zone)를 형성한다. C. 지각이 더욱 확장되면서 좁은 바다가 형성된다. D. 마침내 광활한 해양분지와 대양저 산맥이 생성되었다.

(continental rift)라고 불리는 길쭉한 함몰이 형성되면서 시작된다고 여겨진다. 최근에 형성된 대륙열개의 예는 동아프리카 열곡이다(**그림 5.12**). 이 열곡이 완전한 확장대로 발달해서 마침내 아프리카 대륙으로부터 분리될 것인지에 대해서는 많은 논란이 있다.

그럼에도 불구하고, 동아프리카 열곡은 대륙이 분열하는 초기 단계이다. 인장력은 대륙 지각을 늘리고 얇게 한다. 이 결과, 용융된 암석이 연약권으로부터 올라와 지표에서 화산활동이 시작된다(**그림 5.11A**). 대륙에 열곡을 형성하는 광범위한 화산활동에 의해 킬리만자로산과 케냐산 같은 큰 화산들이 만들어졌다. 연구에 의하면, 만약 인장력이 지속되면 열곡은 넓어지고 깊어지며 대륙으로부터 멀어져 2개로 분리될 것이다(**그림 5.11C**). 이 시점에서 열곡은 오늘날의 홍해처럼 해양과 연결된 좁

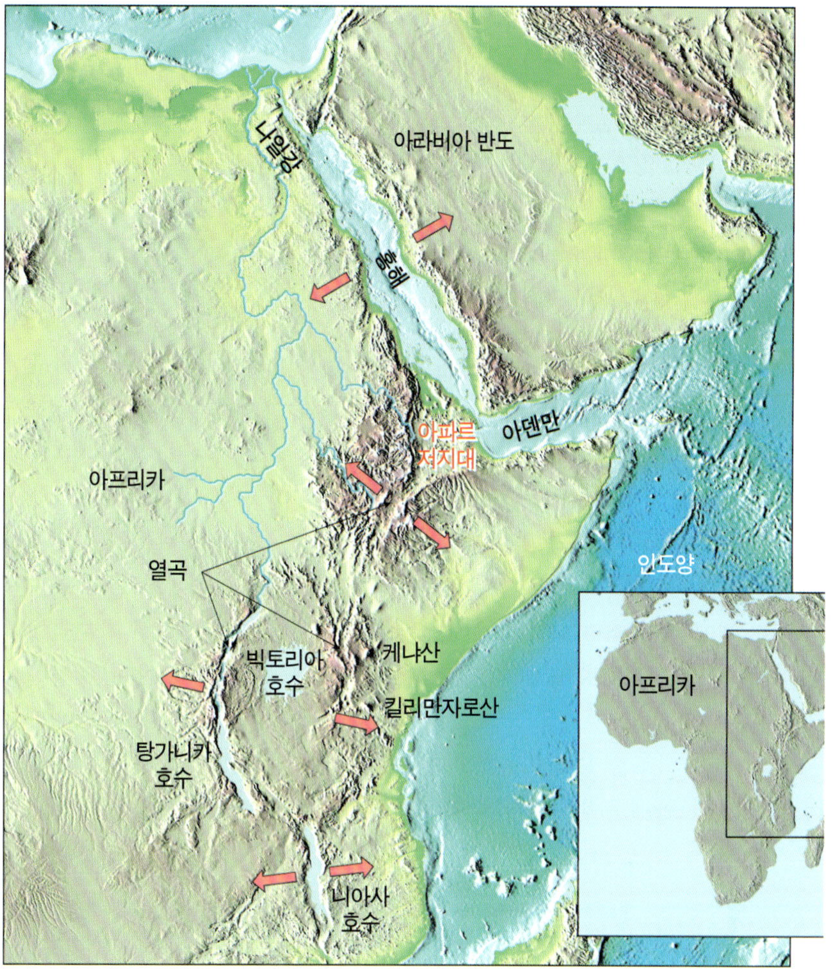

그림 5.12 동아프리카 열곡 및 이와 연관된 지형.

고 기다란 바다가 된다. 홍해는 약 2,000만 년 전에 아프리카 대륙에서 아라비아 반도가 분리될 때 만들어졌다. 확장이 지속된다면 홍해는 더 넓게 성장해 중앙대양저 산맥과 비슷할 정도로 높게 솟아오를 것이다(**그림 5.11D**).

이런 사실을 알고 있었나요?

다른 행성의 관찰자는 불과 몇 백만 년 후에 지구의 모든 대륙과 해양분지가 실제로 움직였다는 것을 알 것이다. 반면에, 달은 지구조적으로 움직이지 않는다. 따라서 수백만 년 후에도 사실상 변화가 없을 것이다.

모든 열곡이 다 대양저 산맥으로 발달하는 것은 아니다. 슈피리어(Superior) 호수에서 캔자스까지 미국 중앙부를 가로지르며 진행이 멈춘 열곡대가 뻗어 있다. 과거에 활동했던 이 열곡은 10억 년 이전에 지면에 분출했던 암석으로 채워져 있다. 왜 어떤 열곡은 계속 발달되어 대양저 산맥으로 발전

이런 사실을 알고 있었나요?

초기 인류인 호모 하빌리스와 호모 에렉투스의 유골은 동아프리카 열곡대에서 루이스(Louis)와 메리 리키(Mary Leakey)에 의해서 발굴되었다. 과학자들은 이 지역이 인류가 탄생한 곳이라 여겼다.

하고, 왜 다른 열곡은 도중에 발달이 멈추는지 그 이유는 아직 밝혀져 있지 않다.

5. 수렴 경계

GEODe EARTH SCIENCE Forces Within
▼ Plate Tectonics

새로운 암석이 대양저 산맥에서 계속 만들어지지만 우리의 지구는 더 이상 커지지 않는다—전체적인 표면적은 일정하게 유지된다. 새로 만들어진 암석의 양과 균형을 이루기 위해 해양 암석권 중 더 오래되고 더 밀도가 높은 부분이 **수렴 경계**(convergent boundary)를 따라 맨틀로 하강한다. 암석권은 수렴 경계에서 "소멸"되기 때문에, 수렴 경계를 소멸되는 판의 경계(destructive plate margins)라 부른다.

2개의 판이 서로를 향해 이동하고 한 판은 구부러져 다른 판 아래로 하강하는 곳에서 수렴 경계 주변부가 나타난다. 하강하는 판에 의해 페루–칠레 해구처럼 **깊은 해구**(deep-ocean trench)가 만들어진다(**그림 5.13**). 이러한 방법으로 형성된 해구들은 길이가 수천km이며 깊이가 8~12km이고 폭은 대략 100km이다.

수렴 경계는 암석권이 맨틀로 하강하는 곳이기 때문에 **섭입대**(subduction zone)라고도 한다. 섭입은 하강하는 암석 판의 밀도가 아래에 놓인 연약권의 밀도보다 크기 때문에 일어난다. 일반적으로, 해양 암석권은 아래의 연약권보다 밀도가 크지만 대륙 암석권은 연약권보다 밀도가 작아 섭입 시 저항을 받는다. 따라서 섭입하는 판은 항상 해양 암석 판이다.

해양 암석권은 몇 도(°)에서 거의 직각(90°)에 이르는 다양한 각도로 맨틀로 섭입하는데 평균 각도는 약 45°이다. 해양 암석권이 섭입하는 각도는 해양 암석권의 밀도에 의해서 크게 지배를 받는다. 예를 들면, 대양저 산맥의 확장중심(spreading center)이 섭입대 근처에 위치할 때, 암석권은 젊

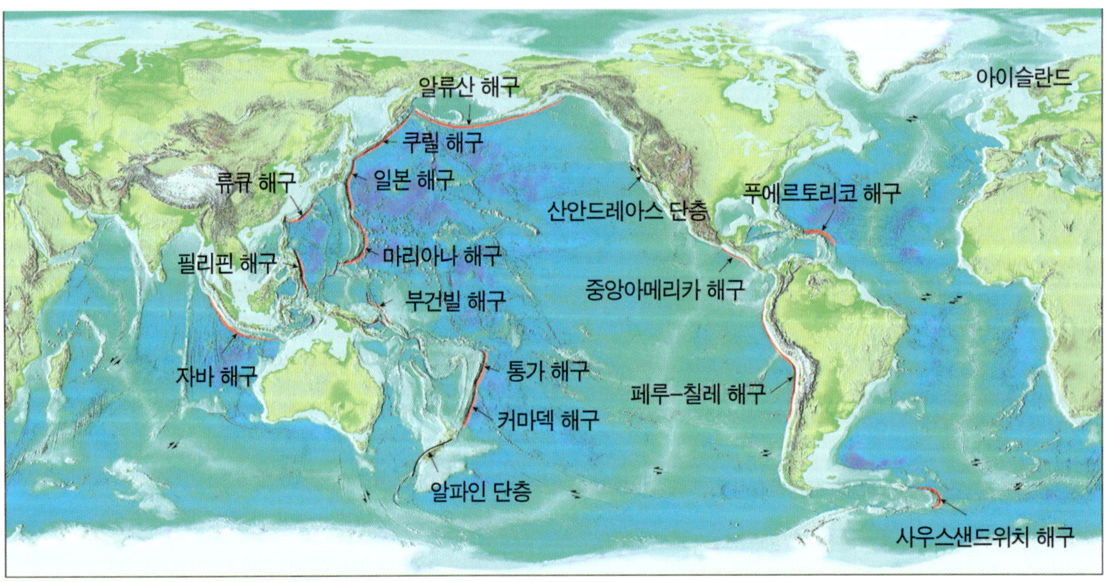

그림 5.13 전 세계에 분포하는 해구, 대양저 산맥, 변환단층. 변환단층에 의해 분절(segment)된 대양저 산맥들이 서로 연결되는 곳에서 변환단층은 대서양에서 볼 수 있는 것처럼 대양저 산맥의 방향을 바꾼다.

으므로 따뜻하고 부력이 있다. 결과적으로, 페루-칠레 해구의 경우처럼 섭입 각도는 작다. 낮은 경사각도는 섭입하는 판과 그 위에 놓이는 판 사이의 강한 결합과 관련되어 있다. 그 결과, 이 지역들은 대규모의 지진을 경험한다.

해양 암석권의 나이가 많을수록(확장중심으로부터 멀어질수록) 점점 식어서 두꺼워지고 밀도가 증가한다. 해양 암석권의 나이가 약 1,500만 년 정도 되면 연약권보다 밀도가 더 높아지며, 기회가 되면 하강할 것이다. 서태평양의 일부 해양 암석권은 나이가 1억 8,000만 년 이상 되었다. 이곳은 현대의 해양 암석권 중 가장 두껍고 밀도도 가장 크다. 이 지역에서 해양판 슬랩은 거의 90°로 맨틀로 섭입한다.

비록 모든 수렴대가 동일한 기본 구조를 가지고 있더라도 이 수렴대들의 양상은 매우 다양하다. 각 수렴대는 연관된 지각물질의 종류와 구조적인 환경의 영향을 받는다. 수렴 경계는 2개의 해양판 사이에서, 하나의 해양판과 하나의 대륙판 사이에서, 그리고 2개의 대륙판 사이에서 형성될 수 있다. **그림 5.14**에 세 가지 상황이 묘사되어 있다.

해양판과 대륙판의 수렴

판의 앞부분이 대륙 지각인 판과 판의 앞부분이 해양 지각인 판이 서로 수렴할 때에는 밀도가 낮은 대륙 지각은 떠 있고 밀도가 높은 해양 지각은 맨틀 속으로 가라앉는다(**그림 5.14A**). 가라앉는 해양 슬랩이 100km 깊이에 도달할 때, 슬랩 위의 뜨거운 연약권에서 용융이 발생한다. 그러나 어떻게 차가운 해양판 슬랩의 섭입에 의해 맨틀이 용융될까? 정답은 소금이 얼음을 녹게 하는 것처럼 휘발성 물질(대부분 물)이 작용하기 때문이다. 즉, 동일한 성분의 "물이 없는" 암석보다 고압 환경의 "물이 있는" 암석이 더 낮은 온도에서 녹는다.

퇴적물과 해양 지각은 많은 양의 물을 포함하고 있는데 물은 섭입하는 판에 의해 깊은 곳까지 이동된다. 판이 아래로 섭입하면 균압(confining pressure)이 증가하면서 공극으로부터 물이 "짜내어"진다. 매우 깊은 곳에서도 열과 압력에 의해 각섬석(amphiboles)과 같은 수화(물이 많은)광물로부터 물이 짜내어진다. 약 100km 깊이에서 맨틀은 물에 의해 용융이 일어날 정도로 충분히 뜨겁다. **부분용융**(partial melting)으로 불리는 이 과정에 의해 10% 가량의 용융물질이 만들어지는데 용융물질은 녹지 않은 맨틀 암석과 함께 섞여 있다. 주변의 맨틀 암석보다 밀도가 낮은, 이 고온의 유동성이 높은 물질은 눈물방울 모양의 구조를 이루면서 점차 지표면으로 상승한다. 환경에 따라 이러한 맨틀 기원의 마그마는 지표로 상승하여 화산 분출을 일으킬 수 있다. 그러나 대부분의 용융된 암석은 절대 지표면에 도달하지 못한다. 반면에, 용융된 암석은 지하에서 결정화되어 지각을 두껍게 만든다.

맨틀 암석의 부분용융에 의해 하와이섬에서 분출한 용암과 비슷한 **현무암질 성분**(basaltic composition)을 갖는 용융된 암석이 만들어진다. 그러나 대륙환경에서는 전형적인 현무암질 마그마가 용융되고 상승하여 지각의 일부와 동화된다. 그 결과, 규소(SiO_2)가 풍부한 마그마가 형성된다. 규소가 풍부한 마그마가 지표에 도달하게 되면 종종 폭발적으로 분출하여 많은 양의 화산재와 가스를 분출한다. 이러한 분출의 전형적인 예는 1980년 분출한 세인트헬렌스산이다.

우뚝 솟은 안데스 산맥의 화산들은 나츠카판이 남미판 아래로 섭입하면서 만들어진 마그마의 산물이다. 부분적으로 해양 암석권의 섭입과 관련된 화산활동에 의해 형성된 산맥, 예를 들어 안데스 산맥을 **대륙 화산호**(continental volcanic arc)라고 부른다. 워싱턴주, 오리건주, 캘리포니아주의 캐스케이드 산맥은 레이니어산, 샤스타산, 세인트헬렌스산 같은 몇 개의 유명한 화산들로 구성된 또 다른 화산호이다. 이런 활동성 화산호는 캐나다까지

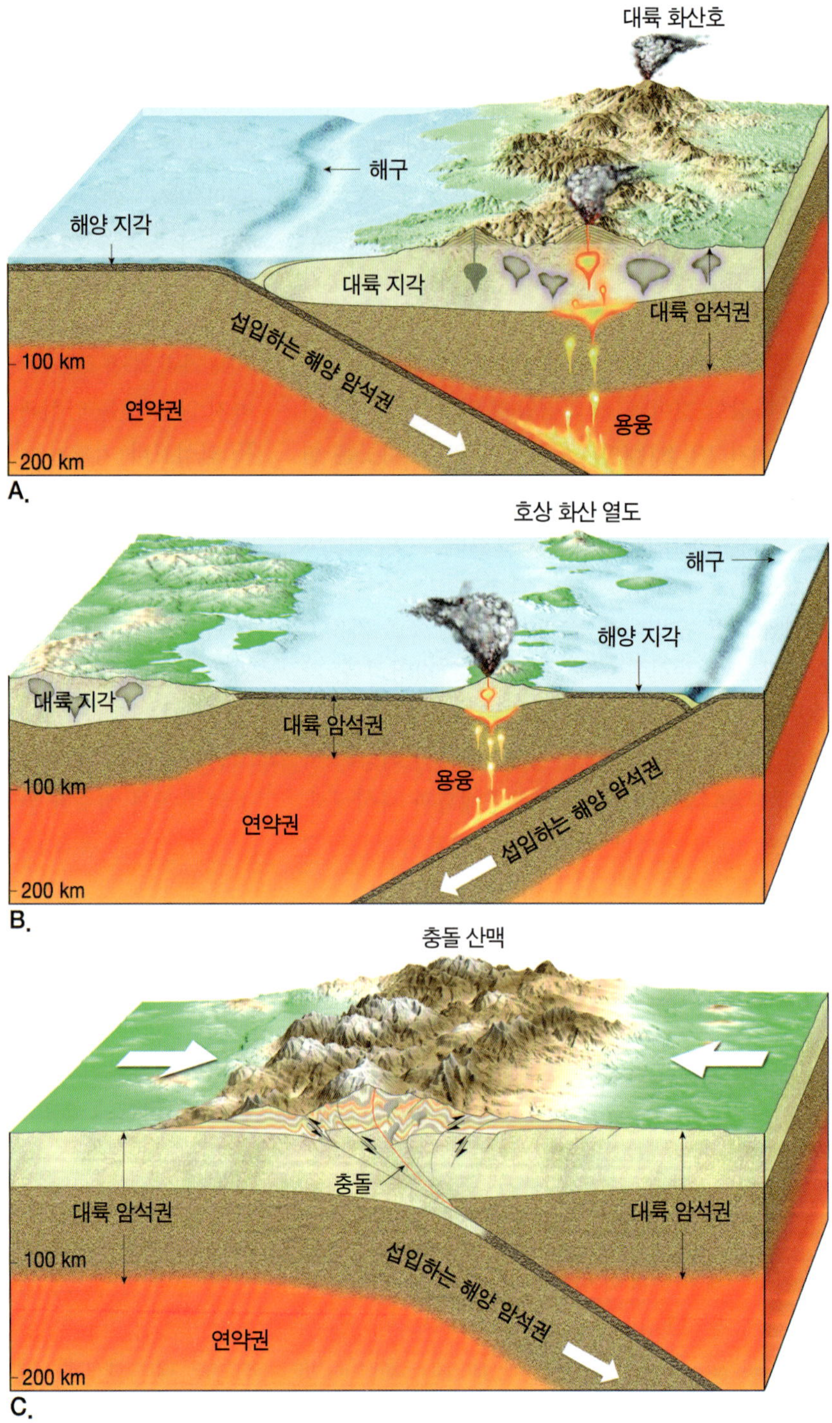

그림 5.14 세 가지 유형의 수렴 경계. A. 해양–대륙. B. 해양–해양. C. 대륙–대륙.

연장되며 가리발디산, 실버스론산 및 다른 산들을 포함한다.

해양판과 해양판의 수렴

해양판과 해양판의 수렴 경계는 해양판과 대륙판의 수렴부와 비슷한 특징을 많이 갖는다. 차이점은 대부분 하강하는 판의 위에 놓이는 판의 성질에 따라 달라진다. 2개의 해양판이 만나는 곳에서는 하나의 판이 다른 판 아래로 하강하여 해양판과 대륙판의 수렴부에서 작용하는 것과 동일한 기작에 의해 화산활동이 시작된다. 해양판 슬랩의 섭입에 의해 짜내어진 물이 위에 놓인 맨틀의 뜨거운 부분에서 용융을 일으킨다. 이러한 환경에서는 대륙 탁상지보다는 해양저에서 화산이 성장한다. 이 화산활동이 유지되면 결국 섬으로 표현되는 화산구조가 만들어진다. 화산섬(volcanic island)들은 약 80km의 간격으로 위치하며, 물속에 잠긴 수백km의 너비를 가진 대양저 산맥 위에 만들어진다. 이처럼 새롭게 형성된 작은 화산섬들이 일련의 호(arc)를 이룬 것을 **호상 화산 열도**(volcanic island arc) 또는 간단히 **호상 열도**(island arc)라 부른다(**그림 5.14B**).

알류산, 마리아나, 통가 열도는 호상 화산 열도의 예다. 이러한 호상 열도는 일반적으로 해구축(trench axis)으로부터 200~300km 떨어져 있다. 위에 언급한 호상 열도들에 인접해 있는 해구들은 알류산, 마리아나, 통가 해구다(188쪽, **그림 5.13**).

대부분의 호상 열도는 서태평양에 있다. 대서양에는 단 2개의 호상 열도가 있는데, 레서 안틸레스(Lesser Antilles)는 카리브해에 인접해 있으며 샌드위치 섬은 남대서양에 있다. 레서 안틸레스는 카리브판 아래로 대서양판이 섭입하여 생성된 것이다. 이곳의 마르티니크(Martinique)섬에는 1902년 분출하여 세인트 피에르(St. Pierre) 마을을 파괴하고 28,000명의 인명을 앗아간 펠레(Pelée)산과 몬체라트(Monstserrat)섬이 있다.

상대적으로 젊은 호상 열도는 일반적으로 두께가 20km 이하인 변형된 해양 지각 위에 위치하는데 매우 단순한 구조이다. 통가, 알류산, 레서 안틸레스 열도가 그 예다. 이와는 달리, 오래된 호상 열도는 더 복잡하며, 20~35km 두께의 지각 위에 위치한다. 섭입 초기에 발생한 사건에 의해 형성된 물질 위에 만들어졌거나 또는 종종 대륙 지각의 작은 부분에서 만들어진 일본과 인도네시아는 이런 유형의 호상 열도다.

대륙판과 대륙판의 수렴

앞에서 살펴본 것처럼, 해양판이 대륙판 아래로 섭입할 때 안데스형 호상 열도가 대륙의 가장자리를 따라 발달한다. 그러나 만약 섭입하는 판이 대륙을 갖고 있다면 계속된 섭입에 의해 결국 2개의 대륙들이 합쳐진다(**그림 5.15A**). 해양판은 상대적으로 밀도가 높아서 연약권 속으로 가라앉지만 대륙판은 부력 때문에 깊은 섭입은 일어나지 않는다. 그 결과 두 대륙판의 충돌이 일어난다(**그림 5.15C**).

인도 대륙이 아시아 대륙과 충돌하여 지구상에서 가장 큰 산맥인 히말라야 산맥을 형성한 것은 그 예다(174쪽의 **그림 5.1**). 충돌하는 동안에 대륙 지각은 휘어지고 부서져서 일반적으로 크기가 작아지며 두께가 두꺼워진다. 히말라야 산맥 외에, 알프스 산맥, 애팔래치아 산맥, 우랄 산맥 같은 몇 개의 다른 큰 산맥들도 대륙의 충돌에 의하여 형성됐다.

대륙 충돌이 일어나기 전에 두 대륙 지각 사이에는 해양분지가 있다. 2개의 대륙 지각이 수렴하면서 대륙 지각 사이에 놓인 해양 지각은 두 대륙 지각 중 어느 한쪽 판 밑으로 섭입한다. 섭입이 일어나면서 섭입하는 판 위에 놓인 맨틀 암석은 부분적으로 용융되기 시작하여 차례로 호상 열도를 성장시킨다. 섭입대의 위치에 따라 화산호(volcanic arc)가 수렴하는 대륙 위에 형성되거나 또는 만일

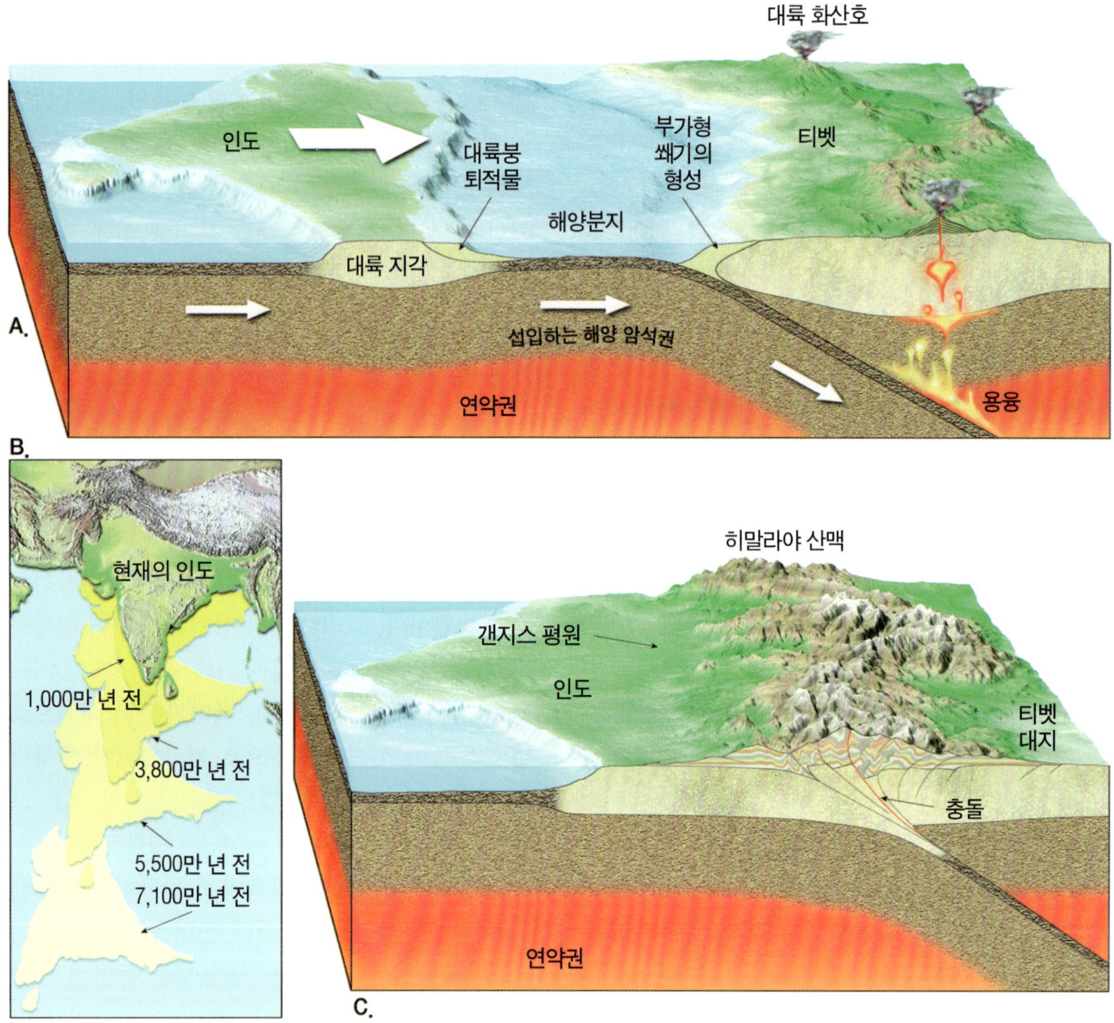

그림 5.15 약 4500만 년 전에 시작하여 현재도 진행 중인 인도 대륙과 아시아 대륙의 충돌로 인해 거대한 히말라야 산맥이 형성됐다. A. 수렴하는 판들은 섭입대를 만든다. 이때 섭입하는 해양슬랩에 의해 부분용융이 일어나 대륙 화산호를 형성한다. 섭입하는 판에서 떨어져 나온 퇴적물이 쐐기형 부가체로 합쳐진다. B. 여러 시기별 유라시아와 인도의 위치. (Peter Molnar 이후 수정) C. 결국 두 대륙이 충돌하여 변형되고 대륙 주변부를 따라 퇴적된 퇴적물들이 융기한다.

수렴대가 해안으로부터 수백km 바다 쪽에 발달했다면 바다 위에 호상 열도가 형성될 수 있다. 결국, 두 대륙 사이에 놓인 해양 지각이 소멸되면서 두 대륙 지각은 충돌한다. 이로 인해 마치 퇴적물이 거대한 바이스에 놓여 있는 것처럼 두 대륙의 수렴부에 쌓인 퇴적물은 굽어지고 변형된다. 그 결과, 변형되고 변질된 퇴적암, 화산호의 파편들, 아마도 해양 지각의 조각들로 구성된 새로운 산맥이 형성된다.

6. 변환단층 경계

GEODe EARTH SCIENCE Forces Within
▼ Plate Tectonics

세 번째 판의 경계는 **변환단층**(transform fault)이며, 이곳에서 판은 생성되거나 소멸되지 않고 서로 스쳐 지나간다(보존형 판 경계). 변환단층의 본질은 1965년 토론토 대학의 윌슨(J. Tuzo Wilson)에 의해서 발견되었다. 윌슨은 변환단층들이 전 지구적인 활동성 지대들(수렴 경계, 발산 경계 그리고 다른 변환단층)을 연결하여 연속된 망을 이루며, 그 결과 지구의 외부 껍질을 여러 개의 단단한 판들로 나눈다고 제안했다. 따라서 윌슨은 지구가 개개의 판들로 이루어졌다고 제안한 최초의 사람이 되었으며, 동시에 판과 판 사이의 상대적인 움직임에 따라 단층을 인지할 수 있게 되었다.

대부분의 변환단층은 어긋나 있는 대양저 산맥들을 연결한다(**그림 5.16**). 이곳에는 변환단층과 변환단층이 판 내부로 연장된 비활동 선인 **파쇄대**(fracture zone)가 해양 지각에 선상으로 발달해 있다. 이 파쇄대들은 대양저 산맥의 축을 따라 거의 매 100km마다 존재한다. **그림 5.16**에서 보여주는

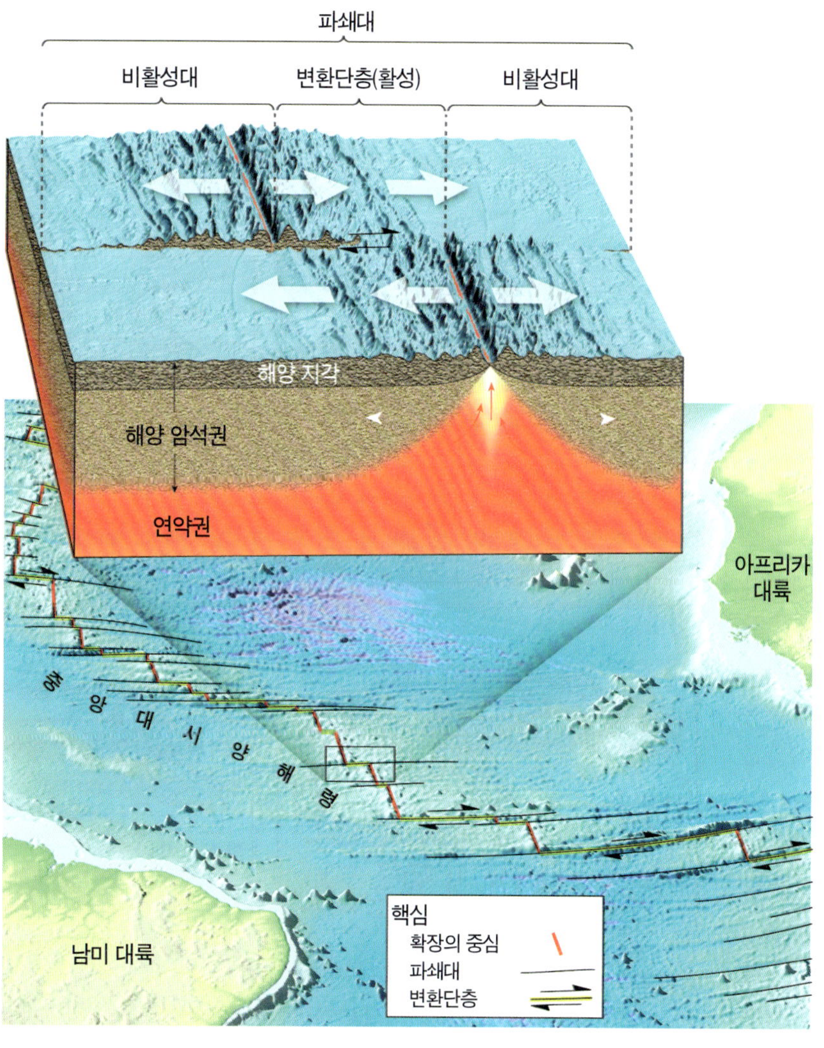

그림 5.16 분절된 대양저 산맥을 연결하는 변환단층을 보여주는 그림.

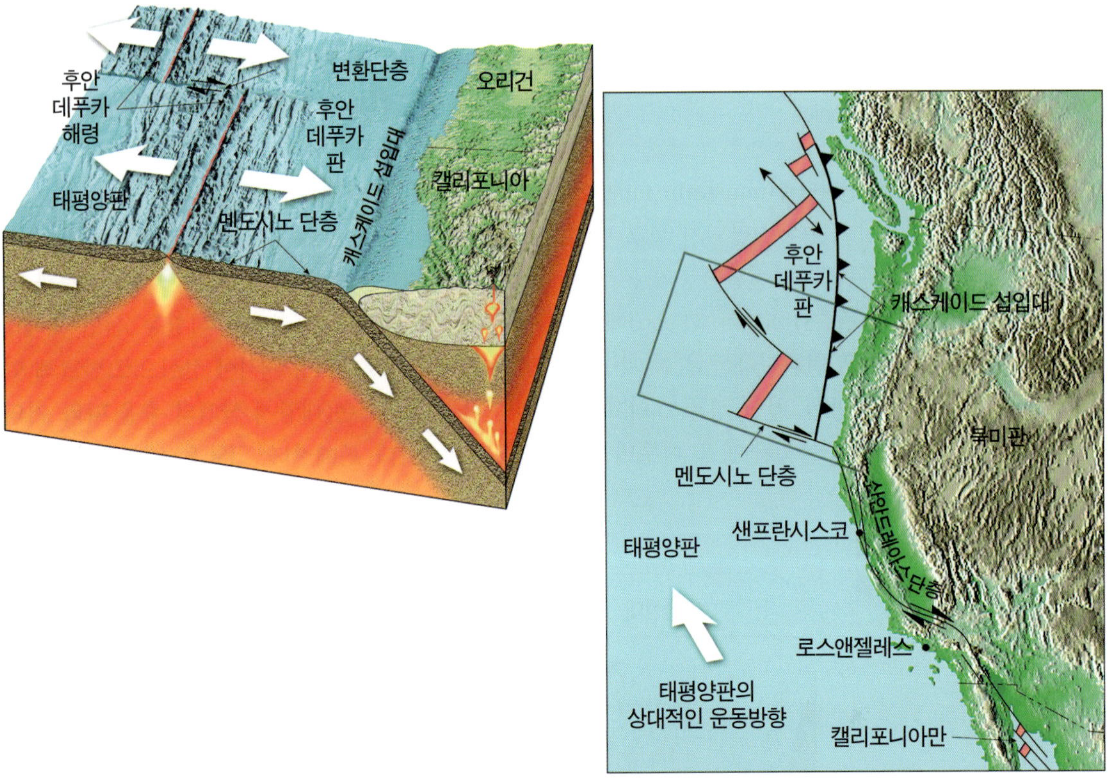

그림 5.17 후안데푸카 해령에서 생성된 해양 지각은 멘도시노 변환단층에 의해 태평양판을 스쳐 남동쪽으로 이동하여 북미판 밑으로 섭입한다. 따라서 멘도시노 변환단층은 발산대와 섭입대를 연결한다. 더욱이 역시 변환단층인 산안드레아스 단층은 2개의 해령, 즉 후안데푸카 산맥과 캘리포니아만에 위치한 발산대를 연결한다.

것처럼 대양저 산맥의 축과 대양저 산맥의 축 사이에서 어긋나는 변환단층만 활동성이다. 여기에서 한 대양저 산맥의 축에서 형성된 해양 지각은 다른 대양저 산맥의 축에서 생성된 해양 지각과 반대방향으로 움직인다. 그러므로 대양저 산맥의 축과 대양저 산맥의 축 사이에 놓인 해양 지각들은 변환단층을 따라 서로 스쳐 지나간다. 대양저 산맥의 축 바깥은 비활성 지대로 선상의 지형 모습이 남아 있다. 이러한 파쇄대의 경향은 파쇄대가 형성된 시기에 판이 움직이는 방향과 거의 평행하다. 따라서 이러한 구조들은 과거 지질시대에 판이 움직인 방향을 알려주는 지도로 사용될 수 있다.

또한 변환단층은 대양저 산맥에서 생성된 해양 지각을 해양 지각이 소멸되는 해구까지 운반하는 수단이 된다(**그림 5.17**). 후안데푸카판이 남동 방향으로 움직여 마침내 미국 서부 해안 아래로 섭입되는 것에 주목하라. 상대적으로 작은 이 판의 남쪽 끝은 멘도시노(Mendocino) 변환단층과 접해 있다. 멘도시노 변환단층은 후안데푸카 산맥과 캐스

이런 사실을 알고 있었나요?

뉴질랜드의 대알파인 단층(Great Alpine Fault)은 2개의 판이 만나는 선인 남섬(South Island)을 분리시키는 변환단층이다. 남섬의 북서쪽은 호주판에 놓여 있고 섬의 나머지 부분은 태평양판에 놓여 있다. 이것의 자매 단층인 캘리포니아의 산안드레아스 단층은 수백 마일이나 이동했다.

케이드 섭입대를 연결한다. 그러므로 이 변환단층은 대양저 산맥에서 생성된 해양 지각이 북미 대륙판 아래로 섭입되는 움직임을 돕는다.

대부분의 변환단층들은 해양분지 안에 위치하지만 유명한 캘리포니아주 산안드레아스 단층을 비롯해 몇몇 변환단층들은 대륙 지각을 자른다. **그림 5.17**에서 보는 것처럼 산안드레아스 단층은 캘리포니아만에 있는 대양저 산맥의 축과 미국의 북서해안을 따라 발달해 있는 캐스케이드 섭입대 그리고 멘도시노 변환단층을 연결한다. 태평양판은 산안드레아스 단층을 따라 북서쪽으로 움직이며 북미판과는 산안드레아스 단층으로 접한다. 만일 태평양판의 움직임이 계속된다면 바하 반도를 포함하는 단층대 서쪽의 캘리포니아는 북미 서쪽의 섬이 될 것이다. 마침내 이 섬은 알래스카까지 도달할 수 있을 것이다. 그러나 더 당면한 문제는 이 단층계의 움직임에 의해 유발된 지진활동이다.

7. 판구조론 모델에 대한 테스트

판구조론 모델이 제안되자 지구과학 분야의 모든 연구자들은 이 모델을 테스트하기 시작했다. 이미 대륙 이동설과 해저 확장설을 지지하는 몇몇 증거들이 제시되었다. 뒤이어 이 새로운 개념에 대한 지지를 견고하게 하는 데 유효한 몇몇 증거들이 제시되었다. 어떤 데이터들은 새로운 것이 아니었다. 오히려 의견의 흐름을 지배한 것은 오래된 자료에 대한 새로운 해석이었다.

증거: 해양 시추

판구조론을 입증하는 가장 확실한 증거는 해저 퇴적물을 직접 시추한 자료로부터 나왔다. 1968년부터 1983년까지, 몇 개의 주요한 해양 연구소들과 미국의 국립과학재단은 심해저 시추사업(Deep Sea Drilling Project)을 실시하였으며 그 결과 이 자료들이 얻어졌다. 가장 중요한 목적은 해양분지 연대에 관한 직접적인 정보를 얻어 해양분지가 형성된 과정을 밝히는 것이다. 이를 위해 새로운 시추선인 글로마 챌린저(Glomar Challenger)호가 건조되었다.

심해저 시추사업은 1968년 8월 남대서양에서 시작되었다. 몇몇 지점에서 시추공들은 해저 퇴적물 전체와 그 아래에 있는 현무암을 관통하였다. 중요한 목적은 각 지점에서 해저의 연대를 측정하기 위하여 화성암 지각 바로 위의 퇴적물을 채취하는 것이었다.* 해양 지각이 형성된 직후부터 바로 퇴적이 시작되기 때문에 가장 오래된 퇴적물에서 발견된 미생물의 유해(지각 위에 바로 놓여 있는 것)는 그 지역 해저의 연대를 측정하는 데 사용할 수 있다.

각 시추지점에서 얻어진 가장 오래된 퇴적물을 대양저 산맥으로부터의 거리에 따라 도시해 보면, 대양저 산맥으로부터 멀어짐에 따라 퇴적물의 나이도 증가함을 보여준다. 이 결과는 대양저 산맥에 가장 젊은 지각이 존재하며 대륙의 연변부에 가장 오래된 해양 지각이 존재할 것이라는 해저 확장설의 예측과 일치한다.

또한 심해저 시추사업은 해양분지가 지질학적으로 젊다는 생각을 보강하여 주었는데, 왜냐하면 1억 8,000만 년보다 오래된 퇴적물이 발견되지 않았기 때문이다. 대조적으로, 어떤 대륙 지각의 나이는 40억 년에 달한다.

심해저 시추사업의 뒤를 이어 해양 시추 프로그램(Ocean Drilling Program)이 시작되었으며, 선행사업처럼 이 프로그램도 주요한 국제적 프로그램이다. 기술적으로 더욱 진보된 시추선인 조이데

* 해양 지각 자체의 연대를 측정하는 것은 신뢰할 수 없는데, 왜냐하면 바닷물이 현무암을 변질시키기 때문이다.

그림 5.18 해양 시추 프로그램의 시추선인 조이데스 레절루션호. 이 현대의 시추선은 전 세계 해저시료 채취의 중요한 임무를 맡은 글로마 챌린저(Glomar Challenger)호를 대체하였다. (사진 제공: Ocean Drilling Program)

스 레절루션(JOIDES* Resolution)호가 이제는 챌린저호가 했던 일을 계속하고 있다. 조이데스 레절루션호는 수심 8,200m 이상의 깊이를 시추할 수 있을 뿐만 아니라 크고 복잡한 원양항해 과학연구 장비를 갖춘 선상 실험실을 갖고 있다(**그림 5.18**).

2003년 10월, 조이데스 레절루션호는 새로운 사업인 통합 해양 시추사업(Integrated Ocean Drilling Program; IODP)에 참여하게 되었다. 이 새로운 국제적 프로그램은 단지 하나의 시추선에만 의존하는 것이 아니라 탐험을 위해 다양한 탐사선들을 이용했다. 새로운 탐사선들 중의 하나인 210m 길이의 거대한 치큐(Chikyu)호는 2006년에 운행하기 시작했다.

* JOIDES는 Joint Oceanographic Institutions for Deep Earth Sampling을 뜻한다.

증거: 열점

태평양에서 해산(Seamount: 해저 화산)들의 위치를 조사하면 해산들이 일렬로 펼쳐져 있다. 가장 연구가 많이 된 해산들 중 하나는 최소 129개의 화산들로 이루어져 있으며, 하와이섬에서 미드웨이섬까지 뻗어 있고 북쪽으로 거의 6,000km 떨어진 알류산 해구까지 뻗어 있다(**그림 5.19**). 거의 연속적인 일련의 화산섬과 해산들을 하와이 제도-엠퍼러 해산군(Hawaiian Island-Emperor Seamount chain)이라 부른다. 일렬로 놓인 이 화산섬들의 방사성 연대는 하와이섬에서 멀어질수록 화산의 나이도 증가함을 보여준다. 열도 중 가장 젊은 화산섬인 하와이섬은 100만 년 이전에 형성되기 시작했다. 반면, 알류산 해구 근처에 있는 수이코(Suiko)섬은 6,000만 년 이상 되었고, 미드웨이(Midway)섬은 2,700만 년 전에 형성되었다(**그림 5.19**).

하와이섬을 자세히 살펴보면, 열도의 남동쪽 끝에 있는 화산활동이 활발한 하와이섬에서부터 북

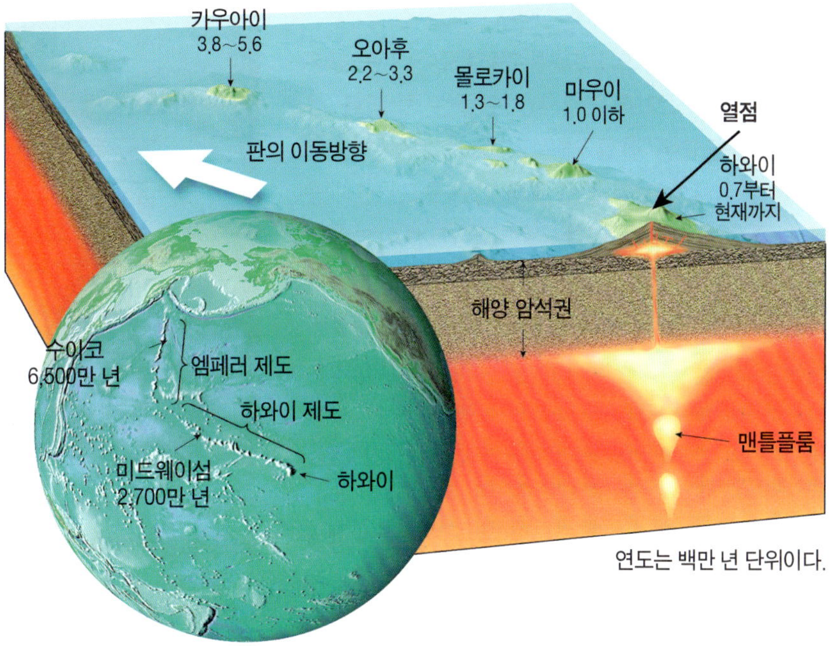

그림 5.19 하와이섬에서 알류산 해구까지 뻗어 있는 일련의 섬들과 산들은 고정된 열점 위를 이동하는 태평양판에 의해 형성되었다. 하와이 제도의 섬들에 대한 방사성 연대는 하와이섬 쪽으로 가면서 화산활동이 일어난 시기가 젊어짐을 보여준다.

서쪽의 비활동성 화산인 카우아이(Kauai)섬까지 연대가 일정하게 증가함을 알 수 있다(**그림 5.19**).

과학자들은 하와이섬 아래에 맨틀물질이 상승하는 플룸(plume)이 놓여 있다는 데 동의했다. 상승하는 **맨틀플룸**(mantle plume)이 암석권 기저부에서 낮은 압력환경에 놓이게 되면 용융이 발생한다. 이러한 활동이 지표면에 표현된 것이 **열점**(hot spot)이다. 열점은 화산활동이 일어나고 높은 열흐름을 가지며 수백km에 걸쳐 지각의 융기가 일어나는 지역이다. 태평양판이 열점 위로 이동함에 따라 화산섬들이 연속적으로 형성되었다. **그림 5.19**에서 처럼 각 화산섬의 나이는 화산섬이 상대적으로 고정된 맨틀플룸 위에 위치했던 시기를 지시한다. **열점 자취**(hot spot track)로 알려진 이러한 일련의 화산구조들은 판이 움직인 방향을 알려준다.

이런 사실을 알고 있었나요?

화성에 있는 올림포스산(Olympus Mons)은 하와이의 순상화산과 매우 닮은 거대한 화산이다. 주변의 평지보다 25km 솟아 있는 올림포스산이 거대한 이유는 화성에는 판구조론이 적용되지 않기 때문이다. 그 결과, 하와이 화산에서 나타나는 것처럼, 판의 이동에 의해 열점에서 멀어지는 대신, 올림포스산은 고정되어 엄청난 크기로 성장했다.

카우아이섬은 하와이 제도의 큰 섬들 중에서 가장 먼저 형성된 섬이다. 500만 년 전 카우아이섬이 열점 위에 놓여졌을 때, 카우아이섬은 하와이 제도의 유일한 섬이었다. 카우아이섬의 나이를 알려주는 직접적인 증거는 침식되어 들쭉날쭉한 산봉우리와 광대한 협곡으로 변화된 사화산들에서 찾아볼 수 있다. 반대로, 상대적으로 젊은 하와이섬의 남쪽 경사면은 갓 생성된 용암으로 덮여 있으며 활화산인 마우나로아(Mauna Loa)와 킬라우에아(Kilauea)가 활동 중이다.

그림 5.19에서 하와이 제도-엠퍼러 제도가 꺾이는 것을 주의 깊게 보아라. 이 꺾임은 약 5,000만 년 전 태평양판의 이동방향이 북에서 현재의 이동방향인 북서쪽으로 바뀌면서 일어났다. 비슷하게, 우리들은 대서양에서 발견된 열점들을 통해 판게아가 분열된 후 대륙들이 어떻게 이동했는지에 대

해 더 잘 알게 되었다.

연구에 의하면, 일부 맨틀플룸들은 매우 깊은 맨틀과 핵의 경계 부근에서 기원한다. 그러나 다른 맨틀플룸들은 훨씬 얕은 곳에서 기원한다. 확인된 40여 개의 열점들 중에서 12개 이상이 대양저 산맥 중심 부근에 있다. 예를 들면, 아이슬란드 아래에 위치한 맨틀플룸에 의해 중앙 대서양 산맥의 북쪽 지역을 따라 나타나는 많은 화산암들이 형성되었다.

맨틀플룸들의 존재와, 이들과 열점들과의 관계는 잘 기록되어 있다. 대부분의 맨틀플룸들은 맨틀 내에서 상대적으로 고정된 위치들을 유지하며 나타나는 영속적인 특징을 지닌다. 그러나 최근 자료들은 일부 열점들이 천천히 이동할 수 있음을 보여준다. 만약 이러한 이동이 사실이라면 고정된 열점에 근거해서 판의 움직임을 설명한 과거 모델들은 재평가되어야 할 것이다.

증거: 고지자기

방향을 알기 위해 나침반을 사용해 본 사람은 누구나 지구의 자기장은 자기북극과 자기남극을 가지고 있다는 것을 알 것이다. 오늘날 자극들은 지리적 북극이나 남극과 완전히 일치하지는 않지만 서로 근접하게 놓여 있다. (지리적 극들 또는 진북과 남극은 지구 회전축과 지표면이 교차하는 곳이다.)

지구의 자기장은 막대자석에 의해 형성된 자기장과 비슷하다. **그림 5.20**에서처럼 눈에 보이지 않는 자기력선들은 지구를 통과하여 남극과 북극을 연결한다. 자유롭게 움직이는 작은 자석인 나침반 바늘은 이 자기력선들과 나란히 놓이며 자극을 가리킨다.

나침반 바늘이 편향되기 때문에 지구의 자기장이 존재한다는 것을 알지만 지구의 자기장은 중력과 달리 우리가 느낄 수는 없다. 유사한 방법으로, 어떤 암석들은 화석이나 침반 역할을 하는 광물을

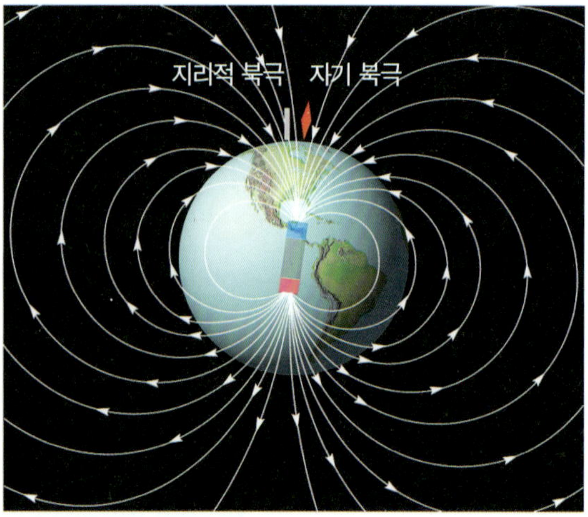

그림 5.20 지구 자기장은 막대자석을 지구 중심에 놓았을 때 형성되는 것과 같은 힘의 선으로 이루어진다.

포함한다. **자철광**(magnetite)처럼 철을 많이 포함하는 광물들은 현무암 성분의 용암에 풍부하다.*
그러나 **퀴리온도**(Curie point) 이상으로 가열되면 자성광물들은 자성을 잃어버린다. 그러나 철 성분을 많이 포함하는 광물들이 자신의 퀴리온도(자철석의 경우 약 585°C) 아래로 냉각되면 광물은 그 당시의 자기력선 방향으로 자화된다. 일단 광물이 굳어지면 광물 내의 자성은 변하지 않는다. 이들은 나침반의 바늘과 매우 비슷하게 행동한다: 광물은 형성될 당시의 자극의 위치를 지시한다. 만약 암석이 움직였다면 암석의 자성은 원래 자화된 방향을 유지할 것이다. 수천 또는 수백만 년 전에 형성된 암석도 그 암석이 형성될 당시의 자극의 위치를 기억하며, **화석지자기**(fossil magnetism) 또는 **고지자기**(paleomagnetism)를 가지고 있다고 말한다.

겉보기 극 이동 1950년대에 유럽에서 행해진 용암에 대한 연구 결과, 놀랄 만한 사실이 발견되었다.

* 어떤 퇴적암에는 철이 포함된 광물이 풍부하여 자성을 측정할 수 있다.

이런 사실을 알고 있었나요?

모든 대륙이 합쳐져 판게아를 형성했을 때, 지구 표면의 나머지는 판탈라싸(Panthalassa: pan = 모든, thalassa = 바다)라고 불리는 거대한 해양으로 덮였다. 오늘날 잔존하는 판탈라싸는 판게아의 분리 후 크기가 줄어들고 있는 태평양이다.

용암에 포함된 함철광물이 자성에 의해 배열되는 것이 시기에 따라 크게 변화한다는 사실이 발견되었다. 지난 5억 년 동안 자북의 위치를 살펴보면, 자북의 위치는 하와이 근처에서 북으로 이동하여 동쪽 시베리아를 거쳐 마침내 현재의 위치까지 점차 이동했음을 보여준다(**그림 5.21A**). 이것은 자극의 위치가 시간에 따라 이동했거나〔극 이동(polar wandering)〕 용암이 움직였다는, 즉 극을 기준으로 유럽이 이동했다는 분명한 증거이다.

비록 자극이 지리적 극 주변의 엉뚱한 경로로 움직인다고 알려져 있지만 수많은 지역에서 고지자기를 연구해 보면, 평균 수천 년 이상 자극의 위치가 지리적 북극이나 남극의 위치와 매우 근접해 있음을 보여준다. 따라서 베게너의 가설은 겉보기 극 이동경로를 더 합당하게 설명한다. 만약 자극이 일정하게 유지된다면 대륙 이동에 의해 극의 겉보기 이동이 일어난다.

이 아이디어는 고기후 연구로부터 얻은 증거와 화석지자기에 의한 유럽의 위도를 서로 비교하면서 더 지지되었다. 펜실베이니아기(약 3억 년 전) 동안에 대부분의 유럽은 석탄을 형성한 늪으로 덮여 있었음을 기억하라. 동시기 동안에, 고지자기 증거에 의하면 유럽은 적도 부근에 위치했다—이런 사실은 석탄 퇴적물이 지시하는 열대환경과 잘 일치한다.

몇 년 뒤 북미 대륙의 극의 이동경로가 작성되었을 때 대륙 이동에 대한 추가적인 증거가 나왔다(**그림 5.21A**). 북미 대륙과 유럽 대륙의 이동경로는

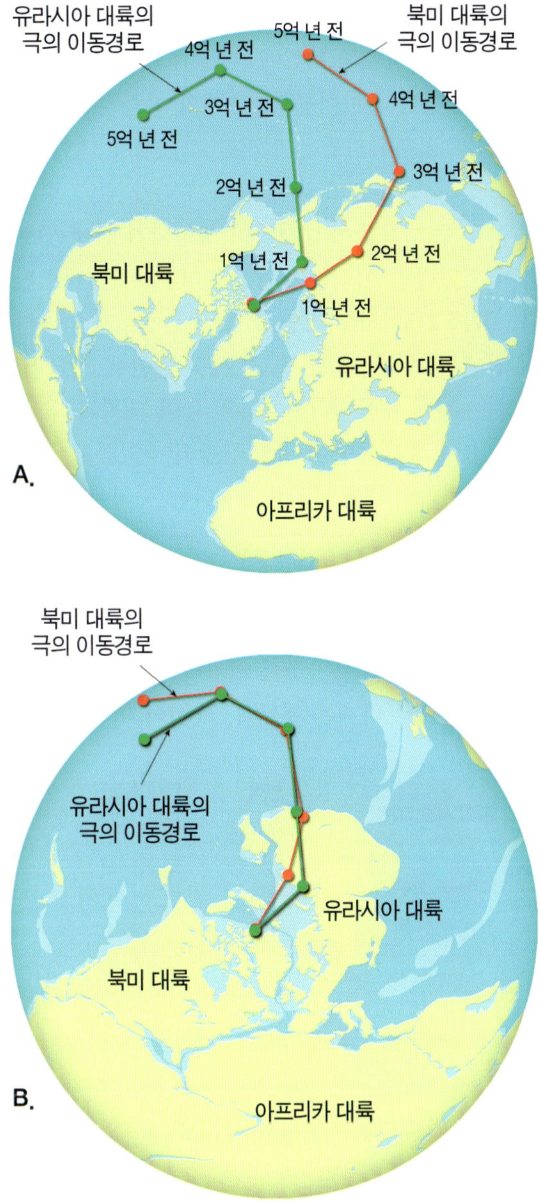

그림 5.21 북미 대륙과 유라시아 대륙의 고지자기 자료로 확립된 극의 이동경로. **A.** 그림의 서쪽 이동경로는 북미 대륙의 자료로 얻어진 것으로, 북미 대륙이 유라시아 대륙으로부터 서쪽으로 24° 떨어져서 이동했기 때문인 것으로 여겨졌다. **B.** 대륙들을 이동하기 전의 위치로 다시 모았을 때의 이동경로의 위치.

이들 대륙이 경도상 30° 떨어져 있는 것을 제외하고는 비슷한 진로를 보였다. 이들 대륙이 결정화될 때, 서로 평행하게 이동하는 2개의 자북극이 있었던 것일까? 과학자들은 이러한 가능성에 대한 증거를 찾지 못했다. 그러나 현재 우리가 믿는 것처럼 이들 두 대륙들이 대서양이 생성되기 전에 서로 붙어 있었다면 이러한 이동경로의 차이는 해소된다. **그림 5.21B**에서 이러한 겉보기 극 경로가 약 4억 년 전에서 1억 6,000만 년 전 사이 동안에 거의 일치하는 것에 주목하라. 이것은 북미 대륙과 유럽 대륙이 이 시기 동안에 서로 결합되어 있었고 극에 대해서 하나의 대륙으로 이동했다는 증거이다.

자기장의 역전과 해저 확장 지구물리학자들은 지구의 자기장 극성이 주기적으로 역전된다는 사실을 알게 되었다. 즉, 북자극이 남자극이 되고 남자극이 북자극으로 바뀌는 것이다. 극성이 역전되었을 때 굳은 암석은 오늘날 형성된 암석과 반대되는 극성으로 자화된다. 암석이 오늘날의 자기장과 같은 자성을 보여줄 때 그들은 **정상극성**(normal polarity)을 가졌다고 말하며, 반대되는 자성을 보여줄 때 **역전극성**(reverse polarity)을 가졌다고 말한다.

자기역전(magnetic reversal)의 증거는 전 세계 여러 곳의 용암과 퇴적물로부터 얻어졌다. 과학자들은 어느 지역의 한 시기에 정상적으로 그리고 역전되어 자화된 암석이 다른 지역들에서 발견된 동시대 암석의 자기장과 일치하는 것을 발견했다. 이것은 지구의 자기장이 실제로 역전되었음을 보여주는 확실한 증거이다.

자기역전의 개념이 확립되자 연구자들은 자기역전의 시간척도를 정립했다. 수백 개 용암들의 자기극을 측정하였고 그들의 연대를 알기 위해 방사성 연대 측정기술을 이용하였다. **그림 5.22**는 지난 수백만 년 동안의 **지자기 시간척도**(magnetic time

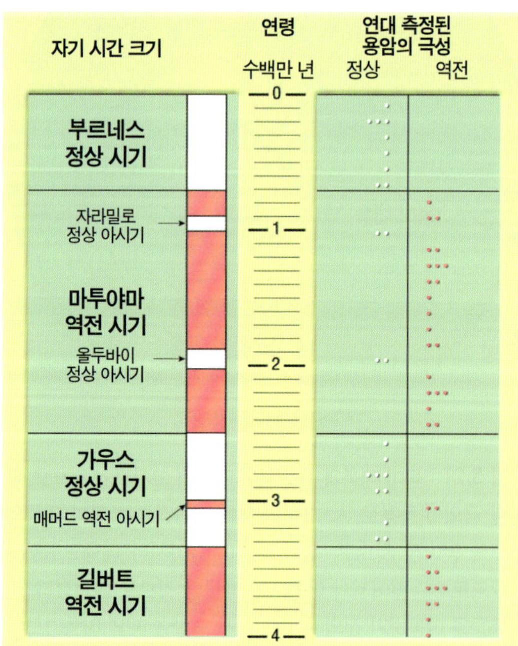

그림 5.22 최근에 일어난 지구 자기장 표. 이 표는 형성된 시기를 아는 용암의 자기극성을 확립하면서 발전하였다. (자료 제공: Allen Cox and G. B. Dalrymple)

그림 5.23 북아메리카 태평양 연안에서 발견된 교호하는 고, 저 강도의 자기띠 형태.

scale)를 보여준다. 지자기 시간척도의 큰 눈금은 시기(chron)라 하는데 약 100만 년 동안 지속되었다. 더 많은 자료가 축적되면서 연구자들은 한 시기 동안에 여러 번, 짧은 기간(20만 년보다 짧은)의 역전들이 일어났음을 알게 되었다.

그 동안 해양학자들은 자세한 해저 지형도를 만들려는 노력의 일환으로 해저 자기탐사를 시작했다. 이러한 자기탐사는 연구용 배 뒤에 실은 **자기측정기**(magnetometers)라는 매우 민감한 기계를 이용해 이루어졌다. 이러한 지구물리학적 탐사의 목적은 지각암석이 갖는 자기 성질의 차이에 기인한 지구 자기장의 강도 변화를 조사하는 것이다.

이러한 형태의 첫 번째 종합적인 연구가 북미의 태평양 연안에서 수행되었고 놀라운 결과가 나왔다. **그림 5.23**처럼 연구자들은 높은 강도와 낮은 강도의 자기대가 교호되어 나타나는 것을 발견했다.

이처럼 비교적 단순한 자기장의 변화양상은 1963년에 이르러 프레드 바인(Fred Vine)과 매튜스(D.H. Matthews)가 높은 강도와 낮은 강도의 자기대는 해저 확장의 개념을 지지한다는 것을 증명했을 때 비로소 설명되었다. 바인과 매튜스는 높은 강도의 자기대는 해양 지각의 고지자기가 정상인 지역이라고 제안했다(**그림 5.23**). 따라서 정상으로 자화된 암석은 지구 자기장을 강화시킨다. 반대로, 낮은 강도의 자기대는 해양 지각이 반대방향으로 자화된 지역이며 따라서 기존의 자기장을 약화시킨다. 그러나 정상과 반대방향으로 자화된 평행한 암석대가 어떻게 해양 지각을 가로지르며 분포되어 있는 것일까?

바인과 매튜스는 대양저 산맥 정상부의 좁은 열곡을 따라 마그마가 암석화되면서 당시 자기장의 극성으로 자화된다고 추론했다(**그림 5.24**). 해저 확장 때문에 자화된 지각의 띠는 점점 넓어진다. 지구의 자기장이 역전될 때, 새로 형성된 해저(반대

그림 5.24 중앙대양저 산맥에서 새로 형성된 현무암이 해양 지각에 첨가될 때, 새로 형성된 현무암은 그 당시의 지구 자기장에 따라 자화된다. 그러므로 현무암은 녹음기와 비슷하게 행동하여 지구 자기장 각각의 반전을 기록한다.

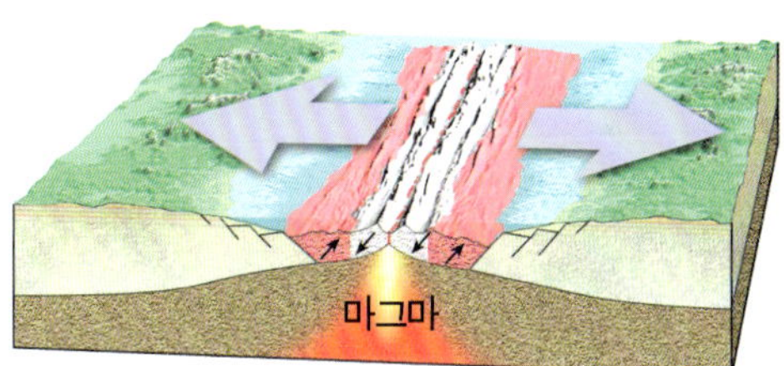

A. 정상 자기의 기간

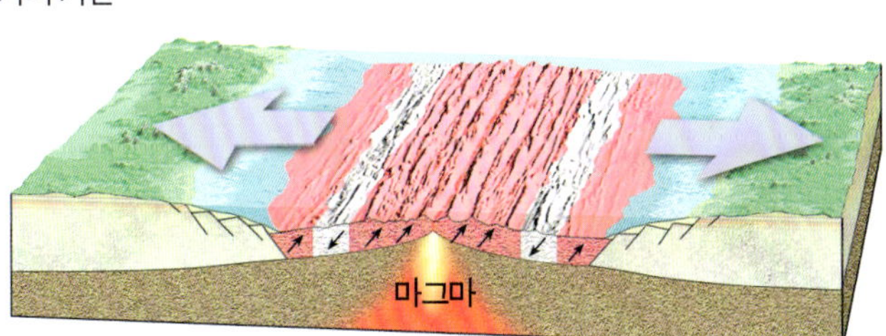

B. 역전 자기의 기간

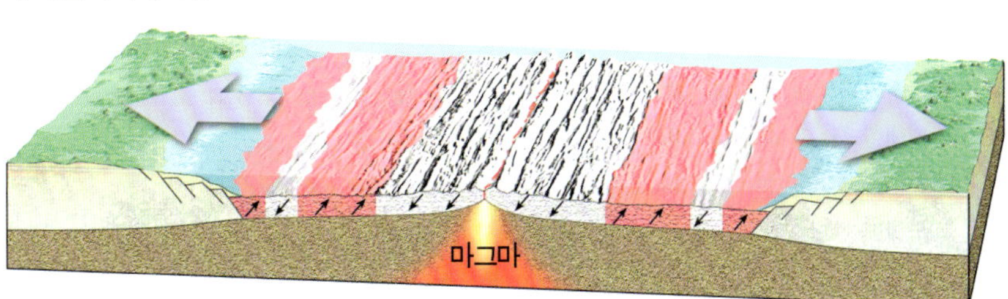

C. 정상 자기의 기간

의 극성을 갖는)는 오래된 띠의 중앙에서 형성된다. 오래된 띠의 두 부분들은 대양저 산맥의 정상에서 점점 서로 멀어지는 방향으로 이동한다. 다음에 만들어지는 역전은 **그림 5.24**에서처럼 정상과 역전의 띠를 만든다. 해저 확장되는 양쪽으로 동일한 양의 새로운 암석이 부가되기 때문에 우리는 대양저 산맥의 한쪽에서 발견되는 자기띠(크기와 극성)의 형태를 거울에 반사되어 나타나는 것처럼 다른쪽에서도 기대할 수 있다. 몇 년 후, 아이슬란드 남쪽에서 행해진 중앙 대서양 산맥을 가로지르는 탐사에서, 대양저 산맥 축과 대칭성을 보여주는 자기띠를 발견했다(**그림 5.25**).

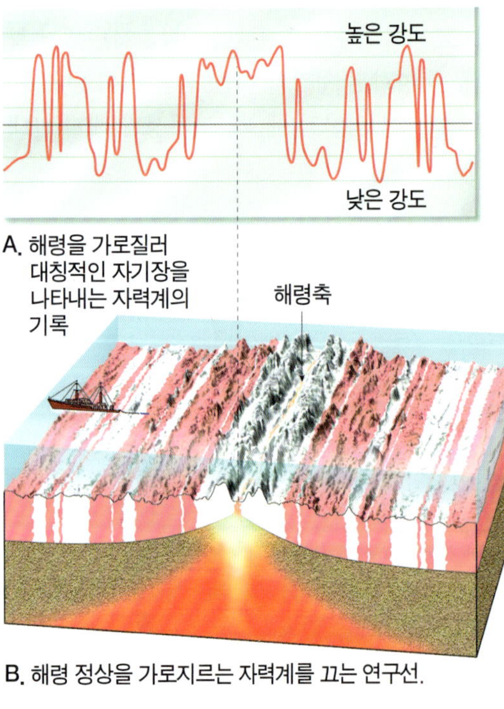

그림 5.25 자기 기록장치로서의 해저. A. 해령을 가로질러 측정한 자력계에 기록된 자기의 강도를 보여주는 그림. B. 해령 정상과 평행한 저, 고 강도의 대칭적인 자기띠를 주목하라. 바인과 매튜스는 높은 강도의 자기띠는 자기장의 세기로 인해 정상으로 자화된 해양현무암이 있는 곳이라고 제안했다. 반면에, 낮은 강도의 자기띠는 자기장이 약해져 지각이 역전되어 자화된 곳이다.

거의 2억 년 전까지 자기역전의 시기를 알아냈기 때문에 여러 지역의 대양저 산맥에서 일어나는 확장 속도를 정확하게 측정할 수 있다. 예를 들어, 태평양과 대서양에서 동일한 기간 동안 형성된 자기띠를 비교해 보면, 태평양의 자기띠가 더 넓다. 그러므로 우리는 대서양과 비교할 때 태평양 산맥에서의 확장 속도가 더 빠르다고 결론지을 수 있다. 자기띠가 형성되는 절대적인 시간을 측정해 보면, 북대서양 산맥의 확장 속도는 1년에 겨우 2cm이다. 남대서양 산맥의 경우 확장 속도는 약간 더 빠르다. 동태평양 산맥의 확장 속도는 일반적으로 1년에 6~12cm 사이이며 최대 1년에 20cm의 확장 속도를 갖는다. 따라서 우리는 지구의 자기장 변화를 기록하는 자기장 녹음기를 갖고 있는 것이다. 이 기록계를 통해 우리는 해저 확장의 속도를 측정할 수 있다.

8. 판게아의 분리

베게너는 화석, 암석 종류, 고기후의 증거를 이용하여 대륙들의 직소퍼즐을 맞추어 판게아라는 초대륙을 만들어냈다. 비슷한 방법으로, 베게너가 이용할 수 없었던 현대 기술을 통해 지질학자들은 거의 2억 년 전에 시작된 초대륙의 분리 양상 단계를 재현해 냈다. 이 작업을 통해, 개개의 지각 조각들이 서로 분리되기 시작한 때와 그들의 상대적인 움직임들을 잘 알게 되었다(**그림 5.26**).

판게아 분리에 의해 "새로운" 해양분지가 만들어졌다: 대서양. **그림 5.26**에서 볼 수 있는 것처럼 초대륙의 분리는 대서양의 가장자리를 따라 동시에 일어나지는 않았다. 북미 대륙과 아프리카 대륙 사이에서 최초로 분리가 일어났다.

대륙 지각은 많이 분열되어 있어서 많은 양의 유동성 용암이 지표에 도달하는 길 역할을 한다. 오늘날, 이러한 용암은 미국 동부 해안가(주로 대륙

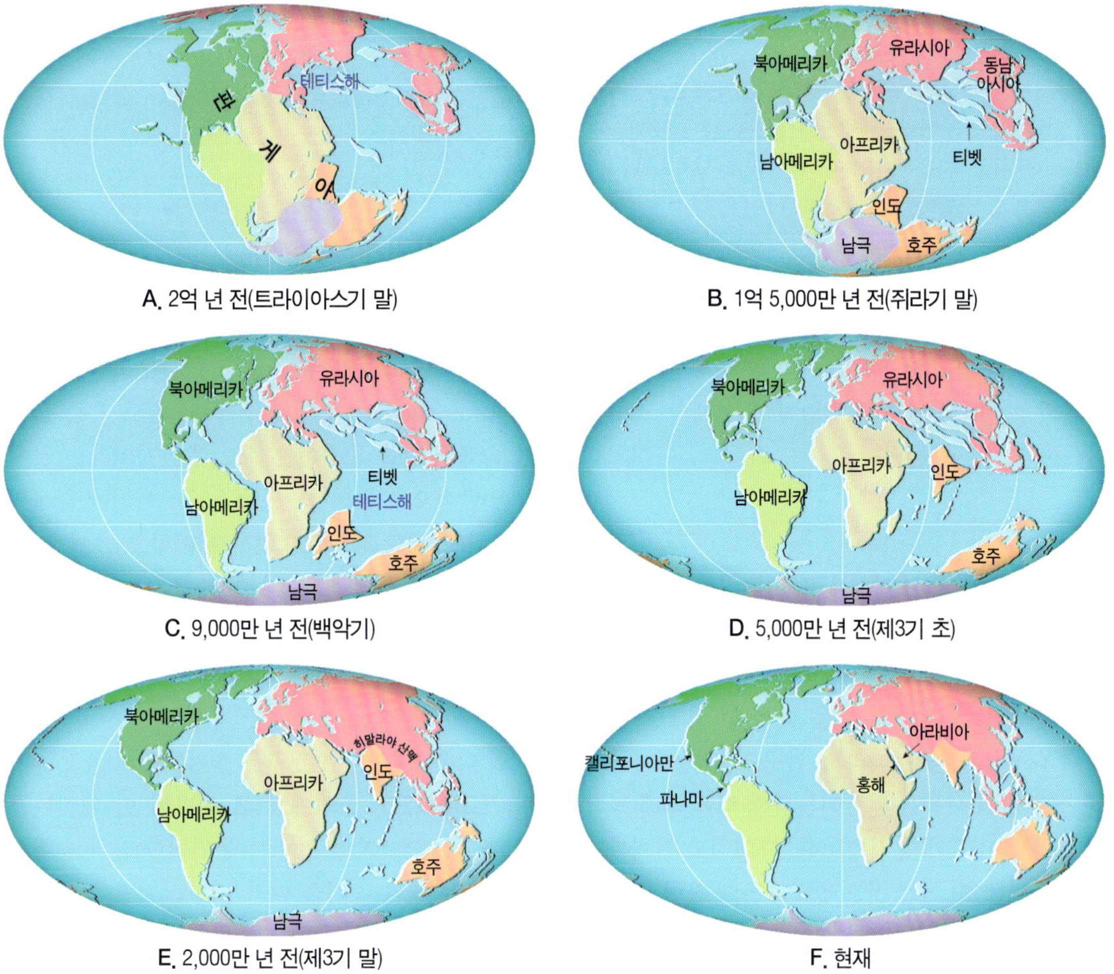

A. 2억 년 전(트라이아스기 말)

B. 1억 5,000만 년 전(쥐라기 말)

C. 9,000만 년 전(백악기)

D. 5,000만 년 전(제3기 초)

E. 2,000만 년 전(제3기 말)

F. 현재

그림 5.26 2억 년 동안의 판게아 분리를 보여주는 그림.

붕을 이루는 퇴적암에 묻힌)를 따라 노출된 풍화된 화성암으로 나타난다. 이 암석화된 용암에 대한 방사성 연대 측정 결과는 열곡이 1억 8,000만 년 전에서 1억 6,500만 년 전 사이의 여러 시기에 시작되었음을 보여준다. 이러한 시간 간격은 북대서양의 "생성 연대"를 나타낸다.

1억 3,000만 년 전, 남대서양은 지금의 남아프리카의 끝자락에서 열리기 시작했다. 이 열곡대가 북쪽으로 이동함에 따라 남대서양이 점점 열렸다(**그림 5.26B**와 **그림 5.26C**를 비교하라). 남반부 대륙의 계속된 분리는 아프리카 대륙과 남극 대륙의 분리를 야기했고 인도를 북쪽으로 이동시켰다. 약 5,000만 년 전인 신생대 초기에 호주 대륙은 남극 대륙에서 분리되었고, 남대서양은 완전히 성장한 해양이 되었다(**그림 5.26D**).

현재의 지도(**그림 5.26F**)를 보면 인도가 아시아와 결국 충돌하였음을 보여주는데 이 사건은 약 4,500만 년 전에 시작되어 티벳 고원 및 히말라야 산맥을 형성하였다. 거의 같은 시기에 유라시아에서 그린란드가 분리되며 북반구 대륙의 분열이 완료되었다. 지난 2,000만 년 동안에 아프리카로부터 아라비아가 분리되면서 홍해가 만들어졌고, 멕시코

이런 사실을 알고 있었나요?

연구자들은 약 5억 년마다 대륙이 합쳐져 초대륙을 형성한다고 추정했다. 판게아가 분리된 후 약 2억 년이 지난 지금, 다음 초대륙이 완성되기 전까지 단지 3억 년이 남아 있다.

로부터 바자 캘리포니아가 분리되면서 캘리포니아만이 형성됐다(**그림 5.26E**). 그 동안에 파나마호(arc)가 북미 및 남미와 결합하여 현재의 지구와 비슷한 모양을 만들었다.

9. 무엇이 판을 움직이게 하는가?

판구조론은 판의 이동과 이 이동이 지각의 주요 양상들을 만들거나 변화시키는 데 어떤 역할을 하는지에 대해 설명한다. 따라서 판구조론을 받아들이는 것과 판의 이동을 일으키는 원동력에 대해 정확히 아는 것은 별개의 사항이다. 다행히도 현재까지 제안된 모델 중 어떤 것도 판구조론에 관련된 모든 주요 양상을 설명하지는 못한다. 그럼에도 불구하고 과학자들은 일반적으로 다음과 같은 사항에 동의한다.

1. 2,900km 두께를 가진 맨틀 내의 대류(따뜻하고 부력이 있는 암석은 상승하고, 차갑고 밀도가 큰 물질은 무게로 인해 아래로 가라앉는)는 판이 이동하는 기본 추진력이다.
2. 맨틀 대류와 판구조론은 같은 시스템의 일부이다. 섭입하는 해양판은 맨틀 대류에서 차갑고 아래를 향해 움직이는 부분을 수행하고, 반면에 대양저 산맥에서의 마그마의 상승 및 부력을 가진 맨틀플룸은 맨틀 대류 메커니즘에서 위로 움직이는 부분을 수행한다.
3. 지판과 맨틀의 느린 움직임은 지구 내부 열의 불규칙한 분포에 의해 야기된다.

매우 확신 있게 알지 못하는 것이 이러한 맨틀 대류의 성질이다.

판을 움직이게 하는 힘

여러 가지 메커니즘이 판의 움직임을 야기한다; 슬랩풀(slab pull), 릿지푸시(ridge push) 그리고 슬랩석션(slab suction)이 있다. 차갑고 밀도가 큰 해양판 슬랩이 판을 움직이는 주요 추진력이라는 것에는 일반적으로 동의한다(**그림 5.27**). 이러한 슬랩이 연약권 아래로 가라앉으면서 뒤따라오는 판을 잡아당긴다. **슬랩풀**(slab pull)이라 불리는 이 현상은 해양 암석권의 오래된 슬랩이 아래의 연약권보다 밀도가 크기 때문이며 슬랩은 결국 "암석처럼 가라앉는"다.

또 다른 중요한 추진력은 **릿지푸시**(ridge push)이다(**그림 5.27**). 중력에 의해 유발된 이 메커니즘은 대양저 산맥의 높은 부분에 위치한 암석 슬랩이 대양저 산맥의 측면을 따라 미끄러지면서 일어난다. 릿지푸시는 슬랩풀보다 판의 이동에 미치는 영향이 훨씬 작다. 릿지푸시의 중요한 증거로는 서로 다른 높이를 가진 대양저 산맥 조각들의 확장 속도를 통해 알 수 있다. 예를 들어, 평균 고도가 높음에도 불구하고 중앙 대서양 산맥의 확장 속도는 덜 가파른 동태평양 산맥의 확장 속도보다 상당히 느리다. 빠르게 움직이는 판은 가장자리가 많이 섭입된다는 사실 또한 슬랩풀이 릿지푸시보다 더 중요한 역할을 한다는 이론을 지지한다. 태평양, 나츠카 그리고 코코스판은 빠르게 움직이는 판의 예로, 1년에 10cm 이상의 확장 속도를 가진다.

또 다른 추진력은 섭입하는 슬랩을 맨틀이 잡아당기는 힘이다. 그 결과 섭입하는 판과 그 위에 놓이는 판 모두를 해구 쪽으로 잡아당겨 맨틀 순환을 일으킨다. 이런 맨틀 대류는 근처의 판들을 빨아

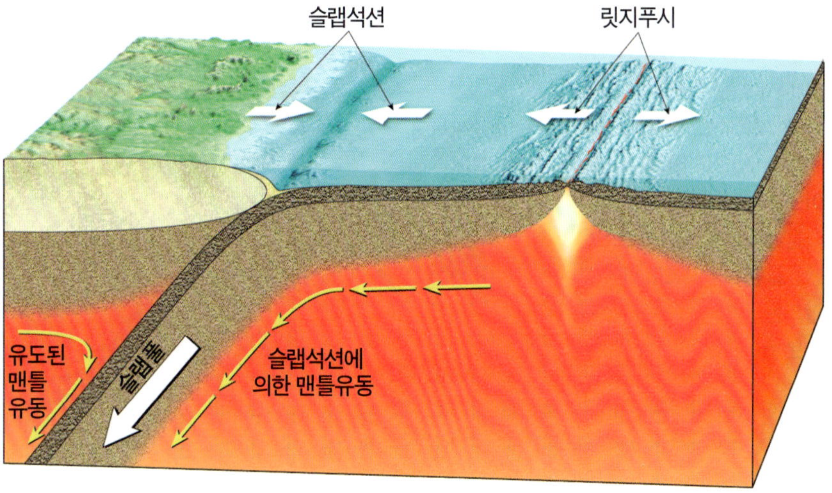

그림 5.27 판을 움직이게 하는 힘을 보여주는 그림.

(욕조 마개를 잡아당기는 것과 비슷)들이기 때문에 **슬랩석션**(slab suction)이라고 한다(**그림 5.27**). 섭입되는 슬랩이 위에 있는 판과 분리되어도 슬랩의 하강에 의해 맨틀 대류는 계속 일어나고 판이 지속적으로 이동하게 한다.

판과 맨틀의 대류 모델

판과 맨틀의 대류 모델은 관찰된 맨틀의 물리적 및 화학적 성질과 일치해야 한다. 해저 확장설이 처음 제안됐을 때, 지질학자들은 대양저 산맥 아래의 맨틀 깊은 곳에서 올라오는 상승흐름으로 구성된 맨틀 대류를 제안했다. 암석권의 기저에 이르면 이 흐름은 측면으로 퍼지며 판들을 이동시킨다고 생각했다. 따라서 판들은 맨틀 대류에 의해 수동적으로 이동되는 것처럼 보여졌다. 그러나 지구물리학적 증거에 의해 대양저 산맥 아래에서 일어나는 맨틀 대류는 얇고, 하부 맨틀에서 일어나는 두꺼운 맨틀 대류와 무관함이 분명해졌다. 대양저 산맥으로부터 멀어지는 암석권판의 수평이동이 맨틀의 상승을 유발하며, 반대의 경우는 성립하지 않는다. 우리는 또한 판의 움직임이 맨틀 대류의 중요한 원인임을 알게 되었다. 판이 이동하면서 주변의 물질을 잡아끌어서 맨틀 대류를 유도한다. 따라서 현대 모델에 의하면 맨틀 대류에서 없어서는 안 될 부분이며 아마도 가장 능동적인 요소는 판이다.

660km에서의 층 맨틀 대류에 관한 가장 초기의 제안들 중 하나는 "케이크층" 모델로 불렸다. **그림 5.28A**에서처럼 이 모델은 2개의 대류지대(660km 위의 얇은 대류층과 그 아래의 두꺼운 대류층)를 갖는다. 이 모델은 왜 대양저 산맥을 따라 분출한 현무암질 용암이 열점의 활동으로 생긴 하와이섬의 분출 성분과 다른 성분을 갖는지 잘 설명해 준다. 중앙대양저 산맥의 현무암은 잘 섞인 상부 대류층에서 왔지만 하와이 화산을 형성한 맨틀플룸은 더 깊은 곳에 위치한 하부 대류층에 있는 원시 마그마 공급원으로부터 만들어진다.

이 모델을 지지하는 여러 증거에도 불구하고 지진파 연구자료들은 차가운 해양 암석권이 섭입될 때, 몇몇 슬랩들이 660km 경계를 지나 맨틀 깊숙히 들어간다는 사실을 보여준다. 섭입된 암석권은 상부층과 하부층을 섞는 데 일조할 것이다. 그 결과, 이 모델에서 제안된 층상의 맨틀구조는 사라질 것이다.

그림 5.28 맨틀 대류로 제안된 모델. A. 이 모델은 2개의 대류하는 층(660km 위의 얇은 대류하는 층과 아래의 두꺼운 층)으로 구성된다. B. 이 전체 맨틀 대류 모델은 차가운 해양 암석권이 뜨거운 맨틀플룸에서 지표로 열이 전달되는 동안에 하부 맨틀 안으로 들어간다.

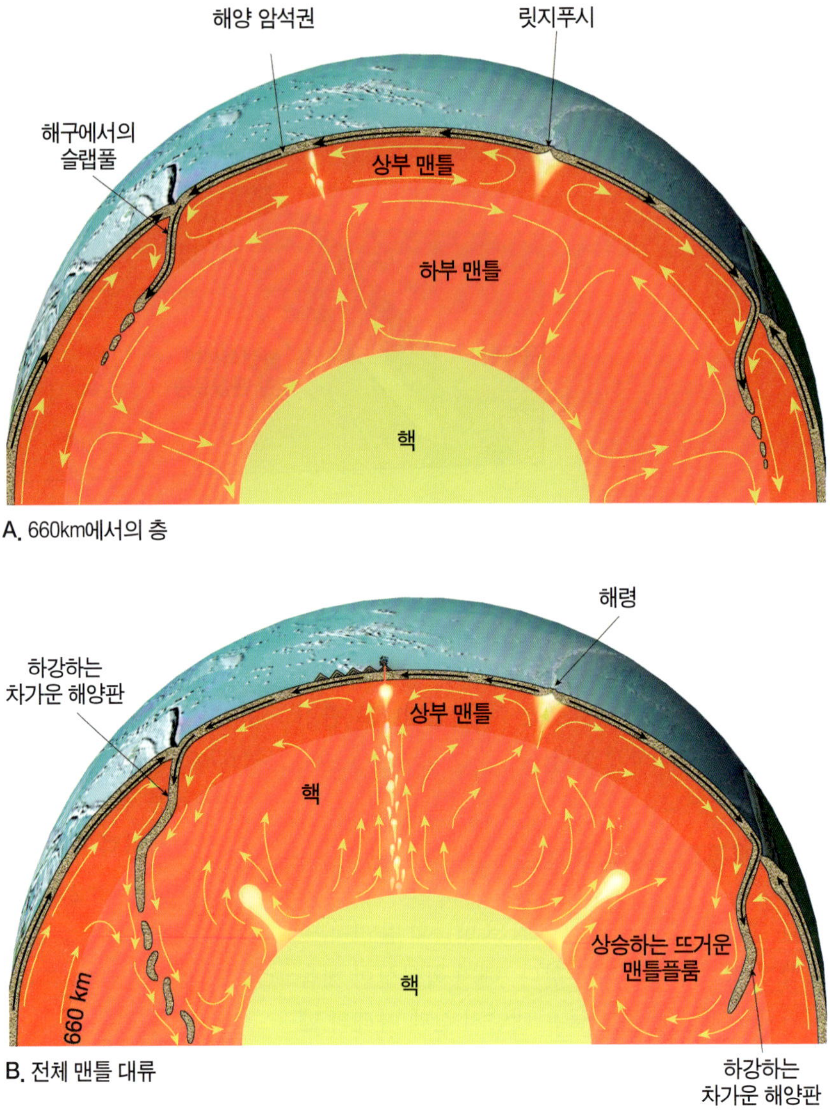

전체 맨틀 대류 다른 연구자들은 전체 맨틀 대류(whole-mantle convection)의 형태를 선호한다. 전체 맨틀 대류 모델에서 차가운 해양 암석권의 슬랩은 더 깊은 곳까지 하강하여 맨틀 전체를 뒤섞는다(**그림 5.28B**). 동시에, 맨틀과 핵의 경계부에서 기원한 뜨거운 맨틀플룸은 열과 물질을 지표로 이동시킨다.

전체 맨틀 대류 모델들 중 하나는 섭입하는 해양 암석 판의 슬랩이 맨틀과 핵의 경계에 집적된다고

이런 사실을 알고 있었나요?

판구조론의 과정은 지구 내부의 열에 의해서 힘을 얻기 때문에 판을 움직이는 힘은 가까운 미래 언젠가 멈출 것이다. 그러나 외부 힘에 의한 일(바람, 물 그리고 얼음)은 계속해서 지표면을 풍화시킬 것이다. 결국, 대륙은 거의 평탄해질 것이다. 지진이 없고 화산이 없고, 게다가 산맥도 없는 지구란 얼마나 다른 세계일까!

제안한다. 시간이 흐르면서 이러한 물질은 용융되어 부력에 의해 맨틀플룸의 형태로 지표를 향해 상승한다고 여겨졌다. 그러나 맨틀 대류에 대한 이 모델이나 다른 어떤 모델도 널리 받아들여지지 않았다.

판을 움직이게 하는 메커니즘에 대해 알아야 할 것이 여전히 많지만, 명확히 밝혀진 것도 있다. 지구 내부에서 열의 불균등한 분포에 의해 열적 대류가 일어나고, 궁극적으로 판과 맨틀을 움직인다. 이런 흐름의 주요한 추진력은 차가운 물질을 맨틀로 이동시키는, 하강하는 암석권판에 의해 공급된다. 더욱이 핵과 맨틀의 경계에서 생성된 맨틀플룸에 의해 핵에서 맨틀로 열이 전달된다.

학습내용 요약

1. 1900년대 초반에, 알프레드 베게너는 대륙 이동설을 제안했다. 대륙 이동설의 중요한 견해들 중의 하나는 판게아라 불리는 초대륙이 약 2억 년 전에 작은 대륙들로 나눠지기 시작했다는 것이다. 그 뒤 분열된 대륙들은 현재의 위치로 이동했다. 현재는 분리되어 있는 대륙들이 과거에는 하나로 뭉쳐 있었다는 주장을 증명하기 위하여 베게너와 그를 지지하는 다른 학자들은 남아메리카와 아프리카 대륙의 해안선의 일치, 고기후의 분포, 화석 증거 그리고 암석의 구조를 이용했다.

2. 대륙 이동설에 대한 반론 중의 하나는 대륙이 이동하는 방법을 수긍할 수 있을 정도로 설명할 수 없었다는 점이다.

3. 대륙 이동설보다 더욱 발전된 이론인 판구조론은 암석권이라고 불리는 지구의 단단한 바깥 껍질이 서로 상대적으로 움직이는 7개의 큰 판과 수많은 작은 판들로 구성되어 있다는 것이다. 지구상에서 일어나는 대부분의 지진활동, 화산활동 및 조산운동은 이 판들의 경계를 따라 일어난다.

4. 대륙 이동설이 판구조론으로 발전할 수 있었던 것은 판은 대륙과 해양 지각 양쪽 모두를 포함하며, 이러한 판이 움직인다고 생각했기 때문이다. 반대로, 대륙 이동설에서 베게너는 마치 쇄빙선이 얼음을 뚫고 전진하는 것처럼 더 단단한 대륙 지각이 해양 지각을 뚫으며 이동한다고 제안하였다.

5. 발산 경계는 판이 서로 멀어져 맨틀로부터 올라온 물질이 새로운 해저를 만드는 곳이다. 대부분의 발산 경계는 대양저 산맥계의 축을 따라서 발생하고 일년에 약 2~15cm의 비율로 일어나는 해저 확장과 관련된다. 새로운 발산 경계는 대륙 내(예: 동아프리카 열곡대)에서 발달하여 대륙을 분할하고 새로운 해양분지를 만들 수 있다.

6. 수렴 경계는 판이 서로 마주보는 방향으로 이동하여 깊은 해구를 따라 맨틀 안으로 해양판이 섭입하는 곳에서 발생한다. 해양판과 대륙판이 수렴하면 해양판이 섭입되며 남미의 안데스 산맥과 같은 대륙 화산호를 형성한다. 해양판과 해양판이 수렴하면 호상화산 열도라 불리는 호(arc) 모양의 화산 열도를 만든다. 2개의 대륙판이 수렴하게 되면 2개의 판 모두 부력이 너무 커서 섭입할 수 없다. 그 결과 충돌이 일어나 히말라야와 같은 산맥을 형성한다.

7. 변환단층 경계는 암석권의 생성이나 소멸 없이 판들이 서로 스쳐 지나가는 곳에서 발생한다. 대부분의 변환단층은 대양저 산맥과 대양저 산맥 사이를 연결한다. 또 다른 경우로는 중앙 대서양 해령과 섭입대를 연결하며, 이를 통해 대양저 산맥의 정상부에서 해양판이 소멸되는 곳인 깊은 해구로 해양 지각이 이동하는 것을 촉진한다. 산안드레아스 단층처럼 대륙지각을 가로지르는 경우도 있다.

8. 판구조론은 깊은 해저 퇴적물의 연령과 두께 그리고 열점에 의해 형성되었으며 판의 이동행적을 유추할 수 있는 화산섬들의 존재에 의해 지지된다.

9. 맨틀 대류에 대한 두 가지 기본적인 모델이 최근까지 논의되고 있다. 대류를 일으키는 메커니즘은 슬랩풀, 릿지푸시 그리고 슬랩석션이다. 슬랩풀은 차갑고 밀도가 높은 해양 지각이 섭입되고 뒤따라오는 암석권을 계속 잡아당기는 곳에서 발생한다. 릿지푸시는 중력에 의해 대양저 산맥의 높은 곳에 있는 암석 판들이 미끄러질 때 발생한다. 고온의 부력이 있는 맨틀플룸은 맨틀 대류의 상승하는 부분이라고 여겨진다. 한 모델에 의하면 맨틀 대류는 660km 깊이에서 분리되어 2개의 맨틀 대류층이 발생한다. 또 다른 모델은 2,900km 전체의 맨틀을 뒤섞는 전체 맨틀 대류를 제안했다.

주요 용어와 개념

고지자기(paleomagnetism) … 198
깊은 해구(deep-ocean trench) … 188
대륙 이동(continental drift) … 175
대륙 화산호(continental volcanic arc) … 189
릿지푸시(ridge push) … 204
맨틀플룸(mantle plume) … 197
발산 경계(divergent boundary) … 184
변환단층 경계(transform fault boundaries) … 184
변환단층(transform fault) … 193
부분용융(partial melting) … 189
섭입대(subduction zone) … 188
수렴 경계(convergent boundary) … 188
수렴 경계(convergent) … 184
슬랩석션(slab suction) … 205
슬랩풀(slab pull) … 204
암석권(lithosphere) … 181
역전극성(reverse polarity) … 200
연약권(asthenosphere) … 181
열곡(rift valley) … 185
열점(hot spot) … 197
자기역전(magnetic reversal) … 200
자기측정기(magnetometers) … 201
정상극성(normal polarity) … 200
지자기 시간척도(magnetic time scale) … 200
퀴리온도(Curie point) … 198
파쇄대(fracture zone) … 193
판(plates) … 181
판게아(Pangaea) … 175
판구조론(plate tectonics) … 180
해양산맥계(oceanic ridge system) … 180
해저 확장(seafloor spreading) … 185
호상 열도(island arc) … 191
호상 화산 열도(volcanic island arc) … 191
화석지자기(fossil magnetism) … 198

학습 요약 문제

1. 누구에 의해 대륙 이동설이 발달하게 되는가?
2. 옛날에 대륙들이 서로 뭉쳐져 있었다고 의심하게 만든 최초의 증거는 무엇인가?
3. 판게아란 무엇인가?
4. 베게너와 그의 지지자들이 대륙 이동설을 입증하기 위해 모은 증거는 무엇인가?
5. 남미 대륙과 아프리카 대륙에서만 산출되는 메소사우루스 화석의 발견이 어떻게 대륙 이동설을 지지하는지 설명하라.
6. 20세기 초에는 육상동물이 어떻게 광활한 바다를 건너 다른 대륙으로 이동했을 것이라고 생각하였는가?
7. 북미 대륙, 유럽 그리고 시베리아에는 무성한 열대습지가 존재하고 동시에 남쪽에 위치한 대륙들에는 빙하가 존재하는 것을 베게너는 어떻게 설명하였는가?
8. 판의 경계는 무엇에 기초하여 최초로 확립되었는가?
9. 세 가지 주요한 판의 경계는 무엇인가? 각 경계에서 상대적인 판의 움직임을 기술하라.
10. 해저 확장이란 무엇인가? 현재 활발히 해저 확장이 일어나는 곳은 어디인가?
11. 섭입대는 무엇인가? 섭입대는 어떤 유형의 판의 경계와 관련되어 있는가?
12. 암석 판이 소멸되는 곳은 어디인가? 암석 판의 생성과 소멸이 거의 같은 비율로 이루어져야 하는 이유는 무엇인가?
13. 어떻게 히말라야 산맥이 형성되었는지 간단히 설명하라.
14. 변환단층과 다른 두 종류의 판의 경계를 구분하라.
15. 어떤 사람들은 캘리포니아가 바다 속으로 가라앉을 거라고 예측한다. 이 생각은 판구조론과 일치하는가?
16. 고지자기란 용어를 정의하라.
17. 대륙 이동설은 지구 자기극의 상대적인 움직임을 어떻게 설명하는가?
18. 심해저 시추에 의해 얻어진 가장 오래된 퇴적물의 나이는 몇 살인가? 이 퇴적물의 나이와 가장 오래된 대륙 지각의 나이를 비교하면 어떠한가?
19. 열점과 판구조론은 하와이 제도의 각 섬의 나이가 변한다는 사실을 어떻게 설명하는가?
20. 판을 움직이게 하는 세 가지 메커니즘을 간단히 설명하라.
21. 다음의 지역이나 지형들은 어떤 유형의 판의 경계와 관련되어 있는가?(가능한 한 자세히 기술하라.)
    - 히말라야 산맥, 알류산 열도, 홍해, 안데스 산맥, 산안드레아스 단층, 아이슬란드, 일본, 세인트헬렌스산

Online 학습 안내

Foundation of Earth Science 웹에는 학생들이 이 장에서 다룬 여러 내용의 학습을 도울 수 있는 자료들과 인터넷 연계시스템을 갖추고 있다. 지구과학을 강의하는 연구자들에 의해서 발전된 이 인터넷 주소는 지구과학의 이해를 증진시켜 줄 것으로 생각된다. **http://www.prenhall.com/lutgens**를 방문하여 *Foundation of Earth Science 5e*를 클릭하여 다음 내용들을 살펴보자:

- 인터넷 종합 퀴즈
- 비평적 사고 훈련
- 장 관련 웹 자료들의 연계
- 웹을 통한 주요 개념 탐구

http://www.prenhall.com/lutgens

GEODe: Earth Science

*GEODe: Earth Science*는 동영상(animation), 비디오(video), 낭송(narration), 대화식 연습문제(interactive exercise), 실용적인 퀴즈 등을 이용하여 주요 개념을 더욱 심화함으로써 더욱 효과적인 학습을 이룰 수 있게 한다. 이 복사 CD는 이 책『지구시스템의 이해』제5판에 포함되어 있다.

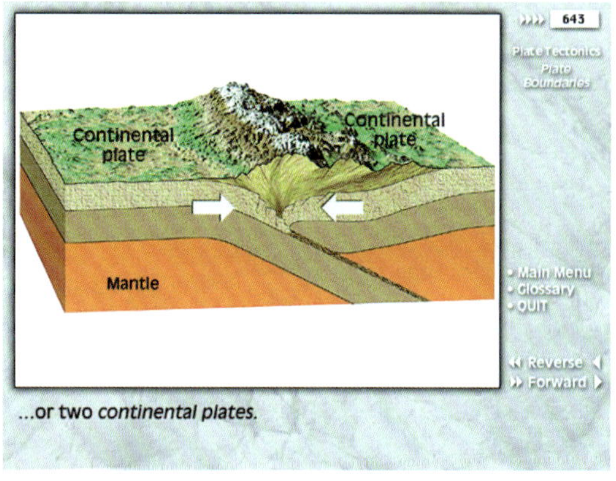

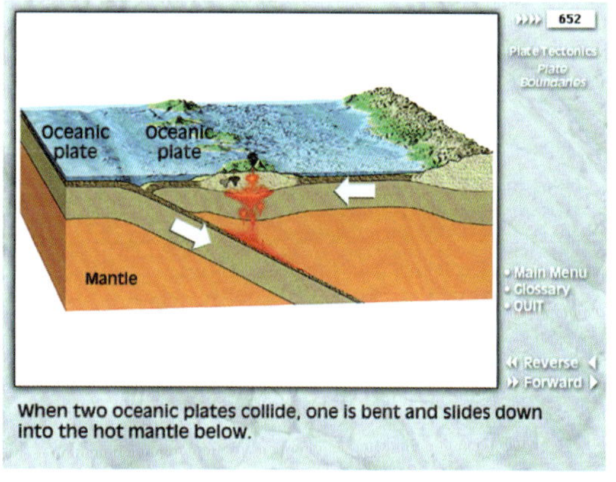

뚜렷한 카라코람 산맥의 정상을 배경으로 파키스탄 차라쿠사 계곡에서 야영하는 도보 여행자.
(사진 제공: Jimmy Chin/National Geographic)

끊임없이 움직이는 지구

지진, 지구조, 조산운동

학습 초점

다음은 여러분들이 이 단원에서 다루는 중요한 개념들을 이해하는 데 도움을 줄 수 있는 유용한 질문들이다.

1. 지진이란 무엇인가?
2. 지진파의 유형을 말하라.
3. 지진의 진앙은 어떻게 결정되는가?
4. 지구에서 지진이 주로 발생하는 곳은 어디인가?
5. 지진은 리히터 규모로 어떻게 표현되는가?
6. 지진의 파괴력을 결정하는 주요 요인들은 무엇인가?
7. 지구의 내부를 4개의 주요한 층으로 나누어라.
8. 대륙 지각과 해양 지각은 어떻게 다른가?
9. 암석이 변형된 기본적인 유형 두 가지는 무엇인가?
10. 조산운동과 판의 수렴 경계는 어떻게 연관되어 있는가?

1989년 10월 17일 오후 4시 4분 평화로운 낮에, 전 세계 수백만 명의 시청자들은 월드시리즈 세 번째 경기를 관람하기 위해 자리 잡고 있었다. 그 순간, 그들은 지진이 샌프란시스코의 캔들스틱 파크(Candlestick Park) 경기장을 강타하면서 TV가 깜깜해지는 것을 보았다. 비록 지진이 남쪽으로 100km 떨어진 산타크루즈(Santa Cruz) 산맥에 집중되었지만 샌프란시스코의 마리나(Marina) 지역에서 큰 피해가 발생했다.

지진에 의한 가장 큰 피해는 니미츠 고속도로로도 알려져 있던 2층으로 된 880번 고속도로의 일부가 붕괴된 것이다. 땅이 진동하면서 고속도로의 상판이 좌우로 흔들렸으며, 1마일에 달하는 고속도로를 지지하기 위해 세운 콘크리트 지지대가 부서졌다. 그 뒤, 2층 고속도로의 상판이 아래쪽 고속도로로 주저앉았으며, 이로 인해 자동차들이 알루미늄캔처럼 납작해졌다. 지진이 발생한 지명을 따서 로마 프리에타(Loma Prieta) 지진으로 명명된 이 지진은 67명의 인명을 앗아갔다.

로마 프리에타 지진이 샌프란시스코만의 일부를 황폐화시킨 지 5년이 안 된 1994년 1월 중순, 거대한 지진이 로스앤젤레스의 노스리지(Northridge) 지역을 강타했다. 실제적으로, 진도 6.6~6.9인 이 지진으로 51명이 죽었으며 5,000명 이상이 부상당했고 수만 가구의 수도와 전기가 끊겼다. 피해액은 150억 달러를 넘었는데, 이 지진은 노스리지 아래 14km 지점에서 파열을 일으킨 비교적 알려지지 않았던 단층에 의해 일어났다.

로스앤젤레스 시내의 북서쪽에서 일어난 노스리지 지진은 오전 4시 31분에 시작됐으며 대략 40초간 지속됐다. 이 짧은 시간 동안 지진은 로스앤젤레스 전체 지역을 위협했다. 3층 건물인 노스리지

그림 6.1 1999년 8월 17일 터키 북서부를 강타한 지진에 의한 붕괴. 17,000명 이상의 사람들이 숨졌다. (사진 제공: Yann Arthus-Bertrand/Peter Arnold, Inc.)

메도스 아파트는 황폐화되었으며 16명이 사망하였다. 이곳에서는 위층의 건물이 1층으로 무너질 때, 대부분의 사망자가 발생했다. 더구나 거의 300여 학교가 심각하게 파괴되었으며 10여 개의 주요 도로들이 붕괴되었다. 이중에는 캘리포니아의 주요한 도로인 골든 스테이트 고속도로(5번 고속도로)와 산타모니카 고속도로가 포함되어 있는데, 골든 스테이트 고속도로의 한 고가교차로는 붕괴되어 도로의 통행을 완전히 막았다. 다행히 이른 새벽이라 이들 도로에서의 통행량은 거의 없었다.

그라나다 언덕 근처에서, 부러진 가스관은 불타올랐으며 주요 수도관은 부러져서 거리가 물에 잠겼다. 로스앤젤레스에서만 100통이 넘는 전화가 소방서에 걸려왔다. 실마(Sylmar) 지역에서는 70가구가 불탔다. 64대의 차량을 운송하던 화물열차가 탈선하였는데 몇몇 차에는 위험한 짐이 실려 있었다. 거대한 경제적 손실에도 불구하고 파괴는 크지 않았다는 점은 주목할 만하다. 분명, 지진이 발생하기 쉬운 지역에서 빌딩을 지을 때 요구하는 기준에 맞추어서 건설된 구조물들이 거대한 비극이 최소화되도록 도왔다.

1. 지진이란 무엇인가?

GEODe EARTH SCIENCE Forces Within
▼ Earthquakes

지진(earthquake)은 빠르게 방출된 에너지에 의해 지구가 진동하는 것이다. 이 에너지는 근원지, 즉 **진원**(focus)에서 파동의 형태로 사방으로 퍼져나간다(**그림 6.1**). 파동은 잔잔한 연못에 돌을 던졌을 때 형성되는 것과 유사하다(**그림 6.2**). 돌의 충격에 의해 파동이 일어나는 것처럼, 지진은 지구 전체로 퍼져나가는 지진파를 형성한다. 진원에서 멀어질수록 에너지는 빠르게 감소하지만 전 세계에 퍼져 있는 민감한 지진계는 이 사건을 기록한다.

이런 사실을 알고 있었나요?

사실상 수천 번의 지진이 매일 발생한다. 다행히도 대부분은 우리가 느낄 수 없을 정도로 작고, 큰 지진들은 멀리 떨어진 지역에서 발생한다. 그들의 존재는 단지 민감한 지진계로 인해 알려진다.

우리가 느낄 수 있을 정도로 강한 지진이 매년 전 세계적으로 30,000건 이상 발생한다. 다행히 대부분은 진동이 약하며 큰 피해를 입히지 않는다. 일반적으로, 규모가 큰 지진은 매년 75건 정도 일어나며 이들 대부분은 오지에서 발생한다. 그러나 가끔 큰 지진이 대도시 근처에서 발생한다. 이 경우, 지진은 지구상에서 일어나는 가장 파괴적인 자연의 힘 중 하나이다.

땅의 진동과 토양의 액상화(liquefaction)는 빌딩과 다른 구조물들을 파괴시킨다. 더구나 사람이 거주하는 지역에 지진이 일어났을 때 가끔 전력선과 가스선들이 파열되어 화재를 많이 일으킨다. 1906년 샌프란시스코 지진의 경우 화재에 의해 많은 피해가 발생했으며, 이 화재는 주요 수도관이 터져 소방관이 속수무책이었던 탓에 급격히 번져

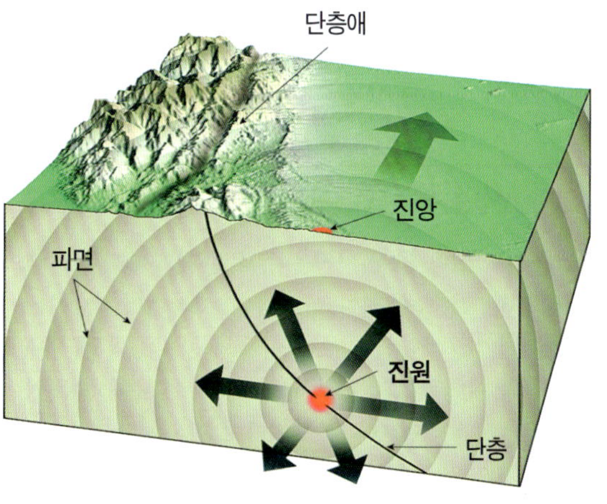

그림 6.2 지진의 진원은 지하에 존재한다. 진원이 연직적으로 지표면과 만나는 점을 진앙이라고 한다.

그림 6.3 1906년 지진에 의해 화염에 싸인 샌프란시스코. (국회도서관의 자료로부터 재연됨) 안의 작은 사진은 1994년 남부 캘리포니아의 노스리지 지진 때 가스관의 파괴로 인한 화염을 보여준다. (사진 제공: AFP/Getty Images)

나갔다(**그림 6.3**).

지진과 단층

핵폭발이나 화산 분출에 의해 방출된 거대한 에너지는 지진을 일으킬 수 있지만 이러한 사건들은 비교적 드물다. 어떤 작용에 의해 파괴적인 지진이 일어날까? 지구는 정적인 행성이 아니라는 것을 보여주는 많은 증거들이 있다. 과학자들은 전 세계의 여러 곳에서 힘에 의해 지각이 들어 올려진 장소들을 발견했다. 어떤 지역들은 광범위한 침강의 증거를 보여준다. 이러한 수직이동 외에, 담, 길 그리고 다른 구조물들이 서로 어긋나는 모습도 관찰되며, 이것은 인접한 지각들의 수평이동도 일반적임을 알려준다(**그림 6.4**). 이러한 이동들은 보통 단층(fault)이라고 불리는 지구상의 큰 깨짐면(fracture)과 관련이 있다.

전형적으로, 지진은 지각의 약대를 따라 먼 과거에 형성된 기존의 단층을 따라서 발생한다. 어떤 단층은 매우 크고 커다란 지진을 발생시킬 수 있다. 2개의 큰 암권(북미판과 태평양판)을 나누는 변환단층 경계인 산안드레아스 단층이 하나의 예이다. 다른 단층들은 작고 미약한 지진을 발생한다.

대부분의 단층은 완벽한 직선이나 연속성을 가지지 않는다. 대신, 단층은 비틀리거나 어긋나 보이는 수많은 가지들과 소규모의 깨짐면들로 이루

이런 사실을 알고 있었나요?

인간은 의도치 않게 지진을 일으킨다. 1962년, 덴버에서 빈번하게 미진이 나타나기 시작했다. 지진은 군대 폐기물 처분 관정으로 사용되는 지하의 폐기물 근처에서 발생했다. 조사자들은 가압된 유체가 묻혀진 단층면을 따라서 이동하였다고 결론지었다. 이것은 마찰을 줄여 단층의 어긋남을 야기해 지진을 발생케 한다. 확실히, 펌프작용이 멈췄을 때 미진이 발생했다.

그림 6.4 단층을 따라 발생하는 미끄러짐에 의해 칼렉시코(Calexico)의 동부에 위치한 오렌지 과수원의 나무들이 서로 반대방향으로 이동했다. (사진 제공: John S. Shelton)

어진다. 이러한 양상은 243쪽의 **그림 6.30**에 잘 나타나 있는데, 산안드레아스 단층이 실제로는 몇 개의 커다란 단층들과 셀 수 없을 정도로 많은 소규모 깨짐면들(그림에 표시되지 않음)로 이루어진 시스템임을 보여준다.

또한 지진 균열에 수반된 갑작스런 움직임을 제외하고, 대부분의 단층들이 고정되어 있음도 명백하다. 단층이 고정되어 있는 주된 이유는 상부에 놓인 지각에 의해 주어지는 균압이 굉장히 커서 지각 내의 깨짐면들이 본질적으로 압착되기 때문이다. 그럼에도 불구하고, 그 지역에 작용하는 응력이 충분히 증가한다면 수천 년 동안 비활성이었던 단층들조차 다시 균열될 수 있다.

지진의 원인 발견

존스홉킨스 대학의 레이드(H.F. Reid)가 1906년에 일어난 거대한 샌프란시스코 지진을 연구하면서 지진이 일어나는 실제적인 기작이 밝혀졌다. 이 지진은 산안드레아스 단층의 북쪽 부분에서 수m에 달하는 뚜렷한 이동을 야기했다. 야외조사 결과 이 단 한 번의 지진에 의해 태평양판은 이웃하는 북미판을 스쳐 북쪽으로 4.7m 이동했다.

레이드는 이 정보를 바탕으로 지진이 일어나는 기작에 대해 **그림 6.5**와 같이 추정하였다. **A** 그림은 암석 내에 존재하는 단층 또는 깨진 틈을 보여준다. **B** 그림에서는 지체구조적 힘(tectonic force)이 단층 양쪽의 암석을 느리게 변형시켜 휘어지게 만든다. 이 상황에서 나뭇가지를 구부렸을 때와 비슷하게 암석은 구부러지고 탄성에너지를 축적한다. 결국 탄성에너지는 암석을 유지해 주는 마찰 저항력을 초과하게 된다. 가장 약한 지점(진원)에서 미끄러짐이 일어나면서 이 이동에 의해 단층면을 따라 먼 곳에서까지 응력이 작용하게 되고, 이곳에서는 그간에 축적된 변형력을 해소하며 추가로 미끄러짐이 일어난다(**그림 6.5C**). 이러한 미끄러짐으로 인해 변형된 암석은 "원 상태로 되돌아간다". 지진이라 불리는 이러한 진동은 암석이 원래 형태로 탄성적으로 되돌아가면서 발생한다. 잡아당긴 고무밴드를 놓았을 때 일어나는 것처럼 암석도 탄성적으로 반응하기 때문에 레이드는 암석이 "원 상태로 되돌아가는 것"을 **탄성반발**(elastic rebound)로 명명하였다.

단층을 따라 일어나는 대부분의 움직임은 판구조론으로 만족스럽게 설명되는데 이 설에 의하면, 암석권을 이루는 큰 슬랩(slab)들은 끊임없이 느리게 움직이고 있다. 이 움직이는 판들은 이웃 판과 상호작용을 하여, 주변부의 암석들이 힘을 받고 변형된다. 실제로, 대부분의 지진은 판의 경계부에 수반된 단층들을 따라서 발생한다. 게다가 지진은 반복적으로 일어난다: 하나의 지진이 끝나자마자 판들의 계속적인 움직임은 암석에 힘을 가하게 되며, 결국 암석들은 다시 무릎을 꿇게 된다.

요약하면, 대부분의 지진들은 커다란 응력을 받아온 암석 내에 축적된 탄성에너지가 갑작스레 방출되면서 발생한다. 일단 암석의 강도를 초과하면 암석은 순간적으로 균열되며 지진에 따른 진동을 일으킨다. 지진은 흔히 기존의 단층을 따라 발생하는데 단층면상의 마찰력보다 큰 힘이 작용할 때마다 일어난다.

초기 미진과 여진

1994년 발생한 노스리지 지진의 강렬한 진동은 40초간 지속됐다. 비록 단층을 따라 일어난 대부분의 이동이 비교적 짧은 이 40초 동안에 일어났지만 이 단층과 주변의 다른 단층들을 따라 추가로 일어난 이동은 주 진동이 일어난 후에도 며칠 동안 지속됐다. 주 지진이 일어난 뒤에 대개 **여진**(aftershock)으로 불리는 작은 규모의 지진들이 일어난다. 비록 여진이 주 지진보다 매우 약하지만, 여진은 매우 약화된 구조물에 추가로 피해를 입힐 수 있다. 예

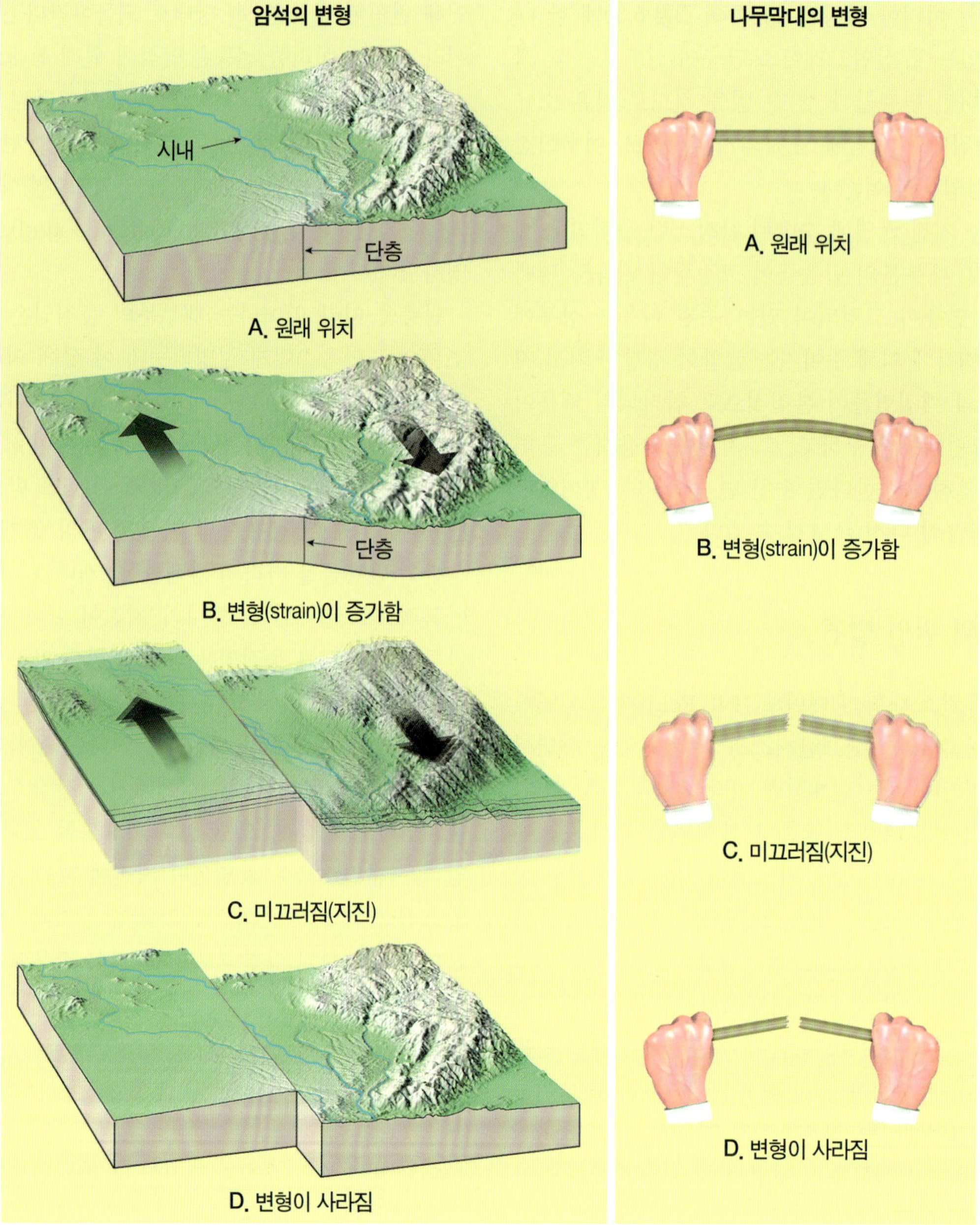

그림 6.5 탄성반발. 암석은 탄성에너지를 축적하면서 변형된다. 암석에 축적된 에너지가 탄성한계를 넘어서면 암석은 깨져 저장된 에너지를 지진파의 형태로 방출한다.

를 들어, 1988년 아르메니아 지진이 일어났을 때 주 진동에 의해 약화된 많은 구조물들이 진도 5.8의 큰 여진에 의해 붕괴되었다.

더구나 종종 **초기 미진**(foreshock)으로 불리는 작은 규모의 지진들이 주 지진보다 며칠 또는 어떤 경우에는 몇 년 먼저 발생한다. 이러한 미진에 대한 관찰은 앞으로 다가올 주 지진을 예보하는 데 이용되어 왔으며, 가끔 예보에 성공하기도 한다.

이런 사실을 알고 있었나요?

지진을 탐지하기 위한 첫 번째 기계는 약 A.D. 132년에 창헹(Chang Heng)에 의해 중국에서 개발되었다. (중국은 파괴적인 지진의 오랜 역사를 가진다.) 창헹의 기계는 느낄 수 없는 지진을 탐지하고 진앙의 방향을 추정할 수 있다고 생각했다.

우리는 이번 장의 마지막 부분에서 지진 예보에 대해서 다룰 것이다.

2. 지진학: 지진파의 연구

GEODe EARTH SCIENCE Forces Within
▼ Earthquakes

지진파에 대한 연구, 즉 **지진학**(seismology)은 거의 2,000년 전에 시작됐다. 현대식 **지진계**(seismograph)는 지진파를 기록하는 기계이다. 지진계의 원리는 간단하다. 무거운 추는 기반암에 연결되어 있는 지지대로부터 자유롭게 움직이도록 매달려 있다(**그림 6.6**). 멀리서 발생한 지진파가 지진계에 도착했을 때, 추는 관성에 의해 움직이지 않으며 지구와 지지물은 진동한다. 지구의 움직임은 고정된 추에 의해 회전하는 드럼에 기록된다. (관성이란 정지한 물체는 계속 정지해 있으려고 하고 움직이는 물체는 계속 움직이려고 하는 경향이다.)

오늘날의 지진계는 **그림 6.7**에서 볼 수 있는 것처럼 땅의 움직임을 증폭시켜 기록한다. **지진기록**(seismogram)으로 불리는 이 기록은 지진파의 행태에 대한 많은 자료를 제공한다. 간단히 말해서, 지진파는 저장된 에너지가 갑작스럽게 방출하여 생성된다. **그림 6.2**에서 보았듯이 지진파는 진원에서 사방으로 퍼져나간다. 이 같은 에너지의 전송은 사발 속의 젤라틴(gelatin)이 진동하는 것과 비교될 수 있다. 지진기록은 암체의 미끄러짐에 의해 두 종류의 지진파가 생성되는 것을 보여준다. 하나는 지구의 바깥층을 따라 움직이며 **표면파**(surface

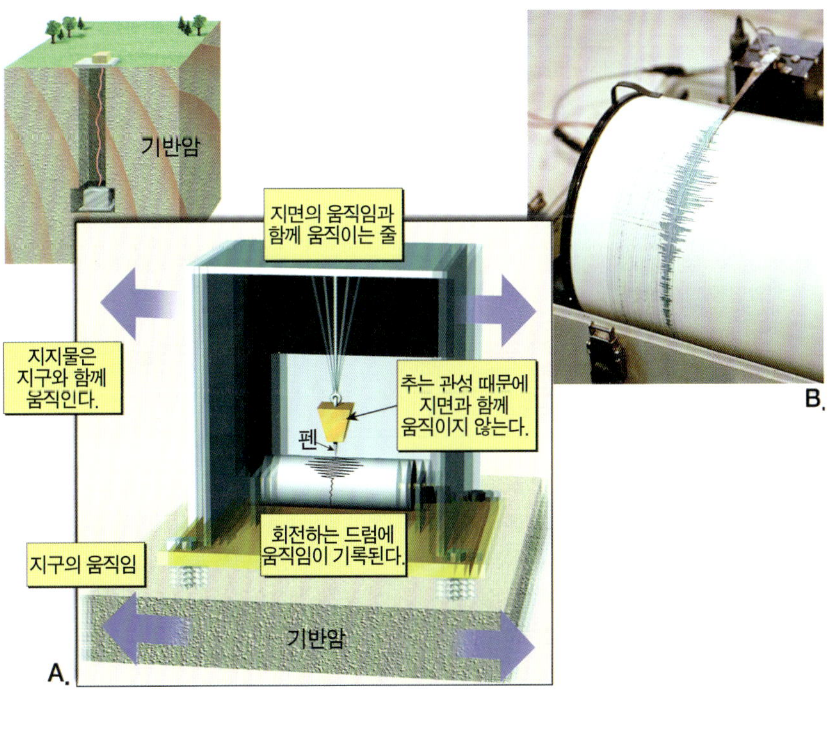

그림 6.6 지진계의 원리. A. 추는 관성에 의해 움직이지 않으려고 하고, 기반암에 고정된 지진계는 지진파에 반응하여 진동한다. 그리하여 고정된 추에 달린 펜은 지진파가 지면을 통과하면서 발생시키는 이동량을 측정할 수 있는 자료를 기록한다. B. 지진의 진동을 기록하는 지진계. (사진 제공: Zephyr/Photo Researcher, Inc.)

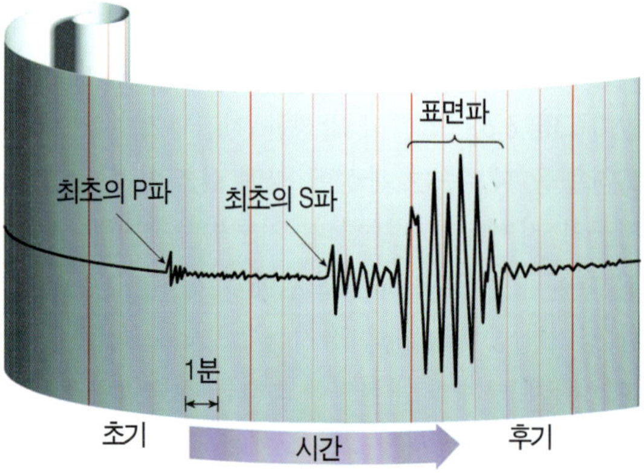

그림 6.7 전형적인 지진기록. 최초의 P파가 도착한 시간과 최초로 S파가 도착한 시간 사이의 간격에 유의하라.

wave)라 불린다. 다른 파는 지구의 내부를 통과하며 진행하고 **본체파**(body wave)라 불린다. 본체파는 **P파**(primary wave)와 **S파**(secondary wave)로 불리는 2개의 파로 나누어진다.

본체파는 파의 이동방식에 따라 두 종류로 나누어진다. P파는 파가 진행하는 방향으로 암석을 밀고(압축하고) 잡아당긴다(팽창시킨다)(**그림 6.8A**). 어떤 사람의 어깨를 잡고 흔드는 경우를 생각해 보자. 이처럼 밀고 잡아당기는 움직임은 P파가 어떻게 지구 물질을 통과해 진행하는지 보여준다. 파 에너지(wave energy)는 상하나 좌우로 움직이지 않지만 암석을 통과하며 이동한다. 이러한 파동은

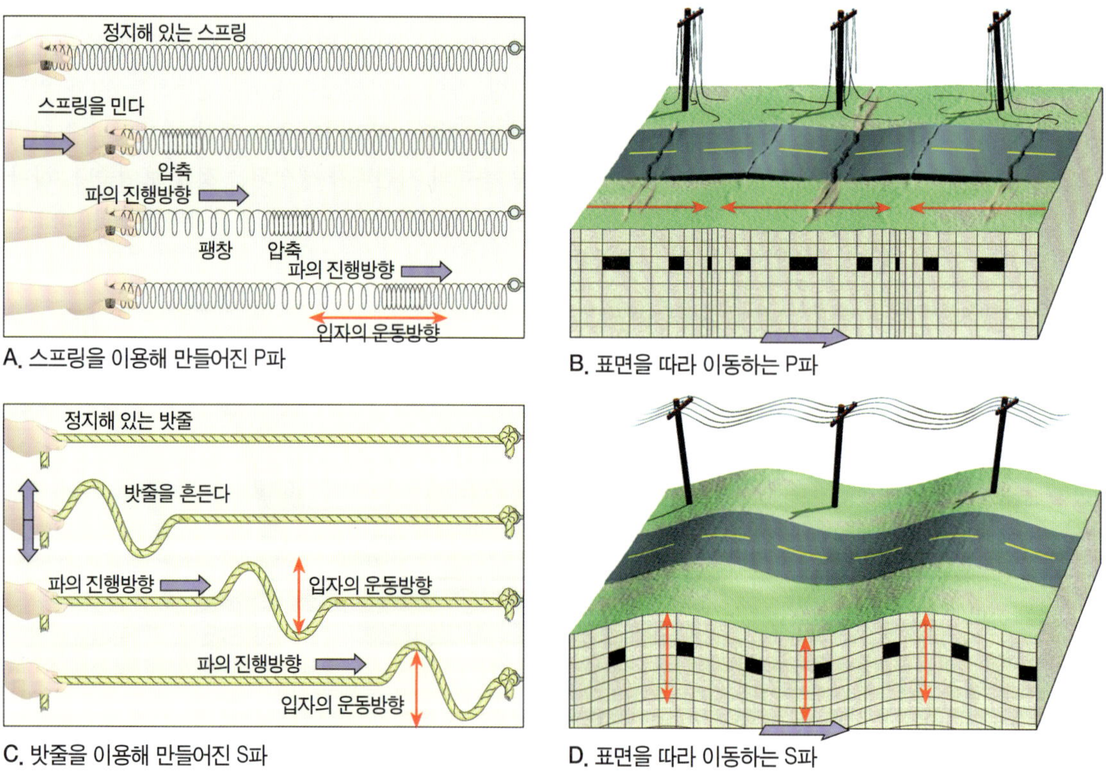

그림 6.8 지진파의 종류와 그들의 움직임. (강한 지진이 발생하는 동안에 지표의 진동은 다양한 종류의 지진파의 결합으로 이루어짐을 주목하라.) A. 스프링에서 묘사된 것처럼 P파는 파가 진행하면서 물체의 압축과 팽창을 반복하는 압축파이다. B. 전후 운동은 지표를 휘어지고 균열시키며 전선을 끊어지게 할 수 있는 지표면을 따라서 이동하는 압축파를 만든다. C. S파는 파의 이동방향에 수직한 방향으로 물체를 진동시킨다. D. S파는 어떠한 면으로도 이동할 수 있기 때문에, 땅을 위, 아래 그리고 옆으로 진동시킨다.

공기 중을 이동하며 소리를 내는, 인간의 성대에 의해 만들어지는 파동과 비슷하다. 고체, 액체, 기체들은 압축되었을 때 체적을 변화시키지 않으려 저항하고, 누르던 힘이 사라지면 탄성적으로 원래의 모양으로 되돌아간다. 그러므로 압축파인 P파는 모든 물질을 통과할 수 있다.

반대로, S파는 자신의 진행방향에 수직으로 입자를 진동시킨다. 이것은 **그림 6.8C**처럼 줄의 한쪽 끝을 벽에 묶고 반대편 끝을 흔드는 것과 같다. 물질을 교대로 압축시키고 팽창시키는 방법으로 물질의 부피를 변화시키며 진행하는 P파와는 달리, S파는 단지 통과하는 물질의 외형을 변화시킨다. 유체(기체와 액체)는 쉽게 외형을 바꿀 수 있기 때문에 S파는 유체를 통과하지 못한다.

표면파의 움직임은 좀 더 복잡하다. 표면파는 지면을 따라 이동하므로, 대양의 큰 파도가 배를 요동치게 만드는 것처럼 지표와 지표 위에 놓인 모든 것들을 움직이게 만든다. 표면파는 상하운동뿐만 아니라 수평면을 따라 움직이는 S파처럼 좌우운동을 포함한다. 후자는 특히 건축물의 기초에 손상을 입힌다.

그림 6.7과 같은 전형적인 지진기록을 관찰하면 지진파들 사이의 중요한 차이점을 발견할 수 있다: P파가 가장 빠르게 도착하며 그 뒤에 S파가 도착하고 마지막으로 표면파가 도착한다. 이것은 속도의 차이에 따른 결과이다. 예를 들면, 지각 내 화강암을 통과하는 P파의 속도는 6km/s다. 같은 조건에서 S파는 3.5km/s로 움직인다. 파의 속도는 통과하는 물질의 밀도와 탄성특성의 차이에 의해 크게 바뀐다. 그럼에도 불구하고 고체 물질을 통과할 때 P파는 S파보다 약 1.7배 빠르고 표면파는 S파보다 10% 정도 느리다.

다음에서 알 수 있듯이, 우리는 지진파를 통해 지진이 발생한 장소와 진도를 알아낼 수 있다. 더구나 지진파는 우리에게 지구의 내부를 들여다볼 수 있는 수단을 제공한다.

이런 사실을 알고 있었나요?

가장 흥미로운 지진계의 사용에는 항공기 충돌, 가스관 폭발 그리고 광산재난과 같은 불행한 사건의 재연이 포함된다. 예를 들면, 지진학자들은 1988년 테러리스트의 폭탄에 의해 스코틀랜드의 로커비(Lockerbie) 상공에서 추락한 팬암(Pan Am) 103편의 조사를 도왔다. 근처의 지진계에는 6개의 분리된 충격이 기록되었다. 이것은 비행기가 추락 전에 많은 큰 부분으로 분리되었음을 지시한다.

3. 지진의 위치 찾기

GEODe EARTH SCIENCE Forces Within
▼ Earthquakes

진원(focus)은 지진파가 발생한 곳으로, 지하에 위치한다. 진원이 연직적으로 지표면과 만나는 점을 **진앙**(epicenter)이라고 부른다(215쪽의 **그림 6.2** 참조).

P파와 S파의 속도 차이로 인해 진앙의 위치를 알아낼 수 있다. 이 원리는 속도가 다른 두 자동차의 경주와 유사하다. P파는 S파보다 앞서서 도착하며 항상 경주에서 이긴다. 그러나 경주의 거리가 길어질수록, 결승선(지진 관측소)에 도착하는 시간차는 더욱 커질 것이다. 그러므로 지진기록(seismogram)에서 P파와 S파가 최초로 도착한 지점 사이의 간격이 크면 클수록 진앙까지의 거리는 더욱 증가한다.

이런 사실을 알고 있었나요?

1811년에서 1812년 사이의 마드리드 지진 동안, 지표는 4.5m 이상 가라앉았고 미시시피 서쪽에 세인트 프란세스(St. Francis) 호수를 만들었으며 동쪽으로는 릴풋(Reelfoot) 호수가 넓어졌다. 다른 지역은 솟아올라 미시시피강 바닥에 일시적으로 폭포수를 만들었다.

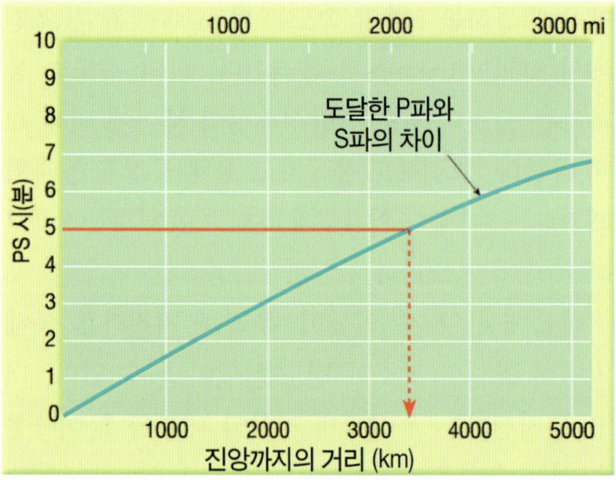

그림 6.9 거리–시간 그래프는 진앙까지의 거리를 구하는 데 이용된다. 그림에서 P파와 S파가 최초로 도착한 시간차는 5분이다. 그러므로 진양은 대략 3,800km 떨어져 있다.

그림 6.10 세 곳의 지진 관측소에서 얻은 거리를 이용하여 진앙의 위치를 구할 수 있다.

물리적인 증거로부터 진앙의 위치를 파악하기 쉬운 지진에 대한 지진기록을 이용하여 진앙을 알아내는 방법이 발달하게 되었다. 지진기록으로부터 거리–시간 그래프가 그려졌다(**그림 6.9**). 정확한 장소와 폭발시간이 알려진 핵폭발을 기록한 지진기록을 사용할 수 있게 되면서, 초기 거리–시간 그래프들은 매우 향상되었다.

그림 6.7의 간단한 지진기록과 **그림 6.9**의 거리–시간 그래프를 사용하여 우리는 지진 관측소와 지진이 발생한 장소 사이의 거리를 두 단계로 구할 수 있다: (1) P파와 S파가 최초로 도착한 시간의 차이를 구하고, (2) 거리–시간 그래프에서 P파와 S파 곡선 사이에서 같은 시간차를 갖는 지점을 찾아낸다. 이 과정은 **그림 6.8**에 나타나 있다. 이로부터 지진 관측소에서 3,800km 떨어진 지점에서 지진이 발생했음을 알 수 있다.

이제 우리는 거리를 알 수 있게 됐다. 그러나 어느 방향일까? 진앙은 지진 관측소에서 모든 방향일 수 있다. **그림 6.10**처럼 세 곳 또는 그 이상의 지진 관측소에서 지진이 발생한 곳까지의 거리를 알면 진앙의 정확한 위치를 구할 수 있다. 지구의에 각 지진 관측소를 중심으로 원을 그린다. 각 원은 각 지진 관측소에서 측정한 진앙까지의 거리를 나타낸다. 세 개의 원들이 교차하는 지점이 진앙이다.

지진에 의해 방출되는 에너지의 95%는 상대적으로 좁은 몇 개의 지역에서 일어난다(**그림 6.11**). 가장 큰 에너지는 **환태평양대**로 알려져 있는 태평양의 가장자리를 따라 방출된다. 환태평양대는 지진 활동이 왕성한 지역들을 포함하며 일본, 필리핀, 칠레, 알래스카의 알류산 열도처럼 수많은 화산섬들이 체인을 이루는 곳 등을 예로 들 수 있다.

그림 6.11을 보면 전 세계 대양을 따라 수천km 뻗어 있는 또 다른 연속적인 벨트가 있음을 알 수 있다. 이 지역은 약한 지진이 빈번히 일어나는 대양저 산맥계와 일치한다. **그림 6.11**과 **그림 5.9**(182~183쪽)를 비교하면, 진앙의 위치와 판 경계의 위치 사이에 밀접한 관련이 있음을 발견할 수 있다.

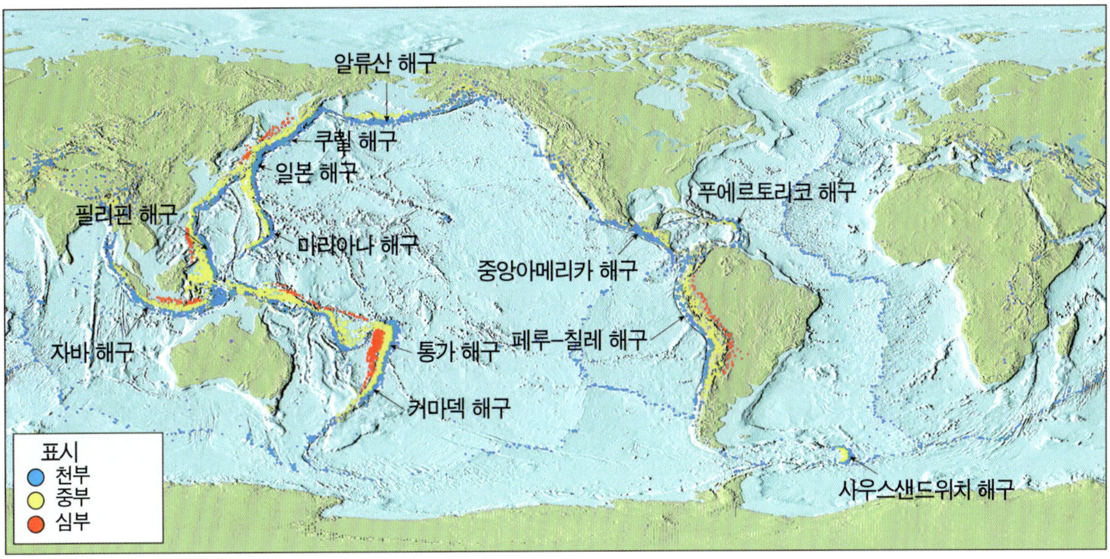

그림 6.11 10년 동안에 발생한 지진 중 규모 5.0 이상을 기록한 14,229개 지진의 분포. (자료 제공: National Geophysical Data Center/NOAA)

4. 지진의 크기 측정

지진학자들은 지진의 크기〔**진도**(intensity)와 **규모**(magnitude)〕로 표현되는 기본적인 두 가지 다른 측정치를 얻기 위해 많은 방법을 사용한다. 이들 중 첫째는 주어진 장소에서의 피해 정도에 기초하여 지진의 흔들림 정도를 측정하는 진도이다. 지진계의 발달과 함께, 특정 지진의 피해 정도에 대한 불확실하고 개인적인 측정보다 지진파 기록에 근거한 정량적 측정이 더 바람직함이 분명해졌다. 이 개발된 측정치는 규모(magnitude)라 불리며, 진원에서 방출된 에너지의 양을 측정하기 위해 지진기록(그리고 다른 기술들)의 자료들을 이용하여 계산된다.

진도 척도

1세기 전쯤만 하더라도 역사적 기록은 지진의 진동과 파괴의 세기에 대한 유일한 설명을 제공하였다. 이러한 기술들(보고를 위한 확실한 기준 없이 모아진 자료들)을 사용해 지진의 크기를 정확하게 비교하는 것은 어렵다고 표현해도 부족할 것이다.

지진의 세기에 대한 연구의 표준화를 위해 과학자들은 지진에 대한 개인들의 기록뿐만 아니라 건물 피해, 산사태나 지표의 균열 정도와 같은 2차적인 효과들을 고려하여 다양한 진도 척도들을 발전시켰다. 1902년에 주세페 메르칼리(Guiseppe Mercalli)는 상대적으로 믿을 만한 진도 척도를 개

이런 사실을 알고 있었나요?

가장 많은 생명을 앗아간 지진은 중국 북부의 황하에서 발생했다. 중국인들은 이곳에 푸석푸석하고 바람에 날리는 뢰스(loess)라 불리는 물질 안에 여러 구조를 만들어 집을 지었다. 1556년 1월 23일 이른 아침, 지진이 이 지역을 강타했고 동굴과 같은 집들이 무너져 약 83만 명이 목숨을 잃었다. 슬프게도, 1920년 비슷한 지진이 뢰스로 만들어진 구조들을 붕괴시켰고 약 20만 명의 목숨을 앗아갔다.

표 6.1 수정된 메르칼리 진도 척도

I	특별히 좋은 상태에서 극소수의 사람을 제외하고는 전혀 느낄 수 없다
II	소수의 사람들, 특히 건물의 위층에 있는 소수의 사람들에 의해서만 느껴진다.
III	실내에서 현저하게 느끼게 되는데, 특히 건물의 위층에 있는 사람에게 더욱 그렇다. 그러나 많은 사람들은 그것이 지진이라고 인식하지 못한다.
IV	지진 동안 실내에 있는 많은 사람들이 느낄 수 있으나 실외에서는 거의 느낄 수 없다. 대형 트럭이 건물을 받는 느낌을 준다.
V	거의 모든 사람들이 느낄 수 있다. 많은 사람들이 잠에서 깬다. 나무, 전신주, 다른 높은 물체의 교란이 심하다.
VI	모든 사람들이 느낄 수 있다. 많은 사람들이 놀라서 밖으로 뛰어나간다. 어떤 무거운 가구가 움직인다. 떨어진 플라스터와 피해를 입은 굴뚝이 약간 있다. 피해는 크지 않다.
VII	모든 사람들이 밖으로 뛰어나온다. 아주 잘 설계되었거나 건축된 건물에서는 피해가 거의 무시될 수 있고, 서투르게 설계되거나 건축된 건물은 아주 크게 피해를 입는다.
VIII	특별히 설계된 구조물에는 약간의 피해가 있고, 보통 건축물에는 부분적 붕괴와 더불어 상당한 피해를 일으킨다(굴뚝, 공장 굴뚝, 기둥, 기념탑, 벽들이 무너짐).
IX	특별히 설계된 구조물에 상당한 피해를 준다. 건물이 기초에서 벗어나고 땅에는 명백하게 금이 간다.
X	잘 지어진 목조 구조물이 파괴된다. 대부분의 석조 건물과 그 구조물이 기초와 함께 무너진다. 땅에 심한 금이 간다.
XI	남아 있는 석조 구조물은 거의 없다. 다리가 부서지고 땅에 넓은 틈이 생긴다.
XII	완전히 파괴되고 지표면에 파동이 보인다. 물체가 하늘로 던져진다.

발하였는데 이 척도는 수정된 형태로 오늘날에도 여전히 사용되고 있다. **표 6.1**의 **수정된 메르칼리 진도 척도**(Modified Mercalli Intensity Scale)는 캘리포니아의 건물들을 기준으로 삼아 개발되었지만 대부분의 미국과 캐나다 지역의 지진의 강도를 측정하기에 적합하다. 예를 들면, 잘 지어진 목조 구조물과 대부분의 석조건물들이 지진에 의해 파괴되었다면, 이 지역은 메르칼리 척도로 진도 10으로 규정된다.

지진학자들에게 지진의 세기를 비교하는 도구로 사용될 수 있는 용도에도 불구하고, 특히 지진계가 없는 지역에서 진도 척도는 중대한 약점들이 있다. 특히, 진도 척도는 지표 진동의 세기뿐만 아니라 인구밀도, 건물 모양 그리고 지표 물질의 특성 등과 같은 요인들에 의해 지배 받는 지진의 (대부분 파괴적인) 효과들에 기초하고 있다.

규모 척도

전 지구적으로 지진을 비교하기 위해 건축공사 기준처럼 세계의 각 지역별로 상당히 변화하는 변수들에 의존하지 않는 측정치가 필요했다. 그 결과, 수많은 규모 척도가 개발되었다.

리히터 규모 1935년에 캘리포니아 공과대학의 리히터(Charles Richter)는 지진의 상대적인 크기를 측정하기 위해 지진파 기록을 이용하여 규모 척도(magnitude scale)의 개념을 제안했다. **그림 6.12**

이런 사실을 알고 있었나요?

중간 정도의 지진이 같은 지역에서 큰 지진의 기회를 감소시키는 것은 일반적인 생각이다. 그러나 이것이 사실은 아니다. 다른 규모의 지진에서 방출된 에너지의 양을 비교할 때, 수천 번의 중간 크기의 미진이 한 번의 거대한 지진 동안에 방출된 엄청난 에너지양의 방출이 필요하다는 것을 알게 된다.

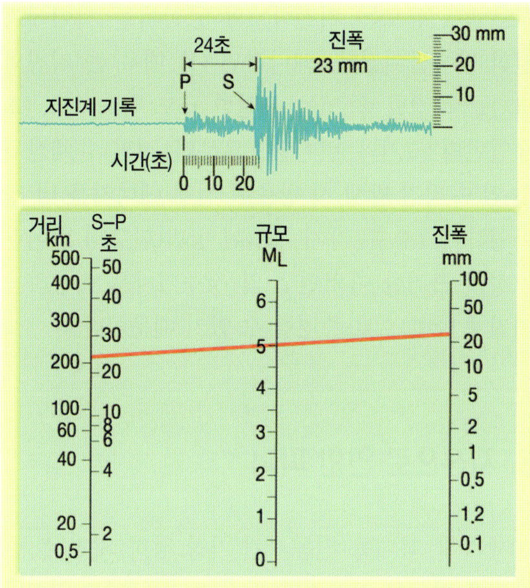

그림 6.12 우드-앤더슨(Wood-Anderson) 지진계 기록을 이용하여 어떻게 지진의 리히터 규모를 그림으로 결정할 수 있는지를 보여주는 그림. 우선, 지진기록의 가장 큰 파의 높이, 즉 진폭(23mm)을 측정하고, S와 P파 사이의 시간거리(24초)를 이용하여 진원의 거리를 알아낸다. 다음은 거리(왼쪽)와 진폭(오른쪽) 사이에 선을 그어라. 이로부터 리히터 규모(M_L) 5를 얻을 수 있다. (자료 제공: California Institute of Technology)

(위 그림)에서 보는 바와 같이, **리히터 규모**(Richter scale)는 지진기록에 기록된 가장 큰 파(P, S 또는 표면파)의 진폭을 기초로 한다. 지진파는 진원과 지진계 사이의 거리가 멀어짐에 따라 약해지기 때문에 리히터는 거리의 증가에 따른 진폭의 감소를 설명하기 위한 방법을 고안했다. 이론적으로, 동일한 또는 동급의 기계를 사용하는 한, 여러 곳에 떨어져 있는 관측소들은 각 지진기록들로부터 동일한 리히터 규모를 얻게 된다. 〔리히터는 우드-앤더슨(Wood-Anderson) 지진계를 기준이 되는 기록계로 선택하였다.〕

비록 리히터 척도의 상한선은 없지만 우드-앤더슨 지진계에 기록된 가장 큰 규모는 8.9이다. 이와 같은 큰 충격은 10억 톤의 TNT 폭발과 맞먹는 에너지인 약 10^{26} 에르그를 방출한다. 반대로, 인간

표 6.2 지진의 규모와 예상되는 영향의 범위

리히터 규모	진앙 근처의 영향	연간 추정수
<2.0	일반적으로 느끼지 못함. 그러나 기록됨	600,000
2.0~2.9	어쩌면 인지할 수 있음	300,000
3.0~3.9	몇몇이 인지함	49,000
4.0~4.9	대부분이 인지함	6,200
5.0~5.9	피해를 입히는 진동	800
6.0~6.9	인구밀집 지역을 파괴함	266
7.0~7.9	큰 지진. 심한 피해를 입음	18
≥8.0	거대한 지진. 진앙 부근의 마을을 파괴함	1~2

출처: Earthquake Information Bulletin and others.

은 리히터 규모로 2.0보다 작은 지진은 보통 느끼지 못한다. 더 성능이 좋은 기계의 개발로 −2 규모의 진동도 기록된다. **표 6.2**는 지진의 규모와 그 영향이 어떻게 연관되어 있는지 보여준다.

지진의 세기는 매우 다양하다. 그리고 커다란 지진은 약한 진동에 의해 발생하는 파동보다 수천 배 이상 더 큰 파동을 만든다. 이러한 점을 감안하여, 리히터는 지진 규모를 표현하기 위해 **로그 척도**를 사용하였다. 로그 척도의 경우, 진폭이 10배 증가하면 리히터 규모는 1이 증가한다. 그러므로 리히터 규모 5의 지진이 지표를 흔드는 양은 리히터 규모 4의 지진보다 10배 크다.

게다가 리히터 규모의 각 단위는 대략적으로 32배의 에너지 증가에 해당된다. 그러므로 리히터 규모로 6.5인 지진은 리히터 규모로 5.5인 지진보다 32배 큰 에너지를 방출하며, 리히터 규모로 4.5인 지진보다 대개 1,000배 큰 에너지를 방출한다. 규모 8.5인 거대한 지진은 인간이 감지할 수 있는 가장 작은 지진보다 수백만 배 큰 에너지를 방출한다.

리히터의 원래 목표는 소박해서, 남부 캘리포니아의 지진(천발 지진)들을 대, 중, 소규모 그룹으로

순위를 매기는 시도에 그쳤다. 따라서 리히터 규모는 근처(또는 지역) 지진들을 연구하기 위해 고안되었고 M_L이란 기호로 표시된다. 여기서 M은 **규모**를, L은 **지역**(local)을 나타낸다.

진동 기록으로부터 빠르게 계산될 수 있는 하나의 숫자로 지진의 크기를 표현하는 편리함은 리히터 규모를 강력한 도구로 만든다. 게다가 사람이 거주하는 지역에만 적용할 수 있는 진도 규모와 달리, 리히터 규모는 좀 더 외진 지역에서의 지진, 심지어는 해양분지 내에서 발생하는 지진에도 부여될 수 있다. 리히터의 방법은 전 세계 곳곳에 있는 갖가지 수많은 지진계들에 적용되었다. 시간이 지나면서 지진학자들은 리히터의 연구를 수정하고 새로운 규모 척도를 개발했다.

모멘트 규모 지진학자들은 최근 **모멘트 규모**(moment magnitude; MW)라는 좀 더 정확한 수치를 사용하는데, 이는 여러 기술들을 사용하여 계산된다. 한 가지 방법은 야외조사에 기초한 단층의 평균 변이량, 균열면의 면적, 단층암의 전단강도를 비롯한 여러 변수들을 사용해 모멘트 규모를 계산한다. 순간적인 미끄러짐이 일어나 지진(그리고 열)의 형태로 에너지를 방출하기 전까지 특정 암석이 얼마나 많은 에너지를 저장할 수 있는지에 대한 측정치가 전단강도이다.

모멘트 규모는 또한 진동 기록에 있는 아주 긴 주기의 지진파를 검토함으로써 쉽게 계산할 수 있다. 이렇게 얻어진 값들은 작거나 중간 크기에 해당되는 지진의 모멘트 규모가 대략 같은 리히터 규모 값을 갖도록 조정된다. 그러나 모멘트 규모는 매우 큰 지진을 표현하기에 더 적합하다. 예를 들면, 리히터 규모 8.3의 1906년 샌프란시스코 지진은 모멘트 규모가 7.9로 떨어지며, 리히터 규모 8.3의 1964년 알래스카 지진은 모멘트 규모가 9.2로 증가한다. 기록상 가장 큰 지진은 모멘트 규모 9.5의 1960년 칠레 지진이다(**표 6.3**).

모멘트 규모는 지진학자와 공학자들 사이에서 널리 받아들여졌다. 왜냐하면 (1) 매우 큰 지진의 크기를 측정할 수 있는 유일한 규모 척도이고, (2) 균열면의 크기와 변이량으로부터 정확히 계산될 수 있고 지진 발생 시 방출된 전체 에너지를 더 잘 반영하며, (3) 두 가지 독립된 방법(단층의 변이량 측정에 근거한 야외연구 및 장주기파를 이용하는 지진계 방법)으로 증명할 수 있기 때문이다.

5. 지진으로 인한 파괴

20세기에, 북미를 진동시킨 가장 강한 지진(성 금요일에 발생한 알래스카 지진)은 1964년에 일어났다. 주 전체에서 느낄 수 있었던 이 지진은 모멘트 규모(M_W)로 9.2였으며, 3~4분간 지속되었다고 알려져 있다. 이 지진으로 131명이 사망했으며 수천 명이 집을 잃었고 주의 경제는 심하게 붕괴되었다(**그림 6.13**). 만일 학교와 상가가 공휴일에 문을 열었다면 분명 피해는 더욱 컸을 것이다. 최초의 진동이 일어난 뒤 24시간 동안 무려 28회의 여진이 발생하였으며, 그중 10회는 리히터 규모로 6.0을 넘었다.

지진의 진동에 의한 구조물의 손상

지질학자들은 1964년 발생한 알래스카 지진을 통해 파괴자로 작용하는 **표면진동**(ground shaking)

이런 사실을 알고 있었나요?

일본 신화에서는 지진은 땅속에 살고 있는 큰 메기에 의해서 발생한다. 메기가 뒹굴 때마다 땅이 요동친다. 한편, 러시아 캄차카 반도의 사람들은 지진은 거대한 개, 코제이(Kozei)가 털에 새로 떨어진 눈을 털어낼 때 발생한다고 믿었다.

표 6.3 몇몇 중요한 지진들

연도	장소	사망자(추정)	규모	설명
1556	중국 산시성	830,000	알려지지 않음	아마도 가장 큰 자연재해
1755	포르투갈 리스본	70,000	알려지지 않음	쓰나미가 심한 피해를 입힘
*1811~1812	미주리주 뉴 마드리드	약간	알려지지 않음	세 번의 큰 지진이 일어남
*1886	사우스캐롤라이나주 찰스턴	60	알려지지 않음	미국 동부에서 일어난 지진 중 가장 큰 지진
*1906	캘리포니아 샌프란시스코	1,500	8.3	화재에 의해 심한 피해를 입음
1908	이탈리아 메시나	120,000	알려지지 않음	
1923	일본 도쿄	143,000	7.9	화재에 의해 광범위하게 파괴됨
1960	칠레 남부	5,700	9.5	아마도 지금까지 기록된 지진 중 가장 큰 규모의 지진
*1964	알래스카	131	9.2	북미에서 일어난 지진 중 가장 큰 지진
1970	페루	66,000	7.8	거대한 산사태
*1971	캘리포니아 산 페르난도	65	6.5	피해액이 10억 달러를 넘음
1975	중국 랴오닝성	1,328	7.5	예측된 최초의 큰 지진
1976	중국 당산	240,000	7.6	예측되지 못함
1985	멕시코시	9,500	8.1	진앙에서 400km 떨어진 곳이 주된 피해를 입음
1988	아르메니아	25,000	6.9	부실한 시공
*1989	샌프란시스코만 근처	62	7.1	피해액이 60억 달러를 넘음
1990	이란	50,000	7.3	산사태와 부실한 시공 때문에 막대한 피해를 입음
1983	인도 라터	10,000	6.4	안정된 대륙 내부에서 일어남
*1994	캘리포니아 노스리지	51	6.7	피해액이 150억 달러를 넘음
1995	일본 고베	5,472	6.9	피해액이 1,000억 달러를 넘을 것으로 추정됨
1999	터키 이즈미트	17,127	7.4	거의 44,000명이 부상당하고 250,000명이 이주함
1999	대만 치치	2,300	7.6	심각한 파괴; 8,700명이 부상함
2001	인도 부주	25,000 이상	7.9	수백만 명이 집을 잃음
2003	이란 밤	41,000 이상	6.6	부실시공이 고대도시
2004	인도양	230,000	9.0	심각한 쓰나미 피해
2005	파키스탄/카슈미르	83,000	7.6	많은 산사태, 수백만 명이 집을 잃음

* U.S. earthquakes.

출처: U.S. National Oceanic and Atmospheric Administration

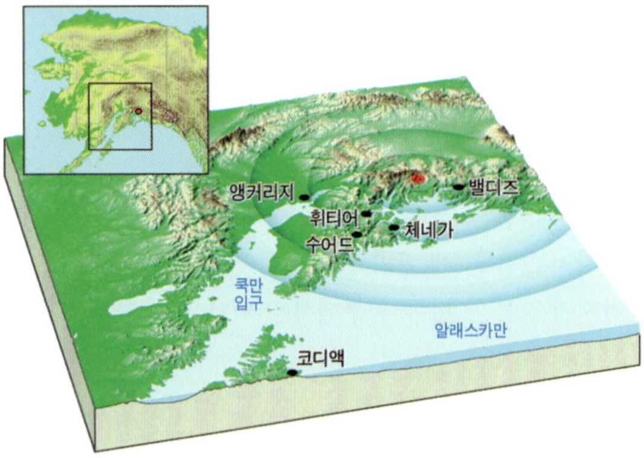

그림 6.13 1964년 성 금요일 지진의 영향을 받은 지역. 진앙의 위치(붉은 점)를 주목하라. (자료 제공: U.S. Geological Survey)

그림 6.14 알래스카주 앵커리지의 페니(J.C. Penny) 5층 빌딩이 입은 피해. 상대적으로 옆 건물은 매우 적은 피해를 입었다. (사진 제공: NOAA)

의 역할에 대해 새로운 시각을 갖게 되었다. 지진에 의해 방출된 에너지는 지표면을 따라 이동하면서 지면을 상하, 좌우로 복잡하게 진동시킨다. 진동에 의해 구조물이 손상되는 양은 (1) 강도, (2) 진동의 지속기간, (3) 구조물이 세워져 있는 땅의 성질, (4) 구조물의 설계 같은 몇 가지 요인들에 의해 좌우된다.

앵커리지의 모든 다층건물들은 진동에 의해 피해를 입었다. 유연성이 좋은, 목조건물들이 가장 무사했다. **그림 6.14**는 건축방식에 따라 어떻게 피해가 달라질 수 있는지를 극명하게 보여주고 있다. 철근 골격을 지닌 왼쪽 빌딩은 진동을 이겨냈지만 약하게 설계된 페니(J.C. Penny) 빌딩은 심한 손상을 입었다. 엔지니어들은 보강되지 않은, 벽돌로 지은 빌딩이 지진에 가장 위험하다는 것을 알게 되었다.

앵커리지의 커다란 구조물들은 건축법(Uniform Building Code)의 지진 규정에 따라 건설되었음에도 불구하고 대부분 손상되었다. 이렇게 커다란 손상을 입은 것은 아마도 이 지진이 예외적으로 오랫동안 지속되었기 때문인지도 모른다. 대부분의 지진들은 1분 이하로 진동이 지속된다. 예를 들어, 1994년 발생한 노스리지 지진은 약 40초간 느껴졌으며 1989년의 로마 프리에타 지진의 강한 진동은 15초보다 적게 지속되었다. 그러나 알래스카 지진은 3~4분간 지속되었다.

지진파의 증폭 진앙에서 20~50km 이내의 지역은 동일한 강도의 표면진동을 경험함에도 불구하고 이 지역 내의 파괴량은 매우 다를 수 있다. 이러한 차이는 주로 구조물이 세워져 있는 지표의 성질과 관련 있다. 예를 들어, 부드러운 퇴적물은 일반적으로 단단한 기반암보다 진동을 증폭시킨다. 그러므로 덜 고화된 퇴적물 위에 세워진 앵커리지의 건물들은 심각한 구조적 손상을 받았다. 반대로, 진앙에 더 가까이 있었음에도 불구하고 휘티어(Whittier) 타운의 대부분의 건물들은 화강암 위에 건설되었기 때문에 피해가 적었다. 그러나 휘티어는 쓰나미(다음 절에서 기술됨)에 의해서 피해를 입었다.

액상화 덜 고화된 물질들이 물로 포화되어 있는

그림 6.15 액상화에 의한 피해. 기울어진 이 빌딩은 1985년 멕시코 지진이 일어났을 때 유동성 있는 모래처럼 덜 고화된 퇴적물 위에 세워져 있었다. (사진 제공: James L. Beck)

지역에서 지진은 **액상화**(liquefaction: *liqueo* = 유체의, *facio* = 만들다) 현상을 유발할 수 있다. 이러한 조건에서, 그 동안 안정했던 토양은 액체로 바뀌면서 빌딩이나 다른 구조물들을 지지할 수 없게 된다(**그림 6.15**). 결과적으로, 저장용 탱크나 하수관처럼 지하에 매몰된 물체들이 지표면으로 문자 그대로 떠오를 수 있는가 하면, 빌딩과 다른 구조물들은 가라앉고 붕괴될 수 있다. 1989년에 발생한 로마 프리에타 지진에 의해 샌프란시스코의 마리나 지역의 건물이 무너졌으며 모래와 물로 이루어진 간헐천이 지표로 솟아올라서 액상화가 일어났음을 알려주었다(**그림 6.16**).

A.

B.

그림 6.16 액상화. **A.** 이러한 "머드 화산"은 1989년 로마 프리에타 지진에 의해서 형성되었다. 액상화가 발생하는 징후인 모래와 물의 간헐천이 지표로 나왔을 때 형성되었다. (사진 제공: Richard Hilton, Dennis Fox) **B.** 액상화를 경험하고 있는 학생들. (사진 제공: M. Miller)

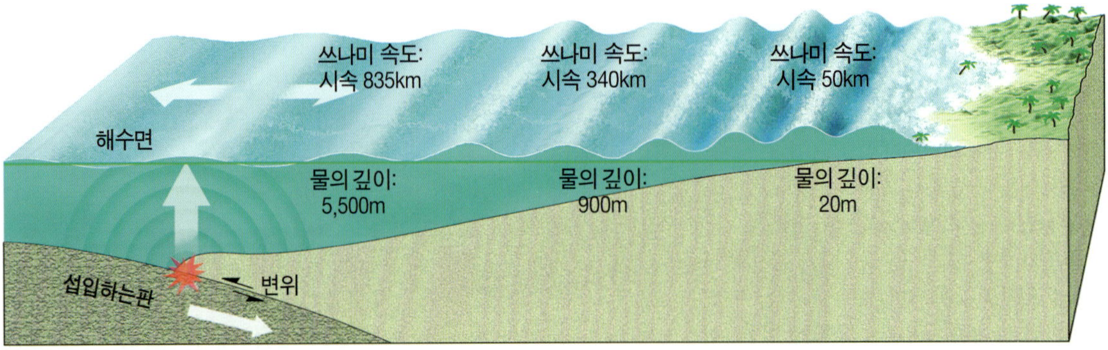

그림 6.17 해저의 변위에 의해 형성된 쓰나미를 보여주는 그림. 그림에서 보이는 것처럼 심해에서 해파는 시간당 800km가 넘는 속도로 이동한다. 속도는 점차적으로 감소하여 20m 깊이에서는 시간당 50km의 속도로 이동한다. 깊이가 감소할수록 해파의 움직임은 느려진다. 해파의 속도가 천해에서 느려지면서, 해파의 파고는 높아져 무서울 정도로 막대한 힘으로 해안을 덮친다. 그림에서 해파의 크기와 간격은 실측이 아니다.

쓰나미란 무엇인가?

커다란 해저지진은 가끔 **지진성 해파**(seismic sea wave) 또는 **쓰나미***(tsunami: *tsu* = 항구, *nami* = 파도)라 불리는 대규모의 파도를 일으킨다. 언론에서는 종종 이러한 해파를 "밀물(tidal wave)"이라고 부른다. 그러나 쓰나미는 달이나 태양의 조석작용에 의해 생긴 것이 아니라 지진에 의해 생성된 것이기 때문에 밀물이라고 부르는 것은 부적절하다. 대부분의 쓰나미는 해저에서 단층이 발생하거나 지진에 의해 수중에서 산사태가 일어날 때 생성된다(**그림 6.17**).

일단 쓰나미가 발생되면, 발생된 쓰나미는 연못에 돌을 떨어뜨렸을 때 형성되는 잔물결과 비슷하다. 그러나 잔물결과는 대조적으로, 쓰나미는 500~950km/h의 놀랄 만한 속도로 해양을 가로질러 전진한다. 그럼에도 불구하고, 쓰나미의 최고 파고가 보통 1m보다 낮으며 파의 마루와 마루 사이의 거리가 100~700km에 이를 정도로 매우 길기 때문에 대양에서 쓰나미를 발견하지 못할 수도 있다. 그러나 얕은 해안에 도달하면 쓰나미는 속력이 감소하고 **그림 6.17**에 보이는 것처럼 이따금 30m가 넘는 높이의 파고를 만든다. 쓰나미의 마루가 해안에 도달할 때, 그것은 마치 사납고 무질서한 수면이 해수면 위로 급격히 상승하는 것처럼 보인다.

근접하는 쓰나미의 첫 번째 경고는 보통 해변에 있던 물이 바다 쪽으로 빠르게 물러나는 것이다. 태평양 근처에 사는 일부 사람들은 이러한 경고에 주의를 기울여야 하고 높은 지대로 피해야 함을 알

* 지진성 해파에 의해 많은 고통을 받은 일본인 학자에 의해 쓰나미라는 명칭이 붙여졌다. 쓰나미라는 용어는 이제 전 세계적으로 사용된다.

이런 사실을 알고 있었나요?

자메이카의 포트 로열(Port Royal) 근처에서 발생한 지진은 물로 포화된 모래 위에 지어진 그 도시를 강력하게 흔들었다. 결과적으로, 모래 입자들은 서로 떨어져 뻑뻑한 밀크 쉐이크와 같은 혼합물을 만들었다. 건물과 사람 같은 땅 위에 있는 무엇이든 뜨거나 가라앉았다. 한 목격자가 말했다: "모든 거리의 사람들이 사라지고… 일부는 아래로 사라지고 엄청난 양의 물에 의해 다시 위로 던져졌다. 다른 사람들은 아래로 내려가 다시는 볼 수 없었다."

이런 사실을 알고 있었나요?

비록 바다에 운석의 충돌로 인한 쓰나미의 역사적 기록이 없지만, 이러한 사건은 일어났다. 지질학적 증거는 가장 최근에 발생한, 대략 1500년에 호주 해안의 일부를 파괴한 매우 큰 쓰나미를 지시한다. 약 6,550만 년 전 멕시코의 유카탄 반도 근처에서의 운석 충돌은 지금까지 충돌로 인한 가장 큰 쓰나미 중 하나를 만들어냈다. 거대한 파도가 멕시코만 해안의 내륙 수백km를 쓸어버렸다.

게 되었다. 왜냐하면 없어졌던 물은 약 5~30분 내에 내륙 쪽으로 수백m 들어 올 수 있는 엄청난 큰 파도로 몰려오기 때문이다. 각각의 큰 파도가 바닷물의 급속한 후퇴로 이어지는 양상은 계속적으로 일어난다.

2004년 인도네시아 지진으로 인한 쓰나미 피해 모멘트 규모 9.0의 거대한 해저지진이 2004년 12월 26일 수마트라섬 근처에서 일어났고 인도양과 벵골만을 가로질러 빠르게 돌진하는 해파를 발생시켰다(**그림 6.18A**). 23만 명의 목숨을 앗아간 이 쓰나미는 현대에 들어 가장 치명적인 자연재해 중의 하나였다. 엄청난 파도가 수km 내륙으로 들어오자 자동차와 트럭이 마치 욕조에 있는 장난감처럼 팽개쳐졌으며 어선들이 떠밀려와 가옥들과 크게 부딪혔다. 일부 지역에서는 물이 역류하며 사체들과 엄청난 양의 암석 파편들을 바다 쪽으로 내보냈다.

무차별적인 파괴로 인해 인도양 해안에 있는 고급스런 리조트들과 가난한 어촌마을들이 모두 망가져버렸다(**그림 6.18B**). 이 황폐화는 스리랑카의 남동부 해안, 인도네시아의 아체 지방, 인도의 타밀나두 지방, 태국의 푸켓섬에서 가장 심각했다. 쓰나미 피해는 진앙으로부터 서쪽으로 4,100km나 멀리 떨어진 아프리카의 소말리아 해안에서도 보고되었다.

거대한 지진에 의해 발생된 살인적인 파도는 10m나 되는 높이로 발달하였고, 지진 발생 후 3시간이 못 되어 미처 대비가 안 된 많은 지역들을 강타했다. 비록 태평양에는 바다에서 쓰나미파를 알아낼 수 있는 심해부표와 검조기(tide gauge)가 있지만 인도양은 그렇지 못하다. (심해부표는 지진

A.

B.

그림 6.18 2004년 12월 26일 수마트라의 인도네시아섬 앞에서 발생한 모멘트 규모 9.0의 거대한 지진에 의해 발생한 사나운 쓰나미가 인도양과 벵골만을 가로질러 이동했다. 물이 물러간 후 처음 해변을 거닐던 아무것도 모르는 외국 관광객들은 처음 쓰나미가 태국 남부의 크라비(Krabi) 근처 핫 라이 레이(Hat Rai Lay) 해변으로 밀려 들기 시작하면서 육지 쪽으로 달려 나왔다. (AFP/Getty Images, Inc.) B. 쓰나미 발생 열흘 후 인도네시아의 반다아체(Banda Aceh) 마을. (사진 제공: Berbar Halin/Sipa Press)

에너지가 해양을 통해 이동할 때 생기는 압력의 변화를 감지하는 압력 센서를 가지고 있고 검조기는 해수면의 상하이동을 측정한다.) 인도양에서 쓰나미가 드물다는 사실 또한 재해에 대한 무방비를 부추겼다. 인도, 인도네시아, 태국이 인도양에 쓰나미 경고시스템을 설치하겠다는 계획들을 발표한 것은 전혀 놀랄 일이 아니다.

쓰나미 경고시스템 1946년에 커다란 쓰나미가 아무런 경고 없이 하와이섬을 덮쳤다. 15m 이상 되는 파도는 몇몇 해안마을을 아수라장으로 만들었다. 이러한 피해가 발단이 되어 미국해안측지국은 태평양 해안지역에 대한 쓰나미 경보시스템을 설치했다. 이 지역의 지진 관측소들로부터 커다란 지진이 호놀룰루의 쓰나미 경보센터에 보고되었다. 센터의 과학자들은 어디서 쓰나미가 발생했는지 알아내기 위해 검조기를 사용한다. 1시간 내에 쓰나미 경고가 내려졌다. 쓰나미가 매우 빠르게 이동한다 하더라도 진앙에서 가장 가까운 지역을 제외하고는 모든 곳에서 충분히 피난할 시간이 있다. 예를 들면, 알류산 열도 근처에서 발생한 쓰나미가 하와이에 도착하는 데 5시간이 걸리고 칠레 해안에서 발생한 쓰나미가 하와이까지 오는 데 15시간이 걸린다(**그림 6.19**).

그림 6.19 쓰나미가 태평양의 표시된 지역에서부터 하와이 호놀룰루까지 이동하는 시간. (자료 제공: NOAA)

화재

1906년 샌프란시스코에서 발생한 지진은 우리에게 무서운 화재의 위험을 일깨워준다(216쪽, **그림 6.3** 참조). 시의 중심부에는 대부분 크고 오래된 목재 구조물들과 벽돌 빌딩들이 세워져 있었다. 보강되지 않은 많은 벽돌 빌딩들이 진동에 의해 심한 피해를 입었지만, 가장 큰 피해는 가스와 전기선이 절단되었을 때 발생한 화재에 의해 일어났다. 화재는 3일간 맹위를 떨쳤으며 시의 500블록 이상이 황폐화되었다. 초기에 발생한 표면진동에 의해 시의 수도관이 수백 조각으로 절단되면서 화재는 더 한층 심해졌다.

방화대를 만들기 위해 넓은 대로를 따라 빌딩들이 다이너마이트로 폭파되었을 때, 마침내 화재의 불길이 잡혔다. 샌프란시스코 화재로 인해 사망한 사람은 몇 안 되지만 항상 이렇지는 않다. 1923년 일본에서 발생한 지진으로 250건의 화재가 발생했으며, 이로 인해 요코하마시가 황폐화되었으며 도쿄시에서 절반 이상의 집이 파괴되었다. 마침 불어닥친 강풍에 의해 번진 화재로 인해 10만 명 이상이 사망했다.

산사태와 지면 침강

1964년의 알래스카 지진 때, 진동에 의한 산사태와 지면 침강이 구조물들에 가장 큰 피해를 입혔다. 발데즈와 세와드에서는 강렬한 진동에 의해 하구 삼각주의 물질들이 액상화 현상을 경험하였다. 뒤이은 슬럼핑(slumping)에 의해 두 지역의 선창들이 유실되었다. 또 다른 지진에 의해 이런 현상이 되풀이될 수 있기 때문에 발데즈 마을의 주민들

이런 사실을 알고 있었나요?

1964년 알래스카 지진으로 발생한 쓰나미는 알래스카만의 지역사회에 큰 피해를 입혔고 107명이 사망했다. 반면에, 진동의 직접적인 결과로 앵커리지에서는 단지 9명이 죽었다. 게다가 한 시간의 경고에도 불구하고, 이 지진에 의해 다섯 번째로 발생한 가장 파괴적인 쓰나미에 의해 5일 후 캘리포니아 크레센트시에서 12명이 죽었다.

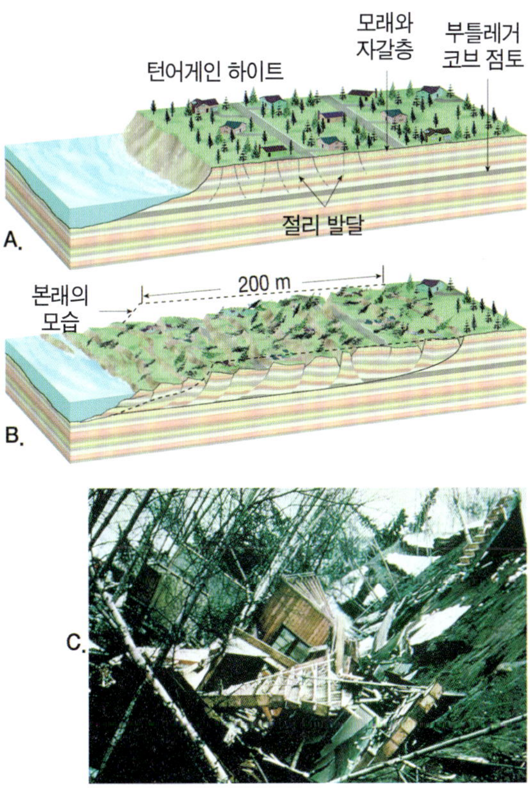

그림 6.20 1964년 알래스카 지진에 의한 턴어겐 하이트 산사태. A. 지진의 진동은 해안절벽 가장자리에 틈을 발생시켰다. B. 수초 내에, 땅덩어리가 약한 점토층 위에서 바다 쪽으로 미끄러지기 시작했다. 5분도 채 안 되서 200m 이상의 턴어게인 하이트 해안절벽이 사라졌다. C. 턴어게인 하이트 산사태의 사진. (사진 제공: U.S. Geological Survey)

은 7km 떨어진 좀 더 안정한 기반을 갖춘 지역으로 이주하였다. 발데즈에서, 선창이 바다 속으로 가라앉을 때 선창 위에 있던 31명이 사망하였다.

앵커리지에서는 지면의 진동과 요동이 일으킨 산사태에 의해 대부분의 피해가 발생했다. 점토층이 내구력을 잃어 200에이커 이상의 지면이 바다로 미끄러질 때, 턴어게인 하이트 위에 있던 많은 집들이 파괴되었다(**그림 6.20**). 산사태가 발생한 일부분은 이번에 일어난 재해를 기억하기 위해 자연 그대로 남겨졌다. 이곳은 "지진공원"으로 명명되었다. 또한 앵커리지 시내도 주요 상업지역이 3m 가량 침강된 탓에 크게 훼손되었다.

6. 지구 내부 탐구: 지진파로 본다

Forces Within
▼ Earthquakes

지구 내부에 대해서 알아내는 가장 좋은 방법은 파거나 구멍을 뚫어 직접 조사하는 것이다. 불행히도 이 방법은 얕은 깊이에서만 가능하다. 역사상 가장 깊게 뚫은 시추공의 깊이는 12.3km이며, 이는 지구 반경의 약 1/500 정도에 지나지 않는다. 이마저도 굉장히 놀랄 만한 업적이었는데, 온도와 압력이 깊이에 따라 빠르게 증가하기 때문이다.

다행히도 많은 지진들은 꽤 커서 이들의 지진파가 지구를 통과해 사방으로 전달되고 지구 반대편 쪽에서도 기록된다(**그림 6.21**). 이는 지진파가 사람의 신체 내부를 찍는 데 사용되는 의학용 X-레이처럼 행동함을 의미한다. 전 세계의 지진계에 잘 기록될 만큼 충분히 큰(약 M_W>6) 지진들은 매년 약 100~200개 일어난다. 이 큰 지진들은 우리의 행성을 들여다볼 수 있는 수단을 제공하며, 우리가 지구 내부의 성질을 이해하는 데 필요한 대부분 자료의 공급원이 되어왔다.

지구 구조를 알기 위해 지진계에 기록된 파동

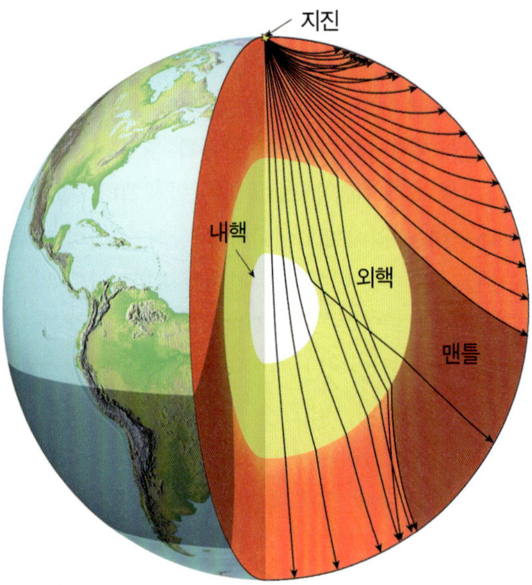

그림 6.21 지진의 지진파가 가지는 경로를 보여주는 지구 내부의 잘려진 부분. 맨틀에서는 깊이에 따른 압력의 증가로 암석의 지진파 속도가 빨라지기 때문에 직선의 경로보다 휘어진 경로를 보임을 주목하라.

을 해석하는 작업은 지진파가 보통 직선경로로 이동하지 않는다는 사실 때문에 복잡해진다. 대신 지진파는 지구를 통과할 때 반사, 굴절 그리고 회절된다. 지진파는 층과 층 경계에서 반사되고, 하나의 층에서 다른 층으로 통과할 때 굴절되며(꺾이며), 어떤 장애물을 만났을 때 그 주변으로 회절된다(**그림 6.21**). 이처럼 서로 다른 파동의 특성들을 사용해 지구 내부에 존재하는 경계부들이 밝혀졌다.

지진파의 가장 큰 특징 중의 하나는 지진파가 크게 휘어진 경로를 따라간다는 것이다(**그림 6.21**). 이것은 일반적으로 깊이에 따라 지진파의 속도가 증가하기 때문이다. 게다가 지진파는 암석이 단단해서 압축되기 어려울수록 더 빠르게 이동한다. 이러한 단단함과 압축성을 이용해 암석의 성분과 온도가 해석된다. 예를 들면, 암석이 뜨거워지면 더 무르게 되고(얼려진 초콜릿 바에 열을 가한다고 상상해 보라!), 지진파는 더 느려진다. 지진파는 또한 성분이 다른 암석을 통과할 때 속도가 달라진다. 결국, 지진파의 속도로부터 지구 내부에 있는 암석의 종류와 함께 얼마나 뜨거운지도 알 수 있다.

지구의 층상구조 형성

물질들이 집적되어 지구가 만들어지자(그리고 지구 형성 직후까지도) 성운 파편들의 빠른 충돌과 방사성 동위원소의 붕괴로 지구의 온도가 점점 높아졌다. 이처럼 온도가 격렬하게 증가하는 동안에 지구는 뜨거워져서 철과 니켈이 녹기 시작하였다. 용융과정에서 무거운 금속의 유체 덩어리들이 만들어졌고, 이들은 지구의 중심 쪽으로 가라앉았다. 이러한 과정은 지질학적 시간으로 볼 때 굉장히 빨리 일어났으며 밀도가 크고 철이 풍부한 지구의 핵을 만들었다.

가열이 되던 초기 중에 화학적 분화의 또 다른 과정이 진행되었으며, 이를 통해 용융에 의해 녹은 암석 물질들이 생기고 부력에 의해 지표로 이동하여 굳어지며 초기 지각을 형성하였다. 이러한 암석 물질들은 산소와 "산소가 필요한" 원소들, 특히 Si와 Al 그리고 상대적으로 적기는 하지만 Ca, Na, K, Fe, Mg 등을 많이 포함하였다. 게다가 Au, Pb, U과 같은 무거운 금속들은 낮은 용융점을 지니거나 상승하는 용융체에 쉽게 용해되는 특성 때문에 지구 내부로부터 빠져나와 발달 중에 있는 지각 내에 농집된다. 화학적 분리가 일어난 이 초기 기간 중에 지구 내부는 세 가지 기본적인 구분이 완성되었다—철이 풍부한 **핵**(core); 얇은 **원시 지각**(primitive crust); 그리고 핵과 지각 사이에 있는, 지구의 가장 거대한 층, 즉 **맨틀**(mantle)이다(**그림 6.22**).

지구 내부 구조

성분상으로 뚜렷한 이 세 가지 층들과 함께, 지구

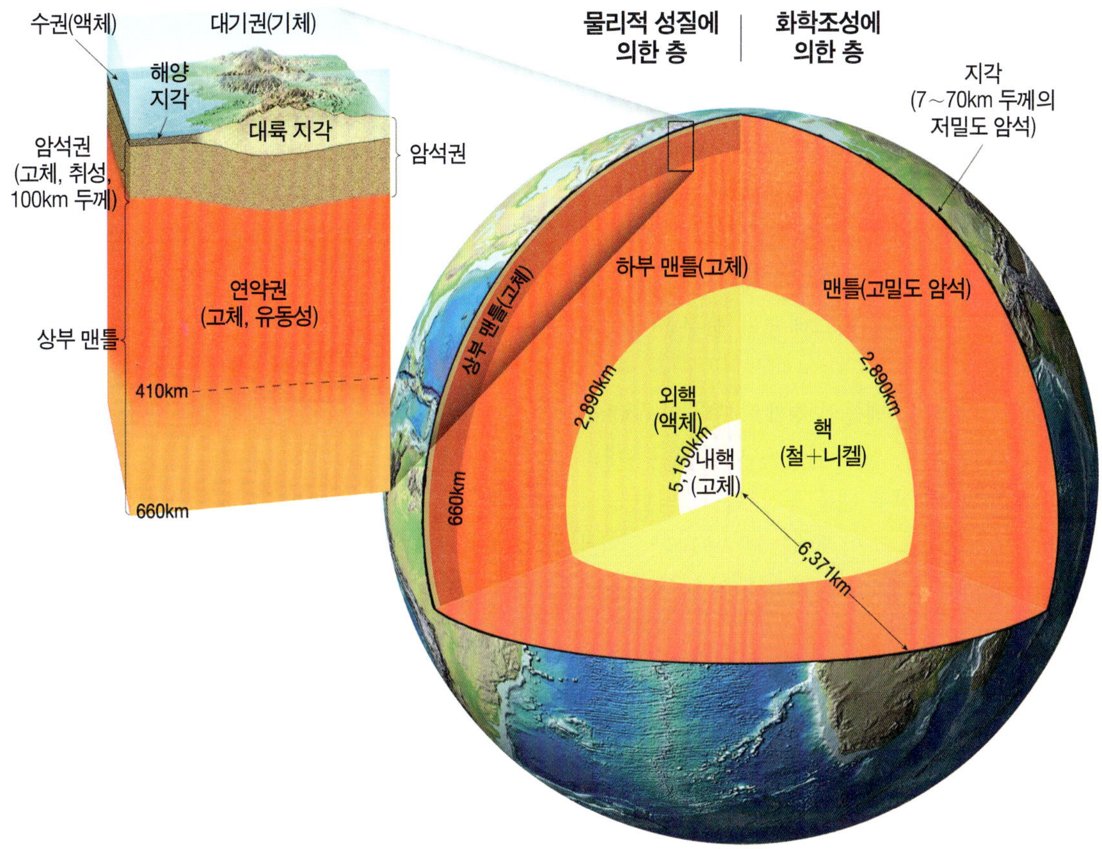

그림 6.22 지구의 층상구조를 보여준다. 오른쪽의 커다란 횡단면은 지구 내부가 구성성분의 차이로 인해 3개의 다른 층(지각, 맨틀, 핵)으로 구성되어 있음을 보여준다. 왼쪽의 횡단면은 물리적 성질과 이에 따른 물리적 강도에 의해 지구 내부의 5개의 주요한 층(암석권, 연약권, 하부 맨틀, 외핵, 내핵)을 나타낸다.

는 물리적 성질에 근거해서도 서로 다른 층들로 구분될 수 있다. 이 권역(zone)들을 정의하는 데 사용된 물리적 성질들은 층이 고체인지 액체인지, 그리고 얼마나 약하거나 단단한지를 포함한다. 이 두 가지 유형의 층에 대한 지식은 화산활동, 지진 그리고 산맥의 형성과 같은 기본적인 지질과정들을 이해하는 데 필수적이다(**그림 6.22**).

지구의 지각 **지각**(crust)은 지구의 외곽 암석층으로, 상대적으로 얇고 대륙 지각과 해양 지각의 두 가지로 되어 있다. 둘 다 지각이라는 단어를 쓰지만 유사성은 거기서 끝난다. 해양 지각은 약 7km의 두께로, 어두운 색의 화성암인 현무암으로 구성된다. 이와는 대조적으로 대륙 지각은 약 35~40km의 두께를 가지며 로키와 히말라야 같은 산맥에서는 70km 이상의 두께를 가지기도 한다. 비교적 균질한 화학조성을 지니는 해양 지각과는 달리, 대륙 지각은 많은 종류의 암석들로 이루어져 있다. 상부 지각은 지역에 따라 변화가 크지만 화강섬록암(granodiorite)이라 불리는 화강암질암(granitic rocks)의 평균 조성을 갖는다.

대륙 지각의 평균 밀도는 약 2.7g/cm^3이고 어떤 것은 40억 년 정도 되었다. 해양 지각의 암석은 대륙 지각보다 젊고(1억 8,000만 년 또는 그 이하) 밀도(약 3.0g/cm^3)가 더 크다.*

지구의 맨틀 **맨틀**(mantle)은 약 2,900km 깊이까지 뻗어 있는 고체 암석층으로, 지구 전체 부피의 82% 이상을 차지한다. 지각과 맨틀 사이의 경계는 화학성분의 급격한 변화로 특징지어진다. 상부 맨틀에서 가장 흔한 암석은 대륙과 해양 지각에서 발견되는 광물보다 철과 마그네슘이 풍부한 **감람암**(peridotite)이다.

상부 맨틀은 지각-맨틀의 경계로부터 약 660km 지하까지 뻗어 있다. 상부 맨틀은 서로 다른 3개의 층으로 구분된다. 상부 맨틀 최상부는 딱딱한 **암석권**(lithosphere)이고 그 아래에는 좀 더 약한 **연약권**(asthenosphere)이 있다. 상부 맨틀의 하부는 **전이대**(transition zone)라 불린다.

암석권(lithosphere: 암석으로 된 구)은 지각 모두와 최상부 맨틀로 구성되며 비교적 차갑고 단단한 껍데기를 형성한다. 암석권은 평균 두께가 약 100km이고, 가장 오래된 대륙 지각의 아래에서는 250km 이상의 두께를 가진다(**그림 6.22**). 이 딱딱한 층 아래로 약 350km 깊이에까지 **연약권**(asthenosphere: 연약한 구)으로 알려진 부드럽고 상대적으로 약한 층이 있다. 연약권의 최상부는 용융이 일어나는 온도/압력 영역에 속한다. 매우 약한 이 지역 안에서 암석권은 하부에 위치한 연약권과 효과적으로 분리된다. 그 결과 암석권은 연약권과는 독립적으로 움직일 수 있다. 이러한 사실을 다음 장에서 다룰 것이다.

다양한 지구 물질의 강도는 구성성분 및 온도/압력 환경의 함수임을 강조하는 것은 중요하다. 암석권 전체가 지표의 암석에서처럼 깨지기 쉬운 고체로 행동하지는 않는다. 암석권의 암석들은 깊이의 증가에 따라 점점 뜨거워지고 약해진다(더 쉽게 변형된다). 최상부 연약권 깊이에서 암석들은 용융온도 근처에 도달하여 쉽게 변형되고, 일부에서는 실제로 용융이 일어난다. 따라서 최상부 연약권은 차가운 밀랍(wax)보다 뜨거운 밀랍이 더 약한 것처럼 용융점 근처에 있어 약하다.

지하 660km로부터 핵의 최상부인 약 2,900km 깊이까지가 **하부 맨틀**(lower mantle)이다. (상부 암석의 하중으로 인한) 압력의 증가로 맨틀은 깊이에 따라 점점 강해진다. 하지만 암석의 강도에도 불구하고, 하부 맨틀의 암석은 매우 뜨거워서 매우 점진적으로 흐를 수 있다.

지구의 핵 **핵**(core)의 성분은 철-니켈의 합금으로, 적은 양의 산소, 규소, 황(쉽게 철과 화합물을 이루는 원소)을 갖는다고 생각되어 왔다. 핵에서의 극한 압력에서는 이 철이 풍부한 물질들은 평균 밀도가 거의 11g/cm^{3}이고 지구 중심부에 있는 물의 밀도에 비해 14배에 근접한 값을 보인다.

핵은 물리적 강도가 크게 다른 두 지역으로 나뉜다. **외핵**(outer core)은 2,270km 두께의 액체층이다. 이 금속질 철이 이동함에 따라 지구 자기장이 형성된다. **내핵**(inner core)은 1,216km 반경의 구이다. 이곳의 높은 온도에도 불구하고 행성의 중심부에 존재하는 엄청난 압력으로 인해 내핵의 철은 고체이다.

7. 지질구조

지구는 동적인 행성이다. 지구 안에서 작용하는 거대한 힘에 대한 증거는 거대한 암석이 스러스트(thrust)에 의해 멀리 이동된 모습이 관찰되는 로키산맥 북쪽에 잘 나타나 있다. 작은 규모로는, 커다란 지진이 발생했을 때 단층을 따라 지각이 수m 움직이기도 한다. 이러한 지구조활동에 의해 거대한 산맥들이 만들어진다.

---

* 액체 상태의 물의 밀도는 1g/cm^{3}이다. 그러므로 현무암의 밀도는 물의 밀도의 3배이다.

조산운동에 대해 알아보기 전에 암석변형의 성향과 이와 관련된 구조들에 대해 검토해야만 한다.

암석의 변형

모든 암체는 아무리 강하더라도 깨지거나 흐를 수 있는 경계점이 있다. **변형**(deformation: *de* = 밖에, *forma* = 형태)은 암체의 원래 형태와 크기가 변하는 것을 뜻하는 일반적인 용어이다. 대부분의 지각변형은 판의 경계부를 따라 발생한다. 암석권은 서로 상호간에 움직이는 커다란 조각(판)들로 구성되어 있다는 제5장 내용을 상기하라. 판의 움직임과 판 경계에서의 상호작용으로 암석이 변형할 수 있는 힘이 발생한다.

암석이 그 자신의 강도보다 커다란 힘을 받게 되면 변형되기 시작하는데 보통 습곡되거나 흐르거나 또는 파쇄된다(**그림 6.23**). 우리는 보통 암석이 잘 깨진다고 생각하기 때문에 암석이 어떻게 깨지는지 마음속에 그려보는 것은 쉬운 일이다. 그러나 암석 덩어리를 구부러뜨릴 때, 어떻게 깨지지 않은 채 매우 정교한 습곡구조가 만들어지는가? 이 질문에 대답하기 위해 지질학자들은 지각 내 다양한 깊이 조건들을 만들어 암석에 힘을 가하는 실험을 수행하였다.

각 암석의 종류에 따라 변형 양상이 약간 다르긴 하지만, 이들 실험으로부터 암석변형의 일반적인 특징에 대해 알 수 있게 되었다. 지질학자들은 응력이 점진적으로 작용할 때, 암석들이 처음에는 탄성적으로 변형됨을 발견하였다. **탄성변형**(elastic deformation)에 의한 변화는 회복 가능하다. 즉, 암석에 가하는 힘을 제거했을 때, 암석은 고무밴드처럼 거의 원래의 크기와 형태로 돌아올 것이다. (대부분의 지진에너지는 암석이 원래의 형태로 재빨리 되돌아갈 때 방출되는, 그간 축적되었던 탄성에너지로부터 나옴을 상기하라.) 암석이 탄성한계(강도)를 넘게 되면 암석은 흐르거나(**연성변형**) 또는 깨진다(**취성변형**).

암석의 강도와 변형 양상에 영향을 미치는 요인은 온도, 균압, 암석 종류, 시간이다. 온도와 균압이 낮은 지표 근처의 암석은 취성 고체처럼 거동하는 경향이 있으며, 암석 강도를 넘게 되면 파괴된다. 이러한 종류의 변형을 **취성파괴**(brittle failure) 또는 **취성변형**(brittle deformation)이라고 한다. 우리의 일상 경험에 의하면, 유리질 물체, 나무 연필, 도자기 접시, 심지어 인간의 뼈도 그들의 강도를 넘어서면 취성파괴를 보여준다. 이와는 달리, 온도와 균압이 큰 깊이에서 암석은 연성 거동을 보인다. **연성변형**(ductile deformation)은 깨지지 않은

그림 6.23 캐나다 앨버타주, 키드(Kidd)산의 정면에 노출된 습곡된 퇴적층. (사진 제공: Peter French/DRK Photo)

채 물체의 크기와 형태를 변화시키는 고체 상태에서의 흐름에 해당된다. 연성 거동을 보이는 보통 물건으로는 모델용 찰흙, 꿀벌의 밀랍, 캐러멜 캔디 그리고 대부분의 금속들을 포함한다. 예를 들어, 철길 위에 놓인 구리로 만든 1페니는 기차가 지나가는 힘에 의해 (깨짐 없이) 변형되고 납작해진다.

암석의 연성변형(높은 온도와 높은 균압에 의해 크게 도움 받는)은 기차에 의해 납작해진 1페니의 변형과 비슷하다. 연성변형의 증거를 보이는 암석들은 보통 깊은 깊이에서 변형되고, 암석의 강도가 부드러운 퍼티(putty)와 비슷하다는 인상을 주는 복잡한 습곡구조를 보여줄 수 있다(**그림 6.23**).

습곡

산맥이 형성되는 동안, 종종 편평하게 놓여 있던 퇴적암과 화산암들은 느리게 물결 모양의 **습곡**(fold)으로 구부러진다. 퇴적암에서 발달하는 습곡은 종이의 양쪽 끝을 잡고 그 양쪽을 밀었을 때 형성되는 모양과 매우 비슷하다. 자연상태에서, 습곡의 크기와 모양은 매우 다양하다. 일부 습곡은 수백m 두께의 암석이 천천히 구부러져 폭이 넓은 굴곡면을 보인다. 또 다른 형태의 습곡은 변성암에서 나타나는 매우 촘촘한 미세 구조이다. 크기의 차이에도 불구하고 대부분의 습곡은 지각의 수축과 두께 증가를 야기하는 압축력(compressional forces)의 산물이다.

습곡의 종류 습곡의 가장 일반적인 두 가지 형태는 향사구조와 배사구조이다(**그림 6.24**). **배사구조**(anticline)는 층이 위를 향하며 굽어지거나 궁형으로 굽어질 때 가장 일반적으로 형성된다.* 보통 배사구조와 더불어 발견되는 **향사구조**(syncline)는 층이 아래를 향하여 굽어진다. **그림 6.24**에서 향사구조의 날개는 또한 인접한 배사구조의 날개가 됨에 주목하라.

습곡의 방향에 따라, 배사구조와 향사구조는 날개가 서로 거울상을 이룰 때 대칭이라고 하며 그렇지 않을 때 비대칭이라고 한다. 비대칭 습곡 중에 만일 한쪽 면이 90° 이상 기울어져 있다면 역전되

* 배사구조는 가장 오래된 지층이 중심부에서 관찰되는 구조로, 지층이 위를 향하여 굽어질 때 전형적으로 나타난다. 또한 향사구조는 가장 젊은 지층이 중심부에서 관찰되는 구조로, 지층이 아래를 향하여 굽어질 때 전형적으로 나타난다.

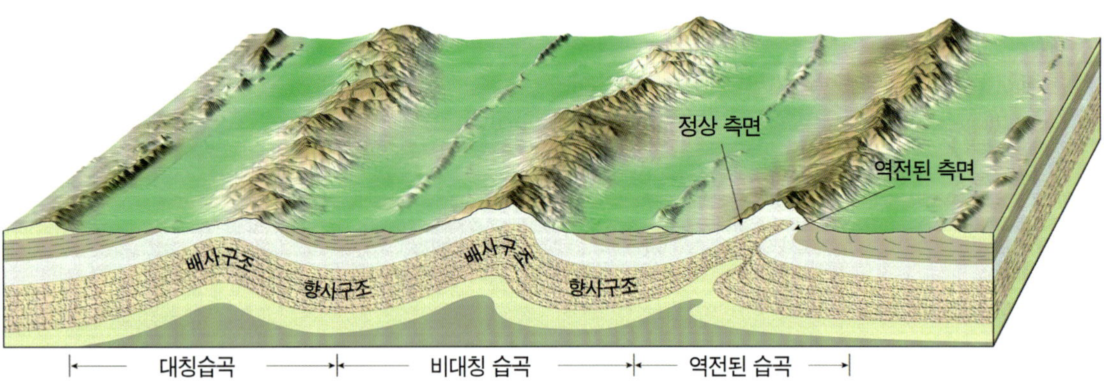

그림 6.24 습곡작용을 받은 지층의 기본적인 유형들을 보여주는 블록 다이어그램. 위로 굽은 구조들은 배사이다. 아래로 굽은 구조들은 향사이다. 배사의 측면은 이웃한 향사의 측면과 동일하다.

어 있다고 한다(**그림 6.24**). 역전된 습곡은 한쪽 면이 습곡축면과 수평으로 놓여 있을 수 있다. 이러한 **횡와습곡**(recumbent fold)은 알프스와 같은 산간지역에서 흔하다.

돔과 분지 기반암 내의 완만한 상향 요곡(up-warping)은 상부에 놓인 퇴적암층을 변형시키고 커다란 습곡을 만든다. 이러한 상향 요곡이 원형 또는 타원형인 구조를 만들 때, 이러한 지형을 **돔**(dome)이라고 부른다. 비슷한 모양으로 하향요곡(downwarping)에 의해 형성된 구조를 **분지**(basin)라고 부른다.

그림 6.25 돔 구조를 보여주는 사우스다코타주의 블랙 힐즈(Black Hills). 침식에 의해 중심부의 화성암과 변성암이 노출되어 있다. 지도(위)와 X와 Y 사이의 단면(아래).

사우스다코타주 서부의 블랙 힐즈는 이러한 돔형 구조를 보여준다. 이곳에서는 침식작용에 의해 상향 요곡을 받은 퇴적암이 사라졌으며, 그 결과 중심부에 있는 보다 오래된 화성암과 변성암이 노출되었다(**그림 6.25**). 이전에 연속적이었던 퇴적층의 일부가 이들 산 중심부에 나오는 결정질 암석들과 접하며 나타난다.

미국에는 몇몇 커다란 분지들이 있다. 미시간 분지와 일리노이 분지는 찻잔의 받침접시처럼 매우 완만한 경사를 갖는다. 이러한 분지들은 많은 퇴적물이 쌓이며 그 무게로 지각이 내려앉은 결과라고 생각된다.

큰 분지들은 매우 낮은 각도로 경사지는 퇴적층을 지니므로 분지에 포함된 암석들의 나이를 비교하는 방법으로 분지를 인지할 수 있다. 가장 젊은 암석은 중심부에서 발견되며 가장 오래된 암석은 측면에서 발견된다. 분지는 블랙 힐즈처럼 가장 오래된 암석이 중심부를 형성하는 돔형구조와 정반대다.

단층

단층(fault)은 지각이 파쇄되어 mm에서 km 규모의 변위(displacement)가 일어난 것이다. **그림 6.26**에서처럼 퇴적암이 수m 어긋난 모습을 보여주는 도로의 절개면에서 작은 규모의 단층들이 가끔 관찰된다. 캘리포니아주의 산안드레아스 단층처럼 거대한 규모의 단층들은 수백km의 변위를 가지며 서로 연결된 많은 단층면(fault surface)들로 이루어져 있다. 이러한 **단층대**(fault zone)들은 폭이 수km로, 보통 지면 바닥보다는 높은 곳에서 얻은 이미지에서 인지하기 쉽다.

경사이동 단층 단층면(fault plane)의 기울기 또는 경사 방향을 따라 주로 움직이는 단층은 **경사이동 단층**(dip-slip fault)이라고 불린다. 경사이동 단층

그림 6.26 층의 이동을 유발하는 단층. 화살표는 암석의 상대적인 이동을 지시한다. 유타주 카나브(Kanab) 근처의 길가를 따라 노출되어 있다. (사진 제공: Tom Bean/DRK Photo)

을 따라 수직으로 변위되면 **단층애**(fault scarps)라 불리는 길고 낮은 벼랑이 만들어진다. **그림 6.27**에서 보는 것과 같은 단층애는 지진을 발생시킨 변위에 의해 형성되었다.

단층면 위에 놓인 암석을 상반, 아래에 놓인 암석을 통상 하반이라고 부른다. 단층대는 자주 광상을 만들기 때문에 단층대를 따라 갱도를 파는 탐광

그림 6.27 캘리포니아 조슈아트리(Joshua Tree) 국립공원 근처의 단층애. (사진 제공: Allan P. Trujillo/APT Photos)

이런 사실을 알고 있었나요?

사람들은 실제로 단층애가 만들어지는 것을 관찰해 왔다. 그리고 그것에 관해서 말하면서 살았다. 아이다호주에서 1983년에 발생한 대지진으로 만들어진 3m 크기의 단층애가 많은 사람들에 의해 목격되었다. 그들 중 대다수는 그들의 발로 단층애를 툭툭 찼다. 종종 단층애는 형성된 이후에 발견되기도 한다.

자나 광부들이 이렇게 명명하기 시작했다. 광부들은 갱도 내에서 광화된 단층대 하부의 암석들 위로 걸어다녔고(footwall: 하반) 상부의 암석에 그들의 랜턴을 매달았다(hanging wall: 상반).

상반이 하반에 대해 상대적으로 아래로 움직인 경사이동 단층을 **정단층**(normal fault)이라고 한다(**그림 6.28A**). 대부분의 정단층은 약 60°의 가파른 경사를 갖지만 깊이 들어갈수록 완만해지기도 한다. 하지만 일부 경사이동 단층은 훨씬 작은 경사를 갖기도 하며 어떤 것은 수평에 접근하기도 한다. 상반이 아래로 이동하기 때문에 정단층은 지각이 늘어나거나 또는 벌어질 때 나타난다.

대부분의 정단층은 **그림 6.26**의 도로 절개면에서 보여지는 것처럼 작고 단지 1m 정도의 변위를 보인다. 하지만 산맥의 앞쪽 경계부를 따라 구불구불 나타날 경우에는 수십km에 걸쳐 뻗어 있기도 한다. 미국의 서부에는 이처럼 큰 규모의 정단층들이 **단층 블록 산맥**(fault-block mountains)이라 불리는 구조들에 수반된다(**그림 6.29**).

와이오밍의 테톤 산맥과 캘리포니아의 시에라네바다가 단층 블록 산맥에 해당된다. 둘 다, 블록들이 서쪽으로 기울며 내려앉자 융기된 동쪽 측면을 따라 단층작용이 일어났다. 이들 가파른 산맥 전면부는 500만~1,000만 년 사이에 불규칙한 터울로 일어난 많은 단층작용에 의해 형성되었다. 각 단층운동 사건은 수m의 변위밖에 일으키지 못했다.

정단층은 판이 벌어지는 발산 경계의 중심부에

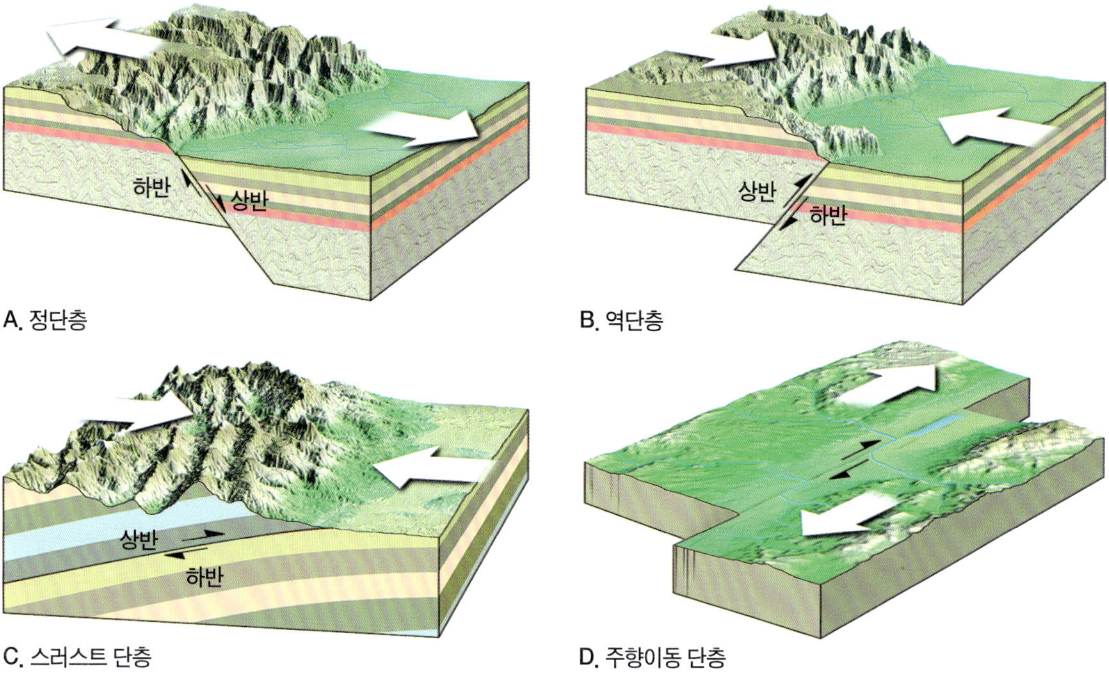

그림 6.28 네 가지 유형의 단층들을 보여주는 블록 다이어그램. A. 정단층. B. 역단층. C. 스러스트 단층. D. 주향이동 단층.

서 흔하다. **지구**(graben)라 불리는 가운데 블록은 정단층에 의해 경계 지어지며, 판들이 분리되면서 지구는 아래로 떨어진다(**그림 6.29**). 이 지구들과 상대적으로 융기한 구조물인 **지루**(horst)가 만나는 곳에는 길쭉한 골짜기가 형성된다. 동아프리카의 거대한 열곡은 몇 개의 거대한 지구들로 이루어져 있으며, 그 위로 기울어진 지루들이 일련의 산들을 형성하고 있다(187쪽, **그림 5.12**). 동아프리카 열곡은 길이가 약 6,000km에 이르며 몇몇 장소에서는 원시인류 화석이 발견된다.

지구와 지루의 대표적인 예는 네바다주와 주변의 주들을 포함하는 분지 및 산맥대(Basin and Range Province)에서 발견된다(**그림 6.29**). 지각은 길게 늘어나고 깨어져 200개 이상의 소규모 산맥을 형성한다. 이 산맥들은 평균 길이가 약 80km이며, 단층으로 내려앉은 인접한 지구에 비해 900~1500m 높이 솟아 있다. **그림 6.29**에서 분지 및 산맥대의 정단층의 경사가 깊이 내려가면서 감소하고 합쳐져서 분리단층(detachment fault)이라고 불리는 거의 수평인 단층을 형성한다. 이 분리단층들은 지표면 아래 수km까지 연장된다. 이들은 연성변형을 보이는 하부 암석들과 단층운동에 따른 취성변형이 특징적인 상부 암석들 사이의 중요한 경계를 이룬다.

지질학자들은 단층의 움직임을 통해 어떠한 힘이 작용 중인지 알아낸다. 정단층은 지각을 잡아당기는 장력(tension)이 작용함을 지시한다. 이러한 "잡아당김"은 지표면을 잡아당기거나 부수는 효과를 내는 융기작용 또는 서로 반대로 작용하는 수평적인 힘에 의해 생긴다.

역단층(revers fault) 및 **스러스트 단층**(thrust fault)은 상반이 상대적으로 하반보다 위로 올라간 경사이동 단층이다(**그림 6.28B**, **그림 6.28C**). 역단층은 경사가 45° 이상이고, 스러스트 단층은 45° 이하의 경사를 갖는다. 상반이 위로 이동하여 하반 위에 놓이기 때문에 역단층과 스러스트 단층은 지각의 수

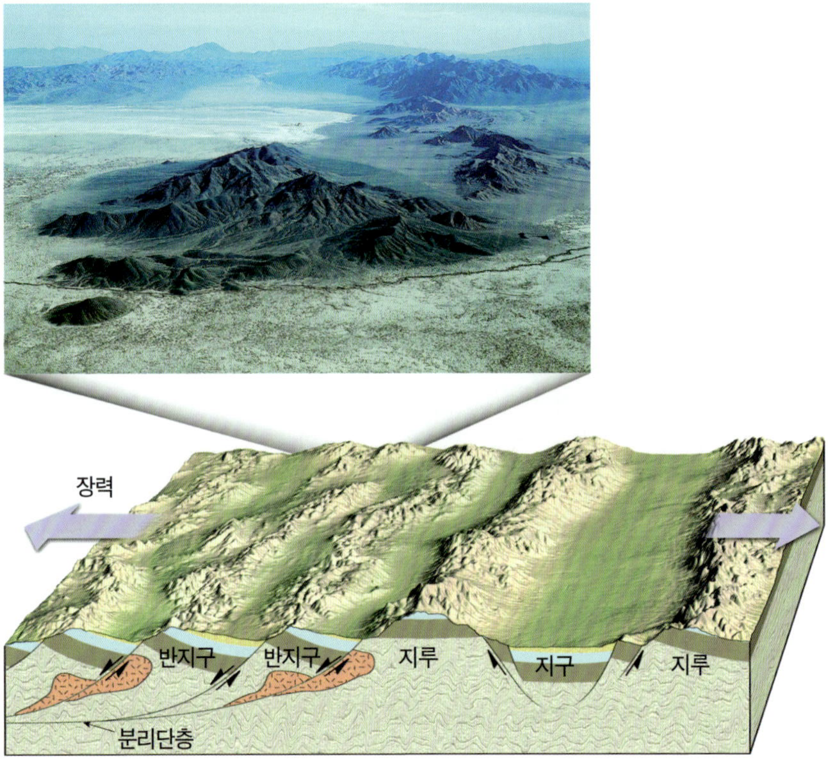

그림 6.29 분지 및 산맥대의 정단층. 여기서, 장력은 길게 하고 절리시켜 지각을 많은 블록들로 만든다. 이러한 절리를 따른 움직임은 블록을 기울여 단층 블록 산맥이라 불리는 평행한 산맥을 형성한다. 아래로 단층된 블록(지구)은 분지를 형성하고, 위로 단층된 블록(지루)은 침식되어 울퉁불퉁한 산세를 형성한다. 게다가 수많은 기울어진 블록(반지구)은 분지와 산맥을 모두 형성한다. (사진 제공: Michael Collier)

축과 관련이 있다.

고각의 역단층들은 대부분 작고, 다른 형태의 단층들이 우세한 지역에서 국부적으로 나타난다. 반면에, 스러스트 단층은 모든 크기로 나타난다. 알프스, 로키 북쪽, 히말라야, 애팔래치아와 같은 산맥에서 스러스트 단층은 퇴적층을 주변 암석 위로 50km씩이나 옮겨 놓는다. 이 거대한 움직임의 결과, 젊은 암석들 위에 더 오래된 층이 놓인다.

정단층은 인장력이 작용하는 환경에서 형성되는 반면, 역단층은 강한 압축력에 의해서 형성된다. 후자의 경우, 지각 블록은 서로 마주보며 이동하여 상반이 하반에 비해 위쪽으로 이동한다. 스러스트 단층은 섭입대와 판들이 서로 충돌하는 수렴 경계부에서 가장 잘 나타난다. 일반적으로 압축력에 의해 습곡과 단층이 형성되며 지각의 두께가 두꺼워지고 길이가 짧아진다.

주향이동 단층 단층면이 달리는 방향, 즉 주향에 평행하게 또는 수평방향으로 주로 움직이는 단층을 **주향이동 단층**(strike-slip fault)이라고 한다(**그림 6.28D**). 크기가 크고 선형이라는 특징 때문에 많은 주향이동 단층은 긴 거리에 걸쳐 잘 보이는 자국을 만든다. 커다란 주향이동 단층은 움직임 방향을 따라 만들어진 1개의 파쇄면이라기보다는 많은 파쇄면들이 거의 평행하게 발달하는 파쇄대로 구성된다. 이런 파쇄대는 최대 수km의 넓이를 가진다. 그러나 가장 최근의 이동들은 수m 폭의 단층대를 따라 일어나며 하천의 수로를 어긋나게도 할 수도 있다. 게다가 단층운동 기간 중에 부서지고 깨진 암석들은 더 쉽게 풍화되며, 선형 계곡이나 골짜기를 형성하여 주향이동 단층의 위치가 나타나게 된다.

주향이동 단층에 대한 최초의 과학적인 기록은 커다란 지진을 일으킨 지표의 균열을 따라서 이루어졌다. 가장 주목할 만한 기록 중 하나는 1906년의 샌프란시스코 대지진이다. 이 대지진에 의해 샌프란시스코 단층을 가로지르는 울타리와 같은 구조물들이 최대 4.7m나 이동했다. 산안드레아스 단층의 움직임은 우리가 단층을 보고 있을 때 반대편의 지각 블록이 오른쪽으로 이동하므로 **우수향**(right-lateral) 주향이동 단층이라고 부른다. 스코틀랜드의 그레이트 글렌 단층은 반대의 이동감각을 보이는 **좌수향**(left-lateral) 주향이동 단층의 대표적인 예이다.

많은 주요 주향이동 단층은 암석권을 가로지르며, 2개의 커다란 지각판 사이의 이동을 수용한다. 이 특별한 형태의 주향이동 단층을 **변환단층**(transform fault)이라고 부른다. 가장 잘 알려진 변환단층 중의 하나는 캘리포니아의 산안드레아스 단층이다(**그림 6.30**).

판에 의해 경계 지어진 이 단층은 캘리포니아만으로부터 샌프란시스코 북쪽의 태평양 해안에서 바다로 들어가 없어지는 지점까지 약 950km에 걸쳐 추적할 수 있다. 약 2,900만 년 전 처음 만들어진 후 지금까지 산안드레아스 단층은 560km 넘는 변위량을 갖는다. 이 변위를 통해 남서부 캘리포니아와 멕시코의 바하 반도가 북미 대륙에 대해 상대적으로 북쪽으로 이동하게 되었다.

그림 6.30 산안드레아스 단층계를 나타내는 지도.

8. 조산운동

다른 사람들처럼, 지질학자들도 다른 어떤 지형보다 산맥들에 더 매료되었다(**그림 6.31**). 지난 150년 동안의 광역적인 과학 탐사를 통해 이들 장대한 모습의 지역들을 만든 내부 과정에 대해 많은 것을 알아냈다. 산맥을 총체적으로 형성하는 과정을 **조산운동**(orogenesis: *oros* = 산, *genesis* = 창조)이라 한다. 산맥을 구성하는 암석들은 지각의 상당한 부분을 변형시키고 그 결과, 현재의 높이까지 융기시킨, 커다란 압축력에 대한 멋진 시각적 증거를 제공한다. 이러한 힘의 가장 뚜렷한 증거는 습곡임에 틀림없으나 스러스트 단층, 변성작용, 화성활동도 정도의 차이가 있긴 하지만 항상 일어난다.

지질학적 시간으로 최근에, 전 세계의 몇몇 지역에서 산맥이 형성되었다. 이처럼 상대적으로 젊은 산맥으로는 혼곶(Cape Horn)에서 알래스카, 로키와 안데스까지 미국 서부에 발달되어 있는 미국의 산계, 지중해에서 이란을 통과하여 인도 북부와 인도차이나에 이르는 알프스–히말라야산계, 그리고

이런 사실을 알고 있었나요?

뉴질랜드의 에드먼드 힐러리(Edmund Hillary)와 네팔의 텐징 노르게이(Tenzing Norgay)는 1953년 5월 29일 처음으로 에베레스트산 정상에 도착하였다. 그의 영예는 하나가 아니었다. 후에 힐러리는 처음으로 남극 횡단을 이끌었다.

그림 6.31 정상은 파키스탄의 카라코람 산맥의 일부이다. 카라코람은 히말라야 산맥의 일부이다. (사진 제공: Art Wolfe)

일본, 필리핀, 수마트라 같은 호상 열도를 포함하는 태평양 서부의 산악지역이 있다. 이러한 젊은 산맥들의 대부분은 형성된 지 1억 년이 안 된다. 히말라야 산맥을 포함하는 몇몇 산맥들은 4,500만 년 전에 형성되었다.

이처럼 최근에 형성된 산맥 이외에, 더 오래전에 형성된 산맥들도 있다. 비록 오래전에 형성된 산맥들은 매우 많이 침식되었으며, 지형학적으로도 두드러지지 않지만 이들 산맥들은 분명히 젊은 산맥에서 발견되는 것과 동일한 구조적 특징을 지니고 있다. 오래전에 형성된 산맥 중 전형적인 것으로 미국 동부의 애팔래치아 산맥과 러시아의 우랄 산맥이 있다.

지난 수년 동안, 지구상의 주요 산맥의 형성에 관한 여러 가설들이 제안되어 왔다. 초기의 한 제안은 행성 지구가 본래의 반용융 상태에서 식으면서 지각에 주름이 생겼고, 그 결과가 산맥이라는 것이었다. 지구가 열을 잃으면서 수축되고 줄어들었다. 이 과정에서 지각은 오렌지가 말라서 껍질이 쭈글쭈글해졌을 때처럼 변형되었다. 그러나 이 가설뿐만 아니라 다른 초기 가설들도 자세한 검증을 견딜 수 없었고 모두 폐기되었다.

섭입대에서의 조산운동

판구조론의 발달과 함께, 조산운동을 훌륭히 설명할 수 있는 모델이 출현했다. 이 모델에 의하면, 대부분의 조산운동은 판의 수렴 경계부에서 일어난다. 이곳에서 해양 암석권이 섭입하며 맨틀 암석의 부분용융이 일어나고, 이는 상부 판의 가장자리에 해당되는 지각을 뚫고 올라오는 마그마의 공급원이 된다. 게다가 판들이 충돌함에 따라, 대륙의 측면에서 퇴적되어 온 두꺼운 퇴적물들을 습곡, 단층, 변성시키는 지구조적인 힘이 제공된다. 이러한 과정들은 모두 대륙 지각을 두껍고 짧게 만들고, 이로써 해저 근처의 암석들이 매우 높이 치솟기도 한다.

산맥을 만드는 사건들에 대해 이해하기 위해 지질학자들은 조산운동이 현재 활발한 지역뿐만 아니라 오래된 산맥의 구조들을 조사한다. 암석 판들이 수렴하는 활동적인 섭입대는 특별한 관심의 대상이다. 해양 암석권의 섭입은 지구상의 많은 산맥을 만드는 데 중추적인 역할을 할 뿐만 아니라 지구상에서 가장 강력한 지진과 화산 분출을 일으킨다.

해양 암석권의 섭입은 두 가지 다른 형태의 산맥

이런 사실을 알고 있었나요?

네스호 괴물 전설의 배경이 된 호수는 스코틀랜드의 북부를 나누는 대글렌 단층(Great Glen Fault)을 끼고 있다. 이 단층대를 따라 주향이동에 의해 넓은 암석지역이 산산이 부서져 빙하침식으로 제거되었으며 네스호가 위치한 곳에 길쭉한 협곡을 만들었다. 부서진 암석은 쉽게 풍화된다. 사실 이것은 엄청난 깊이(해수면 아래로 180m나 깊은)의 네스호를 설명한다.

을 형성한다. 해양 암석권(oceanic lithosphere)이 해양판(oceanic plate) 밑으로 섭입할 때는 호상 열도(island arc)와 이에 수반된 지구조적 현상들이 발달한다. 한편, 대륙 블록 아래로 섭입하면 대륙의 주변부를 따라 대륙 화산호(continental volcanic arc)가 형성된다. 대륙 화산호를 만드는 판 경계부를 안데스 유형의 판 주변부(Andean-type plate margin)라고 한다.

호상 열도 호상 열도(island arc)는 2개의 해양판이 수렴하고 하나의 판이 다른 판 아래로 섭입하는 곳에서 형성된다(**그림 6.32**). 이러한 활동으로 섭입되는 판 위에 놓인 맨틀쐐기(mantle wedge)는 부분용융되며, 결국 해저에 호상 화산 열도를 성장시키게 된다. 호상 열도는 섭입하는 해양 암석권에 수반되기 때문에 전형적으로 태평양(대부분의 호상 화산 열도가 발견되는 곳)과 같은 해양분지의 주변부에서 발견된다. 활동성 호상 열도의 예로는 마리아나, 뉴 헤브라이즈, 통가 그리고 알류샨 열도가 있다.

호상 열도는 아마도 산맥들 중에 가장 단순할 것이다. 이 구조물은 1억 년 또는 그 이상 지속될 수 있는 해양 암석권의 꾸준한 섭입의 결과이다. 다소 산발적인 화산활동, 지하 깊은 곳에서의 화성암체 정치 그리고 섭입하는 판으로부터 뜯겨져 나온 퇴적물의 집적으로 인해 상부 판을 덮고 있는 지각물질의 부피는 점차 증가한다. 일본에서처럼 성숙된 호상 화산 열도는 기존의 지각물질 조각 위에 형성되었을 것으로 생각된다.

성숙된 호상 화산 열도가 계속 발달할 경우, 화성암과 변성암대로 이루어진 산맥 지형이 만들어진다. 그러나 이러한 활동은 주요 산맥의 성장에서 한 단계에 지나지 않는 것으로 여겨진다. 나중에 알게 되겠지만, 일부 화산호는 섭입하는 판에 의해 커다란 대륙 블록의 주변부로 운반되며, 이곳에서 주요 조산운동 사건에 참여하게 된다.

안데스형 주변부의 조산운동 해양판과 대륙판이 수렴하는 곳에서의 조산운동 대륙 주변부(continental margin)에서의 조산운동은 해양판과 대륙 지각을 포함하는 판이 서로 수렴함에 따라 일어난다.

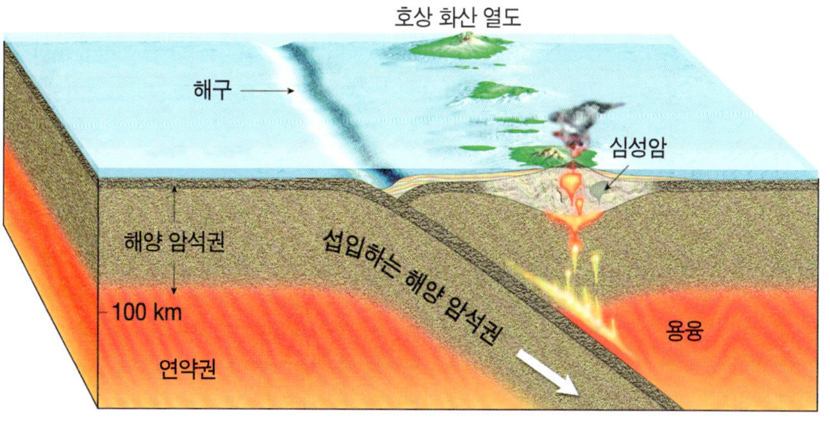

그림 6.32 두 해양판의 수렴에 의한 호상 열도의 발달. 이러한 수렴대를 따라서 계속된 섭입은 두꺼운 대륙형 지각의 발달을 일으킨다.

안데스 산맥에서 볼 수 있듯이, 이러한 안데스 유형의 수렴대는 대륙 화산호와 대륙 주변부 안쪽으로 지구조적으로 관련된 지질현상들을 만들어낸다.

안데스형 조산대의 발달단계 중 첫 번째 단계는 섭입대가 형성되기 이전에 일어난다. 이 기간 동안 대륙 주변부는 **수동형 대륙 주변부**(passive continental margin)이다. 즉, 대륙 주변부는 판의 경계가 아니며 이웃하는 해양 지각과 함께 같은 판의 일부다. 오늘날 관찰할 수 있는 수동형 대륙 주변부로는 미국의 동부 해안을 예로 들 수 있다. 대서양을 둘러싸는 다른 수동형 대륙 주변부와 마찬가지로, 이곳에서는 대륙 주변부를 따라 퇴적물이 쌓여 사암, 석회암 그리고 셰일로 이루어진 두꺼운 쐐기(wedge)가 형성되고 있다(**그림 6.33A**). 대륙붕을 지나면 저탁류에 의해 대륙사면과 대륙대에 퇴적물들이 쌓이게 된다.

시간이 지남에 따라 대륙 주변부는 능동형으로 변한다. 섭입대가 형성되고 변형작용이 시작된다(**그림 6.33B**). 이 같은 **능동형 대륙 주변부**(active continental margin)를 관찰하기 좋은 장소는 남미의 서부 해안으로, 나츠카판이 남미판 밑으로 페루-칠레 해구를 따라 섭입한다. 이 섭입대는 아마도 판게아 초대륙의 분열 이전에 형성되었을 것이다.

이상적인 안데스형 섭입에서는 대륙 지각과 섭입하는 해양판 사이의 수렴에 의해 대륙 주변부에서 변형과 변성작용이 일어난다. 일단 해양판이 100km 가까이 하강하면 섭입하는 슬랩의 상부에 위치한 맨틀 암석은 부분용융되고 이때 생긴 마그마는 위로 이동한다(**그림 6.33B**). 마그마의 상승은 두꺼운 대륙 지각에 의해 방해받는다. 그 결과, 많은 양의 마그마는 지각을 뚫고 지표로 올라 올 수 없다. 대신, 지하에서 결정화되어 심성암체를 형성한다. 결국, 이러한 화성암체는 주변의 변성암과 함께 융기와 침식에 의해 지표 쪽으로 올라온다. 이 엄청난 화성구조가 지표에 노출되면 저반(batholiths)이라고 부른다(**그림 6.33B**). 수많은 심섬암

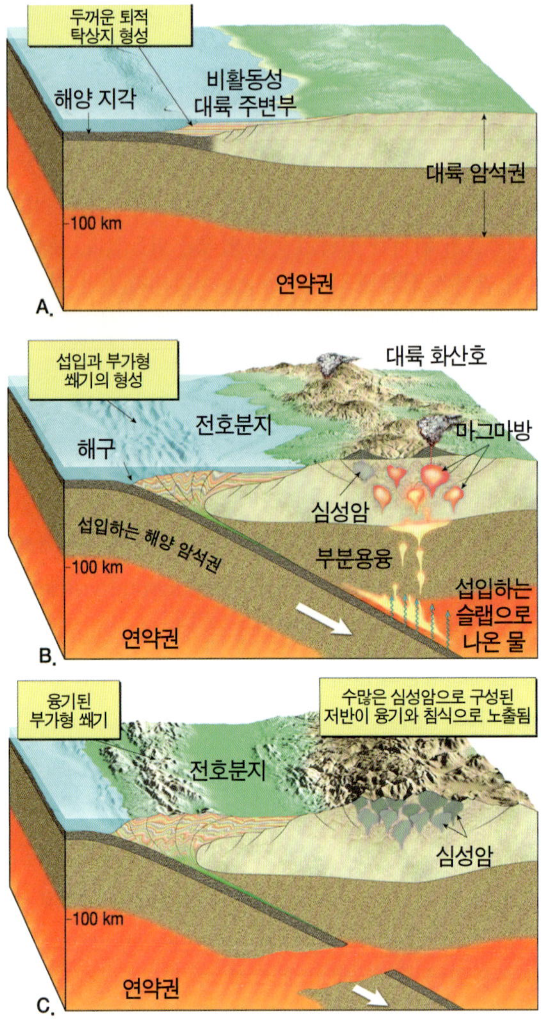

그림 6.33 안데스 유형의 섭입대를 따라 일어나는 조산운동. A. 광범위한 탁상지 퇴적물을 가진 수동형 대륙 주변부. B. 판의 수렴은 섭입대를 형성하고 부분용융은 화산호를 만든다. 계속된 수렴과 화성활동은 지각을 더 변형시키고 두껍게 하여 높은 산맥을 형성한다. 이와 동시에 쐐기형 부가체가 발달한다. C. 섭입이 끝나고 융기와 침식의 시기가 찾아온다.

체들로 구성된 저반은 캘리포니아의 시에라네바다의 중심부를 형성하고 있으며 페루의 안데스에 널리 분포한다.

화산호가 생성되는 동안, 섭입판으로부터 뜯겨진 퇴적물뿐만 아니라 육지로부터 운반되어 온 퇴적물들이 해구의 육지 쪽에 쌓인다. 이처럼 퇴적암

과 변성암이 무질서하게 집적(accumulation)되고 이따금씩 해양 지각이 첨가되어 **쐐기형 부가체**(accretionary wedge)를 형성한다(**그림 6.33B**). 섭입작용이 오랫동안 지속되면 해수면보다 높게 쌓일 정도로 큰 부가체가 형성될 수 있다(**그림 6.33C**).

호상 열도처럼, 안데스형 산맥들은 거의 평행한 2개의 부분으로 구성된다. 화산호는 대륙 블록 위에 발달한다. 화산과 거대한 화성암 관입체가 고온의 변성암과 섞여 있는 화산호이다. 바다 쪽 부분은 부가체이며 습곡 및 단층작용 그리고 변성작용을 받은 퇴적물로 이루어져 있다(**그림 6.33C**).

미국 서부에서 수동형 안데스형의 산맥을 관찰할 수 있다. 이것은 시에라네바다 산맥과 캘리포니아주의 해안 산맥을 포함한다. 이들 평행한 산맥들은 미국판의 서쪽 가장자리 아래로 태평양 분지의 일부가 섭입하면서 형성되었다. 수천만 년 동안에 마그마가 몇 차례 용솟음치면서 생성된 화산호 중 남아 있는 부분이 시에라네바다 저반이다. 그 뒤 융기와 침식에 의해 과거의 화산작용에 대한 증거들이 대부분 사라져버렸고 결정질 화성암과 변성암으로 구성된 중심부가 노출되었다.

해구에서는 화산호가 침식되면서 생성된 퇴적물과 섭입판으로부터 뜯겨져 나온 퇴적물들이 심하게 습곡이나 단층작용을 받아 부가체를 형성하였다. 이처럼 복잡하게 혼합된 암석이 오늘날 캘리포니아 해안 산맥의 일부를 이룬다. 산맥 고지대의 일부에서 덜 고화된 젊은 퇴적물이 관찰되는 것으로 보아 해안 산맥의 융기는 극히 최근에 일어났다.

대륙 충돌형 산맥

이미 언급한 것처럼, 해양판 슬랩이 대륙 주변부 아래로 섭입할 때, 안데스형 산맥이 발달한다. 만약 섭입판이 대륙 암석권의 슬랩을 가진다면 섭입이 계속될 때 대륙 블록은 결국 해구로 이동된다. 해양 암석권은 상대적으로 밀도가 커서 쉽게 섭입되는 반면, 대륙 지각은 밀도가 작은 물질로 되어 있어 섭입되기에는 부력이 너무 크다. 따라서 대륙 블록이 해구에 도착하면 위에 놓인 대륙과의 충돌이 불가피하다. 그 결과는 지각의 수축과 두께 증가로 인한 산맥의 형성이다.

산맥은 2개 또는 그 이상의 대륙들이 충돌해 합쳐질 때뿐만 아니라 호상 열도나 다른 작은 지각물질 조각들이 대륙 블록과 충돌해 병합될 때에도 발달할 수 있다.

지대와 조산운동 상대적으로 작은 지각 조각들이 대륙 주변부에 충돌해 부가되는 과정은 태평양 주변의 많은 산맥들을 형성해 왔다. 지질학자들은 이처럼 부가된 지각 블록을 지대라고 부른다. 단순히, **지대**(terrane)란 용어는 주변의 다른 지대와 뚜렷이 구별되는 지사를 갖는 지각 조각을 지칭한다. 지대는 다양한 형태와 크기로 나타난다.

이러한 작은 지각 조각들은 특성이 무엇이고, 어디에서 유래된 것일까? 지질학자들에 의하면, 이 조각들이 대륙 지각에 부가성장하기 전에, 일부는 아프리카 동부에 위치한 오늘날의 마다가스카르섬처럼 소대륙이었을 것이라고 여겨진다. 다른 일부는 일본, 필리핀, 그리고 알류산 열도처럼 호상 열도이었을 것이다. 또 다른 부류는 열점활동과 관련된 거대한 현무암질 용암의 분출로 인해 만들어진 해양대지(oceanic plateaus)와 같은 바다 속 지각 조각들이다(**그림 6.34**)

오늘날 일반적으로 해양판의 이동에 의하여 해

이런 사실을 알고 있었나요?

세계에서 가장 높은 도시인 볼리비아의 라 파즈(La Paz)는 해수면 위 3,630m 높이에 위치한다. 이것은 미국에서 가장 높이 있는 도시인 콜로라도 덴버의 높이보다 두 배 이상 높다.

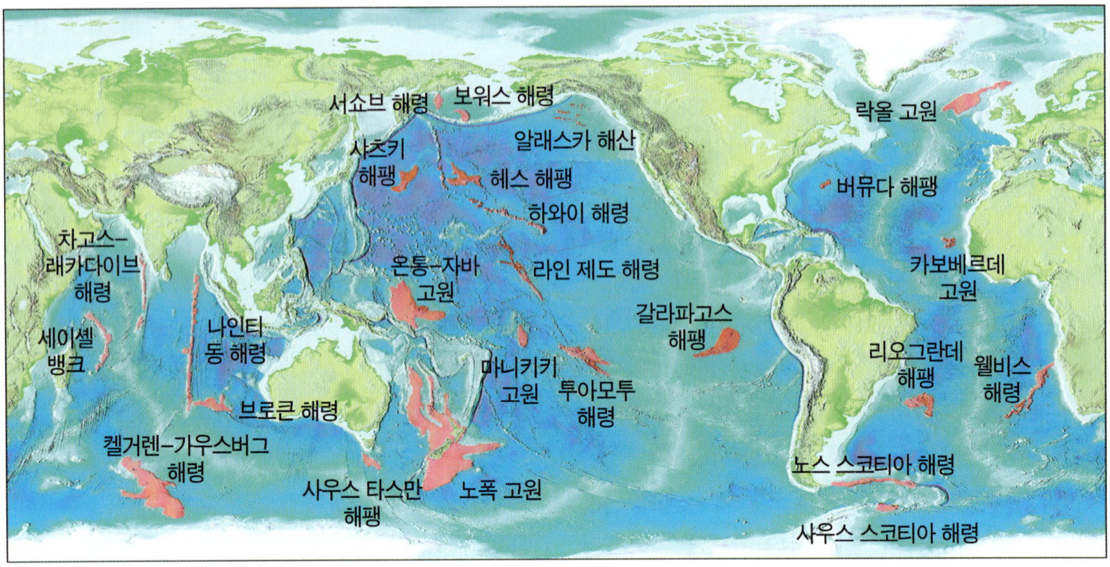

그림 6.34 현재의 해양대지와 해저지각의 분포. (자료 제공: BenAvraham and others)

양대지나 소대륙이 안데스형의 섭입대로 운반된다고 여겨진다. 해양판이 작은 일련의 해산들을 가지고 있으면, 보통은 하강하는 해양 슬랩과 함께 섭입된다. 그러나 온통자바대지와 같이 두꺼운 해양지각 또는 "밝은" 화성암이 많은 성숙한 호상 열도에 의해 해양 암석권은 섭입되기에는 부력이 너무 크게 된다. 이 경우, 지각 조각과 대륙 사이에서 충돌이 일어난다.

성숙한 호상 열도가 안데스형 판 주변부에 접근할 때 발생하는 사건들의 순서가 **그림 6.35**에 나타나 있다. 부력 때문에 오래된 호상 열도는 대륙판 아래로 섭입하지 못한다. 대신, 두꺼워진 해양판의 윗부분은 판이 섭입할 때 벗겨져서 상대적으로 얇은 판상으로 이웃하는 대륙 지각에 스러스트된다. 어떤 환경에서는 계속되는 섭입으로 인해 대륙 연변부로 또 다른 지각 조각을 운반하기도 한다. 이러한 조각들이 대륙 연변부와 충돌하면 부가된 호상 열도를 훨씬 내륙 쪽으로 이동시켜 변형대를 증가시키고 대륙 연변부를 더욱 두껍고 넓게 만든다.

대륙판에 작은 지각 조각들이 부가성장하면서 산맥이 형성된다는 생각은 기본적으로 북미의 산맥에 대한 연구를 수행하면서 제안되었다(**그림 6.36**). 알래스카와 브리티시컬럼비아 산악지역에서의 화석과 자기장 증거들은 이들 지역이 예전에는 적도 근처에 있었음을 알려준다.

오늘날 태평양 서부에 분포하는 호상 열도와 해양대지처럼 북미 산맥에서 발견되는 많은 부가대들은 예전에는 태평양 동부에 산재해 있었다고 여겨진다(**그림 6.34**). 약 2억 년 전에 판게아가 분열하면서 태평양 분지(파랄론판)의 동쪽 일부가 북미의 서쪽 가장자리 아래로 섭입하였다. 아마도 이 활동으로 바하 반도에서 알래스카 북부에 이르기까지 태평양의 전 해안에 조각들이 조금씩 부가되었을 것이다(**그림 6.36**). 같은 방식으로, 오늘날의 많은 소대륙들은 결국 활동성 대륙 주변부에 부가될 것이고, 그리하여 새로운 조산대를 형성할 것이다.

대륙의 충돌 대륙의 충돌에 의해 지각이 수축되고 두꺼워져서 산맥이 발달한다. 보통 50km의 두께

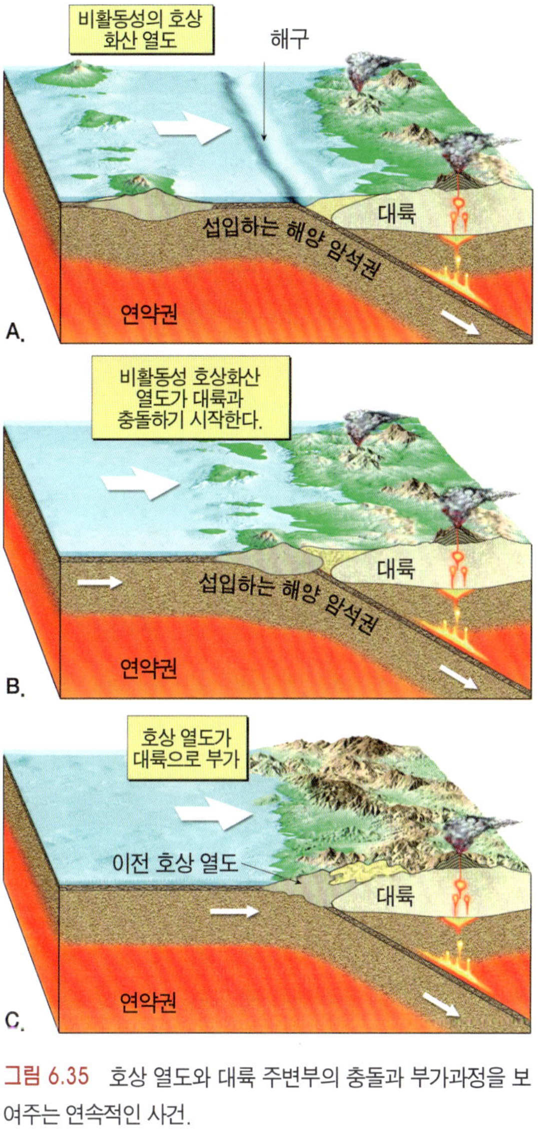

그림 6.35 호상 열도와 대륙 주변부의 충돌과 부가과정을 보여주는 연속적인 사건.

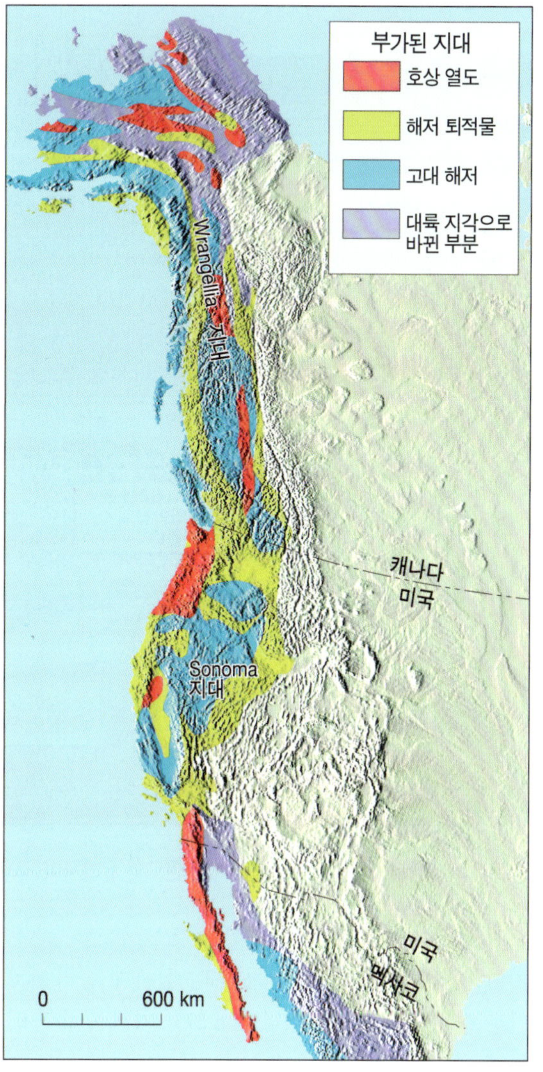

그림 6.36 지난 2억 년 동안 북아메리카 서부에 부가된 것으로 여겨지는 부가대(terranes)를 보여주는 지도. (자료 제공: D. R. Hutchinson and others)

를 갖지만 일부 지역에서는 70km 이상의 두께를 보이기도 한다. 이러한 두꺼운 지각은 습곡이나 단층에 의해서 이루어진다.

히말라야를 탄생시킨 조산운동은 인도와 아시아가 충돌하기 시작한 약 4,500만 년 전부터 시작되었다. 판게아가 분열되기 전, 인도는 호주를 포함하는 남반구 육괴의 일부였다. 대륙이 갈라지면서 인도는 지질학적으로는 매우 빠르게 북쪽으로 수천km를 이동하였다.

북쪽으로 인도의 이동을 야기한 섭입대는 아시아의 남쪽 주변부에 위치한다(**그림 6.37**). 아시아 주변부에서의 섭입은 화산호와 쐐기형 부가체가 잘 발달한 안데스형의 판 주변부를 형성했다. 결국, 중간의 해양분지는 섭입대에서 다 없어지고 인도는 유라시아판과 충돌하게 되었다. 충돌의 지구조적인 힘은 거대하기 때문에 대륙의 해양 쪽에 위

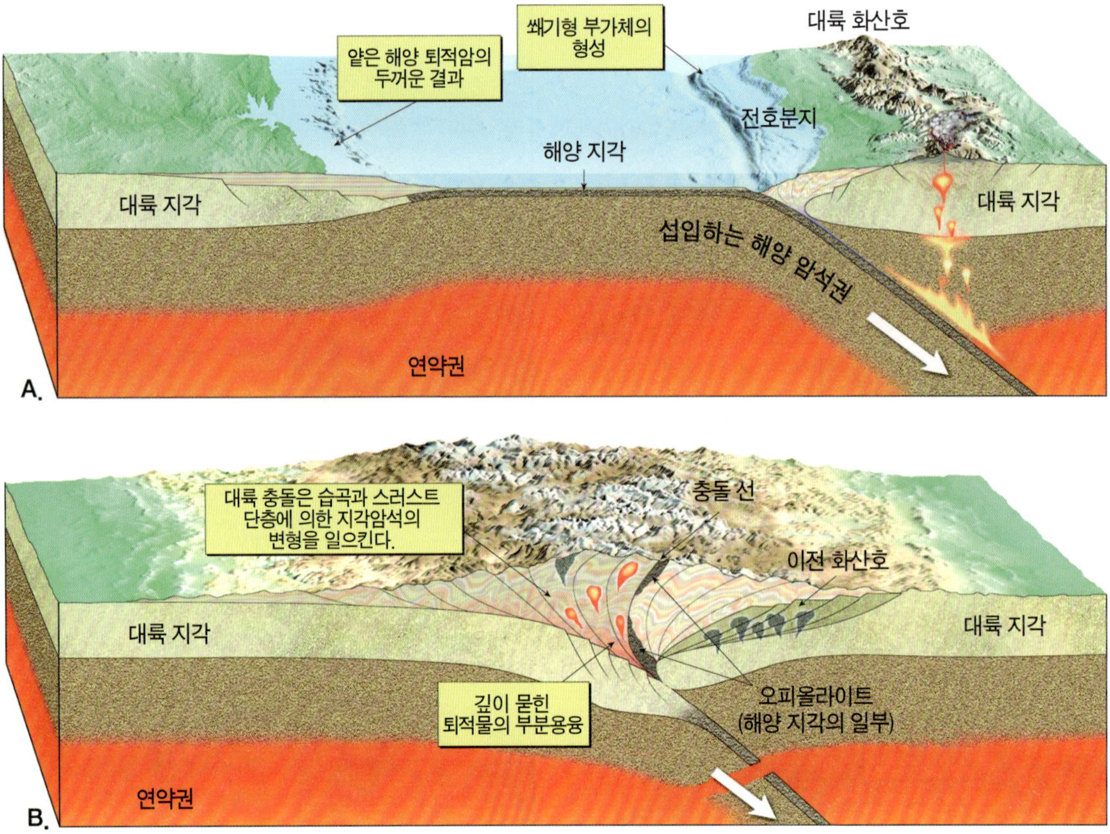

그림 6.37 장엄한 히말라야를 형성시킨 인도와 유라시아판의 충돌을 보여주는 그림.

치한, 변형받기 쉬운 물질들이 더 심하게 습곡되고 단층운동을 받게 되었다(**그림 6.37**). 지각이 수축되고 두꺼워짐에 따라 많은 양의 지각물질이 상승하게 되어, 장엄한 히말라야 산맥이 만들어졌다(244쪽의 **그림 6.31**).

융기와 함께, 지각 두께의 증가는 하부층들이 지하 더 깊은 곳으로 매몰되어 고온 고압을 경험하게 한다. 산맥이 발달하면서 가장 깊고, 가장 많이 변형된 부분에서 부분용융으로 인해 마그마 본체를 형성해 주변암을 관입하고 더욱 변형시킨다. 이러한 환경에서 변성암과 화성암으로 이루어진 주요 산맥의 중심부가 형성된다.

비슷하지만 더 오래 전에 일어난 유라시아 대륙과 아시아 대륙의 충돌로 러시아에 남북으로 뻗어 있는 우랄 산맥이 형성됐다. 판구조론이 제안되기 전에, 지질학자들은 내륙에 위치한 우랄 산맥과 같은 산맥들의 존재를 설명하기가 어려웠다. 거대한 대륙의 중앙에서, 어떻게 수천m의 해양 퇴적물이 퇴적되고 심하게 변형될 수 있을까?

대륙 충돌을 보여주는 다른 산맥으로는 알프스 산맥과 애팔래치아 산맥이 있다. 애팔래치아 산맥

이런 사실을 알고 있었나요?

판게아가 형성되는 동안, 유럽과 시베리아 대륙이 충돌하여 우랄 산맥을 만들었다. 판구조론이 나오기 오래전, 이 심하게 침식된 산맥은 유럽과 아시아 사이의 경계로 여겨졌다.

은 북미, 유럽, 그리고 북아프리카가 충돌하여 형성됐다. 이 대륙들은 나중에 분리되긴 했지만, 이들은 약 2억 년 전에 판게아 초대륙을 이루며 서로 모여 있었다. 애팔래치아 산맥 남부에 대한 자세한 연구 결과, 이 산맥의 형성은 예전에 생각했던 것보다 더욱 복잡함을 보여준다. 한 번의 대륙 충돌에 의해 형성되었다기보다는, 애팔래치아 산맥은 거의 3억 년에 걸친 수차례의 조산운동에 의해 형성됐다.

학습내용 요약

1. 한계를 넘는 압력을 받으면 파열되는 암석에서 에너지가 빠르게 방출되면서 형성된 진동을 **지진**이라고 한다. 지진을 유발하는 운동은 **단층**이라 불리는 큰 깨짐을 따라 일어나며 판의 경계와 관련이 있다.

2. 지진에 의해 2개의 주요한 **지진파**가 생성된다: (1) **표면파**는 지구의 지각을 따라 이동하고, (2) **본체파**는 지구의 내부를 이동한다. 본체파는 전파가 이동하는 방향으로 암석을 밀고(압축하고) 잡아당기는(팽창시키는) **P파**와, 전파가 이동하는 방향과 직각으로 암석을 구성하는 입자들을 진동시키는 **S파**로 나누어진다. P파는 고체, 액체, 기체를 통과할 수 있다. S파는 오로지 고체만을 통과할 수 있다. 고체에서 P파는 S파보다 1.7배 빠르게 이동한다.

3. 진원이 연직적으로 지표면과 만나는 점을 **진앙**이라고 부른다. 진앙은 P파와 S파의 속도의 차이를 이용하여 측정한다.

4. 진앙과 판 경계는 **밀접한 관련이 있다**. 주된 진앙지역은 **환태평양대**로 알려진 태평양의 가장자리와 해령계를 따라 발달되어 있다.

5. 지진학자들은 지진의 크기를 표시하기 위해 기본적으로 다른 두 가지 방법을 사용한다(진도와 규모). **진도**는 주어진 장소에서의 피해 정도에 기초하여 지진의 흔들림 정도를 측정하는 것이다. **수정된 메르칼리 진도 척도**는 지엽적인 지진에 대한 흔들림의 진도를 추정하기 위해 캘리포니아에서 건물의 피해를 사용하였다. **규모**는 지진파 기록으로부터 계산되고 진원에서 방출된 에너지량을 추정한다. **리히터 척도**를 이용하여 지진의 규모는 기록된 가장 큰 지진파의 진폭을 측정하여 알아낸다. 땅의 진동이 10배 증가하면 규모 척도 1의 증가와 같은 로그 척도를 사용하여 규모를 표현했다. **모멘트 규모**는 중간 규모에서 아주 큰 규모의 지진을 측정하기 위해 사용된다. 단층의 평균 변위량, 단층면의 넓이 그리고 단층암의 강도를 이용하여 구한다.

6. 지진에 의한 파괴량을 결정하는 가장 분명한 요인은 지진의 **규모**와 인구조밀지역과의 **근접성**이다. 지진 진동에 의한 구조물의 피해는 (1) **진도**, (2) 진동 지속시간, (3) 구조물을 이루는 **물질의 싱질**, (4) 구조물의 형태와 같은 여러 요인에 의해서 지배된다. 지진의 2차적인 효과는 **쓰나미**, **산사태**, **지표 함몰** 그리고 **화재**가 있다.

7. 지구를 투과하는 P파와 S파의 행동에서 나타나는 것처럼, 지구는 4개의 층으로 나누어진다: (1) 지각(매우 얇은 바깥층, 5~40km); (2) **맨틀**(지각 아래에 놓이며 2,885km의 두께를 가지는 단단한 층); (3) **외핵**(유동적인 액체의 성질을 가지며 2,270 km의 두께); (4) **내핵**(반경이 1,216km인 단단한 금속성 구).

8. **변형**이란 암석의 모양 또는 부피의 변화를 의미한다. 암석은 환경(온도와 지압력), 암석의 성분 그리고 응력의 지속시간에 따라서 다르게 변형된다. 암석은 처음에 **탄성변형**에 의해 지배되고, 응력이 제거되면 원래 모양으로 돌아간다. 일단 탄성한계를 넘게 되면 암석은 연성적으로 흐르거나 절리가 발생한다.

연성변형은 절리 없이 암석의 크기와 모양이 변하는 고체 상태의 흐름이다. 연성변형은 고온, 고압환경에서 발생한다. 지표 근처에서, 대부분의 암석은 취성변형된다.

9. 암석이 변형된 가장 기본적인 유형은 습곡(연속적인 물결의 파동처럼 구부러진 평평하게 놓인 퇴적암과 화산암)이다. 습곡의 가장 일반적인 두 가지 형태에는 암석층이 위로 굽어진 배사와 아래로 굽어진 향사가 있다. 대부분의 습곡은 수평의 횡압력에 의한 결과물이다. 돔(위로 굽어진 구조)과 분지(아래로 굽어진 구조)는 층의 수직이동에 의한 원형 또는 약간의 타원형의 습곡이다.

10. 단층은 인지할 수 있을 정도의 움직임이 발생한 지각의 깨짐면이다. 주로 수직적인 움직임의 단층을 경사이동 단층이라 한다. 경사이동 단층에는 정단층과 역단층이 있다. 저각의 역단층을 스러스트 단층이라 한다. 정단층은 지각을 서로 잡아당기는 인장력을 지시한다. 확장의 중심을 따라, 발산은 판이 분리되어 떨어져 정단층에 의해서 제한되는 지구라고 불리는 중심 블록을 형성할 수 있다.

11. 대륙 블록 아래로 해양 지각의 섭입은 대륙 화산호로 특징지어 지고 화성 심성암체와 관련된 안데스형의 판 주변부를 형성한다. 게다가 섭입판으로부터 뜯겨진 퇴적물뿐만 아니라 육지로부터 운반되어 온 퇴적물들이 해구의 육지 쪽에 쌓여 쐐기형 부가체(accretionary wedge)를 형성한다. 비활동성 안데스형 산맥의 좋은 예는 시에라네바다를 포함하는 미국 서부와 캘리포니아의 코스트 산맥이다.

12. 산맥은 충돌과 호상 열도, 해양대지 또는 다른 작은 지각 조각들과 대륙 블록의 병합의 결과로 형성될 수 있다. 북미의 코르디예라 산맥의 대부분은 이러한 식으로 만들어졌다.

13. 안데스형 대륙 주변부 아래로 해양 지각의 계속된 섭입으로 결국에는 해양분지가 닫힐 것이다. 이 결과로 대륙 충돌이 일어나고 지각의 수축과 융기로 형성된 히말라야와 같은 압축 산맥이 발달한다. 중요한 산맥의 발달은 보통 두 번 또는 그 이상의 조산운동으로 이루어져서 복잡하다. 대륙 충돌은 알프스, 우랄, 애팔래치아와 같은 많은 산맥들을 형성하였다.

주요 용어와 개념

학습 요약 문제

1. 지진이란 무엇인가? 어떤 환경에서 지진이 발생하는가?
2. 단층, 진원, 진앙은 어떤 관련이 있는가?
3. 지진이 일어나는 실제적인 방법을 최초로 설명한 사람은 누구인가?
4. '탄성반발'이 무엇인지 설명하라.
5. 포행을 경험하지 않은 단층은 안전하다고 여길 수 있다. 이 말을 반박하거나 옹호하라.
6. 지진계의 원리를 설명하라.
7. P파와 S파의 주요한 차이를 말하라.
8. 대부분의 강한 지진들은 ________로 알려진 지역에서 발생한다.
9. 리히터 규모 7인 지진은 6인 지진보다 ______배 더 많은 에너지를 방출한다.
10. 지진에 의한 직접적인 피해 외에, 지진과 관련된 다른 유형의 피해를 세 가지 말하라.
11. 쓰나미란 무엇인가? 쓰나미는 어떻게 발생하는가?
12. 암석권과 연약권의 물리적 성질을 비교하라.
13. 암석변형이란 무엇인가?
14. 취성변형과 연성변형의 차이는 무엇인가?
15. 배사와 향사, 돔과 분지, 배사와 돔의 차이를 구별하라.
16. 정단층과 역단층이 발생하는 움직임을 비교하라. 어떤 종류의 힘이 각각의 단층에 작용하는가?
17. 역단층과 스러스트 단층의 차이는 무엇인가? 어떤 면에서 같은가?
18. 산안드레아스 단층은 ________ 단층을 보여주는 좋은 예이다.
19. 판구조론에 의하면, 어떤 종류의 판의 경계가 산맥 형성과 가장 관련이 깊은가?
20. 쐐기형 부가체란 무엇인가? 형성과정에 관해 간략하게 설명하라.
21. 수동형 대륙 주변부란 무엇인가? 설명해 보라. 능동형 대륙 주변부의 예를 들어보라.
22. 판구조론이 어떻게 우랄 산맥 정상에 있는 해양 생물 화석을 설명하는 데 도움을 주는가?
23. 부가대(terrane)를 정의하라. 그리고 이것은 지대(terrain)란 용어와 어떻게 다른가?

Online 학습 안내

Foundation of Earth Science 웹에는 학생들이 이 장에서 다룬 여러 내용의 학습을 도울 수 있는 자료들과 인터넷 연계시스템을 갖추고 있다. 지구과학을 강의하는 연구자들에 의해서 발전된 이 인터넷 주소는 지구과학의 이해를 증진시켜 줄 것으로 생각된다. **http://www.prenhall.com/lutgens**를 방문하여 *Foundation of Earth Science 5e*를 클릭하여 다음 내용들을 살펴보자:

- 인터넷 종합 퀴즈
- 비평적 사고 훈련
- 장 관련 웹 자료들의 연계
- 웹을 통한 주요 개념 탐구

http://www.prenhall.com/lutgens

GEODe: Earth Science

*GEODe: Earth Science*는 동영상(animation), 비디오(video), 낭송(narration), 대화식 연습문제(interactive exercise), 실용적인 퀴즈 등을 이용하여 주요 개념을 더욱 심화함으로써 더욱 효과적인 학습을 이룰 수 있게 한다. 이 복사 CD는 이 책『지구시스템의 이해』 제5판에 포함되어 있다.

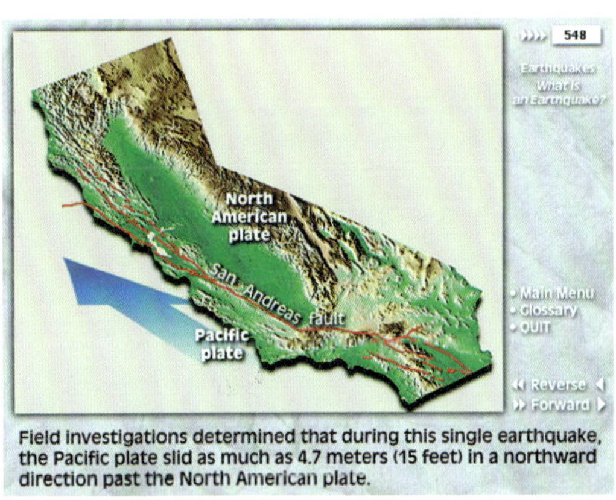

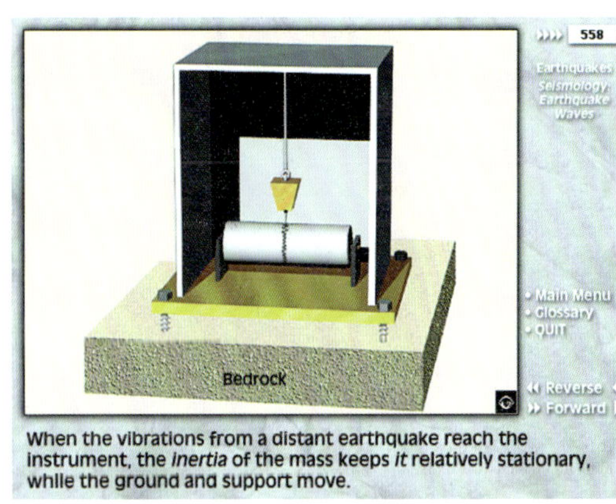

최근 분출된 이탈리아의 에트나산.

(사진 제공: Art Wolfe)

제 7 장

내부의 불

화산활동

학습 초점

다음은 여러분들이 이 단원에서 다루는 중요한 개념들을 이해하는 데 도움을 줄 수 있는 유용한 질문들이다.

1. 화산 분화의 성향을 결정하는 중요한 요소들은 무엇인가? 어떻게 이러한 요소들이 마그마의 점성에 영향을 미치는가?
2. 화산 분화와 관련된 광물들은 무엇인가?
3. 화산학자들에 의해 일반적으로 분류되어지는 3종류의 화산 분화형태와 특징적인 모양은 무엇인가?
4. 화산활동에 의해 형성된 지구의 다른 특성들은 무엇인가?
5. 관입 화성암체를 분류하기 위해 사용하는 기준들은 무엇인가? 이들의 특징들은 무엇인가?
6. 화산활동과 판구조론과의 관계는 무엇인가?

1980년 5월 18일(일요일)에, 역사시대 동안에 북미에서 일어난 가장 큰 화산 폭발이 아름다운 화산을 처참한 모습으로 변형시켰다. 이날, 워싱턴주 남서부에 위치한 세인트헬렌스산이 격렬하게 분출했다(**그림 7.1**). 그 폭발로 화산의 북쪽 측면 전체가 파괴되었으며 구멍은 갈라졌다. 순식간에 해발고도가 2,900m 이상이었던 화산이 400m 이상 낮아졌다.

이 폭발로 산 북측의 삼림은 황폐화되었다. 400 km² 내의 나무들이 겹쳐져 쓰러졌으며 나뭇가지가 찢겨졌다. 하늘에서 보면 마치 이쑤시개를 흩뿌려놓은 것 같았다(**그림 7.2**). 폭발과 동반된 이류(mudflow)는 화산회, 나무, 물에 포화된 돌 부스러기를 투틀(Toutle)강 하류 29km까지 운반했다. 폭발로 인한 강한 열과 화산회와 가스로 이루어진 구름으로 인한 호흡곤란으로 59명이 죽었다.

이 화산 분출은 거의 1km³에 달하는 화산재와 암설류를 분출했다. 폭발적인 분출로 세인트헬렌스산은 많은 양의 뜨거운 가스와 재를 계속 분출했으며 일부는 18,000m 이상의 성층권까지 올라갔다. 이후 며칠 동안, 매우 미세한 화산 물질들은 강한 상부의 바람을 타고 지구 전체에 운반되었다. 측정 가능한 화산 퇴적물들이 오클라호마와 미네소타에 쌓였고 몬태나 중부에서는 작물 피해가 보고되었다. 반편, 가까운 곳에서는 화산재의 깊이가 2m를 넘었다. 워싱턴주 야키마(Yakima, 동쪽으로 130km 떨어진 곳)의 하늘까지 화산재로 덮여 주민들이 정오에 한밤중과 같은 암흑을 경험하였다. 세인트헬렌스산은 15개의 커다란 화산 중의 하나이며, 브리티시컬럼비아에서 캘리포니아 북쪽까지 연장되는 캐스케이드(Cascade) 산맥을 구성하고 있는 수많은 화산 중의 하나이다. 지난 수천 년 동안 활동한 화산들 중에 여덟 번째로 크다. 남아 있는 7개의 활화산 중 다시 분출할 가능성이 큰 것은 워싱턴의 베이커(Baker)산과 레이니어(Rainier)산, 캘리포니아의 샤스타(Shasta)산과 래슨피크(Lassen Peak) 그리고 오리건의 후드(Hood)산이다.

모든 화산 분화가 1980년 일어난 세인트헬렌스산의 경우처럼 격렬한 것은 아니다. 하와이의 킬라우에아 화산처럼, 어떤 화산들은 상대적으로 조용히 용암을 분출한다(**그림 7.3**). 이러한 "조용한" 분화는 때때로 불을 수반하는 경우도 있다. 가끔 고온의 용암이 수백m 높이로 공기 중으로 흩뿌려진다. 그러나 이러한 현상은 매우 짧은 기간 동안 일어나고 무해하며, 일반적으로 용암은 용암이 괴어 있는 자리로 다시 떨어진다.

킬라우에아 화산이 조용히 분출한다는 증거는, 1912년부터 하와이의 화산 관측소가 그 산의 정상에서 관측을 해 왔다는 점이다. 그러나 사실 킬라우에아 화산은 1823년부터 화산 기록을 시작하고 이후 50회 이상의 분출을 겪었다. 더구나 지금까지 보고된 킬라우에아 화산의 분화 중 가장 길고 가장 큰 분출이 1983년 시작되었으며 이 글을 쓰고 있는 현재까지 끝나지 않고 있다. 그럼에도 불구하고 이 분화는 언론의 큰 관심을 끌지 못하고 있다.

왜 세인트헬렌스산 같은 화산들은 폭발적으로 분출하고, 킬라우에아 같은 화산들은 상대적으로 조용히 분출할까? 왜 화산들은 알류산 열도나 캐스케이드 산맥처럼 일련으로 일어날까? 왜 어떤 화산들은 대양저에서 발생하고, 어떤 것은 대륙에서 발생할까? 이 장에서는 이러한 문제들과 그 밖의 문제들을 다루어, 마그마와 용암의 성질과 움직임을 조사하도록 하겠다.

1. 화산 분출의 성질

GEODe EARTH SCIENCE Forces Within
▼ Igneous Activity

화산활동은 보통 주기적으로 격렬하게 분출하여, 멋진 콘 모양의 구조를 만드는 작용으로 알려져 있다. 비록 몇몇 분출들은 매우 폭발적이지만, 다른

그림 7.1 1980년 5월 18일 분출에 의한 세인트헬렌스산(Mount St. Helens)의 변화를 보여주는 전후 사진. 분출 후 사진의 어두운 지역은 분출 전 사진에서 일부 보이는, 스피릿 호수를 채운 암설류이다. (사진 제공: U.S. Geological Survey)

그림 7.2 1980년 5월 18일 세인트헬렌스산의 측면 돌풍으로 나무들이 부러지거나 뿌리째 뽑혀져 있다. (사진 제공: Lyn Topinka/AP Photo/USGS, 삽입사진: John Burnley/Photo Researchers, Inc.)

많은 경우 그렇지 않다. 화산이 마그마를 격렬히 또는 "조용히" 분출하는 요인은 무엇일까? 주요 요인은 마그마의 성분, 마그마의 온도 그리고 마그마에 녹아 있는 기체의 양이다. 이 요인들은 적게 또는 크게 마그마의 **점성**(viscosity)에 영향을 끼친다. 물질의 점성이 증가할수록(더 "짙어"질수록) 잘 흐르지 않는다. 예를 들어, 시럽은 물보다 점성이 높다. 폭발적으로 분출하는 마그마의 점성은 조용하게 분출하는 마그마의 점성보다 5배 크다.

점성에 영향을 미치는 요인들

점성에 대한 온도의 영향은 쉽게 알 수 있다. 시럽을 가열하면 시럽의 유동성이 커지는(점성이 작아지는) 것처럼, 용암의 유동성은 온도의 영향을 크게 받는다. 용암이 식고 굳어지면 용암의 유동성은 감소하고 마침내 용암의 흐름은 멎게 된다.

마그마의 화학조성은 화산활동에 더 중요한 영향을 미친다. 이 내용은 제2장에서 화성암의 분류와 함께 다루어졌다. 화성암을 분류하는 가장 큰 기준은 규소(SiO_2)의 함량임을 기억해라. 굳어져서 암석을 만드는 마그마의 경우도 마찬가지다. 현무암을 형성하는 마그마는 50%의 규소를 함유하고 있는 반면, 화강암을 형성하는 마그마는 70% 이상의 규소를 함유하고 있다(**표 7.1**).

마그마의 점성은 마그마의 규소 함량과 직접적으로 관련되어 있다. 일반적으로, 마그마에 규소 함량이 크면 마그마의 점성은 증가한다. 결정이 형성되기 전에도 규소 구조들이 서로 연결되어 긴 사슬을 이루기 때문에 마그마의 흐름은 방해받는다. 따라서 유문암질 용암은 규소를 많이 포함하므로 점성이 매우 높으며 비교적 짧고 두꺼운 용암류를 형성하기 쉽다. 대조적으로, 현무암질 용암은 규소를 적게 포함하므로 유동성이 크고, 굳기 전에 150km 이상

표 7.1 서로 다른 성분을 갖는 마그마들의 특성 변화

특성	현무암질 마그마	안산암질 마그마	화강암질 마그마
실리카 함량	최소(약 50%)	중간(약 60%)	최대(약 70%)
점성	매우 작다(매우 얇음)	중간	매우 높다(가장 두꺼움)
용암을 형성하는 경향	매우 높다	중간	매우 낮다
화산 쇄설물(pyroclastic)을 형성하는 경향	최소	중간	매우 높다
녹는 온도	매우 높다	중간	매우 낮다

을 이동하는 것으로 알려져 있다(**그림 7.3**).

하와이 제도의 분출에서 마그마는 뜨거운 현무암질이므로 쉽게 지표를 뚫고 나온다. 대조적으로, 점성이 높은 마그마는 분출하기가 어렵다. 가끔 분화구가 점성이 높은 마그마로 인해 막히는 경우가 있다. 그러면 화산 내부에 가스가 쌓여 압력이 증가하므로 폭발적으로 분출할 수도 있다. 그러나 끈적끈적한 마그마 그 자체에는 폭발성이 없다. 격렬한 분출이 일어날 때 커다란 폭발음을 내는 것은 가스의 함량과 관계 있다.

마그마 안에 녹아 있는 가스의 중요성

마그마의 가스 성분인 **휘발 성분**(volatile)은 암석이 분화구 밖으로 분출되도록 도와준다. 가스의 대부분은 수증기와 이산화탄소다. 마그마가 화산에서처럼 지표 가까이 도달하면 최상부 마그마의 압력은 크게 감소한다. 압력이 감소되면 마그마에 녹아 있는 가스는 갑자기 해방된다. 이것은 마치 탄산수의 병뚜껑을 따면 녹아 있던 이산화탄소 기포가 새어나오는 것과 같다.

높은 온도와 지표 부근의 낮은 압력에 의해 마그마에 녹아 있던 가스들은 그들의 원래 체적보다 수백 배 더 팽창한다. 유동성이 큰 현무암질 마그마

이런 사실을 알고 있었나요?

칠레, 페루 그리고 에콰도르에는 세계에서 가장 높은 화산들이 있다. 수십 개의 화산들의 높이는 6,000m가 넘는다. 에콰도르 침보라조(Chimborazo)와 코토팍시(Cotopaxi)에 있는 두 개의 화산은 한때 세계에서 가장 높은 산맥으로 여겨졌다. 이러한 명성은 19세기 히말라야가 조사되기 전까지 남아 있었다.

그림 7.3 2002년 1월 27일, 콩고의 니라공고(Nyiragongo) 산에서 분출된 현무암질 용암으로 인해 고마(Goma) 지역의 많은 집들이 파괴되었다. (사진 제공: AFP Photos/Marco Longari/Getty Images, Inc./Agence France Presse)

이런 사실을 알고 있었나요?

1815년, 인도네시아 탐보라(Tambora)의 분출은 근세에 알려진 가장 큰 화산 분출이다. 1980년, 세인트헬렌스산 분출 시 방출된 양보다 약 20배나 많은 화산재와 암석이 폭발적으로 뿜어져 나왔다. 믿겨지지 않게도 화산 폭발음은 미국을 횡단하는 거리인 약 4,800km 떨어진 곳에서도 들렸다.

는 팽창하는 가스가 상부로 끓어 넘침에 따라 쉽게 분화구 밖으로 빠져나온다. 현무암질 마그마가 분출하면서, 가끔 가스들은 작열하는 용암을 공기 중으로 수백m 높이로 추진시켜 용암분수를 형성한다. 매우 멋있는 광경일 뿐 아니라 이러한 분수들은 대부분 무해하다. 그리고 일반적으로 많은 생명과 재산의 손실을 가져오는 폭발과는 관계가 없다

그림 7.4 하와이 킬라우에아 화산의 측면 분출에 의한 화산쇄설물과 용암이 내뿜어진다. (사진 제공: Douglas Peebles)

(그림 7.4). 오히려 하와이에서 일어났던 것처럼 유동성이 있는 현무암질 마그마의 분출은 상대적으로 조용한 편이다.

반대로, 매우 점성이 높은 마그마는 팽창하는 가스가 상부로 이동하는 것을 지체시킨다. 가스는 기포와 구멍 안에 모이며 점차 이들의 크기와 압력이 증가되고, 마침내 화산으로부터 반쯤 녹은 암석을 폭발적으로 분출시킨다. 이 결과, 세인트헬렌스산이나 필리핀의 피나투보(Pinatubo)산의 경우와 같은 화산 폭발이 일어난다.

요약하면, 마그마의 점성, 마그마에 녹아 있는 가스의 양, 그리고 이들 가스의 탈출이 용이한 정도에 따라 화산 분출의 성질이 결정된다. 이제 우리는 하와이에서 일어난 뜨겁고 유동성이 큰 용암의 "조용한" 화산 분출과 세인트헬렌스산과 같은 화산에서 볼 수 있는 점성이 큰 용암의 폭발적이고 격렬한 분출에 대해 이해할 수 있다.

2. 분출과정 동안 무엇이 빠져나오는가?

GEODe EARTH SCIENCE Forces Within
▼ Igneous Activity

용암은 화산으로부터 분출하는 유일한 물질처럼 보이지만 항상 그런 것은 아니다. 가끔 폭발적인 분출에 의해 거대한 양의 암석 파편, 화산탄, 화산재 그리고 먼지가 내뿜어진다. 더구나 모든 화산 분출은 거대한 양의 가스를 방출한다. 이 장에서 우리는 화산 분출과 관련된 이들 물질 각각에 대해 살펴볼 것이다.

용암류

뜨거운 현무암질 용암의 낮은 규소 함량은 보통 유동성을 크게 만든다. 그들은 얇고 넓은 층상 또는 유선형의 리본처럼 흐른다. 하와이섬에서 이러한

용암류(lava flow)들은 가파른 경사면에서 시간당 30km의 속도로 흘러내린다. 그러나 이러한 속력으로 흐르는 것은 드물며, 보통 시간당 10~300m의 속도로 흐른다. 반대로, 규소가 많은 용암류의 흐름은 이따금 너무 느려서 인지하기 어렵다.

두 형태의 용암류는 하와이인의 이름으로부터 알려졌다. 이러한 용암류 중 가장 흔한 것이 **아아 용암류**(aa flow)로, 거칠고 들쭉날쭉한 "덩어리들"로 이루어져 있으며 이들의 가장자리는 날카롭고 가시처럼 뾰족한 돌기가 있어 위험하다(**그림 7.5A**). 아아용암을 가로지는 것은 시도해 볼 수 있지만 끔찍한 기억이 될 것이다. 이와는 반대로, **파호이호이 용암류**(pahoehoe flow)는 표면이 매끈하고 새끼를 꼰 모습과 닮았다(**그림 7.5B**). 파호이호이는 "위에서 걸을 수 있는"을 뜻한다. 아아와 파호이호이 용암류는 같은 화구에서 분출할 수 있지만 파호이호이 용암류는 아아 용암류보다 높은 온도를 가진다. 따라서 파호이호이 용암류가 아아 용암류로 형성된 용암보다 더 유동성이 크다. 게다가 파호이호이 용암은 종종 아아 용암류로 바뀐다. (그러나 아아 용암류는 파호이호이 용암류로 바뀔 수 없다.)

파호이호이에서 아아 용암류로의 변화를 야기시킬 것이라고 생각되는 요인 중 하나는 화구에서 용암류가 흐르면서 일어나는 온도의 하강이다. 온도가 떨어지면서 앞에서 설명한 것처럼, 기포의 형성이 촉진되어 점성이 증가한다. 탈출한 가스 기포들이 응고된 용암 표면에 수많은 공동들과 날카로운 돌기들을 형성한다. 용융 상태의 용암 내부가 전진하면서 바깥의 굳은 표면은 더욱더 부서져서 매끈한 표면이 아닌 거칠고 단단한 암석 파편들이 전진하는 형태로 변한다(**그림 7.5A**).

산 후안 파란가리쿠티로(San Juan Parangaricutiro) 도시를 덮은 멕시코 파리쿠틴(Paricutin) 화산의 용암은 아아 형태의 용암류이다(270쪽의 **그림 7.13**). 파리쿠틴의 용암류는 단지 하루에 평균 약 1m를 이동했지만 약 3개월 이상 전진이 계속되었다.

파호이호이 용암은 놀랍도록 느린 이동속도를 가지고 있다고 알려져 있다. 1990년, 하와이 칼라파나(Kalapana) 마을 근처에서 주민들은 파호이호

A.

B.

그림 7.5 A. 전형적으로 느리게 움직이는 아아 용암류. B. 하와이 킬라우에아 화산에서 보여지는 전형적인 파호이호이 용암류〔로프상(ropy) 용암류〕. (사진 제공: J. D. Griggs, U.S. Geological Survey, Denver)

이 용암류가 그들의 집 쪽으로 한 시간에 수m씩 이동하는 것을 수 주 동안 지켜봐왔다. 대부분의 주민들이 부상으로부터 피할 수 있었지만, 용암류를 멈추게 할 수는 없었고, 결국 그들의 집은 불에 타 재가 되었다.

가스

청량음료에 이산화탄소가 포함되어 있는 것처럼 마그마에는 압력에 의해 다양한 가스(휘발성)가 용해되어 있다. 청량음료의 경우처럼, 압력이 감소하자마자 가스는 새어나오기 시작한다. 분출하는 화산에서 가스를 채집하는 것은 어렵고 위험하다. 그래서 지질학자들은 종종 마그마 안에 포함되어 있는 가스의 총량을 추정할 수 있을 뿐이다.

대부분의 경우, 마그마 안에서 가스가 차지하는 몫은 총 무게의 1~5%로 여겨지며 가스의 대부분은 수증기다. 가스 함량은 적을지라도 분출하는 가스의 실제 양은 하루에 수천 톤이 넘는다.

화산가스들은 바닷물의 근원으로 여겨지기 때문에 화산가스의 성분을 파악하는 것은 과학자들에게 중요하다. 더구나 화산 분출은 대기를 구성하는 가스들의 중요한 공급원이다. 하와이 화산의 분출 때 얻은 시료들에 대한 분석 결과, 이들 가스는 70%의 수증기, 15%의 이산화탄소, 5%의 질소, 5%의 황 그리고 소량의 염소, 수소, 아르곤으로 구성되어 있음이 밝혀졌다. 황 화합물은 냄새가 자극적이고 쉽게 황산(대기오염의 자연적 원인)을 형성하므로 인지하기 쉽다.

화산 쇄설물

현무암질 용암이 분출할 때, 용해된 가스들은 비교적 자유롭게 끊임없이 새어나온다. 앞에서 얘기한 것처럼, 이 가스들은 작열하는 용암 거품들을 높게 뿜어 올리며, 그 결과 멋진 용암분수를 만든다. 어떤 분출물들은 분화구 근처에 떨어져 쌓여서 화산추를 형성한다. 반면에 작은 입자들은 바람에 실려 먼 거리까지 운반된다.

반면에, 점성이 높은 마그마(유문암질)에 포함되어 있는 가스는 과열된 채로 빠져나옴에 따라 천 배로 팽창되면서 분화구로부터 암석가루, 용암, 그리고 유리질 파편들을 뿜어낸다. 이런 과정에 의해 형성된 입자들을 **화산 쇄설물**(pyroclastic materials: *pyro* = 불, *clast* = 조각)이라고 한다. 이렇게 내뿜어진 용암 파편들은 매우 미세한 먼지와 모래 크기의 화산재(2mm보다 작은 크기)부터 수 톤 무게의 암괴에 이르기까지 다양한 크기를 갖는다.

화산재와 먼지 입자들은 폭발적으로 분출하는 동안 가스로 가득 찬 점성이 큰 마그마로부터 형성된다. 마그마가 화구를 따라 올라오면서 가스들은 급격히 팽창하는데, 마치 샴페인 병마개를 열었을 때 흘러내리는 거품처럼 용융물 거품이 형성된다. 뜨거운 가스가 폭발적으로 팽창함에 따라, 용융물 거품은 매우 미세한 유리질 조각들로 날려 보내진다. 뜨거운 화산회가 떨어질 때, 이 유리질 조각들은 흔히 녹아서 용결응회암(welded tuff)이라 불리는 암석을 만든다. 나중에 고화된 화산회층과 함께 이 용결응회암 층들은 미국 서부에서 매우 넓게 분포한다.

또한 크기가 작은 구슬이나 호두 정도인 화산 쇄설물도 흔하게 나타나는데, 이들은 화산력("작은 돌멩이")이라고 명명되었다. 이러한 분출물은 분석(2~64mm)이라고도 불린다. 직경이 64mm보다 큰 경우, 이미 굳어진 용암으로 이루어졌으면 화산암괴라 하고, 눈부시게 빛나는 용암으로 분출되면 화

이런 사실을 알고 있었나요?

일본의 아사마 화산 분출 때, 6m 길이에 20톤이 넘는 화산탄이 화구로부터 600m(약 7개의 풋볼경기장 길이)나 내던져졌다.

그림 7.6 하와이 킬라우에아 화산 분출 시 형성된 화산탄. 분출된 용암 파편은 공기 중을 날아가기 때문에 유선형을 갖는다. 삽입된 사진의 화산탄은 약 10cm 크기이다. (사진 제공: Arthur Roy/National Audubon Society/Photo Researcher, Inc.; 삽입사진 제공: E. J. Tarbuck)

산탄으로 불린다. 화산탄은 공중으로 분출될 때 반고화 상태이므로, 공기 중으로 날아가면서 흔히 유선형의 모습을 지니게 된다(**그림 7.6**). 화산암괴와 화산탄은 크기가 커서 보통 화산 사면에 떨어지지만, 때때로 분출가스의 힘에 의해 화산에서 멀리까지 날아가기도 한다.

3. 화산구조와 분출 형태

GEODe EARTH SCIENCE Forces Within
▼ Igneous Activity

화산의 대중적인 이미지는 오리건의 후드(Hood)산이나 일본의 후지(Fuji)산처럼, 고독하고 우아한 눈 덮인 정상의 모습이다. 이러한 그림 같은 원추형 산들은 수천 년 또는 수십만 년 동안 간헐적으로 일어난 화산활동에 의해서 만들어진다. 그러나 많은 화산들이 이러한 모습은 아니다. 어떤 화산들은 단지 30m의 높이이며, 며칠간 지속된 단 한 번의 분출로 형성된다.

화산지형은 매우 다양한 모양과 크기를 보이며, 이들 구조는 각각 독특한 분출역사를 가지고 있다. 그럼에도 불구하고, 화산학자들은 화산지형의 분류뿐만 아니라 분출 양상을 결정할 수 있어 왔다. 이제부터 화산의 일반적인 구조를 검토하고 세 가지의 주요 화산형태들(순상화산, 분석구 그리고 복합화산)에 대해 살펴볼 것이다. 이 토의 다음에는 다른 중요한 화산지형에 대해 개략적으로 조망해 볼 것이다.

화산의 구조 해부

화산활동은 종종 마그마가 강력하게 지표로 올라오면서 지각에 열극(fissure), 즉 깨진 틈이 발달할 때 시작된다. 가스가 풍부한 마그마가 이러한 직선형 열극을 통해, 통로는 보통 원형의 **화구**(conduit) 또는 **암경**(pipe)으로 국한되며 **화구**(vent)라 불리는 지표상의 구멍에서 종결된다(**그림 7.7**). 종종 오랜 휴지기에 의해 구분되는 용암과 화산 쇄설물, 또는 흔히 이 둘 모두의 연속적인 분출은 결국 우리가 **화**

그림 7.7 전형적인 복합화산의 모형. (그림 7.9와 7.12의 순상화산과 분석구를 각각 비교하여 보라)

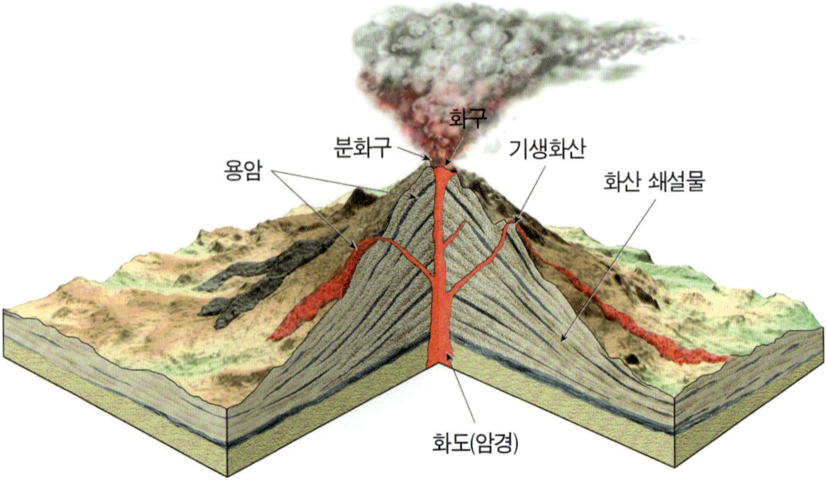

산(volcano)이라고 부르는 구조물을 만든다.

대부분의 화산 정상에는 **분화구**(crater)라 불리는 깔때기 모양의 함몰된 곳이 있다. 주로 화산 쇄설물의 분출에 의해 형성된 화산은 일반적으로 화산암편들이 점점 화구 주변에 쌓이면서 형성된 분화구를 가진다. 어떤 분화구들은 빠르게 분출되는 화산 물질들이 분화구 벽을 깎아내는 폭발적인 분출 동안에 형성된다. 분화구는 또한 화산의 정상부가 분출 후에 붕괴될 때 형성된다(**그림 7.8**).

몇몇 화산들은 칼데라(caldera)라고 불리는 매우 커다란 원형의 붕괴지형을 가진다. 대부분의 분화구는 직경이 수십m에서 수백m에 이르지만, 칼데라의 직경은 1km 이상, 드물게는 50km 이상이 되기도 한다. 우리는 이번 장의 후반부에서 다양한 형태의 칼데라의 형성에 관해 알아보고자 한다.

초기 성장단계에서 대부분의 화산 물질들은 중앙의 정상부의 화구로부터 나온다. 화산이 성장함에 따라, 물질들은 또한 화산의 사면이나 기저를 따라 발달하는 열극으로부터 나오려는 경향이 있다. 사면 분출이 계속되면서 작은 **기생화산**(parasitic cone: *parasitus* = 다른 이의 밥상에서 먹는 사람)이 만들어지기도 한다. 예를 들어, 이탈리아의 에트나(Etna)산은 200개 이상의 2차 화구를 가지고 있으며, 이중 몇 개는 원추화산을 형성하고 있다. 그러나 이들 중 상당수는 단지 가스만을 방출하며 이들은 **분기공**(fumaroles: *fumus* = 연기)이라는 적절한 명칭으로 불린다.

특정 화산의 형태는 크게 보아 화산 형성에 기여하는 마그마의 조성에 의해서 결정된다. 다음에서 알 수 있듯이, 유동성이 큰 하와이형 용암들은 완만한 경사를 갖는 거대한 구조를 만드는 경향이 있

그림 7.8 이탈리아 베수비오산의 분화구. 나폴리시는 베수비오의 북서쪽에 위치하고, A.D. 79년에 분출에 의해 묻힌 로마 도시 폼페이는 화산의 남서쪽에 위치한다. (사진 제공: NASA; 삽입사진 제공: Krafft/Photo Researcher, Inc.)

으며, 좀 더 점성이 크고 실리카가 풍부한 용암들(그리고 가스가 풍부한 현무암질 용암들)은 중간 정도 내지 가파른 경사를 가지는 원추화산을 형성한다.

순상화산

순상화산(shield volcano)은 유동성이 큰 현무암질 용암이 집적되어 형성되며 용사의 방패(**그림 7.9**)와 닮은, 넓고 낮은 돔 구조의 모양을 보인다. 대부분의(전부는 아니지만) 순상화산은 깊은 해저로부터 성장하여 섬이나 해산을 형성하다. 예를 들면, 하와이 제도, 아이슬란드, 갈라파고스섬들은 단일 순상화산이거나 여러 순상화산의 복합체이다. 하와이 화산에 대한 광범위한 연구로부터 각각의 순상화산이 평균 수m의 두께를 가지는 수많은 현무암질 용암류로부터 만들어졌음을 알게 되었다. 또한 이러한 화산섬들은 단지 약 1%의 화산 쇄설물을 가지고 있다.

마우나로아: 지구상에서 가장 큰 화산 마우나로아(Mauna Loa)는 하와이의 빅 아일랜드(Big Island)를 구성하는 5개의 겹쳐져 있는 순상화산 중의 하나이다(**그림 7.9**). 태평양 바닥에 있는 화산의 기저로부터 정상까지, 마우나로아의 높이는 에베레스트(Everest)산의 높이를 능가하는 9km 이상이다. 이처럼 거대한 현무암질 용암더미는 거의 100만 년 이상에 결쳐 분출된 4만km^3의 부피를 가진다. 비교해 보자면, 마우나로아를 구성하는 화산 물질의 부피는 레이니어(Rainier)산(**그림 7.10**)과 같은 커다란 복합화산추(composite cone)에서의 양보다 거의 200배 이상 많다. 그러나 대부분의 순상

이런 사실을 알고 있었나요?

하와이 빅아일랜드에 있는 킬라우에아 화산은 지구상에서 가장 끊임없는 활동을 하는 화산이다. 분출은 1년 내내 초당 5m의 속도로 해양으로 계속해서 용암을 흘려보낸다.

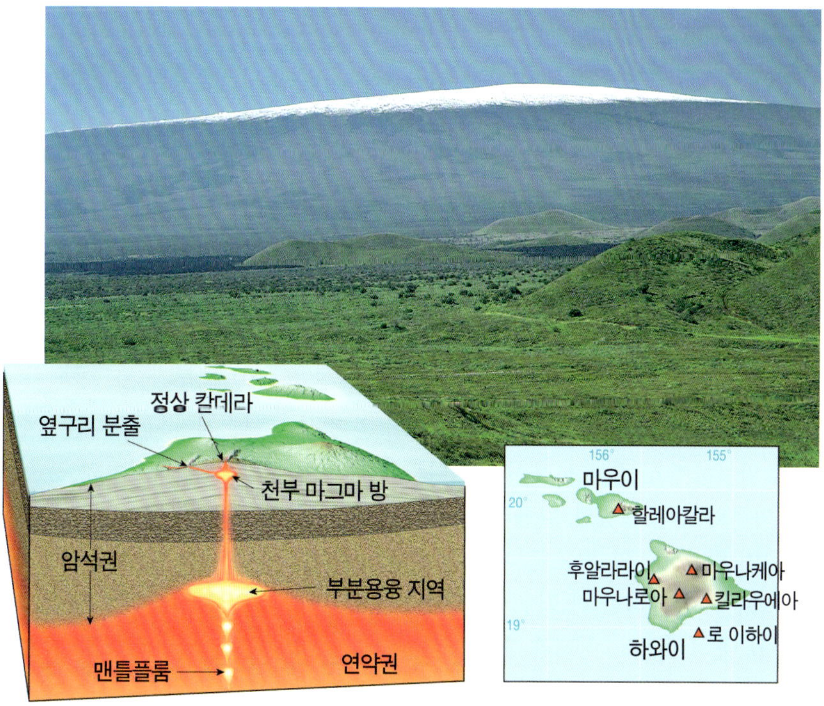

그림 7.9 마우나로아는 하와이섬을 구성하는 5개의 순상화산 중의 하나다. 순상화산은 주로 유동성을 갖는 현무암질 용암류로 만들어지며 화산 쇄설물은 소량 함유한다. (사진 제공: Greg Vaughn)

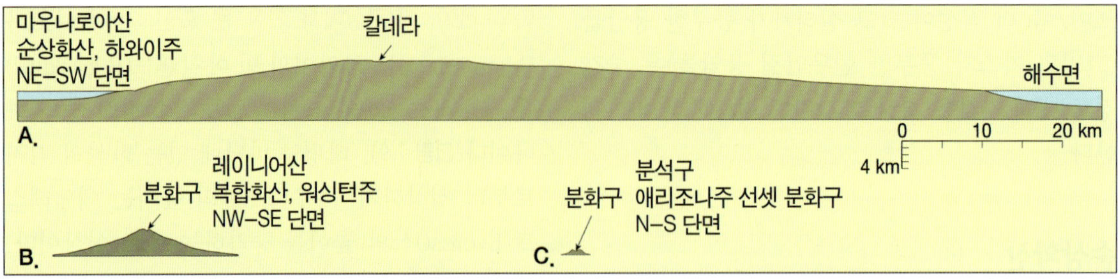

그림 7.10 화산지형들의 윤곽. A. 하와이 제도에서 가장 큰 순상화산인 마우나로아의 윤곽. 복합화산 중 큰 편에 속하는, 워싱턴주에 있는 레이니어산의 크기를 비교해 보라. B. 워싱턴주에 있는 레이니어산의 윤곽. 레이니어산과 전형적인 분석구의 크기를 비교해 보라. C. 전형적인 가파른 측면을 가지는 분석구인 애리조나주에 있는 선셋 분화구의 윤곽.

화산은 보다 작은 크기를 가진다. 예를 들면, 전형적인 아이슬란드의 순상화산인 Skjalbreidur는 약 600m 높이로 솟아 있으며, 기저의 직경이 10km이다.

특히 아이슬란드에 위치한, 젊은 순상화산들은 중앙의 화구로부터 매우 유동성이 큰 용암을 분출하며, 1~5°의 다양한 측면 경사각을 지닌다. 마우나로아로 대표되는, 성숙한 순상화산은 보다 급한 측면을 갖지만 정상은 상대적으로 편평하다. 성숙기 동안, 용암은 경사면을 따라 발달한 열극대뿐만 아니라 정상부의 화구로부터 분출된다. 대부분의 용암은 유동성이 큰 파호이호이 형태로 분출되지만, 이들 용암류가 경사면을 따라 식으면서 클링커(clinker)와 비슷한 아아 용암류로 흔히 변한다. 한 번의 분출이 잘 확립된 이후에는 대부분의 용암류(약 80%)는 잘 발달된 용암 동굴(터널)들을 통해 흐른다. 이는 용암이 굳기 전에 이동할 수 있는 거리를 크게 증가시킨다.

성숙한 활동성 순상화산의 또 다른 특징은 정상부에 위치하며 급경사를 보이는 커다란 칼데라이다. 마우나로아 정상의 칼데라 크기는 2.6×4.5 km이며 약 150m의 평균 깊이를 가진다. 커다란 순상화산의 칼데라는 마그마 방 위에 놓인 천장이 붕괴될 때 형성된다. 이러한 붕괴는 커다란 분출에 따른 마그마 저장소에서의 방출, 또는 화산 사면에서의 열극 분출에 따른 마그마의 이동에 의해 발생할 수 있다.

하와이의 킬라우에아: 순상화산의 분출 지구상에서 가장 활동적이며, 가장 잘 연구가 된 순상화산인 킬라우에아(Kilauea)는 하와이섬의 마우나로아 끝자락에 위치하고 있다. 1823년 기록이 시작된 이래, 50회 이상의 분출이 관찰되었다. 각각의 분출이 있기 전 수개월 동안, 킬라우에아는 마그마가 점점 상부로 이동하고 정상 아래 수km 하부에 있는 중앙의 저장소에 집적됨에 따라 부풀게 된다. 화산이 분출하기 전 최대 24시간 동안, 여러 번 일어나는 미진들은 임박한 화산활동에 대해 경고한다.

지난 50년 동안 킬라우에아의 대부분 화산활동은 동열극대(East Rift Zone)라 불리는 지역인 화산의 측면을 따라 일어났다. 기록된 킬라우에아의 분출 중 가장 길고 큰 규모의 열극 분출은 1983년에 시작되었고 현재까지도 멈출 기미 없이 계속되고 있다. 최초의 분출은 붉고 뜨거운 용암이 하늘로 솟구쳐 100m 높이의 "불의 장막"을 만들었던 6km의 열극을 따라 시작되었다. 화산활동이 한 지역에 집중되었을 때, 하와이어 명칭이 *Puu Ooo* 인 분석(cinder) 및 스패터(spatter) 화산구(cone)가 만들어졌다. 이후 3년 동안, 일반적인 분출 양상은

이런 사실을 알고 있었나요?

하와이 화산신인 펠레의 전설에 따르면, 킬라우에아 화산 정상에 그녀의 집을 만든다. 이러한 증거는 "펠레의 머리털"(Pele's hair: 부드럽고 유연한 황갈색의 가늘고 섬세한 유리질의 섬유)이다. 이 가늘고 긴 화산유리는 뜨거운 용암 덩어리가 튀고 빠져나온 가스에 의해 부서질 때 형성된다.

가스가 풍부한 용암분수가 하늘로 뿌려지는 짧은 기간(수시간 내지 수일)의 분출들로 구성되었다(**그림 7.11**). 각 분출이 끝나면 거의 한 달에 달하는 휴지기가 왔다.

1986년 여름에 이르러, 새로운 화구 하나가 열극의 3km 아래쪽으로 열렸다. 여기에, 매끈한 표면을 갖는 파호이호이 용암이 용암호를 형성했다. 용암호는 간혹 넘쳤으나, 더 흔하게는 용암이 터널을 통해서 빠져나가 화산의 남동쪽 측면의 아래로 이동하여 바다로 향하는 파호이호이 용암류를 공급하였다. 이러한 용암류는 거의 100채의 시골집들을 파괴했고 주요 도로를 덮었으며, 마침내 바다로 흘러갔다. 이후 지금까지 용암은 간헐적으로 해양으로 쏟아져 나와 하와이섬에 새로운 육지를 더해 주고 있다.

그림 7.11 하와이 킬라우에아 화산의 동쪽 열곡대(rift zone)를 따라 분출하는 용암. (사진 세공: Greg Vaughn)

분석구

이름이 시사하는 것처럼, **분석구**(cinder cone, **스코리아구**(scoria cones)로도 불림)는 공중을 나는 동안 굳기 시작하는 분석이나 클링커의 형태를 지닌, 하늘로 내뿜어진 용암 조각들이 쌓여서 만들어진다. 이러한 화산 쇄설물 암편들은 세립의 화산재로부터 직경이 1m 이상인 화산탄에 이르기까지 다양한 크기를 가진다. 그러나 대부분의 분석구는 기공(구멍을 갖는)이 특징적이며 검은색에서 붉은 갈색을 띤 완두콩 내지 호두 크기의 암편들로 구성되어 있다. 분석구는 대부분 느슨한 화산 쇄설물들로 구성되어 있지만, 종종 용암을 뿜어내기도 한다. 이 경우 정상부의 화구보다는 화산 기저나 그 근처로부터 분출물들이 배출된다.

분석구는 세 가지의 중요한 화산형태 중 가장 흔하다. 분석구는 느슨한 화산 쇄설물들이 안정적으로 쌓이면서 유지되는 기울기에 의해 정해지는 단순하고 뚜렷한 모양을 가진다(**그림 7.12**). 분석들은 큰 안식각(물질들이 안정을 유지하는 최대각도)을 가지기 때문에 젊은 분석구는 30~40°의 경사면을 가지며 가파르다. 게다가 분석구는 그 구조의 전체 크기에 비해 크고 깊은 분화구를 가진다. 비교적 대칭적이긴 하지만 많은 분석구들은 분출 시 바람이 불었던 방향으로 신장되거나 더 높다.

대부분의 분석구는 단 한 번의 짧은 분출사건에 의해서 형성된다. 어떤 연구에 의하면, 조사된 분석구의 반 이상이 한 달 이내에 만들어졌고 95%가 1년 이내에 형성되었다. 그러나 어떤 분석구는 수년 동안 활동적인 경우도 있다. **그림 7.13**의 파리쿠틴(Parícutin)은 9년의 분출 주기를 가진다. 한번 분출이 멈추면 마그마 공급처와 화구를 연결하는 "관" 내의 마그마는 고화되며 화산이 다시 분출하지 못한다. 이러한 짧은 생애의 결과로, 분석구는

을 따라 분포하는 대륙화산들의 띠를 포함하며, 안데스의 커다란 원추화산과 미국 서부와 캐나다의 캐스케이드 산맥이 포함된다. 후자에는 세인트헬렌스산, 레이니어산 그리고 가리발디산이 포함된다. 환태평양 화산대에서 제일 활동적인 지역은 북·서 태평양의 깊은 해구에 인접해 있는, 굽어진 모양의 화산섬대를 따라 분포한다. 거의 연속적인 화산섬 고리들은 알류산 열도에서 일본 그리고 필리핀을 지나 뉴질랜드의 북섬까지 뻗어 있다.

전형적인 복합화산은 용암과 화산 쇄설물층으로 구성된 거대하고 거의 대칭적인 구조이다. 유동성이 큰 현무암질 용암의 분출로 순상화산의 모양이 만들어지듯이, 복합화산추 역시 분출된 물질의 성질을 반영한다. 복합화산의 대부분은 안산암질 성분을 갖는 가스가 풍부한 마그마로부터 생성된다. 순상화산에 비해 실리카가 풍부한 복합화산은 짧은 거리를 이동하는, 두껍고도 점성이 큰 용암을 형성한다. 게다가 복합화산은 엄청난 양의 화산 쇄설물을 분출하는 폭발적인 분출을 일으킬 수 있다. "전형적인" 복합화산의 성장은 중앙화구로부터 분출된 화산 쇄설물 및 용암과 함께 시작된다. 화산 구조를 갖춰감에 따라, 용암들은 화산의 아래쪽 측면에 발달하는 열극을 통해 분출하는 경향이 있다. 이러한 화산활동은 정상부의 분화구로부터 화산 쇄설물을 뿜어내는 폭발적인 분출과 교대로 일어날 수 있다. 가끔은 이 두 분출이 동시에 발생하기도 한다.

가파른 정상부와 점차 완만한 경사의 측면을 갖는 원추 모양은 커다란 복합화산들에서 많은 경우 특징적이다. 달력과 우편엽서를 장식하는 이 전통적인 프로파일은 부분적으로 점성이 큰 용암과 화산 쇄설성 분출물이 원추화산의 성장을 도운 결과이다. 정상의 분화구로부터 뿜어져 나온 커다란 화산 암편들은 그 근처에 쌓인다. 조립질 암편들은 안식각이 크기 때문에 정상부에서 가파른 경사면을 만드는 데 일조한다. 반면에, 세립의 분출물들은 넓은 지역에 걸쳐 얇은 층으로 퇴적된다. 이로 인해 원추화산의 측면이 좀 더 편평하게 된다. 게다가 화산 성장기의 초기에는 용암들이 후기 것들보다 양이 더 많고 화구로부터 더 멀리 이동한다. 이 역시 원추화산의 기저부를 넓게 만드는 데 기여한다. 화산이 성숙함에 따라, 중앙 화구로부터 나온 짧은 용암류는 정상부를 단단하고 강하게 한다. 그 결과, 40도가 넘는 정상부의 가파른 경사가 간혹 가능하다. 가장 완벽한 원추화산인 필리핀의 마욘산과 일본의 후지산은 가파른 정상부와 완만한 경사의 측면을 갖는, 우리가 기대하는 모습의 전형적인 복합화산에 속한다.

대칭적인 형태임에도 불구하고, 대부분의 복합화산은 복잡한 역사를 가진다. 화산 주변에는 화산 암편들로 이루어진 거대한 둔덕들이 나타나는데 이들은 먼 옛날, 화산의 상당 부분이 마치 커다란 산사태에서처럼 아래로 미끄러져 내렸다는 증거를 보여준다. 다른 화산들은 정상부의 폭발적인 분출로 인해 말발굽 모양의 함몰형태를 발달시키거나 또는 1980년 세인트헬렌스 화산 분출에서 일어난 것처럼, 산사태와 함께 $0.6m^3$의 마그마가 분출함에 따라 화산추의 북쪽 사면에 엄청 큰 구덩이를 남기기도 한다. 이들 화산 폭발 후, 종종 많은 "재건축"이 일어나 원형 경기장 모습을 지닌 본래의 폭발 흔적을 찾아보긴 어렵다.

4. 복합화산의 그늘에서 영위하는 삶

지난 200년 동안 미국에서는 50개 이상의 화산이 분출하였다(288쪽의 **그림 7.28**). 다행히도, 1980년 세인트헬렌스 화산 폭발을 제외하고는, 매우 폭발적인 화산 분출이 알래스카의 인구가 적은 지역에서 일어났다. 전 지구적으로, 수많은 파괴적인 분출이 지난 수천 년 동안 발생했으며, 이들 중 일부는 인간의 문명사에 영향을 끼쳤다.

열운: 치명적인 화쇄류

복합화산과 관련되어 가장 파괴적인 현상 중의 하나는 백열의 화산재와 커다란 암편들이 섞인 고온의 가스로 구성된 **화쇄류**(pyroclastic flow)이다. 가장 파괴적이며 불붙듯 뜨거운 화쇄류인 **열운**〔nuée ardent: **백열사태**(glowing avalanches)로도 불림〕은 화산의 가파른 경사면을 따라 거의 시속 200km에 달하는 속도로 질주하듯 흘러내릴 수 있다(**그림 7.15**).

지표면에 가까운 백열사태의 부위에는 화쇄류를 따라 상승하는 가벼운 가스의 흐름 때문에 지표에 가라앉지 못하고 공중에 떠 있는 미립자가 많이 있다. 이러한 가스의 일부는 새로 분출된 화산 암편들로부터 빠져나왔다. 게다가 앞으로 빠르게 진행해 나가는 화쇄류에 의해 사로잡힌 공기는 충분히 가열되어 열운의 미립자들에게 부력을 제공한다. 따라서 화산재뿐만 아니라 커다란 암편들을 갖고 있는 화쇄류가 거의 마찰이 없는 환경에서 아래로 이동한다. 이러한 사실로부터 어떻게 열운 퇴적물이 근원지로부터 100km 이상 펼쳐질 수 있는지 설명될 수 있다.

중력의 잡아당기는 힘은 공기보다 무거운 화쇄류를 마치 눈사태에서처럼 아래로 쓸어내리는 원동력이 된다. 일부 화쇄류는 화산 측면에서의 강력한 분출로 화산 물질이 옆으로 퍼져나가면서 발

이런 사실을 알고 있었나요?

1902년 펠레산이 분출했을 때, 미 상원은 태평양과 인도양을 연결하기 위한 운하 위치에 대한 표결을 준비했다. 우표에 연기가 나는 화산이 있는 나라인 파나마와 니카라과 사이가 선택되었다. 파나마 운하의 지지자들은 니카라과의 화산 분출 위협을 그들의 논쟁에서 파나마를 유리하게 하는 데 사용하였다. 미 상원은 결국 8명의 표결로 파나마 운하 건설을 승인했다.

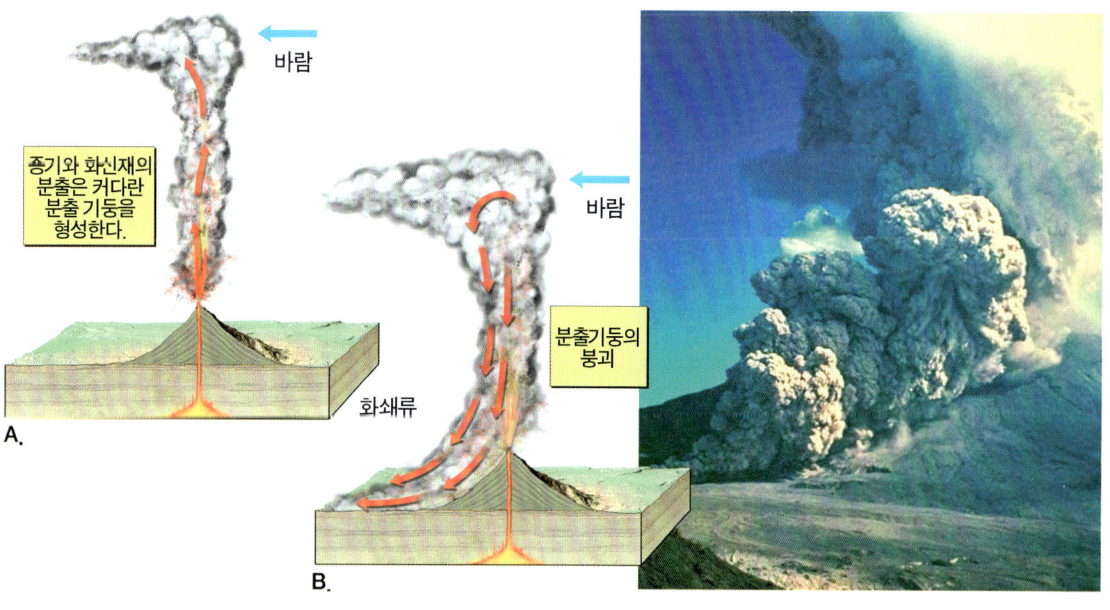

그림 7.15 A와 B는 화쇄류가 형성되는 과정을 보여준다. 사진은 1980년 8월 7일, 열운으로 불리는 고온의 화산 쇄설류가 시속 100km 이상의 속도로 세인트헬렌스산의 경사면을 따라 아래로 질주하고 있다. (사진 제공: Peter W. Lipman, U.S. Geological Survey, U.S. Denver)

생한다. 아마도 좀 더 흔하게는, 폭발적인 분출에 의해 만들어진 화산의 커다란 분출기둥이 붕괴되면서 열운들이 형성된다. 빠져나오는 가스들에 의한 초기의 상승력이 중력보다 작게 되면 화산 분출물들은 떨어지기 시작한다. 정상지역에 떨어진 엄청난 양의 백열 암괴, 화산재 및 부석 암편들은 중력효과로 인해 폭포처럼 아래로 떨어지기 시작한다. 매우 큰 암편들은 원추화산의 측면을 따라 튕겨지며 내려오는 게 관찰된 반면, 세립의 물질들은 혀 모양의 구름띠를 따라 팽창하면서 빠르게 이동한다.

생 피에르 마을의 파괴 1902년에 카리브해의 마르티니크(Martinique)섬에 있는 작은 화산인 펠레산으로부터 발생한 악명 높은 열운이 항구 마을인 생 피에르(St. Pierre)를 파괴했다. 이 사건은 순식간에 일어났으며 28,000명에 달하는 생 피에르의 거의 모든 거주자가 죽었다. 마을 변두리의 지하감옥에 갇혀 있었던 단 한 명의 죄수와 항구의 배에 있던 몇 명의 사람만이 목숨을 건졌다(**그림 7.16**).

이 재앙에 가까운 분출이 있은 지 얼마 후, 과학자들이 현장에 도착하였다. 생 피에르는 얇은 층의 화쇄류로 덮여 있었지만 과학자들은 거의 1m 두께의 석조 벽들이 도미노처럼 쓰러지고 커다란 나무들이 뿌리까지 뽑히고 대포의 포대들이 뜯겨져 있음을 발견하였다. 이 열운의 파괴적인 힘을 기억나게 하는 또 다른 기록은 정신병원의 폐허 더미에 보존되어 있다. 알코올 중독자들을 묶어놓기 위해 사용되었던 커다란 강철 의자 중의 하나가 마치 플라스틱 제품인 양 비틀려진 모습으로 오늘날까지 보존되어 있다.

그림 7.16 1902년 펠레산이 분출한 직후의 생 피에르 마을의 모습. (사진 제공: Library of Congress)

라하르: 활동성 및 비활동성 원추화산 위의 이류

커다란 복합화산은 폭발적인 분출과 함께 인도네시아어에서 온 이름인 **라하르**(lahar)로 불리는 일종의 이류(mudflow)를 발생시킨다. 이러한 파괴적인 이류는 화산 암설들이 물에 포화되면서 화산의 급한 경사면을 작은 골짜기나 계곡을 따라 빠르게 흘러내릴 때 발생한다. 일부 라하르는 화산 분출시 많은 양의 눈과 얼음이 녹으면서 발생하기도 한다. 또 다른 경우는 풍화된 화산 퇴적층들이 폭우에 의해 물에 포화될 때 발생한다. 따라서 라하르는 화산이 분출하고 있지 않을 때에도 발생할 수 있다.

1980년 세인트헬렌스산이 폭발했을 때, 몇 번의 라하르가 형성되었다. 라하르와 이에 수반된 홍수는 시간당 30km 이상의 속도로 토틀(Toutle)강의 북쪽과 남쪽 지류의 계곡 아래로 경주하듯이 돌진해 나갔다. 강 수면이 홍수 수위보다 4m나 상승하였고 라하르가 휩쓸고 간 지역에서는 주택과 다리들이 파괴되거나 심각한 손상을 입었다(**그림 7.17**). 다행히도, 이 지역에는 거주민이 많지 않았다.

1985년에 콜롬비아 안데스 산맥에 있는 5,300m 높이의 네바도 델 루이즈(Nevado del Ruiz) 화산이 소규모로 분출하면서, 치명적인 라하르가 발생하였다(Nevado는 스페인어로 눈을 뜻함). 뜨거운 화산 쇄설물들이 산을 덮고 있던 얼음과 눈을 녹였고 화산의 측면에 있던 3개의 주요 하천 계곡으로 화산재와 암설들로 이루어진 급류를 내려보냈다. 시속 100km까지 도달한 이들 이류들은 끔찍하게도 2만 5,000명의 목숨을 앗아갔다.

워싱턴주의 레이니어산은 네바도 델 루이즈처럼 1년 내내 두꺼운 눈과 얼음으로 덮여 있기 때문에 많은 사람들이 미국의 가장 위험한 화산으로 여긴다. 10만 명의 사람들이 레이니어 근처의 협곡에 살고 있고 많은 집들이 수백 년 또는 수천 년 전에 화산 아래로 흘러내렸던 라하르 위에 건축되었다는 사실은 그 위험을 더해주고 있다. 미래에 있을 한 번의 화산 분출 또는 단지 지속적인 폭우에 의해서도 아마 과거에 흘렀던 경로를 따라 라하르가 만들어질 수 있다.

그림 7.17 세인트헬렌스산의 서북서의 토틀강을 따라 라하르에 의해 피해를 입은 집. 집의 끝에는 부러진 나무와 숲에 부딪친 오두막이 있다. (사진 제공: D. R. Crandell, U.S. Geological Survey)

5. 다른 화산지형들

가장 확실한 화산구조는 원추화산이다. 그러나 다른 뚜렷하고 중요한 지형들 또한 화산활동에 수반된다.

칼데라

칼데라(caldera: *caldaria* = 요리용 냄비)는 대체로 원형을 지니는 큰 함몰 지형이다. 직경은 1km 이상이며, 많은 경우 수십km에 달한다〔1km 이하의 것은 함몰 구덩이(collapse pits)라 한다〕. 대부분의 커다란 칼데라들은 다음 과정 중 하나에 의해서 형성된다: (1) 큰 복합화산에서 실리카가 풍부한 부석과 화산재 암편들이 폭발적으로 분출한 후 일어나는 정상부의 함몰(크레이터 호수형 칼데라); (2) 중앙의 마그마 방으로부터 마그마가 지하 유출되면서 일어난 순상화산 정상부의 함몰(하와이형 칼데라); (3) 고리 모양의 파쇄대를 따라 엄청난 양의 규장질 부석과 화산재가 방출되면서 일어난 넓은 지역의 함몰(옐로스톤형 칼데라).

크레이터 호수형 칼데라 오리건주의 크레이터 호수는 직경이 최대 10km, 깊이가 1,175m인 칼데라 내에 위치한다. 이 칼데라는 약 7,000년 전, 폭발 후에 마자마(Mazama)산으로 이름 지어진 한 복합화산이 50~70km^{3}의 화산 쇄설물들을 격렬하게 내뿜은 후 형성되었다(**그림 7.18**). 지지기반이 없어지면서 화산추의 정상부가 1,500m 가량 붕괴되었다. 붕괴된 후에 빗물이 칼데라를 채웠다(**그림 7.18**). 그 후에 일어난 화산활동에 의해 호수 내에 작은 분석구가 만들어졌다. 오늘날 위저드 아일랜드(Wizard Island)라 불리는 이 분석구는 과거의 화산활동에 대해 묵묵히 얘기해 주고 있다.

하와이형 칼데라 어떤 칼데라들은 격렬한 분출 후의 붕괴로 인해 형성되지만, 많은 경우는 아니다. 예를 들면, 하와이의 살아 있는 순상화산인 마우나로아와 킬라우에아는 정상에 커다란 칼데라를 가진다. 킬라우에아의 칼데라는 3.3×4.4km 면적에 150m의 깊이를 가진다. 이 칼데라의 벽면은 거의 수직으로 가파르기 때문에 밑바닥이 거의 편평한 거대한 구덩이처럼 보인다. 용암호가 종종 칼데라 바닥에 형성되긴 하지만 많은 양의 용암이 칼데라로부터 직접 분출하면서 붕괴가 시작된 것은 아니다. 대신, 킬라우에아 칼데라는 화산 하부의 마그마 방에서 동열극대(East Rift Zone) 쪽으로 마그마가 천천히 측면 쪽으로 배출됨에 따라 정상부가 지탱되지 못하면서 점차 가라앉아 형성되었다.

옐로스톤형 칼데라 세인트헬렌스산의 1980년 분출은 엄청났지만 63만 년 전 지금의 옐로스톤 국립공원 지역에서 일어났던 것에 비하면 훨씬 못하다. 약 1,000m^{3}의 화산 쇄설물이 분출되어 직경이 70km인 칼데라가 형성되었다. 이 분출은 멀리 멕시코만까지 화산재가 소나기처럼 내리게 하였다. 국립공원 지역의 많은 온천과 간헐천들이 바로 이 화산활동의 흔적들이다.

대형의 옐로스톤형 칼데라는 실리카가 풍부한 마그마(유문암질)가 지표 근처에 정치되며 위에 놓인 암석들을 밀쳐낼 때 만들어지기 시작한다. 그 다음, 천장 부위에서 고리 모양의 파쇄대가 발달하며 가스가 풍부한 마그마가 지표로 올라올 수 있는 통로를 제공해 준다. 이를 통해, 주로 화산재와 부석 암편으로 된 거대한 양(보통 100km^3 이상)의 화산 쇄설물들이 폭발적으로 분출되기 시작한다. 이러한 물질들은 전형적으로 시속 100km 이상의 속도로 주변 지역으로 퍼져나가면서 앞에 놓인 거의 모든 생명체들을 파괴하는 화쇄류를 형성한다. 화쇄류가 멎게 된 후, 뜨거운 화산재와 부석 암편들이 서로 용융되면서 고화된 용암류와 매우 비슷한 모양의 용결응회암(welded tuff)을 만든다. 마지막으로, 지지기반이 없어지면서 마그마 방의 천장이 붕괴되어 커다란 칼데라가 형성된다.

옐로스톤형 칼데라는 지구상에서 가장 큰 화산체이다. 일부 지질학자들은 이들 칼데라의 파괴적인 힘을 작은 소행성의 충돌과 비교하곤 한다. 다행스럽게도, 역사시대 동안에는 이런 유형의 화산 분출은 일어나지 않았다. 미국에 있는 또 다른 대형 칼데라는 캘리포니아의 롱 밸리(Long Valley) 칼데라와 뉴멕시코 로스알라모스 서쪽의 발레스(Valles) 칼데라이다.

이런 사실을 알고 있었나요?

일부 칼데라는 너무 커서, 옐로스톤 국립공원에서 발견되는 것과 같은 지열 지형을 방문하는 대부분의 사람들은 자신들이 지구상에서 가장 큰 화산지형 위에 있다는 것을 알지 못한다.

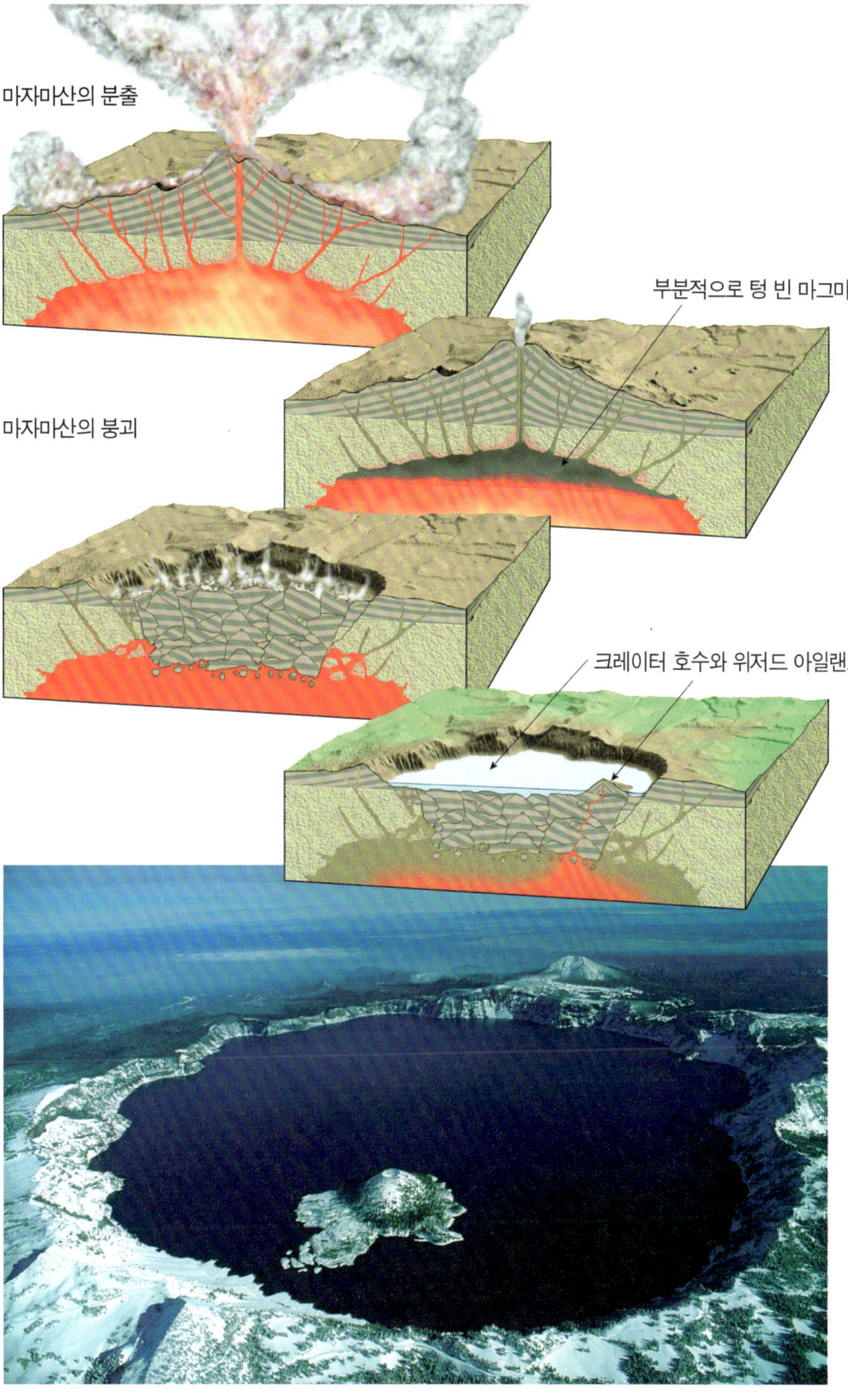

그림 7.18 오리건주의 크레이터 호수가 형성되는 과정. 약 7,000년 전, 이전 마자마(Mazama)산의 정상이 마그마 방의 일부를 비워버리는 격렬한 분출 후에 붕괴되었다. 그 후의 분출로 위저드 아일랜드라고 하는 분석구가 형성되었다. 비와 지하수로 인해 호수가 형성되었다. (H. Williams, *The Ancient Volcanoes of Oregon* 에서. 사진 제공: Greg Vaughn/Tom Stock and Associates)

열극 분출과 용암대지

우리는 화산 분출이 중앙 화구에서만 일어나 화산을 형성하는 것으로 생각하지만 많은 양의 화산 물질은 **열극**(fissure)이라 불리는 지각의 갈라진 틈으로 분출한다. 이 같은 길고 좁은 틈에서 분출되는 용암은 화산추를 형성하기보다는 넓은 지역을 덮는 점성이 낮은 현무암질 용암을 분출한다.

미국 북서부의 광활한 컬럼비아 대지(Columbia Plateau)는 이런 식으로 형성됐다(**그림 7.19**). 무수히 많은 **열극 분출**(fissure eruption)에 의해 유동성이 큰 현무암질 용암이 분출됐다(**그림 7.20**). 어떤 용암은 두께가 약 50m에 달했으며 연속적으로 흘러내린 용암이 기존의 지형을 덮어서 거의 1.5km의 두께를 갖는 용암대지가 형성되었다. 어떤 용암은 근원지로부터 150km를 이동할 수 있을 정도로 유동성이 좋았다. 이러한 용암류를 **범람 현무암**(flood basalt)이라고 한다. 컬럼비아 대지의 현무암들처럼 현무암질 용암이 대량으로 쌓이는 현상은 전 세계적으로 발생한다. 가장 큰 것 중의 하나는 중부 서인도에서 거의 50만km^{2}를 덮으며 편평하게 놓여 있는, 두꺼운 현무암 용암류 층인 데칸 트랩(Deccan Trap)이다. 약 6,600만 년 전 데칸 트랩이 형성될 때, 거의 200만km^{3}의 용암이 100만 년도 채 안 되는 기간 동안 분출되었다. 온통자바 대지(Ontong Java Plateau)라 불리는 또 다른 거대한 범람 현무암층은 태평양 바닥에서 발견되었다.

그림 7.19 미국 북서부의 화산지대. 컬럼비아강 현무암은 거의 20만km^{2}를 덮는다. 이곳에서의 화산활동은 약 1,700만 년 전에 시작됐다. 커다란 열극 밖으로 용암이 흘러나오기 시작하여, 마침내 평균 1km 이상의 두께를 가진 용암대지를 형성했다. (U.S. Geological Survey에서)

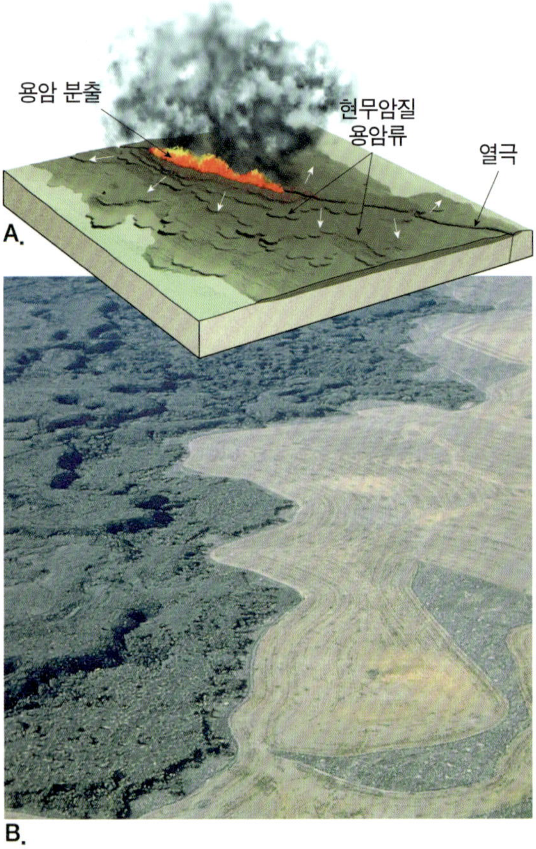

그림 7.20 현무암질 열극 분출. A. 열극으로부터 용암의 분출은 현무암대지라 불리는 유동성의 용암류를 형성한다. B. 아이다호 폭포 근처의 현무암질 용암류(어두운 부분)의 사진. (사진 제공: John S. Shelton)

이런 사실을 알고 있었나요?

아주 예전 옐로스톤 국립공원의 칼데라 분출은 북미 서쪽의 10분의 1을 파괴했을 정도로 큰, 세인트헬렌스산의 분출보다 약 1,000배 정도 더 컸다. 화산학자들은 이러한 파괴적인 힘을 작은 운석 충돌과 비교했다. 이것과 유사한 크기의 칼데라 분출이 뉴멕시코 산타페 근처의 헤메스 산, 캘리포니아 비숍 근처의 롱 밸리 그리고 콜로라도의 산 후안산에서 발생했다.

이런 사실을 알고 있었나요?

1783년, 매우 위험한 라키 열극 분출이 23km의 열극을 따라 아이슬란드에서 일어났다. 이 분출로 12km^{3}의 유동성 현무암질 용암이 나왔다. 게다가 유황 가스와 화산재가 방출되어 잔디를 파괴하고 대부분의 가축을 죽였다. 화산 분출과 기근으로 만 명(전체의 약 1/5)의 아이슬란드 사람들이 죽었다. 라키 분출을 연구한 화산학자는 오늘날의 유사한 분출이 발생한다면 수개월 동안 북반구의 민간항공기 운항에 혼란을 줄 것이라고 예견했다.

화산 암경과 화산목

대부분의 화산에서 마그마는 마그마 방과 지표를 연결하는 암경(pipes)이라 불리는 짧은 관을 통해서 올라온다. 아주 드물게 이 암경은 200km 이상의 깊이까지 터널처럼 뻗어 있기도 한다. 이 경우, 이러한 구조를 따라 올라오는 초고철질 마그마는 상승하면서 거의 변질을 받지 않은 맨틀 시료라고 생각되는 암석을 만든다. 보통은 매우 깊은 곳에서만 관찰되는 암석을 우리에게 보여주기 때문에 지질학자들은 이 예외적으로 깊게 뻗은 암경들을 지구 내부로의 "창문"이라고 생각한다.

가장 잘 알려진 화산 암경들은 남아프리카에 있는 다이아몬드를 포함하는 구조물들이다. 이곳의 암경들을 채우는 암석들은 적어도 150km 깊이에서 기원하였는데, 이 깊이의 압력에서는 다이아몬드나 다른 고압 광물들이 충분히 만들어진다. 150 km 두께의 고체 암석을 통과하며, 마그마가(다이아몬드 포획물을 가지고) 변질되지 않은 채 이동되는 것은 매우 이례적이다. 이 사실은 자연산 다이아몬드가 왜 드문지 잘 설명해 준다.

육상의 화산들은 풍화와 침식작용에 의해 높이가 끊임없이 낮아진다. 분석구는 고화되지 않은 물질로 이루어져 있으므로 쉽게 풍화된다. 가끔, 암경에 있는 암석은, 보통 풍화에 더 강하기 때문에 화산추의 다른 부분들이 소멸된 뒤에도 주변 지형보다 높게 남아 있을 수 있다. 뉴멕시코의 시프록(Shiprock)이 이러한 특징을 가지고 있으며 **화산목**(volcanic neck)이라고 불린다(그림 7.21). 많은 마천루들보다 높은 이 구조는 미국 남서부의 붉은 사

그림 7.21 화산목인 뉴멕시코의 시프록. 420m 높이로 솟아 있는 이 구조는 화산의 화도에서 결정하된 화성암으로 구성되어 있다. 화산은 오랫동안 풍화를 받아왔다. (사진 제공: Tom Bean/DRK Photo)

막 풍경에서 뚜렷하게 솟아오른 많은 화산목 중의 하나에 지나지 않는다. 결국에는 모든 화산들은 오랜 지질시대에 걸친 가혹한 침식을 받아 결국에는 사라질 것이다.

6. 관입 화성활동

Forces Within
▼ Igneous Activity

화산 분출은 자연현상 중 가장 격렬하고 장엄한 사건의 하나이며, 따라서 자세히 연구할 가치가 있지만 대부분의 마그마는 지하 깊은 곳에 정치된다. 그러므로 관입 화성활동에 대한 이해는 화산활동에 대한 연구만큼이나 지질학자들에게 중요하다.

화성 기원 물질들이 지하에 정치되며 만든 구조물들을 **심성암체**(plutons)라 하며, 이 용어는 고대 신화에서 지하세계의 신을 일컫는 플루토(Pluto)에서 유래하였다. 모든 심성암은 우리가 볼 수 없는 지하에서 형성되기 때문에 심성암체가 융기 또는 침식작용에 의해 지표로 노출된 이후에만 직접 연구를 할 수 있다. 수백만 년 또는 심지어 수억 년 이전에 이들 심성암체를 만들어낸 사건들을 재구성하는 것은 도전해 볼 만한 과제이다.

심성암체는 매우 다양한 크기와 모양으로 나타난다고 알려져 있다. 가장 일반적인 형태들은 **그림 7.22**에서 보는 바와 같다. 어떤 것은 평평한 모양을 가지고 있으며 또 어떤 것은 부피가 큰 덩어리 모양을 가지고 있다. 어떤 것은 퇴적암층 같은 기존의 구조들을 자른다. 또 어떤 것은 마그마가 퇴적암층들 사이로 관입할 때 형성된다. 이러한 차이 때문에 관입 화성암체는 모양에 따라 판상 또는 괴상으로 분류되고, 주변암에 대해 어떻게 놓이느냐에 따라 분류되기도 한다. 만일 심성암체가 이미 존재하는 구조를 가로질러 관입하면 **부조화적**(discordant)이라고 말하며, 퇴적층과 평행하게 형성되면 조화적(concordant)이라고 한다.

암맥

암맥(dikes)은 마그마가 깨진 틈으로 공급될 때 형성되는 판상의 부조화적인 암체이다. 마그마가 정치되며 가해지는 힘은 틈 사이를 더 넓히기에 충분하다. 일단 결정화되면 이들 판상의 구조물들은 1 cm보다 작은 것부터 1km보다 큰 것까지 다양한 두께를 가진다. 가장 큰 것은 길이가 수백km에 이른다. 그러나 대부분의 암맥은 수m 두께이며, 수평방향으로는 수km 이하에 걸쳐 뻗어 있다.

암맥은 대개 과거에 존재했던 용암류를 먹여 살린 마그마가 올라오던 수직방향의 통로들로서 흔히 여러 개가 함께 그룹으로 발견된다. 기원이 되는 심성암체는 일반적으로 관찰하기 어렵다. 암맥들은 종종 침식받은 암경 주위에서 바퀴살처럼 방사상으로 나타난다. 이 경우, 마그마의 활발한 상승에 의해 화산추에 열극들이 형성되었고, 이들을 따라 용암이 흘러나왔을 것이라 생각된다.

암상과 병반

암상과 병반은 마그마가 지표 근처의 환경에서 관입될 때 만들어지는 조화적인 심성암체이다. 이 둘은 형태가 서로 다르며, 흔히 성분에서도 차이를 보인다.

암상 **암상**(sill)은 마그마가 퇴적암의 층리면을 따라 주입되어 형성되는 판상의 심성암이다(**그림 7.23**). 수평 암상이 가장 일반적이지만 수직방향을 포함해 모든 방향의 암상이 존재하는 것으로 알려져 있다. 암상이 비교적 일정한 두께를 가지고 넓은 지역에 걸쳐 산출하기 때문에 암상은 매우 유동성이 큰 마그마의 산물로 간주된다. 실리카 함량이

그림 7.22 염기성 화성암의 구조. A. 블록 다이어그램은 화산활동과 관입 화성활동의 관계를 보여준다. B. 이들 중 몇몇 구조는 형성된 뒤 오랜 시간 후에, 침식에 의해 노출되었다. C. 수백만 년 동안 융기와 침식이 일어나면서 저반이 지표면에 노출되었다.

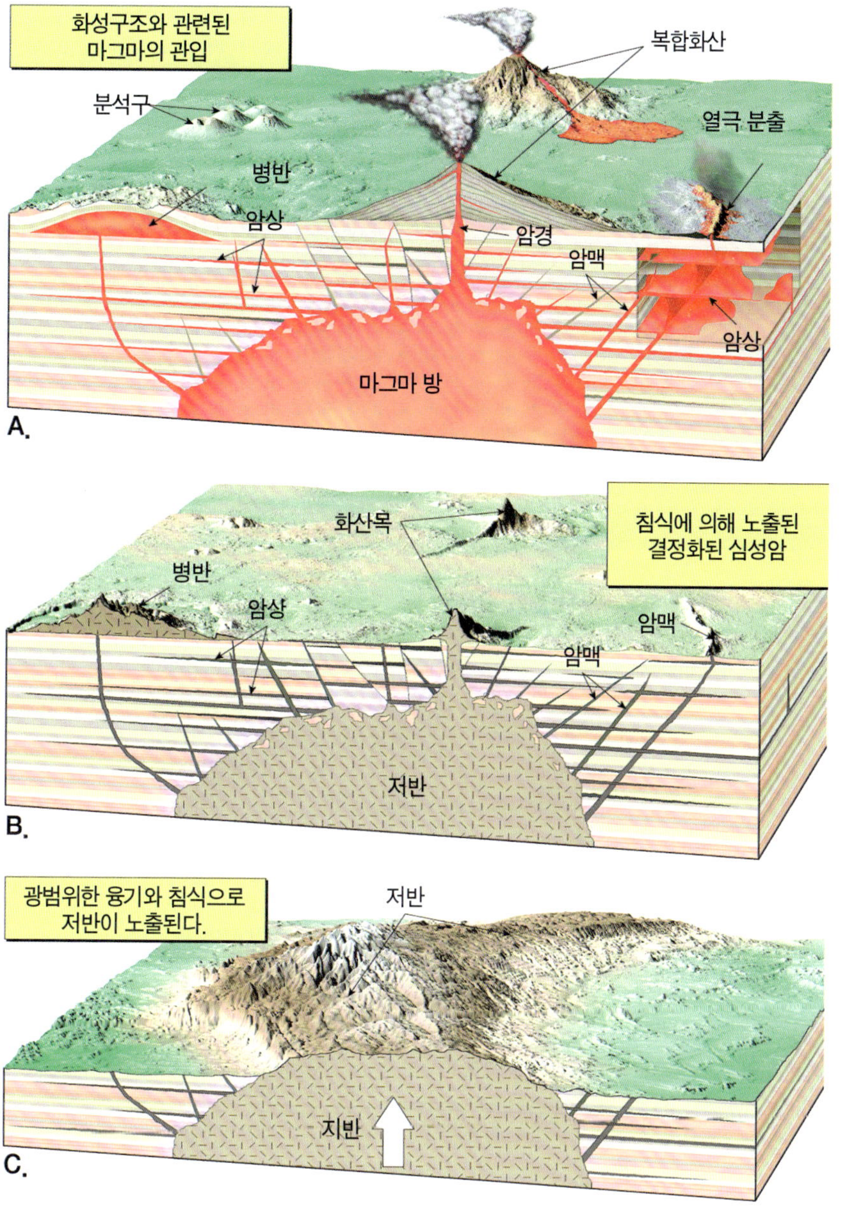

적은 마그마는 더 잘 흐르기 때문에 대부분의 암상은 현무암으로 구성되어 있다.

암상이 정치되면서 상부의 퇴적암은 관입한 암상의 두께만큼 들어 올려져야 한다. 이것은 어려운 일이긴 하지만 천부 환경에서 마그마를 억지로 지표까지 올려보내는 것보다는 대체로 더 적은 힘이 요구된다. 따라서 암상은 암상의 위에 놓이는 퇴적물의 무게에 의한 압력이 상대적으로 적은 얕은 깊이에서만 형성된다. 암상이 층들 사이로 관입되긴 하지만 곳에 따라 비조화적일 수 있다. 거대한 암상은 종종 퇴적층을 가로지르기도 하지만 상부에서는 조화적인 특성이 다시 나타난다.

미국에서 가장 크고 잘 알려진 암상 중의 하나는 팔리사데스(Palisades) 암상이다. 뉴욕의 남동부와

그림 7.23 애리조나주 솔트강 협곡. 어둡고, 평행한 부분은 평행한 퇴적암층에 관입한 현무암 성분을 가진 암상이다. (사진 제공: E. J. Tarbuck)

뉴저지의 북동부에 있는 허드슨강의 서쪽 제방을 따라 80km 정도 노출되어 있는 이 암상은 두께가 약 300m이다. 풍화에 강하기 때문에, 팔리사데스 암상은 허드슨강 건너편 강가에 위압적인 절벽을 형성하고 있다.

암상은 많은 점에서, 매몰된 용암류와 매우 비슷하다. 둘 다 판상이고 종종 주상절리가 나타난다(**그림 7.24**). **주상절리**(columnar joints)는 화성암이 냉각되면서 길쭉한 기둥 모양의, 수축에 의한 틈이 발달하여 형성된다. 더욱이 암상은 일반적으로 지표 근처에서 형성되고 단지 수m의 두께를 가지기 때문에 정치된 마그마는 세립질의 조직을 만들 만큼 충분히 빨리 식는다.

병반 **병반**(laccolith)은 마그마가 천부 환경에서 퇴적층들 사이로 관입될 때 형성되기 때문에 암상과 유사하다. 그러나 병반을 형성하는 마그마가 더 점성이 크다. 이 덜 유동적인 마그마는 위에 놓이는 퇴적층을 볼록하게 들어 올리면서 렌즈 형태로 모인다(281쪽의 **그림 7.22**). 따라서 병반은 지표에 형성된 돔 형태의 볼록한 부분 때문에 종종 발견된다.

대부분의 대형 병반은 수km 이하의 폭을 갖는다. 유타 남동부의 헨리(Henry) 산맥은 대체적으로, 훨씬 큰 마그마 본체가 근처에 정치될 때 만들어진, 몇 개의 병반들로 구성되어 있다.

그림 7.24 아이슬란드 북쪽의 자이언츠 코즈웨어(Giants Causeway) 국립공원에 있는 현무암의 주상절리. 5에서 7개의 면을 가진 기둥은 용암류와 암상이 식어감에 따라 수축되고 균열되어 형성된다. (사진 제공: Tom Till)

저반

저반(batholiths: *bathos* = 깊이, *lithos* = 암석)은 가장 큰 관입 화성암체이다. 저반은 대부분 그룹으로 나타나며, 이들은 수백km의 길이와 100km에 달하는 폭을 지닌 선형의 암체를 형성한다. 예를 들어, 아이다호 저반의 면적은 4만km^2보다 넓고 수많은 심성암체로 구성된다. 중력 연구에 의한 간접적인 증거들에 의하면, 저반들은 또한 매우 두꺼워서 아마도 지하 수십km의 깊이까지 연장되어 있을 것으로 추정된다. 침식작용으로 노출된 양에 의하면, 어떤 저반들의 두께는 최소 수km에 달한다.

정의에 의하면, 지표에 노출된 면적이 100km^2 이상인 심성암체를 저반이라고 부른다. 이보다 작은 심성암체는 **암주**(stocks)라 한다. 많은 암주들은 아직 완전히 지표에 노출되지 않은 저반들의 일부로 보여진다.

그림 7.25 **캘리포니아주 요세미티 국립공원 안에 있는 반구(동)는 거의 400km 가량 펼쳐져 있는 거대한 구조인 시에라네바다 저반의 일부에 불과하다.** (사진 제공: Charles Gurche)

이런 사실을 알고 있었나요?

미국 동부에 노출된 화강암질 관입암은 돔 형태인데 정상에는 나무가 거의 없다. 그리하여 “대머리 정상”이라 한다. 또 다른 예로 메인주의 캐딜락산, 뉴햄프셔주의 초큐라, 버몬트주의 블랙산, 조지아주의 스톤산이 있다.

융기와 침식에 의해 주변암들이 제거되고 풍화에 강한 화성암체가 노출되면서, 저반은 산맥의 핵심부(core)를 형성하게 된다. 하프 돔(Half Dome)처럼, 가장 잘 알려진 시에라네바다의 몇몇 구조물들은 이러한 화강암체로부터 조각된 셈이다(**그림 7.25**).

북미의 캐나다 순상지(Canadian Shield)처럼, 거대한 화강암이 안정한 대륙 내부에 노출되기도 한다. 이처럼 상대적으로 편평한 노두는 과거에 있었던 산들이 오랫동안 침식을 받아서 일부 남은 것으로 추측된다. 따라서 시에라네바다와 같은 젊은 산지의 저반을 구성하는 암석은 마그마 방의 상부에서 형성된 반면, 순상지 지역에서는 옛날에 존재했던 산맥의 뿌리를 이루는 저반의 하부가 노출되어 있다.

7. 판구조론과 화성활동

지질학자들은 수십 년 전부터 화산의 분포가 전 지구적으로 무작위적이지 않다는 것을 알았다. 지금까지 확인된 800개 이상의 활화산들은 대부분 해양분지의 가장자리를 따라 분포하며, 불의 고리(Ring of Fire)라고 불리는 환태평양 화산대에서 매우 특징적이다(**그림 7.26**). 이들 화산은 종종 경외심을 자아내는 분출이 특징적인, 휘발 성분이 풍부한 중성(안산암질)의 마그마를 내뿜는 복합화산으로 주로 구성된다.

그림 7.26 지구의 중요한 화산들의 위치. 불의 고리라고 알려진 태평양 분지 주변으로 화산이 집중되어 있음을 주목하라.

두 번째 그룹을 이루는 화산은 매우 유동성이 큰 현무암질 용암을 분출하며, 하와이와 아이슬란드와 같이 잘 알려진 예를 포함해, 깊은 해양분지에 국한되어 산출한다. 게다가 이 그룹은 해양 바닥에 산재하는 수많은 해저의 활화산을 포함한다. 특히 눈에 띄는 것은 대양저 산맥을 따라 나타나는 셀 수 없을 정도로 많은 작은 해산들(seamounts)이다.

세 번째 그룹은 대륙 내부에서 불규칙하게 분포하는 화산체들을 포함한다. 대륙에서의 화산활동은 가장 다양하며 컬럼비아강 현무암을 만든 매우 유동성이 큰 현무암질 용암으로부터 옐로스톤에서 나타나는 실리카가 풍부한 유문암질 마그마의 폭발적 분출까지 넓은 범위를 보인다.

1960년대 말에 이르기까지, 지질학자들은 불규칙한 것처럼 보이는 대륙 내 화산의 분포를 설명하지 못했고, 또한 태평양 분지의 가장자리를 감싸고 있는 거의 연속적인 화산고리를 설명할 수가 없었다. 판구조론의 발달과 함께, 이들에 대한 그림이 훨씬 명백해졌다. 대부분의 마그마는 상부 맨틀에서 기원했으며 맨틀은 기본적으로 녹지 않은 고체 암석으로 되어 있음을 상기하라. 판구조론과 화산활동 사이의 기본적인 연결고리는 판의 움직임으로부터 맨틀 암석들이 녹아 마그마를 만드는 메커니즘이 설명된다는 사실이다.

우리는 화성활동이 일어나는 세 지역들을 살펴보고 이들과 판 경계부들 사이의 관계를 알아볼 것이다(**그림 7.27**). 화성활동이 활발한 이 지역들은 (1) 판이 서로 마주보고 이동하여 하나의 판이 다른 판 아래로 가라앉는 수렴 경계부를 따라, (2) 판이 서로 반대방향으로 이동하여 새로운 해양 지각이 형성되는 발산 경계를 따라, (3) 판 경계부에 수반되지 않고 판 내부에 위치한다.

수렴 경계부에서의 화성활동

수렴 경계부에서는 해양 지각의 슬랩이 해구를 만

들면서 맨틀 아래로 하강함에 따라 구부러짐을 상기하라. 슬랩이 맨틀로 더 깊이 침강함에 따라 온도와 압력이 증가하여 해양 지각으로부터 휘발성 물질(대부분 물)이 방출된다. 이러한 유체는 섭입되는 슬랩과 위에 놓이는 판 사이에 위치한 쐐기 모양의 맨틀로 이동한다. 가라앉은 슬랩이 약 100 km 깊이에 도달하면 이들 물이 풍부한 유체는 뜨거운 맨틀 암석의 용융점을 낮추어 용융을 일으킨다. 맨틀 암석의 부분용융으로 현무암질 성분의 마그마가 형성된다. 충분한 양의 마그마가 축적되면, 마그마는 천천히 위로 상승한다.

수렴 경계부에서의 화산활동 결과로 화산호라 불리는 일련의 화산들이 형성된다. 이들은 해구로부터 200~300km 떨어져서 대략 평행하게 발달한다. 화산호는 해양 또는 대륙의 암권 위에 만들어질 수 있다. 정상부가 해수면 위로 올라올 정도로 충분히 큰 해양 화산들은 대부분의 지도에서 화산열도(island archipelagos)로 이름 붙여진다. 지질학자들은 좀 더 기술적인 용어인 **호상 화산 열도**(volcanic island arc) 또는 간단하게 **호상 열도**(island arcs)를 선호한다. 이 호상 화산 열도 중 몇몇 젊은 것으로는 서태평양 분지의 경계를 이루는 알류산, 통가, 마리아나 열도들을 포함한다.

수렴 경계부에 수반된 화산활동은 해양판 슬랩이 대륙판 아래로 섭입하여 **대륙 화산호**(continental volcanic arc)(**그림 7.27C**)가 형성되는 곳에서도 발달한다. 이들 마그마를 생성하는 기작들은 호상 열도에서 일어나는 것과 본질적으로 같다. 주요한 차이점은 대륙 지각이 해양 지각보다 두껍고 실리카가 풍부한 암석으로 구성되어 있다는 사실이다. 따라서 실리카가 풍부한 지각 암석들의 동화작용(assimilation)으로 인해, 마그마 본체가 대륙 지각을 통과해 올라오는 동안 그 성분이 변화한다. 달리 표현하자면, 맨틀에서 만들어진 마그마는 비교적 물이 없고 유동적인 현무암질 마그마이지만 대륙 지각을 통과해 올라오면서 휘발 성분이 풍부하고 점성이 큰 안산암질 또는 유문암질 마그마로 성분이 변한다. 안데스 산맥의 축을 따라 분포하는 화산띠는 아마도 성숙한 대륙 화산호의 가장 좋은 예일 것이다.

태평양 분지의 가장자리가 기본적으로 (섭입대에 수반된) 수렴 경계부에 의해 정의되기 때문에 우리가 환태평양 화산대라 부르는 폭발적인 화산들의 불규칙한 띠가 이 지역에 형성되는지 쉽게 알 수 있다. 후드 산, 레이니어산, 샤스타산을 포함하는 미국 북서부에 있는 캐스케이드 산맥의 화산들은 이 유형에 속한다(**그림 7.28**).

이런 사실을 알고 있었나요?

대부분의 쓰나미가 해저단층의 이동과 관련이 있지만, 일부는 화산구의 붕괴에 의해서 일어난다. 1883년 크라카타우 분출 시 화산체의 북쪽 반이 순다 해협으로 떨어졌을 때 높이 30m 이상의 쓰나미가 발생했다. 비록 크라카타우섬에는 아무도 살지 않았지만 인도네시아의 자바와 수마트라섬 해안을 따라 약 3,600명이 죽었다.

이런 사실을 알고 있었나요?

4,392m 높이인 워싱턴주의 레이니어산은 캐스케이드 산맥의 중심부를 이루고 있는 15개의 커다란 화산 중에서 가장 높다. 활동성이 있다고 여겨지지만 정상부는 25개 이상의 산악빙하들로 덮여 있다.

발산 경계에서의 화성활동

해저 확장과 관련된 대양저 산맥을 따라 많은 양(지구의 연간 전체 분출량의 약 60% 정도)의 화산암이 분출된다(**그림 7.27D**). 지판이 계속해서 벌어지는 대양저 산맥의 축 아래에서, 고체이지만 이동 가능한 맨틀이 하중의 감소로 인해 위로 상승하며 열극의 빈틈을 채운다. 암석이 상승함에 따라 균압

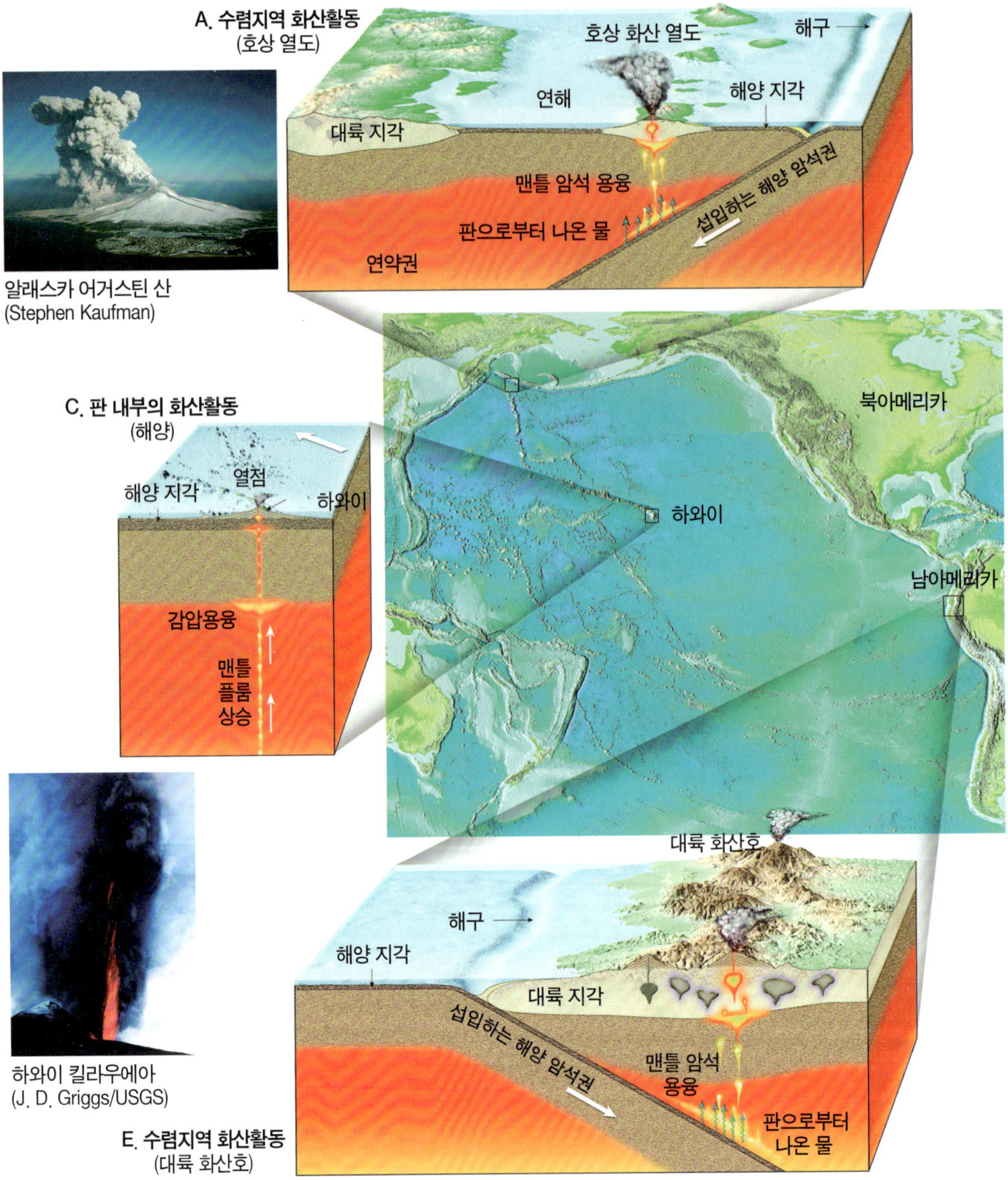

그림 7.27 화산활동이 일어나는 세 지역. 이들 지역 중 두 지역은 판 경계에 있으며 나머지 한 지역은 판 내부에 있다.

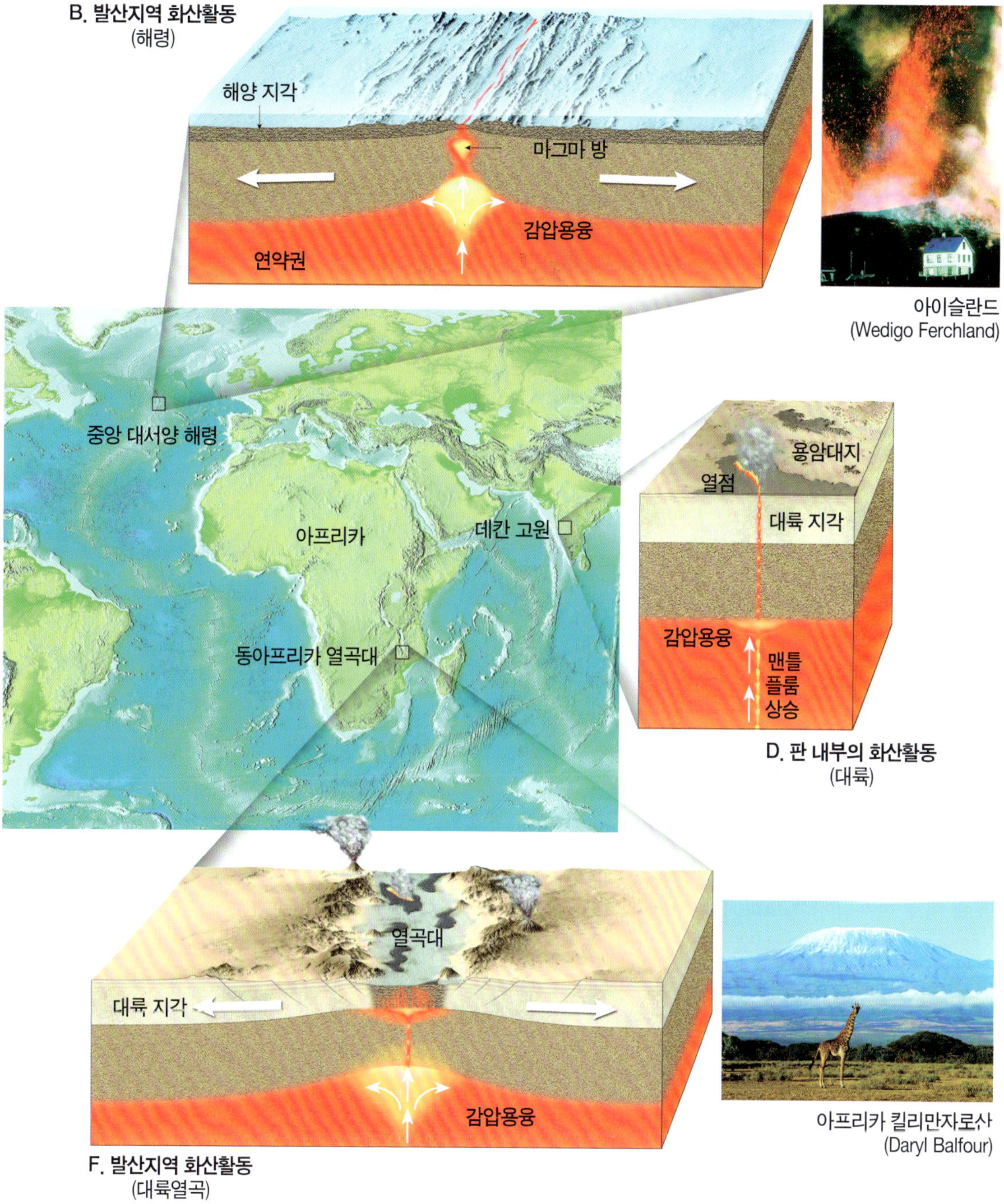
B. 발산지역 화산활동
(해령)
해양 지각
마그마 방
감압용융
연약권
아이슬란드
(Wedigo Ferchland)
중앙 대서양 해령
아프리카
데칸 고원
동아프리카 열곡대
용암대지
열점
대륙 지각
감압용융
맨틀
플룸
상승
D. 판 내부의 화산활동
(대륙)
열곡대
대륙 지각
감압용융
아프리카 킬리만자로산
(Daryl Balfour)
F. 발산지역 화산활동
(대륙열곡)

그림 7.27 (계속)

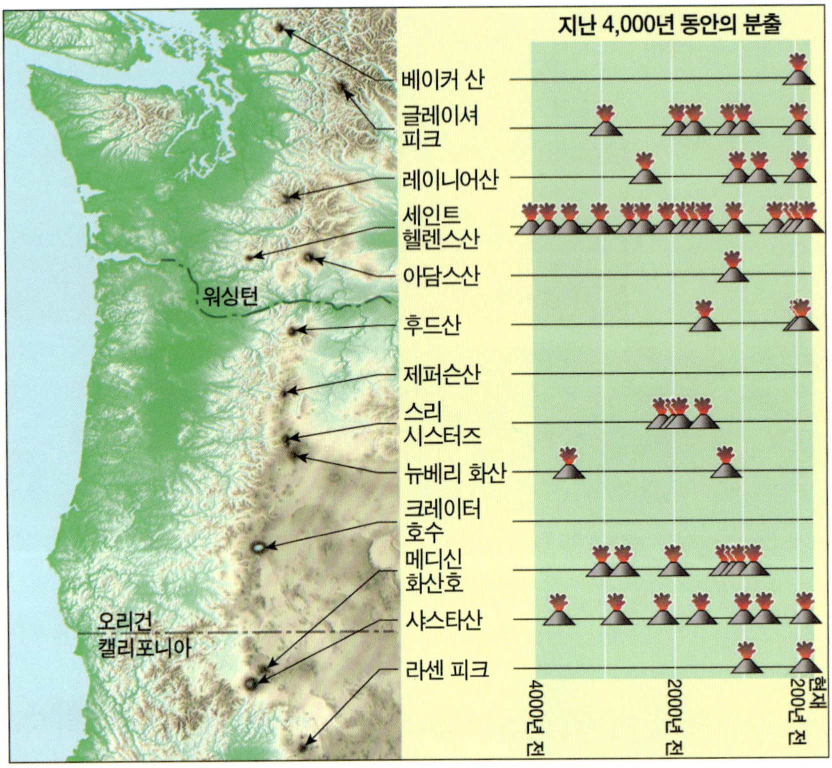

그림 7.28 캐스케이드 산맥의 13개의 잠재적인 활화산 중 11개는 지난 4,000년 내에 분출하였고 7개의 화산은 불과 지난 200년 내에 분출했다. 100번 이상의 폭발적인 분출은 대부분 지난 4,000년 내에 발생했다. 세인트헬렌스산은 캐스케이드에서 가장 활동적인 화산이다. 세인트헬렌스산의 분출은 조용한 용암의 흐름에서부터 1980년 5월의 분출보다 훨씬 큰 폭발적인 분출까지 다양하게 나타난다. 그림에서 각각의 분출 표시는 동시기에 발생한 한 번 내지 수십 번의 분출을 나타낸다. (U.S. Geological Survey에서)

의 감소를 경험하고 열의 공급이 없어도 용융이 일어난다. 이 과정은 감압용융(decompression melting)이라고 불리며 다량의 마그마를 만들어낸다.

해저 확장의 중심부에서는 맨틀 암석의 부분용융에 의해 현무암질 마그마가 형성된다. 새로 만들어진 마그마는 마그마를 탄생시킨 맨틀 암석보다 밀도가 작기 때문에 부력에 의해 상승한다. 이 마그마가 대양저 산맥 능선 바로 아래에 있는 저장소에 축적되어 약 10% 정도가 되면, 결국 열극을 따라 상승하여 해양저 위에서 흐르게 된다. 이러한 활동은 지속적으로 새 현무암질암을 판 경계부에 공급하여, 일시적으로는 이들 사이를 붙이기도 하지만 확장이 계속되면 다시 깨진다. 어떤 대양저 산맥에서는 분출된 용암이 수많은 작은 해산을 만든다. 또 다른 곳에서는 분출된 용암이 유체처럼 흐르며 매우 완만한 지형을 만든다.

대부분의 확장 중심들은 대양저 산맥의 축을 따라 놓여 있지만, 일부는 그렇지 않다. 특히 동아프리카 열극은 대륙 지각이 찢어지는 곳에 있다(**그림 7.27F**). 이 지역에서는 엄청난 양의 현무암질 용암들이 흔하게 분출한다. 동아프리카 열곡대는 또한 수많은 소규모 화산들과 함께, 몇 개 안 되긴 하지만 킬리만자로산과 같은 커다란 복합화산도 가지고 있다.

판 내부의 화성활동

우리는 화성활동이 왜 판의 경계부들을 따라 일어나는지 안다. 그런데 왜 판의 내부에서 분출이 일어날까? 하와이의 킬라우에아는 세계에서 가장 활동적인 화산이지만, 가장 가까운 판의 경계부로부터 수천km씩이나 떨어진 거대한 태평양판의 중심에 놓여 있다. **판 내부 화산활동**(intraplate volcanism)의 다른 예는 카나리아 군도, 옐로스톤 그리고 당신이 알게 된다면 놀랄지 모를 북아프리카의 사하라 사막에 있는 여러 화산체들이다.

우리는 현재 대부분의 판 내부 화산활동이 정상적인 맨틀물질보다 더 뜨거운 물체인 **맨틀플룸**(mantle plume)이 지표로 상승하는 곳에서 발생됨을 알고 있다(**그림 7.27B**). (적어도 몇몇) 맨틀플룸이 만들어지는 깊이에 대해서는 여전히 뜨겁게 논쟁 중이지만, 많은 경우 핵-맨틀의 경계부인 지구 내부 깊은 곳에서 형성되는 것으로 보여진다. 고체이지만 이동 가능한 이들 맨틀 암석의 플룸들은 용암 램프 내에 형성되는 둥근 공기방울과 비슷한 양상으로 지표로 올라온다. (이들은 유리 용기 안에 두 종류의 섞이지 않는 액체들이 있는 번쩍이는 램프와 비슷하다. 램프 아래를 가열하면 바닥에 놓여 있던 무거운 액체는 부력을 받아 위로 올라오면서 둥근 방울 모양을 만든다.) 용암 램프의 둥근 방울들처럼, 맨틀플룸은 상승하면서 아래는 좁은 줄기 모양으로 늘어나고 위는 둥근 머리 모양을 갖게 된다. 플룸의 머리 부분이 맨틀 상부에 이르면 감압용융에 의해 현무암질 마그마를 생성하며, 결국에는 지표에서 화산활동을 일으킨다. 그 결과 수백 km에 걸쳐 화산지대가 국부적으로 만들어지며, 이것을 **열점**(hot spot)이라고 부른다. 100개 이상의 열점들이 발견되었고, 이들 대부분은 1,000만 년 이상 지속되어 왔다. 열점들 주변의 지표는 종종 융기되어 있는데, 이것은 따뜻한 저밀도 물질인 플룸이 지표를 밀어 올렸기 때문이다. 더욱이 이 지역의 열류량 측정을 통해, 지질학자들은 열점 아래의 맨틀이 정상보다 100~150℃ 정도 더 뜨거워야 됨을 알게 되었다.

현무암질 용암을 뿜어내는 하와이섬의 화산활동은 확실히 열점 화산활동의 결과이다(**그림 7.27B**). 맨틀플룸이 오랜 기간 지속되는 곳에서, 열점 위에 놓인 판이 이동함에 따라 화산체 띠가 형성될 것이다. 하와이섬에서의 열점활동은 현재 킬라우에아가 중심이 되고 있다. 그러나 지난 8,000만 년 동안 동일한 맨틀플룸이 화산섬(해산)들의 띠를 만들었으며, 이 띠는 빅 아일랜드(Big Island)로부터 북서쪽으로 태평양을 가로지르며 수천km 뻗어 있다.

맨틀플룸들은 또한 미국 북서부의 컬럼비아 대지와 인도의 데칸 고원 그리고 서태평양의 온통자바 대지처럼 거대한 현무암질 대지를 만든 방대한 양의 현무암질 용암의 분출을 일으켰으리라 생각된다(**그림 7.27E**).

비록 판구조론이 화성활동의 분포와 관련된 많은 문제들에 대해 답하기는 했지만, 또 다른 질문들이 많이 생겨난다: 왜 해저 확장은 어떤 지역에서는 일어나고 다른 지역에서는 일어나지 않을까? 맨틀플룸과 이와 연관된 열점들은 어떻게 발생되는가? 위의 질문들과 또 다른 질문들은 계속되는 지질학 연구의 주제다.

이런 사실을 알고 있었나요?

세계에서 가장 큰 화산섬인 아이슬란드는 20개 이상의 활화산과 간헐천 그리고 온천을 가지고 있다. 끓는 물이 가장 크게 분출하는 것의 아이슬란드 말인 Geysir는 옐로스톤 국립공원의 "Old Faithful Geyser"를 포함한 전 세계의 비슷한 특징을 설명하기 위해 사용되었다.

8. 화산과 함께하는 삶

전 세계 인구의 약 10%는 활화산 주변에서 살고 있다. 사실은 워싱턴주의 시애틀, 멕시코의 멕시코시티, 일본의 도쿄, 이탈리아의 나폴리, 에콰도르의 키토를 포함하는 여러 주요 도시들이 화산 바로 위 또는 근처에 있다.

최근까지 서양 사회에서는 인간이 화산이나 다른 파괴적인 자연재해를 정복하기 위한 수단을 가진다는 관점이 지배적이었다. 하지만 지금은 화산이 매우 파괴적일 뿐만 아니라 예측할 수도 없다는 점이 점점 분명해지고 있다. 이러한 인식과 함께, 어떻게 화산과 함께 살아갈지에 새로운 관심이 모아지고 있다.

화산재해

그림 7.29에서 보는 바와 같이, 화산은 사람과 야생동물을 죽이고 재산 피해도 가져다주는 매우 다양한 잠재적 위험요소들을 지니고 있다. 우리의 삶에 가장 위협적인 것은 화쇄류이다. 종종 800℃ 이상이 넘는 뜨거운 가스, 화산재 그리고 부석이 섞여 있는 이들 화쇄류는 화산 사면을 빠르게 흘러내리며 사람들이 살아남을 기회조차 거의 주지 않는다.

화산이 분출하고 있지 않을 때도 발생할 수 있는 라하르는 아마도 두 번째로 가장 위험한 화산현상이다. 화산 암설과 물이 섞여 있는 이들 라하르는 시속 100km 이상의 속도로 계곡 아래쪽을 향해 수십km를 흐를 수 있다. 라하르는 레이니어산처럼 빙하로 덮여 있는 화산의 하류 쪽에 있는 많은 마을에 잠재적인 위험요소로 작용한다. 잠재적으로 파괴적일 수 있는 사태와 연관된 재해로는 화산의 정상부나 사면의 갑작스런 붕괴를 들 수 있다.

또 다른 명백한 재해들은 화산으로부터 멀리 떨어져 있는 사람들과 재산까지도 위험에 빠트릴 수 있는 폭발적인 분출을 포함한다. 지난 15년 동안, 적어도 80편의 여객기가 화산재 구름 속으로 부주의한 운행을 하다가 피해를 입었다. 한번은 거의 추락할 뻔했는데, 1989년 300명 이상의 승객을 태운 보잉 747기가 알래스카의 리다우트(Redoubt)

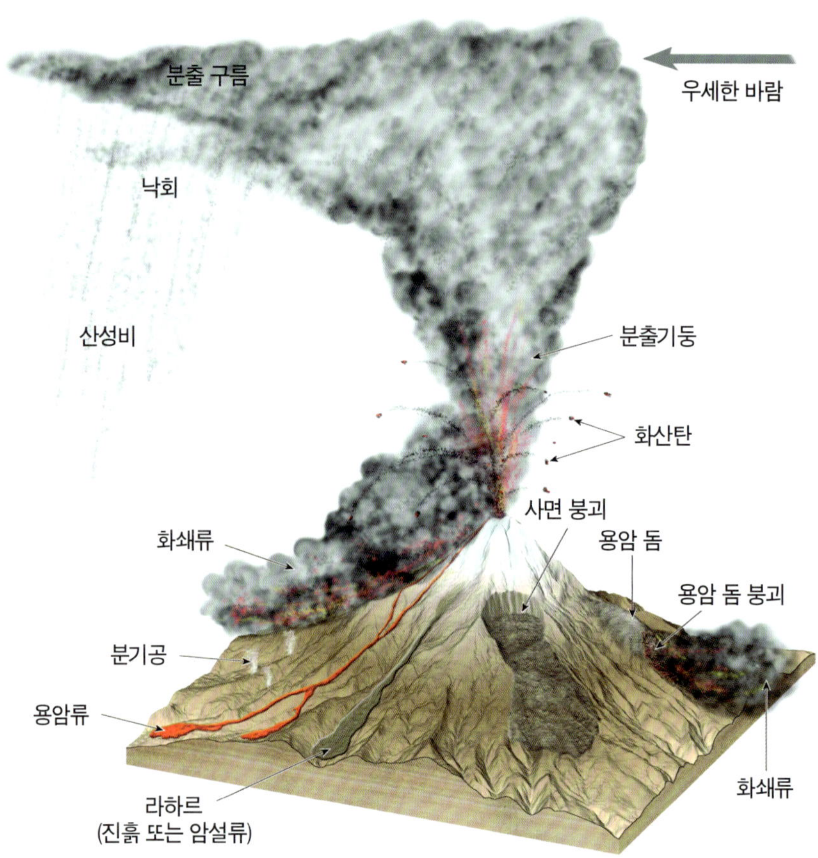

그림 7.29 화산과 관련된 광범위한 자연재해를 보여주는 그림. (U.S. Geological Survey에서)

화산에서 나온 화산재 구름을 만났을 때 일어났다. 4개의 모든 엔진이 화산재로 막혀 멈추었다. 천만 다행으로 마지막 순간에 엔진이 다시 가동되었고, 비행기는 앵커리지에 안전하게 착륙하였다.

화산활동의 모니터링

현재 많은 화산 모니터링 기술들이 사용되고 있다; 이들 대부분의 목적은 (대개 수km 아래에 있는) 지하 저장소로부터 지표로 올라오는 마그마의 이동을 감지하는 것이다. 마그마 이동에 의해 야기되는 네 가지의 가장 두드러진 화산지형의 변화는 (1) 화산 지진의 패턴 변화, (2) 화산을 부풀게 하는, 지표 부근에 있는 마그마 방의 팽창, (3) 화산으로부터 나오는 가스의 양과 성분의 변화, (4) 새 마그마의 정치에 따른 지온의 증가이다.

역사시대에 분출했던 거의 모든 화산들이 지금은 (지진의 진동을 측정하는 기계들을 사용해) 지진학적으로 감시되고 있다. 일반적으로, 비교적 조용한 휴지기 이후 진동이 갑자기 증가하는 경우, 많은 화산 분출에서 예고적 성격이 있음이 알려졌다. 그러나 일부 커다란 화산체는 긴 진동간격을 가지고 있다. 예를 들면, 뉴기니의 라바울(Rabaul) 칼데라는 1981년 가장 강한 지진활동을 기록했다. 이러한 활동은 13년간 지속되었고 1994년 마침내 분출에 의해 절정을 맞았다. 가끔은 큰 지진이 화산 분출을 야기하기도 하고, 적어도 화산의 마그마 통로들을 교란시킨다. 예를 들면, 킬라우에아 화산은 1975년 칼라파나 지진 이후 분출하기 시작했다.

화산의 상부는 내부에 새로운 마그마가 축적되면서 상승할 수 있다(화산 분출에 앞서 나타나는 현상이다). 많은 화산들은 접근이 어렵기 때문에 레이저, 도플러 레이더, 지구 궤도를 도는 위성 등의 원격탐사 장비를 이용하여 화산이 팽창하는지 아닌지를 알아낸다. 최근 오리건주의 스리 시스터즈 화산체에서 발견한 지표의 돔 현상은 위성에서 얻어진 레이더 영상을 이용해 처음 감지되었다.

화산학자들은 또한 화산으로부터 방출되는 가스들을 모니터링하는데, 이들의 양과 성분이 조금이라도 변화하는지 알아내기 위해서이다. 어떤 화산은 분출되기 수개월 또는 수년 전부터 이산화황(SO_2) 방출량의 증가를 보인다. 반면에, 1991년 피나투보 화산이 분출하기 며칠 전에는 이산화탄소 방출량이 크게 떨어졌다.

원격탐사 장비의 발달은 화산을 감시하는 우리의 능력을 크게 증가시켰다. 이러한 장비와 기술은 분출의 진행과정을 감시하기에 유용하다. 사진 영상과 적외선 센서는 용암의 흐름과 화산으로부터 올라오는 화산기둥을 감지할 수 있다(**그림 7.30**). 게다가 위성은 이산화황 방출량의 감지뿐만 아니라 지표의 변형도 감지할 수 있다.

모든 관측기술의 최우선의 목표는 임박한 분출에 대한 경고를 할 수 있는 전조들을 알아내는 것이다. 이는 최근의 화산의 상태를 우선 분석하고, 얻어진 기초 자료를 이용하여 앞으로의 화산활동을 예측함으로써 완료된다. 한편, 화산은 휴지기에도 특별한 변화가 있는지 발견할 수 있도록 장기간에 걸쳐 관측되어야 한다.

그림 7.30 알류산 열도의 클리블랜드 화산에서 나온 가스와 화산재의 분출을 국제우주정거장의 제프 윌리엄스(Jeff Williams)가 찍은 사진. 이 분출은 항공기 통제 경고로 화제가 되었던 알래스카 화산 관측소에 기록되었다. (사진 제공: NASA)

학습내용 요약

1. 화산 분출의 성향을 결정하는 주요 요소는 마그마의 온도, 마그마의 성분, 마그마에 포함되어 있는 용해된 가스의 양이다. 용암은 식으면서 굳어지기 시작한다. 점성(두꺼움)이 증가하면서 유동성은 감소한다. 마그마의 점성은 마그마에 포함되어 있는 규소의 함량과 직접적인 관계가 있다. 규소를 많이 포함하는 화강암질 용암은 점성이 매우 높으며, 형성되는 용암류가 짧고 두껍다. 규소를 적게 포함하는 현무암질 용암은 유동성이 크고, 굳기 전에 긴 거리를 흐를 수 있다. 용융된 가스들에 의해 용융된 암석이 화산의 화구를 통해 위로 밀어 올리는 힘을 제공한다.

2. 화산 폭발과 관련된 물질들로는 용암류(현무암질 용암의 경우 파호이호이와 아아 용암류), 가스(주로 수증기) 그리고 화산 쇄설물(화구에서 분출된 부서진 암석, 유리질, 그리고 용암 파편들로, 화산재, 부석, 분석, 화산암괴 그리고 화산탄을 포함한다)이 있다.

3. 순상화산은 주로 유동성 있는 현무암질 용암으로 만들어지며 넓고 약간은 돔 모양을 이룬다. 분석구는 화산 쇄설물로 만들어지며 매우 가파른 경사를 갖는다. 복합화산 또는 성층화산은 용암과 화산 쇄설물이 서로 반복적으로 쌓여서 만들어지며 크고 거의 대칭적인 구조를 보여준다. 복합화산이 가장 격렬히 분출한다.

4. 화산보다 화산활동지역에 화산목(예전에는 마그마가 올라오는 통로, 즉 화산의 화구였지만 지금은 화산의 나머지 부분들은 다 풍화되어 사라지고 지표면에 화구만 드러나 있는 암석), 분화구(대부분의 화산 정상부에 있는 경사진 벽면을 갖는 움푹 파인 곳), 칼데라(지름이 1km를 넘는 분화구), 열극 분출(지각의 틈으로 분출하는 화산 물질) 그리고 화산 쇄설물이 존재한다.

5. 관입 화성암체는 그들의 모양과 관입을 당한 암석(일반적으로 퇴적암)에 대한 관입 암체의 방향을 근거로 분류된다. 일반적인 두 가지 모양은 판상과 괴상이다. 이미 존재하는 퇴적암을 자르는 관입 화성암체는 부조화적이라고 하며, 이미 존재하는 퇴적암에 대해 평행하게 관입한 화성암체는 조화적이라고 한다.

6. 암맥은 마그마가 이미 퇴적된 암석을 가로질러 자르는 틈 사이를 채울 때 형성되는 판상의 부조화적인 화성암이다. 암상으로 불리는 판상의 조화적 암체는 마그마가 퇴적암의 층리면을 따라 주입될 때 형성된다. 병반은 암상과 비슷하지만 유동성이 더 적은 마그마로 형성되며 위에 놓이는 퇴적암을 상부로 들어올려 렌즈형태를 이룬다. 저반은 지표면에 노출된 면적이 $100km^2$ 이상인 가장 큰 관입 화성암체로, 자주 산맥의 중심을 형성한다.

7. 화산활동은 해령을 따라 해구 부근과 판 내부에서 일어난다. 대부분의 활화산들은 판 경계와 관련이 있다.

주요 용어와 개념

기생화산(parasitic cone) ··· 266
대륙 화산호(continental volcanic arc) ··· 285
라하르(lahar) ··· 275
맨틀플룸(mantle plume) ··· 289
범람 현무암(flood basalt) ··· 278
병반(laccolith) ··· 282
복합화산(composite cones) ··· 271
분기공(fumaroles) ··· 266
분석구(cinder cone) ··· 269
분화구(crater) ··· 266
순상화산(shield volcano) ··· 267
스코리아구(scoria cones) ··· 269
심성암체(plutons) ··· 280
아아 용암류(aa flow) ··· 263
암경(pipe) ··· 265
암맥(dikes) ··· 280
암상(sill) ··· 280
열극 분출(fissure eruption) ··· 278
열극(fissure) ··· 278
열운(nuée ardent) ··· 273
열점(hot spot) ··· 289
저반(batholiths) ··· 283
점성(viscosity) ··· 260
주상절리(columnar joints) ··· 282
층상화산(stratovolcanoes) ··· 271
칼데라(caldera) ··· 275
파호이호이 용암류(pahoehoe flow) ··· 263
판 내부 화산활동(intraplate volcanism) ··· 288
호상 열도(island arcs) ··· 285
호상 화산 열도(volcanic island arc) ··· 285
화구(conduit) ··· 265
화산 쇄설물(pyroclastic materials) ··· 264
화산(volcano) ··· 265
화산목(volcanic neck) ··· 279
화쇄류(pyroclastic flow) ··· 273
휘발 성분(volatile) ··· 261

학습 요약 문제

1. 마그마와 용암의 차이점은 무엇인가?
2. 화산 폭발의 성질을 결정하는 세 가지 요인들은 무엇인가? 각 요인의 역할은 무엇인가?
3. 유동성이 큰 마그마가 분출되는 화산보다 점성이 높은 마그마가 분출되는 화산이 더 위험한 이유는 무엇 때문인가?
4. 파호이호이 용암류와 아아 용암류를 구별하라.
5. 화산 분출 동안에 빠져나오는 주요한 가스들은 무엇인가?
6. 하와이섬의 분출 동안에 얻어진 표본을 조사해 보니 분출된 가스 중 __________ 성분이 가장 풍부했다.
7. 화산탄과 화산 쇄설물의 블록은 서로 어떻게 다른가?
8. 화산 분화구와 칼데라를 비교하라.
9. 주요한 화산 유형들의 크기, 모양, 분출방법 등을 비교하라.
10. 세 가지 유형의 화산들 각각의 실제 예를 한 가지 들어라.
11. 하와이와 파리쿠틴의 형성과정을 비교하라.
12. 분화구에 호수가 형성되는 과정을 기술하라. 또 이것을 킬라우에아 분출 동안에 형성된 칼데라와 비교하라.
13. 지구상에서 가장 큰 화산체는 무엇인가?
14. 뉴멕시코의 시프록(Ship Rock)은 무엇인가? 또 이것은 어떻게 형성되었는가?
15. 컬럼비아 대지를 형성한 분출과 화산 봉우리를 형성한 분출이 어떻게 다른가?
16. 이 장에서 논의된 네 가지 관입양상(암맥, 암상, 병반 그리고 저반)들의 각각을 기술하라.
17. 병반은 왜 풍화에 의해 지표면에 노출되기 전에 발견되는가?
18. 관입 화성암체 중 가장 큰 것은 무엇인가? 이것은 판상인가? 아니면 괴상인가? 조화적인가? 아니면 부조화적인가?
19. 대양저 산맥에서의 화산활동은 어떤 유형의 암석과 관련되어 있는가? 대양저 산맥에서 화산활동이 일어나는 지역에서 암석이 녹는 것은 무엇 때문인가?
20. 환태평양 화산대는 무엇인가?
21. 환태평양 화산대에서의 화산 분출은 조용한가? 아니면 격렬한가? 당신의 답변을 지지해 줄 수 있는 화산의 이름을 말하라.
22. 하와이섬들과 옐로스톤은 화산활동이 일어나는 세 지역 중 어느 지역과 관련이 있는가?
23. 깊은 바다의 화산섬들은 주로 어떤 화성암으로 이루어지는가?

Online 학습 안내

Foundation of Earth Science 웹에는 학생들이 이 장에서 다룬 여러 내용의 학습을 도울 수 있는 자료들과 인터넷 연계시스템을 갖추고 있다. 지구과학을 강의하는 연구자들에 의해서 발전된 이 인터넷 주소는 지구과학의 이해를 증진시켜 줄 것으로 생각된다. http://www.prenhall.com/lutgens를 방문하여 *Foundation of Earth Science 5e*를 클릭하여 다음 내용들을 살펴보자:

- 인터넷 종합 퀴즈
- 비평적 사고 훈련
- 장 관련 웹 자료들의 연계
- 웹을 통한 주요 개념 탐구

http://www.prenhall.com/lutgens

GEODe: Earth Science

*GEODe: Earth Science*는 동영상(animation), 비디오(video), 낭송(narration), 대화식 연습문제(interactive exercise), 실용적인 퀴즈 등을 이용하여 주요 개념을 더욱 심화함으로써 더욱 효과적인 학습을 이룰 수 있게 한다. 이 복사 CD는 이 책 『지구시스템의 이해』 제5판에 포함되어 있다.

The primary factors that determine the nature of volcanic eruptions include the **magma's** *composition*, its *temperature*, and the amount of *dissolved gases* it contains.

Another common type of basaltic lava, called **aa**, has a rough, jagged surface. Active aa flows are relatively cool and thick, and advance more slowly than pahoehoe flows.

제 4 부 지구 역사 풀이

제 8 장

지질학적 시간

그랜드 캐년에 노출된 지층은 무수한 지구 역사에 대한 실마리를 포함하고 있다. (사진 제공: Marc Muench)

학습 초점

다음은 여러분들이 이 단원에서 다루는 중요한 개념들을 이해하는 데 도움을 줄 수 있는 유용한 질문들이다.

1. 동일과정설이란 무엇인가? 동일과정설은 격변설과 어떻게 다른가?
2. 지질학자들이 지구의 역사를 밝혀내기 위하여 이용하는 두 종류의 연령은 무엇인가?
3. 상대연령을 확립하기 위하여 이용하는 기본적인 법칙, 원리 그리고 기법은 무엇인가?
4. 화석은 무엇인가? 유기체가 화석으로 보존되기에 유리한 조건은 무엇인가?
5. 화석은 다른 장소에 있는 비슷한 시기의 암석을 대비하는 데 어떻게 이용되는가?
6. 방사능이란 무엇인가? 그리고 방사성 동위원소가 어떻게 방사성 연대 측정에 이용되는가?
7. 지질연대표는 무엇인가? 그리고 지질연대표는 어떻게 세분되는가?
8. 퇴적암 표본으로 퇴적암이 퇴적된 시기를 알아내는 것이 왜 어려운가?

18세기에 제임스 허튼(James Hutton)은 지구 역사의 광대함과 모든 지질학적 과정의 구성요소로서 시간의 중요성을 인식했다. 19세기에 다른 사람들은 지구가 긴 지질학적 시간이 필요한 많은 조산운동과 침식사건을 경험했음을 효과적으로 보여주었다. 그러나 이러한 선구자적인 과학자들에 의해 지구의 나이가 매우 많다는 것이 알려졌음에도 불구하고, 이들은 지구의 실제 나이를 알 수 없었다. 지구의 나이는 수천 살, 수억 살 또는 수십억 살일까? 오히려 지질 연대표가 발달해서 상대연령 원리들을 바탕으로 사건들이 발생한 시기를 차례대로 배열하는 것이 발달했다. 이 원리들은 무엇일까? 화석들은 어떤 역할을 할까? 방사능이 발견되고 방사성 연대 측정기술이 발달하면서, 지질학자들은 지구의 역사 중에서 발생한 많은 사건들에 대해 비교적 정확한 시기를 알게 되었다. 방사능이란 무엇인가? 지질학적 사건들이 발생한 시기를 알아내는 데 방사능이 유용한 시계로 이용되는 이유는 무엇인가? 이 장에서는 이러한 질문들에 대해 답해 줄 것이다.

1. 지질학은 시간의 척도를 필요로 한다

1869년에, 나중에 미국 지질 조사소의 소장이 되는 포웰(John Wesley Powell)은 콜로라도강을 따라 내려가면서 그랜드 캐년을 통과하는 선구적인 탐험대를 이끌었다(**그림 8.1**). 강에 의해 침식되어 노출된 지층을 기술하면서 포웰은 이 지역의 협곡들은 암석이 만든 "지질학 성경(Bible of geology)"의 "요한계시록(Book of Revelations)"임을 알게 되었다. 그는 그랜드 캐년의 암벽을 따라 노출된 수억 년의 지구 역사에 매우 깊은 감명을 받았다(296쪽의 그림 참조).

포웰은 과거의 암석 속에 지구의 역사를 알 수 있는 증거가 감추어져 있음을 깨달았다. 길고 복잡

A.

B.

그림 8.1 그린(Green)강 선착장에서 탐험의 시작. A. 포웰이 저술한 1875년 책에 실린 그림. B. 선구자적인 지질학자이며 미국 지질 조사소의 두 번째 소장인 존 웨슬리 포웰(John Wesley Powell) 소령. (자료 제공: U.S. Geological Survey, Denver)

한 역사책의 기록처럼 암석은 지질학적 사건과 과거 생명체들이 변화해 온 형태들을 기록한다. 그러나 그 책은 완전하지 않다. 많은 페이지(특히 초반부)들이 생략되어 있다. 다른 페이지들은 너덜너덜 해어졌으며 갈기갈기 찢어지고 더러워져 있다. 그럼에도 불구하고 책의 상당부가 이야기의 많은 부분을 해독할 수 있을 정도로 남아 있다.

지구의 역사를 해석하는 것은 지질학의 중요한 목표이다. 오늘날의 탐정처럼 지질학자는 암석에 보존된 채 발견된 실마리들을 해석해야만 한다. 암석(특히 퇴적암)과 그 속에 담겨져 있는 특징들을 연구함으로써 지질학자들은 지구의 복잡한 역사를 밝혀낼 수 있다.

그러나 지질학적 사건들은 시간에 따라 바로 배열되어야 제대로 된 의미를 가진다. 독립전쟁이건 공룡의 시대이건 간에, 역사를 공부하는 데는 달력이 필요하다. 지질학의 중요한 공헌 중의 하나는 지질연대로 불리는 달력과 지구의 역사가 매우 길다는 사실의 발견이다.

지질연대표를 발달시킨 지질학자들은 사람들이 시간에 대해 생각하고 지구에 대해 지각하는 방법을 변화시켰다. 그들은 이전에 누가 상상하던 것보다 지구의 나이가 오래됐으며, 지구의 표면과 내부는 오늘날 작용하는 것과 동일한 지질학적 과정들에 의해 되풀이하여 변해 왔음을 알게 됐다.

2. 지질학에 관한 몇 가지 역사적 고찰

지구의 본질(지구의 구성요소들과 변화들)은 수세기 동안 주요 연구 주제가 되어 왔다. 그러나 일반적으로 현대 지질학은 1700년대 후반에 시작되었다고 여겨진다. 제임스 허튼이 그의 역작 『지구론(Theory of the Earth)』을 발행한 것이 이 시기였다. 이 시기 이전에는 지구의 역사에 대한 대부분의 설명은 초자연적인 해석에 의존했다.

격변설

1600년대 중반에, 영국 아마(Armagh) 지방의 국교회 대주교이며 아일랜드의 수좌 대주교인 제임스 어셔(James Ussher)는 지구의 나이에 대한 사람들의 인식에 대해 즉각적이고 깊은 영향을 끼친 연구 결과를 발간하였다. 기독교계의 존경받는 학자였던 어셔는 인간과 지구의 역사에 대한 연대기를 구축했다. 그는 지구는 B.C. 4004년에 창조되었으며, 따라서 지구의 나이는 수천 년에 불과하다고 결정했다. 어셔의 연구 결과는 유럽의 과학자와 종교지도자를 불문하고 광범위한 지지를 받았으며, 곧 그의 연대기는 성경의 여백에 인쇄되었다.

1600년대와 1700년대에 지구에 대한 사람들의 사고에는 **격변설**(catastrophism)이 강한 영향을 끼쳤다. 간단히 말해서, 격변설을 주장한 학자들은 지구의 다양한 경관은 본질적으로 커다란 격변들의 영향을 받아왔다는 것이다. 오늘날 우리들은 산과 협곡 같은 지형들이 형성되는 데 매우 많은 시간이 필요함을 알고 있지만, 격변설 지지자들은 이 같은 지형들이 이제는 더 이상 작용하지 않는, 알 수 없는 원인에 의해 갑작스럽게 발생한 전 지구적인 재앙으로 형성되었다고 생각하였다. 이 같은 사고방식은 그 시대 지구의 나이에 대한 통념에 지구의 변화속도를 짜맞추려는 시도였다.

근대 지질학의 탄생

스코틀랜드의 의사이며 부농인 허튼이 1700년대 후반에 『지구론』을 출판했을 때, 그는 **동일과정설**(uniformitarianism)로 알려진 원리를 발표했다. 여전히 동일과정설은 현대 지질학의 기본 원리이다. 동일과정설은 오늘날 작용하는 물리적, 화학적, 생물학적 법칙들은 과거에도 동일하게 작용했다는 것이다. 이것은 오늘날 관찰되는 지구의 형태를 만든 힘과 작용들이 매우 오랫동안 작용하였음을 의미한다. 그러므로 과거의 암석을 이해하기 위해서는 먼저 오늘날 지구상에서 일어나는 여러 작용과 그 결과를 이해하여야 한다. 이러한 개념은 보통 "현재는 과거의 열쇠다"로 표현된다.

허튼의 『지구론』 이전에는 어느 누구도 지질학적 작용들이 매우 긴 시간에 걸쳐 일어나는 것을 효과적으로 증명하지 못했다. 그러나 허튼은 미약하고 느린 작용들이 오랜 시간 동안 일어나면, 갑작스런 변동에 의해 일어나는 것과 같은 큰 효과가 나타날 수 있음을 설득력 있게 논의했다. 그의 선배들과는 다르게, 허튼은 자신의 개념을 지지하기 위하여 검증된 관찰들을 예로 들었다.

예를 들어, 풍화와 유수의 작용에 의해 산맥의 지형이 변화되고 마침내 파괴되는 것과 그 풍화물들이 관찰 가능한 과정들을 통해 바다로 운반되는 것을 논의했을 때, 허튼은 "우리는 산맥이 풍화를 받아 생성된 풍화물들이 강을 따라 여행한다는 것을 확실히 보여주는 일련의 사실들을 알고 있다. 더구나 이 모든 과정들은 한 단계 과정이 아니며 완벽히 인지되지 않는다."라고 말했다. 그 다음에 그는 그의 생각을 종합하기 위해 "우리가 무엇을 더 필요로 할까?"라고 질문했고 "시간밖에는 아무것도 필요로 하지 않는다."고 바로 답했다.

오늘날의 지질학

오늘날 동일과정설의 기본 원리들은 허튼이 살았던 시대에 발달한 원리들과 동일하다. 우리들은 현재가 과거를 간파할 수 있도록 해주며, 지질학적 작용들을 지배하는 물리적, 화학적, 생물학적 법칙들이 오랜 시간 동안 변하지 않았음을 전보다 더 확실히 깨닫는다. 그러나 우리들은 또한 동일과정설을 너무 글자 그대로 이해해서는 안 된다. 과거에 일어났던 지질학적 작용들이 오늘날의 것들과 같다고 말하는 것이 항상 균등한 중요성을 가지고 있거나 정확히 같은 비율로 작용했다고 주장하는 것은 아니다. 또한 어떤 중요한 지질학적 과정들은 현재 관찰되지 않지만 이 지질학적 과정들이 발생했다는 증거는 잘 수립되어 있다. 예를 들어, 우리는 우리가 직접 목격하지는 못했지만 지구에 거대한 운석들이 떨어졌다는 사실을 알고 있다. 이러한 사건들에 의해 지표면이 바뀌고 기후가 변화했으며 지구의 생물들이 큰 영향을 받았다.

그러나 동일과정설의 개념을 받아들이는 것은 매우 긴 지구의 역사를 받아들임을 의미한다. 비록 지질학적 작용들의 강도는 변하지만, 여전히 이들에 의해 중요한 경관이 형성되거나 파괴되기 위해서는 매우 긴 시간이 필요하다. 예를 들어, 지질학자들은 예전에 거대한 산들이 오늘날의 미네소타, 위스콘신, 미시간 지역에 존재했음을 입증했다. 오늘날 이 지역들은 낮은 언덕과 평야로 이루어져 있다. 침식작용이 점차 산봉우리들을 파괴하였다. 추정치에 의하면 북미 대륙은 1,000년에 3cm씩 낮아졌다고 한다. 이 비율대로라면 물, 바람, 얼음이 3,000m 높이의 산을 깎아 평야로 만드는 데 1억 년이 걸린다.

그러나 1억 년도 지구 역사의 시간 단위로 보면 상대적으로 작은 기간이다. 암석을 관찰해 보면 지구상에 산맥이 형성되고 침식되는 많은 사이클(cycle)이 있었음을 알 수 있다. 매우 긴 지질학적 시간 동안 지구의 경관이 변화하는 것과 관련하여, 허튼은 그를 가장 유명하게 한 말을 했다. 1788년

이런 사실을 알고 있었나요?

지구의 나이를 측정하려는 초기의 시도들은 신뢰할 수 없는 것으로 밝혀졌다. 만약 지구의 역사 동안에 퇴적된 퇴적암의 전체 두께와 더불어 퇴적물의 퇴적 비율이 측정된다면 지구의 나이를 추정할 수 있다는 방법이 제안되었다. 이 방법은 퇴적암의 전체 두께를 퇴적물의 퇴적 비율로 나누어야 한다. 이 방법은 어려움 투성이이다. 여러분은 이 문제를 해결할 수 있는가?

「에든버러 학술원 회보」에 발표된 그의 최고의 논문 말미에 그는 다음과 같이 기술했다: "따라서 현 질문에 대한 답변은 '우리들은 시작의 흔적을 발견하지 못했을 뿐만 아니라 언제 끝날지도 알지 못한다.'이다."

비록 많은 자연경관들이 우리가 그들을 관찰할 수 있는 수십 년 동안 변화하지 않는 것처럼 보이지만 그들은 수백 년이나 수천 년 또는 수백만 년의 시간단위로 변화하고 있음을 아는 것이 중요하다.

3. 상대연령–주요 원리들

GEODe EARTH SCIENCE Deciphering Earth's History
▼ Relative Dating

1800년대 후반에서 1900년대 초반 동안, 지구의 나이를 측정하기 위한 많은 시도들이 있었다. 그 중 몇 가지 방법들은 그 당시에는 믿을 만해 보였지만, 나중에 그 어느 것도 신뢰할 만한 것으로 판명되지 않았다. 이 시기의 과학자들이 알아내려고 했던 것은 **절대연령**(numerical date)이었다. 연대는 역사 속에서 어떤 일이 발생한 시기(예를 들어, 6,500만 년 전의 공룡의 멸종)를 정확히 나타낸다. 오늘날 방사능에 의한 연대 측정이 가능해지면서, 과거 지구에서 일어난 중요한 사건이 기록된 암석들의 연령을 정확히 측정할 수 있게 되었다. 우리는 이 장의 뒷부분에서 방사능에 대해 공부할 것이다. 방사능이 발견되기 전에는 지질학자들은 연령을 측정하는 정확하고 신뢰할 만한 방법을 가지고 있지 못했으며 전적으로 상대연령에 의존해야 했다.

상대연령(relative dating)은 암석들의 올바른 형성순서(첫 번째로 형성된 것, 두 번째로 형성된 것, 세 번째로 형성된 것…)에 맞춰 암석들을 배열하는 것을 의미한다. 상대연령은 얼마나 오래전에 사건이 일어났는지를 말하지는 못하며, 다만 B라는 사건이 A사건 뒤에 일어났고 C사건 전에 일어났다는 것을 알려줄 뿐이다. 지금까지 개발된 상대연령 측정방법들은 귀중하며 여전히 광범위하게 사용되고 있다. 절대연령 측정방법들이 상대연령 측정방법들을 대체하지는 못한다. 전자는 단지 후자를 보완할 뿐이다. 상대적인 시간 순서를 알아내기 위해서는 몇 가지 단순한 원리나 규칙들이 발견되고 적용되어야 한다. 비록 이 원리들이 오늘날의 우리들에게는 분명해 보일지라도, 당시에는 사고에 있어서 중요한 진보를 이룬 것이었으며 이들의 발견과 수용은 중요한 과학적 업적이었다.

누중의 법칙

덴마크의 해부학자이며 지질학자이고 성직자였던 스테노(Nicolaus Steno, 1636~1686)는 야외에서 퇴적암 층의 형성순서를 인지한 최초의 사람이다. 이탈리아 서부의 산에서 일하면서 스테노는 상대연령의 가장 단순한 원리〔**누중의 법칙**(law of superposition)〕가 된 매우 단순한 규칙을 적용했다. 이 법칙은 변형을 받지 않은 퇴적암에서는 아래에 놓여 있는 것이 먼저 쌓인 지층이고 위에 놓여 있는 것이 나중에 쌓인 지층이라는 것이다. 어떤 지층을 지지하는 보다 오래된 지층이 아래에 놓여 있지 않다면 지층이 퇴적될 수 없다는 것은 1669년 스테노가 이 원리를 발견하면서 명확해졌다.

또한 이 원리는 화산 폭발에 의해 생성된 용암류나 화산재층과 같이 지표면에 쌓이는 다른 물질들에도 적용된다. 그랜드 캐넌의 상부에 노출된 지층에 누중의 법칙을 적용하면, 여러분들은 쉽게 지층들을 바르게 배열할 수 있을 것이다(**그림 8.2**). 그림에 보이는 지층 중 수파이층군(Supai Group)이 가장 오래된 퇴적물임이 확실하며, 그 위로 허밋셰일(Hermit Shale), 코코니노 사암(Coconino Sandstone), 토로웝층(Toroweap Formation), 카이밥 석회암(Kaibab Limestone)이 놓인다.

러므로 난정합이 생성되기 위해서는 화성암이나 변성암이 융기된 뒤 침식을 받아야만 한다. 일단 지표면에 노출되면 화성암이나 변성암은 풍화와 침식작용을 받게 되며, 이후 침강과 새로운 퇴적작용이 일어난다.

상대연령 측정원리의 이용

그림 8.8에 보이는 가상적인 지질단면에 상대연령 측정원리를 적용하여, 암석과 지질학적 사건들을 올바른 순서대로 놓을 수 있다. 그림 안의 설명들은 지질단면을 해석하기 위해 사용한 추론을 요약한 것이다. 이 예에서, 우리는 지질단면 지역에서 암석이 쌓이고 지질 사건들이 일어난 상대적인 시간순서를 확립할 수 있다. 그러나 이것만으로는 얼마나 오랜 지구의 역사가 기록되어 있는지, 또한 어떻게 이 지역을 다른 지역과 대비할 수 있는지 알기 어렵다.

4. 지층의 대비

지구의 역사 전체에 적용할 수 있는 지질연대표(geologic time scale)를 발전시키기 위해서는 서로 다른 지역에 있는 비슷한 시기의 암석들을 서로 비교하여야 한다. 이런 일을 **대비**(correlation)라고 부른다. 좁은 지역에서 암석들을 대비하는 것은 단순히 노출되어 있는 암석의 가장자리를 따라 걸으면서 할 수 있다. 그러나 만일 지층이 연속적으로 노출되어 있지 않다면 대비는 불가능해진다. 짧은 거리의 대비는 보통 연속적인 지층에서 대비하려는 암석을 비교하여 쉽게 행해질 수 있다. 또는 대비하려는 층이 매우 특징적이거나 보기 드문 광물을 가지고 있다면 다른 지역에서도 쉽게 인지할 수 있다.

한 지역에 있는 암석과 다른 지역에 있는 암석을

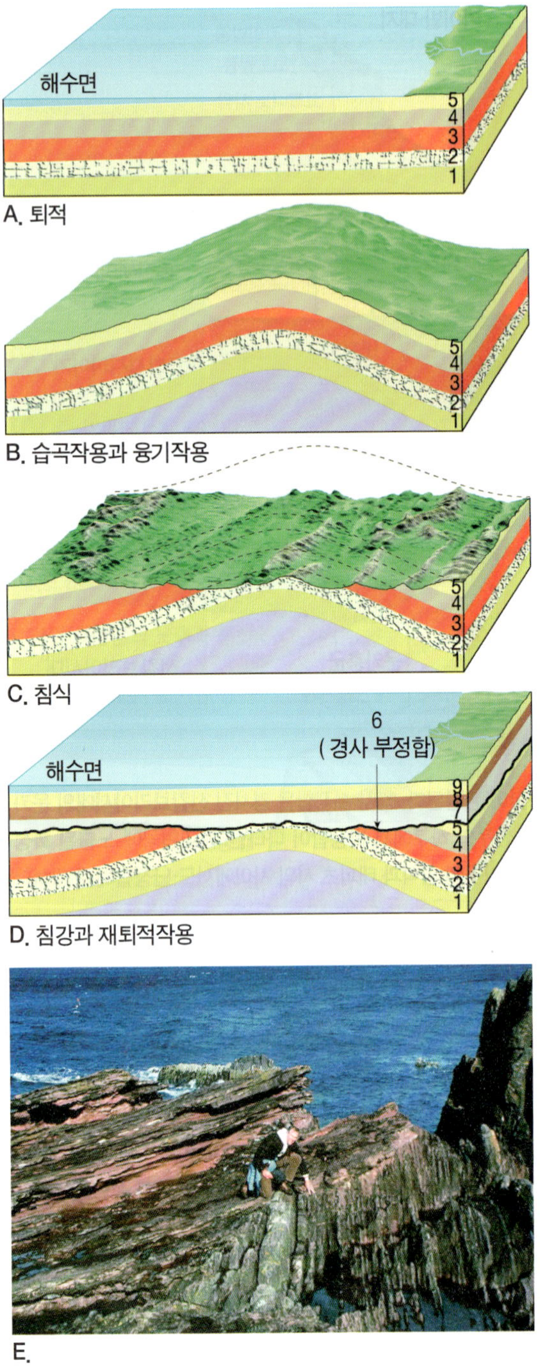

그림 8.7 경사 부정합의 형성. 경사 부정합은 변형과 침식작용이 발생한 시기를 나타낸다. 사진 E는 스코틀랜드 시카 포인트(Siccar Point)에서 관찰되는 경사 부정합으로, 200년 전에 허튼에 의해 최초로 기재됐다. (사진 제공: Edward Hay)

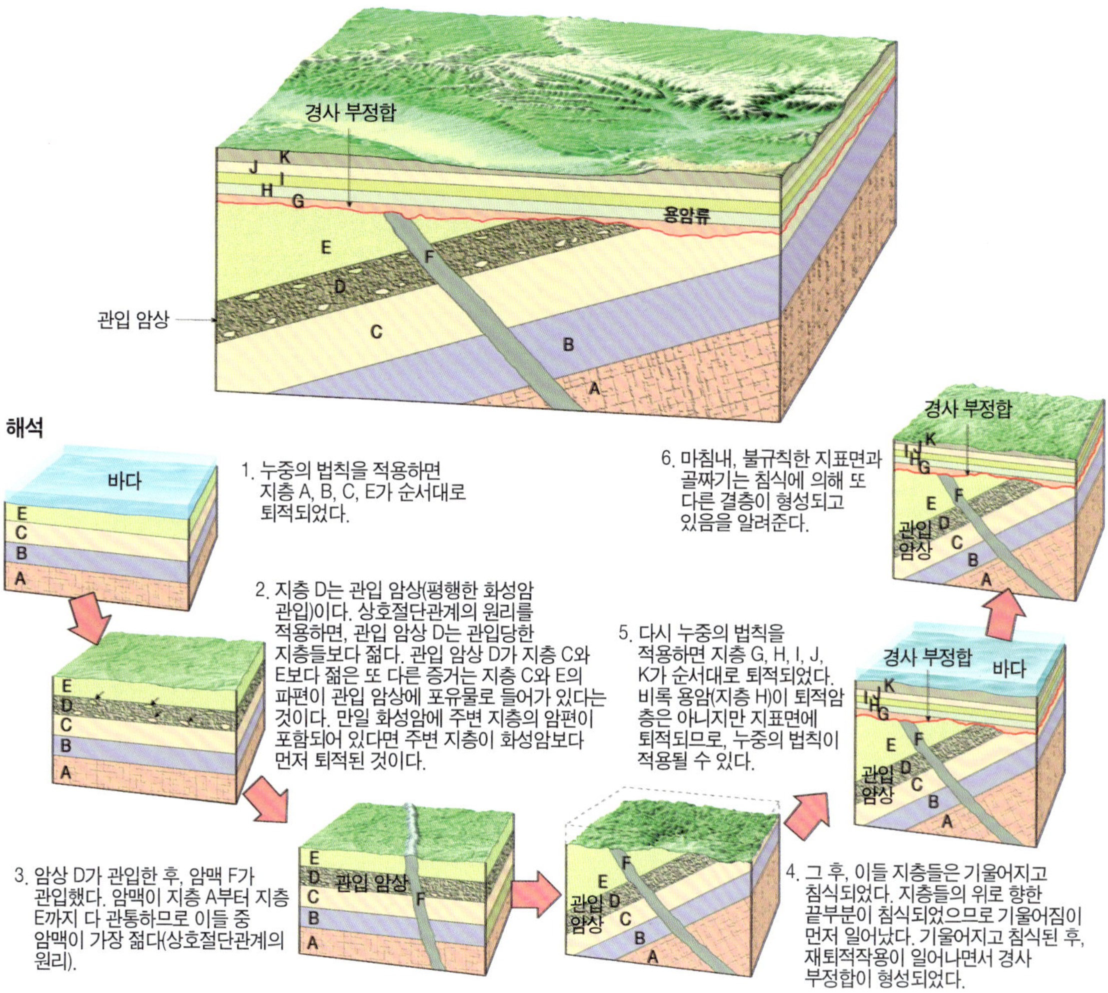

그림 8.8 가상 지역의 지질단면도.

대비하기 위해서는 그 지역의 지질학적 역사에 대한 보다 종합적인 관점이 필요하다. 예를 들어, **그림 8.9**는 유타주 남쪽과 애리조나주 북쪽에 분포하는 콜로라도 대지의 세 지점에서 지층의 대비를 보여준 것이다. 이중 어느 장소도 선캄브리아시대부터 제3기까지의 암석이 기록되어 있지 않지만, 각 지역 지층들 간의 대비를 통해 퇴적된 암석 전체의 모습을 밝힐 수 있다.

많은 지질학적 연구들은 상대적으로 좁은 지역을 다룬다. 이런 연구들이 매우 중요하긴 하지만 이들 암석이 다른 지역의 암석들과 대비될 때 더욱 큰 가치가 있다. 위의 방법으로 상대적으로 좁은 거리에 있는 암석들을 대비할 수 있지만 멀리 떨어져 있는 암석들을 대비하기는 쉽지 않다. 멀리 떨

이런 사실을 알고 있었나요?

Fossil이란 단어는 “땅에서 파낸 것”을 의미하는 라틴어 *fossilium* 에서 유래했다. 중세시대 작가들에 의해 사용된 것처럼, 원래 화석은 지하에서 산출된 돌, 광석 또는 보석을 의미했다. 사실, 초기의 많은 광물학 책들은 화석책으로도 불렸다. 우리가 오늘날 사용하는 화석 개념은 1700년대에 제안됐다.

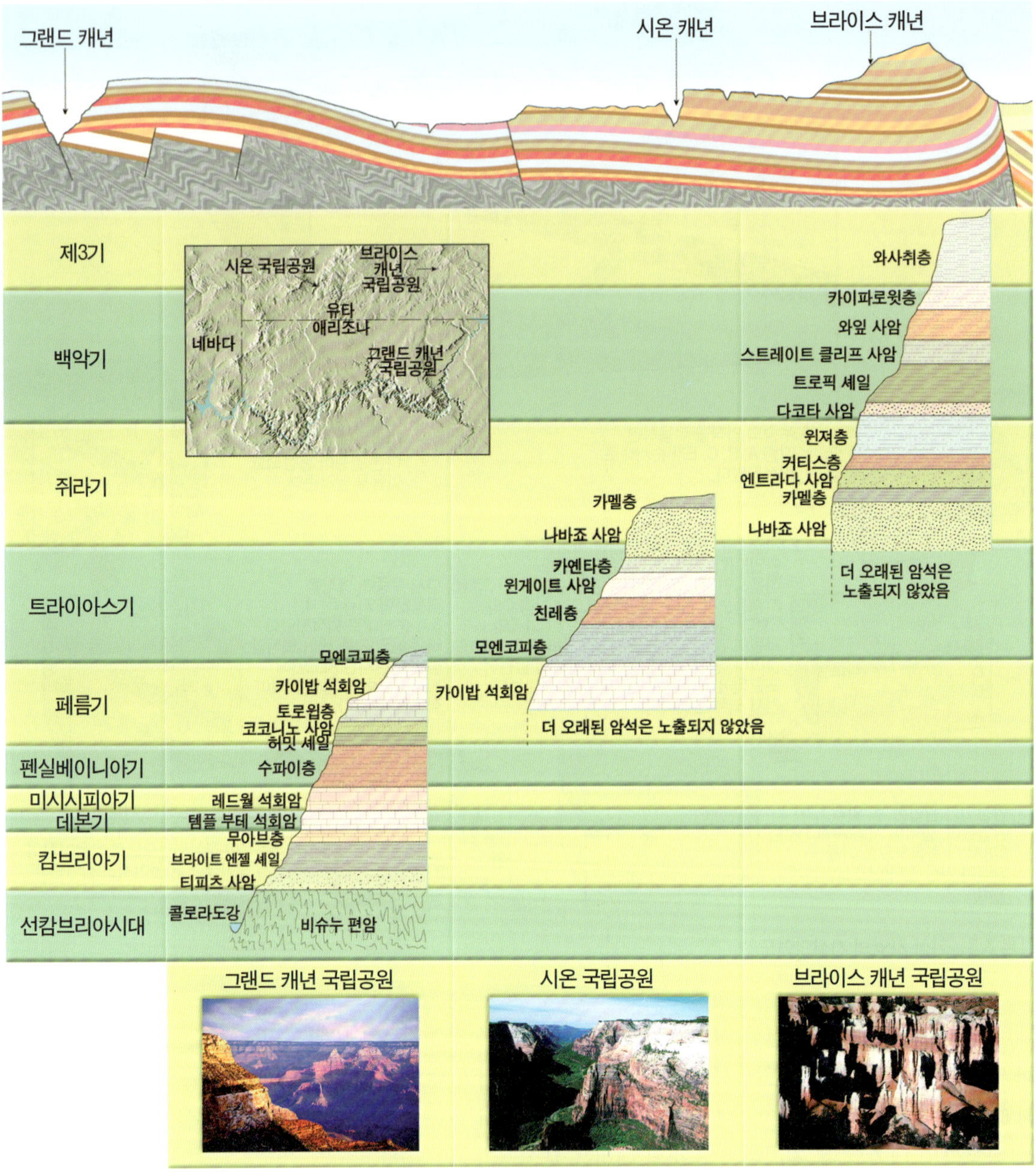

그림 8.9 콜로라도 대지의 세 지점에 발달되어 있는 지층들 간의 대비는 이 지역에 분포하는 전체 퇴적암을 보여준다. (자료 제공: U.S. Geological Survey, 삽입 사진 제공: E. J. Tarbuck)

어져 있는 지역이나 대륙을 대비하기 위해서 지질학자들은 화석에 의존한다.

5. 화석: 과거에 살았던 생물의 증거

선사시대에 살았던 생물의 유해나 흔적인 **화석**(fossils)은 퇴적암에 있는 중요한 함유물이다. 화석은 지구의 과거를 해석하는 데 가장 중요한 도구다. 화석을 과학적으로 연구하는 학문을 **고생물학**(paleontology)이라고 한다. 고생물학은 광대한 지질시대 동안 일어난 모든 양상의 생물의 변천을 이해하려는 것으로, 지질학과 생물학이 융합된 학제적 과학이다. 특정한 시기에 살았던 생명체의 특성을 파악하여 과거의 환경을 이해할 수 있다. 더구나 화석은 중요한 시간 지시자이며 다른 지역에 분포되어 있는 비슷한 시기의 암석을 대비하는 데 중요한 역할을 한다.

화석의 종류

화석의 유형은 다양하다. 상대적으로 최근 생물체의 유해는 전혀 화석으로 변하지 않았을지도 모른다. 이, 뼈 그리고 껍질 같은 종류들이 일반적으로 그러한 예이다. 드물게 살을 포함한 동물 전체가 특별한 환경에서 보존될 수 있다. 시베리아와 알래스카의 북극 툰드라 지역의 동결된, 매머드라고 불리는 선사시대에 살았던 원시 코끼리의 유해가 한 예이며, 미라화된 나무늘보의 유해는 네바다의 건조한 동굴에서 보존되었다.

충분한 시간이 주어진다면 생물의 유해는 변화되기 쉽다. 원래 생물 조직의 작은 구멍들이 침전된 광물질로 채워지면서 화석은 종종 석화(petrification)된다(**그림 8.10A**). 다른 예로, 치환(replacement)이 일어날 수 있다. 세포벽 그리고 다른 단단한 물질이 광물질로 대치된다. 대치된 섬세한 구조까지 간혹 완벽히 유지된다.

몰드와 캐스트는 화석의 또 다른 형태이다. 조개껍질 또는 패각이 퇴적물에 묻힌 뒤 지하수에 의해 용해되어 없어지면 몰드가 만들어진다. 몰드는 생물체의 모양과 표면구조를 잘 보여주지만 내부 구조에 관한 정보는 전혀 알려주지 못한다. 만약 패각이 용해되어 형성된 빈 공간이 점차적으로 광물질로 채워진다면 캐스트가 만들어진다(**그림 8.10B**).

탄화(carbonization)라고 불리는 화석화과정은 특히 식물 잎과 섬세한 동물 형태를 보존하는 데 효과적이다. 탄화는 작은 입자의 퇴적물이 생물의 유해를 덮을 때 일어난다. 시간이 경과하면서 압력에 의해 수분과 가스성분이 빠져나가고 탄소성분이 얇은 막의 형태로 보존된다(**그림 8.10C**). 산소가 적은 환경에서 유기물이 풍부한 신흙이 퇴적된 흑색 셰일은 가끔 탄화된 생물의 유해를 많이 포함한다. 만약 미세한 입자의 퇴적물에 화석의 탄소막이 보존되지 않은 경우, 생물의 외형이 퇴적층에 찍힌 인상(impression)이 생물의 구조를 보여준다(**그림 8.10D**).

곤충처럼 섬세한 생물은 화석으로 보존되기 어렵고, 따라서 곤충 화석은 상대적으로 드물게 발견된다. 곤충은 부패로부터 보호되어야 할 뿐만 아니라 곤충을 압착할 수 있는 어떤 압력도 받지 않아야 한다. 곤충이 보존될 수 있는 한 가지 방법은 나무의 송진이 굳어진 호박 속에 보존되는 것이다. **그림 8.10E**의 파리는 끈적끈적한 송진에 갇혀서 보

이런 사실을 알고 있었나요?

사람들은 자주 고생물학과 고고학을 혼동한다. 고생물학자는 화석을 연구하며 지질시대에 살았던 모든 생물 형태를 연구한다. 대조적으로, 고고학자는 원시 인류의 유적에 초점을 맞춘다. 이러한 유물들에는 사람들이 오래전에 사용한 물건(고기물, artifacts)들과 사람들이 거주했던 건물 및 다른 구조물(유적, sites)들을 포함한다.

A.

B.

C.

D.

E.

F.

그림 8.10 여러 종류의 화석화작용이 있다. 여기에서는 여섯 가지 예를 보여준다. A. 애리조나 페트리파이드 포레스트(Petrified Forest) 국립공원의 석화된 나무. B. 몰드와 캐스트를 보여주는 삼엽충 화석. C. 얇은 탄소 피막으로 보존된 벌 화석. D. 인상은 일반적으로 관찰되는 화석형태이며 세부모습을 잘 보여준다. E. 호박 속의 곤충. F. 분석 또는 화석 똥. (사진 제공: A—David Muench Photography; B, D, F—E. J. Tarbuck; C—Florissant Fossil Beds National Monument; E—Breck P. Kent)

존된 것이다. 송진은 대기로부터 곤충을 밀폐했고 물이나 공기에 의한 피해로부터 보호했다. 송진이 굳으면서 압력에 견디는 보호막이 형성됐다.

위에서 언급한 화석 이외에도 다양한 다른 유형이 있으며 그 대부분은 선사시대 생물의 흔적이다. 이러한 간접적인 증거의 예를 아래에 기술한다.

1. 발자국(track): 부드러운 퇴적물에 남겨진 동물의 발자국으로 점차 단단해진다.
2. 생물이 뚫은 구멍(burrow): 동물이 퇴적물, 나무 또는 암석에 뚫은 튜브. 나중에 이 구멍들은 광물질로 채워지고 보존된다. 가장 오래된 화석들 중 일부는 생물이 뚫은 구멍일 것으로 여겨진다.
3. 분석(coprolite): 배설물과 위 내용물 화석은 생물의 먹이습성에 관한 유용한 정보를 제공한다(그림 8.10F).
4. 위석(gastrolith): 잘 연마된 위 속의 돌로 멸종된 어떤 파충류는 먹이를 가는 데 사용했다.

보존이 잘되기 위한 조건

지질시대 동안에 살았던 생물들 중 극히 적은 수의 생물만이 화석으로 보존된다. 보통 동물이나 식물의 유해는 파괴된다. 어떤 환경에서 그들이 보존될까? 두 가지 특별한 조건이 필요한 것으로 보인다: 빠르게 묻혀야 하며 단단한 부분이 있어야 한다.

생물이 죽으면 보통 생물의 연체부는 썩은 고기를 먹는 동물에 의해 먹히거나 박테리아에 의해 분해된다. 그러나 가끔 생물의 유해는 퇴적물에 의해 묻힌다. 이런 일이 일어날 때, 생물의 유해는 파괴작용이 일어나는 환경으로부터 격리된다. 그러므로 생물의 유해가 빠르게 묻히는 것은 그 생물이 화석으로 잘 보존되기 위한 중요한 조건이다.

더구나 동물과 식물이 단단한 부분을 가지고 있다면 그들은 화석으로 보존될 기회가 더 많다. 해파리, 벌레, 곤충처럼 부드러운 몸을 갖는 동물의 흔적과 자국이 있긴 하지만, 흔하진 않다. 살은 보통 빠르게 부패되므로 보존되기가 매우 어렵다. 껍질, 뼈, 이빨 같은 단단한 부분이 상대적으로 많이 보존되어 있다.

이런 사실을 알고 있었나요?

생명체가 죽고 그들의 조직이 부패하더라도, 생명체를 이루던 유기물(탄화수소)은 퇴적물 속에서 살아남을 수 있다. 이것을 **화학 화석**(chemical fossil)이라고 한다. 이러한 탄화수소들은 기름과 가스를 형성하지만, 일부는 암석에 기록될 수 있고 분석되어 탄화수소가 유래된 생명체의 종류를 알아낼 수 있다.

화석으로 보존되기 위해서는 특별한 환경이 필요하기 때문에 지질시대 동안에 생물의 기록은 편중되어 있다. 퇴적이 많이 이루어지는 지역에서 생활하는, 단단한 부분을 가진 생명체의 화석기록은 매우 풍부하다. 그러나 보존이 잘되지 않는 환경에서 생활한 생명체들의 다양성에 대해서 이해하기는 매우 어렵다.

화석과 대비

화석의 존재는 수백 년 전부터 알려져왔지만 지질학적 도구로서 화석의 중요성이 명백해진 것은 1700년대 후반에서 1800년대 초반에 이르러서다. 이 기간 동안, 영국의 기술자며 운하 건설자인 윌리엄 스미스는 그가 일한 운하의 각 층에 포함된 화석이 층의 상부나 하부에 포함된 화석과 다르다는 것을 발견했다. 더욱이 그는 멀리 떨어진 지역의 퇴적암층들이 그 층에 포함되어 있는 특징적인 화석에 의해 인지되고 대비될 수 있다는 것을 알아차렸다.

스미스의 중요한 관찰과 이후의 많은 지질학자들의 발견에 의해, 지사학에서 가장 중요하고 기본적인 원리 중의 하나가 형성됐다: 생명체들의 화석은 확실하고도 결정지을 수 있는 순서에 따라 점점 변해 간다. 그러므로 각 시기는 화석의 내용에 따라 구분될 수 있다. 이것이 **화석군 천이의 원리**(principle of fossil succession)다. 즉, 누중의 법칙에 따라 상부로 갈수록 젊어지는 순서로 배열된 암석에서 산출되는 화석들을 순서대로 관찰해 보면 무작위로 또는 우연성에 의해 배열되지 않는다. 화석은 시간에 따른 생명의 진화를 기록한다.

예를 들어, 삼엽충의 시대는 화석기록의 초반에 인지된다. 그 후 연속적으로 어류의 시대, 석탄 늪의 시대, 파충류의 시대 그리고 포유류의 시대가 인지된다. 이러한 '시대'는 특정한 시기 동안에 특히 번성한 특징적인 생물집단과 관련된다. 각각의 '시대'는 어떤 종류의 삼엽충이나 어떤 종류의 어류, 파충류 등에 근거해서 세분된다. 이 같은 주요한 생물군의 천이는 순서대로 모든 주요한 대륙에서 발견된다.

화석이 시간을 알아내는 도구로 인지되자 화석은 다른 지역에 분포하는 비슷한 시기의 암석을 대비할 수 있는 가장 유용한 도구가 되었다. 지질학자들은 **표준화석**(index fossil)에 특별한 관심을 가지고 있다. 표준화석은 지리학적으로 넓게 분포하며 짧은 기간 동안 생존하였기 때문에 동일한 시기의 암석을 대비하는 데 중요하다. 그러나 암석이 항상 특징적인 표준화석을 포함하지는 않는다. 그런 경우, **화석군**으로 불리는 화석 무리가 지층의 시기를 확립하기 위하여 이용된다. **그림 8.11**은 화석군을 이용하는 것이 단지 하나의 화석을 이용하여 암석의 시기를 확립하는 것보다 어떻게 더 정밀한지 보여준다.

대비를 위해 중요하고도 필수적인 도구인 것 외에, 화석은 환경에 대한 중요한 지시자이다. 퇴적암의 성질과 특성을 연구함으로써 과거의 환경을

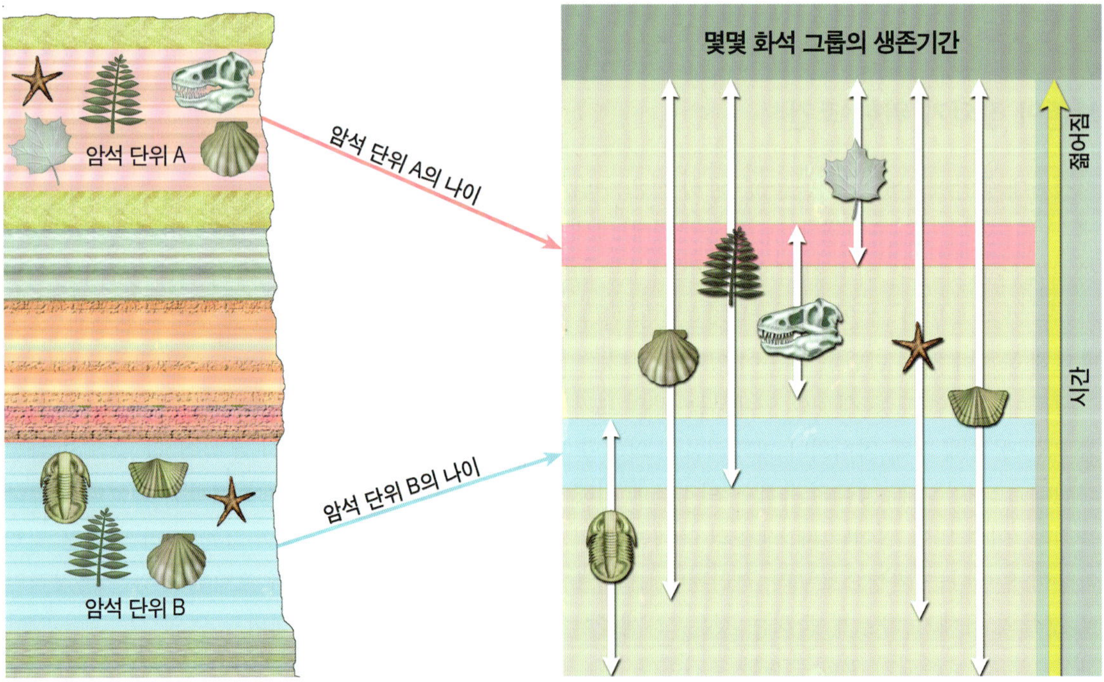

그림 8.11 하나의 화석을 이용하여 암석의 나이를 측정하는 것보다 화석 여러 개의 산출구간을 겹치면 더 정확한 암석의 나이를 알아낼 수 있다.

이런 사실을 알고 있었나요?

산출된 화석에 대한 절대연령 분석에 의하면 지구에서 최초의 생명은 약 38억 년 전에 출현했다.

많이 추정할 수 있지만, 퇴적암 내의 화석에 대한 자세한 연구는 훨씬 더 많은 정보를 제공한다.

예를 들어, 석회암에서 조개의 유해가 발견되었을 때, 지질학자들은 오늘날 조개가 바다에서 사는 것을 근거로 그 지역이 한때 얕은 바다였다고 추정한다. 또한, 우리가 현생 생물에 대해 알고 있는 지식을 바탕으로, 세게 굽이치는 파도에 견딜 수 있도록 두꺼운 껍질을 가지고 있는 화석은 해안에 살았다고 추론할 수 있다. 반면, 얇고 깨지기 쉬운 껍질을 가진 조개는 아마도 깊고 고요하며 해안에서 멀리 떨어진 환경을 지시한다. 그러므로 화석의 유형을 자세히 관찰하면 과거 해안의 대략적인 위치를 알아낼 수 있다.

더욱이 화석은 과거의 수온을 지시할 수 있다. 오늘날의 산호 중 어떤 것은 바하마나 플로리다주위에 사는 산호처럼 따뜻하고 얕은 열대의 바다를 필요로 한다. 과거에 퇴적된 석회암에서 비슷한 종류의 산호가 발견되었을 때, 이들 산호는 당시의 환경이 현재의 플로리다와 같았음을 지시한다. 이러한 예들은 화석이 어떻게 지구의 복잡한 역사를 밝히는 데 도움을 주는지 보여주는 몇 가지 예에 불과하다.

6. 방사성 연대 측정

GEODe EARTH SCIENCE

Deciphering Earth's History

▼ Radiometric Dating

앞부분에서 기술된 원리를 이용하여 상대연령을 밝히는 것 외에, 과거 지질시대에 일어난 사건에 대해 신뢰할 만한 절대연령을 얻을 수 있다. 예를 들어, 우리는 지구의 나이가 45억 살이고 공룡이 6,500만 년 전에 멸종한 것을 안다. 우리가 일반적으로 사용하는 달력은 몇 시간, 몇 주 그리고 몇 년의 시간단위이므로 수백만 년과 수십억 년으로 표현되는 시간은 사실 우리에게 상상의 날개를 펴게 한다. 그럼에도 불구하고 엄청나게 긴 지질시간은 사실이며, 방사성 연대 측정을 통해 지질시대를 정확히 측정할 수 있다. 이 장에서 여러분들은 방사능과 방사성 연대 측정에 대해 배울 것이다.

원자의 기본 구조

각각의 원자는 양성자와 중성자를 포함하는 핵을 가지고 있으며 전자가 핵 주위를 돈다는 것은 제1장에서 배웠다. 전자는 음전하를 가지고 있으며 양성자는 양전하를 가지고 있다. 실제로 중성자는 양성자와 전자가 결합된 것으로, 전하가 없다(중성자는 중성이다).

원자번호(원소 식별번호)는 핵 속에 있는 양성자의 개수이다. 모든 원소는 핵 속에 있는 양성자의 개수가 다르므로 원자번호가 서로 다르다(수소 = 1, 산소 = 8, 우라늄 = 92 등). 같은 원소의 원자는 항상 양성자 수가 같으므로 원자번호는 변하지 않는다.

원자질량의 거의 모두(99.9%)는 핵이 차지하며, 실질적으로 전자는 전혀 질량을 갖지 않는다는 것을 뜻한다. 핵에 있는 양성자와 중성자의 숫자를 합하면 원자의 질량수가 된다. 핵에 있는 중성자 개수는 변할 수 있다. 동위원소로 불리는 이러한 변형들은 다른 질량수를 가진다.

예를 들어 요약하면, 우라늄의 핵은 항상 92개의 양성자를 가지며, 따라서 원자번호는 항상 92이다. 그러나 우라늄의 중성자 수는 변화하며 우라늄은 3개의 동위원소[우라늄 234(양성자와 중성자를 합한 수는 234), 우라늄 235, 우라늄 238]를 갖는다. 우라늄의 3개 동위원소는 자연에서 서로 섞여 있다. 그들은 똑같아 보이며 화학반응에서 동일하게 행동한다.

방사능

보통 핵 안에서 양성자와 중성자를 함께 묶는 힘은 강하다. 그러나 어떤 동위원소의 핵은 양성자와 중성자를 묶는 힘이 충분히 강하지 못하므로 불안정하다. 그 결과, 핵은 자연스럽게 부서지는데(붕괴되는데), 이 과정을 **방사능**(radioactivity)이라고 한다. 불안정한 핵이 붕괴될 때, 어떤 일이 일어날까?

세 종류의 방사성 붕괴가 **그림 8.12**에 예시되어 있고 다음과 같이 요약된다:

1. 알파입자(α)는 핵으로부터 방출될 수 있다. 알파입자는 2개의 양성자와 2개의 중성자로 구성된다. 따라서 알파입자의 방출은 (a) 동위원소의 질량수가 넷 줄고, (b) 원자번호가 둘 줄었음을 의미한다.
2. 베타입자(β)나 전자가 핵으로부터 나왔을 때, 실질적으로 전자는 질량이 없으므로 질량수는 변하지 않는다. 그러나 전자는 중성자로부터 나오므로(중성자 1개는 하나의 양성자와 하나의 전자가 결합된 것임을 기억하라) 핵은 전보다 하나 더 많은 양성자를 가진다. 그러므로 원자번호는 하나 증가한다.
3. 가끔 전자 1개가 핵에 포획된다. 이때 전자는 양성자와 결합하고 하나의 중성자가 추가된다.

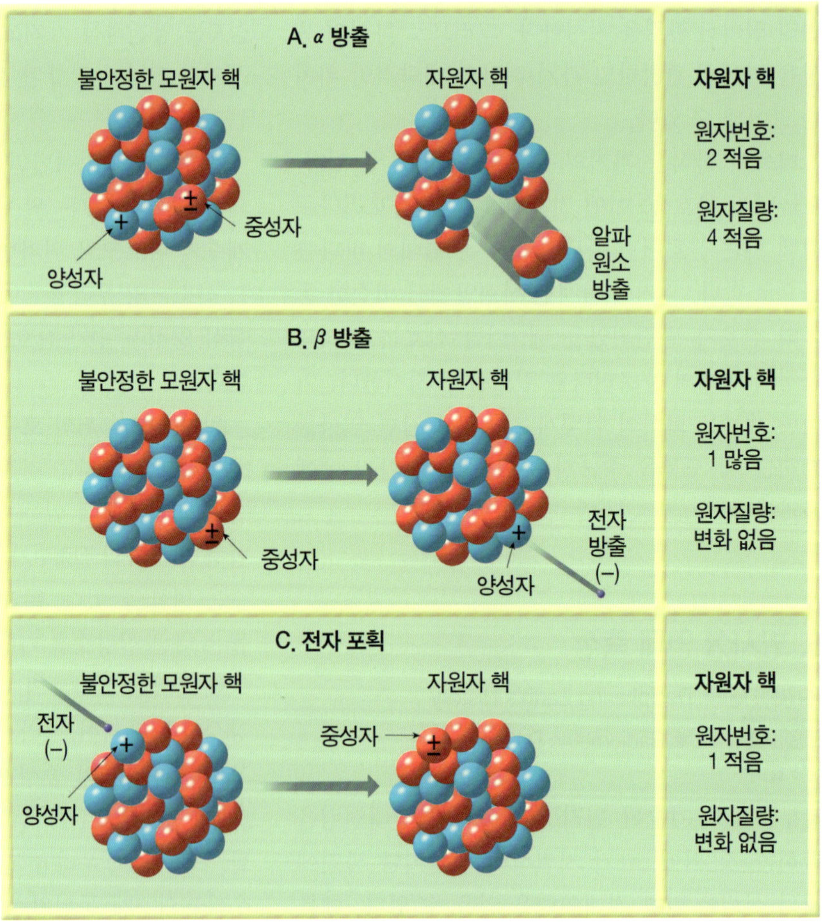

그림 8.12 일반적인 방사성 붕괴의 유형. 각각의 경우 핵에 있는 양성자 수(원자번호)는 변화하며, 그 결과 다른 원소를 생성한다.

마지막 예처럼, 질량번호는 변하지 않는다. 그러나 이제 핵은 양성자 수가 하나 적기 때문에 원자번호는 하나 감소한다.

불안정한(방사성) 동위원소는 **모원자**로 표현된다. 모원자의 붕괴에 의해 형성되는 동위원소는 **자원자**이다. **그림 8.13**은 방사성 붕괴를 보여주는 한 예다. 방사성 모원자인 우라늄 238(원자번호 92, 질량수 238)이 붕괴할 때, 그것은 알파입자를 8번 그리고 베타입자를 6번 방출하는 여러 번의 과정을 거친 후, 안정한 자원자인 납 206(원자번호 82, 질량수 206)이 된다.

방사능의 발견으로 인한 가장 중요한 결과 중의 하나는 방사능으로 방사성 동위원소를 포함하는 암석이나 광물의 나이를 계산할 수 있다는 것이다.

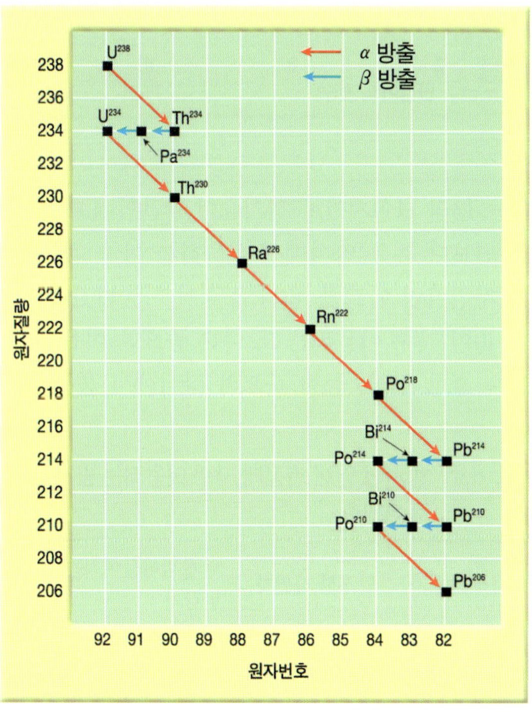

그림 8.13 우라늄(U^{238})의 동위원소는 일련의 방사성 붕괴를 보여준다. 안정한 최종산물(Pb^{206})에 도달하기 전에 많은 다른 동위원소들이 중간단계에 생성된다.

이 과정을 **방사성 연대 측정**(radiometric dating)이라 부른다. 방사성 연대 측정은 왜 믿을 만한가? 왜냐하면 많은 동위원소의 붕괴 비율이 정확히 측정됐고 지구 외각에 해당되는 물리적 조건에서는 변하지 않기 때문이다. 연대 측정에 사용되는 각각의 방사성 동위원소는 암석의 생성 이후 일정한 비율로 붕괴해 왔고, 이에 비례하여 붕괴 산물도 축적되어 왔다. 예를 들어, 우라늄이 마그마로부터 결정화되는 광물에 들어갈 때, 이 광물에는 이전 붕괴에 의해 생긴 납(안정한 자원자 산물)이 존재하지 않는다. 방사성 '시계'는 이때부터 움직인다. 새로 만들어진 광물 속에 포함된 우라늄이 붕괴될 때, 자원자가 갇히고 결국 측정할 수 있을 정도의 납이 축적된다.

반감기

한 샘플 속에 있는 핵이 반으로 줄어드는 데 걸리는 시간을 동위원소의 **반감기**(half-life)라고 부른다. 반감기는 방사성 붕괴율을 표현하는 일반적인 방법이다. **그림 8.14**는 방사성 원소가 직접 안정한 자원자로 붕괴될 때 일어나는 변화를 보여준다. 모원자와 자원자의 양이 같을 때(1 : 1 비율), 한 번의 반감기가 지난 것이다. 원래 방사성 원자의 1/4이 남고 3/4이 자원자로 붕괴되었을 때, 원래의 방사성 원자와 자원자의 비는 1 : 3이고 두 번의 반감기가 지나갔음을 뜻한다. 세 번의 반감기가 지나가면 원래의 방사성 원자와 자원자의 비는 1 : 7(하나의 방사성 모원자에 대해 7개의 자원자)이다.

만일 방사성 동위원소의 반감기가 알려지고 모원자/자원자의 비율이 결정되면 샘플의 나이는 계산될 수 있다. 예를 들어, 가상의 불안정한 동위원소가 100만 년의 반감기를 가지고 샘플 속의 모원자/자원자 비가 1 : 15라고 가정하자. 이 비율은 4번의 반감기가 지나갔음을 지시하며 따라서 샘플의 나이는 400만 년이다.

그림 8.14 방사성 붕괴곡선은 지수 변화를 보여준다. 한 번의 반감기 뒤에, 방사성 원소의 반이 남는다. 두 번째 반감기 뒤에, 최초 방사성 원소의 1/4이 남는다.

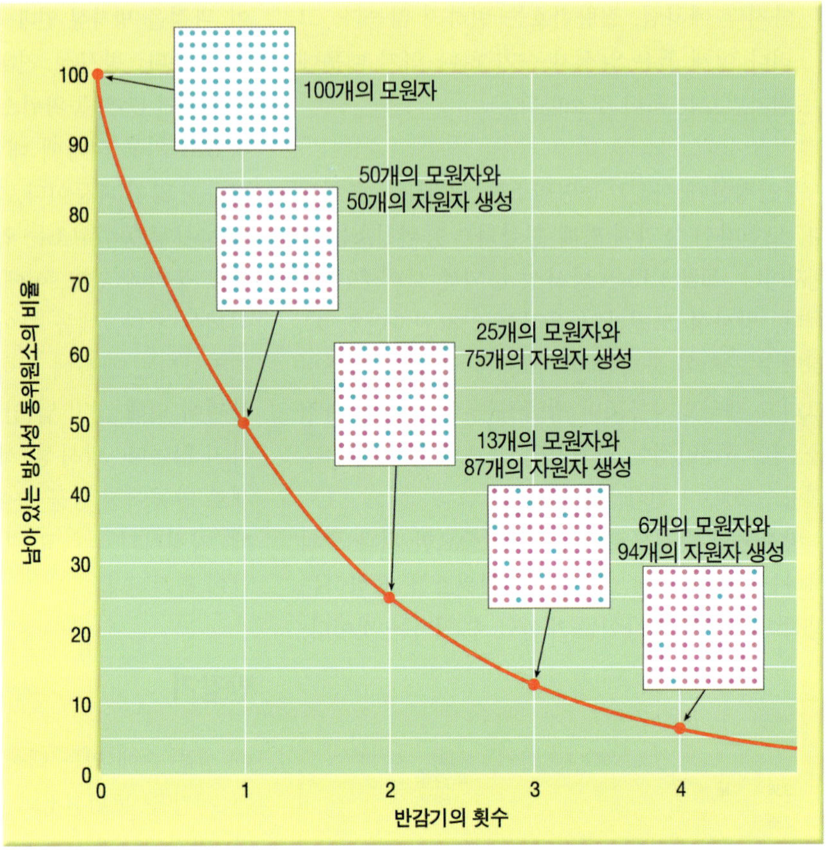

방사성 연대

한 번의 반감기 동안 붕괴하는 방사성 원소의 비율은 항상 일정(50%)함을 명심하라. 그러나 각각의 반감기를 거치면서 붕괴하는 원자의 실제 숫자는 끊임없이 감소한다. 방사성 모원자의 비율이 감소하면 모원자가 감소한 만큼 자원자가 증가하며 따라서 안정한 자원자의 비율은 증가한다. 이것이 방사성 연대 측정의 핵심이다.

자연에 존재하는 많은 방사성 동위원소들 중에서 과거에 쌓인 암석의 방사성 연대를 밝히는 데 5개의 동위원소가 특히 중요한 것으로 입증됐다(**표 8.1**). 루비듐 87, 우라늄 238, 우라늄 235는 수백만 년 된 암석의 나이를 측정하는 데 이용되지만 칼륨 40은 좀 더 다양하게 이용된다. 칼륨 40의 반감기는 13억 년이지만 측정기술이 발달함에 따라 10만 년보다 젊은 암석에서 산출하는 아주 적은 양의 자원자인 아르곤 40의 검출이 가능해졌다. 칼륨 40이 자주 이용되는 또 다른 중요한 이유는 칼륨은 흔한 광물, 특히 운모와 장석에서 풍부하기

표 8.1 방사성 연대 측정에 자주 이용되는 방사성 동위원소

방사성 모원자	안정한 자원자	현재 받아들여지는 반감기
우라늄 238	납 206	45억 년
우라늄 235	납 207	7억 1,300만 년
토륨 232	납 208	141억 년
루비듐 87	스트론튬 87	470억 년
칼륨 40	아르곤 40	13억 년

때문이다.

정확한 방사성 연대는 광물이 형성된 이후 전 기간 동안 폐쇄계로 남아 있었던 경우에 얻어질 수 있음을 인식하는 것이 중요하다. 만일 모원자나 자원자 동위원소가 첨가되거나 상실되었다면 정확한 연대 측정은 불가능하다. 하지만 항상 불가능한 것은 아니다. 사실, 칼륨-아르곤 방법의 중요한 한계는 아르곤이 기체이며 광물에서 새어나갈 수 있기 때문에 값이 틀려진다는 점이다.

방사성 연대 측정의 기본 원리는 단순하지만 실제 과정은 매우 복잡하다는 것을 명심하라. 모원자와 자원자의 양을 결정하는 분석은 매우 정확해야만 한다. 더구나 어떤 방사성 광물은 바로 안정한 자원자로 붕괴되지 않는다. **그림 8.13**에서 보는 것처럼 우라늄 238은 14번째의 마지막 자원자이며 안정한 동위원소인 납 206이 생산되기 전에 13개의 불안정한 중간 자원자들을 생산한다.

C^{14}를 활용한 연대 측정

최근에 일어난 사건을 연대 측정하기 위해 C^{14}를 이용한다. C^{14}는 탄소의 방사성 동위원소이다. 이 과정은 간혹 **방사성 탄소 연대 측정**(radiocarbon dating)으로도 불린다. C^{14}의 반감기는 겨우 5,730년이기 때문에 매우 최근에 발생한 지질학적 사건과 역사시대의 사건을 연대 측정하는 데 사용한다. 어떤 경우에 C^{14}는 75,000년 전의 사건을 연대 측정하기 위해 이용된다.

C^{14}는 대기 상층부에서 우주선(cosmic ray)의 충격에 의해 끊임없이 생성된다. 고에너지 입자인 우주선은 가스 원자의 원자핵을 부수고 중성자를 방출한다. 중성자 중 일부는 질소원자(원자번호 7)에 의해 흡수되며 질소원자의 핵은 양성자를 방출한다. 그 결과 원자번호가 1 감소하여 6이 되며 전혀 다른 원소인 C^{14}가 생성된다(**그림 8.15A**). 이 탄소 동위원소는 재빨리 이산화탄소와 합쳐져 대기를 순환하고 생물에 의해 흡수된다. 그 결과 여러분을 포함한 모든 생물은 몸 안에 소량의 C^{14}를 포함한다.

생물이 살아 있는 동안, 방사성 탄소는 붕괴되어 질소로 변하고 질소는 우주선에 의해 방사성 탄소로 변하는 과정이 연속적으로 일어나면서 C^{14}와 C^{12}의 비율은 일정하게 유지된다. C^{12}는 안정적이며 탄소 동위원소 중 가장 일반적이다. 그러나 동물이나 식물이 죽으면 C^{14}는 베타 방출에 의해 N14로 변하면서 C^{14}의 양은 점차 감소한다. 한 표본에서 C^{14}와 C^{12}의 비율을 비교하는 방법으로 방사성 탄소 연대를 측정할 수 있다.

C^{14}는 지질시대 중 가장 최근의 사건을 연대 측

이런 사실을 알고 있었나요?

방사성 연대 측정에서 오차를 예방하기 위한 일반적인 방법은 크로스체크하는 방법이다. 즉 시료를 두 가지 방법으로 연대 측정하는 것이다. 만약 두 연대가 동일하다면 측정된 연대의 신뢰성이 높은 것이다. 그러나 연대 차이가 분명히 존재한다면 다른 방법을 이용한 크로스체크를 통해 어느 연대가 맞는지 밝혀내야 한다.

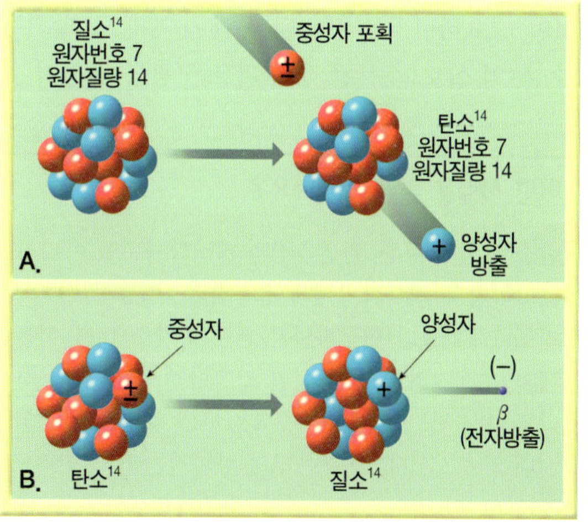

그림 8.15 탄소^{14}의 생성(A)과 붕괴(B). 이 그림은 대표적인 원자들의 핵들을 나타낸다.

정하는 데 유용한 것 이외에, C^{14}는 또한 최근의 지구 역사를 연구하려는 지질학자뿐만 아니라 인류학자, 고고학자 그리고 역사학자에게 매우 유용한 도구이다. 사실, 탄소 연대 측정법의 발달은 매우 중요한 것으로 여겨져서 이 방법을 발견한 화학자인 윌라드 리비(W.F. Libby)는 노벨상을 받았다.

방사성 연대의 중요성

방사성 연대법은 실제로 지구의 역사에서 일어난 사건의 연대를 무수히 밝혀냈다. 35억 이상의 나이를 갖는 암석이 모든 대륙에서 발견됐다. 현재까지 지구에서 가장 오래된 암석은 캐나다 북부의 그레이트슬레이브 호수 근처에서 발견된 편마암으로 40.3억 년으로 측정됐다. 그린란드 서부의 암석은 37억~38억 년으로 측정됐으며 유사한 연대의 암석이 미네소타강 계곡과 미시간주 북부(35억~37억 년), 아프리카 남부(34억~35억 년), 호주 서부(34억~36억 년)에서 발견됐다. 이 고대 암석들은 "원시 지각"의 일부가 아니라 용암류, 화성암 관입 그리고 얕은 물에 퇴적된 퇴적물로부터 유래됐기 때문에 이러한 암석이 형성되기 이전에 지구의 역사가 시작됐다는 것을 의미한다는 것을 파악하는 것이 중요하다. 심지어 더 오래된 광물도 발견됐다. 43억 살로 측정된 작은 지르콘 광물 결정이 호주 서부의 더 젊은 퇴적암 속에서 발견됐다. 이 지르콘 결정의 모암은 이젠 더 이상 존재하지 않거나 아직 발견되지 않았다.

이런 사실을 알고 있었나요?

탄소 14를 이용한 연령측정은 지질학자뿐만 아니라 고고학자와 역사학자에게 유용하다. 예를 들어, 애리조나대학교의 연구자들은 최근에 탄소 14를 이용해서 20세기의 가장 위대한 고고학적 발견 중의 하나로 여겨지는 사해 두루마리(Dead Sea Scrolls)의 시대를 측정했다. 두루마리의 양피지는 B.C. 150~B.C. 5년의 것으로 측정됐다. 두루마리에는 탄소 14 측정법에 의해 측정된 연대와 일치하는 시대가 기술되어 있다.

방사성 연대는 지질시대가 엄청나다고 추정한 허튼, 다윈, 그 외의 다른 사람들의 사고가 옳았음을 밝혔다. 더욱이 현대의 연대 측정법은 우리가 관찰한 작용들이 수많은 일을 완성하기에 충분한 시간이 있었음을 밝혀냈다.

7. 지질연대

GEODe EARTH SCIENCE Deciphering Earth's History
▼ Geologic Time Scale

지질학자들은 전체 지질시대를 여러 규모의 단위들로 나누었다. 이들이 모두 모여서 지구 역사의 **지질연대표**(geologic time scale)를 이룬다(**그림 8.16**). 지질연대의 큰 단위들은 19세기에 서유럽과 영국의 학자들에 의해 서술되었다. 이 시기에는 방사성 연대가 알려지기 전이었으므로, 전체 지질연대는 상대적인 시간순서를 이용하여 만들어졌다. 방사성 연대를 이용한 절대연령이 첨가된 것은 20세기에 이르러서다.

연대표의 구조

지질연대표는 45억 년의 지구 역사를 많은 단위들로 세분하고, 과거 지질시대의 사건들을 순서대로 배열한 의미 있는 시간 골격을 제공한다. **그림 8.16**에서처럼 **누대**(eon)는 가장 광대한 시간을 표현한다. 5억 4,200만 년 전부터 시작한 누대는 "눈에 보이는 생명"을 의미하는 그리스 언어에서 유래한 **현생누대**(Phanerozoic eon)이다. 이러한 표현은 현생누대의 암석과 퇴적물이 주요한 진화 경로들을 기록한 많은 화석들을 포함하고 있기 때문에 적절하다.

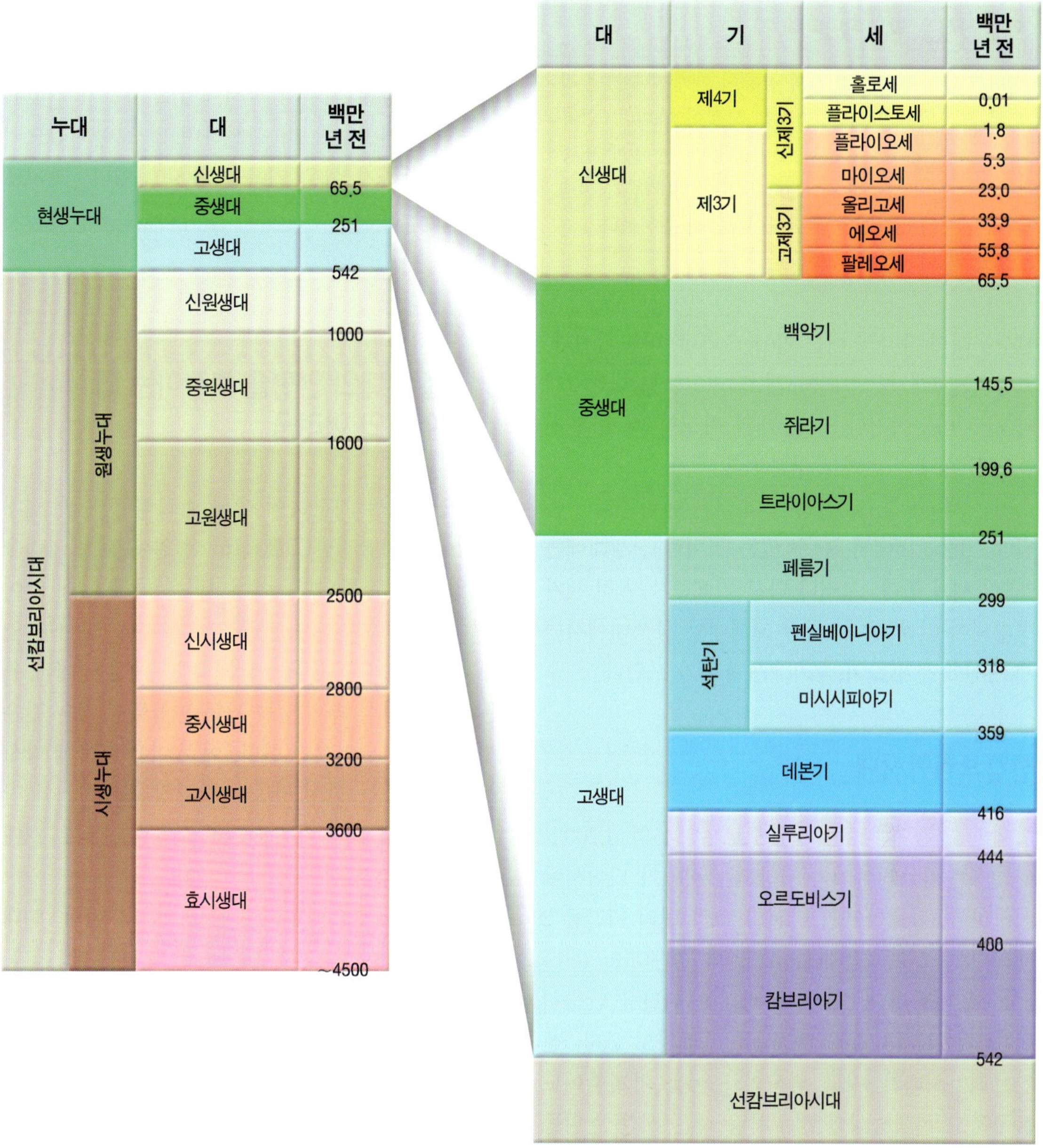

그림 8.16 그림 8.16 지질연대표. 연대표의 숫자는 현재로부터 연령을 백만 년의 단위로 표현되었다. 상대연령측정법을 이용하여 지질연대표가 만들어진 뒤 오랜 시간 후에, 절대연령 자료들이 추가되었다. 선캄브리아시대는 지구 역사의 88%를 차지한다. (자료 제공: Geological Society of America)

또한 지질연대는 누대가 **대**(era)로 세분되는 것을 보여준다. 현생누대에는 **고생대**(Paleozoic era: 과거 생물), **중생대**(Mesozoic era: 중간 생물), 그리고 **신생대**(Cenozoic era: 현대 생물)의 3개의 대가 있다. 이름이 의미하는 것처럼 대는 완전히 전 세계적인, 생물 형태의 변화에 기초를 두어 나누어졌다.

이런 사실을 알고 있었나요?

영화와 만화를 보면 인간과 공룡이 함께 생활했던 것으로 묘사되어 있지만, 이것은 사실이 아니다. 공룡은 중생대 동안에 번성했으며 6550만 년 전에 멸종했다. 공룡이 멸종한 뒤 6000만 년이 지난 후기 신생대에 이르러서야 인간과 원시인류들이 출현했다.

현생누대의 각각의 대는 **기**(period)로 나누어진다. 고생대는 7개, 중생대는 3개, 그리고 신생대는 2개의 기로 나누어진다. 기는 대와 비교할 때 덜 완전한 생물 형태의 변화로 구분된다.

기는 **세**(epoch)로 불리는 더 작은 단위들로 구분된다. **그림 8.16**에서 볼 수 있는 것처럼 신생대에는 7개의 세가 있다. 그러나 다른 기에는 특별히 세가 명명되어 있지 않다. 대신 고생대와 중생대에서는 세 대신에 전기, 중기, 후기라는 용어가 쓰인다.

선캄브리아시대

상세한 지질연대표는 지금으로부터 5억 4,200만 년 전, 즉 캄브리아기가 시작되는 시기가 되어서야 시작한다. 캄브리아기 이전의 40억 년의 기간은 2개의 누대, 즉 시생대(Archean)와 원생대(Proterozoic)로 나눠진다. 또한 이 장대한 기간을 단순히 **선캄브리아시대**(Precambrian)로 부르기도 한다. 선캄브리아시대가 지구 역사의 88%를 차지함에도 불구하고 현생누대의 경우처럼 작은 시간 단위들로 나눠지지 않는다. 장대한 선캄브리아시대가 대, 기, 세로 나눠지지 않은 이유는 무엇일까? 그 이유는 선캄브리아시대의 역사는 아직 그리 자세히 알려지지 않았기 때문이다. 지질학자들이 지구의 과거에 대해 생각해 낸 정보의 양은 어느 정도 인간의 역사에 대한 기술과 닮았다. 과거로 갈수록 우리가 아는 것은 적어진다. 분명, 20세기의 첫 10년보다 지금으로부터의 과거 10년 동안에 대한 자료와 정보가 더 많다: 19세기에 발생한 사건들은 1세기에 일어난 사건들보다 더 많이 기록되어 있다. 이러한 양상은 지구의 역사에서도 마찬가지이다. 최근의 과거일수록 더 신선하며 덜 교란되었으며 가장 관찰하기 쉬운 기록을 가지고 있다. 과거로 거슬러 올라갈수록 기록과 실마리들은 더 부서져 있다.

8. 지질연대의 연령을 측정하는 데 있어서의 어려움

지질연대표의 기간들에 대해 비교적 정확한 절대연령이 구해졌지만(**그림 8.16**) 이 일에 전혀 어려움이 없는 것은 아니다. 절대연령을 구하는 데 있어서 첫 번째 문제점은 모든 암석에 대해 방사능 연대 측정을 할 수 없다는 점이다. 방사성 연대가 유용하려면 암석 속에 있는 모든 광물들이 거의 같은 시기에 형성되어야만 한다. 이런 이유 때문에 방사성 동위원소는 화성 광물들이 결정화된 시기와 압력과 온도에 의해 새로운 변성 광물이 생성된 연대를 측정하기 위해 이용될 수 있다.

그러나 퇴적암 샘플의 경우는 매우 드물다. 연대를 방사능을 이용하여 구하는 경우는 매우 드물다. 퇴적암은 방사성 동위원소를 포함하는 입자를 포함할 수 있지만 암석을 구성하는 입자들의 나이와 암석의 나이가 같지 않다. 사실은 퇴적물은 다양한 나이를 갖는 암석이 풍화된 것이다.

변성암에서 얻어진 방사성 연대도 역시 해석하기 어렵다. 왜냐하면 변성암 내 특정 광물의 나이는 암석이 처음 형성된 시기를 반드시 대표하지는 않는다. 오히려 그 나이는 후에 일어난 다수의 변성단계 중의 한 시기를 지시할 수 있다.

만일 퇴적암 샘플이 신뢰할 만한 방사성 연대를 산출하지 않는다면 어떻게 퇴적층에 절대연령치를 부여할 수 있을까? 보통 지질학자는 **그림 8.17**에서

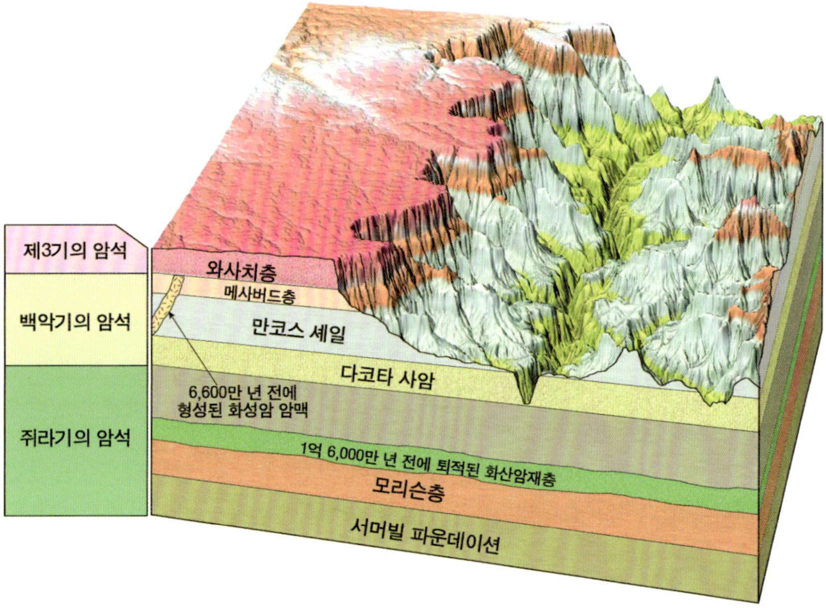

그림 8.17 퇴적암의 절대연령은 보통 화성암과의 관계에 의해 결정된다. (자료 제공: U.S. Geological Survey)

보는 것처럼 연대를 측정할 수 있는 화성암체에 퇴적암을 결부시켜야만 한다. 이 예에서 방사성 연대 측정을 통해 모리슨층 내의 화산재층과 만코스 셰일과 메사베드층을 끊는 암맥의 나이가 결정되었다. 화산재 하부의 퇴적암층은 분명 화산재보다 더 오래 전에 쌓인 암석이고 화산재 위에 놓인 모든 지층들은 더 젊은 지층들이다(누중의 법칙). 암맥은 만코스 셰일과 메사베드층보다 젊지만 암맥이 제3기 암석을 관입하지 않으므로 와사치층보다 더 오래되었다(상호절단관계).

이 예로부터, 지질학자들은 모리슨층의 일부는 화산재층이 지시하는 것처럼 약 1억 6,000만 년 전에 퇴적되었다고 추정한다. 더구나 그들은 6,600만 년 전에 암맥의 관입이 있은 후에 제3기가 시작됐다고 추론한다. 이것은 연대 측정이 가능한 물질들로부터 어떤 특정 시간 동안에 일어난 지구 역사의 다양한 사건들의 시기를 어떻게 추론하는지 보여주는 한 예다. 그것은 암석의 야외관찰과 실험실에서의 연대 측정을 병행하는 게 필수적임을 보여준다.

학습내용 요약

1. 17세기와 18세기 동안에 격변설은 지구를 공식적으로 이해하는 데 영향을 미쳤다. 격변설은 지구의 경관이 주로 큰 격변들에 의해 발달되었다고 말한다. 상대적으로, 1700년대 후반에 제임스 허튼에 의해 제안된 현대 지질학의 기본 원리들 중의 하나인 동일과정설은 오늘날 작용하는 물리적, 화학적, 생물학적 법칙들이 역시 과거 지질시대에도 작용했음을 말해 준다. 이 개념은 가끔 '현재는 과거의 열쇠다'로 요약된다. 허튼은 느리게 작용하는 것처럼 보이는 변화들이 오랜 시간 동안 누적되면 갑작스런 변동에 의해 생기는 큰 변화와 같은 효과를 생성할 수 있음을 논의하였다.

2. 지구의 역사를 해석하기 위하여 지질학자들이 이용하는 두 종류의 연령은: (1) 사건이 일어난 올바른 순서에 맞게 사건들을 배열하는 상대연령과 (2) 언제 사건이 일어났는지 그 시기를 정확히 알아내는 절대연령이다.

3. 상대연령은 누중의 법칙, 퇴적면 수평성의 원리, 상호절단관계의 원리, 포유물 그리고 부정합을 이용하여 확립할 수 있다.

4. 다른 지역에 있는 2개 이상의 지질사건들을 비교하는 대비는 전체 지구의 역사에 적용되는 지질연대표를 발달시켰다.

5. 화석은 선사시대에 살았던 생명의 유해나 흔적이다. 화석으로 보존이 잘 되기 위한 조건은 빠르게 묻혀야 하며 껍질, 뼈 또는 이빨과 같은 단단한 부분을 포함하고 있어야 한다.

6. 암석에 포함되어 있는 특징적인 화석 내용과 화석군 천이의 원리를 적용하여 멀리 떨어져 있는 퇴적암들을 대비하는 데 화석이 이용된다. 화석군 천이의 원리는 시간을 대표하는 지층 상·하에서 화석의 내용은 점점 변해 간다는 것이며, 따라서 어느 시기든 그 시기에 산출되는 화석의 내용에 의해 인지될 수 있다는 것이다.

7. 각각의 원자는 양성자(+로 대전된 입자)와 중성자(중성 입자)를 포함하는 핵을 갖는다. 핵 주위를 (−)로 대전된 전자가 궤도를 그리며 돈다. 원자의 원자번호는 핵에 있는 양성자의 수와 같다. 질량수는 원자핵 속의 양성자의 수와 중성자의 수를 합한 것이다. 동위원소는 동일한 원자의 변형으로, 중성자의 수가 다르기 때문에 질량수가 다르다.

8. 방사능은 어떤 불안정한 원자핵이 스스로 부서지는(붕괴하는) 것이다. 방사성 붕괴의 세 가지 형태는: (1) 핵으로부터 α입자의 방출, (2) 핵으로부터 β입자(또는 전자)의 방출, (3) 핵에 의한 전자의 포획이다.

9. 모원자로 불리는 불안정한 방사성 동위원소는 붕괴하여 자원자로 변한다. 방사성 동위원소가 붕괴하여 절반의 핵을 갖게 될 때까지 걸리는 시간을 그 동위원소의 반감기라고 부른다. 만일 동위원소의 반감기가 알려지고 모원자/자원자의 비율이 측정된다면 시료의 나이를 계산할 수 있다.

10. 지질연대표는 지구의 역사를 여러 크기의 단위들로 나눈다. 이것은 보통 차트 형태로 보이는데 차트의 하부에 가장 오래된 시간과 사건이 놓이며 상부에는 가장 최근의 시간과 사건이 놓여진다. 지질연대의 기본 분류단위는 누대이며 시생대, 원생대(이들 2개의 누대를 합쳐 보통 선캄브리아시대라고 부른다)를 포함하고 5억 4,200만 년 전부터 현생누대가 시작된다. 현생누대(눈에 보이는 생명)는 3개의 대〔고생대(과거 생물), 중생대(중간 생물), 신생대(현대 생물)〕로 나누어진다.

11. 시간의 단위들에 절대연령을 부여하는 데 있어서 가장 큰 문제점은 모든 암석들을 방사능으로 연대를 측정할 수 없다는 점이다. 퇴적암은 다양한 시기에 형성된 암석들이 풍화되어 쌓이므로 다양한 나이를 가

진 입자가 포함될 수 있다. 지질학자들이 퇴적암의 절대연령을 규정할 수 있는 한 가지 방법은 퇴적암이 화산재층처럼 연대를 측정할 수 있는 화성암과 관련되어 있을 때다.

주요 용어와 개념

학습 요약 문제

1. 격변설과 동일과정설을 비교하여라. 각각의 설을 제안한 사람은 지구의 나이를 어떻게 인지하였는가?
2. 절대연령과 상대연령을 구별하여라.
3. 누중의 법칙은 무엇인가? 상대연령 측정에서 상호절단관계의 원리는 어떻게 이용되는가?
4. 급하게 경사져 있는 퇴적층을 관찰할 때, 그 퇴적층이 쌓인 뒤 경사졌다고 추정할 수 있는 것은 무슨 원리에 의해서인가?
5. **그림 8.4**(303쪽)를 보고 다음 질문에 답하라.
   a. 단층 A는 사암층의 퇴적보다 먼저 일어났는가? 나중에 일어났는가?
   b. 암맥 A의 관입은 사암층의 퇴적보다 먼저 일어났는가? 나중에 일어났는가?
   c. 역암은 단층 A보다 전에 퇴적되었는가? 나중에 퇴적되었는가?
   d. 역암은 단층 B보다 이전에 퇴적되었는가? 나중에 퇴적되었는가?
   e. 단층 A와 단층 B중 어느 쪽이 더 먼저 일어났는가?
   f. 암맥 A는 저반보다 먼저 관입했는가? 나중에 관입했는가?
6. 화강암이 사암과 접촉하고 있다. 이 장에서 기술된 원리를 이용하여 당신은 사암이 화강암 위에 퇴적되었는지 또는 사암이 퇴적된 후에 화강암이 사암을 관입했는가를 어떤 근거로 결정했는지 설명하라.
7. 경사 부정합, 비정합, 난정합을 구별하라.
8. 대비의 의미는 무엇인가?
9. 최소한 5종류의 다른 화석 유형들을 간단히 설명하라.
10. 생물이 화석으로 보존될 확률을 높이는 두 가지 조건을 말하라.
11. 화석이 대비에 유용한 이유는 무엇인가?
12. 만일 토륨(원자번호 90, 질량수 232)의 방사성 동위원소가 방사능의 붕괴과정 동안 6개의 α 입자와 4개의 β 입자를 방출했다면 안정한 자원자의 원자번호와 질량수는 무엇인가?
13. 과거 지질시대를 연대 측정하는 방법 중 방사성 연대 측정법이 가장 신뢰할 만한 방법인 이유는 무엇인가?
14. 가상의 방사성 동위원소가 10,000년의 반감기를 가지고 있다. 만일 방사성 모원자와 안정한 자원자의 비율이 1: 3이라면 방사성 성분을 포함하고 있는 암석의 나이는 몇 살인가?
15. 계산을 쉽게 하기 위하여 지구의 나이를 50억 살로 가정하자.
    a. 전체 지구 역사의 어느 부분이 역사시대 부분인가(역사시대의 길이를 5,000년으로 추정하자)?
    b. 첫 번째의 풍부한 화석 증거는 캄브리아기가 시작되면서(5억 4,200만 년 전) 나타나기 시작한다. 풍부한 화석 증거가 나타나는 것은 전체 지질시대 중 몇 퍼센트인가?
16. 지질연대표는 몇 개로 세분되는가? 대를 구별하는 주요한 근거는 무엇인가?
17. 퇴적암의 절대연령을 측정하기가 어려운 이유는 무엇인가?

Online 학습 안내

Foundation of Earth Science 웹에는 학생들이 이 장에서 다룬 여러 내용의 학습을 도울 수 있는 자료들과 인터넷 연계시스템을 갖추고 있다. 지구과학을 강의하는 연구자들에 의해서 발전된 이 인터넷 주소는 지구과학의 이해를 증진시켜 줄 것으로 생각된다. **http://www.prenhall.com/lutgens**를 방문하여 *Foundation of Earth Science 5e*를 클릭하여 다음 내용들을 살펴보자:

- 인터넷 종합 퀴즈
- 비평적 사고 훈련
- 장 관련 웹 자료들의 연계
- 웹을 통한 주요 개념 탐구

http://www.prenhall.com/lutgens

GEODe: Earth Science

*GEODe: Earth Science*는 동영상(animation), 비디오(video), 낭송(narration), 대화식 연습문제(interactive exercise), 실용적인 퀴즈 등을 이용하여 주요 개념을 더욱 심화함으로써 더욱 효과적인 학습을 이룰 수 있게 한다. 이 복사 CD는 이 책『지구시스템의 이해』제5판에 포함되어 있다.

The sedimentary rocks and deposits of the Phanerozoic eon contain an abundance of fossils.

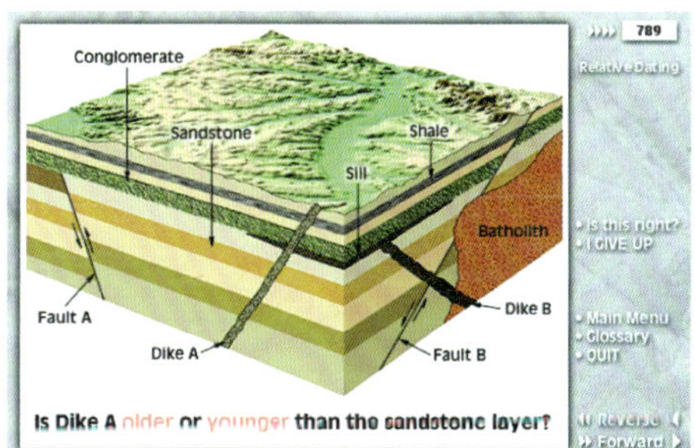

Using the **principle of cross-cutting relationships** just discussed, answer the questions above. Click on the correct answer.

제 5 부 대양

킬로 모아나(Kilo Moana)는 쌍둥이 선체를 가진 해양 연구선이다.

(사진 제공: AP photo/미국해안경찰청, Marshalena Delaney)

해양

마지막 남은 미개척지대

학습 초점

다음은 여러분들이 이 단원에서 다루는 중요한 개념들을 이해하는 데 도움을 줄 수 있는 유용한 질문들이다.

1. 해양학이란 무엇인가?
2. 대양들은 전 지구상에 어느 정도로 넓게 퍼져 있는가?
3. 어떤 원소들이 바다의 염분에 주로 기여하는가? 또 이들의 공급원은 무엇인가?
4. 대양에서 염분과 온도는 깊이에 따라 어떻게 변하는가?
5. 수동형(passive) 대륙 주변부(continental margin)는 능동형(active) 대륙 주변부와 어떻게 다른가?
6. 심해저는 어떤 모습일까? 대양저 산맥은 해저의 확장과 어떻게 연관되어 있는가?
7. 해저 퇴적물은 어떤 형태를 하고 있는가? 이런 퇴적물들이 어떻게 전 지구의 기후 변화를 공부하는 데 응용될 수 있는가?

지구 표면의 약 71% 정도가 대양으로 덮여 있는 것을 생각해 보면 지구를 “물의 행성”이라고 부르는 것은 매우 적절하다. 이렇게 육지보다도 더 넓은 지구의 표면을 바다가 차지하고 있지만 바다 연구의 중요성에 초점이 맞추어지기 시작한 것은 비교적 최근에 와서의 일이다. 최근에 이르러 바다에 관한 자료가 폭발적으로 증가하면서 해양학은 극적인 성장을 하였다. 대양의 다양한 모습을 공부하기 위하여 **해양학**(oceanography)은 생물학, 화학, 물리학 그리고 지질학적 지식과 방법을 동원하는 복합학문이다.

1. 넓고 넓은 대양

지구의를 한 번 보거나, 우주에서 본 지구의 모습은 행성이 대양으로 뒤덮여 있음을 잘 보여준다(**그림 9.1**). 바로 이런 이유로 지구는 종종 푸른 행성으로 불리고는 한다.

해양의 지리학

지구의 표면적은 약 5억 1,000만km^2이다. 이중 약 3억 6,000만km^2, 즉 71%를 대양 및 연해(marginal sea: 지중해, 카리브해와 같이 대양의 가장자리에 있는 바다라는 의미)가 차지하고 있다. 대륙과 섬들이 나머지 29%, 즉 1억 5,000만km^2를 차지한다.

지구의 또는 세계 지도를 살펴보면 대륙과 바다가 북반구와 남반구에 균등하게 분포되어 있지 않은 것이 금방 눈에 띈다(**그림 9.1**). 북반구에서의 대륙과 바다의 비를 계산해 보면 표면의 거의 61%가 바다이고 39%가 육지인 것을 알게 된다. 반면에 남반구에서는 표면의 거의 81%가 바다이며 육지는 단지 19%밖에 되지 않는다. 북반구를 육지반구(land hemisphere), 남반구를 바다반구(water hemisphere)라고도 부르는 것이 전혀 이상한 일이 아니다.

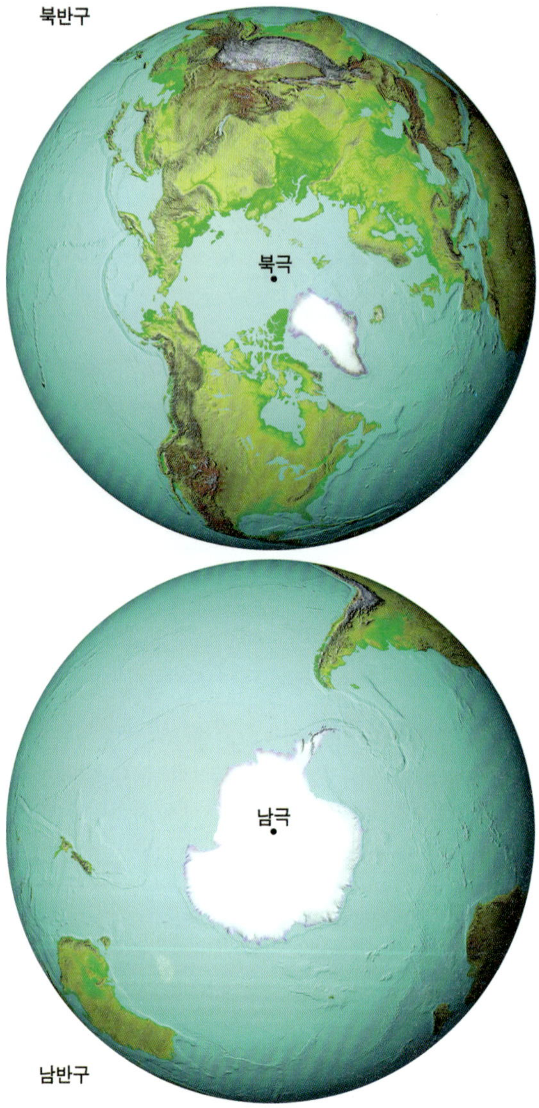

그림 9.1 이렇게 본 지구의 모습은 북반구와 남반구에 대륙과 바다가 균등하지 않게 분포되어 있는 모습을 잘 보여준다. 남반구는 약 81%가 바다로 덮여 있으며, 이는 북반구에 비하여 약 20% 이상 큰 값이다.

그림 9.2A에 북반구와 남반구에서의 대륙과 바다의 분포 모습을 도시하였다. 남위 40~65° 사이는 육지가 거의 없어 바람이나 해수의 순환이 거의 방해를 받지 않는 반면, 북위 45~70° 사이에서는 육지가 바다보다 실제로 더 넓다.

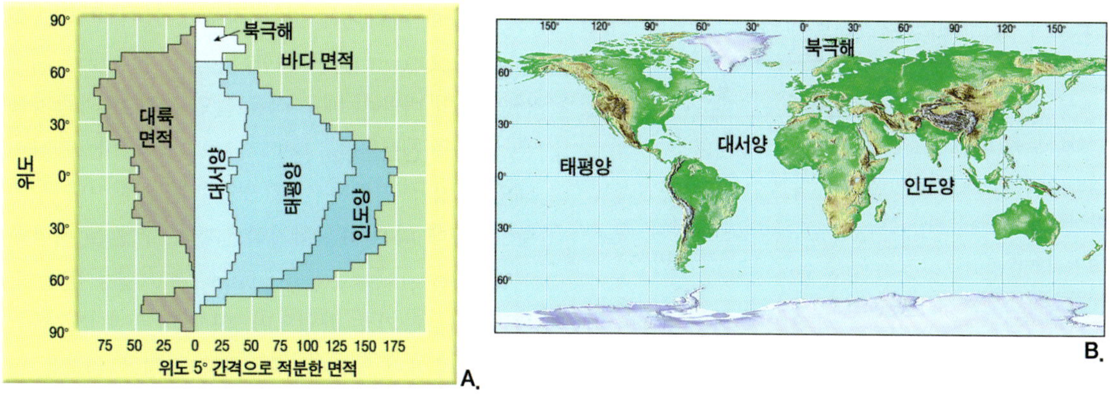

그림 9.2 대륙과 바다의 분포 모습. A. 위도에 따라 각 5도 간격으로 나누어 대륙과 바다의 면적을 보여주는 그림. B. 이런 모습의 세계 지도는 우리에게 좀 더 친숙하다.

대양은 크게 네 개의 대양분지로 나누어질 수 있다(**그림 9.2B**):

1. 태평양(Pacific Ocean)은 가장 큰 바다이며 또한 지구에서 가장 큰 지리적인 지형으로서 지구상의 대양 전체 면적의 반 이상을 차지하고 있다. 실제로 태평양은 모든 대륙을 다 모은 면적보다도 더 넓은 큰 바다이다. 또한 깊이가 가장 깊은 바다로서 평균 깊이가 약 3,940m에 이른다.
2. 대서양(Atlantic Ocean)은 태평양에 비하여 약 반에 해당하는 크기를 가지고 있으나 태평양처럼 깊지는 않다. 대서양은 태평양에 비하여 폭이 좁으며 거의 평행한 대륙연안에 둘러싸여 있다.
3. 인도양(Indian Ocean)은 대서양보다 약간 작지만 거의 비슷한 평균 깊이를 가지고 있다. 태평양이나 대서양과는 달리 대부분 남반구에 위치하고 있는 대양이다.
4. 북극해(Arctic Ocean)는 태평양의 약 7%에 해당하는 크기이며 깊이는 다른 대양들의 깊이의 약 1/4을 조금 넘는다.

이런 사실을 알고 있었나요?

베링해는 태평양의 가장 고위도에 위치한 연해이며 베링 해협을 통하여 북극해와 연결되어 있다. 이 베링해의 바닷물들은 태평양 해저가 북쪽방향으로 섭입하는 작용과 연관된 화산활동으로 만들어진 알류산 열도들에 의해서 태평양과 효과적으로 분리되어 있다.

해양과 대륙 비교하기

대륙과 대양이 보여주는 아주 중요한 차이는 그들의 상내석 고도이다. 대륙들의 해수면 위의 평균 고도는 약 840m인 반면, 바다의 평균 깊이는 육지 값의 약 4.5배나 되는 3,729m이다. 대양의 부피는 해수면 위에 있는 육지의 부피에 비하여 매우 크며, 만약 지구의 모든 고체를 구면상에 완벽하게 편편하게 깔 수 있다면 바다는 이들을 수심 약 2,000m 이상으로 덮을 수 있다.

2. 바닷물의 조성

순수한 물과 바닷물의 차이는 무엇일까? 가장 분명한 차이는 바닷물은 많은 용해물질을 함유하고

표 9.1 처방: 인공 해수 만들기

섞기	용량 (그램)
염화나트륨(NaCl)	23.48
염화마그네슘($MgCl_2$)	4.98
황산나트륨(Na_2SO4)	3.92
염화칼슘($CaCl_2$)	1.10
염화칼륨(KCl)	0.66
중탄산나트륨($NaHCO_3$)	0.192
브륨화 칼륨(KBr)	0.096
붕산(H_3BO_3)	0.026
염화스트론튬($SrCl_2$)	0.024
플루오르화 나트륨(NaF)	0.003

더하기:
물(H_2O)을 가하여 용액 1,000g을 만든다.

있어서 짠맛을 낸다는 것이다. 이렇게 녹아 있는 물질들은 단순히 소금(식탁염)뿐만은 아니며 여러 다른 종류의 염들과 미량금속들 그리고 심지어는 용존기체까지 포함되어 있다. 실제로 자연에 알려져 있는 모든 물질들이 비록 미량으로나마 녹은 상태로 바닷물 속에 존재한다. 유감스럽게도 바닷물 속에 녹아 있는 염들 때문에 바닷물은 마실 수 없으며 많은 농작물들을 개간하는 데 사용할 수도 없고 또한 많은 물질들을 심하게 부식시키는 원인이 된다. 그렇지만 대양의 많은 부분은 이런 해양환경에 놀랍게 잘 적응한 생명들로 넘쳐나고 있다.

염분

바닷물은 약 3.5%(무게로)의 용해된 광물질들을 포함하고 있는 복잡한 수용액이다. 함유된 염의 퍼센트가 그리 크지 않아 보이지만 바다가 매우 넓은 연고로 실제 녹아 있는 양은 엄청나다.

염분(salinity)은 녹아 있는 염의 순수한 물에 대한 비율이다. 좀 더 구체적으로 이야기하면, 물시료의 질량에 대한 용존물질들의 질량비에 해당한다. 비율을 나타내는 많은 경우에 있어 우리는 백분율(%, per cent)을 사용한다. 그러나 바닷물 내에서의 염의 비율이 매우 작은 값인 관계로 과학자들은 염분을 **천분율**(‰, per mil)로 표시한다. 따라서 대양의 평균 염분은 3.5% 또는 약 35 ‰이다〔역자 주: 최근에 와서 해양학자들은 천분율 ‰을 사용하지 않고 p.s.u.(practical salinity unit: 실용 염분 단위)를 사용하기로 하였으며, 이에 따르면 염분에는 단위를 붙이지 않는다. 즉, 대양의 평균 염분은 약 35이다〕.

해수의 염분에 기여하는 주요 원소들을 **그림 9.3**에 도시하였다. **표 9.1**에 보인 처방을 따라가면 바닷물에 거의 가까운 인공해수를 만들 수 있다. 이 표를 보면 염화나트륨(식탁 소금)이 염의 대부분을 차지하는 것이 분명하다. 염화나트륨은 다음의 네 가지의 염과 함께 바닷물에 녹아 있는 전체 염의 99%를 차지한다. 비록 여덟 개의 원소들만으로 이상의 다섯 가지의 염을 만들 수 있지만 바닷물에는 지구상에 자연으로 존재하는 모든 원소들이 녹아 있다. 이들 원소들이 바닷물에 녹아 있는 양은 매우 작지만, 이중 많은 원소들은 바다에서의 생명 활동에 필요한 화학적 환경을 유지시키는 데 매우

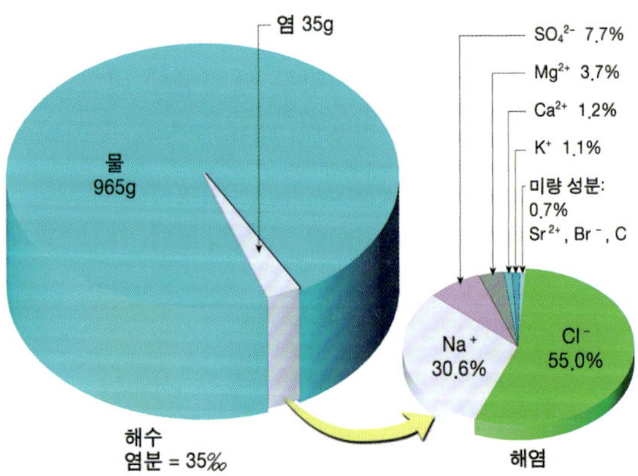

그림 9.3 바닷물 속에 녹아 있는 염들과 물의 상대적 비율. 화학기호로 표현한 성분들은 염소(Cl^-), 나트륨(Na^+), 황산(SO_4^{2-}), 마그네슘(Mg^{2+}), 칼슘(Ca^{2+}), 칼륨(K^+), 스트론튬(Sr^{2+}), 브롬(Br^-) 및 탄소(C)이다.

중요하다.

바닷물에 녹아 있는 염들의 공급원들

바다에 녹아 있는 엄청난 양의 용존물질들의 주된 공급원은 무엇일까? 대륙에 있는 암석들의 화학적 풍화가 그 하나이다. 이렇게 녹은 물질들이 강을 따라 바다로 전달되는데 그 양이 매년 25억 톤 이상으로 추정된다. 바닷물에서 발견되는 원소들의 두 번째 공급원은 지구의 내부이다. 지구 역사의 오랜 기간 동안 화산 폭발을 통하여 엄청난 양의 수분과 용존기체들이 방출되어 왔다. **배기과정**(outgassing)이라 불리는 이 과정은 바다와 대기 중의 물의 주요 공급원이다. 염소, 브롬, 황, 보론 등을 대표로 하는 일부 원소들은 물과 함께 방출되어 암석의 풍화만으로는 설명할 수 없는 매우 많은 양으로 바닷물 속에 존재한다.

강이나 화산활동을 통하여 끊임없이 바다로 물질들이 공급되고 있지만 바닷물의 염분은 증가하지 않는다. 실은 바닷물의 조성은 지난 수백만 년 동안 비교적 안정하였던 것 같은 증거들이 있다. 왜 바닷물은 더 짜게 되지 않을까? 그 답은 바로 물질들이 공급되는 것과 꼭 같은 속도로 제거되고 있기 때문이다. 예를 들어, 몇 용존물질들은 식물이나 동물들이 바닷물에서 뽑아내어 자신들의 골격을 만든다. 어떤 성분들은 바닷물에서 화학적으로 침전하여 퇴적물이 되면서 바다에서 제거된다. 일부 원소들은 해저산맥에서 열수작용을 통하여 제거된다. 이들의 전체 알짜효과로서 지질학적 시간을 통하여 바닷물의 조성이 비교적 일정하게 유지되고 있는 것이다.

이런 사실을 알고 있었나요?

세계적으로 염분이 매우 높은 물들이 때로 내륙의 건조지역에서 발견되며 이들은 매우 짜기 때문에 종종 "바다"로 불리곤 한다. 예를 들어, 미국 유타주에 있는 그레이트 솔트 레이크(Great Salt Lake)는 염분이 280 ‰이나 되며 이스라엘과 요르단의 경계에 있는 사해(Dead Sea)는 염분이 330‰이다. 따라서 사해의 물은 33%에 이르는 용존물질을 함유하고 있으며 바닷물보다 거의 10배에 가깝게 더 짜다. 이 결과로 사해의 물은 매우 밀도가 커서 부력이 크기 때문에 사람들이 팔 다리를 물 위로 내놓고 누워도 쉽게 뜰 수 있다!

바닷물의 염분에 영향을 주는 과정들

바닷물이 잘 섞이므로 해수에 있는 주성분들의 상대적 존재 비는 그 해수가 대양의 어디에서 채취되었는지에 상관없이 기본적으로 일정하다. 따라서 염분의 변화는 일차적으로 수용액 내에 있는 물의 양이 변하는 결과이다.

여러 지표면에서의 과정들이 바닷물 속의 물의 양을 변화시켜 결국 염분의 변화를 초래한다(**그림 9.4**). 바다에 많은 양의 담수를 공급하여 결국 바닷물의 염분을 감소시키는 과정들에는 강수, 육상으로 부터의 유입, 빙하 및 해빙의 용융(melting) 등이 있다. 바다에서 많은 양의 물을 제거하여 결국 염분을 증가시키는 과정으로는 증발, 해빙(sea ice)의 결빙 등이 있다. 이 결과로, 건조한 아열대(대체로 남 북반구의 위도 25~35° 사이)의 경우처럼 증발이 높은 곳에서 염분이 높게 관찰된다. 반대로 많은 양의 강수가 바닷물을 희석시키는 적도지역이나 중고위도(남 북반구의 35~60° 사이) 지역에서는 저염분의 해수가 자리를 잡고 있다(**그림 9.4**).

극지방 표층 해수의 염분은 해빙의 형성과 해빙 과정 때문에 계절적으로 변한다. 겨울철 바닷물이 얼 때에는 해염은 얼음 속에 함께 포함되지 않는다. 따라서 남아 있는 바닷물의 염분은 증가한다. 여름철이 되어 해빙이 녹으면 상대적으로 덜 짠 담수가 추가되면서 염분이 감소한다.

그림 9.4 바닷물의 염분에 영향을 주는 과정들. 아열대는 건조하다. 바닷물의 염분을 **감소**시키는 과정들에는 강수, 육상으로부터의 유입, 빙하 및 해빙의 용융(melting) 융해 등이 있다. 염분을 **증가**시키는 과정으로는 증발, 해빙(sea ice)의 결빙 등이 있다. (사진 제공: 왼쪽 위, Tom & Susan Bean, Inc.; 오른쪽 위, Wolfgang Kaehler; 왼쪽 아래, NASA; 오른쪽 아래, Paul Steele/Corbis/The Stock Market)

대양의 표층 해수의 염분의 변화는 대개 33‰에서 38‰ 정도의 범위 내에 있다. 그렇지만 일부의 연해에서는 예외적인 경우도 발견된다. 예를 들어 홍해나 중동의 페르시아만 등에서 순환이 제한되어 있는 해수는 강수에 비하여 증발이 월등히 높으며 때로는 염분이 42‰을 넘기도 한다. 이와는 반대로, 강이나 강수에 의하여 많은 양의 담수가 유입되는 곳에서는 염분이 매우 낮아지기도 한다. 예를 들어, 북유럽의 발틱해 같은 곳에서는 때로 염분이 10‰ 이하로 내려가기도 한다.

3. 바다의 층상구조

해수를 채취하여 조사하는 과정에서 해양학자들은 온도와 염분이 깊이에 따라 변하고 있음을 발견하였다. 일반적으로 대양은 표면의 혼합층, 전이지역, 심층의 세 개의 층상구조를 이루고 있음이 확인되었다(**그림 9.5**).

바다 표면은 태양에너지를 받기 때문에 바닷물의 온도가 가장 따뜻하다. 또한 파도, 해류에 의한 와류 등으로 인하여 온도가 거의 일정한 표면 혼합층이 만들어진다. 이 혼합층의 두께와 온도는 위도 및 계절에 따라 변한다.

태양에 의해서 더워진 혼합층의 아래로 가면 깊이에 따라 온도가 급격히 감소한다. **온도약층**(thermocline)이라고 부르는 이와 같이 온도가 빠르게 변하는 층을 경계로 하여 더운 해수의 표층에서 찬 해수의 심층으로 전이가 일어난다(**그림 9.6**). 온도약층 이하의 깊이에서 온도는 단지 몇 도 정도밖에 더 내려가지 않는다. 1,500m 이하의 깊은 바다에서는 해수의 온도는 예외 없이 4℃ 이하이다. 그런데 바다의 평균 깊이는 약 3,800m이므로 바다의 대부분을 차지하는 해수가 어는점에서 그리 높지

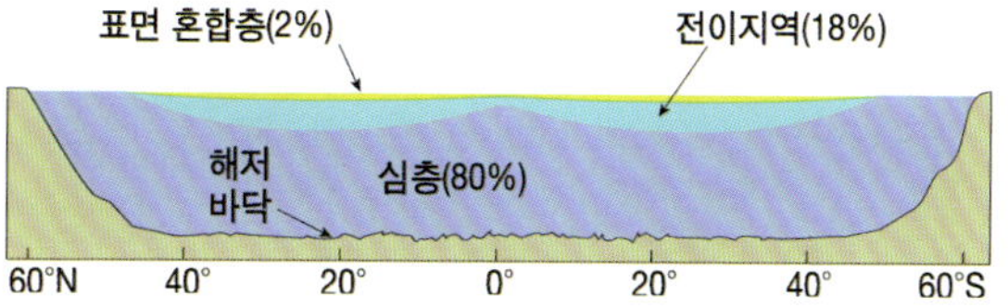

그림 9.5 해양학자들은 대양이 온도 염분의 분포로 볼 때 세 개의 층상의 구조를 가지고 있음을 이해하고 있다. 이들 각각의 두께는 그림에서 보이는 대로 위도에 따라 다르며 또한 계절에 따라 변한다. 물론 대부분의 해수는 심층에 있음을 알 수 있다.

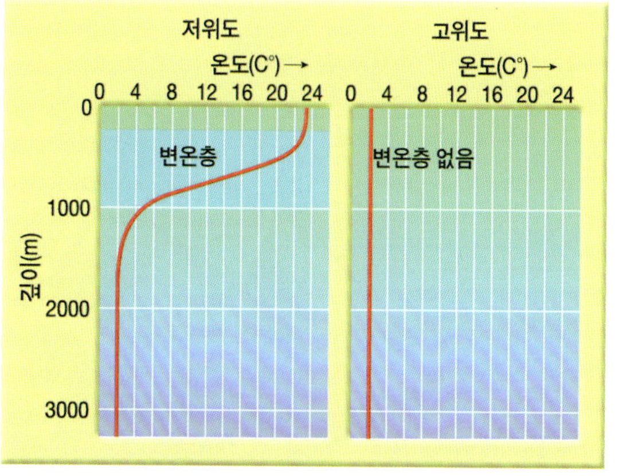

그림 9.6 저위도와 고위도에서의 수심에 따른 해수 온도의 변화 모습. 온도가 급격하게 변하는 **온도약층**이 고위도에서는 존재하지 않는다.

않은 것을 분명히 알 수 있다. 고위도의 극지방에서는 이미 표층수가 매우 차며, 따라서 온도는 깊이에 따라 크게 변하지 않는다. 세 개의 층상구조도 존재하지 않음은 물론이다(**그림 9.6**).

염분의 깊이에 따른 변화도 온도에서 살펴보았던 일반적 세 개의 층상구조를 따른다. 일반적으로, 저, 중위도 지방에서는 표면에는 담수의 증발로 인하여 높은 염분의 층이 형성되어 있다. 이런 표층의 밑에는 급격한 염분 감소가 관측된다. **염분약층**(halocline)이라 부르는 이러한 전이지역은 온도약층과 밀접한 관련을 가지고 있다. 이 염분약층 이하의 심층에서는 염분의 변화가 미미하다.

4. 드러나는 해저 지형의 모습

GEODe EARTH SCIENCE

The Global Ocean
▼ Floor of the Ocean

바다로부터 모든 물을 제거해 버린다면 일렬로 늘어선 화산들, 깊은 골짜기, 열곡(rift valley) 그리고 넓은 해저고원 등 매우 다양한 모습들이 드러날 것이다. 아마 정경이 육상에서의 변화만큼이나 다양할 것이다.

해저 지형에 대한 이해는 바다의 수심을 측정하는 기술의 발전과 함께 이루어진 것이다. **수심측량술**(bathymetry: *bathos* = 깊이, *metry* = 측정)은 바다의 수심을 측정하고 해저의 지형을 지도로 그려내는 기술이다.

해저 지형도 만들기

해저가 다양한 모습을 가지고 있다는 것을 처음으로 이해하게 된 것은 3년 반에 걸쳐 진행된 HMS 챌린저(Challenger)호의 역사적 탐사 이후이며, 그 이전까지는 그리 알려져 있지 않았다(**그림 9.7**). 1872년 12월부터 1876년 5월에 이르기까지 챌린저 탐사는 처음으로 그리고 어쩌면 지금까지 한 연구기관이 주관하여 전 대양에 걸쳐 수행한 가장 종합적인 탐사를 수행하였다. 127,500km에 이르는 항정을 통하여 탐사선과 이에 탑승한 과학자들은 북극해를 제외한 대양 구석구석을 찾아다녔다. 이 항해 전 항정을 통하여 여러 해양의 성질들이 조사되었는데, 배 옆으로 추가 달린 긴 줄을 해저에 닿을 때까지 내려 수심을 재는 많은 수고를 요하는 측심도 포함되어 있었음은 물론이다. 챌린저 탐사가 이루어지고 그리 오래되지 않아 대서양을 가로지르는 해저통신망이 구축되면서 특히 북대서양에 대하여 챌린저 탐사를 통해 얻은 깊은 수심과 다양한

그림 9.7 바다의 측심이 처음으로 체계적으로 이루어졌던 HMS 챌린저호. 챌린저호의 탐사는 1872년 12월 영국 출발을 시작으로 하여 1876년 5월 다시 귀환함으로 마무리되었다. (자료 제공: C. W. Thompson and Sir John Murray, *Report on the Scientific Results of the Voyage of the H.M.S. Challenger*, Vol. 1, Great Britain: Challenger Office, 1895, Plate 1. Library of Congress)

해저 지형에 관한 지식이 더욱 확장될 수 있기는 하였다. 그렇지만 추가 달린 줄을 이용하는 것이 유일하게 수심을 재는 방법이었던 당시 해저 지형에 관한 지식은 극히 제한적일 수밖에 없었다.

수심측량기술(Bathymetric Technique) 오늘날은 소리에너지가 수심을 측량하는 데 이용된다. 기본적으로 **소나**, 즉 **수중 음파탐지기**(sonar: SOund NAvigation and Ranging) 형태의 장비가 이용된다. **음향측심기**(echo sounder)라고 불리는, 물속에서의 거리를 측정하는 데 이용된 첫 번째 장비가 20세기 초에 와서 개발되었다. 음향측심기는 해저를 향하여 음파를 발사하면서〔핑(ping)이라 부름〕 작동을 시작하며 이 음파는 해양생물들이나 해저에 부딪히면 다시 반사되면서 메아리를 만들어낸다(**그림 9.8A**). 민감한 수신장치가 해저로부터 반사되어 오는 메아리를 감지하며, 시계는 음파가 해저에 도달하였다가 다시 배까지 돌아오는 데 필요한 왕복시간을 정밀하게 측정한다. 물속에서 음파가 전달되는 속도(1초에 약 1,500m)와 소리에너지가 해저에 도달하였다가 되돌아오는 시간에 관한 정보를 가지고 수심을 계산할 수 있다. 이동하는 선박에서 반사파를 연속적으로 관측하여 얻은 깊이를 도시하면 바로 해저의 단면도가 된다. 인접 지역을 가로지르면서 얻은 여러 단면도들을 조심스럽게 모으면, 이로부터 해저 지형도가 만들어진다.

제2차 세계대전이 끝나고 미국 해군은 수뢰나 다른 폭발물들을 찾기 위하여 **사이드스캔 소나**(side-scan sonar)를 개발하였다. 배의 뒤에서 견인할 수 있는 이 어뢰 모양의 장비는 배가 순항하는 양쪽 면에 마치 부채 모양으로 소리를 펼쳐 보낼 수 있다. 여러 띠 모양의 사이드스캔 소나 자료를 종합하여 과학자들은 마치 사진과 흡사한 해저 지형도를 처음으로 만들어낼 수 있었다. 그런데 이런 사이드스캔 소나는 해저 지형에 대한 귀한 자료를 제공해 주기는 했지만 수심에 관한 자료를 줄 수는 없다.

1990년대에 개발된 고해상도의 **다중음향측심기**

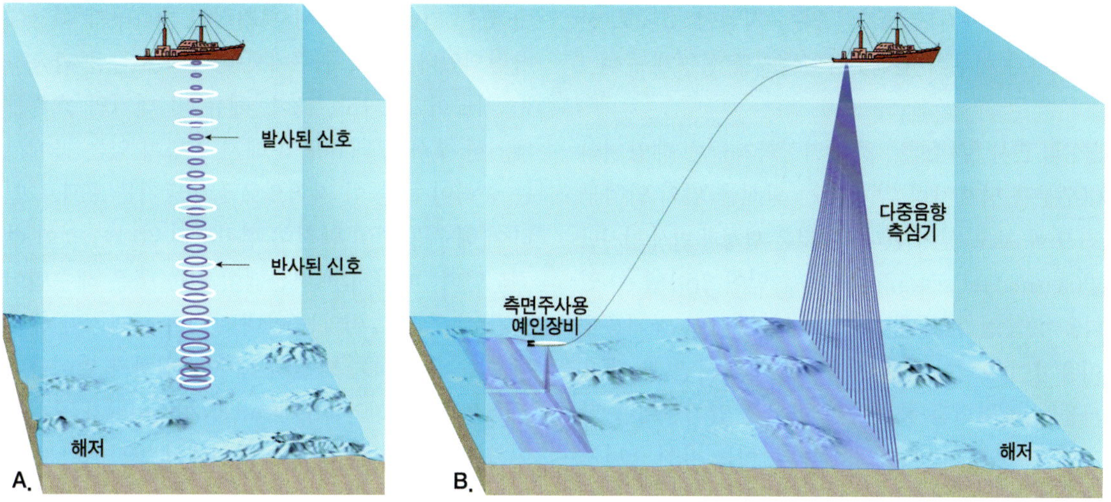

그림 9.8 여러 형태의 소나(sonar). A. 음향측심기(echo sounder)는 음파가 배에서 해저표면에 갔다가 다시 돌아오는 데까지 걸리는 시간을 측정하여 수심을 결정한다. 해수에서의 음파의 속도는 1,500m/sec이다. 따라서 수심 = 1/2(1,500m/sec × 음파의 여행시간)이 된다. B. 최근의 다중음향측심기(multibeam sonar)와 사이드스캔 소나(sidescan sonar)는 매 수초마다 해저의 일정한 폭을 따라 지형도를 만든다.

(high-resolution multibeam instrument)에서는 이런 문제가 존재하지 않는다. 이 장비는 선체 바닥에 설치되어 음파발생장치들에서 부채 모양으로 음파를 발생시키고 이들이 바닥에서 반사되어 되돌아오는 음파들을 각각 다른 각도에 방향을 맞추면서 배열되어 있는 수신장치를 통하여 받아들이는 장비이다. 따라서 매조마다 단 한 점에서의 깊이를 얻는 대신 이 장비는 탐사선이 항정을 따라 수km 정도의 폭을 가진 해저 지형도를 얻을 수 있게 해주었다(**그림 9.8B**). 탐사선이 다중음향측심기를 이용하여 어느 한 지역의 해저 지형도를 만들려고 할 때는 탐사선은 조사해역을 마치 잔디를 깎는 기계를 사용할 때처럼 일정한 간격을 가진 여러 개의 선을 따라 좌우로 이동하면서 조사를 하게 된다. 더욱이 이런 시스템들은 해저 지형의 자료를 고해상도로 얻을 수 있기 때문에 그 차가 채 1m도 되지 않는 작은 지형의 차이까지를 구별해 낼 수 있다.

이런 장비를 통하여 더욱 상세한 정보를 효율적으로 얻을 수 있게 되었음에도 불구하고 다중음향측심기를 탑재한 연구선은 한 시간에 단지 10~20km 정도밖에 속도를 낼 수 없다. 따라서 대양 전체의 지형을 조사하는 데에는 적어도 이런 장비를 갖춘 100척 이상의 연구선으로도 수백 년은 걸릴 것이다. 이것이 왜 아직까지도 자세한 해저의 조사가 이루어진 것은 전체의 5% 정도밖에 되지

이런 사실을 알고 있었나요?

바다의 깊이는 종종 패텀(fathom)으로 표현된다. 1 패텀은 1.8m에 해당하며 대개 사람이 두 팔을 길게 뻗쳤을 때 두 팔 사이의 거리에 해당한다. 이 용어는 배에서 수심을 측정하기 위하여 내렸던 줄을 손으로 도로 배 위로 올리던 방식에서 유래된 것이다. 밧줄을 끌어올릴 때 선원은 그의 팔을 몇 번이나 뻗쳤었는지 그 횟수를 세었다. 선원이 팔을 뻗쳤을 때 미치는 길이를 알면 수심을 측정하기 위하여 내렸던 밧줄의 길이를 계산할 수 있었다. 이 1패텀의 길이는 후에 1.8m로 표준화되었다.

않으며, 왜 아직도 해저의 많은 지역이 소나로 전혀 조사가 이루어지지 못하였는지를 설명해 준다.

탄성파 반사 탐사단면 해양지질학자들은 해양저의 대부분을 담요처럼 덮고 있는 퇴적물 밑의 암석구조 또한 보고 싶어 한다. 이것은 **탄성파 반사 탐사단면**(seismic reflection profile)을 얻어 알아낼 수 있다. 이를 얻기 위해서 수중폭발 아니면 공기총을 이용하여 강력한 저주파 음파를 발생시킨다. 이 음파들은 해저면을 통과하여 들어가 암석층이나 단층면을 만나면 반사하게 되는데, 이는 마치 소나가 해저면을 만나면서 반사되는 것과 동일하다. **그림 9.9**는 대서양 동부의 마데이라 심해저평원(Madeira Abyssal Plain)에서 얻은 탄성파 탐사단면을 보여주고 있다. 이곳의 해저면은 비록 평평하지만 두꺼운 퇴적층에 의해 덮여 있는 울퉁불퉁한 해양 지각의 모습이 분명히 보인다.

우주에서 해저 지형을 살핀다

과학자들이 해저의 지형을 이해하는 데 도움을 줄 수 있는 기술에 있어서 획기적인 돌파구가 최근에 마련되었다. 바로 우주에서 바다의 모습을 관측하는 기술이다. 파도, 조석, 해류 및 대기의 효과를 제거한 후에도 대규모의 해저 지형이 있는 곳에서는 중력이 물을 이 지역으로 끌어당기는 효과로 인하여 해수 표면이 완전히 평평하지 않다는 것이 발견되었다. 따라서 해저산맥이 있는 곳은 해수면이 약간 상승되며, 이와는 반대로 깊은 골짜기나 해구가 있는 곳에서는 약간의 해수면 침하가 일어난다(**그림 9.10**). 레이더 고도계(radar altimeter)가 장치되어 있는 인공위성은 해수 표면에서 반사되어 나오는 마이크로파를 이용하여 이러한 작은 변화들을 감지할 수 있다. 최근의 이런 장치들은 3~6cm 정도의 작은 변화까지를 가려낼 수 있다. 이런 자료

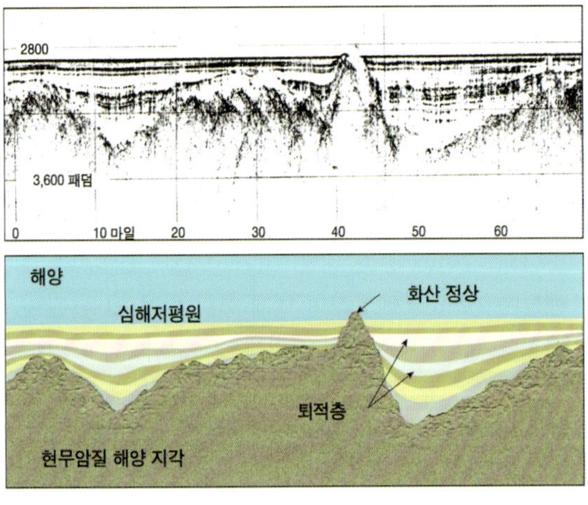

그림 9.9 마데이라 심해저평원을 가로지르며 보여주는 지진파 모습 및 이에 상응하는 모식도. 퇴적물 밑에 묻혀 있는 불규칙한 해양 지각의 모습이 보인다. (자료 제공: Charles Hollister, Woods Hole Oceanographic Institution)

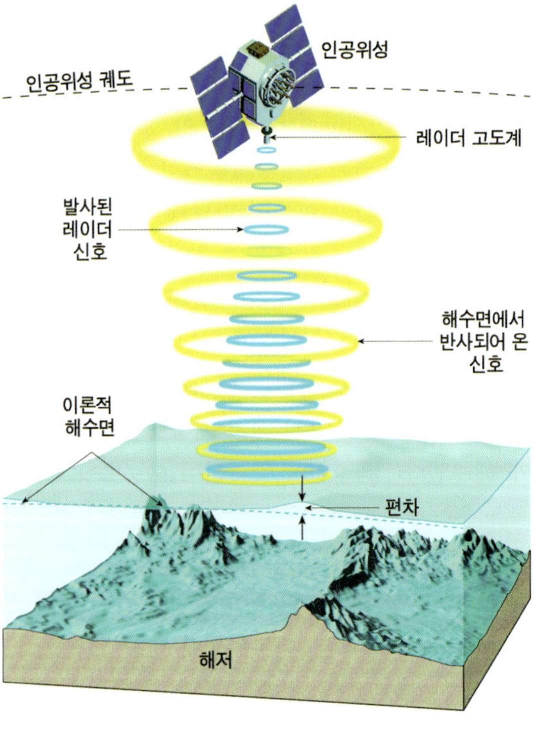

그림 9.10 인공위성 고도계가 중력에 의한 인력으로 해저면의 모습을 재현하는 해수 표면의 고저를 측정한다. 측정한 해수면과 이론적인 해수 표면 사이의 차이가 바로 고저를 반영하는 이상해수면(anomaly)에 해당한다.

들은 해저면의 지형에 관한 우리들의 이해를 크게 향상시켰다. 오늘날 과학자들은 기존의 음파 자료들과 이들 자료를 결합하여 **그림 9.11**에서 볼 수 있는 것 같은 더욱 상세한 해저 지형도를 작성하고 있다.

해저 지형의 여러 지구(地區)

해저 지형을 공부하는 해양학자들은 대양저를 대륙 주변부(continental margins), 심해저(deep-ocean basins), 그리고 중앙대양저 산맥(mid-ocean ridges)으로 크게 세 가지 형태로 구별할 수 있었다. **그림 9.12**에 보인 지도에는 북대서양에서 관측되는 세 형태의 지형이 구분되어 있고, 그 밑에는 이들 지형의 단면도가 아울러 도시되어 있다. 물론 이들 단면도는 그 지형의 모습을 분명히 보여주려는 의도에서 수직축으로 그 변화가 상당히 과장되어 있다(이 그림은 40배). 이런 때문에 해저 지형단면도에 나타나는 사면의 기울기들은 실제에 비하여 매우 급한 것처럼 보인다.

5. 대륙 주변부

The Global Ocean

▼ Floor of the Ocean

대륙 주변부(continental margins)는 능동형(active) 및 수동형(passive)의 두 가지 형태가 관찰된다. 수동형 대륙 주변부는 대서양을 둘러싸고 있는 대부분의 연안역을 따라 발견되며 북미 및 남미의 동부 연안들과 유럽 및 아프리카의 서부 연안이 이에 포함된다. 수동형 대륙 주변부는 판의 경계와 관련되어 있지 않으며 따라서 화산활동이나 지진이 거의 없다. 이곳에는 주변의 육지에서부터 풍화된 물질들이 침식되어 쌓이면서 넓은 쐐기 모양의 별로 교란되지 않은 두꺼운 퇴적층이 형성된다.

이와는 대조적으로 능동형 대륙 주변부는 해양지각이 대륙의 경계에서 그 밑으로 섭입하고 있는 지역에 나타난다. 그 결과로 섭입하는 지각 조각에 의해서 부스러져 심하게 변형된 퇴적물들로 이루어진 비교적 좁은 대륙 주변부가 형성된다. 능동형 대륙 주변부는 태평양의 변두리를 따라 깊은 해구와 나란하게 흔히 발달되어 있다.

수동형 대륙 주변부

수동형 대륙 주변부(passive continental margin)에 대륙붕(continental slope), 대륙사면(continental slope), 그리고 대륙대(continental rise)와 같은 지형이 속한다(**그림 9.13**).

대륙붕 **대륙붕**(continental shelf)은 해변가에서부터 깊은 대양저쪽으로 연장되어 완만한 경사를 가지고 물속으로 잠기는 지역이다. 그 밑에 대륙 지각이 있는 것으로 보아 대륙붕은 분명히 물에 잠긴 대륙의 연장이다. 대륙붕은 그 폭이 매우 크게 변한다. 일부 대륙을 따라서는 거의 존재하지 않지만, 다른 곳에서는 대륙붕이 1,500km 정도까지 멀리 바다 쪽으로 뻗어 있기도 한다. 평균적으로 대륙붕은 약 80km의 폭을 가지며 바다 쪽 경계는 약 130m 정도의 깊이를 가진다. 대륙붕의 평균 경사도는 단지 1/10도 정도밖에 되지 않아 1km당 약 2m 정도 수심이 깊어진다. 기울기가 매우 완만하기 때문에 관측자들에게는 거의 수평면으로 보일 것이다.

대륙붕은 대양 전체 면적의 약 7.5%밖에 되지 않지만 이곳에는 석유나 천연가스의 대규모 저장소들뿐만 아니라 많은 모래와 자갈 퇴적물 같은 중요한 광물자원들이 있어 경제적으로 또한 정치적으로 매우 중요하다. 대륙붕은 또한 식량의 요긴한 공급원인 많은 중요 어장을 포함하고 있다.

대륙붕은 비교적 특징이 별로 없지만 일부 지역

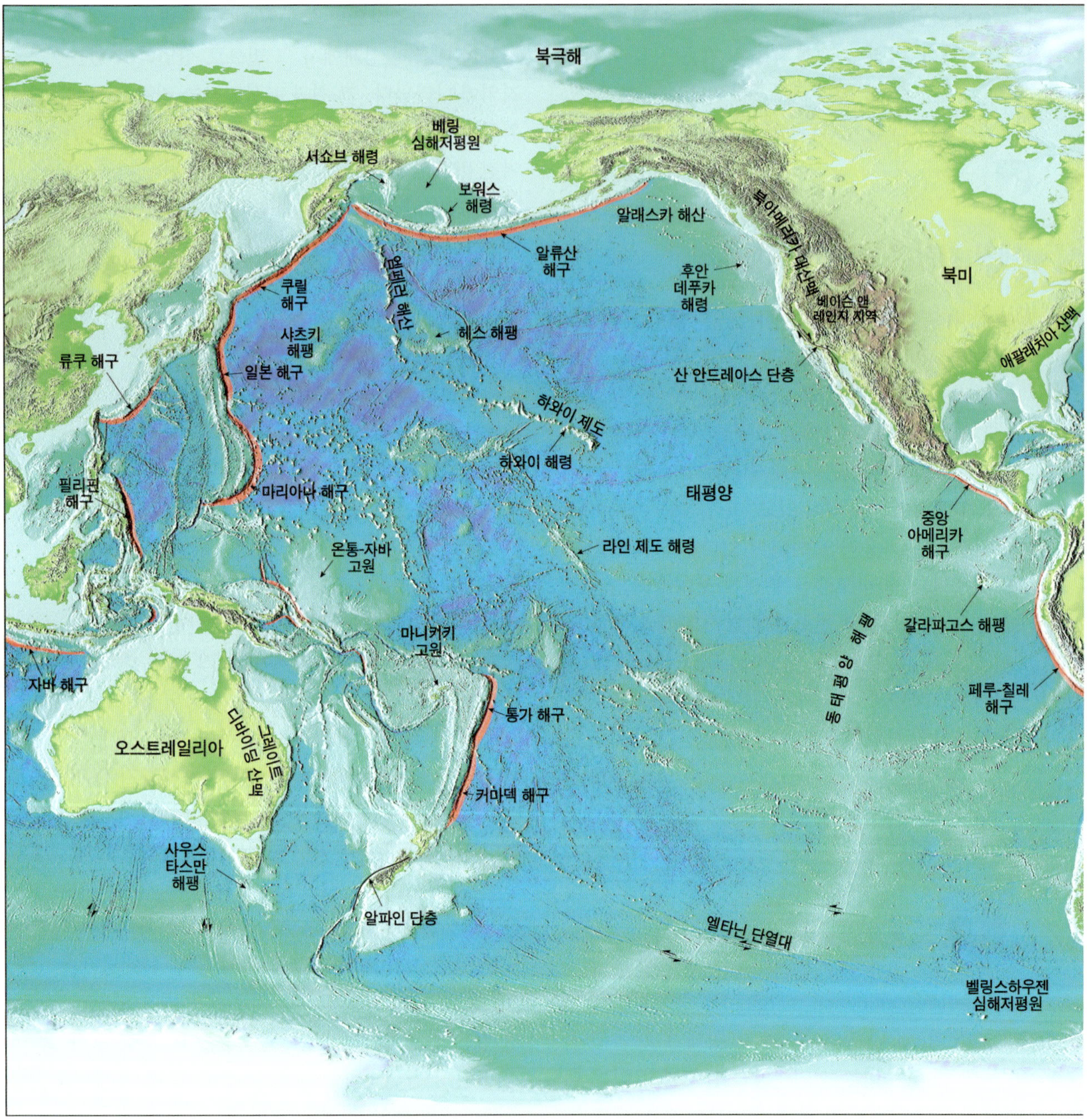

그림 9.11 지구의 단단한 고체 표면의 지형 모습을 보여주는 지도

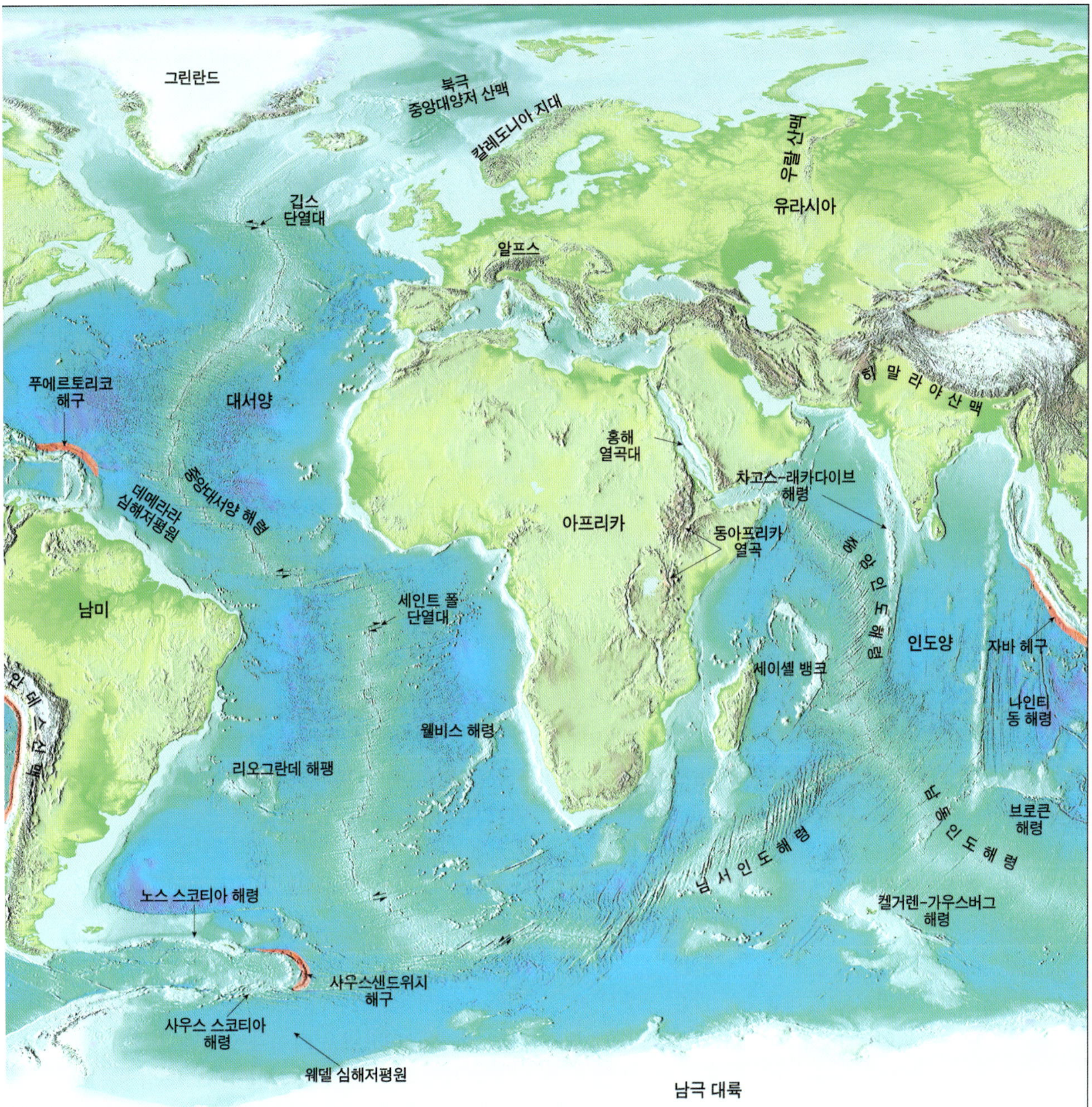
그린란드
북극
중앙대양저 산맥
칼레도니아 지대
우랄 산맥
유라시아
깁스
단열대
알프스
푸에르토리코
해구
대서양
히말라야 산맥
홍해
열곡대
차고스-래카다이브
해령
중앙대서양 해령
데메라라
심해저평원
아프리카
동아프리카
열곡
중앙 인도 해령
남미
세인트 폴
단열대
인도양
자바 해구
세이셸 뱅크
안데스 산맥
나인티
동 해령
웰비스 해령
리오그란데 해팽
남동인도해령
브로큰
해령
남서인도해령
노스 스코티아 해령
켈거렌-가우스버그
해령
사우스샌드위치
해구
사우스 스코티아
해령
웨델 심해저평원
남극 대륙

그림 9.11 (계속)

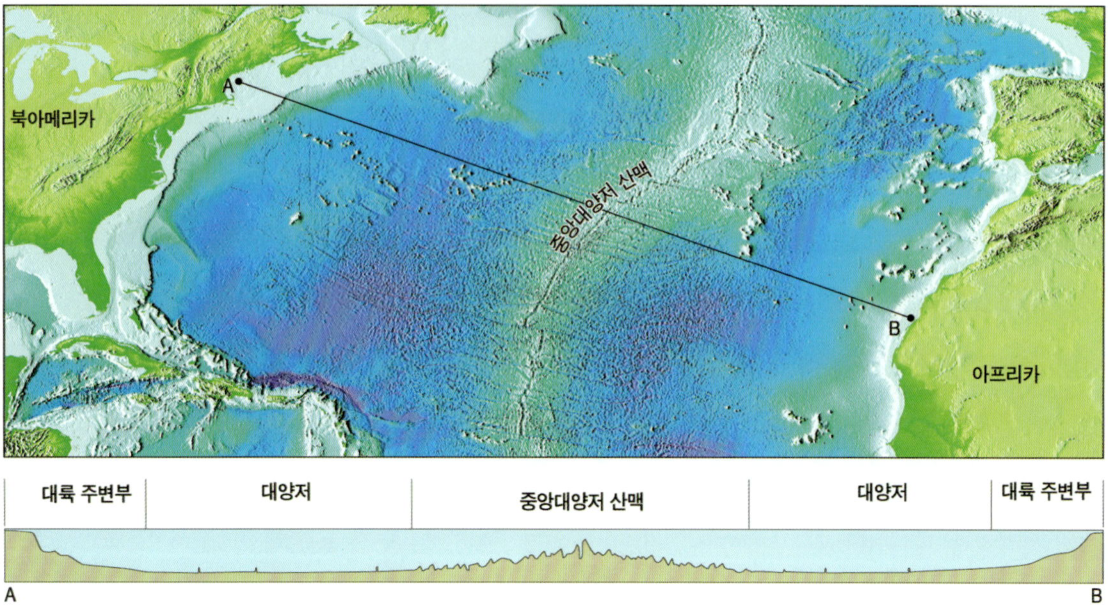

그림 9.12 북대서양의 해저 지형도(상)와 동서를 가로지르며 보여주는 지형의 단면도(하). 단면도에서는 지형의 모습을 좀 더 분명히 보여주기 위해서 수직축이 약 40배 정도 과장되어 있다.

들에는 광범위하게 빙하 퇴적물이 덮여 있기 때문에 지형이 제법 험악하다. 가장 수심이 깊은 지형은 연안선에서 깊은 수심 쪽으로 발달된 긴 계곡들이다. 많은 이런 대륙붕의 계곡들은 인접한 육지의 강 유역이 바다 쪽으로 연장된 것이다. 이런 계곡들은 플라이스토세(빙하기)에 파인 것으로 보인다. 이 시기에 많은 양의 물이 대륙위에 널리 발달된 대빙원에 갇혀 있었다. 이로 인하여 해수면이 100m 이상 내려갔으며 대륙붕의 많은 부분이 육상으로 노출되었다(154쪽, **그림 4.19**). 이러한 해수면 강하로 인하여 강물은 그 흐름이 더 연장되었으며 육상 식물과 동물이 이렇게 새로이 노출된 대륙으로 주거지를 확장하였다.

미국의 동부 해안을 따라 발달된 것과 같은 수동형 대륙붕의 대부분은 얕은 수심의 퇴적물들이 두껍게 쌓여 있다. 이 퇴적물들은 때때로 두께가 수 km를 넘으며, 그 중간 중간에는 수심이 얕은 곳에서만 일어나는 산호초 형성과정의 초기에 만들어진 석회석들이 끼어 있다. 이런 증거를 보고 과학자들은 이렇게 두꺼운 퇴적물의 축적이 대륙 주변부가 서서히 침강하면서 생성된 것이라고 결론을 내리고 있다.

대륙사면 대륙붕의 바다 쪽의 가장자리이며, 대륙붕과 비교해서 비교적 기울기가 급하고 대륙 지각과 해양 지각을 서로 경계 짓는 곳이 바로 **대륙사면**(continental slope)이다(**그림 9.13**). 대륙사면의 경사는 지역에 따라 매우 차이가 있지만 평균적으로 약 5도 정도이며, 곳에 따라서는 25도를 넘기도 한다. 이에 더하여 대륙사면은 비교적 폭이 넓지 않은 지형이며 평균 약 20km의 폭을 가진다.

대륙대 계곡이 특별히 발달되어 있지 않은 곳에서는 경사가 급한 대륙사면은 **대륙대**(continental rise)라고 알려져 있는 점점 더 경사가 완만해지는 지역으로 연결된다. 이곳에서 기울기는 약 1/3도

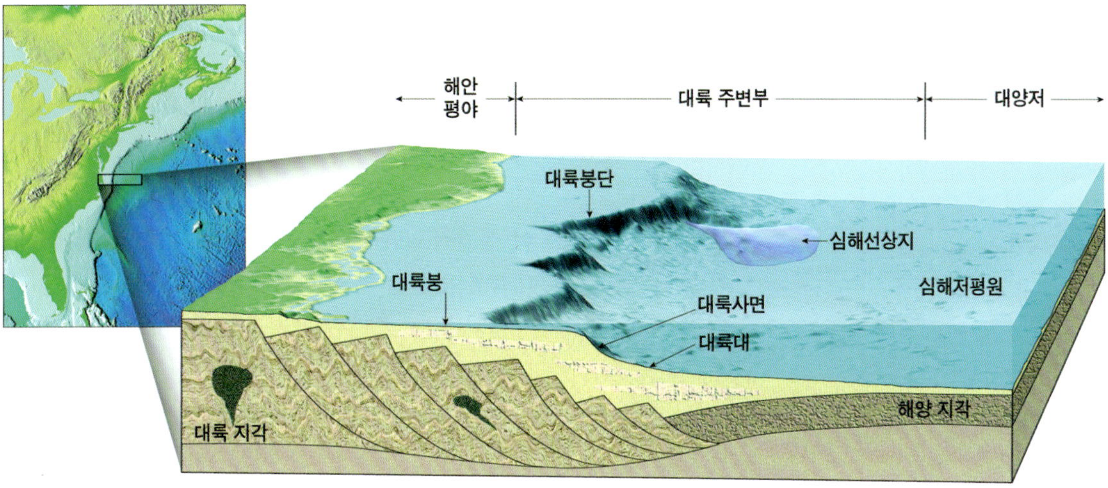

그림 9.13 수동형 대륙 주변부를 구성하고 있는 주요 지형을 보여주는 개요도.

정도로 떨어지며 1km에 약 6m 정도 수심이 깊어진다. 대륙사면은 폭이 평균적으로 약 20km밖에 되지 않는 것에 반하여, 대륙대는 수백km나 연장되면서 깊은 대양저로 이어지기도 한다.

대륙대는 대륙붕에서 심해저 쪽으로 내리 이동하며 축적된 두꺼운 퇴적물들로 되어 있다. 이 퇴적물들은 **저탁류**(turbidity current)에 의해서 해저협곡을 따라 대륙사면의 기저까지 이동된다(이에 대하여는 곧 더 토의를 할 예정이다). 이 니질(泥質)의 탁류가 협곡의 입구로부터 비교적 평평한 해저로 나오게 되면 이들은 퇴적되면서 **심해선상지**(deep-sea fan)를 형성한다(**그림 9.13**). 심해선상지는 육상에서 가파른 산의 경사면의 기슭에 형성되는 선상지와 기본적으로 같은 모양이다. 서로 인접한 해저협곡들이 만드는 선상지들이 자라다 보면 이들이 서로 합쳐져 대륙사면의 기저에 연속적인 부채꼴 모양의 퇴적층을 형성하는데, 이런 지형을 대륙대라고 부른다.

해저협곡과 저탁류 **해저협곡**(submarine canyon)으로 알려져 있는 깊고 가파른 계곡들은 대륙사면에서부터 시작하여 많은 경우 전체 대륙사면을 넘어 심해저평원으로까지 연장된다(**그림 9.14** 참조). 비록 일부의 해저협곡들은 육상에서 물이 흐르는 계곡이 바다 쪽으로 이어진 것처럼 보이기도 하지만 많은 해저협곡들이 이런 모양으로 지리적 배치를 하고 있지 않다. 이에 더하여 이들 협곡은 빙하기 시절 가장 해수면이 낮았던 깊이보다 훨씬 더 깊은 깊이에까지 연장되어 있기 때문에 이들이 강물의 침식으로 형성된 것으로 여겨지지 않는다.

이러한 해저협곡은 아마도 저탁류에 의해서 파여진 것처럼 여겨진다. **저탁류**(turbidity current)는 퇴적물을 많이 함유해 밀도가 커진 바닷물이 사면을 따라 이동하는 것이다. 이런 흐름은 대륙붕과 사면에 있던 모래나 뻘이 이동하여 물에 부유되면서 만들어진다. 이렇게 뻘을 흠뻑 포함하는 물은 보통의 해수에 비하여 밀도가 크므로 한 덩어리가 되어 경사를 따라 내려가며 이 과정에서 더욱 많은 퇴적물을 침식시키고 축적시킨다. 이러한 뻘물의 급류에 의해서 바닥이 침식되는 작업이 반복되는 과정을 통하여 대부분의 해저협곡이 파이는 것으로 생각된다.

저탁류는 통상 대륙사면을 따라 시작되어 계속 홈을 파내면서 대륙대를 가로지르지만, 결국은 힘

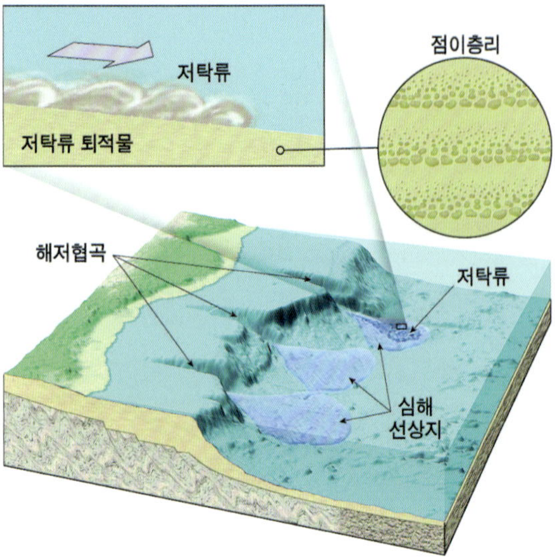

그림 9.14 저탁류는 퇴적물을 많이 함유해 밀도가 커진 바닷물이 사면을 따라 이동하는 것이다. 이런 흐름은 대륙붕과 사면에 있던 모래나 뻘이 이동하여 물에 부유되면서 만들어진다. 이렇게 뻘을 흠뻑 포함하는 물은 보통의 해수에 비하여 밀도가 크므로 한 덩어리가 되어 경사를 따라 내려가며 이 과정에서 더욱 많은 퇴적물을 침식시키고 축적시킨다. 저탁류 퇴적층이라 불리는 이렇게 형성된 퇴적물들은 아래에서 위로 가면서 입자들의 크기가 작아지는 퇴적 모습을 보여주고 있으며, 이는 점이층리라고 알려져 있다.

을 잃고 심해저에 도달하면서 정지한다. 이렇게 흐름이 느려지면서 부유 퇴적물들이 서서히 가라앉기 시작한다. 우선 알이 굵은 모래가 가라앉고 뒤를 이어 점점 더 미세한 침니가, 마침내는 점토가 가라앉는다. **저탁류 퇴적층**이라 불리는, 이렇게 형성된 퇴적물들은 아래에서 위로 가면서 입자들의 크기가 작아지는 퇴적 모습을 보여주고 있으며, 이는 **점이층리**(graded bedding)이라고 알려져 있다.

저탁류는 대양에서 퇴적물을 이동시키는 아주 중요한 메커니즘이다. 이런 저탁류의 작용에 의해서 해저협곡이 깎여지며 퇴적물이 심해저로 이동된다.

능동형 대륙 주변부

일부의 연안을 따라서는 대륙사면이 대륙과 대양저 사이에 위치한 심해의 해구 내로 급격히 하강한다. 따라서 육지 쪽을 향한 해구의 벽과 대륙사면이 실질적으로 동일한 지형이다. 이런 지역에서는 대륙붕이 설령 발달되었더라도 매우 좁다.

능동형 대륙 주변부(active continental margins)는 태평양의 주변을 따라 대륙의 가장자리가 해양 지각 위로 넘어 올라가는 지역에 주로 발달되어 있다(**그림 9.15**). 이곳에서는 해양저 위에 쌓였던 퇴적물들과 해양 지각의 조각들이 섭입하는 해양지판으로부터 뜯겨 나와 넘어 올라오는 대륙의 벽에 엉겨 붙는다. 이렇게 변형된 퇴적물들과 찢겨진 해양지각이 뒤범벅이 되어 쌓인 것을 **쐐기형 융합체**(accretionary wedge)라고 부른다. 섭입이 오랫동안 지속되고 해구의 육지 쪽으로 퇴적물들이 계속 쌓이면 대륙 주변부를 따라 많은 양의 퇴적물이 퇴적될 수 있게 된다.

일부의 섭입지대에는 퇴적물이 거의 쌓이지 않는데 이는 대양저의 퇴적물들이 섭입되는 지판과 함께 맨틀로 딸려 들어가고 있는 것을 암시하고 있다. 이곳에서는 대륙 주변부가 매우 좁으며 해안으로부터 불과 50km 정도 떨어져진 곳에 해구가 위치하고 있다.

6. 대양저(Deep-Ocean Basin)

GEODe EARTH SCIENCE
The Global Ocean
▼ Floor of the Ocean

대륙 주변부와 대양저 산맥의 사이에 해양저가 위치하고 있다(338~339쪽의 **그림 9.11** 참조). 면적이 전 지구 표면의 약 30%에 이르는 이 지역은 그 크기가 오늘날 해수면 위로 나와 있는 육지에 비견할 만하다. 이곳에는 **심해저평원**(abyssal plain)으로 알

이런 사실을 알고 있었나요?

1960년 1월 미국 해군 중위 돈 월시(Don Walsh)와 탐험가 자크 피카르(Jacques Piccard)는 마리아나 해구지역의 챌린저 해연에 하강을 하였다. 표면을 떠나 5시간 이상이 지난 후 이들은 10,912m의 해저에 도달하였는데 사람이 이렇게 심해로 내려간 기록은 그 후 어느 누구도 깨뜨리지 못하고 있다.

려져 있는 놀랄 만큼 평평한 지역, 해산(seamount)이라 불리는 넓은 화산 봉우리들 그리고 용암이 흘러 겹겹이 쌓이면서 만들어진, 해저고원(oceanic plateau)이라 불리는 넓은 지역이 자리 잡고 있다.

심해 해구

심해 해구(deep-sea trench)는 좁지만 길게 발달된 대양에서 가장 수심이 깊은 계곡들이다. 대부분의 해구는 태평양에 자리 잡고 있으며, 이중 몇 개는 수심이 10,000m를 넘는다(**그림 9.11** 참조). 마리아나 해구(Mariana trench)의 일부분인 챌린저 해연(Challenger Deep)은 해수면 아래 11,022m의 깊이로, 지구상에서 가장 깊은 곳으로 알려져 있다. 대서양에는 푸에르토리코 해구(Puerto Rico Trench) 및 사우스샌드위치 해구(South Sandwich Trench)의 두 개의 해구만이 존재한다(**그림 9.11** 참조).

심해 해구가 차지하는 면적은 해양저의 아주 적은 부분이지만 이들은 매우 중요한 지질학적 구조이다. 해구는 움직이는 지각의 지판이 섭입하면서 맨틀 속으로 다시 빠져 들어가는 곳이다. 이렇게 한 지판이 다른 지판 아래로 가라앉으면서 지진이 발생하는 것 이외에도 많은 화산활동이 이런 지역과 연관되어 있다. 가라앉는 판으로부터 방출되는 휘발성 물질들, 특히 수분이 연약권으로 뚫고 들어가는 쐐기 부분의 용융을 유발시킨다. 이렇게 만들어지는 가벼운 물질들은 서서히 상부로 이동하면서 지표면에 화산활동을 일으키게 된다. 따라서 대양에서 해구는 때로 화산섬들로 이루어진 **호상 화산 열도**(volcanic island arc)와 평행하게 위치하고 있다. 이에 더하여 안데스 산맥의 일부를 이루는 **대륙성 호상 화산들**(continental volcanic arcs)도 대륙 주변부 가까이 위치하고 있는 해구와 평행하게 위치하고 있다(**그림 9.15** 참조). 태평양 주변을 따라 존재하는 많은 해구들 및 이와 연관된 화산활동들로 인해서 이 지역은 환태평양 화산대(Ring of Fire)라는 이름이 붙어 있다.

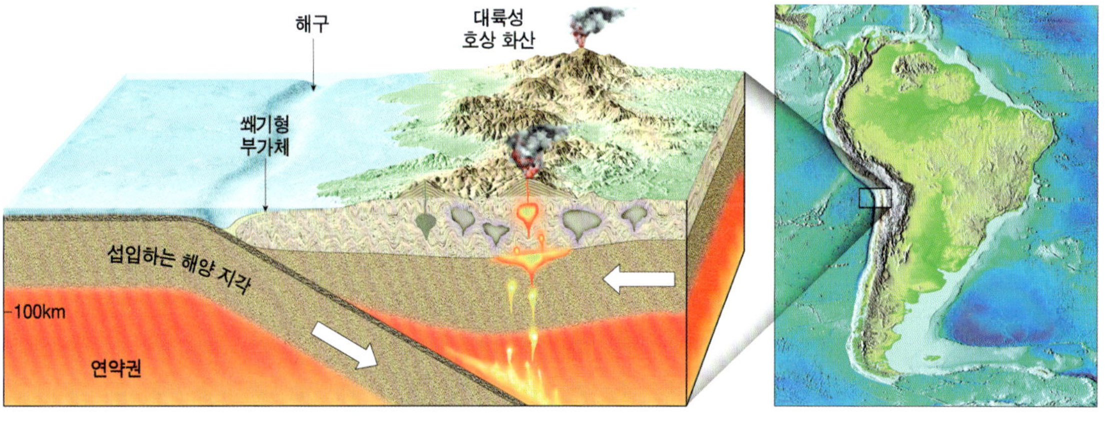

그림 9.15 능동형 대륙 주변부. 이곳에는 대양저에 쌓였던 퇴적물들이 섭입하는 지판에서 뜯겨 나와 대륙의 지각에 합해져 쐐기형 융합체(accretionary wedge)를 만든다.

심해저평원

심해저평원(Abyssal plain)은 놀랍게도 평평한 지형이며 실제 이 지역이야말로 아마 지상에서 가장 높낮이가 없는 장소일 것이다. 예를 들어, 아르헨티나 연안에서 발견되는 심해저평원은 1,300km를 넘는 거리를 지나도록 3m도 채 안 되는 수심의 변화를 보인다. 이러한 심해저평원의 단조로운 지형은 때때로 바다 속으로 잠겨버린 화산섬들이 돌출하여 있는 변화의 모습을 보이기도 한다.

해양저 밑을 깊이 뚫고 들어갈 수 있는 신호를 보내는 지진계를 이용하여 과학자들은 심해저평원이 퇴적물이 없었으면 매우 굴곡이 심하였을 해양지각이 두꺼운 퇴적물 속에 묻혀 있는 구조를 가지고 있음을 알게 되었다(**그림 9.9**). 퇴적물의 특성을 보면 이들 평원이 주로 저탁류에 의해 멀리 심해저까지 이동된 퇴적물로 이루어져 있음을 암시하고 있다.

심해저평원은 대양 모두에서 발견된다. 그렇지만 대서양에는 대륙사면을 흘러내려온 퇴적물의 포집기 역할을 하는 해구를 가지고 있지 않기 때문에 태평양에 비하여 더욱 광범위하게 심해저평원이 발달되어 있다.

해산, 기요 및 해저고원

해저에는 **해산**(seamount)이라고 불리는 고립된 화산의 돌출물들이 점점이 자리 잡고 있다. 이러한 지형들은 주변의 지형에 비하여 수백m씩이나 솟아나 있다. 이러한 원추형의 경사가 급한 정상들이 대양 모두의 해저에서 발견되지만 가장 많은 수가 태평양에서 발견되고 있다.

하와이 제도에서 알류산 해구에까지 남북으로 길게 이어져 있는 엠페러 해산들(Emperor Seamount chain)과 같은 일부의 해산들은 열점과 연계되어 형성된다. 어떤 해산들은 지각의 판들이 서로 멀어져 가는 발산형 경계인 중앙대양저 산맥 근처에서 태어난다(제5장 참조). 화산이 용암을 공급해 주는 지역에서 멀리 밀려나기 이전에 충분히 자라게 되면 하나의 섬으로 모습을 나타난다. 대서양에서 발견되는 아조레스(Azores), 아센시온(Ascension), 트리스탄 다 쿠냐(Tristan da Cunha), 세인트헬레나(St. Helena) 등이 이런 예에 속한다.

이들이 섬으로 존재하고 있는 동안 일부 화산들은 해수의 흐름이나 파도의 작용으로 인하여 거의 해수면 가까이에 침식이 일어난다. 수백만 년이 지나는 동안에 움직이는 지판들이 이들 화산섬들을 이들이 본래 태어났던 수심이 얕은 대양저 산맥이나 열점으로부터 멀리 이동시키며, 이로 인하여 이러한 화산섬들은 해수면 아래로 서서히 가라앉게 된다. 이렇게 위가 평평하게 깎인 가라앉은 해산을 **기요**(guyot) 또는 **평정해산**(tablemount)이라고 부른다.

맨틀의 용승류는 또한 여러 개의 큰 **해저고원**(oceanic plateau)을 형성하였는데 이들의 모습은 마치 대륙에서 발견되는 범람 현무암과 유사하다. 이런 대규모의 화산성 지형에는 해저에 유체의 현무암성 용암이 엄청나게 많이 흘러나오면서 형성된 온통 자바(Ontong Java)와 록얼 해저고원(Rockall Plateau)이 있다(248쪽의 **그림 6.34** 참조). 이런 해저고원은 대부분 베게 모양 현무암과 다른 염기성 암석으로 이루어져 있으며 때로는 그 두께가 30km를 넘기도 한다.

이런 사실을 알고 있었나요?

해저에는 약 22,000~55,000개에 이르는 해산이 있는 것으로 추정되고 있는데, 이중 2,000개 미만의 해산이 현재 활동 중이다. 가장 많은 개수의 해산이 태평양에서 발견되었다.

7. 대양저 산맥(Oceanic Ridge)

GEODe EARTH SCIENCE The Global Ocean
▼ Floor of the Ocean

잘 발달된 발산형 판의 경계를 따라 해저가 올라와 꽤 넓은 직선의 융기지역을 만들어내고 있으며 이를 **대양저 산맥**(oceanic ridge) 또는 **중앙대양저 산맥**(mid-ocean ridge)이라고 부른다. 이와 같은 대양저 산맥에 관한 우리들의 지식은 해저에 대한 수심 측정, 심해저 시추사업들 통하여 얻은 시추 시료들, 또한 심해 잠수정을 이용한 직접적인 관찰을 통하여 얻은 것이다. 또한 지판의 운동으로 인하여 육상으로 떠올려진 해양 지각의 조각들을 직접 눈으로 관찰할 수도 있었다. 대양저 산맥은 수심이 얕고 많은 단층들이 있으며 새롭게 형성된 지각에 발달된 셀 수 없는 화산구조들을 가지는 특징을 보여준다.

끊임없이 이어져 있는 대양저 산맥은 그 총연장이 70,000km가 넘는, 지구상에서 가장 긴 지형이다. 338~339쪽의 **그림 9.11**에 보인 중앙대양저 산맥을 따라가 보면 이런 모습이 쉽게 눈에 띈다. 지표면의 23%를 대표하는 대양저 산맥은 마치 야구공을 꿰맨 솔기 모양으로 주요 대양 모두를 관통하며 구불구불 이어져 있다. 이들의 정상은 주위의 심해저평원보다 통상 2~3km 솟아올라 있으며 새로운 해양 지각이 만들어지는 판의 경계를 이루고 있다.

그림 9.16에서 볼 수 있는 대로 대양저 산맥 구조의 많은 부분들은 이들이 위치하는 각각의 대양저에 따라 이름이 붙여져 있다. 이상적으로는 산맥이 해양저의 중앙을 따라 위치하며 이런 곳에서는 중앙대양저 산맥(mid-ocean ridge)으로 불린다. 대서양의 중앙에 위치하며 대양 주변 양옆의 대륙들과 거의 평행하게 위치하고 있는 중앙 대서양 산맥은 바로 이런 경우에 해당한다(**그림 9.16A**). 중앙 인도양산맥도 거의 이런 경우에 해당하지만(**그림 9.16B**), 동태평양산맥은 태평양의 동쪽으로 치우쳐 있는 것이 눈에 띈다(**그림 9.16C**).

한편, 산맥(ridge)이라는 표현이 적절하지 못할 수도 있어 보인다. 이는 이들 지형이 이 용어가 암시하는 대로 그리 좁지도 않고 기울기가 급하지도 않으며, 곳에 따라서는 그 폭이 1,000~4,000km에 이르고 길게 이어져 솟아 있는 이들 지형의 거친 정도가 매우 다양하기 때문이다. 더구나 **그림 9.11**을 살펴보면 대양저 산맥이 수십~수백km에 이르는 많은 단편들로 나뉘어 있다. 이들 각각의 단편들은 인접된 조각들과 서로 어긋나 있지만 전체적으로 보면 큰 변환단층들에 의하여 서로 이어져 있다.

대양저 산맥은 대륙에서 발견되는 일부 산맥들

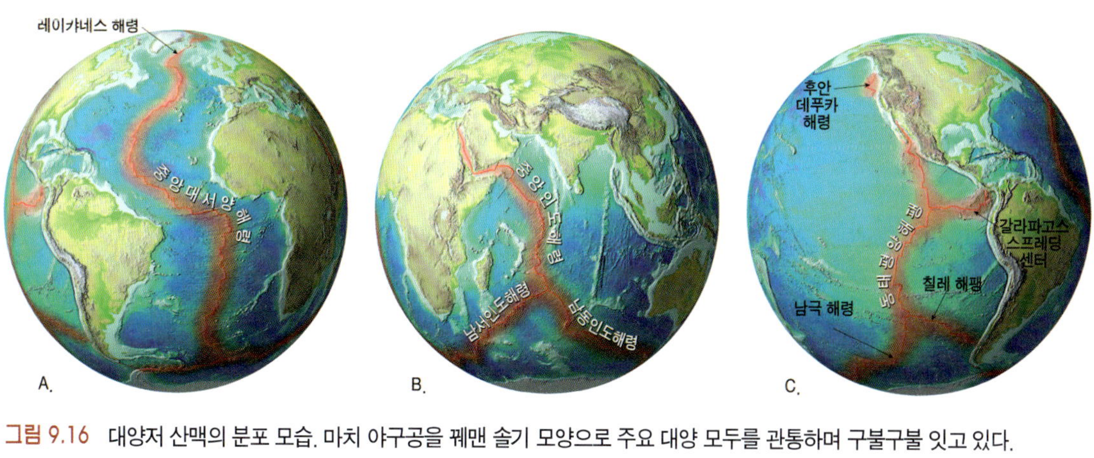

그림 9.16 대양저 산맥의 분포 모습. 마치 야구공을 꿰맨 솔기 모양으로 주요 대양 모두를 관통하며 구불구불 잇고 있다.

처럼 매우 높기 때문에 흔히 산맥의 특징을 가진 것으로 기술된다. 그렇지만 유사성은 거기서 그친다. 대부분의 육상 산맥은 수렴형의 판의 경계를 따라 압축력으로 인하여 두꺼운 퇴적층들이 습곡 및 변성작용을 겪으며 형성되는 반면, 해양저의 산맥들은 장력이 해양 지각을 서로 떼어내어 균열시키면서 만들어진다. 대양저 산맥은 부력에 의해 올라와 길쭉한 조각들로 끊어지면서 층층이 쌓여진, 새로이 형성된 현무암질 암석으로 되어 있다.

일부 대양저 산맥을 이루는 단편의 축을 따라서 **열곡**(rift valley)이라 부르는 깊이 파인 단층구조들이 발달되어 있다(**그림 9.17**). 이 지형들 중에는 그 폭이 50km, 깊이가 2,000m를 넘는 경우도 있다. 이들 지형 내에는 조각이 나고 기울어진 해양 지각 조각들뿐만 아니라 새로 형성된 해양 지각 위에 형성된 화구구들이 존재하기 때문에 흔히 매우 거친

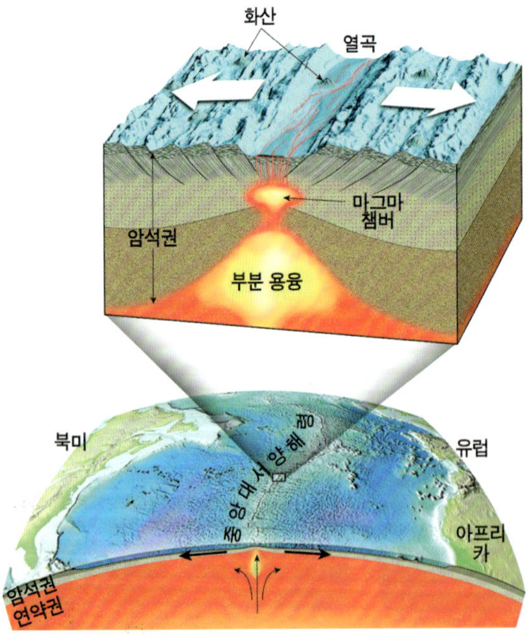

그림 9.17 일부 대양저 산맥을 이루는 단편의 축을 따라서 **열곡**이라 불리는, 깊이 파인 단층구조들이 발달되어 있다. 이 지형들 중에는 그 폭이 50km, 깊이가 2,000m를 넘는 경우도 있다.

이런 사실을 알고 있었나요?

코르테즈해(Sea of Cortez)로도 알려져 있는 캘리포니아만은 해저 확장에 의해서 지난 600만 년 동안 형성된 것이다. 길이가 1,200km나 되는 분지는 멕시코 서쪽 해안과 바하 반도(Baja Peninsula) 사이에 자리 잡고 있다.

지형을 보여준다. 열곡(rift valley)이라는 이름은 이들의 모습이 동아프리카 열곡대(East African Rift)와 같이 대륙에서 관찰되는 열곡과 그 모습이 놀라울 정도로 유사하여 붙여진 것이다.

지형적인 관점에서 볼 때, 대부분의 대양저 산맥의 주변 측면은 (독립적으로 존재하는 화산들을 제외하면) 비교적 별 특징이 없이 정상을 향하여 아주 서서히 경사를 오르고 있다(기울기는 1도 이하). 산맥의 정상부에 접근하면 화산구조와 갈라진 계곡들이 더욱 두드러지면서 지형이 더욱 거칠어진다. 가장 거친 지형은 대규모의 열곡을 보여주는 이러한 정상부에서 발견된다.

8. 해저 퇴적물(Seafloor Sediments)

중앙대양저 산맥의 정상 부근 등 몇 예외를 제외하고는 대양의 바닥은 퇴적물로 덮여 있다. 이런 물질들의 일부는 저탁류에 의하여 퇴적된 것이지만 나머지는 위로부터 해저로 서서히 가라앉은 것들이다. 이 퇴적물의 쌓인 두께는 지역에 따라 크게 다르다. 대륙 주변부에서 기원한 퇴적물들을 잡는 덫의 역할을 하는 몇 해구에서는 층의 두께가 10km 정도에 이를 수도 있다. 그렇지만 일반적으로 퇴적물의 축적이 그리 큰 것은 아니다. 대서양의 바닥에는 그 두께가 500~1,000m 정도에 이르지만 태평양에서는 압축되지 않은 퇴적물의 두께가 600m 정도밖에 되지 않는다.

때로는 모래 크기의 입자들이 깊은 해양저에서 발견되기도 하지만 이런 지역을 덮고 있는 대부분의 퇴적물들은 진흙이다. 진흙은 대륙붕이나 사면에서도 주종을 이루지만 이런 지역의 퇴적물들은 모래들이 많이 섞여 있기 때문에 입자 크기가 더 굵다.

해저 퇴적물의 형태

해저의 퇴적물은 이들의 기원에 따라 세 가지로 크게 분류될 수 있다: (1) **육상 기원**(terrigenous: 육지로부터 기원된), (2) **생물 기원**(biogenous: 생물체로부터 기원된), 및 (3) **수성 기원**(hydrogenous: 물로부터 기원된). 이들 각각을 별도로 토의할 예정이지만 해저의 모든 퇴적물들은 이들의 혼합물이라는 것을 기억해야 한다. 이중 어느 한 가지로만 이루어진 퇴적물은 어디에도 없다.

육상 기원 퇴적물(Terrigenous Sediment) 육상 기원 퇴적물은 주로 대륙의 암석이 풍화되어 대양으로 운반된 광물 입자들로 이루어져 있다. 큰 입자들(모래와 자갈)은 보통 해변 가까이에 가라앉는 반면, 매우 작은 입자들은 해저에 가라앉는 데 수년이 걸리며, 따라서 이들은 해류를 따라 수천km까지 운반된다. 이 결과로, 대양의 어느 곳에서나 어느 정도의 육상 기원의 퇴적물을 포함하고 있다. 깊은 심해저에 퇴적물이 쌓이는 속도는 실로 매우 느려서 1cm 두께의 심해 점토 퇴적층이 만들어지는 데 50,000년 정도까지의 시간을 필요로 한다. 이와는 반대로, 큰 강의 하구에 가까운 대륙 주변부에서는 육상 기원의 퇴적물들이 매우 빠른 속도로 퇴적한다. 예를 들어, 멕시코만에서는 퇴적층이 수km에 이른다.

미세한 입자들은 해수 내에 오랜 기간 동안 떠 있기 때문에 화학반응이 일어날 수 있는 충분한 기회가 있다. 이 때문에 심해의 퇴적물들의 색은 때로 붉거나 갈색을 띤다. 이것은 입자 내에 또는 해수에 포함된 철이 용존 산소와 반응하여 산화철의 표피(녹)를 만들기 때문에 나타나는 결과이다.

생물 기원 퇴적물(Biogenous Sediment) 생물 기원 퇴적물은 해양 동물과 식물의 껍질과 골격으로 이루어져 있다(**그림 9.18**). 이 조각들은 바다 표면 근처의 햇빛이 잘 드는 해수 속에 살던 미세 생물들이 만들어낸 것이다. 이들 생명체들이 죽으면 이들의 단단한 껍질(testa = shell)이 끊임없이 "비"오듯 해저로 내려와 쌓이게 된다.

가장 흔한 생물 기원 퇴적물은 석회질 연니〔calcareous ($CaCO_3$) oozes〕이며, 이름이 암시하는 대로 이들은 두껍게 쌓여 있는 진흙과 잘 조화를 이루고 있다. 이런 퇴적물은 더운 표층 해수에 사는 생물체들에 의해서 만들어진다. 석회질의 단단한

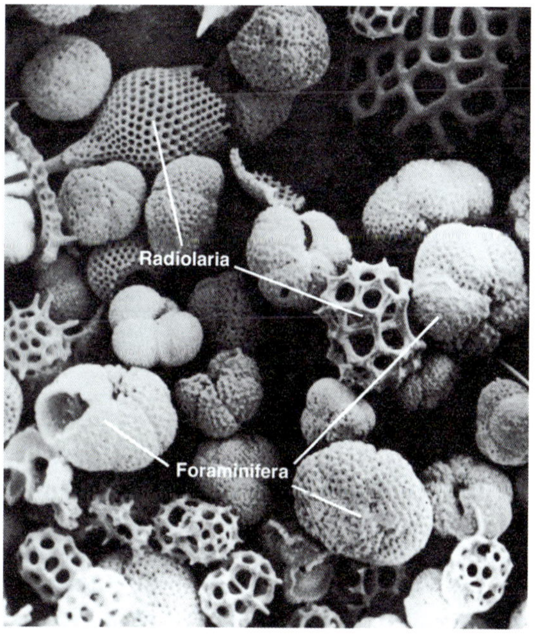

그림 9.18 미세 방산충과 유공충의 단단한 부분은 생물 기원 퇴적물의 한 예이다. 이 사진은 수백 배 확대된 것이다. (사진 제공: Deep Sea Drilling Project, Scripps Institution of Oceanography, University of California San Diego)

부분은 차가운 물속으로 서서히 가라앉을 때 녹기 시작한다. 이는 찬 해수가 탄산가스를 더 많이 함유하고 있어서 좀 더 산성을 띠고 있기 때문이다. 수심이 약 4,500m 이상 되는 깊은 바다에서는 석회질의 껍질은 해저에 도달하기 이전에 완전히 다 녹아버린다. 따라서 석회질 연니는 수심이 아주 깊은 곳에는 전혀 퇴적되지 않는다.

다른 형태의 생물 기원 퇴적물에 **규질 연니**〔siliceous (SiO_2) ooze〕가 있다. 이들은 주로 단세포 조류의 일종인 규조와 단세포 동물인 방산충의 골격으로 이루어져 있다. 이 밖의 퇴적물들은 어류와 바다생물의 뼈, 이빨 그리고 비늘에서 유래된 것이다.

수성 기원 퇴적물(Hydrogenous Sediment) 수성 기원 퇴적물은 여러 화학반응에 의하여 바닷물에서 직접 결정화된 광물들로 이루어져 있다. 예를 들면, 대부분의 석회석은 생물 기원 퇴적물로 이루어져 있기는 하지만 일부의 석회석은 탄산칼슘이 해수로부터 직접 침전하면서 만들어진다.

가장 흔히 발견되는 수성 기원 퇴적물들에는 다음과 같은 몇 가지 퇴적물들이 있다.

- **망간 단괴**(Manganese nodule)는 망간, 철 그리고 여러 금속들이 중심에 있는 물체(예를 들면, 화산성 잔자갈, 모래알 등) 주위에 층을 이루면서 침적하여 만들어진 둥근 모양의 덩어리들이다. 망간 단괴는 크기가 직경이 20cm 정도에 이르기까지 자라며 심해저의 넓은 면적에 걸쳐 흩어져 있다(**그림 9.19A**).
- **탄산칼슘**(Calcium carbonates)은 더운 기후조건에서 바닷물로부터 직접 침전되어 형성된다. 이런 탄산칼슘이 묻혀 단단하게 되면 바로 석회암이 된다. 그렇지만 대부분의 석회암은 생명 기원의 퇴적물로 이루어져 있다.
- **금속황화물**(Metal sulfides)은 통상 중앙대양저

A.

B.

그림 9.19 A. 타히티 남쪽 해상 5,323m 깊이의 심해저에서 찍은 망간 노듈의 사진. (사진 제공: Lawrence Sullivan, Lamont–Doherty Earth Observatory/Columbia University) B. 동태평양 해저산맥에서 잠수정 앨빈(Alvin)에서 찍은, 뜨겁고 금속이 풍부한 물을 뿜어내는 블랙스모커의 사진. (사진 제공: Dudley Forster, Woods Hole Oceanographic Institution)

산맥의 정상에서 발견되는 연기열수공(black smoker) 주위의 암석들의 표면에 침전된다(**그림 9.19B**). 이들 침적물들 속에는 철, 니켈, 구리, 아연, 은 그리고 여러 금속들이 다양하게 분포되어 있다.

- 증발암(Evaporites)은 해수순환이 제한되고 증발속도가 매우 큰 지역에서 형성된다. 이런 지역에서 물이 증발함에 따라 남아 있는 바닷물이 광물에 대하여 포화상태에 이르게 되면서 침전이 시작된다. 이들은 바닷물보다 무거워 바닥에 가라앉거나 이런 지역의 변두리를 따라 특징적인 하얀 증발암들로 이루어진 껍질을 만들어낸다. 한데 뭉뚱그려 (암)염(salts)이라 부르는 이들 증발암들 중 암염(식탁염: NaCl)과 같은 광물들은 맛이 짜지만 경석고(anhydrite: $CaSO_4$)나 석고(gypsum: $CaSO_4 \cdot 2H_2O$)는 짠맛을 가지지 않는다.

해저 퇴적물의 분포 모습

그림 9.20은 해저 퇴적물들의 분포 모습을 보여준다. 조립질의 육상 기원 퇴적물들은 대륙 주변부의 중요한 퇴적물인 반면, 미세질의 육상 기원 퇴적물들(심해 점토)은 깊은 해양저에 널리 분포되어 있다. 그렇지만 가장 중요한 심해의 퇴적물은 석회질 연니로서 이들은 중앙해저산맥을 따라 심해에서 비교적 수심이 얕은 지역에서 발견된다. 규질 연니는 남극해와 동태평양과 같이 생물들의 일차생산성이 유별나게 매우 높은 해역의 해양저에서 발견된다. 수성 기원 퇴적물은 대양의 작은 일부 지역에서만 퇴적되고 있다.

바다에는 퇴적물이 거의 퇴적되고 있지 않은 지역도 꽤 존재한다. 이런 지역의 하나로, 대륙사면이 있는데 이 지역에서는 저탁류나 심해수의 흐름에 의해서 빠른 속도로 침식이 일어나고 있다. 거의 퇴적물이 발견되지 않는 또 하나의 지역이 대양저 산맥을 따라 발견된다. 이곳에서는 대양저 산맥의 나이가 어리고(해양저의 확장으로 인하여) 대륙에서 멀리 떨어져 있어 퇴적물의 퇴적속도가 매우 느리기 때문에 퇴적물이 쌓이기에 충분한 시간을 아직 가지지 못하였기 때문이다.

집안 구석구석 모든 곳에 먼지가 쌓이듯이 해양저의 거의 전 지역에 다양한 형태의 퇴적물이 침전된다(바로 이 때문에 해저의 퇴적물들이 "해양 먼

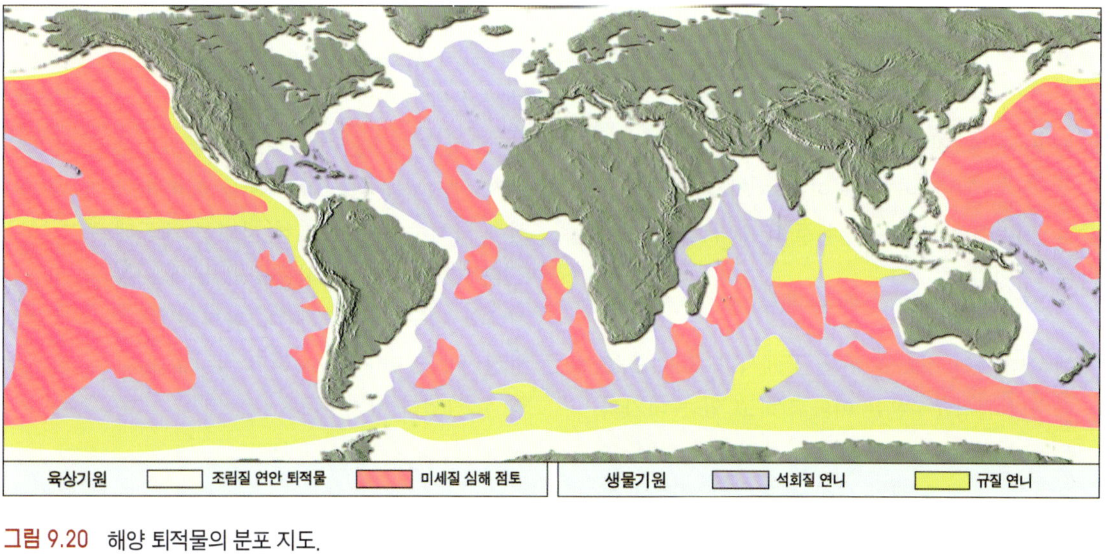

그림 9.20 해양 퇴적물의 분포 지도.

지"라고도 불린다). 대륙에서 멀리 떨어진 심해저에도 바람이 이동시킨 입자들이나 미세한 생물 기원 입자들, 그리고 심지어는 우주로부터 온 먼지들이 퇴적되고 있다.

해저의 퇴적물과 기후 변화

기후와 관한 믿을 만한 기록은 기껏해야 약 200년 전으로밖에 거슬러가지 못한다. 그 이전의 시기에 대하여 과학자들은 어떤 방법으로 기후 그리고 기후 변화에 대하여 알아낼 수 있을까? 분명한 것은 과학자들이 간접적인 증거로부터 과거의 기후를 재구성해야 한다는 것이다. 즉, 과학자들은 변화하는 대기의 조건을 반영하거나 혹은 이에 반응하는 현상들을 분석해야 하는 것이다. 지구의 과거의 기후 역사를 분석하는 흥미로운 그리고 아주 중요한 방법의 하나는 해양저로부터 채취한 퇴적물을 공부하는 것이다.

해저 퇴적물들은 매우 다양한 형태이며 대부분은 한때 해양 표면 근처(해양–대기 경계)에 살았던 생물들의 잔해를 포함하고 있다. 이렇게 표층 가까이 살던 생물들이 죽으면 이들의 껍질은 서서히 해양저로 가라앉으며 이곳에서 퇴적 기록의 한 부분이 된다. 이와 같이 심해저는 지구 역사의 지난 수백만 년을 대표하는 퇴적물들의 저장고가 되는 것이다.

해양저의 퇴적물이 전 지구적 기후 변화를 기록한 유용한 기록물이 되는 이유는 기후가 변화함에 따라 바다 표층에 사는 생물들의 수나 형태가 변한다는 데 있다.

> 해양/대기의 경계면 어느 곳에서나 통상 표층해수의 연평균수온은 이와 접하고 있는 대기의 온도와 거의 유사할 것으로 예상된다. 표층수온과 이와 접한 대기 사이에 온도의 평형이 이루어진다는 것은 …… 기후 변화가 심해의 표층에 살고 있는 생물상의 변화에 반영되지 않을 수 없다는 것을 의미한다. …… 넓은 대양의 해저에 쌓여 있는 퇴적물들이 주로 유공충들의 잔해라는 것과 이들 동물들이 수온의 변화에 매우 민감하다는 것을 상기해 볼 때, 이런 퇴적물과 기후 변화 사이의 연계가 있음은 매우 자명하다.*

그림 9.21 해양저 시추사업의 시추선 조이데스 레절루션에서 시추된 퇴적물을 검사하는 과학자들. 해양저는 지구환경의 변화와 관련된 자료들의 거대한 저장고이다. (사진 제공: ODP, Science Operator, Texas A&M University)

따라서 기후 변화 그리고 이에 따른 환경 변화를 이해하기 위하여 과학자들은 해저 퇴적물 속에 포함되어 있는 방대한 양의 자료의 문을 두드리고 있다. 퇴적물 시추선이나 다른 연구선을 통하여 얻은 퇴적물 코어는 과거의 기후를 이해하고 우리의 지식을 넓혀주는 데 중요한 자료를 제공해 주고 있다(**그림 9.21**). 해저 퇴적물들의 분석을 통하여 빙하시대와 지구온난화, 해수순환의 변화, 중요한 멸종사건이 있었던 시기 그리고 지판의 움직임 등을 밝힐 수 있었다.

---

* Richard F. Flint, *Glacial and Quaternary Geology* (New York: Wiley, 1971), p. 718.

학습내용 요약

1. 해양학은 대양의 다양한 모습을 공부하기 위하여 생물학, 화학, 물리학 그리고 지질학적 지식과 방법을 동원하는 복합학문이다.

2. 지구는 해양으로 특징 지워지는 행성이다. 지구 표면 총 면적의 71%를 대양과 연해가 차지하고 있다. 흔히 바다반구(water hemisphere)로 불리는 남반구에서는 면적의 81%가 바다이다. 세 개의 대양인 태평양, 대서양, 인도양 중에서 태평양이 가장 크고 전체의 약 반이 넘는 해수를 담고 있으며 평균 수심도 3,940m로 가장 깊다.

3. 해양의 측심(Ocean bathymetry)은 음향측심기(echo sounder)와 다중음향측심기(multibeam sonar)를 이용하여 이루어지는데 해저면에서 반사되어 오는 음파를 응용하는 장비이다. 민감한 수신장치가 해저로부터 반사되어 오는 메아리를 감지하며, 시계는 음파가 해저에 도달하였다가 다시 배까지 돌아오는데 필요한 왕복시간을 정밀하게 측정한다. 이 자료를 이용하여 수심이 계산되며 이로부터 해저 지형도가 만들어진다. 최근에 와서는 해수 표면의 모습을 인공위성에서 측정하여 해저 지형도를 작성하기 위한 자료에 추가적인 자료를 제공하였다.

4. 염분은 물에 내하여 녹아 있는 염의 비를 나타내며 통상은 천분율로 표시된다〔역자 주: 최근에 와서 해양학자들은 천분율 ‰을 사용하지 않고, p.s.u.(practical salinity unit: 실용 염분 단위)를 사용하기로 하였으며, 이에 따르면 염분에는 단위를 붙이지 않는다. 즉, 대양의 평균 염분은 약 35이다〕. 대양의 평균 염분은 약 35~37‰ 범위에 있다. 해수의 염분을 결정하는 주요 원소들은 염소(55%)와 나트륨(31%)이다. 대양에서 가장 주된 염의 공급처는 육상 암석의 화학적 풍화작용과 해저 화산활동을 통한 배기과정(outgassing)이다. 배기과정은 해양뿐만 아니라 대기 중의 물의 주요 공급원으로도 여겨지고 있다.

5. 여러 지표면에서의 과정들이 바닷물 속의 물의 양을 변화시켜 결국 염분의 변화를 초래한다. 바다에 많은 양의 담수를 공급하여 결국 바닷물의 염분을 감소시키는 과정들에는 강수, 육상으로부터의 유입, 빙하 및 해빙의 용융(melting) 등이 있다. 바다에서 많은 양의 물을 제거하여 결국 염분을 증가시키는 과정으로는 증발, 해빙(sea ice)의 결빙 등의 과정이 있다. 대양의 표층 해수의 염분의 변화는 대개 33~38‰ 정도의 범위 내에 있다. 그렇지만 일부의 연해에서는 예외적인 경우도 발견된다.

6. 대부분의 지역에서 대양은 세 개의 층으로 이루어진 온도와 염분의 구조를 보여주고 있다. 해수의 온도는 표층에서 가장 따뜻하며 바로 이곳에 태양에너지가 흡수되기 때문이다. 이렇게 흡수된 열은 혼합과정을 통하여 약 450m 정도의 깊이까지 분산된다. 이렇게 태양에 의해 따뜻해진 혼합층의 아래에는 온도약층(thermocline)이라 부르는 급격하게 온도가 변하는 층이 존재한다. 이 온도약층 아래의 심해에서는 온도가 단지 몇도 정도밖에 더 감소하지 않는다. 저위도와 중위도에서는 고염의 표층수 아래에 염분약층(halocline)이라 부르는 염분이 급격하게 감소하는 층이 있다. 이 염분약층 아래의 심해에서는 염분의 변화가 미약하다.

7. 수동형 대륙 주변부는 대륙붕(해변가에서부터 깊은 대양저 쪽으로 연장되어 완만한 경사를 가지고 물에 잠기는 지역), 대륙사면(대륙붕에서 심해를 이어주는 급한 경사를 가지는 진정한 의미에서의 대륙의 경계), 해구가 발달되지 않은 지역에서는 급한 대륙사면에서 대륙대로 알려져 있는 완만한 경사지역으로 접어드는 지역 등의 모든 지형을 포함하고 있다. 대륙대는 대륙붕에서 심해저 쪽으로 경사를 따라 이동한 퇴적물들로 되어 있다.

8. 해저협곡은 깊고 가파른 계곡으로 대륙사면에서부터 시작하여 많은 경우 전체 대륙사면을 넘어 심해

저평원으로까지 연장된다. 많은 해저협곡들은 저탁류(퇴적물을 많이 함유하고 있는 밀도가 큰 해수가 내리막으로 이동)에 의하여 파인 것이다.

9. 능동형 대륙 주변부는 태평양의 주변을 따라 대륙의 가장자리가 해양 지각 위로 넘어 올라가는 지역에 주로 발달되어 있다. 이곳에서는 해양저 위에 쌓였던 퇴적물들과 해양 지각의 조각들이 섭입하는 해양지판으로부터 뜯겨 나와 넘어 올라오는 대륙의 벽에 엉겨 붙어 쐐기형 융합체(accretionary wedge)라고 부르는 퇴적물의 집합체가 만들어진다. 능동형 대륙 주변부는 대륙붕이 매우 좁으며 이는 깊은 해구로 점차 변화해 간다.

10. 대양저는 대륙 주변부와 중앙대양저 산맥 사이에 위치한다. 대양저에 속하는 지형들에는 해구(지판이 맨틀 속으로 섭입하는 곳으로 해양에서 가장 깊은 부분), 심해저평원(거칠고 험한 해양저 위에 저탁류에 의해서 이동된 퇴적물들이 두껍게 쌓여 있는 매우 평탄한 지역), 그리고 해산(중앙해저산맥 근처나 열점의 화산활동과 연관되어 해양저에 만들어진 고립된 화산 봉우리), 및 해저고원(많은 양의 현무암 용암이 흘러나온 지형) 등이 포함된다.

11. 해양저의 확장이 일어나고 있는 장소인 중앙대양저 산맥은 주요 대양 모두에서 발견된다. 이 넓은 지형은 주위에 비하여 솟아올라 있으며, 새로이 형성된 해양 지각 위에 발달된 많은 단층과 화산구조 등의 특징을 가지고 있다. 대부분의 지질학적 활동은 마그마가 용승하여 새로운 해양 지각 조각을 만들어내는 열곡이라 부르는 산맥 정상의 좁은 지역을 따라 일어난다.

12. 퇴적물은 크게 세 가지 형태로 구분된다. 육상 기원 퇴적물은 주로 대륙의 암석이 풍화된 후 해양으로 이동된 광물 입자들로 이루어져 있다. 생물 기원 퇴적물은 해양의 식물이나 동물의 껍질과 골격으로 이루어져 있다. 수성 기원 퇴적물은 여러 화학반응을 통하여 바닷물로부터 직접 석출된 광물들을 포함하고 있다. 해저의 퇴적물들은 생물들이 자라는 데 적합한 온도와 주 공급원들에 의해 영향을 받는다.

13. 해저 퇴적물들은 전 지구적 기후 변화를 공부하는 데 매우 유용하다. 왜냐하면 이들은 한때 해양의 표층에 살았던 생물들의 잔해를 포함하고 있기 때문이다. 이들 생물들의 수나 형태 등은 기후가 변함에 따라 변화하며, 따라서 이들의 잔해물은 이런 변화를 퇴적물 내에 기록해 놓고 있다.

주요 용어와 개념

기요(guyot) … 344
능동형 대륙 주변부(active continental margins) … 342
대륙 주변부(continental margins) … 337
대륙대(continental rise) … 340
대륙붕(continental shelf) … 337
대륙사면(continental slope) … 340
대륙성 호상 화산들(continental volcanic arcs) … 343
대양저 산맥(oceanic ridge) … 345
배기과정(outgassing) … 331
생물 기원(biogenous) … 347
소나(sonar) … 334
수동형 대륙 주변부(passive continental margin) … 337
수성 기원(hydrogenous) … 347
수심측량술(bathymetry) … 333
심해 해구(deep-sea trench) … 343
심해선상지(deep-sea fan) … 341
심해저평원(Abyssal plain) … 344
열곡(rift valley) … 346
염분(salinity) … 330
염분약층(halocline) … 333
온도약층(thermocline) … 332
육상 기원(terrigenous) … 347
음향측심기(echo … 334
저탁류(turbidity current) … 341
중앙대양저 산맥(mid-ocean ridge) … 345
탄성파 반사 탐사단면(seismic reflection profile) … 336
평정해산(tablemount) … 344
해산(seamount) … 344
해양학(oceanography) … 328
해저고원(oceanic plateau) … 344
해저협곡(submarine canyon) … 341
호상 화산 열도(volcanic island arc) … 343

학습 요약 문제

1. 대양이 차지하고 있는 면적은 대륙의 면적과 어떻게 비교되는가? 지구상에서 육지와 대양의 분포 형태를 기술하라.
2. 지구상의 네 개 큰 대양분지의 이름은 말해 보라. 그리고 이들 중에서
   a. 어느 것이 면적이 가장 큰가? 가장 작은 것은?
   b. 어느 것이 수심이 가장 깊은가? 어느 것이 가장 얕은가?
   c. 어느 것이 거의 대부분 남반구에 위치하고 있는가?
   d. 어느 것이 북반구에만 위치하는가?
3. 대양의 평균 깊이는 대륙의 평균 고도와 어떻게 비교되는가?
4. 염분의 의미는 무엇인가? 대양의 평균 염분은 얼마인가?
5. 바닷물에 녹아 있는 가장 중요한 성분(원소들) 여섯 개는 무엇인가? 이중 가장 중요한 두 성분이 만들어내는 물질은 무엇인가?
6. 바닷물에 녹아 있는 성분들을 구성하는 물질들의 가장 중요한 공급원 두 가지는 무엇인가?
7. 바닷물의 염분에 영향을 주는 과정들을 기술해 보라. 이들 각 과정에 대하여 물이 가해지는 과정인지 물이 제거되는 과정인지, 염분이 증가하는 방향인지 감소하는 방향인지를 토의하라. 홍해에서는 왜 고염분의 물이 만들어지는지 또 발틱해에서는 저염분의 해수가 형성되는지 그 조건을 토의하라.
8. 물에서의 음속의 평균속도를 초속 1,500m라고 할 때, 음향측심기에서 내보낸 신호가 해저에 도달한 후 다시 기록기로 되돌아오는 데 6초가 소요되었다면 이곳의 수심은 얼마나 되는가?(335쪽의 **그림 9.8** 참조)
9. 어떻게 지구 주위를 선회하는 인공위성이 수심 수km 밑의 해저를 직접 관찰하지 않고도 해저 지형의 모습을 조사할 수 있는지를 기술하라.
10. 수동형 대륙 주변부를 더욱 세분하여 본 세 지형을 말해 보라. 이중 어느 것을 해수면 아래로 잠긴 대륙의 연장으로 볼 수 있을까? 어느 것이 가장 급한 경사를 가지고 있는가?
11. 능동형 대륙 주변부는 어떻게 수동형 대륙 주변부와 구별되는가? 또한 다양한 지형들이 어떻게 판구조와 관련되어 있는지를 토의하고, 또한 각 주변부에 해당하는 지구상에서의 예를 들라.
12. "대륙사면이나 대륙대에서 발견되는 대부분의 해저협곡은 빙하기 중 강물의 흐름이 바다 쪽으로 연장되면서 형성된 것이다"라는 주장에 대하여 변호 또는 잘못을 지적해 보라.
13. 왜 심해저평원은 태평양의 해저에 비하여 대서양의 해저에 더욱 광범위하게 발달되어 있는가?
14. 중앙대양저 산맥과 해구는 어떻게 판구조론에 연관되어 있는가?
15. 해저의 퇴적물의 세 가지 기본 형태를 구별해 보라.
16. 왜 해저의 퇴적물들은 과거의 기후를 연구하는 데 유용할 수 있는가?

Online 학습 안내

Foundation of Earth Science 웹에는 학생들이 이 장에서 다룬 여러 내용의 학습을 도울 수 있는 자료들과 인터넷 연계시스템을 갖추고 있다. 지구과학을 강의하는 연구자들에 의해서 발전된 이 인터넷 주소는 지구과학의 이해를 증진시켜 줄 것으로 생각된다. http://www.prenhall.com/lutgens를 방문하여 *Foundation of Earth Science 5e*를 클릭하여 다음 내용들을 살펴보자:

- 인터넷 종합 퀴즈
- 비평적 사고 훈련
- 장 관련 웹 자료들의 연계
- 웹을 통한 주요 개념 탐구

http://www.prenhall.com/lutgens

GEODe: Earth Science

*GEODe: Earth Science*는 동영상(animation), 비디오(video), 낭송(narration), 대화식 연습문제(interactive exercise), 실용적인 퀴즈 등을 이용하여 주요 개념을 더욱 심화함으로써 더욱 효과적인 학습을 이룰 수 있게 한다. 이 복사 CD는 이 책『지구시스템의 이해』제5판에 포함되어 있다.

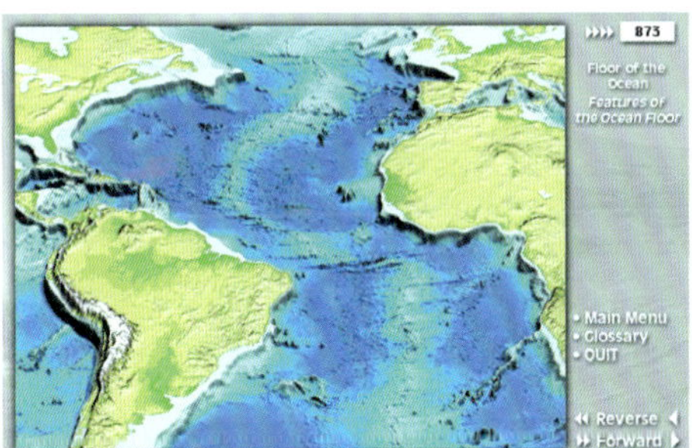

Passive margins are found along most of the coastal areas that surround the Atlantic Ocean.

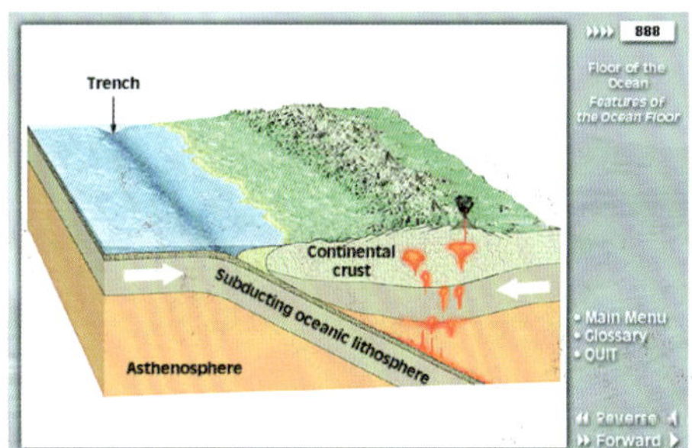

Here slabs of ocean floor descend into the mantle. (You can learn more about this process in the section on *Plate Tectonics*.)

하와이제도의 마우이섬(배경에 있는) 남쪽에 있는 작은 섬 카후올라웨 해변의 모습.

(사진 제공: David Muench)

끊임없이 활동하는 바다

학습 초점

다음은 여러분들이 이 단원에서 다루는 중요한 개념들을 이해하는 데 도움을 줄 수 있는 유용한 질문들이다.

1. 표층 해수의 흐름을 만들며 또한 이 흐름에 영향을 주는 힘들에는 어떤 것들이 있는가?
2. 무거운 밀도의 해수를 만드는 데 기여하는 두 가지의 가장 중요한 요소는 무엇인가?
3. 파의 높이, 길이 그리고 주기를 결정하는 요소는 무엇인가?
4. 파도의 침식작용, 연안류와 해빈의 부유물들이 퇴적되면서 만들어지는 전형적인 해안선은 어떤 특징을 가질까?
5. 침수연안과 융기연안의 차이점은 무엇인가?
6. 조석은 어떻게 만들어지는가?

바닷물은 많은 다양한 힘들에 의해 에너지를 공급받으며 끊임없이 움직이고 있다. 대표적인 예를 들어 바람은 표층수의 흐름을 만들어내어 해안의 기후에 영향을 끼치며 또한 표층수에 서식하는 조류의 성장이나 여타의 다른 생물활동을 결정짓는 영양염들을 공급해 준다. 바람은 또한 파도를 만들어내어 폭풍에너지를 멀리 떨어진 해변으로까지 운반하여 이곳의 육지를 침식시킨다. 어느 지역에서는 밀도의 차이가 심해의 순환을 만들어내며 이 순환은 바닷물의 혼합과 영양염의 재순환에 매우 중요하다. 이에 더하여, 달과 태양은 조석을 일으키면서 해수면을 주기적으로 높이고 낮춘다. 이 장에서는 이런 바닷물의 움직임과 특히 연안지역에서의 이들의 중요성을 검토해 보려고 한다.

1. 표층 해수의 순환

해류(Ocean currents)란 해수의 덩이들이 한 지역에서 다른 지역으로 흐르는 것이다. 흐르는 물의 양은 크거나 작을 수 있고, 또한 해류는 표층에서 혹은 심층에서 일어나며 이를 일으키는 현상이 단순할 수도 있고 매우 복잡할 수도 있다. 그렇지만 이 모든 경우에서 해류에는 바닷물의 움직임이 관련되어 있다.

표층 해수의 흐름은 해양과 해양의 표면을 따라 부는 바람 사이의 마찰로부터 만들어진다. 이중 일부 흐름은 잠시 동안 있다가 사라지며 좁은 지역에만 영향을 미친다. 이러한 해수의 움직임은 지역적 또는 계절적 변화에 대응하는 것이다. 그러나 어떤 흐름은 대양의 넓은 지역에 걸쳐 있는 비교적 영구적 현상이다. 이러한 표층 해수의 중요한 수평적 움직임은 대기 대순환에 밀접하게 연관되어 있다. 이런 사실은 **그림 13.16A**(480쪽)에 보인 전 지구적인 바람의 순환 패턴과 **그림 10.2**에 보인 주요 표층 해류의 위치를 비교해 보면 잘 드러난다.

해수순환의 형태

거대한 환류구조는 표층 해수의 운동을 지배하는 특징이다. 이렇게 대양 내에 존재하는 거대한 해수

그림 10.1 바람은 파도를 만들어낼 뿐 아니라 대양의 표층수의 순환을 가동시키는 힘을 제공한다. (사진 제공: Bob Barbour/Minden Pictures)

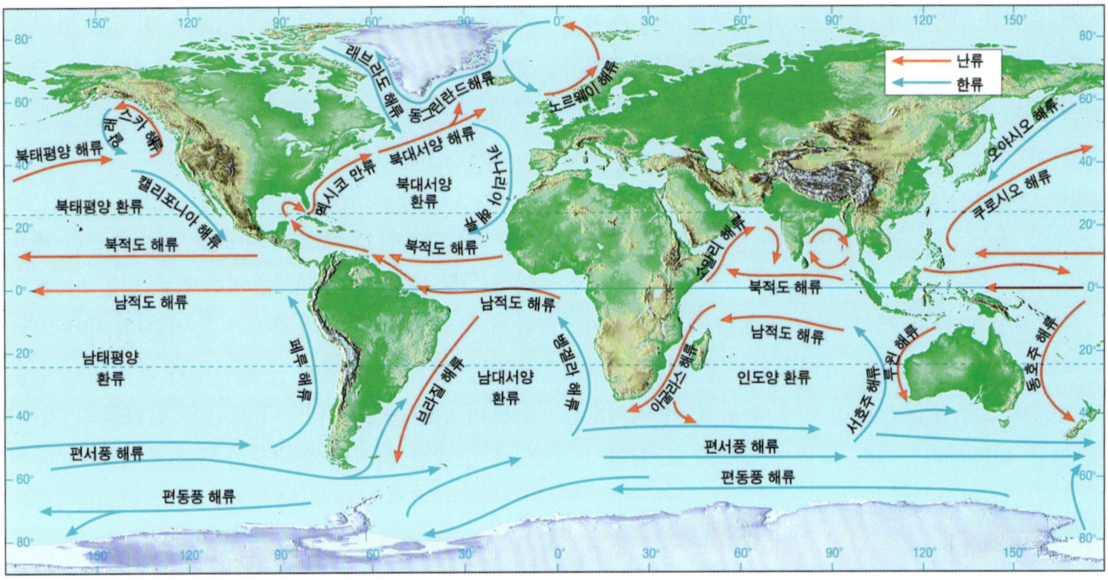

그림 10.2 2~3월경에 관측되는 평균적인 표층 해류. 표층 해수의 순환은 크게 북태평양, 남태평양, 북대서양, 남대서양, 인도양에서 다섯 개의 환류구조(거대하게 원형으로 고리를 이루고 있는 해류)를 이루고 있다.

의 회전을 **환류**(gyres: *gyros* = 원)이라 부른다. **그림 10.2**는 대양에 존재하는 다섯 개의 큰 환류인 북태평양 환류(North Pacific Gyre), 남태평양 환류(South Pacific Gyre), 북대서양 환류(North Atlantic Gyre), 남대서양 환류(South Atlantic Gyre) 및 거의 남반구에 위치하고 있는 인도양 환류(Indian Ocean Gyre)의 모습을 보여주고 있다. 이런 환류의 중심은 북위 남위 30° 정도의 아열대에 위치하고 있으므로 이들을 때로 아열대 환류(subtropical gyres)라고도 부른다. **그림 13.16A**를 **그림 10.2**와 비교해 보면 지표상에 부는 주요 바람대(wind belts)와 표층 해류의 방향 사이에 놀랄 만한 상관성이 있음을 보여주고 있다.

그림 10.2에 보인 대로 아열대 환류는 북반구에서는 시계방향 그리고 남반구에서는 반시계방향으로 회전한다. 왜 환류는 양 반구에서 서로 반대방향으로 움직이는 것일까? 비록 바람이 표층 해류를 만들어내는 힘이기는 하지만 다른 요소들도 이 흐름에 영향을 미치고 있다. 이중 가장 중요한 것이 **코리올리 효과**(Coriolis effect)이다. 지구가 자전하기 때문에 해류가 북반구에서는 오른쪽으로, 그리고 남반구에서는 왼쪽으로 휘게 된다(코리올리 효과는 제13장에서 설명됨). 이 결과로 두 반구에서 환류는 반대방향으로 흐르게 된다.

각 환류 내에는 일반적으로 네 개의 주요 해류가 존재한다(**그림 10.2**). 예를 들어 북태평양 환류에는 북적도 해류, 쿠로시오 해류,* 북태평양 해류, 캘리포니아 해류가 있다.

북대서양에서는 적도 해류가 카리브해를 통하여 북쪽으로 방향을 바꾸며, 여기서 멕시코 만류(Gulf Stream)가 시작된다(**그림 10.2**). 멕시코 만류가 미국의 동쪽 연안을 따라 북상함에 따라 이 지

* 쿠로시오는 일본어로 "흑조(black tide)"라는 의미이며 매우 맑고 생명이 거의 없는 물에서 유래된 것이다. 의도적으로 또는 우연히 바다에 투여한 뜰개들이 떠내려 간 모습을 보면 환류를 한 번 완전히 일주하는 데 약 6년의 시간이 걸린다.

역에 우세한 편서풍에 의해서 더욱 강해지며 캐롤라이나와 뉴잉글랜드 사이에서 동쪽(오른쪽)으로 휘어진다. 북동쪽으로 더욱 북상하면서 그 폭이 점점 넓어지며 느려져서 북대서양 해류(North Atlantic Current 또는 North Atlantic Drift)라 불리는 폭이 매우 넓고 움직임이 매우 느린 해류로 변한다.

북대서양 해류가 서부 유럽에 접근하면 갈라져 일부는 영국, 노르웨이, 아이슬란드를 지나며 북상하면서 그렇지 않았으면 매우 추웠을 이 지역으로 열을 이동한다. 다른 부분은 남쪽으로 휘면서 한류성 카나리아 해류(Canary Current)가 된다. 카나리아 해류는 계속 남하하여 북적도 해류에 합쳐지면서 하나의 완전한 환류가 형성된다. 북대서양 분지는 북태평양에 비하여 그 크기가 반 정도 밖에 되지 않으므로 이를 따라 움직이는 물체들이 완전히 한 번 순환류를 도는 데 약 3년 정도의 시간이 걸린다.

환류의 원을 그리는 순환운동으로 인하여 그 중앙의 넓은 해역은 별로 특별한 해류의 특성을 갖지 않는 지역으로 남게 된다. 북대서양의 경우, 이런 비교적 조용한 지역은 사르가소해(Sargasso Sea)로 알려져 있는데, 이곳에서 흔히 많은 양이 발견되는 해초의 하나인 사르가소에서 따온 이름이다.

남반구의 해양분지는 북반부의 해양분지와 비슷한 해류의 특징을 보여주어, 이 지역에서의 표층 해류도 바람대, 대륙의 위치 그리고 코리올리 효과의 영향을 받는다. 예를 들어, 남대서양과 남태평양에서는 표층 해류의 모습은 북반구에서의 대응되는 형태와 매우 유사하며, 단지 흐름의 방향이 반시계방향으로 바뀔 뿐이다(**그림 10.2**).

인도양은 대부분이 남반구에 위치하기 때문에 표층 해수의 순환이 남반구의 다른 해양분지에서의 모습과 유사하다(**그림 10.2**). 그렇지만 이 해역에서는 여름 및 겨울 **계절풍**(monsoons: *mausim* = 계절)으로 알려진 대로 계절적으로 바뀌는 바람에 영향을 받는다. 바람이 방향을 바꿀 때 표층 해류 역시 그 방향을 바꾼다.

남극 순환류(Antarctic Circumpolar Current) 또는 편서풍 해류(West Wind Drift)라는 이름의 해류는 완전한 원을 그리며 지구를 도는 유일한 해류이다(**그림 10.2**). 이 해류는 얼음으로 덮인 남극 대륙의 주위로는 길을 방해하는 특별한 육지가 가로놓여 있지 않기 때문에 찬 표층수가 계속적으로 순환하며 만드는 것이다. 이 흐름은 남반구의 이 지역에 우세한 편서풍에 대응하여 흐르며 이 흐름의 일부는 가지를 치면서 남극 분지에 연결된다.

해류와 기후

해류는 또한 기후에도 중요한 영향을 미치고 있다. 저위도에서 고위도로 해류가 흐를 때 이 해류는 지구상의 더운 지역으로부터 찬 지역으로 열을 이동한다. 실제로 더운 멕시코 만류의 연장인 북대서양 해류는 영국과 서부 유럽 많은 지역의 겨울철 기온을 이들과 비슷한 위도에 있는 알래스카나 래브라도 정도의 위도에서 예상되는 온도보다 훨씬 더 높게 유지시켜 준다. 이 지역에 우세한 편서풍 덕분에 조절기능은 내륙 안쪽으로도 깊숙이 전달된다. 예를 들어, 독일의 베를린(북위 52°에 위치)의 1월 평균 기온은 이보다 위도상으로 12°나 남쪽에 위치한 뉴욕의 온도와 비슷하다.

멕시코 만류와 같이 겨울에 그 영향이 주로 느껴지는 난류와는 대조적으로, 한류는 그 영향이 적도나 중위도지역의 여름에 가장 강하게 나타난다. 한류는 고위도의 추운 지역에서 시작한다. 이 해류들의 적도지역으로 이동함에 따라 인접한 대륙지역의 더운 온도를 조절해 주는 역할을 하는 경향을 보인다. 이런 예들을 서아프리카 연안을 따라 흐르는 벵겔라 해류(Benguela Current)나 남미 대륙의 서안을 따라 흐르는 페루 해류(Peruvian Current),

그리고 캘리포니아 해류(California Current) 등에서 볼 수 있다(**그림 10.2**).

인접한 대륙의 기온에 영향을 미치는 것 이외에 한류는 또 다른 방법으로도 기후에 영향을 미친다. 예를 들어, 대륙의 서쪽 해안을 따라 열대 사막이 위치하고 있는 지역에서 찬 한류는 매우 극적인 영향을 미친다. 주요한 대양 서안의 사막에 페루와 칠레의 아타카마(Atacama) 사막, 남아프리카의 나미브(Namib) 사막 등이 있다. 이 연안지역의 건조 정도는 연안의 냉수가 그 위의 대기를 식힘으로 더욱 강화된다. 이런 일이 일어나면 대기가 더욱 안정해지고 비구름을 형성하기 위해서 필요한 대기의 수직운동이 더욱 일어나기 어려워진다. 이에 더하여, 냉수의 존재로 인하여 지표면 대기의 온도가 이슬점(수증기가 액화하는 온도) 가까이 그리고 때로는 이슬점에 도달한다. 이 결과로, 이 지역은 습도가 상대적으로 높고 안개가 매우 많이 끼는 특

이런 사실을 알고 있었나요?

1768년, 미국의 우정장관이었던 벤자민 프랭클린은 난퉈켓호의 선장과 함께 처음으로 만류의 지도를 제작하였다. 그가 이 문제에 관심을 갖게 된 것은 영국에서 미국으로 오는 우편물 수송선이 되돌아 갈 때에 비해서 2주일이나 더 긴 항해시간을 필요로 한다는 것을 깨닫게 되면서부터였다.

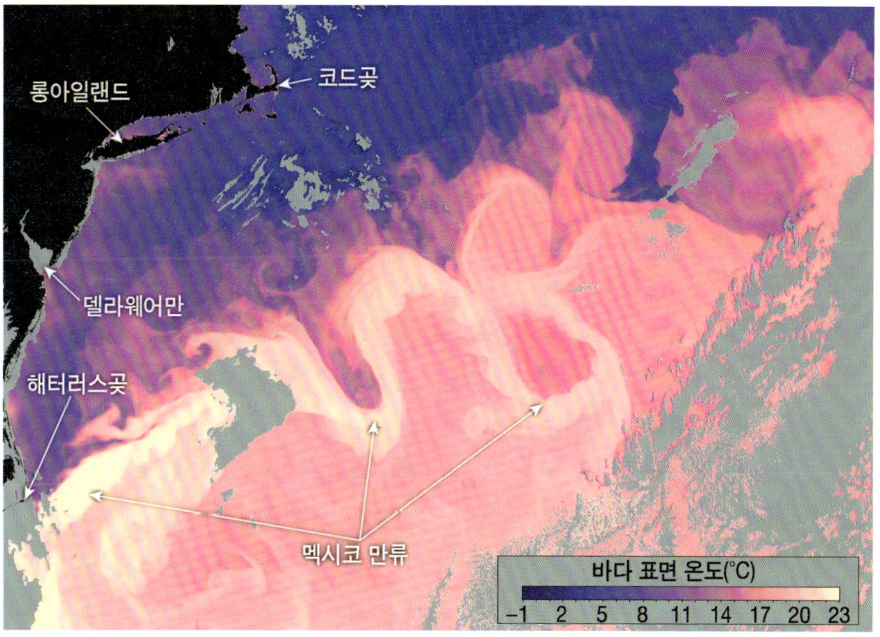

그림 10.3 2005년 4월 18일 미국 동부 해안의 표층 수온의 분포 모습을 보여주는 인공위성사진. 따뜻한 수온의 멕시코 만류(좀 더 밝은 색)가 왼쪽 아래에서 오른쪽 위 방향으로 대각선으로 발달되어 있다. 따뜻한 수온의 모습을 보여주고 있다. 만류는 플로리다주와 캐롤라이나주의 동안을 따라 북대서양의 북쪽으로 흐르고 있다. 이 해류는 저위도에서 북대서양 깊숙이 열을 수송한다. 이 인공위성사진을 보면 멕시코 만류가 흐르는 여러 곳에서 흐름이 꺾이는 사행운동을 하고 있음을 보여준다. 실제로 가장 북쪽에 위치하는 두 개는 거의 깊이 꺾어지면서 하나의 고리로 연결되어 와동을 만들고 있다. 만류의 북쪽에서 찬 해수(푸른색)가 남쪽의 더운 만류 속으로 들어오는 모습이 보인다. 회색으로 보이는 지역은 구름을 나타낸다. (사진 제공: NASA)

이런 사실을 알고 있었나요?

세계 인구의 거의 1/2 정도가 연안으로부터 약 100 km 이내에 살고 있다. 미국의 경우 연안에서 75km 이내에 사는 사람들의 비율은 2010년에 이르면 50%를 훨씬 넘을 것으로 추정된다. 연안 근처에 인구의 밀도가 이렇게 높다는 것은 수백만에 이르는 사람들이 허리케인이나 쓰나미의 위협 아래 있다는 것을 의미한다.

징을 가진다. 따라서 열대지역의 모든 사막이 뜨겁고 습도가 낮으며 맑은 하늘을 가지고 있는 것은 아니다. 오히려 냉수대의 출현으로 인하여 몇 열대 사막들은 비교적 서늘하고 때로는 안개가 덮이는 축축한 지역으로 변하게 된다.

표층 해류는 또한 지구의 열수지의 균형을 유지시키는 중요한 역할을 하고 있다. 표층 해류는 과량의 열을 받는 적도지역으로부터 열이 부족한 극지역으로 열을 수송하여 이 일을 이루어내고 있다 (**그림 10.3**). 이러한 열 수송의 약 1/4을 표층 해류가 담당하고 있으며 나머지 3/4는 대기의 운동에 의하여 이루어진다.

용승

표층 해류를 만들어내는 것 이외에도 바람은 해수의 수직(vertical) 운동을 일으킬 수도 있다. 심층의 냉수가 올라와 더운 표층수를 대체하는 **용승**(upwelling)은 바람이 만들어내는 흔한 해수의 수직운동이다. 이런 용승의 한 형태인 연안용승(coastal upwelling)은 대륙의 서쪽 연안을 따라 나타나는 특징적인 현상이며, 캘리포니아, 남아메리카 및 서아프리카의 연안에서 가장 두드러진다.

연안용승은 바람이 적도 쪽을 향하여 연안과 평행하게 부는 지역에서 일어난다. 이런 연안의 바람에 코리올리 효과가 합쳐지면서 표층수가 연안으

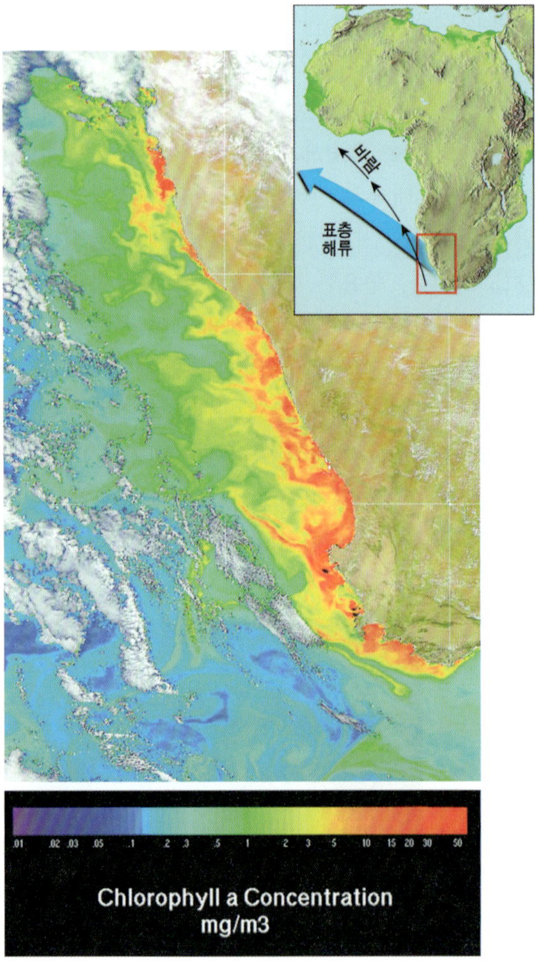

그림 10.4 연안용승은 대륙의 서쪽 해안을 따라 바람이 적도 쪽을 향하여 연안과 평행하게 부는 지역에서 일어난다. 이런 연안의 바람에 코리올리 효과(남반구에서는 왼쪽으로 휘어짐)가 합쳐지면서 표층수가 연안으로부터 멀어지는 쪽으로 움직이며 이를 대신하여 차고 영양염이 풍부한 해수가 올라온다. 시스타(SeaStar) 인공위성이 보여주는 영상은 아프리카 서남쪽 연안을 따라 클로로필의 농도가 매우 높은 것을 보여준다(2001년 2월 21). 인공위성에 탑재된 기구는 클로로필의 농도 변화가 만들어내는 해수의 색 변화를 관측한다. 클로로필의 농도가 높은 것은 광합성이 크게 일어나는 것을 암시하며 이는 연안용승에 의해 공급되는 영양염에 연계되어 있다. 적색은 고농도를, 청색은 저농도를 가리킨다. (자료 제공: SeaWiFS Project, NASA/Goddard Space Flight Center and ORBIMAGE)

로부터 멀어지는 쪽으로 움직인다. 이렇게 표층수가 연안에서 멀어짐에 따라 표층 밑에서부터 해수가 올라와("용승하여") 이를 대신하게 된다. 이렇게 50~300m 정도 깊이에서부터 서서히 표층을 향하여 올라오는 해수의 용승으로 인하여 당초의 표층수에 비하여 온도가 찬 물이 들어오며 연안에 특징적인 냉수대를 형성한다.

미국 대서양 중부 연안의 따뜻한 물에 익숙해 있던 수영객들에게 태평양 캘리포니아 연안의 차가운 물이 깜짝 놀랄 일이기도 하다. 8월 대서양의 수온이 21℃보다 더 높을 때, 태평양 캘리포니아 중부 연안의 수온은 단지 15℃밖에 되지 않는다.

용승은 질산이나 인산과 같은 영양염을 대량으로 해수 표면으로 운반한다. 이렇게 영양염이 풍부한 심층 해수의 유입은 플랑크톤의 성장을 촉진시키며, 이는 또한 광범위하게 어류가 자랄 수 있는 기반을 제공한다. **그림 10.4**는 아프리카 남서부 해안에서 연안용승에 의하여 매우 높은 생산성을 보여주고 있는 인공위성 자료이다.

2. 심층수의 순환

표층 해류가 주로 수평적으로 진행되는 운동임에 반하여 심층수의 순환은 상당한 수직운동을 포함하고 있으며 깊은 수심의 해수가 서로 완전히 섞이는 원인이 된다. 이런 형태의 해수순환은 수괴들 사이에 존재하는 밀도 차이로 인하여 밀도가 큰 해수가 표층에서 가라앉아 표층 밑에서 서서히 퍼져 나가는 운동에 해당한다. 이런 심층해류의 원인이 되는 밀도의 차이가 온도와 염분의 차이에서 기인되므로 이런 심층수의 순환을 **열염순환**〔thermohaline circulation: *thermo* = heat(열), *haline* = salt(염)〕이라고 부른다.

해수의 밀도의 증가는 온도가 내려가거나 혹은 염분이 증가하며 일어날 수 있다. 염분 변화에 의해서 일어나는 밀도 변화는 온도가 항상 낮게 유지되고 있는 고위도 지역에서 매우 중요하다.

심해수의 순환(열염순환)에 관여되어 있는 해수의 대부분은 고위도의 표층에서 시작된다. 이 지역의 해수는 해양의 표면에 있던 물이 차가워지며 또

그림 10.5 북극해에 있는 해빙. 바닷물이 결빙할 때 해염은 얼음 속에 포함되지 않는다. 이 결과, 염들이 바닷물 속에 그대로 남아 농축되면서 바닷물의 밀도를 더욱 높여 가라앉기 쉽게 만든다. (사진 제공: Wayne Lynch/DRK Photo)

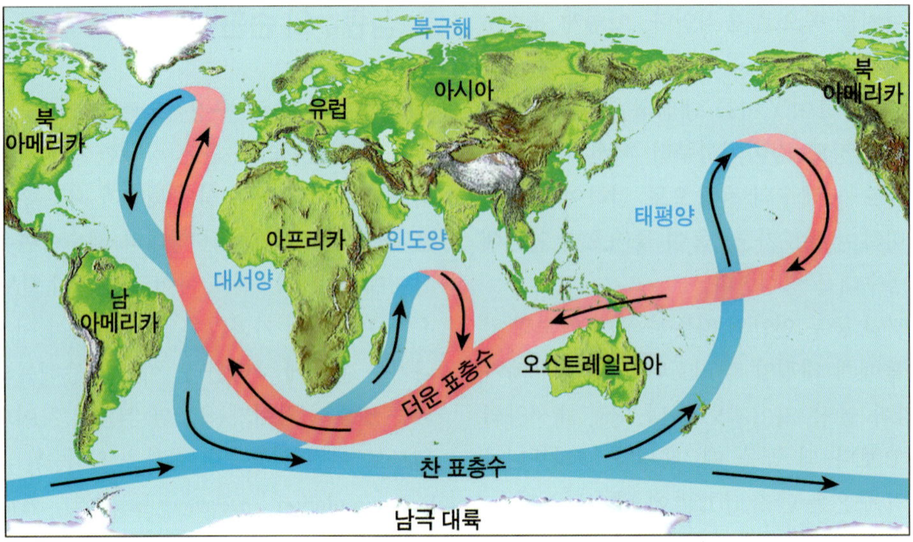

그림 10.6 대양의 대순환을 보여주는 간단한 "컨베이어벨트" 모형. 대서양상에서 북상하는 더운 표층수가 자신의 열을 대기에 전달하면서 식어 표층 아래로 침강하면서 그 순환을 시작한다. 이 무거운 심층수는 심층수의 형태로 남쪽으로 이동하여 남극 주위를 선회하고 있는 흐름과 합쳐진다. 이곳에서 심해수는 인도양과 태평양으로 퍼져나가며 서서히 표층으로 올라와 표층에 이르며 북대서양으로 흘러가 하나의 컨베이어벨트를 완성시킨다.

한 결빙(**그림 10.5**)에 의해서 염분이 더욱 증가한다. 해수가 충분히 무거워졌을 때 바닥을 향하여 침강하면서 심해수의 순환을 시작하게 된다. 일단 침강을 시작하면 이들 해수는 당초에 밀도를 증가시키던 여러 과정들에서 분리되며, 따라서 이들이 심해에 머물며 이동하는 동안 거의 변하지 않고 일정한 값을 유지하게 된다.

남극 지역에서 표층의 여러 조건들로 인해서 가장 밀도가 높은 해수들이 형성된다. 이렇게 만들어진 차고 짠 염수는 해저로 서서히 가라앉으며 해저의 평원을 통과하는 아주 느린 흐름을 시작한다. 해양의 표면에서 가라앉은 후 이 해수 덩어리(수괴)는 평균 500~2,000년이 지나도록 다시 표면에 나타나지 않는다.

심해수의 순환을 나타내는 간단한 모형은 대서양에서 시작하여 인도양과 태평양을 거쳐 다시 되돌아오는 컨베이어벨트와 아주 유사하다(**그림 10.6**). 이 간단한 모형에서 보면, 해양의 상층의 더운 해수가 극지방으로 이동하여 밀도가 무거운 해수로 바뀐 후, 찬 심층수의 형태로 다시 적도를 향하여 돌아오며, 궁극적으로는 용승하면서 하나의 완전한 회로를 완성하고 있다. 이 "컨베이어벨트"는 지구 전체를 돌 때, 더운 해수를 냉수로 바꾸면서 대기 중으로 열을 방출하기 때문에 전 지구적인 기후에 영향을 끼친다.

3. 해안선: 동적 경계면

해안선은 동적인 경계면이다. 이 지역의 지형, 지질학적 구조 그리고 기후는 지역에 따라 크게 변화한다. 대륙 및 해양의 여러 과정들이 해안을 따라 수렴하면서 만들어내는 이곳 지형은 때때로 급격한 변화를 거친다. 퇴적물들이 이곳에 와서 퇴적되면서 이 지역은 해양과 대륙환경의 점이지역이 된다.

해수의 끊임없는 특성이 가장 잘 나타나는 곳으로 공기, 대륙 그리고 바다의 동적인 경계인 해안선보다 더 분명한 곳이 없다. 이 경계면(interface)은 지구시스템의 각각 다른 구성요소들이 함께 만나는 경계이다. 이곳이 바로 연안지역으로 잘 표현될 수 있는 지역으로서, 여기에서 주기적으로 일어나는 조석의 오르내림을 관찰할 수 있으며, 또한 끊임없이 몰려와 부서지는 파도를 볼 수 있다. 때로 파도는 낮고 잔잔하다. 그러나 어떤 때는 엄청난 파괴력을 가지고 해안을 때리기도 한다.

그렇게 분명히 드러나는 것은 아니지만, 해안선이 끊임없이 파도에 의해서 변형되고 있다. 연안으로 밀려드는 쇄파(surf)는 인근 대륙을 침식시킨다. 파도작용은 퇴적물들을 해안선을 따라 이러 저리 이동시킬 뿐만 아니라 해변 쪽으로 또는 해변에서 바다 쪽으로 이동시킨다. 이러한 작용은 때로는 좁은 사주를 만들어내며 이들은 폭풍이 지나며 만들어내는 파도가 오고 갈 때마다 그 크기와 모습이 자주 변한다.

오늘날의 해안선의 특성이 단지 바다가 끊임없이 육지를 공격하면서 만들어진 결과만은 아니다. 해안은 많은 지질학적 과정들이 만들어내는 그곳 고유의 특성을 가진 복잡한 지역이다. 예를 들어, 실제로 모든 해안지역은 플라이스토세 말기 빙하가 녹으면서 이에 수반하여 일어난 전 지구적인 해수면 상승에 영향을 받았다. 바다의 경계가 육지 쪽으로 이동하면서 해안선은 강물의 침식, 빙하, 화산활동 그리고 기타 조산활동 등에 영향을 받고 있던 육지의 지형과 중첩되었다.

오늘날 해안지역은 또한 집중적으로 사람들의 활동을 경험하고 있다. 유감스럽게도 사람들은 자주 해안선이 그 위에 여러 구조물들을 안전하게 세울 수 있는 아주 안정된 기반인 것으로 여기고 있다. 이러한 태도는 필연적으로 사람들과 자연 사이에 갈등을 초래한다. 다음에 더 살펴볼 것이지만, 많은 해안의 지형, 특히 해빈과 울타리섬 등은 개발에는 적절하지 않은, 상대적으로 망가지기 쉬우며 짧은 수명을 가진 구조이다.

4. 파 또는 파랑(Waves)

GEODe EARTH SCIENCE
The Global Ocean
▼ Coastal Processes

파랑(ocean waves)이란 대기와 해양 사이의 경계를 따라 이동하는 에너지로서, 때로 수천km 멀리 떨어진 먼 바다에서 발생한 폭풍으로부터 에너지가 전달된다. 이것이 아주 바람이 잔잔한 날씨에도 바다에 표면을 가로지르며 이동하는 파도가 있는 이유이다. 파도를 볼 때마다 우리는 항상 매체(물)를 통하여 이동하는 에너지(energy)를 보고 있다는 것을 기억할 필요가 있다. 연못에 자갈을 던지거나 물장구를 칠 때, 또는 커피가 담긴 잔의 표면에 바람을 불어서 파도를 만들어낼 때 이는 바로 물에 에너지가 전달되는 것이며 관찰되는 물결은 단지 에너지가 전달되고 있다는 것을 눈으로 볼 수 있는 증거일 뿐이다.

바람이 만들어내는 파도는 해안선을 변형시키며 모양을 만들어내는 에너지의 대부분을 공급한다. 수백km나 거의 방해됨이 없이 여행을 해온 파도는 육지와 바다가 만나는 곳에서 갑자기 더 이상 앞으로의 전진이 가로막히며 이들의 모든 에너지를 흡수시킬 수밖에 없는 장애물을 만나게 된다. 다른 말로 표현하면, 해안은 실질적으로 저항 상대를 찾기 힘들었던 힘이 거의 요지부동의 상대와 부딪히는 곳이다. 이 맞대결의 결과는 결코 결말이 나지 않으며 때로는 아주 극적이다.

파의 특성

바다에 이는 대부분의 파랑은 에너지와 운동을 바

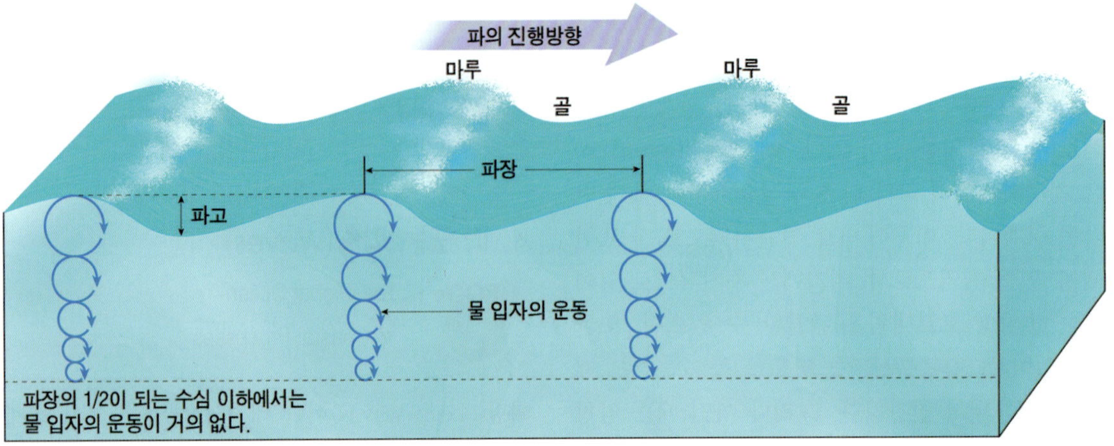

그림 10.7 파도의 주요 부분과 하나의 파도가 지나가는 동안 이에 수반된 물 입자의 운동으로 보여주는 그림. 파장의 약 1/2 깊이(점선으로 표시한 깊이)에 이르면 거의 물의 움직임은 거의 일어나지 않는다.

람에서 얻는다. 시속 3km 이하의 미풍이 잔잔한 물 위에 불기 시작하면 단지 작은 세파들만이 나타난다. 그렇지만 풍속이 점점 커지면 더욱 안정한 파도가 서서히 형성되며 바람과 함께 이동한다.

바다에서 이는 파의 특성을 **그림 10.7**에 보였는데 단순하며 끊어지지 않은 파형의 모습을 보인다. 해파의 꼭대기는 **마루**(crest)이며 **골**(trough)에 의해서 분리되어 있다. 마루와 골 사이의 중간지점이 파도가 없을 경우 가졌을 해수면의 높이가 되며, 이 높이가 **정수면**(still water level)이다. 마루와 골 사이의 수직거리를 **파고**(wave height)라고 부르며 이어지는 마루와 마루 사이의 수평거리가 **파장**(wavelength)이다. **주기**(wave period)는 어느 한 정점에서 연속으로 지나가는 두 마루 사이의 시간 간격이다.

하나의 파가 결국 갖게 되는 파고, 파장 및 주기는 (1) 풍속, (2) 바람이 분 시간, 즉 지속시간 그리고 (3) 외해를 가로질러 바람이 여행을 한 거리인 **풍역대**(fetch: 취송거리) 등 세 가지 요소에 의하여 만들어진다. 바람에서 해수로 전달된 에너지의 양이 커짐에 따라 파도의 높이와 기울기 역시 증가한다. 결국 어느 임계점에 도달하여 파도가 너무 크게 자라 깨지면 **백파**(whitecap)를 만든다.

어느 특정한 풍속에서 풍역대와 바람의 지속시간에는 최대값이 존재하며 일단 이 값이 넘더라도 파의 크기는 더 커지지 않는다. 이렇게 어느 특정한 풍속에서 풍역대와 바람의 지속시간이 최대값에 도달하였을 때 만들어지는 파랑을 다 자란(fully developed) 풍랑이라고 부른다. 파랑이 더 이상 자랄 수 없는 것은 바람으로부터 계속 받는 에너지를 백파 등이 만들어지면서 잃어버리기 때문이다.

바람이 멈추거나 방향이 바뀌면, 혹은 파도가 이들이 형성된 폭풍지역을 벗어나면 지역의 바람과는 상관없이 진행을 계속한다. 이들 파도는 또한 파고가 낮고 파장이 길며 폭풍에너지를 먼 해안에까지 전달할 수 있는 **너울**(swell)로 점진적으로 변화한다. 바다에는 같은 시간에도 서로 독립적인 많은 파도시스템이 존재할 수 있기 때문에 바다의 표면은 매우 복잡하며 불규칙적인 모습을 갖게 되며, 때로는 매우 큰 파랑을 만들어낸다. 이런 이유로, 우리들이 연안에서 보는 파도는 통상 아주 먼 곳의 태풍에서 오는 너울과 국지적 바람에 의해서 만들어진 파도가 섞여 있는 모습이다.

원형궤도의 운동

파랑은 대양을 가로지르며 먼 거리를 이동할 수 있다. 한 연구에서, 남극해 근처에서 형성된 파랑이 태평양을 완전히 가로질러 이동한 것을 추적할 수 있었다. 일주일 동안 10,000km 이상의 거리를 이동한 파랑이 마침내 알래스카의 알류산 열도의 해안에 와서 에너지를 소진하였다. 물 자체가 물론 이런 먼 거리를 이동한 것은 아니며 파형이 이동한 것이다. 파가 이동함에 물 입자는 거의 원궤도를 그리며 움직이면서 에너지를 전달한다. 이런 운동을 원형궤도운동(circular orbital motion)이라 부른다.

파에 떠 있는 물체를 관찰해 보면 위아래로 움직이는 것뿐만 아니라 매 파가 진행될 때마다 약간씩 앞뒤로 움직이는 것을 보여준다. **그림 10.8**을 보면 떠 있는 물체는 물 입자가 마루에 접근할 때 위로 상승하면서 약간 후진하다가 마루를 통과하면서 상승과 전진, 마루를 지남에 따라 하강과 전진, 그리고 골에 접근하면서는 하강과 후진, 그리고 다음 파가 진행되면서 다시 상승과 후진을 반복하는 것을 알 수 있다. **그림 10.8**에 있는 장난감 배가 파가 지날 때 움직이는 모습을 추적해 보면 배는 원운동을 하며 실제로 거의 제자리로 돌아옴을 보여준다. 원형궤도운동은 파를 통과시키는 물 입자들은 원운동을 하는 반면 파형(파의 모양)이 물을 통과하여 앞으로 나아갈 수 있도록 해준다. 밀밭 위를 통과하는 바람도 비슷한 현상을 일으킨다. 밀 자신은 밀밭을 통과하여 움직이고 있는 것이 아니지만 파는 밀밭 위를 이동해 간다.

바람에 의해서 해수에 전달되는 에너지는 바다

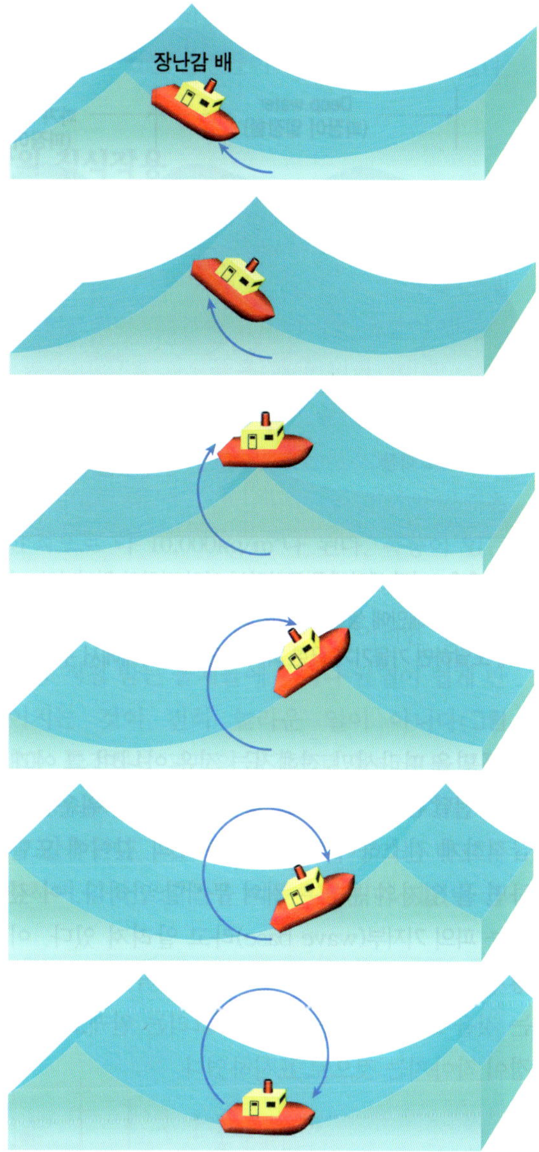

그림 10.8 파도가 지나갈 때 장난감 배와 물은 당초의 위치에서 그리 앞으로 진행하지 않음을 잘 보여준다. 이 과정에서 파도는 왼쪽에서 오른쪽으로 움직이며 배(와 배가 떠 있는 물)는 가상적인 원을 따라 회전한다.

이런 사실을 알고 있었나요?

이안류(rip current)는 기파대를 넘어 해안에 거의 수직인 방향으로 바다 쪽으로 흐르는, 폭은 좁으나 매우 강한 표층수의 흐름이다. 이 흐름은 밀려오는 파도에 의해서 해안에 쌓이게 된 해수가 다시 바다로 돌아가는 흐름이며 때로는 시속 7~8km의 속도에 이르기도 한다. 이 속도는 대부분의 사람들이 헤엄치는 속도보다 빠르므로 이안류는 때로 바다에서 수영을 하는 사람들에게 위험을 주는 요소이다.

A.

B.

그림 10.11 A. 해식작용은 기파대에서 매우 심하게 일어날 수 있다. 해안에 있는 부드럽고 둥근 돌 조각 및 자갈들은 이러한 사실을 분명히 보여주고 있다. 캘리포니아 가라파타(Garrapata) 주립공원. (사진 제공: Carr Clifton) B. 파도의 침식작용으로 만들어진 사암 절벽. 캐나다 브리티시컬럼비아(British Columbia)의 가브리올라(Gabriola)섬. (사진 제공: Fletcher and Baylis/Photo Researchers, Inc.)

열들을 더욱 크게 연장시킨다.

이러한 파도의 충격과 압력에 의한 침식에 더하여, 암석 조각들을 포함하고 있는 물의 톱질운동 및 연마작용, 즉 **해식작용**(abrasion) 역시 중요하다. 실제로, 해식작용은 어느 지역보다도 기파대에서 가장 강력하다. 해안에 있는 부드럽고 둥근 돌 조각 및 자갈들은 이러한 기파대에서 돌 조각과 돌 조각이 서로 부딪히면서 쉬지 않고 연마작용이 진행되고 있음을 분명히 보여주고 있다(**그림 10.11A**). 이런 조각들은 또한 파도가 육지를 수평적으로 깎아내는 데 "도구"로 이용된다(**그림 10.11B**). 이에 더하여 파도들은 매우 효과적으로 암석 물질들을 잘게 조각내어 해빈에 모래를 제공한다.

해빈을 따라 이동하는 모래

해빈을 때로 "모래의 강"이라고 부른다. 그 이유는 부서지는 파도로부터 오는 에너지에 의해서 때로 많은 양의 모래가 해빈 전면과 쇄파대 내의 해안선을 따라 거의 평행하게 이동하기 때문이다. 파의 에너지는 또한 해안선에 수직인 방향으로 해안 쪽이나 바다 쪽으로 모래를 이동시킨다.

해안선에 수직인 방향으로의 이동

발목이 물에 잠길 정도의 해빈가에 서 있으면 해안선을 향해서 또는 해안선에서 멀어지는 방향으로 모래가 밀려오거나 밀려나가는 것을 볼 수 있다. 이런 과정을 통하여 모래를 잃어버리는지 혹은 모래를 얻는지 하는 것은 파도의 활동 정도에 달려 있다. 파도의 활동이 비교적 가벼우면(파의 에너지가 적으면) 처오름파의 대부분이 해빈에서 흡수되며 뒷물결은 축소된다. 이 결과, 처오름파가 주류를 이루며 해빈 전면으로 모래를 이동시키는 원인이 된다.

에너지가 큰 파가 주로 작용할 때는 해빈은 이전의 파도에 의해서 이미 포화되어 버리며 이어서 오는 처오름파가 수용될 수 있는 여지가 매우 적다. 이 결과, 뒷물결이 강해지면서 모래를 바다 쪽으로 이동시킴으로 해서 해빈의 침식이 일어난다.

많은 해빈에서 여름에는 비교적 가벼운 파의 활동이 지배적이다. 따라서 넓은 모래해빈이 형성된다. 그러나 겨울이 되어 폭풍이 자주 발생하며 더욱 세력이 강해지면서 파의 활동이 더욱 강해져 해빈을 침식하면서 좁게 만든다. 수개월이나 걸려서 만들어진 넓은 해빈이 강한 겨울 폭풍이 만들어내는 강력한 에너지의 파도에 의해서 불과 수시간 만에 급격하게 줄어들 수도 있다.

파의 굴절 파가 휘는 것, 즉 **파의 굴절**(wave refraction)은 해안선에서 일어나는 과정 중에서 중요한 부분을 차지하고 있다. 이는 해안선을 따라 일어나는 에너지의 분배에 영향을 미치며, 따라서 침식작용, 퇴적물의 이동, 퇴적작용이 어느 곳에서 어느 정도로 일어나는지를 결정하는 데 매우 크게 영향을 준다.

파도가 해안에 정면으로 접근하는 경우는 거의 없다. 오히려 대부분의 파도는 해안과 각을 이루며 이동해 온다. 그런데 이런 파도가 바닥의 경사가 완만한 얕은 물에 도달하면 방향이 휘어져 해안에 평행하게 되려는 경향을 가진다. 이러한 휨이 일어나는 이유는 반대편의, 아직 수심이 깊은 곳에 있는 파도는 제 속도로 계속 전진을 하는 반면, 해안에 가장 가까운 위치에 있는 파는 바닥에 먼저 닿은 후 속도가 느려지기 때문이다. 이런 결과로, 파도의 전면은 이들이 애초 왔던 방향과는 전혀 상관없이 해안과 거의 평행을 이루며 접근하게 된다.

파의 굴절 때문에 파도의 공격은 만곡부 내에서는 매우 약화되어 있는 반면, 파도의 충격은 바다 밖으로 튀어나온 돌출부(headland)의 전면과 측면에 강하게 집중되어 있다. 이렇게 고르지 않은 해안선을 따라 차이를 보이며 공격하는 파도의 모습을 **그림 10.12**에 도시하였다. 파도는 인접한 만곡부보다는 돌출부의 전면의 얕은 바다에 더 빨리 도달하기 때문에 이곳에서 더욱 휘어져 돌출부와 거의 평행을 이루며 삼면 모든 방향에서 돌출부를 공격한다. 이와는 대조적으로, 만 내부에서 일어나는 파의 굴절은 파를 분산시켜 에너지의 소비를 줄인다. 이렇게 파도의 작용이 약화된 지역에는 퇴적물이 축적되면서 조용한 모래의 해빈이 만들어진다.

그림 10.12 파가 불규칙한 해안선을 따라 반사하는 모습. 파가 일차적으로 돌출부 전면의 얕은 바닥에 닿으면서 느려지고 이로 인하여 파가 굴절하여 해안선에 평행한 방향을 가진다. 이로 인하여 파의 에너지가 돌출부에 집중되며(결과로 침식작용이 일어남) 만곡부 내에서는 분산되어 버린다(결과로 퇴적작용이 일어남). (사진 제공: James E. Patterson)

오랜 기간 동안 돌출부의 침식작용과 만곡부 내의 퇴적작용이 지속되면서 울퉁불퉁한 해안선의 직선화가 이루어진다.

연안수송(longshore transport) 파가 굴절하기는 하지만 대부분은 여전히 해안에 약간의 각을 이루며 도달한다. 이런 결과로, 밀려 올라오는 쇄파(처오름파) 하나하나가 정면이 아니라 약간의 각을 이룬다. 그렇지만 뒷물결은 해빈의 경사를 따라 똑바로 흘러 내려간다. 이러한 형태의 해수의 움직임은 퇴적물이 해빈을 따라 지그재그의 형태로 수송되는 효과를 낸다(**그림 10.13**). **연안표이**(beach drift)로 불리는 이러한 움직임을 통하여 모래나 자갈은 하루에 수백 심지어는 수천m까지 이동할 수 있다. 그렇지만 통상 관측되는 속도는 하루에 5~10m 정도이다.

각을 지어 접근하는 파도는 또한 기파대에 해안에 평행하게 흐르는 해류를 만들어 연안표이에서 보다 상당히 많은 양의 모래를 이동시킬 수 있다(**그림 10.13**). 이곳에서 해수는 소용돌이를 이루므로 이 **연안류**(longshore current)는 쉽게 미세한 부유 입자들을 이동시키며 또한 바닥을 따라 좀 더 큰 모래나 자갈을 굴러갈 수 있게 한다. 이렇게 연안류에 의해서 이동되는 퇴적물의 양을 연안표이에 의해서 이동되는 퇴적물의 양과 합치면 그 양이 매우 커질 수도 있다. 예를 들어, 뉴저지주 샌디훅(Sandy Hook)에서 해안을 따라 이동하는 양은 48년간의 평균을 내었을 때 거의 연평균 68만 톤에 이르렀다. 캘리포니아의 옥스나드(Oxnard)에서 지난 10년의 결과를 보면, 매년 해안을 따라 140만 톤의 퇴적물이 이동하고 있다.

강이나 연안지역은 모두 물과 퇴적물을 한곳(상류)에서 다른 곳(하류)으로 이동시킨다. 이런 때문에 해빈은 때로 "모래의 강"으로 특징지어진다. 그런데 강물은 대부분 와류의 형태로 움직이지만 이에 반하여 연안표이와 연안류는 지그재그 형태로 움직인다. 이에 더하여, 강물의 흐름은 그 방향이 하구를 향하여 일정하게 흐르지만 연안류의 방향은 해안선을 따라 그 방향이 바뀔 수도 있다. 연안류의 방향이 바뀌게 되는 것은 계절에 따라 파가 해빈에 접근하는 방향이 달라지기 때문이다. 그럼에도 불구하고 일반적으로 미국의 대서양 및 태평

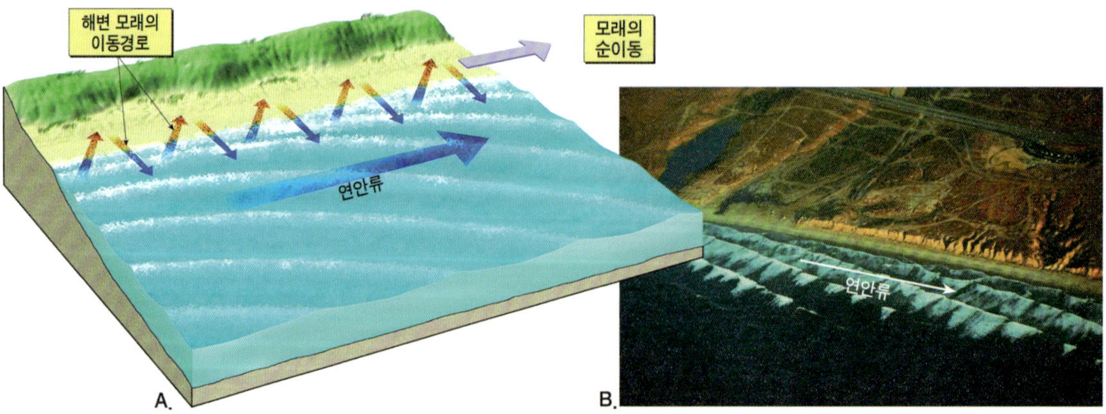

그림 10.13 A. 연안표이와 연안류는 각을 이루며 접근하는 쇄파에 의해서 만들어진다. 밀려 올라오는 쇄파(처오름파)는 약간의 각을 이루며 모래를 이동해 오지만 뒷물결은 해빈의 경사를 따라 똑바로 흐르면서 이들을 이동하므로 연안표이가 만들어진다. 이와 유사한 이동 형태가 기파대에서도 일어나면서 연안류를 만들어낸다. 이런 과정들은 해빈을 따라 그리고 쇄파대 내에서 매우 많은 양의 물질들을 이동시킨다. B. 캘리포니아 오션사이드(Oceanside) 근처에서 파가 해빈에 각을 이루며 들어오면서 왼쪽에서 오른쪽으로 연안류를 만들어내는 모습. (사진 제공: John S. Shelton)

양 연안에서 보면 연안류는 통상 남쪽방향으로 흐른다.

6. 해안선의 지형들

GEODe EARTH SCIENCE The Global Ocean
▼ Coastal Processes

세계의 연안을 살피면 매우 놀라운 다양한 모습의 해안선 지형이 관찰된다. 이러한 해안선 지형의 특징은 해안을 이루는 암석, 해류, 파도의 강도, 연안이 안정한지, 침수하는지 또는 융기하는지 등 여러 조건에 따라 달라진다. 이중 침식이 중요한 원인이 되어 만들어지는 지형을 **침식지형**(erosional features)이라 부르며, 퇴적물이 퇴적되면서는 **퇴적지형**(depositional features)을 만들어낸다.

침식지형

많은 연안의 지세는 침식작용으로 이루어진다. 이런 침식지형을 뉴잉글랜드의 거칠고 고르지 않은 해안 또는 미국 태평양 쪽의 가파른 해안선을 따라서 쉽게 관찰할 수 있다.

파식절벽, 파식대지 및 하안단구 **파식절벽**(wave-cut cliff)은 그 이름이 말해 주듯이, 연안의 육지 기반암을 쇄파가 끊임없이 깎아내면서 만들어낸 것이다. 침식이 진행됨에 따라 절벽의 아랫부분이 파이고 그 위에 걸쳐 있는 암석이 무너져 내리면서 절벽이 후진한다. 후진하는 파식절벽 자리에는 비교적 편편한, 계단 모양의 지표면인 **파식대지**(wave-cut platform)가 남는다(**그림 10.14**, 왼쪽). 이런 파식대지는 파도의 공격이 계속되면서 점점 더 넓어진다. 부서지는 파도에 의해서 만들어지는 부스러기들의 일부는 물가에 해빈의 일부를 이루며 남아 있지만 나머지는 바다로 쓸려가 버린다. 만약 이렇게 파에 의해서 깎인 파식대지가 지구조작용으로 해수면 위로 융기하면 이들은 **하안단구**(marine terrace)가 된다(**그림 10.14**, 오른쪽). 하안단구는 바다 쪽을 향하여 완만하게 기울어진 모습으로 쉽게 확인되며

그림 10.14 파식절벽과 하안단구. 캘리포니아 샌프란시스코 근처의 볼리나스 포인트(Bolinas Point) 연안을 따라 저조시 융기된 파식대지의 모습이 드러나 보인다. 오른쪽으로는 이런 파식대지가 융기하면서 해안단구를 만들어낸 모습이 보인다. (사진 제공: John S. Shelton)

이런 사실을 알고 있었나요?

암석이 아니라 아직 채 굳지 않은 물질들로 주로 이루어진 해안선을 따라서 쇄파에 의해 침식되는 속도는 엄청나게 빠를 수 있다. 영국의 일부 해안에서는 모래, 자갈 그리고 점토로 이루어진 빙하 퇴적물을 파도가 쉽게 침식시켜 로마시대(약 2000년 전)에 비하여 3~5km나 연안을 침식해 들어가면서 많은 마을과 고대 유적지를 쓸어내버렸다.

흔히 바람직한 연안 개발 장소가 된다.

바다아치와 바다기둥 바다로 튀어나와 있는 돌출부는 파도의 굴절작용에 의하여 극심한 타격을 받는다. 쇄파는 암석을 선택적으로 침식시켜 더 연약하거나 또는 더 금이 많이 나 있는 암석들을 빠른 속도로 깎아낸다. 처음에는 바다동굴들이 만들어 질 수 있다. 만약 돌출부의 반대편에서 만들어지던 동굴이 하나로 합쳐지면 **바다아치**(sea arch)가 된다(**그림 10.15**). 궁극적으로 바다아치가 무너져 내리면 파식대지 위에는 **바다기둥**(sea stack)들만이 홀로 남게 된다(**그림 10.15**). 시간이 지나면서 이들도 파도의 작용으로 서서히 사라져버린다.

퇴적지형

해빈에서 침식된 퇴적물들은 연안을 따라 이동하여 에너지가 낮은 지역에 쌓이게 된다. 이런 과정을 통하여 여러 모양의 퇴적지형이 만들어진다.

모래톱, 사주 및 육계사주 연안표이와 연안류가 활발한 지역에서는 퇴적물의 이동과 관련되어 있는 몇 가지 지형들이 해변을 따라 형성될 수 있다. **모래톱**(spit)은 육지에서 시작하여 인접한 만의 입구 쪽으로 뻗어가며 발달되는 길쭉한 모래언덕이다. 종종 만으로 나온 끝부분은 주된 연안류의 방향에 대응하여 육지 쪽으로 구부러진 형태를 만든다(**그림 10.16A**). **만입구사주**(baymouth bar)는 만을 완전히 가로지르며 외해로부터 만을 차단하는 사주를 가리키는 용어이다(**그림 10.16B**). 이런 사주는 통상 해류가 약할 때 만을 가로지르면서 만들어지며, 반대쪽으로는 모래톱을 만들어내는 경향을 보인다. 바다섬을 또 다른 바다섬 또는 육지와 연결시키는 모래언덕인 **육계사주**(tombolo)는 모래톱이 만들어지는 과정과 거의 비슷한 방식으로 형성된다.

울타리섬 대서양과 멕시코만 연안의 평야는 비교

그림 10.15 멕시코 바하(Baja) 반도의 바다아치와 바다기둥. (사진 제공: Mark A. Johnson/CORBIS/Stock Market)

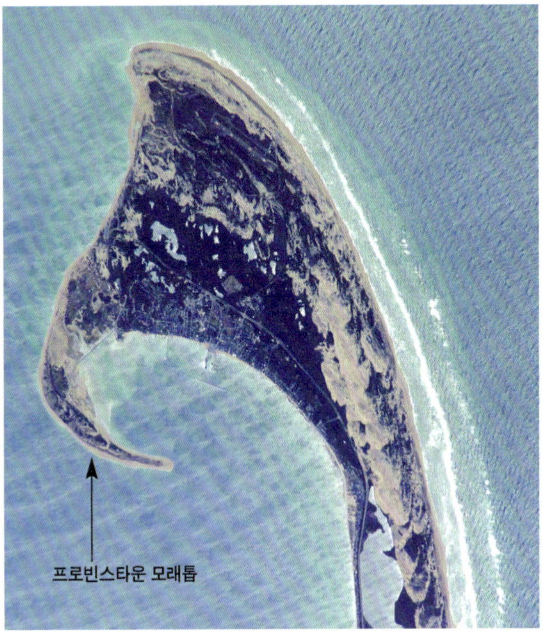

A.

B.

그림 10.16 A. 국제우주정거장에서 찍은 이 사진은 코드곶의 끝에 발달되어 있는 프로빈스타운(Provincetown) 모래톱의 모습을 보여주고 있다. (사진 제공: NASA) B. 매사추세츠 마사 바인야드(Martha's Vineyard) 연안을 따라 잘 발달되어 있는 모래톱과 만입구사주의 모습. 만입구사주를 관통하는 수로 주변 석호에 조석작용에 의한 델타가 발달되어 있는 모습이 보인다. (사진 제공: USDA–ASCS)

적 평탄하며 바다 쪽으로 그 경사가 아주 완만하다. 이 해안지대를 특징짓는 지형으로 **울타리섬**(barrier island)이 있다. 이런 낮은 모래언덕은 해안에서 3~30km 정도 떨어진 거리에서 해안에 평행하게 형성되어 있다. 매사추세츠의 코드곶에서 시작하여 텍사스의 파드리(Padre)섬에 이르기까지 거의 300개에 이르는 울타리섬들이 연안을 두르고 있다(**그림 10.17**)

대부분의 울타리섬은 폭 1~5km에 길이는 15~30km 정도이다. 가장 높은 지형은 모래언덕으로, 높이가 5~10m 정도에 이른다. 이러한 좁은 모래섬들과 해안을 갈라놓는 석호(lagoon)는 비교적 조용한 해역으로, 작은 배들이 북대서양의 거친 물길을 피하여 뉴욕과 플로리다를 여행하는 길 역할을 한다.

울타리섬들은 여러 경로를 통하여 만들어질 수 있다. 어떤 것들은 처음에는 모래톱이었지만 나중에 파도의 침식작용이나 지난 빙하기 이후 해수면 상승으로 육지로부터 끊어지면서 만들어진 것이다. 어떤 것들은 파도가 부서지는 지역의 요동치는 해수가 바닥을 깎아내면서 나온 모래가 쌓이면서 만들어지기도 한다. 마지막으로, 일부의 울타리섬들은 지난 빙하기 시절 해수면이 낮았을 때에는 해안을 따라 발달되었던 모래언덕으로 생각된다. 빙하가 녹으면서 해수면이 상승하고 이 지역이 침수되면서, 그 뒤로 다양한 해빈의 모래언덕을 남기게 되었다.

진화하는 해안

해안선은 당초 어떤 모습이었는가에 상관없이 계속적으로 변화가 진행되고 있다. 대부분의 해안선

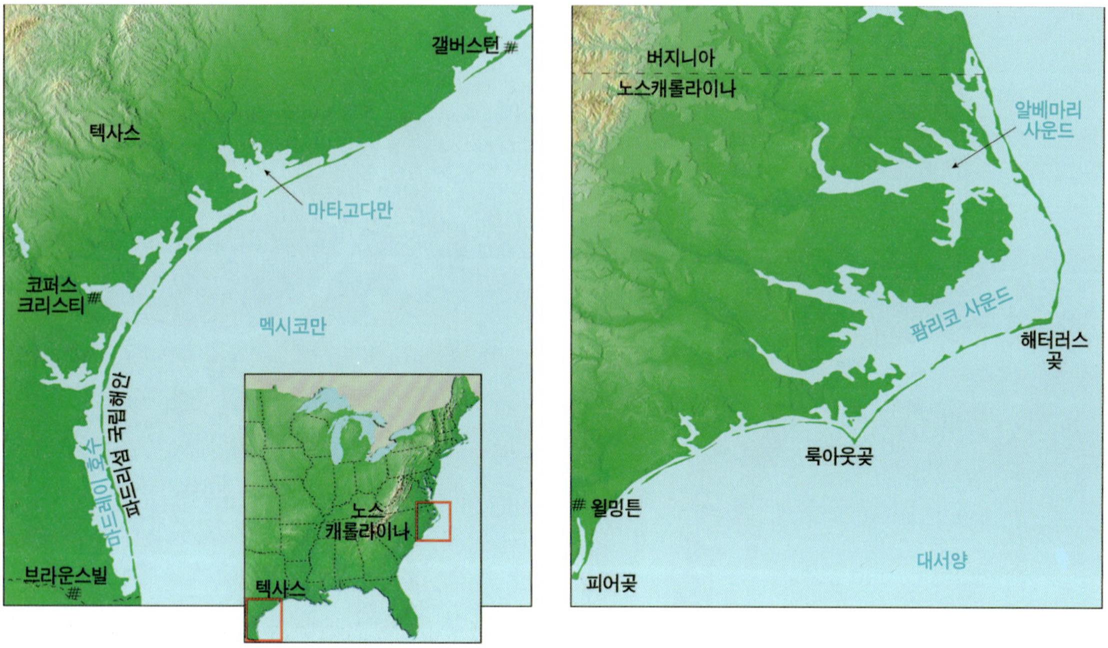

그림 10.17 걸프만과 대서양 연안을 따라 거의 300개에 이르는 울타리섬이 발달되어 있다. 텍사스주 남부 해안이나 노스캐롤라이나주 북부 연안은 아주 멋있는 예를 제공한다.

은 물론 그 정도나 그렇게 된 원인이 지역에 따라 상당한 차이가 있을 수는 있지만 처음에는 불규칙적으로 울퉁불퉁하다. 다양한 지질조건을 가진 해안선을 따라 파도는 연약한 암석을 단단한 암석에 비하여 더욱 쉽게 침식시키기 때문에 사정없이 내리치는 쇄파는 처음에는 해안선의 불규칙한 모습을 더욱 심화시킬 것이다. 그렇지만 해안선이 안정하게 남아 있을 수 있으면 바다의 침식과 퇴적작용이 궁극적으로 일직선상의 더욱 규칙적인 연안을 만들게 된다.

그림 10.18은 당초 불규칙적이었던 해안선이 진화하여 앞서 토의한 비교적 안정한, 많은 연안구조를 만들어가는 과정을 설명해 주고 있다. 파도가 돌출부를 침식해 나가면서 바다절벽과 파식대지를 만들며, 퇴적물이 연안표이와 연안류에 의해서 해안을 따라 이동된다. 일부의 물질은 만 내부에 퇴적되며, 다른 일부는 모래톱이나 만입구사주를 만든다. 이와 동시에 강은 만을 퇴적물로 채워나간다. 이런 결과로, 궁극적으로는 보다 일직선으로 된 자연스러운 연안이 만들어진다.

7. 해안선의 안정화

The Global Ocean
▼ Coastal Processes

연안은 오늘날 사람들의 활동이 활발한 지역이다. 불행하게도 사람들은 해안선을 매우 안정하여 그 위에 여러 구조물들을 안전하게 지을 수 있을 것처럼 여긴다. 이런 접근방법은 사람들과 해안선 모두에 위험을 안겨주는데 이는 많은 해안의 지질구조들이 상대적으로 파괴되기 쉬우며 개발에 의해 쉽게 피해를 입을 수 있는 불안정한 구조이기 때문이다. 매우 강한 연안 폭풍을 견뎌냈던 사람들은 알

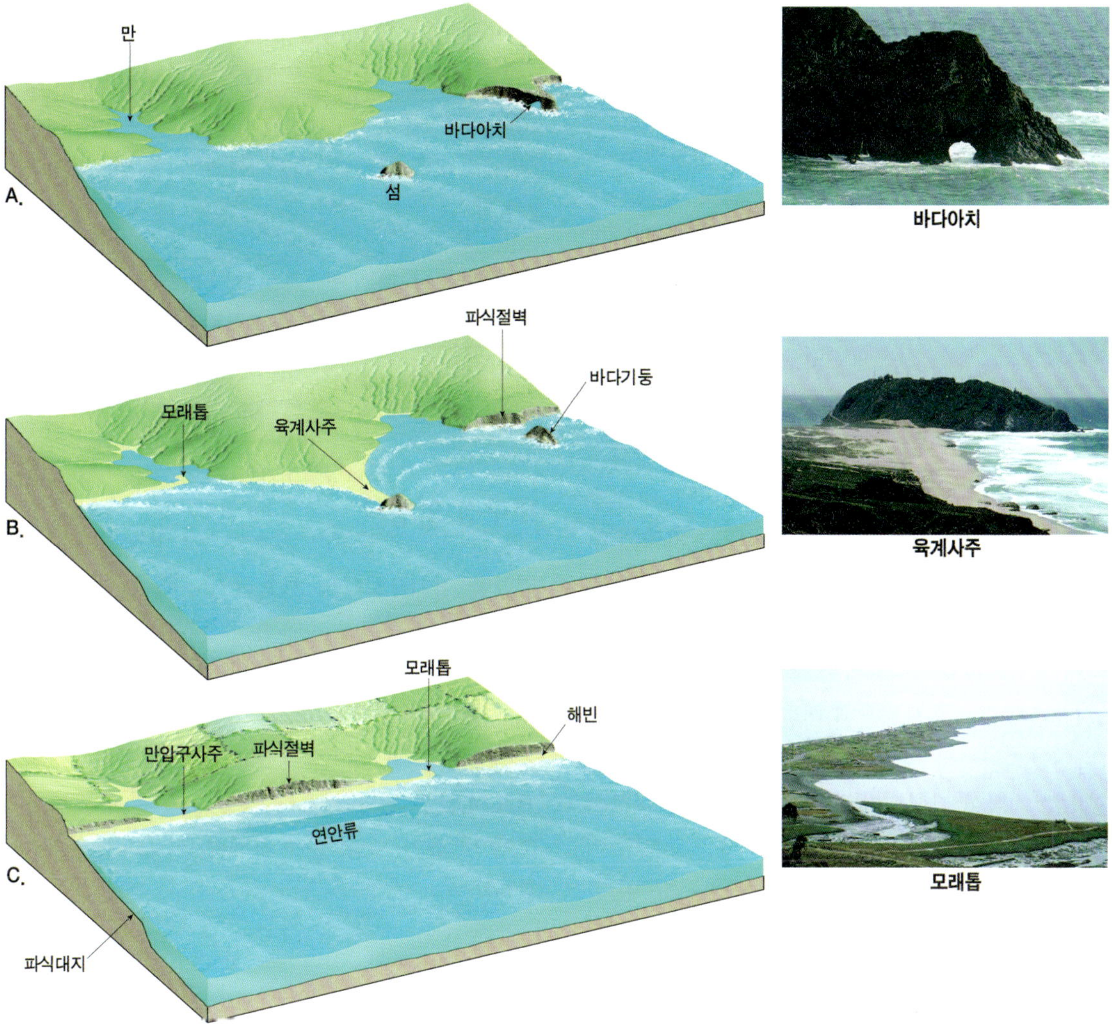

그림 10.18 초기에는 비교적 안정하지만 불규칙적인 형태를 가진 해안선이 시간이 경과하면서 겪게 되는 변화를 보여주는 그림. A에 보인 해안선이 점차적으로 B를 거쳐 C로 진화해 간다. 이 그림은 또한 본문에서 설명한 여러 해안선의 지형을 보여주고 있다. (사진 제공: E. J. Tarbuck)

고 있는 대로 해안선이 결코 살기에 항상 안전한 시역은 아니다(**그림 10.19**).

연안 침식작용은 지진, 화산 폭발 또는 산사태와 같은 다른 자연재해와 비교해 볼 때 비교적 제한된 지역에 그리 크지 않은 피해를 주는 연속적이며 예측 가능한 과정인 것처럼 여겨진다. 그러나 실제에 있어서는, 해안선은 매우 동적인 지역으로 그 변화가 자연의 힘에 반응하여 매우 빠르게 일어날 수도 있다. 예를 들면, 예외적으로 엄청난 규모의 폭풍이 지나가면서 평균적으로 진행되는 속도를 훨씬 능가하여 해빈이나 바다절벽을 침식시킬 수도 있다. 이와 같은 가속화된 폭발적 침식작용은 연안의 자연적인 진화과정에 중요한 영향을 미칠 뿐만 아니라 이런 연안지역에 살고 있는 사람들에게도 말할 수 없는 심각한 영향을 끼친다. 이들 연안을 따라 진행되는 침식은 중대한 재산 피해를 야기한다.

매년 엄청난 금액이 피해를 복구하는 데뿐 아니라 침식을 조절하는 데 소요된다. 이미 여러 곳에서 문제가 되어 있으며, 더욱 광범한 연안 개발이 진행되면서 해안선의 침식과정은 더욱 심각해질 것이 확실하다.

이런 변화의 원인이 되는 과정들이 어떤 해안에서나 같기는 하지만, 그렇다고 해서 모든 해안이 같은 방식으로 이에 대응하는 것은 아니다. 이들 다양한 과정들 사이의 상호작용과 각 과정의 상대적 중요성은 국지적인 요인들에 따라 달라진다. 이들 요인을 살펴보면, (1) 퇴적물을 많이 포함하고 있는 강과 연안 사이의 근접도, (2) 지구조적 작용의 활발성, (3) 육상의 지형과 조성, (4) 지역에 우세한 바람과 기후 패턴, (5) 해안선과 연안지역의 배치형태 등이 포함된다.

지난 100여 년 동안 삶이 풍요로워지면서 끊임없이 늘어나는 휴식공간에 대한 수요로 인하여 많은 연안지역에서 과거에 그 예를 찾아볼 수 없을 정도로 개발이 진행되어 왔다. 건물의 수는 물론이고 가치 또한 급격히 늘어났으며, 폭풍으로부터 이들 재산을 보호하려는 노력 또한 증가하고 있다. 또한 많은 연안지역에서 모래의 자연적인 이동을 조절해 보려고 사력을 다하고 있다.

이런 사실을 알고 있었나요?

해파는 언젠가는 전기를 만드는 중요한 공급원이 될 것이다. 2000년 11월 세계에서 처음으로 상업적인 발전소가 스코틀랜드 해안에서 문을 열었다. 500kw의 발전소는 들어오는 파도가 부분적으로 물에 잠겨 있는 통 속의 공기를 밀어 올렸다 내리는 기술을 이용하고 있다. 통의 윗부분으로 밀려 들어갔다가 다시 빠져나오는 공기가 터빈을 돌리는 데 이용된다.

내구성 안정화

연안을 침식으로부터 보호하거나 혹은 해빈을 따라 모래가 이동하는 것을 방지하기 위하여 고정 구조물을 세우는 것은 **내구성 안정화 방법**(hard stabilization)으로 알려져 있다. 이 방법에는 여러 방편들이 있는데 때로는 예측할 수 있기는 하지만 전혀 원하지 않은 결과를 초래할 수도 있다. 방사제, 방파제 및 해안 제방 등이 내구성 안정화 방법에 속한다.

그림 10.19 강력한 폭풍에 의해 침식이 일어나면서 개발을 포기할 수밖에 없게 된 뉴욕 롱아일랜드(Long Island)의 해안선 지역은 자연의 강력한 힘에 의해 급격한 변화를 겪을 수 있는 동적인 지역이다. (사진 제공: Mark/Wexler/Woodfin Camp & Associates)

방사제 모래의 유실이 일어나는 해빈을 유지하거나 또는 더 넓히기 위해서 방사제가 때로 건설된다. **방사제**(groin)는 해안을 따라 평행하게 이동하는 모래를 해빈에 가두어두기 위하여 해빈에 직각이 되도록 설치한 장벽이다. 방사제는 통상 큰 돌덩이로 구축되지만 나무를 이용하여 만들기도 한다. 이 구조물들은 종종 그들의 임무를 매우 효과적으로 수행하여 방사제를 넘어간 연안류는 거의 모래를 포함하고 있지 않다. 이 결과로, 방사제에서 연안류가 흘러가는 쪽의 해빈에서는 연안류에 의한 모래의 침식작용이 일어난다.

이러한 효과를 상쇄하기 위하여 방사제 하류 쪽에 재산을 소유하고 있는 사람들은 그들 소유지 내에 또 다른 방사제를 세운다. 이런 식으로 해서 방사제의 숫자가 급증하여 방사제 필드(groin field)를 만든다(**그림 10.20**). 이런 예를 뉴저지주에서 볼 수 있는데, 해안선을 따라 수백 개의 방사제가 세워져 있다. 이와 같이 방사제는 종종 만족할 만한 해를 제공하지 않기 때문에 더 이상 해빈침식을 막는 바람직한 방법으로 여겨지지 않는다.

방파제와 해안 제방 내구성 안정화 구조물이 해안선에 평행한 방향으로 건설될 수도 있다. 이런 구조의 하나가 바로 **방파제**(breakwater)로서, 연안 근처에 잔잔한 해역을 만들어 거대한 쇄파의 힘으로부터 배들을 보호하기 위해서 계획된 것이다. 그렇지만 이렇게 함으로써 구조물 밖의 연안을 따라 파도의 활동이 줄어들면서 모래가 퇴적할 수 있다. 이런 일이 일어나면 배가 닻을 내리는 해역이 결국 모래로 차게 되며 하류의 해빈은 침식작용이 일어나면서 육지 쪽으로 물러나게 된다. 캘리포니아 산타모니카(Santa Monica)에서는 방파제가 이런 문제를 야기하기 때문에 시에서는 보호된 잔잔한 해역에서 계속 모래를 준설하여 더 먼 하류 쪽의, 연안류가 모래를 더욱 아래로 이동시키고 있는 해역에 쌓아주고 있다(**그림 10.21**).

해안에 평행하게 건설하는 또 하나의 내구성 안정화 구조물에 **해안 제방**(seawall)이 있으며 이는 부서지는 파도의 힘으로부터 재산을 보호하고 해변을 무장시키기 위하여 건설된다(369쪽 **그림 10.10** 참조). 파도는 그들이 가진 에너지를 해빈을 따라 모래 위를 이동해 가면서 소진한다. 해안 제방은 파도가 가지고 있는 아직 채 소진되지 않은 에너지를 다시 바다 쪽으로 반사시키면서 이런 과정을 단축시킨다. 이 결과로, 해안 제방에서 바다 쪽으로의 해빈은 심각한 침식을 받게 되며, 어떤 때에는

그림 10.20 영국 서섹스(Sussex)주 치체스터(Chichester) 부근의 해안선을 따라 세워진 일련의 방사제들. 방사제는 상류해역에 모래를 잡아두기 때문에 연안을 따라 모래의 이동을 야기하는 연안류는 오른쪽 아래에서 왼쪽 위의 방향으로 흐르는 것임이 분명하다. (사진 제공: Sandy Stockwell/London Aerial Photo Library/CORBIS)

모래가 하나도 남아 있지 않은 경우도 발생한다. 일단 해빈의 폭이 줄어들면 해안 제방은 더욱 강력한 파도의 공격에 노출된다. 결국 이러한 강력한 파도의 타격으로 인하여 해안 제방은 무너져버리며, 이를 대신하여 더욱 크고 값비싼 제방이 건설되어야 한다.

해안선을 따라 일시적인 보호용 구조물들을 설치하는 방안에 대하여 점점 의문이 제기되고 있다. 연안 연구에 종사하는 많은 과학자들의 심정이 "미국의 사라지는 해안선"에 관한 한 학술회의에 발표된 논문에서 발췌한 아래의 요약문에 잘 표현되어 있다.

> 보호용 구조물들을 건설하여 후퇴하는 해안선을 막으려는 방편이 단지 소수에만 기여하며 다수에게 더욱 의미를 가지는 자연 상태의 해빈과 그 가치를 퇴화시키며 망가트린다는 것이 이제는 분명하다. 보호 구조물로 인하여 해양의 에너지가 일시적으로는 개인의 재산으로부터 분산되지만 통상 이들은 인접한 자연 해빈들로 다시 모이게 된다. 이로 인하여 연안류 내의 모래의 이동이 교란되며 많은 해빈으로부터 요긴한 모래 공급원을 빼앗아버린다.*

그림 10.21 캘리포니아 산타모니카의 방파제를 보여주는 항공사진. 방파제는 많은 배들이 닻을 내리고 있는 해역의 뒤쪽에 흐린 선으로 나타나 있다. 방파제의 건설은 연안류의 모래 이동을 교란시켜 바다 쪽으로 해빈을 확장시키는 원인이 되었다. (사진 제공: John S. Shelton)

내구성 안정화 방안의 대안들

연안을 내구성 안정화 구조물을 건설하여 보호하는 방법은 잠재적으로 여러 제한점들을 가지고 있는데, 예를 들면 구조물 건설의 비용, 해변에서의 모래의 손실 등을 들 수 있다. 이런 내구성 안정화 방안의 대안으로 제시된 것으로는 모래 보충과 재배치 방안이 있다.

모래 보충 **모래 보충**(beach nourishment)은 내구성 구조물을 구축하지 않으면서도 해안선의 모래를 보호하는 하나의 방법이다. 그 이름이 암시하는 대로 이 방편은 단순히 해빈시스템에 많은 양의 모래를 외부로부터 계속 가져와 보충하는 것이다(**그림 10.22**). 바다 쪽으로 해빈을 넓힘으로 해서 해빈의 질이나 폭풍으로부터의 보호가 크게 개선된다. 그렇지만 모래 보충이 줄어드는 해빈의 문제를 완전히 해결할 수 있는 해답은 아니다. 당초에 모래를 제거하는 바로 그 같은 과정이 결국 가져온 모래마저 제거할 것이기 때문이다. 이에 더하여, 모래 보충은 매우 비싼 방편이다. 엄청난 양의 모래를 앞바다나 근처의 강 또는 다른 공급원으로부터 이곳 해빈까지 운반해 와야 하기 때문이다. 저명한 연안과학자 오린 필케이(Orrin Pilkey)는 이 상황을 이렇게 기술하였다.

> 모래 보충 방안은 대륙의 동서 양안 모든 해안에서 수행되어 왔지만 가장 엄청난 비용과 모래가 동원된 것은 뉴욕 롱아일랜드 남쪽 해안과

* "해빈 보호 정책의 전략(Strategy for Beach Preservation Proposed)" *Geotimes*, 30(12) (December 1985): 15.

A.

B.

그림 10.22 마이애미(Miami) 해변. A. 모래 보충 이전. B. 모래 보충 이후. (사진 제공: U.S. Army Corps of Engineers, Vicksburg District)

> 플로리다 남부 사이의 동부 연안의 울타리섬을 따라서 이루어져 온 것이다. 이 해안선을 따라 지역주민들은 195곳의 해빈에 680번에 걸쳐 총 5억 톤의 모래를 보충하였다. 몇 해빈에서는 …… 1965년 이래 20번 이상 모래를 보충하였다. 버지니아 해변은 50번 이상 모래 보충이 시행되었다. 모래 보충을 시행하면서 해빈 1.6km 당 보통 200만 달러에서 1,000만 달러의 경비가 소요되었다.*

어떤 경우에는 모래 보충이 전혀 원하지 않는 환경 문제로 이어지기도 한다. 예를 들어 하와이 와이키키(Waikiki) 해변에서의 모래 보충 과정에서 거친 석회질의 모래가 좀 더 부드러운, 진흙질의 석회질 모래로 바뀌었다. 해빈의 이런 부드러운 모래가 부서지는 파도에 씻겨나가 물이 더욱 탁해지면서 앞바다의 산호초를 망가뜨렸다. 마이애미 해변에서도 혼탁도가 증가하면서 그 지역의 산호 무리들에 피해를 입혔다.

* "Beaches Awash with Politics," *Geotimes*, July 2005, pp. 38–39

모래 보충은 개발이 집중되어 있으며, 충분한 모래의 공급이 가능하고, 파도의 에너지가 비교적 크지 않으며 또한 환경 문제가 크게 대두되지 않는 지역에서는 경제적으로 실용성이 있는 장기적 해빈 보호의 방법으로 보인다. 유감스러운 것은 이런 조건을 모두 갖춘 지역이 거의 없다는 것이다.

재배치 해안선 침식문제에 대하여 해안선을 그 자리에 유지시키기 위하여 방사제나 해안 제방과 같은 구조물을 설치하거나 침식되는 해빈을 보강하기 위하여 모래를 계속 더해 주는 방안 이외에 또 다른 방안이 가능할 수 있다. 많은 연안 과학자들과 도시 계획자들은 위험도가 높은 지역에서 해빈과 연안의 건물을 보호하고 다시 세우려는 방향에서 폭풍으로 망가졌거나 위험에 처한 건물을 재배치(relocating)하고 자연이 스스로 해빈을 다시 만들어가도록 하는 방식으로 정책 변화가 있어야 한다고 주장하고 있다. 이런 접근 방법은 1993년 미시시피강에서 발생한 파괴적인 대홍수 이후 강 유역의 범람원에 대하여 연방정부가 취한 방법과 유사한데, 저지대의 취약한 구조물들을 포기하고 더 높고 안전한 지역에 새로운 정착을 한 것이다.

물론 이러한 생각은 많은 논쟁을 일으킬 수 있다. 해안선에 상당한 투자를 한 사람들은 바다가 만들어내는 혹독한 침식으로부터 연안 개발을 보호하거나 재건설을 하지 말자는 생각에 몸서리를 친다. 그렇지만 다른 사람들은 해수면이 상승하면서 연안 폭풍의 피해가 앞으로 더욱 커질 수밖에 없을 것이라고 주장한다. 이런 사람들은 사람의 안전과 비용절감을 위하여 파괴된 구조물들은 재배치하거나 또는 포기해야 한다고 강력히 주장하곤 한다. 이런 생각들은 주정부와 주민들이 토지이용 정책에 대한 평가 및 개편을 시도하면서 많은 연구와 토론의 초점이 되고 있음은 물론이다.

미국 해안의 연안침식 문제들

미국 태평양 연안을 따라 형성되어 있는 해안선은 대서양이나 걸프 지역의 특징과 놀라울 만한 큰 차이가 있다. 이런 차이의 일부는 판구조 운동과 연관되어 있다. 서부 해안은 북아메리카판이 전진하는 가장자리 부분이며 따라서 활발한 융기와 변형 과정을 겪어왔다. 이와 대조적으로, 동부 해안은 지구조운동이 심하지 않은 조용한 지역으로서 활발한 판의 경계에서 멀리 떨어져 있다. 이런 지질학적 차이로 인하여 미국 양안에서의 해안선 침식 문제의 성격에 차이가 난다.

대서양 및 걸프 연안들 대서양이나 걸프 연안의 개발은 거의 대부분 울타리섬 위에서 이루어져 왔다. 전형적으로 울타리섬들은 배후에 모래언덕을 가지고 있는 넓은 해빈으로 이루어져 있으며 습지로 이루어진 석호에 의해서 본토와 분리되어 있다. 넓게 발달된 모래사장과 노출된 바다로 인하여 울타리섬은 개발에 매우 매력적인 장소가 되었다. 그런데 불행하게도 울타리섬의 동적 특성을 이해하기 이전에 개발이 빠른 속도로 이루어지고 말았다.

울타리섬이 바다를 직접 향하고 있기 때문에 연안을 강타하는 큰 폭풍의 모든 힘을 그대로 받는다. 폭풍이 발생하였을 때 울타리섬은 파의 에너지의 대부분을 모래를 이동시키면서 흡수한다. 이런 과정과 이로 인해 생기는 결과의 난처함이 다음에 기술되어 있다.

> 파도는 모래를 해빈에서 바다 쪽으로 이동시키거나 또는 이와는 반대로 모래언덕으로 이동시킨다. 파도는 모래언덕을 침식하여 해빈에 이를 퇴적시키거나 또는 바다로 쓸어가 버린다. 혹은 파도는 해빈이나 모래언덕에서 울타리섬 뒤의 석호로 모래를 이동시킨다(overwash). 이들 모두의 공통점은 바로 이동(movement)이다. 참나무를 쓰러뜨리는 바람을 유연한 갈대가 견뎌내는 것과 마찬가지로 울타리섬도 그 힘에 맞부딪히는 것이 아니라 폭풍 앞에 순응하면서 허리케인을 견뎌낸다.
>
> 이런 모습은 울타리섬에 주택이나 휴양지가 건설되면서 변하게 된다. 이전에는 모래언덕 사이를 무사히 통과해 가던 폭풍 파도들이 이제는 건물들과 도로를 만나게 된다. 이에 더하여 울타리섬의 동적 특성들은 폭풍이 일어나는 시기 동안에만 쉽게 인식될 수 있기 때문에 건물주들은 그들의 손해를 연안의 울타리섬의 기본적인 유동성에 두기보다는 어느 특정한 폭풍에서만 이유를 찾으려는 경향이 있다. 그들의 집이나 투자가 위험에 처했을 때 지역주민들은 개발이 당초 부적절한 장소에서 시작되었다는 것을 인정하기보다는 모래를 제자리에 있도록 하며 파도를 만 안에 가두도록 하는 방법을 찾으려고 한다.*

* Frank Lowenstein, "Benches or Bedrooms—The Choice as Sea Level Rises," *Oceanus*, 28 (No. 3, Fall 1985): 22.

태평양 연안 대서양이나 걸프 연안의 넓고 완만한 경사의 연안대지와는 대조적으로, 태평양 연안의 대부분은 가파른 절벽이나 산을 배후에 두고 있는 비교적 좁은 해빈의 특징을 보인다. 미국 서부의 경계지역은 동쪽에 비하여 지형이 거칠며 지구조적으로 활발한 지역임을 상기할 필요가 있다. 융기가 지금도 진행되고 있기 때문에 서부 지역에서의 해수면 상승은 그리 쉽게 눈에 띄지 않는다. 그럼에도 불구하고 동부의 울타리섬이 직면하고 있는 해안선 침식 문제와 마찬가지로 서부 연안에서도 어려움은 대부분 사람들이 자연의 시스템을 변형시키는 데서 유래한다.

태평양 연안, 특히 캘리포니아 남부 연안의 해안선이 당면하고 있는 중요한 문제는 많은 해빈의 폭이 현저히 줄어들고 있는 것이다. 이들 중 많은 해빈에 대부분의 모래를 공급해 주는 것은 산악지대에서 연안으로 모래를 수송해 주는 강물이다. 해를 거듭하면서 연안으로 물질들을 공급하는 이런 자연스런 흐름이 관개나 홍수 조절을 위해 건설하는 댐에 의해서 교란을 받기 시작하였다. 저수지들은 해빈으로 공급되던 모래를 매우 효과적으로 가두어버린다. 해빈들의 폭이 넓었을 때에는 이들이 후방에 있는 절벽을 폭풍 파도로부터 보호하는 역할을 하였다. 그러나 지금은 파도가 에너지를 거의 잃지 않은 상태에서 좁은 해빈을 가로지르면서 해안절벽의 빠른 침식을 촉진시키고 있다.

비록 절벽이 후퇴하면서 댐 뒤에 갇혀버린 모래의 일부를 보충해 주기는 하지만 이런 과정은 절벽에 지은 집들이나 도로를 위험하게 만든다. 이에 더하여 절벽 꼭대기의 개발은 문제를 더욱 악화시킨다. 도시화는 지상 유수의 양을 증가시키며 이는 적절한 조절이 이루어지지 않으면 심각한 절벽의 침식을 유발시킬 수 있다. 잔디나 정원 물주기는 경사면에 많은 양의 물을 추가시킨다. 이 물은 절벽의 기저부 쪽으로 서서히 침투해 내려가서 스며나올 수 있다. 이런 작용 또한 경사면의 안정도를 낮추고 침식을 촉진시킨다.

태평양 연안을 따라 일어나는 해안선 침식은 매해마다 큰 차이가 있으며, 이는 간헐적으로 발생하는 폭풍에 주로 기인한다. 이 결과로, 가끔 심각하게 침식이 일어나는 사건이 발생하였을 때 흔히 이 피해의 책임을 이에서 먼 곳에 위치한 댐에서의 퇴적물의 차단이나 연안 개발 등이 아니라 당시의 엄청난 폭풍에 돌리고는 한다. 만약 예상되는 대로, 앞으로 지구온난화로 인하여 해수면이 크게 상승한다면 태평양 연안의 여러 곳에서 해안선의 침식이나 해안절벽의 후퇴가 더욱 빠르게 진행될 것이 확실히 예상된다.

8. 연안의 분류

해안선이 보여주는 매우 다양한 모습들은 해안선의 복잡성을 잘 증명해 준다. 실제로 어느 한 연안지역의 특징을 이해하기 위해서는 암석의 종류, 파도의 크기 및 방향, 폭풍의 빈도, 대조와 고조 사이의 범위, 연안의 해저 지형 등 많은 인자들 모두를 고려해야 한다. 이에 더하여, 모든 연안지역은 실제로 플라이스토세를 마감하면서 빙하시대에 형성되었던 빙하가 녹으면서 이에 수반되어 일어난 해수면 상승에 영향을 받았다. 또한 마지막으로 육지의 융기나 침강 또는 대양분지의 부피 변화 등을 일으키는 지구조활동 또한 고려되어야 한다. 이런 많은 변수들 때문에 해안선의 종류를 나누는 것이 매우 힘들다.

많은 지질학자들은 해수면에 대하여 어떤 변화가 있었는지를 보아 연안을 구별한다. 이렇게 통상 이용되는 분류법에 따라, 연안을 크게 융기연안과 침수연안의 두 종류로 나누고 있다. **융기연안**(emergent coast)은 지역이 융기하거나 해수면이 강하하면서 발달된다. 역으로, **침수연안**(submergent coast)은 해수면이 상승하거나 바다에 인접한 지역이 하강하면서 만들어진다.

융기연안

일부 지역에서는 육지가 융기하거나 해수면이 하강하면서 파식절벽과 파식대지가 해수면 위로 노출된 모습으로 보아, 연안이 융기하고 있음이 분명하다. 최근의 지질시대를 통하여 융기한 캘리포니아 연안의 일부 지역에서 대표적인 예를 볼 수 있다. **그림 10.14**(373쪽)에 보인 융기된 파식대지인 하안단구는 이를 잘 설명해 준다. 로스앤젤레스 남부 팔로스 베르데스 힐(Palos Verdes Hill)에는 7개의 높이가 다른 하안단구가 존재하며 7회에 걸친 융기가 있었음을 암시하고 있다. 꾸준히 자리를 지키고 있는 바다는 지금도 절벽의 기저부에 새로운 대지를 깎아내고 있다. 만약 융기가 계속된다면 새로운 테라스가 얼마 지나지 않아 생겨날 것이다.

융기연안의 다른 예로, 한때 거대한 빙하 밑에 묻혀 있던 지역을 들 수 있다. 빙하가 존재하였을 때에는 이 무게가 육지를 짓누르다가 얼음이 녹으면서 지각이 서서히 다시 솟아오르기 시작하였다. 이 결과로, 과거의 해안선 구조가 오늘날에는 해수면 위에서 발견된다. 캐나다 허드슨(Hudson)만 지역은 바로 이런 예이며, 일부 지역은 아직도 1년에 1cm 이상의 속도로 솟아오르고 있다.

침수연안

이러한 앞서의 예와는 반대로, 어떤 연안지역은 분명히 침수되는 모습을 보인다. 지질학적으로 비교적 가까운 과거에 침수된 연안의 해안선은 매우 불규칙적이며, 이는 해수에 침수된 지역이 바다로 들어가는 강의 계곡의 하류지역이기 때문이다. 계곡을 나누는 산마루들은 해수면 위에 아직 남아 갑(headland)을 만들며 바다로 튀어나와 있다. 이렇게 침수된 강의 하구를 **하구만**(estuary)이라고 부르며 오늘날 많은 지역이 이런 특징을 가지고 있다. 대서양 연안의 체사피크(Chesapeake)만과 델라웨어(Delaware)만은 침수에 의해서 만들어진 하구만의 대표적인 예이다(**그림 10.23**). 메인주, 특히 아카디아(Acadia) 국립공원 근처의 그림과 같은 연안은 또 하나의 예이며, 이 지역은 빙하기 이후 해수면이 상승하면서 매우 불규칙적인 침수연안으로 변화된 것이다.

대개의 연안이 지질학적으로 매우 복잡한 역사를 가지고 있다는 것을 염두에 둘 필요가 있다. 많은 연안들이 여러 시기에 걸쳐 해수면을 기준으로

그림 10.23 미국 동부 연안의 하구만들. 강 계곡의 하류 저지대는 지난 빙하기가 지나며 일어난 해수면 상승에 의하여 침수되면서 체사피크만과 델라웨어만 같은 큰 하구만을 만들었다.

하여 물 위로 융기하였다가 다시 침수되는 과정을 겪었다. 매 시기마다 이들은 바로 그 이전 시기 동안 형성된 특징의 일부를 그대로 유지한다.

9. 조석

조석(tide)은 해수면의 높이가 매일같이 변하는 현상이다. 해안선을 따라 이렇게 주기적인 리듬을 가지고 오르내리는 것은 이미 옛적부터 알려져 왔다. 파도를 제외하면, 조석은 해수가 움직이고 있음을 가장 쉽게 관찰할 수 있는 현상이다(**그림 10.24**).

오랫동안 이미 알려져 있기는 했어도, 아이작 뉴턴(Isaac Newton)이 여기에 중력의 법칙을 적용하기 이전까지는 조석을 만족스럽게 설명할 수가 없었다. 뉴턴은 예컨대 지구와 달 사이와 같이 두 물체 사이에는 서로 잡아당기는 힘이 작용하고 있음을 보였다. 그런데 대기와 해양은 모두 유체로서 자유로이 움직일 수 있으므로 이 힘에 의해서 변형을 받게 된다. 이래서 해양의 조석은 지구에 미치는 달의 인력 그리고 이보다 작기는 하지만 태양의 인력이 만들어내는 결과이다.

조석의 원인

조석이 어떻게 만들어지는지를 설명하기 위해서, 지구가 일정한 깊이의 물로 덮여 있는 회전하는 구라고 가정해 보자(**그림 10.25**). 달의 인력에 의해서 지구상에서 달에 가장 가까운 부분으로 물이 부풀어 오르는 것을 쉽게 알 수 있다. 그렇지만 이에 동시에, 지구의 정 반대쪽에도 앞서와 같은 모양으로 물이 부풀어 오른다.

이 두 개의 부풀음 모두가 중력의 끌어당김으로 만들어지는 것을 뉴턴은 발견하였다. 중력은 두 물체 사이의 거리의 제곱에 반비례하며, 이는 두 물체 사이의 힘이 거리가 커짐에 따라 급격히 약화됨

이런 사실을 알고 있었나요?

큰 조차를 가지는 연안지역의 만이나 하구만의 입구에 댐을 건설하여 조석을 전기를 만드는데 사용할 수 있다. 만과 대양 사이에 통로를 좁게 만들어 조석이 오르내리는 동안 해수면의 변화를 더욱 확대시키고 이렇게 만들어지는 강한 유출입의 흐름을 터빈을 돌리는데 이용한다. 현재까지 제작된 가장 큰 발전소는 프랑스 해안을 따라 위치하고 있다.

그림 10.24 노바스코샤(Nova Scotia)주 펀디(Fundy)만 미나스(Minas) 분지의 저조와 고조 시의 모습. 저조시와 고조시 사이에 노출되는 지역을 **조간대**(tidal flat)라고 부른다. 이곳에 매우 넓은 조간대가 형성되어 있는 모습을 볼 수 있다. (사진 제공: Nova Scotia Department of Tourism and Culture)

을 의미한다. 이 경우에 있어서 두 물체는 지구와 달이다. 이런 중력의 힘이 거리의 증가에 따라 감소하므로 달이 지구를 끌어당기는 힘은 달과 가장 가까운 쪽이 반대편 쪽에 비하여 약간 크다. 끌어당기는 힘의 이러한 차이로 인하여 "고체" 지구도 매우 미약하기는 하지만 약간 길게 늘어난다. 이에 비하여 쉽게 움직일 수 있는 바다는 이 효과에 의하여 상당히 극적으로 변형을 받으며, 두 곳에서 서로 반대방향으로 해면이 부풀어 오른다.

하루 동안에 달의 위치는 그리 변하지 않기 때문에 지구가 물속을 "통과"하여 자전하는 동안 조석에 의하여 해면이 부풀어 오른 위치는 거의 변하지 않는다. 이런 이유로 만일 24시간 동안 해안가 한 장소에 서 있다면, 지구가 자전하는 동안 그 장소가 깊은 물과 얕은 물을 교대로 지나게 된다. 깊은 물의 지역을 지나는 동안 조석은 높아져 고조가 되고 이곳을 벗어나면서는 조석이 낮아져 저조가 된다. 이 때문에 하루에 두 번씩 고조와 저조를 경험하게 된다.

이에 더하여, 달이 지구 주위를 매 $29\frac{1}{2}$일을 주기로 공전하는 동안 조석에 의하여 해면이 부풀어 오르는 위치가 따라서 이동한다. 이 결과로, 조석은 달이 뜨는 시간과 마찬가지로 매일 약 50분씩 늦어진다. 요점을 말하면, 해면의 부풀어 오름은 달에 대하여 항상 고정된 위치에 있으며 이 위치가 서서히 동쪽으로 움직이고 있는 것이다.

하루에 나타나는 두 고조 사이에 차이가 있을 수 있다. **그림 10.25**에 보인 대로 달의 위치에 따라 해면의 부풀어 오름이 약간 적도 쪽으로 기울 수 있다. 이 그림을 보면, 북반구에 위치한 관측자가 하루 중 첫 번째 경험한 고조는 반나절이 지난 후 경험하는 두 번째 고조에 비하여 상당히 높음을 보여주고 있다. 반면에 남반구에서는 반대의 효과를 경험하게 될 것이다.

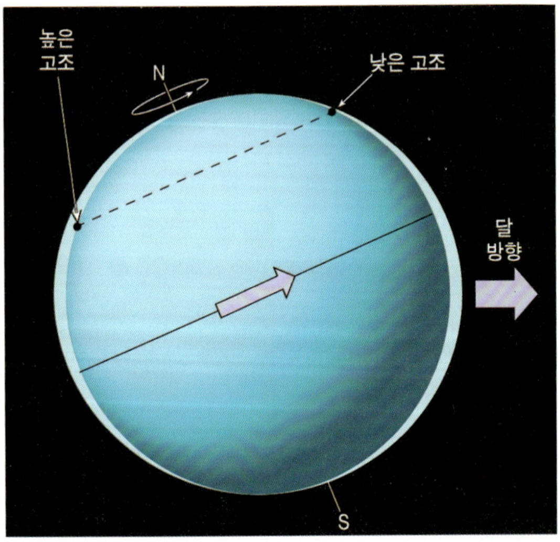

그림 10.25 달이 지구에 만들어내는 기조력으로 부풀어 오른 해면. 균일한 깊이로 물이 덮여 있는 지구에서는 두 개의 부풀어 오름이 만들어지며, 그 하나는 달을 향하고 있는 쪽(오른쪽)이며 또 하나는 바로 반대편(왼쪽)이다. 달의 위치에 따라 해면의 부풀음이 약간 적도 쪽으로 기울 수 있다. 이런 경우에는 하루에 나타나는 두 고조 사이에 차이가 있을 수 있다.

월주기의 조석 순환

조석에 주 영향을 미치는 것은 지구 주위를 매 $29\frac{1}{2}$일을 주기로 공전하는 달이다. 그렇지만 태양 역시 조석에 영향을 미친다. 태양은 달에 비하여 매우 크지만, 또한 지구에서 매우 멀리 떨어져 있기 때문에 그 영향은 달에 비하여 상당히 작다. 실제로 태양이 조석을 일으킬 수 있는 잠재력은 달의 잠재력에 비하여 단지 46% 정도에 불과하다.

초승달이나 보름달에 가까운 시기에는 태양과 달이 일직선상에 배열되어 이들의 힘은 서로 더해진다(**그림 10.26A**). 따라서 조석을 일으키는 이 두 물체들의 중력이 합해지면서 고조는 더 높아지고 저조는 더 낮아지며 큰 조차를 이룬다. 이를 **대조**(spring tide)라고 부른다. 이는 계절 봄(spring)과는 전혀 관계가 없으며 매달 두 번씩 지구–달–태양이 일직선상에 위치할 때 일어난다. 이와는 반대로, 상현과 하현 때에는 달과 태양이 지구에 미치

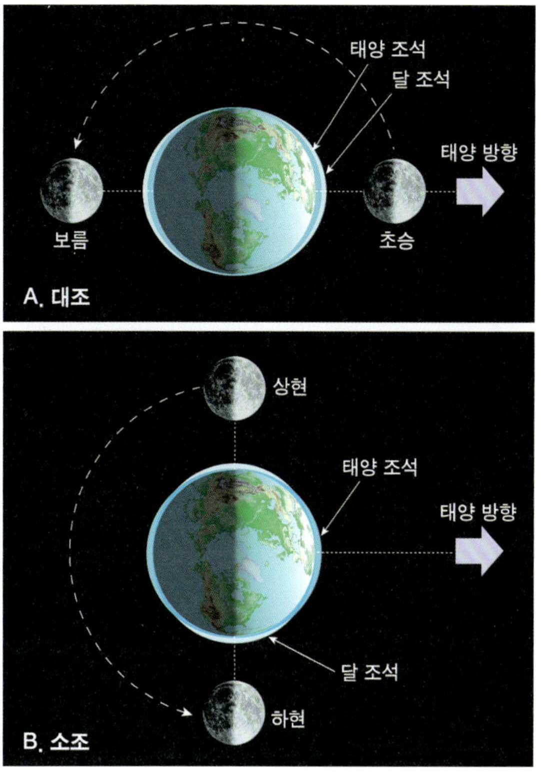

그림 10.26 지구–태양–달의 상대적 위치와 조석. A. 초승달이나 보름달에 가까운 시기에는 태양과 달이 일직선상에 배열된다. 따라서 지구상에는 큰 조차를 이루며 대조(spring tide)를 경험한다. B. 상현과 하현 때에는 달과 태양이 만들어내는 해면의 부풀음이 서로 직각을 이룬다. 이 결과로 하루 중의 조차가 작은 소조(neap tide)를 경험한다.

는 중력이 서로 직각을 이루고 있어 서로의 영향을 상쇄시킨다(**그림 10.26B**). 이 결과로 하루 중의 조차가 작다. 이와 같은 작은 조석을 **소조**(neap tide)라고 부르며, 이 또한 한 달에 두 번씩 일어난다. 따라서 매달 두 번의 대조와 두 번의 소조가 각각 약 1주일 간격으로 일어나게 된다.

조석의 패턴들

지금까지 우리는 조석이 일어나는 기본적 원인과 그 형태들을 살펴보았다. 그렇지만 이와 같은 이론적 생각이 어느 한 장소에서 어떤 시각에 얼마나 높은 조석이 일어나는지를 예측하는 데는 사용할 수 없음을 염두에 둘 필요가 있다. 다른 여러 요인들, 즉 해안선의 모습이나 해저평원의 지형, 수심 등도 조석에 크게 영향을 미친다. 이런 결과로, 각 지역에서 나타나는 조석은 같은 조석력에 대해서도 지역에 따라 서로 다르게 대응한다. 실제 상황이 이렇기 때문에 어느 한 지역에서의 조석의 특징은 실제 관측을 통하여 가장 정확하게 결정된다. 조석표나 항해지도상의 조석자료는 이러한 실측에 기초한 것이다.

전 세계적으로 세 가지의 조석 형태가 존재한다. **일주조 형태**〔diurnal(= *daily*) tidal pattern〕는 하루(조석일)에 한 번 고조와 저조가 나타나는 것을 특징으로 한다(**그림 10.27**). 이런 형태의 조석은 멕시코만의 북쪽 연안 등지에서 대표적으로 나타난다. **반일주조 형태**〔semidiurnal(*semi* = 절반, *diurnal* = 매일) tidal pattern〕은 하루(조석일)에 두 번의 고조와 두 번의 저조가 나타나며 두 번 고조의 크기와 두 번 저조의 크기가 서로 비슷하다(**그림 10.27**). 이런 형태의 조석은 미국 대서양 연안을 따라 통상 관측된다. **혼합조 형태**(mixed tidal pattern)는 반일주조 형태와 비슷하지만 고조들이나 저조들 아니면 이들 모두의 크기가 서로 많이 다른 형태이다(**그림 10.27**). 이 경우 통상 하루(조석일) 두 번의 고조와 두 번의 저조가 나타나며 고조들의 크기와 저조들의 크기가 각각 서로 다르다. 이런 조석 형태는 미국 태평양 연안 및 세계의 많은 곳에서 관

이런 사실을 알고 있었나요?

세계에서 가장 큰 조차(이어지는 고조와 저조의 차이)를 보여주는 곳은 노바스코샤 북단에 위치한 펀디만에서 발견된다. 이곳에서 관측되는 최대 조차는 약 17m에 이른다. 이 때문에 저조시에는 배는 마른 땅에 올라앉아 있다(385쪽, **그림 10.24**).

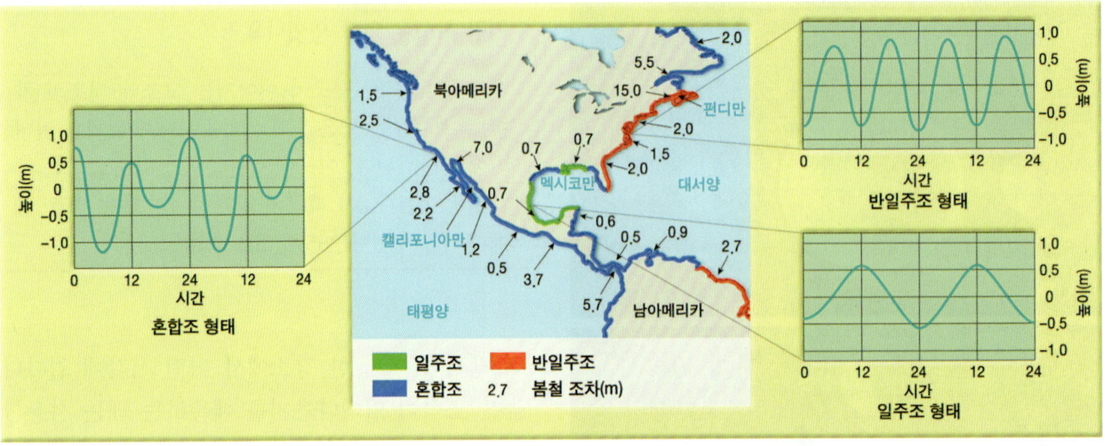

그림 10.27 미국 북부 및 중부 연안을 따라 일어나는 조석의 형태들. 일주기 형태(오른쪽 아래)는 하루(조석일)에 한 번 고조와 저조를 보여준다. 반일주조 형태(오른쪽 위)는 하루(조석일)에 서로 크기가 비슷한 두 번의 고조와 두 번의 저조를 보여준다. 혼합조 형태(왼쪽)는 하루(조석일)에 서로 크기가 다른 두 번의 고조와 두 번의 저조를 보여주고 있다.

측된다.

조류

조류(tidal current)는 조석에 의한 해면의 상승과 하강에 수반하여 일어나는 해수의 **수평적인 흐름**을 기술하는 용어이다. 이렇게 조석력에 의하여 유도되는 해수의 움직임은 일부의 해안지역에서는 매우 중요할 수 있다. 고조로 가는 동안 해안으로 밀려 들어오는 조류를 **창조류**(flood current)라고 부른다. 저조로 수면이 낮아지면서 바다로 해수가 이동하며 **낙조류**(ebb current)를 만든다. 창조류와 낙조류의 사이에 해수의 이동이 거의 없는 시기가 있으며 이를 **정조**(slack water)라 부른다. 이러한 반복되는 조류에 영향을 받는 지역을 **조석대지**(tidal flat)라고 부른다(385쪽, **그림 10.24**). 연안 지대의 특성에 따라 조석대지가 변하며 해빈을 따라 좁은 띠를 만들기도 하고 또는 수km까지 연장되어 있기도 하다.

외해에서는 조류가 그리 중요하지 않지만 만이나 강의 하구만, 해협, 기타 좁은 지역에서는 매우 빨라질 수 있다. 예를 들어, 프랑스 브리타니(Brittany) 연안 앞바다에서는 12m의 고조를 동반하는 조류가 시속 20km의 속도를 만들어낼 수도 있다. 조류는 일반적으로 침식이나 퇴적물 수송에 있어서는 주요한 역할을 하는 것으로 여겨지지 않지만 조석이 매우 좁은 해협을 따라 움직일 때는 두드러지게 예외일 수도 있다. 이런 지형에서는 조류가 없었다면 막혀버렸을 많은 항구에 좁은 입구를 만

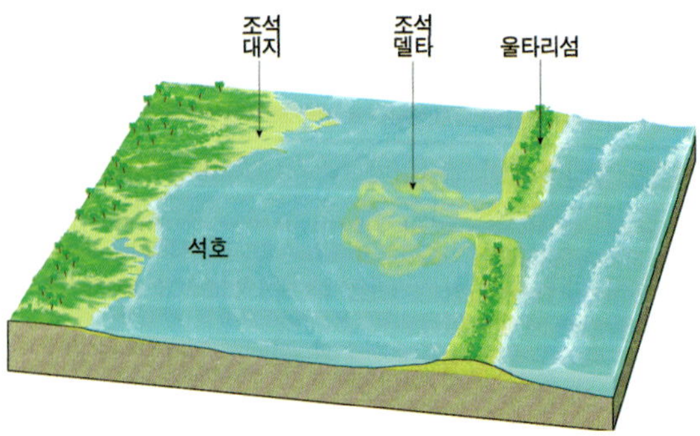

그림 10.28 조류가 울타리섬의 좁은 입구를 통해 빠르게 조용한 석호로 들어오게 되면, 유속이 느려지고 퇴적물들이 가라앉으면서 조석 델타를 만들어낸다. 일반적으로 이런 조석 델타는 입구의 육지 쪽에 만들어지므로 창조류 델타라 불린다.

들고 이를 통해 빠르게 지나간다.

때로는 **조석 델타**(tidal delta)라고 부르는 퇴적지가 조류에 의해 생성될 수 있다(**그림 10.28**). 이들은 입구의 육지 쪽으로 **창조류 델타**(flood delta)를 만들기도 하고 또는 바다 쪽으로 **낙조류 델타**(ebb delta)를 만들기도 한다. 파도의 작용과 연안류가 육지 쪽의 보호된 지역에서는 감소하므로 창조류 델타가 더욱 흔하며 실제 더 많이 두드러진다(375쪽, **그림 10.16B**). 이들은 조류가 빠른 속도로 입구를 통하여 들어온 후 만들어진다. 조류가 좁은 입구를 통과하여 좀 더 열린 공간으로 들어오면 유속이 느려지고 포함하고 있던 퇴적물들이 가라앉으면서 퇴적이 일어나게 된다.

학습내용 요약

1. **표층 해류**(surface ocean current)는 일반적인 전 지구적 주요 바람대의 모습을 따라가고 있다. 표층 해류는 **환류**(gyre)라고 부르는 각 대양의 적도 부근에서 시작하여 거대한 원을 그리며 천천히 움직이는 소용돌이의 일부이다. 대륙이 차지하고 있는 위치와 코리올리 효과 역시 환류 내의 해수의 흐름에 영향을 미친다. 코리올리 효과 때문에 아열대지역의 환류는 북반구에서는 시계방향으로, 남반구에서는 반시계방향으로 흐른다. 일반적으로 각 아열대 환류는 네 개의 주요 해류로 이루어져 있다.

2. 표층 해류는 지구 기후에 매우 중요한 영향을 끼친다. 극지방으로 향하는 더운 해수로 인하여 중위도 지방의 겨울철 날씨가 온화하게 된다. 적도로 향하는 한류는 중위도 지역의 여름 날씨와 연중 내내 적도지역의 날씨에 큰 영향을 미친다. 서늘한 온도를 만드는 것에 더하여 한류는 많은 안개의 발생과 가뭄에 연계되어 있다.

3. 깊은 수심에서 찬물이 올라오는 **용승**(upwelling)은 차고 영양염이 풍부한 해수를 표층으로 이동시키는, 바람이 만들어내는 운동이다. **연안용승**(coastal upwelling)은 대륙의 서쪽 연안을 따라 특징적으로 나타난다.

4. 표층 해류와는 대조적으로 심층수 순환은 중력이 지배하며 밀도차에 의하여 가동된다. 밀도가 큰 해수를 만들어내는 가장 중요한 두 개의 요소는 온도와 염분이며 따라서 이런 심해수의 운동을 **열염순환**(thermohaline circulation)이라 부른다. 열염순환에 관련되어 있는 대부분의 해수는 고위도의 표층에서 해빙이 형성되어 찬 해수의 염분이 증가하면서 시작된다. 이 밀도가 큰 해수가 가라앉으면서 심층 해수의 해류가 시작된다.

5. **파**(wave)는 에너지를 이동시키며 대부분의 해파는 바람에 의해 시작된다. 파고, 파장, 주기를 결정하는 세 가지 요인에는 (1) **풍속**(wind speed), (2) 바람이 지속된 시간(length of time), (3) **풍역대**(fetch), 즉 외양에서 바람이 중단 없이 부는 영역이 있다. 파랑이 일단 폭풍지역을 벗어나면 이들은 파고가 낮고 파장이 긴 파로 변하며 이를 **너울**(swell)이라 부른다.

6. 파가 이동하면서 물 입자는 거의 원궤도를 그리는 **원형궤도운동**(circular orbital motion)을 하면서 에너지를 전달하며 이런 원운동은 파장의 반 정도의 깊이까지 전달된다. 파도가 얕은 수심으로 이동하면 물리적인 변화를 받아 부서지면서 **기파**(surf)를 만든다.

7. 해빈은 무엇이든 주위에서 구할 수 있는 물질들로 되어 있다. 파에 의한 침식작용은 파도의 **충격압력**(impact pressure)과 **해식작용**(abrasion: 암석 조각들을 포함하고 있는 물의 톱질운동 및 연마작용) 때문에 일어난다. 파가 휘는 것을 **파의 굴절**(wave refraction)이라 부른다. 파의 굴절 때문에 파도의 공격은 만곡부 내에서는 매우 약화되어 있는 반면, 파도의 충격

은 바다 밖으로 튀어나온 돌출부(headland)의 전면과 측면에 강하게 집중되어 있다.

8. 대부분의 파는 해안에 약간의 각을 이루며 도달한다. 이런 결과로, 밀려 올라오는 쇄파(처오름파)와 뒷물결은 해빈을 따라 퇴적물을 지그재그의 형태로 수송시키는 효과를 낸다. 이를 **연안표이**(beach drift)라고 부른다. 각을 지어 접근하는 파도는 또한 기파대에 해안에 평행하게 흐르는 **연안류**(longshore current)를 만들며 연안표이에서 보다 상당히 많은 양의 모래를 이동시킬 수 있다.

9. 연안 **침식지형**(Erosional feature)에는 **파식절벽**(wave-cut cliff: 연안의 육지의 지저부를 쇄파들이 깎아내면서 만들어짐), **파식대지**(wave-cut platform: 절벽이 후퇴하면서 뒤에 남겨 놓은 비교적 평평한 계단 모양의 표면), **하안단구**(marine terrace: 융기된 파식대지) 등이 있다. 침식이 만들어내는 지형에는 또한 **바다아치**(sea arch: 돌출부가 침식되면서 양쪽 반대편에서 만들어지던 두 개의 바다동굴이 하나로 합쳐지면서 생성됨) 그리고 **바다기둥**(sea stack: 바다아치의 지붕이 무너져 내리면서 만들어짐) 등이 있다.

10. 연안표이(beach drift)와 연안류(longshore current)에 의해 이동되는 퇴적물들이 만들어내는 **퇴적지형**(depositional feature)에는 **모래톱**(spit: 육지에서 시작하여 인접한 만의 입구 쪽으로 뻗어가며 발달되는 길쭉한 모래언덕), **만입구사주**(baymouth bar: 만을 완전히 가로지르며 외해로부터 만을 차단하는 사주), **육계사주**(tombolo: 바다섬을 또 다른 바다섬 또는 육지와 연결시키는 모래언덕) 같은 것이 있다. 대서양 및 걸프 연안지역은 해안에서 약간 떨어진 거리에서 해안에 평행하게 형성되어 있는 낮은 모래언덕인 **울타리섬**(barier island)으로 특징지어진다.

11. 해안선의 침식에 영향을 미치는 국지적 요인에는 (1) 퇴적물을 많이 포함하고 있는 강과 연안 사이의 근접도, (2) 지구조적 작용의 활발성, (3) 육상의 지형과 조성, (4) 지역에 우세한 바람과 기후 패턴, (5) 해안선과 연안지역의 배치형태 등이 포함된다.

12. **내구성 안정화**(hard stabilization)는 연안을 침식으로부터 보호하거나 혹은 해빈을 따라 모래가 이동하는 것을 방지하기 위하여 고정 구조물을 세우는 것이다. 이 방법에는 **방사제**(groin: 이동하는 모래를 가두어두기 위하여 해빈에 직각이 되도록 설치한 장벽), **방파제**(breakwater: 쇄파의 힘으로부터 배들을 보호하기 위해서 해안선에 평행한 방향으로 건설한 구조물) 및 **해안 제방**(Seawall: 부서지는 파도가 벽 뒤로 넘어오지 못하도록 해변을 무장시키는 구조물) 등이 있다. 이런 내구성 안정화 방안의 **대안**(alternatives)으로 제시된 것에 모래를 외부로부터 계속 가져와 보충하는 **모래 보충**(beach nourishment)과 훼손되었거나 위협을 받는 건물들의 **재배치 방안**(relocation)이 있다.

13. 기본적인 지리적 차이로 인해서 미국 태평양 연안과 대서양이나 걸프 지역이 당면하고 있는 해안선 침식의 성격에 매우 큰 차이가 있다. 대서양이나 걸프 연안의 개발은 거의 대부분 울타리섬 위에서 이루어져 왔으며 이런 울타리섬은 바다를 직접 향하고 있기 때문에 연안을 강타하는 큰 폭풍의 모든 힘을 그대로 받는다. 태평양 연안의 대부분은 가파른 절벽이나 산을 배후에 두고 있는 비교적 좁은 해빈의 특징을 보인다. 태평양 연안이 당면하고 있는 중요한 문제는 모래가 해빈으로 이동하는 자연적 흐름이 댐으로 인해 교란을 받으면서 많은 해빈의 폭이 현저히 줄어들고 있는 것이다.

14. 해수면에 대하여 어떤 변화가 있었는지를 보아 연안을 구별하는 방법이 흔히 사용된다. 종종 파식절벽과 파식대지를 동반하고 있는 **융기연안**(emergent coast)은 지역이 융기하거나 해수면이 강하하면서 발달된다. 이와 반대로, 침수된 강하구 계곡인 **하구만**(estuary)을 가지고 있는 **침수연안**(submergent coast)은 해수면이 상승하거나 바다에 인접위로 융기하였다가 다시 침수되는 과정을 겪었다. 매 시기마다, 이들은 바로 그 이전 시기 동안 형성된 특징의 일부를 그

대로 유지한다.

15. 어느 한 지점에서 매일같이 해수면의 고도가 높아졌다 낮아졌다 하는 **조석**(tide) 현상은 달의 중력에 의한 끌어당김, 또한 정도는 조금 약하지만 태양의 끄는 힘에 의해서 일어난다. 달과 태양은 지구에 각각 두 개의 해면의 부풀어 오름을 만들어낸다. 이 해면의 부풀어 오름은 이를 만들어내는 달이나 태양에 대해서 고정된 위치에 있지만 지구가 물속을 "통과"하여 자전하므로 하루에 두 번씩 고조와 저조를 경험하게 된다. **대조**(spring tide)는 초승과 보름 때가 가까워지면서 태양과 달이 일직선상에 배열되며 이들이 만들어내는 부풀어 오름이 서로 합쳐져서 특히 큰 조차를 만들어내는 현상이다. 이와는 반대로, **소조**(neap tide)는 상현과 하현 시기에 달과 태양이 만들어내는 부풀어 오름이 서로 직각을 이루면서 하루 사이의 조차가 줄어드는 현상이다.

16. 전 세계적으로 세 가지의 조석 형태가 존재한다. **일주조 형태**(diurnal tidal pattern)는 하루(조석일)에 한 번 고조와 저조를 보이며, **반일주조 형태**(semidiurnal tidal pattern)는 하루(조석일)에 크기가 비슷한 두 번의 고조와 두 번의 저조가 나타나며, **혼합조 형태**(mixed tidal pattern)는 하루(조석일) 서로 크기가 다른 두 번의 고조와 두 번의 저조가 나타난다.

17. **조류**(tidal current)는 조석에 의한 해면의 상승과 하강에 수반하여 일어나는 해수의 수평적인 흐름이다. 이러한 반복되는 조류에 영향을 받는 지역을 **조석대지**(tidal flat)라고 부른다. 좁은 입구를 통해 들어온 조류는 속도가 느려지면서 퇴적물을 퇴적시켜 **조석 델타**(tidal delta)를 형성할 수 있다.

주요 용어와 개념

학습 요약 문제

1. 표층 해류를 가동시키는 가장 중요한 힘은 무엇인가? 지구상의 대륙의 분포와 코리올리 효과는 이 흐름에 어떻게 영향을 미치는가?
2. 환류(gyre)란 무엇인가? 각각의 환류에는 몇 개의 해류가 존재하는가? 다섯 개의 아열대성 환류의 이름을 기술하고 이들 각각의 환류에 있는 주요 해류를 확인해 보라.
3. 해류는 어떻게 지구 기후에 영향을 미치는가? 최소한 하나의 예를 들어 설명해 보라.
4. 연안용승이 일어나는 과정을 기술하라. 이 해역에 연계되어 많은 해양 생물이 존재하는 이유는 무엇일까?
5. 심층수의 순환을 일으키는 힘은 무엇인가? 왜 이런 심층수의 순환을 열염순환이라고 부르는가?
6. 파도의 파고, 파장 그리고 주기를 결정하는 세 가지 요소를 기술하라.
7. 파도가 진행할 때 물에 떠 있는 물체의 운동을 기술하라(**그림 10.8**, 367쪽 참조).
8. 파도가 수심이 얕은 곳으로 이동하여 연안에서 부서질 때 파의 속도, 파장 및 파고에 어떤 물리적 변화가 일어나는 지를 기술하라.
9. 파도는 어떻게 육지를 침식시키는가?
10. 파의 굴절이란 무엇인가? 불규칙한 해안선에서 굴절하는 파는 어떤 효과를 내는가?
11. 연안표이란 무엇이며 연안류와 어떻게 관련되어 있는가? 왜 해빈을 종종 "모래의 강"이라고 불리는가?
12. 파식절벽, 파식대지, 하안단구, 바다기둥, 모래톱, 만입구사주, 육계사주와 같은 해안선 지형의 형성과정을 기술하라.
13. 울타리섬이 만들어질 수 있는 세 가지 과정을 기술하라.
14. 내구성 안정화 방안에 대하여 기술하고 이들 각각을 어떤 목적으로 건설하는지를 기술하라. 이들 각각은 해빈의 모래 분포 형태에 어떤 영향을 미치는가?
15. 이런 내구성 안정화 방안의 대안으로 제시되어 있는 두 가지 방안을 기술하고 이들이 가진 잠재적 문제점들을 아울러 토의하라.
16. 미국의 서부 연안을 따라 몇 지역에서 해빈이 축소되는 현상을 이 지역의 강에 댐을 건설하는 것과 연계시켜 토의해 보라.
17. 어떤 지형들을 관찰함으로써 이 연안지역이 융기하고 있다는 결론을 내릴 수 있는가?
18. 하구만은 침수연안 아니면 융기연안에 연관되어 있는가? 그 이유를 설명하라.
19. 바다에서 조석이 일어나는 원인을 토의하라. 태양이 달에 비하여 훨씬 큰 질량을 가지고 있으면서도 왜 지구상의 조석에 미치는 태양의 영향이 달에 비하여 반도 채 되지 않는지를 설명하라.
20. 한 지점에 서있는 관측자가 왜 하루 사이에 높이가 서로 다른 두 조석을 경험하는지를 설명해 보라(**그림 10.25**, 386쪽 참조).
21. 일주조, 반일주조 및 혼합조 형태는 서로 어떻게 다른가?
22. 창조류와 낙조류를 구별해 보라. 수심이 얕고 암초가 있는 항구를 항해하려고 할 때 창조류, 낙조류 그리고 고정조 및 저정조의 시기 중 어느 시기가 가장 적절하겠는가?

Online 학습 안내

Foundation of Earth Science 웹에는 학생들이 이 장에서 다룬 여러 내용의 학습을 도울 수 있는 자료들과 인터넷 연계시스템을 갖추고 있다. 지구과학을 강의하는 연구자들에 의해서 발전된 이 인터넷 주소는 지구과학의 이해를 증진시켜 줄 것으로 생각된다. **http://www.prenhall.com/lutgens**를 방문하여 *Foundation of Earth Science 5e* 를 클릭하여 다음 내용들을 살펴보자:

- 인터넷 종합 퀴즈
- 비평적 사고 훈련
- 장 관련 웹 자료들의 연계
- 웹을 통한 주요 개념 탐구

http://www.prenhall.com/lutgens

GEODe: Earth Science

*GEODe: Earth Science*는 동영상(animation), 비디오(video), 낭송(narration), 대화식 연습문제(interactive exercise), 실용적인 퀴즈 등을 이용하여 주요 개념을 더욱 심화함으로써 더욱 효과적인 학습을 이룰 수 있게 한다. 이 복사 CD는 이 책『지구시스템의 이해』 제5판에 포함되어 있다.

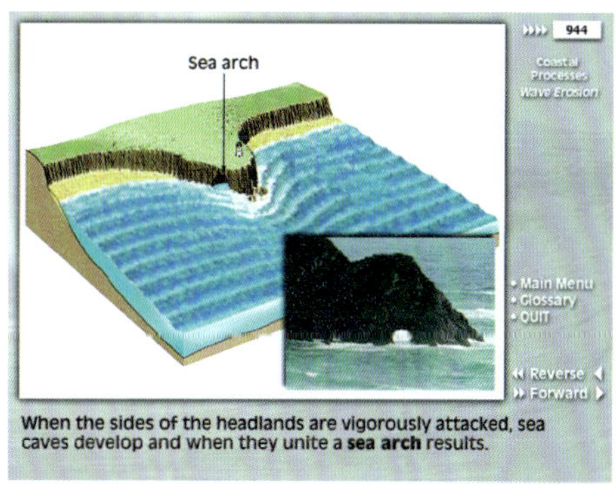

제 6 부 지구의 역동적 대기

제 11 장

대기 중의 열

해발고도 1,886m의 워싱턴(Washington)산은 화이트(White) 산맥에서 그리고 사실 북동부 전체에서 가장 높은 지점이다. 이곳은 등산객들에게 인기 있는 목표점이고 어떤 사람들에게는 혹한, 폭설, 강풍, 빈번한 결빙, 짙은 안개로 세계에서 가장 나쁜 기상이 나타나는 장소이기도 하다. 이 정상에 있는 관측소는 자세한 기상 기록들을 보유하고 있다.

(사진 제공: Jim Salge)

학습 초점

다음은 여러분들이 이 단원에서 다루는 중요한 개념들을 이해하는 데 도움을 줄 수 있는 유용한 질문들이다.

1. 날씨란 무엇인가? 기후와 다른 점은 무엇인가?

2. 날씨와 기후를 결정하는 가장 중요한 인자들은 무엇인가?

3. 깨끗하고 건조한 공기의 주요 성분은 무엇인가?

4. 대기의 영역과 구조는 어떠한가?

5. 계절이 생기는 이유는?

6. 대기는 어떻게 가열되는가?

7. 기온이 장소에 따라 변하는 이유는 무엇인가?

우리가 아는 바와 같이, 태양계 내에서 생명 유지에 필요한 기체나 열 그리고 물을 함유한 대기는 지구 이외에는 없다. 지구 대기를 구성하는 기체와 지배하는 법칙들은 생명체를 유지하는 데 필수적이다. 이 장에서는 우리 모두가 숨쉴 수 있도록 해주는 대기에 대해 알아보고자 한다. 대기의 성분은 무엇이고 대기의 끝과 우주공간의 경계는 어디인가? 계절이 생기는 이유는 무엇이며, 어떤 인자가 전 지구의 기온 변화를 조절하는가?

날씨는 우리들의 일상생활, 직장, 건강 그리고 안전에 영향을 미친다(**그림 11.1**). 만약 날씨 때문에 우리가 불편하거나 유쾌하지 않으면 우리들 대부분은 날씨에 대해 관심을 표하지 않을 것이다. 그렇지만 주변 환경 요소들 중에서 날씨만큼 생활에 큰 영향을 미치는 것은 없다.

미국은 세계에서 가장 다양한 날씨를 가지는 나라이다. 다른 어느 나라보다도 허리케인과 폭풍뿐만 아니라 토네이도, 갑작스러운 홍수 그리고 집중호우 등과 같은 악기상이 자주 발생하며 그 피해도 매우 크다. 이와 같이 날씨는 각 개인의 삶에 직접적으로 영향을 미칠 뿐만 아니라 농경, 에너지 소비, 수자원, 교통 그리고 산업 등 전 세계 경제에 막대한 영향을 준다.

날씨는 확연히 우리 삶에 지대한 영향을 끼친다. 그러나 인간들 역시 대기의 상태 및 운동에 영향을 줄 수 있다는 것을 인식하는 것이 중요하다. 그러한 인간 활동이 대기에 미치는 영향들과 관련하여

그림 11.1 보통 날씨 이상으로 우리 일상생활에 영향을 주는 여러 가지 양상의 물리적 환경이 있다. A. 허리케인 찰리(Charley)가 2004년 8월 13일 휩쓸고 간 플로리다주 푼타 고르다(Punta Gorda)의 참상. 2004년 플로리다를 강타한 넷 중의 하나인 이 카테고리(Category) 4의 스톰은 시속 233km의 풍속을 지속했다. (사진 제공: Rhona Wise/EPA) B. 2005년 1월 23일 강한 눈보라가 2피트의 눈을 퍼부어 보스턴(Boston)의 주민들이 눈을 퍼내고 있다. (사진 제공: AP/Michael Dwyer) C. 2005년의 예외적인 겨울비가 남부 캘리포니아에서 산사태를 일으켰다. 라콘치타(La Conchita)에서는 산사태로 인하여 10명이 죽고 18개 가옥이 파괴되었다. (사진 제공: G. Delaurentis)

A.

B.

C.

정치적이고 과학적인 결정이 내려졌고, 앞으로도 계속 그럴 것이다. 예를 들면, 대기오염 조절과 기후와 오존층에 영향을 미치는 인간 활동의 규제 등이다. 따라서 우리 모두 대기와 그 특징에 대한 지식과 이해도를 향상시킬 필요가 있다.

1. 날씨와 기후

형태도 없고 눈에 보이지 않지만 지구를 둘러싸고 있는 대기는 지구의 운동과 태양에너지의 상호영향에 의해 매우 다양한 형태의 날씨를 보이며, 이는 기후의 기본적 형태를 형성한다. 날씨와 기후는 같은 의미는 아니지만 많은 공통점이 있다.

날씨(weather)는 나날이 시시때때로 끊임없이 변하고 있다. 이 날씨란 어떤 주어진 시간과 장소에서 대기의 상태를 말하는 용어이다. 날씨 변화가 연속적이고 때때로 종잡을 수 없지만 이 변화를 일반화시키는 것은 가능하다. 이와 같은 날씨 상태의 집합을 **기후**(climate)라고 한다. 이 기후는 수년간 누적된 관측자료에 근거한다. 기후는 흔히 "평균 날씨"로 간단히 정의되나, 이 정의는 적절하지 않다. 지역의 특성을 보다 더 정확하게 나타내기 위해서는 날씨 편차가 발생할 가능성뿐만 아니라 변동값과 극값이 또한 포함되어야 한다. 예를 들면, 농부들에게는 농작물 성장 계절 동안의 평균 강우량뿐만 아니라 극습윤년과 극건조년의 빈도를 아는 것이 또한 중요하다. 이와 같이 기후는 장소나 지역 특성 기술을 위한 통계적 날씨 정보의 합이다.

당신이 생소한 장소로 휴가 여행을 계획하고 있다고 가정해 보라. 아마 그곳의 날씨가 어떨지 알기 원할 것이다. 이 날씨 정보는 짐 가방에 넣을 옷을 결정하는 데 도움을 줄 것이고 여행하는 동안 수행하게 될 활동을 결정하는 데 영향을 미칠 것이다. 불행하게도 수일 이상의 날씨 예보에는 의존하기 어렵다. 그 대신, 그 지역에 친숙한 사람에게 어떤 날씨가 예상될지 물어보아야 할지 모른다. "뇌우가 일반적으로 잘 생깁니까?" "밤에는 추워집니까?" "오후에는 보통 맑은 날이 나타나나요?" 당신이 찾고자 하는 것은 기후, 즉 그 장소에 대한 전형적 날씨 상태에 대한 정보이다. 또 다른 유용한 정보원은 다양한 기후표, 지도, 그래프 등이다. 예를 들어, **그림 11.2**의 그래프는 뉴욕시에 대한 각 달의 기온 일극값, 평균 일최고기온 및 평균 일최저기온을 보여주고 있다.

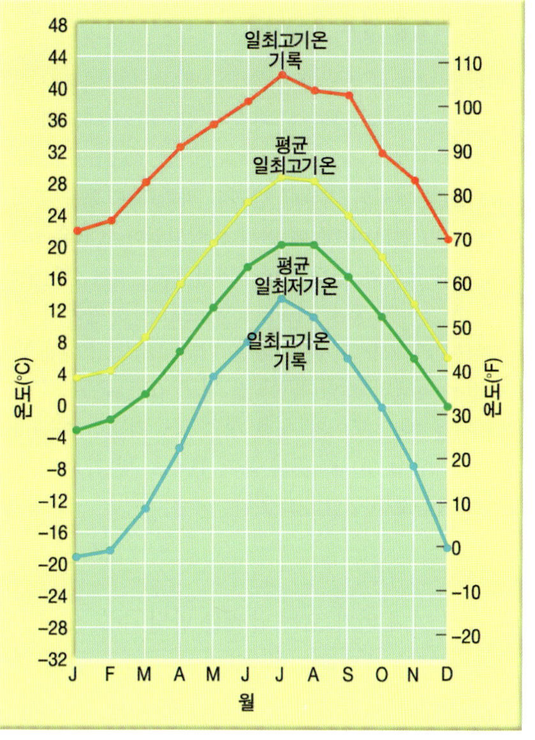

그림 11.2 뉴욕시에 대한 일기온 자료를 보여주는 그래프. 각 달에 대하여 평균 일최고기온과 평균 일최저기온과 아울러 극값도 보여주고 있다. 이 그래프가 보이듯이 평균 기온과는 현저한 편차의 기온이 나타날 수 있다.

이와 같은 정보는 여행할 때 틀림없이 도움이 될 것이다. 그러나 기후 자료가 날씨를 예측할 수는 없다는 사실을 인식하는 것이 중요하다. 비록 여행 장소가 통상(기후학적으로) 여행 기간 동안 따뜻하고 맑으며 건조할지라도 실제로는 선선하고 구름

이런 사실을 알고 있었나요?

정확한 날씨 예보를 생산하기 위해서는 전 지구의 모든 부분으로부터 관측된 자료가 필요하기 때문에 세계기상기구(World Meteorological Organization; WMO)가 날씨와 기후에 관련된 과학적 활동을 조정 협력하기 위하여 UN에 의해 설립되었다. UN은 187개 회원 국가와 영토로 구성되어 있다. UN 산하 세계기상감시(World Weather Watch)는 회원국이 운영하는 관측시스템을 통해 분 단위까지 표준화된 관측값을 제공하고 있다. 이 전 지구시스템은 수백 개의 자동 자료 부이와 수천 대의 항공기뿐만 아니라 10개의 위성, 10,000곳의 육지 관측소 및 7,000곳의 선박 관측소를 포함하고 있다.

이 많이 끼며 비가 오는 날씨를 만날 수도 있다. 이것을 요약한 다음과 같이 잘 알려진 말이 있다. "기후는 기대하는 것이지만, 날씨는 만나는 것이다."

날씨와 기후의 특성들은 정기적으로 관측이 이루어지는 다음과 같은 기본 **요소**(element)들로 나타낸다. (1) 기온, (2) 습도, (3) 운형과 운량, (4) 강수의 형태와 양, (5) 기압, (6) 풍향과 풍속. 이들이 날씨 유형이나 기후 형태를 설명하는 데 사용되는 주요한 요소들이다. 각 항목별로 이 요소들에 대해 배워나가겠지만 한 요소의 변화는 다른 요소의 변화를 유발하므로 각 요소 간에 강한 상호관계가 있음을 유념해야 한다.

2. 대기의 구성

대기(air)는 하나의 성분이나 화합물이 아니라 고유의 물리적 특성을 가진 다양한 기체로 이루어져 있다. 공기 속에는 다양한 형태의 작은 입자나 물방울들이 부유하고 있다.

주요 성분

대기의 조성은 일정한 것이 아니라 시간과 장소에 따라 변한다. 만약 수증기나 먼지 그리고 다른 변량 성분들을 제외한다면 대기의 조성은 약 80km 고도까지 전 세계적으로 매우 일정한 분포를 나타낸다.

그림 11.3과 같이, 깨끗하고 건조한 공기는 78%의 질소와 21%의 산소가 대부분을 차지한다. 비록 이 기체들이 가장 많은 부피를 차지하고 있고, 지구상 생명체에 필수적인 기체들이지만 날씨에는

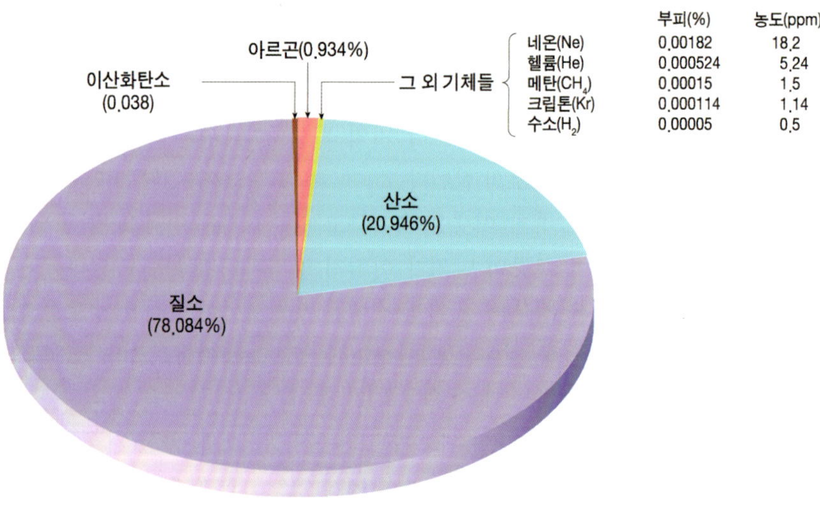

그림 11.3 건조공기의 기체 조성별 부피. 질소와 산소가 대부분을 차지한다.

그리 큰 영향을 주지 못한다. 나머지 1%는 비활성 기체인 아르곤(0.93%)과 다수의 미량기체들로 이루어져 있다. 이산화탄소의 경우, 비록 0.036% 정도의 작은 부피를 차지하고 있지만 지구 복사를 흡수하여 대기의 가열에 영향을 주는 매우 중요한 성분이다.

변량 성분들

대기는 시간과 장소에 따라 급격히 변화하는 많은 기체들과 입자들을 포함하고 있다. 수증기, 먼지 입자, 오존 등이 주요 예들이다. 비록 작은 부피를 차지하지만 날씨와 기후에 지대한 영향을 미친다.

수증기 대기 중에서 수증기는 전혀 포함되지 않거나 최대 4%의 부피를 차지할 정도로 다양한 비율로 분포한다. 대기 중의 미량기체들이 중요한 이유는 무엇인가? 수증기가 모든 구름과 강수의 원천이라는 사실이 바로 그 대답이다. 그러나 수증기는 이산화탄소와 같이 태양에너지 일부뿐만 아니라 지구가 방출하는 에너지를 흡수하는 능력을 가지고 있다. 따라서 대기 중의 열을 다룰 때 수증기의 역할은 중요하다.

물의 상태가 변할 때(**그림 12.2** 참조), 열을 흡수하거나 방출한다. 이를 "숨어 있는 열"이라는 뜻으로 **숨은열**(latent heat)이라 부른다. 다음 장에서 설명하겠지만, 대기 중의 수증기는 숨은열을 한 지역에서 다른 지역으로 이동시키며 폭풍을 생성하는 에너지원이 되기도 한다.

에어러솔 대기가 이동하는 동안에 많은 양의 고체 및 액체 입자들이 공중에 떠 있다. 때때로 하늘을 덮는, 눈에 보이는 먼지들은 오랜 기간 동안 떠 있지 못하지만 많은 미세 입자들은 상당히 오랜 기간 동안 부유한다. 에어러솔 생성 원인은 크게 자연적 그리고 인위적인 발생으로 구분할 수 있는데 파도가 부서질 때 발생하는 해염 입자, 미세한 토양 입자, 화재 시 발생하는 연기와 매연, 바람에 의해 공중으로 날려가는 꽃가루와 미세 유기물, 화산 폭발로 인한 재와 먼지 등등이 있다(**그림 11.4A**). 이와 같은 작은 고체 및 액체 입자들을 통틀어 **에어러솔**(aerosol)이라고 부른다.

기상학적 관점으로 보면, 작고 눈에 보이지 않는 입자라 할지라도 매우 중요하게 여겨진다. 첫째, 이 입자들이 응결핵으로 작용하여 수증기가 응결되어 구름이나 안개를 형성하는 데 중요한 역할을 한다. 둘째, 에어러솔은 입사하는 태양 복사를 반사하거나 흡수한다. 따라서 대기오염이 발생한 지역은 입사 태양 복사량이 줄어들게 된다. 마지막으로, 에어러솔은 일출과 일몰 시 노을과 같이 우리 모두가 관측할 수 있는 광학적 현상에 영향을 미친다(**그림 11.4B**).

오존 오존 또한 대기 중에서 중요한 성분이다. 오존은 3개의 산소 원자가 하나의 분자(O_3)를 이루는 산소의 한 형태이다. 오존은 두 개의 산소 원자로 이루어진 우리가 숨쉬는 산소(O_2)와는 다른 형태를 가진다. 대기 중에는 오존이 거의 없으며 일정하게 분포하고 있지도 않다. 오존은 고도 10~50km 사이의 **성층권**에 집중적으로 분포한다.

그 고도에서는 태양 자외선을 흡수한 산소 분자(O_2)가 산소 원자(O)로 분리되며 이 산소 원자(O)와 산소 분자(O_2)가 충돌하여 오존이 만들어진다. 이 과정은 **촉매** 역할을 하는 제3의 중성 분자가 있을 때만 일어난다. 10~50km 고도에서 위 과정을 위한 조건들이 충족되기 때문에 일정 고도 영역에 집중적으로 오존이 분포하는 것이다. 이 영역에는 산소 원자를 생성하기에 충분한 자외선 복사가 있고 충돌을 유발시키는 충분한 기체 분자들이 있기 때문이다.

오존층의 존재는 지구상에 살고 있는 우리에게는 매우 중요하다. 그 이유는 오존이 유해한 태양

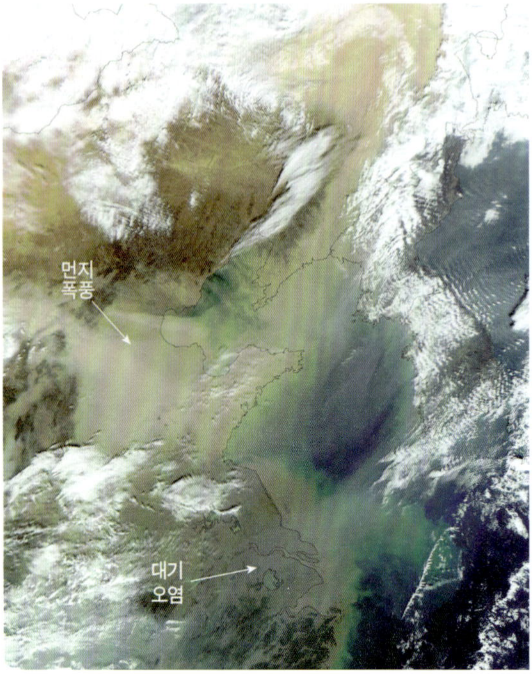

A.

B.

그림 11.4 A. 2002년 11월 11일의 이 위성영상은 에어러솔의 두 가지 예를 보여주고 있다. 첫째, 대규모 먼지 보라가 한반도를 향하여 북동부 중국을 횡단하여 불어오고 있다. 둘째, 남쪽(사진의 아래 중간 부분)으로 지나는 짙은 연무는 인간이 발생시킨 대기오염이다. (사진 제공: NASA) B. 대기 속의 먼지는 일몰을 특히 멋있게 만들 수 있다. (사진 제공: Steve Elmore/CORBIS/The Stock Market)

의 자외선을 흡수하기 때문이다. 만약 오존이 자외선의 상당량을 차단하지 않는다면 지구는 생명체가 살 수 없는 행성이 될 것이다. 따라서 오존량을 감소시키는 무엇이라도 지구상의 생명체에 영향을 미친다. 다음 절에서 현재 문제시되는 사항들을 기술하였다.

오존 감소-전 지구적 논쟁거리

비록 성층권의 오존이 10~50km 고도에 분포하지만 인간 활동에 의해 쉽게 영향을 받는다. 우리가 만들어내는 화학물질들이 성층권에서 오존 분자들을 파괴하고 자외선 방패를 약화시키고 있어서, 오존의 감소는 전 지구적으로 심각한 환경 문제이다. 지난 20년간의 관측을 통해 오존 감소는 전 세계적으로 발생하고 있으며, 특히 극지방에서 심각함을 알 수 있었다. **그림 11.5**에서 남극 지역의 오존층에 나타난 인간 활동의 영향을 볼 수 있다.

지난 50년 이상 동안, 사람들은 대기를 오염시킴으로써 오존층을 파괴시켜 왔다. 염화플루오르화탄소(CFCs)가 대표적인 오존 파괴제이다. 인류는 수십 년 동안 CFCs를 사용하여 에어컨의 냉매, 냉장제품, 전자 부품과 컴퓨터 칩의 청결제 그리고 스프레이용 분무 가스 등의 제품들을 개발하여 왔다. 또한 CFCs는 컵이나 가정용 절연체와 같은 플라스틱 제품들의 발포제로 사용되어 왔다.

CFCs가 하층 대기에서는 비활성이기 때문에 이들 중 일부가 오존층까지 도달하게 되면 자외선이 CFCs 화합물을 구성 원자들로 분리하게 한다. 이때 생성된 염소 원자들이 오존 분자들의 일부를 파

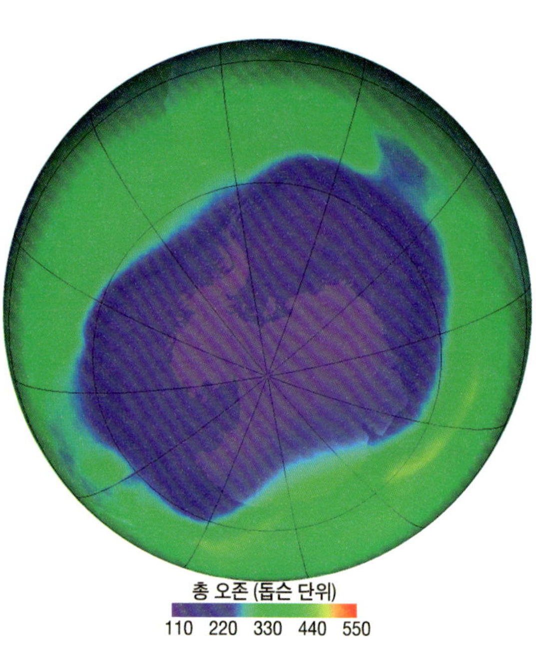

그림 11.5 이 위성영상은 2006년 9월 24일 남반구의 오존 분포를 보여주고 있다. 오존 감소가 가장 크게 일어나는 영역을 "오존 구멍(ozone hole)"이라고 한다. 짙은 푸른색 부분이 가장 낮은 오존 농도의 구역에 해당한다. 평균값은 약 300 돕슨 단위이다. 220 돕슨 단위 미만의 영역이 오존 구멍의 부분으로 간주된다. 남극 상공 오존 구멍은 남반구 봄철에 형성된다. 2006년에는 오존 구멍이 북아메리카 전체보다 약간 더 큰 면적인 약 2,900만km^2나 확장되었다. 이 면적은 지금까지의 오존 구멍 최대 넓이 기록과 같았다. (자료 제공: NASA)

괴하게 된다.

오존이 태양의 자외선 복사 대부분을 차단시키기 때문에 오존이 감소하면 지표면에 많은 유해한 자외선이 도달하게 된다. 그로 인해서 인류에게 가장 심각한 위협이 되는 것은 피부암의 증가이다. 또한 자외선의 증가는 동공을 흐리게 하여 조치를 취하지 않으면 실명에 이르게 하는 백내장을 일으킬 뿐만 아니라 인간 면역체계에도 손상을 입힌다.

이러한 문제에 대응하기 위해 유엔의 후원으로 CFCs의 사용과 생산을 금지하자는 국제적 결의인 **몬트리올 의정서**(Montreal Protocol)가 체결되었다.

강력한 조치가 취해졌지만 대기 중 CFCs 양이 급격히 감소하지는 않을 것이다. 일단 대기 중에 방출되면 CFCs 분자들은 몇 년이 걸려야 오존층에 도달하게 되고, 일단 오존층에 도달하면 수십 년 동안 파괴되지 않고 존재할 수 있다. 즉, 이러한 조치들이 가까운 장래에 오존층의 회복을 가져다주지는 못하며 CFCs 양이 감소하기 시작할지라도 오존층은 아마도 21세기 후반기에 들어서야 회복되기 시작할 것이다.

이런 사실을 알고 있었나요?

비록 자연적으로 발생하는 성층권 오존이 지구의 생명체에 위협적일지라도 오존이 지면 근처에서 발생할 때에는 식생에 재해를 줄 수 있으며 인간 건강에 해로울 수 있기 때문에 오존은 하나의 오염물로 간주된다. 오존은 **광화학적 스모그**(photochemical smog)라 부르는 해로운 기체와 입자의 혼합물의 주성분이다. 이 광화학 스모그는 자동차와 산업시설에서 방출하는 오염물이 태양광선과 반응하여 형성된다.

3. 대기의 높이와 구조

GEODe EARTH SCIENCE Earth's Dynamic Atmosphere
▼ Heating The Atmosphere

대기는 지표로부터 시작하여 연직으로 분포한다. 그러나 어디가 대기의 끝이며 우주공간의 시작인가? 사실 엄격한 경계는 없다. 만일 지구 밖으로 여행을 한다고 하면 대기는 급격히 희박해져서 기체 분자들을 감지할 수 없을 정도가 된다.

기압의 변화

대기의 연직방향의 범위를 알기 위하여 고도에 따른 기압의 변화를 살펴보자. 기압은 간단히 말하면 상공에 분포하는 공기의 무게이다. 해면에서의 평균 기압은 1,000hPa를 약간 넘어선다. 이것은 공기가 1cm^2당 1kg을 약간 넘는 무게를 가짐을 의

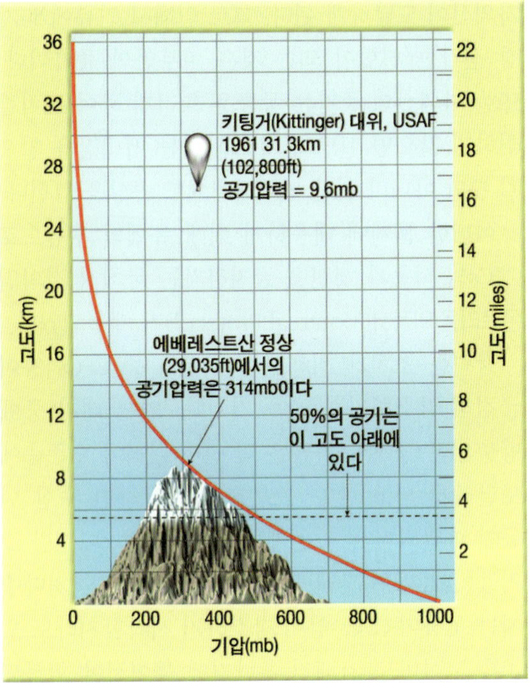

그림 11.6 고도에 따른 기압 변화. 고도에 따른 기압 감소는 일정하지 않다. 지표면 부근에서부터 급격히 감소하는데 고도가 높을수록 감소율이 서서히 작아진다. 그래프에서 나타나듯이 대기를 구성하는 기체의 대부분은 지표면 부근에 분포하고 고도가 높을수록 차차 엷어져서 진공인 우주공간과 연결된다.

그림 11.7 대류권에서는 고도가 높아질수록 기온은 내려간다. 따라서 산 정상에는 눈이 덮여 있고 따뜻한 산 아래에는 눈이 녹아서 없어진 풍경이 나타난다. 사진은 캐나다 앨버타의 재스퍼(Jasper) 국립공원의 커케슬린(Kerkeslin)산이다. (사진 제공: Carr Clifton/Minden Pictures).

미한다. 고도가 높아질수록 기압은 감소한다(**그림 11.6**).

고도 5.6km 이하의 대기가 전체 무게의 절반을 차지하고, 약 16km까지가 90% 이상을, 100km 이상에서는 대기를 구성하는 모든 기체들의 0.00003%에 불과하다. 그 이상의 높이에서도 극미량의 대기가 존재하지만, 차츰 진공상태인 우주공간으로 바뀌어 간다.

기온의 변화

20세기 초기까지, 하층의 대기에 대해서는 많은 것을 알게 되었지만 상층 대기에 대해서는 간접적인 방법을 이용하여 부분적으로만 알 수 있었다. 풍선이나 연으로 얻은 자료로부터 고도가 상승할수록 기온이 낮아진다는 것을 알 수 있었다. 이 현상들은 높은 산을 오르는 사람들도 느낄 수 있고, 눈이 없는 낮은 지역에 솟아 있는 눈 덮인 산봉우리의 사진을 통해서도 알 수 있다(**그림 11.7**). 일반적으로 기온 변화에 근거하여 대기를 4개의 층으로 구분한다(**그림 11.8**).

대류권 우리가 살고 있는 제일 하층 대기이며, 고도가 상승할수록 기온이 내려가는 층을 **대류권**(troposphere)이라 한다. 이 말은 문자 그대로 공기가 뒤섞이는 영역, 즉 최하층에서의 활발한 날씨 현상이 있음을 의미한다. 모든 중요한 날씨 현상이 일어나는 층이기 때문에 기상학자들이 가장 관심을 갖는 영역이다.

대류권 내에서 기온이 감소하는 정도를 **환경감률**(environmental lapse rate)이라고 한다. 환경감률은 평균적으로 6.5℃/km이지만 시간과 장소에 따라 변화가 심하다. 실제로 특정 지역에서 특정 시간의 환경감률을 구하기 위해서는 기압, 바람, 습도의 연직 분포를 관측하는 라디오존데(radiosonde)를 사용한다. 라디오존데는 풍선에 부착된 관

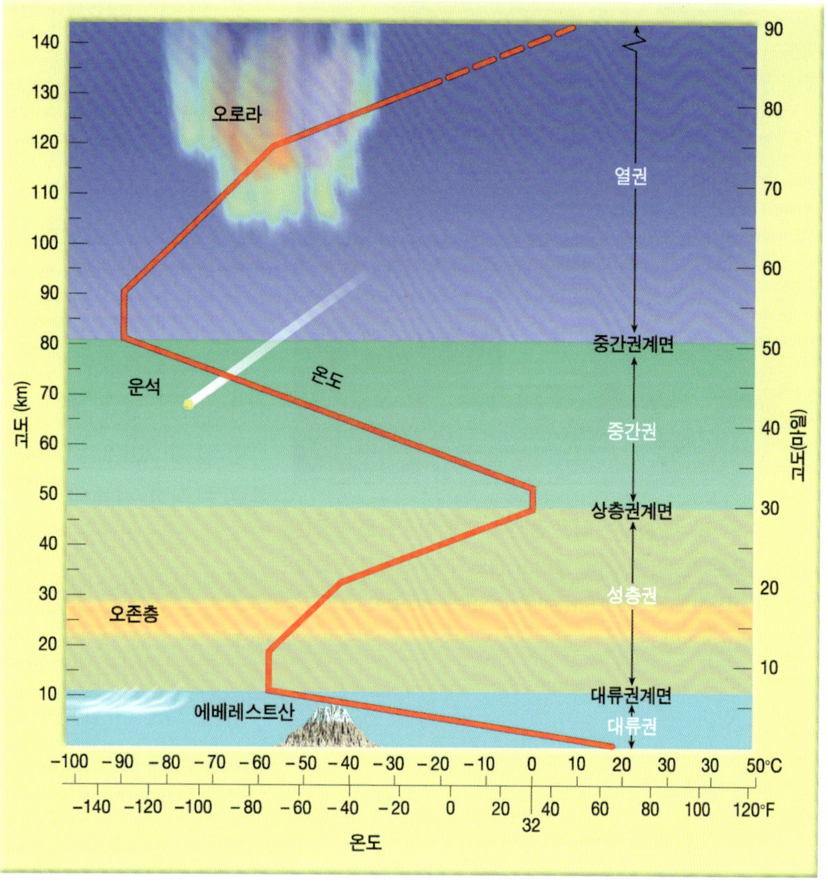

그림 11.8 대기의 연직 열적 구조.

측 기계들을 말하는데, 상승하면서 관측된 자료들을 무선으로 송신한다(**그림 11.9**).

대류권의 두께가 항상 일정한 것은 아니다. 위도와 계절에 따라 변한다. 평균적으로 온도 하강은 약 12km 고도까지 계속된다. 대류권의 상부 경계는 **대류권계면**(tropopause)이라 부른다.

성층권 내류권계면 위에는 **성층권**(stratosphere)이 있다. 성층권에서는 기온이 약 20km 높이까지는 일정하다가 약 50km 높이에 있는 **성층권계면**(stratopause)까지 점차적으로 상승한다. 대류권계면 아래에서는 기온이나 습도와 같은 대기 특성이 대규모의 난류나 혼합에 의해서 즉각적으로 이동한다. 그러나 성층권에서는 그렇지 않다. 성층권에서 기온이 증가하는 이유는 오존이 집중적으로 존재하기 때문이다. 오존이 자외선을 흡수하며 그 결과로 성층권은 가열된다.

중간권 세 번째 층은 **중간권**(mesosphere)으로, 약 80km에 위치하는 **중간권계면**(mesopause)까지 다시 기온이 하강하는 영역이다. 기온이 약 −90℃(−130°F)까지 하강한다. 대기에서 가장 낮은 온도는 중간권계면에서 발생한다. 접근성이 어렵기 때문에 중간권은 대기 중 가장 덜 탐구된 영역 중 하나이다. 가장 높이 올라가는 연구용 풍선도 중간권에 도달할 수 없고 가장 낮은 궤도를 도는 위성으로도 중간권을 접근할 수 없다. 이 층에 대한 지식 결여를 채우기 위하여 최근 기술 개발이 막 시

그림 11.9 라디오존데는 작은 풍선에 의해 상공으로 떠오른다. 라디오존데는 기온, 기압 그리고 습도의 연직 변화 자료를 제공한다. (사진 제공: Marc Burnett/Photo Researchers, Inc.)

작되고 있다.

열권 중간권계면 위의 네 번째 층은 명확한 상부 경계가 없는, 대기 질량 중에서 가장 작은 부분을 차지하는 열권이다. 공기가 매우 희박한 최상층의 **열권**(thermosphere)에서는 산소와 질소 원자들이 단파장의 고에너지 태양 복사를 흡수하기 때문에 기온이 다시 상승한다.

열권에서는 1,000℃(1,832°F) 이상의 높은 온도까지 상승하지만 지표면에서 경험하는 온도와는 다르다. 온도는 분자의 평균 운동속도의 관점에서 정의되는 것이기 때문이다. 열권의 기체들은 매우 빠른 속도로 움직이기 때문에 온도가 매우 높지만 기체들이 너무 희박하므로 매우 적은 양의 열을 가지고 있다. 이러한 이유로, 열권에서 지구 주위를 돌고 있는 인공위성의 온도는 주변 공기의 높은 온도가 아니라 흡수되는 태양 복사량에 의해서 결정된다. 따라서 우주비행사가 우주선 밖으로 손을 내밀어도 뜨거움을 느끼지는 못할 것이다.

4. 지구-태양의 관계

지구상의 다양한 날씨와 기후를 일으키게 하는 원천은 바로 태양에너지이다. 지구는 태양으로부터 방출되는 에너지의 극히 일부(20억 분의 1 이하)만을 사용한다. 미미한 양이라 여겨질지 모르지만 미국 전기 생산량의 수십만 배에 달하는 양이다.

태양에너지는 육지-해양에 골고루 분포하지 않으며 위도, 시간, 계절에 따라 달라진다. 빙하 위의 북극곰과 열대 해안의 야자수의 사진을 비교해 보면 알 수 있다. 바람이나 해류가 생기는 이유도 바로 이러한 지표의 불균등 가열이다. 그런 운동들은 또한 열대지방의 열을 극지방으로 이동시켜서 에너지 불균형을 해소하고자 한다. 이러한 과정들의 결과가 우리가 날씨라 부르는 현상들이다.

만약 태양이 차가워진다면 바람은 잠잠해질 것이다. 그러나 태양이 빛나는 한, 바람은 불고 날씨 현상은 계속 일어난다. 따라서 역동적인 날씨를 나타내는 대기라는 기계가 어떻게 일하는지 이해하기 위해서는 먼저 왜 다른 위도에서 다른 양의 태양에너지를 받게 되며 그리고 왜 태양에너지의 양이 계절 변화를 일으키는지를 알아야 한다. 보다시피 태양 가열의 변동은 태양에 상대적인 지구 운동과 지구의 육지-바다 표면의 변화로 일어난다.

지구의 운동

지구는 크게 자전과 공전이라는 두 가지 형태의 운동을 한다. **자전**(rotation)은 지구가 자전축을 중심으로 도는 것으로, 극을 통과하는 가상적인 선을 축으로 한다. 24시간마다 한 번씩 회전을 하고 낮과 밤이 하루 주기로 나타난다. 어느 한 순간에, 지구의 반은 태양빛을 볼 수 있으며 반대편은 어둠 속에 있게 된다. 어두운 반구와 밝은 반구를 나누는 선을 **조도원**(circle of illumination)이라 한다.

공전(revolution)은 태양 주위를 지구가 회전하는 운동을 말한다. 수백 년 전 대부분의 사람들은 우주상에서 지구가 정지해 있고 태양과 별들이 지구 주위를 돌고 있다고 믿었다. 우리는 지금 지구가 태양 주위를 시속 107,000km(시속 66,000마일) 이상의 속도로 돌고 있음을 알고 있다.

계절

여름보다는 겨울이 추운데 그 이유는 무엇일까? 낮의 길이로 그 차이의 일부를 설명할 수 있다. 여름의 낮은 길어서 많은 태양 복사를 받아들이는 반면, 짧은 겨울의 낮은 적은 양의 태양 복사를 받아들인다.

지평선과 남중한 태양이 이루는 각의 점차적인 변화 또한 그 이유가 된다(**그림 11.10**). 한 여름엔 정오의 태양 고도는 높지만 여름이 지나고 가을이 되면서 태양의 남중 고도는 낮아지고, 매일 저녁 해가 일찍 진다. 우리가 여기서 살펴보고자 하는 것은 태양과 지면이 이루는 각, 즉 태양 고도(altitude)의 연변화이다.

계절에 따른 태양 고도의 변화는 두 가지 방법으로 지표면이 받는 태양에너지량에 영향을 준다. 첫째, 태양이 머리 위로 높이 떠 있을 때, 태양에너지의 강도가 가장 강하다(**그림 11.11A**). 고도가 낮아지면 광선은 넓게 퍼지게 되고 지표에 도달하는 태양 복사가 약해진다(**그림 11.11B, C**). 이 원리를 설명하기 위하여 손전등을 잡고 지면에 직각으로 비추어 보고 또한 각을 변화시켜 보라.

둘째, 적게 영향을 미치는 원인이지만, 태양의 고도는 태양 광선이 대기를 통과하는 두께를 결정한다(**그림 11.12**). 태양이 머리 위를 비출 때 대기 두께를 1이라고 한다면 지면과 30°의 각을 이루며 비출 때 대기 두께가 2배가 되며, 각이 5°가 되면 11배가 된다. 경로가 길어질수록 태양빛이 대기에 의해 더 많이 흡수, 반사 또는 산란된다. 우리가 한낮의 태양을 직접 볼 수는 없지만 일몰에는 태양을

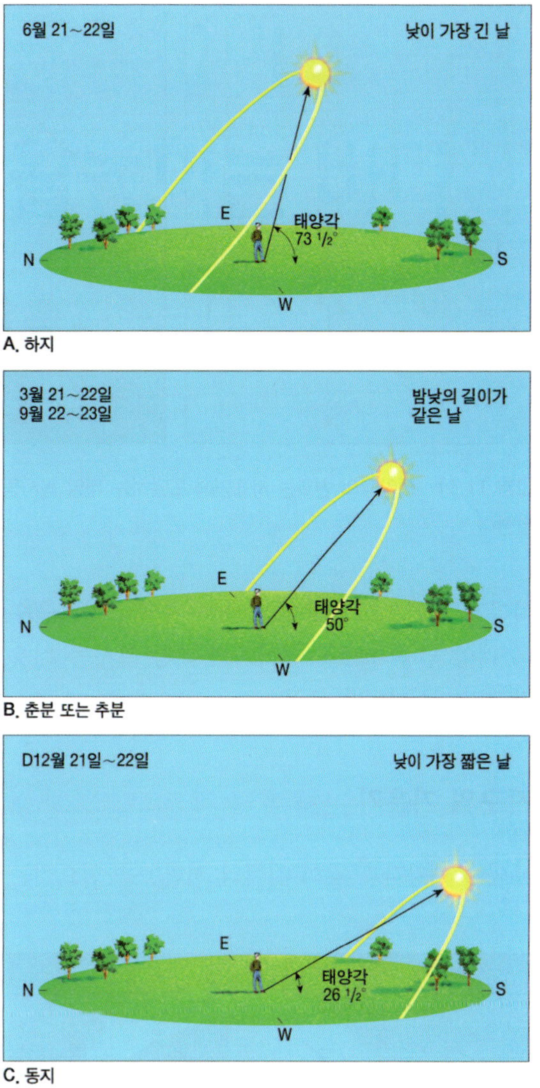

그림 11.10 A. 하시. B. 춘분 또는 추분. C. 동지에 대하여 북위 40°에 위치한 장소에서의 하루 중 태양 경로. 여름으로부터 겨울까지 이동하면서 정오의 태양각은 73.5°로부터 26.5°까지 47°나 감소한다. 1년에 일출(동쪽)과 일몰(서쪽)의 위치가 얼마나 바뀌는지도 주목하라.

감상하며 쳐다볼 수 있는 것도 같은 이유로 설명할 수 있다.

지구가 구형이라는 사실도 중요하다. 수직으로 태양빛을 받는 위치에서 북쪽 또는 남쪽으로 움직이면, 태양 광선은 보다 낮은 각도로 비추게 된다.

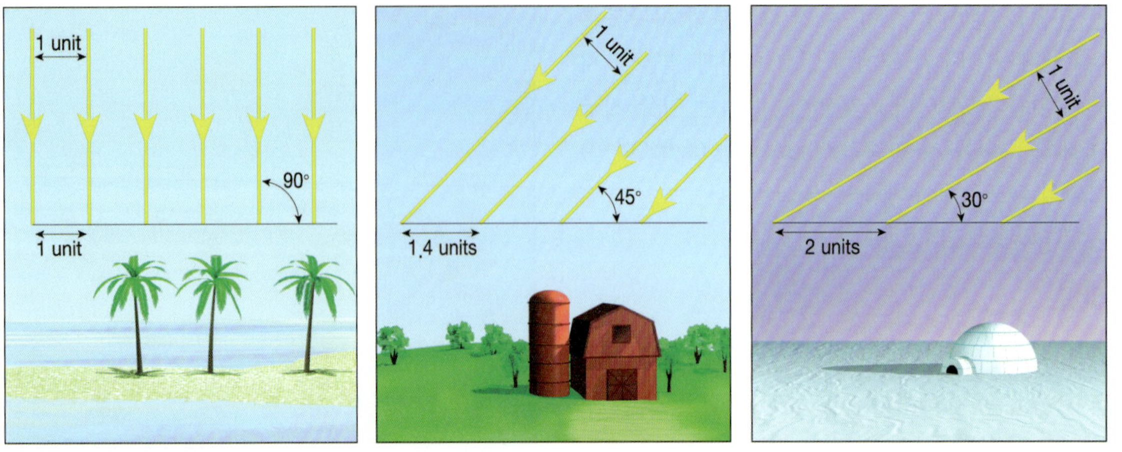

그림 11.11 태양각의 변화는 지표면에 도달하는 태양 복사량을 변화시킨다. 입사각이 클수록 더 많은 태양 복사가 지표면에 도달한다.

따라서 수직으로 태양빛을 받는 지역과 가까울수록 태양 남중 고도는 높아지며 태양 복사는 더욱 강해질 것이다(**그림 11.12**).

지구의 기울기

무엇이 태양각과 낮의 길이의 연변동을 일으키는가? 이는 지구가 궤도를 따라 태양 주위를 돌 때 지구의 위치가 계속적으로 변하기 때문이다. 즉, 자전축(양극을 통과하는 가상적인 축)이 공전면과 수직이 아니기 때문이다. **그림 11.12**와 같이 수직면으로부터 23.5° 기울어져 있는데 이를 **자전축의 경사**(inclination of the axis)라 한다. 만약 자전축이 기울어져 있지 않다면 계절의 변화는 없을 것이다. 지구가 태양 주위를 돌 때 자전축이 같은 방향(북극성 방향)을 향하기 때문에 태양 광선에 대한 지구 축의 위치가 항상 변하게 된다(**그림 11.13**).

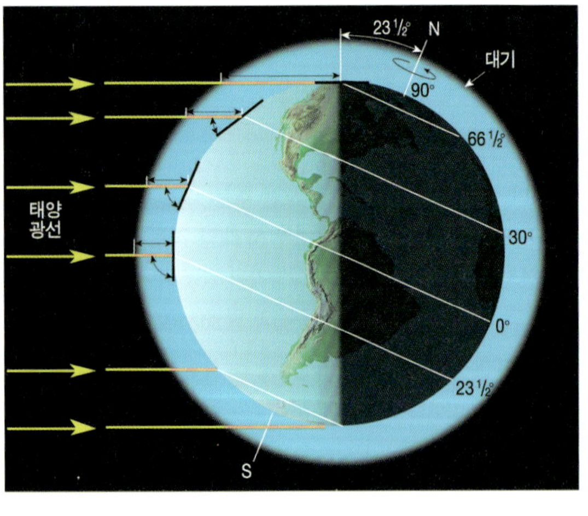

그림 11.12 낮은 태양 고도로(극 방향으로) 지표면에 도달하는 태양 광선은 높은 고도로(적도방향으로) 도달하는 태양 광선보다 더 긴 대기 경로를 통과하기 때문에 반사와 흡수로 인해 더 많이 감쇄되어 지표에 도달한다.

예를 들면, 매년 6월의 어느 날이 되면 지구는 북반구가 태양을 향하여 23.5° 기울어진 위치가 된다(**그림 11.13**, 왼쪽). 6개월 후 12월이 되면 지구는

이런 사실을 알고 있었나요?

태양이 바로 머리 위에 있게 되는 유일한 주는 하와이이다. 그 이유는 다른 모든 주가 북회귀선의 북쪽에 위치해 있기 때문이다. 호놀룰루는 약 북위 21°에 위치해 있어서 1년에 두 번 90°의 태양각을 경험하게 된다. 즉, 한 번은 3월 27일경 정오에 그리고 또 한 번은 약 7월 20일 정오에 태양이 바로 머리 위에 있게 된다.

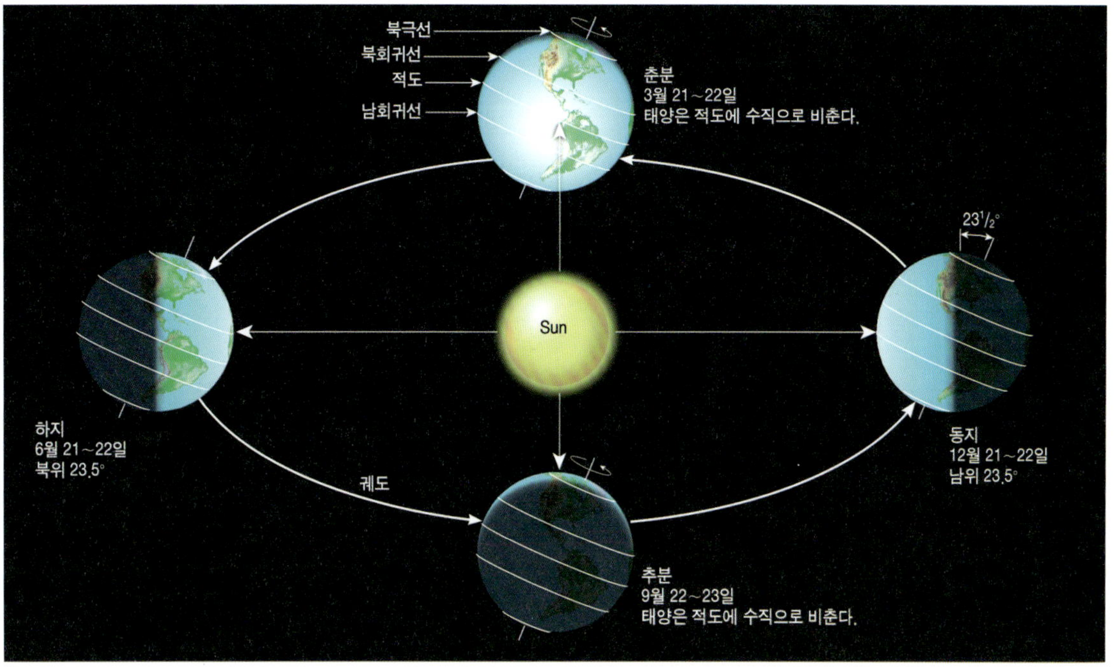

그림 11.13 지구–태양의 위치에 따른 관계.

궤도의 반대편에 위치하게 되며 북반구는 태양 반대편으로 23.5° 기울어져 위치한다(**그림 11.13**, 오른쪽). 이 두 반대 위치들 사이에서 자전축은 태양 광선에 대해 23.5° 이하의 각을 이루게 된다. 이러한 위치의 변화가 태양 광선이 수직으로 비추는 지역을 매년 북위 23.5°로부터 남위 23.5°로 이동시킨다.

이러한 이동은 위도가 23.5° 이상인 지역의 1년 동안의 태양 남중 고도를 47°(23.5°+23.5°)만큼 변화시킨다. 예를 들면, 중위도에 위치한 뉴욕 (약 북위 40°)은 6월에 태양이 가장 북쪽을 수직으로 비출 때 남중 고도가 73.5°로 최대가 되고, 6개월 후 26.5°로 최소가 된다.

지점과 분점

역사적으로 태양 직사광선의 연변동과 그것이 1년 동안의 날씨 주기에 미치는 영향을 고려했을 때, 1년 중 4일은 특별한 의미를 가진다. 6월 21일 혹은 22일경 지구는 자전축의 북극 방향이 태양을 향해 23.5° 기울어져 위치한다(**그림 11.14A**). 이때 태양 광선은 북위 23.5°를 수직으로 비추는데 이 위도를 **북회귀선**(Tropic of Cancer)이라 하며, 북반구에 사는 사람들은 이 날을 **하지**(summer solstice) 즉 공식적인 여름의 첫날로 부른다.

6개월 후, 12월 21일 또는 22일경이 되면 지구는 반대편에 위치하고 남위 23.5°를 태양이 수직으로 비춘다(**그림 11.14B**). 이 위도는 **남회귀선**(Tropic of Capricorn)이라 하며, 북반구에 사는 사람들에게 이 날은 **동지**(winter solstice)가 되는 반면 남반구에 사는 사람들에게는 하지가 된다.

하지와 동지의 사이에는 춘분, 추분점들이 있다. 9월 22일 또는 23일경이 북반구의 **추분**(autumnal equinox)에 해당하며, 3월 21일 또는 22일은 **춘분**(spring equinox)이 된다. 춘·추분 날에는 자전축이 태양을 향하는 방향으로도 또한 멀리하는 방향

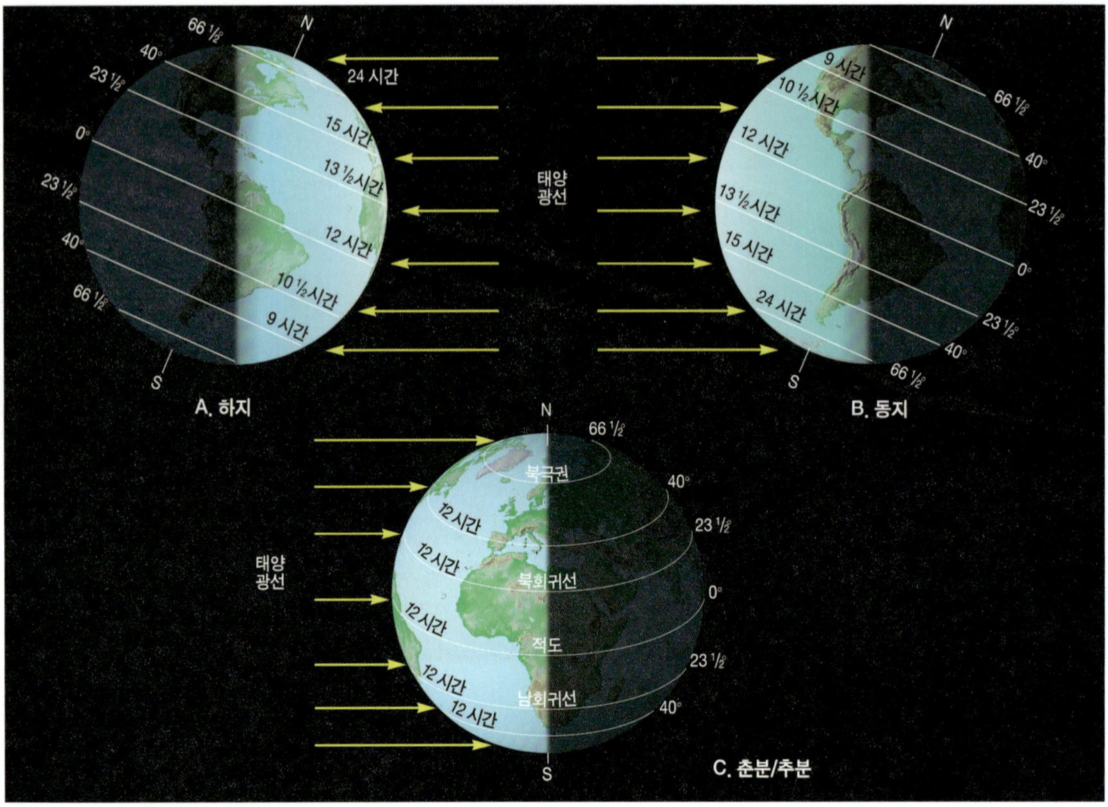

그림 11.14 하지, 동지와 춘분, 추분의 특징들.

으로도 기울어지지 않기 때문에 태양이 적도를 수직으로 비추게 된다(**그림 11.14C**).

낮과 밤의 길이 또한 공전궤도상의 지구의 위치에 좌우된다. 북반구의 하지인 6월 21일에는 낮의 길이가 밤의 길이보다 훨씬 길게 된다. 이는 **그림 11.14A**에서 볼 수 있듯이, 낮인 부분과 밤인 부분이 차지하는 각각의 위도 영역들을 비교하면 쉽게 알 수 있다. 이와 반대로 동지에는 밤이 낮보다 훨씬 길게 된다. 예를 들어 뉴욕의 경우, 6월 21일에는 낮의 길이가 15시간이지만 12월 21일에는 9시간밖에 되지 않는다(**그림 11.14, 표 11.1** 참조). **표 11.1**에 나와 있듯이, 하지에 적도를 기준으로 더 북쪽으로 갈수록 낮의 길이가 더 길어진다. 이 날 북극권(북위 66.5°) 안의 지역에선 낮의 길이가 24시간이 된다. 이 지역은 북극에서 약 6개월 동안 해가 지지 않는 "자정 태양"이 존재하는 땅이다.

춘분이나 추분이 되면 주야 경계선이 양극을 통과하고 같은 위도선을 이등분하기 때문에 지구상 어디에서나 낮과 밤의 길이가 같아진다(**그림 11.14C**).

북반구의 하짓날의 특징들을 정리하기 위해 **그림 11.14A**와 **표 11.1**을 살펴보고 다음과 같은 사실을 생각해 보자.

1. 6월 21일 또는 22일경이 하지가 된다.
2. 하지에는 태양이 북회귀선(북위 23.5°)을 수직으로 비춘다.
3. 하지는 북반구에서 낮이 가장 긴 날이다(남반구에서는 낮이 가장 짧은 날이다).
4. 북회귀선보다 위도가 높은 지역은 태양 남중

표 11.1 낮의 길이(시간·분)

위도(°)	하지	동지	춘·추분
0	12:00	12:00	12:00
10	12:35	11:25	12:00
20	13:12	10:48	12:00
30	13:56	10:04	12:00
40	14:52	09:08	12:00
50	16:18	07:42	12:00
60	18:27	05:33	12:00
70	24:00(2개월 동안)	00:00	12:00
80	24:00(4개월 동안)	00:00	12:00
90	24:00(6개월 동안)	00:00	12:00

고도가 최대가 된다(남회귀선보다 남쪽에 위치한 지역은 태양 남중 고도가 최소가 된다).

5. 고위도로 갈수록 낮의 길이가 길어지며 북극권에 도달하면 낮의 길이가 24시간이 된다(남반구에서는 반대가 된다).

동지에는 위 특징들과 반대되는 현상들이 일어난다. 이제 중위도 지역이 왜 여름이 제일 더우며 낮이 길고 태양 남중 고도가 최대가 되는지가 명확해졌다.

요약하면, 지표면에 도달하는 태양에너지의 계절적 변화는 태양이 비추는 각도가 변하기 때문이며, 그에 따라 태양의 고도 및 낮의 길이가 변하기 때문이다. 또한 이런 변화들이 열대 이외의 대부분 지역에서의 월별 기온 변화를 일으킨다. **그림 11.15**는 서로 다른 위도에 위치한 몇몇 도시에 대한 월평균 기온을 보여주고 있다. 극에 더 가까운 도시가 적도에 더 가까운 도시보다 여름과 겨울 사이의 온도 편차가 더 크다는 것을 주목하라. 또한 최저 기온이 북반구에서는 대부분의 장소에서 1월에 나타나는 반면 남반구에서는 7월에 나타나고 있음을 주시하라.

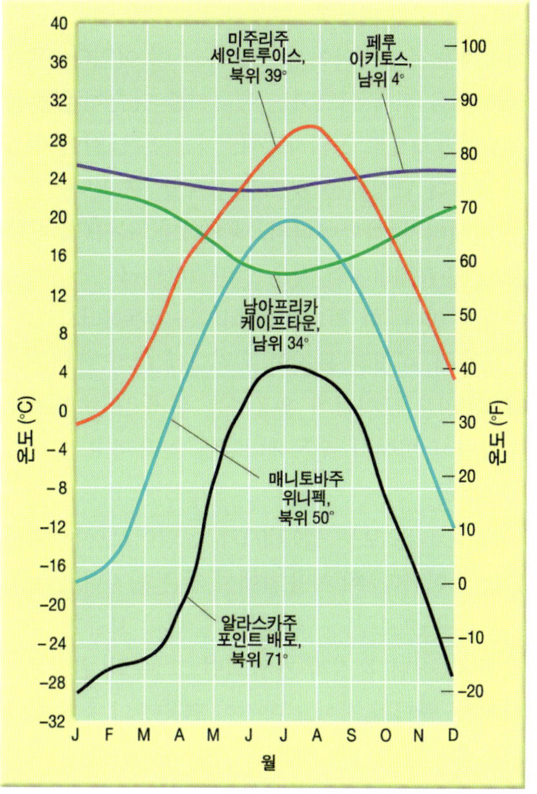

그림 11.15 서로 다른 위도에 위치한 5개 도시에 대한 월평균 기온. 남아프리카 케이프타운(Capetown)에서는 6월, 7월과 8월이 겨울에 속함을 기억하라.

같은 위도의 모든 지역은 같은 날 같은 태양 고도와 같은 낮의 길이를 가진다. 만약 지구-태양의 관계가 단지 온도의 조절로만 설명이 된다면 기온 마저도 같아야 한다. 하지만 실제는 그렇지 않다. 비록 태양의 고도가 온도를 조절하는 가장 중요한 요소이지만 다음의 내용과 같이 다른 요인들도 고려되어야 한다.

5. 에너지, 열 그리고 온도

우주는 물질과 에너지의 결합으로 이루어져 있다. 물질은 볼 수 있고 냄새 맡을 수 있으며 만질 수 있는 "소재"이기 때문에 그 개념을 잡기가 쉽다. 한편 에너지는 추상적이어서 기술하기 더 어렵다. 우리의 목적을 위해 여기서는 에너지를 단순히 일을 할 수 있는 능력으로 정의하겠다. 이 일은 물질이 이동될 때마다 달성되는 것으로 생각할 수 있다. 우리는 열에너지, 화학에너지, 핵에너지, 복사(빛)에너지 및 중력에너지와 같은 일반적 형태의 에너지와 친숙해 있다. 한 형태의 에너지는 **운동에너지**로 기술되는데, 이것은 물질의 움직임에 대한 에너지이다. 물질은 끊임없이 운동하는 원자 또는 분자로 조성되어 있어서 운동에너지를 보유하고 있음을 상기하라.

열(heat)은 보통 열에너지와 동의어로 사용하고 있는 용어이다. 이 사용법에서 열은 원자나 분자의 내부 운동으로부터 일어나는 물질이 보유한 에너지이다. 어떤 물질이 가열되면 그 속의 원자들이 점점 더 빨리 움직이고 이것이 열용량의 증가를 가져오게 한다. 한편, **온도**(temperature)는 물질의 원자나 분자의 평균 운동에너지에 관련되어 있다. 달리 말하면, 용어 열은 일반적으로 존재하는 에너지의 양을 말하는 반면, 온도라는 말은 에너지의 강도, 즉 "뜨거움"의 정도를 말한다.

열과 온도는 서로 밀접하게 관련된 개념이다. 열은 온도 차 때문에 흐르는 에너지이다. 모든 경우에, **열은 따뜻한 물체에서 찬 물체로 전달된다.** 이와 같이 만약 서로 다른 온도의 두 물체가 접촉된다면, 두 물체가 같은 온도가 될 때까지 따뜻한 물체는 차가워질 것이고 찬 물체는 따뜻해질 것이다.

6. 열의 전달과정

GEODe EARTH SCIENCE
Earth's Dynamic Atmosphere
▼ Heating The Atmosphere

열전달의 세 가지 과정은 전도, 대류 및 복사이다. 비록 여기서 세 가지를 분리해서 설명하지만, 이 세 가지 과정 모두는 대기에서 동시에 일어난다. 더욱이 이 과정들을 통해 지구 표면(육지와 물)과 대기 사이에 열이 전달된다.

전도

전도는 우리 모두에게 익숙하다. 뜨거운 냄비 위에 놓여 있는 숟가락을 만진 사람은 열이 숟가락에 전달되었음을 알 수 있다. 이와 같이 **전도**(conduction)는 **분자운동에 의해 물질 간에 열이 이동하는 것을 말한다.** 분자의 에너지는 한 분자가 다른 분자와 충돌하면서 전달이 되며 높은 온도에서 낮은 온도로 열이 이동하게 된다.

전도율은 물질마다 각기 다르다. 뜨거운 금속을 만져보면 금방 알 수 있듯이 금속은 좋은 전도체인 반면(**그림 11.16**), 공기는 열을 잘 전도하지 못하기 때문에 지표면과 지표면에 맞닿아 있는 공기 사이에서만 전도가 중요한 역할을 한다. 그러므로 대기 중에서의 열의 이동 측면에서 볼 때 전도는 그리 중요하지 않다.

대류

대기에서 발생하는 많은 열전달은 대류에 의해서

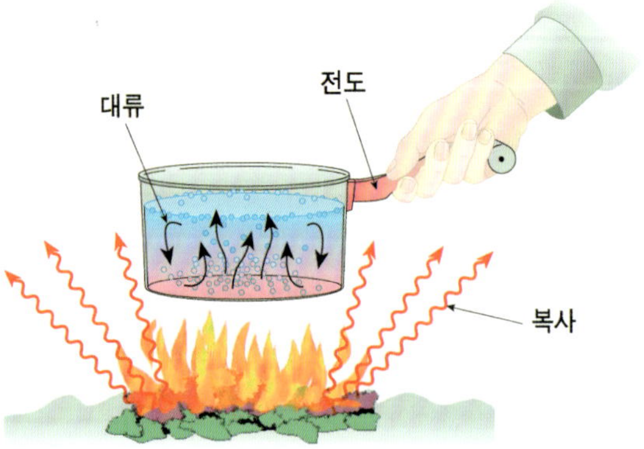

그림 11.16 열이 전달되는 세 가지 방법: 전도, 대류, 복사.

이루어진다. **대류**(convection)는 물질 안에서 질량 이동이나 순환에 의한 열전달 현상이다. 이 대류는 원자와 분자가 자유롭게 움직이는 유체(예를 들면, 바다와 같은 액체와 공기와 같은 기체) 안에서 일어난다.

그림 11.16에서 물이 든 팬은 간단한 대류 순환의 성질을 설명해 주고 있다. 밑에 있는 불로부터 오는 복사는 팬의 바닥을 가열하고 그 바닥은 그릇 바닥 가까이 있는 물로 열을 전도한다. 이때 물이 가열되면서 팽창하고 위에 있는 물보다 가벼워진다. 이와 같이 생긴 부력 때문에 따뜻해진 물은 상승한다. 동시에 팬의 꼭대기에 있던 차고 무거운 물은 가열되고 있는 바닥 쪽으로 하강한다. 바닥으로부터 위까지 물 전체가 똑같이 가열되지 않는 한 물은 계속 뒤집히며 대류 순환을 일으킨다. 비슷한 방법으로 복사와 전도에 의해 대기 최하층에서 얻은 대부분의 열은 대류적 흐름으로 전달된다.

전구 규모의 대기 중 대류는 거대하고 전 세계적인 공기 순환을 만든다. 이것이 더운 적도지방과 추운 극지방 사이의 열의 재분배를 일으킨다. 이 중요한 과정은 제13장에서 자세히 논의될 것이다.

복사

세 번째 열 이동방법은 **복사**(radiation)이다. **그림 11.16**과 같이, 복사는 에너지원으로부터 모든 방향으로 전달된다. 전도나 대류와는 다르게 열을 전달하는 매개체가 필요 없으며 복사에너지는 진공 속에서도 쉽게 전달된다. 따라서 복사를 통해서 태양에너지가 지구에 도달하는 것이다.

평소에 우리는 태양이 피부를 그을리게 하는 자외선뿐만 아니라 빛과 열을 방출함을 알고 있다. 이와 같은 형태의 에너지들이 태양 복사에너지의 대부분을 차지하지만 복사 또는 **전자기 복사**(electromagnetic radiation)라 불리는 다양한 파장의 에너지들 중의 일부분이다. **그림 11.17**에 전자기파 에너지의 종류가 제시되어 있다. X선, 마이크로파 또는 라디오파를 포함한 모든 복사는 초속 30만km의 속도로 진공을 통과하며 대기를 통과할 때에는 속도가 약간 떨어진다.

19세기의 물리학자들은 매개체 없이 에너지가 진공에서도 전달되는 현상이 불가능하다고 생각하고, 태양과 지구 사이에 에테르(ether)라는 물질이 있을 것이라 가정하였다. 공기가 음파를 전달시키듯이 그 물질이 복사에너지를 전달시킨다고 믿었

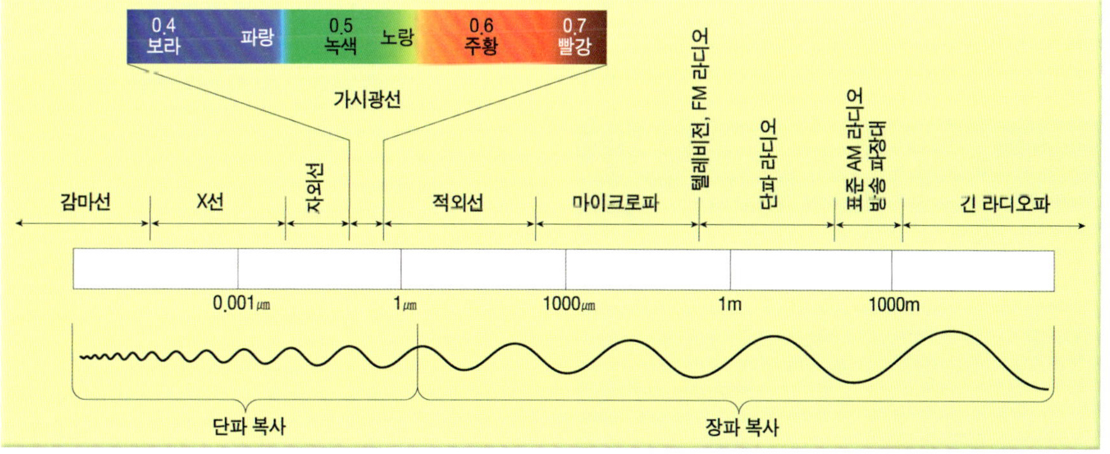

그림 11.17 파장에 따른 전자기파의 종류.

다. 지금 우리는 중력과 같이 복사에너지가 전달되는 데는 어떠한 물질도 필요 없음을 알고 있다.

어떤 면에서는 복사에너지의 전달은 넓은 바다의 너울과 비슷하다고 할 수 있다. 너울과 같이 전자기파는 다양한 크기로 전달된다. 전자기파의 중요한 특성 중의 하나가 마루와 다음 마루 사이의 거리인 파장이다. 라디오파는 수십km나 되는 가장 긴 파장을 가지고 있는 반면, 감마선은 10억 분의 1cm보다 작은 아주 짧은 파장을 가지고 있다.

가시광선(visible light)은 이 말이 뜻하는 바와 같이, 우리가 볼 수 있는 파장 영역을 말한다. 우리는 종종 빛의 색깔이 흰색이기 때문에 가시광선을 하얀 빛이라고 하기도 한다. 그러나 하얀색은 각각의 특별한 파장에 해당하는 색깔들이 합쳐진 색깔이며(**그림 11.18**) 분광기를 사용하면 하얀 빛을 무지개 색들로 분리할 수 있다. **그림 11.17**에 나타난 바와 같이, 가시광선 중에서 보라색이 가장 파장이 짧으며(0.4㎛) 빨간색의 파장이 가장 길다(0.7㎛).

빨간색과 인접하고 파장이 긴 영역을 **적외선**(infrared)이라 하며, 우리가 볼 수는 없지만 열의 형태로 감지할 수 있다. 보라색과 가장 가까우며 눈에 보이지 않는 파는 **자외선**(ultraviolet; UV)이라

그림 11.18 가시광선은 우리가 흔히 무지개 색이라 불리는 색깔들로 구성되어 있다. 무지개는 작은 물방울에 의한 빛의 회절과 반사에 의해 나타나는 광학 현상이다. 알래스카주의 데날리(Denali) 국립공원. (사진 제공: Carr Clifton Photography)

하는데, 태양 광선에 과다 노출되었을 때 화상을 일으키기도 한다. 비록 우리가 감지할 수 있음을 근거로 복사에너지를 구분하였지만, 모든 복사에너지의 형태는 동일하다. 물체가 어떤 형태의 복사에너지라도 흡수했다면, 분자운동이 활발해지고 온도가 상승하게 된다.

대기가 어떻게 열을 얻는지에 대해 더 잘 이해하기 위해서는 다음의 기본적인 복사 법칙들을 이해할 필요가 있다.

1. 어떤 온도의 물체라도 복사에너지를 방출한다. 태양과 같이 뜨거운 물체뿐만 아니라 극지방의 빙하를 가지고 있는 지구도 에너지를 방출하고 있다.
2. 물체의 온도가 높을수록 단위 면적당 더 많은 에너지를 방출한다.
3. 물체의 온도가 높을수록 더 짧은 파장에서 최대 복사에너지를 방출한다. 표면 온도가 약 5,700℃인 태양은 가시영역인 0.5㎛ 부근의 파장대에서 최대 복사에너지를 방출하며, 지구는 적외선 영역인 10㎛ 부근의 파장대에서 최대 복사에너지를 방출한다. 최대 복사에너지를 방출하는 파장이 지구가 태양보다 20배나 길기 때문에 지구 복사를 장파 복사(long-wave radiation) 그리고 태양 복사를 단파 복사(short-wave radiation) 라 부른다.
4. 복사에너지를 잘 흡수하는 물체가 복사에너지를 잘 방출한다. 지표면과 태양은 각각의 온도에 대해서 거의 100%에 가깝게 흡수하고 방출하기 때문에 완전한 복사체에 가깝다. 한편, 기체들은 선택적으로 흡수하고 방출한다. 따라서 대기는 어떤 파장대들에 대해 복사에너지를 잘 투과시키기도 하며 투과시키지 않기도 한다. 대기는 가시광선을 잘 투과시키므로 지표면까지 잘 도달한다. 하지만 지구 복사와 같이 장파인 경우에는 그렇지가 않다.

그림 11.16은 열의 전달 방법에 대해 요약한 것이다. 모닥불에 의해 생성된 복사에너지의 일부분이 냄비에 의해 흡수되고 있다. 이 에너지는 전도의 과정을 거쳐 금속을 통해 쉽게 전달된다. 전도는 바닥에 있는 물의 온도도 상승시킨다. 가열이 되면 바닥의 물이 위로 상승하게 되고 상대적으로 온도가 낮은 위쪽의 물이 내려온다. 따라서 냄비로부터 얻은 열이 대류를 통해 재분배된다. 그러는 동안 물을 끓이는 사람은 모닥불과 냄비가 방출하는 열에 의해 따뜻함을 느끼게 된다. 만약 손잡이가 없이 냄비를 쥐고 있다면 금속은 쉽게 열을 전도하기 때문에 화상을 입을 것이다. 위의 예와 같이 지구 대기는 전도, 대류 그리고 복사가 동시에 일어나면서 가열되고 있다.

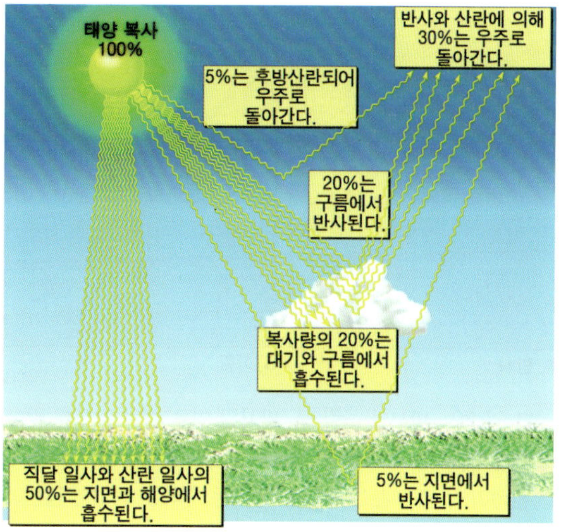

그림 11.19 입사하는 태양 복사의 평균적인 분포(%). 대기보다 지표면이 더 많은 태양 복사를 흡수한다. 따라서 대기는 태양에 의해 직접 가열되는 것이 아니라 지표에 의해서 간접적으로 가열된다.

7. 입사하는 태양 복사의 운명

GEODe EARTH SCIENCE

Earth's Dynamic Atmosphere

▼ Heating The Atmosphere

복사가 물체에 부딪칠 때, 세 가지 다른 결과가 보통 일어난다. 첫째, 일부 에너지는 물체에 흡수된다. 복사에너지가 흡수될 때 그것은 열로 전환됨을 상기하라. 이 열은 온도 증가를 가져온다. 둘째, 물과 공기 같은 물질은 어떤 특정 파장의 복사에 투명하다. 그와 같은 물질은 단순히 복사에너지를 투과시킨다. 투과되는 복사는 물체에 에너지를 주지 않는다. 셋째, 일부 에너지는 흡수되거나 투과되지 않고 물체에 부딪쳐 튕겨 나갈 수 있다. 이처럼 입사하는 태양 복사의 방향을 바꾸게 하는 현상이 반사와 산란이다. 요약하면, 복사는 흡수될 수도, 투과될 수도, 방향이 바꾸어질 수도(반사되거나 산란될 수도) 있다.

그림 11.19는 전체 지구에 대하여 평균된 입사 태양 복사의 운명을 보여주고 있다. 대기는 입사하는 태양 복사에 아주 투명하다는 것을 주목하라. 평균적으로 대기의 꼭대기에 도달하는 태양에너지의 약 50%는 지구 표면에 흡수된다. 또 다른 30%는 대기, 구름, 눈과 물 같은 반사 표면에 의하여 공간으로 반사되어 되돌아간다. 나머지 20%는 구름과 대기 중 기체에 의해 흡수된다. 태양 복사가 지표면으로 투과될지, 산란될지, 지구 밖으로 반사될지, 아니면 대기에 의해 흡수될지를 무엇이 결정할까? 알다시피 그것은 중간에 있는 물질의 성질뿐만 아니라 통과하는 에너지의 파장에 크게 좌우된다.

반사와 산란

반사(reflection)는 빛이 같은 강도를 갖고 어떤 표면에 입사하는 각과 같은 각으로 물체로부터 되돌아가는 과정이다(**그림 11.20A**). 대조적으로, **산란**(scattering)은 각기 다른 방향으로 진행하는 더 많은 수의 보다 약한 광선을 발생시킨다. 비록 산란이 빛을 전방과 후방(후방산란)으로 흩어지게 하

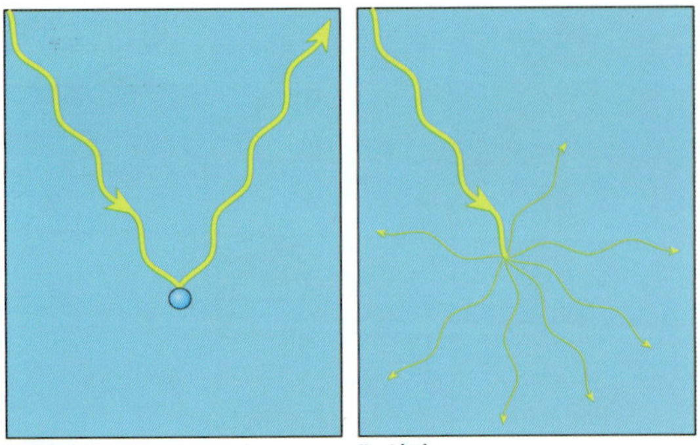

A. 반사 B. 산란

그림 11.20 반사와 산란. A. 반사된 빛은 같은 강도를 갖고 표면에 부딪치는 각과 같은 각도로 표면으로부터 튕겨 나간다. B. 광선이 산란될 때, 그 광선은 더 많은 수의 보다 약한 광선이 되어 각기 다른 방향으로 진행한다. 보통 후방보다는 전방으로 더 많은 에너지가 산란된다.

지만 전방으로 더 많은 에너지가 흩어진다(**그림 11.20B**).

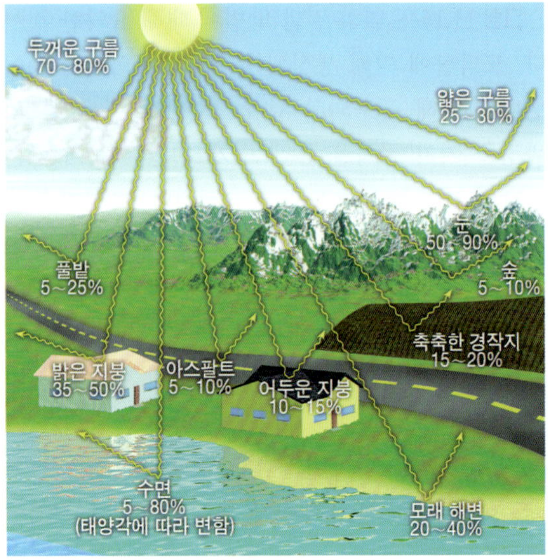

그림 11.21 여러 지표면의 알베도 (반사도). 일반적으로 밝은 색의 지표면이 어두운 색의 지표면보다 더 많이 반사하려는 경향이 있고 따라서 더 큰 알베도를 갖는다.

반사와 지구의 알베도 에너지는 두 가지 방법으로 지구로부터 우주공간으로 되돌아간다(복사에너지의 반사와 방출). 우주공간으로 반사되어 되돌아가는 태양에너지의 부분은 그것이 지구로 왔던 그 단파장으로 남게 된다. 대기의 상부에 입사하는 태양에너지의 약 30%는 우주로 반사된다. 이 숫자에는 후방산란에 의해 되돌아가는 복사량도 포함되어 있다. 이 반사되는 복사량은 대기에는 전혀 영향을 미치지 못한다.

지표에 의해 반사되는 복사에너지의 비율을 **알베도**(albedo)라 하며, 지구 전체에 해당하는 알베도는 30%이다. 그러나 알베도는 구름의 양이나 대기 중의 입자 물질, 태양 고도 그리고 지표면 특징에 영향을 받기 때문에 같은 지역일지라도 시간과 장소에 따라 달라진다. 태양 고도가 낮으면 더 긴 경로를 통해 대기층을 통과하기 때문에 태양 복사의 손실이 더 커진다(**그림 11.12** 참조). **그림 11.21**에는 지표면과 구름의 특성에 따른 알베도가 제시되어 있다. 특히 수면에 비치는 태양 광선은 각도에 따라 알베도가 급격히 변하는 것을 알 수 있다.

산란 입사하는 태양 복사가 직선으로 진행한다 할지라도 대기 중의 작은 먼지 입자와 기체 분자들이 이 에너지의 일부를 모든 방향으로 산란시킨다. **산란광**(diffused light)이라 부르는 이 결과는 빛이 어떻게 나무 그늘 밑에 도달하는지 또 태양광이 직접 들어오지 않아도 방 안이 어떻게 환하게 되는지를 설명한다. 더욱이 산란 현상으로 낮이 환해지는 것을 설명할 수 있으며 또한 낮에 하늘이 파랗게 보이는 것을 설명할 수 있다. 대조적으로, 대기가 없는 달과 수성 같은 행성에서는 한낮에도 하늘이 어둡고 그림자가 시꺼먼 색으로 보인다. 전반적으로 지구 표면에 흡수되는 태양 복사의 약 절반은 산란된 빛으로 도달한다.

흡수

앞에서 언급한 바와 같이, 기체는 특정 파장대에서

는 강한 흡수를, 다른 파장대에 대해서는 보다 약한 흡수를 하거나 거의 흡수를 하지 않는 선택적 흡수를 한다. 기체 분자가 태양 복사를 흡수했을 때, 에너지가 내부 분자운동으로 전환되며 그로 인해 온도가 상승한다.

대기 중에 가장 많은 부피를 차지하는 질소는 태양 복사를 거의 흡수하지 않으며 산소와 오존은 자외선 복사를 잘 흡수한다. 산소는 대기 상층에서 파장이 짧은 자외선을 거의 흡수하고 오존은 성층권에서 남은 자외선을 흡수한다. 성층권에서 온도가 상승하는 이유가 바로 자외선 흡수가 일어나기 때문이다. 산소, 오존과 더불어 수증기 또한 태양 복사를 흡수하는 중요한 기체 중의 하나이다.

가시광선을 잘 흡수하는 기체들은 없기 때문에 대부분의 가시광선 영역 복사가 지표면까지 도달할 수 있다. 따라서 대기는 태양 복사를 잘 투과시키며, 대기가 받는 에너지는 태양에너지를 직접 받는 것이 아니라는 것을 알 수 있다. 실제로 지표면이 태양에너지를 흡수한 다음, 재방출하는 에너지에 의해 대기는 가열된다.

8. 가열되는 대기: 온실효과

GEODe EARTH SCIENCE Earth's Dynamic Atmosphere
▼ Heating The Atmosphere

대기 상부에 도달하는 태양에너지의 50% 정도만 지표면에 흡수된다. 흡수된 에너지의 대부분은 대기 중으로 재방출된다. 지구의 표면 온도가 태양보다 훨씬 낮기 때문에 태양 복사보다 더 긴 파장의 복사에너지를 방출한다.

지구에서 방출되는 장파(지구복사) 대부분은 대기에 의해 흡수되는데 수증기와 이산화탄소가 주요 흡수 기체들이다. 수증기는 다른 기체들이 흡수하는 복사량보다 약 5배 정도의 지구 복사를 흡수

이런 사실을 알고 있었나요?

만일 지구 대기에 온실 기체가 없다면 지구의 평균 지표 온도는 오늘날의 비교적 쾌적한 온도인 14.5℃ 대신 몹시 추운 −18℃가 될 것이다.

하여 대기 중의 수증기 대부분이 분포하는 하층 대기를 따뜻하게 유지시킨다.

대기가 단파인 태양 복사는 잘 투과시키고 장파인 지구 복사를 잘 흡수하기 때문에 지표에 의해서 가열이 된다. 그러므로 "난로"에서 멀어지면 더 추워지는 것과 같이 대류권에서는 일반적으로 고도가 높아질수록 기온이 내려간다.

대기 중의 기체들은 지구 복사를 흡수한 다음 다시 방출한다. 위쪽으로 방출된 에너지들은 다시 기체 분자들에 의해 재흡수될 수도 있지만 고도가 높아질수록 수증기의 양이 감소하게 때문에 흡수량이 작으며, 아래쪽으로 방출된 에너지들은 지표에 의해 다시 흡수된다. 이런 과정을 통해 지표면은 태양뿐만 아니라 대기로부터도 에너지를 끊임없이 공급받고 있다. 대기 중에 이 흡수 기체들이 없다면 지구는 인간과 그 밖의 수많은 생물들이 생존할 수 없는 곳일 것이다.

예전에 온실이 따뜻해지는 원리와 비슷하다고 여겨서 이러한 현상을 **온실효과**(greenhouse effect)라고 하였다(**그림 11.22**). 수증기나 이산화탄소와 같은 기체들은 온실의 유리와 유사한 역할을 한다. 온실의 유리는 단파인 태양 복사는 통과시켜서 내부에서 흡수가 일어나지만, 장파로 방출되는 에너지는 통과시키지 않기 때문에 온실의 열은 차단된다. 그러나 온실이 따뜻하게 유지되는 더 중요한 요인은 온실이 내부의 공기가 밖의 찬 공기와 섞이지 않게 하는 것이다. 엄밀히 말해 대기의 역할과는 차이가 있지만, 온실효과라는 용어는 아직도 사용된다.

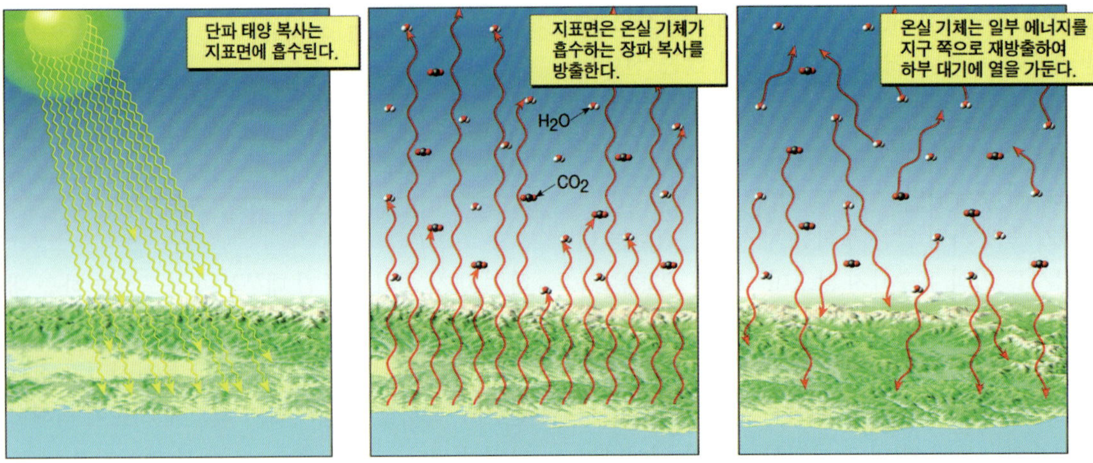

그림 11.22 대기의 가열. 대부분의 단파는 대기를 통과하여 지표의 땅과 해수면에 흡수된다. 지표가 흡수한 에너지는 장파로 방출되는데, 대기 중의 특정 기체에 의해 흡수된다. 대기에 의해 흡수된 에너지의 일부는 다시 지표로 재복사되는데, 이러한 현상을 온실효과라 하며 지구를 더 따뜻하게 유지시킨다.

9. 지구온난화

앞 절에서 이산화탄소가 지구 복사를 흡수하여 온실효과를 일으키는 기체 중의 하나임을 설명하였다. 이산화탄소가 주요 흡수 기체이기 때문에, 대기 중의 이산화탄소의 변화량은 기온에 영향을 줄 수 있다.

이산화탄소의 증가

과거 2세기 동안 굉장한 산업화는 석탄, 천연가스, 석유 같은 화석 연료의 소비로 이루어졌다(**그림 11.23**). 이 연료의 소비로 대기에는 엄청난 양의 이산화탄소가 추가되었다.

석탄과 그 밖의 다른 연료의 사용은 인간이 이산화탄소를 대기에 추가하는 가장 뚜렷한 방법이기는 하나 그것이 유일한 방법은 아니다. 삼림 훼손

이런 사실을 알고 있었나요?

이산화탄소가 지구온난화를 일으키는 유일한 기체는 아니다. 과학자들은 산업활동과 농업활동이 지구온난화에 중요한 역할을 하는 메탄과 일산화질소 같은 미량기체들의 증가를 일으킨다는 것을 알게 되었다. 이 기체들은 우주공간으로 빠져나가는 파장대의 지구 복사를 흡수한다. 지구를 온난화시키는 데 있어서 이 기체들의 효과는 거의 이산화탄소의 효과만큼 크다.

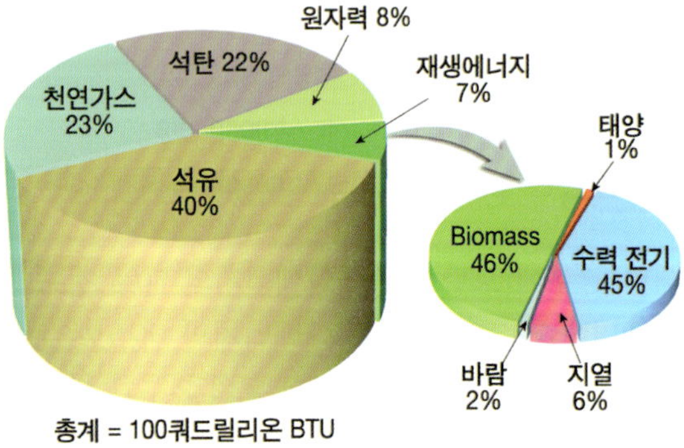

그림 11.23 19세기에 시작한 산업화의 급속한 성장과 나란히, 대기에 엄청난 양의 이산화탄소를 추가한 화석 연료의 소비가 있었다. 그래프는 2004년 미국에서의 에너지 소비를 보여주고 있다. 소비 총량은 100쿼드릴리온 BTU에 가까웠다. 1쿼드릴리온은 10의 12승으로서 이 쿼드릴리온 BTU는 전반적으로 미국 에너지 사용을 나타내기에 편리한 단위이다. (자료 제공: 미국 에너지 정보국 에너지과)

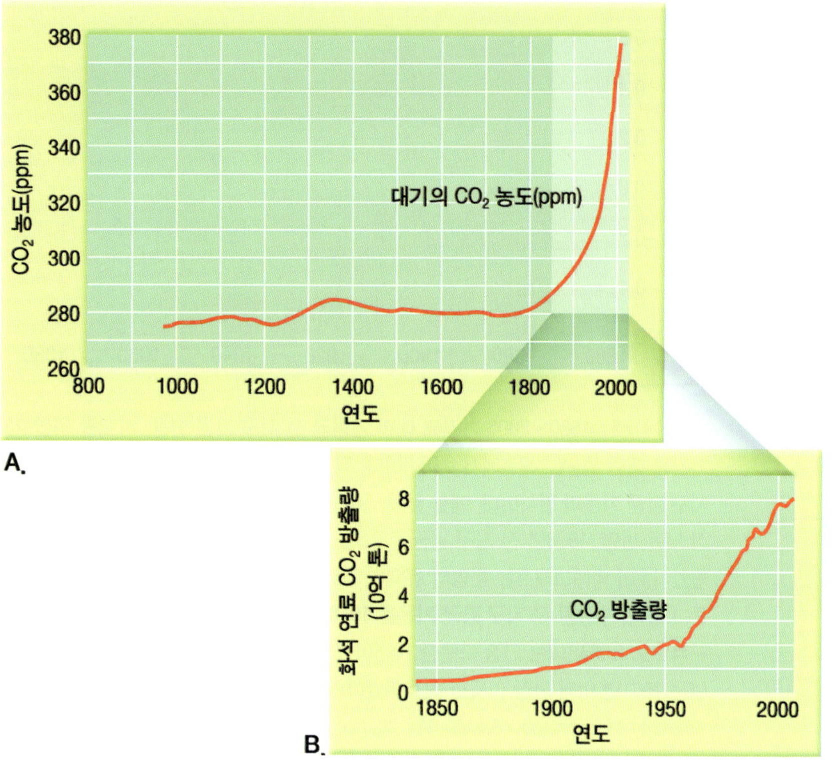

그림 11.24 A. 지난 1,000년간의 이산화탄소(CO_2)의 농도. 이러한 기록들은 남극 얼음 기둥으로부터 얻어지는데 빙하에 포함되어 있는 기포로부터 과거의 대기 조성을 알 수 있다. 1958년 이후의 기록들은 하와이에 있는 마우나로아 관측소에서 채취된 공기로부터 직접 측정한 이산화탄소의 양이다. B. 화석 연료 이산화탄소 방출. 산업화 시작 이래 이산화탄소 농도가 급격히 증가하였는데 이는 화석 연료 사용에 따른 이산화탄소 방출량의 증가와 밀접한 관련이 있다.

또한 이산화탄소 증가에 기여한다. 왜냐하면 식물이 타거나 상할 때 이산화탄소가 방출되기 때문이다. 삼림 파괴는 특히 목축이나 농업을 위해서 벌목되거나 또는 상업용 벌목작업이 일어나는 열대지방에서 현저하다. UN 추신에 따르면, 열대 삼림의 파괴 면적은 1990년대 동안 1,500만 헥타르를 넘었다고 한다.

일부 이산화탄소가 식물이 갖고 있거나 바다에 녹아 있기는 하지만 이산화탄소의 45~50%는 대기에 남아 있다고 추정된다. **그림 11.24A**는 얼음 기둥 기록을 근거로 얻은 과거 1,000년 동안의 이산화탄소 농도 변화를 보여주고 있다. 1958년 이후는 하와이에 있는 마우나로아 관측소(Mauna Loa Observatory)에서 측정한 값이다. 산업화가 시작된 이래 급격한 이산화탄소 농도 증가가 뚜렷한데 이는 화석 연료의 사용으로 이산화탄소 방출량의 증가와 밀접하게 관련되어 있다(**그림 11.24B**).

대기의 반응

대기의 이산화탄소의 양이 증가해서 실제로 전 지구 온도가 증가했을까? 대답은 예이다. IPCC(Intergovernmental Panel on Climate Change) 보고서*는 다음 내용을 담고 있다.

- 20세기 동안 전 지구 평균 지상기온은 약 0.6℃ 만큼 증가했다.
- 전 지구적으로, 1990년대가 가장 더운 10년이었던 것 같고 1998년과 2005년이 1861년 이후 가장 더웠던 해이다. 그 다음으로 더웠던 네 개의 해는 모두 2000년 이후에 발생했다(**그림 11.25**).

---

* Intergovernmental Panel on Climate Change, *Climate Change 2001: The Scientific Basis*, Cambridge, UK: Cambridge University Press, 2001, p. 2.

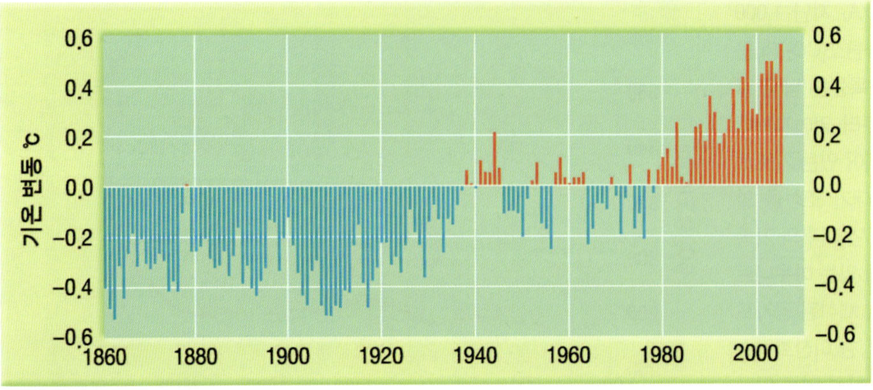

그림 11.25 1860~2005 기간에 대한 연평균 전 지구 기온 변동. 비교를 위한 기준은 1961~1990년 기간에 대한 평균(그래프에서 0.0선)이다. 각각의 좁은 막대 표시는 1961~1990년 평균으로부터의 전 지구 평균 기온의 편차이다. 예를 들면, 1862년 전 지구 평균 기온이 1961~1990년 평균보다 0.5℃ 이상 낮은 반면, 1998년 전 지구 평균은 0.5℃ 이상 높았다. (좀 더 상세히 말한다면 1998년은 0.56℃ 더 높았다.) 이 막대그래프는 분명히 유의한 경년 변동이 있음을 나타내고 있으나, 또한 상승 경향을 보여주고 있다. 추정된 전 지구 평균 기온은 1978년 이후 매년 1961~1990년 평균값 이상을 보였다. 전 지구적으로 1990년대는 가장 따뜻한 10년이었고, 1998년, 2005년, 2002년, 2003년, 2001년 그리고 2004년은 1861년 이래 가장 따뜻한 해들이었다. (G. Bell et al. "Climate Assessment for 1998", *Bulletin of the American Meteorological Society*, Vol. 80, No. 5, May 1999, p. 54로부터 수정되고 갱신된 자료임)

- 북반구에 대한 새 자료 분석은 20세기의 기온 상승이 과거 1,000년 동안 그 어느 세기보다도 더 컸음을 지적하고 있다.

이 기온 변화 경향이 인간활동에 의해 야기되었는가 아니면 그렇지 않아도 일어났을 것인가? 과학자들은 인간활동이 중요한 역할을 했을 것으로 (조심스럽지만) 확신하는 것 같다. 1996년 IPCC 보고서는 "인간활동이 전 지구 기후에 영향을 미친다고 제안할 수 있는 증거가 있다"*고 진술했다. 그로부터 5년 후, IPCC는 "지난 50년 동안 관측된 대부분의 온난화가 인간활동에 기인된다는 새롭고 더 강력한 증거가 있다"**고 진술했다. 그러면 미래에는 어떻게 될까? 2100년까지, 모델은 대기의 이산화탄소 농도가 540~970ppm까지 증가할 것으로 예측하고 있다. 그와 같은 증가로 전 지구 온도는 얼마나 변할까? 이에 대하여 2001 IPCC 보고서는 다음과 같이 진술하고 있다.***

- 전 지구적으로 평균한 지상기온은 2100년까지 1.4~5.8℃만큼 증가한다.
- 이 기온 상승률은 20세기 동안 관측된 변화보다 훨씬 더 크고 적어도 과거 10,000년 동안 선행하여 나타나지 않았을 것이다.
- 거의 모든 육지 영역에서 전 지구 평균보다 더 급격히 기온 상승이 나타날 것이고, 특히 추운 계절에 북반구 고위도 지방에서 기온 상승이 더

* Intergovernmental Panel on Climate Change, *Climate Change 1995: The Science of Climate Change*. New York: Cambridge University Press, 1996.

** IPCC, *Climate Change 2001: The Scientific Basis*, p. 10.

*** IPCC, *Climate Change 2001: The Scientific Basis*, p. 13.

이런 사실을 알고 있었나요?

지구온난화에 대한 논의를 언급한 IPCC(Intergovernmental Panel on Climate Change)는 인간이 일으키는 기후 변화의 이해에 적절한 과학적, 기술적, 사회경제적 정보에 접근하기 위하여 유엔(United Nations)과 세계기상기구(WMO, World Meteorological Organization)에 의하여 설립되었다. IPCC는 기후 변화의 원인과 결과에 대한 지식 상태에 관하여 정기적인 보고서를 제공하는 권위 있는 그룹이다.

뚜렷할 것이다.

몇 가지 가능한 결과

급격한 기온 변화의 효과는 큰 관심의 대상이지만 많은 불확실성이 있다. 기후계가 매우 복잡하기 때문에 특정한 지역의 변화를 예측한다는 것은 아직도 매우 추측적이다. 그럼에도 불구하고, 보다 더 큰 공간과 시간규모에 대해서는 그럴듯한 시나리오가 있을 수 있다. 인간이 일으킨 지구온난화의 한 가지 중요한 영향은 해면의 상승이다. 이 지구온난화로 인하여 생기는 가능한 일기 변화는 대규모 스톰의 경로 변화인데, 이 경로 변화가 강수 분포 및 악기상 발생에 영향을 주게 된다. 또 다른 가능성으로는 더욱 강력한 열대 폭풍우와 열파 및 가뭄의 빈도와 강도 증가를 들 수 있다(**표 11.2**).

앞으로 일어나는 변화는 아마도 대부분의 사람들이 감지할 수 없을 정도로 매년 점진적인 환경 변이의 형태로 될 것이다. 비록 변화가 점진적인 것으로 보일지 모르지만 그 효과는 분명히 강력한 경제적, 사회적, 정치적 결과를 가져올 것이다.

표 11.2 21세기에 예상되는 변화와 지구온난화의 효과(추정되는 가능성)*

더 높은 최고 기온; 거의 모든 육지 영역에서 더 많은 더운 날과 열파(가능성 높음)
더 높은 최저 기온, 거의 모든 육지 영역에서 더 적은 추운 날, 서릿날 및 한파(가능성 높음)
더 강한 강수 현상(많은 영역에서 가능성 높음)
내부분의 중위도 지방 대륙 내부에서 증가되는 여름 건조화와 그와 관련되는 가뭄 위험(가능성 있음)
열대 저기압 최고 풍속 강도와 평균 및 최고 강수 강도의 증가(일부 지역에서 가능성 있음)
여러 다른 지역에서 엘니뇨 현상과 관련하여 강화된 가뭄과 홍수(가능성 있음)
증가된 아시아 여름 몬순 강수 변동(가능성 있음)
중위도 지방 스톰의 증가된 강도(불확실함)

* "가능성 높음"은 90~99%의 확률을 나타내고 "가능성 있음"은 67~90%의 확률을 나타낸다.

출처: IPCC, *Climate Change* 2001.

10. 기록에 대하여: 기온 자료

사람들이 가장 쉽게 느낄 수 있는 날씨 변화의 징후는 기온 변화이다. 기상 관측소에서 기온은 백엽

그림 11.26 최근에 사용되는 백엽상에는 써미스터(thermistor)라 불리는 전기 온도계가 부착되어 있다. 백엽상은 직사광선을 차단시키며 통풍이 잘 되게 한다. (사진 제공: Bobbé Christopherson)

상 안의 온도계로부터 그 값을 읽어 들인다(**그림 11.26**). 백엽상은 직사광선을 피하고 통풍이 잘 이루어지기 위해서 고안된 것이다.

일 최고 및 최저 기온은 가장 기본적으로 기록 및 저장되어야 할 기온 자료이다.

1. 일평균 기온은 최고 기온과 최저 기온을 합하여 2로 나눈 것이다.
2. 기온의 일교차는 최고 기온과 최저 기온의 차이이다.
3. 월평균 기온은 한 달 동안의 일평균 기온을 합하여 그 달의 날 수로 나눈 값이다.
4. 연평균 기온은 12개월의 월평균의 평균값이다.
5. 기온의 연교차는 최고 월평균 기온과 최저 월평균 기온의 차이이다.

일, 월 그리고 연평균 기온은 특히 기후를 비교하는 데 유용하게 이용된다. 일기예보 방송에서 "지난 달은 기상 관측상 가장 더운 6월이었습니다." 또는 "오늘 시카고는 마이애미보다 10℃ 정도 기온이 더 높았습니다"라는 말을 쉽게 들을 수 있다. 일교차 및 연교차는 최고 및 최저 기온들을 알 수 있는 유용한 통계치이다.

넓은 영역에 대하여 기온의 분포를 조사하기 위해서는 일반적으로 등온선이 사용된다. **등온선**(isotherm)이란 지도에서 같은 온도를 갖는 지점들을 연결한 선이다. 여기서 "iso"는 "같은"의 의미이고 "therm"은 "온도"의 의미이다. 그러므로 하나의 등온선이 지나가는 모든 점들은 어떤 주어진 시간에 동일한 온도를 갖는다. 일반적으로 등온선은 5° 또는 10° 간격으로 그려지나 그 밖의 다른 간격으로도 그려질 수 있다. **그림 11.27**은 등온선이 지도 위에서 어떻게 그려지는지 예시하고 있다. 관측소에서 관측한 기온값이 등온선의 값과 보통은 일치

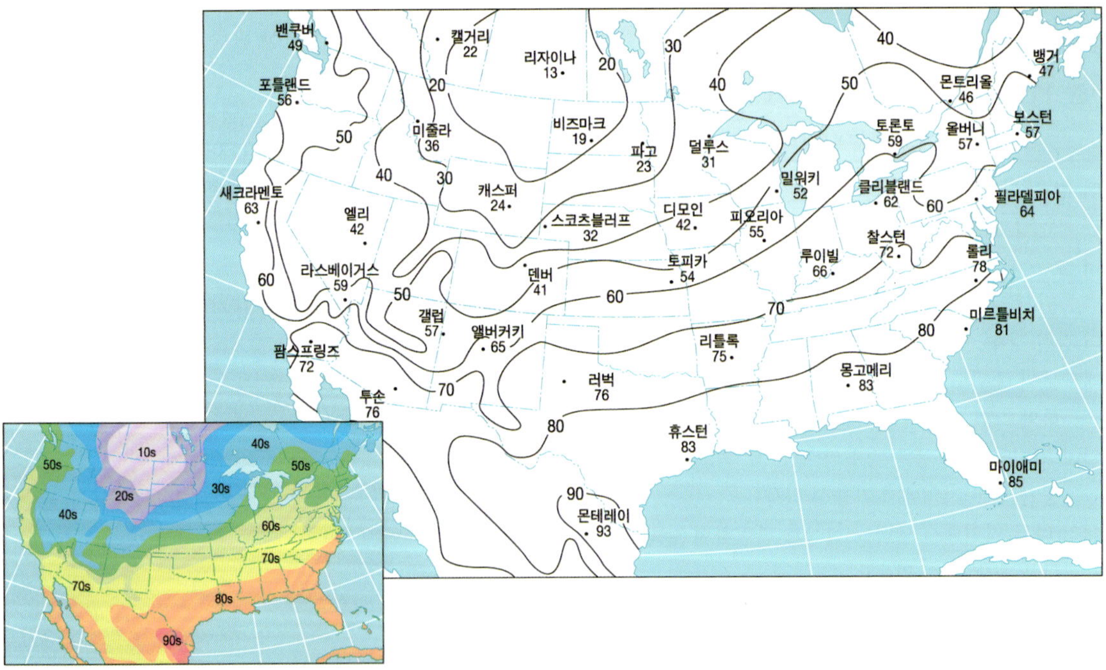

그림 11.27 등온선을 사용한 기온 분포. 등온선은 온도가 같은 지점을 이은 선이다. 이 지도 위의 온도는 화씨온도이다. 이와 같이 온도 분포를 그리는 것이 보기 쉽다. 텔레비전이나 신문에서는 온도 지도를 천연색으로 나타낸다. 등온선 값을 표시하기보다 등온선 사이의 영역에 온도 범위를 표시한다. 예를 들어, 60°와 70° 등온선 사이의 영역은 "60s"로 표시한다.

이런 사실을 알고 있었나요?

미국과 전체 서반구에 대하여 공인된 최고 기온 기록은 57℃이다. 오래 지속되고 있는 이 기록은 1913년 7월 10일 캘리포니아주 데스밸리(Death Valley)에서 이루어졌다. 북아메리카의 최저 기온 기록은 캐나다 유콘(Yukon) 지방의 스내그(Snag)에서 나타났다. 이 원격 outpost는 1947년 2월 3일에 관측된 −63℃이었다.

하지 않기 때문에 대부분의 등온선이 관측소를 지나지 않는다는 것을 주목하라. 따라서 관측소 기온값이 등온선의 값과 우연히 같은 경우를 제외하고는 관측소들 사이의 위치를 적절히 고려하여 등온선을 그리는 것이 보통이다.

등온선 지도는 기온 분포를 한 눈에 볼 수 있기 때문에 가치 있는 도구이다. 낮거나 높은 기온의 영역을 쉽게 찾을 수 있다. 더욱이 온도 경도라 부르는 단위 거리당 온도차를 쉽게 볼 수 있다. 등온선이 드물게 있는 곳은 온도 경도가 완만한 지역인 반면, 등온선이 촘촘히 있는 곳은 온도 변화율이 큰 지역이다. **그림 11.27**에서 볼 수 있듯이 콜로라도주와 유타주에서는 등온선이 촘촘하고(온도 경도가 급하고) 텍사스주에서는 등온선이 드물다(온도 경도가 약하다). 등온선 없이 수십~수백 곳에 온도를 나타내는 숫자를 기입하여 지도를 만들 수도 있는데 이때에는 온도 분포 패턴을 보기가 어렵다.

11. 기온이 변하는 이유는 무엇인가?

기온 변동 요인은 기온이 장소와 시간에 따라 변하게 하는 요인들을 말한다. 이 장의 초반부에서 설명하였듯이 기온 변화의 주된 요인은 입사하는 태양 복사량의 차이이다. 태양각과 낮의 길이가 위도에 따라 변하기 때문에 적도지방이 덥고 극지방으로 갈수록 추워지는 것이다. 물론 어떤 주어진 위도에서 기온의 계절 변화는 태양 연직 광선이 연중 한 장소에서 멀어지거나 그 장소로 가까워지며 이동하기 때문에 일어난다.

그러나 위도만이 기온 변동 요인은 아니다. 만약 그렇다면 위도가 같으면 기온도 같아야 하지만, 실제로는 그렇지가 않다. 예를 들면, 해변 도시들인 캘리포니아의 유레카(Eureka)와 뉴욕은 같은 위도에 위치하며 평균 기온도 11℃로 같다. 그러나 뉴욕은 6월에는 유레카보다 기온이 9℃가 더 높지만 1월에는 10℃가 더 낮다. 다른 예로, 에콰도르의 키토(Quito)와 과야킬(Guayaquil)은 가까운 위치에 있지만 연평균 기온은 12℃나 차이가 난다. 이런 현상을 설명하기 위해서는 위도 이외에 기온에 영향을 미치는 요인들을 이해해야만 한다. 가장 중요한 요인들로 육지와 해양의 비열 차이, 고도, 지형적 위치, 해류 등이 있다.

육지와 해양

지표면의 가열은 상공의 대기를 가열한다. 따라서 기온의 변화를 이해하기 위해서는 태양이 비추는 다양한 지표면(토양, 수면, 숲, 얼음)에 따른 가열 특성을 이해해야 한다. 지표면에 따라서 각기 다른 양의 태양 복사를 흡수하기 때문에 기온도 달라진다. 태양 복사 흡수 정도의 가장 큰 차이를 보이는 곳이 육지와 해양이다. **육지는 해양보다 더 높은 온도로 빨리 가열되고 더 낮은 온도까지 빨리 차가워지기 때문에 기온 변화는 육지에서 더 심하게 일어난다.** 육지와 해양이 가열되고 식는 과정이 다른 이유는 무엇인가? 여기에는 다음과 같은 여러 가지 이유가 있다.

1. 물은 비열(어떤 물질의 1g을 1℃ 올리는 데 사용되는 열)이 육지보다 훨씬 크기 때문에 같은 온도를 상승시키는 데 더 많은 열을 필요로 한다.
2. 지표면은 열에너지를 잘 통과시키지 않아서 표

층만 열을 흡수하지만, 물은 더 깊은 곳까지 열이 전달된다.

3. 열을 흡수한 물은 하층의 물과 혼합이 되기 때문에 넓은 지역에 열이 전달될 수 있다.
4. 수면에서는 증발(냉각 과정)이 지표면보다 훨씬 활발하다.

위의 모든 인자들이 복합적으로 육지보다 해양을 더 천천히 따뜻하게 하고, 천천히 냉각시키며 해양에 더 많은 양의 열을 저장시킨다.

그림 11.28의 두 도시의 월평균 기온 자료를 통해서 알 수 있듯이, 해양에 접한 도시는 기온 변화가 완만하고 내륙지역의 도시는 기온 변화를 심하게 나타난다. 밴쿠버(Vencouver)는 바람이 불어오는 방향의 해안 도시이고, 위니펙(Winnipeg)은 바다로부터 멀리 떨어진 내륙 도시이다. 두 도시의 위도가 비슷하기 때문에 비슷한 태양각과 낮의 길이를 가진다. 그러나 위니펙은 밴쿠버보다 1월 평균 기온이 20℃나 낮고 7월 평균 기온이 2℃ 높은데,

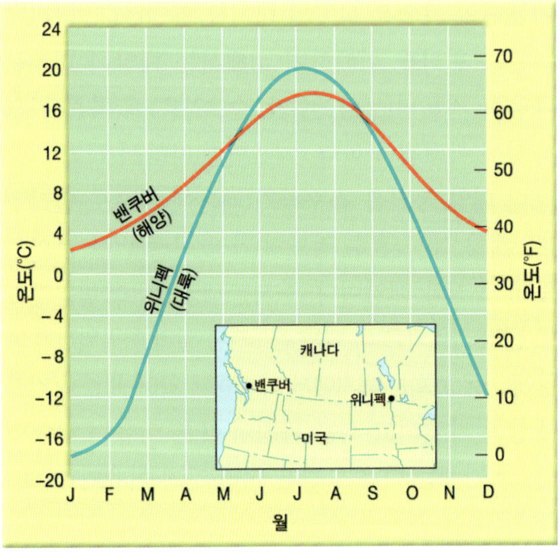

그림 11.28 브리티시컬럼비아의 밴쿠버와 매니토바(Manitoba)의 위니펙의 월평균 기온 분포. 태평양의 영향을 많이 받는 밴쿠버의 연평균 기온이 낮게 나타난다. 내륙에 위치하는 위니펙은 최고와 최저 기온이 극명하게 나타난다.

표 11.3 위도별 연교차의 변화

위도(°)	북반구	남반구
0	0	0
15	3	4
30	13	7
45	23	6
60	30	11
75	32	26
90	40	31

이는 위니펙이 해양의 영향을 받지 않는 지역이기 때문에 그러한 차이를 보인다. 태평양의 영향으로 밴쿠버는 1년 내내 온화한 기후를 보인다.

기온 변화에 영향을 미치는 해양의 영향을 북반구와 남반구의 기온 분포를 통해서도 알 수 있다. 북반구는 61%가 해양이고 나머지 39%가 육지이지만 남반구는 81%가 해양이고 19%가 육지이다. 남반구는 수반구(water hemisphere)라고 불리기도 한다(**그림 9.1** 참조). **표 11.3**은 위도별 연평균 기온을 나타낸 것인데, 북반구에 비해 남반구의 연교차가 훨씬 작음을 알 수 있다.

고도

앞에서 언급했던 에콰도르의 키토와 과야킬의 예를 통해서 고도가 평균 기온에 미치는 영향을 알 수 있다(**그림 11.29**). 적도 부근의 두 도시가 거리상으로 가깝지만, 과야킬의 연평균 온도는 25℃인 반면 키토는 13℃에 불과하다. 이렇게 큰 차이를 보이는 이유는 두 도시의 해발고도의 차이 때문이다. 과야킬의 해발고도는 12m이지만 안데스 산맥에 위치한 키토는 해발 2,800m의 고지대에 있다.

대류권에서의 환경감률이 평균 6.5℃/km이기 때문에 고지대일수록 더 추운 기후를 보이는 것이다(**그림 11.8** 참조). 그러나 그 차이의 정도는 환경

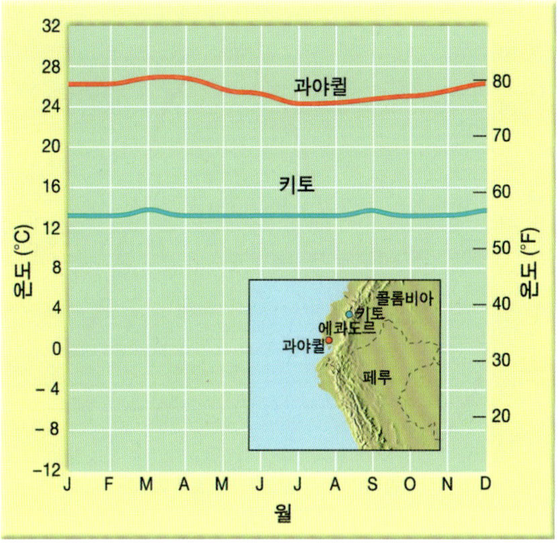

그림 11.29 키토는 안데스 산맥의 높은 곳에 위치해 있기 때문에 해면 가까이 위치한 과야퀼보다 훨씬 더 낮은 온도를 보이고 있다. 두 도시 모두 적도 가까이 있으므로 기온의 연교차는 무시할 정도로 작다.

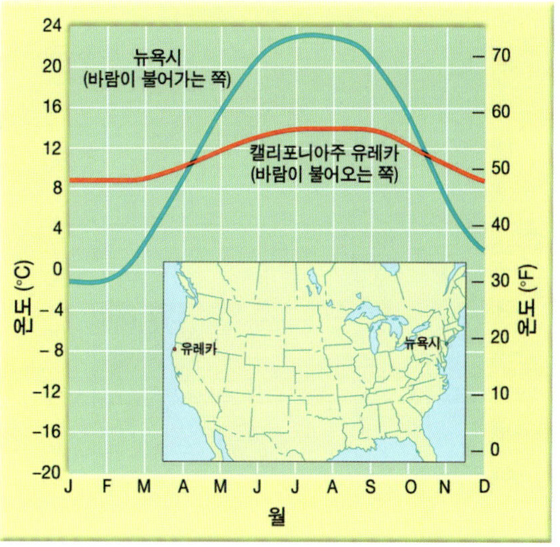

그림 11.30 캘리포니아주의 유레카와 뉴욕시에 대한 월평균 기온. 두 도시가 서로 거의 같은 위도인 해안에 위치하고 있다. 유레카는 해양으로부터 불어오는 탁월풍에 강하게 영향을 받지만 뉴욕시는 그렇지 않기 때문에 유레카에서 기온의 연교차는 훨씬 더 작다.

감률만으로는 설명할 수 없다. 만약 환경감률만 고려한다면 키토와 과야퀼의 온도차는 18℃가 되었을 것이다. 그렇지만 실제 차이는 12℃이다. 키토와 같은 고지대의 기온이 평균 기온 감률을 적용한 기온보다 더 높게 나타나는 이유는 지표의 태양 복사 흡수와 재방출 때문이다.

지리적 위치

지리적 위치 또한 특정 지역의 기온에 영향을 크게 줄 수 있다. 바다에서 해변으로 탁월풍이 불어오는 해안지역에서는 육지에서 바다로 탁월풍이 부는 지역과는 상당히 다른 기온 분포를 보인다. 첫 번째의 경우 해양의 영향을 크게 받기 때문에 같은 위도의 내륙지역에 비해 선선한 여름과 온화한 겨울이 나타난다.

그러나 육지로부터 바람이 불어오는 경우 바람이 해양의 특성을 가지고 있지 않기 때문에 대륙성 기후의 특징을 더 많이 가진다. 앞에서 예로 들었던 캘리포니아주의 유레카와 뉴욕시의 기온 분포가 달랐던 이유가 지리적 위치의 차이 때문이다. 뉴욕의 연교차가 유레카보다 19℃나 더 크게 나타난다(**그림 11.30**).

워싱턴주의 시애틀과 스포케인(Spokane)은 또 다른 형태의 지리적 위치(산맥의 영향)에 의한 기온 변화의 예이다. 스포케인이 약 360km 정도 시애틀의 동편에 위치하며, 높은 산맥이 두 도시 사이를 지나간다. 따라서 시애틀의 기온 분포는 해양성 기후의 특성을 가지지만 스포케인의 기후 분포는 대륙성 기후에 가깝다(**그림 11.31**). 스포케인의 기온이 1월에 시애틀에 비해 7℃가 낮고 6월에는 4℃가 더 높으며 연교차는 시애틀보다 11℃가 더 높다. 산맥이 스포케인에 미치는 해양의 영향을 차단하고 있음을 알 수 있다.

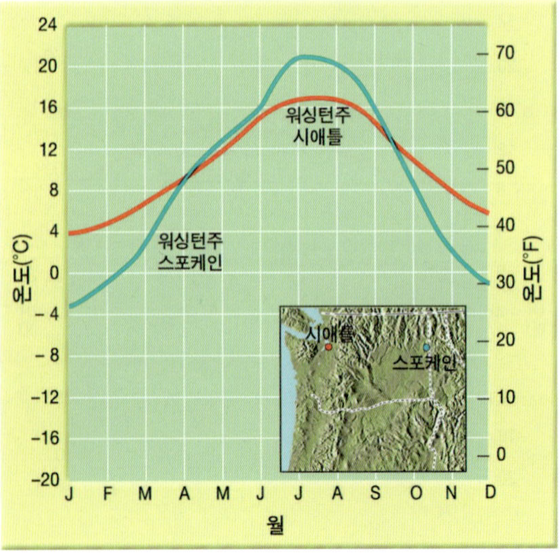

그림 11.31 워싱턴주 시애틀과 스포케인에 대한 월평균 기온. 캐스케이드 산맥이 스포케인에 미치는 태평양의 영향을 차단하기 때문에 스포케인의 기온 연교차가 시애틀보다 더 크다.

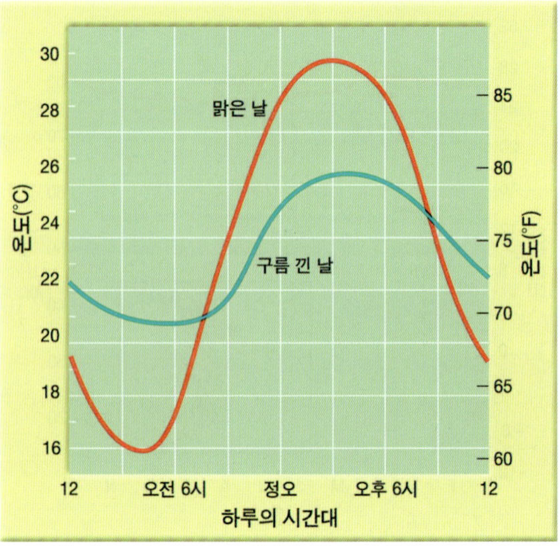

그림 11.32 일리노이주 피오리아(Peoria)에서 7월의 두 날에 대한 기온의 일변화. 구름은 기온의 일교차를 줄인다. 낮에는 구름이 태양 복사를 우주공간으로 반사한다. 그러므로 최고 기온이 맑은 날보다 낮아진다. 밤에는 구름이 열 손실을 줄이기 때문에 최저 기온이 낮게 떨어지지 않는다.

운량과 알베도

맑은 날의 낮이 흐린 날의 낮보다 더 따뜻하고, 맑은 날 밤이 흐린 날 밤보다 더 춥다는 것을 경험한 적이 있을 것이다. 이러한 사실을 통해서 운량이 하층 대기의 기온에 영향을 주는 한 요인이 됨을 알 수 있다. 인공위성영상을 통해서, 지구의 50% 정도가 항상 구름에 덮여 있음이 밝혀졌다. 대부분의 구름들이 높은 알베도를 가지고 있기 때문에 운량은 중요한 요소이다(414쪽의 **그림 11.21** 참조). 구름으로 인해 입사하는 태양 복사량이 감소하면 낮의 기온은 구름이 없는 맑은 날보다 낮아지게 된다.

밤에는 구름이 낮과는 반대 역할을 한다. 구름은 지표가 방출하는 복사를 흡수하여 그중 일부를 지표로 다시 재복사하는 담요와 같은 역할을 한다. 결국 구름이 없었으면 사라졌을 에너지가 다시 지표 부근에 머무르기 때문에 맑은 날의 밤보다는 온도가 더 높게 나타난다. 구름이 있으면 낮의 최고 기온을 낮추고 밤의 최저 기온을 높이기 때문에 결국 일교차는 작아진다(**그림 11.32**).

구름만이 알베도를 증가시켜 기온을 내려가게 하는 역할을 하는 것은 아니다. 눈과 얼음으로 덮인 지표면도 알베도가 높다. 이 때문에 여름에도 높은 산의 빙하들이 녹지 않으며 따뜻한 봄에도 눈들이 녹지 않고 있는 것이다. 그리고 겨울에 눈이 덮여 있다면 지표가 흡수해서 대기에 다시 방출할 에너지들이 반사되거나 잃어버려지기 때문에, 맑

이런 사실을 알고 있었나요?

세계 최고 기온 기록은 59℃에 가깝다. 이것은 북아프리카 사하라 사막에 있는 리비아의 아지지아(Azizia)에서 1922년 9월 13일에 기록되었다. 지구상에서 가장 낮은 기온 기록은 −89 ℃이다. 믿지 못할 정도로 추운 이 기온은 1960년 8월 24일 남극 대륙에 있는 러시아 보스토크 관측소(Vostok Station)에서 기록되었다.

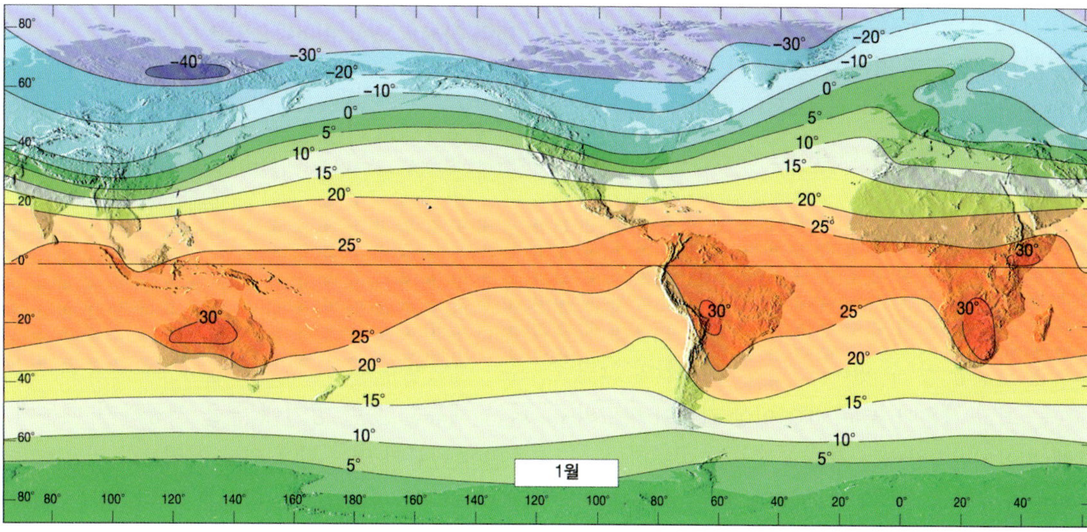

그림 11.33 1월 전구 평균 해면기온 분포.

은 날 낮의 최고 기온이 평소보다 낮아지게 된다.

12. 기온의 전구 분포

그림 11.33과 **그림 11.34** 두 그림은 북반구의 겨울과 여름인 1월과 6월의 해수면 온도 분포이다. 등온선으로 기온 분포를 나타냈는데, 등온선이란 온도가 같은 지역을 이은 선을 말한다. 이 그림들을 통해서 전구 기온 분포와 기온에 영향을 주는 요소들, 특히 위도, 육지/해양 분포, 해류 등의 효과들을 알 수 있다. 고도에 의한 효과를 없애기 위해서 넓은 지역의 일반적인 등온선 표현방법에 따라 해발고도면의 기온으로 보정하여 나타냈다.

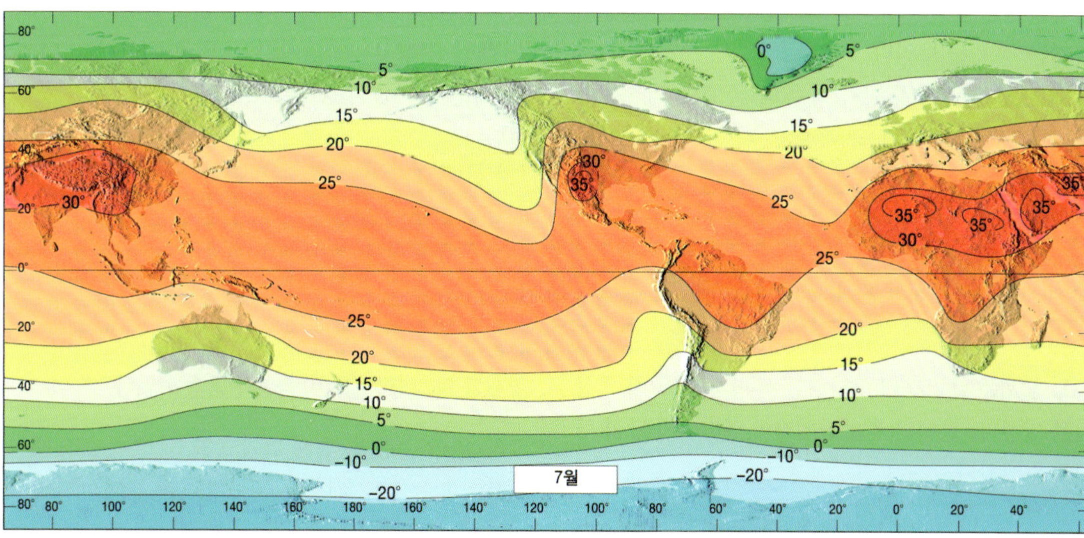

그림 11.34 7월 전구 평균해면 기온 분포.

두 그림 모두 동-서 방향의 등온선이 나타나고 극지방으로 갈수록 기온이 낮아진다. 이는 전구 기온 분포의 가장 현저한 특징이다. 지표가 태양 복사를 흡수하고 대기가 데워지는 것은 위도의 함수임을 잘 보여주고 있다.

그리고 태양이 비추는 각도가 계절에 따라 변함에 따른 위도 방향의 기온 분포의 변화도 알 수 있다. 두 그림의 위도에 따른 색깔 분포 비교를 통해 그러한 사실을 알 수 있다. 예를 들면, 1월의 그림에서는 최고 기온이 높은 30℃ 이상 지역이 적도의 아래에 있지만 7월에는 적도 북쪽으로 이동한다.

위도만이 기온 분포를 지배한다면 더 이상 설명할 필요가 없지만, 사실은 그렇지 않다. 육지와 해양의 분포에 따른 차등 가열의 효과 역시 이 그림들을 통해 알 수 있다. 최고 기온과 최저 기온이 육지에서만 나타난다. 해양보다 육지에서 더 기온 변동이 심하기 때문에, 계절에 따른 등온선의 남북방향 이동도 해양보다는 육지에서 훨씬 크게 나타난다.

또한, 바다가 육지보다 더 많이 차지하고 있는 남반구의 등온선이 북반구보다 더 직선에 가깝고 안정된 경향을 보이며, 북반구 육지에서는 등온선이 6월에는 북쪽으로 1월에는 남쪽으로 급격히 휘어지는 경향을 보인다.

등온선 분포를 통해서 해류의 존재도 알 수 있다. 난류는 등온선이 극 쪽으로 편향되게 하고 한류는 적도방향으로 편향되게 한다. 극 쪽으로 이동하는 해류는 주변 공기에 열을 제공하기 때문에, 주변에 난류가 없는 같은 위도 지역보다 기온이 높게 나타나며 반대로 적도방향으로 이동하는 해류는 주변 지역의 기온을 낮추는 역할을 한다.

이런 사실을 알고 있었나요?

북위 60°에 위치한 시베리아의 야쿠츠크(Yakutsk)가 위도가 높고 대륙 한가운데에 위치함으로 인해 연교차가 크게 나타나는 대표적인 지역이다. 야쿠츠크는 평균 연교차가 62.2℃로 세계에서 연교차가 제일 큰 지역이다.

그림 11.33과 **그림 11.34**가 계절에 따른 기온의 극값들을 나타내기 때문에 이를 이용하여 지역에 따른 연교차를 계산할 수 있다. 적도지역은 연교차가 작게 나타나는데 이는 낮의 길이가 거의 변화가 없고 태양각이 항상 크기 때문이다. 반면 중위도 지역은 태양각과 낮의 길이의 변화가 심하기 때문에 연교차가 크게 나타난다. 이를 통해 연교차는 위도에 비례하여 나타남을 알 수 있다.

육지와 해양의 분포는 적도지방을 제외한 지역에서 계절적 기온 변화에도 영향을 준다. 내륙지역은 해안지역보다 여름에는 더 덥고 겨울에는 더 춥기 때문에 대륙의 중심부로 갈수록 연교차는 증가한다.

학습내용 요약

1. 날씨는 단기간에 나타나는 특정 지역의 대기 상태를 말한다. 한편 기후는 장기간의 일반적인 날씨 상태들을 말한다.

2. 정기적으로 관측되는 중요한 기상 및 기후 인자로는 (1) 기온, (2) 습도, (3) 구름 형태와 양, (4) 강수 형태와 양, (5) 기압, (6) 풍향과 풍속이 있다.

3. 만약 수증기, 먼지 그리고 그 외의 다양한 대기 성분이 없는 맑고 건조한 공기에는 총 부피의 78%를 차지하는 질소와 21%의 산소가 대부분을 차지하고 있다. 비록 적은 부피(0.036%)를 차지하고 있지만 이

산화탄소는 지구 복사를 흡수하여 대기를 따뜻하게 유지하는 역할을 하는 중요한 기체이다. **수증기**는 모든 구름과 강수의 원천일 뿐만 아니라 이산화탄소와 같이 열을 흡수하기 때문에 역시 중요한 기체이다.

4. **오존**(O_3)은 산소 원자 3개로 이루어졌으며 10~50km 고도에 집중되어 분포하는 기체로서, 유해한 자외선을 흡수하기 때문에 지구상의 생명 유지에 필수적인 기체이다.

5. 고도가 높아질수록 대기는 점점 희박해지는데 뚜렷한 경계 없이 우주공간과 연결되어 있다. 대기는 기온 분포에 따라 연직으로 4개의 층으로 구분된다. 가장 하층인 **대류권**은 고도가 높아질수록 기온이 낮아진다. **환경감률**은 시간과 장소에 따라 변화가 심하지만 평균적으로 6.5℃/km 정도이다. 날씨와 관련된 기상현상들은 대류권에서 일어난다. 대류권 위의 **성층권**은 오존에 의한 자외선의 흡수가 일어나 기온이 상승하는 층이다. **중간권**에서는 기온이 다시 감소하고, 그 상부에는 대기가 매우 희박하며 뚜렷한 경계가 없는 **열권**이 존재한다.

6. 지구의 주요 운동에는 (1) **자전**(자전축을 중심으로 회전하며 낮과 밤의 일주기가 생긴다)과 (2) **공전**(태양 주위를 도는 운동)이 있다.

7. 여러 요인에 의해 계절이 생긴다. 지구는 자전축이 23.5° 기울어져 항상 북극성을 향한 채로 태양 주위를 돌기 때문에 태양을 기준으로 보면 지구의 위치는 계속 달라진다. 그로 인한 태양각과 낮의 길이의 변동이 계절의 원인이 된다.

8. 열이 전달되는 세 가지 메커니즘은 (1) **전도**, 매개체의 분자운동에 의한 열의 전달, (2) **대류**, 열을 지닌 물체나 물질의 이동에 의한 열의 전달, (3) **복사**, 전자기파에 의한 열의 전달이다.

9. **전자기 복사**는 전자기파라 불리는 광선이나 파동에 의해서 방출되는 에너지이다. 전자기파들 사이의 가장 큰 차이점은 **파장**인데, 매우 파장이 긴 **라디오파**부터 파장이 매우 짧은 **감마선** 등이 존재한다. **가시광선**은 우리가 유일하게 볼 수 있는 파장대의 전자기파이다. 기본적인 복사 법칙은 다음과 같다. (1) 모든 물체는 복사에너지를 방출하고, (2) 뜨거운 물체일수록 차가운 물체보다 더 많은 에너지를 방출하며, (3) 뜨거운 복사체일수록 최대 복사를 방출하는 파장이 짧다. (4) 흡수를 잘하는 물체는 방출도 잘한다.

10. 대류권에서 고도가 높아질수록 기온이 떨어지는 것은 **대기가 지표 복사로 인해 데워지기 때문이다**. 대기 상부에 입사하는 태양 복사의 약 50%만이 지표에 도달하여 흡수된다. 지표는 장파 복사의 형태로 에너지를 방출한다. 장파인 **지구 복사**를 대기 중의 수증기나 이산화탄소가 흡수하기 때문에 대기가 데워지는 것이다.

11. 주요 흡수기체인 이산화탄소는 지구온난화를 일으키는 기체 중의 하나이다. **지구온난화**의 결과로는 (1) 기온과 강수 형태의 변화, (2) 해수면의 상승, (3) 폭풍 경로 및 태풍의 발생 빈도와 강도의 변화, (4) 열풍과 가뭄의 발생 빈도 및 강도 증가 등이 있다.

12. 시간과 장소에 따라 기온을 변화시키는 요인을 **기온 변동 요인**이라고 하는데 (1) 위도에 따른 태양 복사에너지량의 차이, (2) 육지와 해양 분포에 따른 차등 가열과 냉각, (3) 고도, (4) 지리적 위치, (5) 해류 등이 있다.

13. **등온선**으로 기온 분포를 지도에 나타낼 수 있으며, 등온선은 같은 기온끼리 연결한 선을 말한다.

주요 용어와 개념

가시광선(visible light) … 412
공전(revolution) … 404
기상 및 기후 요소(element of weather and climate) … 398
기후(climate) … 397
날씨(weather) … 397
남회귀선(Tropic of Capricorn) … 407
대기(air) … 398
대류(convection) … 411
대류권(troposphere) … 402
동지(winter solstice) … 407
등온선(isotherm) … 420
반사(reflection) … 413
복사(radiation) … 411
북회귀선(Tropic of Cancer) … 407
산란(scattering) … 413
산란광(diffused light) … 414
성층권(stratosphere) … 403
알베도(albedo) … 414
에어러솔(aerosol) … 399
열(heat) … 410
열권(thermosphere) … 404
온도(temperature) … 410
온실효과(greenhouse effect) … 415
자외선(ultraviolet; UV) … 412
자전(rotation) … 404
자전축의 경사(inclination of the axis) … 406
적외선(infrared) … 412
전도(conduction) … 410
전자기 복사(electromagnetic radiation) … 411
조도원(circle of illumination) … 404
중간권(mesosphere) … 403
추분(autumnal equinox) … 407
춘분(spring equinox) … 407
하지(summer solstice) … 407
환경감률(environmental lapse rate) … 402

학습 요약 문제

1. 날씨와 기후는 어떻게 다른가?
2. 날씨와 기후의 기본 요소를 열거하라.
3. 맑고 건조한 공기의 주요 구성성분은 무엇이며, 그 성분들은 기상학적으로 중요한가? (**그림 11.3**)
4. 수증기와 에어러솔이 대기 구성성분으로서 중요한 이유는 무엇일까?
5. a. 지구상의 생물에게 미치는 오존의 역할은 무엇인가?
   b. CFC는 무엇이고 오존 문제와 어떻게 관련되어 있는가?
   c. 성층권 오존의 감소가 인간의 건강에 미치는 가장 심각한 영향은 무엇인가?
6. 대기는 기온 분포를 근거로 하여 연직으로 4개의 층을 이루고 있다. 아래로부터 위로 순서대로 이 층들의 이름을 열거하고 각 층에서 온도가 어떻게 변하는지 기술하라.
7. 해면에서 기온이 23℃일 때, 대기의 평균상태에서 2km 고도의 기온은 얼마일까?
8. 성층권에서 온도가 상승하는 이유는 무엇인가?
9. 계절이 생기는 이유에 대해 간단히 설명하라.
10. **표 11.1**을 보고, 계절과 위도, 낮의 길이를 관련지어 설명하라.
11. 복사체의 온도와 방출하는 파장 사이의 관계를 설명하라.
12. 열이 전달되는 세 과정을 비교하라.
13. **그림 11.19**는 입사 태양에너지가 어떤 과정을 겪는지를 전구 평균하여 나타낸 그림이다. 특히 반사된 태양 복사량(알베도)은 변동이 상당히 큰데, 어떤 요인에 의해 알베도가 변하는가?
14. 지구 대기가 가열되는 기본 과정을 기술하라.

15. 대기의 이산화탄소의 양은 왜 150년 이상이나 증가해 왔나?
16. 이산화탄소가 계속 증가하면 대기 하층의 기온은 어떻게 변하는가? 그 이유는 무엇인 가?
17. 지구온난화가 가져올 세 가지 가능한 결과를 열거하라.
18. 에콰도르의 키토는 적도상에 위치하지만 해안도시는 아니다. 그 지역의 연평균 기온은 13℃인데, 온도가 이렇게 낮은 이유는 무엇일까?
19. 지리적 위치는 온도 변화에 어떠한 영향을 주는가?

Online 학습 안내

Foundation of Earth Science 웹에는 학생들이 이 장에서 다룬 여러 내용의 학습을 도울 수 있는 자료들과 인터넷 연계시스템을 갖추고 있다. 지구과학을 강의하는 연구자들에 의해서 발전된 이 인터넷 주소는 지구과학의 이해를 증진시켜 줄 것으로 생각된다. **http://www.prenhall.com/lutgens**를 방문하여 *Foundation of Earth Science 5e*를 클릭하여 다음 내용들을 살펴보자:

- 인터넷 종합 퀴즈
- 비평적 사고 훈련
- 장 관련 웹 자료들의 연계
- 웹을 통한 주요 개념 탐구

http://www.prenhall.com/lutgens

GEODe: Earth Science

*GEODe: Earth Science*는 동영상(animation), 비디오(video), 낭송(narration), 대화식 연습문제(interactive exercise), 실용적인 퀴즈 등을 이용하여 주요 개념을 더욱 심화함으로써 더욱 효과적인 학습을 이룰 수 있게 한다. 이 복사 CD는 이 책 『지구시스템의 이해』 제5판에 포함되어 있다.

Experience tells us that the atmosphere is transparent to visible light because it readily reaches Earth's surface.

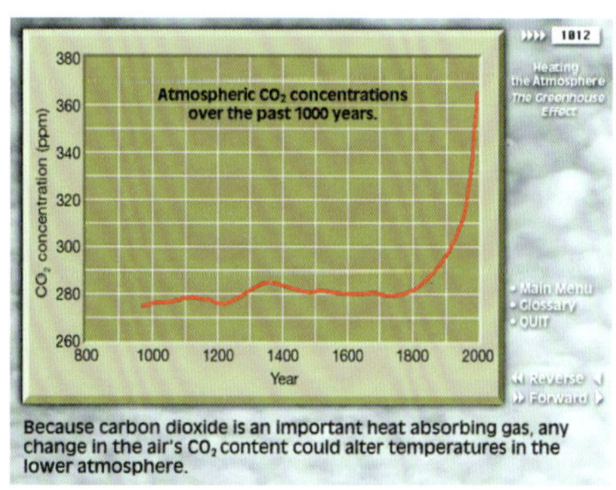

Because carbon dioxide is an important heat absorbing gas, any change in the air's CO_2 content could alter temperatures in the lower atmosphere.

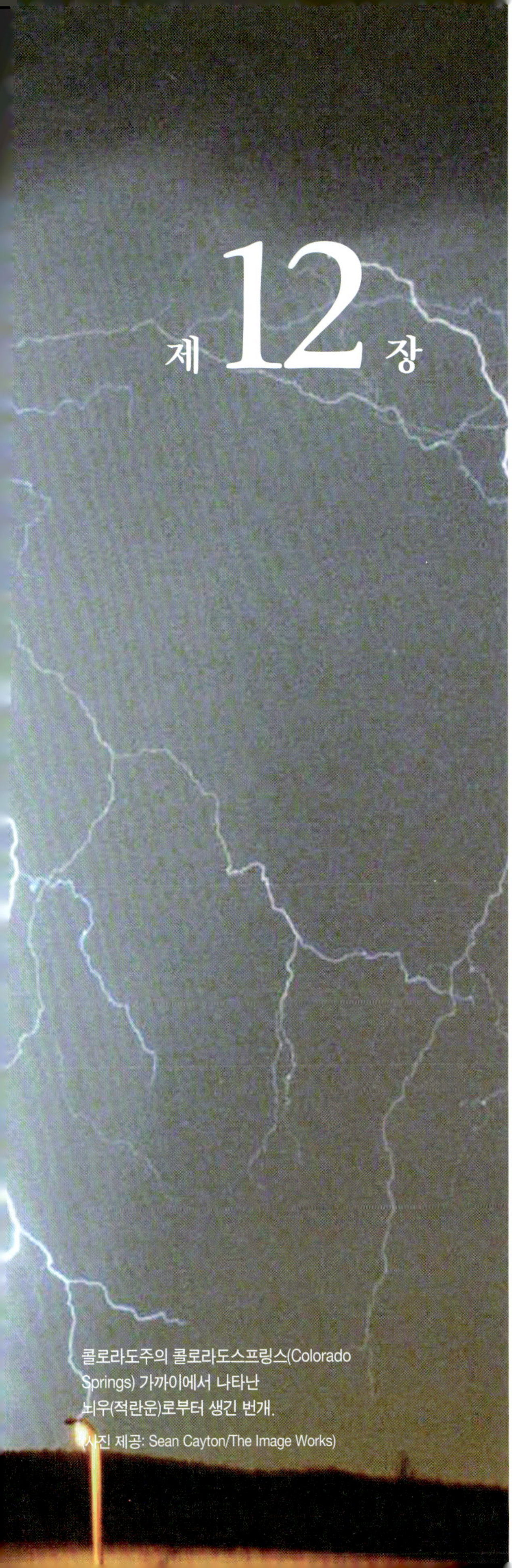

제 12 장

수분, 구름 및 강수

콜로라도주의 콜로라도스프링스(Colorado Springs) 가까이에서 나타난 뇌우(적란운)로부터 생긴 번개.
(사진 제공: Sean Cayton/The Image Works)

학습 초점

다음은 여러분들이 이 단원에서 다루는 중요한 개념들을 이해하는 데 도움을 줄 수 있는 유용한 질문들이다.

1. 물의 상변화는 어떻게 일어나는가?

2. 습도란 무엇인가? 습도를 측정하는 가장 일반적인 방법은 무엇인가?

3. 기본적인 구름 형성과정은 무엇인가?

4. 무엇이 대기의 안정도를 조절하는가?

5. 공기의 연직운동을 일으키는 세 가지 메커니즘은 무엇인가?

6. 응결이 일어나기 위해서 필요한 조건들은 무엇인가?

7. 구름을 분류하는 두 가지 기준은 무엇인가?

8. 안개란 무엇인가? 어떻게 안개가 생기는가?

9. 구름 속에서 강수는 어떤 과정을 거쳐 생기는가? 강수의 형태에는 무엇이 있는가?

수증기는 대기 중에서 다른 기체와 자유롭게 혼합되는 무취, 무색의 기체이다. 대기 조성 성분 중 가장 많은 두 성분인 질소 및 산소와는 달리 물은 지구의 자연적인 온도와 압력에서 한 상태로부터 다른 상태(고체, 액체, 기체)로 변할 수 있다(그와 대조적으로, 질소는 온도가 −196℃ 이하로 낮아지지 않는 한 액체로 응결하지 않는다). 이러한 독특한 성질 때문에 물은 기체 상태로 자유로이 바다를 떠났다가 액체 상태로 다시 되돌아오기도 한다(**그림 12.1**).

매일 달라지는 날씨를 보면서 다음과 같은 의문을 품어보았을 것이다. 왜 겨울보다 여름철에 습기가 많을까? 구름은 어떤 조건에서 생기는 것일까? 어떤 구름은 얇고 아름다운데, 어떤 구름은 회색이고 불길해 보일까? 이러한 질문들에 대한 대답을 이 장의 주제인 대기 속에 있는 수증기의 역할을 이해함으로써 얻을 수 있다.

1. 물의 상변화

GEODe EARTH SCIENCE
Earth's Dynamic Atmosphere
▼ Moisture and Cloud Formation

물은 대기에서 고체(얼음), 액체(물), 기체(수증기)로 존재하는 유일한 물질이다. 그것은 수소와 산소로 구성되어 있는데 이 둘이 함께 결합하여 물 분자(H_2O)를 형성한다. 세 가지 상태에서 이 분자들은 부단히 운동하는데 높은 온도에서 분자들이 더 활발히 움직인다. 액체 물, 얼음, 수증기는 물 분자의 정렬 상태에서 차이가 난다.

얼음, 액체 상태의 물, 수증기

얼음은 분자들 사이의 상호 인력에 의해 묶여 있는 물 분자로 구성되어 있다. 분자들은 **그림 12.2**에서 보듯이 단단하게 잘 정렬된 망을 형성하고 있다. 그 결과, 얼음 속 물 분자는 서로 상대적으로 자유로이 움직이지 못하고 고정된 위치에서 진동한다. 얼음을 가열하면 그 분자들은 더 빠르게 진동한다.

그림 12.1 폭포수 같은 소낙비에 갇힌 사람들. (사진 제공: Mary Fulton/Getty Images; Inc.—Liaison)

분자 이동률이 매우 커지면 물 분자들 사이의 결합이 깨지고 녹게 된다.

액체 상태에서 물 분자들은 아직 단단히 묶여 있으나 서로를 지나며 미끄러질 수 있을 정도로 충분히 빨리 움직인다. 그 결과, 액체 물은 유체여서 그것이 담겨 있는 용기의 모양을 갖는다.

액체 물이 주위로부터 열을 얻으면 분자들이 에너지를 얻어 분자들 사이의 인력을 깨뜨리고 표면을 떠나 수증기로 된다. 수증기 분자들은 액체 물에 비교하여 서로 멀리 떨어져 있어 매우 활동적인 무작위 운동을 한다. 기체가 액체와 구별되는 점은 그 압축성(그리고 팽창성)이다. 예를 들어, 타이어에 공기를 점점 더 많이 넣어 그 부피를 쉽게 증가시킬 수 있으나, 5갤런의 깡통에 10갤런의 휘발유를 넣을 수는 없다.

요약하면, 물이 상변화할 때 다른 물질로 바뀌지 않고 다만 물 분자들 사이에 거리와 상호작용만 변할 뿐이다.

숨은열

물이 상변화를 할 때마다 물과 주위 사이에 열이 교환된다. 물이 증발할 때 열이 흡수된다(**그림 12.2**). 기상학자들은 흔히 열에너지를 **칼로리**(calorie; cal)로 측정한다. 1칼로리는 물 1g의 온도를 1℃ 높이는 데 필요한 열량이다. 따라서 10cal의 열을 물 1g에 가하면 분자들은 더 빨리 진동하며 온도는 10℃ 올라간다.

어떤 조건 아래에서는 물체에 열을 가해도 온도가 올라가지 않을 수 있다. 예를 들면, 한 잔의 얼음물을 데울 때 모든 얼음이 다 녹을 때까지 얼음과 물의 혼합물의 온도는 일정한 온도 0℃에 머물러 있게 된다. 가한 열이 온도를 높이지 못한다면 이 에너지는 어디로 가는 걸까? 이 경우에 가해진

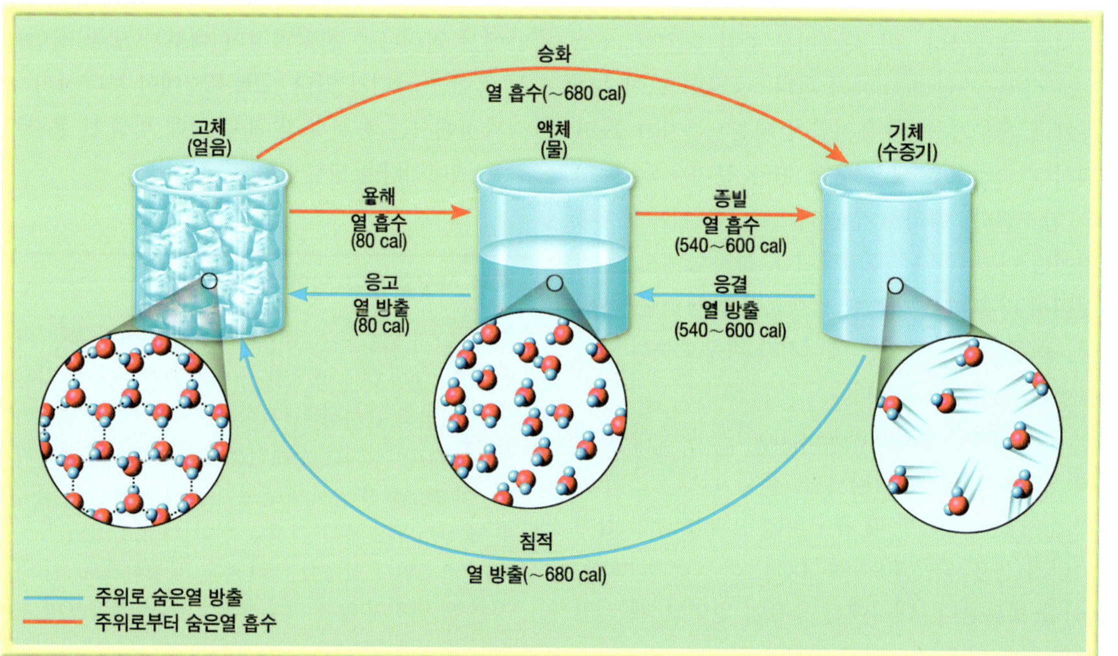

그림 12.2 상태 변화는 항상 열의 교환을 동반한다. 여기서 표시된 숫자들은 1그램(g)의 물을 한 상태에서 다른 상태로 변화시키는 데 필요한 근사적 열량이다.

열은 얼음 속에 있는 물 분자들 사이의 분자 인력을 깨뜨리는 데로 간 것이다.

얼음을 녹이는 데 사용된 열이 온도 변화를 일으키지 못하기 때문에 그 열을 **숨은열**(latent heat)이라고 부른다〔숨은(latent)은 범죄 장면에서 감추어진 숨은 지문과 같이 "감추어진"의 뜻을 갖고 있다〕. 이 에너지는 액체 물에 저장된 것으로 생각할 수 있으며 액체가 고체 상태로 되돌아갈 때까지 열로 방출되지 않는다.

1g의 얼음을 녹이는 데는 80cal가 필요한데, 이 양을 융해 숨은열(latent heat of melting)이라 부른다. 그 역과정인 빙결은 융합 숨은열(latent heat of fusion)로서, 1g당 80cal를 주위에 방출한다.

증발과 응결 얼음이 액체 물로 전환될 때 열을 흡수하는 것을 알았다. 액체에서 기체로 전환되는 과정, 즉 **증발**(evaporation)하는 동안 열은 흡수된다. 증발하는 동안에 물 분자에 의해 흡수되는 에너지는 분자가 액체 표면을 탈출하는 데 필요한 운동에너지를 제공한다. 이 에너지를 증발 숨은열(latent heat of vaporization)이라 한다. 증발이 일어나는 동안에 온도가 높은(움직임이 빠른) 분자가 표면에서 탈출하므로 남은 물의 평균 분자운동(온도)은 감소한다. 따라서 일반적으로 "증발은 냉각과정이다"라고 한다. 수영장이나 목욕탕에서 흠뻑 젖어서 나올 때에 이러한 냉각효과를 경험할 수 있다. 물 증발에 사용되는 에너지가 피부로부터 나와 몸을 냉각시키는 것이다.

그 역과정인 **응결**(condensation)은 수증기가 액체 상태로 변할 때 나타난다. 응결하는 동안 수증기 분자들은 증발할 때 흡수되는 양과 동등한 양의 에너지〔응결 숨은열(latent heat of condensation)〕를 방출한다. 대기에서 응결이 일어날 때는 안개와 구름 같은 현상이 형성된다.

앞으로 알게 되겠지만 숨은열은 많은 대기과정에서 중요한 역할을 한다. 특히 수증기가 응결하여 구름 방울을 형성할 때 응결 숨은열이 방출되고 주위 공기를 데워서 부력을 만든다. 공기 중 수분 함량이 높을 때는 이 과정이 탑 모양 스톰 구름의 성장을 촉진시킬 수 있다.

승화와 침적 **그림 12.2**에 표시된 마지막 두 과정인 승화와 침적과는 아마도 가장 덜 친숙할 것이다. **승화**(sublimation)는 액체 상태를 거치지 않고 바로 고체에서 기체로 전환하는 것을 말한다. 이미 관측했을지도 모르는 승화의 예로는 냉동기 안에서 사용하지 않은 얼음이 줄어드는 것이라든지 드라이아이스(언 이산화탄소)가 하얗고 뿌연 기체로 전환하는 것을 들 수 있다.

침적(deposition)은 기체가 바로 고체로 전환되는 반대 과정을 말한다. 예를 들면, 이 과정은 수증기가 풀이나 유리창과 같은 고체 물체에 얼음으로 부착될 때 일어난다(**그림 12.3**). 이렇게 부착된 것을 흰서리(white frost) 또는 서리(hoar frost)라 부르는데 흔히 간단하게 서리(frost)라고 부른다. 집안에서 일어나는 침적과정의 예로는 냉동기 안에서 쌓이는 서리가 있다. **그림 12.2**에서 보다시피 침적과정에서는 응결과 빙결에 의해 방출된 총량과 같은 에너지량을 방출한다.

이런 사실을 알고 있었나요?

"냉동상(冷凍傷, freezer burn)"이란 장기간 동안 서리 없는 냉장고에 남겨둔 음식물을 기술할 때 사용하는 일반적 표현이다. 서리 없는 냉장고는 냉동기 안을 지나는 공기를 상대적으로 건조하게 순환시킨다. 이 건조해진 공기가 냉동기 벽에 붙어 있는 얼음을 승화(고체로부터 기체로 변화)시키고 공기가 계속 순환되면서 얼음이 제거된다. 불행하게도, 이 과정은 꽉 닫히지 않은 그릇 안의 언 음식물로부터 수분을 제거하기도 한다. 몇 개월이 지나면 이 음식은 실제로 타는 것이 아니라 타는 것같이 건조해지기 시작한다.

그림 12.3 유리창에 생긴 서리는 침적현상의 한 예이다. (사진 제공: D. Cavagnaro/DRK Photo)

2. 습도: 공기 중의 수증기

수증기가 공기 중에서 차지하는 부피는 0.1~4% 사이로 그 비율은 매우 낮다. 그러나 공기 중의 물은 매우 중요한 역할을 한다.

습도(humidity)는 대기 중에 수분이 어느 정도 있는지 나타내는 양으로, 습도를 나타내는 방법에는 여러 가지가 있다. 우리는 이중에서 혼합비와 상대습도, 이슬점온도에 대해 살펴볼 것이다.

포화

우선 **포화**(saturation)에 대해 알아보자. 물과 건조공기가 절반씩 들어 있는 닫혀 있는 수조를 생각해 보자. 수면에서 증발이 일어나기 시작하면 수조 내의 기압은 약간 상승하게 된다. 이 증가는 증발을 통해 건조공기에 가해진 물 분자의 운동에서 기인한다. 열린 대기에서는 이 압력을 **수증기압**(vapor pressure)이라고 하고 전체 기압에서 수증기가 차지하는 부분으로 정의한다.

닫힌 수조에서는 수면에서 증발한 물 분자에 의해 증가한 수증기압이 이 물 분자를 다시 수면으로 돌아가도록 한다. 결국 수면으로 되돌아오는 물 분자의 수는 탈출하는 수와 균형을 이루게 되는데 이를 공기가 포화되었다고 한다. 그러나 수조에 열을 가하면 물과 공기의 온도가 올라가므로 조금 더 많은 물이 증발해야 포화에 도달하게 된다. 즉, 온도가 높을수록 공기가 포화되려면 많은 수증기가 필요하다. **표 12.1**처럼 온도에 따라 포화에 필요한 수증기량은 놀랄 만큼 차이가 난다.

표 12.1 온도에 따라 1kg의 공기가 포화되는 데 필요한 수증기량(g)

온도 (℃)	온도 (℉)	공기 1kg당 포화 수증기량(g)
−40	−40	0.1
−30	−22	0.3
−20	−4	0.75
−10	14	2
0	32	3.5
5	41	5
10	50	7
15	59	10
20	68	14
25	77	20
30	86	26.5
35	95	35
40	104	47

혼합비

물론 모든 공기가 포화되지는 않으므로 공기가 얼마나 습윤한지를 나타낼 필요가 있다. 한 가지 방법은 단위 공기 속에 포함되어 있는 수증기의 양을 이용하는 것이다. **혼합비**(mixing ratio)는 단위 공기에 포함되어 있는 수증기와 건조공기의 질량을 비교한 것이다.

$$\text{혼합비} = \frac{\text{수증기의 질량(g)}}{\text{건조공기의 질량(g)}}$$

표 12.1은 다양한 온도에서 포화공기의 혼합비를 보여준다. 예를 들어, 25℃에서 포화된 공기 1kg에 들어 있는 수증기의 질량은 20g이다.

혼합비의 단위가 질량(보통 g/kg)이기 때문에 압력이나 온도의 변화에 의해 영향을 받지 않는다. 그러나 혼합비는 직접 표본을 채취하여 측정해야 하므로 시간이 많이 소요되어 습도를 나타내는 데는 상대습도와 이슬점온도를 더 많이 사용한다.

상대습도

공기 중의 수분 함량을 기술하기 위해 사용되는 가장 친밀한 용어는 상대습도이다. **상대습도**(relative humidity)란 현재의 온도와 압력에서 포화에 필요한 수증기량에 대한 공기 중에 실제로 포함되어 있는 수증기량의 비이다. 이와 같이 상대습도는 공기 중에 수증기가 얼마나 들어 있느냐보다 공기가 포화에 얼마나 가까운가를 나타낸다.

표 12.1에서 25℃의 공기 1kg은 20g의 수증기를 가지면 포화된다. 따라서 기온이 25℃인 날에 1kg의 공기에 10g의 수증기가 포함되어 있다면, 상대습도는 10/20, 또는 50%이다. 또한 같은 조건에서 공기 중에 20g의 수증기가 들어 있으면 상대습도는 20/20 또는 100%이다. 결론적으로, 상대습도가 100%에 도달하면 이 공기는 포화된 것이다.

상대습도가 포화에 필요한 수증기량뿐만 아니라 공기 중의 실제 수증기량에 좌우되므로 상대습도는 다음 두 가지 원인에 의해 변화한다. 첫째, 수분이 공기 중에 더해지거나 공기로부터 제거되면 상대습도는 변화한다. 둘째, 포화에 필요한 수증기량이 온도의 함수이기 때문에 상대습도는 온도에 따라 변한다. (높은 온도에서는 낮은 온도보다 공기를 포화시키기 위해 더 많은 수증기가 필요하다는 것을 상기하라.)

수분의 첨가와 제거

그림 12.4에서와 같이 공기 덩이에 수증기를 가할 때, 공기 덩이의 상대습도는 포화(상대습도 100%)가 될 때까지 증가함을 주목하라. 일단 포화된 공기 덩이에 수증기를 더 가하면 어떻게 될까? 상대습도가 100%를 넘을까? 보통은 상대습도가 100%를 넘는 일이 잘 일어나지 않고 초과된 수증기는

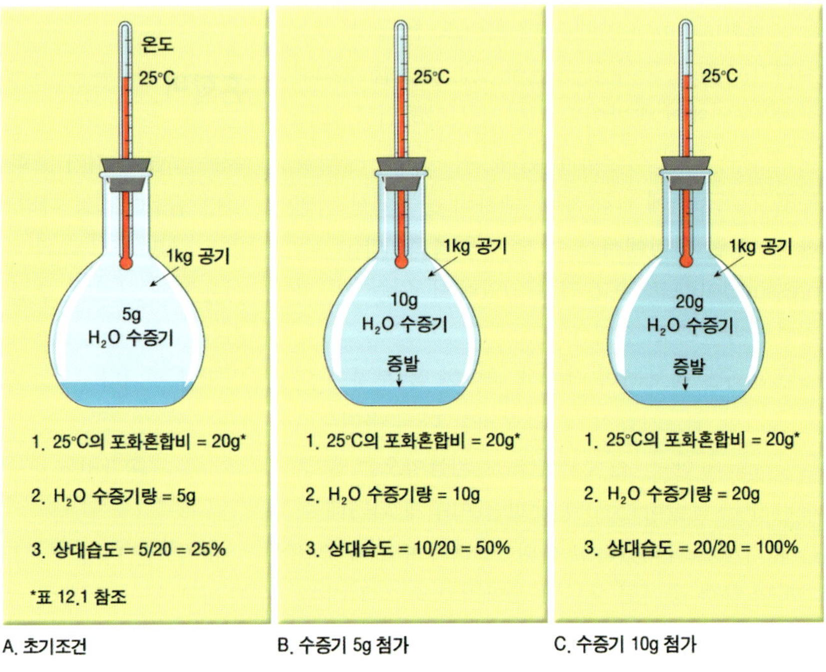

그림 12.4 상대습도. 일정한 온도에서 수증기를 공기에 가하면 상대습도는 증가할 것이다. 포화혼합비는 20g/kg으로 일정하게 유지되고 수증기량이 증가하면서 상대습도는 25%에서 100%로 상승한다.

응결하여 물이 된다.

자연에서 수증기는 주로 바다로부터 증발하여 공기에 더해진다. 식물, 토양 또는 바다보다 작은 물 있는 곳으로부터도 상당한 양의 수증기가 공기로 들어간다.

온도에 따른 변화

그림 12.5를 보면 A 부분에서 20℃의 공기가 7g의 수증기를 포함하고 있으므로 이 공기의 상대습도는 50%이다. B 부분처럼 공기가 20℃에서 10℃로 냉각되면 수증기량은 여전히 7g이지만 상대습도는 50%에서 100%로 증가하게 된다. 따라서 수증기량이 변하지 않으면 온도가 떨어질수록 상대습도는 증가하게 된다.

공기가 더욱 냉각되어 포화상태가 되는 온도 아래로 떨어지면 어떻게 될까? **그림 12.5**의 C 부분은 이런 상황을 나타낸 것이다. **표 12.1**에 보면 온도가 0℃이면 단위질량당 3.5g의 수증기가 있으면 포화된다. 그러나 플라스크에 원래 7g의 수증기가 들어 있으므로 3.5g의 수증기는 플라스크 안의 냉각된 공기에는 더 이상 있을 수 없게 된다. 따라서 응결되어 물방울로 플라스크 벽에 달라붙게 된다. 한편 내부 공기의 상대습도는 100%가 된다.

상대습도에 대한 온도의 효과를 다음과 같이 요약할 수 있다. 대기 중의 수증기량이 일정한 경우에 기온이 낮아지게 되면 이에 따라 상대습도는 증가하고, 온도가 올라가면 상대습도는 낮아지게 된다. **그림 12.6**은 기온과 상대습도의 일변화를 나타낸 것으로 앞에서 설명한 양상을 나타내고 있다.

이슬점온도

대기 중의 수증기량을 나타내는 척도로 쓰이는 것 중 하나가 이슬점온도이다. **이슬점온도**(dew-point temperature), 간단히 **이슬점**(dew point)은 공기가 냉각되어 포화되기 시작하는 온도를 말한다. **그림 12.5**와 같이 플라스크 안의 불포화 공기가 10℃까지 냉각되었더라면 포화가 되었을 것이다. 그러므로 이 경우 10℃는 이 공기의 이슬점온도이다. 자연

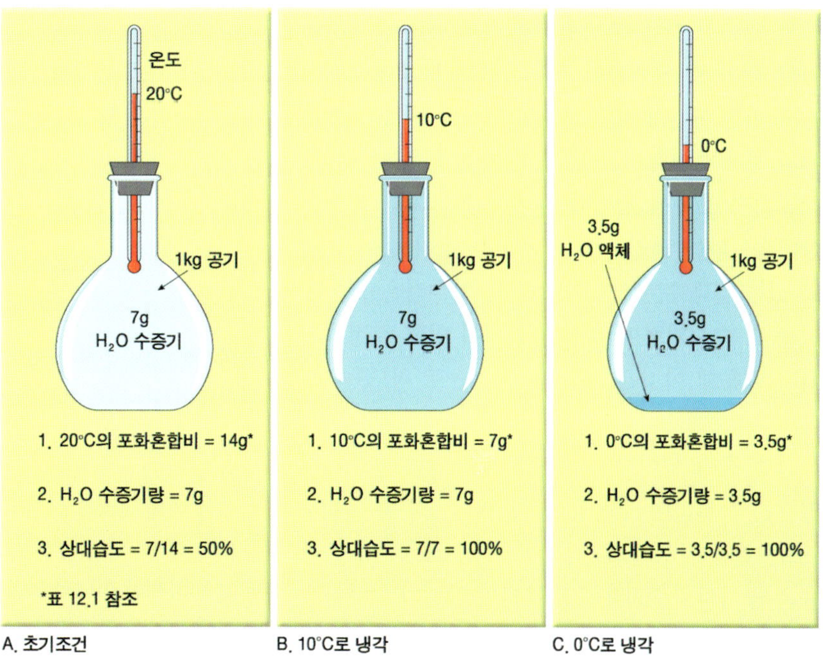

그림 12.5 상대습도는 온도에 따라 변한다. 수증기량(혼합비)이 일정할 때에는 온도에 따라 상대습도가 변한다. 예를 들어, 플라스크 안의 기온이 20℃에서 10℃로 내려가면 상대습도는 50%에서 100%로 바뀐다. 따라서 이슬점온도는 10℃이다. 플라스크를 0℃까지 냉각하면 수증기의 절반이 응결한다. 자연상태에서는 이슬점 아래에 있는 공기는 응결하여 구름이나 이슬, 안개를 형성한다.

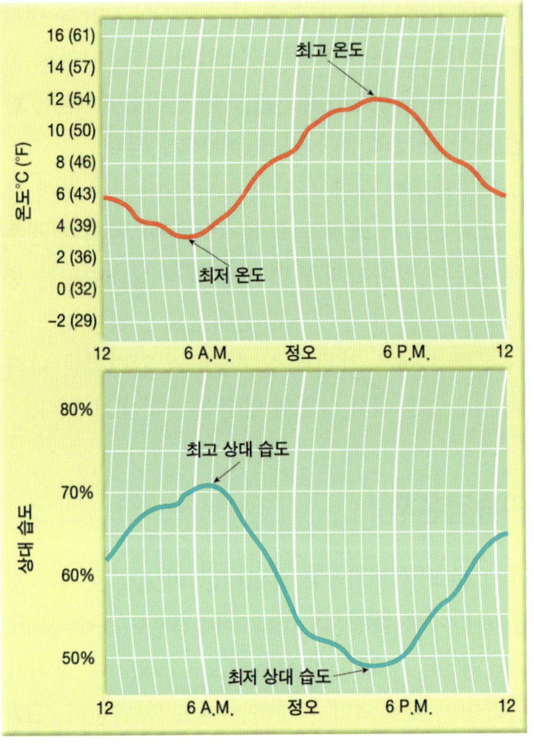

그림 12.6 워싱턴의 전형적인 봄철의 기온과 상대습도의 일 변화이다. 오후에 온도가 증가할 때 상대습도는 떨어지는 것을 볼 수 있다.

그림 12.7 응결 또는 "이슬"은 찬 음료수 잔이 그것을 둘러싸고 있는 공기를 이슬점 아래로 차게 했을 때 생긴다. (사진 제공: Dorling Kindersley)

에서 이슬점 아래로 냉각되면 수증기는 응결하여 이슬, 안개 또는 구름이 된다(**그림 12.7**). 이슬점이라는 용어는 야간에 이슬점온도 이하로 냉각되면 근처의 물체에 이슬이 자주 맺히는 데서 유래한다.

공기가 포화에 얼마나 가까이 있느냐의 척도인 상대습도와는 달리, 이슬점온도는 공기 덩이가 갖고 있는 실제 수분량의 척도이다. 이슬점온도는 공기 속의 수증기량에 직접 관련되어 있고 결정하기 쉽기 때문에 이것은 가장 유용한 습도 척도 중 하나이다.

상층 공기가 이슬점 아래로 냉각되면 수증기의 일부는 응결하여 구름을 형성한다. 구름은 물방울(또는 얼음 알갱이)로 이루어져 있으므로 이 물방울은 공기의 수증기량에 포함되지 않는다. (구름은 수증기가 아니라 지면으로 떨어지기에는 너무 작은 물방울이나 얼음 알갱이이다.)

이슬점은 포화가 일어나기 시작하는 온도이므로 이슬점온도가 높으면 습윤한 공기, 낮으면 건조한 공기이다. 사실 이슬점온도를 10℃씩 올리려면 공기 내의 수증기량은 대략 두 배가 되어야 한다. 이러한 사실은 **표 12.1**을 보면, 20℃의 따뜻한 공기는 10℃의 차가운 공기보다 두 배의 수증기를 가지고 있는 것을 볼 수 있다.

이런 사실을 알고 있었나요?

대부분 사람들이 알고 있는 것과는 달리 서리는 언 이슬이 아니다. 흰서리(서리)는 0℃나 그 이하의 온도에서 포화가 되는 경우에 형성된다. (이렇게 포화가 되는 온도를 **서릿점**이라 부른다.) 이와 같이 수증기가 액체 상태를 거치지 않고 기체로부터 직접 고체로 변할 때 서리는 형성된다. **침착**이라 부르는 이 과정은 섬세한 형태의 얼음 알갱이를 만들어 겨울에 자주 유리창을 장식한다.

요약하면, 이슬점은 공기를 냉각했을 때 포화에 도달하는 온도이고 상대습도는 그 공기가 얼마나 포화되었는지를 나타낸다.

습도 측정

일반적으로 상대습도를 얻기 위해 널리 사용되는 **습도계**(hygrometer)는 건습구습도계이며 이는 **그림 12.8**과 같이 습구온도계와 건구온도계로 되어 있다. 습구온도계는 온도계의 구부가 물에 젖은 거즈로 싸여 있으며, 싸여 있지 않은 온도계는 건구온도계이다.

건습구온도계를 사용하기 위해서는 거즈가 물에 포화되어 있고, 거즈에 공기가 통해야 하므로 공기 중에 매달아 놓거나 선풍기를 이용한다. 거즈에서 수증기가 증발하면 열을 흡수하여 습구온도는 낮아진다.

그림 12.8 휘돌이 건습구습도계. 이 기구로 상대습도와 이슬점온도를 알 수 있다. 건구온도계는 현재의 기온을 나타내며, 습구온도계는 젖은 거즈로 쌓여 있다. 습구온도계의 온도가 내려가기를 멈추면 온도를 읽어 부록 C에 있는 표를 이용하여 사용한다. (사진 제공: E. J. Tarbuck)

이런 사실을 알고 있었나요?

예상하고 있었겠지만 미국에서 가장 습한 도시는 바다에서 해안을 향해 자주 바람이 부는 지역으로 해양 가까이 위치해 있다. 그 도시는 워싱턴주 Quillayute로서, 평균 상대습도의 기록이 83%이다. 그리고 오리건주, 텍사스주, 루이지애나주, 플로리다주에 있는 많은 해안 도시들도 75%가 넘는 평균 상대습도의 기록을 갖고 있다. 그러나 미국 북동부에 있는 해안 도시들은 건조한 대륙을 덮고 있는 기단의 영향을 받기 때문에 약간 덜 습한 경향을 보이고 있다.

습구온도가 냉각되는 정도는 대기 중의 습도와 직접적으로 비례한다. 공기가 건조할수록 증발이 많이 일어나며 물은 더 많은 열을 흡수하므로 습구온도는 더욱 낮아진다. 따라서 건구와 습구의 온도차가 크면 상대습도는 낮은 것이고, 공기가 포화되어 있다면 증발이 일어나지 않으므로 두 온도계는 같은 값이 된다.

건습구온도계를 읽어서 정확한 상대습도를 결정하기 위해서는 **부록 C**에 있는 표를 이용한다.

한 다른 형태의 습도계가 상층 대기 관측을 지상 관측소로 전송하는 라디오존데와 같은 원격 탐사기기에 사용된다. 여기에 사용되는 전기 습도계는 습기를 흡수하는 화학물질을 입힌 전기 전도체를 포함하고 있다. 이것은 상대습도가 변함에 따라 전류 흐름도 변하는 원리를 이용하고 있다.

3. 구름 형성: 단열냉각

GEODe EARTH SCIENCE Earth's Dynamic Atmosphere
▼ Moisture and Cloud Formation

지금까지는 수증기의 기본적인 성질과 변화량을 측정하는 법에 대해 다루었다. 이제부터는 수증기가 날씨, 특히 구름 형성에 미치는 영향에 대해 다루도록 하겠다.

안개, 이슬과 구름 형성

응결은 수증기가 물방울로 변하는 것으로 이슬과 안개, 구름이 만들어질 때 일어난다. 이 세 가지 현상은 다르지만, 모두 공기가 포화되어야 나타난다. 포화가 일어나기 위해서는 수증기가 공기에 공급되거나 공기가 이슬점온도 아래로 냉각되어야 한다. 저녁이 되면 지표는 열을 방출하여 지면과 부근의 공기는 급속히 냉각되는데 이를 '복사냉각'이라고 하며, 이슬과 안개를 발생시키는 원인이다. 이처럼 일몰 후에 발생하는 지면 냉각은 응결을 일으킬 수 있다. 그러나 구름 형성은 흔히 가장 따뜻한 낮에 나타난다. 따라서 상공에 구름을 발생시키기 위해서는 공기를 충분히 냉각시키는 다른 메커니즘이 있음을 알 수 있다.

단열 온도 변화

대부분의 구름을 형성하는 과정은 자전거 바퀴에 공기를 넣을 때 펌프의 몸통이 따뜻해지는 원리와 같다. 펌프에 생긴 열은 공기가 압축되면서 기체의 분자운동이 증가하여 온도가 올라가서 생긴 것이다. 반대로 자전거 바퀴의 공기를 새어나오게 하면 새어나온 공기는 팽창하여 냉각이 일어난다. 즉, 팽창된 공기는 주변의 공기를 미는 일을 하게 되므로 그 일에 해당하는 에너지만큼 온도가 떨어지게 된다.

헤어스프레이나 스프레이 향수를 사용할 때에도 고압가스가 팽창하면서 냉각되는 효과를 경험할 수 있다. 이러한 온도의 하강은 열의 출입이 없어도 발생한다. 이러한 변화를 **단열 온도 변화**(adiabatic temperature change)라고 한다. 요약하면 공기가 팽창하면 냉각되고 압축되면 따뜻해진다.

단열냉각과 응결

얇고 신축성 있는 풍선에 공기가 들어 있다고 하자. 이러한 가상의 공기를 **공기 덩이**(parcel)라고 한다. 일반적으로 공기 덩이는 부피가 수백m^3이고 주변 공기에 독립적으로 행동하고 공기 덩이 안으로 열이 공급되거나 밖으로 방출되지 않는다고 가정한다. 이러한 이상적인 공기 덩이는 짧은 시간 동안에는 실제 공기와 유사하게 행동한다.

건조단열감률 고도가 높아질수록 기체 분자들이 점점 적어지므로 대기압은 급속히 감소한다. 공기 덩이가 상승운동을 하면 점점 기압이 낮은 지역을 통과하게 되므로 상승하는 공기는 팽창하여 단열적으로 냉각된다. 불포화된 공기는 1,000m 상승할 때마다 10℃의 비율로 온도가 감소한다.

반대로 하강하는 공기는 점점 기압이 증가하므로 압축되어 1,000m 하강할 때마다 10℃씩 온도가 상승한다. 이러한 가열 또는 냉각 비율은 불포화된 공기에 적용되는 것으로 **건조단열감률**(dry adiabatic rate)이라고 한다.

습윤단열감률 상승하던 공기 덩이가 이슬점온도에 도달하면 응결이 일어나서 수증기가 지니고 있던 응결 숨은열(latent heat of condensation)을 방출한다. 응결이 일어난 후에도 상승하는 공기는 계속 냉각되지만 숨은열이 방출되므로 공기의 냉각률은 감소하게 된다. 즉, 숨은열의 증가로 인해 둔화된 냉각율을 **습윤단열감률**(wet adiabatic rate)이라고 한다. 숨은열 방출량은 공기 중에 들어 있는 수분에 의해 결정되므로 습윤단열감률은 1,000m 이동할 때마다 5℃에서 9℃ 사이의 값을 가진다.

그림 12.9는 구름 생성에 대한 단열냉각의 역할을 그린 것으로, 지면에서 응결고도까지는 건조단열감률을 따르고, 응결고도부터는 습윤단열감률을 따라 냉각된다.

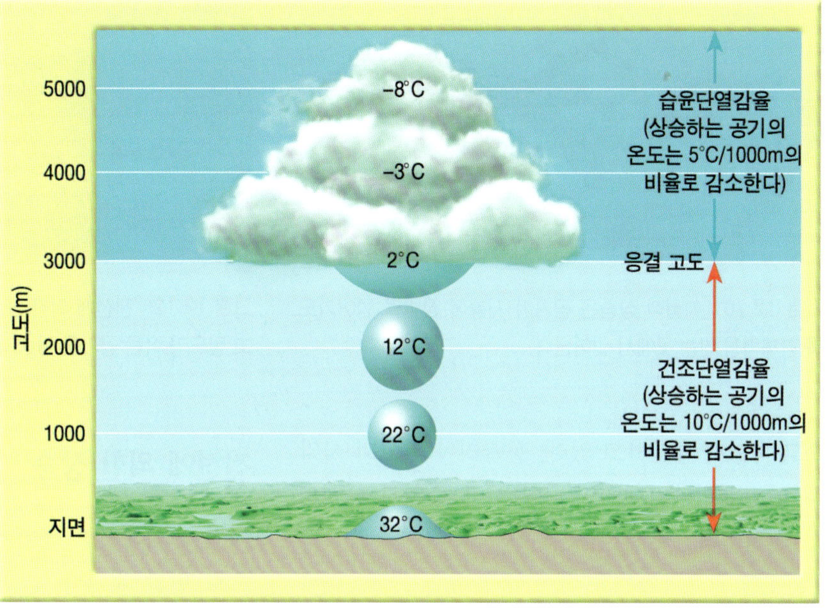

그림 12.9 상승하는 공기는 1,000m마다 10℃씩 건조단열감률로 냉각한다. 공기가 이슬점에 도달하면 응결이 일어나서 구름이 형성된다. 공기가 계속 상승하면 응결에 의한 숨은열 방출에 의해 냉각되는 비율이 작아진다. 그래서 습윤단열감률은 항상 건조단열감률보다 작다.

4. 공기의 상승과정

GEODe EARTH SCIENCE

Earth's Dynamic Atmosphere

▼ Moisture and Cloud Formation

공기가 상승하면 팽창하여 단열적으로 냉각되고 이슬점온도에 도달하면 응결이 일어나서 구름이 발달하기 시작한다. 그러면 어떤 경우에 공기가 상승하게 되는 것일까?

일반적으로 공기는 제자리에 머물려는 성질이 있다. 따라서 지표 부근의 공기는 지표에 머물려고 하고, 상층 공기는 상층에 그대로 있으려고 한다. 그러나 공기에 충분한 부력을 주면 주변의 도움 없이 공기는 상승하게 된다. 공기를 상승시키는 원인은 다음과 같이 몇 가지가 있다.

1. 지형적 상승—산의 경사면을 따라 공기가 상승한다.
2. 전선에 의한 상승—따뜻한 공기가 차가운 공기를 타고 위로 올라간다.
3. 공기의 수렴에 의한 상승—지표면 근처에 공기가 모이면 공기가 상승한다.
4. 대류에 의한 상승—국지적으로 비균등 가열되면 부력이 생겨서 공기가 상승한다.

지형적 상승

지형적 상승(orographic lifting)은 산과 같은 높은 지형에 의해 공기 흐름이 막혀서 일어난다(**그림 12.10**). 공기가 산의 경사면을 따라 올라가면 단열팽창 냉각되어 응결고도에 이르게 되어 구름을 형성하고 비를 뿌리게 된다. 실제로 비가 가장 많이 내리는 지역은 산의 풍상측(windward side)에 위치한다.

공기가 정상을 지나 풍하측(leeward side)에 도달하면 공기에는 수분이 거의 없는 상태이다. 공기가 하강하면 단열적으로 가열되므로 응결이 일어나거나 강수가 내리지 않게 되어 **비그늘 사막**(rain-shadow desert)을 형성한다. **그림 12.11**은 미국서부에 위치한 사막으로, 태평양에서 수백km 밖에 위치하지만 시에라네바다 산맥이 해양의 수증기를

그림 12.10 지형적 상승은 공기가 지형적 장벽을 넘어가도록 강제력을 받는 곳에서 일어난다.

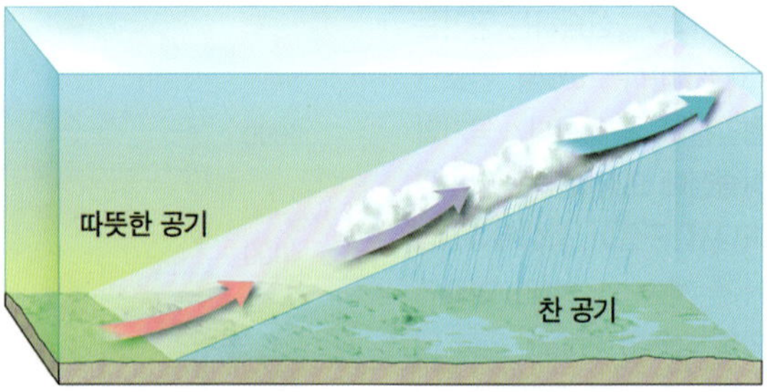

그림 12.12 전선에 의한 상승. 차고 밀도가 큰 공기는 따뜻하고 밀도가 작은 공기를 상승시키는 장벽과 같이 행동한다.

효과적으로 차단하고 있다. 몽골리아의 고비 사막과 아르헨티나의 파타고니아 사막도 역시 산맥의 풍하측에 위치해 있다.

이런 사실을 알고 있었나요?

전 세계적으로 비가 많이 오는 장소는 산의 풍상측 경사면에 위치해 있다. 하와이 와이알레알레(Waialeale)산에 있는 관측소는 가장 많은 1,234cm의 평균 연강수량 기록을 갖고 있다. 어느 한 해 12개월의 최고 기록 강수량은 인도 체라푼지(Cherrapunji)에서 발생했는데 그 양은 놀랍게도 2,647cm나 된다. 이 강수량 중 많은 양이 7월에 발생했는데 그 기록은 930cm이다. 이 양은 시카고 연평균 강우량의 10배가 넘는다.

그림 12.11 비그늘 사막. 캘리포니아주 데스밸리(Death Valleys)는 태평양에서 불어오는 바람에서 수증기를 제거하는 주변의 산에 의해 형성되었다고 할 수 있다. (사진 제공: James E. Patterson/James Patterson Collection)

전선에 의한 상승

지형에 의해서만 공기가 상승한다면 평지는 사막으로 변할 것이다. 그러나 따뜻한 공기와 차가운 공기가 만나게 되면 **전선**(front)을 형성하고 차가운 공기는 장벽과 같은 역할을 하여 따뜻한 공기가 그 위로 상승하게 된다. 이러한 과정을 **전선에 의한 상승**(frontal wedging)이라고 한다(**그림 12.12**).

또한 전선은 **중위도 저기압**(middle-latitude cyclone)과 관련이 있으며 이 저기압은 중위도에서 내리는 강수의 대부분을 발생시키고 있다. 이에 대해서는 제14장에서 다룰 것이다.

수렴

하층 대기에 공기가 모여들면 상승기류가 생기는데 이를 **수렴**(convergence)이라고 한다. 공기가 모이게 되면 아래 방향은 막혀 있으므로 상승기류를 형성하게 되고(**그림 12.13A**) 단열냉각으로 인해 구름이 만들어진다.

수렴은 장애물을 만나서 공기의 흐름이 느려지거나 차단될 때도 생긴다. 그 결과, 공기는 쌓이게 되고, 공기 분자를 압박하게 되어 상승기류를 형성한다.

미국의 플로리다 반도지역이 수렴에 의해 구름이 형성되고 강수가 내리는 좋은 예가 된다. 따뜻

그림 12.13 수렴. A. 지면에 있는 공기가 수렴하면 상승하여 차지하는 면적을 줄인다. B. 우주왕복선에서 바라본 남부 플로리다주. 따뜻한 날 대서양과 멕시코만으로부터 플로리다 반도로 들어오는 기류는 한낮 오후에 뇌우를 많이 발생시킨다. (사진 제공: NASA/Media Services)

한 날에 양쪽 해안에서는 바다에서 육지로 바람이 불게 되고 해안을 떠리 공기가 쌓이게 되어 반도를 따라 수렴이 일어난다(**그림 12.13B**). 이러한 공기의 수렴과 상승기류는 강렬한 태양이 육지를 가열하면서 더욱 강화된다. 따라서 미국의 플로리다 반도에서는 오후에 자주 폭풍이 생긴다.

수렴에 의한 상승은 중위도 저기압이나 태풍과 연관된 날씨에도 큰 기여를 한다. 이런 시스템과 연관된 하층 공기는 중심 쪽으로 이동하고 중심 부근에서는 상승하게 된다. 이에 대한 자세한 것은 나중에 다루겠으나 지면 부근의 수렴이 상승기류를 만든다는 사실을 잊지 말자.

국지대류 상승

따뜻한 여름에는 지표면이 불균등하게 가열되어 주변 지역의 공기보다 온도가 높게 된다. 예를 들어, 주차장은 나무가 많은 주변의 공원지역보다 빠르게 가열된다. 따라서 주차장의 공기 덩이는 주변보다 따뜻하여 가벼우므로 위로 부력을 받게 된다(**그림 12.14**). 이렇게 상승하는 따뜻한 공기 덩이를 열기포(thermal)라고 한다. 독수리 같은 새는 이러한 열기포를 이용해 높이 상승하여 먹이를 사냥하기도 하고, 사람들은 상승하는 공기 덩이를 이용하여 글라이더를 타고 하늘을 날 수 있는 방법을 터득하였다.

상승하는 열기포에 의한 현상을 **국지대류 상승**(localized convective lifting)이라 한다. 따뜻한 공

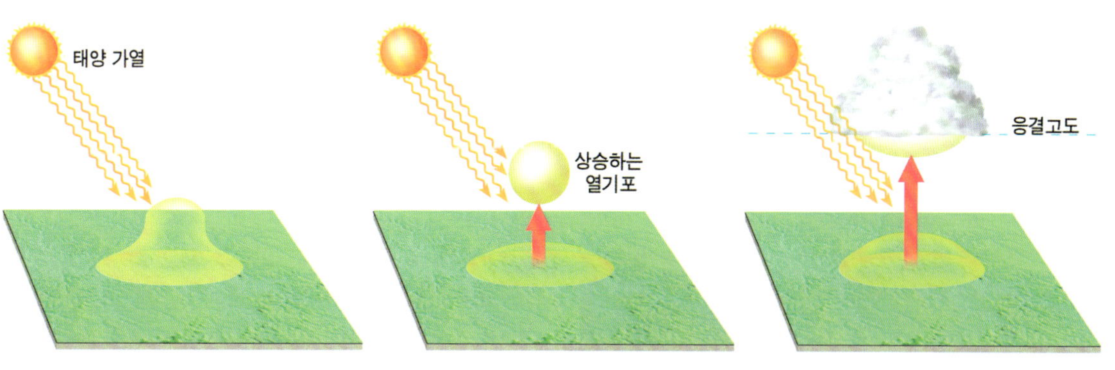

그림 12.14 국지대류 상승. 지표면의 불균등 가열은 주위의 공기보다 어느 한곳의 공기 덩이를 더 따뜻하게 한다. 이렇게 부력을 받은 더운 공기 덩이는 열기포를 만들고, 이 열기포가 응결고도에 도달하면 구름을 형성한다.

기 덩이가 응결고도를 지나게 되면 구름이 생기고 때로는 오후에 소나기를 내리기도 한다. 이러한 비는 잠깐 동안 국지적으로 내리게 된다.

국지대류 상승현상이 강수 형성의 주요 요인은 아니지만 다른 메커니즘에 의한 상승에 중요한 역할을 한다. 또한 다른 메커니즘에 의해 상승한 공기는 주변의 공기보다 따뜻하므로 대류에 의한 상승이 일어나게 된다.

5. 대기 안정도

GEODe EARTH SCIENCE Earth's Dynamic Atmosphere
▼ Moisture and Cloud Formation

공기가 상승하면 냉각되어 구름을 형성하게 되는데 이때 구름의 크기와 강수량은 많은 차이가 있다. 그 이유는 대기의 안정도(stability)와 밀접하게 관련되어 있기 때문이다.

공기 덩이가 신축성 있는 얇은 막에 쌓여서 팽창하기는 하지만 주변 공기와 혼합이 이루어지지 않는다고 생각해 보자. 이 공기 덩이가 상승하면 내부온도는 팽창에 의해 낮아진다. 이때 공기 덩이와 주변 공기의 온도를 비교하여 이 공기 덩이의 안정도를 결정할 수 있다. 공기 덩이의 온도가 주변보다 낮으면 주변보다 밀도가 높으므로, 외력이 없다면 이 공기 덩이는 원래의 위치로 다시 하강하게 된다. 이런 경우에는 연직운동이 어려우므로 **안정한 대기**(stable air)라고 한다.

그러나 상승하는 공기가 주위의 공기보다 더 따뜻하여 밀도가 작으면 이 공기 덩이는 그 온도가 주위 온도와 같아지는 고도까지 계속 상승할 것이다. 이는 열기구가 주위의 공기보다 더 무거워질 때까지 계속 상승하는 것과 같다(**그림 12.15**). 이런 형태의 대기는 **불안정한 대기**(unstable air)로 분류된다. 요약하면, 안정도는 공기 덩이를 원래의 위치에 머물러 있게 하려는 경향(안정한 경우)이나 상승시키려는 경향(불안정한 경우)을 말해 주는 대기의 성질이다.

그림 12.15 주위보다 더 따뜻한 공기는 상승할 것이다. 열기구는 이런 이유로 대기 중에서 상승한다. (사진 제공: Barbara Cushman Rowell/Mountain Light Photography, Inc.)

안정도 유형

대기의 안정도는 고도별로 대기의 온도를 조사하면 알 수 있다. 제11장에서 이미 밝혔듯이 이런 관측값을 환경감률(environmental lapse rate)이라고 하고 라디오존데나 비행기를 이용하여 구한다. 이 환경감률과 구분되는 단열 온도 변화(adiabatic temperature change)는 공기 덩이가 상승, 하강하면서 팽창, 압축되어 생기는 온도의 변화를 의미한다.

그림 12.16에서 보면 환경감률은 5℃/km이다. 이러한 조건에서는 지면의 공기 온도가 25℃이면 1,000m에 있는 공기의 온도는 5℃ 내려가서 20℃가 되고 2,000m에 있는 공기의 온도는 15℃이다. 우선 지면의 공기는 1,000m에 있는 공기보다 5℃ 따뜻하므로 보다 가볍다. 그러나 불포화상태의 지면 공기가 상승하여 1,000m에 도달하면 이 공기는

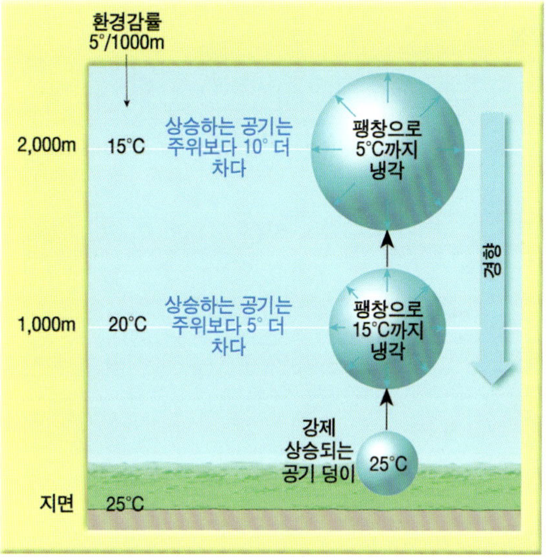

그림 12.16 안정한 대기에서 불포화된 공기 덩이가 상승하면 팽창하여 건조단열감률에 따라 냉각된다. 상승하는 공기 덩이의 온도가 주위 대기보다 낮기 때문에 무거워져서 원래의 위치로 되돌아간다.

팽창하여 건조단열감률인 10℃/km로 냉각이 일어난다. 따라서 1,000m에 도달하면 이 공기 덩이의 온도는 10℃ 떨어지게 되어 주위보다 5℃ 정도 낮으므로 무거워져서 원래의 위치로 하강하게 된다. 따라서 지면 부근의 공기는 상층의 공기보다 차갑기 때문에 자발적으로 상승이 일어나지는 않을 것이다. 이러한 공기는 안정하고 연직운동이 일어나기 어렵다.

절대 안정 환경감률이 습윤단열감률보다 작으면 **절대 안정**(absolute stability)이라고 말한다. **그림 12.17**에서 환경감률은 5℃/km이고 습윤감률은 6℃/km이다. 1,000m 고도에서 주위의 온도는 15℃인 반면에, 지면에서 올라간 공기 덩이의 온도는 10℃이므로 주위 공기보다 무겁다. 안정한 공기 덩이를 응결고도 이상까지 상승시키더라도 여전히 주위 공기보다 차고 무거우므로 다시 하강하게 된다.

절대 불안정 환경감률이 건조단열감률보다 크면 그 대기는 **절대 불안정**(absolute instability)하다고 한다. **그림 12.18**에서 상승하는 공기 덩이의 온도가 항상 주변 공기보다 높으므로 부력에 의해 계속 상승이 일어난다. 그러나 이러한 절대 불안정은 일반적으로 지표면 부근에만 나타난다. 아주 무더운 날에 쇼핑센터 주차장 같은 지면 부근의 공기는 주위의 다른 지역보다 강하게 가열되므로 상공의 공기보다 가볍게 되어 상승한다. 이런 현상은 솜털 형태의 구름을 만들기도 하고 때로는 악천우를 동반하는 수직운을 만들기도 한다.

조건부 불안정 더 일반적인 형태의 대기 불안정으로는 **조건부 불안정**(conditional instability)이라고 하는 불안정이 있다. 이 불안정은 대기 환경감률이 건조단열감률과 습윤단열감률 사이(1,000m당 5℃와 10℃ 사이)의 값을 가질 때 발생한다. 다시 말하면, 대기가 불포화 공기 덩이에 대해서는 안정하지만, 포화 공기 덩이에 대해서는 불안정할 때 그 대기는 조건부 불안정 상태에 있다고 말한다. **그림**

이런 사실을 알고 있었나요?

미국 기상청 기록에 의하면 뉴욕주 로체스터(Rochester)가 미국에서 가장 눈이 많이 오는 도시로서, 연평균 강설량이 거의 239cm나 된다. 그리고 같은 주 버팔로(Buffalo)는 이와 비슷한 두 번째로 눈이 많은 도시이다.

이런 사실을 알고 있었나요?

가장 적은 연평균 강수량의 기록을 갖고 있는 도시는 칠레의 아리카(Arica)인데, 연평균 강수량이 0.08cm이다. 과거 59년의 기간에 걸쳐 남아메리카의 이 지역에는 총 5cm 미만의 강수량이 있었다.

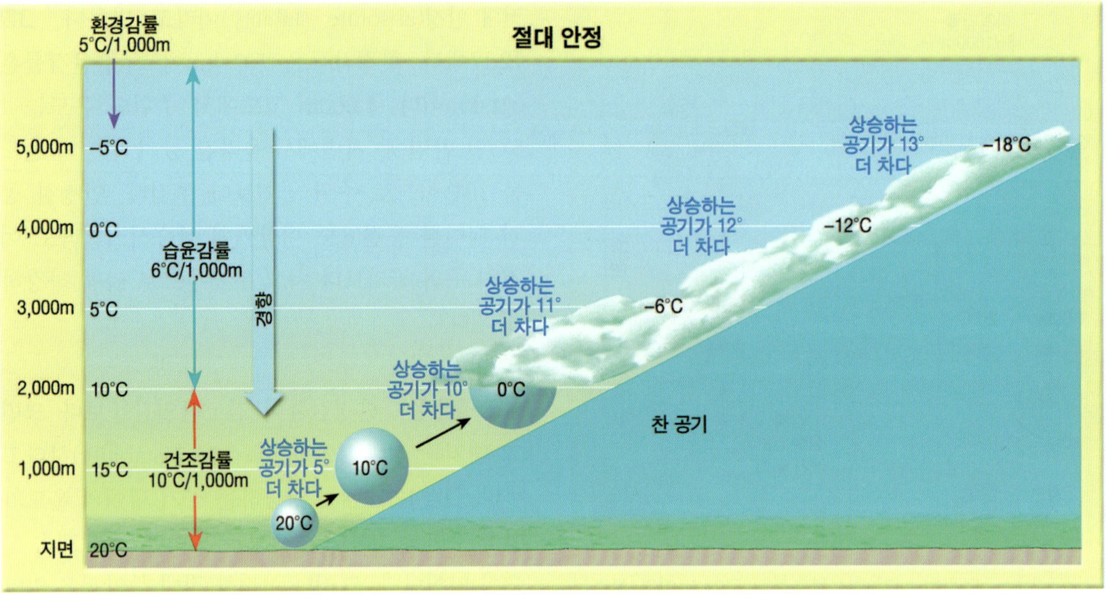

그림 12.17 환경감률이 습윤단열감률보다 작으면 대기는 절대 안정하다. 따라서 상승하는 공기 덩이는 항상 주위 공기보다 차고 무겁다. 안정한 공기가 강제 상승되면 층상운을 형성한다.

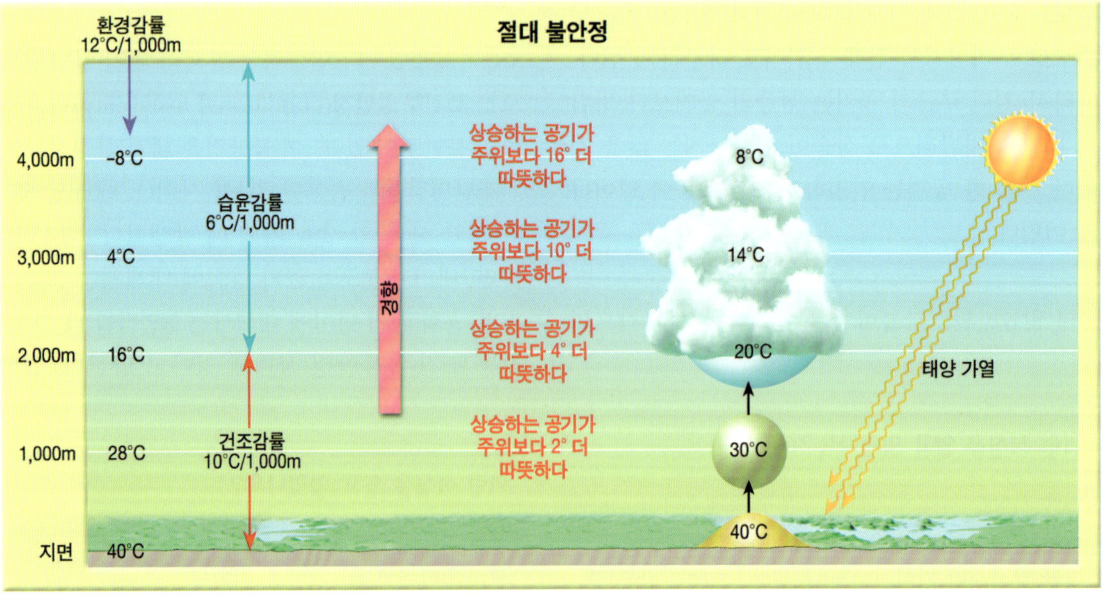

그림 12.18 태양 가열이 대기의 최하층을 덥게 하여 상층 공기보다 더 높은 온도를 갖게 할 때 발생하는 절대 불안정의 예시. 그 결과, 대기의 불안정을 나타내는 가파른 환경감률이 된다.

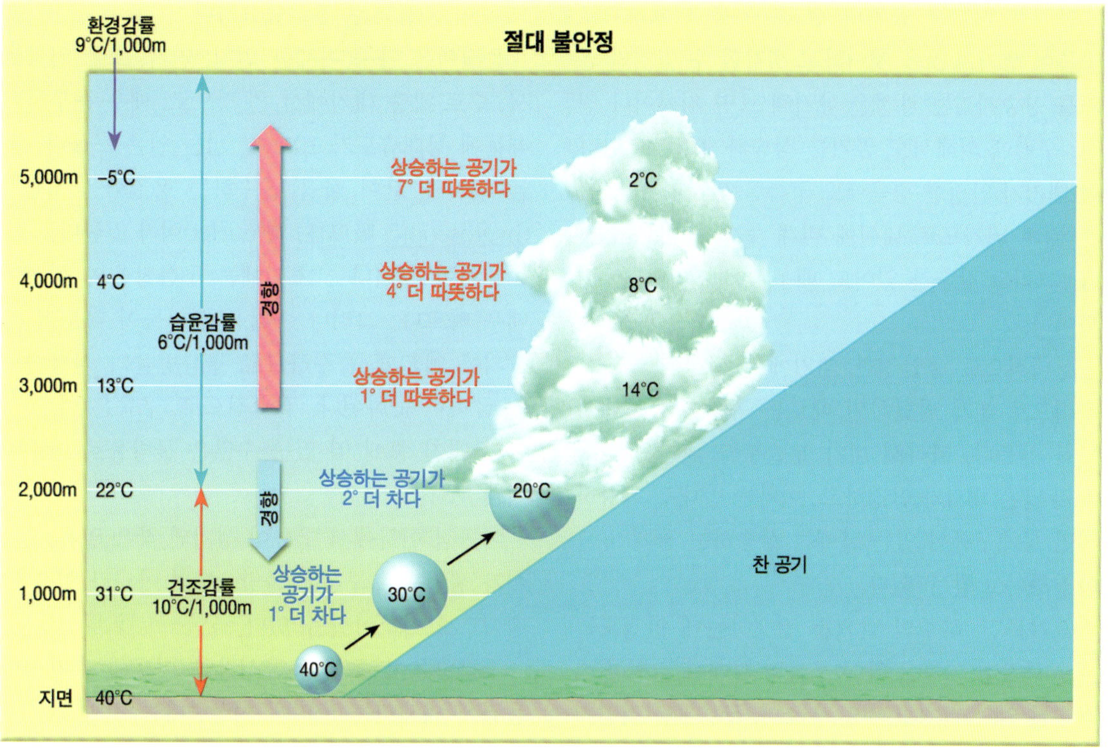

그림 12.19 따뜻한 공기가 전선 경계면을 따라 강제 상승되는 조건부 불안정의 예시. 1,000m당 9℃의 환경감률이 건조단열감률과 습윤단열감률 사이에 있음을 주목하라. 3,000m 고도 가까이까지 공기 덩이가 주위 공기보다 더 찬데, 여기까지는 공기 덩이가 지면으로 하강하려는 경향을 보인다(안정). 그러나 이 고도 이상에서는 공기 덩이가 주위보다 더 따뜻해져, 부력 때문에 상승한다(불안정). 이처럼 조건부 불안정 공기가 강제 상승될 때 탑상형 적운이 발생할 수 있다.

12.19에서 상승하는 공기 덩이가 거의 3,000m 고도까지는 주위 공기보다 더 차다는 것을 주목하라. 상승 응결고도 이상에서는 숨은열이 추가되어 공기 덩이는 주위 공기보다 더 따뜻해진다. 이 고도로부터는 외력이 없어도 자체의 부력 때문에 공기 덩이는 계속 상승할 것이다. 이처럼 조건부 불안정은 상승하는 공기가 포화되어 있느냐 불포화되어 있느냐에 의존한다. 공기가 불안정해지고 부력으로 인하여 상승하기 전에 공기가 산악지형 위를 넘어가는 것과 같이 강제 상승되어야만 하기 때문에 조건부(conditional)라는 말이 사용되고 있다.

요약하면, 대기의 안정도는 높이에 따른 대기의 온도 분포에 의해 결정된다. 환경감률의 기울기가 커서 지면의 공기가 상층의 공기보다 현저하게 따뜻하면 이는 불안정한 대기이고, 실제로 아래쪽에 있는 따뜻한 공기가 차가운 공기 위로 상승하게 된다. 반대로, 고도가 상승함에 따라 온도가 서서히 내려가면 그 공기는 안정하다고 한다.

안정도와 일기

안정한 대기에서는 공기가 연직으로 운동하기 어려운 반면, 불안정한 대기에서는 공기가 부력을 가지고 자유로이 상승한다. 그러나 이러한 사실과 실제 날씨는 어떠한 연관이 있는가?

안정한 대기는 공기의 상승운동을 억제하므로 구름이 생기지 않을 것이라고 생각할 수 있지만 공기를 상승시키는 과정을 상기해 보면 지형이나 전선, 수렴에 의해서도 공기는 상승하게 된다. 따라서 대기가 안정한 경우에도 구름은 생기며 이 구름은 넓게 퍼지므로 넓이에 비해 두께는 비교적 얇다. 그리고 강수가 있어도 매우 약하거나 보통 정도이다.

상대적으로 불안정한 대기에서 생성된 구름은 수직으로 높게 발달하며 때로는 폭풍이나 토네이도를 만든다. 따라서 비가 부슬부슬 내리는 잔뜩 흐린 날은 대기가 안정하고, 이와는 반대로 화창하지만 뭉게구름이 있는 날에는 상승하는 공기가 불안정하다고 할 수 있다.

요약하면, 하루의 날씨를 결정하는데 안정도는 매우 중요한 역할을 하여 구름의 형태를 결정하고, 강수가 약하게 내릴 것인지 소나기로 내릴 것인지를 결정한다.

6. 응결과 구름 형성

대기 중의 수증기가 물방울로 변할 때에 응결이 일어나고 이런 과정에 의해 이슬, 안개, 구름이 생긴다. 여러 형태의 응결이 일어나기 위한 조건 중 하나는 공기가 포화되어야 한다는 것이다. 포화는 주로 공기가 이슬점온도 아래로 냉각될 때 발생하지만 수증기가 공기 중에 추가되었을 때에 발생하기도 한다.

또한 수증기가 응결하기 위해서는 표면이 있어야 한다. 이슬이 생길 때는 잔디나 자동차의 유리창과 같은 지면 부근의 물체가 이러한 역할을 한다. 그러나 상공에서 응결이 일어날 때에는 **응결핵**(condensation nuclei)이라 불리는 아주 작은 입자물질이 응결하는 데 필요한 표면이 된다. 핵이 없으면 상대습도가 100%를 초과해야 구름이 형성되므로 이 응결핵은 매우 중요하다.

응결핵은 아주 미세한 먼지, 연기, 소금 입자로서, 주로 하층 대기에서 온 것으로, 매우 풍부하기 때문에 상대습도가 101%를 넘는 일은 드물다. 소금 입자와 같이 물을 흡수하는 응결핵을 **흡습성**(hygroscopic, 吸濕性) **핵**(nuclei)이라고 한다.

응결이 일어나는 초기에는 구름방울의 성장이 매우 빠르다. 그러나 수많은 입자들이 다투어 수증기를 빠르게 흡수하므로 구름방울의 성장속도는 급격히 둔화된다. 결과적으로, 구름은 너무 작아서 대기 중에 떠 있는 수많은 물방울로 이루어지게 된다.

어는점 이하에서 구름이 생기면 작은 얼음 알갱이가 생기므로 구름은 물방울뿐만 아니라 얼음 알갱이로도 이루어질 수 있다.

구름방울이 초기에 급성장한 이후에 추가적인 응결에 의해서는 느리게 성장한다는 것과 관측된 구름방울과 빗방울 사이의 크기 차이가 매우 크다는 것을 주목하면 응결만으로 구름방울이 빗방울로 커진다고 할 수 없다. 이제 먼저 구름을 공부하고 그 다음에 강수가 어떻게 형성되는지 알아볼 것이다.

구름 유형

예로부터 인간은 하늘에 떠 있는 구름의 형태나 움직임을 보고 날씨의 변화를 알고 예측도 하였다. **구름**(cloud)은 물방울과 작은 얼음 알갱이로 이루어진 응결의 한 형태이지만 대기에서 일어나고 있는 일을 알려주는 역할을 하므로 항상 관심의 대상이었다. 구름의 형태를 구분해 보고자 해본 사람이라면 구름의 형태와 모양이 매우 다양하다는 것을 알게 될 것이지만 구름을 분류하는 몇 가지 기준을 알게 되면 이러한 혼란은 사라지게 된다.

구름은 형태와 높이에 따라 분류된다(**그림 12.20**). 세 가지 기본적인 형태는 다음과 같다.

그림 12.20 **높이와 형태에 따른 구름 분류.** (자료 제공: Ward's Natural Science Establishment, Inc., Rochester, N.Y.)

- **권운**(cirrus)은 높고 하얗고 얇다. 작은 조각들로 이루어지거나 털과 같은 모양을 하거나 베일 같은 얇은 천의 모양을 띤다.
- **적운**(cumulus)은 공 모양을 띤 몇 개의 구름으로 이루어져 있다. 연직으로 부풀어 올라 둥근 언덕이나 탑과 같은 형태를 띠고 있다. 운저는 약간 어둡고 거의 수평이다.
- **층운**(stratus)은 하늘 전체를 뒤덮는 판이나 층과 같다. 작은 틈이 있기는 하지만 개개의 구름으로 분리할 수는 없다.

모든 다른 구름들은 위의 기본적인 모양을 띠거나 조합된 형태이거나 일부 변형되어 나타난다.

구름은 높이에 따라 상층운, 중층운, 하층운으로 나뉜다(**그림 12.20**). **상층운**(high cloud)은 운저가 6,000m 이상, **중층운**(middle cloud)은 2,000~6,000m 사이에, **하층운**(low cloud)은 2,000m 이하에 떠 있다. 구름에 대한 각 고도는 고정된 것이 아니고 위도나 계절에 따라 달라진다. 예를 들어, 고위도에서나 중위도의 추운 겨울에는 상층운이 낮은 고도에서 생기기도 한다.

상층운 상층운은 권운(cirrus), 권층운(cirrostratus), 권적운(cirrocumulus)으로 이루어져 있다. 권운은 얇고 엷다. 때로는 갈고리 모양의 섬유조직과 같이 생겨서 말꼬리 구름(mares' tail, **그림 12.21A**)이라고 불리기도 한다. 이름과 같이 권적운은 솜털 같은 조각들로 이루어져 있으나(**그림 12.21B**) 권층운은 평평한 층과 같다(**그림 12.21C**). 상층은 온도가 낮고 수증기량이 적어서 모든 상층운은 얇고 하얀색이며, 얼음 알갱이로 이루어져 있다. 이런 구름은 강수를 내리지 않지만 권운이 권적운에 앞서 나타나 하늘을 뒤덮을 때는 폭풍이 다가오는 전조일 수도 있다.

중층운 고도 2,000~6,000m 사이에 나타나는 구름은 이름 앞에 고(alto)라는 말을 붙인다. 고적운(altocumulus)은 층적운보다는 크고, 짙은 공 모양

A. 권운

B. 권적운

C. 권층운

D. 고적운

그림 12.21 이 사진은 다양한 구름들의 일반적인 형태를 나타낸다. (사진 제공: A, B, D, E, F, G—E. J. Tarbuck; C—A. & J. Verkaik/Corbis/Stock Market; H—Doug Miller/Science Source/Photo Researchers, Inc.)

E. 고층운

F. 난층운

G. 적운

H. 적란운

의 구름으로 이루어져 있다(**그림 12.21D**). 고층운(altostratus)은 회색이나 연한 암회색의 차일과 같이 하늘을 덮고 있어 태양이나 달이 젖빛유리를 통해 보듯이 희미하다(**그림 12.21E**). 약한 눈이나 비가 내리기도 한다.

하층운 하층운은 층운(stratus), 층적운(stratocumulus), 난층운(nimbostratus)으로 이루어져 있다. **층운**은 균일하게 하늘을 뒤덮는 안개층과 같은 구름으로 안개비, 가는 얼음, 가루눈이 내리는 경우가 있다. 층운이 발달하여 큼직한 구름 덩이가 열을 지어 나타나기도 하고 둘둘 말린 형태로 물결 모양으로 나타나기도 하는데 이를 **층적운**이라고 한다.

난층운(nimbostratus)의 영문 이름 앞에 있는 라틴어인 *nimbus*는 '비구름'을 의미하며, *stratus*는 '뒤덮는다'는 뜻이다(**그림 12.21F**). 이름이 의미하듯이 난층운은 비나 눈을 동반하지만 안정한 조건에서 형성된다. 안정한 대기에서 구름이 발달하거나 지속되지 않을 것으로 생각되지만 이런 형태의 구름은 산맥을 타고 넘거나 전선, 저기압 중심의 상승기류 등에 의해 강제 상승될 때 발달한다. 이러한 안정한 대기에서의 강제 상승은 넓게 발달한 층상의 구름층을 형성한다.

연직발달 구름 연직발달 구름은 보통 하층운의 고도에서 상층운의 고도까지 **수직으로 발달하는 구름**(clouds of vertical development)이며, 불안정한 공기와 아주 밀접하게 관련되어 있다. 적운(cumulus)은 종종 맑은 날에 생기지만(**그림 12.21G**) 적절한 조건이 되면 급격하게 발달한다. 일단 연직운동이 일어나면 가속되어 구름은 연직으로 높이 발달한다. 이 결과로, 연직방향으로 크게 뻗친 구름을 적란운(cumulonimbus)이라고 하며 이 구름에서 소나기나 폭풍과 같은 악기상이 나타난다(**그림 12.21H**).

명확한 일기 패턴은 흔히 특별한 구름이나 운형의 결합과 연관되어 나타나므로 각종 구름의 특성을 알아두는 것이 중요하다.

7. 안개

안개가 엷게 끼면 시정이 2~3km로 감소한다. 그러나 짙은 안개가 낀 날이면 수십m 앞도 보이지 않을 만큼 시정이 나빠져서 교통대란이 일어나기도 한다. 공식적으로 시정이 1km 이하일 때를 안개라고 한다.

안개(fog)는 운저가 지면에 접해 있는 구름으로 정의된다. 구름과 안개는 모양이나 구조가 같으므로 물리적으로는 차이가 없으며 차이라면 형성되는 방법과 장소가 다르다는 것이다. 구름은 공기가 상승하여 단열냉각되어 생기는 반면에 활승안개를 제외한 대부분의 안개는 복사냉각이나 공기의 이동에 의해 생긴다. 또는 충분한 수증기가 대기 중에 공급되어 포화가 일어나서 생기기도 한다.

냉각에 의해 형성된 안개

지표면의 공기가 이슬점 아래로 냉각될 때 일반적으로 세 가지 종류의 안개가 형성된다. 실제 안개는 흔히 이들 종류가 결합되어 나타난다.

이류안개 온난다습한 공기가 찬 지면 위로 이류하여 발달한 안개를 **이류안개**(advection fog)라고 한다(**그림 12.22**). 해상에서 형성된 안개는 대부분 이류안개이며 이를 해무라고 부른다. 미국에서 또는 전 세계에서 안개가 가장 많이 발생하는 지역은 워싱턴에 있는 디서포인트먼트(Disappointment)곶이다. 이 지역에서는 매년 평균 2,552시간 동안 안개가 발생한다(1년은 8,760시간이다). 이 지역에서 발생하는 안개는 태평양에서 온 따뜻하고 습윤

그림 12.22 샌프란시스코만에 흘러드는 이류안개. (사진 제공: Ed Pritchard/Getty Images Inc.—Stone Allstock)

한 공기가 차가운 캘리포니아 해류 위를 지날 때 발생하여 탁월풍에 의해 해안으로 운반된다. 이류안개는 또한 멕시코만으로부터 따뜻한 공기가 중서부와 동부의 차고 눈 덮인 지면으로 불어오는 겨울철에 아주 잘 생긴다.

복사안개 **복사안개**(radiation fog)는 용어가 의미하는 바와 같이 차갑고 맑은 날 밤에 지면이 복사에 의해 급속하게 냉각되어 생긴다. 야간에 지면과 접해 있는 공기층이 이슬점온도 아래로 냉각되면 공기가 무거워져서 고도가 낮은 지역으로 흘러서 안개지대를 형성한다. 종종 계곡에서 이런 두꺼운 안개지대가 형성된다(**그림 12.23**).

활승안개 **활승안개**(upslope fog)는 습윤한 공기가 완만한 산의 경사면을 따라 올라갈 때 단열팽창냉각되어 이슬점에 도달하면 광대한 안개층이 형성된다. 이 안개는 평지 가까이에서는 형성되는 일이 흔하지 않으며 산에 걸려 있을 때가 많아 평지에서는 층운으로 관측된다. 산에서 발생하는 대부분의 안개는 활승안개이며 바람이 강해도 형성된다.

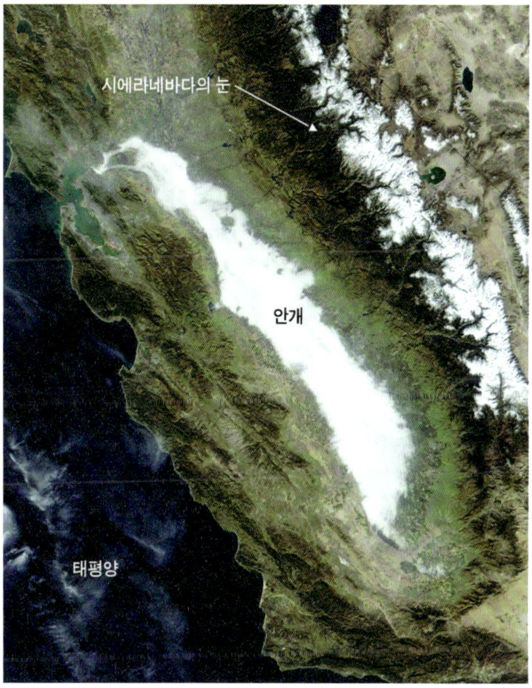

그림 12.23 2002년 11월 20일 캘리포니아의 산 호아킨 계곡에 발생한 짙은 안개의 위성영상. 이날 이른 아침 복사안개로 14대의 차량이 겹쳐 쌓이는 사고를 포함하여 여러 교통사고가 있었다. 안개 발생 지역의 동쪽에 있는 흰 영역은 눈 덮인 시에라네바다 지역이다. (사진 제공: NASA)

증발안개

수증기 유입에 의해 대기가 포화되어 일어나는 안개를 증발안개(evaporation fog)라고 한다. 증발안개에는 김안개와 전선안개(또는 강수안개)가 있다.

김안개 찬 공기가 따뜻한 수면 위로 이류할 때 수면에서 증발이 일어나 수증기가 찬 공기에 공급되어 포화가 일어난다. 증발된 수증기는 차가운 공기를 만나 곧바로 응결되고 하층에서 가열된 공기와 같이 상승하여 김과 같은 모습을 띠므로 **김안개**(steam fog)라고 한다. 가을이나 이른 겨울에 물은 여전히 따뜻하고 공기는 차가울 때 강이나 호수에서 잘 발생한다(**그림 12.24**). 김이 상승하여 불안정한 대기에서 재증발이 일어나므로 김안개는 대체로 두께가 매우 얇다.

전선안개 또는 강수안개 전선상에서 따뜻한 공기가 차가운 공기 위를 따라 상승하면서 구름이 형성된다. 이 구름은 비를 내리고 이 비는 차가운 하층의 공기를 통과하게 된다. 하층 공기의 온도가 이슬점 온도와 거의 비슷하면 비가 증발하여 안개가 발생하는데 이를 **전선안개**(frontal fog) 또는 **강수안개**(precipitation fog)라고 한다. 전선안개는 지면에서 구름층까지 발달한다.

요약하면, 김안개와 전선안개는 모두 수증기 공급에 의해 생긴다. 공기의 온도가 낮을 때는 수증기를 포함할 수 있는 용량이 작으므로 아주 작은 양의 증발이라도 포화상태에 도달하여 안개를 만들 수 있다.

이런 사실을 알고 있었나요?

추운 날 숨 쉴 때 김안개를 만들 수 있다. 숨을 내쉴 때 나오는 습한 공기는 밖의 찬 공기를 만나 작은 물방울을 형성한다. 대부분의 김안개처럼 그 물방울들은 주위의 불포화 공기와 섞이면서 빠르게 증발한다.

8. 강수

모든 구름은 물을 포함하고 있다. 그러나 모든 구름에서 비를 내리는 것은 아니다. 우선 구름방울은 매우 작아서 평균 직경이 10μm 이하이다(이에 비해 사람의 머리카락의 직경은 75μm이다). 구름방

그림 12.24 미국 뉴욕 세린트 레지스(St. Regis) 호수 상류에 발생한 김안개. (사진 제공: Jim Brown/CORBIS/Stock Market)

울은 크기가 작으므로 매우 천천히 낙하한다. 게다가 구름은 수십억 개의 구름방울들로 이루어져 있으므로 응결에 의한 성장이 매우 느리다. 그러면 강수는 어떻게 생기는 것일까?

강수의 형성

증발 없이 지면에 도달하는 큰 빗방울이 되려면 구름방울의 100만 배에 해당하는 물이 필요하다. 따라서 강수가 발생하려면 낙하하는 동안 수백만의 구름방울들이 병합하여 지면에 도달할 수 있는 큰 물방울이 만들어져야 한다. 현재 널리 알려진 강수 형성과정에는 빙정과정과 충돌·병합과정이 있다.

빙정과정 중위도나 고위도에서 대부분의 강수는 온도가 0℃ 이하인 구름에서 형성된다. 대부분의 구름방울이 0℃ 이하에서는 얼음 상태라고 생각되지만 실제로 **빙정핵**(ice nuclei)이라고 불리는 고체 입자와 충돌한 구름방울들만이 얼어 있고 나머지 물방울은 빙점 아래에서도 여전히 액체 상태로 존재하여 **과냉각**(supercooled)되어 있다.

구름 속에서 빙정과 과냉각 물방울이 공존할 때 수증기는 물방울보다는 빙정에 빨리 침적되므로 물방울은 점점 작아지고 빙정은 점점 자라게 된다. 결국 빙정이 낙하할 수 있을 정도로 성장하여 눈송이가 된다. 빙정이 하강하는 동안에 과냉각 물방울과 충돌하여 더욱 빨리 성장하게 된다. 지상의 온도가 4℃ 이상이면 눈송이는 지면에 도달하기 전에 녹아서 비로 내리게 된다.

충돌·병합과정 강수는 소금 입자와 같은 커다란 흡습성 응결핵을 가지고 있는 구름에서도 형성된

표 12.2 강수 형태

형태	대략적 크기	물질 상태	설명
박무	0.005~0.05mm	액체	공기가 1m/s로 움직일 때 얼굴에 느낌이 올 정도의 물방울. 층운에서 내린다.
이슬비	0.5mm 미만	액체	일반적으로 수 시간 동안 층운으로부터 떨어지는 작고 균일한 물방울
비	0.5~5mm	액체	일반적으로 난층운이나 적란운에서 발생한다. 심하게 올 때는 장소에 따라 변동이 매우 크다.
인비	0.5~5mm	고체	빗방울이 약간 영하의 공기층을 지나 떨어지면서 얼 때 형성되는 작고 구형이거나 울퉁불퉁한 모양의 얼음 입자. 얼음 입자가 작기 때문에 피해는 그다지 크지 않지만 여행하기 위험하다.
비얼음	1mm~2cm 두께	고체	과냉각 빗방울이 고체 물체와 부딪쳐 얼 때 형성된다. 얼음이 물체에 두껍게 입혀져 무거워져서 나무와 전선에 심각하게 피해를 입힐 수 있다.
상고대	일정하지 않음	고체	물체의 바람 불어오는 쪽에 생기는 얼음 깃. 과냉각 구름방울과 안개방울이 물체에 부딪쳐 얼어 쌓여서 생긴다.
눈	1mm~2cm	고체	빙정 성질의 눈은 육각형, 판, 바늘 등 많은 모양을 갖는다. 언 상태로 떨어지는 빙정에 수증기가 달라붙는 과냉각 구름에서 발생된다.
우박	5mm~10cm	고체	단단하고 둥근 싸라기 또는 불규칙한 덩어리 얼음 형태의 강수. 언 얼음 입자와 과냉각 물이 공존하는, 크고 대류가 활발한 적란운에서 발생한다.
싸락눈	2~5mm	고체	때때로 연한 우박이라 부르기도 하는데, 상고대가 눈 결정 위에 모여서 불규칙한 덩어리의 "연한" 얼음을 발생시켜 형성된다. 이 입자들은 우박보다 연하기 때문에 부딪치면 보통 평평해진다.

다. 응결핵에 비교적 큰 물방울이 생기면 이 물방울은 빠르게 낙하하면서 보다 작은 물방울과 충돌하여 결합한다. 충돌이 많이 일어나면 그 물방울은 지면까지 낙하하여 비가 된다.

강수형태

대기의 상태는 계절이나 지역에 따라 다르기 때문에 강수의 형태는 다양하게 나타난다(**표 12.2**). 비와 눈은 가장 일반적이지만 다른 형태의 강수도 역시 중요하다.

그림 12.25 과냉각된 빗방울이 물체에 부딪쳐 얼면서 비얼음이 생긴다. 1998년 1월에 역사적으로 기록할 만한 얼음 폭풍우가 뉴잉글랜드와 남동 캐나다에 엄청난 피해를 입혔다. 비얼음 때문에 거의 5일 동안, 일부 지역은 한 달 동안이나 수백만 명이 전기 없이 지내야 했다. (사진 제공: Syracuse Newspapers/The Image Works)

언비, 비얼음, 우박은 중요한 날씨 사건과 함께 나타난다. 이들 현상은 시공간적으로 제한적이고 산발적으로 일어나지만, 특히 비얼음과 우박은 상당한 피해를 입히기도 한다.

비와 이슬비 기상학에서 **비**(rain)는 최소한 직경이 0.5mm 이상이고 구름에서 낙하한 액체 상태의 물방울을 말한다. 대부분의 비는 난층운이나 연직으로 발달하여 갑작스러운 호우를 내리기도 하는 적란운에서 생긴다. 빗방울이 5mm 이상이 되는 경우는 없는데 이렇게 큰 물방울은 마찰항력이 표면장력보다 크기 때문에 깨져서 여러 개의 작은 물방울이 된다.

직경이 0.5mm 이하의 작고 균일한 물방울들을 **이슬비**(drizzle)라고 한다. 이슬비는 매우 작아서 공기 중에 떠 있는 것처럼 보인다. 이슬비나 작은 빗방울은 일반적으로 층운이나 난층운에서 생기며 지속적으로 몇 시간 또는 하루 종일 내리기도 한다.

눈 **눈**(snow)은 빙정 형태의 강수현상으로서 눈송이의 크기, 모양, 밀도 등은 형성될 때의 온도에 의해 결정된다. 온도가 낮을 때는 수증기량이 매우 적으므로 육면체의 빙정으로 이루어진 가볍고 솜털 같은 눈송이가 형성된다. 이와는 반대로 −5℃ 이상으로 따뜻할 때는 빙정이 엉겨 붙어 덩어리가 된다. 이런 눈은 무겁고 습기도 많아서 아주 잘 뭉쳐진다.

언비와 비얼음 **언비**(sleet)는 겨울철에 투명하거나 반투명한 작은 얼음 입자가 내리는 현상이다. 겨울철에 지표 부근은 영하이지만 역전층이 있는 경우에 역전층의 상부는 영상일 때가 있다. 이런 경우, 찬 구름에서 눈의 형태로 내리던 강수 입자는 낙하 도중에 역전층 상부에서 눈이 녹아 비로 되었다가 지표 부근에서 다시 얼어 언비가 된다.

때로는 기온의 연직 분포가 언비가 생길 때와 비슷한 조건에서는 **비얼음**(glaze 또는 freezing rain)이 생기기도 한다. 지면 부근의 영하의 차가운 공기층이 얇아서 비가 얼지는 않으나 과냉각 상태로 있게 되면 물체에 달라붙어 얼음이 된다. **그림 12.25**와 같이 비얼음은 반짝이는 얼음으로 물체를 둘러싸서 아름다운 장관을 연출하기도 한다. 그러나 고속도로는 스케이트장으로 변하고 나뭇가지, 전선, 전화선이 파손되기도 한다.

우박 **우박**(hail)은 크기가 다양한 투명 또는 불투명한 얼음 덩어리를 말한다. 어떤 것은 원형이고 어떤 것은 불규칙한 모양이다. 커다란 우박은 밀도와 투명도가 다른 몇 개의 층으로 이루어진 것도 있다(**그림 12.26**). 대부분의 우박은 직경이 1cm의 콩 크기에서 5cm의 골프공만 한 것도 있지만 어떤 것은 오렌지보다 큰 것도 있다. 때로는 무게가 0.5kg 이상인 우박이 관측되기도 한다.

미국에서 기록적으로 가장 큰 우박은 2003년 6월 22일 네브래스카주 남동부를 강타한 격렬한 뇌우로부터 떨어졌다. 오로라(Aurora)시에서 17.8cm 폭의 배구공만 한 얼음 덩어리가 발견된 것이다. 그러나 이 우박이 관측 이래 가장 무거운 우박은 아니었다. 명백히 이 우박은 지붕의 홈통에 부딪치면서 깨져 있었다.

그림 12.26 코페이빌(Coffeyville) 우박의 단면도. 이 거대한 우박은 1970년에 캔자스에 떨어졌으며 무게는 0.75kg이나 된다. (사진 제공: National Center for Atmospheric Research/University Corporation for Atmospheric Research/National Science Foundation)

북아메리카에서 가장 무거운 우박은 1970년 캔자스주 코페이빌(Coffeyville)에 떨어졌다. 이 우박은 직경이 14cm이고 무게가 766g이었다. 이보다 더 무거운 우박이 방글라데시에서 보고되어 기록되었는데, 1987년의 이 우박현상으로 무려 90명 이상이 사망했다. 그런데 큰 우박은 시속 160km 이상의 속도로 땅에 도달하는 것으로 추정된다.

대형 우박의 파괴력은 유리창을 깨뜨리고 자동차를 찌그러뜨리며 지붕을 박살내고 가축과 농작물을 망치는 등 엄청나서(**그림 12.27**) 우박을 동반한 폭풍이 단 한 차례 닥쳐도 수 분 이내에 농가의 농작물은 모두 파괴될 수 있다. 해마다 미국에서는 우박에 의해 수억 달러의 큰 피해를 입는다.

우박은 상승속도가 시속 160km에 달하고 과냉각 물방울의 공급이 충분한 거대한 적란운에서만 생긴다. 우박은 초기에는 매우 작은 얼음 입자이지만 과냉각 물방울이 결착하면서 성장하여 구름 내

그림 12.27 1995년 5월 6일 미국 텍사스주 포트워스 주차장에 있던 차량들에 떨어진 우박. 강풍과 야구공만 한 우박을 동반한 이 폭풍 때문에 9명이 사망하고 100여 명 이상이 중경상을 입었다. (사진 제공: Ron Heflin/Ap Wids World Photos)

에서 낙하하게 된다. 강한 상승기류를 만나면 상승했다가 다시 하강한다. 구름 속을 상승·하강하면서 새로운 얼음층이 우박 겉면에 생기게 된다. 물론 1회의 하강에 의해 우박이 낙하하기도 하지만 얼음 알갱이가 커지면서 상승기류에 떠 있기에는 너무 크고 무거워지면 우박으로 떨어진다.

상고대 작은 과냉각 구름방울 또는 안개방울이 영하의 물체에 부딪치면 얼어 백색 낟알 모양의 **상고대**(rime)를 만든다(**그림 12.28**). 소나무의 뾰족한 잎은 빙정핵으로 작용하여 과냉각 물방울과 접촉하여 얼게 한다. 때로는 바람이 불어 바람방향에만 상고대가 쌓이게 된다.

그림 12.28 상고대는 가느다란 얼음 결정으로 이루어져 있다. 이는 과냉각된 안개나 구름방울이 물체에 달라붙어 얼어서 생긴다. (사진 제공: John Cancalosi/Stock Boston)

강수의 측정

가장 일반적인 강수의 형태인 비는 측정하기가 가장 쉽다. 일정한 넓이를 가진 수조만 있으면 우량계로 사용할 수 있다. 그러나 일반적으로 작은 양의 비도 정교하게 측정하고 증발에 의한 손실을 막기 위해 정교한 기구를 이용한다. **표준우량계**(standard rain gauge, **그림 12.29**)는 직경이 20cm 가량 된다. 일단 이 기구에 떨어진 비는 깔때기를 따라 원통형의 저수통에 전달된다. 이 저수통의 면적은 수집기(receiver)보다 10배 작으므로 강우량의 깊이는 10배 증폭되어 0.025cm까지 정확히 잴 수 있다. 좁은 입구는 증발을 막는다. 비의 양이 0.025 cm보다 작으면 강수 흔적(trace)이라고 한다.

측정 오차 강우량을 측정하는 몇몇 측기는 강우량뿐만 아니라 강도와 강우시간을 기록해 놓기도 한다. 어떤 강우계를 사용하든 간에 정확하게 설치하는 것이 중요하다. 우량계가 건물이나 나무 또는

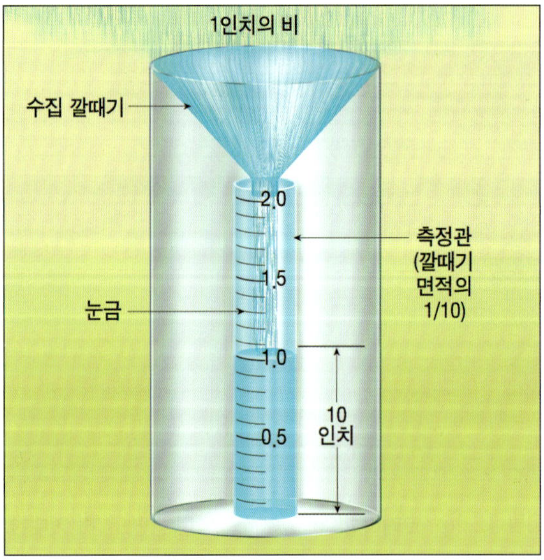

그림 12.29 강수측정. 표준우량계는 비의 양을 거의 0.025 cm의 정확도로 측정할 수 있다. 이는 측정하는 관의 단면적이 수집기의 1/10이므로 강우량이 10배로 증폭되기 때문이다.

이런 사실을 알고 있었나요?

호수효과로 발생한 인상적인 눈폭풍이 뉴욕주 버팔로와 로체스터 같은 도시에서 기록되기는 했으나 가장 많은 적설은 일반적으로 미국의 서부 산악지역에서 발생한다. 단일 계절에 대한 기록은 워싱턴주 시애틀의 북쪽에 있는 베이커(Baker)산 스키 지역이 갖고 있는데, 1998~1999의 겨울철에 2,896cm의 눈이 내렸다.

다른 높은 물체에 의해 가려지면 비스듬하게 내리는 비를 측정하지 못하여 오차가 생긴다. 따라서 기구는 최소한 높은 장애물에서는 멀리 떨어져 있어야 한다. 또 다른 오차의 원인은 바람이다. 바람이 강해지거나 돌풍이 불면 정확한 강우량을 측정하기가 어렵다.

강설 측정 강설량은 눈의 깊이와 물당량(water equivalent)을 이용한다. 눈의 두께는 눈금자를 이용하여 측정한다. 바람이 불면 눈이 이동하기 때문에 실제 측정은 간단하지만 대표적인 장소를 선택하는 것이 어렵다. 나무나 장애물이 없는 지역에서 여러 번 측정을 하여 이 값을 평균한다.

물당량은 눈을 녹여 무게를 재서 얻는다. 눈의 밀도에 따라 물당량은 달라진다. 일반적으로 약 10cm의 눈이 녹으면 1cm의 물이 된다.

기상 레이더에 의한 강수 측정 오늘날의 텔레비전 날씨 방송은 **그림 12.30**과 같은 지도를 사용하여 강수 패턴을 보여준다. 이 영상을 만드는 기구가 기상 레이더이다. 레이더의 개발로 기상학자들은 수백km 떨어져 있는 폭풍우계를 탐측할 수 있는 중요한 도구를 얻게 되었다. 모든 레이더에는 짧은 펄스의 라디오파를 내보내는 전송기가 있다. 사용되는 특정 파장은 사용자가 탐지하기를 원하는 물체에 따라 달라진다. 강수 감시용 레이더에는 3cm와 10cm 사이의 파장이 사용된다.

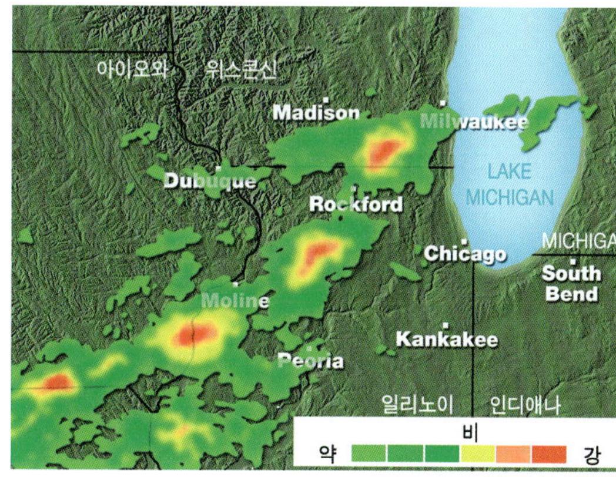

그림 12.30 텔레비전 날씨 방송에서 보통 볼 수 있는 기상 레이더 표출. 색깔은 강수의 여러 강도를 나타낸다. 심한 강수 띠가 아이오와주 남동부로부터 위스콘신주 밀워키(Milwaukee)까지 뻗쳐 있음을 볼 수 있다.

이들 파장은 작은 구름방울을 뚫고 지나갈 수 있으나 큰 빗방울, 빙정 또는 우박에 의해서는 반사된다. 이들로부터 에코라고 부르는 반사 신호를 받으면 텔레비전 화면에 나타나게 된다. 강수가 강할 때에는 에코가 더 밝게 나타나기 때문에 현대 레이더는 강수가 있는 영역뿐만 아니라 강수 강도도 나타낼 수 있다. **그림 12.30**은 전형적인 레이더 강수 표시인데 색깔로 강수 강도를 보여주고 있다. 기상 레이더는 또한 강수 강도와 폭풍우 이동방향을 결정하는 데 중요한 도구이기도 하다.

학습내용 요약

1. 수증기는 냄새나 색이 없으며 우리가 경험할 수 있는 지표면 부근의 기압과 온도에서 상변화를 한다. 물의 상변화과정에는 증발, 응결, 빙결, 융해, 승화, 침적이 있다. 상변화가 일어나는 동안 숨은열이 흡수되거나 방출된다.

2. 습도는 공기 중의 수증기량을 나타내는 일반적 용어이다. 습도를 정량적으로 표현하는 데 사용되는 방법은 다음과 같다. (1) 혼합비: 습윤공기 속 건조공기의 질량에 대한 수증기의 질량, (2) 수증기압: 대기의 전압력 중 수증기량이 기여하는 부분, (3) 상대습도: 주어진 온도에서 포화에 필요한 수증기량에 대한 공기의 실제 수증기량의 비, (4) 이슬점: 공기 덩이가 냉각되어 포화에 도달하는 온도. 공기가 포화되어 있을 때 수증기가 작용하는 압력을 포화 수증기압이라 부르고 그때는 수면을 떠나는 물 분자의 수와 수면으로 돌아오는 물 분자의 수 사이에 균형을 이루게 된다. 포화 수증기압은 온도에 의존하기 때문에 높은 온도에서 포화가 일어나려면 더 많은 수증기가 필요하다.

3. 상대습도는 두 가지 방법으로 변화시킬 수 있다. 한 가지는 수증기를 가감하는 것이다. 두 번째 방법은 기온을 변화시키는 것이다. 공기가 냉각되면 상대습도는 증가한다.

4. 기본적인 구름의 형성과정은 공기 상승에 따른 냉각이다. 고도가 증가하면 압력이 점점 낮아져서 공기가 팽창하여 냉각이 일어난다. 압축이나 팽창에 의해 기온이 변하는 것을 단열 온도 변화라고 한다. 불포화된 공기는 건조단열감률(10 ℃/km)에 따라 일정한 비율로 압축에 의해 가열되고 팽창에 의해 냉각된다. 공기가 높이 올라가면 응결이 일어나고 구름이 형성된다. 응결이 일어나는 고도부터는 공기가 상승하면서 습윤단열감률을 따라 냉각된다. 습윤단열감률은 5~9℃/km이다. 두 감률의 차이는 응결하는 수증기가 방출하는 숨은열 때문에 상승하는 공기의 냉각이 둔화되기 때문이다.

5. 공기를 상승시키는 네 가지 메커니즘이 있다. (1) 지형에 의한 상승은 공기의 흐름이 산과 같은 높은 장애물을 만났을 때 공기가 장애물을 따라 올라가게 되는 것이다. (2) 전선면에서는 찬 공기가 장애물과 같은 역할을 하여 따뜻한 공기가 위로 올라간다. (3) 공기 흐름이 한곳으로 수렴하면 상승기류가 생기게 된다. (4) 지면의 불균등한 가열에 의한 부력 때문에 국지적으로 공기가 상승하게 된다.

6. 대기의 안정도는 고도에 따른 기온 분포에 의해 결정된다. 환경감률이 건조단열감률보다 크면 불안정하다고 한다. 다르게 말하면, 바닥의 공기가 상층보다 따뜻하여 가벼우면 불안정하다고 한다. 안정한 대기에서 공기가 상승하면 약한 비가 내린다. 반면에, 불안정한 대기에서는 수직으로 발달한 구름과 폭풍이 생기기도 한다.

7. 응결이 일어나면 공기는 포화된다. 포화는 공기가 냉각되거나 수증기가 공기 중에 더해지면 일어난다. 수증기가 응결되려면 표면이 필요한데 구름이나 안개가 형성될 때 응결핵이라고 하는 작은 입자들이 이러한 역할을 한다.

8. 구름은 형태와 고도에 따라 분류된다. 권운(높고 하얗고 얇은 깃털 모양), 적운(둥근 각각의 구름 덩이 형태), 층운(하늘 전체를 뒤덮는 구름층)의 형태로 나뉘고, 높이에 따라서는 4개로 분류된다. 상층운(6,000m 이상), 중층운(2,000~6,000m 이내), 하층운(2,000m 이내), 연직발달 구름이다.

9. 안개는 운저가 지면에 맞닿거나 가까운 구름이다. 공기가 이슬점 아래로 냉각되거나 수증기가 공기 중에 더해져 포화되면 안개가 형성된다. 안개의 종류에는 이류안개, 복사안개, 활승안개, 김안개, 전선안개(또는 강수안개)가 있다.

10. 강수가 형성되려면 수백만 개의 구름 입자들이 뭉쳐서 커다란 물방울이 되어야 한다. 강수가 형

성되는 데는 두 개의 메커니즘이 있다. 하나는 영하의 찬 구름에서 얼음 입자가 눈송이가 되어 낙하하다가 하층에서 녹아 지면에 도달하기 전에 비가 되는 것이다. 또 다른 방법은 흡습성 응결핵을 포함한 따뜻한 구름에서 형성된 큰 물방울이 낙하하면서 작은 물방울들과 결합하게 되는 것이다. 충돌이 많이 일어나면 물방울은 비가 되어 지면에 도달하게 된다.

11. 강수의 형태에는 비, 눈, 언비, 비얼음, 우박, 상고대 등이 있다.

12. 강수의 가장 일반적 형태인 비는 측정하기 가장 쉽다. 일반적인 측정기기는 **표준우량계**인데, 이로부터 우량을 직접 읽을 수 있다. 강우 강도와 강우량이 기록되는 몇 가지 형태의 **강우기록계**도 사용된다. 눈의 경우 가장 일반적인 두 가지 측정 요소는 깊이와 물당량이다. 주어진 부피의 눈에 대한 물의 양이 일정하지는 않지만, 정확한 정보를 얻을 수 없을 때 눈 10 단위 대 물 1 단위의 일반적 비가 흔히 사용된다.

주요 용어와 개념

강수안개(precipitation fog) … 454
건조단열감률(dry adiabatic rate) … 440
공기 덩이(parcel) … 440
구름(cloud) … 448
국지대류 상승(localized convective lifting) … 443
권운(cirrus) … 449
김안개(steam fog) … 454
눈(snow) … 456
단열 온도 변화(adiabatic temperature change) … 440
복사안개(radiation fog) … 453
불안정한 대기(unstable air) … 444
비(rain) … 456
비그늘 사막(rainshadow desert) … 441
비얼음(glaze 또는 freezing rain) … 457
상고대(rime) … 458
상대습도(relative humidity) … 436
상층운(high cloud) … 449
수렴(convergence) … 442
수증기압(vapor pressure) … 435
수직으로 발달하는 구름(clouds of vertical development) … 452
숨은열(latent heat) … 434
습도(humidity) … 435
습도계(hygrometer) … 439
습윤단열감률(wet adiabatic rate) … 440
승화(sublimation) … 434
안개(fog) … 452
안정한 대기(stable air) … 444
언비(sleet) … 456
우박(hail) … 457
응결(condensation) … 434
응결핵(condensation nuclei) … 448
이류안개(advection fog) … 452
이슬점(dew point) … 437
이슬점온도(dew-point temperature) … 437
적운(cumulus) … 449
전선(front) … 442
전선안개(frontal fog) … 454
전선에 의한 상승(frontal wedging) … 442
절대 불안정(absolute instability) … 445
절대 안정(absolute stability) … 445
조건부 불안정(conditional instability) … 445
중층운(middle cloud) … 449
증발(evaporation) … 434
지형적 상승(orographic lifting) … 441
층운(stratus) … 449
침적(deposition) … 434
칼로리(calorie) … 433
포화(saturation) … 435
하층운(low cloud) … 449
혼합비(mixing ratio) … 435
활승안개(upslope fog) … 453
흡습성 핵(hygroscopic nuclei) … 448

학습 요약 문제

1. 물의 상변화과정을 요약하고, 열이 흡수되는지 또는 방출되는지 간단히 설명하라.
2. **표 12.1**을 참조하여, 기온과 공기가 수증기를 포함할 수 있는 양의 관계를 설명하라.
3. 상대습도와 혼합비는 어떻게 다른가?
4. **그림 12.6**을 참조하여 다음 질문들에 답하라.
   a. 보통 하루 중 상대습도가 가장 높은 때와 낮은 때는 언제인가?
   b. 하루 중 어느 때 이슬이 가장 잘 맺히는가?
5. 기온이 변하지 않고 혼합비가 감소하면 상대습도는 어떻게 변하는가?
6. 기온이 −10℃이고 상대습도가 50%인 추운 겨울날의 혼합비는 얼마인가?(**표 12.1**을 참고하라) 기온이 20℃이고 상대습도가 50%인 날에 대해서 혼합비는 얼마인가?
7. 건습구온도계의 원리를 설명하라.
8. 상대습도가 높은 더운 여름날, 실제 기온보다 더 덥게 느껴진다. 습한 여름날 불쾌감을 느끼는 이유는 무엇인가?
9. 대기 중에서 공기가 상승하면서 온도가 내려가는 이유는 무엇인가?
10. 기온감률과 단열냉각의 차이점을 설명하라.
11. 23℃의 불포화 공기가 500m 상승하면 이 공기의 온도는 얼마로 될까? 응결고도에서 이슬점 온도가 13℃라면 어느 고도에서 구름이 생기기 시작할까?
12. 응결이 시작되면 왜 단열감률이 변하는가? 왜 습윤단열감률은 일정한 숫자가 아닌가?
13. 지형효과와 전선이 어떻게 공기를 상승시키는가?
14. 미국 서부 대분지지역이 건조한 이유는 무엇인가? 그런 지역을 무엇이라 부르는가?
15. 안정한 공기와 불안정한 공기의 차이점은 무엇인가? 각각의 상태와 관련이 있는 구름과 강수 형태는 무엇인가?
16. 구름 형성과정에서 응결핵은 어떤 역할을 하는가? 이슬점의 역할은 무엇인가?
17. 더운 날 얼음을 넣은 음료수를 마실 때, 컵이나 병의 표면에 물방울이 맺히는 이유는 무엇인가?
18. 어떤 기준들로 운형을 분류하는가?
19. 상층운이 항상 얇은 이유는 무엇인가?
20. 안개의 다섯 가지 종류를 말하고 형성과정을 설명하라.
21. 강수와 응결의 차이점은 무엇인가?
22. 강수 형태들과 그에 따른 형성 배경들을 말하라.
23. 때때로 강우가 약할 때 그 양은 흔적(trace)으로 보고된다. 이 현상이 발생할 때 얼마나 많은 비가 내리게 될까?

Online 학습 안내

Foundation of Earth Science 웹에는 학생들이 이 장에서 다룬 여러 내용의 학습을 도울 수 있는 자료들과 인터넷 연계시스템을 갖추고 있다. 지구과학을 강의하는 연구자들에 의해서 발전된 이 인터넷 주소는 지구과학의 이해를 증진시켜 줄 것으로 생각된다. **http://www.prenhall.com/lutgens**를 방문하여 *Foundation of Earth Science 5e*를 클릭하여 다음 내용들을 살펴보자:

- 인터넷 종합 퀴즈
- 비평적 사고 훈련
- 장 관련 웹 자료들의 연계
- 웹을 통한 주요 개념 탐구

http://www.prenhall.com/lutgens

GEODe: Earth Science

*GEODe: Earth Science*는 동영상(animation), 비디오(video), 낭송(narration), 대화식 연습문제(interactive exercise), 실용적인 퀴즈 등을 이용하여 주요 개념을 더욱 심화함으로써 더욱 효과적인 학습을 이룰 수 있게 한다. 이 복사 CD는 이 책 『지구시스템의 이해』 제5판에 포함되어 있다.

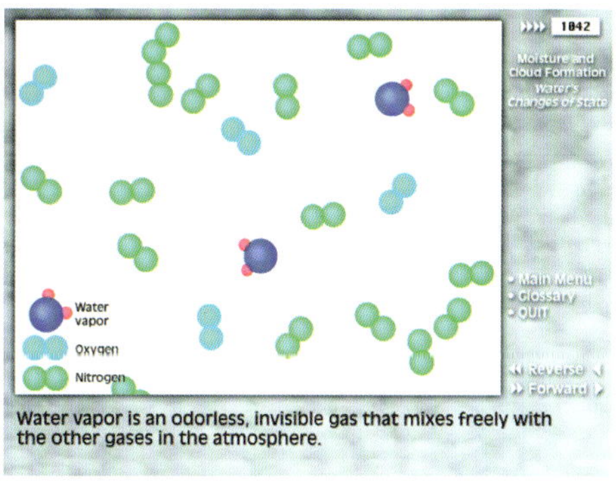

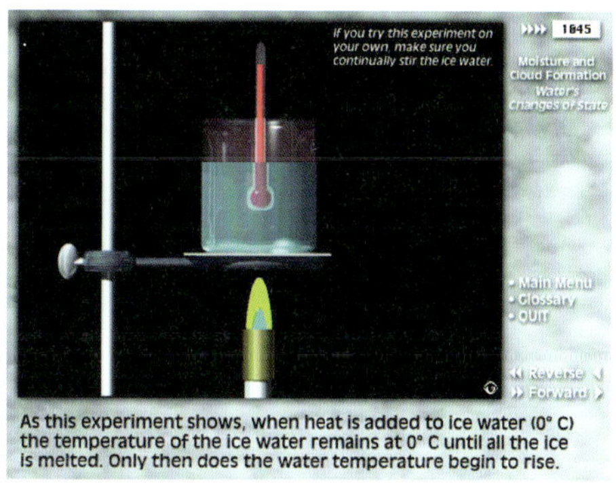

제 13 장

운동하는 대기

노르웨이 협만의 범선.
(사진 제공: The Image Bank/Getty Images, Inc.)

학습 초점

다음은 여러분들이 이 단원에서 다루는 중요한 개념들을 이해하는 데 도움을 줄 수 있는 유용한 질문들이다.

1. 기압은 무엇이며, 기압은 고도에 따라 어떻게 변하는가?

2. 무슨 힘이 바람을 일으키며, 어떤 인자가 바람에 영향을 주는가?

3. 두 가지 유형의 기압 중심은 무엇인가? 각 유형과 연관된 공기 이동과 일반적 날씨는 어떠한가?

4. 이상화된 전구 순환은 어떠한가?

5. 중위도에서 대기 대순환은 어떠한가?

6. 국지적 바람의 이름과 원인은 무엇인가?

날씨와 기후의 여러 요소 중 그 변화에 있어서 주목할 만한 것은 기압이다. 일기예보를 들을 때 일반적으로 습기 상태(습도와 강수량), 기온 및 바람 등에 관심을 갖게 되나 기압에 대하여 호기심을 갖는 사람은 드물다. 기압의 시간 변동과 일 변동이 일반적으로 사람들에게 주목받지 못한다 할지라도 그 변동은 날씨 변화를 일으키는 데 매우 중요하다. 곳곳의 기압 변동은 바람이라고 부르는 공기 이동을 유발하고 있으며 일기예보에서 중요한 인자이기도 하다(**그림 13.1**). 앞으로 알게 되겠지만, 기압은 인과관계에서 날씨의 다른 요소와 매우 밀접하게 연관되어 있다.

1. 기압의 이해

GEODe EARTH SCIENCE Earth's Dynamic Atmosphere
▼ Air Pressure and Wind

제11장에서 **기압**(air pressure)이란 단순히 위의 공기 무게가 작용하는 압력이라고 하였다. 해면에서의 평균 기압은 약 1kg/cm^2 또는 14.7lb/in^{2}이다. 이것은 대략적으로 높이 10m(33피트)의 물기둥이 만드는 압력과 같다. 간단한 산술적 계산으로, 작은 크기(50cm × 100cm)의 학교 책상의 윗면에 작용하는 기압은 5,000kg(11,000파운드), 즉 약 50명의 승객을 태운 버스의 무게를 초과하는 양이다. 그러면 이와 같은 공기 바다의 무게 아래에서 책상은 왜 부서지지 않는가? 간단히 말해서, 기압은 모든 방향 즉 아래, 위 그리고 옆 방향으로 작용하기 때문이다. 이처럼 책상 위에서 밑으로 밀어내리는 기압은 책상 밑에서 위로 밀어올리는 기압과 정확하게 균형을 이루고 있다.

책상 윗면과 같은 크기를 갖는 큰 물통을 생각해 보면 이 현상을 더 잘 알 수 있다. 이 물통을 10m(33피트) 높이까지 물로 채웠을 때, 물통 밑면의 수압은 1기압(14.7lb/in^2)과 같다. 지금 이 물통을 학생 책상의 윗면에 올려놓아 모든 힘이 아래로 향하도록 한다면 무슨 일이 일어날지 생각해 보라. 그리고 책상을 물통 안에 넣어 물통 밑면으로 가라앉도록 했을 때의 결과와 비교해 보라. 나중의 경우에는 수압이 먼저 예에서처럼 아래 방향으로만 작용하지 않고 모든 방향으로 작용하기 때문에 책상은 부서지지 않고 그대로 있게 된다. 우리의 몸도 마찬가지지만 책상은 1기압의 압력에 견딜 수

그림 13.1 미네소타주의 눈보라 현상 동안 눈을 날리게 하는 강한 바람. (사진 제공: Jim Brandendurg/Minden Pictures)

있도록 만들어진 것이다. 승강기나 비행기가 상승하거나 하강할 때를 제외하고, 우리는 우리 주위의 공기 바다가 작용하는 압력을 일반적으로 인식하고 있지는 못하지만, 그럼에도 불구하고 이 기압이 실제로 존재하고 있음을 주목하는 것이 중요하다. 외계 공간에서 걷기 위해 우주비행사들이 사용하는 압력복장은 지구 표면에서 경험하는 대기압을 똑같이 느끼도록 디자인되어 있다. 이처럼 우리 몸 안의 유체가 끓지 않도록 하는 보호용 복장 없이는 우주비행사는 몇 분 안에 죽을 것이다.

기체 분자의 행동을 조사한다면 기압의 개념을 또한 이해할 수 있다. 액체나 고체 상태의 분자들과는 달리 기체 분자는 서로 묶여 있지 않고 자유롭게 움직이면서 모든 공간을 채우게 된다. 보통 상태에서 흔히 일어나듯이 두 기체 분자가 충돌하면 탄성 있는 공처럼 서로 튕겨 나간다. 기체가 용기에 갇혀 있으면 마치 공의 운동방향을 바꾸는 핸드볼 경기장 벽처럼 용기의 벽에 의해 분자운동이 제한된다. 기체 분자가 용기의 벽에 계속 부딪쳐 밖으로 미는 힘이 작용되는데 이것을 기압이라 부른다. 대기에는 벽이 없지만 대기는 지표면에 의해 아래로부터 제한을 받고 중력이 공기의 탈출을 막기 때문에 위로부터도 효과적으로 제한을 받는다. 여기서 기압은 기체 분자의 연속적인 충돌로 인해 표면에 작용되는 힘으로 정의할 수 있다.

2. 기압 측정

GEODe EARTH SCIENCE Earth's Dynamic Atmosphere
▼ Air Pressure and Wind

기상학자들이 기압을 측정할 때 밀리바(millibar)라는 단위를 사용한다. 표준 해면기압은 1013.2밀리바이다. 비록 밀리바가 1940년 1월 이후, 모든 미국 일기도에서 사용된 측정 단위이기는 하지만 대중매체는 대기압을 기술하기 위하여 "수은 인치(inches of mercury)"를 사용한다. 미국에서는 국립기상대(National Weather Service)가 대중과 항공 목적으로 밀리바 값을 수은 인치로 변환하여 사용하고 있다.

수은 인치는 이해하기 쉽다. 기압 측정을 위해 수은을 사용한 것은 1643년부터인데, 그 해에 이탈리아의 과학자 갈릴레오(Galileo)의 제자인 토리첼리(Torricelli)가 **수은기압계**(mercury barometer)를 발명하였다. 토리첼리는 대기를 우리와 우리 주위의 모든 물체에 압력을 작용하게 하는 공기의 거대한 바다로 정확하게 기술하였다. 이 힘을 측정하기 위하여, 그는 한쪽 끝이 막혀 있는 관을 수은으로 채웠다. 그러고 나서 그 관을 수은 통 속으로 거꾸로 세웠다(**그림 13.2**). 토리첼리는 관 속 수은주의 무게가 통 속의 수은 표면에 미치는

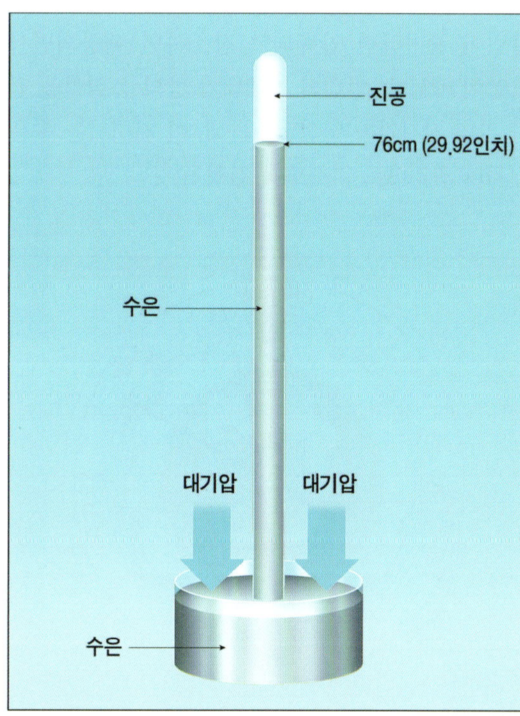

그림 13.2 간단한 수은기압계. 수은주의 무게는 공기가 수은 통에 작용하는 압력과 균형을 이룬다. 만일 기압이 감소하면 수은주가 내려가고, 기압이 증가하면 수은주는 올라간다.

대기압과 균형을 이룰 때까지 관 속의 수은이 관 밖으로 흘러나오는 것을 발견하였다. 다시 말하면, 관 속 수은주의 무게가 지면으로부터 대기 꼭대기까지 걸친 같은 직경의 공기기둥의 무게와 같았다.

기압이 증가하면 관 속의 수은은 올라간다. 역으로, 기압이 감소하면 수은주의 높이는 낮아진다. 토리첼리가 발명한 수은기압계는 좀 더 정교하게 개발되어 오늘날 사용하고 있는 표준 기압 측정기구가 되었다. 해면에서의 표준 대기압은 29.92 inHg와 같다.

더 작고 휴대하기 편한 기압 측정기구의 필요성은 **아네로이드 기압계**(aneroid barometer: *aneroid*는 "액체 없는"을 뜻함)의 개발을 이끌어냈다. 기압으로 지탱되는 수은기둥 대신 아네로이드 기압계는 부분적으로 진공화시킨 금속 방을 사용한다(**그림 13.3**). 그 방은 기압의 변화에 매우 민감하여 압력이 증가하면 압축되고 감소하면 팽창되면서 모양이 바뀐다. 일련의 지렛대가 방의 움직임을 원판 위의 지시기까지 전달하는데, 이 지시기는 수은 인치나 밀리바로 읽히도록 검정된다.

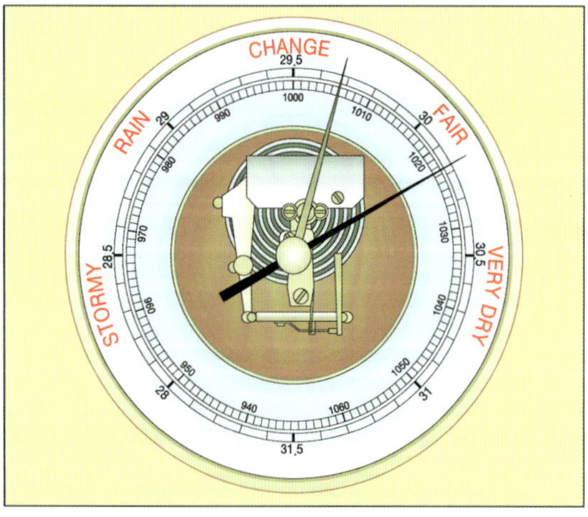

그림 13.3 아네로이드 기압계. 아네로이드 기압계는 대기압이 증가하면 압축되고 감소하면 팽창됨으로써 모양이 변화되는 부분적 진공 방을 갖고 있다.

이런 사실을 알고 있었나요?

기압계는 물을 포함하여 어떤 액체를 사용하여서도 제작할 수 있다. 물을 채워서 만든 기압계의 문제점은 그 크기이다. 물이 수은보다 13.6배나 가볍기 때문에 표준 해면기압에서 물기압계의 물기둥의 높이는 수은기압계의 수은기둥보다 13.6배 더 커야 한다. 결국 물을 채워 만드는 기압계는 길이가 거의 34피트나 될 것이다.

그림 13.3에서 보듯이 아네로이드 기압계는 가정용으로 제작되어 fair(맑음), change(변화함), rain(비), stormy(폭풍우 날씨)와 같이 기압계 앞면에 쓰여 있다. "fair"는 고기압에 해당하고 "rain"은 저기압과 연관되어 있음을 주목하라. 그러나 기압계의 기압값이 항상 날씨를 가리키는 것은 아니다. 기압계는 비 오는 날에도 "fair"를 가리킬 수 있고 맑은 날에도 "rain"을 가리킬 수 있다. 지역 날씨를 예측하기 위해서는 현재의 기압값보다 과거 수 시간 동안의 기압 변화가 더 중요하다. 상승하는 기압은 일반적으로 맑아지는 상황을 가리키는 반면, 하강하는 기압은 흔히 증가하는 구름량과 연관이 있다. 그러나 기압계의 특별한 기압값이나 기압의 변화 경향이 항상 특정한 형태의 날씨와 일치하지

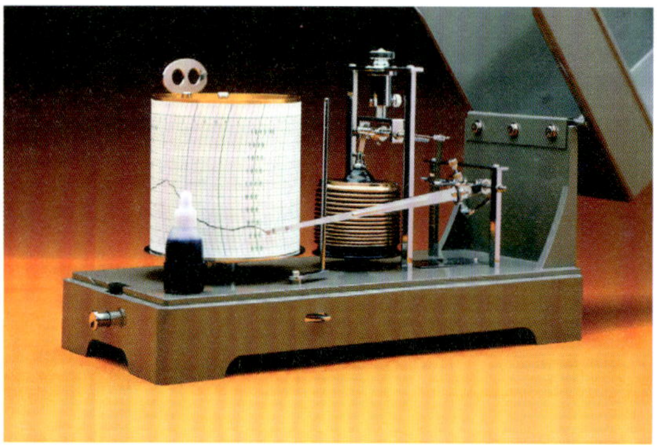

그림 13.4 아네로이드 기압기록계는 기압 변화를 연속적으로 기록한다. (사진 제공: Qualimetrics, Inc., Sacramento, California)

않는다는 것을 기억하라.

아네로이드 기압계의 한 가지 장점은 기록계에 쉽게 연결시킬 수 있다는 것이다. 그 기계가 **기압기록계**(barograph)인데 시간 경과에 따른 계속적인 기압 변화의 기록을 제공해 준다(**그림 13.4**). 아네로이드 기압계의 또 한 가지 장점은 넓은 활용성으로, 이 기압계는 항공기의 고도계로 사용되기도 하고 등산객과 지도 제작자들에게도 활용된다.

3. 기압과 바람

GEODe EARTH SCIENCE Earth's Dynamic Atmosphere
▼ Air Pressure and Wind

제12장에서는 공기의 연직이동과 구름 형성에서의 그 역할을 알아보았다. 연직운동 공기보다 훨씬 더 많은 공기는 수평적으로 움직이는데, 공기가 수평으로 움직이는 현상인 **바람**(wind)은 연직운동만큼 중요하다. 무엇이 바람을 일으키는가? 간단히 말하자면, 바람은 수평 기압차의 결과이다. 공기는 높은 기압영역으로부터 낮은 기압영역으로 흐른다. 우리는 진공포장된 커피통을 열 때 이것을 경험해 왔다. 우리가 듣는 소음은 공기가 통 밖의 높은 압력으로부터 통 속의 낮은 압력으로 세차게 흐르면서 생기는 것이다. 바람은 서로 다른 기압을 균형화하려는 자연의 시도이다. 지구 표면의 불균일 가열이 이와 같은 기압차를 발생시키기 때문에 태양에너지는 대부분의 바람에 대한 궁극적 에너지원이다.

만일 지구가 자전하지 않고, 이동하는 공기와 지구 표면 사이에 마찰이 없다면, 공기는 고기압 영역으로부터 저기압 영역으로 흐를 것이다. 그러나 지구가 자전하고 마찰이 있기 때문에 바람은 다음과 같은 힘의 결합에 의해 지배된다: (1) 기압경도력, (2) 코리올리 효과, 그리고 (3) 마찰. 지금부터 이 인자들 각각을 알아본다.

기압경도력

기압차는 바람을 발생시키고, 기압차가 클수록 풍속은 더 강해진다. 지구 표면 위에서 기압의 변화는 수백 개의 기상 관측소의 기압계로부터 결정된다. 이 기압 자료는 같은 기압의 장소를 연결하는 선인 **등압선**(isobar)을 이용하여 만든 일기도 위에서 볼 수 있다(**그림 13.5**). 등압선의 간격은 어떤 주어진 거리에 대한 기압 변화량을 가리키며 **기압경도**(pressure gradient)로 표현된다.

기압경도를 언덕의 가파르기처럼 생각하면 그것을 가시화하기 더 쉽다는 것을 알게 된다. 가파른 언덕처럼 가파른 기압경도는 약한 기압경도보다 공기 덩이를 더 크게 가속시킨다. 이와 같이 풍속과 기압경도 사이의 관계는 직선적이다. 밀집된 간격의 등압선은 가파른 기압경도와 강한 바람을 가리키며 반면, 넓은 간격의 등압선은 약한 기압경도와 약한 바람을 가리킨다. **그림 13.5**는 등압선의 간격과 풍속 사이의 관계를 설명하고 있다. 오하이오, 켄터키, 미시간 및 일리노이주에서는 풍속이 더 강함을 주목하라. 이곳에서는 등압선이 서부 지역 주보다 더 밀집되어 있다.

기압경도는 바람을 일으키는 힘이며, 이것은 크기와 방향을 갖고 있다. 그 크기는 등압선 간격으로 결정된다. 힘의 방향은 항상 고기압 영역으로부터 저기압 영역으로 등압선에 직각으로 향한다. 일단 공기가 움직이기 시작하면 코리올리 효과와 마찰이 개입하게 되나, 그때는 코리올리 효과와 마찰

이런 사실을 알고 있었나요?

하부 대기에 도달하는 태양에너지의 약 0.25%만이 바람으로 전환된다. 이 양이 아주 적은 퍼센트이기는 하지만 에너지의 절대량은 막대하다. 어느 한 추정에 의하면 노스다코타주 한 주에서 얻어지는 풍력에너지가 미국 전력 수요의 3분의 1 이상을 제공할 수 있다고 한다.

이 오로지 공기 이동을 수정할 뿐 바람을 발생시키지는 못한다.

코리올리 효과

그림 13.5는 고저기압계와 연관된 전형적 공기 이동을 보여주고 있다. 기대했던 대로 공기는 고기압 지역으로부터 저기압 지역으로 움직인다. 그러나 바람은 기압경도력이 향하는 대로 등압선에 직각 방향으로 횡단하지 않는다. 그 방향은 지구 자전의 결과로 편향된다. 이것을 **코리올리 효과**(Coriolis effect)라고 부르는데 이것은 이 효과를 처음으로 철저하게 기술한 프랑스 과학자의 이름을 딴 것이다. 바람을 포함하여 모든 자유이동 물체나 유체는 북반구에서 그 물체의 이동경로에 오른쪽으로 편향되며 남반구에서는 왼쪽으로 편향된다.

이처럼 편향되는 이유는 북극으로부터 적도에 위치한 목표점을 향하여 로켓을 발사했을 때 로켓의 경로를 생각함으로써 설명될 수 있다(**그림 13.6**). 만일 로켓이 그 목표점에 도달하는 데 한 시간이 걸렸다면, 그 비행 동안 지구는 동쪽으로 15° 회전할 것이다. 지구 위에 서 있는 사람에게는 그것은 마치 로켓이 경로를 벗어나 휘어져 목표점의 서쪽으로 15° 떨어진 지구상에 떨어진 것으로 보일 것이다. 로켓의 진짜 경로는 직선이고 지구 밖의 공간에서 보는 사람에게는 직선으로 보일 것이다. 로켓에 겉보기 편향을 일으킨 것은 로켓 밑에서 돌고 있는 지구이다.

북반구에서 지구의 반시계방향 회전 때문에 로켓이 운동경로의 오른쪽으로 편향되었다는 것을 주목하라. 남반구에서는 그 효과가 반대이다. 남반구에서 지구의 시계방향 회전이 북반구와 비슷

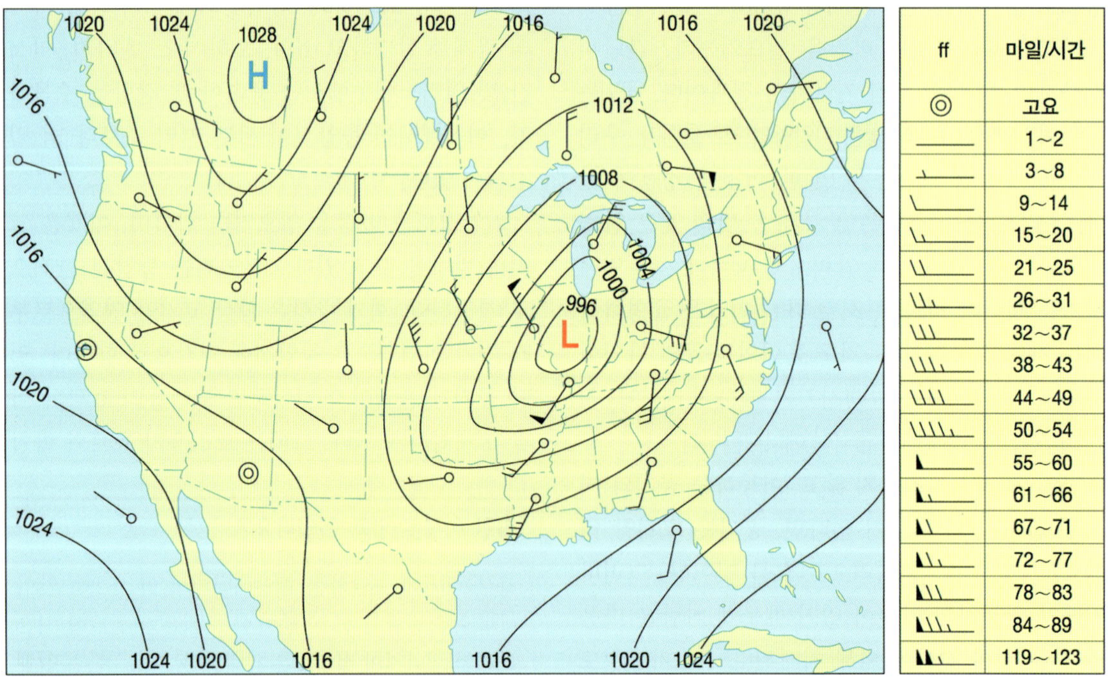

그림 13.5 검은 선은 기압계 기압이 같은 장소를 연결하는 등압선이다. 그 선들은 일기도에서 기압의 분포를 보여준다. 등압선은 보통 곡선이고 흔히 고기압과 저기압 세포 부근에서 폐곡선을 형성한다. 기는 고저기압 세포 주위에서 예상되는 공기 흐름을 가리키며 바람과 함께 날리는 깃발처럼 기입된다. 풍속은 이 그림의 오른편에 그려져 있듯이 기와 "깃털"에 의하여 표시된다.

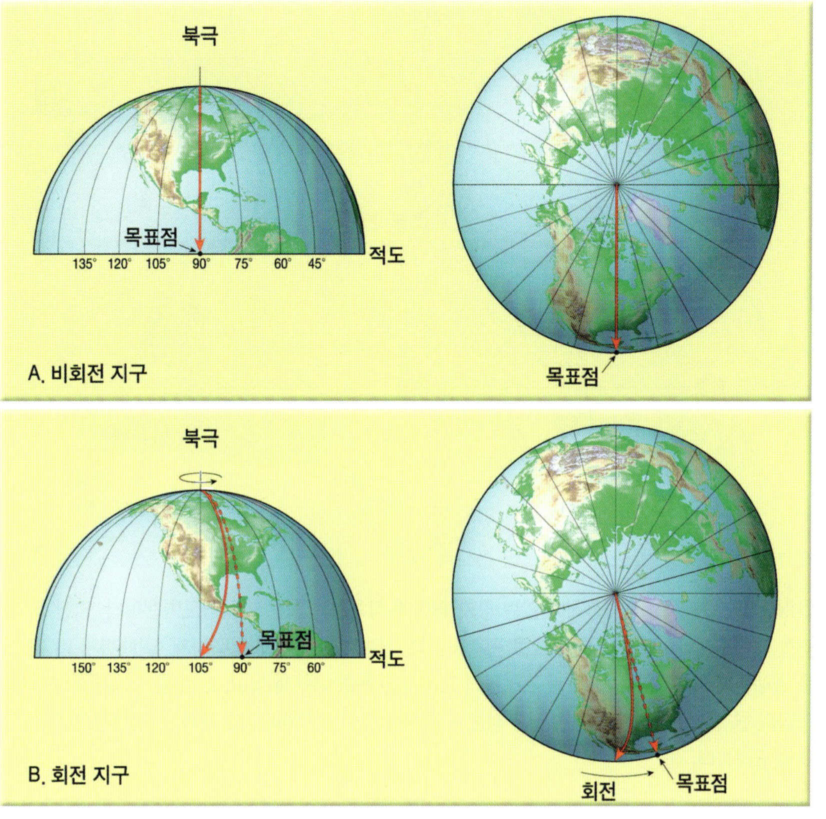

그림 13.6 북극으로부터 적도 쪽으로 날아가는 로켓의 1시간 비행을 이용하여 설명되는 코리올리 효과. A. 자전하지 않는 지구 위에서는 로켓이 그 목표점까지 직선으로 날아간다. B. 그러나 지구는 매시간 15°씩 자전한다. 이와 같이 비록 로켓이 직선으로 날아가지만, 로켓의 경로를 지구 표면에 그려 볼 때 로켓은 목표점의 오른쪽으로 휘는 곡선 경로를 따른다.

한 편향을 일으키나, 운동경로의 왼쪽으로 편향된다. 바람의 경우에도 그 이동방향에 관계없이 이와 같은 편향이 나타난다.

풍향에서 나타나는 겉보기 편향은 코리올리 효과 때문이다. 이 편향은 (1) 항상 기류 방향에 직각 방향으로 향하고, (2) 풍속이 아니라 풍향에만 영향을 주고, (3) 풍속에 의해 영향을 받으며 (바람이 강할수록 편향이 커짐), (4) 극에서 가장 강하고 적도 쪽으로 갈수록 약해지며 적도에서는 존재하지 않게 된다.

어떤 "자유이동" 물체가 코리올리 효과로 인하여 편향한다는 것은 흥미롭다. 이 사실은 제2차 세계대전에서 미국 해군에 의해 극적으로 발견되었다. 당시 전함 위에서 장거리포로 목표물을 사격했을 때 탄환은 계속해서 수백 야드만큼 목표물을 빗나갔다. 그러나 짧은 거리에서는 코리올리 효과가 비교적 작다.

지구 표면의 마찰

마찰이 바람에 미치는 효과는 지표면으로부터 수 km 이내에서만 중요하다. 마찰은 공기 이동을 느리게 하며 결국 풍향을 변화시킨다. 풍향에 미치는 마찰의 효과를 설명하기 위해 마찰의 영향을 받지 않는 경우를 살펴보자. 마찰층 위에서는 기압경도력과 코리올리 효과가 함께 작용하여 공기의 흐름 방향을 결정한다. 처음에 기압경도력은 등압선을 횡단하도록 공기를 출발시킨다. 공기가 움직이기 시작하자마자 코리올리 효과는 운동방향에 직각으로 작용한다. 풍속이 강할수록 편향은 커진다.

결국 코리올리 효과는 기압경도력과 균형을 이루게 되고 바람은 등압선과 나란하게 불게 된다

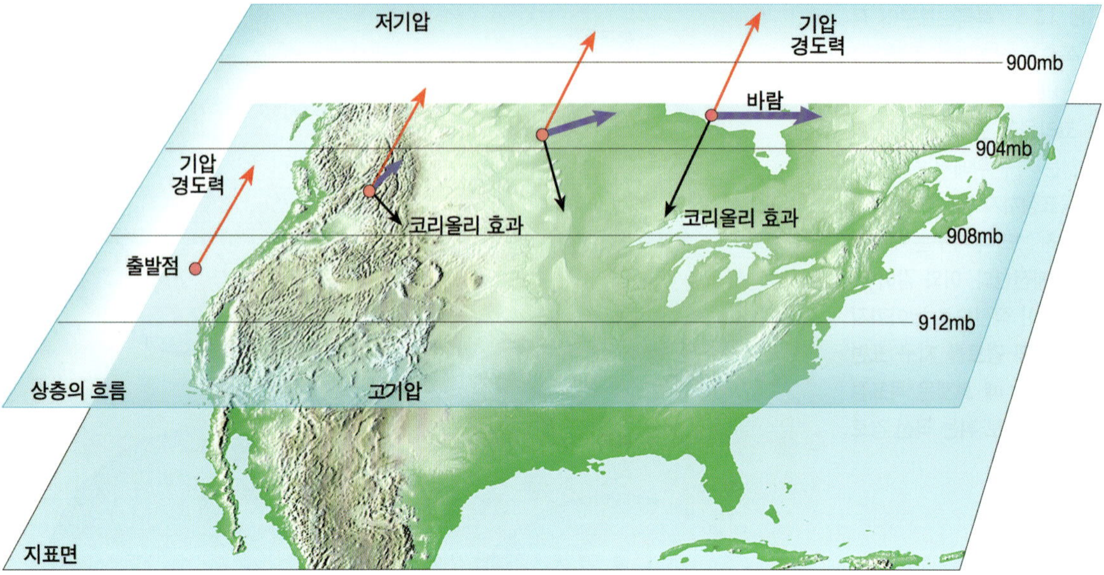

그림 13.7 지균풍. 정지상태에 있는 공기 덩이에 작용하는 힘은 기압경도력뿐이다. 일단 공기가 가속하기 시작하면 코리올리 효과는 북반구에서 공기를 오른쪽으로 편향시킨다. 기류가 등압선에 평행하게 될 때까지 더 강한 풍속은 더 큰 코리올리 효과(편향)를 초래한다. 이때 기압경도력과 코리올리 효과는 균형을 이루게 되고, 그 흐름은 지균풍이라 불린다. "실제" 대기에서는 기류가 기압장의 변화에 연속적으로 조절되어 감을 주목하는 것이 중요하다. 그 결과, 지균평형으로의 조절은 그림에서 보여준 것보다 훨씬 더 불규칙하다.

(**그림 13.7**). 상층 바람은 일반적으로 이와 같은 경로를 따르며 **지균풍**(geostrophic wind)이라 불린다. 지표면에 의한 마찰이 없기 때문에 지균풍은 지상풍보다 그 속도가 더 빠르다. 이것은 **그림 13.8**의 바람 깃발을 주목함으로써 관찰할 수 있고, 그 중 많은 깃발이 50~100마일/시의 바람을 가리키고 있다.

상층 흐름의 가장 뚜렷한 특징은 **제트류**(jet stream)이다. 제2차 세계대전 중 높은 고도로 비행하는 폭격기에 의해 처음 발견된 이 고속의 공기 "강"은 서쪽에서 동쪽으로 향하여 120~240km/hr (75~150마일/시간)로 흐른다. 그중의 한 제트류는 한대 전선상에 위치하고 있는데, 이 전선대는 찬 한대 공기와 따뜻한 아열대 공기를 분리하는 지대이다.

이런 사실을 알고 있었나요?

코리올리 효과는 야구 경기의 결과에 실제적으로 영향을 줄 수 있다. 오른쪽 야수 쪽으로 4초 동안 수평거리 100m를 날아간 공은 오른쪽으로 1.5cm 편향될 것이다. 이것은 홈런 가능한 볼이 파울볼로 바뀌기에 충분하다.

600m(2,000피트) 고도 아래에서는 마찰이 앞서 기술한 기류를 복잡하게 한다. 코리올리 효과가 풍속에 비례함을 회상하라. 마찰이 풍속을 감소시키고, 따라서 코리올리 효과를 줄인다. 기압경도력이 풍속에 의하여 영향을 받지 않기 때문에 기압경도력은 **그림 13.9**에서 보여주는 힘의 줄다리기에서 이기게 된다. 그 결과, 공기는 저기압 영역 쪽으로 등압선과 각을 이루며 가로질러 움직이게 된다.

지표면의 거칠기는 등압선을 가로지르는 기류의

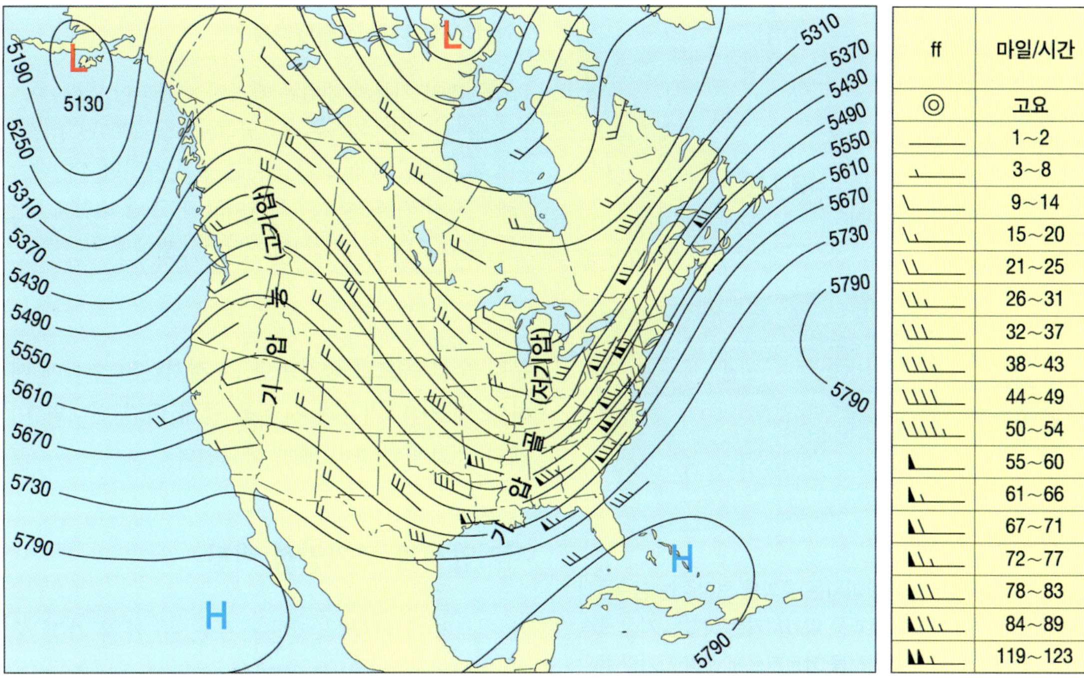

A. 상층일기도

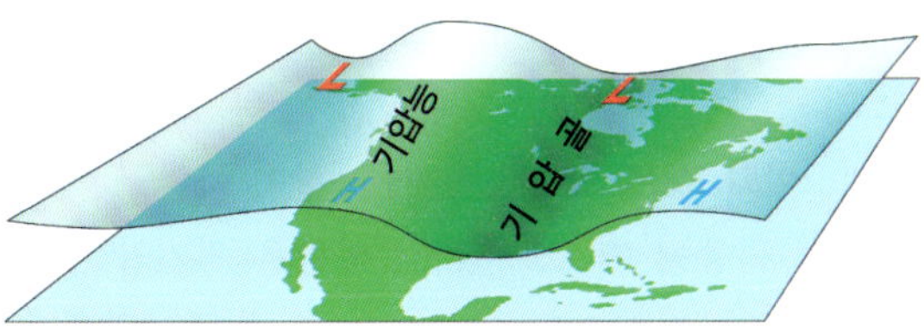

B. 상층면의 표현

그림 13.8 상층 일기도. A. 이 단순화된 일기도는 상층 바람의 방향과 속도를 보여주고 있다. 바람깃으로부터 공기 흐름이 거의 등고선에 나란하다는 것을 주목하라. 대부분의 상층 일기도와 같이 이 일기도는 지상 일기도처럼 고정된 고도에서 기압이 변화를 보이는 대신 선택된 기압 고도(500mb)에서 고도(m 단위) 변화를 보여준다. 등고선과 기압 사이에는 간단한 관계가 있기 때문에 혼동하지는 않을 것이다. 높은 고도에 500mb 기압이 존재하는 장소(남쪽 지역)는 등고선값이 낮은 고도인 장소(북쪽 지역)보다 더 높은 기압을 보인다. 이와 같이 높은 고도 등고선은 높은 기압을 가리키고, 낮은 고도 등고선은 낮은 기압을 가리킨다. B. 위 상층 일기도에서 보인 500mb 면의 표현.

각을 결정한다. 평평한 해상에서는 마찰이 작고 등압선과 기류 사이의 각도 작다. 마찰이 큰 울퉁불퉁한 지대에서는 공기가 등압선을 가로질러 흐를 때 생기는 각이 45°만큼 클 수 있다.

요약하면, 상층 기류는 등압선에 거의 나란하고 반면, 마찰의 효과는 지상풍을 느리게 만들며 어떤 각을 이루어 등압선을 횡단하게 한다.

4. 고기압과 저기압

GEODe EARTH SCIENCE
Earth's Dynamic Atmosphere
▼ Air Pressure and Wind

어느 일기도에서나 나타나는 가장 공통된 특징 중에는 기압 중심으로 불리는 영역이 있다. **저기압**(cyclone 또는 low)이란 낮은 기압의 중심이고, **고기압**(anticyclone 또는 high)이란 높은 기압의 중심

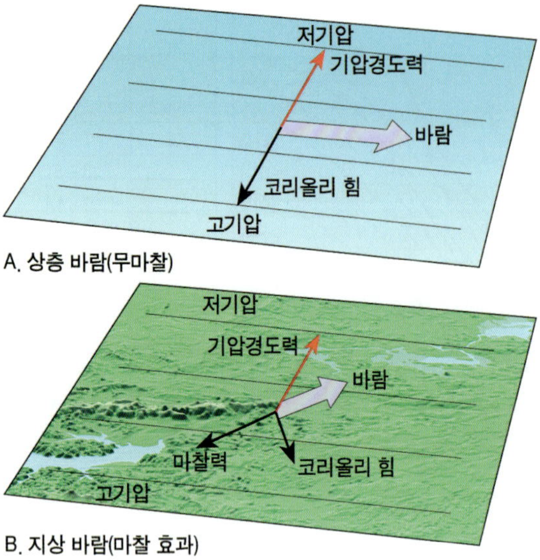

그림 13.9 마찰이 기류에 미치는 효과를 보여주는 상층풍과 지상풍의 비교. 코리올리 효과를 약화시키는 마찰은 지상 풍속을 감소시키고, 바람이 등압선을 가로지르게 하며 저기압 쪽으로 향하게 한다.

이다. **그림 13.10**이 설명해 주듯이, 기압은 바깥 등압선으로부터 저기압 중심 쪽으로 감소한다. 고기압에서는 그 경우와 반대로, 등압선의 값이 밖으로부터 중심 쪽으로 증가한다. 고저기압의 중심에 대하여 몇 가지 기본적 사실을 알게 되면 현재와 미래의 날씨에 대한 이해가 쉬워진다.

이런 사실을 알고 있었나요?

모든 최저 기록의 기압은 태풍과 연관되어 있다. 미국에서의 최저 기록은 882밀리바로서 2005년 10월에 태풍 윌마(Wilma)가 지나는 동안 측정된 것이다. 세계 최저 기록은 870밀리바이고, 1979년 10월에 태풍 팁(Tip: 태평양 태풍)이 지나면서 발생했다.

저기압성과 고기압성 바람

앞 절로부터 바람에 영향을 주는 두 가지 가장 중요한 인자는 기압경도력과 코리올리 효과라는 것을 알았다. 바람은 고기압으로부터 저기압으로 불고 지구 자전에 의하여 오른쪽 또는 왼쪽으로 편향된다. 이와 같은 힘과 아울러 마찰이 북반구 기압 중심에 적용될 때, 그 결과로 바람은 저기압 주위에서 반시계방향으로 안쪽으로 불어 들어온다(**그**

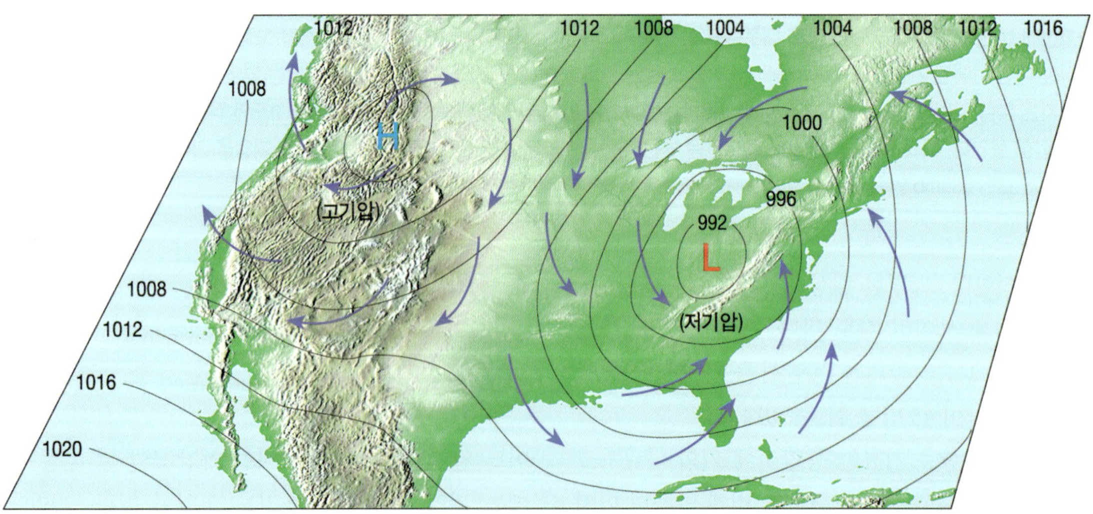

그림 13.10 북반구에서의 저기압성 및 고기압성 바람. 화살표는 바람이 저기압 주위에서 반시계방향으로 안으로 부는 것을 보여주고 있다. 반대로 고기압 주위에서는 바람이 시계방향으로 밖으로 분다.

그림 13.11 북반구와 남반구에서의 저기압성 순환. 이 영상에서 나타난 구름 패턴으로부터 하부 대기의 순환 패턴을 알 수 있다. A. 이 위성영상은 2004년 8월 17일 알래스카만에서 생긴 거대한 저기압 중심을 보여주고 있다. B. 2004년 3월에 찍은 이 영상은 브라질 해안 근처의 남대서양에서 발생한 강한 저기압 스톰을 보이고 있다. (사진 제공: NASA)

림 13.11A). 고기압 주위에서는 바람이 시계방향으로 바깥쪽으로 불어 나간다(**그림 13.10**).

남반구에서는 코리올리 효과가 바람을 왼쪽으로 편향시키고, 따라서 저기압 주위의 바람은 시계방향으로 불며, 고기압 주위의 바람은 반시계방향으로 분다(**그림 13.11B**). 어느 반구에서든지 마찰은 저기압 주위에서는 순유입〔**수렴**(convergence)〕을, 고기압 주위에서는 순유출〔**발산**(divergence)〕을 일으킨다.

고기압과 저기압에서의 일반적 날씨

상승하는 공기는 구름 형성과 강수와 연관되어 있는 반면, 하강하는 공기는 맑은 하늘을 만든다. 이 절에서는 어떻게 공기 이동이 기압 변화를 일으킬 수 있으며 또한 바람을 생성시킬 수 있는지 공부한다. 그 다음에 수평류와 연직류 사이의 관계 및 날씨에 미치는 효과를 조사하고자 한다.

공기가 나선형으로 안쪽으로 모이는 지상 저기압계 경우를 먼저 고려하자. 여기서 공기의 순 안쪽 수송은 기단이 차지한 면적을 줄어들게 하는데, 이 과정을 수평수렴이라 일컫는다. 공기가 수평으로 수렴할 때마다 그곳에 쌓여야만 한다. 즉, 공기가 차지한 면적의 감소는 고도의 증가를 동반해야 한다. 이것은 "더 큰" 그래서 더 무거운 공기기둥을 발생시킨다. 그렇지만 지상 저기압은 공기기둥이 주위 영역보다 작은 압력을 작용하는 경우에만 존재할 수 있다. 우리는 여기서 저기압 중심이 공기의 순축적을 일으키고 이것이 기압을 증가시킨다는 하나의 역설을 만나게 되는 듯하다. 결국 지상 저기압은 진공포장된 깡통이 열릴 때 일어나는 것과 같은 방법으로 신속히 자신을 소멸시켜야 한다.

지상 저기압이 매우 오랫동안 존재하기 위해서는 상공의 어느 층에서 보상이 일어나야만 한다. 예를 들어, 상공에서 발산(퍼져나감)이 아래의 유입과 같은 율로 발생한다면 지상 수렴은 유지될 수

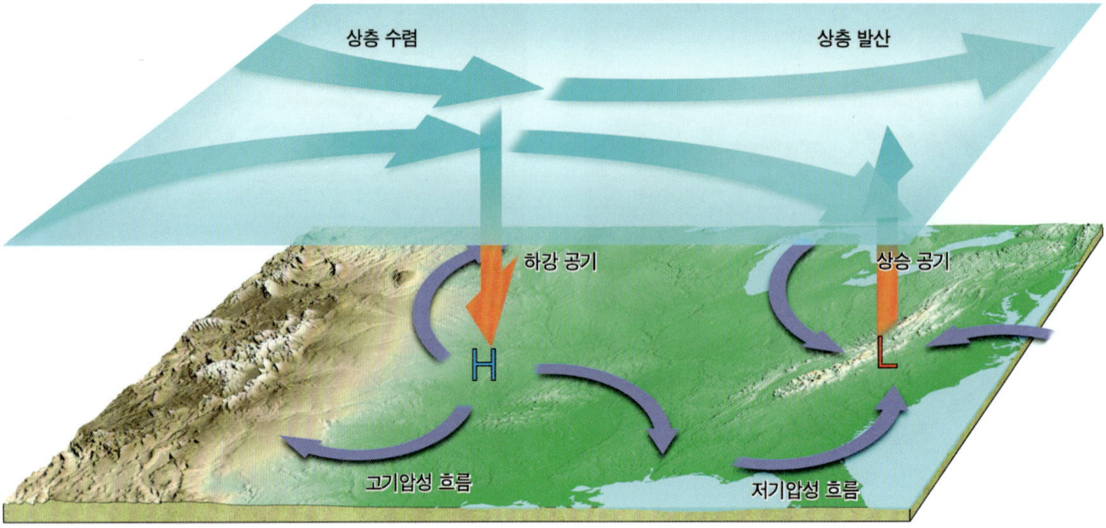

그림 13.12 지표면 저기압 및 고기압과 관련된 공기 흐름. 저기압은 수렴하는 지상풍과 상승하는 공기를 동반하여 흐린 날씨를 일으킨다. 고기압은 발산하는 지상풍과 하강하는 공기를 동반하므로 맑은 하늘과 좋은 날씨를 만든다.

있을 것이다. **그림 13.12**는 저기압 중심을 유지하기 위해 필요한 지상 수렴과 상층 발산 사이의 관계를 보여준다.

상층의 발산이 지상 수렴을 초과하게 되면 이로 말미암아 지상 유입류가 강화되고 연직운동이 가속화된다. 이와 같이 상층 발산은 스톰 중심을 유지할 뿐만 아니라 강화시킬 수 있다. 한편 상층 발산이 약해지면 지상 유입류가 줄어들고 저기압도 약화된다.

저기압 주위의 지상 수렴이 순수 상승운동을 일으킨다는 것을 주목하라. 이 상승운동 속도는 느려서 일반적으로 하루당 1km 미만이다. 그럼에도 불구하고, 상승하는 공기가 흔히 구름 형성과 강수를 초래하기 때문에 저기압 중심은 일반적으로 불안정 조건과 나쁜 날씨와 관련되어 있다(**그림 13.13A**).

흔하지는 않지만 지상 저기압을 발생시키는 것은 상층 발산이다. 상층에서 공기가 퍼져 나가면 그 밑의 대기에서는 바로 상승기류가 생기고 결국 지면에서 유입류가 유발된다.

저기압과 같이 고기압도 상층 현상으로부터 유지된다. 지면 근처의 유출류가 상층 수렴과 공기의 침강을 동반한다(**그림 13.12**). 하강 공기는 압축 승온되기 때문에 구름 형성과 강수가 고기압에서는 발생하지 않는다. 이처럼 좋은 날씨는 보통 고기압 중심의 접근으로 기대된다.

지금은 명백해진 이와 같은 이유 때문에 가정용 기압계의 저기압 쪽 끝부분에 "stormy"라는 단어와 고기압 쪽 끝부분에 "fair"라는 단어를 인쇄하는 것은 일반적으로 관행이 되어 왔다. 기압이 상승하는지, 하강하는지, 아니면 일정하게 유지되는지를 주목하면 앞으로의 날씨가 어떻게 될지 알 수 있다. **기압경향**(pressure tendency 또는 barometric tendency)이라 부르는 그와 같은 측정은 단기 일기예보에 매우 유용한 도구이기도 하다.

이제 여러분은 왜 텔레비전 날씨 리포터들이 저기압과 고기압의 위치와 경로를 강조하는지 더 잘 이해할 수 있어야 한다. 날씨 진행순서의 "악한"은 항상 저기압 중심인데, 이것이 어느 계절에서나 "나쁜" 날씨를 일으킨다. 저기압이 서쪽에서 동쪽

A.

B.

그림 13.13 이 두 사진은 기압 중심과 연관된 일반적 날씨 특징을 보여주고 있다. A. 중국 상하이 비 오는 날의 우산 바다. 저기압 중심이 자주 구름 낀 날씨와 강수를 유발한다. (사진 제공: Getty Images, Inc.—Stone Allstock) B. 대조적으로 맑은 하늘과 좋은 날씨는 고기압의 영향을 받을 때 나타난다. 미국 델라웨어주 케이프 헨로펜(Cape Henlopen)의 해변에서 일광욕하는 사람들. (사진 제공: Mark Gibson/DRK)

방향으로 미국을 가로질러 이동하는 데는 대략적으로 수일에서 1주 이상 걸린다. 그 경로는 약간 불규칙하다. 이처럼 저기압 중심의 이동에 대한 정확한 예측이 중요하기는 하지만 그 예측은 단기 예보에서 어려운 문제이다.

기상학자들은 또한 상층 흐름이 초기 폭풍우(스톰)를 강화시킬 것인지 아니면 그 발달을 억제할 것인지 결정해야만 한다. 지상 상태와 상층 상태 사이의 밀접한 관련 때문에, 특히 중위도 지방에서 전체 대기순환의 중요성과 이해를 크게 강조해 왔다. 우리는 지금 대기 대순환의 작용을 조사할 것이며 그 다음에 이 지식으로 저기압의 구조를 다시 고려할 것이다.

5. 대기 대순환

앞에서 언급한 대로 바람의 근본 원인은 지구 표면의 불균일 가열이다. 열대지역에서는 우주공간으로 되돌아가는 복사보다 더 많은 태양 복사를 받는다. 극 지역에서는 그 반대로서 공간으로 잃어버리는 것보다 더 적은 양의 태양에너지를 받는다. 이 차이를 균형시키기 위하여 대기는 거대한 열수송계로 행동하는데, 더운 공기는 극 쪽으로 그리고 찬 공기는 적도 쪽으로 이동시킨다. 같은 이유로 해류 역시 더 작은 규모에서 전 지구적 열수송에 기여한다. 대기 대순환은 매우 복잡하고 또 아직 설명되어야 할 것들이 많다. 그러나 균일한 표면을 갖고 있는 비회전 지구 위에서 발생할 수 있는 순환을 먼저 고려하여 일반적 이해를 도울 것이다. 그리고 나서 이 계를 관측된 형태에 적합하도록 변경하고자 한다.

비회전 지구상의 순환

표면이 모두 육지로 덮이거나 물로 덮이고 평활한

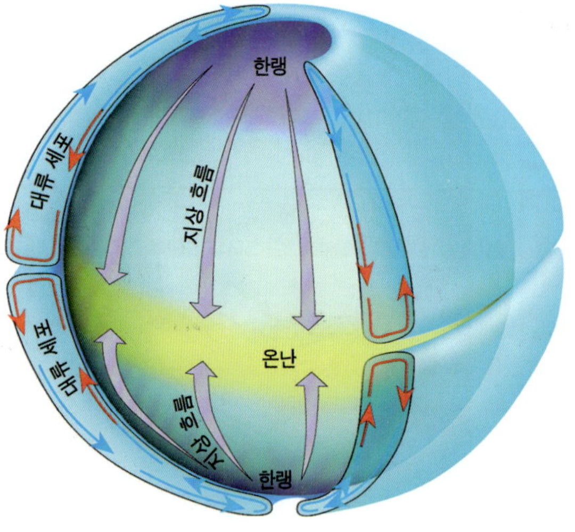

그림 13.14 비회전 지구 위에서의 전 지구 순환. 하나의 간단한 대류계가 비회전 지구 대기의 불균일 가열에 의하여 발생된다.

지면을 가진 가상적 비회전 행성에서는 열적으로 발생된 두 개의 큰 세포가 형성될 것이다(**그림 13.14**). 가열된 적도 공기는 뚜껑처럼 작용하는 권계면에 도달할 때까지 상승할 것이고 권계면에서 극 쪽으로 편향될 것이다. 결국 이 상층 기류는 극에 도달하여 하강하고 지표면에서 모든 방향으로 퍼져 적도를 향하여 돌아올 것이다. 이 공기는 적도에서 한 번 더 재가열되어 그 같은 여행을 다시 출발할 것이다. 이 가상적 순환계는 극 쪽으로 흐르는 상층 공기와 적도 쪽으로 흐르는 지상 흐름을 구성한다.

만일 여기에 회전효과를 추가한다면, 이 단순한 대류계는 깨져 더 작은 세포로 나누어질 것이다. **그림 13.15**는 회전하는 행성에서 열 재분포 역할을 담당한다고 제안된 세 쌍의 세포를 설명하고 있다. 극세포와 열대세포는 앞에서 기술한 대로 열적으로 생성된 대류의 특성을 갖고 있다. 중위도 순환의 성질은 훨씬 더 복잡하여 나중 절에서 좀 더 상세하게 논의하겠다.

이상화된 전 지구 순환

적도 근처에서 상승하는 공기는 **적도저기압**(equatorial low)으로 알려진 기압역(특징적으로 많은 강수량이 있는 지역)과 연관되어 있다. 적도 저기압으로부터 온 상층 흐름이 북위 또는 남위 20~30°에 도달하면 그 공기는 지표면을 향하여 다시 침강한다. 이 침강과 함께 나타나는 단열 가열이 덥고 건조한 상태를 발생시킨다. 이와 같이 침강하는 건조공기 영역의 중심이 **아열대 고기압**(subtropical high)으로서 북위와 남위 30° 근처에서 전 지구를 둘러싸고 있다(**그림 13.15**). 아열대 고기압으로 생긴 안정하고 건조한 상태 때문에 호주·아라비아·아프리카에 큰 사막이 존재한다.

지표면에서는 기류가 아열대 고기압의 중심으로부터 바깥쪽으로 향한다. 공기의 일부는 적도 쪽으로 이동하고 코리올리 효과에 의하여 편향되어 안정적인 **무역풍**(trade wind)을 발생시킨다. 나머지 일부는 극 쪽으로 이동하고 또한 편향되어 중위도 지방의 탁월풍인 **편서풍**(westerlies)을 생성시킨다. 편서풍이 극 쪽으로 공기를 이동시켜 **아한대 저기압**(subpolar low) 지역에서 찬 **극편동풍**(polar easterlies)을 만나게 된다. 편서풍에 의한 더운 바람과 극편동풍에 의한 찬 바람의 만남은 **극전선**(polar front)이라고 알려진 폭풍우(스톰)대를 발생시킨다. 가변성을 가진 극편동풍의 발원지역은 **극고기압**(polar high)이다. 여기서 찬 극 공기가 침강하여 적도 쪽으로 퍼져나간다.

이런 사실을 알고 있었나요?

미국 풍력에너지 연합회에 따르면, 2006년 말까지 미국 풍력에너지 가능 생산량은 10,000메가와트를 넘었다. 이 양은 미국 가정이 평균적으로 쓰는 양으로 계산할 때 250만 가정에 공급하기에 충분한 전기량이다.

그림 13.15 이상화된 전 지구 순환.

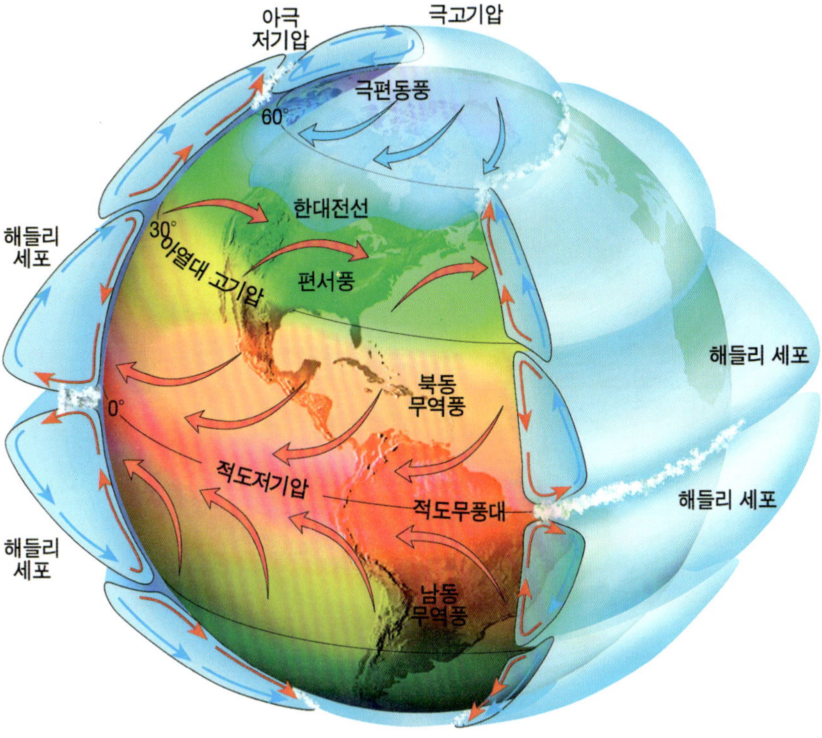

요약하자면, 이와 같이 단순화된 전 지구 순환에서는 네 개의 기압역이 지배적이다. 아열대 고기압과 극고기압은 전 지구 순환에서 나타나는 침강 공기의 영역에 위치하여 지표면에서는 각 고기압 중심 밖으로 흐르는 건조한 탁월풍을 발생시킨다. 적도지역과 아극지역의 저기압역은 구름과 강수를 동반하며 공기를 저기압 중심 안쪽으로 그리고 위쪽으로 흐르게 한다.

대륙의 영향

지금까지 지구를 둘러 싼 연속적인 기압대의 개념으로 지상 기압과 그와 연관된 바람을 기술하였다. 그러나 남반구에서 유일한 진짜 연속 기압대는 아극 저기압이다. 이 위도대에서는 해양이 대륙에 의해 가로막히지 않는다. 다른 위도대 특히 대륙이 해양 표면을 갈라놓는 북반구에서는 계절적으로 큰 기온차가 그 패턴을 붕괴시킨다. **그림 13.16**은 1월과 7월에 대한 기압 패턴과 바람 패턴을 보여준다. 해양 위에서의 순환을 보면 아열대 지방에서는 반영구적 고기압 세포가 지배적이며 아극지역에서는 저기압 세포가 탁월하다. 앞에서 언급한 대로, 무역풍과 편서풍은 이 아열대 고기압 때문에 생긴다.

한편 큰 대륙, 특히 아시아 대륙은 겨울철에 냉각되어 계절적인 고기압계기 발달하는데 지상 바람은 이 고기압계로부터 육지 밖으로 향하게 된다(**그림 13.16**). 여름철에는 그 반대 현상이 나타난다. 대륙이 가열되고 저기압 세포가 발달하면서 이 세포는 공기를 육지 쪽으로 흐르게 한다. 이와 같은 풍향의 계절 변화를 **몬순**(monsoon)이라고 한다. 따뜻한 달 동안 인도 지역에서는 인도양으로부터 오는 따뜻하고 수분이 많이 포함된 공기의 흐름을 경험하게 되는데 그것이 비가 많이 오는 여름 몬순을 발생시킨다. 겨울 몬순에서는 건조한 대륙 공기가 지배적이다. 정도가 좀 작기는 하지만 비슷한

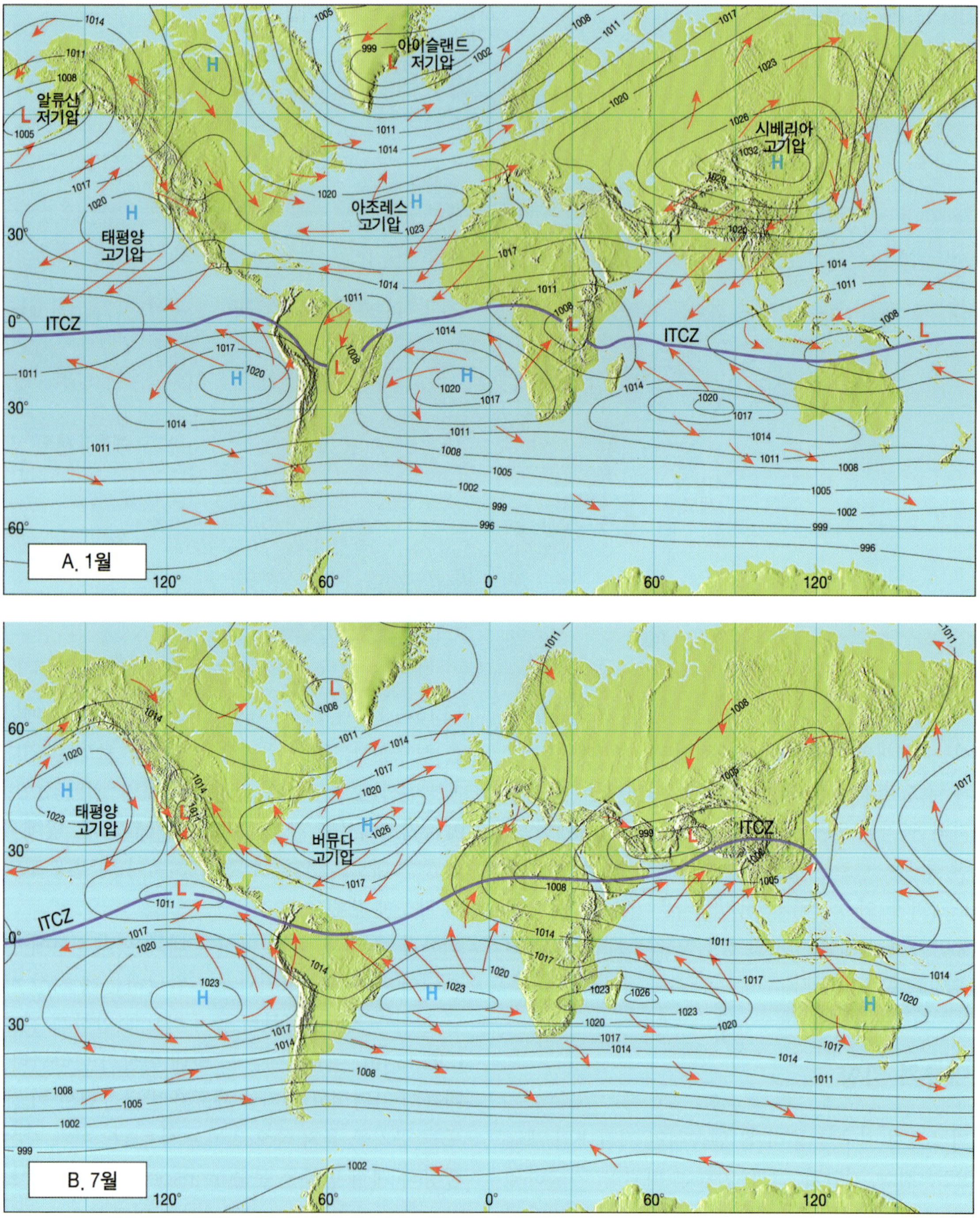

그림 13.16 1월(A)과 7월(B)에 대하여 밀리바로 나타낸 평균 해면기압과 그와 연관된 지상 바람. 기압 영역은 분명히 태양의 연직 광선을 따라 남북으로 이동한다. "ITCZ"라고 표시된 선은 열대 수렴대를 말하며 적도 저압부와 일치한다. 이 지역에서 상승하는 습하고 더운 공기는 많은 강수량을 유발한다. 이곳은 양반구 무역풍이 수렴하는 지역이기 때문에 그와 같은 이름이 붙었다.

경우가 북아메리카에 존재한다.

요약하면, 대기 대순환은 해양 위에서는 반영구적인 고기압 및 저기압 세포에 의해 발생되며, 육지 위에서는 계절적인 기압 변화에 의하여 복잡해진다.

6. 편서풍

편서풍 지대인 중위도 지방에서의 순환은 복잡하며 열대지방의 대류계와는 많이 다르다. 위도 30°와 60° 사이에는 일반적으로 서쪽에서 동쪽으로 향하는 흐름이 저기압과 고기압의 이동으로 방해받는다. 북반구에서 이 고저기압 세포들은 서쪽에서 동쪽으로 이동하고 그 영향을 받는 영역에서 고기압성(시계방향) 흐름 또는 저기압성(반시계방향) 흐름을 일으킨다. 이 지상 기압계의 경로와 상층 기류의 위치 사이에는 밀접한 상관성이 존재하는데, 이것은 상층 공기가 저기압계와 고기압계의 이동을 조정한다는 것을 가리킨다.

가장 뚜렷한 상층 흐름의 특징 중에는 계절 변화가 있다. 겨울철에 남북 방향의 큰 기온 경도는 강한 상층 흐름과 일치하여 나타난다. 또한 극 제트류는 계절적으로 변동하는데, 그 평균 위치는 겨울이 다가오면서 남쪽으로 이동하고 여름이 옴에 따라 북쪽으로 이동한다. 한 겨울에 제트 중심은 아주 남쪽으로 중부 플로리다까지 침투한다.

저기압 중심의 경로가 상층 흐름에 의해 인도되기 때문에 겨울철에는 미국 남쪽에 위치한 주들이 더 많은 폭풍우 날씨를 경험하게 된다. 더운 여름철 동안 폭풍우 날씨를 경험하게 된다. 더운 여름철 동안 폭풍우는 미국의 북쪽 주들을 가로지르고 일부 저기압은 항상 캐나다를 지나간다. 여름철 북쪽으로 지나는 폭풍우 진로는 태평양 폭풍우에도 적용되는데 이 폭풍우는 따뜻한 달 동안 알래스카를 향하여 움직이고, 이로 인하여 미국 대부분의 서해안에 긴 건조 계절을 초래한다. 발생된 저기압 수는 역시 계절적으로 변하는데, 기온 경도가 가장 큰 선선한 달에 가장 많은 수의 저기압이 발생된다. 이 사실은 중위도 지방을 가로지르는 열 분포에서 저기압성 폭풍우의 역할과 일치한다.

7. 지역 바람

지금까지 지구의 대규모 순환을 조사했는데 이제는 훨씬 더 작은 영역에 영향을 주는 바람을 생각해 보자. 모든 바람은 같은 이유, 즉 지구 표면의 불균일 가열 때문에 일어나는 온도차로 생긴다는 것을 기억하라. 결국, 이 온도차는 기압 변화를 일으킨다. 지역적 바람은 단순히 지역적으로 생성된 기압경도에 의하여 생긴 소규모 바람이다. 여기서 기술되는 바람들은 지형 효과에 의하여 생기거나 인접한 두 영역에서의 지면 조성이 다르기 때문에 생긴다.

해풍과 육풍

더운 여름철 낮 시간에 연안지역에서 지면은 이웃한 수면보다 더 강하게 가열된다. 그 결과, 지면 위의 공기는 가열되어 팽창하고 상승하며 저기압 영역을 발생시킨다. **해풍**(sea breeze)은 이때 발달하는데, 그 이유는 수면 위(고기압)의 찬 공기가 따뜻한 육지(저기압)로 움직이기 때문이다(**그림 13.17A**). 해풍은 정오 전에 발달하기 시작하고, 일반적으로 중간 오후에서 늦은 오후에 가장 큰 강도에 도달한다. 상대적으로 찬 이 바람은 연안지역의 오후 기온을 완화시키는 영향을 줄 수 있다. 소규모 해풍은 또한 큰 호숫가를 따라 발달할 수 있다. 시카고처럼 5대호 부근의 도시에 살고 있는 사람들은 특히 여름철에 이 호수효과를 느끼게 된다. 그들은 호수 근처가 그 밖의 영역에 비해 기온

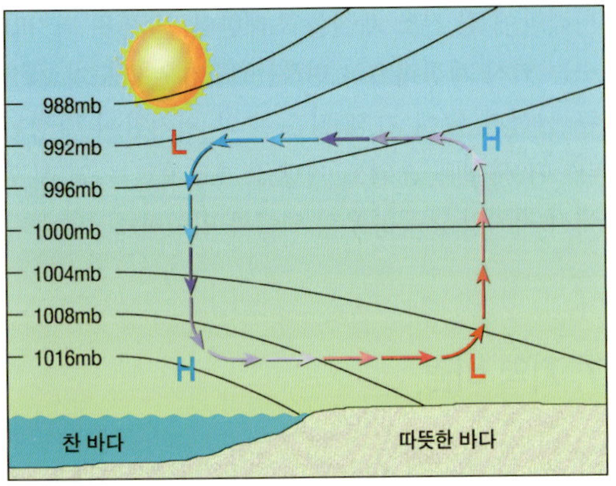

A. 해풍

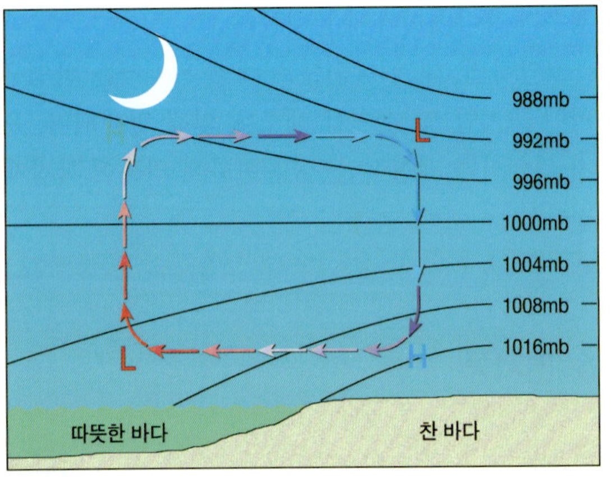

B. 육풍

그림 13.17 해풍과 육풍. A. 낮시간에 육지 위의 공기는 가열되고 팽창하여 저기압 영역을 생성시킨다. 수면 위의 차고 밀도가 더 큰 공기는 육지로 이동하여 해풍을 발생시킨다. B. 밤에는 육지가 바다보다 더 빨리 냉각되어 육풍이라 불리는 바다 쪽으로 향하는 흐름을 발생시킨다.

이 낮다는 기상 보고를 매일 듣게 된다.

밤에는 그 반대 현상이 일어난다. 육지가 바다보다 더 빨리 냉각되고 **육풍**(land breeze)이 발달한다(**그림 13.17B**).

산풍과 곡풍

해륙풍과 비슷한 1일 주기 바람은 많은 산악지역에서도 일어난다. 낮 시간 동안 산의 경사면에 있는 공기는 계곡에 있는 공기보다 더 강하게 가열된다. 이렇게 더워진 공기는 밀도가 작아지기 때문에 경사면을 따라 올라가는 **곡풍**(valley breeze)을 발생시킨다(**그림 13.18A**). 이와 같은 주간 활승풍의 발생은 흔히 산꼭대기에서 발달하는 적운과 거의 동시에 나타난다.

일몰 후에는 그 패턴이 반대로 된다. 산 경사면

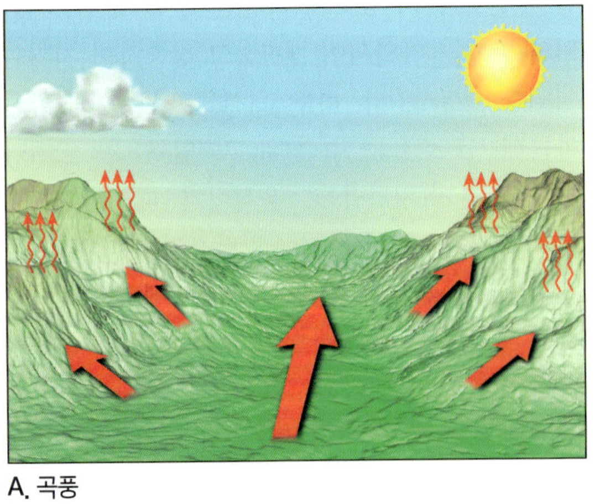

A. 곡풍

B. 산풍

그림 13.18 곡풍과 산풍. A. 낮 시간 동안의 가열은 산 경사면의 공기를 따뜻하게 한다. 이렇게 따뜻해진 공기는 상승하여 곡풍을 발생시킨다. B. 일몰 후에 산 경사면의 냉각은 그 부근의 공기를 계곡으로 빠져나가게 하여 산풍을 생성시킨다.

을 따른 급격한 복사냉각은 지면에 접한 영역에 찬 공기층을 형성한다. 찬 공기는 따뜻한 공기보다 밀도가 더 크기 때문에 그 공기는 경사면을 따라 계곡으로 내려간다. 이와 같은 공기의 이동을 **산풍**(mountain breeze)이라 부른다(**그림 13.18B**). 같은 형태의 찬 공기 이동은 매우 완만한 경사면을 갖는 장소에서도 발생할 수 있다. 그 결과, 가장 찬 공기 포켓이 가장 낮은 지점에서 통상 발견된다. 다른 많은 바람처럼 산곡풍도 계절적 선호성을 갖고 있다. 비록 태양 가열이 가장 강한 더운 계절에 곡풍이 가장 일반적이기는 하지만 산풍은 추운 계절에 더 우세한 경향이 있다.

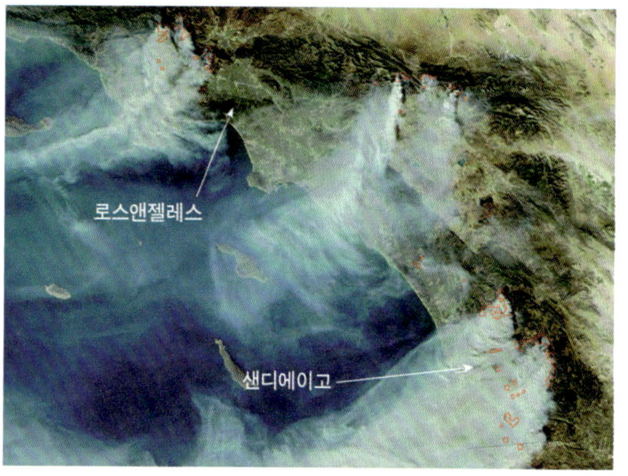

그림 13.19 이 위성영상은 2003년 10월 27일 남부 캘리포니아에서 발생한 몇 개의 거대한 산불 연기를 부채꼴로 퍼지게 한 강한 산타아나(Santa Ana) 바람을 보이고 있다. (사진 제공: NASA)

치누크와 산타아나 바람

로키 산맥 동쪽 경사면에서는 따뜻하고 건조한 바람이 자주 일어나는데, 거기서는 그 바람을 **치누크**(chinook)라고 부른다. 그와 같은 바람은 공기가 산의 풍하측을 하강하면서 압축에 의하여 더워질 때 생긴다. 공기가 풍상측을 상승함에 따라 응결이 발생할 수 있기 때문에, 그리고 응결이 일어나면 숨은열을 방출하기 때문에 풍하측 경사면을 하강하는 공기는 풍상측의 비슷한 고도에 있었을 때보다 더 따뜻하고 건조해질 것이다. 비록 이 바람의 온도가 일반적으로 10℃(50°F)보다 낮기는 하지만(이 온도가 특별히 따뜻한 것은 아님), 이 바람은 그 주변에서 통상적으로 영하기온이 나타나는 겨울과 봄에 주로 발생한다. 건조하고 따뜻한 이 바람은 흔히 격렬한 변화를 가져온다. 땅이 눈으로 덮여 있을 때, 이 바람이 눈을 재빨리 녹이는 것으로 알려져 있다. 앞서 언급한 말 치누크는 글자 뜻대로 "눈녹이"를 의미한다.

남부 캘리포니아에서는 치누크와 같은 바람을 **산타아나**(Santa Ana)라고 한다. 덥고 건조화시키는 이 바람은 이로 인해 건조해진 영역에서 화재의 위험을 크게 증가시킨다(**그림 13.19**).

이런 사실을 알고 있었나요?

"눈녹이(snow eater)"는 치누크(chinook)의 지역 이름으로서 로키 산맥의 동쪽 경사면을 따라 하강하는 따뜻하고 건조한 바람이다. 이 바람은 단 하루 동안 1피트 이상의 눈을 녹이는 것으로 알려져 왔다. 1918년 2월 21일에 미국 노스다코타주 그랜빌(Granville)을 지나간 치누크는 −36℃에서 10℃까지 기온을 무려 46℃나 증가시켰다.

8. 바람은 어떻게 측정되나

두 가지 기본적 바람 요소 측정, 즉 풍향과 풍속 측정은 일기 관측자에게 특히 중요하다. 풍향에 있어서 바람은 항상 불어오는 방향으로 정의된다. 북풍은 북쪽으로부터 남쪽으로 부는 바람이고, 동풍은 동쪽으로부터 서쪽으로 부는 바람이다. 풍향을 결정하기 위해 가장 일반적으로 사용되는 기기는 **풍향계**(wind vane)이다(**그림 13.20**, 오른쪽). 통상적으로 건물 위에 설치된 이 기기는 항상 바람 불어오는

그림 13.20 풍향계(오른쪽)와 컵 풍속계(왼쪽). 풍향계는 바람 방향을 보여주고, 풍속계는 바람 속력을 측정한다. (사진 제공: Belfort Instrument Company)

쪽을 가리킨다. 풍향은 흔히 풍향계에 연결된 표시판에서 볼 수 있다. 표시판은 나침반의 점(N, NE, E, SE 등)이나 0°부터 360°까지의 눈금으로 풍향을 나타낸다. 후자의 눈금에서 0°나 360°는 둘 다 북풍, 90°는 동풍, 180°는 남풍, 그리고 270°는 서풍을 가리킨다.

풍속은 일반적으로 **컵 풍속계**(cup anemometer)를 사용하여 측정한다(**그림 13.20**, 왼쪽). 풍속은 자동차의 속도계와 같은 표시판으로부터 읽을 수 있다. 바람이 일정하고 속도가 상대적으로 빠른 장소는 풍력에너지를 개발하기 좋은 곳이다.

바람이 다른 방향보다 어느 한 방향으로부터 더 자주 일관되게 불 때, 그 바람은 **탁월풍**(prevailing wind)이라 불린다. 당신은 중위도 지방에서 순환을 지배하는 탁월한 서풍을 잘 알고 있을 것이다. 예를 들어, 미국에서는 이 바람들이 "날씨"를 서쪽으로부터 동쪽으로 대륙을 횡단하면서 일관되게 이동시킨다. 이와 같이 동쪽으로 향하는 일반적 흐름 속에는 시계방향과 반시계방향 흐름 특성을 지닌 고기압과 저기압의 세포순환이 숨어 있다. 그 결과, 지상에서 측정된 것처럼 서풍과 연관된 바람은 날마다 그리고 장소마다 상당히 변화한다. 대조적으로, 무역풍대와 연관된 기류의 방향은 **그림 13.21**에서 보는 바와 같이 훨씬 더 일관적이다.

당신이 있는 장소와 저기압과 고기압의 위치를 알면, 당신은 기압 중심이 지나감에 따라 경험할 수 있는 풍향의 변화를 예측할 수 있다. 풍향의 변화는 흔히 온도와 습도 상태의 변화를 가져오기 때문에, 바람을 예측하는 것은 매우 유용하다. 예를

이런 사실을 알고 있었나요?

지상 관측소에서 관측한 풍속 최고 기록은 시속 372 km로, 미국 뉴햄프셔주 워싱턴(Washington)산에서 1934년 4월 12일에 측정되었다. 해발고도 1,886m인 워싱턴산 정상에 위치한 이 관측소에서는 평균풍속 56km/시의 바람이 분다. 더 강한 풍속이 틀림없이 발생했을 것이지만 풍속을 기록하는 기구가 그곳에 없었다.

A. 편서풍(겨울)

B. 남동무역풍(가을)

그림 13.21 여러 방향으로부터 오는 기류의 빈도 백분율을 나타내는 바람장미. A. 미국 동부에 대한 겨울철 바람 빈도. B. 호주 북부에 대한 겨울철 바람 빈도. 미국 동부의 편서풍과 비교하여 호주에서는 남동 무역풍이 탁월함을 주목하라. (자료 제공: G. T. Trewarta)

들어, 미국 중서부 지방에서는 남풍이 멕시코만으로부터 따뜻하고 습한 공기를 가져오는 반면, 북풍이 캐나다로부터 차고 건조한 공기를 가져온다. 프란세스 베이컨 경(Sir Francis Bacon)은 "모든 바람이 날씨를 갖고 있다"고 씀으로서 바람의 특성을 멋있게 요약하였다.

학습내용 요약

1. 공기는 무게를 갖고 있다: 해면에서 그 무게는 $1cm^2$당 1kg($1in^2$당 14.7파운드)의 압력을 작용한다. 기압은 위에 있는 공기 무게가 작용하는 힘이다. 고도가 증가함에 따라 압력이 작용하는 어떤 고도 이상의 공기는 적어진다. 따라서 기압은 처음에 급격히 고도에 따라 감소하고 그 다음에는 훨씬 더 서서히 감소한다. 대기압을 측정하는 데 기상학자들이 사용하는 단위는 밀리바이다. 표준 해면기압은 1013.2밀리바이다. 등압선은 같은 기압의 장소를 연결하는 일기도상의 선이다.

2. 수은기압계는 한 끝이 막히고 수은통에 거꾸로 세운 유리관 속의 수은기둥을 사용하여 기압을 측정한다. 이 기압계는 수은기둥의 높이인 "수은 인치"로 대기압을 측정한다. 해면에서 표준 대기압은 수은기둥 29.92인치와 같다. 기압이 증가함에 따라 그 관 속의 수은은 올라가고, 기압이 감소할 때 수은기둥의 높이는 낮아진다. 아네로이드("무액체") 기압계는 기압이 증가하면 압축되고 기압이 감소하면 팽창하는 준진공 금속 방으로 구성되어 있다.

3. 바람은 높은 기압 영역으로부터 낮은 기압 영역으로 향하는 공기의 수평 흐름이다. 바람은 다음과 같은 힘의 결합에 의해 지배된다: (1) 기압경도력(주어진 거리에 대한 기압차), (2) 코리올리 힘(지구 자전의 편향효과로서 북반구에서는 오른쪽으로 그리고 남반

구에서는 왼쪽으로 편향됨), (3) 지표면과의 마찰력(공기의 이동을 느리게 하고 풍향을 변화시킴).

4. 두 형태의 기압 중심은 다음과 같다: (1) 사이클론 또는 저기압(저기압의 중심), (2) 앤티사이클론 또는 고기압(고기압 중심). 북반구에서 저기압(사이클론) 주위의 바람은 반시계방향으로 중심 안쪽을 향하여 분다. 고기압(앤티사이클론) 주위에서는 바람이 시계방향으로 중심 바깥쪽을 향하여 분다. 남반구에서는 코리올리 효과가 바람을 저기압 주위에서 시계방향으로, 고기압 주위에서 반시계방향으로 불게 한다. 저기압 중심에서 공기가 상승하고 단열적으로 냉각되기 때문에 구름 형성과 강수현상은 흔히 저기압 통과와 연관되어 나타난다. 고기압 중심에서는 하강하는 공기가 압축되고 승온된다. 그러므로 고기압에서는 구름 형성과 강수가 일어나지 않고 통상적으로 "맑은" 날씨가 기대된다.

5. 지구의 지구 규모 기압역은 적도 저기압, 아열대 고기압, 아한대 저기압과 한대 고기압을 포함한다. 이들 기압역과 관련된 전 지구 지상풍은 무역풍, 편서풍, 극편동풍 등이 있다.

6. 특히 북반구에서는 대륙 위에서 큰 계절 온도차가 이상화된 동서방향의 기압과 바람의 전 지구 패턴을 붕괴시킨다. 겨울에 차가운 넓은 육지가 계절적인 고기압계를 발달시키는데, 이 기압계로부터 지상풍은 육지를 떠나는 방향을 갖게 된다. 여름철에는 육지가 가열되어 저기압계가 육지 위에 발달한다. 따라서 이 기압계는 공기를 육지 쪽으로 흐르게 한다. 이와 같은 풍향의 계절 변화는 몬순으로 알려져 있다.

7. 위도 30°와 60° 사이의 중위도에서 일반적으로 서쪽에서 동쪽으로 부는 편서풍은 고저기압의 이동에 의하여 방해받는다. 이들 고저기압계가 갖는 경로는 상층 기류 및 한대 제트류와 밀접하게 상관되어 있다. 한대 제트류의 평균위치나 저기압이 이동하는 경로는 겨울이 다가옴에 따라 남하하고 여름이 가까워 오면 북상한다.

8. 지역바람은 지역적으로 발생하는 기압경도에 의하여 만들어지는 소규모 바람이다. 지역바람은 다음 바람들을 포함한다: 해륙풍(육지와 바다 위의 일 기압차 때문에 해안선을 따라 형성됨), 산곡풍(산의 경사면을 따라 위치한 공기가 계곡 바닥 위에 위치한 공기와 다르게 가열되는 산악지역에서 형성됨), 치누크와 산타아나 바람(산의 풍하측에서 공기가 하강하여 압축 승온될 때 생기는 따뜻하고 건조한 바람).

9. 두 가지 기본 바람 측정 요소는 풍향과 풍속이다. 바람은 항상 불어오는 방향으로 이름 지어 분류된다. 풍향은 풍향계로 측정되고 풍속은 컵 풍속계를 사용하여 관측한다.

주요 용어와 개념

고기압(anticyclone 또는 high) … 473
곡풍(valley breeze) … 482
극고기압(polar high) … 478
극전선(polar front) … 478
극편동풍(polar easterlies) … 478
기압(air pressure) … 466
기압경도(pressure gradient) … 469
기압경향(pressure tendency 또는 barometric tendency) … 476
기압기록계(barograph) … 469
등압선(isobar) … 469
몬순(monsoon) … 479
무역풍(trade wind) … 478
바람(wind) … 469
발산(divergence) … 475
산타아나(Santa Ana) … 483
산풍(mountain breeze) … 483
수렴(convergence) … 475
수은기압계(mercury barometer) … 467
아네로이드 기압계(aneroid barometer) … 468
아열대 고기압(subtropical high) … 478
아한대 저기압(subpolar low) … 478
육풍(land breeze) … 482
저기압(cyclone 또는 low) … 473
적도저기압(equatorial low) … 478
제트류(jet stream) … 472
지균풍(geostrophic wind) … 472
치누크(chinook) … 483
컵 풍속계(cup anemometer) … 484
코리올리 효과(Coriolis effect) … 470
탁월풍(prevailing wind) … 484
편서풍(westerlies) … 478
풍향계(wind vane) … 483
해풍(sea breeze) … 481

학습 요약 문제

1. 표준 해면기압은 밀리바 단위로 얼마인가? mmHg와 p.s.i. 단위로는 얼마인가?
2. 수은은 물보다 13배 더 무겁다. 만일 수은 대신 물을 사용하여 기압계를 만든다면 표준 해면기압을 재기 위하여 얼마나 긴 기압계를 만들어야 할까?
3. 아네로이드 기압계의 원리를 기술하라.
4. 바람을 발생시키려면 무슨 힘이 필요할까?
5. 등압선 간격과 풍속 사이의 관계를 타나내는 일반적 관련성을 써라.
6. 코리올리 효과는 공기 이동을 어떻게 변화시키는가?
7. 풍속과 풍향에 대하여 지상풍과 상층풍을 비교하라.
8. 기압계로 측정한 기압의 하강과 상승을 통상적으로 동반하는 날씨를 기술하라.
9. 북반구와 남반구에서 지상 고저기압과 연관된 바람을 보여주는 그림(등압선과 바람 화살 표)을 그려라.
10. 만일 당신이 북반구에서 살고 있고 저기압의 바로 서쪽에 있다면, 가장 가능한 풍향은 무엇일까? 만일 고기압 서쪽에 있다면 풍향은 어떠할까?
11. 다음 질문은 기압과 바람의 전 지구 패턴에 관련되어 있다.
    a. 무역풍은 어느 기압역으로부터 발산하는가?
    b. 어느 탁월풍대가 한대 전선으로 알려진 폭풍우 영역으로 수렴하는가?
    c. 어느 기압대가 적도와 연관되어 있는가?
12. 상층 기류는 지상 기압계에 어떤 영향을 미치게 하는가?
13. 인도의 몬순 순환을 기술하라.
14. 지역바람이란 무엇인가? 세 가지 예를 나열하라.
15. 북동풍은 _______ (방향)으로부터 _______ (방향)을 향하여 분다.

Online 학습 안내

Foundation of Earth Science 웹에는 학생들이 이 장에서 다룬 여러 내용의 학습을 도울 수 있는 자료들과 인터넷 연계시스템을 갖추고 있다. 지구과학을 강의하는 연구자들에 의해서 발전된 이 인터넷 주소는 지구과학의 이해를 증진시켜 줄 것으로 생각된다. http://www.prenhall.com/lutgens를 방문하여 *Foundation of Earth Science 5e*를 클릭하여 다음 내용들을 살펴보자:

- 인터넷 종합 퀴즈
- 비평적 사고 훈련
- 장 관련 웹 자료들의 연계
- 웹을 통한 주요 개념 탐구

http://www.prenhall.com/lutgens

GEODe: Earth Science

*GEODe: Earth Science*는 동영상(animation), 비디오(video), 낭송(narration), 대화식 연습문제(interactive exercise), 실용적인 퀴즈 등을 이용하여 주요 개념을 더욱 심화함으로써 더욱 효과적인 학습을 이룰 수 있게 한다. 이 복사 CD는 이 책『지구시스템의 이해』제5판에 포함되어 있다.

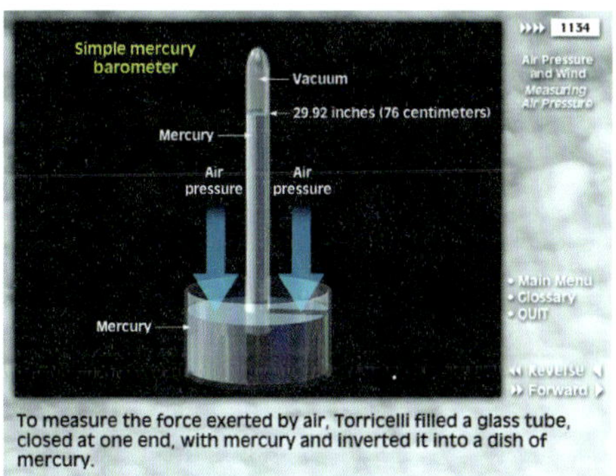

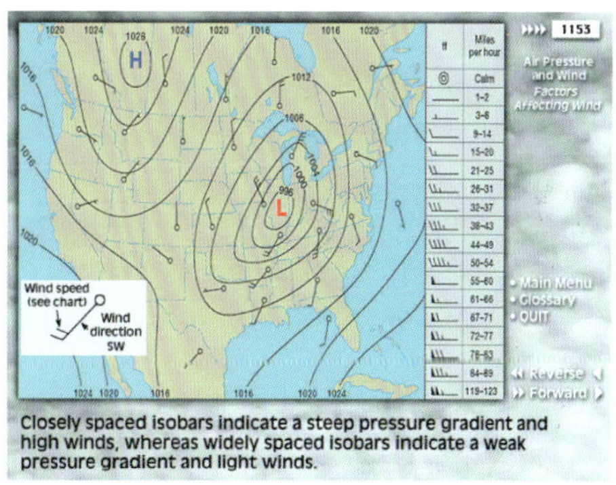

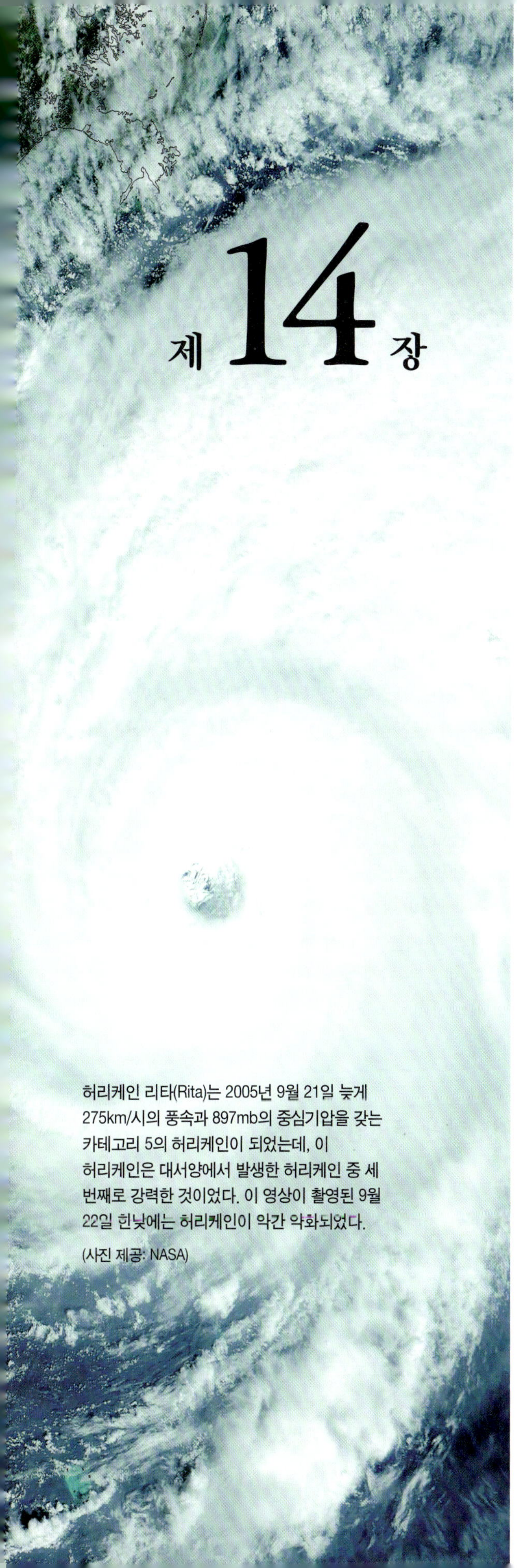

제 14 장

날씨 패턴과 악기상

허리케인 리타(Rita)는 2005년 9월 21일 늦게 275km/시의 풍속과 897mb의 중심기압을 갖는 카테고리 5의 허리케인이 되었는데, 이 허리케인은 대서양에서 발생한 허리케인 중 세 번째로 강력한 것이었다. 이 영상이 촬영된 9월 22일 한낮에는 허리케인이 약간 약화되었다.

(사진 제공: NASA)

학습 초점

다음은 여러분들이 이 단원에서 다루는 중요한 개념들을 이해하는 데 도움을 줄 수 있는 유용한 질문들이다.

1. 기단이란 무엇인가?
2. 기단은 어떻게 분류되는가? 각 기단 유형과 연관된 일반적 날씨는 어떠한가?
3. 전선이란 무엇인가? 온난전선과 한랭전선은 어떻게 다른가?
4. 중위도에서 주요 날씨 발생인자들은 무엇인가? 이 계와 연관된 날씨 형태는 어떠한가?
5. 어떠한 대기 조건들이 뇌우, 토네이도 및 태풍을 발생시키는가?

A.

B.

그림 14.1 A. 토네이도는 매년 수많은 사망자를 내는 짧은 시간의 강력하고 파괴적인 국지적 스톰이다. (사진 제공: Alan R. Moller/Getty Images, Inc.–Stone Allstock) B. 2005년 8월에 허리케인 카트리나(Kartrina)의 여파로 여러 제방을 범람하여 뉴올리언스(New Orleans)시의 약 80%가 물에 잠겼다.

토네이도와 태풍은 자연에서 가장 파괴적인 힘을 갖는 현상에 속한다(**그림 14.1**). 매년 봄이 되면 신문들은 토네이도가 지나간 자국을 따라 발생한 사망과 파괴를 보도한다. 늦여름과 가을에는 뉴스에서 태풍에 대한 보도를 때때로 듣는다. 앤드루(Andrew), 캐밀(Camille), 플로이드(Ployd), 휴고(Hugo) 같은 이름의 폭풍우가 신문의 첫 페이지를 큰 표제로 장식한다. 토네이도와 태풍보다는 강도가 약하고 훨씬 더 흔하기는 하지만 뇌우 또한 이 장에서 다룰 악기상 논의의 한 부분이 될 것이다. 그러나 격렬한 날씨를 다루기 전에 우리는 매일의 날씨에 가장 빈번히 영향을 주는 대기현상 즉 기단, 전선, 이동하는 중위도 저기압을 공부할 것이다. 여기서 우리는 제11장~제13장에서 논의된 기상 요소의 상호작용을 보게 된다.

1. 기단

GEODe EARTH SCIENCE Earth's Dynamic Atmosphere
▼ Basic Weather Patterns

미국의 대부분을 포함하여 중위도 지방에 살고 있는 많은 사람들에게 여름철 열파와 겨울철 한파는 친숙하게 경험하는 것들이다. 첫 번째 예로, 일련의 뇌우가 어느 영역을 통과할 때 수일 동안의 고온다습한 날들이 끝나고 비교적 한랭한 날들이 뒤를 이을 것이다. 이와 대조적인 예로, 몹시 추운 영하의 기간을 동반하는 맑은 하늘이 하루 전과 비교하여 온난해지면서 두꺼운 회색 구름과 강설이 있는 기간으로 바뀔 수도 있다. 이 두 예에서 경험하는 것은 일반적으로 기상상태가 일정한 기간인데 이 기간 후에는 비교적 짧은 변화 기간이 뒤따르고 그 후 새로운 기상상태가 재확립되며 이 상태는 또 다시 변화하기 전에 수일간 지속되기도 한다는 것이다.

기단이란 무엇인가?

바로 앞에서 기술한 날씨 형태는 기단이라 부르는 큰 공기 집단의 이동결과이다. 용어가 암시하듯이 **기단**(air mass)이란 전형적으로 수평거리 1,600km(1,000마일) 이상 그리고 두께 수km인 공기의 거대한 집단으로서 어느 주어진 고도에서 온도와 수분이 균일한 특성을 지니고 있다. 이 공기가 그 발원지를 떠나면서 온도와 수분을 여러 곳으로 날라 결국 대륙의 큰 부분에 영향을 주게 된다.

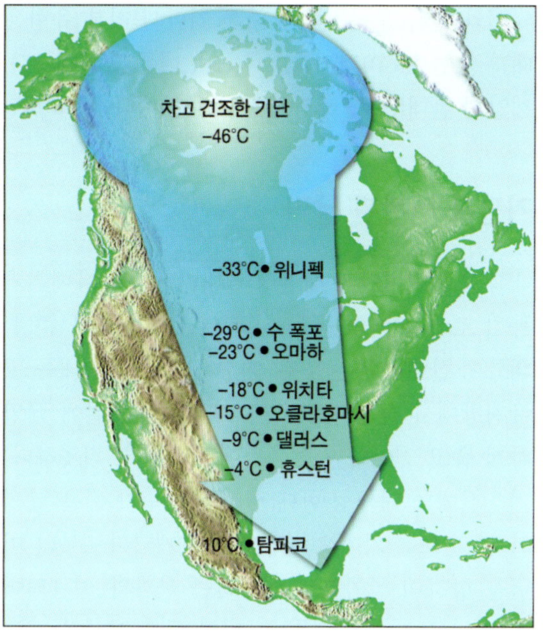

그림 14.2 한랭한 캐나다 기단이 남쪽으로 이동하면서 겨울철의 아주 추운 날씨를 초래하였다. (자료 제공: Tom L. McKnight, *Physical Geography*, 5th ed. Upper Saddle River, NJ: Prentice Hall, 1996, p. 174)

기단의 영향을 나타내는 훌륭한 예가 **그림 14.2**에 나타나 있는데, 이 그림은 북부 캐나다로부터 남쪽으로 이동하는 차고 건조한 기단을 보이고 있다. −46℃의 온도로 시작하여 이 기단이 위니펙에 도달할 때는 −33℃로 승온된다. 이 기단은 대평원을 지나 멕시코로 이동하면서 계속 따뜻해진다. 즉, 기단은 남쪽으로 이동하면서 따뜻해지게 된다. 그러나 이 기단은 그 경로를 따라 겨울철의 한랭한 날씨를 다른 장소로 이동시키게 된다. 이와 같이 기단은 그 자체가 변질되기도 하나 이동하면서 그 지역의 날씨를 변화시키기도 한다.

물론 기단의 수평 균일성이 완전한 것은 아니다. 기단이 넓은 영역으로 확장되기 때문에 장소에 따라 온도와 습도의 작은 차이는 예상된다. 그래도 기단 내에서 관측되는 차이는 기단의 경계에서 생기는 급한 변화에 비하면 훨씬 작다.

한 기단이 어느 영역을 통과하는 데 수일이 걸리기 때문에 그 영향 아래의 영역은 여러 날 동안 아주 일정한 날씨 즉 **기단성 날씨**(air-mass weather)라 부르는 경우를 맞게 될 것이다. 확실히 약간의 일일 변화는 있을 수 있으나, 그 변화는 이웃한 기단에서의 변화와는 매우 다를 것이다.

기단 개념은 대기 요란 공부와 밀접하게 관련되어 있기 때문에 중요하다. 중위도의 대부분 요란은 기단과 기단을 분리하는 경계지역을 따라 발생한다.

발원지

하층 대기의 한 부분이 비교적 균일한 지면 위를 천천히 이동하거나 정체되어 있을 때, 그 공기는 그 지역의 특징, 특별히 온도와 수분 상태의 특성을 갖게 될 것이다. 기단이 온도와 수분의 특성을 얻게 되는 영역을 **발원지**(source region)라 부른다. 북미 대륙에 영향을 주는 기단을 발생시키는 발원지는 **그림 14.3**에서 볼 수 있다.

기단은 그 발원지에 따라 분류된다. **한대(P)기단**(polar air mass)과 **북극(A)기단**(arctic air mass)은 지구의 양극에 가까운 고위도 지방에서 발생한다. 반면에 저위도 지방에서 형성되는 기단은 **열대(T) 기단**(tropical air mass)이라 부른다. 한대, 극 또는 열대라는 명칭은 기단의 온도 특성을 가리킨다. 한대와 극은 찬 것을 가리키고 열대는 따뜻한 것을 가

이런 사실을 알고 있었나요?

빨리 이동하는 아주 찬 기단이 캐나다 극지역으로부터 미국 북부 대평원 지역으로 진출할 때, 온도는 불과 수시간만에 20℃~30℃나 급강하하는 것으로 알려졌다. 하나의 주목할 만한 예로는 1916년 1월 23일부터 24일까지 몬태나주 브로닝(Browning)에서 24시간에 걸쳐 6.7℃로부터 −48.8℃까지 55.5℃나 떨어진 적이 있었다.

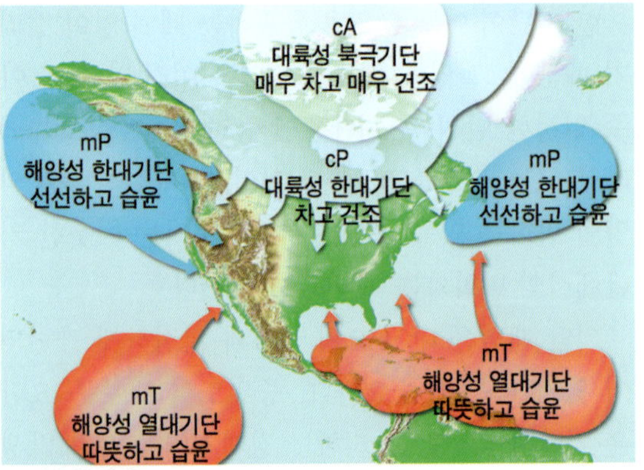

A. 겨울철 패턴

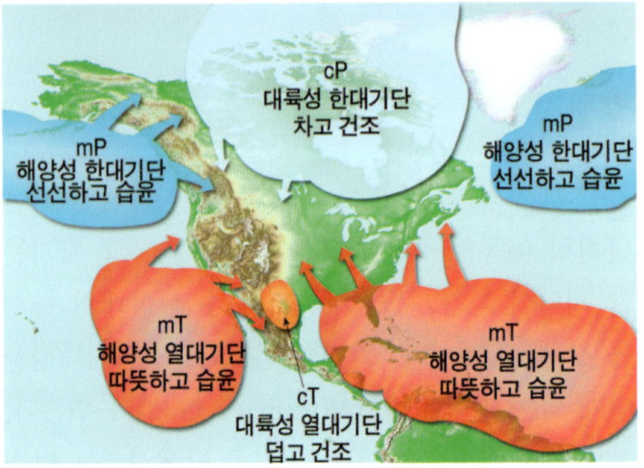

B. 여름철 패턴

그림 14.3 북미 대륙에 대한 기단 발원지. 발원지는 주로 아열대와 아한대지역에 국한된다. 중위도 지방에서는 이동하는 저기압의 수렴풍이 찬 기단과 더운 기단을 끌어들이기 때문에 중위도 지방은 찬 기단과 더운 기단이 충돌하는 지역이다. 이 사실은 중위도 지방이 발원지로서 필요한 조건을 갖고 있지 않다는 것을 의미한다. 한대기단과 극기단의 차이는 비교적 작고 각 기단의 찬 정도로 구분할 수 있다. 여름철과 겨울철의 일기도를 비교해 보면 기단이 영향을 미치는 범위와 온도 특성이 다르다는 것을 알 수 있다.

리킨다.

또한 기단은 발원지 표면의 성질에 따라 분류된다. **대륙성(c)기단**(continental air mass)은 육지 위에서 형성되고 **해양성(m)기단**(maritime air mass)은 바다 위에서 생긴다. 대륙성 또는 해양성이라는 명칭은 기단의 수분 특성을 가리킨다. 대륙성 공기는 건조하고 해양성 공기는 습하다.

이와 같은 분류기법에 따른 기단의 기본 유형은 대륙성 한대(cP), 대륙성 극(cA), 대륙성 열대(cT), 해양성 한대(mP), 해양성 열대(mT)이다.

기단과 연관된 날씨

대륙성 한대기단과 해양성 열대기단은 북아메리카 특히 로키 산맥의 동쪽 지방 날씨에 영향을 준다. 대륙성 한대기단은 북부 캐나다, 알래스카 내륙 및 극지방에서 발생하는데 이 지역은 겨울철에 균일하게 춥고 건조하며 여름철에 선선하고 건조하다. 겨울철에는 대륙성 한대 공기의 침투가 맑은 날씨와 찬 온도를 가져오는데 그것은 캐나다로부터 미국을 향하여 남쪽으로 이동하는 한파와 연관되어 있다. 여름철에 이 기단은 며칠 동안 선선한 날을 초래할 수 있다.

비록 cP기단이 심한 강수와 연관되어 있지 않을지라도 겨울에 5대호 지역을 통과하는 기단은 호수로부터 수분을 받아 때때로 풍하측 해안지역에 눈을 오게 한다. 지상일기도가 눈폭풍우 발생 원인을 뚜렷하게 보이지 못할 때에도 위와 같은 국지적 폭풍우가 흔히 형성된다. 이 현상은 **호수효과의 눈**(lake-effect snow)으로 알려져 있고 미국에서 이와 같은 형태의 눈 도시로서는 버팔로, 로체스터, 뉴욕 등이 있다(**그림 14.4**).

무엇이 호수효과의 눈을 발생시키나? 늦가을과 이른 겨울철 동안 호수와 주위 육지 사이의 온도 차는 클 수 있다.* 특히 매우 찬 cP기단이 호수를 횡단하여 남쪽으로 밀고 내려올 때는 그 온도 차가 대단히 클 수 있다. 이 경우에 이 기단은 상대적으로 따뜻한 호수면으로부터 많은 양의 열과 수분을

* Recall that land cools more rapidly and to lower temperatures than water. See the discussion of "Land and Water" in the section on "Why Temperatures Vary: The Controls of Temperature" in Chapter 11.

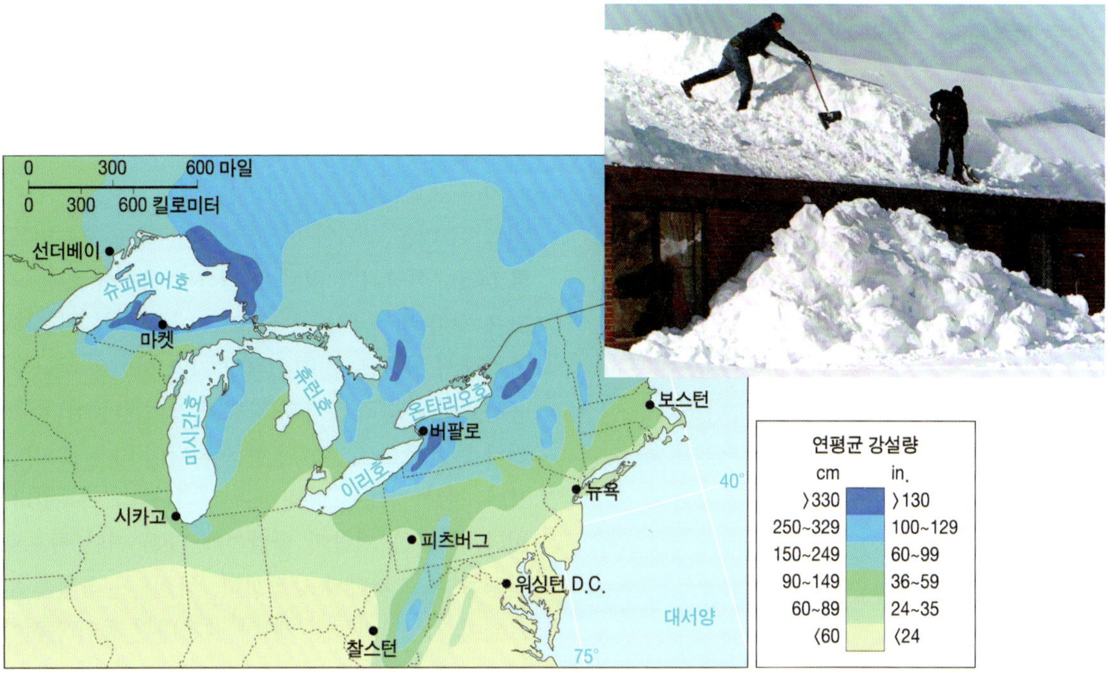

그림 14.4 5대호의 눈띠를 이 강설 지도에서 쉽게 찾을 수 있다. (NOAA 자료) 오른쪽 사진은 1996년 11월에 6일간의 호수효과 폭풍설이 오하이오주 샤던(Chardon)시에 175cm의 눈을 오게 하여 새 기록을 세운 것을 찍은 것이다. (사진 제공: Tony Dejak/AP/Wide World Photos)

얻게 된다. 이 공기가 반대편 호숫가에 도달할 때까지 이 기단은 습하고 불안정하여 심한 소낙눈이 발생될 수 있다.

북아메리카에 영향을 주는 해양성 열대기단은 주로 멕시코만, 캐리비언해 또는 부근의 대서양에서 발생한다. 예상할 수 있듯이, 이 기단은 따뜻하고 습기가 많으며 보통 불안정하다. 해양성 열대 공기는 미국 동부의 2/3 면적에 내린 강수의 원천이다. 여름철 mT기단이 미국 중부와 동부를 침투할 때 그리고 때때로 캐나다 남부를 침투할 때, 그 기단은 발원지와 연관된 전형적 고온다습 상태를 초래한다.

나머지 두 기단 중에 해양성 한대기단과 대륙성 열대기단이 있는데, 후자는 북아메리카의 날씨에 가장 적은 영향을 미친다. 여름철에 미국 남서부와 멕시코에서 발생하는 덥고 건조한 대륙성 열대 공기는 그 발원지 밖의 지역 날씨에 이따금 영향을 줄 뿐이다.

겨울철에 북태평양으로부터 오는 해양성 한대기단은 흔히 시베리아에 있는 대륙성 한대기단으로 시작된다. 차고 건조한 cP 공기는 북태평양을 횡단하는 긴 여행 동안 상대적으로 온화하고 습하며 불안정한 mP 공기로 변환된다. 이 mP 공기가 북미 대륙의 서해안에 도달하면 이 기단은 자주 하층운과 소나기를 동반하게 된다. 이 공기가 서부 산악지역을 넘어 내륙으로 진출할 때, 산악에 의한 상승운동이 산맥의 풍상측 경사면에 강한 비나 눈을 발생시킨다. 해양성 한대 공기는 또한 동부 캐나다의 해안 밖 북대서양에서 발생하여 때때로 미국 북동부의 날씨에 영향을 준다. 겨울철 뉴잉글랜드가 지나가는 저기압의 북쪽 또는 북서쪽에 위치하게 될 때, 반시계방향 저기압성 바람이 해양성

이런 사실을 알고 있었나요?

이리(Erie)호(**그림 14.4**)의 동부 호숫가에 위치한 뉴욕주 버팔로시는 호수효과 눈으로 유명하다. 가장 기억에 남는 사건 중 하나가 2001년 12월 24일과 2002년 1월 1일 사이에 일어났다. 가장 오래 지속된 호수효과 사건으로 기록을 남긴 이 스톰은 버팔로시를 207.3cm의 눈으로 덮었다. 이 스톰 전에는 12월 전체 달에 대한 기록이 173.7cm이었다.

한대 공기를 끌어들인다. 그 결과로 나타나는 현상이 찬 온도의 눈 폭풍이고, 지역적으로는 *nor'easter*라고 알려져 있다.

2. 전선

GEODe EARTH SCIENCE

Earth's Dynamic Atmosphere
▼ Basic Weather Patterns

전선(front)이란 서로 다른 기단을 분리하는 경계이다. 전선을 경계로 하여 한 기단은 다른 기단보다 더 따뜻하고 수분 함량도 더 높다. 전선은 어느 두 대조적인 기단 사이에서 형성될 수 있다. 기단의 거대한 크기를 생각하면 전선은 비교적 좁은 15~200km(9~120마일) 폭의 불연속 띠이다. 일기도 규모에서 전선은 일반적으로 굵은 선으로 나타낼 수 있을 정도로 좁다(**그림 14.8**에서와 같이).

지구 표면 위에서 전선면은 작은 각으로 기울어져 있어 더운 공기가 찬 공기 위를 타고 오른다(**그림 14.5**). 이상적인 경우에 전선의 양쪽에 있는 기단은 같은 방향과 같은 속도로 이동한다. 이 상태 아래에서 전선은 두 대조적인 기단 사이를 따라 이동하면서 단순히 하나의 장벽과 같이 행동한다. 그러나 일반적으로 전선의 한쪽 기단이 다른 쪽 기단보다 전선 경계에 상대적으로 더 빨리 이동한다. 이와 같이 한 기단이 활발하게 다른 기단 쪽으로 진행하여 그 기단과 충돌한다. 사실, 이 경계를 노르웨이 기상학자들이 제1차 세계대전 동안 전선이라 꼬리표를 달았는데, 그들은 두 군대 사이의 전투선과 유사하게 그 경계를 눈에 보이도록 표시하였다. 중위도 지방에서 저기압성 순환(저기압의 중심)이 많은 강수와 악기상을 발달시키고 유발시키는 것은 이 "전쟁터"를 따라서 이루어진다.

한 기단이 다른 기단 쪽으로 진행함에 따라 제한적인 혼합이 전선면을 따라 일어난다. 그러나 한

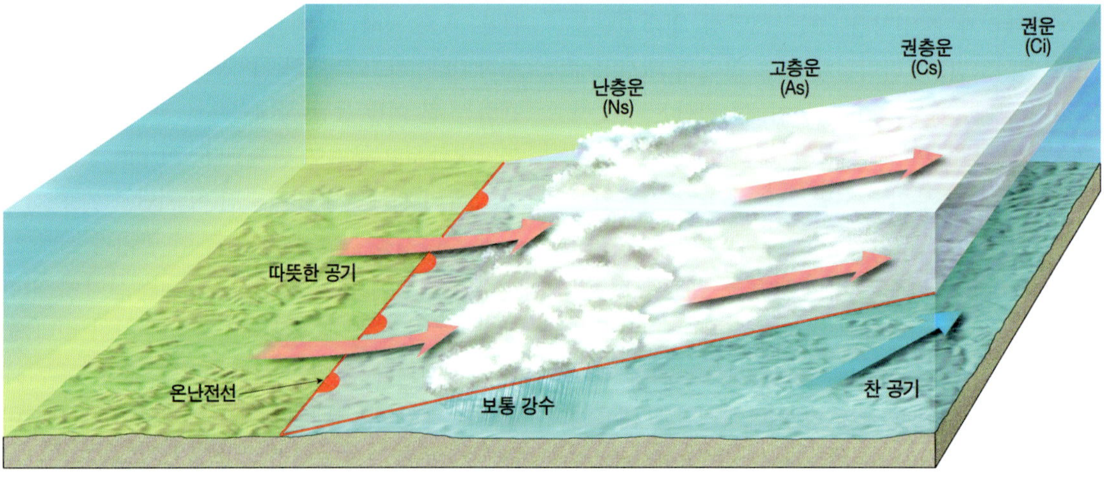

그림 14.5 따뜻한 공기가 찬 기단 위를 차고 올라가면서 생성되는 온난전선. 강수는 보통 정도이고 지면 전선으로부터 수백km 이내에서 일어난다.

기단이 다른 기단 위로 변위되면서 대부분 기단은 그 고유한 성질을 보유하게 된다. 어느 기단이 진행하든지 관계없이 위로 올라가게 되는 것은 항상 더 따뜻한 (밀도가 작은) 공기이고, 반면에 더 찬(밀도가 더 큰) 공기는 더운 공기가 상승하도록 쐐기와 같이 행동한다. 용어 **타고오름**(overrunning)은 일반적으로 찬 기단 위를 미끄러지듯 올라가는 따뜻한 공기에 적용된다. 이제는 다른 형태의 전선을 생각해 볼 것이다.

온난전선

따뜻한 공기가 이미 자리 잡은 찬 공기의 영역으로 이동할 때 생기는 경계면인 전선을 **온난전선**(warm front)이라 부른다(**그림 14.5**). 일기도에서 온난전선의 지면 위치는 찬 공기 쪽으로 침투하는 형태의 빨강색 반원을 표시한 빨간색 선으로 표현된다.

로키 산맥 동쪽으로는 따뜻한 열대 공기가 흔히 멕시코만으로부터 미국으로 들어와 물러나고 있는 찬 공기를 타고 오른다. 찬 공기가 물러나면서 지면과의 마찰로 인하여 전선의 지면 위치는 상층 위치보다 더 느리게 진행한다. 다른 말로 한다면, 가볍고 따뜻한 공기가 무겁고 찬 공기를 밀어내는 것은 어려운 것이다. 이와 같은 이유 때문에, 이 기단들을 분리하는 경계면은 매우 완만한 경사를 이룬다. 온난전선의 평균 경사는 약 1:200으로서, 그것은 당신이 온난전선의 지면 위치 앞 200km(120마일)에 있을 때 1km(0.6마일) 상공에 전선면이 위치하게 된다는 것을 의미한다.

물러나는 쐐기 모양의 찬 공기 위로 따뜻한 공기가 상승함에 따라, 그 공기는 팽창하고 단열적으로 냉각되어 구름과 때로는 강수를 발생시킨다. **그림 14.5**에 보인 일련의 구름들은 전형적으로 온난전선에 앞서 나타난다. 온난전선 접근의 첫 징후는 머리 위 상공에 권운이 나타나는 것이다. 이 상층운은 지면 전선 앞 1,000km(600마일)에서 나타나는데 지면 전선으로부터 타고 오르는 따뜻한 공기는 찬 공기의 쐐기 위 높은 고도까지 상승된다.

전선이 다가옴에 따라 점차 권층운으로 변화하고, 이 권층운은 밀도가 더 큰 시트 모양의 고층운과 섞인다. 전선의 약 300km(180마일) 전방에는 두꺼운 층운과 난층운이 나타나고 비나 눈이 내리기 시작한다. 온난전선은 진행속도가 느리고 경사면이 완만하기 때문에 통상적으로 장시간에 걸쳐 넓은 영역에 약한 강수 또는 보통 강수를 발생시킨다. 그러나 온난전선은 때때로 적란운과 뇌우에 연관되기도 한다. 이 경우는 온난전선면을 타고 오르는 공기가 불안정하고 온난전선 전면의 공기와 온도차가 클 때 일어난다. 또 다른 극한으로 건조기단과 연관된 온난전선이 지면에 흔적 없이 지나가기도 한다.

온난전선이 통과한 후 기온은 점차 증가한다. 이 증가는 이웃한 두 기단 사이의 온도차가 클 때 뚜렷하다. 접근하는 온난기단의 수분 함량과 안정도는 맑은 하늘이 언제 다시 나타날지를 결정해 준다. 여름철에는 적운 또는 적란운이 온난전선을 따라오는 따뜻하고 불안정한 기단 속에 숨어 있다. 이 구름들로부터 오는 강수는 강할 수 있으나 보통 산발적이고 짧은 기간 동안 내린다.

한랭전선

차고 밀도가 큰 공기가 따뜻한 공기 영역으로 활발하게 진행할 때, 그 경계를 **한랭전선**(cold front)이라 한다(**그림 14.6**). 온난전선도 마찬가지이겠지만, 마찰이 한랭전선의 상층 위치보다 지면 위치를 더 천천히 이동시키려 한다. 그러나 서로 이웃해 있는 기단의 상대적 위치 때문에 한랭전선면은 그것이 이동함에 따라 가파르게 된다. 평균적으로, 한랭전선면은 온난전선면보다 약 두 배 가파른데 그 경사면의 기울기는 1 : 100 정도이다. 더욱이 한랭전선은 시간당 25~35km(15~20마일)의 온난전선에 비하여 시간당 약 35~50km(20~35마일)의 속도로 더 빠르게 진행한다. 이와 같은 이동속도와 경사면 기울기의 차이는 일반적으로 온난전선 날씨보다 한랭전선 날씨에서의 더 격렬한 성질을 설명하고 있다.

한랭전선이 접근함에 따라 보통 서쪽이나 북서쪽 먼 거리에 탑상형 구름을 볼 수 있다. 전선 부근에 어두운 띠의 험악한 구름들은 앞으로의 날씨를 예고한다. 전선면을 따른 공기의 강제 상승은 너무 급격하여 수증기가 응결할 때 방출되는 잠열이 공기의 부력을 상당히 증가시킬 것이다. 결국 성숙한 적란운으로부터 강한 비와 격렬한 돌풍이 생긴다. 한랭전선이 좀 더 짧은 거리 위로 상승하기는 하나 온난전선과 거의 같은 양의 상승을 일으키기 때문에 한랭전선에서는 강수 강도는 더 강하고 지속시간은 더 짧다. 더욱이 이 전선의 통과는 현저한 기온 감소와 남풍에서 서풍 또는 북서풍으로의 풍향 변화를 수반한다. 한랭전선을 따른 격렬한 날씨와 뚜렷한 기온 대비는 일기도 위에 푸른색 삼각형을 갖는 푸른 선으로 나타내는데 이 삼각형 끝은 따뜻한 기단을 향한다(**그림 14.6**).

한랭전선 후면의 날씨는 침강하는 비교적 찬 기단에 의해 지배된다. 이와 같이 한랭전선이 통과한 후 바로 날씨는 개게 된다. 그리고 침강에 의한 공기의 압축이 약간의 단열 상승을 일으키기는 하지만 지상 기온에 미치는 효과는 작다. 겨울철에는 한랭전선이 통과한 후 나타나는 긴 구름 없는 밤이 복사냉각을 많이 일으켜 지상기온을 오히려 감소시킨다. 한랭전선이 비교적 따뜻한 영역으로 이동한다면 지면 가열로 인하여 얕은 대류를 발생시킬 수 있다. 이것은 결국 한랭전선 후면에서 낮은 적운 또는 층적운을 생성시키기도 한다.

정체전선과 폐색전선

때때로 하나의 전선 양쪽의 흐름이 한랭기단으로 향하지도, 온난기단으로 향하지도 않고 그 전선에 거의 평행한 경우가 있다. 이때 전선의 지상 위치는 이동하지 않는다. 이 상태를 **정체전선**(stationary front)이라 부른다. 일기도에서 정체전선은 전선의 한 쪽에 파랑색 삼각형으로 다른 쪽에 빨강색 반원으로 그려져 있다. 때때로 정체전선을 따라 나타나는 타고오름 현상이 약하거나 보통의 강수를 유발하기도 한다.

전선의 네 번째 유형은 **폐색전선**(occluded front)이다. **그림 14.7**에서 보듯이 활동적 한랭전선이 온

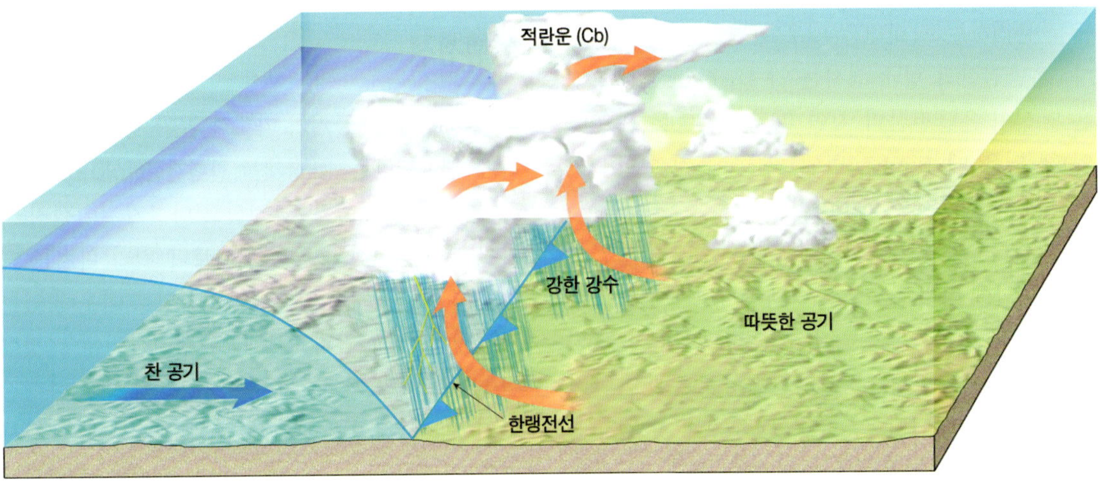

그림 14.6 빨리 이동하는 한랭전선과 적란운. 따뜻한 공기가 불안정할 때 뇌우가 발생한다.

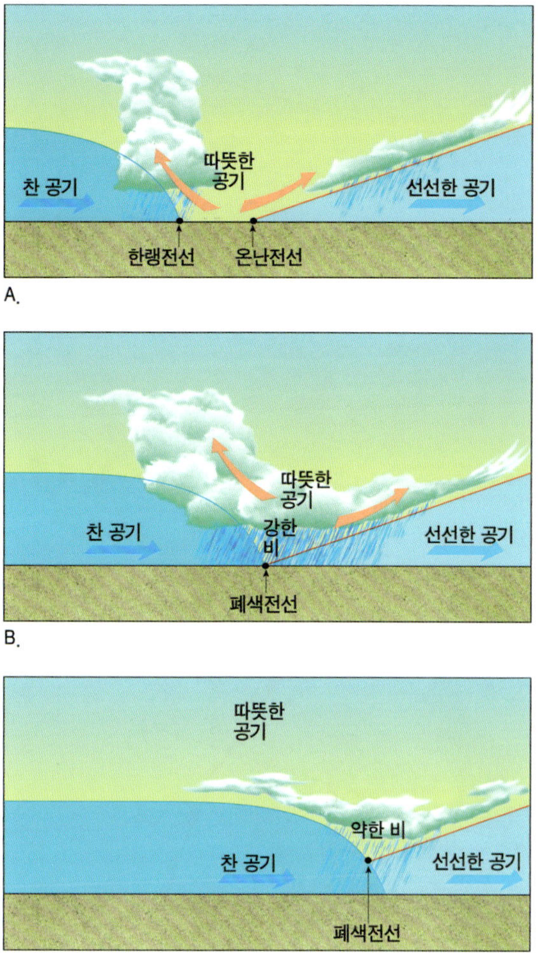

그림 14.7 폐색전선의 형성 단계.

난전선을 추월하고 있다. 진행하는 한랭 공기가 온난전선을 위로 올리며 파고듦에 따라 진행하는 한랭 공기와 온난전선 위 공기 사이에 새로운 전선이 떠오른다. 일반적으로 폐색전선의 날씨는 복잡하다. 대부분의 강수는 강제 상승된 온난 공기와 연관되어 있다. 그러나 조건이 적절하면, 새로 형성된 전선이 강수를 일으킬 수 있다.

주의란 단어는 여러 가지 전선과 연관된 날씨에 관한 것이다. 앞의 논의가 전선과 연관된 날씨 유형을 파악하는 데 도움을 주기는 하지만, 위 설명이 일반화임을 상기하라. 어느 개개의 전선을 따라 발생되는 날씨는 이 이상적인 그림과 일치할 수도 있고 일치하지 않을 수도 있다. 모든 자연현상과 마찬가지로 전선도 우리가 하고 싶은 대로 쉽게 분류할 수 있는 것은 아니다.

3. 중위도 저기압

Earth's Dynamic Atmosphere
▼ Basic Weather Patterns

지금까지 대기 운동의 역학뿐만 아니라 날씨의 기본 요소들을 살펴보았다. 지금은 이 다양한 현상의 지식을 중위도 지방 일기 패턴의 이해에 적용할 차례이다. 우리 목적을 위하여 중위도 지방은 남부 플로리다와 알래스카 사이의 영역을 말한다. 여기서 제1의 날씨 유발인자는 **중위도 저기압**(midlatitude 또는 middle-latitude cyclone)이다. 일기도상에서와 날씨 방송채널에서 사용하는 것처럼 중위도 저기압은 저기압계를 뜻하는 L로 표시된다.

중위도 저기압은 서쪽으로부터 동쪽으로 이동하는 커다란 저기압 중심이다(**그림 14.8**). 수일로부터 1주일 이상까지 지속하면서 이 일기계는 저기압 중심으로 불어 들어오는 기류의 반시계방향 순환을 갖고 있다. 대부분의 중위도 저기압은 그 중심 영역으로부터 뻗쳐 나오는 한랭전선을 갖고 있으며 흔히 온난전선도 동반한다. 저기압 중심으로의 수렴과 이에 따른 강제 상승은 구름 발달을 야기시키고 때로는 많은 양의 강수현상을 일으킨다.

일찍이 1800년대에 중위도 저기압은 강수와 악기상의 생산자로 알려졌다. 그러나 저기압이 어떻게 형성되는지 설명하기 위하여 모델이 개발된 20세기 초에는 그렇지 않았다. 중위도 저기압은 노르웨이 과학자 그룹에 의하여 명확히 조직적으로 연구되어 1918년에 출판되었다. 당시 모델은 주로 지면 근처의 관측으로부터 고안되었다.

몇 년 후 중부 및 상부 대류권의 자료와 위성영

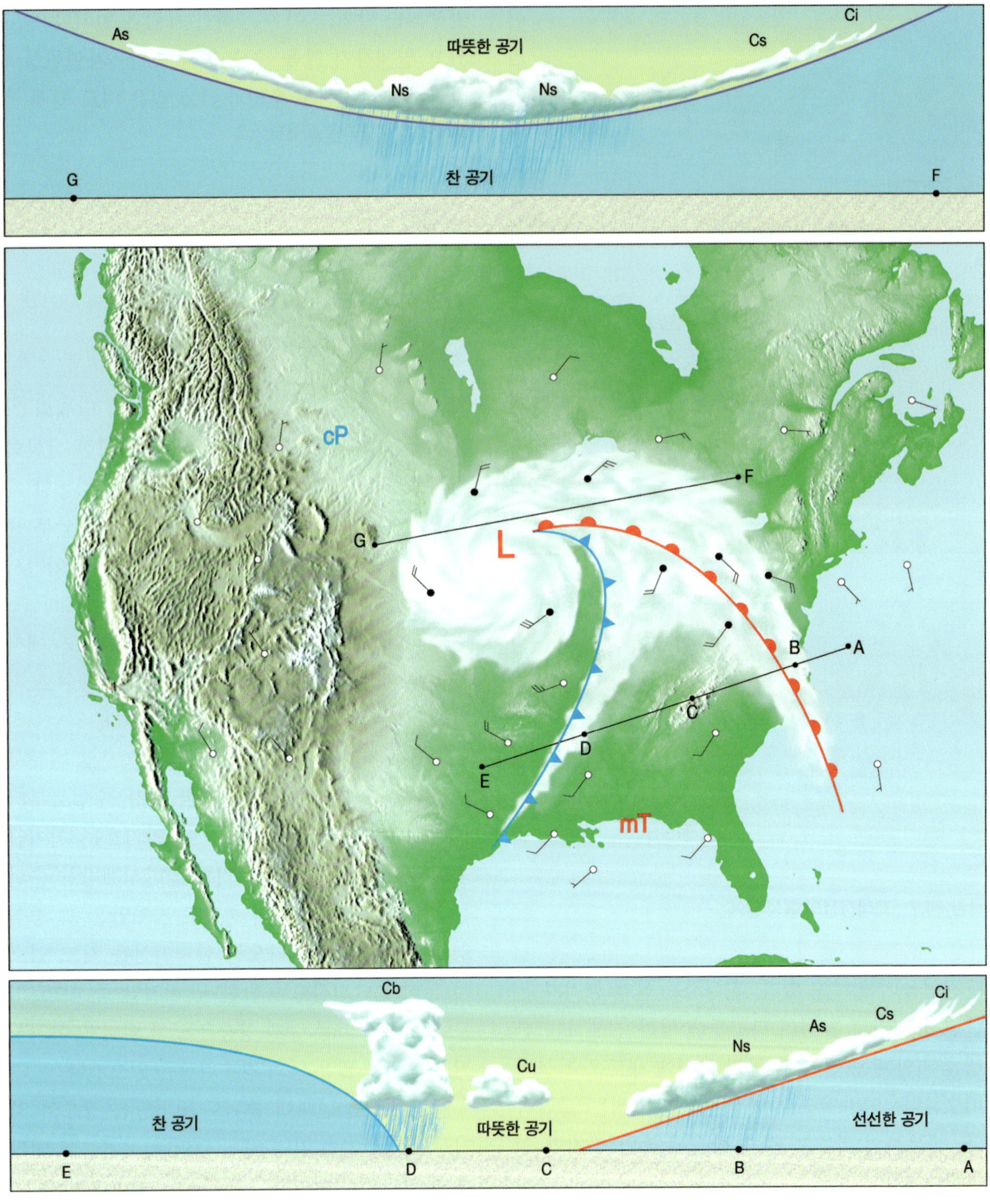

그림 14.8 성숙한 중위도 저기압과 연관되어 나타나는 전형적인 구름 패턴. 가운데 그림이 지도 형태의 모습이다. 단면을 나타내는 선(F–G, A–E)을 주목하라. 지도 위의 그림은 선 F–G를 따른 연직 단면도이다. 지도 밑의 그림은 선 A–E를 따른 단면도이다. 그림 약어는 그림 14.5와 그림 14.6을 참고하라.

상 자료를 이용할 수 있게 됨에 따라 약간의 수정이 필요하였다. 그렇지만 이 모델은 아직도 날씨를 해석하는 유용한 실행 도구이다. 만일 날씨 변화를 관측할 때 이 모델을 염두에 둔다면, 그 변화는 이미 놀라움으로 오지 않을 것이다. 당신은 무질서로 나타났던 것에서 어떤 질서를 볼 수 있어야 하고 때로는 곧 나타날 날씨를 "예측"까지도 해야 할지 모른다.

중위도 저기압의 이상화된 날씨

중위도 저기압 모델은 중위도 지방의 날씨 패턴을 조사하는 데 유용한 도구를 제공한다. **그림 14.8**은 성숙한 저기압계의 구름 분포와 강수 가능 지역을 보여주고 있다. 이 그림을 **그림 14.9**에서 보이고 있는 위성영상과 비교해 보라. 왜 우리가 중위도 저기압의 구름 패턴을 "쉼표" 모양을 갖는다고 말하는지 쉽게 볼 수 있다.

상층 편서풍에 의하여 지배되는 저기압은 일반적으로 미국을 횡단하면서 동쪽으로 이동한다. 따라서 저기압이 서쪽 지방에 처음 도착하는 징후들을 기대할 수 있다. 그러나 미시시피 계곡지역에서는 흔히 저기압이 보다 북동쪽 방향의 경로를 시작하여 때로는 정북 방향으로 이동하기도 한다. 중위도 저기압은 전형적으로 주어진 지역을 거쳐 완전히 횡단하는 데 2~4일 걸린다. 그 기간 동안 대기 상태의 급격한 변화가 나타날 수도 있다. 이와 같은 현상은 특히 겨울과 봄에 나타나는데, 그때에는 중위도 지방에 남북 방향의 큰 기온차가 일어난다.

그림 14.8을 길잡이로 사용하여 날씨 생산인자들이 어떤 영역을 지나감에 따라 기대되는 날씨 변화를 고려할 것이다. 쉽게 설명하기 위해 **그림 14.8**에 선 A–E와 선 F–G를 따르는 두 단면도를 포함시켰다.

- 선 A–E를 따라 A로부터 E로 이동하면서 나타나는 날씨 변화를 상상해 보라. 점 A에서는 높은 권운의 출현이 접근하는 저기압의 첫 징후일 것이다. 이 권운은 지면 온난전선을 1,000km(600마일) 이상까지 앞설 수 있으며, 일반적으로 기

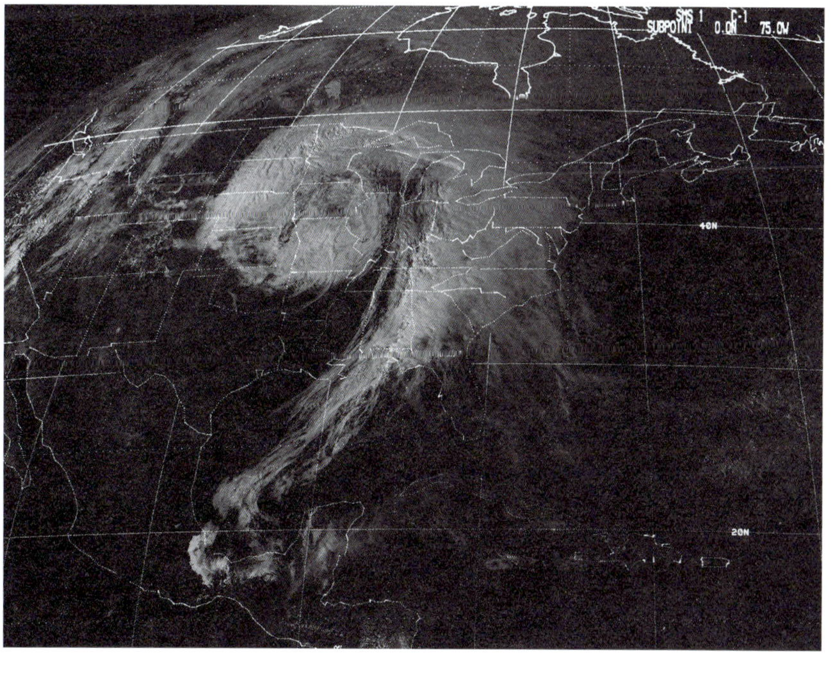

그림 14.9 미국 동부에서 발생한 성숙한 저기압의 위성사진 모습. 왜 저기압의 구름 패턴이 "쉼표" 모양을 갖는다고 말하는지 쉽게 볼 수 있다. (사진 제공: John Jensenius/National Weather Service)

압 감소를 동반할 것이다. 온난전선이 진행하면서 구름이 낮아지고 두꺼워지는 것을 목격할 것이다.

- 보통 권운이 처음 나타난 후 12~24시간 이내에 약한 강수가 시작된다(점 B). 온난전선이 가까워짐에 따라 강수율은 증가하고 기온은 상승하며 바람은 동풍 또는 남동풍으로부터 남풍 또는 남서풍으로 바뀌기 시작한다.
- 온난전선의 통과와 더불어 그 영역은 해양성 열대기단의 영향하에 있게 된다(점 C). 일반적으로 이와 같은 저기압의 난역에서는 따뜻한 기온과 남풍 또는 남서풍을 경험하게 되고, 비록 청천 적운 또는 고적운이 나타나지만 맑은 하늘을 볼 수도 있다.
- 비교적 따뜻하고 습한 난역의 날씨는 신속히 지나가고 한랭전선을 따라 돌풍과 강수가 발생한다. 빠른 속도로 진행하는 한랭전선의 접근은 어두운 구름벽으로 알게 된다(점 D). 강한 강수·우박 때로는 토네이도를 동반하는 악기상은 연중 강한 저기압이 형성되는 시기에 한랭전선의 어두운 구름과 연관되어 나타난다. 한랭전선의 통과는 뚜렷한 풍향 변화(남서풍으로부터 서풍 또는 북서풍으로)와 현저한 기온 하강으로 탐지된다. 또한 상승하는 기압은 한랭전선 후면에서 침강하는 차고 건조한 공기 때문이다.
- 일단 한랭전선이 지나가면 더 찬 공기가 그 지역으로 몰려와 하늘은 맑아진다(점 E). 또 다른 저기압이 그 지역으로 오지 않는 한, 거의 구름 없는 높은 푸른 하늘이 1~2일 동안 나타난다.

그림 14.8의 선 F-G를 따라서는 매우 다른 날씨 상태가 저기압 중심의 북쪽 지역에 탁월할 것이다. 저기압 폭풍우는 이 지대에서 가장 강한 강도를 나타내고 선 F-G를 따른 영역은 그 폭풍우의 최고 격렬현상을 받게 된다. 그 저기압계가 통과하는 동안 여기에서 기온은 찬 상태로 유지되고, 겨울철에는 대설, 진눈깨비 또는 언비 등이 내릴 수 있다.

상층 기류의 역할

중위도 저기압의 연구가 이루어진 초창기에는 중층 및 상층 대류권의 기류 성질이 거의 알려져 있지 않았다. 그 후, 지상 요란과 상층 흐름 사이에 밀접한 관계가 확립되었다. 상층 기류는 저기압성 순환과 고기압성 순환을 유지하는 데 중요한 역할을 한다. 사실, 때때로 회전하는 지상풍계는 상층 흐름에 의해 실제로 발생된다.

사이클론(저기압계) 주위의 기류는 중심 쪽으로 향하여 함께 모이는 질량 수렴을 일으킨다는 사실을 기억하라(**그림 14.10**). 결과적으로 나타나는 공기의 축적은 지상 기압의 증가를 동반하여야 한다. 결국, 커피 깡통을 열 때 그 속의 진공상태가 급히 소멸되는 것과 같이 저기압계가 급격히 채워져서 없어지는 것을 기대할지도 모른다. 그러나 이와 같은 현상은 일어나지 않는다. 오히려 사이클론은 흔히 일주일 또는 그 이상 존속한다. 그렇게 되기 위해서는 지상 수렴이 상층 어느 고도의 질량 유출로 인하여 상쇄되어야 한다(**그림 14.10**). 상층의 발산(퍼져나감)이 지상 유입과 같거나 보다 더 큰 한, 저기압과 그와 동반된 수렴은 유지될 수 있다.

저기압이 폭풍우 날씨를 발생시키기 때문에 저기압은 고기압보다 훨씬 더 주의를 받아왔다. 그럼에도 불구하고, 이 둘 사이에 밀접한 관계가 존재하므로 두 형태의 기압계를 분리하여 논의하는 것은 어렵다. 예를 들면, 저기압을 유지시키는 지상 공기는 일반적으로 고기압으로부터 흘러나오는 공기로 유래된다. 결국, 저기압과 고기압은 전형적으로 서로 이웃하여 위치한다. 저기압과 같이 고기압도 그 순환을 유지하는 데 있어서 상층의 흐름에 의존한다. 고기압이 유지되는 이 경우에 지상 발산은 상층 수렴과 균형을 이루며 공기 기둥은 일반적으로 침강을 일으킨다(**그림 14.10**).

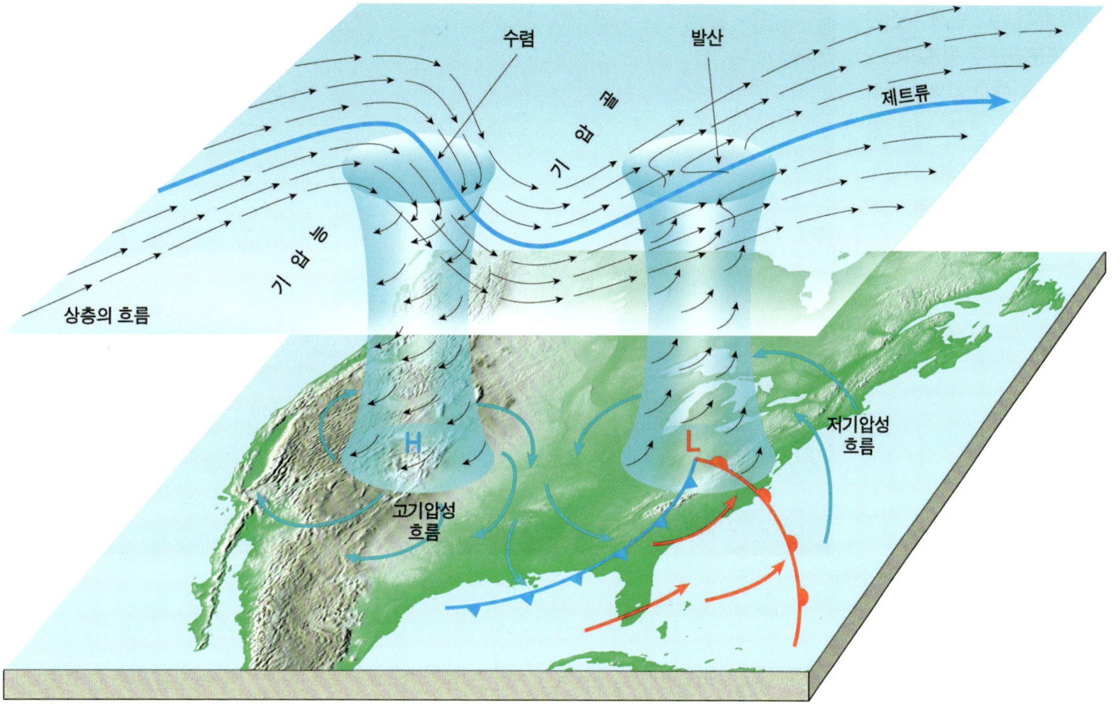

그림 14.10 상층 발산과 수렴이 지상 저기압성 및 고기압성 순환에 제공하는 기여도를 보여주는 이상화한 그림. 상층 발산은 상향 공기 이동, 감소된 지상 기압 및 저기압성 흐름을 유발한다. 한편 제트류를 따른 수렴은 일반적으로 공기기둥의 침강, 지상 기압 증가 및 고기압성 지상 바람을 초래한다.

4. 이름 속에 무엇이 있나?

지금까지 우리는 나날의 날씨 변화를 일으키는 데 중요한 역할을 하는 중위도 지방 저기압(cyclone)을 조사하였다. 그러나 사이클론(cyclone)이란 용어의 사용이 흔히 혼동되고 있다. 많은 사람들에게 이 용어는 토네이도나 허리케인같이 강력한 스톰만을 암시하게 한다. 예를 들어, 허리케인이 인도나 방글라데시에 격렬하게 들이닥칠 때, 그것을 매스컴에서는 보통 하나의 사이클론(cyclone, 그 지역에서는 허리케인을 지칭하는 용어)으로 보고 한다.

유사하게, 어떤 장소에서는 토네이도를 사이클론으로 부른다. 이 관습은 특별히 미국의 대평원 지역에서 일반적이다. 『오즈의 마법사』에서 도로시(Dorothy)의 집이 사이클론에 의해 캔자스(Kansas) 농장으로부터 오즈(Oz)의 나라까지 옮겨졌음을 상기하라. 실제로, 아이오와(Iowa) 주립대학교 운동팀의 별명이 사이클론이다. 비록 허리케인과 토네이도가 사이클론이지만, 많은 대다수의 사이클론은 허리케인도 토네이도도 아니다. 용어 사이클론은 그 크기가 얼마나 크든, 그 강도가 얼마나 강하든 관계없이 단순히 저기압 중심 주위의 순환을 말한다.

토네이도와 허리케인은 모두 중위도 저기압보다 작고 더 격렬하다. 중위도 저기압은 1,600km 이상의 직경을 갖고 있다. 대조적으로 허리케인은 평균 직경이 600km에 불과하며, 직경 0.25km 밖에 안 되는 토네이도는 너무 작아 일기도에 나타내기도 어렵다.

그림 14.11 이 번개 사진은 미국 콜로라도주 콜로라도스프링스 근처에서 발생한 것이다. 적란운이 번개, 뇌우 및 다른 형태의 악기상을 발생시킬 수 있다. (사진 제공: Sean Cayton/The Image Works)

훨씬 더 친밀한 기상현상인 뇌우는 토네이도, 허리케인 및 중위도 저기압과 구별할 필요는 없다. 후자의 스톰 주위의 흐름과는 달리 뇌우와 연관된 순환은 강한 상하운동의 특징을 갖고 있다. 뇌우 주변의 바람은 저기압에서 나타나는 안쪽으로의 나선형 흐름이 아니라 전형적으로 변화가 심한 돌풍성 흐름이다.

뇌우가 저기압성 스톰과 떨어져 그 자신이 형성되기도 하지만 저기압과 함께 형성되기도 한다. 예를 들면, 뇌우는 빈번히 중위도 저기압의 한랭전선을 따라 생기는데, 이 전선상에서 드물게 토네이도가 뇌우의 적란운 탑으로부터 하강한다. 허리케인은 또한 광범위하게 뇌우활동을 발생시킨다. 이처럼 뇌우는 여기서 언급한 세 유형의 사이클론 모두에 어떻게든 관련되어 있다.

5. 뇌우

뇌우는 이 장에서 조사할 세 가지 악기상 형태 중 첫 번째이다. 다음으로 토네이도와 태풍에 대한 절이 이어진다.

악기상은 매일의 날씨 현상이 제공할 수 없는 매력을 갖고 있다. 맹렬한 뇌우가 발생시키는 번개와 천둥은 경외와 공포를 자아내는 장관의 현상이다 (**그림 14.11**). 물론 태풍과 토네이도 또한 엄청나게 주목을 끌고 있다. 한번 토네이도나 태풍이 발생하면 많은 사망자뿐만 아니라 수십억 달러의 재산 피해를 일으킨다. 대표할 만한 어떤 해에 미국에서는 수천 번의 격렬한 뇌우, 수백 번의 홍수와 토네이도 및 몇 번의 태풍을 경험한다. 미국 국립기상대에 따르면, 1975~2004년까지의 30년 동안 토네이

이런 사실을 알고 있었나요?

1980년대 말을 시작으로 하여 미국 전역에서 실시간으로 구름-땅 번개를 탐지하는 것이 가능해졌다. 1989년 이후 국립번개탐지망(National Lightning Detection Network)은 이웃한 48개 주에서 연평균 약 2,000만 개의 구름-땅 번개를 기록해 왔다. 게다가 모든 번개의 약 절반은 한 지점 이상에 낙뢰가 땅에 떨어져서 적어도 3,000만 개 지점에 매년 낙뢰가 발생했다. 구름-땅 번개 외에도 구름 속 번개도 있는데 이것은 구름-땅 번개의 5~10배나 된다.

도는 매년 평균 65명의 사망자를 내고, 반면에 허리케인은 토네이도 희생자의 약 1/4에 해당하는 사망자를 냈다. 놀랍게도 번개와 홍수는 더 많은 사망자를 냈다. 1975~2004년 기간 동안 번개는 연 66명의 사망자를, 그리고 홍수는 매년 평균 107명의 희생자를 냈다.

이런 사실을 알고 있었나요?

미국 오클라호마주 노먼(Norman)시에 있는 국립격렬스톰실험실(National Severe Storms Laboratory; NSSL)에 따르면, 번개는 스톰으로부터 16km 이상 떨어진 맑은 날씨의 영역에서도 낙뢰하는 것으로 알려져 왔다.

뇌우 발생

거의 모든 사람은 비교적 따뜻하고 불안정한 공기의 연직이동으로부터 생기는 여러 가지 소규모 현상을 관측해 왔다. 아마도 당신은 더운 날 탁 트인 들에서 높은 고도까지 먼지들이 빙빙 돌며 올라가는 먼지회오리를 보았을 것이다. 또는 보이지 않는 더운 공기의 상승을 따라 새가 힘들이지 않고 하늘 쪽으로 미끄러지듯 올라가는 것을 보았을지도 모른다. 이 예들은 뇌우가 발달하는 동안 일어나는 역학적인 열적 불안정을 설명해 주고 있다.

뇌우(thunderstorm)란 단순히 번개와 천둥을 발생시키는 하나의 폭풍우이다. 그것은 빈번히 돌풍, 폭우 및 우박을 생성시킨다. 뇌우는 하나의 적란운에 의해 발생되어 좁은 영역에만 영향을 미치나, 때로는 넓은 영역을 덮는 적란운의 군집과 연관되기도 한다.

뇌우는 따뜻하고 습한 공기가 불안정한 환경에서 상승할 때 형성된다. 여러 가지 기구(메커니즘)가 뇌우 발생 적란운을 만들기에 필요한 상향 공기 이동을 시작하게 한다. 지구 표면의 불균일 가열이라는 한 기구는 기단성 뇌우의 형성에 현저하게 기여한다. 이 폭풍우는 보통 해양성 열대기단 안에 형성되어 여름철에 산발적인 뇌우를 발생시키는 부푼 적란운과 연관되어 있다. 이와 같은 폭풍우는 통상적으로 수명이 짧고 강한 바람이나 우박을 거의 생성시키지 않는다.

대조적으로, 또 다른 유형의 뇌우는 불균일 지면 가열로부터 오는 발생의 좋은 조건뿐만 아니라 전선이나 산의 경사면을 따라 일어나는 따뜻한 공기의 상승과도 연관되어 있다. 더욱이 상층의 발산풍은 낮은 고도의 공기를 위쪽으로 끌어올리려는 경향이 있기 때문에 이 바람은 빈번히 이 폭풍우 형성에 기여한다. 두 번째 범주에 드는 뇌우의 일부는 강풍, 재해 유발 우박, 낙뢰 및 토네이도를 발생시킨다. 이와 같은 폭풍우들은 격렬(severe)하다고 기술된다.

어느 한 순간에 지구상에는 약 2,000개의 뇌우가 진행 중이다(**그림 14.12**). 예상할 수 있듯이, 따뜻하고 많은 습기와 불안정이 항상 존재하는 열대지방에서 가장 많은 뇌우가 발생한다. 전 세계적으로 45,000개의 뇌우가 매일 발생하며, 1,600만 개 이상의 뇌우가 연중 발생한다. 이 뇌우에서 나타나는 번개는 초당 100번 지구를 친다(**그림 14.12A**). 미국에서는 연간 약 10만 개의 뇌우가 발생하고 수백만 개의 번개가 친다. **그림 14.12B**를 훑어보면, 뇌우는 플로리다와 동부 걸프 해안지역에서 가장 빈번한데, 여기서는 매년 70~100일 동안 뇌우활동 기록이 있음을 알 수 있다. 콜로라도주와 뉴멕시코주의 로키 산맥 동쪽 지역이 그 다음으로서, 뇌우가 매년 60~70일 동안 발생한다. 미국의 그 나머지 주 대부분은 뇌우를 연간 30~50일 경험한다. 분명히 미국의 서부 경계지역에서는 뇌우활동이 거의 없다. 마찬가지로 미국의 북부에 있는 주들과 캐나다에서도 뇌우활동이 약한데, 여기서는 따뜻하고 습하며 불안정한 mT 공기가 거의 침투하지 못한다.

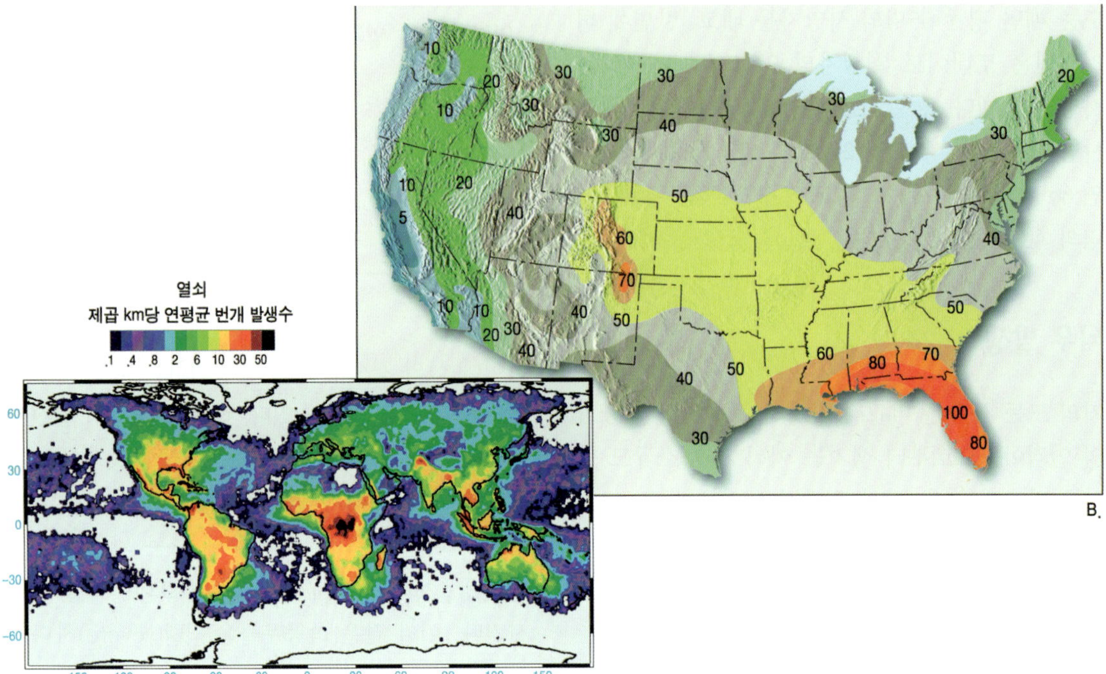

A.

B.

그림 14.12 A. 우주공간에 위치한 광학 센서로부터 받은 자료는 번개의 전 세계적 분포를 보여주고 있다. 여기서 여러 색깔은 km^2당 번개의 연평균 발생 수를 가리킨다. 이 지도는 NASA의 광학순간탐지기(Optical Transient Detector)로부터 얻은 1995년 4월부터 2000년 3월까지의 자료와 NASA의 번개영상센서(Lightning Imaging Sensor)로부터 얻은 1997년 12월부터 2000년 11월까지의 자료에 근거한 것이다. 이 둘은 주간 상태에서까지도 약한 번개를 탐지할 수 있는 고속 카메라를 사용하는 위성 탑재 센서들이다. (자료 제공: NASA) B. 연평균 뇌우 발생 일수. 남동부 미국을 지배하고 있는 습한 아열대 기후는 뇌우의 형태로 많은 양의 강수를 받는다. 대부분의 남동부 지역에서는 매년 평균적으로 50일 이상 뇌우가 발생한다. (자료 제공: NOAA 환경자료국)

뇌우의 발달단계

모든 뇌우는 상승운동을 유지하는 데 필요한 부력을 제공하기 위해 상승할 때 충분한 숨은열을 방출할 수 있는 따뜻하고 습한 공기를 필요로 한다. 이와 같은 불안정성과 관련된 부력은 여러 가지 다른 과정에 의해 시작되나, 대부분의 뇌우는 서로 비슷한 일생 역사를 갖는다.

불안정성과 부력이 높은 지상 기온에 의해 증가되기 때문에 뇌우는 오후와 이른 저녁에 가장 일반적이다(**그림 14.13A**). 그러나 탑상형 적란운의 성장을 위해서는 지면 가열만으로는 충분하지 않다. 지면 가열에 의해 발생되는 하나의 상승하는 더운 공기 세포는 기껏해야 10~15분 내로 증발하는 작은 적운을 생성시킨다.

12,000m(드물게는 18,000m)의 탑상 적란운의 발달은 계속적인 습윤공기의 공급을 필요로 한다(**그림 14.13B**). 새롭게 급상하는 따뜻한 공기는 구름 고도를 합해서 18,000m보다 더 높게 상승한다(**그림 14.14**). 이 상승기류가 우박을 위로 이동시키기 위해서는 상승기류 속도가 때때로 시속 100km(60마일) 이상까지 도달하여야 한다. 보통 한 시간 이내의 누적 강수량은 상승기류를 고려해 보면 너무 많다. 결국 구름의 한 부분에서는 심한 강수를 내리면서 하강기류가 발달한다. 이것은 뇌우의 가장 활동적인 단계를 나타낸다. 이 단계에서

A.

B.

그림 14.13 A. 부력 열기포는 흔히 주위의 공기로 곧 증발하는 청천 적운을 발생시켜서 주위 공기를 습하게 한다. 이와 같은 적운 발달과 증발이 계속되면서 공기는 결국 충분히 습해지며 새로 형성된 구름은 증발하지 않고 계속 성장한다. (사진 제공: Henry Lansford/Photo Researchers, Inc.) B. 발달하는 이 적란운은 일리노이주 중부 상공에서 탑상형 8월 뇌우가 되었다. (사진 제공: E. J. Tarbuck)

돌풍, 번개, 폭우, 때로는 우박이 나타난다.

결국, 상승기류가 공급한 따뜻하고 습한 공기는 하강기류가 구름 전체에 우세해짐에 따라 없어진다. 상층 찬 공기의 유입과 결합하여 낙하하는 강수의 냉각효과는 뇌우활동의 종말을 나타낸다. 뇌우 복합체 내부의 전형적 적란운 세포의 수명은 약 1시간에 불과하나, 폭풍우가 이동함에 따라 따뜻한 물을 포함한 공기의 신선한 공급이 새 세포를 생성시켜 소멸하는 공기를 대체한다.

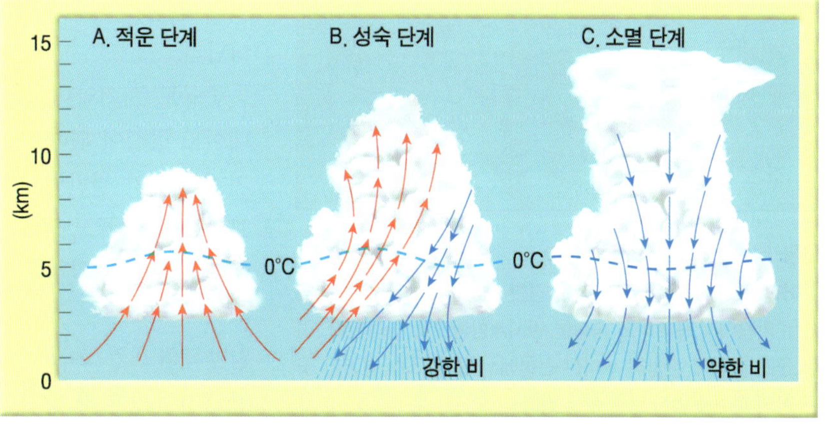

그림 14.14 뇌우의 발달단계. 적운 단계에서는 강한 상승기류가 폭풍우를 증강시킨다. 성숙 단계는 집중 강수가 특징적이며 선선한 하강기류가 폭풍우의 부분에서 나타난다. 따뜻한 상승기류가 완전히 사라질 때, 강수는 약해지고 구름은 증발하기 시작한다.

6. 토네이도

토네이도(tornado)는 규모는 작으나 대기순환 현상 중 가장 격렬한 현상이다(**그림 14.1A** 참조). 자주 발생하지는 않지만 강한 바람 때문에 해마다 인명 피해가 매우 크다. 토네이도는 보통 악뇌우 안에서 발생하는데 적란운 하부에서 밑으로 뻗어 있는 깔때기 모양의 소용돌이이다.

토네이도 중심의 기압은 주위보다 최고 10% 가량 낮기 때문에 중심 부근의 기압경도는 대단히 강하다. 따라서 지면 부근의 공기가 토네이도 중심으로 모여들고, 중심에는 소용돌이성의 강한 상승기류가 생긴다. 이 상승기류는 적란운 속에 깊이 발달해 있는 뇌우까지 도달한다. 강력한 토네이도에는 어마어마한 기압경도가 생기므로 최대 속도는 480km/hr까지 관측된다.

일반적으로 토네이도는 단일 소용돌이로 이루어져 있기도 하지만 보다 강력한 것은 **그림 14.15**에서 보듯이 여러 개의 흡입 소용돌이(suction vortex)들로 이루어져 있다(**그림 14.15**). 흡입 소용돌이의 직경은 10m 가량이고 매우 빠르게 회전한다. 이러한 구조 때문에 건물 전체가 완전히 부서진 곳에서 불과 10m 밖에 있는 곳은 피해가 거의 없는 경우도 있다.

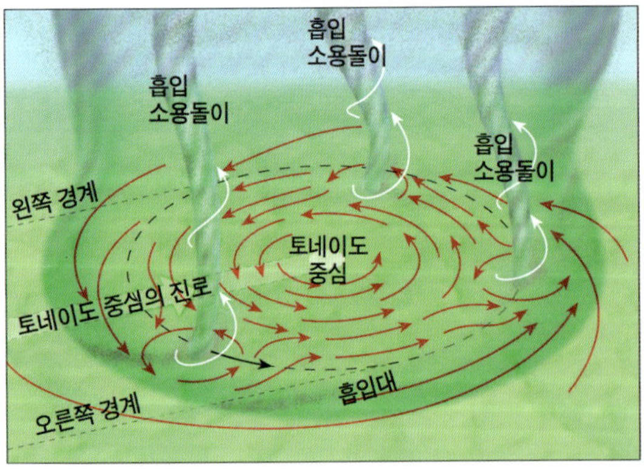

그림 14.15 토네이도 중에는 여러 개의 흡입 소용돌이로 이루어진 것이 있다. 이 작고 매우 강한 소용돌이는 직경이 대략 10m 가량이며 토네이도 중심을 반시계방향으로 이동한다. 이런 구조 때문에 완전히 무너진 건물에서 불과 10m 떨어진 곳은 거의 피해를 입지 않을 수도 있다.

토네이도의 발생과 발달

토네이도는 강한 바람, 세찬 비, 흔히 피해를 입히는 우박 등을 발생시키는 격렬한 뇌우에서 형성된다. 다행히도, 모든 뇌우 중 1% 미만의 뇌우가 토네이도를 발생시킨다. 그럼에도 불구하고 많은 수의 뇌우가 토네이도 발생 가능성이 있는 뇌우로 감시되고 있다. 무엇이 토네이도 형성을 시작하게 하는지 기상학자들은 아직도 확실히 알고 있지 못하지만, 토네이도가 뇌우 안의 강한 상승기류와 대류권의 바람 사이의 상호작용에 의한 산물임은 분명하다.

토네이도는 한랭전선과 열대 저기압(허리케인)을 포함하여 악기상을 발생시키는 어떤 환경에서도 형성될 수 있다. 가장 강력한 토네이도는 보통 **초대형 세포**(supercell)라 불리는 거대한 뇌우와 연관되어 형성되는 것이 보통이다. 격렬한 뇌우에서 토네이도가 형성되는 중요한 사전조건은 **중규모 저기압**(mesocyclone)의 발달이다. 이 중규모 저기압에서는 격렬한 뇌우의 상승기류에서 발달하는, 전형적 크기가 약 3~10km의 회전하는 연직 공기기둥이 존재한다(**그림 14.16**). 이처럼 커다란 소용돌이의 형성은 흔히 토네이도 형성 30여 분 전에 나타난다.

중규모 저기압이 형성되었다고 하여 반드시 토네이도 형성이 뒤따르는 것은 아니다. 모든 중규모 저기압의 약 절반만이 토네이도를 발생시킨다. 예보자들은 중규모 저기압이 토네이도를 발생시킬 것이라고 미리 결정할 수 없다.

일반 대기 조건 악뇌우는 대부분 중위도 저기압의 한랭전선을 따라 발달한다. 봄철에 발달하는 중위

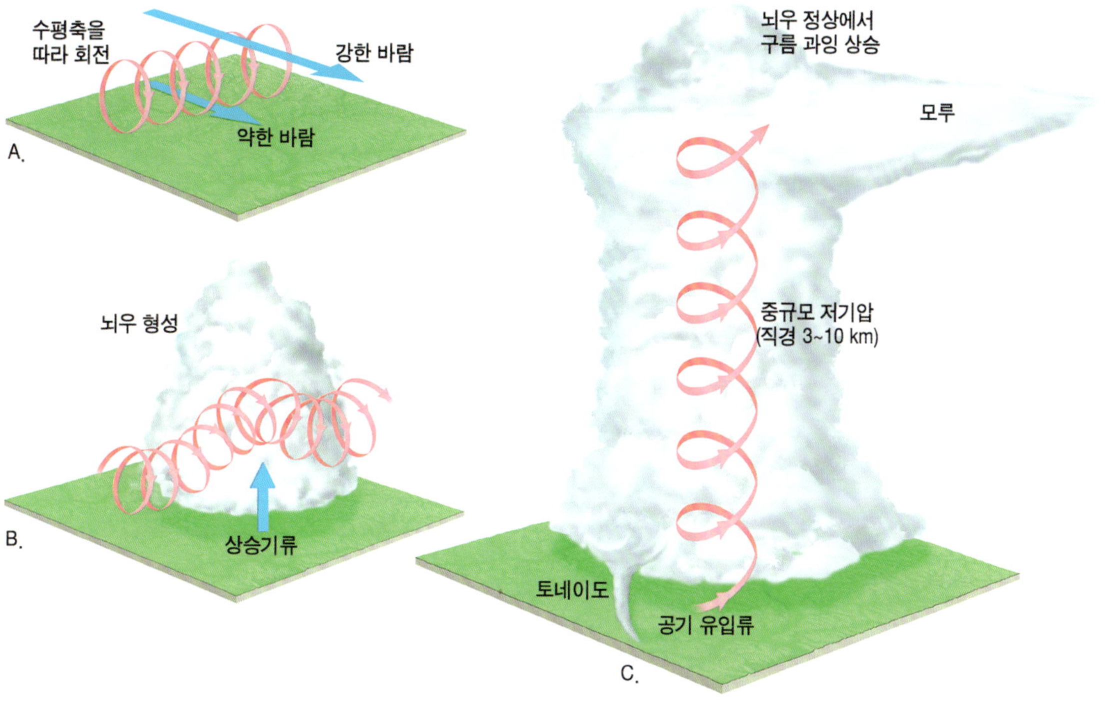

D.

E.

그림 14.16 중규모 저기압의 형성은 흔히 토네이도 형성에 앞서 나타난다. A. 바람은 지면에서보다 상공에서 더 강한데(풍속 쉬어라 부름), 이것이 수평축에 대하여 회전운동을 일으킨다. B. 강한 뇌우 상승기류가 수평축에 따라 회전하는 공기를 연직방향으로 세워 일으킨다. C. 회전하는 공기의 연직 기둥, 즉 중규모 저기압을 확립시킨다. D. 토네이도로 발달하면 중규모 저기압의 아래 부분에서 서서히 회전하는 벽구름으로부터 토네이도가 하강한다. (사진 제공: 기상학과 교수인 Howard B. Bluestein) E. 토네이도가 응결을 포함하거나 먼지와 부스러기를 포함하면 눈에 보이게 된다. 나타나는 겉모양은 흔히 이 둘의 결과이다. 그 공기기둥이 상공에 있어서 피해를 입히지 않을 때, 눈에 보이는 부분을 "깔때기 구름(funnel cloud)"이라 부른다. 텍사스 팬핸들(Panhandle) 근처 뉴멕시코주에서 발생한 그림의 토네이도는 회전하는 초대형 뇌우로부터 지면까지 닿았다. (사진 제공: A. T. Willett/Alamy)

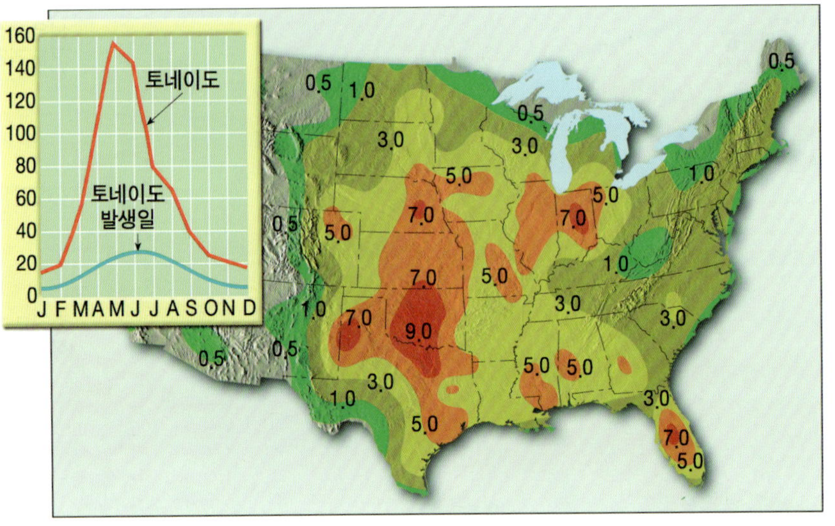

그림 14.17 지도는 지난 27년 동안 26,000km²당 발생한 연평균 토네이도 수를 보이고 있다. 그래프는 같은 기간 동안 미국에서 매달 발생한 토네이도 개수와 토네이도 발생 일수를 나타내고 있다.

도 저기압과 관련된 기단은 매우 상반된 성질을 가진다. 캐나다의 대륙성 한대기단은 매우 차고 건조한 반면, 멕시코만의 해양성 기단은 온난습윤한 불안정한 상태이다. 이 두 기단이 만나면 강한 대비를 이루므로 강력한 폭풍이 발생한다. 두 기단 사이에 지형적인 장벽이 없어 미국의 중부에서 두 기단이 만나게 되므로 이곳은 전 세계에서 토네이도가 가장 많이 발생하는 지역이다. **그림 14.17**의 지도는 27년간 미국에서 발생한 토네이도의 수를 나타낸 것이다.

토네이도 기후학 1990~2004년까지 미국에서는 연평균 약 1,200개의 토네이도가 보고되었다. 아직도 실제 토네이도 발생 수는 매년 크게 변화한다. 예를 들어, 앞의 기간 15년 동안에는 2002년에 941개의 최소 발생 수를, 2004년에 1,819개의 최대 발생 수를 보였다.

토네이도는 연중 매달 발생한다. 미국에서 4월부터 6월까지는 가장 높은 토네이도 발생 빈도 기간이고, 12월과 1월에 그 빈도가 가장 낮다(**그림 14.7**에 삽입된 그래프). 1950년부터 1999년까지 50년 기간 동안 미국의 서로 붙어 있는 48개 주에서 보고된 총 40,522개의 확인된 토네이도 중에서 하루 평균 6개 정도의 토네이도가 5월에 발생했다. 다른 쪽 극값으로는 토네이도가 12월과 1월에 이틀에 한 번 정도 발생한 것으로 보고되었다.

토네이도의 구조 토네이도의 평균 직경은 150~600m이고, 45km/hr의 속도로 이동하며 진로는 10km 가량이다.* 토네이도는 한랭전선보다 약간 앞쪽인 남서풍이 부는 지역을 통과하므로 진행방향은 북동쪽이다.

미국에서 매해 보고되는 수백 개의 토네이도 중에서 반 이상은 강도가 약하고 수명이 짧다. 대부분의 약한 토네이도의 수명은 3분 이내이며 경로도 1km를 넘지 않는다. 크기도 작아 직경은 100m 이내이고, 풍속은 150km/hr 미만이다. 자주 발생하지는 않으나 수명이 긴 강력한 토네이도는 전체에서 차지하는 비율은 작지만 그 영향은 파괴적이다. 이런 토네이도는 3시간 넘게 유지되며, 150km/hr가 넘는 진로로 1km가 넘는 지역

* 확인된 토네이도의 진로 길이가 10km이다. 대부분의 작은 토네이도는 확인되지 않으므로 실제 모든 토네이도의 평균 진로는 알 수 없으나 10km보다는 짧을 것이다.

에 연속적인 피해를 입힌다. 최대풍속은 500 km/hr 이상이다.

토네이도의 파괴력

토네이도에 의한 파괴력은 바람의 강도에 따라 결정된다. 토네이도는 강한 바람을 동반하므로 불가능해 보이는 일을 해내곤 한다. 예를 들어, 두꺼운 나무판자를 작은 빨대로 뚫거나 거대한 나무를 뿌리째 뽑기도 한다(**그림 14.18**). 공학적 설비를 이용하여 반복적으로 수행해 본 결과 이와 같은 피해를 미치기 위해서는 풍속이 320km/hr 이상이어야 한다는 것을 알 수 있었다.

토네이도의 강도를 나타낼 때 주로 쓰이는 것은 **푸지타 강도규모**(Fujita intensity scale) 또는 간단히 **F 규모**(F-scale)라고 한다(**표 14.1**). 토네이도의 바람은 직접 측정할 수 없으므로 F 규모에서 매겨진 순서는 폭풍에 의한 최악의 피해를 기준으로 한 것이다. F 규모에서는 토네이도의 강도는 물체 본래의 구조적 상태가 고려되지 않고 피해만을 기준으로 정해지므로 널리 쓰이기는 하지만 정확하지는 않다.

토네이도 피해의 가장 큰 부분은 격렬한 바람에 의해 야기되지만, 토네이도에 의한 대부분의 부상과 사망은 바람에 의해 날아오는 파편들에 의해 초

표 14.1 푸지타 강도 규모

규모	풍속		피해
	km/hr	마일/시간	
F0	< 116	< 72	가벼움
F1	116~180	72~112	보통
F2	181~253	113~157	상당함
F3	254~332	158~206	심함
F4	333~419	207~260	황폐
F5	> 419	> 260	굉장한 피해

A.

B.

그림 14.18 A. 1991년 4월 미국 캔자스주 위치타 부근에서 발생한 토네이도 바람의 힘은 금속 조각이 전신주를 파고 들어가게 했다. (사진 제공: John Sokich/NOAA) B. 2000년 9월 20일에 미국 오하이오주 크세니아(Xenia)에 내습한 토네이도에 의한 피해. (사진 제공: Craig Holman/*Columbus Dispatch*/Reuters NewMedia, Inc./CORBIS/Bettann)

이런 사실을 알고 있었나요?

다른 모든 토네이도보다 단일 토네이도로서 가장 위험하고 파괴적인 하나의 토네이도는 쉽게 순위가 매겨진다. "3개 주 토네이도"로 알려진 이 토네이도는 1925년 3월 18일에 발생했다. 미주리주 남동부에서 시작한 이 토네이도는 352km를 지나 인디애나주에서 끝났다. 이로 인하여 695명이 사망했고 2,027명이 다쳤다. 재산 손실도 엄청났는데 몇 개의 작은 도시는 거의 완전히 파괴되다시피 했다.

래된다. 미국에서 토네이도로 인한 연평균 사망자 수는 60~70명이나, 실제 사망자 수는 매년 평균 수와 상당히 다를 수 있다. 예를 들어, 1974년 4월 3일과 4일에 148개의 토네이도가 발생해서 미시시피강 동쪽의 13개 주 지역에 걸쳐 사망자와 재산 피해를 냈다. 300명 이상이 사망했고 거의 5,500명 이상이 다쳤는데 이것은 반세기 내에 가장 큰 재해였다. 그러나 대부분의 토네이도는 생명의 손실을 초래하지 않는다. 29년 기간을 조사한 한 통계 연구에서는 689개의 토네이도가 사망자를 초래했다. 이 숫자는 스톰으로 보고된 총수 19,312개의 4%보다 약간 적은 것이다.

인명 피해를 입히는 토네이도의 비율은 작지만 각 토네이도는 매우 치명적이다. 토네이도의 피해와 폭풍의 강도를 비교해 보면 그 결과가 상당히 흥미롭다. 토네이도의 대부분(63%)은 약하고(F0와 F1), 토네이도의 강도가 증가할수록 폭풍의 수는 감소한다. 그러나 토네이도에 의한 피해의 분포는 이와는 반대이다. 즉, 단지 2%의 토네이도가 위험한 것(F4와 F5)으로 분류되지만 전체 사망자의 70%는 이 토네이도에 의한 것이다.

이런 사실을 알고 있었나요?

가장 강한 토네이도(푸지타 규모로 F5)는 드물다. 1970~1999년까지 30년 동안 총 28,913개의 토네이도 중 26개만이 F5 카테고리로 분류되었다. 이것은 바로 0.09%이다! F5 토네이도는 여러 해 동안 보고되지 않았다. 그럼에도 불구하고 1974년 4월 3일과 4일 사이의 단지 16시간 동안 7개의 F5 스톰이 있었다.

토네이도의 예측

악뇌우와 토네이도는 작고 비교적 수명이 짧기 때문에 정확하게 예측하는 것이 매우 어렵다. 그러나 토네이도의 예측과 감시는 매우 중요한 일이며, 적절한 주의보와 경보를 발표하는 것은 생명과 재산을 보호하는 데 중요한 요소이다.

미국 오클라호마주 노먼에 위치한 폭풍예보센터(Storm Prediction Center; SPC)에서는 악뇌우와 토네이도에 대한 정확한 예보와 감시를 하고 있다. 악뇌우전망(severe thunderstorm outlooks)은 하루에도 여러 번 발행되는데 Day1 전망은 다음 6~30시간 사이에 뇌우에 의해 영향을 받을 것 같은 지역을 나타내고, Day2 전망은 다음날의 예보를 다룬다. 두 개의 전망 모두 예상되는 악기상의 형태, 범위, 강도를 기술한다.

토네이도 주의보와 경보 **토네이도 주의보**(tornado watch)는 특정 지역에 토네이도가 발생할 가능성을 대중에게 알리는 것이다. 주의보에는 이미 악기상 전망에서 확인된 지역에 미세조정한 예보를 제공한다. 전형적인 주의보는 4~6시간 동안 65,000 km^{2}의 영역에 해당하며, 토네이도가 최소한 26,000 km^{2}에 영향을 미치거나 3시간 이상 지속되는 조직화된 악기상 발생 시에 발령된다. 토네이도 주의보는 관측, 경로 추적, 경보, 반응을 다루는 과정을 가동하기 때문에 토네이도 경보시스템에서 매우 중요한 부분이다.

토네이도 주의보는 사람들에게 토네이도가 발생할 수 있는 가능성을 알려주는 반면에 **토네이도 경보**(tornado warning)는 토네이도가 실제로 발생하

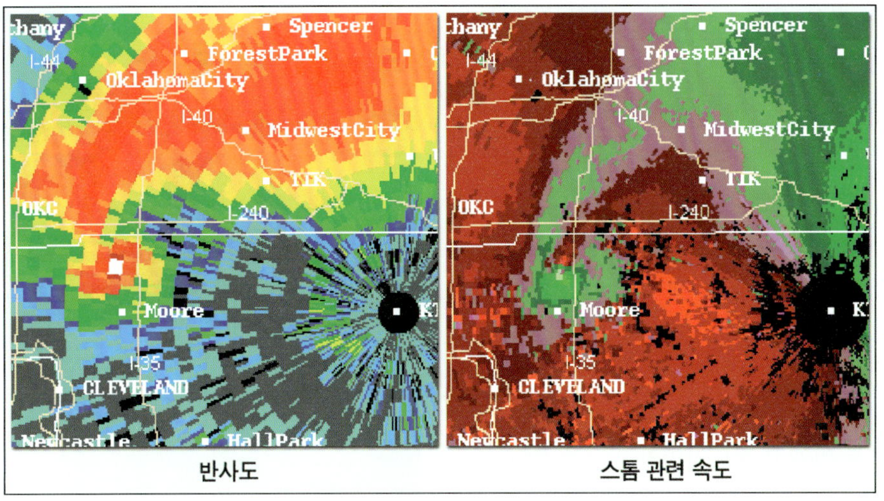

그림 14.19 이 그림은 1999년 5월 3일에 오클라호마주 무어(Moore)시 근처에서 발생한 F5 토네이도의 이중 도플러 레이더 영상이다. 왼쪽 영상(반사도)은 초대형세포 뇌우의 강수를 보이고 있다. 오른쪽 영상은 레이더 빔을 따른 강수의 운동을 나타내고 있다. 즉, 얼마나 빨리 비나 우박이 레이더를 향하거나 멀어져 이동하는지를 가리키고 있다. 이 예에서 레이더는 토네이도에 아주 가까이(토네이도 자체의 특징을 알기에 충분히 가깝게) 있었다(대부분의 시간에 약하고 큰 중규모 저기압이 탐지된다). (자료 제공: NOAA)

거나 기상 레이더에서 감지되면 미국기상청의 지방청에서 이를 발표한다. 이는 높은 가능성을 가지는 급박한 위험을 경고한다. 경보는 한 개나 여러 개의 주에 해당하는 주의보보다 좁은 지역에서 발표하며, 30~60분 동안의 매우 짧은 기간 동안에 효력을 발휘한다. 토네이도 경보는 실제 발생한 경우이므로 토네이도가 이미 발달한 이후에 발표되기도 한다. 그러나 대부분의 경보는 도플러 레이더나 깔때기 모양의 구름에 대한 보고를 통해 토네이도가 형성되기 전에 발표한다.

폭풍의 방향과 정확한 속도를 안다면 가능 진로를 예측할 수 있으나 토네이도는 일정하게 이동하지 않으므로, 경보는 토네이도가 발생한 지점에서 바람이 불어가는 쪽으로 부채꼴의 지역에 발표한다. 지난 50년 동안 예보와 기술의 발달로 토네이도에 의한 사망이 급격히 감소하고 있다.

도플러 레이더 **도플러 레이더**(Doppler radar)라 불리는 레이더 기술의 발전에 의해 토네이도 경보의 정확도가 많이 좋아졌다. 도플러 레이더는 기존의 레이더와 같은 일을 수행할 뿐 아니라 움직임도 감지할 수 있다(**그림 14.19**). 예를 들어, **중규모 저기압**(mesocyclone)의 초기 형성과 발달, 토네이도를 형성하는 뇌우의 하층에 있는 강한 회전 바람을 감지할 수 있다. 대부분의 중규모 저기압은 큰 우박, 강한 바람 또는 토네이도를 형성하는데, 토네이도를 형성하는 것은 강한 풍속과 급격한 풍속 경도가 특징적이다.

토네이도를 동반한 모든 폭풍이 레이더로 선명하게 감지되는 것은 아니며, 다른 폭풍은 잘못된 신호를 보내는 것도 아니다. 따라서 감지는 때로는 주관적인 과정이며 주어진 자료를 여러 가지 방향으로 해석할 수 있다. 결론적으로 가까운 장래에도 잘 숙련된 관측자는 경보시스템에서 가장 중요한 부분이 될 것이다.

조작상의 문제가 있긴 하지만 도플러 레이더의

장점은 매우 많다. 연구 도구로서 토네이도 형성에 대한 자료를 제공할 뿐 아니라 뇌우의 발달, 태풍의 구조와 역할, 비행기를 괴롭히는 위험한 난류에 대한 통찰력을 가질 수 있게 한다. 토네이도 감지라는 실용적인 도구로서 도플러 레이더는 뇌우를 추적하고 경보를 발령하는 데 도움을 주고 있다.

7. 태풍

대부분 흥미를 가지고 적도지역의 일기를 본다. 하와이나 캐리비안해의 섬과 같은 지역은 매일의 일기가 눈에 띄게 변하지 않는다. 따뜻한 미풍, 변하지 않는 온도, 강력하지만 잠시 동안 내리는 소나기. 이런 고요한 지역에서 지구상에서 가장 강력한 폭풍이 생긴다.

회전하는 열대 저기압(tropical cyclone)의 풍속이 300km/hr에 도달하기도 하는데 이를 **태풍**(typhoon) 또는 **허리케인**(hurricane)이라고 한다. 먼 바다에서는 수백km 떨어진 지역을 파괴할 수 있는 15m 높이의 파도를 만들기도 한다. 육지에 상륙하면 강한 바람과 홍수로 수많은 인명 피해와 재산 피해를 입히기도 한다(**그림 14.20**과 **그림 14.1B**).

대부분의 태풍에 의한 사망자와 피해는 비교적 빈번하지 않은 강력한 스톰 때문이다. 1900년에 텍사스주 갤버스턴(Galveston)시를 강타한 한 스톰은 적어도 8,000명의 사망자를 냈다. 그 스톰은 가장 치명적인 미국 허리케인일 뿐만 아니라 미국에 영향을 준 어떤 종류의 재해보다 가장 치명적인 자연재해였다. 물론, 최근 기억에 남는 가장 치명적이고 가장 큰 피해를 입힌 스톰은 2005년 8월에 발생했는데, 그때는 허리케인 카트리나(Katrina)가 루이지애나주의 걸프 해안, 미시시피주, 앨라배마주를 황폐화시켰고 1,300여 명의 생명을 앗아갔다. 비록 수십만 명이 스톰이 상륙하기 전에 대피했지만, 나머지 중 수천 명이 갇혔었다. 허리케인

A.

B.

그림 14.20 허리케인 카트리나에 의해 발생한 미시시피 해안의 큰 파도 피해. 어떤 지역에서는 큰 파도가 7.5m를 넘었다. A. 이 콘크리트 평판이 빌럭시(Biloxi)시 아파트에 남아 있는 전부이다. (사진 제공: Barry Williams/Getty Images) B. 집과 자동차가 패스 크리스천(Pass Christian)시 가까이에 있는 철도에 흩어져 있다. (사진 제공: Phil Coale/AP Photo)

카트리나의 여파로 남겨진 인간적 고통과 비극적 생명 손실 외에도 스톰이 초래한 경제적 손실은 실제로 계산할 수 없을 정도이다. 어떤 사람들은 그

최종 손실 규모가 3,000억 달러에 도달하거나 그 이상이라고 주장하고 있다.

2005년의 황폐화시키는 허리케인 계절은 보통과 다른 2004년 계절에 뒤따라 왔다. 스톰들이 3,100명 이상〔대부분 아이티(Haiti)에서 발생〕을 희생시켰으며 미국에서의 재산 손실은 440억 달러에 도달했다. 가장 주목할 만한 스톰은 허리케인 찰리, 프란세스, 이반, 잔으로서 이들 모두는 8월과 9월에 플로리다주를 강타했다. 허리케인 이반이 걸프 해안을 따라 상륙하면서 강타한 반면, 나머지 세 개의 스톰 경로(찰리, 프란세스, 잔)는 플로리다주 중부를 관통했다(**그림 14.21**). 바하마와 캐리비안해의 많은 섬들도 또한 심하게 타격을 받았다. 각 허리케인 계절에, 앞에서 기술한 것과 같은 스톰들은 우리 자신들이 이 자연의 엄청난 힘에 무력함을 일깨워준다.

태풍의 구조

대부분의 태풍은 남대서양과 남태평양의 동쪽을 제외한 위도 5°~20°의 열대 해양에서 발생하며 발생하는 지역에 따라 다른 이름으로 불린다. 북태평양에는 연평균 20개의 폭풍이 지나가는 반면, 미국의 남부나 동부의 해안에는 평균적으로 5개 이하의 허리케인이 지나간다.

이 강력한 열대 스톰은 세계 여러 곳에서 다른

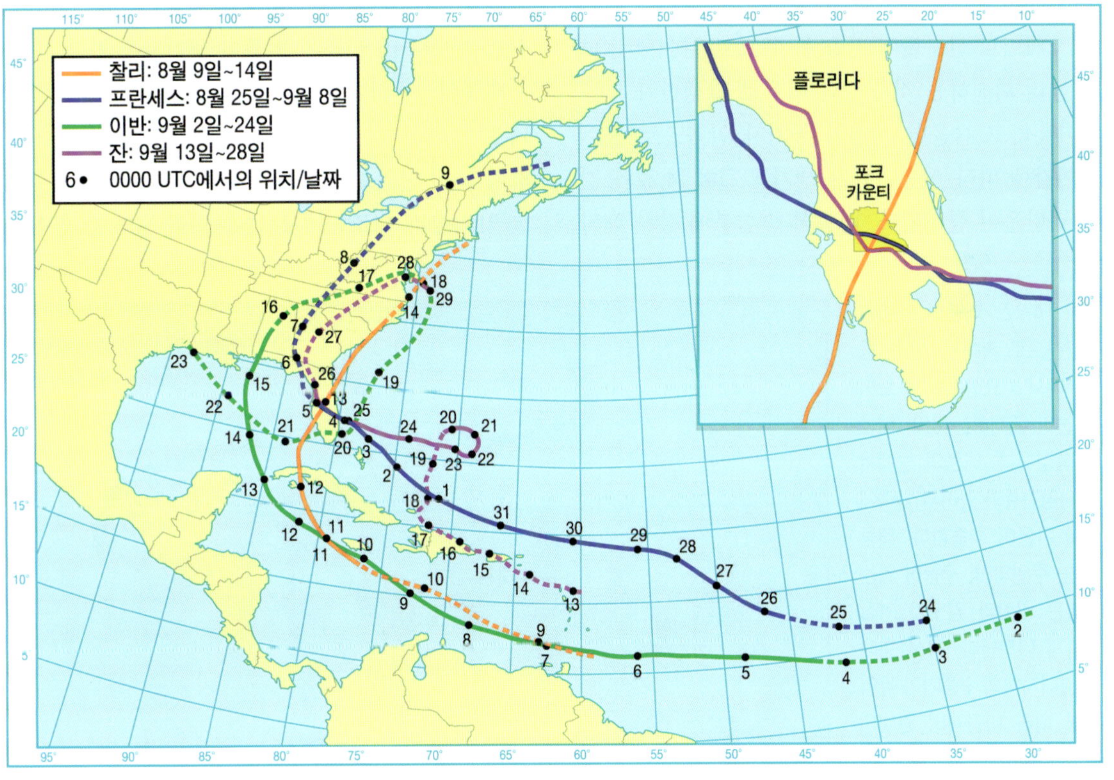

그림 14.21 2004년에 플로리다주를 강타한 4대 허리케인의 경로. 허리케인 찰리, 프란세스, 잔은 플로리다주 포크 카운티(Polk County)를 관통했다(그림 안의 작은 그림을 보라). 이반은 앨라배마주 모빌(Mobile)시 근처에 상륙했으나, 플로리다주의 서부 팬 손잡이(panhandle) 모양의 지역에 크게 영향을 주었다. 각 실선은 허리케인 상태를 가졌을 때 스톰의 경로를 보이고 있다. 각 선의 쇄선 부분은 허리케인 상태의 이전과 이후의 스톰 경로를 가리키고 있다. (자료 제공: National Hurricane Center)

이름으로 알려져 있다. 서태평양에서는 태풍이라 부르고, 벵골만과 아라비아해를 포함한 인도양에서는 사이클론이라 부른다. 다음 논의에서는 이 스톰을 허리케인으로 부를 것이다. 이 용어 허리케인은 카리브(Carib)인들의 악의 신인 우라칸(Huracan)에서 유래되었다.

해마다 많은 열대 요란(tropical disturbance)이 발생하지만 몇 개만이 태풍으로 발달한다. 태풍은 풍속이 시속 119km 이상으로 회전하는 것을 말한다. 성숙기의 태풍은 평균반경이 600km이며 중심기압은 주변보다 평균적으로 60hPa가량 낮다. 가장 낮은 기압으로 기록된 것도 태풍에 의한 것이다.

급격한 기압경도는 중심방향으로 빠르게 회전하는 바람을 형성한다. 공기가 스톰의 중심을 향해 돌진하면서 그 속도는 증가한다. 이것은 두 팔을 편 스케이트 선수들이 팔을 몸 쪽으로 끌어당길 때 더 빨리 회전하는 것과 같은 이유로 발생한다.

따뜻하고 습윤한 지면의 공기가 안쪽으로 불어들어감에 따라 상승기류가 생기고 **그림 14.22**와 같은 적란운이 형성된다. 태풍의 중심부에 강한 대류 활동이 있는 도넛 모양의 벽을 **태풍 눈벽**(eye wall)이라고 하며, 풍속과 강수가 가장 강한 곳이기도 하다. 태풍 눈벽 주변에는 나선 모양의 구름이 분포한다. 태풍의 상층에는 기류가 바깥쪽으로 흘러 상승한 공기를 태풍 중심에서 멀리 보내어 지면에서 중심으로 보다 많은 공기 흐름이 생기도록 한다.

태풍의 중심에는 **태풍의 눈**(eye)이 있다(**그림 14.22**). 이곳에서 강수는 멈추고 하강기류가 존재하여 눈 주변의 거대한 구름 벽에서 일어나는 극심한 악기상과 대조를 이루는 온화한 날씨를 형성한

이런 사실을 알고 있었나요?

허리케인 계절은 세계의 여러 곳에서 서로 다르다. 대서양 허리케인 계절은 공식적으로 6월부터 11월까지이다. 이 지역에서는 열대 활동의 97% 이상이 이 6개월 동안 일어난다. 계절의 "심장"은 8월부터 10월까지이다. 이 3개월 동안에는 약한 허리케인(카테고리 1과 2) 일수의 87%와 강한 허리케인(카테고리 3, 4와 5) 일수의 96%가 발생한다. 최고 활동은 9월 초순부터 중순까지이다.

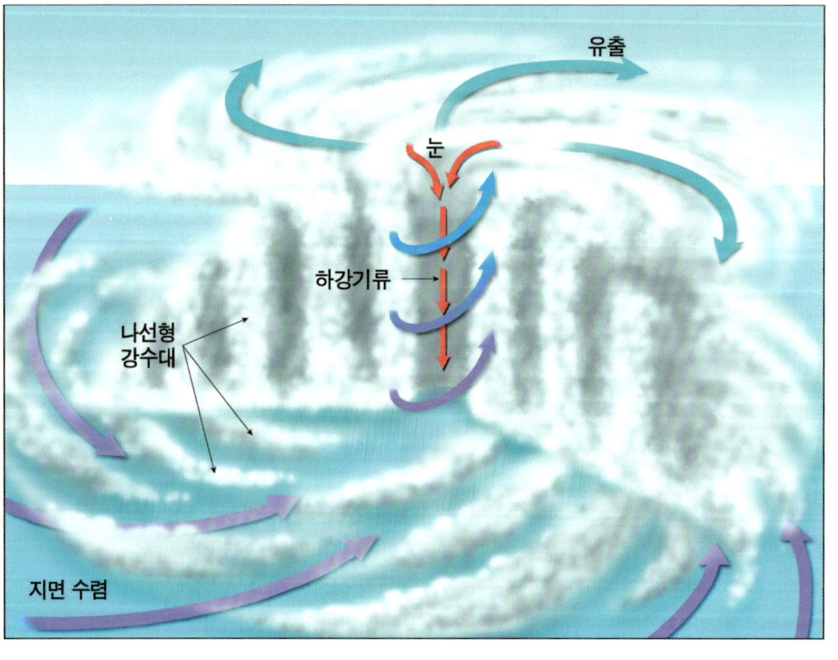

그림 14.22 태풍의 단면(연직방향으로 확대된 그림). 중심부에서 고요한 날씨를 보이는 눈이 존재하는 것이 태풍의 특징이다. 태풍의 눈에서는 하강기류가 있어서 압축에 의해 기온이 상승한다. 태풍의 눈 주위의 벽 구름이 있는 지역은 바람과 강수가 가장 강하게 나타난다. 나선 형태로 열대지역의 수증기가 유입됨에 따라 바람개비 형태의 강수 영역이 중심 주위로 나타난다. 태풍 상부에서의 유출은 하층에서의 수렴이 계속적으로 일어나게 하는 역할을 한다. (자료 제공: NOAA)

다. 눈 내부의 공기는 점점 하강하여 압축 가열되어 태풍에서 온도가 가장 높이 올라간다. 대부분 태풍의 눈에서 파란 하늘을 볼 수 있을 거라고 생각하지만 이것은 흔한 일이 아니다. 이는 눈 내부의 하강기류가 강하지 않기 때문이다. 대신 하늘은 훨씬 환하고 드문드문 구름이 산재해 있다.

태풍의 발생과 소멸

태풍은 많은 양의 수증기가 응결할 때 생기는 숨은 열에 의해 연료를 공급받는 엔진과 같다. 단 하루 동안에 태풍이 만들어내는 에너지는 어마어마하다. 숨은열의 방출은 대기를 가열시키고 공기를 상승시키는 부력을 발생하는데, 그 결과로 지표 부근의 기압은 감소하고 주변 공기가 빠르게 유입된다. 태풍이라는 거대한 엔진이 가동되려면 많은 열과 수증기를 포함하는 공기가 필요하며, 이들이 계속 공급되면 태풍은 그 세력을 유지하게 된다.

태풍은 해수면 온도가 27℃ 이상 상승하여 충분한 열과 수증기를 대기에 공급할 수 있는 늦여름에 대부분 발생된다. 따라서 상대적으로 해수면 온도가 낮은 남대서양과 남동태평양에서는 발생하지 않으며, 같은 이유로 위도 20° 이상의 지역에서도 거의 발생하지 않는다. 해수면 온도가 충분히 높은 지역일지라도 코리올리 효과가 너무 약해서 회전운동을 생성시키지 못하는 적도 부근의 위도 5° 내에서도 발생하지 않는다.

많은 열대 스톰은 약한 기압경도를 갖고 회전현상이 거의 없는 구름과 뇌우의 조직화되지 않은 상태로 시작한다. 그와 같은 하층 수렴 및 상승 지역을 열대 요란(tropical disturbance)이라고 부른다. 대부분의 시간에 이런 대류활동 영역은 잔잔한 상태에 있다. 그러나 경우에 따라서는 열대 요란이 크게 자라서 강한 저기압성 회전을 일으키기도 한다.

태풍이 발달하기에 좋은 조건일 경우에 무슨 일이 일어날까? 열대 요란을 구성하는 뇌우 무리로부터 숨은열이 방출됨에 따라 요란 내의 영역이 따뜻해진다. 그 결과 공기 밀도는 낮아지고 지상 기압은 하강하여 약한 저기압과 저기압성 순환의 영역이 생긴다. 기압이 스톰 중심에서 하강함에 따라 기압경도는 가파르게 된다. 스톰의 움직임을 나타내는 일기도를 주시하면 등압선들이 서로 가까워지는 것을 볼 수 있다. 그 반응으로 지상 풍속은 증가하고 스톰 성장에 필요한 추가적인 수분 공급을 가져온다. 수증기는 응결하여 숨은열을 방출하고, 이로 인해 가열된 공기는 상승한다. 상승하는 공기의 단열냉각은 응결을 더 촉진시키고 더 많은 숨은열을 방출하는데, 이것이 부력을 더욱 증가시키게 된다.

반면, 스톰의 꼭대기에서는 공기가 발산한다. 꼭대기에서 이런 발산이 없으면 하층에서의 공기 유입이 곧바로 지상 기압을 상승시키고(즉, 저기압을 채우고) 스톰 발달을 방해한다.

매년 많은 열대 요란이 발생하지만 그중 일부만 태풍으로 발달된다. 국제 규약에 의거해 풍속에 따라 열대 저기압을 여러 범주로 구분한다. 저기압의 최대 풍속이 61km/hr를 넘지 않을 때는 **열대 저압부**(tropical depression), 풍속이 61~119km/hr인 경우 **열대 폭풍**(tropical storm)으로 분류된다. 이 단계부터는 이름이 부여되는데(앤드루, 플로이드, 오팔 등등), 태풍으로 성장하면 그 이름들을 그대로 유지한다. 매년 전 세계에 80~100개 정도의 열대 폭풍이 발생하며 그중 절반 정도가 태풍으로 발전한다.

태풍은 다음과 같은 경우에 약화된다: (1) 수온이 낮은 해수면 위로 이동, (2) 육지 위로 이동, (3) 대규모의 상승기류가 저지되는 지역으로 이동. 태풍이 육지에 도달하자마자 급격히 위력을 잃는다. 이러한 급격한 쇠퇴는 태풍의 에너지 공급원인 고온다습한 공기의 공급이 차단되기 때문인데, 수증기의 공급이 없다면 숨은열 방출 역시 감소한다. 또한 지표면과의 마찰로 인해 지표의 풍속이 감소하는데, 이로 인해 바람이 태풍 중심방향으로 불게 되어 주변과의 기압차를 줄이는 역할을 한다.

태풍의 파괴력

태풍 중심에서 불과 수백km 떨어져 있고 다음날이면 태풍이 도착할 수 있는 위치에 있지만 현재는 맑고 바람이 잠잠한 날씨일 수도 있다. 따라서 기상 위성이 없던 시기에 태풍 경보를 내리기가 매우 어려웠었다(**그림 14.23**).

태풍의 영향권에 든 지역의 인구 밀도와 해변에 가까운 해저 지형 등 태풍의 피해 정도에 여러 요인들이 영향을 미치지만, 가장 주된 요인은 태풍의 강도이다.

과거 태풍들의 연구에 기초한 **사퍼-심슨 등급**(Saffir-Simpson scale)이 태풍의 상대적 강도의 등급을 정하는 데 이용되며(**표 14.2**), 태풍의 강도와 피해 정도를 예보하는 데 일반적으로 사용된다. 열대 폭풍이 태풍으로 성장하면 기상청은 태풍의 강도 등급을 발표한다. 태풍의 등급은 태풍의 일생 중에서 특정한 단계에서 관측된 자료를 근거로 정해지며, 피해 정도는 태풍의 크기나 강도의 변화 없이 육지에 도달했을 때 줄 수 있는 피해 정도를 추정하여 정해진다. 태풍의 상태가 변했다면 태풍의 강도나 피해 정도는 재평가된다. 사퍼-심슨 등급을 사용함으로써 태풍의 피해 정도를 파악하고 적절한 대비책을 세울 수 있다.

표 14.2 Saffir–Simpson 허리케인 등급

등급	중심 기압 (밀리바)			
1	≥ 980	115~153	1.2~1.5	최소
2	965~979	154~177	1.6~2.4	보통
3	945~964	178~209	2.5~3.6	약간 심함
4	920~944	210~250	3.7~5.4	심함
5	< 920	> 250	> 5.4	극심함

그림 14.23 위성은 스톰을 추적하고 대기 자료를 모으는 데 필요한 매우 귀중한 도구이다. GOES-East 위성으로부터 얻은 색깔 표시의 이 적외 영상은 2005년 8월 29일에 상륙하기 수 시간 전의 허리케인 카트리나를 보여주고 있다. 붉은색과 오렌지색이 가장 활동이 강한 곳을 가리킨다. (자료 제공: NOAA)

등급 5는 가장 강도가 강한 스톰을, 1은 가장 약한 스톰을 나타내는데 등급 5인 스톰은 매우 드물게 발생한다. 오직 세 개의 스톰만이 미국 대륙을 강타한 것으로 알려져 있다. 앤드루는 1992년에 플로리다주를 타격했고 카밀은 1969년에 미시시피주를 강타했으며, 1935년 노동절의 허리케인은

이런 사실을 알고 있었나요?

어느 특정한 해에 허리케인과 열대 폭풍에 대한 알파벳 이름이 다 사용되면 그리스 알파벳(알파, 베타, 감마 등) 문자를 사용하여 이름을 붙이게 된다. 이러한 경우는 허리케인 계절에 대한 기록 경신이 이루어진 2005년 이전에 일어나지 않았는데, 그때에는 허리케인 윌마(Wilma) 다음에 열대 폭풍 알파(Alpha), 허리케인 베타(Beta), 열대 폭풍 감마(Gamma)와 델타(Delta), 허리케인 엡실론(Epsilon), 열대 폭풍 제타(Zeta)가 발생했다.

플로리다주 키스(Keys)시를 휩쓸고 지나갔다. 태풍에 의한 피해는 크게 다음과 같은 세 가지 형태가 있다: (1) 바람에 의한 피해, (2) 해일, (3) 홍수.

폭풍 해일 해안지역은 해일에 의해 가장 큰 피해를 입는다(**그림 14.20**). 해일은 해안지역의 막대한 재산 피해를 입힐 뿐만 아니라 태풍으로 인한 모든 인명 피해의 90%를 차지한다. **폭풍 해일**(storm surge)이란 태풍의 눈이 육지에 도달했을 때 65~80km에 이르는 폭으로 부근의 해안지역을 덮치는 돔 형태의 파도를 말한다. 파도의 효과를 고려하지 않았을 때, 해일은 조수에 의한 해수면보다 2~3m 정도 더 높은 해수면을 형성하므로 어떠한 거대한 파도도 해일의 위력에는 미치지 못한다.

예를 들면, 1970년 11월 13일 조수와 해일이 합쳐져서 해발고도가 2m 이하인 방글라데시의 델타 지역을 강타했을 때 공식 집계로 20만 명이, 비공식 집계로는 50만 명이 사망하였다. 이 사건은 현대사에서 가장 최악의 자연재해였다. 1991년 5월에 비슷한 규모의 재해가 방글라데시에 또 발생하였다. 이때 태풍은 13만 5천 명의 인명을 앗아갔고 해안지역 마을을 폐허로 만들었다.

폭풍 해일 발달을 위한 가장 중요한 인자는 해안을 향한 강한 바람에 의해 바닷물이 쌓이는 것이다. 허리케인의 바람은 점차 해안으로 물을 밀어서 해면을 높이며 격렬한 파도를 일으킨다.

허리케인이 북반구에 있는 해안을 향해 다가올 때 폭풍 해일은 항상 눈의 오른편에서 가장 강한데, 이 오른편에서는 해안을 향하여 바람이 불게 된다. 더욱이 스톰의 오른편에서는 허리케인의 전진이동이 또한 폭풍 해일을 더 강하게 만든다. **그림 14.24**에서 시속 175km의 최대 풍속을 갖는 허리케인이 시속 50km의 속도로 해안을 향해 이동한다고 가정하자. 진행하는 스톰의 오른편에서 순풍속은 시속 225km이다. 왼편에서는 허리케인의 바람이 스톰 이동방향과 반대로 불기 때문에 순풍속은 시속 125km로, 해안으로부터 멀어져가는 바람이 불게 된다. 따라서 다가오는 허리케인의 왼편 해안을 따라서는 스톰이 상륙하면서 해수면이 실제로 낮아질 수 있다.

바람에 의한 피해(Wind Damage) 바람에 의한 피해가 태풍 피해 정도를 결정하는 주된 요인이다. 태풍에 의한 바람의 위력은 모든 것을 황폐하게 만들 정도로 강하다. 이동식 가옥이 특히 태풍에 약하다. 또한 강한 바람은 위협적인 먼지바람을 일으킨다. 튼튼한 건물이 지어진 지역에서는 바람에 의한 피해는 해일의 피해만큼 심각하지는 않다. 그러나 태풍의 강한 바람은 해일보다 피해 면적이 더 넓으므로 더 큰 경제적 손실을 입힐 수 있다. 예를 들면, 1992년 허리케인 앤드루의 강한 바람이 플로리다 남부와 루이지애나에 250억 달러 이상의 피해를 입혔다.

허리케인은 때때로 파괴력이 더 강한 토네이도를 발생시키기도 한다. 지금까지의 연구는 상륙하는 허리케인의 절반 이상이 적어도 한 개의 토네이도를 발생시키는 것을 보였다. 2004년에 열대 폭풍 및 허리케인과 연관된 토네이도 수는 엄청났다. 열대 폭풍 보니와 5개의 상륙 허리케인(찰리, 프란세스, 개스턴, 이반, 잔)은 미국 남동부 주 및 중부 대서양 주에 영향을 준 300개 가량의 토네이도를 발생시켰다. 허리케인 프란세스는 117개의 토네이도를 발생시켜 하나의 허리케인으로부터 가장 많은 수의 토네이도를 발생시킨 기록을 남겼다. 2004년에 허리케인이 발생시킨 토네이도의 많은 수는 이전 기록을 넘어 300개 이상의 토네이도를 발생시킴으로써 기록 경신의 해를 만드는 데 도움이 되었다.*

* K. L. Gleason, et al., "U.S. Tornado Records" in *Bulletin of the American Meteorological Society*, Vol. 86, No. 6, June 2005, p. 551.

그림 14.24 해안을 향해 접근하는 북반구 허리케인과 연관된 바람. 시속 175km의 최고 풍속을 가진 가상적 스톰이 시속 50km의 속도로 해안을 향해 이동하고 있다. 다가오는 스톰의 오른편에서 시속 175km 속도의 바람은 시속 50km의 스톰 이동과 같은 방향에 있다. 그러므로 스톰의 오른편에서 순풍속은 시속 225km이다. 왼편에서는 허리케인의 바람이 스톰 이동과 반대방향으로 불어서 시속 125km의 순바람이 해안으로부터 멀어져 가는 방향으로 분다. 폭풍 해일은 진행하는 허리케인의 오른편에서 타격을 받은 해안에서 가장 강하게 나타날 것이다.

홍수(Inland Flooding) 세 번째의 주 피해 요인은 대부분의 태풍이 수반하는 강한 강수에 의한 홍수이다. 해일이나 바람에 의한 피해는 해안지역에 집중되어 나타나지만 강한 강수는 태풍의 바람이 약해진 후라도 해안에서 수백km 떨어진 지역에 며칠 동안 피해를 줄 수 있다.

태풍이 상륙하면 급격히 세력이 약해지지만, 그 후에도 15~30cm 정도의 비를 내리게 할 수 있다. 그와 같은 파괴의 좋은 예는 허리케인 플로이드였다. 1999년 9월에 이 스톰은 노스캐롤라이나주 윌밍턴(Wilmington)시에 48cm 이상의 비를 내렸고 하루 24시간 동안에만 33.98cm의 강우를 발생시켰다. 2004년 8월과 9월에 나머지 허리케인 찰리, 프란세스, 이반과 진이 플로리다주와 걸프 해안으로부터 북쪽으로 이동할 때 그 태풍들은 캐롤라이나주를 지나 앨라배마주와 조지아주로부터 엄청난 비와 홍수를 가져왔다.

요약하면, 해안지역의 막대한 재산 피해와 인명 손실은 해일, 강한 강수와 바람에 의해 발생한다. 인명 손실은 주로 해일에 의해 발생하는데, 해일은 섬과 고도가 낮은 해안지역을 황폐화시킨다. 바람에 의한 피해는 해일의 피해만큼 심각하지는 않지만 넓은 지역에 피해를 입힌다. 태풍에 대한 대비를 하지 않은 건축물이 있는 지역은 특히 더 큰 경제적 손실을 입을 수 있다. 태풍이 상륙하면 그 세력이 급격히 줄어들기 때문에 바람에 의한 피해는 대부분 해안에서 200km 이내로 떨어진 지역에서 발생한다. 태풍이 이동하는 동안 쇠퇴하여 바람이 약해져도 강한 강수는 해안에서 멀리 떨어진 곳까지 홍수를 발생시킬 수도 있으며, 때때로 홍수로 인한 피해가 해일의 피해보다 심할 경우도 있다.

학습내용 요약

1. 기단이란 같은 고도에서 기온과 습도가 비슷한 직경 1,600km 이상의 공기 덩어리를 말한다. 기단이 형성지로부터 다른 지역으로 이동하면 그 지역은 기단이 가지고 있던 기온과 습도에 의한 영향을 받게 되는데 대륙의 대부분이 영향을 받을 수 있다.

2. 기단은 (1) 기단이 형성되는 지역의 지표의 특성, (2) 기단이 형성되는 지역의 위도와 같은 조건들에 의해 구분된다. 대륙성(c)은 건조한 대륙성 기단을 의미한다. 해양성(m)은 습한 해양성 기단을 의미한다. 한대(P)와 북극(A)기단은 고위도에서 형성된 찬 기단을, 열대(T)기단은 저위도에서 형성된 따뜻한 기단을 의미한다. 이러한 구분 기준에 따라 네 가지 기본적인 기단들로 구분할 수 있다: 대륙성 한대기단(cP), 대륙성 열대기단(cT), 해양성 한대기단(mP), 해양성 열대기단(mT). 대륙성 한대기단(cP)과 해양성 열대기단(mT)은 로키산맥 동쪽의 북아메리카 지역에 영향을 준다. 해양성 열대기단은 미국 동부 지역에 많은 비를 내리게 한다.

3. 전선은 온도나 습도 등 성실이 다른 두 기단의 경계면이다. 온난전선(warm front)은 전선의 지표상 위치가 이동하여 따뜻한 공기가 찬 공기 위로 올라갈 때 형성된다. 따뜻한 공기가 상승하면 단열냉각하여 구름을 형성하고 넓은 지역에 약한 비를 내리게 한다. 한랭전선(cold front)은 찬 공기가 따뜻한 공기 밑으로 파고들 때 형성되며, 온난전선에 비해 기울기가 2배 정도 가파르며 이동속도도 더 빠르다. 두 차이점 때문에 한랭전선이 동반하는 강수는 온난전선의 강수에 비해 짧은 시간 동안에 강한 비가 내린다.

4. 중위도 지역에서 주로 날씨 현상을 일으키는 것은 서에서 동으로 움직이는 중위도 저기압(middle-atitude cyclones)이다. 날씨를 험악하게 만드는 중위도 저기압은 며칠에서 1주일 정도 지속되며, 북반구에서 반시계방향으로 돌며 저기압 중심을 향하는 흐름을 만들어낸다. 대부분의 중위도 저기압은 중심에서 뻗어나가는 한랭전선과 온난전선을 가지고 있다. 전선을 따라 나타나는 수렴과 강제 상승은 구름을 만들고 종종 비를 내리게 한다. 저기압의 경로에 따라 각기 다른 양상의 날씨가 나타난다.

5. 뇌우(thunderstorms)는 고온다습하고 불안정한 공기가 상승할 때 나타난다. 강한 비를 내리게 하는 적란운, 번개, 천둥을 동반하며 우박과 토네이도를 발생시키기도 한다.

6. 좁은 지역에 단기간 지속되는 토네이도(tornadoes)는 지표에서 적란운까시 연결된 강한 회전운동을 하는 공기기둥 형태의 뇌우이다. 토네이도는 대부분 중위도 저기압의 한랭전선을 따라 생기며, 주로 봄에 발생한다.

7. 지구상에서 가장 강한 폭풍우의 형태인 태풍(typhoon) 또는 허리케인(hurricane)은 풍속이 시속 119km 이상인 열대성 저기압이다. 이 복잡한 열대요란은 열대 해양지역에서 발생하며 많은 양의 수증기가 응결할 때 발생하는 응결 숨은열이 에너지원이다. 태풍은 해수면 온도가 27℃ 이상인 바다에서 발생하기 때문에 충분한 열과 수증기를 공급받는다. 태풍은 (1) 열과 수증기를 공급받지 못하는 찬 해수면 위를 통과하거나, (2) 육지 위를 통과하거나 (3) 대규

모 상승기류가 방해받는 지역을 통과할 때 세력이 약해진다. 태풍은 다음과 같은 세 가지 형태의 피해를 입힌다: (1) 해일, (2) 바람에 의한 피해, (3) 홍수.

주요 용어와 개념

기단(air mass) … 492
기단성 날씨(air-mass weather) … 493
뇌우(thunderstorm) … 505
대륙성(c)기단(continental air mass) … 494
도플러 레이더(Doppler radar) … 513
발원지(source region) … 493
북극(A)기단(arctic air mass) … 493
사피-심슨 등급(Saffir-Simpson scale) … 518
열대 저압부(tropical depression) … 517
열대 폭풍(tropical storm) … 517
열대(T)기단(tropical air mass) … 493
온난전선(warm front) … 497
전선(front) … 496
정체전선(stationary front) … 498
중위도 저기압(midlatitude 또는 middle-latitude cyclone) … 499
타고오름(overrunning) … 497
태풍 눈벽(eye wall) … 516
태풍(typhoon) … 514
토네이도 경보(tornado warning) … 512
토네이도 주의보(tornado watch) … 512
토네이도(tornado) … 508
폐색전선(occluded front) … 498
폭풍 해일(storm surge) … 519
한대(P)기단(polar air mass) … 493
한랭전선(cold front) … 497
해양성(m)기단(maritime air mass) … 494
허리케인(hurricane) … 514
호수효과의 눈(lake-effect snow) … 494

학습 요약 문제

1. 여름과 겨울에 대륙성 한대기단과 관련하여 나타나는 날씨 현상을 설명하라. 미국 지역에 가장 좋은 날씨를 제공하는 기단은 무엇인가?
2. 해양성 열대기단의 특징들은 무엇인가? 북아메리카에 영향을 주는 해양성 열대기단이 형성되는 지역은 어디인가? 해양성 한대기단이 형성되는 지역은 어디인가?
3. 한랭전선을 따라서 나타나는 날씨에 대해 설명하라.
4. 중위도 저기압의 중심이 관측자의 북쪽으로 이동할 때 관측자가 경험하는 날씨 요소들의 변화에 대해 기술하라: 풍향, 기압 변화, 구름 형태, 운량, 강수, 기온.
5. 중위도 저기압의 중심이 관측자의 남쪽으로 이동할 때 관측자가 경험하는 날씨 상태들을 기술하라.
6. 상승기류가 지표의 저기압 발달에 어떻게 기여하는지 간단히 설명하라.
7. 뇌우가 형성되기 위한 가장 필수적인 조건은 무엇인가?
8. 지구상에서 어느 지역에 뇌우가 가장 잘 발생할 수 있는지 7번 답에 근거하여 답하라.
9. 토네이도에서 풍속이 강하게 나타나는 이유는 무엇인가?
10. 토네이도가 잘 발생하는 대기 조건은 무엇인가?
11. 토네이도가 잘 발생하는 시기는 언제인가?
12. 토네이도 주의보와 토네이도 경보를 구분하여 설명하라.

13. 열대 폭풍과 열대 저압부 중 어느 것의 풍속이 더 강한가?
14. 태풍이 상륙하면 그 세력이 급격히 약해지는 원인은 무엇인가?
15. 태풍의 피해의 세 가지 형태를 말하라. 그중 무엇이 인명 피해를 가장 많이 일으키는가?
16. 태풍은 토네이도보다 풍속은 약하지만 더 큰 피해를 입힌다. 어떻게 설명할 수 있는가?

Online 학습 안내

Foundation of Earth Science 웹에는 학생들이 이 장에서 다룬 여러 내용의 학습을 도울 수 있는 자료들과 인터넷 연계시스템을 갖추고 있다. 지구과학을 강의하는 연구자들에 의해서 발전된 이 인터넷 주소는 지구과학의 이해를 증진시켜 줄 것으로 생각된다. **http://www.prenhall.com/lutgens**를 방문하여 *Foundation of Earth Science 5e*를 클릭하여 다음 내용들을 살펴보자:

- 인터넷 종합 퀴즈
- 비평적 사고 훈련
- 장 관련 웹 자료들의 연계
- 웹을 통한 주요 개념 탐구

http://www.prenhall.com/lutgens

GEODe: Earth Science

*GEODe: Earth Science*는 동영상(animation), 비디오(video), 낭송(narration), 대화식 연습문제(interactive exercise), 실용적인 퀴즈 등을 이용하여 주요 개념을 더욱 심화함으로써 더욱 효과적인 학습을 이룰 수 있게 한다. 이 복사 CD는 이 책『지구시스템의 이해』제5판에 포함되어 있다.

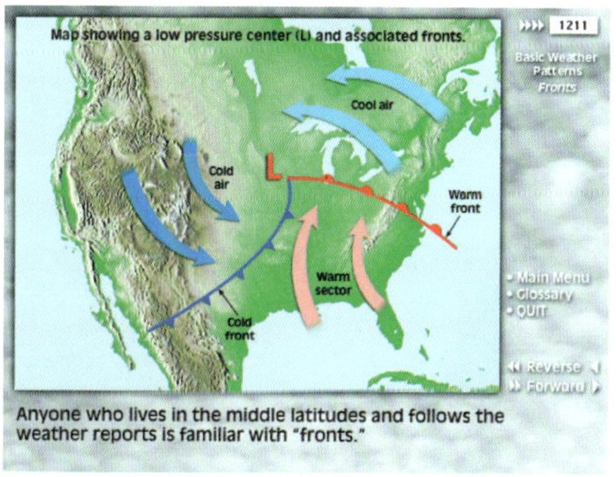

제 7 부 우주 속의 지구

하와이 마우나케아 화산에 있는 켁(Keck) 망원경 위에 펼쳐진 밤하늘의 장기 노출 사진.

(사진 제공: Roger Ressmeyer/CORBIS)

제 15 장

태양계의 특성

학습 초점

다음은 여러분들이 이 단원에서 다루는 중요한 개념들을 이해하는 데 도움을 줄 수 있는 유용한 질문들이다.

1. 많은 초기 그리스 사람들이 믿었던 우주관인 천동설(geocentric theory)은 무엇인가?
2. 니콜라우스 코페르니쿠스, 티코 브라헤, 요하네스 케플러, 갈릴레오 갈릴레이, 아이작 뉴턴 등은 근대 천문학의 발전에 어떠한 공헌을 하였는가?
3. 태양계의 행성들을 두 가지 부류로 나누어보라. 각 유형의 행성들의 특징은 무엇인가?
4. 태양계는 어떻게 형성되었다고 생각되는가?
5. 달 표면의 주요 특징은 무엇인가?
6. 태양계에 있는 각 행성들의 두드러진 특징은 무엇인가?
7. 태양계에서 행성 외에 작은 천체들에는 무엇이 있는가?

지구는 태양 주위를 공전하고 있는 아홉 개의 행성과 수없이 많은 작은 천체들 중의 하나이다. 태양은 물론 은하수를 구성하고 있는 아마 수천억 개 정도의 많은 별들 중의 하나이며, 은하수 역시 상상할 수 없을 정도로 큰 거대 우주 안에 있는 수천억 개의 은하 중의 단 하나일 뿐이다. 오늘날 우리들이 우주 속 지구를 보는 관점은 우리 행성이 우주의 중앙에서 특별한 지위를 차지하고 있다는 단지 지난 수백 년 전까지도 유지되어 왔던 생각과는 현저히 다르다. 이 장에서는 천문학을 오늘에까지 이끌어온 흥미진진한 사건들을 추적해 보려고 한다. 이에 더하여 태양계의 구조와 형성과정을 살펴볼 것이다.

1. 고대 천문학

역사가 기록되기 시작한 약 5,000년 전보다 훨씬 이전에도 이미 사람들은 지상에서 일어나는 일들과 하늘의 물체, 특히 태양의 위치에는 밀접한 관련이 있음을 알고 있었다. 사람들은 계절의 변화, 이집트의 나일강과 같은 큰 강의 홍수 같은 것들이 태양, 달, 행성, 별과 같은 천체(celestial bodies)들이 하늘의 어느 특별한 위치에 도달했을 때 일어나는 것에 주목하였다. 날씨에 의존할 수밖에 없었던 초기 농경사회에서는 만일 천체들이 계절을 조종할 수 있는 것이라면, 이들이 지상의 모든 일에도 영향력을 강하게 미칠 것임이 틀림없다고 믿었다. 아마도 이것이 초기의 문명사회가 천체들의 위치를 계속 기록하기 시작한 이유이었을 것임에 틀림이 없다(**그림 15.1**). 중국이나 이집트 그리고 바빌로니아인들의 경우가 특히 그러하다.

중국의 자료들은 거의 2,000년 간 핼리 혜성이 매번 출현한 기록을 보여준다. 그렇지만 이 혜성은 일생에 한 번(매 76년에 한 번) 나타나므로 혜성이 출현하였을 때 사람들이 목격하는 것이 매번 같은 물체라는 연계성을 끌어낼 수가 없었다. 따라서 다른 모든 옛 사람들과 마찬가지로 중국 사람들도 혜성을 신비하게 여겼다. 혜성은 나쁜 징조로 간주되었으며 전쟁에서 전염병에 이르기까지 다양한 재앙의 원인으로 여겼다(**그림 15.2**).

초기 그리스 사람들

초창기 천문학의 "황금시대(B.C. 600~A.D. 150년)"는 그리스가 그 중심이었다. 물론 초기의 그리스인들은 자연현상을 설명하는 데 철학적 논의를 도입하였다는 비판을 받아왔으며 사실 맞는 지적이다. 그렇지만 이들은 실제의 관측자료에도 의존하였다. 그들은 자신들이 발전시킨 기하학과 삼각

그림 15.1 헤일–밥(Hale–Bopp) 혜성. 두 꼬리의 길이는 대략 1,600만에서 2,400만 km 정도이다. (사진 제공: Peoria Astronomical Society, Inc., Eric Clifton and Greg Neaveil)

그림 15.2 1066년에 나타난 핼리 혜성에 대한 당시 사람들의 반응을 보여주는 바이외 태피스트리(Bayeux Tapestry). 프랑스 노르망디의 옛 도시 바이외 소재. 이 그림은 해럴드(Harold)왕이 정복왕 윌리엄(William)에 패배하기 직전에 있었다. ("Sighting of a comet." Detail from Bayeux Tapestry. Musée de la Tapisserie, Bayeux. "With special authorization of the City of Bayeux." Bridgeman–Giraudon/Art Resources, NY)

법의 원리를 이용하여 하늘에 나타나는 가장 큰 천체인 태양과 달의 크기 그리고 이들까지의 거리를 측정하였다.

많은 천문학적 발견들이 그리스인들에 의해서 이루어졌다. 이들은 **천동설**(geocentric theory: "지구 중심설")을 받아들여, 지구를 우주의 중심에 움직이지 않고 고정되어 있는 하나의 구로 믿었다. 이런 지구의 주위를 달, 해 그리고 당시 알려져 있던 수성, 금성, 화성 및 토성의 다섯 행성들이 돌고 있었다. 이런 행성을 넘어서는 투명한 속이 비어 있는 **구**(**천구**, celestial sphere)가 있었으며 그 위를 별들이 매일 지구 주위를 한 바퀴씩 돌고 있었다(물론 이렇게 보이는 것이 사실이지만 실제 이런 효과는 지구가 축을 따라 하루에 한 번씩 자전하기 때문이다). 당시 몇 그리스의 과학자들도 별들의 운동이 지구의 자전운동으로도 쉽게 설명될 수 있음을 알았지만 지구상에서 지구가 움직이고 있음을 감지할 수가 없었으며, 또한 움직이기에는 너무 큰 것 같다는 생각에서 이런 주장은 받아들여지지 않았다. 실제로 지구의 자전운동은 1851년에 와서야 증명되었다.

그리스인들에게 있어서 하늘에 있는 모든 천체들은 일곱 개를 제외하고는 모두 서로 상대적으로 일정한 위치에 자리 잡고 있는 것처럼 보였다. 이들 일곱의 "방랑자"(그리스어로 planetai)에는 태양, 달, 수성, 금성, 화성, 목성 및 토성이 포함된다. 이들 각각은 지구의 주위를 원운동을 하고 있다고 생각되었다. 물론 이러한 우주 모형은 잘못된 것이었지만, 그리스인들은 이 모형을 모든 천체들의 겉보기 운동을 설명할 수 있는 정도로까지 정교하게 다듬었다.

중세(Middle Ages) 동안에 그리스인들이 이룩해 놓은 많은 발견들이 사라져버렸지만, 유럽에서는 그리스 사람들이 제안하였던 지구 중심의 관점이 자리를 잡았다. 클라우디우스 프톨레미에 의하여 가장 정교한 형태로 다듬어진 이와 같은 지동설은 **프톨레미의 체계**(Ptolemaic system)로 알려지게 되었다.

프톨레미의 체계

옛 그리스 천문학의 많은 지식은 A.D. 141년 프톨레미가 편찬한 13권으로 되어 있는 학술보고서 『알마게스트』(Almagest, "위대한 작품")에 정리되었는데, 이 책들은 아랍의 학자들 덕분에 지금까지 전해 내려오고 있다. 이 보고서를 통해서 프톨레미는 관측된 행성들의 운동(**그림 15.3**)을 설명할 수 있는 우주의 모형을 완성한 사람으로 인정되고 있다. 이 모형이 거의 13세기 동안 약간의 세세한 부분을 제외하고는 근본적으로 거의 도전받지 않고

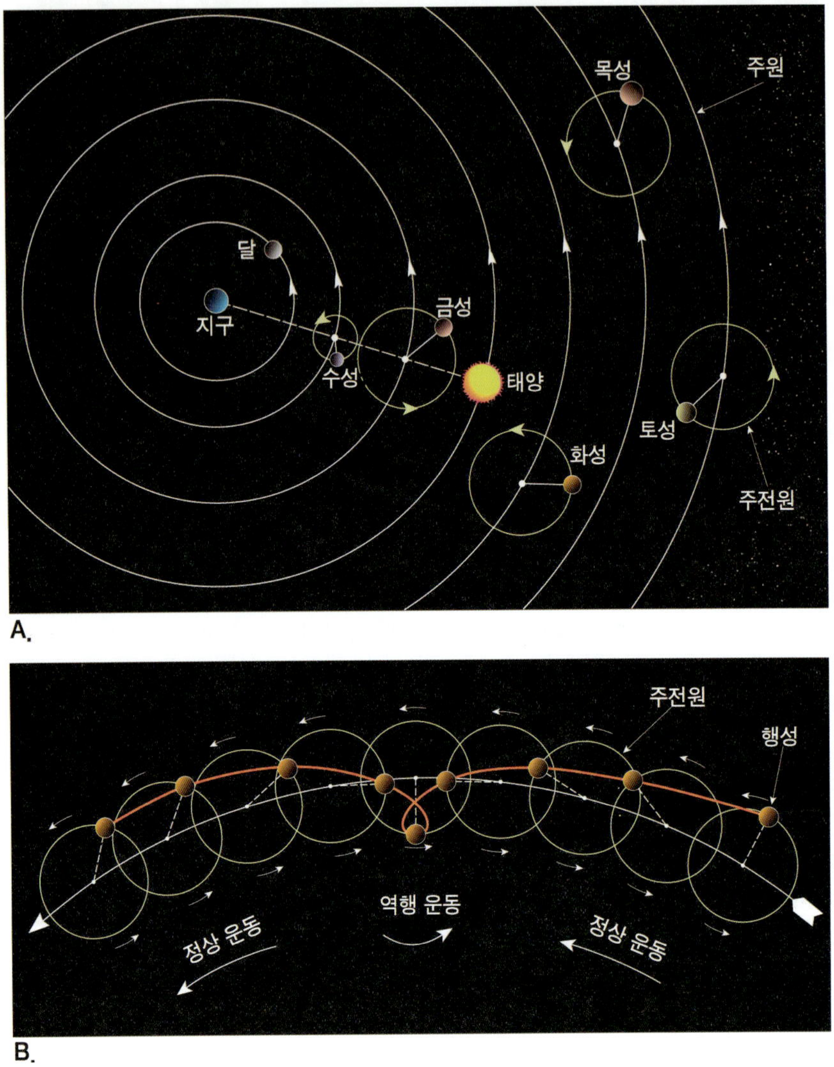

그림 15.3 2세기 프톨레미 체계에 의한 우주관. A. 프톨레미는 별들이 박혀 있는 천구가 정지하고 있는 지구 주위를 하루에 한 번씩 회전한다고 믿었다. 이에 더하여 태양과 달 그리고 행성들은 각각의 궤도를 따라 서로 다른 운동을 한다고 제안하였다. B. 프톨레미가 설명한 역행 운동.

있었다는 사실은 이 모형이 행성의 운동을 꽤 정확히 예측할 수 있는 정도로 정교하였음을 잘 입증해 주고 있다.

그리스의 전통을 따른 프톨레미의 모형에 의하면 행성들은 정지하여 있는 지구의 주위를 따라 원운동을 하고 있다(그리스 사람들은 원을 순수하고 완전한 모양으로 여겼다). 그렇지만 배경의 별(항성)을 기준으로 하여 살펴볼 때, 행성의 운동은 그렇게 단순하지 않았다. 매일 밤마다 행성을 관측해 보면, 각각의 행성은 별들 사이를 조금씩 동쪽으로 움직여 간다. 그러나 주기적으로 어떤 행성들은 움직임을 멈추었다가 어느 기간 동안 반대방향으로 움직이다가, 다시 동쪽으로의 운동을 새로 시작한다. 이렇게 겉보기에 서쪽 방향으로 움직이는 운동을 **역행 운동**(retrograde motion)이라고 부른다. 이렇게 좀 이상하게 보이는 행성들의 겉보기 운동은 태양 주위를 도는 지구와 행성들 스스로의 운동이 서로 합쳐지면서 일어나는 것이다.

그림 15.4는 화성의 후진운동을 보여주고 있다. 지구는 화성에 비하여 공전 속도가 조금 빠르기 때

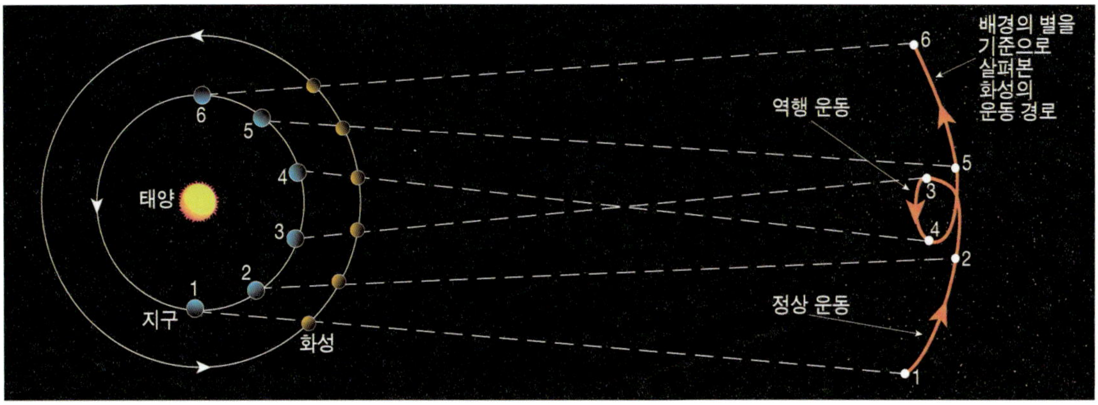

그림 15.4 배경의 별을 기준으로 하여 본 화성의 역행(후진)운동. 지구에서 보았을 때 화성은 매일 별들 사이를 동쪽으로 이동하다가 주기적으로 이 운동을 정지하고 운동방향을 바꾼다. 이러한 겉보기 서진운동은 지구가 화성보다 빠른 공전 속도를 가지고 있어서 이를 따라잡으면서 나타나는 결과이다. 이런 일이 일어날 때는 화성이 후진하는 것처럼 보이며 따라서 역행 운동으로 나타나게 된다.

문에 지구가 화성을 앞지를 수 있다. 이럴 때에 화성은 뒤로 움직이고 있는 것처럼 보인다. 이것은 마치 자동차 경주에서 운전자가 천천히 가는 차를 앞지르면서 창밖으로 느린 차를 보는 상황과 같다. 천천히 움직이는 차와 마찬가지로, 천천히 움직이는 행성은 실제로는 빠르게 움직이는 행성과 같은 방향으로 움직이고 있지만 겉으로는 뒤로 운동하는 것처럼 보이는 것이다.

사실 옳지 않은 지구 중심의 모형으로 행성들의 후진운동을 정확하게 설명하는 것은 매우 어려운 일인데, 프톨레미는 그러한 모형을 만들어내는 데 성공하였다(**그림 15.3B**). 각 행성이 단순한 원을 공선궤도로 이용하는 대신, 공전하는 큰 원(주원, deferents)을 따라가며 회전하고 있는 작은 원(주전원, epicycles) 위를 돌고 있는 모형을 제안하였다. 여러 시행착오를 거치는 가운데 프톨레미는 각 행성에서 관찰되는 정도의 역진운동을 만들어내는 원들의 조합을 찾아내었다. 〔흥미로운 사실은 두 원운동의 조합에 의해서 닫혀 있는 곡선을 거의 대부분 만들어낼 수 있다는 점이다. 스피로그래프 디자인 드로잉(Spirograph design drawing) 장치를 가지고 있으면 누구나 쉽게 이를 증명할 수 있다.〕

그릇된 모형을 사용하고 있었다는 점을 고려해 볼 때 프톨레미가 행성들의 운행을 설명할 수 있었다는 것은 그의 천재성을 잘 말해 주고 있다. 또한 일부의 사람들은 프톨레미가 그의 모형이 실제를 기술한다기보다는 단지 천체의 위치를 계산하는 데 이용될 수 있는 것을 의미하였다고 생각하기도 한다. 그의 의도를 우리들은 알아낼 수 없을 것이다. 그렇지만 수세기에 걸쳐 유럽의 사상을 지배해 왔던 로마의 천주교회는 프톨레미의 모형이 하늘을 정확히 대변하는 것으로 받아들였으며, 이런 사고방식은 이 모형에 잘못이 있음을 발견한 사람들에게 문제를 만들어내었다.

이런 사실을 알고 있었나요?

프톨레미의 지구 중심 우주 모형에 따르면 하늘의 모든 천체들은 지구를 중심으로 돌아야 한다. 그러나 갈릴레오가 조악한 망원경으로 목성을 돌고 있는 네 개의 위성을 보았을 때 그는 지구가 모든 운동의 중심이 아님을 깨달았다. 결국 프톨레미 모형의 기본 뼈대 하나가 틀렸다는 것이다. 천문학자들을 곧 지구 중심 모형의 다른 내용들도 관측과 모순된다는 사실을 증명하였다.

2. 근대 천문학의 탄생

근대 천문학이 하룻밤 사이에 태어난 것은 물론 아니다. 근대 천문학은 이미 깊숙이 정착되어 있던 철학적·종교적 신념에서 탈피하여, 1500년대와 1600년대에 이르러 인식 가능한 자연법칙에 의해 지배되는 "새롭고 더 큰 우주관"을 세워나가면서 발달하였다. 이제 이러한 변환기에 활동하였던 다섯 과학자들에 대하여 살펴보도록 하자. 이들은 니콜라스 코페르니쿠스, 티코 브라헤, 요하네스 케플러, 갈릴레오 갈릴레이, 아이작 뉴턴이다.

니콜라우스 코페르니쿠스

프톨레미의 시대 이후 거의 13세기가 경과하도록 유럽에서 천문학적인 진전은 거의 이루어지지 않았다. 폴란드 출신의 니콜라우스 코페르니쿠스(Nicolaus Copernicus, 1473~1543)는 중세 이후 처음으로 등장한 위대한 천문학자이다(**그림 15.5**). 코페르니쿠스는 지구가 이미 알려져 있던 다섯 개의 행성과 같은 하나의 행성임을 믿게 되었다. 그는 매일 한 번씩 회전하는 천체의 운동은 자전하는 지구에 의해서 더 잘 설명될 수 있다고 추론하였다.

지구를 하나의 행성으로 결론 내린 코페르니쿠스는 태양이 중심에 있으며 다섯 개의 행성 수성, 금성, 지구, 화성, 목성 및 토성이 태양의 주위를 공전하는 태양계 모형을 만들었다. 이것이야말로 모든 움직임의 중심에, 정지해 있는 지구가 있다는 과거의 생각으로부터 벗어나는 중요한 전환점이 된다. 코페르니쿠스는 과거와의 연계를 가지고는 있었다. 즉, 행성들의 공전을 기술하기 위하여 완벽한 기하학적 도형으로 여겨졌던 원운동을 채택하였다. 비록 이러한 원 궤도가 실제에 매우 근접한 것이기는 하였지만 행성들은 관측한 결과와 정확히 일치하지는 않았다. 예측된 행성의 위치와 실제 관측되는 위치를 만족할 만큼 일치시킬 수 없자, 코페르니쿠스는 옛날 프톨레미가 상용하였던 것과 유사하게 주전원(周轉圓: 그 중심이 다른 큰 원의 둘레 위를 회전하는 작은 원)을 도입하지 않으면 안 되었다. 행성이 타원궤도를 돈다는 사실이 밝혀지기 위해서 요하네스 케플러의 통찰력이 있기까지 또 한 세기를 기다려야만 한다.

그림 15.5 폴란드의 천문학자 니콜라우스 코페르니쿠스는 지구도 하나의 행성일 뿐이라고 믿었다. (자료 제공: Yerkes Observatory Photograph/University of Chicago)

그의 선배들이 그랬던 것과 마찬가지로 코페르니쿠스도 그의 관점을 정당화하기 위하여 철학적 변론을 이용하였다. 논쟁을 불러일으킬 생각이 담겨 있던 코페르니쿠스의 기념비적인 저서 『천구의 회전에 관하여(De Revolutionibus, Orbium Coelestium)』는 죽음을 목전에 둔 시기에 발간되었다. 이로써 많은 그의 추종자들이 겪어야 했던 비난으로부터 그 자신은 피할 수가 있었다.

티코 브라헤

티코 브라헤(Tycho Brahe, 1546~1601)는 코페르니쿠스가 사망한지 3년 뒤에 덴마크의 귀족 가문에서 태어났다. 그는 천문학자들이 예측하는 일식을 보면서 천문학에 깊은 흥미를 갖게 되었다고 전해진다. 그는 국왕 프레드릭 2세를 설득하여 코펜하겐 근처에 천문대를 설립하고 자신이 소장이 되었다. 이곳에서 그는 좌표 측정기를 고안하여 제작하였는데(망원경은 그로부터 수십 년 뒤에야 발명되었다), 이를 이용하여 20여 년간 천체의 위치를 체계적으로 관측하였다. 이러한 관측, 특히 화성에 관한 관측은 과거의 어느 관측보다도 정밀하였으며 이로써 그는 천문학에서 기념비적 존재가 된다(**그림 15.6**).

티코는 태양이 중심이 되는 코페르니쿠스 체계를 믿지 않았는데, 이는 지구가 움직일 경우에 반드시 일어나야 할 별의 위치의 겉보기 이동을 관측할 수 없었기 때문이다. 그의 논리를 따라가 보면 다음과 같다:

만약 지구가 정말로 태양 주위의 궤도를 따라 움직인다면 서로 6개월 사이를 둔 지구 공전궤도의 두 반대 지점에서 관측하였을 때 지구에서 가까이에 있는 별의 위치는 매우 멀리 있는 별을 기준으로 하여 볼 때 변이가 있어야 한다. 이것은 물론 옳은 생각이었으며, 이러한 별의 위치의 겉보기 변이를 시차(stellar parallax)라고 부른다(575쪽의 **그림 16.2** 참조).

시차의 원리는 다음과 같이 쉽게 그려볼 수가 있다. 한쪽 눈을 감고 집게손가락을 곧추 세운 후 떠 있는 눈을 이용하여 어느 정도 떨어진 거리에 있는 물체와 손가락을 정렬시킨다. 이제 손가락을 움직이지 말고 감았던 눈을 떠서 그 물체를 다시 보았을 때 그 물체의 위치가 이동된 것처럼 보이는 것을 알 수 있다. 손가락이 더 멀리 떨어져 있을수록 이런 겉보기 이동이 줄어들 것이다. 여기에 바로 티코의 주장의 결함이 있었다. 그의 시차에 관한 이론은 맞는 것이었다. 그러나 가장 가까운 거리의 별들이라고 하더라도 이들까지의 거리가 지구 공전궤도의 폭에 비하여 엄청나게 멀기 때문에 맨눈은 고사하고 초창기의 원시적인 망원경을 사용하더라도 시차가 너무 작아 이를 감지할 수가 없다.

그의 후원자였던 덴마크의 왕이 서거한 후, 티코는 그의 천문대를 떠나지 않을 수 없었다. 이것은 아마 오만하고 낭비벽이 있는 그의 성격과 뒤를 이

그림 15.6 덴마크 프벤섬에 있는 그의 관측소 우라니 보르크에 앉아 있는 티코 브라헤. 그와 배경그림이 관측소 벽면에 그려져 있는데, 사문의라고 부르는 관측장비의 호 안쪽에 들어있다. 벽에 난 구멍을 통해 들어오는 천체의 광경을 오른쪽 끝에서 볼 수 있다. 티코의 정밀한 화성 관측 기록으로 말미암아 요하네스 케플러는 행성에 대한 세 가지 법칙을 세울 수 있었다. (자료 제공: Thomas Clarke, McLaughlin Planetarium/Royal Ontario Museum, copyright ROM)

은 왕과의 마찰 때문일 것이다. 티코는 오늘날 체코(Czech) 공화국에 있는 프라하(Prague)로 자리를 옮겼다. 말년을 보낸 이곳에서 그는 유능한 제자 케플러를 만나게 되었다. 케플러는 티코가 얻은 관측자료 대부분을 보유하였으며, 이를 이용하여 놀라운 성과를 이루었다. 얄궂은 것은 코페르니쿠스의 관점을 물리치기 위하여 수집한 티코의 자료가 나중에 케플러에 의해서 이를 지지하는 데 이용되었다는 것이다.

요하네스 케플러

코페르니쿠스가 옛 천문학을 떠나보낸 사람이라면 요하네스 케플러(Johannes Kepler, 1571~1630)는 새 천문학을 이끌어온 사람이다(**그림 15.7**). 티코의 관측자료로 무장된 데에다 훌륭한 수학적 재능을 지녔으며, 더욱 중요한 것은 티코의 관측자료에 대하여 강한 믿음을 가지고 있었던 케플러는 행성의 움직임을 기술하는 세 개의 기본 법칙을 유도하였다. 처음의 두 법칙은 원궤도로는 티코의 화성 관측자료를 정확히 맞출 수 없었던 데에서 유래되었다. 이런 차이가 관측의 오차에서 유래된 것이라고 받아들이기를 거부한 그는 새로운 해답을 추구하였다. 이런 노력의 결과로 그는 화성의 궤도가 정확한 원이 아니라 타원임을 발견하였다(**그림 15.6**). 거의 비슷한 시기에 궤도상에서의 화성의 속도가 예측 가능한 방법으로 변하고 있음을 깨닫게 되었다. 화성이 태양에 접근할 때 그 속도가 빨라지며 반면에 태양에서 멀어짐에 따라 속도가 줄어든다.

1609년, 약 10여 년에 걸친 작업을 통하여 케플러는 행성운동에 관한 그의 두 개의 법칙을 제안하

그림 15.7 독일의 천문학자 요하네스 케플러는 행성 운동에 대한 세 법칙을 유도함으로써 근대 천문학 시대를 열었다. (자료 제공: National Museum of American History/Smithsonian Institution)

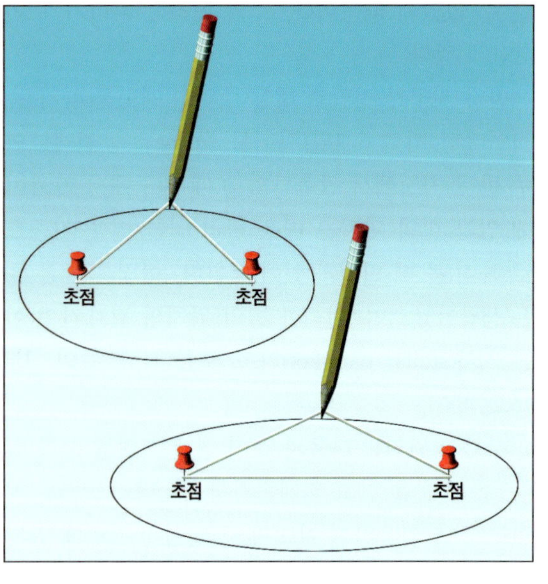

그림 15.8 초점을 이동하며 타원 그리기. 두개의 압핀을 초점으로 하고 이들에 연결된 끈을 사용하여 끈을 팽팽하게 하면서 궤적을 그려 가면 타원을 얻을 수 있다. 끈의 길이가 같을 때 압핀(초점)을 멀리할수록 더욱 납작한(이심율이 큰) 타원이 만들어진다.

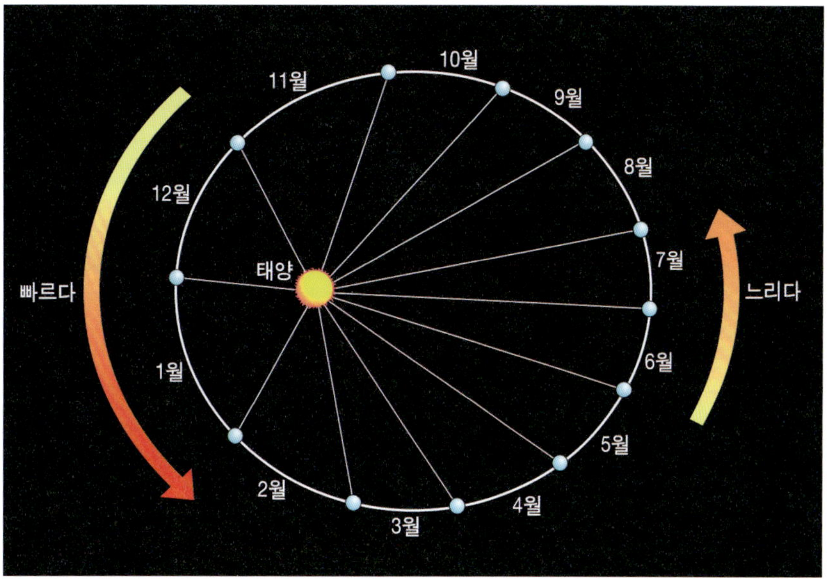

그림 15.9 케플러의 면적 속도 일정의 법칙. 행성(지구)과 태양을 연결한 선은 일정 시간 동안 일정 면적을 쓸고 지나간다. 따라서 지구는 태양으로부터 멀어질수록 (원일점) 더 천천히 공전궤도를 선회하며, 가장 가까웠을 때(근일점) 더 빨리 회전한다. 이 그림에서 지구 궤도의 이심율이 과장되어 있다.

였다:

1. 태양 주위의 모든 행성은 태양을 그 한 초점으로 하는 타원궤도를 돈다(**그림 15.8**). 다른 하나의 초점은 타원궤도의 반대편에 대칭으로 위치하고 있다.
2. 각 행성은 이들과 태양을 잇는 가상적인 선이 일정 시간 동안 일정한 면적을 쓸고 가도록 공전하고 있다(**그림 15.9**). 궤도상을 공전하는 행성들의 속도 변화는 기하학적으로는 면적 속도 일정의 법칙으로 기술할 수 있다.

그림 15.9에 제2법칙이 설명되어 있다. 행성이 동일한 시간 동안 동일한 면적을 쓸고 지나가려면 태양 근처에 있을 때에는 빠르게 움직이지만 태양에서 멀어질수록 속도가 점점 느려짐을 알 수 있다.

케플러는 매우 경건한 사람으로서 창조주가 만든 우주는 질서를 가지고 있다고 믿었다. 따라서 또 하나의 질서를 찾아내는 데 근 10여 년이 소요되었다. 마침내 1619년 그는 『세계의 조화』에서 세 번째 법칙을 발표하였다.

3. 행성들의 궤도주기(p)의 제곱과 이들 행성에서 태양까지의 거리(a)의 세제곱은 비례한다. 행성의 공전주기와 태양으로부터의 거리는 지구의 공전주기인 년과 지구와 태양과의 평균거리를 기본 단위로 하여 표시한다. 지구와 태양 사이의 평균거리를 **천문단위**(astronomical unit, AU)라고 부르며, 그 값은 약 1억 5,000만km(약 9,300만 마일)이다. 이 단위를 사용하면 케플러의 법칙은 $p^2 = a^3$이 된다. 이를 이용해 태양과 행성 사이의 거리를 행성의 공전주기로부터 계산할 수 있다. 예를 들어, 화성의 공전주기는 1.88년이므로 공전반경은 1.52 천문단위가 된다(**표 15.1**).

케플러의 법칙은 행성들이 태양의 주위를 돌고 있음을 분명히 말하고 있으며, 따라서 코페르니쿠스의 설을 지지하고 있다. 그러나 코페르니쿠스는 그가 잘 기술할 수 있었던 행성의 운동을 만들어내기 위해 작용하는 힘을 결정하기에는 역부족이었다. 이 일은 갈릴레오 갈릴레이와 아이작 뉴턴 경의 몫이었다.

표 15.1 행성들의 공전주기와 공전반경

행성	공전반경(AU)*	공전주기(년)
수성	0.39	0.24
금성	0.72	0.62
지구	1.00	1.00
화성	1.52	1.88
목성	5.20	11.86
토성	9.54	29.46
천왕성	19.18	84.01
해왕성	30.06	164.80

* AU = 천문단위.

갈릴레오 갈릴레이

갈릴레오 갈릴레이(Galileo Galilei, 1564~1642)는 르네상스시대를 산 이탈리아의 위대한 과학자였다(**그림 15.10**). 그는 케플러와 동시대의 사람이었으며, 케플러와 마찬가지로 코페르니쿠스의 태양 중심설의 열렬한 지지자였다. 갈릴레오가 과학계에 내놓은 가장 위대한 업적은 움직이는 물체의 운동에 대한 그의 설명이다. 이 설명은 그가 실험을 통하여 얻은 것들이다. 실험을 통하여 과학 법칙들을 유도해 내는 방법론은 초기의 그리스 사람들 이후로는 사실상 실종 상태에 있었다.

갈릴레오 이전의 모든 천문학적 발견은 망원경의 도움 없이 이루어진 것이었다. 1609년 갈릴레오는 홀란드의 한 렌즈 제작자가 렌즈들을 조합하여 물건들을 확대하는 장치를 고안하였다는 소식을 들었다. 아마 망원경을 본 적이 없었을 갈릴레오는 스스로 그 자신의 것을 만들어, 이를 통하여 먼 곳에 있는 물체를 육안보다 약 3배 정도 크게 볼 수 있었다. 그는 즉시 다른 것들을 제작하기 시작하였는데, 최상의 것은 약 30배 정도의 확대율을 가진 것이었다.

망원경을 이용하여 갈릴레오는 우주를 새로운

그림 15.10 이탈리아의 과학자 갈릴레오 갈릴레이는 망원경으로 해와 달과 행성을 자세히 관찰했다. (자료 제공: Yerkes Observatory Photograph/University of Chicago)

눈으로 볼 수 있게 되었다. 그는 코페르니쿠스의 우주관을 지지하는 많은 중요한 발견을 하였는데, 예를 들면 다음과 같다:

1. 목성의 주위를 네 개의 위성(달)이 돌고 있음을 발견. 갈릴레오는 이들의 공전주기가 약 2~17일 정도가 됨을 정확히 측정하였다(**그림 15.11**). 이 발견, 즉 목성이라는 또 하나의 중심이 분명히 목격된 것은 지구만이 우주 내의 모든 운동의 유일한 중심이라는 옛 생각을 일소시켰다.
2. 관측을 통하여 행성이 과거에 생각했던 것처럼 단지 한 점의 발광원이 아니라 둥근 원반 모양임을 발견. 이것은 행성들이 지구와 유사할지도 모른다는 것을 암시하였다.
3. 금성이 광원인 태양의 주위를 돌고 있음을 증명해 주는 금성의 위상 변화가 달과 마찬가지

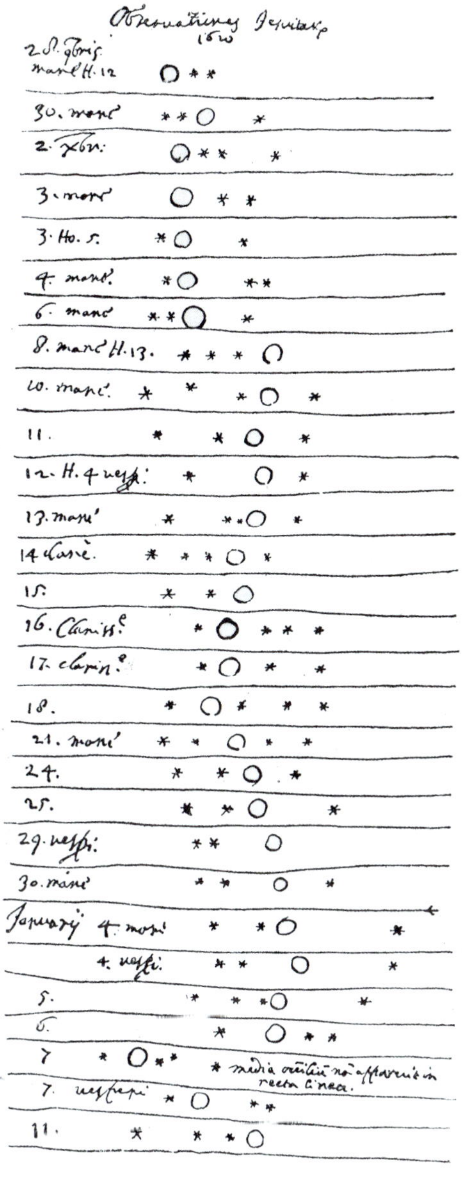

그림 15.11 망원경을 통하여 목성과 네 개의 위성을 관찰한 갈릴레오의 스케치. 목성의 가장 큰 네 개의 위성의 위치(별표로 그려진)는 매일 밤 바뀌고 있다. 이러한 변화는 쌍안경으로도 관찰할 수 있다. (자료 제공: Yerkes Observatory Photograph/University of Chicago)

로 있음을 발견. 갈릴레오는 금성이 만월 상태에 있을 때 가장 크기가 작게 나타나며 따라서 지구에서 가장 멀리 떨어져 있음을 알았다(**그림 15.12**). 프톨레미의 체계에서는 금성의 궤도가 지구와 태양 사이에 있으며, 이는 지구에서는 금성의 상현 또는 하현(초승달 모양)만을 볼 수 있음을 의미한다.

4. 달의 표면이 옛 사람들이 생각했고 또한 천주교에서 포고한 대로 유리와 같이 매끄러운 구면이 아님을 발견. 갈릴레오는 산들과 분화구 그리고 평원들을 볼 수 있었다. 그는 평원을 물이 고여 있는 곳으로 생각하였는데, 이런 생각은 다른 과학자들에 의하여 더욱 진전되어 이들 구조에 '고요의 바다', '폭풍의 바다'와 같은 이름이 붙여졌다.
5. 태양에 흑점(약간 온도가 낮은 어두운 지역들)이 있음을 발견(어쩌면 태양을 관찰한 것이 나중에 그가 시력을 잃은 원인이 되었을지도 모름). 그는 이런 흑점들의 움직임을 추적하였으며 이를 통하여 태양의 자전속도가 약 1개월에 못 미침을 추정하였다. 이로써 흠이 있으며, 또한 회전운동을 하고 있는 또 하나의 천상의 물체가 알려졌다.

1616년 천주교는 코페르니쿠스의 이론을 성경

이런 사실을 알고 있었나요?

갈릴레오는 실험을 통해서 떨어지는 물체의 가속도는 그들의 무게에 의존하지 않음을 발견했다. 그는 피사의 기울어진 탑에서 쇠구슬과 나무구슬을 떨어뜨려 그들이 동시에 땅에 떨어짐을 보였다고 한다. 이는 널리 알려진 이야기인데 아마 사실은 아닌 듯하다. 이 실험은 공기 저항 때문에 그러한 결론을 얻기 힘들었을 것이다. 그러나 400년 뒤에 아폴로 15호에 탑승한 데이비드 스캇이 공기가 없는 달에서 깃털과 망치가 똑같이 떨어짐을 입증하는 실험을 하였다.

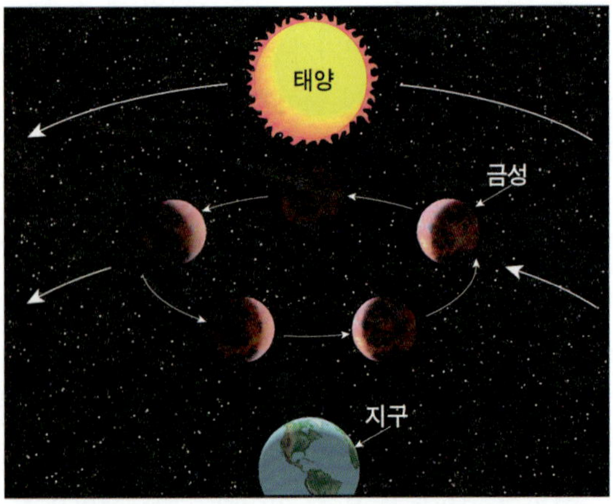

A. 지구 중심 모형에서 본 금성의 상변화

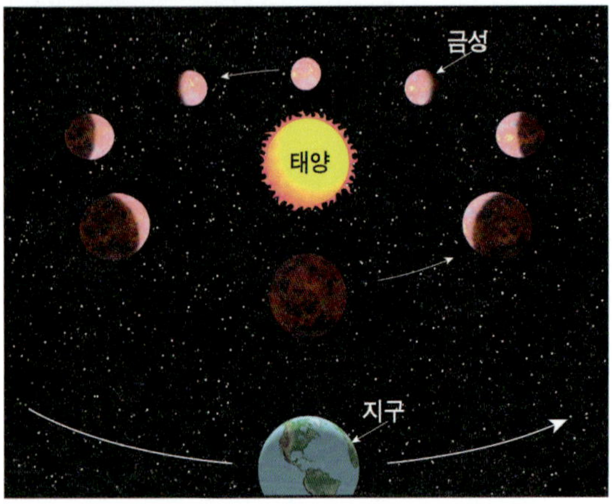

B. 태양 중심 모형에서 본 금성의 상변화

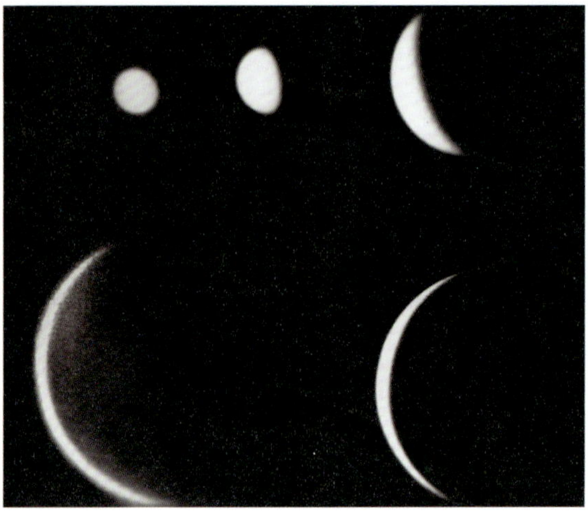

C.

그림 15.12 망원경을 통하여 갈릴레오는 금성도 달과 마찬가지로 위상을 가지고 있음을 발견하였다. A. 프톨레미(지구 중심의) 체계에서는 금성의 궤도가 그림 15.2A에서 보인대로 태양과 지구의 사이에 있다. 따라서 이러한 지구 중심의 태양계에서는 지구는 금성의 상현이나 하현만을 관측할 수 있다. B. 코페르니쿠스(태양 중심의) 체계에서는 금성이 태양의 주위를 공전하며 따라서 지상에서는 금성의 모든 위상을 관측할 수 있다. C. 갈릴레오가 관측한 대로 금성은 달과 유사한 모든 위상을 따라가며 변화한다. 이에 더하여 금성은 만월 시기에 지구에서 가장 멀리 떨어져 있으므로 가장 작게 보이며 상현이나 하현 시에 지구에 가장 가까이 있어 크게 보인다. 이 관측은 태양이 태양계의 중심에 있다는 갈릴레오의 믿음을 입증해 주었다. (사진 제공: Lowell Observatory)

에 위배되는 것으로 판결하고 갈릴레오에게 이를 포기하도록 종용하였다. 마지못해 이에 동의한 갈릴레오는 그의 가장 유명한 저서 『위대한 우주의 체계에 관한 대화(Dialogue of the Great World Systems)』의 저술을 시작하였다. 건강이 좋지 않았음에도 불구하고 마침내 이 작업을 완성하고 1630년 갈릴레오는 교황 어반 8세(Urban VIII)로부터 이의 발간을 위한 허락을 구하기 위하여 로마로 갔다. 이 책은 프톨레미의 체계와 코페르니쿠스의 체계 모두를 대화의 형식으로 해설한 것이므로 발간이 허락되었다. 그렇지만 갈릴레오의 적들은 이 책을 통하여 갈릴레오가 프톨레미의 체계를 이용하여 코페르니쿠스의 체계를 전파시키고 있음을 즉시 깨달았다. 책의 판매가 바로 금지되었으며, 갈릴레오는 종교재판에 회부되었다. 재판을 통하여 갈릴레오가 기독교에 위배되는 교리를 주장한다는 점이 인정되어 종신 가택연금이 선고되었으며, 이런 속에서 그는 마지막 생애 10년을 보내었다. 이 판결은 1992년에 마침내 교회가 갈릴레오의 혐의를 벗겨주기까지 지속되었다.

아이작 뉴턴

아이작 뉴턴(Isaac Newton, 1642~1727)은 갈릴레오가 죽은 해에 태어났다(**그림 15.13**). 그가 수학과 물리 분야에서 이룩한 수많은 업적 때문에 그의 뒤를 이은 후대의 학자들은 그를 가리켜 "세상에 태어났던 가장 위대한 천재"라고 부른다.

그림 15.13 영국의 과학자 아이작 뉴턴은 중력이란 태양 주위로 행성들이 궤도운동을 하도록 붙들고 있는 힘이라고 설명하였다. (자료 제공: Yerkes Observatory Photograph/University of Chicago)

비록 케플러와 그를 이은 여러 과학자들이 행성의 운동을 지배하는 힘에 대하여 설명을 시도해 보았지만, 그들의 설명은 전혀 만족스럽지가 않았다. 케플러는 어떤 힘이 행성이 궤도를 따라 움직이도록 밀고 있다고 믿었다. 그렇지만 갈릴레오는 물체가 궤도에서 계속 움직이는 데에는 별도의 힘을 필요로 하지 않는다고 정확하게 추론을 하였다. 갈릴레오는 움직이는 물체(즉, 외부의 힘에 영향을 받고 있지 않은)의 자연스러운 경향은 일정한 속도로 직선을 따라 그 운동을 계속한다고 제안하였다. 이 **관성**(inertia)의 개념은 후에 뉴턴에 의해서 운동의 제1법칙의 형태로 모양을 갖추게 되었다.

그러면 문제는 행성을 계속 움직이게 하는 힘을 설명하는 것이 아니라 그들이 일직선상으로 우주 속으로 운동하려는 것을 막아주는 힘을 결정하는 것이었다. 이것은 마침내 뉴턴에 의해서 중력(gravity)의 힘으로 개념화가 이루어진다. 23세 때에 뉴턴은 지구에서 우주를 향하여 펴져가 달을 지구 주위의 궤도에 묶어두는 힘을 머릿속에 그리고 있었다. 다른 과학자들이 이런 힘의 존재에 대하여 이론을 세우고 있었지만, 뉴턴은 이를 처음으로 수식화하고 **만류인력의 법칙**(law of universal gravitation)을 시험해 본 사람이다. 이 법칙은 다음과 같이 기술할 수 있다:

> 우주 내의 모든 물체는 자신 이외의 모든 물체들과 그들의 질량에 비례하며 그들 사이의 거리의 제곱에 반비례하는 힘으로 서로 끌어당기고 있다.

따라서 중력(gravitational force)은 거리에 따라 감소한다. 즉, 3km 떨어져 있는 두 물체는 이들이 1km 떨어져 있을 때의 인력에 비해서 3^2, 즉 9배 작은 힘이 작용한다.

중력의 법칙은 또한 물체의 질량이 클수록 인력

이 더욱 크다는 것을 말해 주고 있다. 예를 들어, 달은 큰 질량으로 인해서 지구상에서 조석을 일으키기에 충분한 정도의 인력을 가지지만 지구를 돌고 있는 많은 통신위성들은 질량이 작아 감지할 만한 영향을 지구에 전혀 미치지 않는다.

이러한 운동법칙을 이용하여 뉴턴은 행성이 직선을 따라 운동을 계속하려는 경향과 함께 중력이 고려되었을 때 케플러가 발견한 타원형의 궤도가 만들어짐을 증명할 수 있었다. 예를 들어 지구는 매초 약 30km의 속도로 궤도를 따라 움직이며 같은 시간 동안 중력의 힘은 지구를 태양 쪽으로 약 0.5cm 끌어당긴다. 따라서 뉴턴은 지구가 앞으로 가는 운동과 "떨어지는" 운동이 합하여져 지구의 궤도가 결정된다고 결론지었다(**그림 15.14**). 만일 어떤 이유에서든지 중력이 제거된다면 지구는 우주 속으로 직선을 따라 움직여 나가게 될 것이다. 그 반면, 지구의 전진운동이 갑자기 중단된다면 지구는 중력 때문에 태양을 향하여 똑바로 전진할 것이다.

행성의 운동에 관한 뉴턴의 설명이 받아들여지면서 행성들이 별보다는 지구와 더욱 유사하다는 것이 분명해졌다. 이러한 깨달음은 관측천문학에 대한 많은 흥미를 유발시켰다. 행성에 관한 흥미 역시 태양계 내에 지적인 생명체에 대한 단서를 찾을 수도 있다는 가능성으로 인하여 더욱 증대되었다.

3. 행성들: 개요

태양은 9개의 행성, 이들 각각의 위성, 그리고 소행성, 혜성, 유성체와 같은 수많은, 작지만 흥미로운 물체들로 이루어진 하나의 거대한 회전체의 중심이다. 우리 태양계 질량의 99.85%가 태양에 포함되어 있으며, 반면에 나머지 0.15%의 대부분으로 행성이 만들어진 것으로 추정된다. 행성들에는 태양에서부터 순서로 수성, 금성, 지구, 화성, 목성, 토성, 천왕성, 해왕성, 명왕성이 있다(**그림 15.15**). 명왕성은 최근에 왜소행성으로 재분류되었다.

행성의 생성

태양계의 기원에 대해 가장 널리 받아들여지고 있는 시나리오는 다음과 같다. 이 모형은 정설로 받아들여지고 있지만 다른 모든 과학적 가설과 마찬가지로 이것도 폐기의 가능성이 있다는 사실을 염두에 두어야 한다. 시나리오는 약 137억 년 전의

그림 15.14 행성들의 궤도 운동.

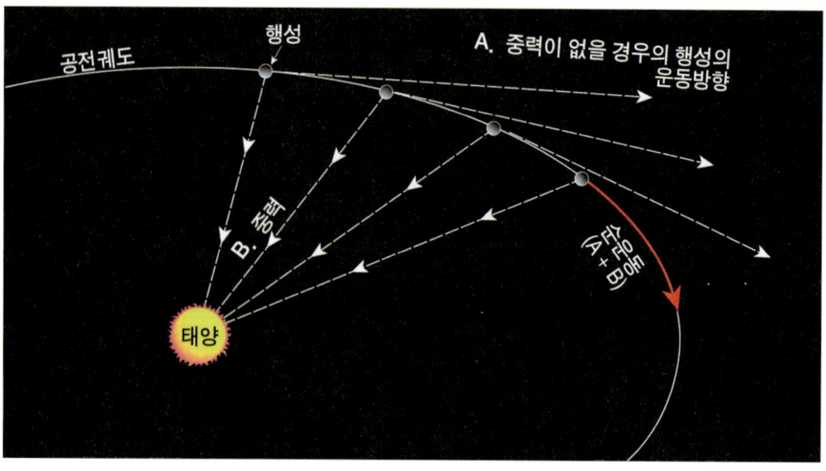

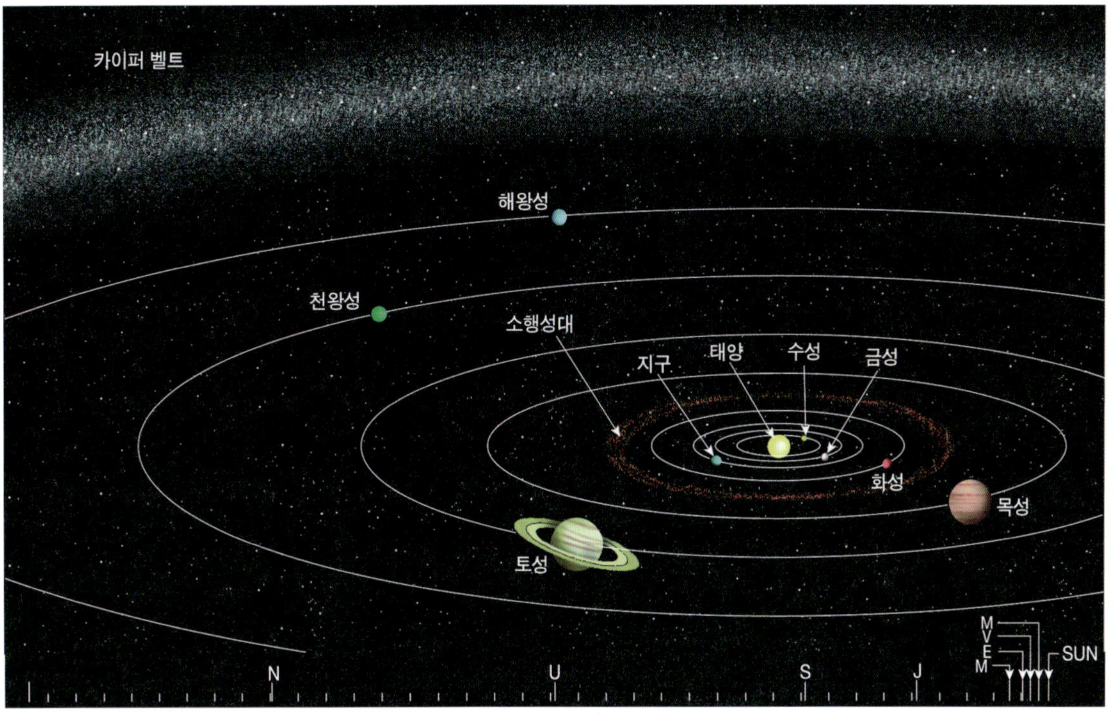

그림 15.15 행성들의 궤도(실제의 척도가 아님). 실제의 척도는 그림의 밑에 주어져 있다.

대폭발에서부터 시작한다. 우주는 엄청난 속도로 팽창하면서 시작되었는데 우주공간의 어느 한 부분에 있던, 거의 수소와 헬륨으로 이루어진 물질이 냉각되고 응축되어 최초의 별과 은하를 생성시켰다. 우리 태양계와 지구가 태어난 곳은 이 수많은 은하들 중의 하나인 우리 은하(은하수) 내부였다.

우리 태양계가 질서정연한 성질을 가지고 있기 때문에 대부분의 천문학자들은 행성들이 본질적으로 우리 태양과 같은 시기에 같은 종류의 원시물질로부터 태어났다고 결론짓고 있다. 이 물질들은 성운(nebula)이라 부르는 방대한 먼지와 기체의 구름을 형성하였다. **성운설**(nebula hypothesis)은 우리 태양계의 모든 물체들이 자전하고 있는 엄청나게 큰 **태양성운**(solar nebula, **그림 15.16**)에서 만들어졌다고 추정하고 있다. 대폭발에서 생성된 수소와 헬륨 이외에도 태양성운에는 오래된 별이 죽으면서 방출한 물질과 미세한 먼지 입자들을 포함하고 있다. (수소와 헬륨은 별에서 일어나는 핵융합을 통해 더 무거운 원소로 변환된다.)

약 50억 년 전 이러한 작은 암석 조각들과 기체들로 되어 있는 거대한 구름 덩이가 그 스스로의 중력의 영향으로 수축하기 시작하였다. 주변의 초신성 폭발로부터 전해진 충격파 등이 그 원인일 수도 있다. 이렇게 수축을 시작한 물질 덩어리는 약간의 회전운동을 하고 있던 것으로 여겨진다. 이 천천히 움직이는 구름 덩이가 중력에 의해 수축함에 따라 그 회전이 점점 빨라지게 되었는데, 이는 아이스 스케이트를 타는 사람들이 그들의 팔을 몸쪽으로 밀착시킬 때 회전이 빨라지는 것과 같은 원리에 의한다. 이러한 회전운동으로 인해 흩어지려는 힘과 중력으로 붕괴하려는 힘이 균형을 이루면 성운은 납작한 원판 모양을 하게 된다(**그림 15.16**). 이런 회전하는 원판 내에서 소용돌이 같은 모양으로 수축하는 작은 핵이 형성되며 이들이 결국 행성

그림 15.16 성운설에 따른 태양계 생성 과정. A. 먼지와 기체로부터 태양계 탄성 시작. B. 성운이 수축하여 회전 원판을 형성하고, 중력에너지가 열에너지로 전환되어 원판이 가열됨. C. 성운이 식으면서 바위나 금속으로 된 작은 고체입자 생성. D. 입자들이 충돌하여 소행성 크기로 성장. E. 수백만 년 후 행성들 생성.

으로 진화하게 된다. 그렇지만 가장 거대하게 농축된 물질 덩어리는 중력에 의하여 중심으로 끌려가 원시태양(protosun)을 형성하였다. (천문학자들은 성운이 원반을 형성한다는 사실을 다른 별들에서 확인하였다.)

회전하는 원반 내에서 물질은 점차적으로 덩어리를 형성하고 이들이 서로 부딪히며 들러붙어 소행성 크기의 **미소행성체**(planetesimals)로 자라난다. 이 미소행성체의 화학조성은 주로 원시태양으로부터의 거리에 따라 다르게 된다. (원시태양 근처에서는 온도가 높고, 원반 바깥에서는 온도가 낮다.) 이는 행성체가 응축되어 고체나 기체 덩이가 되느냐 하는 데에 결정적으로 중요하다.

현재의 수성 궤도 근처에서는 오직 금속 입자들만이 남아 있을 수 있었다. 더 바깥의 지구 궤도 근처에서는 금속뿐 아니라 암석 성분의 물질도 남을 수 있었고, 화성 궤도 바깥에서는 물, 이산화탄소, 암모니아, 메탄 등의 얼음이 존재할 수 있었다. 바로 이 물질 덩이들이 서로 충돌하며 들러붙어서 여덟 **원시행성**(protoplanet)과 위성들이 태어난 것이다. 이 원시행성들이 태양계를 쓸고 다니며 행성 사이의 물질들을 청소하는 데에 약 10억 년의 시간이 소요됐다. 이때에 행성과 위성들은 수많은 별똥들의 세례를 받았다. 행성 간 물질의 일부만이 살아남아 현재의 소행성, 혜성, 운석체 등이 되었다.

지구형 행성과 목성형 행성

표 15.2를 잘 살펴보면 이들 행성들이 **지구형 행성**(terrestrial planets: 수성, 금성, 지구 및 화성)과 **목성형 행성**(Jovian planets: 목성, 토성, 천왕성 및 해왕성)의 두 개의 집단으로 자연스럽게 나누어짐을 알 수 있다. 명왕성은 최근에 왜소행성(dwarf planet)으로 분류되었는데 이는 뒤에서 다시 다루기로

표 15.2 행성 자료

행성	기호	태양으로부터 평균 거리			공전주기	공전면 경사도	공전속도	
		AU*	10^6 마일	10^6 km			mi/s	km/s
수성	☿	0.39	36	58	88일	7°00′	29.5	47.5
금성	♀	0.72	67	108	225일	3°24′	21.8	35.0
지구	⊕	1.00	93	150	365.25일	0°00′	18.5	29.8
화성	♂	1.52	142	228	687일	1°51′	14.9	24.1
목성	♃	5.20	483	778	12년	1°18′	8.1	13.1
토성	♄	9.54	886	1427	29.5년	2°29′	6.0	9.6
천왕성	♅	19.18	1783	2870	84년	0°46′	4.2	6.8
해왕성	♆	30.06	2794	4497	165년	1°46′	3.3	5.3

행성	자전주기	직경		상대질량 (지구 = 1)	평균밀도 (g/cm^3)	극편평도 (%)	이심율†	위성의 수**
		마일	km					
수성	59^d	3,015	4,878	0.06	5.4	0.0	0.206	0
금성	244^d	7,526	12,104	0.82	5.2	0.0	0.007	0
지구	$23^h56^m04^s$	7,920	12,756	1.00	5.5	0.3	0.017	1
화성	$24^h37^m23^s$	4,216	6,794	0.11	3.9	0.5	0.093	2
목성	9^h50^m	88,700	143,884	317.87	1.3	6.7	0.048	63
토성	10^h14^m	75,000	120,536	95.14	0.7	10.4	0.056	56
천왕성	17^h14^m	29,000	51,118	14.56	1.2	2.3	0.047	27
해왕성	16^h03^m	28,900	50,530	17.21	1.7	1.8	0.009	13

* AU: 천문단위; 태양으로부터 지구까지의 평균 거리

** 2006년 8월 현재까지 발견된 위성 수.

† 이심율은 원궤도에서 벗어난 정도를 나타낸다. 값이 클수록 더 찌그러진 타원꼴임을 나타낸다.

그림 15.17 실제 크기 비로 그린 태양 및 행성들.

이런 사실을 알고 있었나요?

태양 이외의 별에 속한 행성들은 오랫동안 예측되었으나 최근에서야 확인되었다. 이 행성들은 그들이 돌고 있는 별들이 흔들리는 운동을 보고 그 존재를 알 수 있다. 처음으로 발견된 외계 행성은 1995년에 발견된 지구에서 42광년 떨어져 있는 페가수스자리 51별의 행성이었다. 그 뒤로 수많은 목성형 외계 행성이 발견되었는데, 대개 관측적 선택효과 때문에 별의 매우 가까이에서 빠르게 돌고 있는 것들이었다.

하겠다.

지구형 행성과 목성형 행성의 가장 두드러진 차이는 이들의 크기이다(**그림 15.17**). 가장 큰 지구형 행성인 지구의 직경은 가장 작은 목성형 행성인 해왕성의 직경의 1/4밖에 안 되며, 그 질량은 약 1/17밖에 되지 않는다. 따라서 목성형 행성들은 흔히 대행성(giant)이라도 부른다. 또한 이들의 상대적인 위치에 따라 네 개의 목성형 행성들을 **외행성**(outer planets), 그리고 지구형 행성들을 **내행성**(inner planet)이라고 부른다.

이 두 부류가 현저한 차이를 보이는 다른 물리량들에 밀도, 조성 그리고 자전속도 등이 있다. 지구형 행성들의 밀도는 평균적으로 물의 밀도의 약 5배 정도의 값을 가지지만 목성형 행성들은 평균적으로 물의 약 1.5배 정도밖에 되지 않는다. 외행성에 속하는 토성은 밀도가 물의 0.7배밖에 되지 않으며, 따라서 토성은 물에 뜰 것이다. 행성들의 조성의 차이는 주로 밀도의 차이 때문에 나타나는 것이다.

이들 두 부류의 행성들을 만들고 있는 물질들은 녹는점에 따라 기체, 암석 및 얼음의 세 종류로 나누어진다.

1. **기체**(gas)인 수소와 헬륨은 녹는점이 가장 낮은 온도인 절대온도 0도(0K 또는 −273℃)에 거의

가까운 물질들이다.

2. **암석**(rock)은 주로 규산염과 금속 상태의 철이며, 이들의 녹는점은 700℃를 넘는다.
3. **얼음**(ice)은 중간 정도의 녹는 점(예를 들면, 물의 녹는점은 0℃)을 가지며, 암모니아(NH_3), 메탄(CH_4), 탄산가스(CO_2), 물이 여기에 속한다.

지구형 행성들은 대부분 암석이며 약간의 기체를 포함하고 있다. 그 반면에 목성형 행성들은 기체(수소와 헬륨)가 상당한 부분을 차지하고 있으며, 얼음(대부분 물, 암모니아 및 메탄)의 함량은 행성에 따라 변한다. 이 때문에 이 행성들의 밀도는 낮다(이 외행성들도 지구형 행성과 마찬가지로 상당한 양의 암석을 포함하고 있을지도 모르지만, 이 물질들은 행성의 핵에 모여 있을 것이다).

행성의 대기

목성형 행성들은 수소, 헬륨, 메탄 그리고 암모니아 등 다양한 조성으로 이루어진 짙은 대기를 가지고 있다. 이와 비교해 보면 지구형 행성들은 빈약한 대기를 가지고 있다. 이 차이에는 두 가지 이유가 있다.

첫째는 각 행성이 태어날 당시 태양성운에서의 위치가 달랐기 때문이다. 바깥에 있던 행성들에서는 물, 암모니아, 메탄이 응축되어 얼음이 생성될 수 있었다. 그래서 목성형 행성들에는 이런 휘발성 물질이 엄청나게 많이 들어 있다. 그러나 원시태양에 가까웠던 안쪽 지역에서는 얼음이 남아 있기에는 온도가 너무 높았다. 따라서 한 가지 오랜 의문은 어떻게 지구가 물과 휘발성 기체들을 얻을 수 있었는가이다. 이는 화성 바깥에 원래 궤도를 두고 있었던 미소행성체들이 후에 지구에 떨어져 들어와서 생긴 것으로 설명이 가능하다.

그런데 왜 수성이나 달에는 대기가 없을까? 다른 내행성처럼 그들도 수많은 얼음덩이 세례를 받았을 것이다. 한 행성이 대기를 가질 수 있는 능력은 행성의 온도와 질량에 달려 있다. 간단히 말해서 기체 분자는 그 속도가 보통 **탈출속도**(escape velocity)로 알려져 있는 속도에 도달하면 행성에서 "증발"해 버릴 수 있다. 달 표면에서 탈출속도는 불과 초속 2.4km밖에 되지 않는다. 반면에, 지구에서 이 속도는 초속 약 11km이다.

목성형 행성들에서는 강한 중력장 때문에 탈출속도가 지구에서보다 훨씬 크다. 결과적으로 외행성에서 기체가 탈출하기는 매우 힘들다. 더욱이 기체 분자의 운동은 온도에 의해 결정되는데, 목성형 행성의 온도는 매우 낮기 때문에 수소와 헬륨과 같은 가장 가벼운 기체도 탈출하기에 충분한 속도를 가질 수 없다.

반면에 수성이나 달처럼 표면 중력은 작고 온도는 비교적 높은 천체의 경우 이산화탄소나 라돈과 같이 가장 무거운 기체도 붙들고 있을 수 없다. 지구나 금성, 화성 등의 지구형 행성의 경우에는 수증기, 질소, 이산화탄소와 같이 무거운 기체를 갖고 있을 수 있으나, 행성 전체 질량에 비해 대기의 양은 극히 일부에 불과하다.

4. 지구의 달

자연적으로 존재하는 유일한 지구의 위성인 달은 지구와 함께 태양의 주위를 1년에 한 번씩 선회하고 있다. 다른 행성들도 달을 가지고 있지만 우리 행성과 위성 지구-달시스템은 태양계 내에서 매우 특이한데, 이는 지구의 달이 그의 모 행성에 비하여 유별나게 크다는 것이다. 달의 직경은 3,475km이며, 이는 지구의 지름 12,756km의 무려 1/4이나 된다.

달의 질량을 이용해 계산해 보면 그 밀도가 물의 3.3배에 이른다. 이러한 밀도는 우리 지구의 맨틀(mantle)을 이루는 암석의 값에 유사한데, 이는 물의 약 5.5배인 지구 전체의 밀도에 비하면 훨씬 작은 값이다. 지질학자들은 이 차이가 철로 구성된 달의 핵이 비교적 작기 때문에 나타난 결과라고 제안하고 있다.

달 표면에서의 중력은 지구상에서의 값의 1/6이다(지구상에서 몸무게가 100kg인 사람의 체중이 달 표면에서는 불과 17kg밖에 되지 않는다). 이런 차이 때문에 우주인들이 "무거운" 생명유지용 장비를 비교적 쉽게 다룰 수 있는 것이다. 만약 그렇게 무거운 장비를 가지고 다니지 않아도 된다면 우주인들은 달 표면에서 지구에서보다 6배나 높이 뛰어오를 수 있었을 것이다.

달의 표면

갈릴레오가 처음으로 망원경을 달에 향하였을 때 그는 두 가지 다른 형태의 지형을 보았다. 그가 관찰했던 어두운 지역은 오늘날은 비교적 저지대의 평평한 지역으로 알려져 있으며, 반면 밝은 지역은 운석 구덩이가 많은 고지대이다(**그림 15.18**).

어두운 지역은 지구상의 바다를 닮았다고 하여 뒤에 **마리아**(maria, 단수는 *mare*: 라틴어로 "바다"의 뜻)라는 이름이 붙여졌다.

오늘날 우리들은 달에는 대기가 없으며 물 또한 없다는 것을 알고 있다. 따라서 표면을 계속 변화시키는 풍화와 침식의 과정들이 달에는 거의 없었다. 이에 더하여 달에서는 지각구조를 변화시키는 힘이 작용하지 않으므로 지진이나 화산 폭발과 같은 사건들이 더 이상 일어나지 않는다. 그렇기는 하지만 대기에 의한 보호를 받지 못하기 때문에 달 표면에서는 다른 형태의 침식이 일어나고 있다. 우주로부터 오는 작은 입자들(미세운석)이 계속적으로 표면에 충돌하면서 지표의 경관을 점차적으로 평탄하게 만들어가고 있다. 예를 들어, 달 표면 상부로 노출된 암석들은 오랜 시간이 지나면서 모서리가 약간 둥글게 다듬어질 수 있다. 그렇다고 해

그림 15.18 지구에서 망원경으로 본 달 표면의 사진. (사진 제공: UC Rugents/Lick Observatory)

도 지난 30억 년 동안 몇 개 거대한 운석에 의해서 만들어진 운석 구덩이를 제외하면 달의 모습이 눈에 띄게 변화한 것으로는 여겨지지 않는다.

운석 구덩이 달 표면에서 가장 두드러진 지형이 바로 운석 구덩이이다. 운석 구덩이 안에 다시 만들어진 운석 구덩이 등 이들의 수는 헤아리기 어려울 정도로 많다. **그림 15.18**의 아래쪽에 보이는 비교적 큰 운석 구덩이들의 직경은 대개 250km 정도(역자 주: 서울에서 대구까지의 직선거리 정도)가 된다. 대부분의 운석 구덩이들은 빠르게 움직이는 조각들(운석체)이 충돌하면서 만들어진 것인데, 이런 현상은 태양계 역사의 초기에는 오늘날에 비하여 훨씬 흔한 일이었다.

이와는 대조적으로 지구상에는 충돌 **운석 구덩이**(impact crater)로 쉽게 판명된 것이 단지 약 10여 개 정도밖에 되지 않는다. 이러한 차이는 바로 지구의 대기에 의한 것으로 여겨진다. 작은 물체들은 지상에 도달하기 전에 대기와의 마찰로 인하여 다 타버린다. 이에 더하여 지구 역사의 초기에 형성된 많은 운석 구덩이들의 증거는 침식과 지구조 과정에 의하여 사라져버렸다.

충돌 운석 구덩이가 만들어지는 과정을 **그림 15.19**에 보였다. 충돌이 일어날 때 고속의 운석체가 충돌지점의 물질들을 압축시키면, 거의 순간적으로 압축되었던 암석이 다시 원래로 되돌아오면서 물질들이 운석 구덩이로부터 방출된다. 이런 과정은 돌을 물속으로 떨어뜨릴 때 물이 튀는 것과 유사하며, 그 결과로 **그림 15.20**에 보인 것처럼 운석 구덩이 중앙에 봉우리를 만들어내기도 한다. 방출된 대부분의 산란물(ejecta)들은 운석 구덩이 주변에 다시 내려앉아 그 주위에 테를 만든다. 충돌에 의해서 생성되는 열은 충돌한 돌의 일부를 녹이기에 충분하다. 우주인들은 이런 방식으로 만들어진 유리구슬 시료뿐만 아니라 충돌 시 각진 조각들이 먼지와 함께 밀착되면서 만들어진 암석들을 지

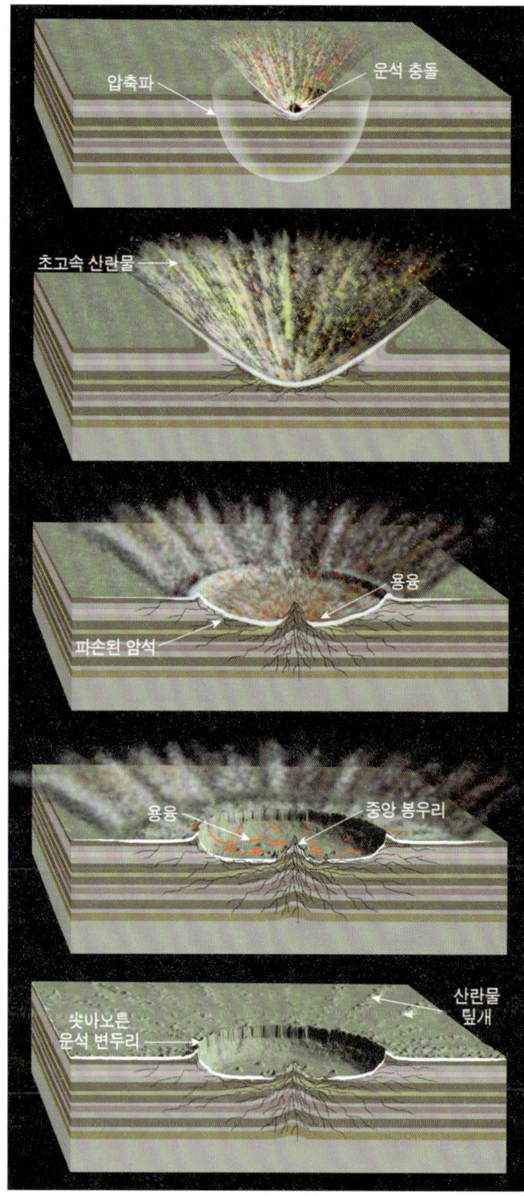

그림 15.19 충돌 운석 구덩이의 형성. 빠르게 움직이는 운석체의 에너지가 열에너지와 압축파로 변형된다. 압축되었던 암석이 다시 제자리를 찾을 때 조각들이 운석 구덩이 밖으로 방출되며, 열은 일부의 물질들을 녹여 유리구슬을 만든다. 충돌 운석 구덩이로부터 "튀긴(splashed)" 물질들이 작은 2차 운석 구덩이를 만든다. (자료 제공: E. M. Shoemaker)

그림 15.20 마레 임부리움(Mare Imbrium: 달 표면의 비의 바다) 남서쪽에 위치하고 있는 직경 약 20km의 오일러 운석 구덩이. 사출꼴의 지형(rays), 중앙의 봉우리, 2차 운석 구덩이, 운석 구덩이의 테에 쌓여 있는 많은 산란물들이 분명히 보인다. (사진 제공: NASA)

구로 가지고 돌아왔다.

직경이 단지 3m밖에 되지 않는 운석이라도 150m 크기의 운석 구덩이를 만들어낼 수 있다. **그림 15.18**에 보인 케플러, 코페르니쿠스와 같은 몇 개의 큰 운석 구덩이들은 직경이 1km 이상 되는 큰 운석체가 충돌하면서 형성된 것이다. 이 두 개의 큰 운석 구덩이는 수백km나 뻗어 있는 밝은 사출꼴의 지형〔rays: "튀겨나간(splash)" 자국〕을 볼 때 비교적 나이가 젊은 것으로 여겨진다. 이러한 밝은 사출꼴의 지형은 충돌 시 만들어진 유리구슬, 또는 작은 2차 운석 구덩이가 만들어질 때 대체된 물질들과 같이 주 운석 구덩이에서 분출된 미세 조

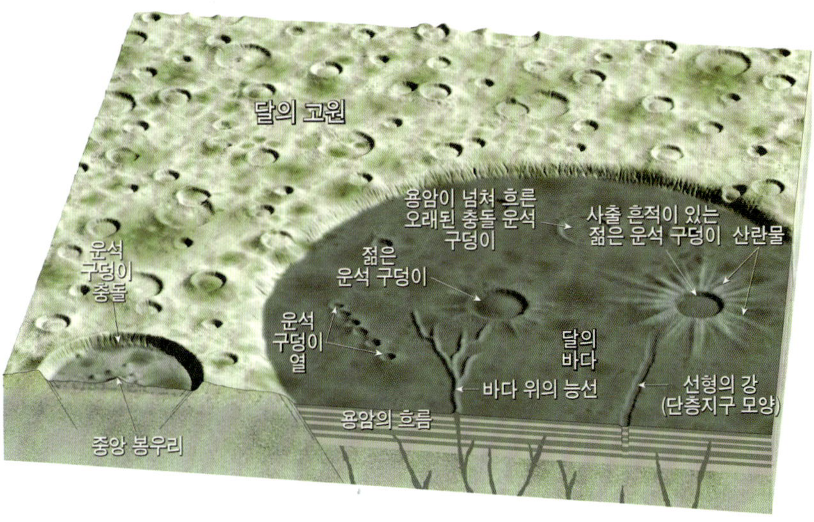

그림 15.21 달 표면의 대표적인 지형학적 특징.

각들로 되어 있다.

고지대와 바다 마맛자국이 가득한 고지대는 달 표면의 거의 대부분을 차지하고 있다(**그림 15.21**). 실제로 달의 뒷면(back side)은 이러한 지형의 특징이 두드러져 있다. (달은 늘 한쪽 면을 지구로 향하고 있기 때문에 우주비행사만이 달의 뒷면을 볼 수 있었다.) **그림 15.18**에서 볼 수 있듯이 고지대에는 충돌 분화구들이 끝없이 이어져 있다. 이 수많은 충돌 분화구들은 달의 격렬했던 과거를 입증하는 증거들이다. 이 활동으로 말미암아 달의 지표는 수없이 운석에 얻어맞아 수km 깊이에 걸쳐 표층이 뒤섞여 있을 정도이다.

고지대는 90% 이상 사장석을 포함한 심성암으로 이루어져 있다. 반면, 바다는 지구의 현무암과 비슷한 화산암으로 이루어져 있다.

어둡고 평평한 바다는 달 표면의 16%만을 이루고 있는데 주로 지구를 향한 면에 집중되어 있다(**그림 15.18**). 약 40억 년 전에 엄청나게 큰 운석이 달 표면에 커다란 운석 구덩이를 만들었다. 그때 지각이 크게 부서져서 용암이 흘러나오기 시작했다. 운석 구덩이들은 매우 유동성이 큰 용암으로 여러 번 겹겹이 덮였던 것으로 보이며, 어떤 면에서는 미국 북서부의 컬럼비아 고원과 유사하다. 대부분의 경우, 이 용암들은 분화구가 생긴 오랜 뒤에 뿜어져 나온 것이다. 이 지역의 지각이 더 얇고 깨져 있었기 때문에 화산활동이 더 쉬웠던 듯하다.

풍화 및 침식 달에는 대기나 흐르는 물이 없다. 따라서 지구의 표면을 끊임없이 변화시키는 풍화나 침식작용이 일어나지 않는다. 그러나 달은 대기에 의해 보호되고 있지 않기 때문에 다른 종류의 침식이 일어난다. 우주공간으로부터 떨어져 들어오는 작은 운석체에 맞아 달 표면은 점차로 평탄해진다. 달의 바다나 육지 모두 수십억 년 전에 부딪힌 운석의 파편으로 덮여 회색빛을 띠고 있다(**그림 15.22**). 이 흙과 같은 층은 **달의 표토**(lunar regolith)라고 불리는데 화성암, 각력암, 유리구슬, 미세먼지 등으로 이루어져 있다. 아폴로 우주인들이 탐사한 바다에서는 이 표토의 두께가 약 3m 남짓 된다.

달의 기원에 관한 충돌설

달은 가장 가까운 이웃이며 우주인들이 표층의 시료까지도 채취하였지만 그 기원에 관하여는 아직 많은 것이 알려져 있지 않다. 가장 널리 받아들여지는 달의 기원에 관한 모형에 의하면, 달은 태양계가 만들어지기 시작하던 시기에 화성 크기의 물

그림 15.22 달의 표면 시료를 채취하는 우주인 해리슨 슈미트(Harrison Schmitt). 달 표면의 "토양"에 찍힌 발자국에 유의하라. (사진 제공: NASA)

체가 지구와 충돌하면서 형성되었다는 것이다. 그 충돌은 지구의 표면을 녹여 어린 지구의 지각과 맨틀에 있던 많은 양의 암석을 분출시켰을 것이다. 이렇게 분출된 조각들 중의 일부가 지구 주위의 궤도에 들어가 하나로 뭉쳐져 달을 형성했을 것이다.

컴퓨터 시뮬레이션에 따르면 분출된 물질은 대부분 지구와 충돌체의 맨틀에 있던 것이다 (맨틀은 지구 부피의 82%를 차지한다.) 또한 만약 충돌체가 철로 된 핵을 가지고 있었다면, 이것은 결국 지구의 핵으로 결합되었을 것이다. 이 충돌 가설은 달의 내부 구조와도 부합되는데, 달에는 거대한 맨틀과 아주 작은 핵이 존재한다.

이런 사실을 알고 있었나요?

고대 그리스인들은 별들 사이를 떠돌아다니는 해, 달, 수성, 금성, 화성, 목성, 토성을 행성(방랑자)이라고 불렀다. 코페르니쿠스가 지구가 아니라 태양이 태양계의 중심에 있다고 한 뒤, 지구는 행성이 되었고, 해와 달은 제외되었다. 19세기 초 천왕성, 해왕성과 함께 15개의 소행성이 행성에 추가되었다. 1852년에 천문학자들은 소행성을 행성에서 제외했는데, 그렇게 하지 않았다면 태양계에는 135,000개 이상의 행성이 있게 되었을 것이다. 2006년에는 큰 카이퍼 벨트(Kuiper belt: 태양계를 둘러싼 폭 1,440억 km의 먼지·얼음 층) 천체들이 발견되면서 명왕성이 행성 자격을 잃게 되었다.

5. 행성들로의 짧은 여행

수성: 태양계 가장 내부에 있는, 뜨겁고 재빠른 행성

태양계 가장 내부에 있는 행성인 수성은 지름이 4,878km이다. 이는 우리 지구의 달보다 약간 크며, 태양계에 존재하는 세 개의 다른 달보다도 더 작다.

수성은 매우 빠르게 공전하지만 자전속도는 느리다. 한 번 해가 뜨고 다음 번 다시 뜰 때까지 179일이나 걸린다. 따라서 수성의 밤은 약 3개월 정도 계속되며 이어 약 3개월의 낮이 이어진다. 밤 동안의 온도는 −173℃까지 내려가고 한낮의 온도는 427℃까지 올라가며 이 온도는 주석이나 납을 녹이기에도 충분한 온도이다. 수성은 행성들 중에서 가장 극단적인 온도를 보이는 행성이며, 우리가 알고 있는 생명이 수성에 있을 확률은 0이다.

또한 우리 달과 마찬가지로 입사되는 태양빛을 거의 대부분 흡수하며, 입사광의 6% 정도만 우주로 다시 반사한다(**그림 15.23**). 이것은 대기를 가지고 있지 않은 지구형 물체들이 가지는 특징이다.

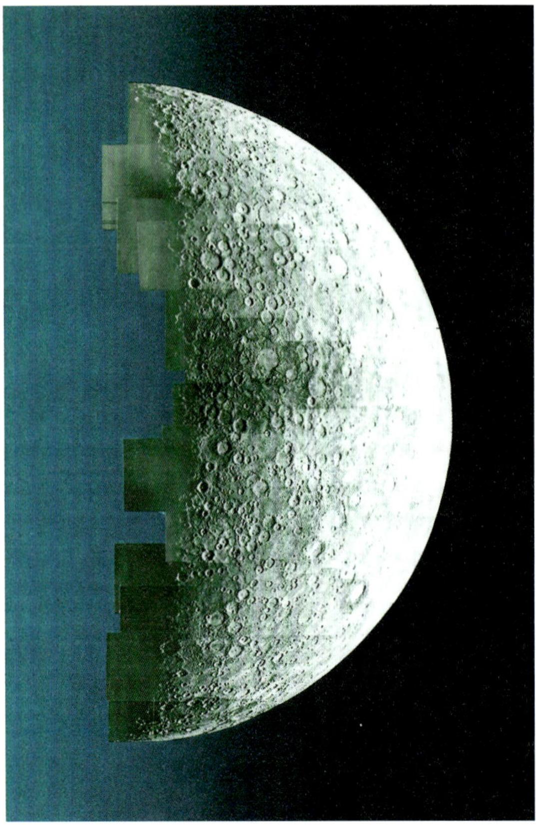

그림 15.23 수성. 달의 표면과 유사하다. (사진 제공: NASA)

반면에 지구는 입사광의 약 30% 정도를 반사하며 이 대부분은 구름에 의한 것이다.

2011년에 도착할 예정인 메신저 탐사선은 수성의 핵의 성분과 자기장을 조사할 계획이다. 수성은 매우 밀도가 높은데(5.4g/cm^3), 이는 커다란 철 핵을 가지고 있음을 뜻한다.

수성은 달과 매우 유사하게 운석 구덩이가 있는 고지대를 가지고 있으며, 달의 바다를 닮은 넓고 평탄한 지형을 가지고 있다. 그렇지만 달과는 달리 수성은 매우 단단한 행성이며, 그 크기에 비하여 매우 큰 철의 핵을 가지고 있다. 또한 수성은 평원뿐만 아니라 운석 구덩이를 가로지르는 매우 긴 절벽을 가지고 있다. 이러한 절벽은 행성이 식어 찌그러질 때 지표가 약해지면서 만들어진 것이라는 의견도 제안되어 있다.

금성: 구름의 베일에 싸인 행성

밤하늘에서 달 다음으로 두 번째로 밝은 금성은 로마신화의 사랑과 미의 여신의 이름을 따서 붙여졌다. 금성은 거의 완전한 원궤도를 따라 태양 주위를 매 225일만에 한 번씩 공전한다. 금성은 그 크기, 밀도, 질량 그리고 태양계 안쪽에서의 위치 등에서 지구와 매우 유사하다. 따라서 금성은 "지구의 자매행성"으로도 언급되고 있다. 이러한 유사성 때문에 지질학자들은 금성에 대한 자세한 연구를 통하여 지구가 진화해 온 역사를 더 잘 이해할 수 있을 것이라고 기대하였다.

금성은 가시광선이 뚫고 들어갈 수 없는 두꺼운 구름으로 덮여 있다. 우주 탐사선이 출현하기 전까지만 해도 금성과 화성은 우리 태양계 내에서 지구 이외에 생명활동에 가장 우호적인 행성들로 생각되었었다. 그러나 금성을 날아 지나간 마리너(Mariner) 탐사선들과 금성에 착륙한 구소련의 베네라(Venera) 탐사선들은 전혀 다른 모습을 보여주었다. 금성의 표면은 475℃에 이르며 금성의 대기는 97%가 탄산가스로 되어 있다. 수분과 질소는 아주 적은 양만이 검출되었다. 금성의 대기는 표면에서 약 70km 상공에서부터 시작되는 약 25km 두께의 불투명한 구름층을 가지고 있다. 무인위성 베네라 8호는 금성의 표면에서 한 시간도 채 살아남지 못했지만, 행성 표면의 압력이 지구 표면에 비하여 약 90배나 높은 것을 관측하였다. 이러한 혹독한 환경으로 미루어 볼 때 우리가 아는 생명체들이 금성에서 존재할 수 있었을 것 같지 않으며, 또한 사람을 태운 우주선이 금성에 가는 것 역시 불가능하게 여겨진다.

금성의 중심부는 지구와 비슷하다고 알려져 있으나 금성은 자기장이 아주 약하기 때문에 내부의 운동은 매우 다르다고 생각된다. 맨틀의 대류는 있으나 판구조 변동에 의해 금성의 표면이 영향을 받는 것으로 보이지는 않는다. 금성의 판구조 운동은 수평이동보다는 행성 내부 물질의 상하운동 정도에 그치고 있다.

무인위성의 레이더 그리고 지구상의 장비들을 이용한 조사를 통하여 금성이 대개 지구와 화성의 중간 정도의 구조를 가진 지형을 가지고 있음을 알게 되었다. 레이더 조사는 마이크로파 범위의 신호를 금성 표면에 보내고 메아리가 반사되어 오는 시간을 측정하여 고원 및 산맥들과 같은 지형의 고도를 측정한다. 1990년 과학자들은 금성 탐사선인 마젤란(Magellan)호로부터 세인트헬렌스산 정도 크기의 지형은 쉽게 알아볼 수 있는 선명한 레이더 영상을 받기 시작하였다(**그림 15.24**). 이러한 영상들은 금성에서는 중요한 지구조 과정으로 현무암질의 화산활동과 지구조적인 변형이 진행되고 있을 것이라던 앞서의 과학자들의 생각을 확인시켜 주었다. 이에 더하여, 충돌 운석 구덩이가 보여주는 낮은 밀도로 보아 화산활동과 지구조적 변형이 지질학적으로 최근에 이르러서도 매우 활발하였다고 결론을 내렸다.

금성 표면의 80% 이상은 화산암으로 덮여 있는

그림 15.24 2년간의 레이더 관측으로 합성한 금성의 표면 지도. 구면을 구불거리며 가로지르는 밝은 띠는 동쪽 아프로디테(Aphrodite) 고원의 산과 계곡들이다. (사진 제공: NASA/JPL)

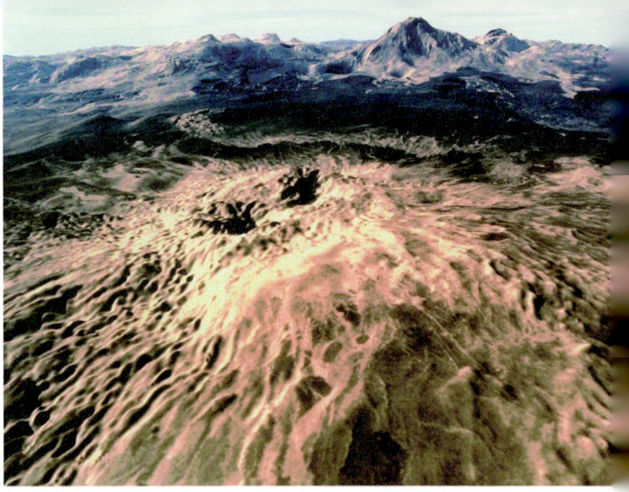

그림 15.25 금성 표면의 컴퓨터 합성 사진. 멀리 지평선에 큰 화산 마트 몬스(Maat Mons)가, 아래에는 사파스 몬스(Sapas Mons)가 밝게 보인다. (사진 제공: David P. Anderson/SMU/NASA/Science Photo Library/Photo Researchers, Inc.)

비교적 낮은 평원들로 이루어져 있다. 일부의 용암이 흐른 계곡은 수십에서 수백km에 이르며 그 폭은 1~2km에 이른다. 어떤 것은 행성 표면을 가로질러 6,800km나 구불구불 흐른 모습을 보인다. 직경이 2~8km에 이르며 높이가 수백m나 되는 수천 개의 작은 순상화산도 발견되었다.

이에 더하여, 직경이 20km를 넘는 1,500개 이상의 화산도 확인되어 있다(**그림 15.25**). 이중의 하나인 사파스 몬스(Sapas Mons)는 대략 약 400km에 걸쳐 있으며 그 높이도 1.5km 정도 된다. 많은 용암이 정상에서가 아니라 화산 주변에서 많이 분출되었다. 이러한 분출 형태는 하와이에서와 같이 지구상의 거대한 순상화산에서도 발견된다. 하와이와 역시 마찬가지로 이러한 대규모의 구조는 행성의 내부 열점의 용승작용과 관련되어 있는 것으로 여겨진다.

화성: 붉은 행성

화성은 여느 행성보다도 과학자들이나 일반인 모두에게 많은 흥미를 유발시킨 행성이다. 지구 이외의 다른 곳의 지적 생명체를 생각할 때, "작은 녹색의 화성인"이 머릿속에 떠오르고는 한다. 화성에 대한 흥미는 주로 우리가 이 행성을 직접 관찰할 수 있었던 데에 기인한다. 망원경으로 볼 때 화성은 마치 공전하는 동안 그 강도가 조금씩 변하는 몇 개의 어두운 지역을 가지고 있는 하나의 붉은 공처럼 보인다. 망원경으로 볼 수 있는 화성의 가장 분명한 특징은 지구와 마찬가지로 극지방에서 밝게 빛나는 하얀 극관이다.

화성의 대기 화성의 대기는 지구 대기에 비하여 밀도가 단지 1%밖에 되지 않는다. 대부분이 탄산가스이며 아주 적은 양의 수증기가 포함되어 있다. 화성 탐사선이 지구로 송신해 준 자료들은 극지방의 빙모가 얼음으로 되어 있으며 표면에 얼음 탄산가스(드라이아이스)가 얇게 덮여 있을 것 같다는 추측을 확인시켜 주었다. 화성의 남반구나 북반구에 겨울이 가까워지면 대기 중의 탄산가스가 동결하여 탄산가스의 퇴적이 더욱 늘어나면서 빙모가 적도 쪽으로 확장되는 것을 볼 수 있다. 이러한 발견은 극지방의 빙모에서 관측되는 온도가 −125℃

로서 탄산가스를 고체로 만들기에 충분히 낮은 온도라는 것에 부합된다.

비록 화성의 대기가 매우 엷기는 하지만 엄청난 먼지 폭풍이 실제로 일어나며 아마 이것이 지상의 망원경의 관측에서 화성의 색깔이 때로 변하는 원인이 되는 것 같다. 시속 270km에 이르는 강풍이 몇 주일씩 지속될 수도 있다. 바이킹(Viking) 1호 및 바이킹 2호가 지구로 전송해 준 영상들이 보여주는 화성의 경관은 놀라울 정도로 지구상의 바위로 된 사막과 그 모습이 유사하다. 모래언덕이 많으며 많은 화성의 충돌 운석 구덩이들은 먼지가 부분적으로 쌓여 평평한 바닥을 이루고 있다. 따라서 달에 있는 충돌 운석 구덩이와는 달리 화성의 매우 오래된 운석 구덩이들은 바람에 날려 이동하는 물질들에 의하여 완전히 모습을 잃어버렸을지도 모른다.

화성의 역사 화성에는 자기장이 없기 때문에 그 중심부는 고체 상태로 있을 것으로 생각되지만, 이 행성의 가장 오래된 암석의 일부는 강한 자기장이 주어진 상황에서 만들어진 것이다. 과거에 화성의 중심부는 고온으로 녹아 있었을지도 모른다.

화성의 표면은 매우 늙은 지형으로 되어 있다. 과거 35억 년 동안의 풍화작용으로 표면의 변화를 설명할 수 있다. 또한 바이킹 탐사선이 화성에서 지진을 탐지하지 못했던 점을 참조하면 화성은 구조변화가 더 이상 일어나지 않는 죽은 행성이다.

극적인 모습의 화성 지구 외의 다른 행성 주위를 처음으로 선회한 인공위성이었던 마리너(Mariner) 9호는 1971년 화성에 도달하였다. 이 위성은 거대한 모래 폭풍이 휘몰아치는 것을 목격하였으며, 처음에는 극지방의 빙관만을 볼 수 있었다. 그러나 모래가 걷히면서 나타난 화성 북반구의 영상은 셀 수 없이 많은 화산을 보여주었다. 가장 큰 화산인 올림포스 몬스(Olympus Mons)는 오하이오주 크기의 면적을 덮고 있으며, 고도 또한 최소한 23km가 된다. 이 거대한 화산을 포함하여 많은 화산들은 지구상의 하와이에서 관측되는 것 같은 순상화산이다(**그림 15.26**).

이렇게 거대한 화산이 만들어질 수 있는 것은 화성에는 지구조적인 판의 운동이 없었기 때문으로 생각된다. 따라서 하와이에서 관측되는 일직선상으로 나열된 일련의 화산 열도가 만들어지는 것이 아니라 한곳에 거대한 봉우리가 만들어진 것이다.

마리너 9호가 이룬 또 하나의 놀라운 발견은 지구상의 콜로라도강이 만들어낸 대협곡과는 비교가 되지 않는 거대한 몇 개의 골짜기가 화성에 존재하는 것이었다. 거대한 협곡의 하나인 마리너 계곡(Valles Marineris)은 깊이가 약 6km 정도에 폭은 160km까지 이르며 화성의 적도를 따라 거의 5,000km나 연장되어 있다(**그림 15.27**). 이러한 거대한 균열은 지각에서 거대한 단층을 따라 물질들이 미끄러지면서 만들어진 것으로 생각된다. 이런 관점에서 볼 때 이 지형은 아프리카의 열곡(rift valleys)

그림 15.26 화성의 순상화산 올림포스 몬스의 사진. 휴화산으로 미국 오하이오주 정도의 크기다. (사진 제공: U.S. Geological Survey, U.S. Department of the Interior)

그림 15.27 깊이가 8km, 총 연장 2,000km 이상에 이르는 마리너 계곡의 모습을 보여주는 사진. 사진의 왼쪽 끝으로 보이는 검붉은 색의 점들은 큰 화산으로 각각의 높이가 약 25km 정도 된다. (사진 제공: U.S. Geological Survey, U.S. Department of the Interior)

들과 비견할 만하다.

화성에도 물이? 유체 상태의 물은 화성 어디에도 찾아볼 수 없다. 그러나 극지방 약 30도 이내에는 영구 얼음 지대를 볼 수 있다. 많은 화성의 계곡들이 지구상에서 발견되는 하천의 계곡에서와 유사하게 물이 흐른 흔적을 보여주고 있는 지류를 가지고 있다. 따라서 행성과학자들은 화성이 그 역사의 초기에는 풍부한 지표수를 가지고 있었다는 데에 대체적으로 동의하고 있다. 이에 더하여, 마즈 글로벌 서베이어(Mars Global Surveyor)호가 보내준 영상들은 비교적 최근에 지하수가 표층으로 스며 나왔던 것을 암시하고 있다(**그림 15.28A**). 또 다른 수로는 많은 개천들과 물방울 모양의 섬들을 보여준다(**그림 15.28B**). 이러한 샘물 모양의 지하수 유출은 이들이 스며 나오기 시작한 계곡이나 운석 구덩이의 벽에 작은 골들을 만들었다. 물은 생명의 가장 필수적인 요소이므로 천체생물학자들은 이러한 가능성에 대하여 매우 흥분하고 있다. 그렇지만 다른 행성과학자들은 화성의 표면을 따라 액체 상태의 물이 흘렀다는 생각을 지지하기에는 화성이 너무 추웠다는 사실을 지적하고 있다.

극지방 근처에서 마즈 익스프레스 오비터와 마즈 오디세이 탐사선들은 지질학적으로 최근에 생성된 빙하와 설원을 발견하였다. 지구의 영구 동토층에서 볼 수 있는 다각형 모양의 표층을 화성에서도 흔히 볼 수 있다(**그림 15.29**).

목성: 천상의 제왕

우리 태양계에서 가장 큰 행성, 목성은 그 이외의 행성, 위성 그리고 소행성 모두의 질량을 합친 것의 2.5배 정도나 되는 질량을 가지고 있다. 실로 행성들 중의 거인이라고 볼 수 있다. 실제로 약 10배 정도만 더 컸더라면 목성은 하나의 작은 별로 진화했을 것이다. 그렇지만 이러한 크기에도 불구하고 목성은 태양에 비하여 1/800 정도의 질량밖에 가지고 있지 않다. 목성은 또한 어느 행성보다

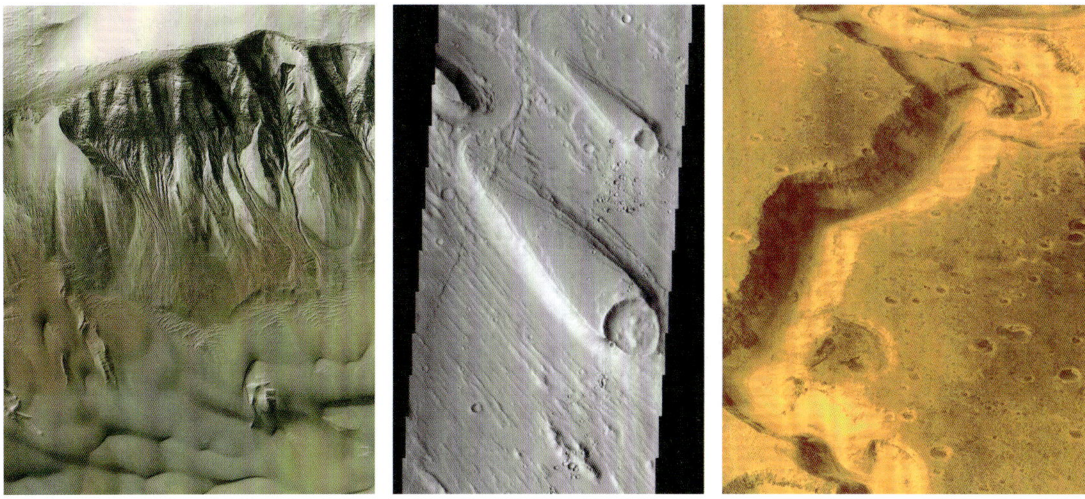

A. B. C.

그림 15.28 흐르는 물에 의한 침식의 증거. A. 수로. (사진 제공: NASA/JPL photo courtesy of National Geographic) B. 물길을 막았던 섬. (사진 제공: NASA) C. 평지와 좁은 수로의 모양을 보면 나네디 발리스는 흐르는 물에 의해 깎인 것으로 보인다. (사진 제공: NASA)

도 빠르게 회전하여, 일회전을 마치는 데 10시간도 채 걸리지 않는다. 이러한 빠른 회전으로 인하여 약간 적도지역이 불룩하고 극방향으로 납작해지는 모습을 보이고 있다(541쪽의 **표 15.2**의 극편평도 참조).

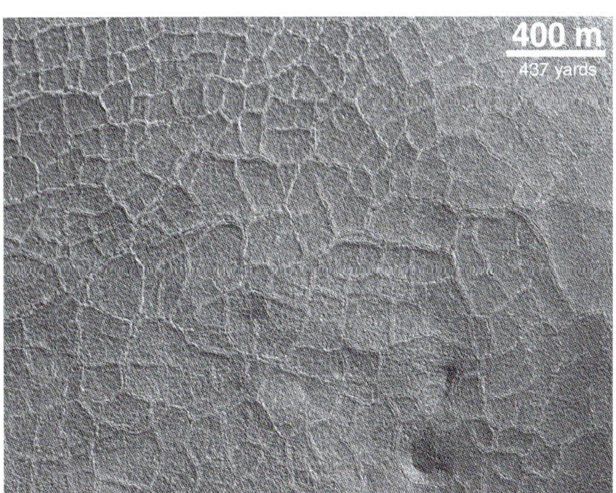

그림 15.29 다각형 형태를 띠고 있는 화성의 대지. 지구 극지방의 영구 동토층에서도 흔히 나타난다. (자료 제공: JPL/NASA)

대기, 구조, 성분 망원경이나 쌍안경으로 목성을 보면 적도에 평행한 방향을 따라 다양한 색깔의 구름대가 서로 교대로 나타나고 있는 모습을 볼 수 있다(**그림 15.30**). 목성의 표면의 가장 인상적인 특징은 남반구에 있는 대적반(Great Red Spot)이다(**그림 15.30**). 그 색의 강도가 크게 변하기는 하지만 이 대적반은 약 3세기 전 이것이 처음으로 발견된 이래 지금까지 가장 두드러진 특징으로 자리 잡아 왔다. 보이저(Voyager) 2호가 1979년 목성을 스쳐 지나갔을 때 이 붉은 반점의 크기는 지구 크기의 원 두 개를 나란히 놓은 면적과 같았다. 어떤 때에는 이보다도 더 크게 자라 있었다. 이 대적반의 크기가 물론 변하기는 하지만, 목성의 적도로부터 대적반까지의 거리는 일정한 값으로 유지되고 있다.

이 적반의 원인으로는 화산활동에서 거대한 폭풍에 이르기까지 다양한 것이 논의되어 왔다. 1974년 목성의 구름 위를 42,000km의 거리에서 지나간 파이오니아(Pioneere) 11호가 보내온 사진들은 태풍설을 지지해 주고 있다. 대적반은 서로

그림 15.30 목성 남반구의 대적반(Great Red Spot). 크기를 비교할 수 있도록 지구가 함께 그려져 있다.

반대방향을 가진 제트류와 유사한 두 개의 공기의 흐름 사이에서 발생하는 거대한 반시계방향의 폭풍으로 여겨진다. 이 거대한 허리케인과 같은 폭풍은 지구 시간으로 약 12일만에 한 번씩 회전한다. 목성의 대기의 다른 지역에서도 이보다는 작은 여러 개의 폭풍이 발견되었지만 어떤 것들도 며칠 이상을 유지하지는 못하였다.

다른 행성과 마찬가지로 목성에서 부는 바람은 차등 가열에 의해 대기가 수직으로 대류를 일으키기 때문이다. 이 대류의 흐름으로 어둡게 보이는 띠와 밝은 색의 지역들이 교차하게 보인다(**그림 15.31**). 밝은 지역에 있는 구름은 온도가 상대적으로 높아 떠오르는 물질이고, 차가운 물질은 어두운 띠 속으로 가라앉고 있다. 이 대류 순환은 목성의 빠른 자전의 영향을 받으며 동서 방향의 고속의 흐름을 형성한다. 태양에너지에 의해 일어나는 지구의 바람과는 달리 목성에서는 태양에너지보다 두 배나 많은 에너지가 내부에서 나와 이 대류를 발생시킨다.

목성의 대기는 대부분 수소와 헬륨이지만 약간량의 메탄, 암모니아와 물이 있어 액체나 얼음 상태로 구름을 형성하고 있다. 구름 상층에서의 압력

그림 15.31 목성의 대기 구조. 밝은 구름은 기체가 떠오르며 식는 지역이고, 어두운 구름은 가라앉는 지역이다. 이 대류 순환과 행성의 빠른 자전이 함께 경계면에 고속의 기체 흐름을 생성시킨다.

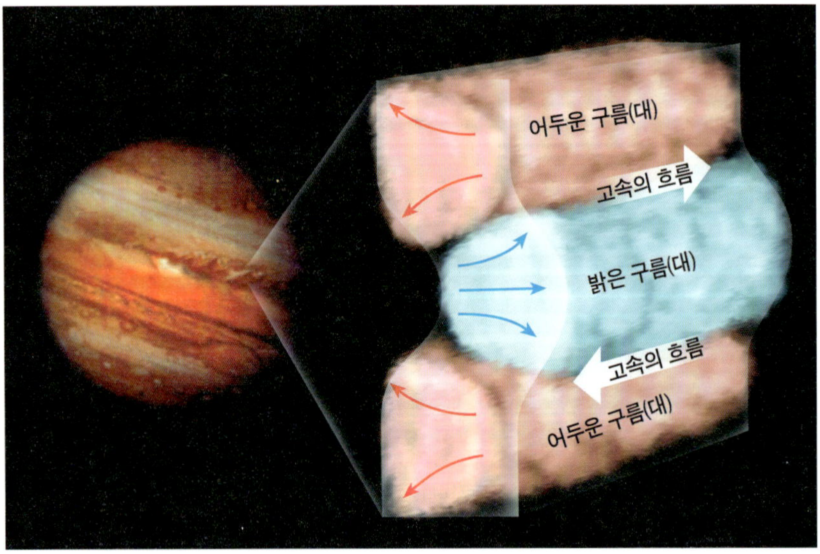

은 지구 해수면에서의 기압과 같다. 구름에서 1,000km 아래에는 수소가 액체 상태로 변할 정도로 압력이 높다. 따라서 목성의 표면은 거대한 액체 수소로 채워진 대양일 것으로 생각된다. 목성의 반지름의 반 정도의 깊이로 들어가면 액체 수소는 금속성 액체 수소로 변한다. 빠른 자전과 금속성 액체 중심부 때문에 목성에는 강한 자기장이 있다고 생각된다.

목성의 위성들 현재까지 63개가 발견된 위성으로 이루어진 목성의 위성계는 하나의 작은 태양계와 유사하다. 가장 큰 네 개의 위성은 갈릴레오가 발견한 것인데, 목성 주위를 거의 원에 가까운 궤도로 2~17일을 주기로 하여 회전하고 있다(**그림 15.32**). 이 갈릴레오의 위성들은 작은 망원경으로도 관측이 가능한데 이들 자체만으로도 매우 흥미롭다. 이들은 목성의 적도면을 따라 공전하고 있으며 또한 이들 모두가 같은 공전방향을 가지고 있기 때문에 이 달들은 행성이 만들어질 때 일부 "남은" 조각들이 목성 형성과 같은 방식으로 만들어진 것이 거의 확실하다.

이와는 대조적으로 목성의 제일 외각에 있는 네 개의 위성들은 직경이 20km 정도로 매우 작고 다른 위성들과는 반대방향으로 회전하며, 또한 공전면이 목성의 적도면과 심하게 기울어져 있다. 이 위성들은 목성의 주위를 지나가다가 아마도 목성의 중력에 끌려 붙잡힌 소행성들처럼 여겨진다.

1979년 보이저 1호와 2호가 얻은 영상들은 네 개의 갈릴레오의 위성이 모두 각각 나름대로의 특징을 가지고 있음을 보여주어 이를 보는 모든 사람들을 놀라게 하였다(**그림 15.32**). 목성의 위성 중에서 가장 큰 가니메데(Ganymede)는 가장 다양한 지형을 가지고 있다. 우리 달과 마찬가지로 운석 구덩이가 매우 많이 만들어져 있는 지역과 함께 이들 옛 운석 구덩이 지역을 그 이후 얼음층이 덮으면서 만들어낸 매우 평탄한 지역을 가지고 있다. 이에 더하여, 가니메데는 많은 수의 나란히 정렬된 흠집들을 가지고 있다. 이것은 먼 옛날 언젠가 여기에도 지구조적 활동이 있었던 것을 암시하고 있다.

갈릴레오의 위성 중 목성에 가장 가까이 위치한 이오(Io)는 지구와 명왕성의 달인 트리톤을 제외하면 태양계에서 활발한 화산활동이 일어나고 있는 유일한 천체이다. 지금까지 이오의 표면으로부터 여덟 개의 활화산이 발견되었는데, 이들이 뿜어내

A. 이오 B. 오이로파 C. 가니메데 D. 칼리스토

그림 15.32 갈릴레오가 발견했던 목성의 네 위성. A. 이오는 맨 안쪽에 있고 화산활동을 하고 있는 태양계의 세 천체 중 하나이다. B. 오이로파는 갈릴레오 위성 중 가장 작은데 많은 선들이 가로지르고 있다. C. 가니메데에는 운석 구덩이, 평탄한 지역, 나란한 띠 모양의 지역들이 있다. D. 칼리스토에는 수없이 많은 운석 구덩이가 있다. (사진 제공: NASA/NGS Image Collection)

는 유황성분이 이오의 표면으로부터 200km 상공까지 솟아오르고 있다(**그림 15.33A**). 이오의 표면은 색깔이 매우 다양한데, 이는 온도에 따라 붉은색에서 노란색으로 그리고 검은색에서 흰색으로 변하는 유황성분을 함유한 암석들 때문이다(**그림 15.33B**).

목성에는 지름이 20km 정도로 매우 작고, 다른 큰 위성과 반대방향으로 또 크게 기울어져 공전하는 위성들이 많이 있다. 이 위성들은 목성 옆을 지나가다가 붙들린 소행성들인 것으로 보인다.

목성의 고리 보이저(Voyager) 1호가 이룬 가장 흥미로운 발견의 하나는 목성이 가지고 있는 고리구조이다. 이 고리들은 연기 속의 입자와 같은 미세한 크기의 검은 입자들로 이루어져 있으며, 멀리까지 퍼져 있음을 알 수 있다. 이 입자들은 목성의 작은 위성들에 운석이 부딪혀 튀어나온 것으로 생각된다.

그림 15.33 이오에서 발견된 화산 분출. A. 이 플룸은 이오의 표면에서 100km 상공까지 솟아오르고 있다. B. 사진 왼쪽의 밝은 지역은 새로이 분출한 뜨거운 용암이다. (사진 제공: NASA)

A.

B.

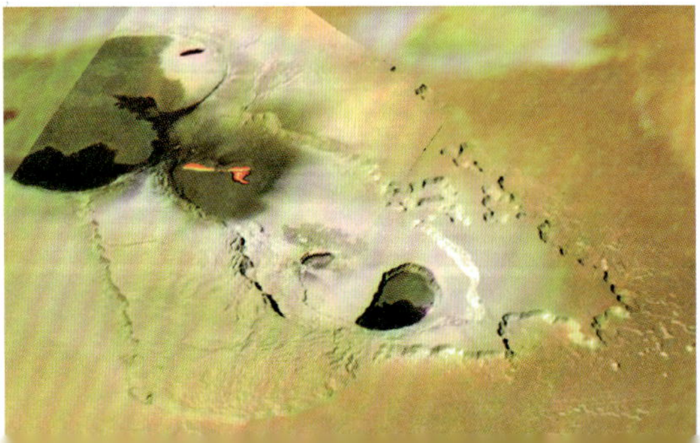

토성: 우아한 행성

한 번 공전하는 데 29.46년이 소요되는 토성은 태양으로부터 목성까지의 거리의 약 두 배 정도로 태양에서 떨어져 있지만 이의 대기, 조성 그리고 내부 구조 등은 목성과 아주 유사하다고 생각된다. 토성의 가장 두드러진 특징은 바로 1610년에 갈릴레오가 발견한 토성의 고리이다(**그림 15.34**). 갈릴레오는 토성 옆에 두 개의 작은 물체가 있다고 보았으나, 50년 뒤에 네덜란드의 천문학자 크리스티안 호이겐스(Christian Huygens)가 고리임을 알아냈다.

토성의 구조 토성의 대기는 매우 동적이며, 시속 1,500km에 이르는 바람이 존재한다. 규모가 훨씬 작기는 하지만 토성의 대기에서도 목성의 대적반과 유사한 "폭풍"이 일어나고 있다. 토성의 중심부는 금속성 유체 수소와 층을 이루고 있는 암석과 얼음으로 이루어져 있다. 지구처럼 토성의 자기장도 중심부에서 발생되고 있다고 생각된다.

1980년과 1981년 원자핵 동력원을 가진 보이저 1호와 보이저 2호 우주선이 토성 표면에서 약 100,000km에까지 근접하여 토성을 스치고 지나갔다. 이 며칠 동안 토성과 이의 위성에 관하여 갈릴레오가 망원경을 이용하여 이 우아한 행성을 관측한 이래 그 동안 얻은 모든 정보보다도 더 많은 자료를 얻을 수 있었다.

행성들의 고리시스템 최근에 목성과 천왕성, 해왕성이 모두 고리를 가지고 있다는 사실이 발견될 때까지 행성의 고리는 토성에만 있다고 생각되어왔다. 이 고리시스템들에게는 공통점이 있다. 이들

그림 15.34 토성의 인상적인 고리계 모습.

은 모두 중간 중간 간극이 있는 여러 개의 동심원들로 이루어져 있다. 각 고리들에서는 얼음과 바위들이 서로 부딪히며 행성을 공전하고 있다.

고리들은 대개 입자의 밀도에 따라 두 가지 범주로 나뉜다. 토성의 주 고리(**그림 15.34**에서 A와 B로 표시)와 천왕성의 밝은 고리에는 크기가 수cm에서 수m에 이르는 입자들이 빼곡히 들어차 있다. 이 입자들은 공전을 하며 종종 서로 부딪힌다. 토성의 고리들은 수백km에 걸쳐 뻗어 있지만 두께는 100m도 되지 않는다.

반대로 목성의 고리나 토성의 가장 바깥 고리(**그림 15.34**에 E로 표시) 등은 아주 어두운데, 연기 속 입자와 같은 매우 작은 입자들로 이루어져 있다. 토성의 경우 어두운 고리의 입자의 밀도는 매우 낮지만 밝은 고리보다 더 두껍다.

최근 위성들이 고리의 구조를 결정하는 데 결정적인 역할을 한다는 사실이 밝혀졌다. 특히 위성의 중력적 영향이 고리 입자들의 궤도를 바꾼다. 더욱 중요한 사실은 고리 입자들이 이오의 화산재와 같이 이 위성들로부터 분출된 물질이라고 생각된다는 점이다. 위성들은 점차로 고리의 입자들을 쓸어 모으며 없애는데, 고리의 큰 입자나 다른 위성과의 충돌을 겪으며 다시 물질을 내놓는다.

행성의 고리의 기원은 아직 미해결 문제이다. 아마도 고리는 행성을 만들었던 먼지와 기체로, 구름으로부터 태어났을지 모른다. 이 경우 행성과 위성이 생겨날 때 고리도 생겨났을 것이다. 그러나 위성이나 큰 소행성이 행성에 끌려 들어가 부서져 고리가 나중에 생겨났을 수도 있다. 또 외부에서 물체가 들어와 위성과 부딪혀 깨어진 물질이 고리로 진화했을 수도 있다.

천왕성과 해왕성: 쌍둥이 행성

만약 태양계 내에서 어느 두 행성을 서로 쌍둥이로 생각할 수 있다면, 지구와 금성보다도 천왕성과 명왕성을 꼽을 수 있다. 직경이 단지 1% 밖에 차이가 나지 않으며, 대기 중에 있는 메탄 때문에 모두 다

그림 15.35 1986년 1월 24일 보이저 2호가 찍은 천왕성의 사진. 거의 100만km 거리에서 찍은 사진이어서 구름 덩이 몇 개 외에는 자세한 모습이 보이지 않는다. (사진 제공: NASA)

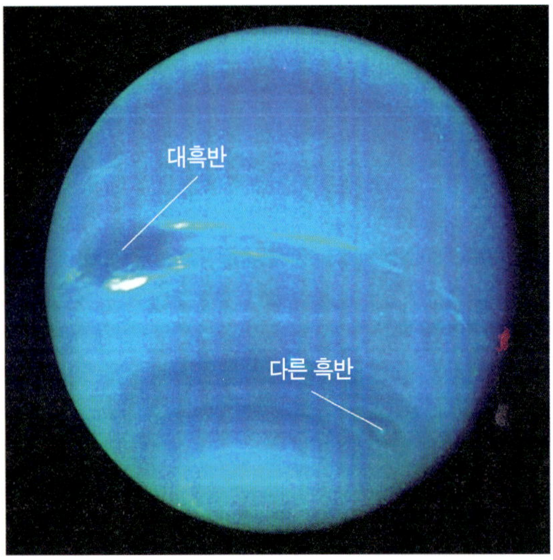

그림 15.36 해왕성의 대암반을 보여주는 사진(좌측 중앙). 또한 행성 주위를 빠른 속도로 움직이고 있는 밝게 빛나는 새털 구름 모양의 구름이 보인다. 행성 동쪽 편의 남위 54° 근처에 달걀 모양의 두 번째 점이 보인다. (사진 제공: Jet Propulsion Laboratory/NASA Headquarters)

이런 사실을 알고 있었나요?

천왕성은 흔히 "옆으로 가는 행성"이라고 불린다. 이렇게 천왕성이 옆으로 가는 행성이라고 불린 이유로는, 이 행성이 처음 생성되었을 때는 다른 행성과 마찬가지로 자전하고 있었으나 무거운 천체와 충돌하여 자전축이 돌아갔다는 설이 있다. 그러나 천왕성은 고체 표면이 없으므로 큰 충돌이 있었는지를 확인할 수가 없어 천왕성의 기울어진 자전축은 태양계 생성 중에 일어난 풀 수 없는 의문 중의 하나이다.

연한 초록색을 띤 푸른 행성으로 보인다(**그림 15.35**와 **그림 15.36**). 공전주기는 각각 84년과 165년이다. 이들의 구조와 조성도 매우 유사할 것으로 믿어진다. 그렇지만 천왕성에 비하여 태양으로부터 2배나 더 멀리 떨어져 있기 때문에 해왕성이 더욱 차갑다. 중심부는 목성과 토성과 비슷해서 규산염 암석과 철로 되어 있지만 금속성 액체 수소는 적고 얼음은 더 많은 편이다.

천왕성: 비스듬한 행성 천왕성이 보여주는 흥미로운 특징은 이 행성이 "옆으로 누워서" 회전을 하고 있는 점이다. 다시 말해서 자전축이 공전 면에 거의 평행하게 놓여 있다. 따라서 천왕성의 자전운동은 다른 행성들에 대해서 팽이모양의 회전을 하는 것이 아니라 구르는 모습으로 나타난다. 이렇게 천왕성의 자전축이 거의 90도로 기울어져 있기 때문에 극 중의 하나는 한 번 자전할 때마다 한 번씩 태양이 바로 머리 위에 위치하며 이에서 반회전을 하면 다른 극 바로 위에 태양이 위치하게 된다. 1977년 목성에서와 마찬가지로 천왕성도 고리들에 둘러싸여 있다는 놀라운 사실이 발견되었다.

천왕성과 그 위성들에 대한 최초의 근접 사진이 1986년 보이저 2호로부터 지구로 전송되었다. 이를 통하여 지상의 관측을 통하여 알고 있었던 5개의 위성들보다 훨씬 더 작은 10개의 새로운 위성들이 알려지게 되었다. 여러 개가 더 행성 주위를 돌고 있을지도 모른다는 증거와 함께 두 개의 고리가 추가적으로 더 발견되었다. 천왕성의 가장 안쪽을 돌고 있는 큰 위성인 미란다의 표면에는 매우 다양한 지형이 발달되어 있음이 발견되었다. 이는 미란다에 최근에 지질학적 활동이 심하게 일어났음을 뜻한다.

해왕성: 회오리 바람이 부는 행성 1989년 보이저 2호가 해왕성과 만나기 이전까지도 천문학자들은 이 행성에 대하여 수소, 헬륨, 메탄으로 이루어진 대기를 가지고 있다는 것, 완전한 고리를 이루고 있지 않은 호상 구조를 가지고 있다는 것, 그리고 두 개의 달을 가지고 있다는 것 정도를 제외하면 거의 알려진 바가 없었다. 그렇지만 보이저 2호가 12년에 걸쳐 거의 30억 마일을 여행하여 연구자들에게 해왕성과 그 위성들에 대하여 새로운 많은 정보를 안겨주었으며, 이 자료를 해석하는 데만도 많은 시간을 필요로 할 것이다.

보이저 2호가 보내준 사진은 해왕성도 목성이나 토성과 마찬가지로 매우 동적인 대기를 가지고 있음을 보이고 있다(**그림 15.36**). 시속 1,000km가 넘는 바람이 행성을 선회하고 있어, 이곳을 태양계 내에서 가장 바람이 심하게 부는 곳으로 만들어주고 있다. 이에 더하여, 해왕성의 동적인 대기 내에는 목성에서의 대적반을 연상시키는 지구만한 크기의 대암반(Great Dark Spot)이 보인다. 목성의 대적반과 마찬가지로 이 대암반은 거대한 태풍이 소용돌이치는 곳으로 생각되고 있다.

아마도 해왕성의 대기가 가지고 있는 가장 놀라운 특징은 대부분의 구름이 형성되어 있는 층의 위로 약 50km 되는 고도에 위치하고 있는 흰색의 새털구름 모양의 구름대이다. 이 구름들이 모습을 바꾸고 있는 것처럼 보이기는 하지만 이중 하나는 특히 대암반에 항구적으로 붙어 있는 것처럼 보인다. 해왕성에서 발견되는 극도의 낮은 온도를 고려해 볼 때 이 상층 구름의 주 구성성분은 얼어붙은 메탄일 것처럼 여겨진다.

보이저 사진들을 통하여 직경이 50~400km에 이르는 6개의 새 위성이 발견되었다. 이로써 해왕성이 가진 위성의 수가 전체로 8개가 되었고 보다 최근에는 13개로 늘었다. 새로 발견된 위성 모두가 앞서의 2개의 큰 위성들과는 반대방향으로 행성을 회전하고 있다.

보이저 사진들은 또한 해왕성의 중심 주위에 고리시스템이 존재하는 것을 확인해 주었다. 행성을 도는 적어도 2개의 좁은 고리와 2개의 넓은 고리가 발견되었다. 가장 바깥에 있는 고리는 고리 중 세 군데가 더욱 두꺼운 호 모양을 보여주고 있다.

해왕성의 가장 큰 위성인 트리톤은 매우 흥미로운 천체이다. 트리톤은 태양계에서 역행을 하고 있는 유일한 위성이다. 이는 트리톤이 해왕성과 독립적으로 생성되어 중력적으로 포획된 위성임을 뜻한다.

트리톤은 얼음을 분출하는 놀라운 화산활동을 하고 있다. 이런 종류의 화산활동을 서리화산활동이라고 하는데 규산염 암석이 아닌 얼음이 부분적으로 녹아서 된 마그마의 분출을 뜻한다. 트리톤의 얼음 마그마는 얼음, 메탄 그리고 아마도 암모니아 등으로 이루어져 있다.

6. 태양계의 작은 구성원들: 소행성, 혜성, 유성체와 왜소행성들

8개의 행성들과 그 바깥에는 크기가 수백km에서 미세한 먼지에까지 다양한 물체들이 수없이 많이 흩어져 있다. 이 행성 간 공간에 떠도는 천체들로는 소행성, 혜성, 유성체(운석체), 왜소행성 등이 있다. 소행성과 유성체는 지구형 행성과 비슷한 성분을 지닌 암석이나 금속 덩어리이다. 이들은 크기로 구별되는데 크기가 100m 이상인 것은 소행성, 그보다 작은 것을 유성체라고 부른다. 반면에 혜성은 주로 얼음덩이이고 약간의 암석이 섞여 있을 뿐이다. 새로이 만들어진 분류로서 왜소행성이 있는데 가장 큰 소행성인 세레스와 명왕성을 포함한다. 이들은 해왕성의 얼음덩이 위성인 트리톤과 비슷한 성분을 가진다고 생각된다.

소행성: 미소행성들

소행성(asteroid)은 태양계가 생성되고 남은 잔해(미소행성체)들이다. 중력에 의해 쌓여 있는 조각 더미와 같이 다공성 물체이어서 밀도가 낮다. 이들 중 가장 큰 세레스(Ceres)는 지름이 940km나 되지만, 관측으로 확인된 약 10만 개 소행성의 대부분은 이보다 훨씬 작다.

대부분의 소행성들은 화성과 목성의 궤도 중간쯤에 있는 **소행성대**(asteroid belt)에 있다(**그림 15.37**). 일부 소행성들은 이심률이 매우 큰 궤도를 돌아 태양 가까이를 지나고 있으며 몇 개의 큰 소행성들은 규칙적으로 지구와 달을 매우 가까이에서 지나치고 있다. 달이나 지구에 비교적 최근에 만들어진 대부분의 충돌 운석 구덩이들 중 많은 것은 아마 소행성과의 충돌로 만들어졌을 것이다.

많은 소행성들은 매우 불규칙한 모양을 하고 있기 때문에 행성 지질학자들은 처음에는 이들이 화성과 목성 사이에 있는 궤도를 차지하고 있던 한 행성이 깨지면서 만들어진 것이 아닐까 의심하였다(**그림 15.37**). 그러나 소행성들 전체의 질량을 다 합쳐도 별로 크지 않은 행성인 지구의 1/1000밖에 되지 않는 것으로 추정된다. 그렇다면 원래 행성의 나머지는 다 어떻게 된 것일까? 일부 과학자들은 한때 몇 개의 큰 물체들이 가까이에서 공존하다가 서로 충돌하면서 수많은 작은 물체들을 만들어낸 것이 아닐까하는 가설을 제안하였다. 몇 개의 소행성 "집단"이 있다는 사실이 이를 지지해 주고 있다. 그렇지만 어느 가설도 이를 결정적으로 지지해 주는 증거를 아직 발견하지 못하고 있다.

2001년 2월에 니어 슈메이커(NEAR Shoemaker)라는 위성이 소행성에 처음으로 방문해서 많은 정보를 보내주었다. 에로스(Eros)의 사진에는 미세한 먼지에서부터 크기가 10m에 이르는 입자들이 잔뜩 붙어 있는 황량한 표면을 볼 수 있었다(**그림 15.38**).

소행성들은 유성체와의 충돌 때 발생한 열의 상당량을 그대로 가지고 있음을 유성체들로부터 알 수 있다. 일부는 완전히 녹아서 중심에는 철과 니켈이, 바깥에는 암석 맨틀로 된 구조로 바뀌었을

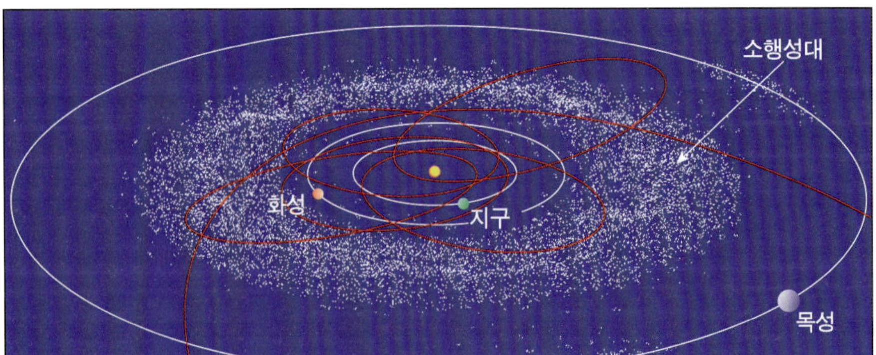

그림 15.37 소행성들의 궤도는 대부분 화성과 목성 사이에 위치한다. 그림에는 지구 가까이 있는 몇 개의 알려진 소행성들의 궤도를 아울러 보였다. 아마도 1,000여 개의 소행성들이 지구에 매우 가까운 궤도를 돌고 있을 것이다. 다행스럽게도 단지 수십 개 정도만이 직경이 1km보다 큰 것으로 생각된다.

그림 15.38 니어 슈메이커 탐사선이 찍은 소행성 에로스의 사진. 오른쪽 위의 확대 사진은 황량하고 바위투성이인 표면을 보여준다. (사진 제공: NASA)

것이다. 2005년 11월에 하야부사(Hayabusa) 탐사선은 25143 이토카와(Itokawa)라는 작은 소행성에 착륙했는데 2010년 6월에 지구로 표본을 가지고 귀환할 예정이다.

혜성: 지저분한 눈덩이들

혜성(comets)은 태양계 내에서 가장 볼 만하면서도 또한 예측하기 힘든 물체들이다. 이들은 지저분한 커다란 눈덩이에 비교되었는데 이는 이들이 작은 암석 조각이나 금속 조각들을 하나로 붙들어 모으면서 얼어붙은 기체들(물, 암모니아, 메탄, 탄산가스 및 일산화탄소)로 되어 있기 때문이다. 많은 혜성들은 한쪽으로 매우 긴 궤도를 따라 명왕성을 더 넘어서까지 여행한다. 그러나 돌아오는 여정에서 토성의 궤도 안쪽으로 들어오면 이들이 다시 눈에 보이기 시작한다.

처음 보이기 시작할 때는 혜성은 매우 작아 보

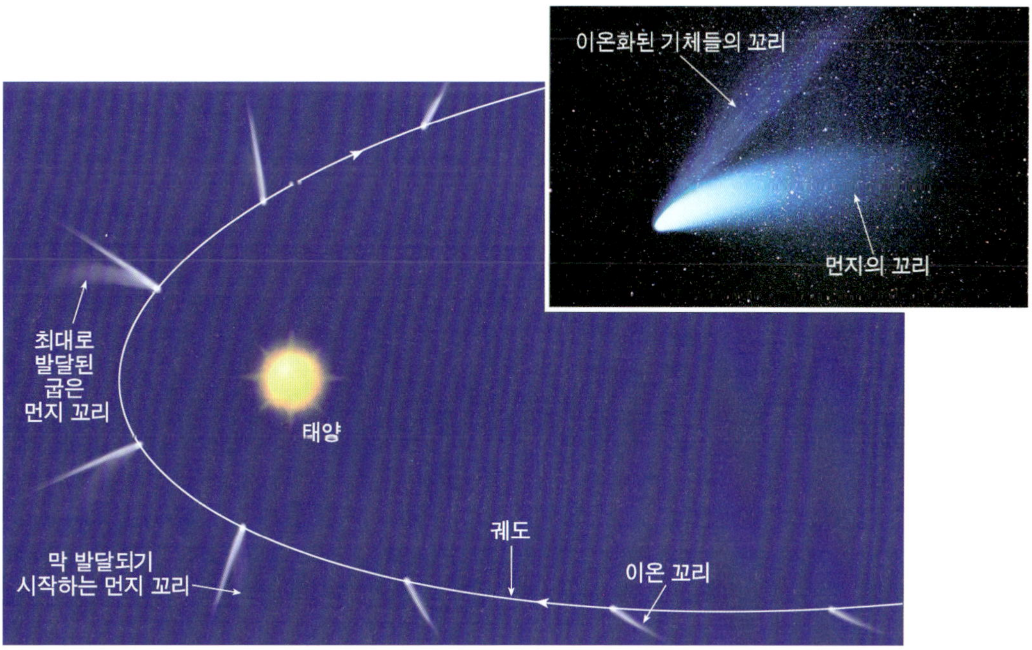

그림 15.39 태양 주위를 도는 혜성의 꼬리의 방향. 오른쪽 위는 헤일-밥 혜성의 사진. 두 꼬리의 길이는 1,600만km와 2,400만km에 달한다. (사진 제공: Peoria Astronomical Society photograph by Eric Clifton and Craig Neaveill)

인다. 그러나 태양에 접근함에 따라 태양에너지가 얼어 있는 기체들을 증발시키기 시작하면서 **코마**(coma)라고 부르는 발광 부분이 형성된다(**그림 15.39**). 코마의 크기는 혜성에 따라 크게 다르다. 예외적으로 아주 드물게는 태양의 크기를 넘는 것도 있지만, 대개는 목성 정도의 크기에 가깝다. 코마 내부에서는 약 수km 정도 크기의 작게 빛나는 핵이 관측되기도 한다. 혜성이 태양에 접근함에 따라 모두는 아니지만 여러 혜성들은 수백만km까지 늘어진 꼬리를 만들어낸다. 엄청나게 큰 코마나 꼬리에도 불구하고 혜성은 태양계의 비교적 소수 일원들이다.

혜성의 꼬리가 약간 곡선의 형태를 그리며 태양에서 멀어지는 방향을 향하고 있다는 사실로부터(**그림 15.39**) 초기의 천문학자들은 코마로부터 입자들을 밀어내 결국 꼬리를 만들어내는 힘을 태양이 가지고 있다고 생각하였다. 오늘날 태양으로부터 나오는 두 가지의 힘이 이러한 꼬리 형성에 기여하고 있는 것으로 알려져 있다. 하나는 **복사압**(radiation pressure)으로서 먼지 입자들을 코마로부터 밀어내고 있으며, 다른 하나는 태양풍(solar wind)로 알려져 있는데 이온화된 입자들 특히 일산화탄소 이온을 밀어내는 역할을 한다. 어떤 때는 먼지와 이온화된 기체로 이루어진 단 하나의 꼬리가 만들어지지도 하지만 두 개의 꼬리가 관측되는 경우도 종종 있다(**그림 15.39**).

혜성이 태양에서 멀어짐에 따라 코마를 구성하고 있던 기체들이 다시 응축하면서 꼬리가 사라지며 코마는 다시 "차가운 저장창고"로 되돌아간다. 꼬리로 만들어지면서 코마로부터 밀려난 물질들은 코마로부터 영구히 사라져버린다. 이런 때문에 대부분의 혜성들은 태양 가까이를 도는 궤도를 수백번 이상 돌면 살아남을 수가 없다고 믿어진다. 일단 모든 기체들이 소모되면 낱낱의 금속 파편들이나 암석 조각 같은 남은 물질들은 코마나 꼬리가 없이 궤도를 계속 선회한다.

대부분의 혜성은 태양계 외곽의 두 지역에서 발견된다. 단주기 혜성은 **카이퍼 벨트**(Kuiper belt)라는 해왕성 바깥의 궤도에 있다고 생각된다(**그림 15.40**). 지난 10년간 100개 이상의 이 얼음덩이 천체가 발견되었다. 태양계 내부에 있는 소행성들처럼 카이퍼 벨트 혜성들도 행성들의 공전궤도면 위에서 거의 원궤도를 돌고 있다. 가끔 이 혜성들이 목성형 행성들의 중력에 끌려 궤도를 이탈하면서 태양계 내부로 떨어져 들어오는 것이다.

반면에 장주기 혜성들은 행성들의 공전궤도면에 집중되어 있지 않다. 이 혜성들은 **오르트 구름**(Oort cloud)이라고 부르는 태양계를 둥글게 에워싸고 있는 구름에서부터 들어오는 것으로 보인다. 지구-태양 거리의 1만 배 이상의 거리에서 궤도를 도는 수백만 개의 혜성이 있다고 믿어지고 있다. 멀리서 지나가는 별들의 중력 섭동으로 인해 오르트 구름들이 이심율이 큰 궤도를 가지고 떨어져 들어온다고 생각된다. 그들 중에 일부만이 태양계 내부까지 들어온다.

왜 혜성들은 카이퍼 벨트와 오르트 구름에서 발견되는 것일까? 혜성들은 소행성처럼 태양 구름

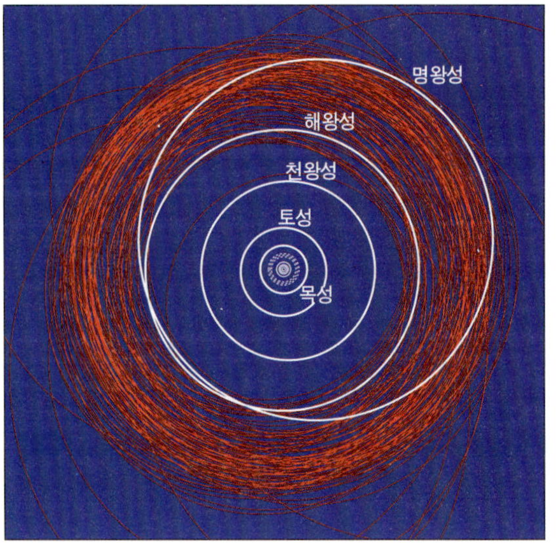

그림 15.40 일부 카이퍼 벨트(Kuiper belt) 천체들의 궤도.

속의 물질이 끌려올 때 남은 미소행성체인 것으로 보인다. 그러나 금속이나 암석 성분으로 되어 있는 내부 태양계의 소행성과는 달리 혜성들은 외행성들이 있는 지역에 있는 얼음덩이들이다. 해왕성 바깥에 있는 미소행성체들 중에 행성을 형성시키지 못한 물질이 카이퍼 벨트의 천체들이다. 반면에, 오르트 구름에 있는 얼음덩이 미소행성체들은 원래 목성형 행성들이 있는 곳에 있던 천체가 궤도를 이탈하여 태양계 바깥 끝까지 내던져진 것으로 생각된다.

가장 유명한 단주기 혜성으로는 핼리 혜성이 있다. 평균 주기는 76년이고 B.C. 240년부터 29번 중국 천문학자들에 의해 관측되었다. 1986년에는 지오토(Giotto) 탐사선이 600km 거리에 접근해서 혜성의 핵의 사진을 찍고 혜성의 구조를 근접 촬영하였다. 핼리 혜성의 핵은 16km~8km 크기의 고구마 꼴이다. 표면은 일정치 않고 운석 구덩이 같은 구멍이 많이 있다. 핵으로부터 기체와 먼지가 뿜어져 나와 밝은 꼬리를 만든다.

1994년 7월 슈메이커-레비(Shoemaker-Levy) 혜성이 약 600만 메가톤급의 에너지에 맞먹는 힘으로 목성에 충돌하였다. (1메가톤은 100만 톤의 TNT의 폭발력에 상응하는 에너지이다.) 더 말할 나위도 없이 이것은 사람들이 태양계에서 목격한 가장 극적인 사건이었다. 이와 유사한 일이 지구에서 일어날 수도 있다는 염려에서 NASA는 지구의 궤도와 교차할 가능성이 있는 궤적을 가지는 소행성이나 혜성을 추적하는 근 지구 천체 감시위원회(Near-Earth Object Search Committee)를 구성하였다.

유성체들: 외계에서 온 방문객

아마 여러분은 일반인들에게 흔히 "별똥별(shooting star)"로 불리는 **유성**(meteor)을 본 적이 있을지도 모른다. 마치 별이 떨어지는 것처럼 보이는 한 줄기의 빛은 기껏해야 몇 초밖에 보이지 않으며 이는 **유성체**(meteoroid)라고 불리는 작은 고체 물질이 우주공간으로부터 지구 대기로 진입할 때 발생한다. 유성체와 대기 사이의 마찰이 서로를 덥히며 우리가 보는 빛을 만들어낸다. 유성과 유성체들은 모두 다음의 세 가지 중 하나에서 기원한 것으로 생각된다: (1) 태양계가 형성될 때 행성들의 중력작용에 의해서 쓸려 들어가지 않고 남은 우주공간 내의 작은 조각들, (2) 소행성대로부터 계속적으로 유입된 물질들, (3) 한때 지구 주위를 가까이 지나가던 혜성의 남은 고체 잔해물들.

때로는 유성체들이 소행성만한 크기를 갖기도 하지만, 대부분은 모래알만한 크기에 무게도 1/100그램을 넘지 않는다. 따라서 이들은 지표면에 도달하기 이전에 증발해 버린다. 미세운석(micrometeorites)이라고 불리는 일부는 너무 작아서 하강하는 속도가 너무 느려 타버리지도 못하고 "우주의 먼지"로 떠다니기도 한다. 매일같이 수천 개의 유성체가 지구 대기로 진입한다. 밤이면 지구상 어느 곳에서나 한 시간당 대여섯 개 이상은 맨눈으로 보기에도 충분히 밝은 빛을 낸다.

때때로 유성의 관측이 매 시간당 60여 개 이상으로 극적으로 증가한다. 이러한 우주의 장관을 **유성우**(meteor shower)라고 부르는데 이것은 지구와 거의 같은 속도, 같은 방향으로 이동하는 유성체 무리를 지구가 만날 때 발생한다. 이런 유성체 무리들이 일부 단주기 혜성들의 궤도와 밀접히 관련이 되어 있는 사실은 이들이 혜성들이 잃어버린 찌꺼기들이라는 것을 강하게 암시하고 있다(**표 15.3**). 알려져 있는 혜성의 궤도와 전혀 상관이 없는 유성체 무리들은 아마도 더 이상 그 기능을 상실한 혜성 핵의 잔재일 것이다. 매해 8월 12일 규칙적으로 나타나는 유성우는 약 110년의 주기를 가지는 혜성 1862 III의 잔재로 믿어진다.

혜성과 연관되어 있는 유성체들은 그 크기가 작으며, 지상에 도달했다고 알려진 것이 없다. 크기가 충분히 커서 진입할 때 발생하는 열을 이겨낸

표 15.3 주요 유성우

유성우	대략적인 시기	관련된 혜성
Quadrantids	1월 4~6	—
Lyrids	4월 20~23	1861 I 혜성
Eta Aquarids	5월 3~5	Halley 혜성
Delta Aquarids	7월 30	—
Perseids	8월 12	1862 III 혜성
Draconids	10월 7~10	Giacobini-Zinner 혜성
Orionids	10월 20	Halley 혜성
Taurids	11월 3~13	Encke 혜성
Andromedids	11월 14	Biela 혜성
Leonids	11월 18	1866 I 혜성
Geminids	12월 4~16	—

대부분의 유성체들은 충돌에 의해서 궤도가 수정되어 지구로 향해 이동한 소행성들로부터 유래된 것으로 생각된다. 물론 지구의 중력이 나머지 일을 담당하는 것은 말할 것도 없다.

유성체의 잔재가 지상에서 발견되었을 때 이를 **운석**(meteorites)이라 부른다(**그림 15.41**). 몇 개의 거대한 운석체들은 지표면에도 운석 구덩이를 만들어내었으며, 이들의 모습은 달의 표면에 있는 운석 구덩이의 모습과 별로 다르지 않다. 가장 유명한 것은 애리조나주에 있는 미티오르 운석 구덩이(Meteor Crater)이다(**그림 15.42**). 이 거대한 공동은 직경이 약 1.2km에 이르며 깊이도 약 170m나 되고 높아진 가장자리는 주위의 지형에 비하여 약 50m나 높아져 있다. 주변에서 30톤이 넘는 철 조각이 발견되었으나 본체를 찾아내려는 시도는 성공하지 못하였다. 침식이 일어난 정도로 추정해 볼 때 충돌은 지난 20,000년 이내에 일어났던 것으로 보인다.

그림 15.41 애리조나주 미티오르 운석 구덩이 주변에서 발견한 철질 운석. (사진 제공: Meteor Crater Enterprises, Inc., Northern Arizona, USA)

달 탐사를 통하여 가지고 돌아온 월석이 있기 이전에는 운석만이 직접 조사를 할 수 있는 유일한 외계의 시료였다. 운석은 그 조성에 따라 세 가지로 분류 된다: (1) **철질 운석**(irons)－대부분이 철이며 니켈을 5~20%를 함유하고 있음, (2) **석질 운석**(stony)－규산염 광물들에 일부 여타의 광물들이 포함되어 있음, (3) **석철질 운석**(stony-irons)－앞서의 운석들의 혼합물. 아마 석질 운석이 가장 흔한 것이기는 하겠지만 사람들에게 발견되는 대부분의 운석은 철질 운석이다. 이것은 이해될 만한 일인데 철질 운석은 충격을 견뎌내는 경향이 있고 풍화도

이런 사실을 알고 있었나요?

지난 수십 년간 지구에 떨어지는 혜성과 소행성의 빈도가 지금까지 알려졌던 것보다 훨씬 자주 일어난다는 사실이 밝혀졌다. 1989년 크기가 1km에 이르는 소행성이 불과 6시간 전에 지구를 스쳐 지나간 일이 생긴 이래로 이 작은 천체들이 주는 위험을 인류는 실감하게 되었다. 이 소행성이 지구에 떨어졌다면 폭 8km, 길이 2km에 달하는 구덩이를 만들었을 것이다. 한 관측자는 이 천체가 곧 되돌아올 것이라고 한다. 통계에 따르면 이런 큰 충돌은 수억 년에 한 번씩 일어나며 지구의 생명체에 지대한 영향을 미쳐왔다고 한다.

그림 15.42 미국 애리조나주 윈슬로(Winslow) 근처에 있는 미티오르 운석 구덩이. 폭 1.2km, 깊이 170m에 달한다. (사진 제공: Michael Collier)

느리게 일어나며 일반사람들이라도 석질 운석에 비하여 훨씬 쉽게 지상의 암석들과 구별해낼 수 있기 때문이다.

석질 운석은 아마 한때 큰 소행성이나 작은 행성들 속에 존재하던 용융 상태의 핵의 조각들일 것이다. 희귀한 종류의 운석들 중의 하나인 탄소질 콘드라이트(carbonaceous chondrite)는 생명의 기본 요소가 되는 몇 간단한 아미노산과 다른 유기화합물들을 포함하고 있는 것이 발견되었다. 이러한 발견은 먼 우주의 차디찬 공간 속에 수많은 유기물질들의 존재를 암시하는 관측천문학의 발견들을 더욱 확인시켜 주고 있다.

몇몇 지질학자들이 지적하듯이 만약 몇몇 운석의 화학조성이 지구 모양의 행성을 만드는 물질들을 대표하는 것이라면 지구는 지표상의 암석이 보여주는 조성에 비하여서 훨씬 많은 철을 함유하고 있지 않으면 안 된다. 이것은 지질학자들이 지구의 핵이 대부분 철과 니켈로 되어 있을 것이라고 생각하는 이유 중 하나이다. 이에 더하여, 운석의 나이를 측정한 결과는 우리 태양계가 확실히 45억 년을 넘는 나이를 가지고 있음을 암시하고 있다. 이렇게 "오랜 나이"는 달 시료들을 통하여 얻은 자료들에 의해서 확인되었다.

왜소행성

1930년 명왕성의 발견 이래로 태양계의 끝이 어디인가 하는 의문이 풀리지 않았다. 명왕성은 지구에서 태양까지의 거리의 거의 40배나 되는 우리 태양계의 가장자리에 위치하고 있다. 그 밝기도 맨눈으로 볼 수 있는 밝기의 약 1/10,000밖에 되지 않는다. 태양에서 너무 멀리 떨어져 있는 데다가 공전 속도도 느려 명왕성이 태양 주위를 한 바퀴 도는 데에 248년이나 걸린다. 1930년 이래로 아직 공전 궤도의 1/4 정도를 겨우 끝마친 셈이다. 명왕성의 궤도는 눈에 띄게 길쭉하여(이심률이 커서) 행성이

그림 15.43 명왕성, 왜소행성, 몇 개의 큰 카이퍼 벨트 천체들의 크기 비교. 지구와 달도 보였다. (사진 제공: NASA)

때로는 해왕성의 궤도 안쪽을 지나며, 바로 1979년부터 1999년 2월까지 그런 일이 일어났다. 그렇지만 명왕성과 해왕성이 서로 충돌할 가능성은 전혀 없으며 이는 이들의 궤도면이 서로 기울어져 있어 실제로 서로 교차하는 일은 없기 때문이다.

1978년에 달인 카론(Charon)이 명왕성을 돌고 있는 것이 발견되었다(**그림 15.43**). 명왕성에 매우 가깝게 위치하고 있기 때문에 지구에서 찍은 사진은 가장 정밀한 것도 카론을 타원형으로 약간 튀어나온 정도로밖에 보여주지 않는다. 1990년 허블 천체망원경이 이 두 개의 얼어붙은 천체가 분리되어 있음을 분명히 보여주는 사진을 찍었다. 카론은 약 6.4일만에 한 번씩 명왕성을 약 19,700km의 거리에서 돌고 있는데, 이 거리는 지구와 달 사이 거리의 약 1/20에 불과한 거리이다.

카론의 발견으로 이전에 추정하였던 명왕성의 크기가 크게 변하였다. 명왕성은 그 직경이 약 2,300km로써 지구의 약 1/5 정도이며 이로써 태양계에서 가장 작은 행성이 되었다. 카론은 그 직경이 약 1,300km 정도이다.

명왕성의 온도는 약 −210℃로 추정되는데, 대기 중에 있을지도 모를 모든 기체들을 고체로 만들기에 충분한 낮은 온도이다. 따라서 명왕성은 아마도 주로 질소로 되어 있는 매우 희박한 대기를 가지고 있을 것 같다. 명왕성은 얼어붙은 기체와 이보다는 적은 양의 암석 물질들의 혼합물로 이루어진 지저분한 얼음덩이라고 부르면 가장 적절한 기술이 될 것 같다.

1992년에 천문학자들은 해왕성 바깥에 얼음덩이 천체를 발견하였고, 곧이어 소행성 띠처럼 이런 작은 물체들이 카이퍼 벨트를 이루고 있음이 밝혀졌다.

국제천문연맹은 2006년 8월 24일에 왜소행성이라는 새로운 행성 분류를 추가하였다. 이들은 자체의 중력으로 태양궤도를 돌지만, 그 궤도를 점유하고 있는 유일한 천체가 아닌 행성들이다. 이 정의에 의해서 명왕성은 **왜소행성**(dwarf planet)으로 분류되었고, 왜소행성의 표준이 되었다. 그 외에도 카이퍼 벨트 천체인 에리스(Eris), 가장 큰 소행성이었던 세레스(Ceres) 등이 왜소행성으로 분류됐다.

명왕성은 네 개의 암석질 내행성과 매우 다르고, 네 개의 기체 외행성과도 다르다. 새 분류체계에 따라 수백 개의 왜소행성들이 발견될 것으로 예상된다. 태양계 외곽을 탐사할 뉴 호라이즌(New Horizon) 탐사선은 2006년 1월에 발사되었는데 2015년에는 명왕성에 도달하고, 이어서 카이퍼 벨트의 천체들을 조사할 예정이다.

학습내용 요약

1. 초기의 그리스 사람들은 **지구 중심**(geocentric)(Earth-centered)의 우주관을 가지고 있었으며, 지구를 우주의 중심에서 움직이지 않고 정지되어 있는 하나의 구로 믿었다. 이러한 지구 주위를 달, 해 그리고 당시 알려져 있던 행성들인 수성, 금성, 화성, 목성, 토성이 공전하고 있었다. 초기의 그리스 사람들에게, 투명하고 비어 있는 **천구**(celestial sphere) 위에 있는 별들은 지구 주위를 매일 한 번씩 여행하였다. 141년 **클라우디스 프톨레미**는 프톨레미의 체계라 불리는 지구 중심의 관점을 문서로 정리하였다.

2. 근대 천문학은 1500년대와 1600년대에 걸쳐 많은 헌신적인 개개인의 노력을 통하여 자라났다. **니콜라우스 코페르니쿠스**(1473~1543)는 태양이 중심에 있으며 행성들이 그 주위를 공전하는 태양계를 만들었으나 행성들의 궤도가 원이라는 잘못을 계속하고 있었다. **티코 브라헤**(1546~1601)의 관측은 이전에 수행된 어느 것보다도 훨씬 정밀하였으며 이것은 천문학에 물려 준 그의 유산이었다. **요하네스 케플러**(1571~1630)는 행성의 운동에 관한 그의 세 법칙으로 이러한 새 천문학을 이끌어갔다. 자신의 망원경을 제작하여 **갈릴레오 갈릴레이**(1564~1642)는 코페르니쿠스의 태양 중심의 태양계를 지지하는 많은 중요한 발견을 하였다. **아이작 뉴턴**(1642~1727)은 운동의 법칙을 발전시키고, 중력의 힘이 일직선상으로 움직이려는 물체의 경향과 합쳐질 때 행성들이 타원궤도를 만들어 냄을 입증하였다.

3. 행성들은 **지구형**(terrestrial) **행성**(수성, 금성, 지구, 화성)과 **목성형**(Jovian) **행성**(목성, 토성, 천왕성, 해왕성)의 두 개의 부류로 나눌 수 있다. 명왕성은 어느 부류에도 속하지 않는다. 목성형 행성들과 비교해 보았을 때, 지구형 행성들은 더 작고 단단하며 상대적으로 더 많은 암석 물질들을 가지고 있고 자전속도가 더 느리다.

4. **성운설**(nebula hypothesis)은 태양계의 형성을 설명해 준다. 행성들과 태양은 약 50억 년 전 **성운**(nebula)이라 불리는 거대한 먼지와 기체의 구름에서 형성되었다. 성운 구름이 수축함에 따라 이들은 회전을 하면서 원판 모양으로 납작하게 되기 시작하였다. 중력에 의하여 중심 쪽으로 끌어당겨진 물질들은 **원시태양**(protosun)을 형성하였다. 회전하는 원판 내에서 **원시행성**(protoplanets)이라 불리는 작은 중심들이 형성되어 성운물질들을 더욱 더 쓸어 모았다. 높은 온도와 약한 중력장으로 인해서 내행성들(수성, 금성, 지구 및 화성)은 가벼운 성분들(수소, 암모니아, 메탄 및 물)을 많이 모아들일 수가 없었다. 그렇지만 태양으로부터 멀리 떨어져 있어 온도가 낮았던 때문에 목성형 행성을 형성한 부분들은 물, 탄산가스, 암모니아, 메탄과 같은 얼음성분을 상당히 포함하였다.

5. 달의 표면은 몇 가지 형태의 특징을 보여준다. 대부분의 **운석 구덩이**(crater)는 빠르게 운동하는 조각들(운석)들의 충돌에 의해서 만들어졌다. 밝으며, 운석 구덩이가 밀집한 고지대는 달 표면의 대부분을 차지한다. 어둡고 비교적 평탄한 저지대는 **바다**(maria)로 불린다. 바다는 내부의 평원이 유동성이 매우 큰 현무암질의 용암에 의하여 층층이 덮여버린 거대한 충돌 운석 구덩이들이다. 달 표면의 모든 지형은 달의 **표층토**(lunar regolith)라고 불리는 흙과 같은 회색의 채 굳지 않은 물질들로 덮여 있으며, 이들은 지난 수십억 년 동안 운석의 폭격이 지속되면서 만들어진 것이다.

6. 태양이 가장 가까이에 있는 **수성**(Mcrury)은 작고 단단하며 대기가 없고 어느 행성보다도 가장 극한적인 온도를 보이고 있다. 밤하늘에 가장 밝게 빛나는 행성인 **금성**(Venus)은 두껍고 무거운 이산화탄소의 대기를 가지고 있으며 비교적 낮은 평원과 비활성의 화산들로 이루어진 지형으로, 표층의 압력은 지구의 90배에 이르며, 표면 온도도 475℃나 된다. 붉은

행성인 화성(Mars)은 압력이 지구의 약 1%밖에 되지 않는, 탄산가스의 대기를 가지고 있으며 바람과 먼지 폭풍이 상당히 일어나고, 활동을 멈춘 수많은 화산, 여러 개의 거대한 계곡, 그리고 지구상의 물이 흐르는 골짜기와 유사한 모습을 보이고 있어 그 기원이 논란이 되고 있는 여러 골짜기들을 가지고 있다. 가장 큰 행성인 목성(Jupiter)은 매우 빠르게 자전하며, 줄무늬 모양을 보이고, 크기가 변하는 대적반, 하나의 고리시스템, 적어도 16개의 달〔이중의 하나인 이오(Io)에서는 화산활동이 활발함〕을 가지고 있다. 고리로 가장 널리 알려져 있는 토성(Saturn)은 또한 시속 930마일에까지 이르는 바람과 목성의 대적반과 유사한 "폭풍"이 부는 동적인 대기를 가지고 있다. 천왕성(Uranus)과 해왕성(Neptune)은 이들의 매우 유사한 조성과 구조로 인하여 때때로 쌍둥이 행성으로 불린다. 천왕성은 "옆으로 누워" 자전하는 것이 특이하다. 해왕성은 희고 깃털구름 모양의 구름이 주 구름대 위의 상공에 발달되어 있으며 목성의 대적반과 유사한 회전하는 거대한 폭풍으로 여겨지는 지구 크기의 대암반이 있다.

7. 태양계의 소수 구성원들에는 소행성, 혜성, 유성체 등이 있다. 소행성의 기원을 설명해 줄 수 있는 결정적인 단서들은 아직 발견되지 않고 있다. 혜성은 암석 조각들과 금속물질들을 포함하고 있는 얼어붙은 기체들로 만들어져 있다. 많은 혜성들은 한쪽으로 매우 늘어난 궤도를 따라 때로는 명왕성 너머로 여행을 한다. 우주공간을 여행하는 작은 입자들인 유성체가 지구 대기 내로 진입하면 이들은 유성이 되며 순간적으로 증발해 버린다. 유성우(meteor shower)는 지구가 혜성의 조각으로 생각되는 유성체들의 무리와 만나면서 일어난다. 운석은 유성체들의 남은 조각들이다. 이들 운석은 철질, 석질 및 석철질 운석의 세 형태로 구분된다. 최근 명왕성은 왜소행성이라는 태양계 천체로 분류됐다.

주요 용어와 개념

내행성(inner planet) … 542
달의 표토(lunar regolith) … 547
마리아(maria) … 544
목성형 행성(Jovian planets) … 541
미소행성체(planetesimals) … 540
성운설(nebula hypothesis) … 539
소행성(asteroids) … 560
역행 운동(retrograde motion) … 528
오르트 구름(Oort cloud) … 562
왜소행성(dwarf planet) … 566
외행성(outer planets) … 542
운석(meteorites) … 564
운석 구덩이(impact crater) … 545
원시행성(protoplanet) … 541
유성(meteor) … 563
유성우(meteor shower) … 563
유성체(meteoroid) … 563
지구형 행성(terrestrial planets) … 541
천구(celestial sphere) … 527
천동설(geocentric theory) … 527
천문단위(astronomical unit, AU) … 533
카이퍼 벨트(Kuiper belt) … 562
코마(coma) … 562
탈출속도(escape velocity) … 543
태양성운(solar nebula) … 539
프톨레미의 체계(Ptolemaic system) … 527
혜성(comets) … 561

학습 요약 문제

1. 옛 사람들은 왜 하늘의 천체들이 그들의 일생에 어떤 영향을 준다고 생각하게 되었을까?
2. 무엇이 화성의 역행 운동을 만드는지를 기술하라. 이런 운동을 설명하기 위하여 프톨레미는 어떤 기하학적 배열을 사용하였는가?
3. 코페르니쿠스는 프톨레미의 체계에 어떤 중요한 변화를 만들었는가?
4. 티코 브라헤가 과학에 한 공헌은 무엇인가?
5. 갈릴레오는 망원경을 발명하였나?
6. 태양이 회전한다는 갈릴레오의 발견이 어떻게 코페르니쿠스의 태양 중심의 우주관을 지지할 수 있었는지를 기술해 보라.
7. 뉴턴은 행성의 궤도가 두 가지 힘이 작용한 결과라는 것을 알게 되었다. 이를 설명하라.
8. 지구형 행성들과 목성형 행성들의 자전주기를 비교해 보라.
9. 목성의 적도상에 위치하는 한 지점은 얼마나 빠른 속도로 회전하는가? 목성의 둘레는 약 452,000km이다. (시속 km의 단위로 답하라.)
10. 어떤 기준에서 행성이 지구형 행성과 목성형 행성으로 구분되는가?
11. 행성을 만들어간 세 가지 형태의 물질들은 어떤 것들인가? 이들은 서로 어떻게 다른가? 지구형 행성들과 목성형 행성들의 사이의 밀도 차이가 어떻게 이들의 상대적 분포 차이로 설명될 수 있는가?
12. 태양계가 형성된 과정 중에 일어났었다고 생각되는 일련의 사건들을 간단히 기술해 보라.
13. 왜 달의 마리아가 컬럼비아 고원과 유사하다고 생각될 수 있는가?
14. 화성은 지구상에서도 흔히 보이는 어떤 지표면의 특징을 가지고 있는가?
15. 화성의 표면에 지하수가 스며 나왔던 증거는 왜 천체생물학자들을 흥분하게 하였을까?
16. 목성의 대적반의 본질은 무엇인가?
17. 목성의 위성 이오가 특별한 점은 무엇인가?
18. 목성의 가장 외곽에 있는 네 개의 위성이 목성에 붙잡힌 것으로 생각되는 이유는 무엇인가?
19. 태양계 내에서 화산활동을 보여주는 세 개의 천체는 무엇인가?
20. 지구가 혜성의 꼬리를 통과한다면 어떤 일들이 일어날 것으로 생각되는가?
21. 혜성은 대개 어디에 있다고 생각되는가? 어떤 경우 태양 가까이 이들이 들어오는가?
22. 소행성은 대개 어디에서 발견되는가?
23. 핼리 혜성의 질량은 1,000억 톤으로 추산되었다. 또 이 혜성이 태양 가까이를 지나는 몇 달 동안 1억 톤의 물질을 잃는 것으로 추산된다. 주기가 76년인 이 혜성의 수명은 얼마나 될 것인가?
24. 유성체를 이루는 세 개의 주 성분은 무엇인가?
25. 유성체, 유성, 운석을 비교하라.
26. 달이 지구에 비하여 작은데도 왜 달에서는 지구에서보다 운석 구덩이가 더 흔하게 발견되는가?

Online 학습 안내

Foundation of Earth Science 웹에는 학생들이 이 장에서 다룬 여러 내용의 학습을 도울 수 있는 자료들과 인터넷 연계시스템을 갖추고 있다. 지구과학을 강의하는 연구자들에 의해서 발전된 이 인터넷 주소는 지구과학의 이해를 증진시켜 줄 것으로 생각된다. **http://www.prenhall.com/lutgens**를 방문하여 *Foundation of Earth Science 5e*를 클릭하여 다음 내용들을 살펴보자:

- 인터넷 종합 퀴즈
- 비평적 사고 훈련
- 장 관련 웹 자료들의 연계
- 웹을 통한 주요 개념 탐구

http://www.prenhall.com/lutgens

GEODe: Earth Science

*GEODe: Earth Science*는 동영상(animation), 비디오(video), 낭송(narration), 대화식 연습문제(interactive exercise), 실용적인 퀴즈 등을 이용하여 주요 개념을 더욱 심화함으로써 더욱 효과적인 학습을 이룰 수 있게 한다. 이 복사 CD는 이 책 『지구시스템의 이해』 제5판에 포함되어 있다.

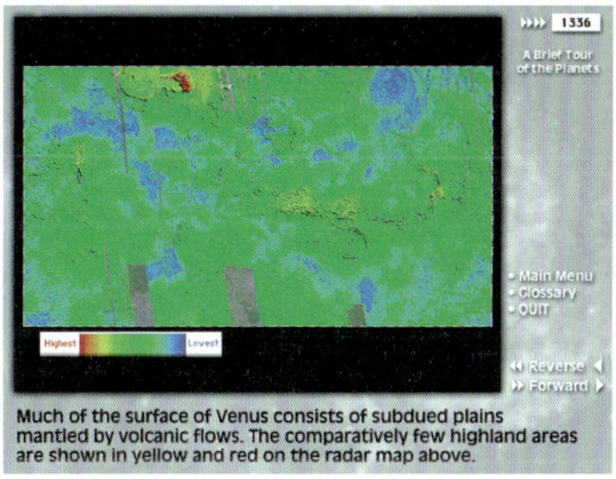

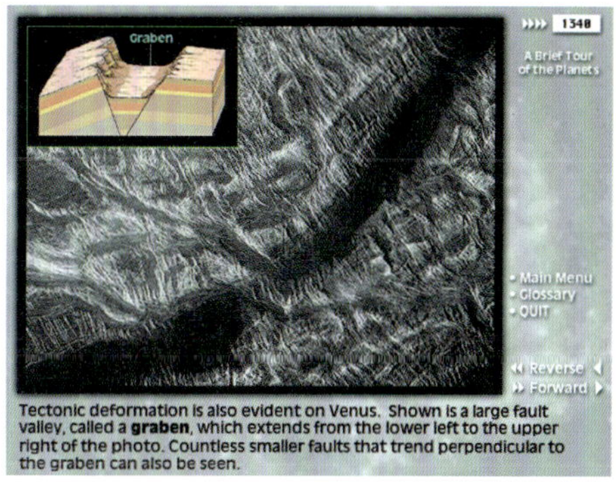

제 16 장

태양계 너머로

먼지와 기체 구름 속에서 별들은 발광 성운의 오색찬란한 빛을 낸다.

(사진 제공: Royal Observatory, Edinburgh/Anglo-Australian Telescope Board/Science Photo Library/Photo Researchers, Inc.)

학습 초점

다음은 여러분들이 이 단원에서 다루는 중요한 개념들을 이해하는 데 도움을 줄 수 있는 유용한 질문들이다.

1. 별까지의 거리를 측정하는 데에 사용되는 시차의 원리는 무엇인가?
2. 별의 주된 고유 성질은 무엇인가?
3. 별들의 크기는 어떻게 구분하는가?
4. 성운에는 어떤 종류가 있는가?
5. 가장 그럴듯한 별의 진화 모형은 무엇인가? 별은 일생 동안 어떤 단계들을 거치는가?
6. 별은 핵 원료를 다 써버리고 붕괴된 후에 마지막으로 어떤 상태에 도달하는가?
7. 우리 은하는 어떻게 생겼을까?
8. 은하들에는 어떤 유형이 있는가?
9. 도플러 이동이란 무엇인가?
10. 우주의 기원을 설명하는 대폭발 이론이란 무엇인가?

센타우루스자리의 프록시마 별은 약 4.3광년 거리에 있다. 달보다 약 1억 배 먼 거리이다. 이 별은 태양 다음으로 지구에서 가장 가까운 별이다. 이 사실은 우주가 상상하기 힘들 정도로 거대하다는 것을 뜻한다. 우리 태양계 너머의 이 광대한 우주의 본질은 무엇인가? 별들은 아무렇게나 흩어져 있는가? 아니면 성단들 속에 들어가 있는가? 별들은 움직이는가? 아니면 어두운 우주를 배경으로 매달려 있는 전등불처럼 영원히 고정되어 있는가? 우주는 모든 방향으로 무한히 팽창하는가? 아니면 다시 붕괴할 것인가? 이러한 의문들에 대해 알아보기 위해서, 이 장에서는 밤하늘에서 무수히 빛나는 별들을 우선 조사하고자 한다.

1. 별들의 성질

태양은 우리가 그 표면을 관찰할 수 있는 유일한 별이다. 그러나 우리 태양계 너머의 우주에 관해서도 아주 많은 사실이 알려져 있다. 사실 태양계의 가장 바깥 행성인 명왕성보다 별들에 대해서 더 많은 사실이 알려져 있다. 이러한 지식은 별과 별들 사이에 있는 기체가 방출하는 에너지로부터 얻은 것이다(**그림 16.1**). 우주를 이해하기 위해서는 이 빛을 모아서 그 안에 있는 비밀을 캐내야 한다. 이를 위해 천문학자들은 여러 정교한 방법들을 고안해 왔다. 우리는 먼저 거리와 색, 밝기, 질량, 온도, 크기와 같은 별들의 고유한 성질을 살펴보기로 한다.

별의 거리 측정

별까지의 거리를 측정하는 것은 아주 어려운 일이다. 물론 우리는 별로 여행을 갈 수는 없다. 그렇지만 천문학자들은 별의 거리를 측정하는 간접적인 방법을 몇 가지 개발했다. 이중 가장 기본적인 것이 별 시차를 재는 방법이다.

제15장에서 **별 시차**(stellar parallax)란 지구의 궤도운행 때문에 가까운 별의 겉보기 위치가 아주 조금 옆으로 흔들려 보이는 현상임을 배웠다. 복습삼아 시차의 원리를 간단히 시각화해 보자. 한쪽 눈을 감고, 집게손가락을 수직으로 세우고, 멀리 있는 물체에 손가락을 맞추어본다. 이제 손가락을

그림 16.1 석호성운. 이것은 기체와 먼지 입자들이 뭉쳐 별들을 만들고 있는 빛나는 성운 안에 있다. (사진 제공: National Optical Astronomy Observatories)

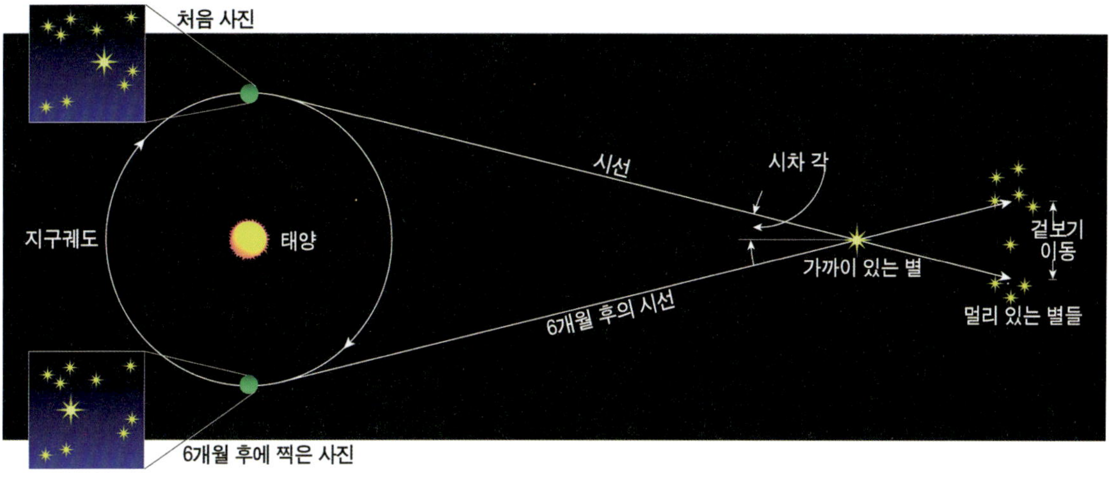

그림 16.2 별의 시차를 나타내는 그림. 여기에 보인 시차각은 원리를 보여주기 위해 엄청나게 과장한 것이다. 가장 가까운 별까지의 거리도 지구와 태양 사이의 거리보다 수천 배 더 멀기 때문에, 천문학자들이 다루는 삼각형은 아주 좁고 길어서 측정해야 할 각도는 극히 작다.

움직이지 말고, 다른 쪽 눈으로 그 물체를 바라보면 그것의 위치가 바뀌었을 것이다. 손가락을 멀리 둘수록 물체의 위치는 덜 움직인다.

실제로 시차는 아주 멀리 있는 별들을 배경으로 해서 근처에 있는 별을 사진 찍어서 측정한다. 그 뒤 6개월 후에 지구가 궤도를 절반 돌았을 때, 두 번째 사진을 촬영한다. 이 사진들을 비교하면 가까이 있는 별이 배경의 별들에 대하여 이동하여 나타난다. **그림 16.2**에 이러한 이동을 예로 보였다. 이 이동에서 시차 각도가 측정된다. 가까운 별들의 시차각은 상대적으로 크지만, 멀리 있는 별의 시차는 너무 작아서 측정할 수 없다. 중세의 천문학자 티코 브라헤는 별의 시차를 잴 수 없었기 때문에 지구가 태양 둘레의 궤도를 돈다는 의견을 받아들이지 않았었다.

별의 시차는 아주 작다. 가장 가까운 별인 켄타우루스자리 프록시마의 시차도 1각초보다 작다. 1각초는 3,600분의 1도이다. 팔을 쭉 펴고 새끼손가락을 세웠을 때 보이는 손가락의 폭이 대략 1도이다. 달 밝은 밤에 이렇게 하면서, 손가락으로 달을 가릴 수 있다. 달은 폭이 0.5도밖에 안 되기 때문이다. 이제 폭이 손가락의 1/3600 밖에 안 되는 움직임을 잰다고 상상해 보라. 티코 브라헤가 망원경을 사용하지 않고 별 시차를 잴 수 없었던 것은 당연하다.

별은 너무나 멀어서 km나 천문단위와 같은 전통적인 단위로 그 거리를 나타내기는 너무 불편하다. 별의 거리를 표현하는 더 간편한 단위는 **광년**(light-years)이다. 광년은 빛이 1년 동안 날아가는 거리로서, 약 9.5조km이다.

별의 거리를 측정하기 위해 사용되는 이 방법은 초보적인 것으로서 고대 그리스인들도 이미 알고 있었다. 그러나 실제로 이것을 측정하는 일은 대단히 복잡하다. 왜냐하면 측정할 각도가 아주 작으며, 태양과 측정되는 별 각각이 우주에서 나름대로 움직이고 있기 때문이다. 1838년에 와서야 별의 시차가 정확히 측정되기 시작했다. 오늘날에도 가까운 별 수천 개 정도에 대해서만 시차가 정확히 측정되어 있다.

대부분의 별들의 시차는 너무나 작아서 정확히 측정할 수 없다. 다행히 보다 먼 별들의 거리를 잴 수 있는 다른 방법들이 몇 가지 있다. 또한 지구 대기의 흐름과 왜곡에 방해받지 않는 허블 우주 망원경으로 멀리 떨어져 있는 더 많은 별들의 시차 거리를 정확히 얻을 수 있게 되었다.

별의 밝기

지구에서 보는 별의 겉보기 밝기는 세 가지 요소에 의해 결정된다. 별이 얼마나 큰가, 얼마나 뜨거운가 그리고 얼마나 먼 거리에 있는가이다. 밤하늘의 별들은 크기, 온도, 거리가 매우 다양해서 그들의 밝기도 아주 다르다.

표 16.1 별 밝기의 비율

등급의 차이	밝기 비율
0.5	1.6 : 1
1	2.5 : 1
2	6.3 : 1
3	16 : 1
4	40 : 1
5	100 : 1
10	10,000 : 1
20	100,000,000 : 1

겉보기(실시) 등급 기원전 2세기에 히파르쿠스는 약 1,000개의 별을 밝기에 따라 여섯 단계로 나눴는데, 이후로부터 별들은 밝기에 따라 분류되어 왔다. 별의 밝기의 척도를 **등급**(magnitude)이라고 한다. 어떤 별들은 거리가 멀어서 어둡게 보인다. 그래서 지구에서 보았을 때의 별의 밝기를 **겉보기(실시) 등급**(apparent magnitude)이라고 한다.

별의 상대적인 밝기를 숫자로 나타내는데 등급의 값이 클수록 별은 더 어둡다. 가장 밝은 별들은 1등급이고, 맨눈으로 볼 수 있는 가장 어두운 별들은 6등급이다. 망원경의 발명으로 6등급보다 더 어두운 별들이 많이 발견되었다.

1800년대 중반에 등급을 이용해서 별들의 밝기를 비교하는 방법이 개발되었다. 시간 당 50와트 백열전구와 100와트의 백열전구의 밝기를 비교하듯이 등급이 서로 다른 별들의 밝기를 비교할 수 있다. 1등성이 6등성보다 약 100배 더 밝은 것으로 측정됐다. 그래서 5등급 차이가 나는 두 별은 밝기가 100배 차이가 나는 것으로 정하였다. 즉, 7등성은 12등성보다 100배 더 밝다.

그렇다면 1등급 차이인 두 별의 밝기의 비율은 약 2.5배*이다. 즉, 1등성은 2등성보다 약 2.5배 더 밝다. **표 16.1**에 등급차와 밝기비를 나타냈다.

일부 별들은 1등성보다 밝기 때문에 0과 음수 등급이 도입되었다. 밤하늘에서 가장 밝은 별인 시리우스는 실시 등급이 −1.4로서 1등성보다 약 10배 더 밝다. 이런 방법으로 하면 태양의 겉보기 등급은 −26.7이다. 금성은 가장 밝을 때 등급이 −4.3이다. 어두운 쪽으로 가자면 지름 5m짜리 헤일 망원경은 눈으로 볼 수 있는 별들보다 약 1억 배 어두운 23등성들을 볼 수 있게 해준다.

절대 등급 천문학자들은 별들의 진짜 밝기에 관심이 있는데, 이는 **절대 등급**(absolute magnitude)으로 나타낸다. 별들은 보통 거리가 서로 다르기 때문에 광도가 같아도 겉보기 등급이 다르다. 별들의 진짜 밝기를 비교하기 위해서 천문학자들은 별들이 약 32.6광년의 표준 거리에 있을 경우의 겉보기 등급을 사용한다. 예를 들면, 겉보기 등급이 −26.7인 태양을 32.6광년의 거리에 두면 겉보기 등급이 약 5가 되고, 이것이 태양의 절대 등급이다. 그러므로 절대 등급이 5보다 작은 별들은 실제로는 태양보다 더 밝지만 거리 때문에 더 어둡게 보이는 것이다.

표 16.2에 일부 별들의 절대 등급과 겉보기 등급

---

* 계산: 2.512 × 2.512 × 2.512 × 2.512 × 2.512, 또는 2.512의 5승은 100이다.

표 16.2 일부 별들의 거리와 겉보기 등급, 절대 등급

이름	거리(광년)	겉보기 등급	절대 등급
태양	0.000016	−26.7	5.0
켄타우루스자리의 알파(α)별	4.27	0.0	4.4
시리우스	8.70	−1.4	1.5
아크투르스	36	−0.1	−0.3
베텔기우스	520	0.8	−5.5
데네브	1,600	1.3	−6.9

*더 큰 음수일수록 더 밝다. 더 큰 양수일수록 더 어둡다.

을 지구로부터의 거리와 함께 나타냈다. 대부분의 별들은 절대 등급이 −5와 15 사이인데, 태양은 이 범위의 가운데 근처에 놓여 있다.

별의 색과 온도

맑은 날 밤에 야외에 가면 별들을 잘 살펴보고 색깔의 차이를 주의해서 보라(**그림 16.3**). 오리온 별자리에서는 다양한 색을 띤 별들을 볼 수 있다. 오리온자리에서 가장 밝은 별 두 개 가운데, 베텔기우스(오리온자리 α 별)는 확실히 붉은색이고 리겔(오리온자리 β 별)은 푸른색으로 보인다.

표면 온도가 절대온도 30,000K 이상인 아주 뜨거운 별들은 단파장광 영역에서 그들의 에너지 대부분을 방출하므로 푸른색으로 보인다. 한편 붉은 별들의 표면은 보통 3,000K 이하로 훨씬 더 온도가 낮다. 이 별들은 에너지의 대부분을 장파장인 붉은빛으로 방출한다. 온도가 5,000~6,000K 사이인 별들은 태양처럼 노란색으로 보인다. 색은 주로 별의 온도를 반영하기 때문에 천문학자에게 별에 대한 유용한 정보로 이용된다.

쌍성과 별의 질량 밤하늘에서 가장 잘 알려진 별자리 중의 하나인 북두칠성은 얼른 보면 7개의 별로 이루어져 보인다. 그러나 시력이 좋은 사람은 북두칠성의 손잡이에 있는 두 번째 별(미자르)이 두 개인 것을 볼 수 있다. 1700년대에 천문학자들은 새로운 관측장비인 망원경을 사용해서 이렇게 쌍으로 된 별들을 많이 발견했다. 쌍으로 된 별들 가운데 하나는 보통 다른 하나보다 더 어둡기 때문에 더 멀리 있다고 여겨졌었다. 즉, 이 별들은 실제로 쌍을 이루고 있는 별들이 아니라 우연히 같은 시선상에 놓여 있을 뿐이라고 생각되었다.

1800년대 초에, 윌리엄 허셜(William Herschel)은 많은 쌍성들을 주의 깊게 조사한 결과, 상당수가 서로 궤도를 돌고 있다는 사실을 알아냈다. 두 별은 서로의 중력에 의해 묶여 있다. 이중에 망원경으로 보아 둘로 떨어져 보이는 별들은 안시 쌍성이라고 부른다. 별들이 짝을 이뤄 서로 돌고 있다는 것이 이상하게 여겨질지도 모르겠다. 그러나 우주에 있는 별들의 반 이상이 둘이나 그 이상으로 되어 있다는 증거가 있다.

쌍성들은 별에 대해 측정하기 가장 어려운 물리량인 질량을 알아내는 데에 이용된다. 쌍성들에서처럼 중력으로 상대에게 묶여 있는 경우 별의 질량을 잴 수 있다. 쌍성들은 질량 중심이라고 부르는 점 주위로 서로 궤도를 돈다(**그림 16.4**). 두 별의 질

그림 16.3 오리온자리에 있는 별들을 저속도로 촬영한 사진. 이 별 자취들에서 별의 다양한 색들을 볼 수 있다. 사람의 눈은 사진의 필름과 다소 다른 색을 본다. (사진 제공: National Optical Astronomy Observatories)

량이 같은 경우, 질량 중심은 정확히 두 별의 중간에 놓여 있다. 한 별이 다른 별보다 훨씬 더 무거운 경우, 질량 중심은 무거운 별 쪽에 훨씬 더 가까운 곳에 위치한다. 그렇다면 별 궤도의 크기를 관측할 수만 있다면, 별들의 질량을 구할 수 있을 것이다. 시소를 탈 때 몸무게가 무거운 사람이 중앙에 더 가까이 앉아야 균형이 맞는 것과 같다.

실례로, 한 별의 궤도가 짝별의 궤도에 비해 크기가 반이라면 질량은 두 배이다. 쌍성계의 총질량이 태양 질량의 세 배라면, 무거운 별의 질량은 태양의 2배, 가벼운 별은 태양과 같을 것이다. 대부분의 별들은 질량이 태양 질량의 0.1~50배 사이이다.

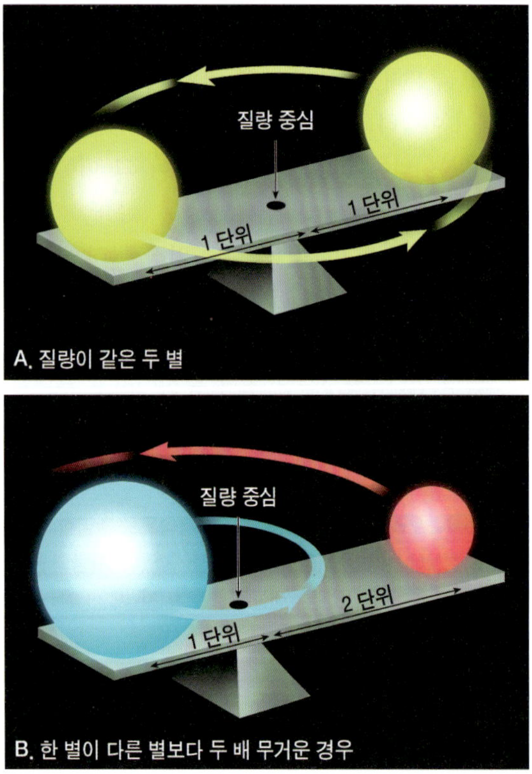

그림 16.4 쌍성들은 그들의 공동 질량 중심을 둘레로 궤도를 돈다. A. 질량이 같은 별들의 경우, 질량의 중심은 정확히 그들 중간에 놓인다. B. 한 별이 동반성보다 두 배 무거운 경우, 이 별은 그들의 공동 질량 중심에 두 배 가까이 있다. 그러므로 무거운 별들은 가벼운 별들보다 질량에 비례하여 더 작은 궤도를 돈다.

2. 헤르츠스프룽-러셀도

지난 세기 초, 아이나 헤르츠스프룽(Ejnarr Hertzsprung)과 헨리 러셀(Henry Russell)은 별의 밝기(절대 등급)와 온도 사이의 관계를 각각 독자적으로 연구했다. 이 연구로부터 그들은 한 가지 도표를 개발했는데, 이것을 오늘날 **헤르츠스프룽-러셀도**〔Hertzsprung-Russell(H-R) Diagram〕라고 부른다. 이것은 별의 속성들을 나타내 준다. H-R도를 연구하면 우리는 별의 크기와 색깔, 온도 등에 대해 많은 것을 알게 된다.

H-R도를 작성하기 위해 천문학자들은 하늘의 일부를 조사하여 찾은 별들을 광도와 온도에 따라 도표에 점을 찍는다. **그림 16.5**에 있는 별들이 균일하게 분포되어 있지 않다는 사실에 주목하라. 별들 중 약 9할이 H-R도의 왼쪽 위에서 오른쪽 아래로 이어지는 하나의 띠를 이루고 있다. 이 "평범한" 별들을 **주계열성**(main-sequence stars)이라고 부른다. **그림 16.5**에서 보듯이, 가장 뜨거운 주계열성은 실제로도 가장 밝은 별이고 가장 차가운 별이 가장 어두운 별이다.

주계열성들의 광도 또한 질량과 관련이 있다. 가장 뜨거운 푸른 별들은 우리 태양보다 약 50배 더 무겁다. 반면 가장 차가운 붉은 별들은 질량이 우리 태양의 10분의 1밖에 안 된다. 그러므로 H-R도에서 주계열성들은 뜨겁고 무겁고 푸른 별들에서부터 차갑고 가볍고 붉은 별들 순서로 늘어서 있다.

그림 16.5에서 우리 태양의 위치를 주의해서 보라. 태양은 절대 등급이 약 5등급인 노란색의 주계열성이다. 대부분의 주계열성들의 등급이 −5~15 사이이고 태양이 이 범위의 중간에 있기 때문에 태

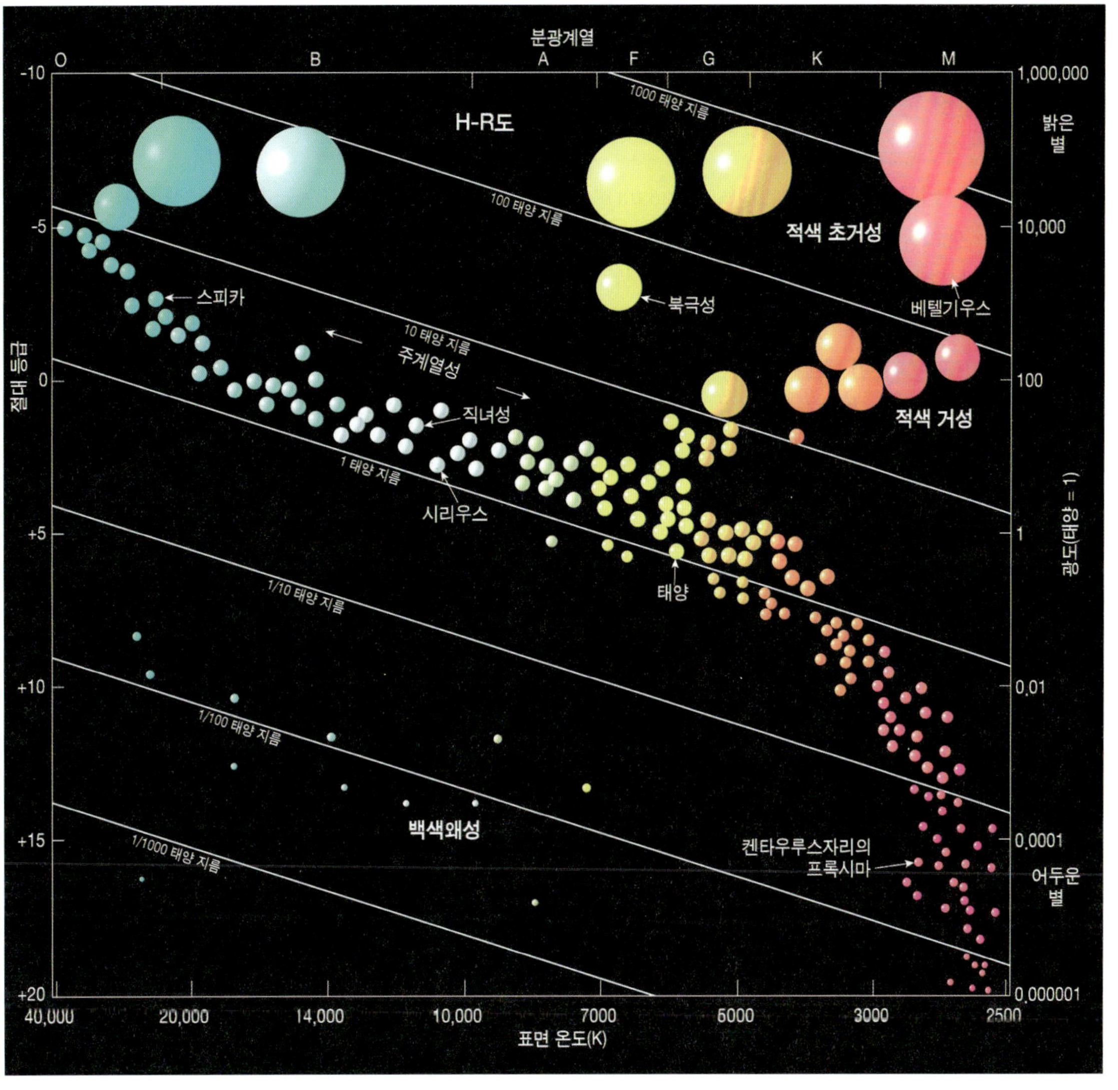

그림 16.5 별들의 위치를 표면 온도와 절대 등급에 따라 그린 이상적인 헤르츠스프룽-러셀(H-R)도.

양은 종종 전형적인 보통 별로 여겨진다. 그러나 개수로 보면 태양보다 차갑고 무거운 주계열성들이 더 많다.

모든 사람들의 키가 다 정상 범위에 들지는 않는 것처럼 일부 별들은 주계열성들과 다르다. **그림 16.5**의 H-R도에서 주계열성의 오른쪽 위 부분에 있는 별들을 거성, 또는 그들의 색을 근거로 **적색 거성**(red giant)이라고 부른다. 거성의 크기는 표면 온도가 같고 크기가 알려진 별들과 비교하여 측정한다. 표면 온도가 같은 물체는 단위 면적마다 같은 양의 에너지를 방출한다. 그러므로 표면 온도가 같은 두 별의 밝기의 차이는 표면적, 즉 크기의 차이에 기인한다.

예를 들어, 태양의 광도를 1이라 할 때 광도가 100인 또 다른 노란 별을 생각해 보자. 두 별의 표면 온도는 서로 같기 때문에 둘 다 단위 면적당 같은 양의 에너지를 방출한다. 그러므로 태양보다 100배 밝은 별은 표면적이 100배 더 클 것이다. 이 때문에 H-R도의 오른편 위에 있는 별들을 거성(giant)이라고 부르는 것이다.

어떤 별들은 너무나 커서 **초거성**(supergiant)이라고 부른다. 오리온자리의 밝고 붉은 초거성 베텔기우스는 반지름이 태양의 약 800배다. 이 별이 태양계의 중심에 있다면 이 별은 화성의 궤도보다도 클 것이고, 지구는 이 별 속에 들어 있게 될 것이다! 밤하늘에서 쉽게 찾을 수 있는 다른 적색 거성들로는 목동자리에 있는 대각성과 전갈자리에 있는 안타레스가 있다.

H-R도의 가운데 아래에서는 상황이 반대이다. 이 별들은 주계열성보다 훨씬 더 어둡다. 이전과 같은 논리로 이 별들은 훨씬 더 작아야 한다. 어떤 것들은 크기가 지구 정도일 것이다. 이런 별들을 (비록 모두 하얀색은 아니지만) **백색 왜성**(white dwarf)이라고 부른다.

H-R도가 처음 고안된 직후, 천문학자들은 별의 진화를 해석하는 데에 H-R도가 중요하다는 것을 바로 깨달았다. 생물들과 마찬가지로 별도 태어나고 나이를 먹고 죽는다. 거의 9할의 별들이 주계열에 놓여 있다는 사실에서, 우리는 별들이 활동 기간의 대부분을 주계열성 상태로 보낸다는 것을 알 수 있다. 관측된 별들 중 단지 몇 퍼센트의 별들만이 거성들이고, 약 10%는 백색 왜성들이다.

다음에 우리는 변광성과 성간 물질의 특성을 검토할 것이고, 그 후에 별 진화에 대해 다시 살펴볼 것이다.

3. 변광성

별들 중에 밝기가 변하는 것을 변광성이라 한다. 일부는 **맥동변광성**(pulsating variable)이라고 하는데 크기가 커졌다 작아졌다 하면서 밝기가 변하는 별들이다. 이들 중 세페이드 변광성과 같이 별의 거리를 재는 데에 유용한 별들이 있다.

가장 장엄한 변광성은 **폭발변광성**(eruptive variable)인데 **신성**(nova)이 한 예이다(**그림 16.6**). 이 별에서 폭발이 일어날 때 별의 외곽층이 빠른 속도로 터져나간다. 이 방출물질은 실제로 관찰이 된다

1935년 3월 10일

1935년 5월 6일

그림 16.6 약 두 달 간격으로 찍은 헤라클레스자리에 있는 신성의 사진. 광도의 감소를 볼 수 있다. (사진 제공: Lick Observatory)

그림 16.7 페르세우스자리 신성 주변의 팽창중인 구름. (사진 제공: Hale Observatories. Copyright by the California Institute of Technology and Carnegie Institution of Washington)

(그림 16.7). 신성은 수일 내에 최고 밝기에 도달하고, 1년 정도에 걸쳐 원래 밝기로 돌아간다. 별이 원래의 밝기로 돌아가기 때문에 방출된 물질은 별의 질량의 아주 일부분에 불과하다고 생각된다. 일부 별들에서는 이러한 폭발이 여러 번 일어날 수 있다.

신성에 대한 현대적 설명은 팽창하고 있는 적색 거성과 뜨거운 백색 왜성으로 된 쌍성계에서 일어난다는 것이다. 적색 거성의 수소기체가 백색 왜성의 중력에 끌려 들어간다. 이 물질이 충분히 쌓이면 결국 폭발을 일으킨다. 이 열핵반응이 왜성의 외곽층을 급격히 가열해서 팽창시키고, 이것이 바로 신성이다. 짧은 시간 내에 백색 왜성은 원래의 상태로 돌아간다.

4. 성간 물질

별 사이는 "진공"이다. 그러나 이것은 완전한 진공이 결코 아니다. 왜냐하면 이곳에는 먼지와 기체가 미량 들어 있기 때문이다. 이렇게 성간 물질이 많이 뭉쳐 있는 물체를 **성운**(nebula)이라 한다(라틴어로 "구름"을 뜻함). 성간 물질이 아주 뜨겁고 푸른 별 가까이 있으면 빛을 내는데, 이 때문에 **발광 성운**(bright nebula)이라고 부른다. 발광 성운에는 방출 성운과 반사 성운 두 가지 종류가 있다.

방출 성운(emission nebulae)은 대부분 수소로 이루어진 기체 덩어리다. 이 성운은 그 속에 들어 있는 또는 가까이 있는 뜨거운 별들이 낸 자외선 빛을 흡수한다. 그리고 다시 가시광을 방출하는데

그림 16.8 오리온 대성운은 잘 알려진 방출 성운이다. 오리온 대성운은 맨눈으로 볼 수 있을 정도로 밝은데, 오리온자리에서 사냥꾼의 칼에 위치하고 있다. (사진 제공: National Optical Astronomy Observatories)

성운의 내부는 압력이 낮고 희박하기 때문에 그 빛이 쉽게 빠져나온다. 자외선 빛을 이렇게 가시광으로 전환하는 것을 형광이라고 하는데, 형광등 속에서 일어나는 현상과 같다. 쌍안경으로 쉽게 볼 수 있는 잘 알려진 방출 성운은 오리온 별자리에 있는 사냥꾼의 칼이다(**그림 16.8**).

반사 성운(reflection nebulae)은 그 이름이 뜻하듯이, 가까이 있는 별들이 낸 빛을 반사시킨다(**그림 16.9**). 반사 성운 안에는 **성간 먼지**(interstellar dust)라고 부르는 크기가 상대적으로 큰 입자들이 들어 있다고 생각된다. 왜냐하면 원자로 된 기체는 반사 성운처럼 빛을 잘 반사시키지 못하기 때문이다.

성간 물질이 밀집하여 만들어진 구름이 밝은 별에서 멀리 떨어져서 빛을 받지 못하는 경우, 이를 **암흑 성운**(dark nebula)이라고 한다. 오리온자리에 있는 말머리성운이 그 예인데, 밝은 배경을 뒤로 하고 있는 검은 윤곽으로서 나타나 보인다(**그림 16.10**). 암흑 성운은 또한 은하수를 바라볼 때 "하늘에 있는 구멍"처럼 별이 없는 지역들이어서 쉽게 찾을 수 있다.

그림 16.9 플레이아데스성단에 있는 희미한 푸른 반사 성운은 이 성운에 있는 먼지에 별빛이 반사되어 보이는 것이다. 황소자리에서 맨눈으로 간신히 볼 수 있는 플레이아데스성단은 쌍안경이나 작은 망원경으로 보면 아주 장관이다. (사진 제공: Palomar Observatories/California Institute of Technology [Caltech])

성운은 아주 밀집되어 보이지만, 실은 물질이 아주 희박하게 흩어져 있다. 그러나 성운들의 크기가 어마어마하기 때문에 입자와 분자들의 총 질량은 태양 질량의 여러 배가 될 수 있다. 별과 행성이 성간 물질로부터 생성되기 때문에 천문학자들은 성간 물질에 큰 관심을 가지고 있다.

5. 별의 진화

별의 수명은 대개 수십억 년을 넘기 때문에 별이 어떻게 태어나고 나이를 먹어 죽어가는가에 대한 답을 하려는 것은 주제넘은 욕심이라고 생각할 수도 있다. 그러나 나이가 다른 여러 별들을 연구함으로써 천문학자들은 별의 진화에 대한 그럴듯한 모형을 만들 수 있었다.

이 모형을 만드는 데 이용된 방법은 인간의 성장 단계를 조사하기 위해 지구에 온 외계인이 사용할 법한 것이다. 많은 사람을 연구함으로써 이들은 인

이런 사실을 알고 있었나요?

수십억 년 후 태양은 중심의 수소 원료가 고갈됨에 따라 외곽부가 크게 팽창하여 지금보다 수백 배나 크고 밝은 적색 거성이 될 것이다. 지구의 바다는 강한 태양빛 때문에 끓어버릴 것이고 대기는 태양풍에 날아갈 것이다. 10억 년이 더 지나면 태양은 외곽층을 잃고 행성상 성운이 될 것이다. 중심부는 수축하여 행성 크기의 작고 밀도 높은 백색 왜성이 될 것이다. 남아 있는 열에너지를 서서히 방출하면서 태양은 차갑고 어두운 천체가 될 것이다.

그림 16.10 말머리성운. 오리온자리의 밝은 성운들이 있는 지역에 있는 암흑 성운. (사진 제공: Anglo–Australian Observatory/Royal Observatory Edinburgh)

간의 탄생, 어린이와 성인, 나이든 사람의 죽음을 관찰할 수 있을 것이다. 이런 정보를 통해서, 외계인은 인간 성장의 단계들을 올바른 순서에 맞춰 정리하려 할 것이다. 각 성장단계에 도달해 있는 인간의 수를 근거로 인간은 어린아이보다는 성인으로서 더 많은 삶의 시간을 보낸다고 결론지을 것이다. 비슷한 방법으로 천문학자들은 별에 대해서도 이러한 이야기를 만들어놓은 것이다.

간단히 말해서, 별들은 중력 때문에 존재한다. 희박한 기체 구름에 있는 입자들이 내는 서로의 중력 때문에 구름은 수축한다. 이 성간 구름이 수축되어 높은 압력에 이르면 온도가 올라가서 핵 용광로가 점화되고, 별이 탄생한다. 별은 아주 뜨거운 기체 공이다. 별을 수축시키려고 하는 중력과 별을 팽창시키려고 하는 뜨거운 핵에너지의 힘들이 균형을 이루고 있다. 결국 별의 핵연료가 모두 고갈되면 중력이 우위를 차지하게 되어, 별의 남은 물질은 작고 밀도 높은 물체로 붕괴될 것이다.

별의 탄생

별의 탄생 장소는 먼지와 기체가 풍부하게 들어 있는 어둡고 차가운 성간 구름 속이다(**그림 16.11**). 이러한 성간 기체 구름에는 수소가 92%, 헬륨이 7%, 그리고 더 무거운 중원소가 1% 이하 들어 있다. 어떤 원인에 의해 이 희박한 기체 구름들은 눌려져 중력적으로 수축하기 시작하게 된다. 그 원인으로서 제기된 한 가지 재인은 가까운 별이 초신성 폭발을 할 때 나오는 충격파를 들 수 있다. 그러나 그 원인이 무엇이든 간에 일단 수축이 시작되면 입자들의 상호 중력이 구름을 수축시켜서, 모든 물질을 중심으로 끌어당긴다. 구름이 수축되면서 중력에너지(위치에너지)가 운동이나 열에너지로 바뀌게 된다.

초기의 수축은 100만 년 정도 걸린다. 시간이 흐르면서 이 기체 덩이의 온도는 서서히 상승하여, 결국에는 파장이 긴 붉은빛으로 표면에서 에너지가 방출된다. 이런 거대한 붉은 천체는 핵융합을 일으킬 만큼 충분히 뜨겁지 않기 때문에 아직은 별이 아니다. 이런 천체를 **원시성**(protostar)이라고

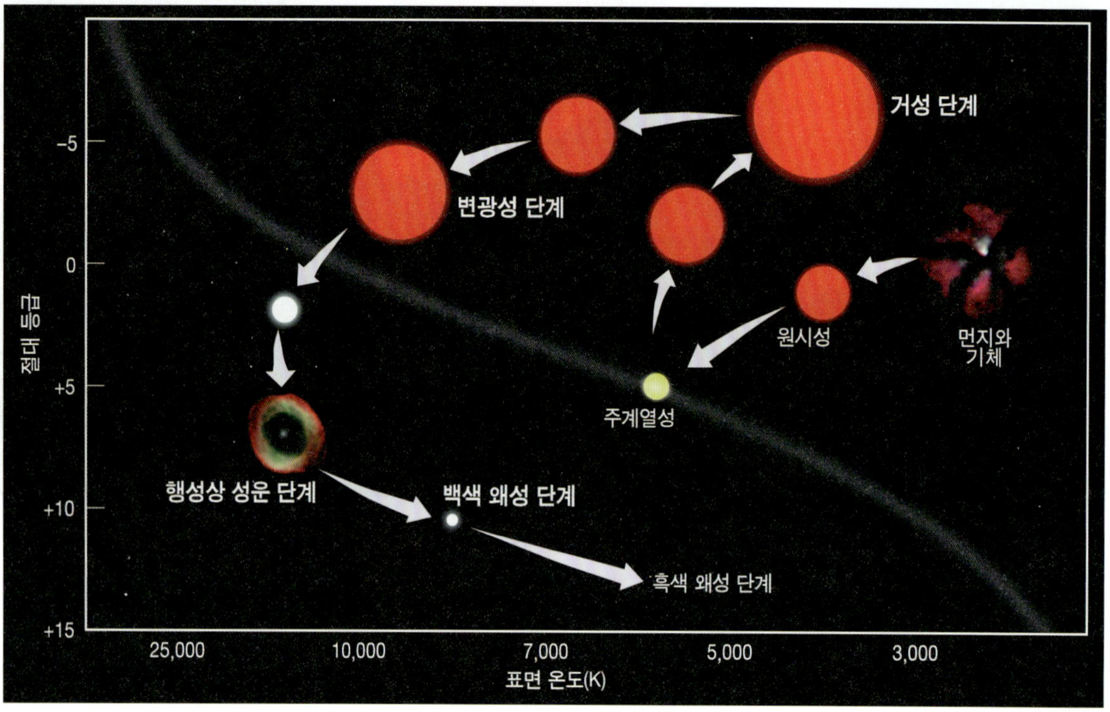

그림 16.11 태양과 같은 질량을 가진 별이 진화하면서 H-R도상에서 이동하는 경로.

부른다.

원시성 단계

원시성 단계 동안 중력적 수축이 처음에는 천천히, 다음에는 훨씬 더 빨리 진행된다(**그림 16.11**). 이 붕괴로 인해 별의 중심핵은 바깥 외피보다 훨씬 더 뜨거워진다. 핵의 온도가 약 1,000만 도에 도달하면, 내부 압력이 너무 높아져서 네 개의 수소핵이 융합하여 하나의 헬륨핵이 되며 엄청난 에너지가 발생한다. 천문학자들은 이 핵반응을 **수소 연소**(hydrogen burning)라고 부른다. 그러나 핵융합 반응의 "연소"는 화학적 의미의 연소가 아님을 알아야 한다.

수소 핵융합에서 나오는 열로 인해 별 속의 기체 입자들의 운동이 증가된다. 이 때문에 이번에는 기체의 팽창압력이 상승한다. 어느 단계에 이르러 이 압력이 중력과 정확히 균형을 이루게 된다. 이때 별은 안정된 주계열성이 된다(**그림 16.11**). 달리 말하면 안정된 주계열성은 두 가지 힘 사이의 균형이 잡혀 있다. 별을 더 작게 찌부러뜨리려는 중력과 별을 팽창시키려 하는 기체 압력이 비기고 있는 것이다.

주계열 단계

이 시점부터 주계열성이 진화하여 죽음에 이르기까지 내부의 기체압은 중력의 힘을 상쇄시키기 위해 분투한다. 수소 연소는 보통 수십억 년 동안 지속되면서 압력을 발생시켜 중력 붕괴로부터 별을 지탱한다.

별마다 나이를 먹는 속도가 다르다. 뜨겁고 무거운 별들은 너무나 빨리 에너지를 방출하기 때문에 내부의 수소 연료가 단 수백만 년 만에 거의 고갈되고 만다. 반면에 작고 붉은 별들은 수천만 년 동안 안정된 상태로 주계열성으로서 살아간다. 태양과 같은 노란색 별은 주계열에 약 100억 년 동안 머물러 있다. 태양계의 나이는 약 50억 년이므로 우리 태양의 수명은 다행히 앞으로도 50억 년이 더 남아 있다.

보통 별들은 수소를 태우는 기간에 있는 별인 주계열성으로서 일생의 9할을 보낸다. 별의 중심부에서 수소가 고갈되면, 별은 빠르게 진화하다가 죽는다. 그러나 아주 가벼운 붉은 별 외에는 별은 다른 연료를 태워 적색 거성이 됨으로써 자신의 죽음을 연기할 수 있다.

적색 거성 단계

별 내부에서 수소 연소층이 점점 더 바깥쪽으로 이동하고, 안에 헬륨 중심핵이 남겨지면서 별은 적색 거성 단계로 진화한다. 결국 별 중심부에는 수소가 모두 고갈되고 연소층은 껍질 모양으로 된다. 중심에는 핵융합이 일어나지 않는다. 에너지가 발생하지 않으므로 별의 중심핵은 더 이상 중력을 버틸 수 없게 되어 수축하기 시작한다.

별의 중심핵은 핵에너지를 생성할 수는 없지만 수축하면서 중력에너지가 열에너지로 바뀌기 때문에 중심핵은 더 뜨거워진다. 이 에너지의 일부가 바깥쪽으로 방출되고, 바깥에 있는 수소 연소층은 더 맹렬히 수소 융합을 일으킨다. 이 에너지가 별의 외피를 엄청나게 팽창시켜서 별을 주계열성 크기의 수백 배에서 수천 배까지 키우게 된다(**그림 16.11**).

별은 팽창하면 표면이 차가워지는데 이 때문에 별이 붉어진다. 결국 별의 중력이 팽창을 멈춘다. 다시 한 번 중력과 기체압, 이 두 가지 반대되는 힘이 균형을 잡게 되고 이 기체 덩어리는 안정된, 그러나 훨씬 더 거대한 별이 된다. 어떤 적색 거성들은 평형점을 지나쳐서 지나치게 늘어난 용수철처럼 되튀게 된다. 이런 별들은 크기가 진동하며 변광성이 된다.

적색 거성의 외피가 팽창하는 동안 중심핵은 붕괴를 계속해서 1억 K가 될 때까지 뜨거워진다. 이 엄청난 온도에서는 헬륨이 탄소로 변하는 핵융합 반응이 일어난다. 그래서 적색 거성의 에너지는 수소와 헬륨이 함께 타며 나오는 것이다. 태양보다 무거운 별에서는 원소번호 26번인 철이 만들어질 때까지 일련의 핵융합 반응들이 모두 일어난다. 철보다 무거운 원소를 만드는 핵연소에서는 에너지가 발생하는 것이 아니라 오히려 흡수된다. 따라서 보통의 별에서는 이런 원소가 만들어지지 않는다.

최종적으로 거성 안에서 모든 종류의 핵연료가 고갈되게 될 것이다. 예를 들어, 우리 태양은 거성 단계에서 10억 년을 채 보내지 못한다. 더 무거운 별들은 거성 단계를 더 빨리 마친다. 이제 중력이 별의 운명에 손을 다시 뻗쳐 별을 작고 극도로 밀도가 높은 물질로 찌부러뜨리게 된다.

고갈과 종말

이제까지의 별의 진화는 꽤 잘 알려져 있는 내용이다. 적색 거성 단계 이후의 진화는 좀 더 불확실하다. 한 가지 확실한 사실은 별은 그 크기에 무관하게 결국 모든 핵연료를 고갈시키고 중력에 의해 붕괴할 것이라는 것이다. 이 점을 염두에 두고 별의 질량에 따라 정해진 세 가지 최후 단계를 살펴보자.

질량이 작은 별들의 종말 질량이 태양의 반 이하인 별들은 연료를 대단히 느리게 소모한다(**그림 16.12A**). 이 때문에 이렇게 작고 차가운 붉은 별들은 주계열 단계에서 1,000억 년의 시간을 보낼 수 있다. 가벼운 별들은 중심 압력과 온도가 헬륨을 연소시킬 정도로 올라가지 않기 때문에 수소가 유일한 핵연료이다. 그러므로 이런 가벼운 별들은 부

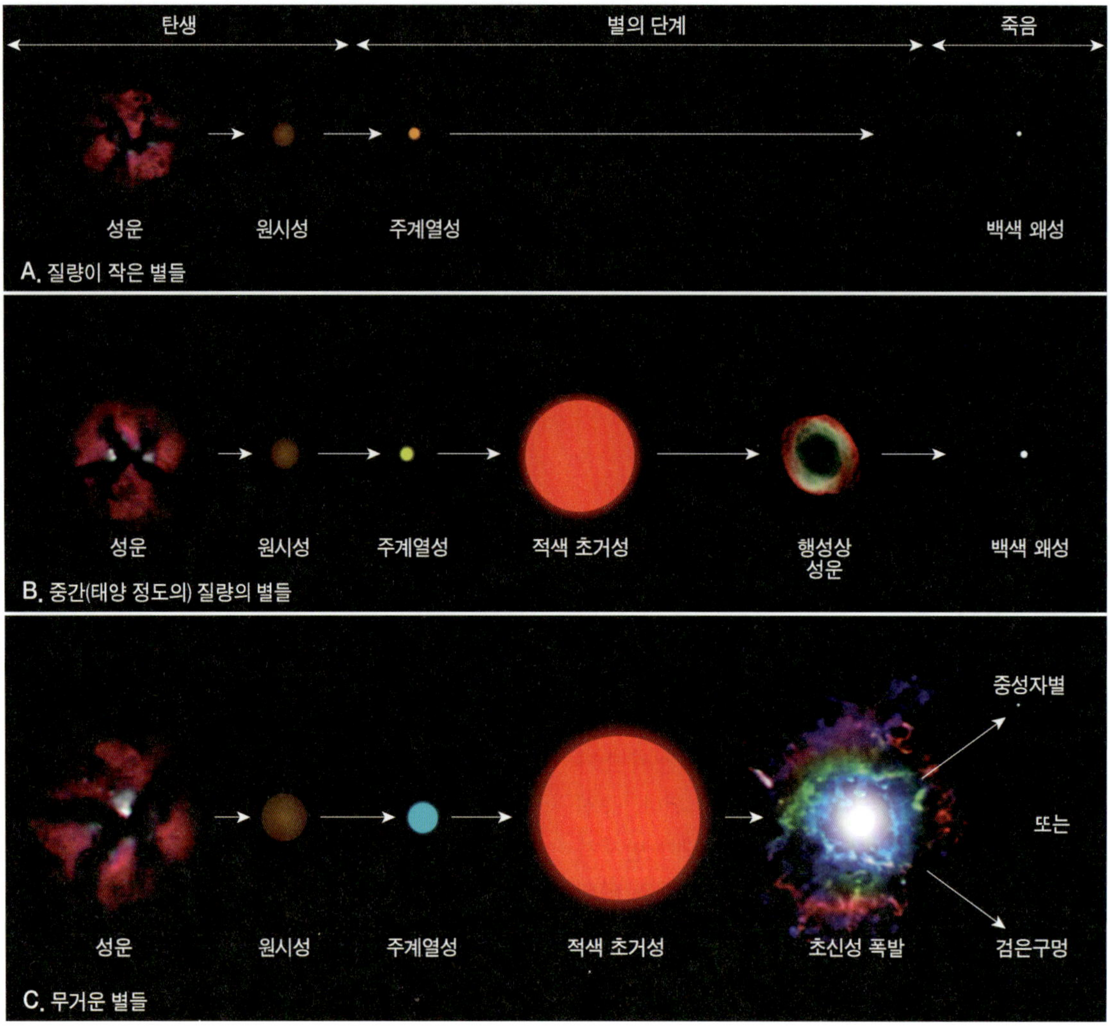

그림 16.12 질량이 다른 별들의 진화 단계.

풀어 올라 적색 거성이 되지 않는다. 그 대신 안정된 주계열 단계를 보내다 수소 연료가 고갈되면 뜨겁고 밀도 높은 백색 왜성이 된다. 백색 왜성은 핵연소를 일으키지 못하는 작고 밀집된 천체이다.

중간 질량의 (태양 같은) 별들의 종말 질량이 태양의 반에서 세 배 사이인 주계열성들은 거의 비슷한 방식으로 진화한다(**그림 16.12B**). 거성 단계에서 이런 별들은 수소와 헬륨을 빠르게 소진시킨다. 이 연료가 고갈되면 가벼운 별처럼 붕괴하여 크기가 지구 정도이고 밀도가 매우 높은 백색 왜성이 된다. 백색 왜성의 밀도는 양성자와 전자가 파괴되지 않고 도달할 수 있는 최대의 값을 갖는다.

별이 붕괴하여 백색 왜성이 될 때 발생한 중력에너지 때문에 백색 왜성의 표면은 대단히 뜨겁다. 그러나 핵에너지가 공급되지 않으면서 열에너지를 빛으로 방출하고 있기 때문에 백색 왜성은 서서히 식어서 어두워진다.

적색 거성이 붕괴하여 백색 왜성이 되는 동안에 중간 질량의 별들은 외부 대기층이 부풀어 올라 둥

그림 16.13 우리 태양계에서 가장 가까운 행성상 성운은 나선 성운이다. 행성상 성운은 태양과 같은 별이 적색 거성에서 백색 왜성으로 붕괴할 때 별의 외피가 부풀어 오른 것이다. (사진 제공: Anglo-Australian Observatory, David Malin)

근 기체 구름을 만든다고 생각된다. 중심에 있는 뜨거운 백색 왜성이 이 구름을 빛나게 한다. 아름답게 빛나는 이 구름을 **행성상 성운**(planetary nebulae)이라고 부른다. 행성상 성운의 좋은 예는 물병자리에 있는 나선 성운이다(**그림 16.13**). 이 성운은 고리 모양으로 보이는데, 이는 외곽 쪽에 비해 중심 쪽으로는 시선 방향에 기체물질이 더 적게 있기 때문이다. 실제로는 둥근 껍질 모양이다.

무거운 별의 종말 우아하게 죽는 태양과 같은 별과는 달리, 질량이 태양의 세 배가 넘는 별들은 상대적으로 수명이 짧고 **초신성**(supernova)이라 부르는 화려한 폭발로 끝난다(**그림 16.12C**). 한 별이 초신성 폭발을 일으키면 그 이전에 비해 수백만 배나 더 밝아진다. 지구에서 가장 가까운 별에서 이러한 폭발이 일어난다면 그 밝기가 태양을 능가할 것이다. 초신성 현상은 드물어서 망원경이 발명된 뒤로 우리 은하에서 한 번도 일어나지 않았다. 티코 브라헤와 갈릴레오가 30년의 기간을 두고 각각 기록한 적이 있다. 훨씬 더 장엄한 초신성이 1054년에 중국에서 관측되었다. 오늘날 이 초신성의 잔해가 **그림 16.14**에 보인 게성운으로 알려져 있다.

그림 16.14 황소자리에 있는 게 성운. 서기 1054년에 터진 초신성의 잔해. (사진 제공: UCO/Lick Observatory Image)

이런 사실을 알고 있었나요?

1987년 2월 383년 만에 남반구 하늘에서 초신성이 육안으로 관측되었다. 이 초신성은 SN 1987A로 명명되었다(SN은 초신성을, 1987A는 1987년에 처음으로 발견되었음을 뜻한다). 육안으로 관측된 초신성은 매우 드문데 1006년에 아랍에서 하나가, 1054년에 중국에서 게성운에서 하나를 발견하였다. 1572년에는 티코 브라헤가 초신성을 발견했으며, 케플러도 1604년에 초신성을 관측했다(역자 주: 케플러의 초신성에 대해서는 조선 관상감의 상세한 관측기록에도 남아 있다).

초신성 폭발은 무거운 별이 내부의 핵연료를 거의 소진했을 때 일어난다고 생각된다. 엄청난 중력에 맞서서 저항을 할 압력을 발생시킬 에너지원이 없기 때문에 별은 붕괴한다. 이 함몰이 별의 중심부에 부딪히면 충격파가 발생하고, 이것이 바깥으로 전파된다. 이 강력한 충격파가 별을 터뜨리면서 별 바깥쪽의 외피를 우주공간으로 날려 보낸다. 이것이 초신성 폭발이다.

이론적 연구에 따르면, 초신성 폭발 중에 별의 중심부는 붕괴하여 크기가 20km를 넘지 않는 작고 아주 뜨거운 물체가 된다. 상상할 수 없을 정도로 밀도가 높은 이 천체를 중성자성이라고 부른다. 초신성 폭발과정에서 일부는 이보다도 더 붕괴하여 가장 난해한 천체인 검은 구멍(블랙홀)이 된다. 중성자성과 검은 구멍은 '별의 잔해' 절에서 다시 살펴볼 것이다.

H–R도와 별의 진화

헤르츠스프룽–러셀(H–R)도는 별의 진화 모형을 세우고 검증하는 데에 매우 유용하다. 또 이것은 각 별이 진화하면서 겪는 변화를 나타내는 데에도 쓸모가 많다. **그림 16.11**(584쪽)에 태양 정도의 별이 진화하는 경로를 H–R도에 그렸다. H–R도에 나타낸 별의 경로는 별이 실제로 움직이는 모습이 아니라 별의 색(온도)과 절대 등급(광도)이 각 진화 단계마다 변하는 양상을 나타낸 것이다.

예를 들면, H–R도에서 원시성은 주계열의 오른쪽 위에 위치한다(**그림 16.11**). 원시성은 광도가 같은 주계열성보다 표면이 차갑기 때문에 오른쪽에 있고, 색이 같은 주계열성보다 크기가 커서 광도가 크기 때문에 위에 있다. **그림 16.11**을 잘 들여다보면 태양과 같은 별이 진화하며 겪는 변화를 눈앞에 그릴 수 있을 것이다. **표 16.3**에는 질량이 다른 여러 별들의 진화 역사를 요약하였다.

표 16.3 질량이 다른 별들의 진화 개요

성간 구름의 초기 질량 (태양 질량=1)	주계열 단계	거성 단계	거성 단계 후의 진화	마지막 단계 (최후의 질량*)
0.001	별이 안 됨(행성)	도달 못함	없음	행성(0.001)
0.1	붉은색 별	도달 못함	없음	백색 왜성(0.1)
1~3	노란색 별	도달함	행성상 성운	백색 왜성(1.4 이하)
6	하얀색 별	도달함	초신성	중성자성(1.4~3)
20	푸른색 별	도달함. 초거성 단계	초신성	검은 구멍

* 이 질량 값은 추정치이다.

6. 별의 잔해

모든 별들은 결국 핵원료를 소비하고 세 가지 최후의 상태 가운데 하나로 붕괴된다. 즉, 백색 왜성과 중성자성, 검은 구멍 등이다. 정도의 차이는 있지만 이들은 모두 밀도가 극도로 높은 물질로 이루어져 있고 엄청나게 강한 중력을 내고 있다.

백색 왜성

백색 왜성은 지구상에 알려진 어떤 물질보다도 밀도가 높은 아주 작은 별들이다. 이들은 한때 별을 붕괴시키려는 중력을 내부 열로써 지탱하고 있었던, 태양보다 조금 더 무거운 별이었다고 생각된다. 가벼운 별이나 태양 정도 질량을 가진 별들도 미래에 백색 왜성이 될 것이다.

일부 백색 왜성은 크기가 지구보다도 작지만 질량은 태양의 1.4배인 것도 있다. 따라서 이 별들의 밀도는 물의 밀도보다 100만 배 정도 높을 것이다. 이곳의 물질을 한 숟가락만 떠도 그 무게가 수 톤이 나간다. 이런 정도의 밀도는 물질이 압축되어 원자들이 보통 차지해야 하는 공간보다 적은 공간을 갖게 되어 원자 속의 전자의 궤도가 안으로 밀려 들어갈 때 가능하다. 이런 상태의 물질을 **축퇴물질**(degenerate matter)이라 한다.

축퇴물질에서 원자들은 너무나 압축이 되어서 전자들은 핵 쪽으로 밀려 있다. 축퇴물질에서 발생하는 압력은 원자들의 운동 때문이 아니라 전자들의 반발력 때문이다. 이 축퇴물질에서 원자들은 보통 상태보다 훨씬 더 접근되어 있지만 최대로 압축되어 있는 것은 아니다. 이보다도 더 압축되어 밀도가 더 높은 물질도 존재한다고 생각된다.

별이 수축하여 백색 왜성이 되면 표면이 매우 뜨거워서 때로 25,000도를 넘는 경우도 있다. 그러나 에너지원이 없기 때문에 이 별들은 오로지 식어가고 어두워질 뿐이다. 아직 발견되지는 않았지만 백색 왜성의 최종 종착점은 작고 차갑고 빛을 내지 못하는 흑색 왜성일 것이다.

중성자성

백색 왜성을 연구해 보면 예상치 못한 결과에 놀라게 된다. 백색 왜성은 가벼울수록 크고 무거울수록 작다. 그 이유는 무거운 별일수록 중력이 더 커서 더 작게 찌부러지기 때문이다. 그러므로 작은 백색 왜성은 상대적으로 무겁고 원래 더 컸었던 별이 붕괴하여 만들어진다.

그렇다면 백색 왜성보다도 더 작고 더 무거운 별이 존재하리라는 예상을 할 수 있다. **중성자성**(neutron stars)이라고 부르는 이 천체들은 초신성 폭발 때에 만들어진다고 생각된다. 백색 왜성은 전자들이 원자핵 쪽으로 밀어붙여진 상태에 있다. 반면에 중성자성은 전자들이 너무나 밀려서 양성자와 결합하여 중성자로 변해버린 상태이다. 그래서 이름이 중성자성이다. 지구를 무너뜨려 중성자성을 만든다면 그 크기가 축구장 크기 정도가 될 것이다. 콩 크기의 중성자성의 물질은 무게가 무려 1억 톤이나 된다. 이는 원자핵의 밀도에 해당한다. 따라서 중성자성은 별 전체를 거대한 원자핵이라고 생각할 수 있다.

초신성 폭발 때 별의 외피는 날아가고(**그림 16.15**), 중심핵은 붕괴하여 지름이 20km 정도의 매우 뜨거운 중성자성이 된다. 중성자성의 표면은 대단히 뜨겁지만 크기가 너무 작아 광도는 낮다. 따라서 가시광으로 관측하기란 대단히 어렵다.

그러나 이론에 의하면 중성자성은 매우 강한 자기장을 가지고 있다고 생각된다. 또 스케이트 선수가 팔을 움츠리면 더 빨리 돌듯이 별이 붕괴하면서 아주 빠르게 돌게 된다. 태양이 붕괴하여 중성자성이 되면, 약 25일에 한 바퀴 자전하는 지금의 속도에서 1초에 1,000바퀴를 도는 속도로 자전

그림 16.15 백조자리의 면사포 성운은 고대에 폭발한 초신성의 잔해이다. (사진 제공: Palomar Observatories/California Institute of Technology [Caltech])

이 빨라질 것이다. 이 자전하는 별에서 방출되는 전파는 별 자기장의 극지방에 집중되어 있을 것이다. 따라서 이 별들은 대단히 빨리 돌고 있는 전파 등대와 같이 생각할 수 있다. 지구가 우연히 이 등대의 신호가 지나가는 길에 들어 있다면 전파가 지나갈 때마다 맥박이 뛰듯이 별이 깜박이는 것을 볼 것이다.

1970년대 초에 **펄사**(pulsar: 맥동하는 전파원이라는 뜻)라고 부르는 전파에너지를 매우 짧은 주기로 방출하는 전파에너지원이 게성운에서 발견됐다. 이 전파원의 가시광 사진을 조사한 결과, 이것이 성운 중앙에 있는 작은 별임이 밝혀졌다. 이 게성운의 펄사는 1054년에 터진 초신성(**그림 16.14**)의 잔해임에 틀림없었다. 바로 최초의 중성자성이 발견된 것이다.

검은 구멍

중성자성의 물질이 가장 밀도가 높을까? 아니다. 초신성 폭발이 일어날 때 남은 잔해가 태양보다 질량이 세 배 이상이 되면 이것은 중성자성보다도 더 작고 밀도 높은 상태로 붕괴한다. 이 천체는 대단히 뜨겁지만 표면에서의 중력이 너무나 크기 때문에 빛조차도 빠져나올 수 없다. 결과적으로 이 천체는 보이지 않게 된다. 이런 진기한 천체를 **검은 구멍**(black hole, **블랙홀**)이라고 부른다. 검은 구멍에 너무 가까이 다가간 것은 무엇이든 저항할 수 없는 중력에 이끌려 빨려들어 간다.

어떤 물질이나 빛도 중력 때문에 빠져나올 수 없는 이런 천체를 천문학자들은 어떻게 발견할 수 있을까? 한 가지 방법은 눈에 보기에 아무것도 없는 지역으로 물질이 빠르게 흘러 들어가는 경우를 찾는 것이다. 물질이 검은 구멍에 끌려 빨려 들어갈 때 극도로 뜨거워지며 많은 양의 X선을 방출한다는 것이 이론적으로 알려져 있다. 홀로 떨어져 있는 검은 구멍은 빨아들일 물질이 없기 때문에 천문학자들은 쌍성계를 먼저 조사해 보았다.

검은 구멍이라고 생각되는 천체로는 백조자리에 있는 강한 X선원인 백조자리 X-1이다. 이 경우 주기가 5.6일인 초거성 동반성과 함께 궤도를 도는 X선원이 관측된다. 동반성으로부터 기체가 빨려나와 검은 구멍 둘레의 원반으로 흘러 들어간다고 생각된다(**그림 16.16**). X선은 지구 대기를 통과하지 못하기 때문에 검은 구멍은 최근까지 확인을 할 수 없었다. X선원이 처음으로 발견된 때는 인공위성이 X선 관측을 시작한 1971년이었다. 백조자리 X-1도 이때 발견되었다.

7. 은하수

도시의 불빛이 미치지 않고 달이 없이 맑은 날 밤 우리는 하늘에서 놀라운 광경을 볼 수 있다. 바로 우리 은하가 보이는 것이다(**그림 16.17**). 갈릴레오는 망원경을 사용해서 이 찬란한 빛의 띠가 맨눈으로는 볼 수 없는 수없이 많은 작은 별들로 이루어

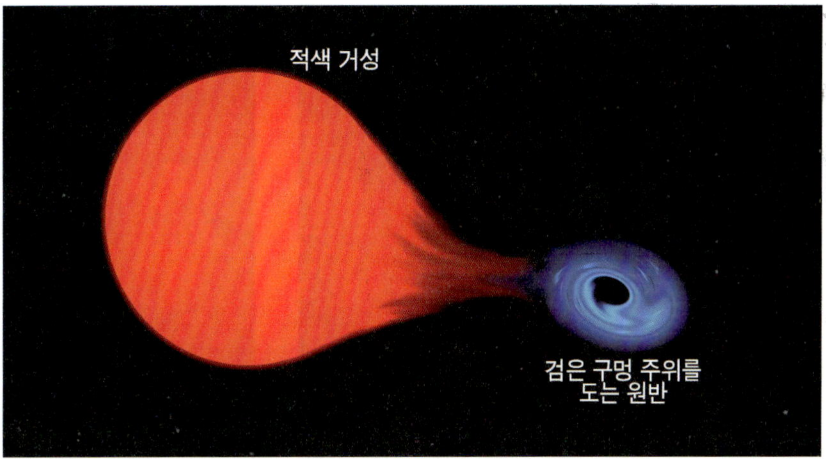

그림 16.16 적색 거성과 검은 구멍으로 이루어진 쌍성계에서 일어난다고 천문학자들이 생각하는 현상을 그린 그림이다.

져 있다는 사실을 발견했다. 오늘날 우리는 태양도 이 약 1천억 개의 별들이 모여 이룬 마을 속에 함께 있다는 것을 안다. 은하수가 띠로 보이는 까닭은 별들이 납작한 원반꼴로 모여 있고 태양이 그 속에 들어 있기 때문이다. 원반 속에서 보면 다른 방향보다 원반 면 방향에 훨씬 더 많은 별들이 보이게 된다. **그림 16.18B**에서 이렇게 옆으로 본 은하의 모습을 볼 수 있다.

천문학자들은 은하수 면을 따라 별들의 개수를 망원경으로 조사한 결과, 별들이 모든 방향으로 거의 같은 수만큼 보인다는 사실을 알았다. 지구는 은하의 중심에 있는 것일까? 더 합리적인 설명이 있다. 거대한 숲 속에 있는 나무들이 별들이라고 생각해 보자. 숲 속으로 어느 정도 들어가서 주위를 둘러보면 모든 방향으로 나무가 비슷한 수만큼 보일 것이다. 그렇다면 그곳이 숲의 중심일까? 꼭 그렇다고 할 수 없다. 숲의 가장자리에만 있지 않다면 그렇게 보일 것이기 때문이다.

우리 은하의 구조

은하수를 관측할 때, 시선방향에 놓인 많은 양의 성간 물질의 방해를 받는다. 이 방해에도 불구하고 망원경을 이용하여 우리 은하의 대체적인 구조가 결정되어 있다. 은하수는 지름이 약 10만 광년, 중심에서의 두께가 1만 광년인 원반을 지닌 커다란 나선 은하이다(**그림 16.18A**). 지구에서 봤을 때 은하의 중심부는 궁수자리 방향에 있다.

그림 16.17 우리 은하(은하수)의 장엄한 광경. 성간 암흑 성운에 의해 곳곳에 어두운 지역이 있다. (사진 제공: Axel Mellinger)

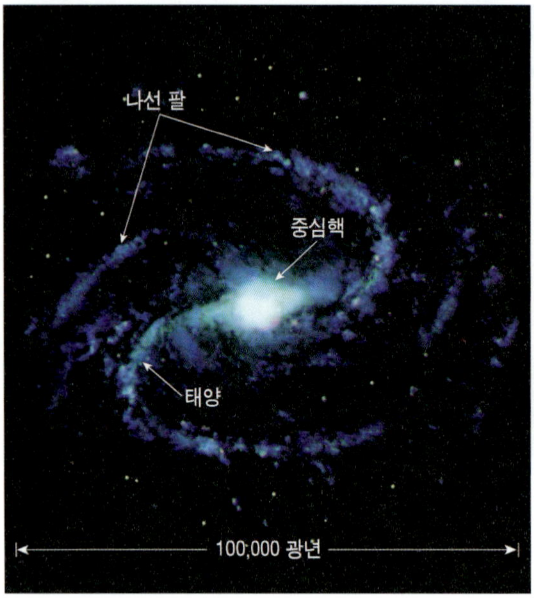

A. 정면으로 본 모습

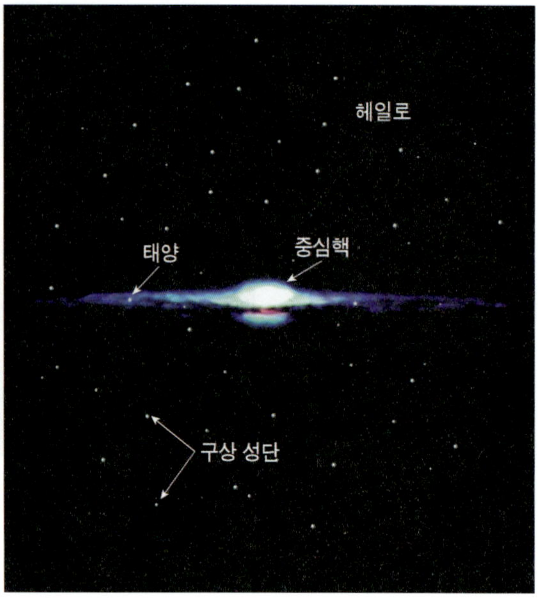

B. 옆으로 본 모습

그림 16.18 관측에 기초하여 구성한 우리 은하의 구조.

전파 망원경으로 관측하면 최소한 세 개의 나선 팔이 확인된다(**그림 16.19**). 그중에는 갈라져 있는 것도 있다. 태양은 원반 중심에서 3분의 2 거리인 3만 광년 거리에 있는 나선팔 안에 있다. 은하의 나선팔에 있는 별들은 은하의 중심핵을 둘레로 돌고 있는데, 바깥쪽이 더 느리게 돌아 뒤처지고 있다. 태양과 주변의 나선팔이 은하를 한 바퀴 도는 데에는 약 2억 년이 걸린다.

은하의 원반은 매우 희박한 기체와 많은 구상 성단들이 모여 이룬 구형 헤일로에 의해 둘러 싸여 있

그림 16.19 우리 은하수를 멀리서 촬영한다면, 나선 은하 NGC 2997처럼 보일 것이다. (사진 제공: Anglo-Australian Observatory, David Malin)

다. 이 성단들은 원반과 함께 회전하지 않고, 나름의 궤도를 따라 운동을 하면서 원반을 통과하기도 한다. 성단은 별들이 매우 밀집된 천체이지만 빈 공간이 많은 나선팔을 통해 여유 있게 지나간다.

8. 외부 은하

1700년대 중반 독일의 철학자 임마누엘 칸트는 망원경으로 보았을 때 별들 사이에 흩어져 있어 보이는 뿌연 천체들이 실은 은하수와 같은 멀리 있는 은하들이라고 제안했다. 칸트는 그것들을 '섬 우주'라고 불렀다. 각 은하는 수십억 개의 별들을 담고 있어서 그 자체가 하나의 우주라고 믿었다. 그러나 당시의 여론은 그것들이 우리 은하 안에 있는 먼지와 기체 구름들(성운들)이라는 가설을 더 선호하였다.

이 문제는 1920년대에 미국의 천문학자 에드윈 허블(Edwin Hubble)에 의해 풀렸다. 그는 이 뿌연 천체에서 매우 광도가 크다고 알려져 있는 특정한 별들을 찾았다. 이 별들이 아주 어둡게 보인다는 사실에서부터 그는 이 천체가 은하수 바깥에 있는 것이라고 생각한 것이다.

이 뿌연 천체는 200만 광년 정도 거리에 떨어져 있는데 안드로메다자리 대은하라고 부르게 됐다(**그림 16.20**). 허블에 의해 우주의 규모에 대한 우리의 인식은 상상할 수 없을 만큼 넓어졌다. 우주에는 수천억 개의 은하가 있고, 그 각 은하마다 수천억 개의 별들이 담겨 있다. 북두칠성의 국자 안쪽에만 해도 100만 개의 은하가 발견되어 있다고 알려져 있다. 우주에는 전 세계 해변에 있는 모래알보다도 많은 별들이 있다.

그림 16.20 안드로메다자리에 있는 나선 은하. 왼쪽과 오른쪽의 두 개의 밝은 점들은 왜소 타원 은하들이다. (사진 제공: Palomar Observatories/California Institute of Technology [Caltech])

외부 은하의 세 가지 유형

여러 은하들의 모양을 살펴보면 나선형, 타원형, 불규칙형의 세 가지 유형이 있음을 알 수 있다.

나선 은하 우리 은하와 안드로메다은하는 상당히 큰 **나선 은하**(spiral galaxy)들이다(**그림 16.21**). 안드로메다은하는 희뿌연 5등급 천체로서 맨눈으로 볼 수 있다. 전형적인 나선 은하는 원반 모양인데 중심 쪽이 좀 볼록하다. 그러나 일반적으로 나선 은하의 모양은 천차만별이다. 나선팔들이 중심부의 핵에서 뻗어나와 서서히 감겨 나가 있다. 바깥쪽 나선팔에 있는 별들은 더 천천히 돌고 있어서 은하는 전체적으로 회전불꽃처럼 보인다.

나선 은하의 한 유형은 별들이 막대 모양으로 분포되어 있는 경우인데, 바깥 부분의 별들은 안쪽보다 더 빠르게 공전해야 하기 때문에 천문학자들이 설명하기 힘든 은하들이다. 막대의 끝에는 나선팔이 뻗어나온다. 이들을 **막대나선 은하**(barred galaxy)라고 부른다(**그림 16.22**).

A.

B.

그림 16.21 나선 은하들의 구조를 보인 그림. (사진 제공: A—Smithsonian Astrophysical Observatory, B—Hansen Planetarium/U.S. Naval Observatory)

타원 은하 **타원 은하**(elliptical galaxy)는 모양이 구형 또는 타원형이다. 색은 대개 붉은색을 띤다. 원반과 나선팔은 없다. 아주 밝은 은하들 중에 대부분은 타원 은하이고, 그보다 어두운 은하일수록 나선 은하의 비율이 높아진다. 타원 은하들 중 일부는 너무 작아서 '왜소'라는 접두사를 붙인다. 왜소 은하들은 멀리에서는 어두워서 보이지 않기 때문에 크고 밝은 나선 은하가 은하 탐사에서 주로 발견된다(역자 주: 아주 밝은 은하들은 드물며 주로 타원 은하이다). 대부분의 타원 은하들은 밝기에 비해 크기가 작지만 한편으로는 지름이 20만 광년에 이르는 가장 큰 은하들도 타원 은하들이다. **그림 16.20**에 찍힌 안드로메다은하와 짝을 이루고 있는 두 왜소 은하들은 타원 은하이다.

그림 16.22 막대나선 은하. (사진 제공: Palomar Observatories/California Institute of Technology [Caltech])

불규칙 은하 은하들 중에 1할 정도는 형태가 대칭을 이루고 있지 않은데 이들을 **불규칙 은하**(irregular galaxy)라고 한다. 가장 잘 알려진 불규칙 은하는 대마젤란은하와 소마젤란은하이다. 남반구 하늘에서 맨눈에 보인다. 1520년에 세계 일주를 한 탐험가 페르디난드 마젤란의 이름을 따 붙였다. 이들은 불과 15만 광년 밖에 떨어지지 않은, 우리로부터 가장 가까이 있는 외부 은하들이다.

유형이 다른 은하들이 보이는 가장 큰 차이는 그들이 담고 있는 별들의 나이이다. 불규칙 은하들은 대부분 젊은 별들을, 타원 은하들은 늙은 별들을 담고 있다. 우리 은하와 같은 나선 은하들은 젊은 별과 늙은 별들을 모두 가지고 있는데 가장 어린 별들은 나선팔에 있다.

은하단

천문학자들은 별들이 집단을 이루고 있다는 사실을 발견한 뒤에, 은하들도 집단을 이루는지 아니면 우주공간 속에 무질서하게 흩어져 있는지를 알아보기로 했다. 그들은 은하들도 별처럼 집단을 이룬다는 사실을 발견했는데, 이런 천체를 **은하단**(galactic cluster)이라고 부른다(**그림 16.23**). 일부 큰 은하단은 수천 개의 은하들을 거느리고 있다. 우리 은하가 속해 있는 은하들의 집단에는 약 28개의 은하들이 모여 있는데 **국부 은하군**(Local group)이라고 부른다. 이중에 세 개는 나선 은하이고, 11개는 불규칙 은하, 14개는 타원 은하이다. 은하단은 또 다시 모여 집단을 이루는데 이러한 천체를 초은하단(supercluster)이라고 한다.

그림 16.23 지구로부터 약 100만 광년 떨어진 곳에 있는 한 은하단. (사진 제공: NASA)

9. 적색 이동

자동차 경적 소리나 구급차의 사이렌 소리가 옆으로 지나쳐 간 경험이 있을 것이다. 차가 다가오고 있을 때는 음조가 보통 때보다 높게 들리고, 멀어져 갈 때는 낮게 들린다. 이 효과는 모든 소리든 빛이든 파동운동에 대해서 일어나는데 1842년에 크리스천 도플러가 처음 해석을 해서 **도플러 효과**(Doppler effect)라고 부른다. 음조가 달라지는 이유는 파동이 방출되는 데에는 시간이 걸리기 때문이다. 파동을 내는 물체가 멀어져 가고 있다면 파동이 처음 나올 때보다 마지막에 나올 때 물체는 더 멀어져 있다. 그래서 결과적으로 파동을 늘어나게 하는 것이다. 그래서 파장이 길어진다(**그림 16.24**). 물체가 다가올 때는 반대이다.

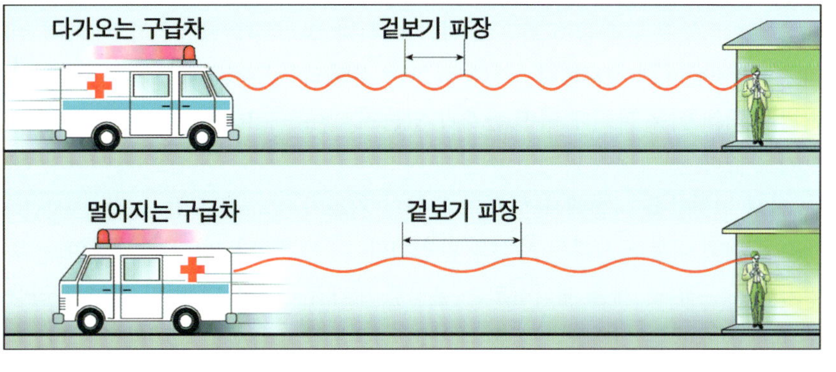

그림 16.24 광원과 관측자 사이의 상대적인 운동에 의해 파장이 길어지거나 짧아지는 현상인 도플러 효과.

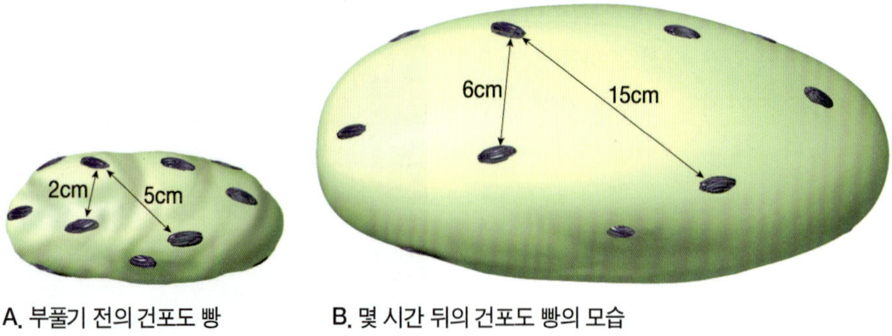

그림 16.25 우주의 팽창을 건포도 빵이 부푸는 모습에 빗댄 예시. 빵이 부품에 따라 더 멀리 떨어져 있던 건포도들(균일 팽창을 하고 있는 우주에서 은하들)이 더 빨리 멀어져 간다.

빛의 경우 광원이 멀어져 가면 빛은 파장이 길어져 실제보다 붉게 보인다. 광원이 다가올 때는 파장이 짧아져 푸른 쪽으로 치우친다. 그러므로 도플러 효과는 지구와 천체가 서로 다가오는지 멀어져 가는지를 알게 해준다. 뿐만 아니라 파장이 치우친 정도로부터 속도를 측정할 수 있다. 도플러 이동이 크면 상대속도도 크고, 작으면 상대속도도 작다.

팽창하는 우주

천문학의 역사상 가중 중요한 발견 중의 하나가 1929년 에드윈 허블에 의해 이루어졌다. 수년간의 관측을 통해 대부분의 은하들의 빛이 붉은 쪽으로 치우쳐 있다는 사실이 발견됐다. 색이 붉어졌다는 것은 물론 파장이 길어졌고, 지구와 은하가 서로 멀어지고 있다는 뜻이다. 허블은 은하들이 적색 이동을 보이는 까닭을 설명하기로 했다.

허블은 어두운 은하들이 밝은 은하들보다 더 멀리 있을 것이라고 생각했다. 그래서 그는 은하의 거리와 적색 이동 사이에 어떤 관계가 있는지 알아보기로 했다. 상대적인 밝기로 추정한 거리와 관측한 적색 이동값을 사용해서 허블은 은하의 거리가 멀수록 적색 이동이 크다는 사실을 발견했다.

가까운 은하 몇 개를 제외하고는 은하들이 대부분 적색 이동을 보인다는 사실은 대부분의 은하들이 우리에게서 멀어져가고 있다는 것을 뜻한다. 도플러 적색 이동의 정도는 은하가 멀어져 가는 속도에 달려 있다. 적색 이동이 클수록 후퇴속도가 더 크다. 먼 은하들은 대부분 큰 적색 이동을 보이기 때문에 허블은 그들이 우리에게서 더 큰 속도로 멀어져가고 있다고 결론지었다. **허블의 법칙**(Hubble's law)이라고 부르는 이 관측사실에 따르면 은하들은 거리에 비례하는 속도로 우리에게서 멀어져가고 있다.

허블은 이 발견에 놀랐다. 왜냐하면 먼 거리에 있는 대부분의 은하들은 가까운 은하들보다 몇 배나 빠른 속도로 우리로부터 멀어지고 있다는 뜻이기 때문이다. 어떤 우주론적 모형이 이 사실을 설명할 수 있을까? 그런데 공간이 팽창하고 있는 우주에서는 관측된 은하들의 적색 이동이 설명된다는 사실이 곧 알려지게 되었다.

팽창하는 우주의 상황을 시각적으로 표현하는 데에는 흔히 한 가지 비유가 쓰인다. 몇 시간 동안 부풀어 오른 건포도 빵 반죽을 생각해 보자(**그림 16.25**). 빵이 두 배로 부풀면 건포도들 사이의 거리도 두 배로 늘어난다. 그런데 원래 서로 멀리 있던 건포도들은 같은 시간 동안 더 많이 멀어져야 한다. 따라서 팽창하는 우주에서도 앞의 비유에서처럼 더 멀리 있는 은하들은 더 빠른 속도로 멀어져야 할 것이다.

건포도 빵을 비유로 삼아 팽창하는 우주의 특징을 또 한 가지 보일 수 있다. 어떤 건포도를 선택하든 간에 그 건포도는 다른 모든 건포도로부터 멀어져 갈 것이다. 마찬가지로 우리가 어떤 은하에 있든 간에 다른 모든 은하들은 우리로부터 멀어져간다. 허블 우주 망원경은 이러한 사실을 인식하는 데에 공헌한 에드윈 허블의 이름을 땄다.

10. 대폭발

우주에는 시작이 있었는가? 우주는 종말을 맞이할까? 우주론 학자는 이러한 질문들에 대한 답을 찾기 위해 애쓰고 있는 희귀한 사람들이다.

첫째로, 그리고 무엇보다도 우주의 기원에 관한 이론은 모든 은하들이 우리로부터 멀어져가고 있다는 사실을 설명할 수 있어야 한다. 모든 은하들이 우리로부터 멀어져가고 있다면 지구는 우주의 중심에 있는 것일까? 우리는 태양계의 중심에 있지도 않고, 우리 태양계는 우리 은하의 중심에 있지도 않으므로 우리가 우주의 중심에 있지는 않을 것이다.

이보다 그럴듯한 설명이 있다. 표면에 점을 찍어 놓은 풍선을 생각해 보자. 이 풍선을 불면 각 점들은 다른 모든 점들로부터 멀어져갈 것이다. 마찬가지로 우주가 팽창하고 있다면 각 은하들은 다른 모든 은하들로부터 멀어져갈 것이다.

팽창하는 우주라는 개념은 오늘날 널리 받아들여지고 있는 대폭발설의 기초가 되었다. 이 이론에 따르면 우리 우주는 과거에 극도로 밀도가 높고 뜨거운 상태에 있었다. 그러다가 약 140억 년 전에 엄청난 속도로 팽창을 시작했다. **대폭발**(Big Bang)은 우주의 시작을 나타내고, 모든 물질과 공간은 이때 생성되었다. 우주공간이 팽창함에 따라 우주의 물질은 식어서 뭉치게 되고 오늘날 별과 별의 집단이 태어나게 된 것이다.

이런 사실을 알고 있었나요?

빅뱅이라는 이름은 우주론 학자 프레드 호일(Fred Hoyle)이 이 이론의 신빙성에 회의적인 언급을 하면서 만들어졌다. 대폭발설에 따르면 우주는 엄청난 폭발로 시작하여 팽창하면서 진화하고 차가워져 간다. 수십 년간의 실험과 관측자료로부터 과학자들은 이 설을 뒷받침할 많은 증거를 모았다. 그러나 모든 과학적 이론과 마찬가지로 대폭발설 역시 증명될 수 있는 것은 아니고, 언제든지 부정될 수 있다. 그러나 대폭발설은 지금까지 모든 다른 우주 모형과의 경쟁에서 이겨 왔으며, 과학자들이 우주의 진화 모형으로 광범위하게 받아들이는 유일한 모형이 되었다.

우주가 대폭발로부터 시작됐다면 종말은 어떠할 것인가? 한 가지 예상은 우주는 영원히 팽창한다는 것이다. 이 각본에 따르면 별들은 서서히 타서 빛을 내지 않은 축퇴물질이나 검은 구멍이 되어 우주를 떠돌게 된다. 다른 가능성으로는 은하들이 서로 멀어져가는 운동을 결국에는 멈추게 되는 것이다. 중력적 수축이 일어나서 은하들이 서로 부딪혀 결합되고 우주는 초기와 비슷한 고온도 고밀도 상태로 되돌아간다. 이 무시무시한 우주의 미래를 "대붕괴(big crunch)"라고 한다.

우주가 영원히 팽창할지 아니면 붕괴할지는 우주의 밀도에 달려 있다. 만약 우주의 밀도가 임계밀도(우주에 $1m^3$당 원자가 하나 정도 있는 밀도)보다 높으면 중력이 강해서 우주는 팽창이 멈추고 붕괴할 것이다. 반면에 밀도가 이보다 낮으면 우주는 영원히 팽창한다. 현재 우주 밀도에 대한 측정값은 임계밀도보다 낮다. 더구나 우주에는 암흑에너지라는 정체불명의 물질이 전체 물질의 7할 이상을 차지하고 있다는 주장이 제기되었는데, 이 암흑에너지는 우주공간을 가속적으로 팽창시키는 역할을 한다. 따라서 우주론 학자들은 우주가 영원히 팽창할 것으로 예측하고 있다.

학습내용 요약

1. 별까지의 거리를 재는 방법 중의 하나는 근처에 있는 별의 겉보기 위치가 지구의 궤도운동 때문에 아주 근소하게 좌우로 움직이는, 별의 시차를 측정하는 것이다. 별이 더 멀리 있을수록 별의 시차가 작다. 별의 거리를 나타내는 데 사용되는 단위는 광년으로서, 이것은 빛이 1년 동안 날아가는 거리이다. 약 9.5조km다.

2. 별들의 본질적 성질은 밝기, 색, 온도, 질량, 크기이다. 지구에서 보는 별의 밝기는 세 가지 요소에 의해 결정된다. 그것은 별이 얼마나 큰가, 별이 얼마나 뜨거운가, 그리고 별이 얼마나 멀리 떨어져 있는가이다. 겉보기 등급은 지구에서 별이 얼마나 밝게 보이는가를 말해 준다. 절대 등급은 모든 별들을 32.6광년의 표준 거리에 두었을 때의 겉보기 등급으로서 별의 "진짜" 밝기를 알려준다. 색은 별의 온도를 나타낸다. 아주 뜨거운 별들(표면 온도가 30,000K 이상)은 푸른색으로 보이고, 붉은 색 별들(표면 온도가 일반적으로 3,000K 이하)은 훨씬 더 차갑다. 표면 온도가 5,000~6,000K 사이의 별들은 태양처럼 노란 색으로 보인다. 쌍성들은 중력에 의해 결합되어 공동 질량 중심의 주위를 선회하는 두 개의 별이다. 이 중심은 각 별의 질량을 측정하는 데 이용된다.

3. 헤르츠스프룽-러셀(H-R)도는 도표 위에 별들의 절대 등급과 온도에 따른 위치를 기입해서 작성된다. H-R도를 이용하면 별들의 크기에 관해 많은 것을 알 수 있다. H-R도의 오른쪽 위에 있는 별들은 거성이라고 부르는, 지름이 크고 밝은 별이다. 초거성은 아주 크다. 아주 작은 백색 왜성들은 H-R도의 아래쪽 중앙에 있다. 모든 별들 가운데 9할은 주계열성인데, H-R도의 왼쪽 위 구석에서 오른쪽 아래 구석으로 흐르는 띠에 있다.

4. 별들 사이에 흩어져 있는 성운이라고 불리는 거대한 먼지와 기체 더미에서 새로운 별들이 태어난다. 발광 성운은 물질이 아주 뜨겁고 푸른 별에 가까이 있기 때문에 빛을 낸다. 발광 성운의 주요 유형은 방출 성운과 반사 성운이다. 성운의 속이나 성운 가까이 있는 별에서 나오는 자외선 빛이 형광현상을 일으켜 가시광을 내는 성운이 방출 성운이다. 반사 성운은 근처에 있는 별들이 낸 빛을 반사하는, 상대적으로 밀도가 좀 높은 먼지 구름이다. 성운이 빛을 낼 만큼 밝은 별에 가까이 있지 않은 경우, 이것은 암흑 성운으로 보인다.

5. 별은 성운이 붕괴하여 높은 압력과 온도에 도달하여 핵융합 반응이 일어나면서 탄생한다. 핵반응이 아직 일어나지 않은 상태를 원시성이라고 한다. 원시성이 계속 수축하여 중심의 온도가 1,000만 도에 이르면 수소 원자핵이 헬륨으로 융합되는 반응이 일어나는데 이를 수소 연소라고 부른다. 별 속에서는 별을 안쪽으로 수축시키려는 중력과 핵 열에너지 때문에 발생한 기체 압력이 서로 반대방향으로 작용하며 비기고 있다. 두 힘이 균형을 이루고 있을 때 별은 안정한 주계열성이 된다. 별 중심부의 수소가 고갈되면, 별의 외피가 주계열성에 비해 수백 배에서 수천 배까지 엄청나게 팽창하여 적색 거성이 된다. 거성에서 가능한 모든 핵연료가 고갈되면, 별의 잔해는 중력에 의해 무너져 내려 조그맣고 밀도가 아주 높은 천체가 된다.

6. 별의 마지막 운명은 질량에 의해 결정된다. 질량이 태양 질량의 반 이하인 별들은 붕괴하여 뜨겁고 밀도가 높은 백색 왜성이 된다. 질량이 태양의 0.5~3배 사이인 중간 질량의 별들은 적색 거성이 됐다가 붕괴하여 백색 왜성이 된다. 이때 둥글게 빛나며 팽창하는 기체 구름에 둘러싸여 있는데 이것을 행성상 성운이라고 부른다. 질량이 태양 질량의 세 배가 넘는 별은 찬란한 폭발을 일으키며 초신성으로서 종말을 고한다. 초신성 폭발 뒤에는 작고 극히 밀도가 높은, 별 전체가 중성자라는 소립자로 이루어진 중성자성이 남거나, 이보다도 더 작고 밀도가 높은 검은 구멍이 생긴다. 이것의 중력은 너무도 강해서 빛조차 그 안에서 빠져나갈 수 없다.

7. 은하수는 지름이 10만 광년 정도이고, 중심에서의 높이가 약 1만 광년인 원반 모양의 나선 은하이다. 우리 주변에는 나선팔이 세 개가 지나가는데 그중에는 갈라진 것도 있다. 태양은 은하 중심에서 3만 광년, 즉 원반 반지름의 3분의 2의 거리인 곳에 있는 나선팔 속에 들어 있다. 은하 원반은 둥그런 헤일로로 둘러 싸여 있는데, 이것에는 매우 희박한 기체와 여러 구상 성단들이 있다. 구상 성단은 많은 별들이 둥근 모양 속에 꽉 들어찬 별의 집단이다.

8. 은하에는 다양한 유형이 있다. (1) 나선 은하에는 원반 꼴로 별이 들어 있는데, 일반적으로 중심부에 별들이 더 많이 모여 있고, 중심핵에서부터 별로 이루어진 나선팔이 뻗어 나와 있다. (2) 타원 은하는 가장 흔한 유형인데, 거의 구형에서 찌그러진 타원체 꼴까지의 모양을 보이고 나선팔이 없다. (3) 불규칙 은하는 알려진 은하의 1할에 해당하는데, 모양이 대칭적이 아닌 은하들이다.

9. 도플러 효과는 광원이나 관측자의 운동 때문에 생기는 빛의 파장의 변화를 말한다. 은하가 내는 빛에서 도플러 효과를 측정함으로써 은하의 운동상태를 알 수 있다. 대부분의 은하들의 스펙트럼은 적색 이동을 나타내고 있어서 은하들이 멀어지고 있음을 알려준다. 파장이 이동한 정도는 빛을 내는 물체와의 상대 속도에 달려 있다. 20세기 초에 에드윈 허블은 거리가 먼 은하일수록 적색 이동이 크므로 가까운 은하들보다 더 빠르게 멀어지고 있다고 생각하였다. 관측된 은하들의 적색 이동은 우주의 팽창으로 설명할 수 있다는 사실이 곧 알려졌다.

10. 우주가 팽창한다는 사실에서부터 대폭발설이 널리 받아들여지게 됐다. 이 이론에 따르면 전 우주는 과거의 어느 한 시점에 극도로 밀도가 높고 뜨거운 상태였다. 약 150억 년 전에 우주는 이러한 상태에서 엄청난 폭발을 일으키며 물질과 공간을 생성시켰다. 팽창하던 기체는 결국 식어가다가 뭉쳐져 오늘날 우리가 보고 있는 은하와 같은 별의 집단들을 형성한 것이다.

주요 용어와 개념

타원 은하(elliptical galaxy) … 594
펄사(pulsar) … 590
폭발변광성(eruptive variable) … 580
행성상 성운(planetary nebulae) … 587
허블의 법칙(Hubble's law) … 596
헤르츠스프룽-러셀도〔Hertzsprung-Russell(H-R) Diagram〕 … 578

학습 요약 문제

1. 가장 가까운 이웃별인 켄타우루스자리 프록시마 별은 몇 광년 떨어져 있는가? km 단위로 바꿔 보라.
2. 별의 거리를 측정하는 가장 기본적인 방법은 무엇인가?
3. 별의 겉보기 등급과 절대 등급의 차이를 설명하라. 어떤 것이 별의 고유한 속성인가?
4. 12등성과 15등성의 밝기의 비율은?
5. 별의 색에서 어떤 정보를 얻을 수 있는가?
6. 가장 뜨거운 별은 어떤 색인가? 중간 온도의 별은? 가장 온도가 낮은 별은?
7. 쌍성계에서 측정할 수 있는 별의 성질은 무엇인가?
8. 주계열성의 질량과 광도 사이의 관계에 관해 말해 보라.
9. 별의 원반을 망원경으로는 볼 수 없다. 천문학자들이 별의 크기를 추정하는 데 사용하는 방법을 설명하라.
10. H-R도에서 별이 일생의 대부분을 보내는 곳은 어디인가?
11. 태양의 크기와 밝기를 다른 주계열성들과 비교하라.
12. 성간 물질이 별 진화에 중요한 이유는 무엇인가?
13. 발광 성운과 암흑 성운을 비교하라.
14. 주계열성의 연료는 어떤 원소인가? 붉은 거성들의 연료는?
15. 별이 거성이 되는 까닭은 무엇인가?
16. "연료"가 훨씬 적은 데도 불구하고 가벼운 별들이 무거운 별들보다 천천히 나이를 먹는 이유는 무엇인가?
17. 태양과 같은 별들이 진화할 때 밟아가는 단계들을 열거하라.
18. 질량이 작고 붉은 주계열성의 마지막 진화 단계는 무엇인가?
19. 태양과 같이 질량이 중간 정도인 별의 마지막 진화 단계는 무엇인가?
20. 가장 무거운 별들은 어떻게 종말을 맞이하는가? 이 경우 일어날 수 있는 두 가지 결과는 무엇인가?
21. 은하수의 전체적인 모습을 묘사해 보라.
22. 은하의 세 가지 일반적인 유형을 비교하라.
23. 나선 은하들이 훨씬 더 많이 관측됨에도 불구하고 천문학자들이 타원 은하들이 나선 은하들보다 더 많다고 생각하는 이유를 설명하라.
24. 에드윈 허블은 어떻게 안드로메다은하가 우리 은하 바깥에 있다는 결론을 내렸는가?
25. 대폭발 이론을 뒷받침하는 증거는 무엇인가?

Online 학습 안내

Foundation of Earth Science 웹에는 학생들이 이 장에서 다룬 여러 내용의 학습을 도울 수 있는 자료들과 인터넷 연계시스템을 갖추고 있다. 지구과학을 강의하는 연구자들에 의해서 발전된 이 인터넷 주소는 지구과학의 이해를 증진시켜 줄 것으로 생각된다. **http://www.prenhall.com/lutgens**를 방문하여 *Foundation of Earth Science 5e*를 클릭하여 다음 내용들을 살펴보자:

- 인터넷 종합 퀴즈
- 비평적 사고 훈련
- 장 관련 웹 자료들의 연계
- 웹을 통한 주요 개념 탐구

http://www.prenhall.com/lutgens

부록 A

미터 단위 및 영국식 단위의 비교

단위

1킬로미터(km)	= 1,000미터(m)
1미터(m)	= 100센티미터(cm)
1센티미터(cm)	= 0.39인치(in.)
1마일(mi)	= 5,280피트(ft)
1피트(ft)	= 12인치(in.)
1인치(in.)	= 2.54센티미터(cm)
1제곱마일(mi^2)	= 640에이커(a)
1킬로그램(kg)	= 1,000그램(g)
1파운드(lb)	= 16온스(oz)
1패덤(fathom)	= 6피트(ft)

환산

단위 비율:	환산:	단위:

길이

인치	2.54	센티미터
센티미터	0.39	인치
피트	0.30	미터
미터	3.28	피트
야드	0.91	미터
미터	1.09	야드
마일	1.61	킬로미터
킬로미터	0.62	마일

넓이

제곱인치	6.45	제곱센티미터
제곱센티미터	0.15	제곱인치
제곱피트	0.09	제곱미터
제곱미터	10.76	제곱피트
제곱마일	2.59	제곱킬로미터
제곱킬로미터	0.39	제곱마일

부피

세제곱인치	16.38	세제곱센티미터
세제곱센티미터	0.06	세제곱인치
세제곱피트	0.028	세제곱미터
세제곱미터	35.3	세제곱피트
세제곱마일	4.17	세제곱킬로미터
세제곱킬로미터	0.24	세제곱마일
리터	1.06	쿼트
리터	0.26	갤런
갤런	3.78	리터

질량과 무게

온스	20.33	그램
그램	0.035	온스
파운드	0.45	킬로그램
킬로그램	2.205	파운드

온도

- 화씨(°F)를 섭씨(°C)로 변환하기 위해서는, 32°를 뺀 후 1.8로 나누시오.
- 섭씨(°C)를 화씨(°F)로 변환하기 위해서는, 1.8을 곱한 후 32°를 더하시오.
- 섭씨(°C)를 캘빈온도(K)로 변환하기 위해서는, °를 없애고 273을 더하시오.
- 캘빈온도(K)를 섭씨(°C)로 변환하기 위해서는, °를 첨가하고 273을 빼시오.

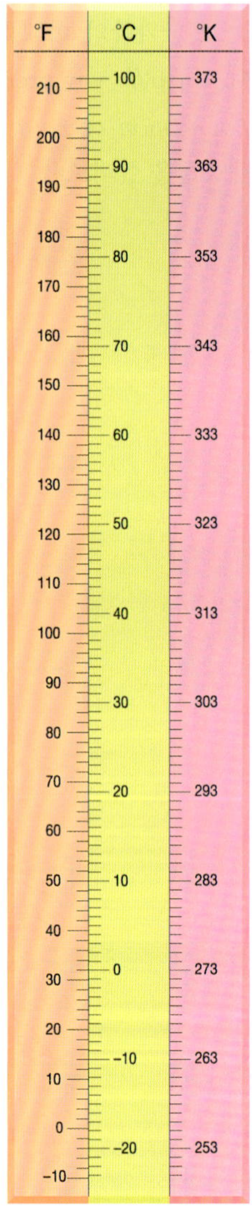

그림 A.1 화씨와 섭씨 및 캘빈 온도단위의 비교.

부록 B

광물 확인법

그룹 I. 금속광택

경도(hardness)	조흔색	다른 유용한 특징	광물명(화학조성)
유리보다 단단하다	검정색	검정색; 자성체; 경도=6; 비중=5.2; 대개 거칠거칠하다	자철석(Fe_3O_4)
	Greenish-black streak	brass yellow; 경도=6; 비중=5.2; 일반적으로 수정의 집합체다.	황철석(FeS_2) 바보의 금
	적갈색	회색 또는 황갈색; 경도=5~6; 비중=5; 평평한 양상	적철석(Fe_2O3)
유리보다 부드럽다	Greenish-black streak	golden yellow; 경도=4; 비중=4.2; 괴상	황동석($CuFeS_2$)
	암회색	slivery gray; 경도=2.5; 비중=7.6(비중이 매우 큼); 벽개가 잘 발달함	방연석(PbS)
	황갈색	황갈색에서 암갈색까지; 경도는 다양함(1~6); 비중=3.5~4; 보통 둥근 덩어리로 발견됨; earthy appearance	갈철석($Fe_2O_3 \cdot H_2O$)
	암회색(gray-black)	검정색에서 청동색까지; 심홍색과 초록색이 변색됨; 경도=3; 비중=5; 괴상	반동석(Cu_5FeS_4)
손톱보다 부드럽다	암회색	은회색; 경도=1(매우 부드러움); 비중=2.2; 괴상부터 평평한 양상; 종이에 글자를 씀(연필 심); 번들거리는 느낌	흑연(C)

그룹 II. 비금속광택(어두운 색)

경도(hardness)	벽개	다른 유용한 특징	광물명(화학조성)
유리보다 단단하다	벽개가 있음	검정색에서 흑녹색까지; 경도=5~6; 비중=3.4; 거의 90°를 이루며 두 방향으로 벽개가 많이 발달함	휘석(Ca, Mg, Fe, Al 규산염)
		검정에서 흑녹색까지; 경도=5~6; 비중=3.2; 거의 60°와 120°를 이루며 두 방향으로 벽개가 많이 발달함	각섬석(Ca, Na, Mg, Al Fe, OH, Al 규산염)
		붉은색에서 적갈색까지; 경도=6.5~7.5; 패각상 단구; 유리질광택	석류석(Fe, Mg, Ca, Al 규산염)
	벽개가 우세하지 않음	회색에서 갈색까지; 경도=9; 비중=4; 육방정계 결정이 일반적	강옥(Al_2O_3)
		암갈색에서 검정색까지; 경도=7; 패각상 단구; 유리질광택	연수정(SiO_2)
		녹황색; 경도=6.5~7; 작은 유리질 입자	감람석$(Mg, Fe)_2SiO_4$
유리보다 부드럽다	벽개가 있음	황갈색에서 검정색까지; 경도=4; 6방향으로 벽개가 잘 발달함; 황 냄새가 나는 연노랑의 조흔색	섬아연석(ZnS)
		암갈색에서 검정색까지; 경도=2.5~3; 한 방향으로 벽개가 잘 발달함; 얇을 경우 탄성력이 좋음; 검정색 운모	흑운모(K, Mg, Fe, OH, Al 규산염)
	벽개가 없음	일반적으로 변색된 갈색 또는 초록색; 경도=2.5; 비중=9; 괴상	자연동(Cu)
손톱보다 부드럽다	벽개가 우세하지 않음	적갈색; 경도=1~5; 비중=4–5; 조흔색은 붉은색; 토상	적철석(Fe_2O_3)
		황갈색; 경도=1~3; 비중=3.5; 토상; 쉽게 부서진다	갈철석($Fe_2O_3 \cdot H_2O$)

그룹 III. 비금속광택(밝은 색)

경도(hardness)	벽개	다른 유용한 특징	광물명(화학조성)
유리보다 단단하다	벽개가 있음	연어 색깔 또는 흰색에서 회색까지; 경도=6; 비중=2.6; 거의 90°를 이루며 두 방향으로 벽개가 발달	K장석($KAlSi_3O_8$)
			사장석($NaAlSi_3O_8$에서 $CaAl_2Si_2O_8$까지)
	벽개가 없음	모든 색; 경도=7; 비중=2.65; 패각상 단구; 유리질 표면; 다양함; 우윳빛, 장밋빛, 연기 빛깔, 보랏빛	석영(SiO_2)
		흰색, 노란색에서 무색까지; 경도=3; 75°를 이루며 3방향으로 벽개 발달(능면체의); HCl에 거품이 되어 나옴; 보통 투명함	방해석($CaCO_3$)
유리보다 부드럽다	벽개가 있음	흰색에서 무색까지; 경도=2.5; 90°를 이루며 3방향으로 벽개 발달; 짠맛	암염(NaCl)
		노란색, 심홍색, 초록색, 무색; 경도=4; 조흔색은 흰색; 반투명에서 투명; 4방향으로 벽개 발달	형석(CaF_2)
	벽개가 없음	무색; 경도=2~2.5; 투명하고 얇을 경우 탄성력이 좋음; 한 방향으로 벽개가 잘 발달함; 밝은 운모	백운모(K, OH, Al 규산염)
		흰색에서 투명한색까지; 경도=2; 판상일 때 탄성력은 없고 유연성은 좋음; 변형: 셀레나이트(투명한, 3방향으로 벽개 발달); 섬유석고(섬유모양, 광택나는 피막); 알라바스터(작은 결정들의 집합체)	석고($CaSO_4 \cdot 2H_2O$)
손톱보다 부드럽다	벽개가 우세하지 않음	흰색, 심홍색, 초록색; 경도=1; 얇은 판상; 매끄러운 느낌; 진주빛 광택; 노란색; 경도=1~2.5	활석(Mg 규산염) 황(S)
		흰색; 경도=2; 매끄러운 느낌; 젖었을 때 흙냄새가 남, 전형적인 점토구조	캐올리나이트 (함수 Al 규산염)
		초록색; 경도=2.5; 섬유상; 사문석의 변형	석면(Mg, Al 규산염)
		엷은 적갈색에서 어두운 적갈색까지; 경도=1~3; 둔탁한 광택; 흙냄새가 남; 대개 구형의 입자들을 포함함; 진짜 광물은 아니다	보크사이트 (함수 Al 산화물)

부록 C

상대습도 및 이슬점 표

표 C.1 상대습도(%)

건구 (℃)	습구 온도의 depression (습구 온도−건구 온도=습구의 depression)																					
	1	2	3	4	5	6	7	8	9	10	11	12	13	14	15	16	17	18	19	20	21	22
−20	28																					
−18	40																					
−16	48	0																				
−14	55	11																				
−12	61	23																				
−10	66	33	0																			
−8	71	41	13																			
−6	73	48	20	0																		
−4	77	54	32	11																		
−2	79	58	37	20	1																	
0	81	63	45	28	11																	
2	83	67	51	36	20	6																
4	85	70	56	42	27	14																
6	86	72	59	46	35	22	10	0														
8	87	74	62	51	39	28	17	6														
10	88	76	65	54	43	33	24	13	4													
12	88	78	67	57	48	38	28	19	10	2												
14	89	79	69	60	50	41	33	25	16	8	1											
16	90	80	77	62	54	45	37	29	21	74	7	1										
18	91	81	72	64	56	48	40	33	26	19	12	6	0									
20	91	82	74	66	58	51	44	36	30	23	17	11	5									
22	92	83	75	68	60	53	46	40	33	27	21	15	10	4	0							
24	92	84	76	69	62	55	49	42	36	30	25	20	14	9	4	0						
26	92	85	77	70	64	57	51	45	39	34	28	23	18	13	9	5						
28	93	86	78	71	65	59	53	45	42	36	31	26	21	17	12	8	4					
30	93	86	79	72	66	61	55	49	44	39	34	29	25	20	16	12	8	4				
32	93	86	80	73	68	62	56	51	46	41	36	32	27	22	19	14	11	8	4			
34	93	86	81	74	69	63	58	52	48	43	38	34	30	26	22	18	14	11	8	5		
36	94	87	81	75	69	64	59	54	50	44	40	36	32	28	24	21	17	13	10	7	4	
38	94	87	82	76	70	66	60	55	51	46	42	38	34	30	26	23	20	16	13	10	7	5
40	94	89	82	76	71	67	61	57	52	48	44	40	36	33	29	25	22	19	16	13	10	7

건구(공기) 온도

상대습도 값

*상대습도를 구하려면, 수직축(맨 왼쪽)에서 공기(건구)의 온도를 구하고 수평축(맨 위)에서 습구의 depression을 얻어라. 이 두 개가 만나는 곳이 상대습도이다. 예를 들어, 건구 온도가 20℃고 습구 온도가 14℃이면, 습구의 depression은 6℃(20℃−14℃)이다. 표 C.1을 보면 상대습도는 51%이고 표 C.2를 보면 이슬점은 10℃이다.

표 C.2 이슬점온도(℃)

건구 (℃)	습구 온도−건구 온도 = 습구의 depression																					
	1	2	3	4	5	6	7	8	9	10	11	12	13	14	15	16	17	18	19	20	21	22
−20	−33																					
−18	−28																					
−16	−24																					
−14	−21	−36																				
−12	−18	−28																				
−10	−14	−22																				
−8	−12	−18	−29																			
−6	−10	−14	−22																			
−4	−7	−12	−17	−29																		
−2	−5	−8	−13	−20																		
0	−3	−6	−9	−15	−24																	
2	−1	−3	−6	−11	−17																	
4	1	−1	−4	−7	−11	−19																
6	4	1	−1	−4	−7	−13	−21															
8	6	3	1	−2	−5	−9	−14															
10	8	6	4	1	−2	−5	−9	−14	−18													
12	10	8	6	4	1	−2	−5	−9	−16													
14	12	11	9	6	4	1	−2	−5	−10	−17												
16	14	13	11	9	7	4	1	−1	−6	−10	−17											
18	16	15	13	11	9	7	4	2	−2	−5	−10	−19										
20	19	17	15	14	12	10	7	4	2	−2	−5	−10	−19									
22	21	19	17	16	74	12	10	8	5	3	−1	−5	−10	−19								
24	23	21	20	18	16	14	12	10	8	6	2	−1	−5	−10	−18							
26	25	23	22	20	18	17	15	13	11	9	6	3	0	−4	−9	−18						
28	27	25	24	22	27	19	17	16	14	11	9	7	4	1	−3	−9	−16					
30	29	27	26	24	23	21	19	18	16	14	12	70	8	5	1	−2	−8	−15				
32	31	29	28	27	25	24	22	21	19	17	15	13	11	8	5	2	−2	−7	−14			
34	33	31	30	29	27	26	24	23	21	20	18	16	14	12	9	6	3	−1	−5	−12	−29	
36	35	33	32	31	29	28	27	25	24	22	20	19	17	15	13	10	7	4	0	−4	−10	
38	37	35	34	33	32	30	29	28	26	25	23	21	19	17	15	13	11	8	5	1	−3	−9
40	39	37	36	35	34	32	31	30	28	27	25	24	22	20	18	16	14	12	9	6	2	−2

건구(공기) 온도

이슬점온도 값

부록 D

지구의 그리드 시스템

언뜻 보아 모든 지구의는 지구상에서 위치를 나타내기 위해 일반적으로 사용하는 방법인 그리드 시스템을 가지고 있으며, 이 시스템은 남북과 동서로 뻗는 일련의 선들로 구성되어 있다. 그리드의 남북으로 뻗은 선은 **자오선**(meridian)으로 불리며 극과 극을 연결한다(**그림 D.1**). 모든 자오선들은 반원이다. **대원**(great circle)은 지구 위에 그릴 수 있는 가장 큰 원이다; 만약 지구가 이 원들 중 하나를 따라 베어진다면, 지구는 **반구**(hemisphere)로 불리는 두 개의 동일한 부분들로 나누어질 것이다. 지구 또는 **그림 D.1**을 보면, 자오선들은 적도에서 가장 멀리 떨어져 있고 극 쪽으로 수렴한다. 그리드에서 동서로 뻗은 선(원)은 **위도선**(parallels)이라고 부른다. 이름이 의미하는 것처럼, 이 원들은 서로 평행하다(**그림 D.1**). 모든 자오선들이 대원의 일부이지만, 모든 위도선들이 대원들의 한 부분인 것은 아니다. 사실, 단지 하나의 위도선, 적도, 만이 대원이다.

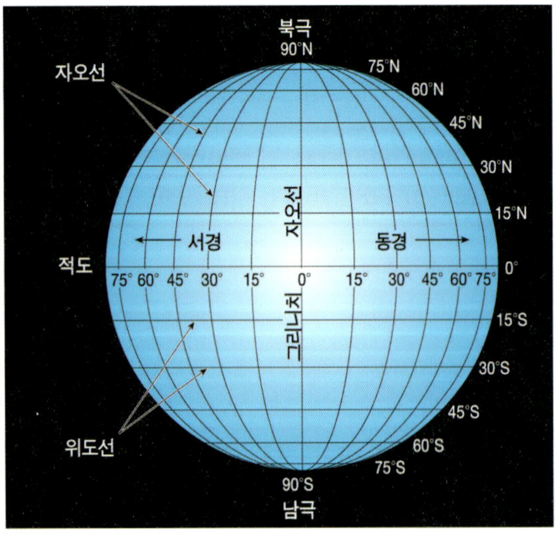

그림 D.1 지구의 그리드 시스템

1. 위도와 경도

위도(latitude)는 적도에서 북쪽과 남쪽의 거리를 °로 표시한 것이다. 위도선은 위도를 나타내기 위해 이용된다. 동일한 위도선에 놓인 모든 점들은 적도로부터 동일한 거리에 있기 때문에, 이 모든 점들의 위도는 같다. 적도의 위도는 0°이고, 북극과 남극은 각각 90°N과 90°S이다.

경도(longitude)는 그리니치 자오선에서 동쪽과 서쪽의 거리를°로 표시한 것이다. 모든 자오선들이 동일하므로, 제로라인의 선택은 분명히 임의적이다. 그러나 잉글랜드의 그리니치에 있는 왕립관측소를 통과하는 자오선이 일반적으로 참고 자오선으로 받아들여진다. 그러므로 지구상 어느 지점의 경도는 그리니치 자오선을 기준으로 동쪽이나 서쪽으로 측정된다. 경도는 그리니치 자오선인 0°부터 지구둘레의 반인 180°까지 변한다.

위치를 지정할 때 방위–즉, 북위 또는 남위 그리고 동경 또는 서경–를 주어야 한다는 것을 기억하자(**그림 D.2**). 만약 방위를 주지 않으면, 지구상에서 한 점 이상이 지정될 수 있다. 물론, 적도, 그리니치 자오선, 또는 180° 자오선을 따라 놓인 장소만은 예외다. 분수를 사용할 수 있는 경우, 위도나 경도의 °는 보통 분이나 초로 나눌 수 있다. 1분(′)은 1°의 1/60이고, 1초(″)는 1분의 1/60이다. 지도 위에 위치를 표시할 때, 정확도는 지도의 축척에 달려있다. 작은 축척의 세계지도나 지구의를 사용하면, 도의 단위로 위도와 경도를 추정하는 것도 어려울지 모른다. 반면에, 큰 축척의 지도를 이용하면, 분이나 초의 단위로 위도와 경도를 추정하는 것도 가능하다.

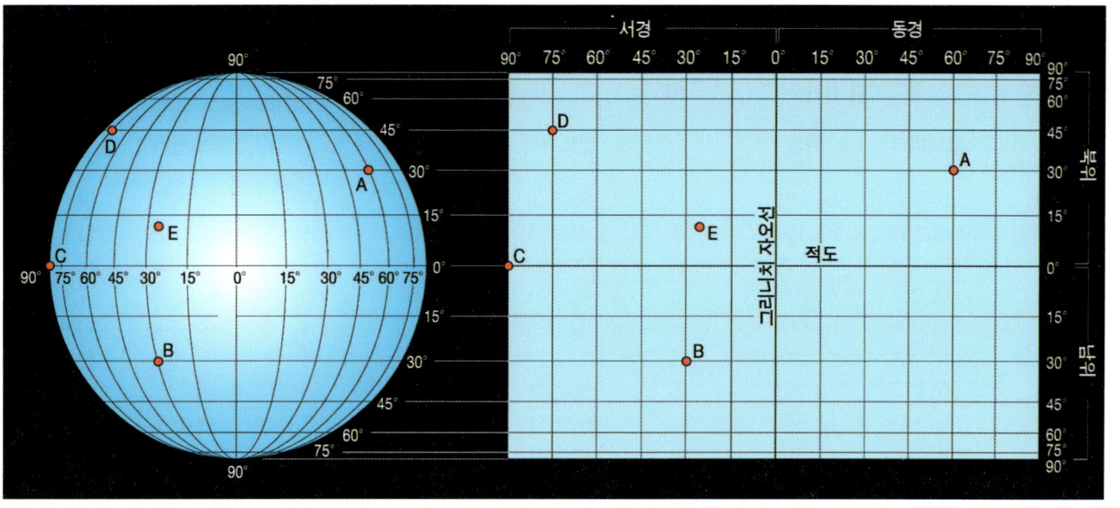

그림 D.2 그리드 시스템을 이용하여 위치 표시하기. 양쪽 다이어그램에서: 점 A는 위도 30°N, 경도 60°E; 점 B는 위도 30°S, 경도 30°W; 점 C는 위도 0°, 경도 90°W; 점 D는 위도 45°N, 경도 75°W; 점 E는 거의 위도 10°N, 경도 25°W이다.

2. 거리측정

경도의 1°의 길이는 어디에서 측정했느냐에 따라 다르다. 대원인 적도에서 동서 1°의 거리는 대략 111 km이다. 이 값은 지구의 원주, 40,075km를 360으로 나누면 얻을 수 있다. 그러나 위도가 증가하면서, 위도선은 점점 작아지고 경도의 1°의 길이는 줄어든다(표 D.1을 보시오). 그러므로 위도 60°N과 60°S에서 경도 1°의 길이는 적도에서 1°의 길이의 절반이다.

모든 자오선들은 대원의 반구이므로, 위도 1°는 대략 111km이고, 이 값은 적도에서 경도 1°의 길이와 동일하다. 그러나 지구는 완전한 구가 아니라 양극에서 약간 평평하고 적도에서 약간 부풀어있다. 이것 때문에, 위도 1°의 길이는 약간 다르다.

지구상에 있는 두 점 사이의 최단거리는 "구와 실" 방법을 이용하여 쉽고 꽤 정확하게 구할 수 있다. 대원의 원호는 구에서 두 점 사이의 최단거리이다. 두 지점의 (대원의 경로를 관찰하는 것뿐만 아니라) 대원의 거리를 구하기 위해서는, 알고자하는 두 지점을 실로 연결해라. 그 뒤에, 두 지점 사이의 °를 구하기 위해서 (대원 위에 °가 표시된 대원이므로) 적도에서 실의 길이를 측정해라. 킬로미터나 마일로 거리를 계산하기 위하여, °에 각각 111이나 69를 곱하면 된다.

표 D.1

°위도	경도 1°의 길이		°위도	경도 1°의 길이		°위도	경도 1°의 길이	
	킬로미터	마일		킬로미터	마일		킬로미터	마일
0	111.367	69.172	30	96.528	59.955	60	55.825	34.674
1	111.349	69.161	31	95.545	59.345	61	54.131	33.622
2	111.298	69.129	32	94.533	58.716	62	52.422	62.560
3	111.214	69.077	33	93.493	58.070	63	50.696	31.488
4	111.096	69.004	34	92.425	57.407	64	48.954	30.406
5	110.945	68.910	35	91.327	56.725	65	47.196	29.314
6	110.760	68.795	36	90.203	56.027	66	45.426	28.215
7	110.543	68.660	37	89.051	55.311	67	43.639	27.105
8	110.290	68.503	38	87.871	54.578	68	41.841	25.988
9	110.003	68.325	39	86.665	53.829	69	40.028	24.862
10	109.686	68.128	40	85.431	53.063	70	38.204	23.729
11	109.333	67.909	41	84.171	52.280	71	36.368	22.589
12	108.949	67.670	42	82.886	51.482	72	34.520	21.441
13	108.530	67.410	43	81.575	50.668	73	32.662	20.287
14	108.079	67.130	44	80.241	49.839	74	30.793	19.126
15	107.596	66.830	45	78.880	48.994	75	28.914	17.959
16	107.079	66.509	46	77.497	48.135	76	27.029	16.788
17	106.530	66.168	47	76.089	47.260	77	25.134	15.611
18	105.949	65.807	48	74.656	46.372	78	23.229	14.428
19	105.337	65.427	49	73.203	45.468	79	21.320	13.242
20	104.692	65.026	50	71.727	44.551	80	19.402	12.051
21	104.014	64.605	51	70.228	43.620	81	17.480	10.857
22	103.306	64.165	52	68.708	42.676	82	15.551	9.659
23	102.565	63.705	53	67.168	41.719	83	13.617	8.458
24	101.795	63.227	54	65.604	40.748	84	11.681	7.255
25	100.994	62.729	55	64.022	39.765	85	9.739	6.049
26	100.160	62.211	56	62.420	38.770	86	7.796	4.842
27	99.297	61.675	57	60.798	37.763	87	5.849	3.633
28	98.405	61.121	58	59.159	36.745	88	3.899	2.422
29	97.481	60.547	59	57.501	35.715	89	1.950	1.211
30	96.528	59.955	60	55.825	34.674	90	0.000	0.000

용어 해설

가설(hypothesis): 아직 참인지가 더 검증되어야 하는 잠정적인 설명방법.

가시광선(visible light): 파장이 0.4~0.7㎛인 복사.

각정(horn): 빙하활동에 의해 형성되어 셋 또는 그 이상의 권곡으로 둘러싸인 피라미드 모양의 봉우리.

간헐천(geyser): 주기적으로 분출되는 온천샘.

감입 사행천(incised meander): 경사가 급하고 좁은 계곡을 흐르는 사행천. 융기 또는 해수면(최종기준면)의 하강에 의해 감입 사행천이 형성된다.

강수안개(precipitation fog): 비가 차가운 공기층을 통과할 때 증발하여 발생하는 안개.

거성〔giant(star)〕: 반경이 매우 큰 밝은 별.

건습구온도계(psychrometer): 건구와 습구, 두 개의 온도계로 이루어진 습도계로 표를 이용하여 상대습도와 이슬점온도를 측정한다.

건조단열감률(dry adiabatic rate): 포화되지 않은 공기가 단열냉각이나 단열승온되는 율. 그 온도변화율은 100 m 당 1℃이다.

검은 구멍(블랙홀)(black hole): 중력 때문에 빛이 빠져나올 수 없는 작고 밀도가 높은 상태로 붕괴한 별.

겉보기 등급(apparent magnitude): 지구에서 보았을 때의 별의 밝기.

격변변광성(eruptive variable): 갑자기 밝기가 변하는 별.

격변설(catastrophism): 짧은 기간에 걸친 갑작스런 변동에 의해 지구가 형성되었다는 개념.

격자상 수계(trellis pattern): 지류들이 서로 거의 평형하게 격자처럼 흐르는 형태이며 서로 다른 암석들이 교차하는 지역에 형성된다.

결빙(freezing): 액체로부터 고체로의 상태변화.

결빙핵(freezing nuclei): 빙정 형성에서 핵으로 작용하는 고체 입자.

결정 침전(crystal settling): 마그마의 결정작용 동안, 먼저 형성된 광물이 마그마의 액체부분보다 밀도가 더 높으므로 마그마 방의 하부에 가라앉는다.

결정작용(crystallization): 액체 또는 기체로부터의 결정질 고체의 형성 또는 성장.

결정형(crystal form): 원자의 내부 배열에 의해 결정되는 광물의 외형.

경도(hardness): 광물이 긁힘에 견디는 정도.

경도(longitude): 본초 자오선을 기준으로 동쪽 또는 서쪽을 향하여 "도" 단위로 측정된 거리.

경사도(gradient): 하류의 경사; 일반적으로 1마일당 피트 단위로 측정함.

경사부정합(angular unconformity): 아래층의 경사가 위에 놓인 층의 경사와 다른 부정합.

경사이동단층(dip-slip fault): 움직임이 단층의 경사면에 평행한 단층.

계(system): 하나의 복잡한 전체를 형성하면서 상호작용하는 부분들로, 모든 크기의 그룹을 포함한다.

고기압(anticyclone): 북반구에서 공기가 시계방향으로 회전하는 특성을 지닌 고기압 영역.

고산 빙하(alpine glacier): 많은 경우, 이전에는 하곡이었던 산악의 계곡에 국한된 빙하.

고생대(Paleozoic Era): 선캄브리아시대와 중생대 사이의 지질학적 기간—약 5억 4,200만 년 전부터 2억 5,100만 년 전까지 해당함.

고생물학(paleontology): 지구상의 화석과 생명의 역사에 대한 체계적인 연구.

고정이동단층(strike-slip fault): 수평적으로 일어난 이동을 따라 생긴 단층.

고지자기(paleomagnetism): 암석에 자연적으로 남아 있는 지자기. 암석에 영구히 남아 있는 자기장은 과거 암석이 자화될 당시의 자극의 위치와 암석의 위도를 결정하는데 사용할 수 있다.

고철실 조성(mafic composition): 현무암질 조성 참조.

곡빙하(valley glacier): 고산빙하(alpine glacier) 참조.

곡퇴석(valley train): 곡빙하에서 얼음이 녹은 물이 계곡 바닥에 퇴적시키는 비교적 좁은 폭의 층상퇴적물.

골바람(valley breeze): 낮 동안에 계곡에서 산등성이로 부는 바람.

공극(porosity): 암석이나 토양 속의 빈 공간의 부피.

공기(air): 지구 대기를 구성하는 기체와 입자의 혼합물. 질소와 산소가 대부분이다.

공기덩이(parcel): 신축성 있는 얇은 막으로 둘러싸인 가상의 공기덩이. 일반적으로 부피가 수백 m3이고 주변공기에 대해 독립적이다.

공유결합(covalent bond): 전자를 서로 공동으로 소유하는 화학결합.

공전(revolution): 지구가 태양주위를 회전하듯이 한 물체가 다른 물체 주위를 도는 운동.

관입(intrusive): 지표 아래에서 생성되는 화성암.

광년(light-year): 빛이 1년 동안 날아가는 거리; 약 9.5조 km이다.

광물(mineral): 비유기질이며 결정질이고 독특한 화학적 조성을 띄는 천연의 물질.

광물 자원(mineral resource): 현재 또는 미래 언젠가에 추출하여 사용할 수 있는 유용한 광물들로 현재까지 발견한 모든 양과 아직 발견되지 않은 양을 포함한다.

광물학(mineralogy): 광물에 대해 연구하는 것.

광석(ore): 보통 채산성이 있는 유용한 금속 광물을 가리킨다. 이 용어는 형석이나 황과 같은 일부 비금속 광물에도 사용된다.

광역변성작용(regional metamorphism): 대규모의 조산운동 과정과 관련된 변성작용.

광택(luster): 광물의 표면으로부터 반사되는 빛의 외관이나 성질.

구름(cloud): 부유 물방울이나 작은 빙정이 밀집되어 모여 있는 형태.

국부은하군(Local group): 우리 은하수가 속해 있는 약 20여개의 은하들의 집단.

국지적 대류 상승(localized convective lifting): 부력 때문에 국지적 열기포의 상승을 일으키는 불균등 지면 가열에 의한 치올림 현상.

권곡(cirque): 동파 또는 뜯음작용에 의해 빙하곡의 두부에 형성되는 원형극장 형태의 분지.

권운(cirrus): 세 가지 기본 구름 형태 중 하나; 또한 세 가지 상층운 형태 중 하나. 얇고 작은 얼음 알갱이로 구성되어 있으며 보통 얇은 천 또는 가는 실처럼 보인다.

규모〔magnitude(earthquake)〕: 지진이 발생한 동안에 방출되는 에너지의 총량.

규모(scale): 지도상의 거리나 면적과 지표상의 실제 거리나 면적 사이의 관계를 나타내는 표현.

규산염(silicate): 기본 구조가 산소와 규소-산소 사면체인 많은 광물들을 가리켜 일컬음.

규소-산소 사면체(silicon-oxygen tetrahedron): 한 개의 규소 원자를 네 개의 산소원자가 둘러싸고 있는 구조. 규산염광물의 기본단위가 된다.

규장질(felsic): 화강암질 조성 참조.

극 이동(polar wandering): 1950년대 고지자기 연구의 결과로, 연구자들은 오랜 기간에 걸쳐 자극이 이동했거나 대륙이 점진적으로 그 위치를 바꿨을 것이라고 주장했다.

극(A) 기단〔arctic (A) air mass〕: 얼어 있는 북극 해양 위에서 형성되는 아주 한랭한 기단.

극고기압(polar high): 극지방에서 열적으로 형성된 고기압.

극편동풍(polar easterlies): 탁월풍의 분포를 보면 극고기압에서 아한대저기압으로 바람이 분다. 그러나 이 바람은 편동풍처럼 지속적이진 않다.

기(period): '대'의 하부 개념으로서 지질학적 시간의 기본단위 이다. 기는 더 작은 단위인 '세'로 나누어진다.

기단(air mass): 비교적 같은 온도와 습도를 가지는 공기의 큰 덩어리.

기단 날씨(air-mass weather): 기단이 어느 지역을 지나갈 때 나타나는 상태. 기단은 보통 그 규모가 클 뿐만 아니라 동질성을 지니므로 기단 날씨는 수일동안 비교적 일정하게 유지된다.

기상 및 기후 요소(element of weather and climate): 날씨와 기후의 특성을 기술하기 위하여 정기적인 관측이 이루어지는 대기의 성질들.

기상학(meteorology): 대기와 기상현상을 연구하는 과학; 일기와 기후를 연구하는 과학.

기압(air pressure): 공기의 무게가 그 밑에 작용하는 힘.

기압경도(pressure gradient): 주어진 거리에서 기압이 변하는 양.

기압경향(barometric tendency): 기압경향(pressure tendency) 참조.

기압경향(pressure tendency): 지난 수 시간 동안의 기압 변화로 단기일기예보에 유용하다.

기압계(barometer): 기압을 측정하는 기구.

기요(guyot): 해수면 아래에 잠긴 정상이 편평한 해산.

기준면(base level): 하천이 침식할 수 없는 최저면.

기후(climate): 날씨 상태들의 총체적 표현; 장소나 지역의 특성을 기술하는데 도움이 되는 통계적인 종합적 날씨 정보.

김안개(steam fog): 김같이 생긴 안개로 따뜻한 수면에서 증발한 수증기가 차가운 공기를 통과할 때 생긴다.

나선은하(spiral galaxy): 성간물질로 이루어진 나선팔을 가진 원반모양의 회전하는 은하. 젊은 별들이 중심부의 핵에서 서서히 감겨나가고 있다.

난대수층(aquitard): 지하수의 이동을 방해하거나 막는 불투수층.

난류(turbulent flow): 흔히 빙빙 도는 소용돌이 특성을 갖고 불규칙한 모양으로 움직이는 물의 흐름. 대부분의 물 흐름은 이 형태이다.

난정합(nonconformity): 오래된 변성암이나 관입화성암 위에 젊은 퇴적암층이 퇴적된 상황의 부정합.

날씨(weather): 어떤 주어진 시간의 대기의 상태.

남회귀선(Tropic of Capricorn): 남위 23.5°인 위도대로 수직 태양광의 남쪽 한계선을 말한다.

내부 작용(internal process): 지구 내부에서 에너지를 공급받는 화산활동, 지진, 조산운동과 같은 작용들.

내지배수(interior drainage): 바다로 흘러들지 않는 단속적인 하류의 불연속적인 형태.

내핵(inner core): 반지름이 약 1,300km인 지구내부 가장 안쪽의 고체 층.

내행성(inner planets): 수성, 금성, 지구, 화성 등 태양계 안쪽에 있는 행성들. 지구와 비슷한 내부 구조와 성분 때문에 지구형 행성이라고도 부른다.

녹은 짐(dissolved load): 용해된 상태로 운반되는 하천 운반물질의 일부분.

뇌우(thunderstorm): 적란운에 의해 형성된 폭풍우로 항상 번개와 천둥을 동반한다. 비교적 수명은 짧고, 강한 돌풍, 소나기, 때로는 우박을 동반하기도 한다.

누대(eon): 지질학적 시간 단위 중 가장 긴 시간 "대"보다 큰 단위.

누적지역(zone of accumulation): 눈이 쌓이고 얼음이 생기는 빙하지역. 이곳의 외곽경계가 설선이다.

누중의 법칙(superposition): 퇴적암의 순서가 변형되지 않았을 때, 각각의 지층은 그 위의 지층보다 오래 된 것이며 그 아래의 지층보다 젊은 것이다.

눈(eye): 태풍의 중심에서 지름 약 20km에 이르는 산발적 구름이 있고 바람이 약한 지역.

눈(snow): 고체형태의 강수로 수증기가 승화해서 생긴다.

눈의 벽(eye wall): 태풍의 눈을 둘러싸고 있는 강한 적란운 발달과 아주 강한 바람이 있는 도넛 모양의 영역.

다우호(pluvial lake): 우기에 생기는 호수. 플라이스토세 동안에는 빙하가 없는 일부 지역에서만 생겼고, 빙하기 동안에는 어떤 곳에서든 생겼다.

단구(fracture): 뚜렷한 이동이 없는 암석의 깨짐 또는 파열.

단명하천(ephemeral stream): 특별한 강우 사건에 의해서만 물을 운반하므로 평상시에는 말라 있는 하천. 대부분의 사막 하천들이 이런 형태이다.

단열온도변화(adiabatic temperature change): 열의 출입이 없이 공기가 팽창하거나 수축할 때 생기는 냉각이나 가열.

단층(fault): 틈을 따라 움직임이 있는 암체의 균열.

단층블록 산맥(fault-block mountain): 단층에 의한 암석의 이동에 의해 형성된 산지.

단층애(fault scarp): 단층작용으로 생긴 절벽. 풍화와 침식에 의해 변형을 받기 전의 노출된 단층면을 말한다.

달의 고지대(lunar highlands): 달 표면에서 바다 지역에 비해 수km 높아서 상대적으로 밝게 보이는 지역. 달의 육지.

달의 바다(maria 또는 mare): 달의 표면에서 평탄한 지역을 일컫는 라틴어.

달의 육지(terrae): 달에서 운석에 수없이 부딪힌 고지대 지역.

달의 표토(lunar regolith): 달 표면의 회색빛을 띠는 얇은 층. 유성체들이 연속으로 충돌하였을 때 만들어진 것으로 생각되는, 채 굳지 않은 미세먼지들로 되어 있다.

담수화(desalination): 해수로부터 소금 또는 다른 화학물질의 제거.

대(era): 가장 주요한 지질학적 시간 단위; "대"는 "기"라는 작은 단위로 구분된다.

대기(atmosphere): 행성의 기체부분; 행성의 공기층. 지구의 물리적 환경을 통상적으로 나눈 부분 중 하나.

대류(convection): 물질의 이동에 의한 열의 전달. 오직 유체에서만 일어난다.

대류권(troposphere): 대기층의 최하부이며 고도에 따라 온도가 감소한다.

대륙기단(continental air mass): 육지에서 형성되는 기단; 보통 상대적으로 건조하다.

대륙대(continental rise): 대륙사면 기저의 아주 완만한 기울기를 가지는 부분.

대륙붕(continental shelf): 해수면 아래로 잠긴 연안에서 대륙사면으로 연장되는 대륙주변부의 완만한 기울기를 가진 부분.

대륙사면(continental slope): 급격한 기울기를 가지며 심해저로 연결되는 부분으로 대륙붕의 바다 쪽 끝을 경계 짓는다.

대륙이동설(continental drift theory): 본래 대륙이 떠다닌다고 제안된 이론. 본질적으로 판구조론으로 대체되었다.

대륙주변부(continental margin): 대륙에 바로 인접하고 있는 해양저부분. 여기에는 대륙붕, 대륙사면, 및 대륙대가 포함된다.

대륙화산호(continental volcanic arc): 부분적으로 대륙지각 아래로의 해양지각 섭입과 연관된 화산활동에 의해 형성된 산맥. 안데스 산맥과 케스케이드 산맥 등의 예가 있다.

대비(correlation): 서로 다른 지역에서 비슷한 시기의 암석의 동등성을 확립하는 작업.

대수층(aquifer): 지하수가 자유로이 이동할 수 있는 암석 또는 토양.

대양저 산맥(oceanic ridge): 중앙대양저 산맥(mid-ocean ridge) 참조.

대원(great circle): 구면에 그릴 수 있는 가장 큰 원. 하나의 대원은 구면을 두 개의 동일 지역으로 양분한다.

대폭발(big bang theory): 우주가 과거에 고온 고밀도 상태로 압축되어 있다가 팽창하면서 태어났다는 이론.

도플러 레이더(Doppler radar): 기존의 레이더와 같은 일을 수행할 뿐만 아니라 이 차세대 기상 레이더는 움직임을 직접 감지할 수 있으며, 따라서 토네이도와 태풍의 경보시스템에 크게 도움을 준다.

도플러효과(Doppler effect): 광원과 관찰자 사이의 상대적인 운동에 의하여 복사 파장에 나타나는 겉보기 변화.

돔(dome): 대체로 둥글며 배사와 유사하게 볼록하게 습곡된 구조.

동굴(cavern): 일반적으로 석회암의 용해작용에 의해 자연적으로 형성된 지하 공간 또는 그러한 공간의 연속.

동위원소(isotope): 같은 원소이면서도 서로 질량수가 다른 원소; 이들의 핵은 양성자의 수는 같으나 중성자의 수가 서로 다르다.

동일과정설(uniformitarianism): 과거 지구의 모습을 만들어 낸 모든 작용들이 실질적으로 오늘날 관찰되는 과정들과 동일하다는 생각.

드럼린(drumlin): 빙력토로 구성된 유선형의 비대칭적 구릉. 가파른 면이 얼음이 다가오는 쪽을 향하고 있다.

등고선(contour line): 지형도에서 해면으로부터의 고도가 같은 지점을 이은 선.

등고선 간격(contour interval): 지형도에서 이웃한 등고선 사이의 고도차.

등급〔magnitude(stellar)〕: 천체의 상대적 밝기를 표시하기 위하여 주어진 수.

등압선(isobar): 해면으로 보정된 대기압이 같은 곳을 연결한 지도 위의 선.

등온선(isotherm): 같은 온도를 가지는 지점을 연결한 선.

뜬 짐(suspended load): 물속에 떠서 흐르는 물과 같이 운반되는 미세한 퇴적물들.

뜯음작용〔plucking(quarrying)〕: 빙하가 기반암의 조각들을 잡아 빼어 들어 올리는 작용.

라하르(lahar): 불안정한 화산재층과 암설이 물에 포화되어 화산의 경사면 아래로 흘러서 만들어지는 화산 이류이다.

리히터규모(Richter scale): 지진계의 움직임을 기준으로 정한 지진의 진도.

릿지푸시(ridge push): 판의 이동을 설명하는 기작들 중의 하나로, 대양저산맥의 높은 곳에 위치한 암석 슬랩이 중력이 끌어당기는 힘에 의해 대양저산맥의 측면을 따라 미끄러지면서 일어난다.

마그마(magma): 용해된 기체나 결정들을 포함하며, 깊은 곳에서 발견되는 용융된 암체.

마그마 분화작용(magmatic differentiation): 한 개의 마그마에서 한 가지 유형 이상의 암석이 생성되는 과정.

마리아(maria): 이전에 바다로 여겨졌던 달의 평평한 지역을 부르는 라틴이름.

마식작용(abrasion): 물, 바람, 또는 얼음 등에 의해 운반되는 암편의 충돌이나 마찰로 인해서 암석 표면이 깎이거나 긁히는 작용.

막대나선은하(barred spiral galaxy): 중심핵에서 뻗어 직선 모양의 막대를 지닌 나선 은하.

만입구 사주(baymouth bar): 만을 완전히 가로지르며 만을 대양으로부터 차단시키는 사주.

망상하천(braided stream): 얽히고 섞인 수많은 수로로 이루어진 하천.

매장지(reserve): 채산성이 있는 채굴 가능한 광물들이 묻혀 있는 것이 이미 파악된 장소.

맥동변광성(pulsating variable): 크기와 밝기가 규칙적으로 진동하는 변광성.

맨틀(mantle): 지구의 지각 아래쪽에 있는 2,900km 두께의 두꺼운 층.

맨틀 플룸(mantle plume): 판 내부에 존재하는 현무암질 마그마의 공급원 중 하나. 이런 구조는 아주 깊은 곳에서부터 시작되고, 지각에 도달하면 횡적으로 퍼지며, 열점으로 불리는 국지적인 화산대를 만들어낸다.

모래톱(spit): 인접한 만의 입구 쪽으로 길게 뻗으며 발달한 모래언덕.

모멘트규모(moment magnitude): 리히터규모보다 더 정밀히 측정하는 지진 규모. 모멘트규모는 단층대를 따라서 나타나는 이동량으로부터 도출된다.

모스경도계(Mohs hardness scale): 경도를 측정하기 위한 기준으로 사용되는 10개의 일련의 광물들.

모형(model): 가설(hypothesis)이라는 용어와 흔히 혼용되는 용어. 그렇지만 조금 덜 정확한 표현이며, 이는 모형이라는 용어가 과학적 이론을 기술하는 데에도 때로 사용되기 때문이다.

목성형 행성(Jovian planet): 목성과 같은 행성인 목성, 토성, 천왕성 및 해왕성. 이들 행성은 비교적 밀도가 낮다.

몬순(monsoon): 특히 아시아대륙에서 계절에 따라 바람 방향이 바뀌는 현상으로 겨울에는 육지에서 바다로 바람이 불고, 여름에는 바다에서 육지로 바람이 불게 된다.

무역풍(trade wind): 동쪽에서 서쪽으로 끊임없이 부는 두 군데의 바람대로 아열대 고기압의 적도 쪽에 위치한다.

물리적 풍화(mechanical weathering): 암석이 물리적인 풍화작용을 받아 작은 조각들로 부서지는 것.

물리적 환경(physical environment): 환경의 일부분으로, 물, 공기, 토양 그리고 암석을 포함할 뿐만 아니라 온도, 습도 그리고 일광 같은 조건들도 포함한다.

물의 순환(water cycle): 해양으로부터 대기로 (증발에 의해), 대기로부터 육지로 (응결과 강수에 의해), 육지로부터 다시 바다로 (육상으로 흐르는 물과 지하수의 흐름을 거쳐) 물의 연속적 움직임.

미끄러짐 면(slip face): 사구에서 바람이 불어가는 쪽의 급한 경사면, 약 34도의 경사각을 유지한다.

미소행성체(planetesimal): 행성계 형성의 초기 단계에 쌓인 고체 천체들. 서로 들러붙어 더 큰 천체가 되고, 결국 행성들을 이루게 된다.

밀도(density): 어떤 물질의 단위 부피에 대한 질량.

바다기둥(sea stack): 연안에 홀로 서 있는 돌기둥으로 돌출부가 파도에 침식되면서 만들어진다.

바다아치(sea arch): 파도에 의해서 만들어지는 아치로서 돌출부의 양쪽에서 파도에 의하여 깎이는 동굴이 서로 만나면서 만들어진다.

바닥짐(bed load): 하도의 바닥을 따라 하류에 의해 운반되는 퇴적물.

바람(wind): 지표면에 대해 수평으로 움직이는 공기의 흐름.

반감기(half-life): 방사성물질이 붕괴하여 양이 반으로 줄어드는 데 필요한 시간.

반대수층(aquitard): 지하수의 이동을 지연시키거나 막는 불침투수 층.

반사(reflection): 빛이 어떤 면에 입사할 때 같은 강도를 갖고 입사각과 같은 각도로 되돌아가는 과정.

반사성운(reflection nebula): 주위의 별들의 빛을 반사시키는 비교적 밀도가 큰 먼지구름.

반사율(albedo): 물질의 반사도로서 보통 입사에 대해 반사된 복사량을 퍼센트로 나타낸다.

반일주조 형태(semidiurnal tidal pattern): 하루(조석일)에 두 번의 고조와 두 번의 저조가 일어나며 두 번의 고조와 두 번의 저조의 크기가 서로 비슷한 조석 형태.

반정질 조직(porphyritic texture): 화성암에서 큰 결정이 더 적은 결정들의 바탕에 박혀 있는 조직.

발광 성운(bright nebula): 뜨거운 별이 내는 자외선에 의해서 빛을 내는 기체 구름.

발산(divergence): 주어진 영역에서 바람의 분포가 그 영역으로부터 수평 순유출을 초래할 때를 나타내는 상태. 하층의 발산 영역에서는 공기의 하강운동으로 하층의 공기부족이 보충된다. 그러므로 발산이 있는 지역은 구름 형성이나 강수에 좋은 요건을 갖지 못한다.

발산경계(divergent boundary): 전형적인 중앙해령과 같이 단단한 두 판이 서로 벌어지는 지역.

발원지(source region): 하나의 기단이 온도와 수분의 특성을 얻게 되는 지역.

방사상 형태(radial pattern): 화산과 같은 중앙의 융기지역에서 사방으로 자전거바퀴의 살들처럼 갈라져나가는 하천 형태.

방사성붕괴(방사능)〔radioactive decay(radioactivity)〕: 불안정한 원자핵의 자연적인 붕괴현상.

방사성연대측정(radiometric dating): 방사성 동위원소를 포함하고 있는 광물이나 암석의 절대연대를 계산하는 방법.

방사성탄소(탄소 14) 연대측정〔radiocarbon(carbon-14)

dating]: 탄소의 방사성 동위원소는 대기 중에서 끊임없이 생성되며 근래(지난 수만 년)에 일어난 사건들의 연대를 측정하는데 사용된다.

방사제(groin): 움직이는 모래를 붙잡기 위하여 연안에 수직으로 세우는 짧은 벽.

방출성운(emission nebula): 그 속 또는 가까이에 있는 별들이 낸 자외선 빛을 흡수하고 형광작용에 의하여 가시광선을 다시 방출하는 기체덩어리.

방파제(breakwater): 연안지역을 쇄파의 힘으로부터 보호하기 위하여 건설된 구조물.

배기과정(outgassing): 마그마에 녹아 있던 기체들의 탈출 과정.

배사구조(anticline): 퇴적층의 아치형 습곡.

배후습지(backswamp): 자연제방이 존재할 때, 범람원 위의 배수가 좋지 않은 곳.

백색왜성(white dwarf): 자신의 핵연료를 거의 다 소진하고 매우 작은 크기로 줄어든 별; 별의 진화에서 거의 마지막 단계에 이른 것을 믿어진다.

번개(lightning): 전자의 흐름으로 생성되는 급격한 불꽃현상으로서 적란운 내에 반대부호의 전하영역 사이에서 발생하거나 구름과 지면 사이에서 발생한다.

범람원(flood plain): 주기적인 침수를 겪는 하곡의 평평하고 낮은 지대.

범람 현무암(flood basalts): 많은 균열이나 틈으로부터 흘러나와 대개 수백m의 두께로 광활한 지역을 덮는 현무암질 용암의 흐름.

벽개(cleavage): 결합력이 약한 평면을 따라 갈라지려는 광물의 성질.

변성암(metamorphic rock): 기존에 있었던 암석이 땅속 깊은 곳에서(액체로 변하지는 않고 계속해서 고체인 상태로) 열, 압력 또는 화학적으로 활성인 유체에 의해 변화된 암석.

변성작용(metamorphism): 지구 내부의 온도와 압력의 영향으로 암석을 이루는 광물의 성분과 조직이 변하는 것.

변형(deformation): 암석의 습곡, 단층, 전단, 압축, 인장작용을 지칭하는 일반적인 용어.

변환단층(transform fault): 주향이동단층의 일종으로 단층면 양측의 판들이 반대방향으로 이동하는 것.

변환단층경계(transform boundary): 암석권이 새로 생기거나 사라지지 않으면서 두 개의 판이 서로 스쳐 지나가는 경계.

별시차(stellar parallax): 별까지의 거리를 측정하는 한 방법.

병반(laccolith): 기존의 층 사이로 관입된 괴상의 화성암체.

보웬의 반응계열(bowen's reaction series): 보웬에 의해 제안된 개념으로 화강암이 형성되는 동안에 마그마와 마그마에서 결정화되는 광물들과의 관계를 나타낸다.

복사 또는 전자기복사(radiation): 전자기파 형태로 공간으로 전달되는 에너지.

복사안개(radiation fog): 지면이 복사로 열을 잃어 발생하는 안개.

복사압(radiation pressure): 태양과 같은 물체로부터 나오는 전자기복사가 미치는 압력.

복합 화산(composite cone): 용암류와 화산쇄설물로 구성된 화산.

본체파(body wave): 지구 내부를 이동하는 지진파.

부가대: 인접해 있는 다른 지각 덩어리와는 다른 지질학적 역사를 가진 지각 덩어리. 경계는 단층으로 이루어져 있다.

부분 용융(partial melting): 대부분의 화성암이 녹는 방식. 각각의 광물들의 용융점이 서로 다르기 때문에, 대부분의 화성암은 수백 도 범위의 온도 내에서 녹는다. 용융이 일어나고 나서 액체가 빠져나가면, 그 결과로 다음 용융에서는 석영 성분이 더 높아지게 된다.

부정합(unconformity): 퇴적이 일어나지 않았거나 침식이 있어서 암석의 기록에 빈 곳이 생긴 것을 나타내는 면.

북회귀선(Tropic of Cancer): 북위 23.5°인 위도대로 수직 태양광의 북쪽 한계선을 말한다.

분급(sorting): 다양한 크기의 고체 알갱이들이 물이나 공기 중을 움직이면서 분리되는 작용. 또한 퇴적물이나 퇴적암에서 입자 크기가 유사한 정도를 나타내기도 함.

분기공(fumarole): 증기 또는 가스가 분출하는 화산지대의 구멍.

분석구(cinder cone): 주로 하나의 화구로부터 분출된 화산쇄설물들로 만들어진 비교적 작은 규모의 화산.

분수계(divide): 두 하천의 유역을 나누는 가상의 선; 종종 산등성이를 따라 찾을 수 있음.

분지(basin): 원형에 가까운 오목한 구조.

분출암(extrusive): 지각 밖에서 일어나는 화성활동.

분화구(crater): 화산 꼭대기의 움푹 파인 지형, 또는 운석 충돌로 인해 형성된 함몰 지형.

불규칙 은하(irregular galaxy): 모양에 대칭성이 없는 은하.

불안정 대기(unstable air): 연직 변위에 저항하지 않는 대기. 이 대기에서 공기가 치올려지면, 그 공기의 온도는 주 위 환경만큼 빨리 냉각되지 않고 계속해서 자발적으로 상승할 것이다.

불포화대(unsaturated zone): 토양, 퇴적물 그리고 암석에 생긴 구멍들이 물이 아닌 주로 공기로 채워져 있는, 지하수면 위의 지역.

비(rain): 구름에서 낙하하는 물방울로 직경이 0.5mm 이상이다.

비규산염 광물(nonsilicate minerals): 규소-산소 사면체 기본구조를 갖지 않는 광물. 이 광물들은 광물이 공통적으로 갖고 있는 음이온 또는 복합이온에 따라 여러 종류로 나눠진다. 비규산염 광물은 단지 지구 지각의 약 8%를 차지한다.

비그늘 사막(rainshadow desert): 산맥에서 바람을 받지 않는 쪽에 생기는 건조한 지역으로 많은 중위도 사막 지역이 이런 조건이다.

비습(specific humidity): 수증기의 질량과 수증기를 포함하고 있는 공기의 총질량 사이의 비율.

비얼음(freezing rain): sleet와 같은 뜻.

비얼음(glaze): 과냉각상태의 비가 물체에 닿아 그 물체의 표면을 덮으면서 형성되는 얼음.

비엽리조직(nonfoliated texture): 엽리가 보이지 않는 변성암.

비정합(disconformity): 위아래 층이 평행한 부정합의 한 종류.

비중(specific gravity): 한 물체의 질량과 동일부피의 물의 질량과의 비.

빙곡(glacial trough): 빙하에 의해 깊어지고 넓어지고 곧게 뻗은 산곡.

빙모(ice cap): 산정부 또는 고원을 덮으면서 방사상으로 퍼지는 빙하.

빙붕(ice shelf): 육지로부터 바다로 넓게 뻗어 있는, 거대하고 상대적으로 평평한 빙체로, 한 면 이상이 육지에 연결되어 있다.

빙상(ice sheet): 하나 또는 여러 곳의 축적 중심으로부터 모든 방향으로 흐르는 매우 거대하고 두꺼운 빙하 덩어리.

빙하(glacier): 과거 또는 현재의 흐름을 보이는 육지에서 압축되고 재결정된 눈이 만든 두꺼운 얼음 덩어리.

빙하 미아석(glacial erratic): 얼음에 의해 운반된 현재 위치 주변의 기반암에서 기원하지 않은 큰 자갈.

빙하성 유수층 평원(outwash plain): 빙상의 가장자리의 앞쪽에서, 빙하가 녹은 물에 의해 퇴적된 퇴적물들로 이뤄진, 상대적으로 평평하고 완만한 경사의 평원.

빙하조선(glacial striation): 빙하의 마멸에 의해 기반암에 새긴 긁힘 또는 홈.

빙하표류층(glacial drift): 어떻게, 어디에서 또는 어떤 모습으로 퇴적되었던지 불문하고, 빙하기원의 모든 퇴적물을 일컫는 용어.

사구(dune): 바람에 의해 퇴적된 모래가 만든 언덕 또는 구릉.

사막(desert): 건조 기후의 두 가진 형태 중 하나. 건조 기후의 가장 건조한 조건.

사막포도(desert pavement): 바람이 세립물질들을 제거하여 형성된 조립 또는 큰 자갈들로 이루어진 층.

사주(bar): 하천이나 해안지역의 모래와 자갈 퇴적물을 일컫는 일반적인 용어.

사층리(cross-bedding): 비교적 얇은 층들이 주된 층리에 경사져 있는 구조. 바람이나 물의 흐름에 의해 형성됨.

사태(mass wasting): 중력의 직접적 영향을 받아 암석, 표토, 토양이 경사면 아래를 향해 움직이는 것.

사행천(meander): 하천의 수로가 고리처럼 휘어 있는 것.

산란(scattering): 대기 중의 작은 입자와 기체 분자에 의해 빛이 모든 방향으로 흩어지는 현상. 그 결과가 산란광이다.

산란광(diffused light): 태양 에너지가 대기에서 산란되고 반사되어 하늘로부터 푸른빛의 형태로 지면에 도달하는 광선.

산록빙하(piedmont glacier): 계곡에 한 개 이상의 고산빙하가 존재할 때 형성되는 빙하로, 산맥 기저부의 저지대에 퍼져서 넓고 얇은 층을 형성한다.

산바람(mountain breeze): 야간에 산등성이에서 골짜기 아래로 부는 바람.

산타아나(Santa Ana): 미국 남부 캘리포니아에서 부는 치누크 바람에 주어진 지역 이름.

산호초(coral reef): 따뜻하고 수심이 얕은 햇빛이 잘 비치는 해양환경에 만들어지는 구조물로서, 주로 산호의 칼슘성분 잔해와 또한 규조류가 내는 석회성분의 배출물, 기타 다른 여러 미소생물들의 단단한 부분으로 이루어져 있다.

삼각주(delta): 하천이 호수 또는 바다와 만나는 지점에 형성되는 퇴적물의 축적체.

상고대(rime): 과냉각된 안개입자가 물체에 닿아 얼어서 형성된 얇은 얼음막.

상대 연령(relative dating): 암석들이 적절한 순서로 놓여 있을 때, 각 지질학적 사건들의 연대 순서만 결정할 수 있다.

상대습도(relative humidity): 포화수증기량에 대해 실제 공기 중에 포함되어 있는 수증기량의 비율.

상층운(high clouds): 보통 600m 이상의 고도에 밑면을 갖고 있는 구름; 그 밑면은 겨울과 고위도 지방에서 더 낮다.

상호절단관계(cross-cutting): 상대연령 측정의 원리. 암석 또는 단층은 그들이 자르고 지나가는 어떤 암석(또는 단층)보다 젊다.

새퍼-심슨 규모(Saffir-Simpson scale): 태풍의 상대적 강도를 나타내기 위해 사용되는 1부터 5까지의 규모.

색깔(color): 광물을 식별하기에는 종종 신뢰할 수 없는 광물의 뚜렷한 특징.

샘(spring): 지하수가 흐르다가 지표면에서 자연히 새어 나오는 곳.

생물권(biosphere): 지구상 생물의 전체; 생물을 찾을 수 있는 암석권의 일부와 수권, 대기권을 포함함.

생물기원퇴적물(biogenous sediment): 해양생물의 기원의 물질로 이루어진 해저 퇴적물.

석순(stalagmite): 동굴의 바닥에서부터 위쪽을 향해 자라는 기둥같이 생긴 구조.

석철질운석(stony-iron meteorite): 세 가지 운석의 종류 중의 하나. 이름이 암시하듯이 철과 규산염으로 되어 있다.

선상지(alluvial fan): 하천의 경사가 급격하게 감소할 때 형성되는 부채모양의 퇴적체.

선캄브리아시대(Precambrian): 고생대 이전의 지질학적 기간들을 통틀어 일컬음.

섭입대(subduction zone): 암석권의 판이 다른 판의 아래로 들어가는 길고 좁은 지대.

성간 먼지(interstellar dust): 별들 사이의 공간에 있는 작은 입자꼴 먼지.

성운(nebula): 성간의 기체 또는 먼지 구름.

성운설(nebular hypothesis): 태양과 행성들이 본질적으로 동일한 성간 기체와 먼지 구름에서 함께 태어났다는 생각.

성층권(stratosphere): 대류권 바로 위에 위치한 대기층으로 오존층 때문에 고도에 따라 온도가 올라간다.

성층화산(stratovolcano): 복합화산 참조.

세(epoch): "기"를 나눈 지질학적 단위.

세립질 조직(fine-grained texture): 결정의 크기가 너무 작아 도구를 사용하지 않고는 광물을 식별 할 수 없는 화성암의 조직.

세차운동(precession): 지구의 축이 26,000년 주기로 원뿔 모양으로 천천히 회전하는 현상.

소모지역(zone of wastage): 누적지역을 넘어 있는 빙하의 일부분. 겨울에 왔던 눈과 빙하의 일부가 녹는다.

소조(neap tide): 상현과 하현 시기에 일어나는 조차가 작은 조석.

소행성(asteroid): 수천 개나 되는 작은 행성 같은 물체로 크기가 1km 이하에서 수백 km에 이르며, 이들의 궤도는 주로 화성과 목성 사이에 있다.

소행성대(asteroid belt): 태양계에서 화성과 목성 사이에 대부분의 소행성들이 있는 지역.

쇄설성 퇴적암(detrital sedimentary rock): 물리, 화학적 풍화에 의해 파생된 고체 물질의 형태로 기원하고 운반된 물질들이 축적된 암석.

쇄파(surf): 부서지는 파도를 총체적으로 부르는 용어; 또한 해안선과 부서지는 파도의 외부경계사이에서의 파도활동.

수권(hydrosphere): 지구에서 물이 차지하는 부분. 지구의 물리적 환경의 전통적 구분 중의 하나.

수동형 대륙주변부(passive continental margin): 대륙붕, 대륙사면 및 대륙대로 구성된 주변부. 판의 경계에 연계되어 있지 않으며 따라서 화산이나 지진활동이 거의 없다.

수렴(convergence): 주어진 영역에서 바람의 분포가 그 영역으로 수평 순유입을 초래할 때를 나타내는 상태. 하층의 수렴은 공기의 상승운동과 관련되어 있기 때문에 공기가 수렴하는 곳은 구름 형성이나 강수 발생에 좋은 지역이다.

수렴경계(convergent boundary): 두 판이 서로 마주보며 움직여 둘 중 하나가 다른 판 밑으로 가라앉아 맨틀로 소비되도록 하는 경계부.

수성기원퇴적물(hydrogenous sediment): 바닷물에서 침전된 결정으로 이루어진 해저퇴적물. 대표적인 예에 망간단괴가 있다.

수소 연소(hydrogen burning): 핵융합을 통해 수소가 헬륨으로 바뀌는 반응.

수심측량술(bathymetry): 바다의 수심을 측정하고 해저의 지형을 지도로 그려내는 기술.

수온약층(themocline): 수직적으로 온도가 급격하게 변하는 수층.

수위저하(drawdown): 수위저하곡면의 바닥과 본래 지하수위 사이의 높이 차.

수위저하곡면(cone of depression): 우물 바로 곁의 지하수면이 원뿔형으로 저하된 형태.

수은 기압계(mercury barometer): 수은주의 높이가 압력을 나타내는 수은이 차 있는 유리관.

수정된 메르칼리 진도 척도(modified mercalli intensity scale): 다양한 구조물들이 받은 피해 량을 바탕으로 지진의 진도를 평가하기 위해 개발한 12 등급의 진도 척도.

수증기압(vapor pressure): 총 기압에서 수증기에 의한 부분.

수지상 형태(dendritic pattern): 가지 치는 나무의 형태와 유사하게 보이는 하계.

순상화산(shield volcano): 유체 성질을 띠는 현무암질 용암이 만들어내는 넓고 완만한 경사의 화산.

숨은열(latent heat): 상태변화에서 흡수하거나 방출하는 에너지.

스코리아구(scoria cone): 분석구 참조.

스텝(steppe): 건조 기후의 두 가지 형태 가운데 하나. 사막의 경계부근에 있고 사막보다 조금 더 습도가 다양하며, 주변의 습한 기후와 사막 기후의 경계가 된다.

슬랩썩션(slab suction): 판의 이동을 설명하는 기작들 중의 하나로, 섭입하는 슬랩을 맨틀이 잡아당기는 것이다. 섭입하는 판과 그 위에 놓이는 판 모두를 해구 쪽으로 잡아당겨 맨틀순환을 일으킨다.

슬랩풀(slab pull): 판의 이동을 설명하는 기작들 중의 하나로, 차고 밀도가 높은 해양판이 맨틀 아래로 가라앉으면서 뒤따라오는 판을 잡아당기는 것.

습곡(fold): 처음에는 수평했으나 변형되어 구부러진 암층 또는 그러한 층의 연속.

습도(humidity): 공기 중의 수증기량을 나타내는 일반적인 용어. 그러나 안개나 구름, 또는 비 같은 물방울은 제외된다.

습도계(hygrometer): 상대습도를 측정하기위해 사용하는 장치.

습윤단열감률(wet adiabatic rate): 포화된 공기의 단열온도변화율. 이 온도변화율은 유동적이지만 건조단열감률보다는 항상 작다.

승화(sublimation): 고체가 액체상태를 거치지 않고 바로 기체로 변하는 것을 말한다.

시스템(system): 한 복합체를 만들어내는 상호작용을 하는 여러 부분들의 모음.

신생대(Cenozoic Era): 지질학적 시간에 있어서 6,550만 년 전에 시작되며, 중생대 다음에 이어지는 기간.

신성(nova): 폭발적으로 밝기가 증가하는 별.

심해선상지(deep-sea fan): 대륙 사면의 기저부에 부채모양으로 쌓인 퇴적물. 퇴적물은 해저협곡을 따라 저탁류에 의해서 선상지까지 이동된다.

심해저 평원(abyssal plain): 깊은 해양 바닥에서 일반적으로 대륙대의 끝부분에 해당하는 수준의 지대.

쐐기형 부가체(accretionary wedge): 섭입대에서 축적되는 거대한 쐐기 모양의 퇴적체. 퇴적물은 섭입하는 해양판으로부터 긁어 모아져 위에 탄 지각에 부가된다.

아네로이드 기압계(aneroid barometer): 대기의 압력을 재는 장치. 기압변화에 매우 민감한 진공의 금속방으로 만들어져 있다.

아아 용암류(aa flow): 표면이 들쭉날쭉한 덩어리 같은 용암 흐름의 한 종류.

아열대 고기압(subtropical high): 위도 25–35°사이에 위치하며 연속적인 고기압대라기보다는 하강과 발산이 존재하는 반영구적인 몇 개의 고기압 중심을 갖고 있다.

아한대 저기압(subpolar low): 북극권 한계선이나 남극권 한계선에 위치한 저기압. 북반구에서는 저기압이 개별적으로 해양 세포의 형태를 띠지만 남반구에서는 상하고 연속적인 저기압골을 이룬다.

안개(fog): 지면이나 지면근처에 밑면을 갖는 구름.

안산암질 조성〔andesetic(intermediate) composition〕: 화강암의 한 종류로 최소 25% 이상의 어두운 규산염 광물을 포함하고 있다. 다른 우세하게 포함된 광물로는 사장석이 있다.

안정한 대기(stable air): 연직 변위에 저항하는 대기. 공기가 상승할 때 단열 냉각이 일어나 그 공기는 주위 환경의 온도보다 온도가 낮게 된다. 그 공기를 계속 올려주면, 그 공기는 원래 위치로 내려오게 된다.

암경(pipe): 마그마가 지나가는 수직의 도관.

암맥(dike): 주변 암석을 뚫고 판상으로 관입된 화성체.

암분(rock flour): 빙하의 연마 효과에 의해 생긴 암석의 부스러기.

암상(sill): 기존에 있던 암석의 층 구조와 평행하게 관입 해 들어간 평평한 모양의 화성암체.

암석(rock): 광물들의 고형화된 혼합물.

암석권(lithosphere): 지각과 상부 맨틀의 일부를 포함하는 지구의 단단한 바깥층.

암석의 순환(rock cycle): 세 가지 기본 암석 형태의 기원과 지구 물질, 지구 순환 과정 간의 관계를 설명하는 모델.

암석화(lithification): 주로 교결, 압축 작용과 같이 퇴적물을 고체 암석으로 변화시키는 과정.

암영대(shadow zone): 지진의 진앙으로부터 104~143도 거리에 있는 지대. 지구 핵의 회절현상 때문에 지진파가 직접적으로는 도달하지 않는다.

암흑 성운(dark nebula): 뒤에 있는 별들을 가려서 하늘에서 검게 보이는, 성간 먼지가 섞인 구름. 불투명한 커튼이 쳐 있는 것같이 보인다.

액상화(liquefaction): 많은 물을 포함한 토양 또는 고화되지 않은 물질들이 건물을 지지할 수 없는 유체와 같은 상태로 변하는 현상으로 때때로 지진과 연관이 있다.

야주지류(yazoo tributary): 자연제방이 존재하여 강과 평행하게 흐르는 지류.

양성자(proton): 원자의 핵 내부에서 발견되는 양전하를 가진 원자구성물질.

양의 되먹임 기구(positive-feedback mechanism): 기후변화에서 사용되듯이 초기변화를 더욱 강화하는 역할을 하는 효과.

언비(sleet): 빗방울이 찬 공기를 통과하면서 얼어서 생긴 비.

얼음화산분출(cryovolcanism): 규산염 암석을 분출하기 보다는 주로 빙하의 부분적인 용해에 의해 형성된 얼음을 분출하는 화산활동.

에너지 준위(energy levels): 원자핵을 둘러싸는, 구형의 음전하 지역.

에스커(esker): 빙하 바닥의 터널을 흐르는 유수에 의해서 생긴 모래자갈의 구불구불한 융기.

에어러졸(aerosols): 대기 중에 떠다니는 작은 고체 또는 액체 입자.

여진(aftershock): 본 지진 후에 따르는 소규모의 지진.

역단층(reverse fault): 단층면 위쪽의 암석이 아래쪽의 암석보다 상대적으로 위쪽으로 움직이는 단층.

역전극성(reverse polarity): 현재 위치와는 정반대를 나타내는 자기장.

역진운동(retrograde motion): 행성이 별에 기준하여 볼 때 겉보기로 서쪽으로 이동하는 운동.

연성변형(ductile deformation): 암석이 깨지지 않으면서 크기와 모양의 변화를 일으키는 고체 상태의 유동. 온도와 압력이 높은, 깊은 곳에서 발생한다.

연안류(longshore current): 해안을 따라 평행하게 연안 가까이에서 흐르는 해류.

연안표이(beach drift): 각을 이루며 비스듬히 밀려오는 파도가 연안으로 밀려 올리는 물에 의하여 연안을 따라 톱니모양으로 일어나는 해빈 모래의 이동.

연약권(asthenosphere): 세분된 맨틀의 일부로써 지각 바로 아래 부분. 약한 물질들로 구성된 이 구간은 100km 이하부터 깊게는 700km 깊이까지 이른다. 이 구간의 암석은 쉽게 변형된다.

연직 발달 구름(clouds of vertical development): 낮은 고도에 구름 밑면이 있고 높은 고도까지 위로 확장하는 구름.

열(heat): 무작위 분자 운동의 운동 에너지.

열곡(rift valley): 지각의 발산이 일어나는 지역.

열권(thermosphere): 중간권 상부에 위치하는 대기층으로 산소가 매우 짧은 파장의 태양에너지를 흡수하여 온도가 증가한다.

열극(fissure): 암석이 깨져 양측이 서로 벌어져 틈이 생긴 것.

열극분출(fissure eruption): 용암이 지각의 좁은 틈을 따라 분출.

열대 저압부(tropical depression): 최대풍속이 61km/h 이하인 열대저기압.

열대 폭풍(tropical storm): 최대풍속이 61~119km/h인 열대저기압.

열대기단(tropical air mass): 아열대에서 형성된 온난한 기단.

열변성작용(thermal metamorphism): 접촉변성작용 참조.

열염순환(thermohaline circulation): 온도 염분의 변화가 만들어내는 밀도의 차에 의해서 일어나는 해수의 운동.

열운(nuée ardent): 뜨거운 기체들이 띄워 올려주는 강하게 빛나는 화산쇄설물. 골짜기 아래로 사태의 형태로 이동한다.

열점(hot spot): 마그마를 생성할 수 있는 맨틀부에 열이 집중되어서 지표로 분출하는 것. 하와이 제도를 형성한 것과 같은 판 내부의 화산활동.

염분(salinity): 해수에서 물과 염분의 비로 대개 약 1000분율에 해당한다.

염분약층(halocline): 수직적으로 염분이 급격하게 변하는 수층.

엽리조직(foliated texture): 층상 구조를 보이는 변성암의 조직.

오오르트 구름(oort cloud): 지구-태양 거리의 1만 배 이상 떨어진 곳에서 태양 둘레를 도는, 혜성들로 이루어진 둥근 껍질 층.

오존(ozone): 산소원자 3개로 이루어진 분자.

온난전선(warm front): 온난한 기단이 찬 기단 위로 타고 올라갈 때 생기는 전선.

온도(temperature): 어떤 물질의 덥거나 찬 정도의 척도.

온실효과(greenhouse effect): 단파장의 태양복사는 통과하며 특히 수증기와 탄산가스에 의하여 장파장의 지구복사는 흡수되는 대기의 상호작용.

온천(hot spring): 그 지역의 연평균 기온보다 섭씨 6–9도 정도 높은 온도의 물은 공급하는 샘.

와지〔blowout(deflation hollow)〕: 쉽게 풍화되는 퇴적물에서 바람에 의해 파인 움푹 들어간 곳.

왜소 행성(dwarf planet): 자체 중력으로 인해 모양이 둥글고, 태양 둘레를 공전하지만, 그들의 궤도 영역을 점유하는 유일한 천체는 아닌 천체. 예로는 명왕성과 카이퍼 벨트 천체인 에리스, 가장 큰 소행성인 세레스 등이 있다.

외부작용(external process): 태양에너지에 의해 암석이 퇴적물로 변화하는 풍화, 사태, 또는 침식 등과 같은 과정.

외핵(outer core): 맨틀 아래쪽의 층으로, 두께는 220km에 달하며 액체 상태이다.

외행성(outer planets): 목성, 토성, 천왕성, 해왕성 등 태양계에서 바깥쪽에 있는 행성들. 목성형 행성이라고도 한다.

용승(upwelling): 심해의 찬 해수가 밀려난 표층의 더운 물을 대신하여 올라오는 현상.

용식 함몰지(sink hole): 녹을 수 있는 암석이 지하수에 녹아 사라진 곳에 생긴 움푹 패인 곳.

용암(lava): 지표에 도달한 마그마.

우각호(oxbow lake): 하천이 사행천을 잘라낼 때 생기는 휘어 있는 모양의 호수.

우물(well): 대수층까지 뚫려 있는 구멍.

우박(hail): 연속적인 물의 결빙에 의해 여러 층으로 형성되는 공 모양의 얼음 결정체.

운반 능력(competence): 하류가 운반할 수 있는 입자의 최대 크기; 유속에 의존하는 요소.

운반용량(capacity): 하류가 운반할 수 있는 퇴적물의 총량.

운석(meteorite): 지구 대기를 성공적으로 뚫고 들어와 지구표면에 도달한 유성체의 일부.

울타리섬(barrier island): 연안에 평행하게 발달한 낮고 긴 모래언덕.

원소(element): 일반적인 물리 화학적 방법으로는 더 이상 단순하게 분해되지 않는 물질.

원시 행성(protoplanet) 미소행성체들이 서로 들러붙으며 행성으로 자라고 있는 천체.

원시성(protostar): 별이 되려고 수축하는 가스와 먼지의 구름.

원자(atom): 원소를 이루는 가장 작은 입자.

원자가전자(valence electrons): 결합작용에 참여하는 전자; 원자가전자는 원자에서 가장 높은 주에너지 레벨을 차지한다.

원자번호(atomic number): 원자의 핵 속에 있는 양성자의 수.

위도(latitude): 적도의 남북 방향으로 "도" 단위로 측정된 거리.

유량(discharge): 하천에서 일정 시간동안 주어진 지점을 통과하는 물의 총량.

유리질 조직(glassy texture): 결정을 포함하지 않은 흑교석과 같은 화성암의 소직을 실명할 때 쓰는 용이.

유성(meteor): 유성체가 지구대기에 들어와 타버릴 때 관찰되는 발광현상; 일반에게 "별똥별"로 불린다.

유성우(meteor shower): 많은 유성이 하늘에 나타나는 것; 지구의 궤도가 많은 유성체들과 만날 때 일어난다.

유성체(meteoroid): 태양계 내에 공전하고 있는 작은 고체 입자들.

유수(runoff): 땅 속으로 침투하지 않고 육지 위로 흘러가는 물.

유역(drainage basin): 하천에 물을 공급하는 지역 전체.

유출(runoff): 물이 지하로 침투하기보다는 지면으로 흐르는 것.

육계사주(tombolo): 섬과 연안 또는 다른 섬을 연결하는 모래언덕.

육지기원퇴적물(terrigenous sediment): 육상의 풍화, 침

식작용에서 유래된 해저의 퇴적물.

육풍(land breeze): 해안지역에서 밤 동안 육지로부터 바다로 부는 지역적인 바람.

융기 연안(emergent coast): 이전에는 해수면 아래 잠겨 있었으나 지각의 융기나 해수면 강하로 인하여 육상에 노출된 연안지역.

융삭(ablation): 빙하로부터 얼음과 눈의 손실을 나타내는 일반적인 용어.

융해(melting): 고체가 액체로 바뀌는 상태변화.

은하단(galactic cluster): 수개에서 수 천개의 은하로 이루어진 은하들의 집단.

음향측심기(echo sounder): 음파를 발생하고 이 음파가 해저에서 반사되어오는 시간을 측정하여 수심을 측정하는 장비.

응결(condensation): 기체에서 액체로의 상태 변화.

응결핵(condensation nuclei): 수증기가 응결할 수 있는 면을 제공하는 작은 입자.

이론(theory): 한 관측결과를 설명하는 잘 검증되고 널리 받아들여지는 관점.

이류안개(advection fog): 따뜻하고 습한 공기가 차가운 지면 위를 이동할 때 형성되는 안개.

이슬점(dew point): 공기가 냉각되어 포화에 도달하는 온도.

이슬점 온도(dew point temperature): 공기가 포화에 도달하도록 냉각되어야 하는 온도.

이온(ion): 전하를 갖는 원자 또는 분자.

이온 결합(ionic bond): 한 원자에서 다른 원자로의 원자가 전자 이동에 의해 반대로 대전된 두 이온사이의 화학결합.

일주조(diurnal tide): 하루에 한번 고조와 저조를 가지는 특징의 조석작용.

일주조 형태(diurnal tidal pattern): 하루(조석일)에 한 번 저조와 고조가 나타나는 조석 형태.

자기기압계(barograph): 기록 장치가 있는 기압계.

자기측정기(magnetometer): 지구 자기장의 강도를 측정하는데 사용하는 예민한 기계.

자분정(artesian well): 수압으로 물이 솟아나도록 깊게 판 우물.

자연제방(natural levee): 하천에 평행한 방향으로 솟아 있는 지형. 일부 하천에서 나타나며 홍수 때를 제외하고 하천의 물을 가두는 역할을 한다.

자오선(meridian): 지구 표면 좌표계에서 남북으로 뻗은 반원. 북극에서 남극까지 지나간다.

자외선(ultraviolet): 파장이 0.2~0.4㎛인 복사.

자전(rotation): 지구가 자전축을 중심으로 회전하는 것과 같은 물체의 회전.

자전축의 경사(inclination of axis): 지구의 공전면의 수직방향과 자전축과의 각도.

저기압(cyclone): 북반구에서 공기가 반시계방향으로 회전하는 특성을 지닌 저기압 영역.

저반(batholith): 마그마가 지하 깊은 곳에 위치하여 결정화된 뒤, 결과적으로 침식에 의해 노출될 때 생성되는 거대한 화성암체.

저탁류(turbidity current): 무겁고, 퇴적물이 많이 포함된 해수의 내리막 운동. 대륙붕과 사면의 모래와 뻘이 해수 속으로 재부유되면서 만들어진다.

저퇴석(ground moraine): 빙하의 전면부가 후퇴할 때 구불구불하게 퇴적되는 빙력토.

적도저기압(equatorial low): 적도 근처와 남북반구 두 아열대고기압 사이에 있는 저압대.

적색 거성(red giant): 매우 밝고 크며 온도가 낮은 별; 거성은 H-R도에서 오른쪽 상부에 위치한다.

적외선(infrared): 파장 0.7에서 200 ㎛ 영역의 복사.

적운(cumulus): 세 가지 기본 구름 형태 중 하나; 또한 연직으로 발달하는 구름 중 하나로 이름지어졌다. 적운은 보통 평평한 밑면을 가지며 발달하는 개개의 구름 덩어리로 이루어져 있다.

전도(conduction): 분자운동에 의해서 물질을 따라 열이 이동하는 현상. 에너지가 분자와 분자사이의 충돌을 통하여 이동된다.

전선(front): 대조적인 특성을 가진 두 기단이 만나는 경계.

전선안개(frontal fog): 찬 공기층을 낙하하면서 비가 증발할 때 생기는 안개.

전선치올림(frontal wedging): 더 따뜻하고 가벼운 공기가 상승하도록 쐐기와 같이 찬 공기가 행동함으로써 나타나는 공기의 치올림.

전자(electron): 음의 전하를 가진 원자구성물질로서 질량이 매우 작으며 원자핵의 주변에서 발견된다.

전향력(Coriolis force): 대기와 해양을 포함하여 움직이는 모든 물체에 작용하는 지구의 자전 때문에 생기는 편향력. 북반구에서 오른쪽으로 편향되고 남반구에서는 왼쪽으로 편향된다.

절대 불안정(absolute instability): 건조단열감률인 1℃/100m보다 큰 환경 감률을 갖고 있는 대기 상태.

절대 안정(absolute stability): 습윤단열감률보다 작은 환경 감률을 갖고 있는 대기 상태.

절대등급(absolute magnitude): 별들이 약 32.6광년(10 parsecs) 떨어져 있을 때의 겉보기 등급. 별의 참 밝기를 비교하는 데 사용된다.

절대연령(numerical date): 한 사건이 일어난 후 실제 몇 년이 경과하였는지를 알려주는 연령.

점성(viscosity): 흐름에 대한 유체의 저.

점착성(tenacity): 쪼개짐이나 변형에 대한 광물의 단단함 또는 저항.

접촉(열) 변성작용〔contact(thermal) metamorphism〕: 마그마와의 접촉부와 그 부근에서 마그마의 열에 의해 암석이 변질 되는 것.

정벽(habit): 결정 또는 결정 집합체의 특징적인 모양(기하학적 형태).

정체전선(stationary front): 지면상 위치가 움직이지 않는 전선; 그 전선 양쪽의 흐름은 전선의 위치에 거의 평행하다.

조건부 불안정(conditional instability): 건조단열감률과 습윤단열감률 사이에 환경 감률을 갖고 있는 습윤 대기의 상태.

조성(compound): 화합물 참조.

주기율표(periodic table): 왼쪽에서 오른쪽으로 원자번호가 증가하며, 비슷한 특성을 가진 원소들은 족 또는 그룹으로 불리는 세로줄에 배열되는 표.

주껍질(principal shells): 에너지준위 참조.

주상절리(columnar joints): 용융된 암석이 냉각하는 동안 수축되어 생긴 육각기둥이다.

중간권(대기)〔mesosphere(atmosphere)〕: 성층권 바로 위에 위치하고 고도에 따라 온도가 감소하는 특징의 대기층.

중간권(지질학)〔mesosphere(geology)〕: 맨틀의 한 부분으로, 핵과 맨틀의 경계에서부터 660km 깊이까지 뻗어 있다. 하부맨틀이라고도 부른다.

중생대(Mesozoic Era): 고생대와 신생대 사이의 지질학적 기간~약 2억 5,100만 년 전부터 6,550만 년 전까지 해당함.

중층운(middle clouds): 2000m부터 6000m까지의 고도를 차지하고 있는 구름.

지구시스템(earth system): 우리행성이 서로 떨어진 그렇지만 상호작용을 하는 많은 부분들로 이루어진 동적인 물체라는 사실을 표현하는 용어. 대기권, 수권, 지권 및 생물권이 복잡하며 서로 끊임없이 상호작용을 하는 하나의 거대 물체를 만들어낸다.

지권(geosphere): 지구를 구성하는 네 주요 권역에서 가장 큰 고체 지구.

지자기 시간단위(magnetic time scale): 지질시대동안 지자기역전의 역사.

지자기역전(magnetic reversal): 지구 자기장의 극성이 변화는 것으로, 약 20만 년을 주기로 일어난다.

지진 해파〔seismic sea wave, **쓰나미**(tsunami)〕: 해안 지역에 엄청난 피해를 일으킬 수 있고 지진 활동으로 발생해서 급속도로 움직이는 해파.

진도(지진의)〔intensity(earthquake)〕: 주어진 장소에서의 피해 정도에 기초하여 지진의 흔들림 정도를 측정.

초고철질 조성(ultramafic composition): 화성암의 한 분류로 암석이 주로 감람석과 휘석으로 이루어져 있다.

초신성(supernova): 밝기가 수천 배 밝아지며 폭발하는 별.

충돌 운석 구덩이(impact crater): 운석 구덩이 참조.

충돌화구(impact crater): 화구 참조.

취성변형〔brittle failure(brittle deformation)〕: 갑작스런 파괴에 의해 세기를 잃는 것.

층류(laminar flow): 관에 평행하게 직선 경로로 움직이는 물의 흐름. 물은 혼합되지 않고 아래로 움직인다.

침투(infiltration): 지표의 물이 갈라진 금이나 공극을 통해 암석, 퇴적물 또는 흙 속으로 침입하는 것.

카이퍼 벨트(Kuiper belt): 해왕성 궤도 바깥 지역으로서 대부분의 단주기 혜성이 나타난다고 생각되는 곳.

칼로리(calorie): 1그램의 물을 온도 1℃ 올리는 데 필요한 열량.

코마(coma): 혜성 앞부분의 뿌연 기체 모양의 부분.

큐리온도(curie point): 자성체가 사성을 잃세 되는 한계 온도.

타오름(overrunning): 따뜻한 공기가 물러가는 한랭기단을 타고 오르는 현상.

태양계 성운(solar nebula): 태양계를 생성시킨 성간 기체와 먼지를 포함한 구름.

파쇄대(fracture zone): 깊은 해저에서 불규칙한 지형을 갖는 선형 지대로, 변환단층 및 이와 연관된 비활성대가 발달되어 있다.

파의 굴절(wave refraction): 파도가 얕은 물에 도달하여 파도의 일부가 느려지면서 파도의 방향이 휘어져 해안과 거의 평행이 되도록 만드는 과정.

판 내부 화산활동(intraplate volcanism): 판 경계부에서 멀리 떨어진 판 내부에서 발생하는 화성활동.

패러다임(paradigm): 신뢰도가 매우 높으며, 그 적용 범위가 더욱 포괄적인 이론.

평정해산(tablemount): 기요(guyot) 참조.

폐색전선(occluded front): 한랭전선이 온난전선을 추월할 때 형성되는 전선. 이 전선은 중위도 저기압 종말의 시작의 징표이다.

표류층(drift): 빙하표류층 참조.

하곡(stream valley): 하천에 의해 침식된 지표면의 지형으로 좁고 긴 계곡을 가리킨다.

하안 단구(marine terrace): 파에 의해 깎인 파식대지가 융기하여 해수면 위로 노출되면서 만들어지는 지형.

하층운(low clouds): 약 2,000m 고도 이하에서 형성되는 구름.

해양학(oceanography): 바다 및 바다에서 일어나고 있는 여러 현상을 연구하는 과학.

해저고원(oceanic plateau): 베게 모양 현무암 및 다른 염기성 암석이 해저의 넓은 지역에 두껍게 깔리면서 만들어지는 지형. 때로는 그 두께가 30km를 넘기도 한다.

핵(core): 성분에 근거했을 때, 지구의 가장 안쪽 층. 내핵은 주로 철과 니켈 결합으로 이루어져 있으며 소량의 산소, 규소 그리고 황을 포함하는 것으로 여겨진다.

현무암질 조성(basaltic composition): 화강암의 한 종류로 검은색의 규산염 광물과 칼슘이 풍부한 사장석을 많이 포함한다.

호수 효과 눈(lake-effect snow): cp 기단이 미국의 5대호 같이 크고 비교적 따뜻한 호수 위를 지나가면서 호수로부터 수분과 열을 받아 발생하는 소낙성 눈.

혼합비(mixing ratio): 단위 질량의 건조 공기에 들어 있는 수증기의 질량; 보통 1kg의 건조 공기당 수증기의 g으로 표현된다.

혼합조 형태(mixed tidal pattern): 통상 하루(조석일)에 두 번의 고조와 두 번의 저조가 나타나며 고조들이 크기와 저조들의 크기가 서로 다fms 조석 형태. 이런 조석 형태를 경험하는 연안 지역들에서는 일주조와 반일주조의 조석형태가 번갈아 가며 나타나기도 한다. 혼합 반일주조 형태라고도 불린다.

화강암질 조성(granitic composition): 암석의 거의 대부분이 밝은 색의 규산염 광물로 이루어진 화성암의 한 그룹.

화도(conduit): 마그마가 지표면을 향해 이동하는 파이프 같은 통로. 마그마가 분출되는 지표면의 구멍에서 화도는 끝난다.

화석 자기(fossil magnetism): 고지자기 참조.

화학적 풍화(chemical weathering): 원소의 제거나 추가에 의해 광물의 내부구조가 변하는 과정.

화합물(chemical compound): 둘 또는 그 이상의 원소들이 일정비율로 화학 결합하여 만들어진 물질로, 보통 자신의 구성 원소들과는 다른 성질을 갖는다.

1차 오염물질(primary pollutant): 오염원에서 직접 방출되는 오염물질.

P파(Primary wave): 진행방향으로 진동하는 지진파.

S파(Secondary wave): 진행방향의 수직으로 진동하는 지진파.

한영-영한 용어 요약

한영편

가설	hypothesis
가시광선	visible light
각정	horn
간헐천	geyser
감입 사행천	incised meander
강수안개	precipitation fog
건조단열감률	dry adiabatic rate
검은 구멍(블랙홀)	black hole
겉보기(실시) 등급	apparent magnitude
격변설	catastrophism
격자형	trellis
결정의 침전	crystal settling
결정작용	crystallization
경도	hardness
경사 부정합	angular unconformity
경사도	gradient
경사이동 단층	dip-slip fault
고기압	anticyclone(또는 high)
고산빙하	alpine glacier
고생대	Paleozoic era
고생물학	paleontology
고지자기	paleomagnetism
고철질	mafic
고체	solid
곡빙하	valley glacier
곡퇴석	valley train
곡풍	valley breeze
공극률	porosity
공기 덩이	parcel
공유결합	covalent bond
공전	revolution
관입암	intrusive
광년	light-years
광물	mineral
광물자원	mineral resource
광물학	mineralogy
광석	ore
광역 변성작용	regional metamorphism
광택	luster
천구	celestial sphere
구름	cloud
국부 은하군	Local group
국지대류 상승	localized convective lifting
권곡	cirque
권운	cirrus
규모	magnitude
규산염	silicate
규소-산소 사면체	silicon-oxygen tetrahedron
규칙적인 결정구조	orderly crystalline structure
극고기압	polar high
극전선	polar front
극편동풍	polar easterlies
기	period
기단	air mass
기단성 날씨	air-mass weather
기상학	meteorology
기생화산	parasitic cone
기압	air pressure
기압경도	pressure gradient
기압경향	pressure tendency
기압경향	barometric tendency
기압기록계	barograph
기요	guyot
기준면	base level
기체	gas
기파	surf
기후	climate
김안개	steam fog
깊은 해구	deep-ocean trench
나선 은하	spiral galaxy

난류	turbulent flow	대폭발	Big Bang
난정합	nonconformity	도플러 레이더	Doppler radar
날씨	weather	도플러 효과	Doppler effect
남회귀선	Tropic of Capricorn	돔	dome
내구성 안정화 방법	hard stabilization	동굴	cavern
내부 작용	internal process	동위원소	isotope
내지 배수	interior drainage	동일과정설	uniformitarianism
내핵	inner core	동지	winter solstice
내행성	inner planet	드럼린	drumlin
녹은 짐	dissolved load	등급	magnitude
뇌우	thunderstorm	등압선	isobar
누대	eon	등온선	isotherm
누적지역	zone of accumulation	뜬 짐	suspended load
누중의 법칙	law of superposition	뜯음작용	plucking
눈	snow	라하르	lahar
능동형 대륙 주변부	active continental margin	리히터 규모	Richter scale
능동형 대륙 주변부	active continental margins	릿지푸시	ridge push
다우호	pluvial lake	마그마 분화	magmatic differentiation
단구	fracture	마그마	magma
단명 하천	ephemeral stream	마리아	maria
단열 온도 변화	adiabatic temperature change	마식작용	abrasion
단층 블록 산맥	fault-block mountains	막대나선 은하	barred galaxy
단층	fault	만입구사주	baymouth bar
단층애	fault scarps	망상	braided
달의 표토	lunar regolith	매장지	reserve
대	era	맥동변광성	pulsating variable
대기	air	맨틀	mantle
대기	atmosphere	맨틀플룸	mantle plume
대류	convection	모래 보충	beach nourishment
대류권	troposphere	모래톱	spit
대륙 이동	continental drift	모멘트 규모	moment magnitude(MW)
대륙 주변부	continental margins	모스 경도계	Mohs scale
대륙 화산호	continental volcanic arc	모형	model
대륙대	continental rise	목성형 행성	Jovian planets
대륙붕	continental shelf	몬순	monsoon
대륙사면	continental slope	무기물	generally inorganic
대륙성 호상 화산들	continental volcanic arcs	무역풍	trade wind
대륙성(c)기단	continental air mass	물리적 풍화	mechanical weathering
대비	correlation	물리적 환경	physical environment
대수층	aquifer	물의 순환	water cycle
대양저 산맥	oceanic ridge	미끄러짐 면	slip face
대조	spring tide	미소행성체	planetesimals

밀도	density
바다기둥	sea stack
바다아치	sea arch
바닥짐	bed load
바람	wind
반감기	half-life
반대수층	aquitards
반사 성운	reflection nebulae
반사	reflection
반일주조 형태	semidiurnal
반정질 조직	porphyritic texture
발광 성운	bright nebula
발산 경계	divergent boundaries
발산 경계	divergent boundary
발산	divergence
발원지	source region
방사능	radioactivity
방사성 붕괴	radioactive decay
방사성 연대 측정	radiometric dating
방사성 탄소 연대 측정	radiocarbon dating
방사제	groin
방사형	radial
방출 성운	emission nebulae
방파제	breakwater
배기과정	outgassing
배사구조	anticline
배후습지	backswamp
백색 왜성	white dwarf
범람 현무암	flood basalt
범람원	floodplain
벽개	cleavage
변성암	metamorphic rock
변성작용	metamorphism
변형	deformation
변환단층 경계	transform fault boundaries
변환단층	transform fault
별 시차	stellar parallax
병반	laccolith
보웬의 반응계열	Bowen's reaction series
복사	radiation
복사안개	radiation fog
복사압	radiation pressure
복합화산	composite cones
본체파	body wave
부분용융	partial melting
부정합	unconformity
북극(A)기단	arctic air mass
북회귀선	Tropic of Cancer
분급	sorting
분기공	fumaroles
분류	distributary
분명한 화학조성	well-defined chemical composition
분석구	cinder cone
분수계	divide
분지	basin
분출암	extrusive
분화구	crater
불규칙 은하	irregular galaxy
불안정한 대기	unstable air
불포화지대	unsaturated zone
비	rain
비규산염 광물	nonsilicates
비그늘 사막	rainshadow desert
비얼음	glaze
비얼음	freezing rain
비엽리 조직	nonfoliated texture
비정합	disconformities
비중	specific gravity
빙곡	glacial trough
빙모	ice cap
빙붕	ice shelves
빙상	ice sheet
빙하 미아석	glacial erratic
빙하 표류층	glacial drift
빙하	glacier
빙하성 유수평원	outwash plain
빙하조선	glacial striations
사구	dune
사막	desert
사막포도	desert pavement
사주	bar
사층리	cross beds
사태	mass wasting

사퍼-심슨 등급	Saffir-Simpson scale
사행	meander
산란	scattering
산란광	diffused light
산록빙하	piedmont glacier
산타아나	Santa Ana
산풍	mountain breeze
삼각주	delta
상고대	rime
상대습도	relative humidity
상대연령	relative dating
상층운	high cloud
상호절단관계의 원리	principle of cross-cutting relationships
색깔	color
샘	spring
생물 기원	biogenous
생물권	biosphere
석순	stalagmite
선상지	alluvial fan
선캄브리아시대	Precambrian
섭입대	subduction zone
성간 먼지	interstellar dust
성운	nebula
성운설	nebula hypothesis
성층권	stratosphere
세	epoch
세립질 조직	fine-grained texture
소나	sonar
소모지역	zone of wastage
소조	neap tide
소행성	asteroid
소행성대	asteroid belt
쇄설성 퇴적암	detrital sedimentary rock
수권	hydrosphere
수동형 대륙 주변부	passive continental margin
수렴 경계	convergent boundary
수렴 경계	convergent
수렴	convergence
수성 기원	hydrogenous
수소 연소	hydrogen burning
수심측량술	bathymetry

수위저하	drawdown
수위저하곡면	cone of depression
수은기압계	mercury barometer
수정된 메르칼리 진도 척도	Modified Mercalli Intensity Scale
수증기압	vapor pressure
수지형 형태	dendritic pattern
수직으로 발달하는 구름	clouds of vertical development
순상화산	shield volcano
숨은열	latent heat
스러스트 단층	thrust fault
스코리아구	scoria cones
스텝	steppe
슬랩석션	slab suction
슬랩풀	slab pull
습곡	fold
습도	humidity
습도계	hygrometer
습윤단열감률	wet adiabatic rate
승화	sublimation
시스템	system
신생대	Cenozoic era
신성	nova
심성암	plutonic
심성암체	plutons
심해 해구	deep-sea trench
심해선상지	deep-sea fan
심해저평원	Abyssal plain
쐐기형 부가체	accretionary wedge
쓰나미	tsunami
아네로이드 기압계	aneroid barometer
아아 용암류	aa flow
아열대 고기압	subtropical high
아한대 저기압	subpolar low
안개	fog
안산암	andesitic
안식각	angle of repose
안정한 대기	stable air
알베도	albedo
암경	pipe
암맥	dikes
암분	rock flour

암상	sill
암석	rock
암석권	lithosphere
암석의 순환	rock cycle
암석화	lithification
암흑 성운	dark nebula
액상화	liquefaction
야주 지류	yazoo tributary
양성자	protons
언비	sleet
얼음	ice
에너지준위	energy levels
에스커	esker
에어러솔	aerosol
여진	aftershock
역단층	revers fault
역전극성	reverse polarity
역행 운동	retrograde motion
연성변형	ductile deformation
연안류	longshore current
연안표이	beach drift
연약권	asthenosphere
열	heat
열곡	rift valley
열권	thermosphere
열극 분출	fissure eruption
열극	fissure
열대 저압부	tropical depression
열대 폭풍	tropical storm
열대(T)기단	tropical air mass
열변성작용	thermal metamorphism
열염순환	thermohaline circulation
열운	nuée ardent
열점	hot spot
염분	salinity
염분약층	halocline
엽리 조직	foliated texture
오르트 구름	Oort cloud
온난전선	warm front
온도	temperature
온도약층	thermocline
온실효과	greenhouse effect
온천	hot spring
와지	blowout
왜소행성	dwarf planet
외부 작용	external process
외핵	outer core
외행성	outer planets
요소	element
용승	upwelling
용식 함몰지	sinkhole
용암	lava
우각호	oxbow lake
우물	well
우박	hail
운반 능력	competence
운반 용량	capacity
운석 구덩이	impact crater
운석	meteorites
울타리섬	barrier island
원소	element
원시성	protostar
원시행성	protoplanet
원자	atom
원자가전자	valence electrons
원자번호	atomic number
유량	discharge
유리질 조직	glassy texture
유성	meteor
유성우	meteor shower
유성체	meteoroid
유역 분지	drainage basin
유출	runoff
육계사주	tombolo
육상 기원	terrigenous
육풍	land breeze
융기연안	emergent coast
은하단	galactic cluster
음향측심기	echo sounder
응결	condensation
응결핵	condensation nuclei
이론	theory
이류안개	advection fog
이슬점	dew point

이슬점온도	dew-point temperature
이온	ion
이온결합	ionic bond
일주조 형태	diurnal
자기역전	magnetic reversal
자기측정기	magnetometers
자분정	artesian
자연산	naturally occurring
자연제방	natural levee
자외선	ultraviolet(UV)
자전	rotation
자전축의 경사	inclination of the axis
장방형	rectangular
재생 가능한	renewable
재생 불가능한	nonrenewable
저기압	cyclone(또는 low)
저반	batholiths
저탁류	turbidity current
저퇴석	ground moraine
적도저기압	equatorial low
적색 거성	red giant
적외선	infrared
적운	cumulus
전도	conduction
전선	front
전선안개	frontal fog
전선에 의한 상승	frontal wedging
전자	electron
전자기 복사	electromagnetic radiation
절대 등급	absolute magnitude
절대 불안정	absolute instability
절대 안정	absolute stability
절대연령	numerical date
점성	viscosity
점착성	tenacity
접촉	contact
정단층	normal fault
정벽	habit
정상극성	normal polarity
정체전선	stationary front
정합	conformable
제트류	jet stream
조건부 불안정	conditional instability
조도원	circle of illumination
조류	tidal current
조립질 조직	coarse-grained texture
조산운동	orogenesis
조석 델타	tidal delta
조석	tide
조직	texture
조흔색	streak
종유석	stalactite
종퇴석	end moraine
주계열성	main-sequence stars
주기	wave period
주기율표	periodic table
주껍질	principal shells
주상절리	columnar joints
주향이동 단층	strike-slip fault
중간 성분	intermediate composition
중간권	mesosphere
중생대	Mesozoic era
중성자	neutrons
중성자성	neutron stars
중앙대양저 산맥	mid-ocean ridge
중앙퇴석	medial moraine
중위도 저기압	midlatitude(또는 middle-latitude cyclone)
중층운	middle cloud
증발 퇴적물	evaporite deposit
증발	evaporation
증산작용	transpiration
지각	crust
지구	graben
지구과학	earth science
지구시스템	Earth system
지구형 행성	terrestrial planets
지권	geosphere
지균풍	geostrophic wind
지대	terrane
지루	horst
지자기 시간척도	magnetic time scale
지진	earthquake
지진계	seismograph

지진기록	seismogram
지진성 해파	seismic sea wave
지진학	seismology
지질연대표	geologic time scale
지질학	geology
지질학적 시간규모	geologic time scale
지층(또는 층)	strata(or beds)
지하수	groundwater
지하수면	water table
지형적 상승	orographic lifting
진도	intensity
진앙	epicenter
진원	focus
질량수	mass number
차수	cutoff
천동설	geocentric theory
천문단위	astronomical unit, AU
천문학	astronomy
초거성	supergiant
초고철질	ultramafic
초기 미진	foreshock
초신성	supernova
추분	autumnal equinox
축퇴물질	degenerate matter
춘분	spring equinox
충적층	alluvium
취성변형	brittle deformation
취성파괴	brittle failure
측퇴석	lateral moraine
층류	laminar flow
층상 표류층	stratified drift
층상화산	stratovolcanoes
층운	stratus
치누크	chinook
침수연안	submergent coast
침식	erosion
침적	deposition
침투	infiltration
카르스트 지형	karst topography
카이퍼 벨트	Kuiper belt
칼데라	caldera
칼로리	calorie
컵 풍속계	cup anemometer
케임	kame
케틀	kettle
코리올리 효과	Coriolis effect
코마	coma
퀴리온도	Curie point
크레바스	crevasses
타고오름	overrunning
타원 은하	elliptical galaxy
탁월풍	prevailing wind
탄성반발	elastic rebound
탄성파 반사 탐사단면	seismic reflection profile
탈출속도	escape velocity
태양성운	solar nebula
태풍 눈벽	eye wall
태풍	typhoon
토네이도 경보	tornado warning
토네이도 주의보	tornado watch
토네이도	tornado
퇴적면 수평성의 원리	principle of original horizontality
퇴적물	sediment
퇴적암	sedimentary rock
투수성	permeability
파고	wave height
파랑	ocean waves
파쇄대	fracture zone
파식대지	wave-cut platform
파식절벽	wave-cut cliff
파의 굴절	wave refraction
파호이호이 용암류	pahoehoe flow
판 내부 화산활동	intraplate volcanism
판	plates
판게아	Pangaea
판구조론	plate tectonics
패러다임	paradigms
펄사	pulsar
편서풍	westerlies
평정해산	tablemount
폐색전선	occluded front
포유물	inclusions
포화	saturation
포화대	zone of saturation

폭발변광성	eruptive variable
폭풍 해일	storm surge
표면파	surface wave
표석점토	till
표준화석	index fossil
풍반작용	deflation
풍역대	fetch
풍향계	wind vane
풍화	weathering
풍화작용	weathering
프톨레미의 체계	Ptolemaic system
플라야 호수	playa lake
플라이스토세	Pleistocene epoch
피오르드	fiord
하곡	stream valley
하구만	estuary
하부 맨틀	lower mantle
하안단구	marine terrace
하지	summer solstice
하층운	low cloud
한대(P)기단	polar air mass
한랭전선	cold front
함몰지	sink
해산	seamount
해안 제방	seawall
해양산맥계	oceanic ridge system
해양성(m)기단	maritime air mass
해양학	oceanography
해저 확장	seafloor spreading
해저고원	oceanic plateau
해저협곡	submarine canyon
해풍	sea breeze
핵	core
핵	nucleus
행성상 성운	planetary nebulae
향사구조	syncline
허리케인	hurricane
허블의 법칙	Hubble's law
헤르츠스프룽-러셀도	Hertzsprung-Russell(H-R) Diagram
현곡	hanging valley
현무암 조성	basaltic composition
현생누대	Phanerozoic eon
협능	arêtes
혜성	comets
호상 열도	island arc
호상 열도	island arcs
호상 화산 열도	volcanic island arc
호수효과의 눈	lake-effect snow
혼합비	mixing ratio
혼합조 형태	mixed tidal pattern
홍수	flood
화강암질 조성	granitic composition
화구	conduit
화산 쇄설물	pyroclastic materials
화산	volcano
화산목	volcanic neck
화산암	volcanic
화석	fossil
화석	fossils
화석군 천이의 원리	principle of fossil succession
화석지자기	fossil magnetism
화성암	igneous rock
화쇄류	pyroclastic flow
화학적 퇴적암	chemical sedimentary rock
화학적 풍화	chemical weathering
화합물	chemical compound
환경감률	environmental lapse rate
환류	gyres
활승안개	upslope fog
황토	loess
휘발 성분	volatile
흡습성 핵	hygroscopic nuclei
P파	primary wave
S파	secondary wave

영한편

aa flow	아아 용암류
abrasion	마식작용
absolute instability	절대 불안정
absolute magnitude	절대 등급
absolute stability	절대 안정
Abyssal plain	심해저평원
accretionary wedge	쐐기형 부가체
active continental margin	능동형 대륙 주변부
active continental margins	능동형 대륙 주변부
adiabatic temperature change	단열 온도 변화
advection fog	이류안개
aerosol	에어러솔
aftershock	여진
air mass	기단
air pressure	기압
air	대기
air-mass weather	기단성 날씨
albedo	알베도
alluvial fan	선상지
alluvium	충적층
alpine glacier	고산빙하
andesitic	안산암
aneroid barometer	아네로이드 기압계
angle of repose	안식각
angular unconformity	경사 부정합
anticline	배사구조
anticyclone(또는 high)	고기압
apparent magnitude	겉보기(실시) 등급
aquifer	대수층
aquitards	반대수층
arctic air mass	북극(A)기단
arêtes	협능
artesian	자분정
asteroid	소행성
asteroid belt	소행성대
asthenosphere	연약권
astronomical unit, AU	천문단위
astronomy	천문학
atmosphere	대기
atom	원자
atomic number	원자번호
autumnal equinox	추분
backswamp	배후습지
bar	사주
barograph	기압기록계
barometric tendency	기압경향
barred galaxy	막대나선 은하
barrier island	울타리섬
basaltic composition	현무암 조성
base level	기준면
basin	분지
batholiths	저반
bathymetry	수심측량술
baymouth bar	만입구사주
beach drift	연안표이
beach nourishment	모래 보충
bed load	바닥짐
Big Bang	대폭발
biogenous	생물 기원
biosphere	생물권
black hole	검은 구멍(블랙홀)
blowout	와지
body wave	본체파
Bowen's reaction series	보웬의 반응계열
braided	망상
breakwater	방파제
bright nebula	발광 성운
brittle deformation	취성변형
brittle failure	취성파괴
caldera	칼데라
calorie	칼로리
capacity	운반 용량
catastrophism	격변설
cavern	동굴
celestial sphere	천구
Cenozoic era	신생대
chemical compound	화합물
chemical sedimentary rock	화학적 퇴적암
chemical weathering	화학적 풍화
chinook	치누크
cinder cone	분석구
circle of illumination	조도원

cirque	권곡
cirrus	권운
cleavage	벽개
climate	기후
cloud	구름
clouds of vertical development	수직으로 발달하는 구름
coarse-grained texture	조립질 조직
cold front	한랭전선
color	색깔
columnar joints	주상절리
coma	코마
comets	혜성
competence	운반 능력
composite cones	복합화산
condensation nuclei	응결핵
condensation	응결
conditional instability	조건부 불안정
conduction	전도
conduit	화구
cone of depression	수위저하곡면
conformable	정합
contact	접촉
continental air mass	대륙성(c)기단
continental drift	대륙 이동
continental margins	대륙 주변부
continental rise	대륙대
continental shelf	대륙붕
continental slope	대륙사면
continental volcanic arc	대륙 화산호
continental volcanic arcs	대륙성 호상 화산들
convection	대류
convergence	수렴
convergent boundary	수렴 경계
convergent	수렴 경계
core	핵
Coriolis effect	코리올리 효과
correlation	대비
covalent bond	공유결합
crater	분화구
crevasses	크레바스
cross beds	사층리
crust	지각
crystal settling	결정의 침전
crystallization	결정작용
cumulus	적운
cup anemometer	컵 풍속계
Curie point	퀴리온도
cutoff	차수
cyclone(또는 low)	저기압
dark nebula	암흑 성운
deep-ocean trench	깊은 해구
deep-sea fan	심해선상지
deep-sea trench	심해 해구
deflation	풍반작용
deformation	변형
degenerate matter	축퇴물질
delta	삼각주
dendritic pattern	수지형 형태
density	밀도
deposition	침적
desert pavement	사막포도
desert	사막
detrital sedimentary rock	쇄설성 퇴적암
dew point	이슬점
dew-point temperature	이슬점온도
diffused light	산란광
dikes	암맥
dip-slip fault	경사이동 단층
discharge	유량
disconformities	비정합
dissolved load	녹은 짐
distributary	분류
diurnal	일주조 형태
divergence	발산
divergent boundaries	발산 경계
divergent boundary	발산 경계
divide	분수계
dome	돔
Doppler effect	도플러 효과
Doppler radar	도플러 레이더
drainage basin	유역 분지
drawdown	수위저하
drumlin	드럼린
dry adiabatic rate	건조단열감률

ductile deformation	연성변형
dune	사구
dwarf planet	왜소행성
earth science	지구과학
Earth system	지구시스템
earthquake	지진
echo sounder	음향측심기
elastic rebound	탄성반발
electromagnetic radiation	전자기 복사
electron	전자
element	요소
element	원소
elliptical galaxy	타원 은하
emergent coast	융기연안
emission nebulae	방출 성운
end moraine	종퇴석
energy levels	에너지준위
environmental lapse rate	환경감률
eon	누대
ephemeral stream	단명 하천
epicenter	진앙
epoch	세
equatorial low	적도저기압
era	대
erosion	침식
eruptive variable	폭발변광성
escape velocity	탈출속도
esker	에스커
estuary	하구만
evaporation	증발
evaporite deposit	증발 퇴적물
external process	외부 작용
extrusive	분출암
eye wall	태풍 눈벽
fault scarps	단층애
fault	단층
fault-block mountains	단층 블록 산맥
fetch	풍역대
fine-grained texture	세립질 조직
fiord	피오르드
fissure eruption	열극 분출
fissure	열극

flood basalt	범람 현무암
flood	홍수
floodplain	범람원
focus	진원
fog	안개
fold	습곡
foliated texture	엽리 조직
foreshock	초기 미진
fossil magnetism	화석지자기
fossil	화석
fossils	화석
fracture zone	파쇄대
fracture	단구
freezing rain	비얼음
front	전선
frontal fog	전선안개
frontal wedging	전선에 의한 상승
fumaroles	분기공
galactic cluster	은하단
gas	기체
generally inorganic	무기물
geocentric theory	천동설
geologic time scale	지질연대표
geologic time scale	지질학적 시간규모
geology	지질학
geosphere	지권
geostrophic wind	지균풍
geyser	간헐천
glacial drift	빙하 표류층
glacial erratic	빙하 미아석
glacial striations	빙하조선
glacial trough	빙곡
glacier	빙하
glassy texture	유리질 조직
glaze	비얼음
graben	지구
gradient	경사도
granitic composition	화강암질 조성
greenhouse effect	온실효과
groin	방사제
ground moraine	저퇴석
groundwater	지하수

guyot	기요	intermediate composition	중간 성분
gyres	환류	internal process	내부 작용
habit	정벽	interstellar dust	성간 먼지
hail	우박	intraplate volcanism	판 내부 화산활동
half-life	반감기	intrusive	관입암
halocline	염분약층	ion	이온
hanging valley	현곡	ionic bond	이온결합
hard stabilization	내구성 안정화 방법	irregular galaxy	불규칙 은하
hardness	경도	island arc	호상 열도
heat	열	island arcs	호상 열도
Hertzsprung-Russell(H-R) Diagram	헤르츠스프룽-러셀도	isobar	등압선
		isotherm	등온선
high cloud	상층운	isotope	동위원소
horn	각정	jet stream	제트류
horst	지루	Jovian planets	목성형 행성
hot spot	열점	kame	케임
hot spring	온천	karst topography	카르스트 지형
Hubble's law	허블의 법칙	kettle	케틀
humidity	습도	Kuiper belt	카이퍼 벨트
hurricane	허리케인	laccolith	병반
hydrogen burning	수소 연소	lahar	라하르
hydrogenous	수성 기원	lake-effect snow	호수효과의 눈
hydrosphere	수권	laminar flow	층류
hygrometer	습도계	land breeze	육풍
hygroscopic nuclei	흡습성 핵	latent heat	숨은열
hypothesis	가설	lateral moraine	측퇴석
ice cap	빙모	lava	용암
ice sheet	빙상	law of superposition	누중의 법칙
ice shelves	빙붕	light-years	광년
ice	얼음	liquefaction	액상화
igneous rock	화성암	lithification	암석화
impact crater	운석 구덩이	lithosphere	암석권
incised meander	감입 사행천	Local group	국부 은하군
inclination of the axis	자전축의 경사	localized convective lifting	국지대류 상승
inclusions	포유물	loess	황토
index fossil	표준화석	longshore current	연안류
infiltration	침투	low cloud	하층운
infrared	적외선	lower mantle	하부 맨틀
inner core	내핵	lunar regolith	달의 표토
inner planet	내행성	luster	광택
intensity	진도	mafic	고철질
interior drainage	내지 배수	magma	마그마

magmatic differentiation	마그마 분화	mountain breeze	산풍
magnetic reversal	자기역전	natural levee	자연제방
magnetic time scale	지자기 시간척도	naturally occurring	자연산
magnetometers	자기측정기	neap tide	소조
magnitude	규모	nebula hypothesis	성운설
magnitude	등급	nebula	성운
main-sequence stars	주계열성	neutron stars	중성자성
mantle plume	맨틀플룸	neutrons	중성자
mantle	맨틀	nonconformity	난정합
maria	마리아	nonfoliated texture	비엽리 조직
marine terrace	하안단구	nonrenewable	재생 불가능한
maritime air mass	해양성(m)기단	nonsilicates	비규산염 광물
mass number	질량수	normal fault	정단층
mass wasting	사태	normal polarity	정상극성
meander	사행	nova	신성
mechanical weathering	물리적 풍화	nucleus	핵
medial moraine	중앙퇴석	nuée ardent	열운
mercury barometer	수은기압계	numerical date	절대연령
mesosphere	중간권	occluded front	폐색전선
Mesozoic era	중생대	ocean waves	파랑
metamorphic rock	변성암	oceanic plateau	해저고원
metamorphism	변성작용	oceanic ridge system	해양산맥계
meteor shower	유성우	oceanic ridge	대양저 산맥
meteor	유성	oceanography	해양학
meteorites	운석	Oort cloud	오르트 구름
meteoroid	유성체	orderly crystalline structure	규칙적인 결정구조
meteorology	기상학	ore	광석
middle cloud	중층운	orogenesis	조산운동
middle-latitude cyclone	중위도 저기압	orographic lifting	지형적 상승
midlatitude	중위도 저기압	outer core	외핵
mid-ocean ridge	중앙대양저 산맥	outer planets	외행성
mineral resource	광물자원	outgassing	배기과정
mineral	광물	outwash plain	빙하성 유수평원
mineralogy	광물학	overrunning	타고오름
mixed tidal pattern	혼합조 형태	oxbow lake	우각호
mixing ratio	혼합비	pahoehoe flow	파호이호이 용암류
model	모형	paleomagnetism	고지자기
Modified Mercalli Intensity Scale	수정된 메르칼리 진도 척도	paleontology	고생물학
		Paleozoic era	고생대
Mohs scale	모스 경도계	Pangaea	판게아
moment magnitude(MW)	모멘트 규모	paradigms	패러다임
monsoon	몬순	parasitic cone	기생화산

parcel	공기 덩이
partial melting	부분용융
passive continental margin	수동형 대륙 주변부
period	기
periodic table	주기율표
permeability	투수성
Phanerozoic eon	현생누대
physical environment	물리적 환경
piedmont glacier	산록빙하
pipe	암경
planetary nebulae	행성상 성운
planetesimals	미소행성체
plate tectonics	판구조론
plates	판
playa lake	플라야 호수
Pleistocene epoch	플라이스토세
plucking	뜯음작용
plutonic	심성암
plutons	심성암체
pluvial lake	다우호
polar air mass	한대(P)기단
polar easterlies	극편동풍
polar front	극전선
polar high	극고기압
porosity	공극률
porphyritic texture	반정질 조직
Precambrian	선캄브리아시대
precipitation fog	강수안개
pressure gradient	기압경도
pressure tendency	기압경향
prevailing wind	탁월풍
primary wave	P파
principal shells	주껍질
principle of cross-cutting relationships	상호절단관계의 원리
principle of fossil succession	화석군 천이의 원리
principle of original horizontality	퇴적면 수평성의 원리
protons	양성자
protoplanet	원시행성
protostar	원시성
Ptolemaic system	프톨레미의 체계
pulsar	펄사
pulsating variable	맥동변광성
pyroclastic flow	화쇄류
pyroclastic materials	화산 쇄설물
radial	방사형
radiation fog	복사안개
radiation pressure	복사압
radiation	복사
radioactive decay	방사성 붕괴
radioactivity	방사능
radiocarbon dating	방사성 탄소 연대 측정
radiometric dating	방사성 연대 측정
rain	비
rainshadow desert	비그늘 사막
rectangular	장방형
red giant	적색 거성
reflection nebulae	반사 성운
reflection	반사
regional metamorphism	광역 변성작용
relative dating	상대연령
relative humidity	상대습도
renewable	재생 가능한
reserve	매장지
retrograde motion	역행 운동
revers fault	역단층
reverse polarity	역전극성
revolution	공전
Richter scale	리히터 규모
ridge push	릿지푸시
rift valley	열곡
rime	상고대
rock cycle	암석의 순환
rock flour	암분
rock	암석
rotation	자전
runoff	유출
Saffir-Simpson scale	사퍼-심슨 등급
salinity	염분
Santa Ana	산타아나
saturation	포화
scattering	산란
scoria cones	스코리아구

sea arch	바다아치
sea breeze	해풍
sea stack	바다기둥
seafloor spreading	해저 확장
seamount	해산
seawall	해안 제방
secondary wave	S파
sediment	퇴적물
sedimentary rock	퇴적암
seismic reflection profile	탄성파 반사 탐사단면
seismic sea wave	지진성 해파
seismogram	지진기록
seismograph	지진계
seismology	지진학
semidiurnal	반일주조 형태
shield volcano	순상화산
silicate	규산염
silicon-oxygen tetrahedron	규소-산소 사면체
sill	암상
sink	함몰지
sinkhole	용식 함몰지
slab pull	슬랩풀
slab suction	슬랩석션
sleet	언비
slip face	미끄러짐 면
snow	눈
solar nebula	태양성운
solid	고체
sonar	소나
sorting	분급
source region	발원지
specific gravity	비중
spiral galaxy	나선 은하
spit	모래톱
spring equinox	춘분
spring tide	대조
spring	샘
stable air	안정한 대기
stalactite	종유석
stalagmite	석순
stationary front	정체전선
steam fog	김안개
stellar parallax	별 시차
steppe	스텝
storm surge	폭풍 해일
strata(or beds)	지층(또는 층)
stratified drift	층상 표류층
stratosphere	성층권
stratovolcanoes	층상화산
stratus	층운
streak	조흔색
stream valley	하곡
strike-slip fault	주향이동 단층
subduction zone	섭입대
sublimation	승화
submarine canyon	해저협곡
submergent coast	침수연안
subpolar low	아한대 저기압
subtropical high	아열대 고기압
summer solstice	하지
supergiant	초거성
supernova	초신성
surf	기파
surface wave	표면파
suspended load	뜬 짐
syncline	향사구조
system	시스템
tablemount	평정해산
temperature	온도
tenacity	점착성
terrane	지대
terrestrial planets	지구형 행성
terrigenous	육상 기원
texture	조직
theory	이론
thermal metamorphism	열변성작용
thermocline	온도약층
thermohaline circulation	열염순환
thermosphere	열권
thrust fault	스러스트 단층
thunderstorm	뇌우
tidal current	조류
tidal delta	조석 델타
tide	조석

till	표석점토
tombolo	육계사주
tornado	토네이도
tornado warning	토네이도 경보
tornado watch	토네이도 주의보
trade wind	무역풍
transform fault boundaries	변환단층 경계
transform fault	변환단층
transpiration	증산작용
trellis	격자형
Tropic of Cancer	북회귀선
Tropic of Capricorn	남회귀선
tropical air mass	열대(T)기단
tropical depression	열대 저압부
tropical storm	열대 폭풍
troposphere	대류권
tsunami	쓰나미
turbidity current	저탁류
turbulent flow	난류
typhoon	태풍
ultramafic	초고철질
ultraviolet(UV)	자외선
unconformity	부정합
uniformitarianism	동일과정설
unsaturated zone	불포화지대
unstable air	불안정한 대기
upslope fog	활승안개
upwelling	용승
valence electrons	원자가전자
valley breeze	곡풍
valley glacier	곡빙하
valley train	곡퇴석
vapor pressure	수증기압
viscosity	점성
visible light	가시광선
volatile	휘발 성분
volcanic island arc	호상 화산 열도
volcanic neck	화산목
volcanic	화산암
volcano	화산
warm front	온난전선
water cycle	물의 순환
water table	지하수면
wave height	파고
wave period	주기
wave refraction	파의 굴절
wave-cut cliff	파식절벽
wave-cut platform	파식대지
weather	날씨
weathering	풍화
weathering	풍화작용
well	우물
well-defined chemical composition	분명한 화학조성
westerlies	편서풍
wet adiabatic rate	습윤단열감률
white dwarf	백색 왜성
wind vane	풍향계
wind	바람
winter solstice	동지
yazoo tributary	야주 지류
zone of accumulation	누적지역
zone of saturation	포화대
zone of wastage	소모지역

찾아보기

≪ㅇ≫

≪기타≫

역자 소개

김경렬
서울대학교 지구환경과학부 교수

김동희
국립중앙과학관 자연사연구실 연구사

박창범
고등과학원 물리학부 교수

전종갑
서울대학교 지구환경과학부 교수

조문섭
서울대학교 지구환경과학부 교수

지구시스템의 이해, 제5판
Foundations of Earth Science, Fifth Edition

인 쇄 일	2009년 7월 5일 초판 인쇄
발 행 일	2009년 7월 10일 초판 발행
저 자	Frederick K. Lutgens·Edward J. Tarbuck 지음
역 자	김경렬·김동희·박창범·전종갑·조문섭 옮김
발 행 인	구본하
발 행 처	도서출판 박학사
주 소	서울시 마포구 서교동 460-26 동아빌딩 2층
전 화	(02)3142-3764~5
팩 스	(02)3142-3766
E-mail	pakhaksa@kornet.net
웹사이트	www.pakhaksa.co.kr
등록번호	제10-2230호

정가 29,000원 ISBN 978-89-91633-60-5